TRAITÉ

DES

MATIÈRES COLORANTES ORGANIQUES

ET DE LEURS

DIVERSES APPLICATIONS

PAR

Édouard EHRMANN

CHARGÉ DE COURS A L'ÉCOLE DE CHIMIE
ET DE PHYSIQUE INDUSTRIELLES DE PARIS

PRÉFACE

DE

M. A. HALLER

MEMBRE DE L'INSTITUT

PARIS

DUNOD, ÉDITEUR

47 ET 49, QUAI DES GRANDS-AUGUSTINS (VIᵉ)

1922

TRAITÉ

DES

MATIÈRES COLORANTES ORGANIQUES

ET DE LEURS DIVERSES APPLICATIONS

TRAITÉ

DES

MATIÈRES COLORANTES ORGANIQUES

ET DE LEURS

DIVERSES APPLICATIONS

PAR

Édouard EHRMANN

CHARGÉ DE COURS A L'ÉCOLE DE CHIMIE
ET DE PHYSIQUE INDUSTRIELLES DE PARIS

PRÉFACE

DE

M. A. HALLER

MEMBRE DE L'INSTITUT

PARIS

DUNOD, ÉDITEUR

47 ET 49, QUAI DES GRANDS-AUGUSTINS (VIᵉ)

—

1922

TABLE DES MATIÈRES

> L'Anthraquinone, 227. — Règles relatives à la couleur des dérivés de
> substitution de l'Anthraquinone, 228. — Influence de la nature et
> de la position des atomes ou groupes substituants, 229. — Groupes
> aminos simples ou substitués par des alcoyles ou acidyles, 232. —
> Groupes hydroxyles, 233. — Méthodes d'introduction des divers
> atomes ou groupes d'atomes. 1° Groupes nitros, 235. — 2° Groupes
> sulfoniques, 235. — 3° Halogènes, 236. — 4° Hydroxyles, 238. —
> Réaction de l'action sulfurique fumant Bohn-Schmidt, 239. —
> Influence de l'acide borique, 241. — Réactifs divers : sélénium ;
> acide nitreux, acide arsénique, mercure, 243. — 5° Groupes aminos.
> Remplacement de groupes électronégatifs, 247. — Action du soufre
> en présence d'acide sulfurique fumant sur les dérivés nitrés, 249. —
> Introduction de groupes aminos substitués, 252. — Influence du
> cuivre lors de la réaction d'ammoniaque ou d'amines sur les dérivés
> halogénés. Formation d'indanthrènes, 252. — Emploi du spec-
> troscope, 258. — Importance de l'acide borique dans la préparation
> des dérivés anthraquinoniques, 259.

PRÉFACE

—

Le volume que nous avons l'honneur de présenter au public arrive à son heure. Conçu et élaboré avant la guerre par un savant qui joignait à une grande pratique du laboratoire une érudition très étendue, il est le fruit de longues méditations suggérées par le besoin d'être claire et concis, tout en ne sacrifiant rien à la rigueur ni à la profondeur du sujet exposé.

Dans la biographie consacrée à l'auteur par le très distingué Directeur honoraire de l'Ecole de chimie de Mulhouse, M. Nœlting, qui se connait en hommes, nous donne un aperçu de la carrière féconde et laborieuse du savant praticien. Il nous montre comment, et par quelles suites de circonstances M. Ehrmann s'est voué à l'industrie des matières colorantes et la marque qu'il y a laissée. Son nom restera toujours attaché à la découverte de la *nigrisine*, qu'aucun autre produit n'a encore complètement évincée de la palette du teinturier. Tant de science ajoutée à une connaissance si parfaite de tous les procédés en usage dans la technique des colorants artificiels, signalait tout naturellement le savant qui en était pourvu à l'attention du Directeur de l'Ecole de Physique et de Chimie.

Dès 1904 M. Ehrmann fut donc chargé, comme successeur de **M.** Maurice Prudhomme, de conférences sur les matières colorantes à l'Ecole Municipale de Physique et de Chimie industrielles de la ville de Paris. Il donna cet enseignement avec le plus grand succès jusqu'au moment de la guerre. Tous ceux qui l'ont suivi ont gardé un souvenir ému du maître et une admiration non dissimulée pour les leçons si nourries, si claires qu'il leur faisait. Elles décidèrent de nombreuses vocations tant elles furent élevées et suggestives.

Un livre, fut-il parfait, ne peut suffire à l'action personnelle que la parole chaude et couvaincante d'un maître est susceptible d'exercer sur un auditoire de jeunes esprits éveillés et avides de savoir.

Par sa composition, sa parfaite ordonnance et son caractère pratique, ce traité donne néanmoins une image fidèle de ce groupe indéfini de matières colorantes, qui se chiffrent par dizaines de mille, voire même par centaines de mille, et de leurs multiples applications.

Comme dans tous les traités du genre, ces matières sont divisées en un certain nombre de familles caractérisées par leurs chromophores.

L'auteur prend ensuite chaque famille en particulier, en fait l'historique, y choisit quelques types, les étudie à fond tant au point de vue théorique qu'au point de vue pratique, en expose la préparation industrielle et les propriétés principales. Au cours de ces descriptions il n'a garde d'oublier l'élaboration des matières intermédiaires dont le rôle est si important dans la fabrication des colorants artificiels. Après avoir donné un aperçu de ces familles allant des dérivés nitrés aux couleurs sulfurées, M. Ehrmann consacre un certain nombre de pages aux colorants naturels dont plusieurs furent de nouveau mis en honneur pendant la guerre. Il fait, en passant, judicieusement observer qu'à l'exception de l'*orseille*, de la *berbérine*, du *rocou*, du *carthame*, du *curcuma* et de l'*indigo*, toutes ces matières appartiennent à la classe des colorants à mordants et que beaucoup d'entre elles renferment des principes identiques à ceux obtenus par voie synthétique. Mais il ne manque pas d'ajouter que si « Pour un certain nombre de ces colorants on a réussi à réaliser la synthèse, dans deux cas seulement, Garance et Indigo, la reproduction artificielle a conduit à un résultat industriel et à la substitution du produit synthétique au produit naturel ».

L'application des matières colorantes, quelle que soit leur origine, a été envisagée par l'auteur dans toute son étendue et sous toutes ses formes ainsi qu'à tous les produits dont la valorisation est opérée par la teinture ou l'impression.

La liste de ces produits n'est pas restreinte aux fibres d'origine végétale ou animale, mais comprend encore un grand nombre d'autres substances comme le papier, le bois, la paille, l'herbe et les feuilles, les cuirs, les fourrures, les plumes, la corne, l'ivoire etc.

L'auteur passe une revue complète de tous ces produits, les classe suivant leur origine et leur composition et insiste sur les différentes opérations qu'elles doivent subir avant d'entrer dans le bain de teinture ou d'être prêtes à l'impression.

Envisageant le phénomène proprement dit de la fixation des colorants, il classe à nouveau ces derniers suivant leurs applications :

1° aux textiles d'origine végétale, coton, soies artificielles, lin, chanvre, jute, etc... puis au papier, paille, bois, herbes, feuilles, etc.

2° aux textiles d'origine animale, laine, soie, avec en plus, cuir, fourrures, peaux, plumes, corne, ivoire, etc.

Il aborde enfin la technique de la teinture, avec toute la suite des opérations en usage dans les usines où elle se pratique, de même celle de l'impression. Là encore il donne des exemples bien choisis de façon à permettre aux commençants de faire leur premier apprentissage d'applicateurs de colorants.

Tel est, en raccourci, le programme que s'est imposé l'auteur. Accompli dans toutes ses parties, ce programme permet à tout esprit non initié de se faire une idée de cette grande famille de colorants organiques et des modalités diverses suivant lesquelles l'Industrie les utilise et les applique pour enluminer et accroître la valeur de ses marchandises.

Bien que composé avant la guerre, cet ouvrage est néanmoins au courant des derniers progrès accomplis dans la technique des colorants et de leurs applications, grâce au dévouement éclairé de M. Nœlting et de M. Battegay, titulaire actuel de la chaire de chimie tinctoriale à l'Ecole de chimie de Mulhouse. En se chargeant de la révision du manuscrit et de la correction des épreuves, ces deux savants n'ont pas manqué de combler les lacunes qui ont pu se glisser dans l'œuvre première et de la mettre à jour ; ils y ont, en outre, inséré deux conférences, l'une sur les dérivés de la naphtaline dont M. Nœlting est l'auteur, et la seconde sur ceux de l'anthraquinone due à M. R. Schmidt, auquel la chimie de l'anthracène est redevable de tant de découvertes originales et précieuses.

Par la contribution personnelle qu'il a apportée à l'édification de ce traité, M. Nœlting a voulu rendre un dernier hommage de fidélité à son ancien disciple qui était devenu son ami.

A. HALLER.

NOTICE SUR ÉDOUARD EHRMANN

Édouard-Charles-Albert Ehrmann naquit à Mulhouse le 29 octobre 1862. Son père le docteur Jules Ehrmann, né le 6 janvier 1836 à Rixheim, est mort à Paris en 1918, sa mère, née Hortense Karth, était originaire de Strasbourg. Le grand'père Eugène Ehrmann né en 1804, était un chimiste de valeur qui, pendant de longues années, avait été directeur des fabriques de papiers peints de Rixheim. Quand je vins à Mulhouse en 1880 j'eus encore le plaisir de le voir assez fréquemment et d'admirer sa verte vieillesse. Il était membre du Conseil de surveillance de l'École de Chimie et, malgré son âge avancé, il assistait régulièrement aux examens de l'École, s'intéressant jusqu'à la fin de ses jours aux progrès de la chimie.

Le docteur Ehrmann était un médecin-chirurgien très réputé, que l'Académie de médecine s'était déjà adjoint comme correspondant, pendant qu'il habitait Mulhouse et qu'elle nomma membre, quand il vint habiter Paris. Étant donné cette ascendance, il n'est pas étonnant qu'Édouard eût du goût et des aptitudes pour les sciences. Il fit ses premières études à Mulhouse, puis, après la guerre de 1870, ses parents tenant à ce qu'il reçut une éducation française, il les continua à Belfort, puis à Versailles. Après ses baccalauréats il entra au laboratoire de Pisani. Les Écoles de Chimie de la Ville de Paris et de la Faculté des sciences n'existaient pas encore à cette époque, et c'est chez Pisani que l'enseignement systématique de l'analyse chimique était le mieux organisé. Il travailla ensuite pendant plusieurs années chez Schuetzenberger au Collège de France et pendant deux années chez Baeyer à Munich. Son désir eût été de fréquenter l'École de Chimie de Mulhouse, mais comme il avait opté pour la nationalité française, les Autorités allemandes ne le lui permirent point. C'est à grande peine qu'il obtient en été 1887 l'autorisation de passer ici un trimestre. Il travailla pendant ce temps dans mon laboratoire particulier, s'initiant à l'étude des matières colorantes artificielles. Je pus à cette occasion apprécier ses connaissances solides, sa vive intelligence et son amour de la science, en même temps que les qualités de l'esprit et du cœur qui le rendaient immédiatement sympathique à tous ceux qui le fréquentaient. En automne de cette même année il entra comme chimiste dans les fabriques de produits chimiques et de matières colorantes de Saint-Denis et Paris, anciennement Poirrier où il resta jusqu'en 1903. Comme j'étais à cette époque chimiste-conseil chez Poirrier et qu'en cette qualité j'allais assez souvent à Paris, j'eus l'occasion de voir d'une manière suivie mon ancien élève et de collaborer avec lui. Il se forma ainsi entre nous des liens d'amitié que seule la mort a pu rompre et qui resteront toujours parmi mes plus chers souvenirs.

Je pus constater aussi avec satisfaction les progrès incessants qu'Ehrmann faisait dans la carrière qu'il avait choisie et l'intérêt vivace qu'il portait non seulement aux matières colorantes, mais à toute la science chimique.

Chez Poirrier, Ehrmann était chargé du contrôle scientifique et du perfectionnement des fabrications existantes. A côté de celà il avait à faire des recherches en vue d'obtention de produits nouveaux. Dès 1888 il trouva la « Nigrisine », un gris basique, qui est encore fabriqué de nos jours. Ce colorant se forme par l'action prolongée des acides dilués sur la nitrosodinéthylaniline à chaud et sa constitution n'a pas encore été élucidée. Elle a été protégée par le brevet français 195605 et par le brevet allemand 49446 (Friedlaender 2, 186).

D'autres inventions faites par Ehrmann sont décrites dans six plis cachetés déposés à la Société Industrielle de Mulhouse et publiés dans le Bulletin de cette Société, Vol. **72**, page 143 et suivantes.

En voici les titres :

1° Matières colorantes nouvelles. Action de l'aldéhyde acrylique sur les métadiamines ;

2° Matières colorantes nouvelles. Action de la nitrosodiméthylaniline et des dérivés paranitrosés des amines secondaires et tertiaires sur certains alcools aromatiques ;

3° Matière colorante nouvelle jaune. Action de la diméthylaniline sur le chlorure de soufre ;

4° Matière colorante nouvelle. Action de la nitrosodiméthylaniline sur la β-naphtoquinone ;

5° Indulines solubles préparées par l'action de la triméthylamine sur l'amidoazobenzol ;

6° Matières colorantes sulfurées nouvelles par incorporation du soufre aux cuites qui donnent naissance aux indulines.

Bien d'autres observations intéressantes furent faites par Ehrmann, mais par suite de raisons techniques elles sont restées inédites.

Désireux d'avoir une position indépendante, Ehrmann quitta en 1903 la maison Poirrier et fonda un laboratoire de chimiste-conseil. Il s'y occupa de recherches industrielles de toutes sortes et le développa d'année en année. A côté de ses autres travaux, Ehrmann ne cessa jamais de s'occuper des matières colorantes, auxquelles il avait voué toujours le plus vif intérêt. M. Haller, l'éminent directeur de l'École de Chimie et de Physique de Paris, appréciant ses connaissances dans ce domaine, lui confia à cette École le cours des matières colorantes et de leurs applications. Les leçons du jeune professeur, basées non seulement sur les publications et les brevets, mais sur une expérience personnelle très étendue, furent grandement appréciées par les élèves. Vu le nombre d'heures peu considérable qui furent mises à sa disposition pour ce cours, il ne put naturellement donner que des éléments assez sommaires. Désireux d'offrir quelque chose de plus complet à ceux de ses élèves qui voulaient se vouer plus particulièrement à l'étude des matières colorantes ou aux industries qui les emploient, Ehrmann eut l'idée de composer un traité comprenant à la fois la théorie de l'industrie des couleurs et des renseignements circonstanciés sur leurs applications. Ce livre venait d'être terminé au moment où la guerre éclata.

En 1898 Édouard Ehrmann avait épousé Mademoiselle Lucy Canut, de Paris. De cette union, qui fut des plus heureuses, naquirent deux fils.

A la déclaration de la guerre, Ehrmann, bien que son âge, 52 ans, l'eût dispensé de toute obligation militaire, demanda à reprendre du service et partit comme officier au front. Son admirable épouse, ardente patriote comme lui, malgré sa profonde affection, ne songea pas à le retenir. En 1915 lorsqu'on rechercha des hommes compétents pour le service chimique devenu de plus en plus important, il fut attaché à la section du Matériel chimique et eut à s'occuper en particulier des gaz asphyxiants. Le travail intensif et souvent malsain affecta gravement sa santé. Malgré les conseils réitérés des médecins il refusa de se faire mettre en congé et le 20 juillet 1918 il fut enlevé par une crise cardiaque.

Le rapport médical et la citation reproduits ci-après montrent à l'évidence que s'il avait voulu se soigner à temps il aurait pu sauver son existence, mais il se sentait utile à son poste et ne voulut à aucun prix le quitter. L'héroïsme de ce sacrifice volontaire, continu et ignoré de tous n'est-il pas aussi admirable que celui du combattant qui tombe sur le champ de bataille ?

E. NOELTING.

Directeur honoraire de l'Ecole de Chimie de Mulhouse.

A LA MÉMOIRE DU CAPITAINE ÉDOUARD EHRMANN

(29 Octobre 1862 — 20 Juillet 1918)

Les circonstances de guerre m'ont fait connaître le Capitaine EHRMANN en Mai 1917, lors de mon arrivée à l'Établissement Central du Matériel Chimique de Guerre.

Placé dans le même service, j'eus l'occasion de travailler chaque jour en collaboration avec le Capitaine ERHMANN, j'ai pu ainsi apprécier l'étendue de son savoir, mais je rends surtout hommage à l'élévation de son caractère, à sa haute conscience, à sa droiture exquise, et à sa courtoisie d'homme accompli.

Je puis dire que tous les chefs et subordonnés du Capitaine EHRMANN étaient ses amis et que tous avaient pour lui un véritable sentiment de vénération.

Officier de complément et mobilisé au début de la Guerre, le Capitaine ERHMANN déjà âgé de 52 ans remplit successivement les fonctions de Commissaire de gare dans de nombreux points de débarquement voisins du front ; il rendit dans ces fonctions, délicates et ingrates, tous les services que l'on pouvait attendre de son activité et de son dévouement, il se distingua notamment à la Gare de Serqueux où il resta à son poste malgré l'arrivée prochaine des Allemands qui étaient signalés, il put ainsi après le recul de l'ennemi, faire reprendre immédiatement les transports interrompus. La modestie du Capitaine EHRMANN l'avait fait garder le silence sur cet acte courageux, qui ne fut connu que par les siens et révélé après sa mort.

Envoyé ensuite dans les Flandres, il subit les nombreux bombardements d'Ypres puis il fut appelé en raison de sa profession d'Ingénieur-Chimiste, à la Direction du Matériel Chimique de Guerre, alors en voie de création.

Le Capitaine ERHMANN apporta à l'Établissement Central du Matériel Chimique de Guerre, le concours de sa haute compétence et de sa conscience scrupuleuse, il fut un des collaborateurs les plus appréciés du Général et des Savants éminents qui ont dirigé la grande œuvre Chimique de Guerre.

Déjà en 1917 la santé du Capitaine EHRMANN était ébranlée, mais homme du devoir avant tout, il résista aux conseils de son médecin ; en Juillet 1918 une brusque attaque le terrassa, et malgré les soins dévoués d'une compagne affectionnée, en quelques jours le mal l'emporta ; le Capitaine EHRMANN avait eu la dernière consolation d'avoir une proposition spéciale pour la Légion d'Honneur, consécutive à d'autres propositions antérieures ; le dénouement brutal empêcha la proposition d'aboutir, mais tous ceux qui ont connu le Capitaine EHRMANN savent à quel point il était digne de cette haute distinction, et combien il la méritait.

Un meilleur destin aurait pu aussi donner à l'Alsacien qu'il était, l'immense joie d'assister à la délivrance si longtemps attendue, si ardemment espérée de sa ville natale de Mulhouse ; la Providence ne l'a pas voulu, inclinons-nous devant ses décrets, et rendons un suprême hommage au Capitaine EHRMANN en reproduisant la belle citation qui lui fut décernée en Août 1918, peu de temps après sa mort, par le Général Directeur des Services Chimiques de Guerre.

Est cité à l'Ordre de la Direction des Services Chimiques de Guerre, le Capitaine d'Infanterie Territoriale :

EHRMANN Édouard-Charles-Albert

« Affecté au Matériel Chimique de Guerre depuis 1915 et chargé d'un
« Service particulièrement lourd et difficile, n'a cessé de l'assurer avec une acti-
« vité, une compétence et un dévouement à toute épreuve.
« Est mort à la peine.
« Étant atteint d'une grave maladie, n'a pas voulu malgré les conseils du
« médecin, prendre le repos qui lui était indispensable pour améliorer son état
« de santé ».

Signé : OZIL,
Général Directeur des Services Chimiques de Guerre.

Cette citation résume toute la carrière du Capitaine EHRMANN au Matériel de Guerre, il est superflu d'ajouter tout commentaire à l'appréciation d'un chef éminent et particulièrement aimé.

GENEZ,
Chef de Bataillon du Génie
Ancien Chef de l'Établissement Central
du Matériel Chimique de Guerre.

Paris, le 15 février 1921.

ABRÉVIATIONS EMPLOYÉES DANS CET OUVRAGE

Ann. — Liebig's Annalen der Chemie.

B. Ber. — Berichte der Deutschen chemischen Gesellschaft zu Berlin.

Brev. all.; D. R. P. — Brevet allemand.

Brev. angl. — Brevet anglais.

Brev. am. — Brevet américain.

Brev. fr. — Brevet français.

B.S.Ch.; Soc. Chem. — Bulletin de la Société chimique de France à Paris.

B. M. ; Bull. Soc. Mulhouse. Soc. ind. Mulhouse. — Bulletin de la Société industrielle de Mulhouse.

Ch. ; Ch. Z. — Chemiker Zeitung de Cœthen.

Gaz. chim. Ital. — Gazzetta Chimica italiana.

Helv. chim. Acta. — Helvetica Chemica Acta, Bâle.

J. pr. Ch. — Journal für praktische Chemie.

M. C. ; R. G. M. C. — Revue générale des Matières colorantes de Léon Lefèvre Paris.

Mon. Chem. — Monatshefte für Chemie de Vienne.

M. S. — Moniteur scientifique du Dr Quesneville.

Z. f. ang. Chem. — Zeitschrift für angewandte Chemie de Leipzig.

Abréviations employées pour les fabriques de matières colorantes

A. G. F. A. — Actiengesellschaft für Anilinfabrikation Berlin.

B. ; B. A. S. F.; *Badische.* — Badische Anilin und Soda Fabrik à Ludwigshafen-sur-Rhin.

By., Bayer. — Farbenfabriken, anciennement F. Bayer et Cie à Elberfeld et Leverkusen.

Cassella. — Leopold Cassella et Cie à Francfort-sur-Mein.

Hœchst., M. — Farbwerke, autrefois Meister, Lucius et Brüning à Hœchst-sur-Mein.

Industrie chimique, Ciba. — Société pour l'industrie chimique, à Bâle.

Monnet. — P. Monnet, Gilliard et Cartier à La Plaine près Genève et Saint-Fons Lyon.

Poirrier. — Société anonyme des matières colorantes et produits chimiques de St-Denis et Paris, anciennement Poirrier.

TRAITÉ

DES

MATIÈRES COLORANTES ORGANIQUES

On appelle *matières colorantes* des substances qui, mises en contact approprié avec un substratum, s'y fixent en lui communiquant la couleur. Elles ont été utilisées depuis que l'homme pratique l'art de la teinture qui consiste à colorer toutes les sortes de tissus ou leurs matières premières.

L'origine de la teinture se perd dans la nuit des temps. Les livres saints des diverses nations, la Bible entre autres, en font mention, témoin l'habit bigarré de Joseph qui suscitait l'envie de ses frères. La pourpre, dès la plus haute antiquité, était l'attribut de la dignité royale. Il est probable qu'aussitôt que les hommes apprirent à filer les matières textiles d'origine animale et végétale, la laine, le lin, la soie et le coton et à transformer les filés en tissus, ils se soient ingéniés à colorer les vêtements dont ils se revêtaient pour se préserver du froid et aussi pour se parer.

Comme dans la plupart des branches de l'activité humaine il s'est produit pendant le dix-neuvième siècle une transformation complète dans les industries tinctoriales. Jusqu'à cette époque les matières colorantes que les hommes employaient pour teindre les étoffes servant à leur habillement et à l'ornement de leurs demeures, étaient « naturelles », c'est-à-dire elles se trouvaient toutes faites dans la nature, et provenaient du règne minéral et végétal et en petite partie aussi du règne animal. Ce n'est que dans la seconde moitié du dix-neuvième siècle que l'homme trouva les matières colorantes « artificielles », dont le développement est devenu prodigieux.

Les Anciens ne connaissaient qu'un nombre de matières colorantes très restreint. On a trouvé sur les étoffes provenant des tombeaux égyptiens et d'autres lieux de sépulture antiques, la garance, l'indigo, la gaude, la pourpre. On connaissait aussi dans les temps les plus reculés le chamois de fer et les noirs produits par les sels de fer et les astringents. La même matière colorante qui est contenue dans l'indigo, produit de l'Orient, se trouve aussi, quoiqu'en quantité beaucoup moindre, dans le pastel cultivé autrefois dans toute l'Europe. Dans l'Inde il existe un certain nombre de plantes tinctoriales, servant à l'usage des indigènes, mais, à l'exception de l'indigo, elles n'ont guère été importées en Europe. La découverte de l'orseille, matière colorante développée au moyen des principes cristallins incolores contenus dans certains lichens, est dûe à un Florentin et date de l'année 1300. La cochenille fut importée du Mexique en 1518 et fit bientôt une concurrence victorieuse au kermès européen, moins beau et moins brillant. L'Amérique nous donna encore, peu après sa découverte, le bois de campêche, le bois jaune ou Cuba et le bois rouge, Brésil et Lima. L'écorce de quercitron, provenant des Etats-Unis de l'Amérique du Nord, fut employée pour la première fois en teinture par Bankroft en 1780.

Parmi les couleurs minérales le bleu de Prusse fut découvert en 1704. Le jaune de chrome en teinture ne date que du commencement du dix-neuvième siècle. A ce moment on employait encore en teinture et en impression le vert de chrome, le brun de manganèse, les verts à l'arsenic et au cuivre et l'outremer artificiel.

A côté de ces colorants mentionnons encore le cachou *pour bruns*, le santal, la graine de Perse, le rocou ou orléans, le curcuma, le safflor ou carthame et l'épine-vinette, et nous aurons épuisé la liste des colorants dont on disposait jusque vers 1850. C'est la seconde moitié du dernier siècle qui amena dans les industries de la teinture et de l'impression une révolution complète et une évolution dont nous ne prévoyons pas encore la fin.

On rapporte généralement l'ère des matières colorantes artificielles à l'année 1856, date à laquelle Perkin découvrit la Mauvéine. Cette assertion n'est pas rigoureusement exacte, car avant 1856, deux colorants artificiels, l'acide picrique et la murexide avaient déjà trouvé un certain emploi industriel.

L'*acide picrique*, obtenu dès 1771 par Woulfe en faisant réagir l'acide nitrique sur l'indigo et préparé en 1842 par Laurent au moyen de l'acide phénique du goudron de houille, fut appliqué à la teinture de la soie en 1849 par Guinon, de Lyon. Pendant de longues années ce colorant fut employé à cet usage ainsi qu'à la teinture de la laine. Il est remplacé maintenant par d'autres colorants jaunes plus solides, mais il a encore une grande importance comme substance explosive.

La murexide, découverte par Prout et étudiée en 1838 par Liebig et Wœhler, fut appliquée à la teinture et à l'impression de la soie et de la laine en 1855 par les frères Depouilly. En 1856 Charles Lauth réussit à la fixer aussi sur coton. Les nuances violet et pourpre, obtenues, étaient assez faux teint ; aussi depuis la découverte des couleurs d'aniline, l'emploi de la murexide a complètement cessé.

Il n'en fut pas de même de la mauvéine. Par sa beauté, son éclat, sa solidité relative, cette couleur fit sensation. Les chimistes se dirent, avec raison, que l'aniline, dont dérivait ce colorant, pourrait sans doute le fournir encore par des procédés différents de celui breveté par Perkin. Bien plus, on pensait que cette base serait peut-être susceptible de produire encore des teintes autres que le violet. On la soumit donc à l'action des réactifs les plus divers. En 1859, Verguin, en la traitant par le tétrachlorure d'étain, obtint une magnifique couleur rouge, la fuchsine. Le succès de cette couleur, dont l'éclat éclipsait tout ce qu'on avait vu jusqu'à ce jour, fut retentissant. Bien plus encore qu'avant, les chimistes de tous pays se vouèrent avec ardeur à l'étude de l'aniline. Les résultats ne se firent pas attendre. De 1860 à 1866 les découvertes sensationnelles se suivirent coup sur coup. La découverte de la mauvéine était dûe au hasard, ou, pour parler d'une manière plus précise, elle avait été trouvée sans qu'on la cherchât, dans le cours d'une étude ayant un but tout différent.

Le jeune William Henry Perkin, âgé seulement de dix-huit ans, travaillant en 1856 au laboratoire d'Hofmann à Londres, eut l'idée ambitieuse de réaliser la synthèse de la quinine, $C^{2c}H^{24}O^2N^2$. La formule de l'allyl-toluidine étant $C^{10}H^{13}N$, Perkin se dit qu'en enlevant de l'hydrogène et ajoutant de l'oxygène à deux molécules d'allyl-toluidine, on devait pouvoir obtenir la quinine ou du moins un isomère de cette base. Partant de cette idée il soumit l'allyl-toluidine à l'action des oxydants. Il n'obtint pas de quinine de cette manière, mais, dans certaines conditions il observa une coloration violette. La plupart des chimistes, en présence de cette déconvenue, auraient abandonné la partie. Perkin, au contraire, poursuivit cette réaction et se demanda s'il n'y aurait pas moyen d'utiliser la matière colorante qui s'était formée alors qu'il avait espéré trouver un médicament. Comme l'allyl toluidine était difficilement accessible, il étudia d'abord l'action du bichromate sur l'aniline et constata avec satisfaction que le rendement en matière colorante était dans ce cas encore plus favorable. Des essais de teinture et d'impression montrèrent que le nouveau colorant, le « mauve » ou la « mauvéine » présentait un grand intérêt. Aidé par un frère aîné et commandité par son père, le jeune inventeur n'hésita pas à entreprendre la fabrication de son colorant sur une échelle industrielle. La tâche n'était pas facile car toutes les conditions requises pour la nouvelle industrie faisaient défaut. L'aniline n'était pas un produit commercial. Pour l'obtenir il était nécessaire de purifier la benzine du goudron de houille, de mettre au point sa nitration et sa réduction. Heureusement pour Perkin, Béchamp venait de publier ses travaux. Dans l'espace d'une année Perkin réussit à surmonter toutes les difficultés et parvint à livrer à l'industrie son colorant en quantités déjà importantes.

La fuchsine, découverte ainsi que nous l'avons vu par Verguin en 1859, avait été entrevue par Hofmann l'année précédente. En faisant réagir le tétrachlorure de carbone sur l'aniline, ce savant avait obtenu, à côté d'une substance blanche cristallisée qu'il caractérisa comme triphénylguanidine, une solution d'un rouge magnifique, dont il ne tint aucun compte. Cette solution rouge contenait, ainsi qu'il fut démontré plus tard, de la fuchsine. Pour cette raison on attribue dans certains livres la découverte de la fuchsine à Hofmann. Cela ne me paraît pas juste. On ne peut pas appeler inventeur d'une matière colorante celui qui, tout en l'ayant en main, la rejette comme un produit accessoire sans intérêt et n'en poursuit, ni la préparation pratique, ni l'application : le véritable inventeur est celui qui la prépare de propos délibéré et qui en utilise les propriétés tinctoriales.

La maison Renard frères et Franc, de Lyon, dont Verguin était le chimiste, reconnut de suite la grande valeur de la fuchsine et en monta la fabrication industrielle. Le procédé primitif ne donnait que de faibles rendements. Grâce aux travaux de Girard et de Laire, Medlock, Nicholson, Lauth et Depouilly, Gerber-Keller, les modes de fabrication furent rapidement améliorés, et la fuchsine, dont le prix était au début de 1.500 francs le kilo, fut vendue déjà peu d'années plus tard à 40 francs. Vers 1914 elle ne valait guère plus de 6 ou 7 francs.

Encouragés par ce beau succés les chimistes s'attachèrent de tous côtés à l'étude des colorants. D'une part on soumit l'aniline aux réactions les plus variées, d'autre part on fit réagir sur la fuchsine les substances les plus diverses. C'est dans cette dernière voie qu'on réalisa les premiers résultats pratiques.

En 1860 Girard et de Laire obtinrent les violets et les bleus phényliques, en faisant réagir l'aniline sur la fuchsine ; en 1862 Hofmann, en traitant ce colorant par les iodures alcoyliques, le transforma en violet et en vert. Dès 1860 Charles Lauth avait obtenu au moyen de l'aldéhyde un violet que Cherpin transforma en un vert, intéressant à ce moment mais qui n'est plus employé de nos jours.

En 1862 Nicholson découvrit la phosphine ; en 1864 le brun de phénylène-diamine, la première matière colorante azoïque pratiquement employée fut découvert par Martius qui, peu après, trouva aussi le jaune qui dans l'industrie porte son nom (dinitronaphtol). L'année 1866 donna naissance au violet de Paris, de Lauth, au procédé de fabrication de la fuchsine à la nitrobenzine, de Coupier, ainsi qu'aux bleus de diphénylamine de Girard et de Laire.

En 1869 Graebe et Liebermann réalisèrent la synthèse de l'alizarine ; c'était la première matière colorante naturelle préparée artificiellement.

En 1876-1877, grâce aux travaux de Roussin et de Witt, commence le développement extraordinaire des couleurs azoïques ; en 1893, Vidal et Bohn inaugurèrent l'ère des colorants au soufre obtenus au moyen de corps chimiques définis, tandis que dès 1873 Croissant et Bretonnière avaient préparé des colorants de ce genre par l'action du polysulfure de sodium sur la sciure de bois, les résidus de bois teinture épuisés et d'autres produits analogues.

De 1879 à 1882, Baeyer avait éclairci la constitution de l'indigotine et en avait réalisé de nombreuses synthèses. Ce n'est cependant qu'à partir de 1897 que l'indigo artificiel fut introduit dans l'industrie, d'après un procédé trouvé par Heumann, à la suite des travaux persévérants de la Badische Anilin und Soda-Fabrik.

La dernière décade du siècle passé et les premieres années de ce siècle sont caractérisées par un essor extraordinaire des couleurs dérivées de l'anthraquinone, ainsi que par la découverte de nouvelles séries de colorants indigoïdes.

Comme on le voit par ce très bref et très incomplet résumé, l'industrie des colorants artificiels n'a fait que croître depuis son origine et elle a pris un développement dont on ne prévoit pas encore la fin.

L'étude scientifique des couleurs suivit de près, et, dans certains cas, précéda même l'exploitation industrielle. Dès 1862, Hofmann, alors professeur en Angleterre, commença la publication de ses importances recherches sur la fuchsine et ses dérivés, dont la constitution ne fut pourtant définitivement établie qu'en 1878 par Emile et Otto Fischer. Un nombre immense de travaux sur la composition et la constitution des matières colorantes fut publié dans ces cinquante dernières années, particulièrement en Allemagne. Pour ce qui concerne les relations entre le pouvoir colorant des corps organiques et leur constitution chimique, nous avons à citer en particulier les travaux de Graebe, de Liebermann, de Witt et de Kostanecki. Grâce à la théorie des chromophores, des chromogènes et des auxochromes de Witt, les matières colorantes, dont le nombre se monte à des dizaines, voire même à des centaines de mille, peuvent être classées en un nombre assez restreint de familles, caractérisées par leurs chromophores. Nous pensons qu'il ne sera pas sans un certain intérêt de passer en revue, au point de vue de leur développement historique, ces diverses familles de colorants.

Après chaque colorant nous mentionnerons le nom de l'inventeur, quand celui-ci est connu, et la maison qui l'a introduit en premier lieu dans le commerce.

Dérivés nitrés

1771. — Acide picrique.— Woulfe, au moyen de l'indigo. Préparé en 1842 par Laurent au moyen du phénol du goudron, employé à la teinture de la soie par Guinon en 1849.

1864. — Jaune de Martius. Binitronaphtol. — Martius. — Roberts, Dale et Cie.

1874. — Hexanitrodiphénylamine. — Kopp et Gnehm. — Bindschedler et Busch.— 1876, Aurantia, A. G. F. A.

1879. — Jaune de naphtol acide. — Caro. — Badische.

1820. — Nitroalizarine. — Bankroft. — Acide nitrique sur rouge turc.

1874. — Nitroalizarine. — Strobel, vapeurs nitreuses sur tissu teint.

1875. — Nitroalizarine, produit en nature. — Rosenstiehl, Caro. — Badische.

1878. — Substitut d'orseille. — Roussin. — Poirrier, Saint-Denis.

1886. — Vert de méthylène. — Ullrich. — Hœchst.

1887. — Jaune d'alizarine GG. — Nietzki. — Hœchst.

1889. — Rouge de paranitraniline. — Koechlin. — Ullrich. — Hœchst.

1892. — Rouge d'anthracène. — Gnehm et Schmid. — Industrie chimique Bâle.

Dérivés nitrosés

1875. — Dinitrosorésorcine. — Fitz. — Introduit dans l'industrie par Hœchst, 1887.

1875. — Nitroso-β-naphtol. — Fuchs. — Hœchst.

1887. — Combinaison bisulfitique du précédent.

1883. — Vert de naphtol. — O. Hoffmann. — Cassella.

1889. — Dioxine. — Bender. — Leonhardt.

Dérivés azoïques

Diazodinitrophénol (par l'acide picramique et acide nitreux), découvert par Griess en 1858, suivi par les diazoamino, les diazo des acides carboxyliques, et enfin par les diazo simples.

Aminoazobenzol. Mène, 1861 ; Dale et Caro, 1863.

Brun de phénylène-diamine (Martius), 1863.

Chrysoïdine (Witt), 1876 ; Orangés de Poirrier (Inventeur Roussin), 1876.

Publications de Hofmann sur la Chrysoïdine et les Orangés, 1877. — Ponceaux de Hœchst, 1879.

Noirs naphtols, 1885. — Couleurs de benzidine, à partir de 1884. — Primuline, 1887.

Couleurs formées sur tissus, rouge para, bordeaux, 1889.

Noirs diamine et autres diazotés sur tissus, 1889.

Chromotropes, 1890. — Couleurs chromatables au moyen des ortho-aminophénols découvertes en 1893, grandement employées depuis 1901, préparées en partie par Griess en 1878.

A celles-ci se rattachent les couleurs substantives développées sur tissu par la paranitraniline.

Emploi de l'acide J. depuis 1900. — Rosanthrènes, 1903. (Société p. l'industrie chimique, Bâle.)

Le nombre des matières colorantes azoïques étant très considérable et celles-ci appartenant à toutes les classes, il semblé pratique de traiter chaque classe à part en suivant l'ordre chronologique.

Colorants basiques

1863. — Brun de Manchester. — Martius. — Roberts, Dale et Cie.
1876. — Chrysoïdine. — Witt. — Williams, Thomas et Dower.
1891. — Bleu indoïne. — Julius. — Badische.
1892. — Bleu et orange au tannin. — Weinberg. — Cassella.
1896. — Couleurs Janus. — Roser. — Hœchst.

Le brun et la chrysoïdine sont employés aussi pour développer sur tissu des bruns par traitement à la paranitraniline diazotée.

Colorants acides (pour laine et soie)

1877. — Orangés Poirrier. — Roussin. — Poirrier. — Tropéolines Witt. — Williams, Thomas et Dower.
1878. — Rouge solide. — Roussin, Caro. — Poirrier, Badische. — Jaune solide. — Graessler. — Kalle.
1879. — Ponceaux. — Baum. — Hœchst. — Ecarlate Biebrich. — Nietzki. — Kalle.
1881. — Crocéines. — Bayer.
1883. — Ponceau cristallisé. — Hofmann. — Cassella.
1884. — Tartrazine. — Ziegler. — Bindschedler et Busch.
1885. — Noir naphtol. — Cassella.
1888. — Noir naphtylamine. — Cassella.
1889. — Azofuchsine. — Bayer.
1890. — Chromotropes. — Kuzel. — Hœchst.
1891. — Noir bleu naphtol: — Cassella.
1896. — Bleu (et violet). Lanacyle. — Cassella.

1897. — Bleu tolyle et autres (H diazoté sur $C^{10}H^6\left(N{<}{C^6H^5 \atop H}\right)(SO^3H)$.
$$(1) \qquad (8)$$

Colorants à mordants

1883. — Azarine. — Spiegel. — Hœchst.
1884. — Jaune solide au savon. — Rosenstiehl. — Saint-Denis.
1885. — Rouges pour drap. — Appliqués sur chrome par Kallab (connus dès 1879). — Oehler).
1887. — Jaune d'alizarine GG. — Nietzki. — Hœchst.
1889. — Noirs diamant. — Lauch et Krekeler. — Bayer.

1890. — Jaune d'anthracène. — Nietzki. — Hœchst.
1892. — Rouge anthracène. — Gnehm et Schmid. — Industrie chimique.
1902. — Noir diamant PV. — Kahn. — Bayer.

Les noirs diamant et suivants peuvent aussi être teints directement et fixés ensuite par le fluorure de chrome ou le bichromate, et se rattachent par là aux couleurs chromatables.

Colorants chromatables

1890. — Chromotropes. — Kuzel. — Hœchst.
1890. — Azorubine. — Découverte dès 1883 par Witt mais employée au chrome seulement en 1890.
1893. — Violet au chrome. — Erdmann et Borgmann. — Hœchst.

Les dérivés des orthoaminophénols et de leurs acides sulfonés brevetés dès 1893 par Erdmann et Borgmann n'ont reçu un emploi important que depuis 1900.

1901. — Dérivés du nitroaminophénolsulfo, $OH : NH^2 : NO^2 : SO^3H = 1.2.6.4.$ — Hœchst. Dérivés du diaminophénolsulfo, $OH : NH^2 : NH^2 : SO^3H = 1.2.6.4.$ Hœchst.
1903-1904. — Dérivés de l'aminonaphtolsulfo, $NH^2 : OH : SO^3H = 1.2.4.$ — Badische, Geigy, Kalle.

Depuis quelques années grande application de colorants se teignant avec le bichromate sur un seul bain. « Couleurs métachrome » avec bichromate d'ammoniaque.

Colorants substantifs

1884. — Congo. — Boettiger. — A.F.G.A. — Chrysamine. — Frank. — Bayer.
1885. — Benzopurpurine. — Duisberg. — Bayer.
1886. — Couleurs hessoises (Chrysophénine). — Bender. — Leonhardt.
1887. — Rouge de Saint-Denis. — Rosenstiehl et Noelting. — Saint-Denis.
1889. — Violet diamine. — Cassella. — Noir diamine RO. — Cassella.
1890. — Bleu diamine. — Cassella. — Noir diamine BH. — Cassella.
1887. — Jaune thiazol. — Bayer.
1887. — Benzo bruns. — Bayer.
1890. — Jaune chloramine. — Bayer.
1891. — Vert diamine. — Hofmann et Daimler. — Cassella.
1901. — Noir Schoellkopf. — Schoellkopf. — Buffalo.

1900. A partir de cette année commence à s'introduire l'emploi de l'acide J dont les dérivés monoazoïques ont déjà de l'affinité pour le coton : $CO\left\langle\begin{array}{l} NH - J. \\ NH - J. \end{array}\right.$

1903. — Rosanthrènes

$$RN = N - \text{(naphtalène)} \begin{array}{l} SO^3H \\ OH \end{array} - NH - COC^6H^4NH^2$$

Après cela dérivés thiazoliques et imidazoliques. Colorants développés sur tissu par la paranitraniline.

Colorants formés directement sur le tissu

1880. — Premiers essais infructueux, par Holliday.

1889. — Rouge para, bordeaux, etc. — Horace Koechlin.

1903. — Brun au moyen de la chrysoïdine.

1912. — Naphtol AS. — Griesheim-Électron.

Colorants triphénylméthaniques

1859. — Fuchsine. — Verguin. — Renard frères et Franc. — Procédé à la nitrobenzine. — Coupier, 1869. — Coralline. — Persoz, Kolbe, Schmidt.

1860. — Violets et bleus phényliques. — Girard et de Laire. — Sulfonés par Nicholson en 1862.

1863. — Violets Hofmann.

1866. — Violet de méthyle. — Lauth. — Poirrier. — Bleus de diphénylamine. —
Girard et de Laire.

1877. — Fuchsine acide. — Caro. — Badische.

1878. — Vert malachite. — Dœbner. — O. Fischer, A. G. F. A.

1879. — Verts acides.

1883. — Violet cristallisé, bleu Victoria. — Kern et Caro. — Badische, Ind. chim.

1885. — Violets acides. — Badische.

1888. — Bleu patenté. — Hœchst. — Azoïques du vert malachite. — Bayer.

1889. — Violet au chrome. — Sandmeyer. — Geigy. — Fuchsine nouvelle. —
Homolka. — Hœchst.

1891. — Vert au chrome. — Bayer.

1893-1899. — Colorants dérivés de l'hydrol par condensation avec des naphtalines
sulfonées. — Bayer.

1896. — Sétoglaucine et cyanine (o-Cl). — Sandmeyer. — Geigy. — Erioglaucine
(o-SO^{3}H).

1906 et suivantes. — Eriochromiques dérivés d'aldéhydes orthochlorées ou orthosul-
fonées et d'acides oxycarboryliques. Couleurs chromatables. — Geigy.

Dérivés xanthéniques

1887. — Rhodamine B. — Cérésole. — Badische.

1888. — Rhodamine S. — Kahn et Majert. — Bayer.

1888. — Violamines. — Schmid, Boedecker. — Hœchst.

1889. — Pyronine. — Bender. — Leonhardt.

1891. — Rhodamine 3B. — Monnet. — Usines du Rhône. — Anisoline.

1892. — Rhodamine 6G. — Schmid, Bernthsen. — Badische, Industrie chimique.

1903. — Sulforhodamines (avec benzaldéhyde disulfonique). — Steiner. — Sandoz.

1910. — Rhodamine 5G. — Bayer.

1871. — Fluorescéine. — Baeyer. — Badische.

1874. — Eosine. — Caro. — Badische.

1875-76. — Dérivés iodés. — Noelting, Kussmaul. — Monnet, Bindschedler et Busch.

1876. — Dérivés de l'acide chlorophtalique. — Noelting. — Monnet.

1871. — Galléine. — Baeyer. — Céruléine. — Baeyer. — Introduits dans l'industrie
vers 1876, par Durand et Huguenin.

1879. — Bisulfitation. — Prud'homme.

Dérivés acridiniques

1862. — Phosphine. — Nicholson. — Nicholson.
1887. — Benzoflavine. — Rudolf. — Oehler.
1889. — Jaune d'acridine. — Bender. — Leonhardt.
1894. — Rhéonine. — Badische.
1894-99. — Alcoylation des dérivés acridiques. Acridonium solubles. — Ind. chimique.

Acridines de la série anthraquinonique

1900. — Acridone de l'α-phényl-aminanthraquinone. — Bayer.
1909. — Violet d'indanthrène. — Ullmann et Bally. — Badische.
1910. — Rouge d'indanthrène. — Luttringhaus. — Badische.
    (Voir aux couleurs à cuve anthraquinoniques).

Dérivés cétone-imidiques

1883. — Auramine O. — Kern. — Industrie chimique.
1889. — Procédé Sandmeyer DP 53.014. — Geigy.
1892. — Auramine G. — Industrie chimique.

Dérivés oxycétoniques et analogues

1886. — Galloflavine. — Bohn. — Badische.
1895. — Résoflavine. — Badische.
1889. — Jaune d'anthracène. — Rob.-E. Schmidt. — Bayer.
1881. — Gallacétophénone Nencki. — Bohn applications, 1889. — Badische. — Jaune
    d'alizarine A. — Bohn, 1889. — Badische.

Dérivés thiazoliques

1887. — Primuline. — Green. — Brooke, Simpson et Spiller. — Jaune thiazol. —
    Green et Evershed. — Brooke, Simpson et Spiller.
1888. — Thioflavine T. et S. — Green, Rosenheck. — Cassella.
1890. — Jaune chloramine. — Rogemont. — Guimon, Picard et A. G. F. A.
1902. — Couleurs jaunes et orangées dérivées des thiazols par sulfuration. — Wein-
    berg. — Cassella.

Dérivés quinoléiques

1856. — Cyanine. — Greville Williams.
1882. — Jaune de quinoléine. — Jacobson. — A. G. F. A. : Divers dérivés de Hœchst
    pour photographie.
1877. — Bleu d'alizarine. — Prud'homme. — Badische.
1888. — Vert et indigo d'alizarine. — Bohn. — Badische.
1892. — Vert d'α-aminoalizarine. — Braasch. — Hœchst.
1904. — Quinoléine de la benzanthrone. — Bleu foncé d'indanthrène BT. — Bally.
    — Badische.

Indophénols

1881. — Indophénol. — H. Kœchlin et Witt. — Cassella, Durand et Huguenin.

Depuis 1901 environ, de nombreux indophénols ont été employés comme
matières premières pour les colorants au soufre.

Azines. — Azonium

1856. — Mauvéine. — H.-W. Perkin. — Perkin et Sons.
1863. — Induline. — Caro. — Roberts, Dale et Cie.
1869. — Nigrosine. — Coupier. — Coupier.
1868. — Safranine. — Greville Williams. — Perkin. — Dupuy.
1868. — Rose de Magdala. — Schiendl. — Durand et Huguenin.
1880. — Rouge et violet neutre. — Witt. — Cassella.
1882. — Bleu neutre. — Witt. — Cassella.
1888. — Azocarmin. — Schraube. — Badische.
1888. — Indazine. — Weinberg. — Cassella.
1890. — Bleu naphtyle. — Hepp. — Kalle.
1892. — Ecarlate d'induline. — Schraube. — Badische.
1896. — Flavinduline. — Schraube. — Badische. — Safranines complexes sulfonées
    pour laine A. G. F. A.

Thiazines

1876. — Violet de Lauth. — Lauth (trouvé dès 1873). Bleu de méthylène. — Caro.
    — Badische.
1886. — Vert de méthylène. — Ullrich. — Hœchst.
1892. — Bleu brillant d'alizarine. — Heymann. — Bayer.

Les couleurs au soufre sont en grande partie des thiazines complexes sulfurées.

Oxazines

1879. — Bleu Meldola. — Meldola. — Cassella. — Cyanamine. — Witt.
1881. — Gallocyanine. — Horace Koechlin. — Durand et Huguenin.
1886. — Prune. — Kern. — Kern et Sandoz.
1889. — Bleu Dauphin. — Hagenbach. — Kern et Sandoz.
1889. — Bleu gallamine. — Geigy. — Geigy.
1893. — Dérivé éthylique. Bleu céleste. — Durand et Huguenin.
1885. — Muscarine. — Annaheim. — Durand et Huguenin.
1888. — Bleu de Nil. — Reissig. — Badische.
1890. — Bleu Capri (Crésyle, en 1892). — Bender. — Leonhardt.
1890. — Bleu méthylène nouveau. — Hofmann et Weinberg. — Cassella.
1893. — Phénocyanine. — De la Harpe. — Durand et Huguenin.
1898. — Leucogallocyanines. — De la Harpe et Vaucher. — Durand et Huguenin.
1898. — Bleu nitroso sur la fibre. — Fussgänger. — Ullrich. — Hœchst.
1907. — Violet moderne. — De la Harpe. — Durand et Huguenin.
1890. — Bleu fluorescent. — Bindschedler et Busch.

Oxyquinones (Naphtazarine)

1861. — Naphtazarine. Noir d'alizarine. — Roussin.
1887. — Combinaison bisulfitique de la naphtazarine. — Bohn. — Badische.
1897. — Vert foncé d'alizarine. (Phénol sur naphtazarine). — Bally. — Badische.
    Divers dérivés anilidés de la naphtazarine.

Couleurs produites par oxydation sur la fibre

1834. — Noir d'aniline en nature. — Runge.

1856. — Noir d'aniline à côté de la mauvéine. — Perkin.

1859. — Éméraldine sur la fibre. — Calvert, Clift et Lowe.

1860. — Noir sur la fibre. — Wood et Wright.

1863. — Premier véritable noir au cuivre. — Lightfoot. — Noir au prussiate Cordillot.

1864. — Noir au sulfure de cuivre. — Ch. Lauth. — Noir rongé au prussiate. — Prud'homme (1884).

1892. — Noir à la paraminodiphénylamine. — Ullrich.

1907. — Noir sans chlorate avec aniline et phénylène-diamine. — Green.

1888. — Ursol (Paraminophénol, Paraphénylène-diamine) pour pelleterie. — Erdmann. — A. G. F. A.

1904. — Brun paramine. — Henri Schmid. — Badische.

1908. — Brun fuscamine (avec prussiate).

1909. — Olives avec mélange des précédents. Ortamine (dianisidine). Paraxylidine (bleu).

1891. — Chromogène I (Ac. chromotropique). — Becke. — Hœchst.

Couleurs au soufre

1873. — Cachou de Laval. — Croissant et Bretonnière. — Poirrier.

1893. — Noirs à la dinitronaphtaline. — Bohn. — Badische. — Noirs aux nitro et aminophénols. — Vidal. — Poirrier.

1895. — Vert italien. — Lepetit. — Lepetit, Dolfus et Ganser.

1897. — Noir immédiat. — Kalischer. — Cassella.

1900. — Bleu pur immédiat. — Weinberg et Herz. — Cassella.

1899. — Noir au soufre T, ébullition aqueuse. — Priebs-Kaltwasser. — A. G. F. A.

1900. — Bleu pyrogène; dinitrooxydiphénylamine avec sulfure en solution alcoolique. — Bertschmann. — Industrie chimique.

1900. — Indophénols en solution alcoolique. — Bertschmann. — Industrie chimique. Indigo pyrogène (Indophénol de diphénylamine sulfuré).

1902. — Jaune et orange immédiat. — Weinberg et Lange. — Cassella.

1904. — Vert thional. Indophénol de   1-8-$C^{10}H^6(NH - C^6H^5)(SO^3H) + Cu$ Bôniger. — Sandoz.

1905. — Pourpre thiogène. — A. Schmidt. — Hœchst.

1908. — Bleu hydrone. — L. Haas. — Cassella.

Couleurs d'anthraquinone. — Couleurs à mordants pour coton, laine et soie. Couleurs directes et couleurs développables pour laine

1869. — Alizarine artificielle. — Graebe et Liebermann. — Badische, Hœchst, Bayer, Gessert, Perkin.

1871. — Alizarine sulfonée. — Graebe et Liebermann. — Badische, Hœchst, Bayer, Gessert, Perkin.

1874. — Purpurine. — De Lalande. — Badische, Hœchst, Bayer, Gessert, Perkin.

1876. — Flavopurpurine. — Schunk et Rœmer. — Badische, Hœchst, Bayer, Gessert, Perkin.

Orangé d'alizarine. — Rosenstiehl, Caro. — Badische, Hœchst, Bayer.

1877. — Bleu d'alizarine. — Prud'homme. — Badische.

1881. — Bleu d'alizarine bisulfité. — Brunck. — Badische.

1885. — Marron d'alizarine. — Bohn. — Badische.

1886. — Brun d'anthracène. — Bohn. — Badische. — (Découvert en 1877 par Seu-
berlich qui n'en avait pas reconnu les propriétés tinctoriales. Celles-ci
furent observées par Bourcart en 1881).

1888. — Vert et indigo d'alizarine. — Bohn. — Badische.

1890. — Bordeaux d'alizarine, Alizarines-Cyanines (Penta et Hexa). — Rob.-E.
Schmidt. — Bayer.

1891. — Bleu d'anthracène. — Bohn. — Badische.

1891-93. — Bleus d'anthracène sulfonés. — Bohn. — Badische.

1892. — Vert d'alizarine (d'amino). — Brasch. — Hœchst.

1893. — Vert acide d'alizarine. — Laubmann. — Hœchst.

1894. — Alizarine-viridine. — Rob.-E. Schmidt — Bayer. — Bleu noir d'alizarine.
— Rob.-E. Schmidt. — Bayer. — A partir de ce moment, commencent
les couleurs directes pour laine.

1894. — Vert d'alizarine-cyanine. — Rob.-E. Schmidt. — Bayer. — Alizarine-irisol.
— Rob.-E. Schmidt.

1894. — Alizarine-astrol. — Rob.-E. Schmidt. — Bayer. — Alizarine-saphirol. —
Rob.-E. Schmidt. — Bayer.

1898. — Bleu pur d'alizarine. — Rob.-E. Schmidt. — Bayer. — Violet d'anthraquinone. — Bally. — Badische.

1903. — Bleu direct d'alizarine. — Hepp et Hartmann. — Hœchst.

1907. — Alizarine-rubinol. — Bayer. — Pseudopurpurine synthétique. — Bayer.

Couleurs à Cuve

a) *Famille de l'Indanthrène*

1901. — Indanthrène. — Bohn. — Badische. — Flavanthrène. — Bohn. — Badische.

1902-03. — Indanthrène G. C. (Dérivés chlorés et bromés du premier), etc. — Bohn.
— Badische.

1904. — Bleu algol K (Dimethyl-Indanthrènes). — Bayer. — Bleu foncé d'indanthrène. — O. Bally. — Badische. — (Dérivés de la benzanthrone, le
dérivé nitré est vert). — Bleu foncé d'indanthrène B. T. (Dérivés de la
benzanthrone-quinoléine). — Bally et Isler. — Badische.

1905. — Anthraflavone. — Isler. — Badische. — Pyranthrone (jaune d'or d'indanthrène). — Scholl. — Badische.

1907. — Orange et cuivre d'indanthrène. — Kacer. — Badische.

b) *Dérivés acylés des Aminoanthraquinone (Algols)*

1908. — Jaune algol G. W. (Benzoyl-Amino). — Bayer. — Jaune Algol 3R. (Diben-
zoyl-diamino 1-5 et 1-8). — Bayer. — Rouge algol 5G. (Dibenzoyl-dia-
mino 1-4). — Bayer. — Rose algol R. — Bayer. — Ecarlate algol G. —
Bayer. — Violet brillant. — Bayer.

1908. — Jaune algol 3G. — Bayer.

1909. — Jaune hélindone 3GN. — Hœchst.

c) *Di et Tri-Anthrimides*

1906. — Rouge algol B. — Tomaschewski. — Bayer. — Bordeaux d'indanthrène B
extra. — Badische.

1907. — Rouge d'indanthrène B. — Kacer. — Badische.

1908. — Orange algol R. — Isler. — Badische. — Bordeaux d'indanthrène. — Isler.
— Badische.
1909. — Violet d'indanthrène. — Ullmann. — Bally. — Badische.
1910. — Rouge d'indanthrène. — Luttringhaus. — Badische. — (Ces deux derniers
sont des dérivés acridoniques.)
1912. — Jaune hydrone. — Cassella.

Dérivés sulfurés

1906. — Olive d'indanthrène. — Isler. — Badische.
1907. — Jaune cibanone R. — Industrie chimique. — Orange cibanone R. — Industrie chimique. — Brun cibanone. — Industrie chimique.
1908. — Bleu cibanone. — Industrie chimique.
1911. — Noir cibanone. — Industrie chimique.

Dérivés indigotiques

1881. — Indigo au moyen de l'acide propiolique (seulement sur tissu). — Baeyer,
Caro. — Badische.
1882. — Indigo par l'o-nitrobenzaldéhyde (pas industriel). — Baeyer. — Badische.
1892. — Cétone (sel d'indigo) (seulement sur tissu). — Kalle. — Indophore (seulement
sur tissu). — Badische.
1897. — Indigo au moyen de l'acide anthranilique. — Heumann. — Badische.
1898. — Indigo au moyen de l'o-nitrobenzaldéhyde. — Usines du Rhône. — Diméthylindigo. — Koetschet. — Usines du Rhône.
1900. — Indigo mono et dibromé. — Rathjen. — Rathjen.
1902. — Indigo au moyen de la sodium-amide. — Hœchst. — Indigo par le procédé
de l'isatine-anilide. — Sandmeyer. — Geigy.
1907. — Indigo tétrabromé, bleu ciba. — Engi. — Industrie chimique. — Héliotrope
ciba. — Engi. — Industrie chimique.
1908. — Vert ciba. — Engi. — Industrie chimique.
1909. — Indigo hexabromé. — Engi. — Industrie chimique. — Pourpre antique. —
Friedländer.

Dérivés thioindigotiques

1905. — Thioindigo. — Friedländer. — Kalle.
1906. — Ecarlate de thioindigo. — Albrecht. — Kalle. — Rouge ciba G (dérivé bromé).
— Engi. — Industrie chimique.
1906. — Violet ciba 3 B. — Industrie chimique.
1907. — Bordeaux ciba B. — Industrie chimique. — Brun hélindone. — Hœchst. —
Gris hélindone. — Hœchst. — Orange hélindone R. — Hœchst.
1907. — Ecarlate hélindone S. — Hœchst. — Orange hélindone D. — Hœchst.
1908. — Ecarlate ciba G et R. — Grob. — Industrie chimique.

Dérivés mixtes anthracène-indigotiques

1909. — Alizarine-indigo G. — Bayer. — Alizarine-indigo. — Bayer.
1910. — Bleu hélindone 3GN. — Hœchst.

Dérivés indigotiques complexes à constitution inconnue

1911. — Jaune ciba. — Engi. — Industrie chimique. — Rouge à cuve. — Engi. —
Industrie chimique. — Rouge pour laques. — Engi. — Industrie chimique.

Les tableaux ci-dessus ne contiennent sans doute pas toutes les matières colorantes importantes employées dans l'industrie, mais celles qui y sont mentionnées sont certainement parmi les plus employées et les plus représentatives, celles dont la découverte a marqué une époque et a eu une portée générale sur le développement de l'industrie des colorants.

Il est à remarquer que dans certaines familles de colorants les découvertes se sont arrêtées et que, depuis des dizaines d'années, aucun produit nouveau industriellement applicable n'est venu sur le marché. Dans d'autres familles au contraire la source des inventions n'a jamais été tarie. La plupart des familles de colorants sont anciennes, mais il en est d'autres, par exemple les colorants indigoïdes, dont la découverte ne remonte qu'à une quinzaine d'années.

L'avenir nous réserve-t-il la découverte de familles de colorants entièrement nouvelles ayant des chromophores autres que ceux que nous connaissons jusqu'à présent ? Nul ne le saurait dire ; mais le passé nous fait favorablement augurer du futur.

La recherche de nouvelles matières colorantes est toujours encore importante, non seulement au point de vue scientifique mais aussi au point de vue pratique et économique. Quoiqu'il existe peut-être un nombre suffisant de colorants pour réaliser toutes les nuances, des recherches ultérieures s'imposent parce que l'on ne juge pas la matière colorante uniquement d'après sa teinte mais aussi d'après sa *solidité* aux différentes épreuves, d'après sa *facilité d'application* et *d'après son prix de revient.*

La solidité que l'on exige d'un colorant ou plutôt de sa teinte se rapporte à l'emploi auquel on le destine.

Supposons qu'il s'agisse de la teinture d'une étoffe d'ameublement, on recherchera surtout la solidité de la teinte vis à vis de l'influence de l'air et de la lumière. Si cette étoffe est en laine et de nuance unie, on choisira parmi les matières colorantes teignant la laine, un produit correspondant à la nuance désirée et qui possédera en même temps une solidité suffisante à l'air et à la lumière. Mais il est assez rare que l'on teigne avec une couleur unique ; on opère le plus souvent avec des mélanges de matières colorantes. Supposons donc qu'il s'agisse de reproduire sur le tissu de laine un violet déterminé par mélange de bleu et de rouge. Ce violet subira l'action de la lumière et il sera indispensable que les deux couleurs possèdent à ce point de vue la même solidité. Si le bleu était moins solide que le rouge, au bout d'un certain temps la nuance au lieu de se dégrader dans le même ton deviendrait de plus en plus rouge par suite de l'altération du bleu. Dans le cas d'un vert produit par mélange de bleu et de jaune, si le jaune était moins solide que le bleu, l'action de la lumière aurait pour résultat de donner au vert une nuance de plus en plus bleue.

Les étoffes d'ameublement sont rarement teintes avec une seule couleur ; elles comportent le plus souvent des dessins à plusieurs couleurs, obtenus soit par voie de tissage, soit par voie d'impression. Or l'action destructrice de la lumière se fait sentir sur tout l'ensemble coloré ; il est donc indispensable que toutes les couleurs soient altérées de la même manière afin de conserver l'harmonie décorative des dessins.

C'est précisément cette harmonie relative des couleurs qui fait le charme de certaines tapisseries anciennes, l'action de la lumière s'étant manifestée d'une manière parallèle sur les différents colorants.

S'il s'agit d'une étoffe d'ameublement en soie, il faudra choisir parmi les matières colorantes teignant cette fibre, celles qui possèdent des qualités semblables. Pour le coton le choix des couleurs sera tout à fait différent, car les fibres végétales se teignent avec d'autres colorants. Ici encore on choisira parmi les couleurs teignant le coton, celles qui auront la propriété de se dégrader de la même manière sous l'influence de la lumière. Enfin certaines étoffes d'ameublement sont fabriquées avec des mélanges de fibres différentes, par exemple laine et soie, laine et coton, soie et coton. Il existe des matières colorantes ayant la propriété de teindre en même temps tous les constituants des tissus mixtes, et quelques-unes d'entre elles sont particulièrement résistantes à la lumière.

Nous voyons donc par cet exemple qu'en ce qui concerne le cas spécial des étoffes d'ameublement, il est indispensable que le technicien ait à sa disposition une série de matières colorantes ayant non seulement la propriété de se fixer sur l'une ou l'autre des fibres textiles avec une nuance déterminée, mais possédant de plus des caractères de solidité appropriés.

Supposons maintenant qu'il s'agisse de tissus destinés au linge de corps. La résistance à la lumière sera secondaire, on recherchera surtout la solidité à l'eau, au savon, au carbonate de soude; il faudra en un mot que ces teintes puissent résister à l'épreuve du blanchissage.

Pour la bonneterie, la résistance au savon ne sera pas encore suffisante, il faudra y ajouter la résistance aux émanations du corps généralement acides. Le teinturier emploiera des matières colorantes dont la résistance à la lumière sera secondaire, mais qui devront résister surtout aux solutions chaudes de savon avec addition de carbonate de soude, et alors aussi aux acides faibles. Il faudra, comme précédemment, que l'on trouve dans la palette des couleurs, des produits pouvant se mélanger les uns aux autres et ayant une solidité analogue.

Parfois on recherche des caractères de solidité très spéciaux ; citons l'action de la boue sur les vêtements. Celle-ci est généralement alcaline, de sorte que certaines nuances telles que le gris clair, produit par mélange de rouge et de vert, peuvent être altérées par cette alcalinité. Avant la découverte des verts dits verts *résistants aux alcalis* on préparait ces nuances grises au moyen de rouges azoïques et de verts sulfonés, or ces derniers sont décolorés par les alcalis, de sorte que la boue avait pour effet, en agissant sur le gris, mélange de rouge et de vert, de détruire le vert ; l'action de la boue se traduisait donc par des taches rouges. La découverte de verts résistants aux alcalis a donc été intéressante spécialement à cause de cette solidité particulière.

On exige des matières colorantes d'autres caractères de solidité si elles sont destinées à colorer, non des fibres textiles, mais des matières telles que le cuir, le papier, les vernis, etc...

Pour les cuirs destinés à la maroquinerie, la couleur devra résister à la lumière. L'industrie des cuirs pour chaussures emploiera au contraire des matières colorantes ne dégorgeant pas à l'eau et résistant aux alcalis.

Pour le papier, la couleur devra résister à la lumière et aux produits chimiques qui se trouvent mélangés dans les piles avec la pâte de papier.

Pour les papiers peints destinés à être tendus aux murs, on emploiera une catégorie de couleurs appelées *laques*, qui sont tout à fait insolubles dans l'eau, afin que l'humidité des murs ou de l'atmosphère n'ait pas d'action sur elles.

Pour la coloration des vernis, des corps gras, on emploie des matières colorantes ayant des qualités de solubilité spéciales dans les solvants qui constituent les vernis ou dans les substances grasses.

La coloration du celluloïd exige aussi un choix particulier des matières colorantes. La nitrocellulose peut se décomposer spontanément d'une manière très irrégulière avec production d'une petite quantité de vapeurs nitreuses, de sorte que si la masse est colorée avec une couleur susceptible de virer aux acides, il se produit des taches d'un effet fâcheux.

La solubilité des matières colorantes joue un rôle important. — Nous venons déjà de voir à propos de la coloration des vernis et des corps gras qu'il faut employer pour ces industries des couleurs ayant des solubilités spéciales ; la fabrication des encres grasses d'imprimerie rentre dans cette catégorie de produits. Pour les encres à écrire, on recherchera non seulement la solubilité dans l'eau, mais il faudra de plus que les solutions se conservent assez longtemps afin d'éviter le dépôt de la couleur.

L'industrie des toiles peintes a pour but d'imprimer sur les tissus des matières convenablement épaissies pour empêcher le coulage. On choisira des produits se solubilisant et se fixant lors de l'opération du vaporisage.

La facilité d'application est également essentielle. — S'il s'agit de teindre de la laine et de la soie, la fixation des matières colorantes basiques ou sulfonées se fait aisément, mais dans le cas des colorants d'alizarine ou de couleurs à mordants, il est nécessaire d'avoir recours à des traitements préliminaires appelés mordançage. Ceux-ci représentent une dépense et des frais de manipulation souvent considérables.

Pour la teinture du coton, la question est compliquée du fait que les matières colorantes, teignant directement le coton, étaient autrefois beaucoup moins nombreuses que les couleurs qui se fixent au moyen de mordants. On comprend l'intérêt considérable que l'on attache à la manière dont on fixe une matière colorante. Parfois les opérations de mordançage sont aussi coûteuses que la teinture elle-même. S'il s'agit d'une étoffe grand teint, les frais de teinture sont largement payés par le fait de la solidité des matières colorantes, mais pour les tissus bon marché, pour lesquels on n'exige généralement qu'une solidité relative, on devra recourir à des matières colorantes dont la fixation se fait à peu de frais. C'est pour cela que l'on recherchait et que l'on recherche encore actuellement surtout les matières colorantes susceptibles d'être fixées en un seul bain, et sans mordant.

Les colorants azoïques « directs », les colorants « au soufre » et les colorants « à cuve », découverts depuis à peine 40 ans, répondent pleinement à ce désidératum.

La question *du prix* est intimement liée à celle de la facilité d'application et de la solidité des matières colorantes. Pour les étoffes de valeur on recherchera moins l'économie des matières colorantes que la solidité répondant au prix du tissu, tandis que pour les articles très bon marché, celle-ci ne joue qu'un rôle secondaire, par exemple pour la coloration des papiers d'affiches.

D'autre part pour les couleurs bleues destinées à l'azurage du papier à lettres, couleurs que l'on emploie en faible quantité et qui doivent avoir une solidité considérable à la lumière afin de ne pas changer de nuance à l'endroit où le papier est plié, la question du prix n'entre presque pas en compte.

Nous pourrions multiplier les exemples des différentes applications des matières colorantes en parlant de la teinture de la paille, du bois etc. Mentionnons seulement comme dernier exemple les couleurs destinées à l'histologie et à la médecine. Pour celles-ci il ne s'agit plus de rechercher des propriétés analogues à celles que nous venons de citer, mais seulement leur action spécifique qui demande éventuellement une pureté absolue.

Les recherches ayant pour but la production de couleurs nouvelles sont de deux sortes.

On recherche soit des séries nouvelles soit de nouveaux représentants *dans les séries connues.*

Dans la seconde catégorie il s'agit de travaux de *recherches par analogie.*

On connait des règles qui, appliquées à des substances nouvelles, ont toute chance de donner des matières colorantes. Ainsi un nouveau phénol, une nouvelle amine, un nouveau dérivé sulfoné, pourront être étudiés successivement au point de vue de la préparation de nouveaux azoïques, de nouvelles couleurs du triphenylméthane, de nouvelles acridines, de nouvelles azines, etc.

Toutes les couleurs obtenues devront naturellement être essayées comparativement avec les produits analogues déjà connus.

Pour ce genre d'études il est indispensable de disposer d'une bonne préparation en chimie générale doublée d'une connaissance parfaite de ce qui a été déjà réalisé dans les différents domaines des matières colorantes. Pour aboutir à des résultats pratiques il faut en outre une grande persévérance, car le chimiste qui prépare des colorants nouveaux doit s'attendre à de nombreux résultats négatifs avant d'arriver à réaliser une découverte pratique.

Ceci explique la nécessité pour les fabriques de matières colorantes d'entretenir un état-major de chimistes de recherche, entraînant il est vrai des frais considérables. Ces frais n'ont pas effrayé les fabriques allemandes de matières colorantes, et comme chacun le sait, elles ont largement recolté ce qu'elles avaient semé.

Chromophores, chromogènes, auxochromes

Avant de commencer l'étude systématique des matières colorantes, nous dirons quelques mots des rapports qui existent entre la coloration d'un corps, ses propriétés tinctoriales et sa constitution.

De nombreuses théories ont été proposées pour expliquer ces rapports très intéressants. Les idées de Witt ont l'avantage de pouvoir être généralisées dans une certaine mesure et de s'appliquer à un grand nombre de classes de colorants. Aussi pensons-nous qu'il peut être utile de les résumer ici.

Corps colorés, matières colorantes. — Les premières idées relativement à l'influence de la constitution chimique sur la couleur des composés organiques furent publiées par Graebe et Lieberman en 1868 (*Ber.*, 1, 106). Elles découlaient des travaux de Graebe sur les quinones de la série naphtalique et de ceux de Graebe et Liebermann sur les colorants de l'anthraquinone et se résument dans les propositions suivantes :

« Les corps colorés deviennent incolores sous l'influence de l'hydrogène. « Ils l'additionnent en général ; ce n'est que dans les corps nitrés et nitrosés « que de l'oxygène est remplacé par de l'hydrogène. A la quinone colorée « $C^6H^4O^2$, correspond l'hydroquinone incolore $C^6H^6O^2$, à l'acide rosolique « $C^{20}H^{16}O^2$, l'acide leucorosolique $C^{20}H^{18}O^2$, à la rosaniline $C^{20}H^{19}N^3$ la leucaniline « $C^{20}H^{21}N^3$, au bleu d'indigo $C^{16}H^{10}N^2O^2$, le blanc d'indigo $C^{16}H^{12}N^2O^2$, à « l'azobenzol $C^{12}H^{10}N^2$, l'hydrazobenzol $C^{12}H^{12}N^2$ et ainsi de suite. Dans tous « ces exemples la réunion des atomes est plus intime dans les composés colorés. « De même dans les dérivés nitrés et nitrosés la couleur paraît être dûe à « la combinaison intime de l'azote et de l'oxygène. »

En somme les auteurs sont portés à attribuer aux corps colorés une structure quinonique, idée qui est partagée encore aujourd'hui par la majorité des chimistes.

En 1876 (*Ber.*, 9, 532) Witt pousse plus loin la tentative d'établir des relations entre la constitution des corps organiques et leur couleur. Il admet que la coloration est dûe à certains groupements particuliers qu'il appelle « chromophores ». Les *chromophores* se signalent, en général, par la présence de doubles liaisons. Quand un ou plusieurs groupes chromophores sont contenus dans une susbtance, elle devient un *chromogène*. Les *chromogènes* sont colorés ou même souvent encore incolores. Ils deviennent toujours *colorés* et acquièrent en général la propriété de se fixer sur les fibres par l'introduction de certains groupes, le plus souvent salifiables qui ont été appelés « auxochromes. » Les groupes *auxochromes* les plus importants sont OH, NH^2, NHR, NRR, ou R et R, sont des radicaux de la série grasse ou aromatique. Quelques autres groupes tels que $NH — NH^2$, NHOH, $NH — SO^2C^6H^5$ sont aussi des auxochromes.

Le caractère auxochrome des groupes OH est diminué par éthérification, OC^2H^5 par exemple, et encore davantage par acylation $OCO-CH^3$, $OCO-C^6H^5$, Quant au groupe NH^2 et NHR, son caractère auxochromique est diminué par acylation ; $NH — COCH^3$, $NH — COC^6H^5$, $NRCOCH^3$, $NRCOC^6H^5$ sont moins auxochromes que NH^2 et NHR. Il en est de même si le groupe amino tertiaire $N(CH^3)^2$ est transformé en ammonium $N(CH^3)^3Cl$. Les groupes SO^3H, COOH ne sont pas des auxochromes, mais ils rendent souvent possible la combinaison du corps coloré avec la fibre en le solubilisant. En effet les corps absolument insolubles peuvent bien être absorbés *mécaniquement* par les fibres, comme les poudres minérales, mais ils ne sont pas susceptibles de les teindre réellement.

On entend, par groupe « chromophore », un groupement atomique au sein de la molécule chromogène qui lui confère la propriété physique d'éteindre certaines fractions de radiations composant et propageant la lumière.

La molécule chromogène nous apparaîtra, en vertu de cette conception des phénomènes de la couleur, dans la nuance colorée qui est complémentaire aux radiations lumineuses éteintes.

Nous avons, ce que l'on nomme en physique, le phénomène de *l'absorption partielle de la lumière*. Nous rappelons que cette absorption peut être *sélective* ou *continue*, selon la netteté ou la continuité avec lesquelles la suppression des radiations, a lieu dans les différentes régions du spectre de la lumière dispersée par un prisme transparent.

Ainsi, quand un composé organique nous apparait en *rouge*, il renferme dans sa molécule un ou plusieurs groupements chromophores doués de la propriété de supprimer les radiations qui constituent la partie *verte* — (le vert est la couleur complémentaire du rouge) — du spectre que donne la lumière solaire.

La lumière solaire étant composée ou plutôt propagée par une superposition de radiation dont une partie seulement est perceptible par l'oeil humain, alors qu'une autre partie est invisible, nous devons également envisager la possibilité de groupements atomiques susceptibles d'absorber des radiations invisibles.

En dispersant de la lumière solaire au moyen d'un prisme en quartz, les radiations lumineuses donnent lieu à la formation d'un spectre coloré. Les radiations imperceptibles par l'oeil humain créent dans ces conditions les parties invisibles du spectre que l'on désigne comme *infrarouge* et *ultraviolet*. Pour reconnaître des annulations de radiations dans ces deux régions du spectre, l'on est obligé d'avoir recours à des moyens d'investigation spéciaux. Dans la partie ultraviolette du spectre, la sensibilité de la plaque photographique permet une étude particulièrement minutieuse. Elle a été pratiquée par W. N. Hartley, V. Henri, Bielecki, Jan Weigert, Formanek, Grandmougin, Kehrmann et autres.

La comparaison des résultats acquis nous amène à étendre la signification du terme « groupe chromophore » en y voyant, en général, des groupements atomiques à la faveur desquels la molécule chimique et organique est douée de la faculté d'absorber, avec plus ou moins de netteté des fractions plus ou moins grandes de radiations propageant la lumière et faisant partie de n'importe quelle région de son spectre.

Ces groupements atomiques sont caractérisés par au moins un atome de C. O, N et S uni à un autre atome par une double liaison.

Les chromogènes les plus importants sont résumés dans les tableaux suivants.

Il sont, comme on le voit, assez nombreux ; tous fournissent des dérivés appliqués pratiquement. Il en existe encore d'autres n'ayant qu'un caractère chromogène très faible, que nous ne mentionnerons pas, pour ne pas compliquer notre exposé. Il est infiniment probable qu'on trouvera encore bien des chromogènes nouveaux et il n'est nullemeut improbable que dans le nombre il ne s'en trouve, donnant des matières colorantes susceptibles d'une application pratique.

CLASSIFICATION DES MATIÈRES COLORANTES

A) Dérivés nitrés, azoïques. cétoniques

Chromophores	Chromogènes	Classes	Exemples
— NO_2	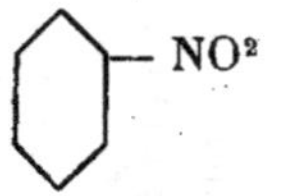 (noyau) — NO_2	Colorants nitrés	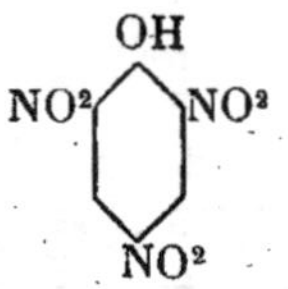 OH ; NO_2, NO_2, NO_2
— N = N —	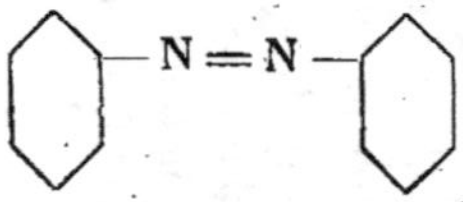 (noyau) — N = N — (noyau)	Azoïques	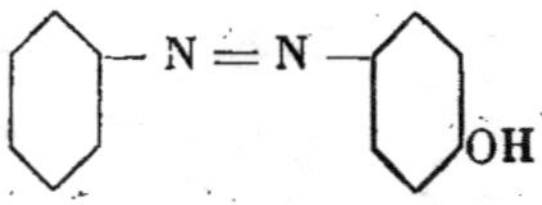 (noyau) — N = N — (noyau) OH
— CO —	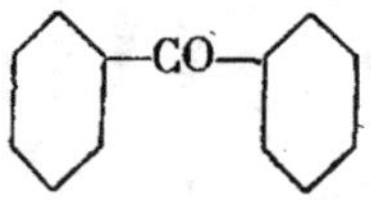 (noyau) — CO — (noyau)	Oxycétones	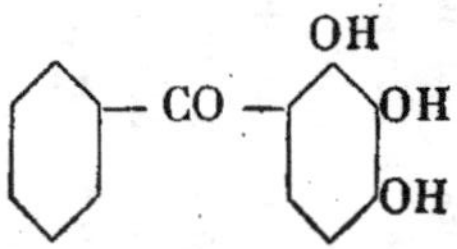 (noyau) — CO — (noyau) OH, OH, OH
— C = NH	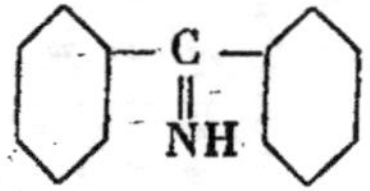 (noyau) — C = NH — (noyau)	Auramines	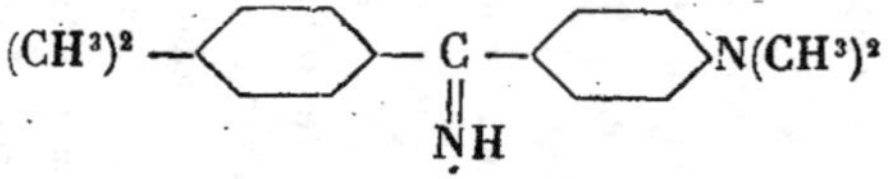 $(CH_3)_2$ — (noyau) — C(= NH) — (noyau) — $N(CH_3)_2$
CO / CO	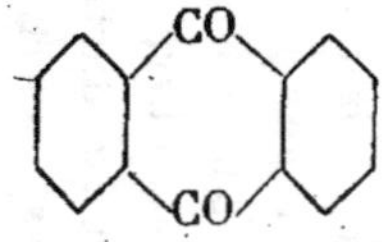 (noyau) — CO — CO — (noyau)	Couleurs anthracène [1]	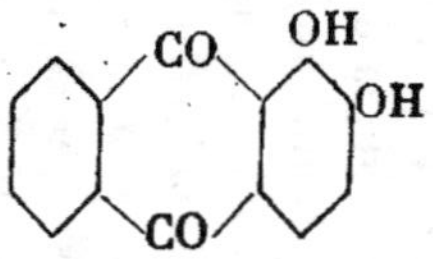 (noyau) — CO — CO — (noyau) OH, OH

(1) Les indanthrènes contiennent en dehors du chromophore $\begin{matrix} CO \\ CO \end{matrix}$ encore le $\begin{matrix} NH \\ NH \end{matrix}$

B) *Dérivés p-quinoniques*

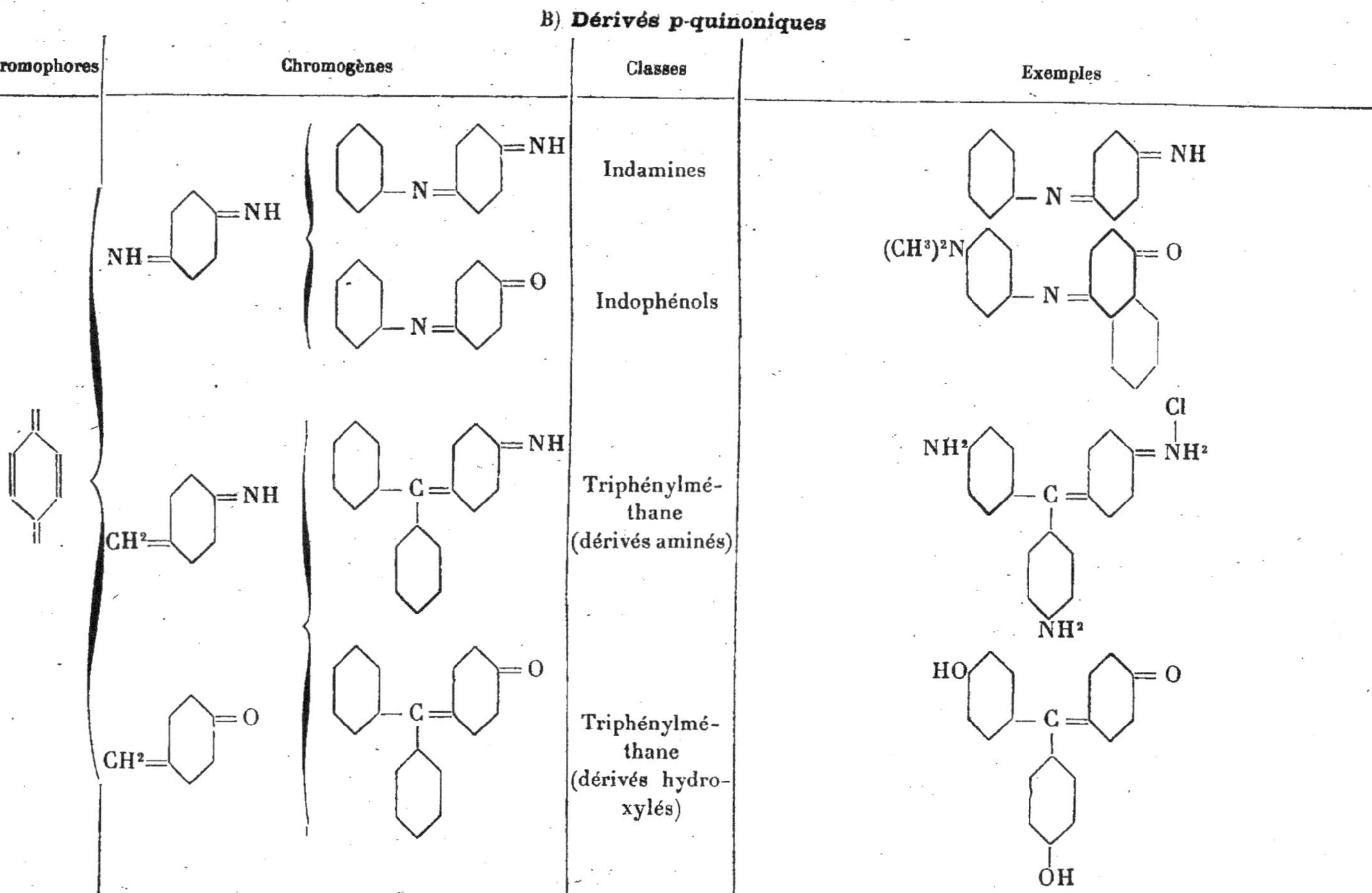

C) Dérivés o-quinoniques

Chromophores	Chromogènes	Classes	Exemples
$= O$ $= NOH$	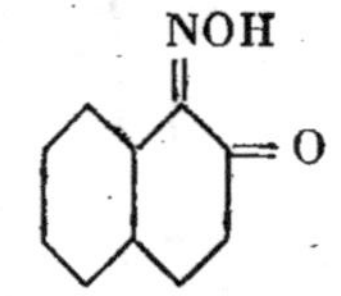	Ortho-quinone-oximes	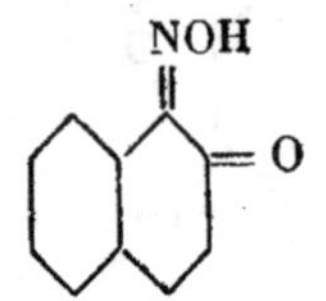
	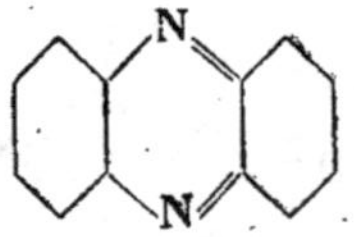	Azines (eurhodines) (eurhodols)	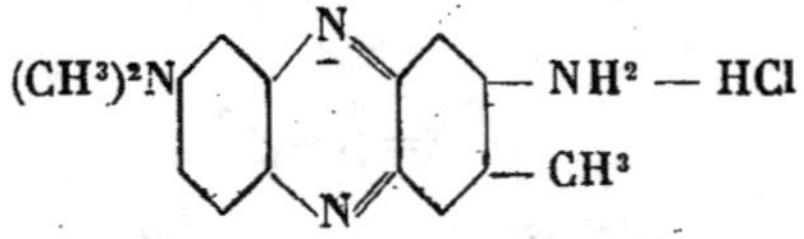
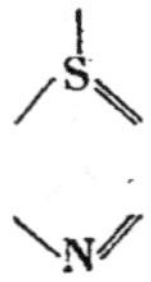	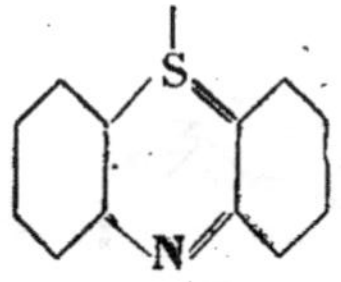	Thiazines (¹) (thiazones)	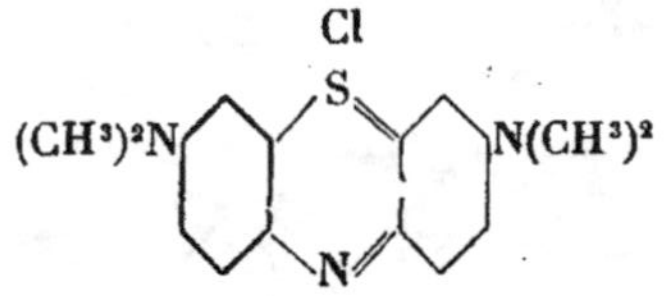
	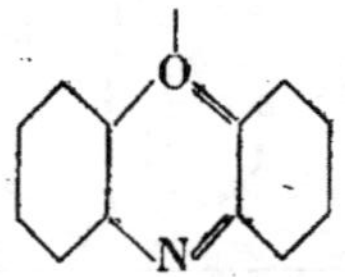	Oxazines (oxazones)	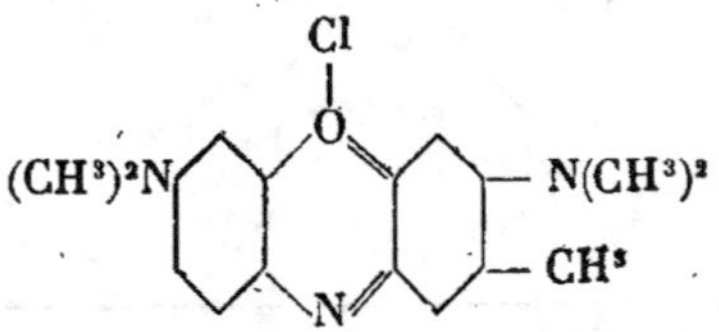

(¹) Ce groupement est contenu certainement aussi dans un grand nombre de couleurs au soufre.

C) Dérivés o-quinoniques (suite)

Chromophores	Chromogènes	Classes	Exemples
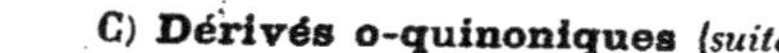			

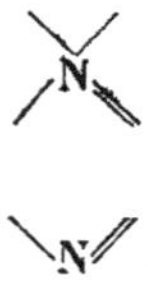

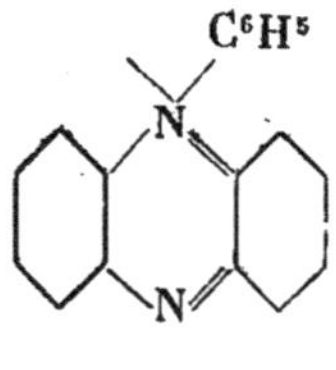

Safranines :
- Phéno-safranines
- Naphto-safranines
- Aposafranines (rosindulines)

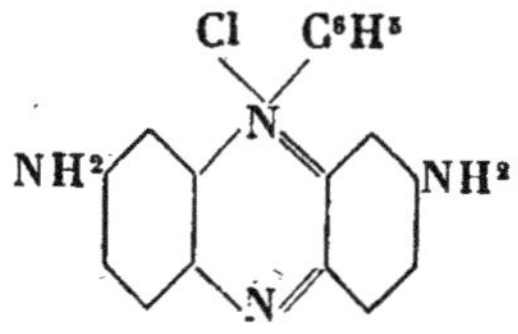

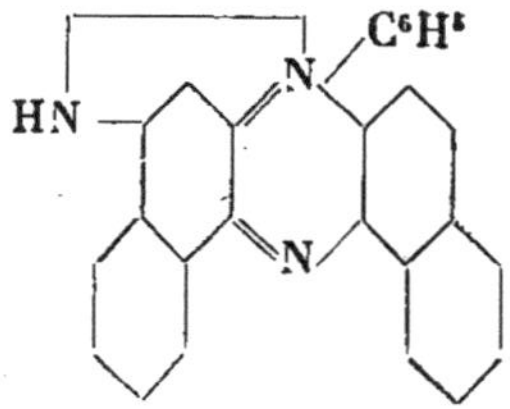

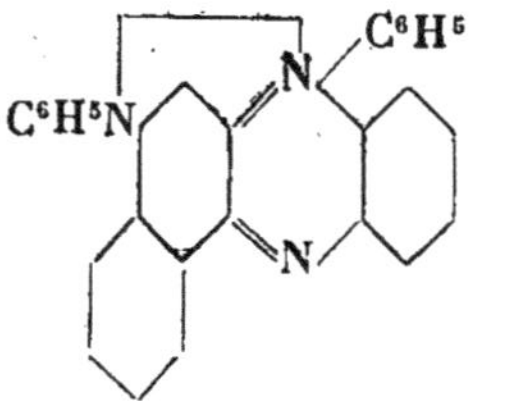

C) **Dérivés o-quinoniques** (*suite*)

Chromophores	Chromogènes	Classes	Exemples
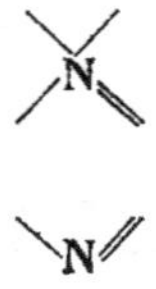	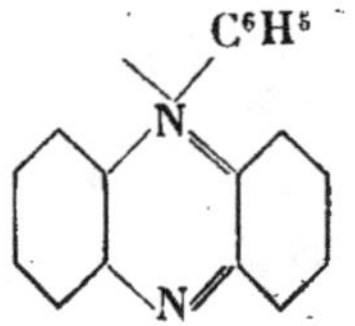	Safranines : Aposafranines (isosindulines)	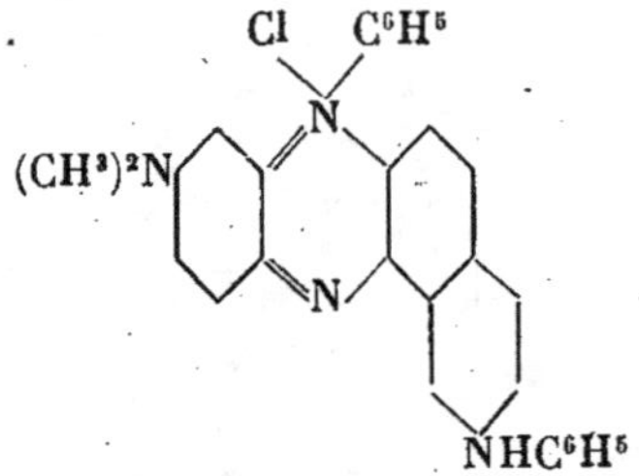
		Safranines : Indulines (¹)	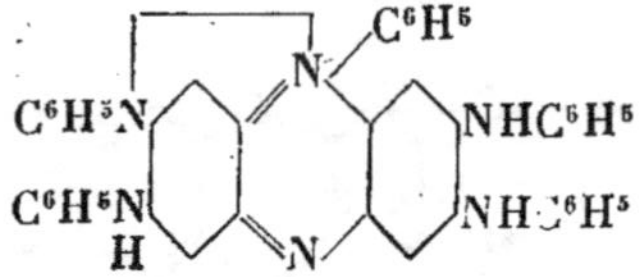
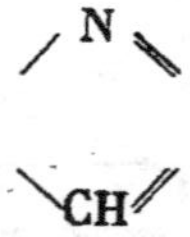	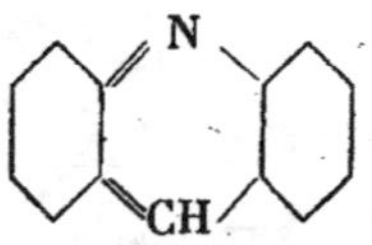	Acridines	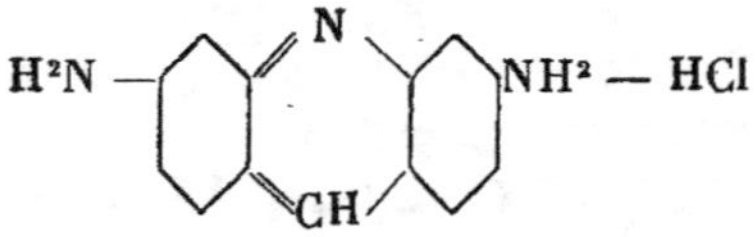

(¹) Les noirs d'aniline sont des indamines et safranines très complexes.

C) **Dérivés o-quinoniques** (*suite*)

Chromophores	Chromogènes	Classes	Exemples
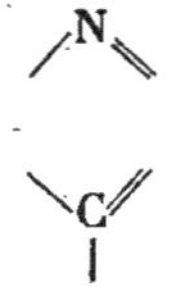	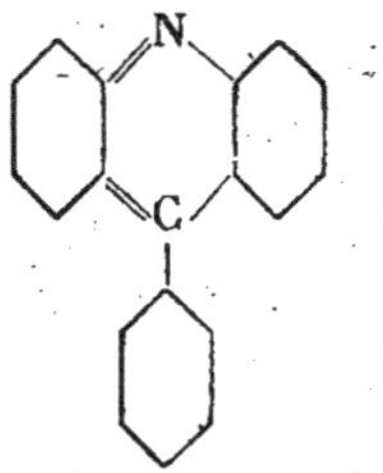	Phénylacridines	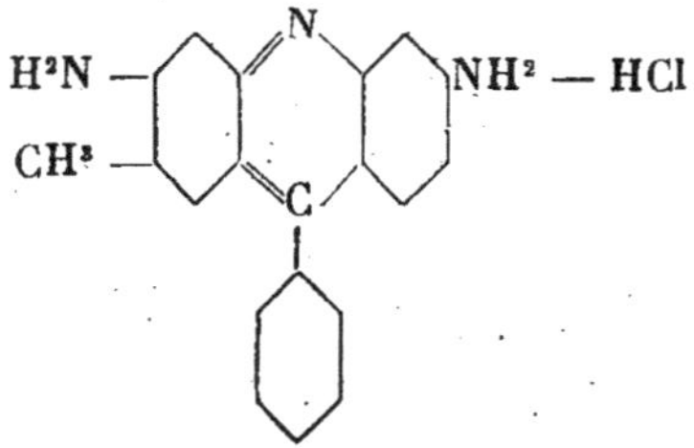
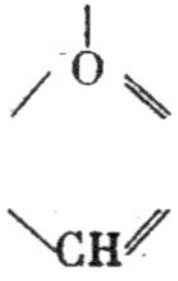	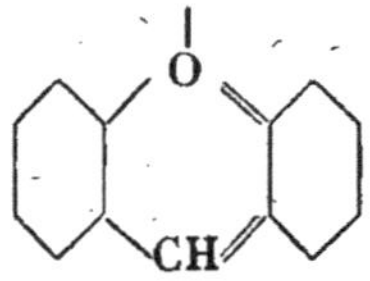	Pyronines	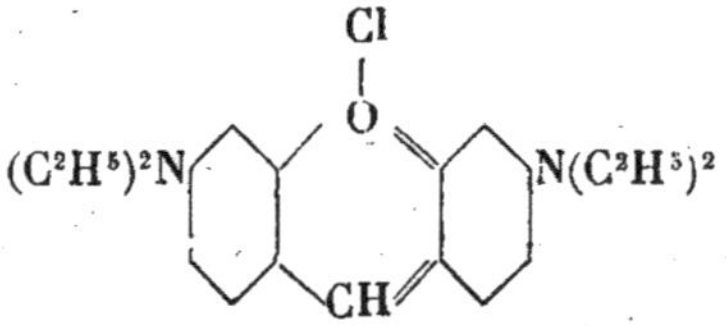
	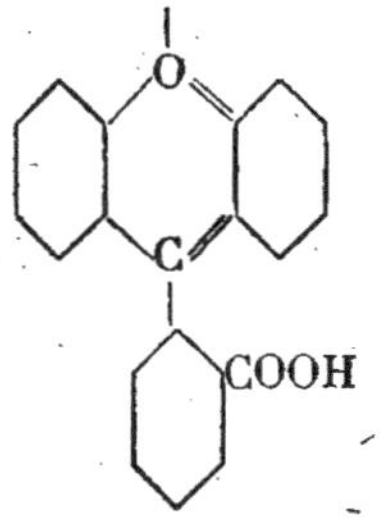	Phtaléines	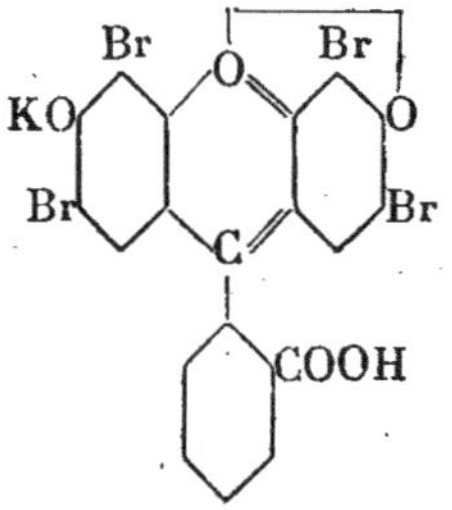

D) Colorants à cuve

Chromophores	Chromogènes	Classes	Exemples
	(NH, CO) C=C (NH, CO)	Indigo	C^6H^4 (NH, CO) C=C (NH, CO) C^6H^4
	(S, CO) C=C (S, CO)	Thioindigo	C^6H^4 (S, CO) C=C (S, CO) C^6H^4
	(S, CO) C=C (NH, CO)	Indigo mixte	C^6H^4 (S, CO) C=C (NH, CO) C^6H^4
	(NH, CO) C=C (CO—NH)	Indirubine	C^6H^4 (NH, CO) C=C (CO, C^6H^4, NH)
	(S, CO) C=C (CO—NH)	Ecarlate de thioindigo	C^6H^4 (S, CO) C=C (CO, C^6H^4, NH)
	(S, CO) C=C (CO)	Ecarlate Ciba	C^6H^4 (S, CO) C=C (CO)

D) Colorants à cuve (*suite*)

Chromophores	Chromogènes	Classes	Exemples
	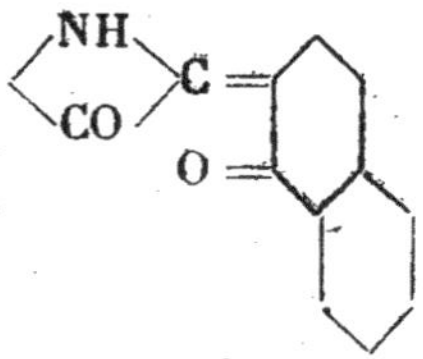	Alizarine indigo	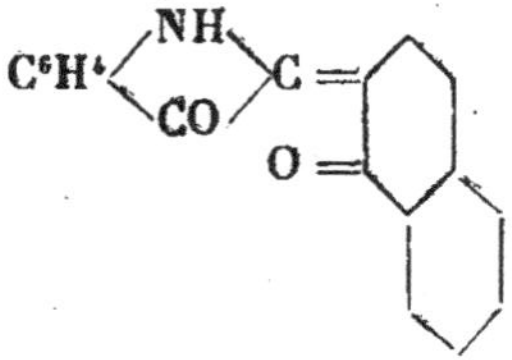

E) Colorants sulfurés

Chromophores	Chromogènes	Classes	Exemples
	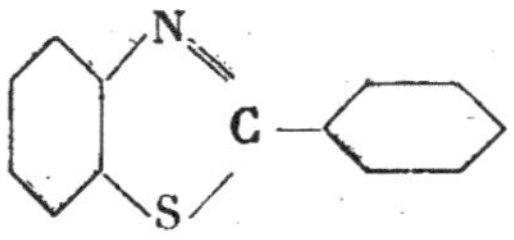	Colorants thio-benzényliques	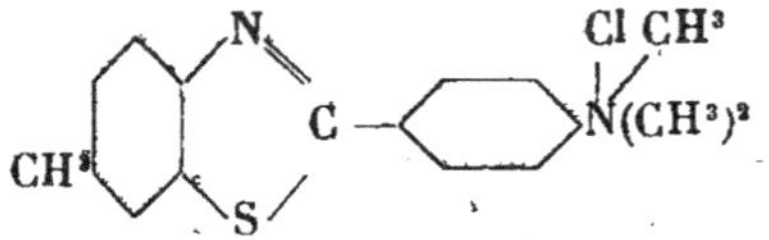
	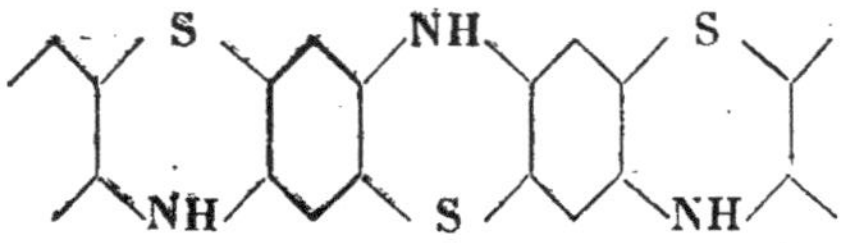	Noirs sulfurés	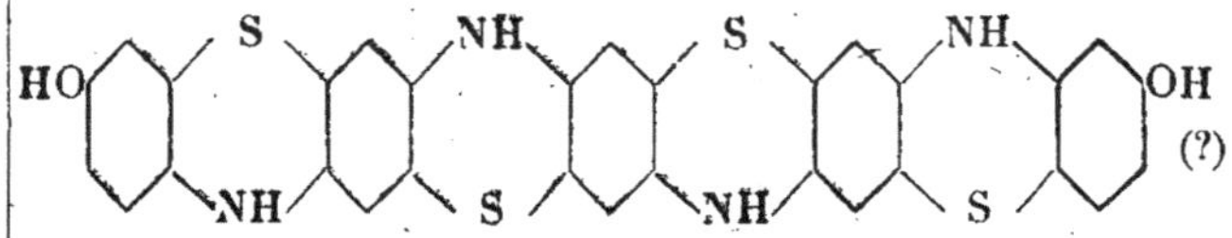 (?)

(¹) Le groupement thiobenzénylique se trouve aussi dans les colorants au soufre jaunes et orangés.

1° MATIÈRES COLORANTES NITRÉES

Nous commencerons l'étude des matières colorantes par les couleurs nitrées qui renferment l'un des groupes chromophores les plus simples : NO^2. Celui-ci donne généralement naissance à des *Jaunes*. Pour préparer une matière colorante, on peut introduire d'abord le groupe chromophore, ou d'abord le groupe auxochrome : dans le cas des matières colorantes nitrées, on emploie généralement la seconde méthode, consistant à nitrer des dérivés phénoliques : le groupe NO^2 influence très sensiblement les phénols et les amines en leur donnant des propriétés tinctoriales très faibles quand il s'agit d'un groupe NO^2 mais plus accentuées lorsqu'on y fait entrer deux ou plusieurs groupes NO^2. La présence de NO^2 augmente considérablement les propriétés acides des groupes OH.

Dans le cas des amines, NO^2 neutralise les propriétés basiques de NH^2. S'il s'agit d'une amine faible, la molécule devient acide comme dans *l'Aurantia* (hexanitrodiphénylamine). Cette couleur n'est plus employée et on ne prépare actuellement dans l'industrie, à part le Jaune amido E, que des dérivés nitrés des phénols.

Les mononitrophénols, sauf ceux qui ont OH et NO^2 en ortho sont à peine colorés ; mais ils deviennent colorés à l'état de sel. Certains auteurs expliquent la coloration des sels nitrophènols en leur attribuant une formule quinonique :

Le groupe NO^2 serait bivalent, et ainsi disparaitrait la seule exception d'un chromophore monovalent. Mais il convient de n'admettre cette explication que sous toute réserve ; elle ne s'applique d'ailleurs qu'aux dérivés ortho et para, seuls susceptibles de donner des dérivés quinoniques alors que les dérivés méta sont également colorés.

Dans la série du benzène, les mono et dinitrophènols n'ont pas trouvé d'emploi ; par contre le trinitrophénol symétrique ou *acide picrique* a été employé pendant de nombreuses années dans la teinture de la laine et de la soie, ou il produit un jaune verdâtre très pur. Actuellement, en vertu de son manque de solidité au lavage il est presque complètement abandonné à ce point de vue, mais il a trouvé un emploi considérable dans l'industrie des explosifs (mélinite, lyditte, roburite). La préparation de l'acide picrique mérite d'être mentionnée car il s'agit d'un procédé de préparation qui est d'une application générale pour l'obtention des polynitrophénols ; on prépare le phénol disulfoné

1-2-4, puis on le nitre ; les deux groupes sulfo sont remplacés par deux groupes nitro, et un troisième NO^2 se place dans la position 6 :

Dans la série de la naphtaline, on prépare quelques dérivés intéressants en partant de l'α-naphtol. Celui-ci donne par sulfonation un dérivé disulfoné 1-2-4, qui se transforme aisément par nitration en dinitronaphtol correspondant, appelé d'après son inventeur, *Jaune de Martius* :

Cette matière colorante a concurrencé l'acide picrique pour la teinture de la laine et de la soie. Elle a été utilisée pendant de nombreuses années, mais elle a été elle-même complètement remplacée par un autre produit qu'on appelle *Jaune naphtol* ou *Jaune* OS, qui n'est autre chose que le dérivé sulfoné du Jaune de Martius ; on le prépare en faisant réagir de l'acide nitrique sur de l'α-naphtol trisulfoné 1-2-4-7. Deux groupes sulfo sont remplacés par des groupes NO^2, tandis que le troisième groupe sulfo reste inaltéré :

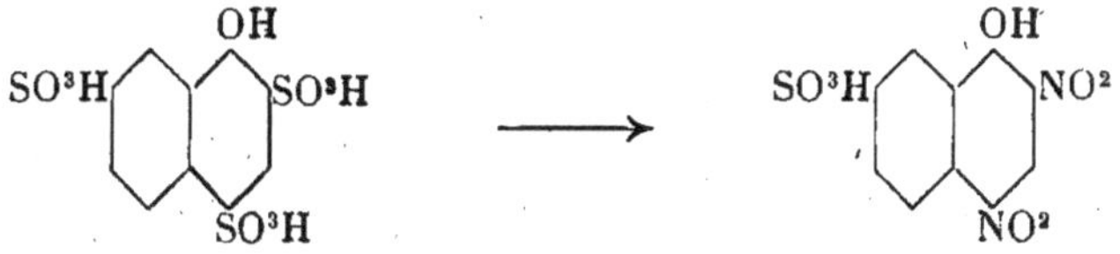

Le Jaune naphtol offre par rapport au Jaune de Martius de grands avantages :

1° Il n'est pas volatil comme le Jaune de Martius ;

2° Il a plus d'affinité pour la laine, par suite de la solubilité dans l'eau et des propriétés acides qui lui sont données par le groupe sulfo : il *unit* mieux, il est plus solide au foulon à l'air et à la lumière. Nous rencontrons ici la première matière colorante sulfonée, et il importe de bien remarquer que la présence de ce groupe acide n'a modifié que dans une mesure à peine appréciable la nuance du Jaune de Martius, mais que par contre il a amélioré sensiblement ses *qualités tinctoriales*. Nous aurons fréquemment l'occasion de revenir sur cette question.

Fabrication du Jaune OS

a) *Préparation de l'α-naphtol trisulfoné.* — L'opération a lieu dans une marmite en fonte (comme on utilise de l'acide sulfurique concentré, celui-ci n'attaque pas la fonte). Ce récipient est muni d'un agitateur mécanique également en fonte. On ajoute successivement 20 kilogrammes d'acide sulfurique à 25 % d'SO^3 puis 10 kilogrammes d'α-naphtol pulvérisé et bien sec. D'une manière générale, pour effectuer des sulfonations, il est indispensable d'employer des substances parfaitement sèches ; on s'assure toujours au laboratoire que la dessiccation des matières est parfaite. La sulfonation a lieu à une température variant de 40 à 50°. On obtient de cette manière un dérivé disulfoné que l'on transforme en trisulfo par addition de 18 kilogrammes d'acide à 60 °/₀ SO^3 et en chauffant à 50° pendant une demi-heure.

b) *Nitration*. — Dans une marmite émaillée, on mélange la solution sulfurique que l'on vient d'obtenir avec 100 litres d'eau, puis on nitre à 50° avec 25 kilogrammes d'acide nitrique (d : 1,38). Cette nitration dure 3 heures. On abandonne au repos pendant 12 heures. Le dérivé nitrosulfoné cristallise. On passe à l'essoreuse, puis on dissout le produit dans un peu d'eau, on le transforme en sel de potassium à chaud ; par refroidissement le sel de la matière colorante se sépare.

c) *Filtration*. — On passe au filtre-presse pour séparer la couleur des eaux-mères que l'on jette. Le filtre-presse ne suffit pas pour éliminer l'eau en quantité suffisante ; on se sert donc en second lieu d'une presse hydraulique. Au moyen de toiles appropriées, on prépare des gâteaux de 1 mètre carré et d'environ 5 centimètres de hauteur. Ces gâteaux sont séparés par des plaques de tôle, et l'on presse à 50, 100 kilogrammes par centimètre carré.

d) *Dessiccation*. — Pour sécher la matière colorante, on la place sur des cadres dans des étuves chauffées à 50°.

e) *Broyage*. — Lorsque la matière colorante est bien sèche on la broie. On emploie à cet effet différents modèles de broyeurs (broyeurs à tringles, broyeurs à boulets, broyeurs verticaux, broyeurs horizontaux, etc.). On obtient ainsi un produit en poudre fine susceptible d'être utilisée pour la teinture.

f) *Titrage de la couleur*. — Les opérations ne sont jamais identiques, elles peuvent être plus ou moins réussies, ou plus ou moins souillées de substances étrangères ; il est donc nécessaire de les ramener à un type commercial fixe. Ce type commercial est établi de telle sorte qu'il soit, au point de vue puissance colorimétrique et tinctoriale, inférieur à la moyenne des opérations industrielles ; de cette manière on peut toujours par l'adjonction d'une petite quantité d'une substance étrangère appelée *charge*, ramener les différentes opérations à ce type.

Le premier point à établir est la richesse exacte de la matière colorante par rapport au type. À cet effet on dissout d'une part 1 gramme de la couleur-type dans 1 litre d'eau, et d'autre part 1 gramme de la couleur à essayer également dans 1 litre d'eau, puis on compare en teinture ces deux solutions en se servant d'une série de morceaux de laine ayant exactement les mêmes dimensions : 0,10 mètre de côté. On fait par exemple la série de teintures suivantes :

Nᵒ....	1	2	3	4	5	6
				couleur à essayer		
10 c. c. type	8 c. c.	9 c. c.	10 c. c.	11 c. c.	12 c c.

Lorsque les échantillons sont bien secs on les compare. Supposons qu'au point de vue de l'intensité, l'échantillon 1 soit compris entre les nuances 3 et 4 ; on fera alors la nouvelle série :

Nᵒ...........	1	2	3	4	5	6
				couleur à essayer		
10 c. c. type	9	9,2	9,5	9,8	10

Si finalement l'échantillon n° 1 correspond à l'échantillon 4, le résultat se traduira de la manière suivante :

$$95 \text{ de l'opération à essayer valent} \dots\dots\dots\dots\dots\dots\dots 100 \text{ type}$$
$$100 \quad \text{»} \quad\quad \text{»} \quad \dots\dots\dots\dots\dots\dots\dots 105,2 \text{ »}$$

Il faudra donc pour la ramener au type ajouter 5,200 kilogrammes de charge. Celle-ci, dans le cas du jaune naphtol, est constituée par du sulfate de soude. On emploie parfois pour les matières colorantes acides du sel marin, mais on ne peut l'utiliser que pour des substances très solubles. Le sulfate de soude est la charge la plus usitée. (Dextrine pour les basiques).

La série des couleurs nitrées est loin d'être épuisée. En étudiant les dérivés nitrés nouveaux il est possible que l'on trouve des produits intéressants. Il ne faudra pas négliger de chercher à nitrer dans des conditions diverses les nouveaux dérivés phénoliques ou amidés, puis de les essayer sur laine et soie. Il convient de se rappeler que le procédé qui consiste à nitrer les sulfophénols donne généralement de bons résultats et de bons rendements.

Les dérivés nitrés sont intéressants, non seulement comme matières colorantes, mais aussi comme matières premières susceptibles de se transformer en amine. Des dérivés nitrés nouveaux, quand même ils ne seraient pas des matières colorantes, devront aussi être étudiés à ce point de vue. Ils seront réduits et l'on préparera avec des amines ainsi obtenues par voie d'analogie de nombreuses matières colorantes nouvelles. Par exemple dans la série azoïque.

L'acide picramique [structure : noyau benzénique portant OH, NO_2, NH_2, NO_2] est aujourd'hui un terme à diazoter très intéressant.

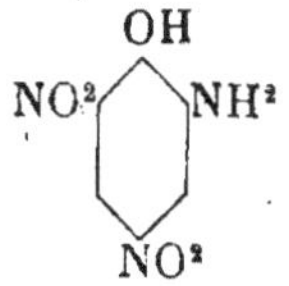

Comme colorants nitrés, il y aurait à mentionner encore le *Jaune Amido E (M)* que l'on prépare par condensation de l'acide aminotolylphénylaminosulfonique avec le chlorobinitrobenzène :

[formule développée : CH_3 — noyau — NH — noyau (SO_3Na) — NH — Cl — noyau (NO_2, NO_2)]

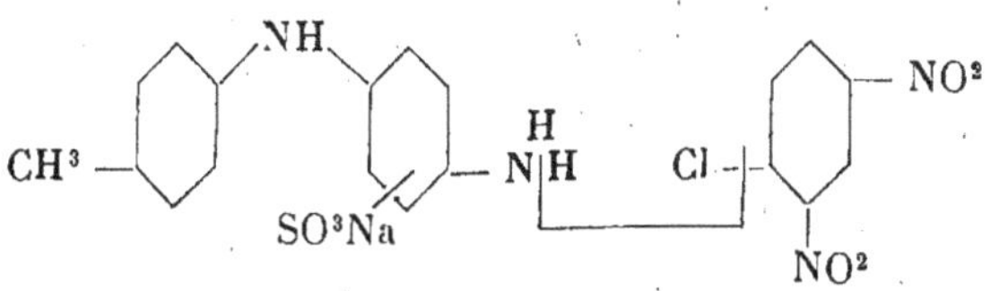

et les produits similaires qui prennent naissance par l'action du chlorobinitrobenzène sur l'acide p-aminocarbazolsulfonique :

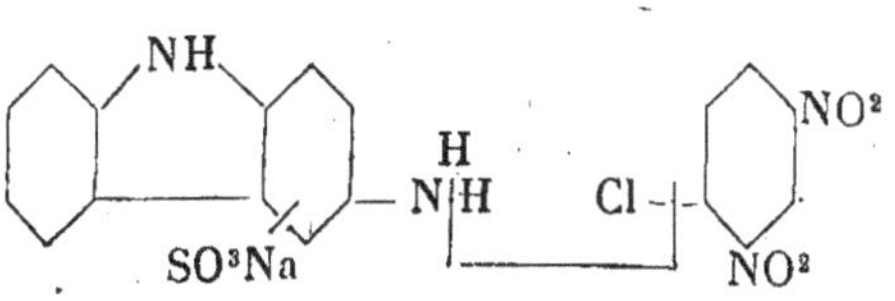

[formule développée : noyau — NH — noyau (SO_3Na) — NH — Cl — noyau (NO_2, NO_2)]

Enfin l'on prépare industriellement des pigments qui sont également à considérer comme matières colorantes nitrées. On les obtient par condensation de la formaldéhyde avec la nitrotoluidine :

Pigmentchlorine GG

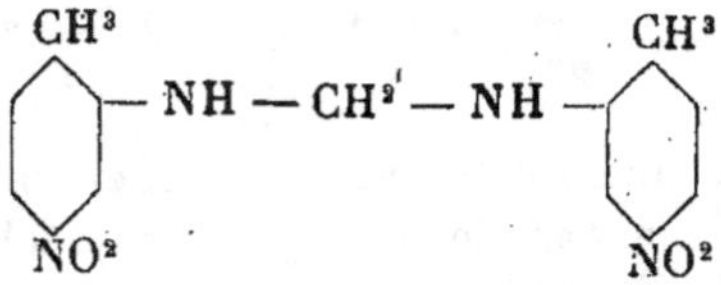

et avec la 3-6-1-chloronitraniline :

Jaune lithol solide GG

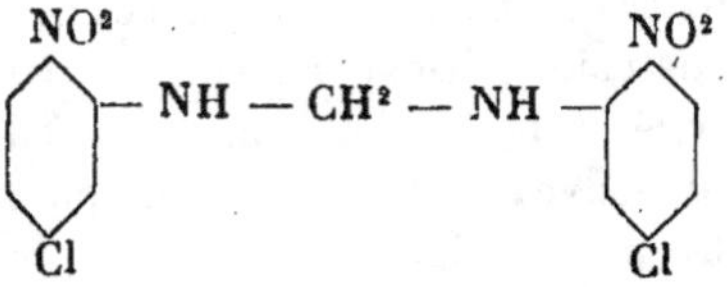

Le groupe nitro introduit dans des colorants appartenant à d'autres classes a souvent une influence marquée sur la nuance et la solidité. Nous aurons l'occasion de remarquer ceci dans la suite de ces études. Contentons-nous pour le le moment de le montrer par quelques exemples.

Série azoïque. — Le benzène-azo-salicylique donne un jaune sur laine chromée, le dérivé métanitré de celui-ci, le Jaune d'alizarine GG, donne un jaune sensiblement plus corsé et le dérivé paranitré, Jaune d'alizarine R, un bel orangé.

L'aniline-azo-acide naphtionique est un orangé sans valeur, ses dérivés méta et paranitré sont les substituts d'orseille, industriellement employés.

Série thiazinique. — Le dérivé nitré du bleu méthylène est un vert.

Série anthraquinonique. La 3-nitroalizarine donne sur alumine un orangé, sur chrome un bordeaux jaunâtre, tandis que l'alizarine donne un rouge respectivement un bordeaux rougeâtre.

Il serait facile de multiplier les citations, mais il est plus opportun de revenir sur ce sujet à propos des diverses classes de colorants.

2° MATIÈRES COLORANTES AZOIQUES

Parmi les nombreuses séries de matières colorantes fabriquées industriel-lement, celle des couleurs azoïques est l'une des plus importantes, peut-être même la plus importante de toutes. Leur ensemble constitue une gamme très riche en nuances de tous genres, et ces couleurs ont trouvé de nombreuses applications.

Sur le coton on les emploie à l'état de couleurs directes ou substantives, c'est-à-dire teignant sans mordant, sur le coton tanné à l'état de couleurs basiques, ou enfin à l'état de dérivés polyhydroxylés ou salicyliques sur coton mordancé avec des sels métalliques.

On teint la laine et la soie généralement sans mordant, parfois avec un mordançage préalable et fréquemment avec un chromatage ultérieur ou avec du chromate dans le même bain.

Ces couleurs sont aussi utilisées pour le jute, le papier, les vernis, les laques, etc...

Les combinaisons diazoïques furent découvertes par Griess en 1858 et étudiées par ce chimiste pendant de longues années d'une manière approfondie. Les résultats sont consignés dans une série de mémoires du plus haut intérêt. (*Annales de Liebig*, **113**, 201, **117**,1, **121**, 257, **137**, 39.) Dans le courant de ses recherches, Griess prépara l'amidoazobenzol $C^6H^5N = N — C^6H^4NH^2$ qu'on essaya à ce moment en vain d'introduire dans l'industrie sous le nom de « jaune d'aniline » et le phénol-azo et disazo-benzol, $C^6H^5N = N — C^6H^4OH$ et $(C^6H^5N = N)^2C^6H^3OH$, c'est-à-dire les matières colorantes azoïques les plus simples. Martius, en faisant réagir l'acide nitreux sur la métaphénylène-diamine, obtint le brun de Manchester, mélange de

$$C^6H^4\Big\langle{N = N — C^6H^3(NH^2)^2 \atop NH^2} \qquad \text{et de} \qquad C^6H^4\Big\langle{N = N — C^6H^3(NH^2)^2 \atop N = N — C^6H^3(NH^2)^2}$$

qui fut introduit dans l'industrie dès 1864. Là s'arrêta pendant plusieurs années l'exploration de ce vaste domaine, qui plus tard devait fournir des récoltes si abondantes. En 1876 la chrysoïdine fut découverte par Witt et Caro à peu près simultanément et en 1877 parurent les orangés de Poirrier, découverts par Roussin dès 1875. Depuis ce moment l'industrie des matières colorantes azoïques prit un essor énorme, et maintenant encore cette riche mine est loin d'être épuisée, mais fournit encore chaque année de nouveaux trésors. Pour l'histoire de la découverte des couleurs azoïques, voir *R. G. M. C.*, XXI, 1917, n° 246, p. 69.

Les couleurs azoïques renferment toutes le chromophore $N = N$ qui peut se répéter une ou plusieurs fois dans la molécule qui est un chromogène fortement coloré. L'exemple le plus simple est l'azobenzène, qui est rouge sans être une couleur vu son insolubilité. Son dérivé sulfoné soluble, possède déjà de faibles caractères colorants, mais la couleur n'est en général développée que par l introduction des auxochromes

$$OH \quad et \quad NH^2, \quad OC^2H^5, \quad N\!\!<^{H}_{C^6H^5}, \quad N\!\!<^{H}_{C^7H^7}, \quad etc.$$

Les deux dérivés les plus simples sont l'oxyazobenzène et l'aminoazobenzène :

$$C^6H^5 - N = N - C^6H^4 - OH \qquad C^6H^5 - N = N - C^6H^4 - NH^2.$$

Le premier représente le terme le plus simple de la série des couleurs *oxyazoïques* et le second celui des couleurs *amidoazoïques*. Ces deux corps ne deviennent d'ailleurs pratiques en teinture que par l'introduction supplémentaire du groupe sulfonique.

Il existe un certain nombre de procédés de préparation des colorants azoïques ; mais industriellement on opère seulement en faisant réagir des combinaisons diazoïques sur des phénols, des amines ou des aminophénols simples ou substitués.

L'on fait donc une différence entre un composé *azoïque* qui renferme le radical — N = N — soudé par ses deux valences à des atomes de carbone et un composé *diazoïque* qui renferme également un groupe composé de deux atomes de N, mais qui est uni d'une part à un noyau aromatique et d'autre part à un radical inorganique.

L'expérience nous apprend que les premiers sont bien plus stables que les dérivés diazoïques et qu'en général ils ne donnent lieu à aucune réaction où l'azote soit éliminé.

Nous désignons comme diazoïques les sels diazoniums respectivement leurs dérivés en solution neutre ou légèrement alcaline.

(La connaissance approfondie de la chimie des diazos est indispensable pour l'étude des colorants azoïques. Aussi conseillons-nous éventuellement l'étude de ce chapitre dans un traité de chimie organique complet, par exemple dans celui de Richter-Anschütz, traduit par M. Gault. Editeur : Librairie polytechnique, Ch. Béranger, à Paris. Vol. II, p. 137-190).

Matières colorantes oxyazoïques

Elles se forment lorsqu'on fait réagir un diazoïque sur les dérivés phénoliques :

$$\left.\begin{array}{l} R - N = N - Cl \,(^1) \\ R - OH \end{array}\right\} \longrightarrow R - N = N - R' - OH$$

(¹) Nous adoptons pour les sels diazoïques la formule R — N = N — Cl uniquement pour la commodité alors que la formule de constitution généralement adoptée, correspond à un sel diazonium

$$\begin{array}{c} R - N - Cl \\ \| \| \| \\ N \end{array}$$

Nous verrons dans quelles conditions cette réaction doit avoir lieu. Tous les phénols ne sont pas susceptibles de donner des oxyazoïques, car le groupement diazo ne se place que dans les positions para ou ortho dans le noyau hydroxylé.

Avec le diazobenzol et le phénol on obtient le para-oxyazobenzol

Si la position p- est prise, la substitution a lieu en ortho, mais jamais en méta. Le mésitol ne copule pas.

Dans la série des phénols naphtaléniques il faut distinguer le cas de l'α-naphtol et du β-naphtol. Dans l'α-naphtol, le diazoïque se place en 4, et si la position 4 est prise, il se placera dans la position 2. Avec le β-naphtol il se place en 1 et si cette place est occupée, la réaction n'aura pas lieu ou bien le substituant en 1 est éliminé

Avec deux molécules de diazobenzène, le *bis*-azoïque se forme facilement dans le cas de l'α-naphtol tandis qu'il n'est pas possible d'introduire un second radical azoïque dans le β-naphtol.

Le diazoïque peut être lui-même substitué sans inconvénient, ainsi on pourra mettre en œuvre les diazoïques des homologues de l'aniline tel que les toluidines et les xylidines ou des produits substitués d'une autre manière, par exemple les diazoïques d'acides sulfaniliques, sulfotoluidiques, d'acides aminobenzoïques, etc...

Le diazoïque peut provenir également de la diazotation des naphtylamines et de leurs dérivés sulfonés.

Les phénols, seconds termes de la réaction, peuvent être substitués, ainsi les différents sulfo-phénols ont acquis une très grande importance dans l'industrie des azoïques. On emploie non seulement des naphtols et des naphtols sulfonés, mais aussi des dioxynaphtalines, des amidonaphtols sulfonés ou non. Le nombre des matières premières mises en œuvre dans cette classe de matières colorantes est donc considérable. C'est à ce propos que nous signalerons le cas des acides α-naphtolsulfoniques où le groupe SO^3H occupe soit la position 5 soit la position 3 ; le diazoïque s'y placera en 2 malgré la place 4 inoccupée.

Matières colorantes amidoazoïques

On fait réagir un diazoïque sur certaines amines.

Les réactions sont différentes selon qu'il s'agit des dérivés du benzène ou de la naphtaline. Si par exemple on fait réagir du diazobenzol sur de l'aniline, il se produit du diazoamidobenzol qu'il faut transposer pour obtenir l'amido-azobenzol.

$$C^6H^5{-}N = N{-}Cl \atop C^6H^5NH^2 \Biggr\} \rightarrow C^6H^5N = N{-}NHC^6H^5 \rightarrow C^6H^5{-}N = N{-}\bigcirc NH^2$$

Mais si l'on emploie une amine secondaire ou tertiaire, il se forme directement la combinaison amidoazoïque :

$$C^6H^5N = N{-}Cl + \bigcirc N(CH^3)^2 = C^6H^5N = N{-}\bigcirc N(CH^3)^2$$

$$C^6H^5{-}N = N{-}Cl + \bigcirc {-}NH{-}C^6H^5 = C^6H^5{-}N = N{-}\bigcirc {-}NH{-}C^6H^5$$

Dans la série de la naphtaline, on obtient dans tous les cas un amidoazoïque, même avec des amines primaires. Par exemple : diazobenzol et α-naphtylamine :

$$C^6H^5N = N{-}Cl + \bigcirc\!\!\!\bigcirc {-}NH^2 = C^6H^5 - N = N -\bigcirc\!\!\!\bigcirc NH^2$$

Si l'on met en œuvre une m-diamine on obtient un diamidoazoïque, ainsi avec le diazobenzol et la m-phénylènediamine, il se forme du *diamidoazobenzol* ou *chrysoïdine* :

$$C^6H^5N = N{-}Cl + \underset{NH^2}{\bigcirc} NH^2 = C^6H^5 - N = N - \underset{NH^2}{\bigcirc} NH^2$$

Comme dérivé diazoïque on peut aussi employer le mono et le bisdiazoïque de la m-phénylènediamine ; en les faisant réagir sur la m-phénylènediamine, on a du triaminoazobenzol et du tétramido disazobenzol dont le nom commercial est *Vésuvine*, *Brun Bismarck* ou *Brun de Manchester* :

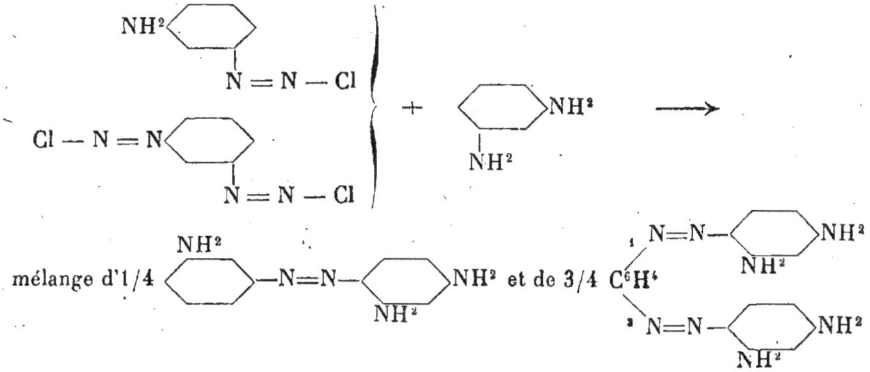

Les dérivés diazoïques de l'α- et de β-naphtylamine sont également susceptibles de fournir des amidoazoïques. Tous ces dérivés ont des caractères basiques
bien déterminés, mais on peut préparer des amidoazoïques sulfonés qui sont des
produits acides, la basicité des groupes amidogènes se trouvant annihilée par
l'acidité des groupes sulfo.

Constitution des azoïques

Tautomérie des azoïques avec les hydrazones des quinones et des quinonimides :

$$C^6H^5 - N = N - C^6H^4OH \quad - \quad C^6H^5 - NH - N = C^6H^4 = O$$
$$C^6H^5 - N = N - C^6H^4NH^2 \quad - \quad C^6H^5 - NH - N = C^6H^4 = NH$$

Souvent les hydrazones obtenues avec la phénylhydrazine et les quinones
sont identiques aux corps obtenus avec les phénols correspondants et le diazobenzol. Ainsi l'α-naphtoquinone phénylhydrazone :

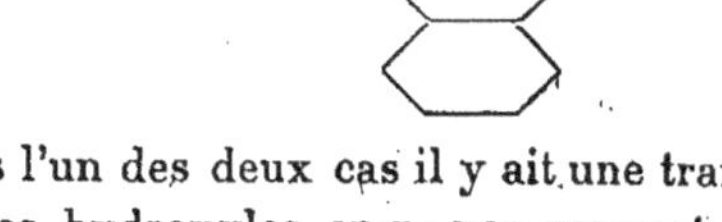

$$C^6H^4 - NH - N = \text{(naphtoquinone)} = O$$

est identique avec le produit de réaction du diazobenzol sur l'α-naphtol qui
devrait être :

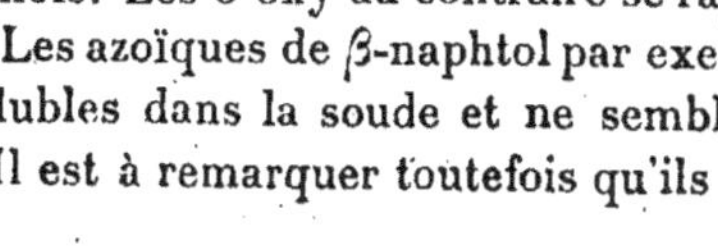

$$C^6H^5 - N = N - \text{(naphtyl)} - OH$$

Il faut donc que dans l'un des deux cas il y ait une transposition.

Les oxyazo ayant des hydroxyles en p- par rapport au groupe azo ont les
caractères de vrais phénols. Les o-oxy au contraire se rapprochent plutôt de la
formule hydrazonique. Les azoïques de β-naphtol par exemple dans lesquels OH
est en ortho sont insolubles dans la soude et ne semblent donc pas avoir de
caractère phénolique. Il est à remarquer toutefois qu'ils se dissolvent dans les
alcalis alcooliques.

Parmi les amidoazo, les p- seuls ont des caractères de vraies amines, se laissant diazoter nettement, tandis que ceux correspondant à la β-naphtylamine (position ortho) n'ont pas ces mêmes caractères.

Il semblerait donc que les dérivés p- soient des azoïques et les dérivés o- des hydrazones ; mais cette manière de voir ne semble pas toujours exacte. Par exemple diazobenzol et p-phénol sulfoné est bien un ortho oxyazoïque, il devrait être un hydrazonique et pourtant il se comporte comme un dérivé hydroxylé puisqu'on peut l'éthérifier. Il en est de même avec le benzolazo-p-crésol.

D'après Hantzsch (*Ber.*, 32, 3089) les o- et les p- sont des hydrazones à l'état libre et des oxyazos à l'état de sel. Par contre Auwers croit que tous les oxyazoïques provenant de diazos et de phénols et ceux provenant d'hydrazines et de quinones sont des oxyazoïques normaux constitués de même, qu'il s'agisse d'o- ou de p-azoïques (*Ber.*, 41, 414, 1908).

Cette manière de voir est d'accord avec celle de Noelting et Grandmougin (*Ber.* 24, 1592, 1891).

Il faut remarquer enfin que les azoïques asymétriques doivent pouvoir exister sous deux formes :

$$\text{Cis et trans} \qquad \begin{array}{c} R - N = N - R' \\[4pt] \begin{array}{c} R - N \\ \parallel \\ R' - N \end{array} \quad \text{et} \quad \begin{array}{c} R - N \\ \parallel \\ N - R' \end{array} \end{array}$$

Toutefois jusqu'à présent malgré la quantité énorme d'azoïques que l'on a préparés, cette isomérie n'a pas été déterminée avec certitude tandis que Hantzsch l'admet pour les diazosulfonates, cyanures et autres dérivés analogues.

Spécialement avec les oxyazoïques nitrés il se forme des solutions très colorées dans les alcalis, il est possible que ces sels existent sous plusieurs formes, par exemple :

$$NO^2 - C^6H^4 = N - N - R - OK \qquad \underset{KO}{\overset{O}{>}} N = \langle \cdot \rangle = N - N = R = O$$

Grandmougin (*R. G. M. C.*, 12, p. 129, 1908).

Récemment Charrier et Ferreri (*Gaz. chim. ital.*, 42, II, 117) ont préparé une série d'éthers méthyliques avec des azoïques dérivés du β-naphtol et ils ont déterminé leur constitution en scindant ces molécules et en isolant les aminonaphtols éthers correspondants.

Angeli et Alessandri ont publié d'intéressants travaux sur la constitution des azoxy.

Ils sont arrivés à préparer deux p-nitroazoxybenzène isomères ; le premier par oxydation de p-nitroazobenzène avec H^2O^2 et le second par la nitration d'azoxybenzène, leur formule serait :

$$(1) \qquad \underset{O}{\overset{\displaystyle NO^2C^6H^4 - N = N - C^6H^5}{\parallel}} \qquad \underset{O}{\overset{\displaystyle NO^2C^6H^4 - N = N - C^6H^5}{\parallel}}$$

La formule symétrique de l'azoxybenzène $C^6H^5 - N \underset{O}{\diagup\diagdown} N - C^6H^5$ ne devrait donc plus être admise.

Angeli et Valori (*A. R.*, 21, 1, 155 et 729) ont confirmé ces résultats. Ainsi en bromant l'azoxybenzène, il se forme un dérivé bromé différent de celui que l'on obtient lorsqu'on traite le bromazobenzène par H^2O^2. Mais ces deux produits donnent par réduction le même p-bromazobenzène. Il faut donc donner à ces produits les formules suivantes :

$$C^6H^5 - N = N - C^6H^4Br \qquad\qquad BrC^6H^4 - N = N - C^6H^5$$
$$\overset{\|}{O} \qquad\qquad\qquad\qquad\qquad \overset{\|}{O}$$

Il existe les mêmes différences avec d'autres produits de substitution (Valori, *loc. cit.*, 22, I, 724).

De la basicité du groupe azoïque

La basicité des dérivés azoïques provient de la substance mère, l'azobenzol, qui donne avec les acides des sels labiles. Cette basicité se retrouve chez les dérivés azoïques substitués, même quand ils renferment des groupes acides. Par exemple l'acide benzolazosalicylique donne un sel rouge avec l'acide chlorhydrique :

$$C^6H^5 - N = N - \langle\ \rangle OH . HCl$$
$$COOH$$

Cette sensibilité aux acides, rend son emploi impossible comme couleur directe, mais on peut l'appliquer sur mordant de chrome. On a cherché à expliquer de différentes manières la constitution de ces sels. On ne peut guère admettre une simple addition de HCl [1] :

$$C^6H^5 - \underset{H}{N} - \underset{Cl}{N} - \langle\ \rangle OH$$
$$COOH$$

car on ne pourrait plus expliquer le caractère colorant de ce produit. On peut aussi admettre une constitution quinoïde et on a aussi proposé la formule oxonium :

$$C^6H^5 - NH - N = \langle\ \rangle = O\overset{H}{\underset{Cl}{<}}$$
$$COOH$$

L'introduction de plusieurs groupes acides annihile le caractère basique, il ne peut plus se former de sels avec les acides. Ainsi les acides nitrobenzèneazosalicyliques n'en donnent pas.

Par contre la solution dans les alcalis est extrêmement foncée, de sorte que l'on serait amené à supposer que le sel se forme par un passage de la forme benzoïde à la forme quinoïde :

$$\overset{NaO}{\underset{O}{>}}N = \langle\ \rangle = N - N = \langle\ \rangle = O$$
$$COONa$$

---

[1] **A moins de formuler de la manière suivante :**

$$C^6H^5 . N = N - \langle\ \rangle OH$$
$$\underset{H\ \ Cl}{\wedge} \qquad COOH$$

Réaction sulfurique

Presque tous les azoïques donnent des réactions caractéristiques avec l'acide sulfurique concentré. Il est probable que le caractère basique du groupe azoïque ressort ici et forme des sels fortement colorés et facilement hydrolysés par l'eau.

La couleur de ces solutions dans l'acide sulfurique est très importante. Elle permet d'identifier le groupe dont le colorant azoïque fait partie. Selon la couleur orangé, rouge, violette, bleue ou verte, on peut, à l'aide par exemple des tableaux de Schultz (G. Schultz : Farbstofftabellen, éd. Weidmannsche Buchhandlung, Berlin, 1914) qui renseignent sur la coloration dans l'acide sulfurique, contribuer à l'identification de la constitution de la matière colorante.

Influence des groupes auxochromes et autres

L'influence des groupes auxochromes sur la nuance des colorants est très grande.

Les azos simples sont des jaunes, orangés ou bruns.

Cette influence est particulièrement grande lorsque le nombre des groupes auxochromes augmente. La nuance devient plus foncée ; le groupe NH^2 donne ainsi dans

Aminoazobenzol	jaune
Diamino	orangé
Triamino	brun

Le groupe CO^2H a peu d'action sur la nuance, mais il est intéressant au point de vue teinture parce qu'il se laque facilement, surtout lorsqu'il est en ortho. Exemple : azoïque de l'acide salicylique.

Le groupe nitro agit en fonçant la nuance et en diminuant la sensibilité aux acides

Benzolazo salicylique	jaune
» nitré en p-	orangé

Le groupe sulfo n'agit pas comme auxochrome mais comme agent de solubilisation, parfois il agit également sur la nuance, voir les exemples orangé brillant G, orangé G, ponceau 2G. Jaune métanile moins rougâtre qu'orangé IV.

Lorsque dans les azoïques on alcoyle les groupes OH et NH^2, on obtient des nuances plus foncées dans le cas de NH^2, et des tons plus vifs dans le cas de OH. Par exemple le p-oxybenzolazosalicylique n'est pas intéressant, mais le jaune solide au chrome 2G et le jaune d'alizarine 5G dérivés de la p-phénélidine et de l'anisidine sont des produits industriels qui sont beaucoup plus verdâtres et plus beaux.

Influence du poids moléculaire

Lorsque le poids moléculaire augmente, spécialement par l'introduction de naphtaline, la nuance devient plus foncée, on passe du rouge au violet, au bleu et même au noir.

Les couleurs sont souvent d'autant plus foncées que la molécule est plus grande, mais ce n'est pas là une règle générale.

Pour le sel R comme deuxième terme, si lon fait varier le premier, on a :

Aniline..	ponceau 2 G
Xylidine	» 2 R
Cumidine..	» 4 R
Acétyle-p-phénylène-diamine	azo grenadine
A-naphtylamine	bordeaux B

La nuance devient d'autant plus foncée que la molécule augmente. Le saut est particulièrement remarquable lorsqu'on arrive à la naphtaline. Il est toutefois à remarquer que l'isomérie joue aussi son rôle, ainsi le ponceau dérivé de la métaxylidine 134 est bien plus bleu que celui de la paraxylidine 142.

Si l'on change le deuxième terme en employant comme premier terme de l'aniline, on a changement de l'orangé jaune au rouge bleuâtre :

2 naphtol 6 sulfo	orangé brillant G
2 » 6-8 disulfo	orangé G
2 » 3-6 disulfo	ponceau 2 G
Acide chromotropique........................	chromotrope 2 R
Acide II....................................	fuchsine acide B

Action des réactifs sur les couleurs azoïques

1° Réducteurs : a) *Hydrosulfites*. — Ils fournissent un moyen facile de déterminer la constitution des azoïques ; moyen supérieur dans bien des cas à la réduction par le sel d'étain (Grandmougin, *M.C.*, 1907, 49). La solution aqueuse ou alcoolique du colorant est chauffée à l'ébullition et décolorée par une solution concentrée d'hydrosulfite et les produits de la réaction sont ensuite isolés par les moyens convenables.

L'orangé II après refroidissement donne des aiguilles incolores d'aminonaphtol.

Le benzène azo β-naphtol donne de l'aniline et de l'amino β-naphtol.

Ou peut employer l'hydrosulfite pour titrer les couleurs en opérant à froid en milieu légèrement acide et dans une atmosphère de CO^2 pour empêcher la réoxydation (*Ch.*, 1912, p. 1167).

La réaction d'ailleurs n'est pas toujours intégrale, il se forme souvent des réactions secondaires et cela tant avec l'hydrosulfite qu'avec le sel d'étain.

La réduction en hydrazos et en amines, permet non seulement d'identifier les couleurs, mais aussi de préparer certaines matières premières : mélange d'o-toluidine et p-toluylènediamine pour la safranine, acide p-aminosalicylique pour noir diamant, etc.

La plupart des réducteurs scindent les azoïques d'après l'équation

$$RC^6H^4N = N — C^6H^4R' + 2H^2 = R . C^6H^4NH^2 + R'C^6H^4NH^2$$

R peut être OH, NH^2 ou n'importe quel autre substituant ; plus d'un H peut ainsi être remplacé dans chaque noyau.

b) L'étain et l'acide chlorhydrique, le chlorure stanneux, le trichlorure de titane, la poudre de zinc, en présence d'acide ou d'alcali sont des agents de réduction fréquemment employés.

c) *Sulfure de sodium et sulfure d'ammonium*. — Le sulfure de sodium et le sulfure d'ammonium ne scindent pas les molécules azoïques, on peut donc s'en servir pour réduire les nitro-azoïques.

d) *Réduction par la phénylhydrazine des oxyazoïques en aminophénols.* — La réaction peut se faire avec les dérivés o- et p-.

Elle se passe d'après l'équation :

$$HO . R . N^2 . C^6H^5 + 2C^6H^5 . NH . NH^2 = HO . R . NH^2 + NH^2 . C^6H^5 + 2C^6H^6 + 2N^2$$

On chauffe une molécule de l'oxyazoïque avec 2 molécules ou plus de phénylhydrazine vers 110° ; il se produit une réaction énergique avec dégagement de gaz et vapeurs. On retire du feu, mais la réaction continue pendant 5 minutes et la température finale est de 180-200°. Par refroidissement l'aminophénol cristallise ; on le purifie en le faisant recristalliser dans la benzine, la ligroïne ou l'eau.

Dans certains cas, il vaut mieux traiter le produit de la réaction par un alcali étendu : on enlève les bases insolubles par l'éther et on précipite l'aminophénol par CO^2.

Le rendement est presque théorique.

2° Bisulfite. — Prud'homme a préparé la combinaison bisulfitique de l'orangé II qui est un jaune. Il a été amené à cette découverte par un accident d'impression de la laine avec cette couleur.

La laine blanchie au soufre et au bisulfite, peut décolorer partiellement les matières colorantes, on y remédie en vaporisant les pièces en présence de chlorate d'NH^4 dont on humecte les doubliers.

Dans le cas du noir naphtol il peut virer au grenat violacé et la couleur ne revient pas par l'emploi du chlorate au vaporisage, il faut alors ajouter du chlorate à la couleur d'impression (Binder, *B. M.*, 1892, 382).

C'est à l'action de l'acide sulfureux qu'il faut attribuer le jaunissement de certaines couleurs rouges au vaporisage sur la laine blanchie ; il se forme probablement des éthers sulfureux, par exemple :

$$C^6H^4(SO^3H)N = N — C^{10}H^6OSO^2Na$$

qui ont une nuance plus jaune que les substances-mères.

Lorsqu'on fait réagir des sulfites et bisulfites sur les azoïques, Lévi et Lepetit ont constaté aussi la scission des groupes azoïques et l'introduction de groupes sulfo dans le noyau (*Gaz. chim. ital.*, 41, I, 675).

Ces essais ont été faits avec benzol-azosalicylique.

Avec benzol-azo-α- et β-naphtol Woroshzow produit au contraire l'éther sulfureux qui se forme aussi lorsqu'on part de benzol azo α-naphtylamine (*Journ. f. pr. Ch.*, 84, 521) :

$$C^6H^5—N^2—C^{10}H^6—OH \rightarrow C^6H^5—N^2—C^{10}H^6OSO^2Na \leftarrow C^6H^4—N^2—C^{10}H^6.NH^2$$

3° Action des halogènes (Schmidt, *M.C.*, 12, 157). — Les matières colorantes azoïques sont décomposées par le chlore, le brome et l'acide hypochloreux en sel diazonium et composé halogéné. Ainsi lorsqu'on dirige un courant de chlore dans une pâte formée de 1 partie d'oxyazobenzène précipité et de 10 parties d'eau à 0°, l'oxyazobenzène est décomposé en 1/2 heure, en chlorure de diazobenzène et trichloro-2-4-6-phénol.

4° Oxydants. — Avec o-aminoazoïque il se forme des azimines spéciales (Zincke).

Lauth, *B. S. Ch.*, Paris [3] **6**, 82-94, (1891), oxyde avec PbO^2 et SO^4H^2 ; il y a régénération de diazoïque et formation de quinone.

Schmidt emploie comme oxydant l'acide nitrique fumant et obtient à côté du nitrate de diazo du phénol nitré.

5° Acide sulfurique. — Peut donner des dérivés sulfonés.

Amido azobenzène mono et bi-sulfoné (Nietzki, *B.*, 1880, 800).

L'acide sulfurique fumant avec la chrysoïdine donne un produit sulfoné (Witt, 1877, 10, 655) identique à celui qu'on obtient avec sulfanilique et m-phénylène diamine, on peut aussi transformer en dérivé p-sulfoné le benzène-azo-p-crésol (Noelting et Kohn, *B. M.*, 1885, 199).

Dans ces sulfonations le groupement SO^3H se place dans le noyau non aminé, de même p-toluidine-azo-diméthylaniline avec SO^4H^2 à 66 % SO^3 donne :

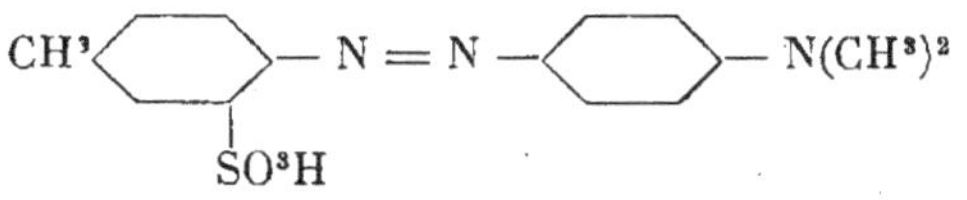

$$CH^3 \langle \rangle - N = N - \langle \rangle - N(CH^3)^2$$
$$SO^3H$$

(Noelting, *B. M.*, 1885, 448).

Industriellement il est préférable de sulfoner les matières premières plutôt que la couleur terminée.

L'acide sulfurique à 10° B transforme vers 60° certains groupes NH^2 en OH (DRP. 70031) :

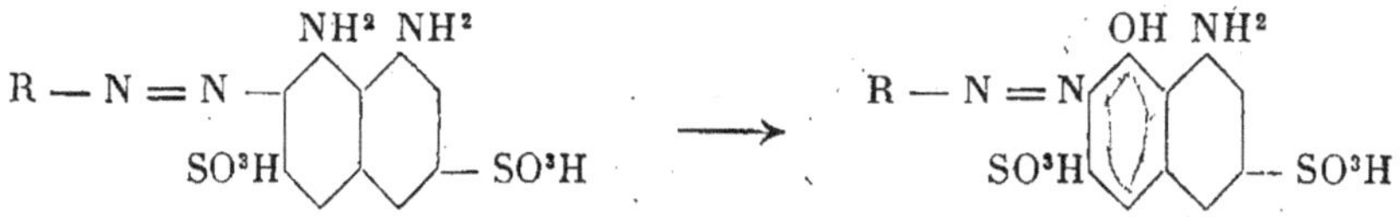

$$R - N = N - \underset{SO^3H}{\overset{NH^2\ NH^2}{\langle\rangle\langle\rangle}} - SO^3H \longrightarrow R - N = N - \underset{SO^3H}{\overset{OH\ NH^2}{\langle\rangle\langle\rangle}} - SO^3H$$

6° Acide nitreux. — Réagit sur les groupes NH^2 en donnant des diazo normaux si aucun $N = N$ n'est voisin. Dans le cas des o-amino-azo, il se forme bien des diazo aussi, mais il ne sont pas toujours copulables.

7° Acide nitrique et acide chlorhydrique. — Peut scinder les azoïques en régénérant la base et un diphénol, c'est le cas pour : phénol-o-azo-β-naphtylamine qui donne : β-naphtylamine, pyrocatéchine, azote :

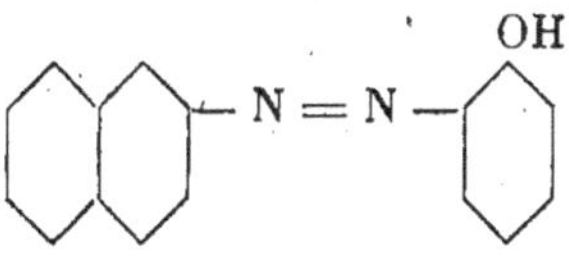

$$\langle\rangle\langle\rangle - N = N - \underset{}{\overset{OH}{\langle\rangle}}$$

8° Action des alcalis. — *Potasse et soude* transforment à 250° le phénol-azo-benzène-sulfo en phénol-azo-phénol.

Dans certains cas la soude à 10 °/₀ à l'ébullition transforme NH^2 en OH (DRP. 70031).

En général les azoïques résistent bien aux alcalis même à haute température de sorte qu'on peut remplacer SO^3H par OH.

Ammoniaque. — Parfois on peut transformer des groupes OH en NH^2.

9° COCl² avec aminoazo-benzène donne l'urée correspondante. On peut aussi préparer la thiourée.

10° Aldéhydes. — Avec benzène azo-β-naphtylamine et les o-aminoazoïques en général, on obtient des triazines :

$$CH^3 - \underset{CH^3}{\bigcirc} \underset{\underset{C^6H^5}{|}}{\overset{- N - N =}{\underset{C - N =}{}}} \bigcirc - CH^3$$

Avec p-amino-azo-benzène et benzaldéhyde il se forme l'azométhine.

11° Alcoylation des azoïques par les procédés ordinaires, éther halogéné, sulfate de méthyle, chlorure, bromure alcoylique, chlorure de benzyle. La teinte change peu mais les couleurs sont plus vives et plus résistantes à la lumière et aux alcalis (chrysophénine).

Matières intermédiaires

Dans l'industrie des matières colorantes azoïques la partie la plus importante et la plus difficile est la préparation des matières premières et des produits intermédiaires. Quand on a à sa disposition celles-ci, la diazotation et la copulation ne présentent en général pas de difficultés sérieuses.

Il ne nous est pas possible de donner ici en détail ces fabrications. Ceux qui désirent les connaître devront consulter les traités de chimie générale industrielle et les publications spéciales, en particulier les brevets allemands, qui se trouvent réunis dans les douze volumes de « Friedlaender ». Le « Winther » et le « Heumann » ainsi que le « Lefèvre » rendront de bons services. (Voir la bibliographie). Les matières premières et produits intermédiaires de la série azoïque sont pour la diazotation : les amines, leurs produits de substitution, leurs dérivés sulfoniques et carboxyliques ; pour la copulation : en partie les mêmes amines et leurs dérivés et surtout les phénols et les aminophénols ainsi que leurs acides sulfoniques et carboxyliques.

Les amines appartiennent surtout à la série du benzène, du diphényle, et du naphtalène, les phénols à la série du benzène et du naphtalène.

Les amines et les phénols les plus importants sont :

Aniline.

Les Toluidines o- m- p-.

Les Xylidines en particulier 1-3-4 et 1-4-2.
Les Nitranilines m- et p-.
Benzidine.
Tolidine.
Dianisidine.
Acides aminobenzènesulfoniques 1-3 et 1-4.
Acides aminobenzènecarboxyliques 1-2 et 1-3.
Phénylène-diamine 1-3 et 1-4 }
Toluylène-diamine 1-2-4   } et leur acides sulfoniques.
Phénol.
Acides salicylique et crésotique.
Acide aminosalicylique.
Résorcine.

Les dérivés de la série naphtalinique sont particulièrement importants et nous les donnerons pour cette raison avec un peu plus de détail.

α et β-naphtylamine.
α et β-naphtol.
Acide oxynaphtoïque 2-3.
Les anilides de celui-ci appelés Naphtol A. S, Naphtol BS, Naphtol BL.

Ce sont surtout les acides sulfoniques des naphtols, des naphtylamines, des aminonaphtols et des dioxynaphtalines dont les emplois sont considérables.

Dérivés sulfonés de α-naphtol

Monosulfonaphtols :

1-4   Sulfonaphtol de Nevile et Winther :
         α-naphtol sulfoné NW ou α-sulfo-α-naphtol

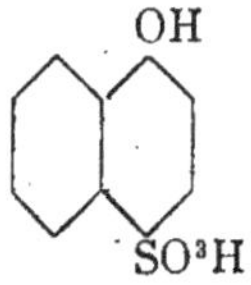

1-5   Acide de Clève α-naphtol sulfoné C . . .

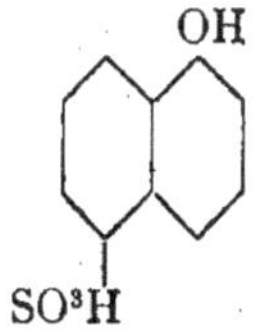

1-8   Acide de Schoellkopf . . . .

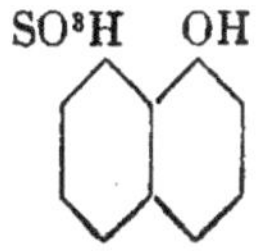

Disulfonaphtols :

1-3-8   Acide d'Andresen, α-naphtol, ε-disulfo .

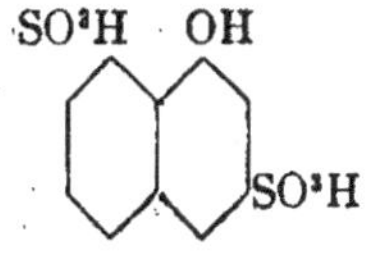

1-4-8 Acide Schœllkopf α-naphtol disulfoné Sch . . . .

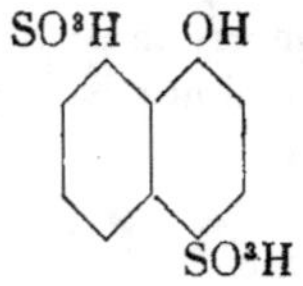

1-3-6 α–Naphtol disulfoné RG (br. all. 38280).

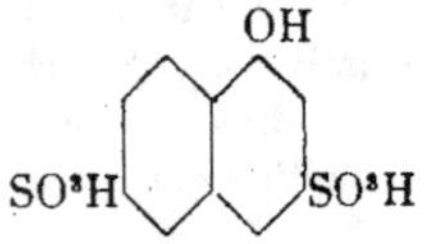

Dioxynaphtalines sulfonées :

1-8-4 Dioxynaphtaline sulfonée S (br. allemand 67563). . . . .

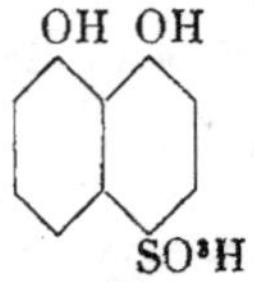

1-8-3-6 Acide chromotropique ou chromogène I.

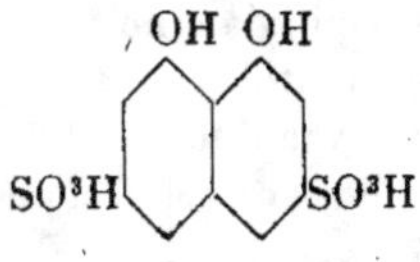

Dérivés du β-naphtol

Monosulfonaphtols :

2-6 Acide de Schaeffer, β-naphtol sulfoné S, β-naphtol, β-sulfoné . . . .

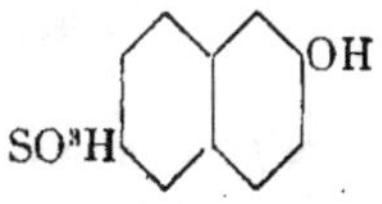

2-8 Acide de Bayer ou acide crocique, β-naphtol sulfoné B; β-naphtol, α-sulfoné. . . . .

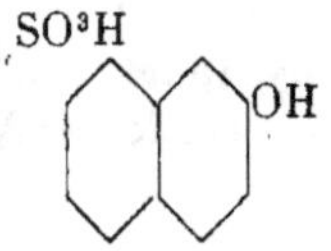

2-7 Acide F, β-naphtol monosulfoné F. . . .

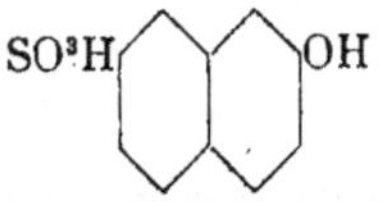

Disulfonaphtols :

2-3-6 Sel R, β-naphtol disulfoné R . . . . . .

2-6 8 Sel G, β-naphtol, γ-disulfoné . . . . . .

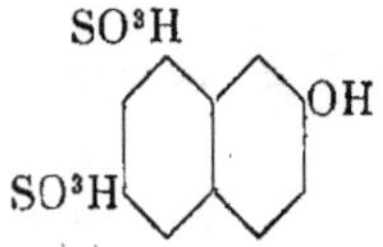

β-naphtol trisulfoné :

2-3-6-8 Acide 2R. . . . .

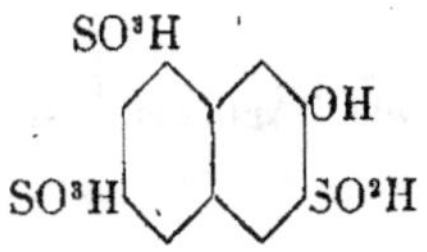

α-Naphtylamine

Dérivés monosulfonés :

1-4   Acide naphtionique de Piria . . . .

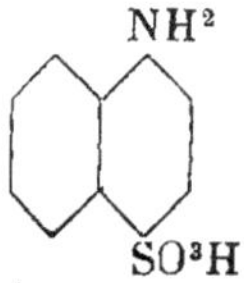

1-5   α-Naphtylamine sulfonée L de Laurent. .

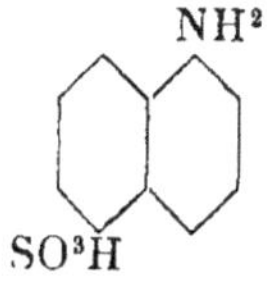

1-6   Sulfonaphtylamine de Clève . . . .

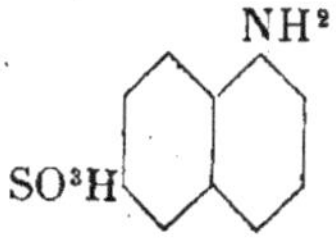

1-7   Sulfonaphtylamine de Clève . . . .

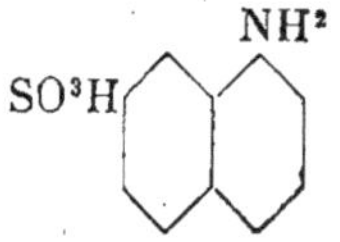

1-8   Sulfonaphtylamine de Schœllkopf . . . .

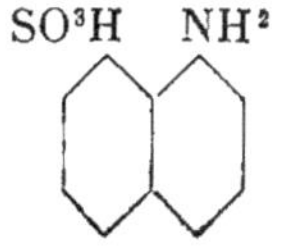

Et ses dérivés phénylé et tolylé. . . . . .

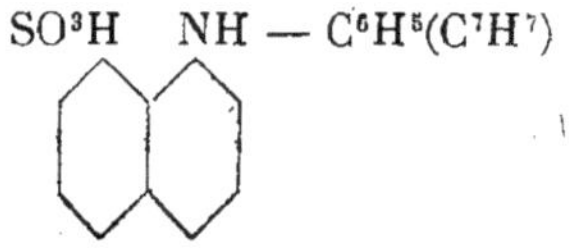

Dérivés disulfonés :

1-4-6   Acide de Dahl 2 . . . .

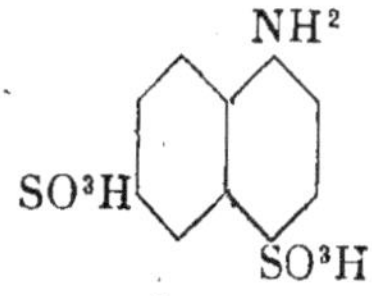

1-4-7   Acide de Dahl 3 . . . .

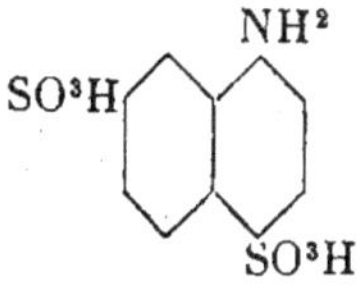

1-3-6   Sulfonaphtylamine de Freund . . . . . .

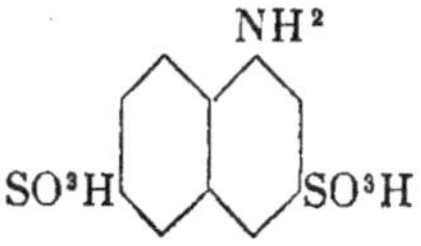

1-3-7　　Sulfonaphtylamine de Freund . . . . . .

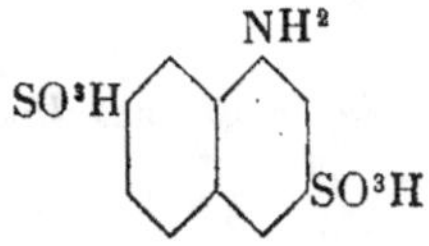

β-naphtylamine

Dérivés monosulfonés :

2-8　　β-Naphtylamine α-sulfoné B.A.S.F. 20760

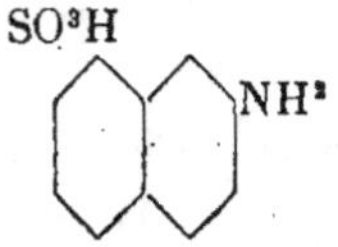

2-7　　Acide F ou acide δ-, β-naphtylamine sul-
　　　　fonée F . . . .

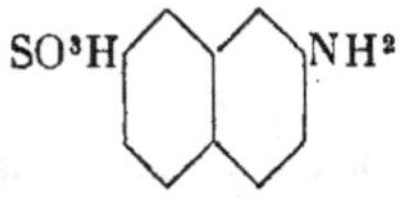

2-6　　Acide de Brœnner, β-naphtylamine sul-
　　　　fonée Br, β-naphtylamine β-sulfonée
　　　　(br. allemand 22547). . . . .

2-5　　Acide de Dahl, β-naphtylamine sulfo-
　　　　née D, β-naphtylamine, γ-sulfonée . .

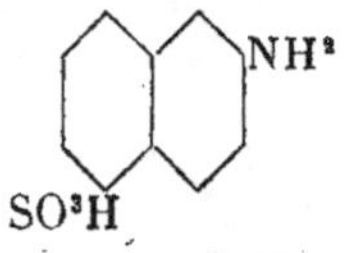

2-1　　Acide de Tobias. . . . .

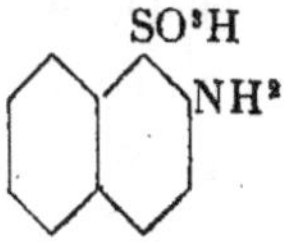

Dérivés disulfonés :

2-6-8　　Acide amino G, β-naphtylamine, γ-disul-
　　　　fonée. . . . .

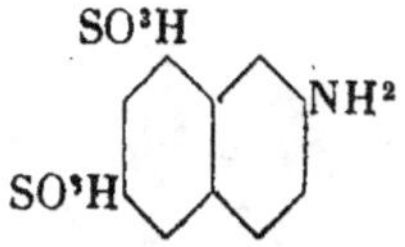

2-2-6　　Acide amino R, β-naphtylamine disul-
　　　　fonée R . . . .

2-5-7　　β-Naphtylamine δ-disulfonée pour acide J.

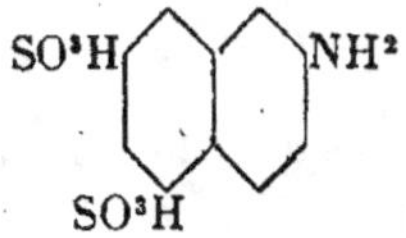

Aminonaphtols

2-8-6　　Acide γ ou G, β-aminonaphtol sulfoné γ.

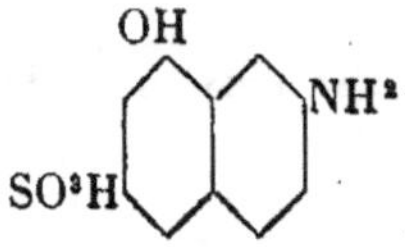

2-5-7   Acide J, aminonaphtol sulfoné J . . . . .

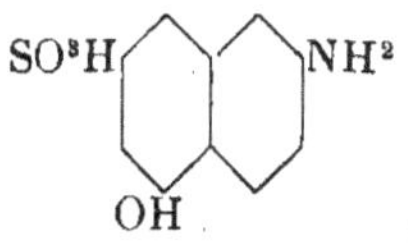

1-8-4   Aminonaphtol sulfoné S . . . .

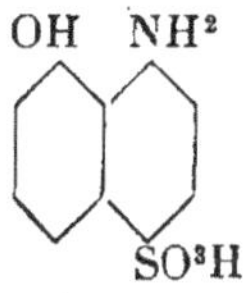

1-8-2-4 Aminonaphtol disulfoné SS . . . .

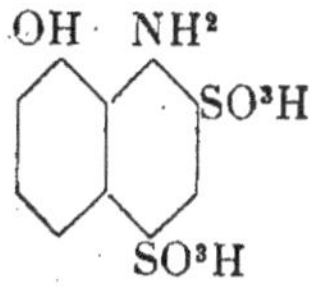

1-8-3-6 Acide H, aminonaphtol disulfoné H . . .

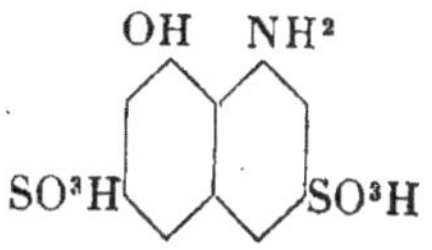

1-8-4-6 Acide K, aminonaphtol disulfoné K . . .

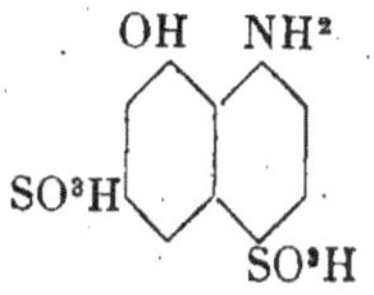

2-8-3-6 Aminonaphtol disulfoné 2R . . . . . .

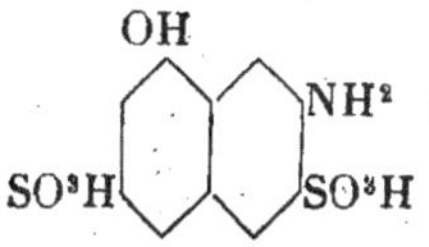

1-8-3-5 Aminonaphtol disulfoné B . . . .

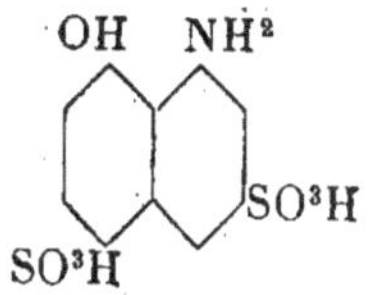

1-2-4   Aminonaphtol sulfo pour noir . . . . .

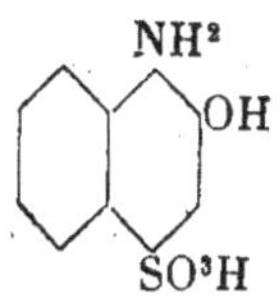

Notre liste ne comprend pas tous les dérivés qui ont reçu un emploi passager ou sporadique, elle aurait été allongée considérablement et sans utilité réelle. Nous avons seulement cité les dérivés dont l'utilisation est en ce moment encore vraiment considérable.

Etant donnée la grande importance qu'ont les dérivés du naphtalène pour l'industrie des azoïques et des colorants en général, il nous semble intéressant de reproduire ici une conférence que M. Noelting a faite sur ce sujet au laboratoire de M. Haller, à la Sorbonne ([1]).

La naphtaline au point de vue scientifique et industriel

La naphtaline a été constatée pour la première fois dans le gaz d'éclairage par Clegg en 1819 et la même année elle a été trouvée dans le goudron de houille, simultanément par Garden et par Brande. Sa composition a été déterminée en 1826 par Faraday, lors d'une étude sur les deux sulfacides isomères qu'elle fournit sous l'action de l'acide sulfurique, et plus tard, en 1832, par Laurent, qui étudia surtout ses dérivés chlorés.

L'oxydation de la naphtaline à l'état d'acide phtalique, observée par Laurent, montra les étroites relations de ce carbure avec le benzène.

En 1865 Kékulé émit, comme chacun le sait, sa géniale hypothèse sur la constitution de la benzine et dès cette même année, Erlenmeyer considéra la naphtaline comme formée de deux noyaux benzoliques, ayant deux atomes de carbone en commun.

La démonstration expérimentale de cette hypothèse fut apportée en 1868 par Graebe, dans le cours de ses admirables études sur les quinones de la série benzolique et naphtalique.

Je ne répéterai pas ici la démonstration de Graebe qui est universellement connue et dont il découle que la naphtaline doit être représentée par le symbole suivant :

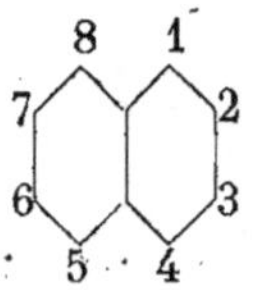

$$
\begin{array}{ccc}
8 & & 1 \\
7 & & 2 \\
6 & & 3 \\
5 & & 4
\end{array}
$$

Une démonstration de cette formule, plus simple que celle donnée primitivement par Graebe, est la suivante.

La α-nitronaphtaline, obtenue par nitration de la naphtaline, donne par oxydation de l'acide nitrophtalique, d'où il résulte qu'on peut écrire sa formule :

$$C^6H^3(NO^2)C^4H^4 \qquad \text{ou} \qquad C^4H^3(NO^2)(C^2)C^4H^4$$

en admettant que les deux atomes de carbone du milieu forment avec le premier groupement C^4 un noyau benzolique. Par réduction la nitronaphtaline donne la naphtylamine

$$C^6H^3(NH^2)C^2(C^4H^4)$$

qui, sous l'influence des oxydants, donne de l'acide phtalique, le noyau amidé étant détruit. On en peut déduire que le second groupement C^4H^4 forme avec les duex atomes de carbone du milieu également un noyau benzolique.

L'acide phtalique étant un dérivé ortho 1-2 ainsi que beaucoup d'auteurs et moi-même l'avons démontré, il s'ensuit que les deux noyaux sont unis en 1-2 et non en 1-3 ou 1-4.

([1]) *Revue générale des Sciences pures et appliquées*, 1921, p. 400.

L'inspection de la formule de la naphtaline montre que sur les huit atomes d'hydrogène de cet hydrocarbure, deux fois quatre doivent être équivalents entre eux, c'est-à-dire, $1 = 4 = 5 = 8$ et $2 = 3 = 6 = 7$ et que par conséquent les dérivés monosubstitués de la naphtaline doivent exister seulement sous deux formes isomériques. L'expérience a pleinement confirmé cette déduction. Nous avons vu plus haut que, dès 1826, Faraday avait obtenu deux sulfacides isomères de la naphtaline. Depuis ce temps un grand nombre de dérivés substitués ont été préparés ; on les a toujours obtenus sous deux formes isomériques, mais jamais on n'a pu en observer une troisième. Ces dérivés monosubstitués ont été désignés par les préfixes α et β. On a appelé α le sulfacide qui se forme à température peu élevée, tandis que celui formé à une température plus haute a été désigné par β, et tous les dérivés obtenus par transformation de ces deux sulfacides ont reçu la même désignation. Les dérivés nitré, chloré, bromé, obtenus par substitution directe correspondent à la position α ; les dérivés isomères β ne se forment à côté de ceux-ci que dans une proportion très faible. *A priori* on ne pouvait pas savoir si les dérivés α correspondaient aux positions 1, 4, 5, 8 ou à 2, 3, 6, 7. La démonstration que la première alternative est exacte a été donnée par M. Reverdin et moi-même en 1880, en nous basant sur le fait que l'acide nitrophtalique, point de fusion 216°, obtenu par oxydation de l'α-nitronaphtaline, répond à la formule :

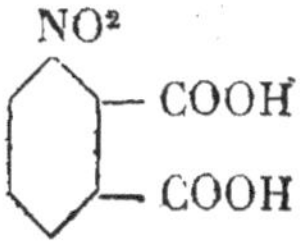

$$\text{NO}^2$$

— COOH

— COOH

L'identité des positions 4, 5, 8 avec 1 et de 3, 6, 7 avec 2 découle de la formule même de la naphtaline, qu'on peut considérer comme démontré avec la plus grande probabilité, sinon avec certitude, mais il n'en était pas moins intéressant de l'établir aussi directement par voie expérimentale, indépendamment de toute hypothèse sur la constitution du carbure. En me basant sur des expériences faites en partie par d'autres auteurs, en partie par moi-même, je peux apporter cette démonstration d'une manière qui me semble indiscutable. L'α-nitronaphtaline donne par réduction l'α-naphtylamine. Dans les deux, le groupe substituant occupe la position 1. Cette α-naphtylamine nitrée soit à l'état de dérivé acétylique, soit à l'état de sulfate, dissous dans un excès d'acide sulfurique, ne fournit pas moins de quatre mononitronaphtylamines isomères, ayant les points de fusion de 191°, 119°, 96-97° et 144°. Les trois premières, par élimination du groupe NH^2, au moyen de la réaction diazoïque, donnent une seule et même nitronaphtaline, identique avec celle qui avait fourni l'α-naphtylamine. Il y a donc identité entre les positions 4, 5 et 8 et de celles-ci avec la position 1. Ajoutons qu'il est facile de démontrer que le dérivé fusible à 191° est 1,4 ; celui fusible à 119° est 1,5 et enfin celui fusible à 96-97° est 1,8. Le dérivé fusible à 144° est homonucléique, car, par oxydation, il donne l'acide phtalique. Il ne peut donc être que 1,2 ou 1,3. La preuve qu'il est 1,2 découle du fait que son produit de réduction montre tous les caractères d'une ortho-diamine. La nitronaphtaline obtenue au moyen de ce dérivé, la β-nitronaphtaline correspond donc à la position 2. Par réduction elle donne la β-naphtylamine, identique avec celle obtenue au moyen du β-naphtol, qui lui-même dérive de l'acide β-naphtalinesulfonique.

En carboxylant le β-naphtol, à température élevée, on obtient un acide β-oxynaphtoïque fusible à 216° qui est homonucléique, car il donne par oxydation l'acide phtalique. Dans cet acide le carboxyle ne peut donc être qu'en 1,4 ou 3. En remplaçant le OH par NH² et éliminant celui-ci par la réaction diazoïque, on obtient, d'après Moehlau, l'acide β-naphtoïque ; identique avec celui préparé au moyen de l'acide β ou 2-naphtaline-sulfonique. Le carboxyle ne peut donc se trouver ni en 1 ni en 4, il est en 3 et par conséquent les positions 2 et 3 sont équivalentes.

En sulfonant la β-naphtylamine, on obtient, suivant les conditions opératoires, quatre acides β-naphtylamine-sulfoniques isomères tous hétéronucléiques appelés α, γ, β, δ ou d'après les noms de leurs inventeurs, Badische, Dahl, Broenner et Weinberg (ou F.). Les deux premiers donnent par élimination du groupe NH² l'acide α-naphtaline-sulfonique, ils correspondent donc aux formules 2,8 et 2,5, les deux autres donnent l'acide β-naphtaline-sulfonique et sont par conséquent 2,6 et 2,7. Comme les deux acides β-naphtalines-sulfoniques, obtenus au moyen de ceux-ci, sont identiques entre eux et avec ceux dans lesquels le sulfo se trouve en 2 et en 3, l'identité des quatre positions β, 2, 3, 6 et 7 se trouve egalement démontrée.

Une autre preuve que les positions α répondent bien aux quatre atomes de carbone voisins des deux atomes communs a été apportée par la synthèse de l'α-naphtol, réalisée par Fittig et Erdmann, en distillant l'acide phényliso-crotonique :

D'après tout ceci la naphtaline répond à une formule absolument symétrique et des symboles comme :

proposé à diverses reprises doivent être définitivement écartés.

En prenant comme base la formule de la benzine de Kékulé, celle de la naphtaline ne peut donc être que :

car dans

le noyau de gauche n'est pas un vrai noyau benzolique et les positions 2 et 7, respectivement 3 et 6 ne seraient pas absolument équivalentes.

Il est à remarquer toutefois que la naphtaline ne se comporte pas dans toutes les réactions entièrement comme la benzine, fait sur lequel M. Bamberger a particulièrement appelé l'attention. Par contre quand un des noyaux est tétrahydré :

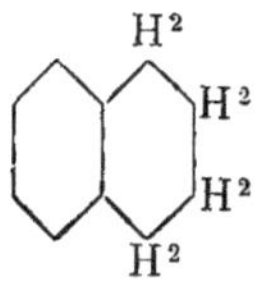

$$H^2$$
$$H^2$$
$$H^2$$
$$H^2$$

le second acquiert toutes les qualités d'un vrai noyau benzolique et la tétrahydrophtaline et ses dérivés sont les analogues complets de l'ortho-xylène :

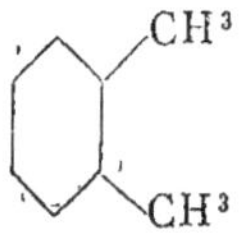

$$CH^3$$
$$CH^3$$

Se basant sur ces faits et admettant pour la benzine la formule centrique d'Armstrong et de Bayer, Bamberger représente la naphtaline par le symbole :

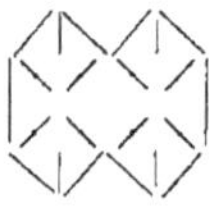

Quand un des noyaux est hydré les valences centriques de l'autre se saturent et il devient un vrai noyau benzolique :

$$H^2$$
$$H^2$$
$$H^2$$
$$H^2$$
ou
$$H^2$$
$$H^2$$
$$H^2$$
$$H^2$$

en admettant pour la benzine le symbole de Kékulé.

La formule qui, à mon avis, rend compte le mieux de toutes les propriétés et réactions de la naphtaline est celle proposée par Thiele.

Cet auteur admet, comme on sait, que lorsque deux atomes de carbones sont unis par une double liaison, leurs affinités ne sont pas complètement saturées, mais qu'à chaque atome il en reste une partie libre, appelée valence partielle et désignée par une ligne pointillée :

$$CH^2$$
$$\|$$
$$CH^2$$

C'est à ces valences partielles qu'a lieu l'addition qui transforme ce dérivé non saturé en saturé. Quand dans une chaîne d'atomes de carbone il y a deux doubles liaisons séparées par une simple :

$$\overline{CH^2} = \overline{CH} - \overline{CH} = \overline{CH^2}$$

ce que Thiele appelle deux doubles liaisons conjuguées, les valences partielles des atomes 2 et 3, se saturent entre elles et on obtient le complexe :

$$\overline{CH^2} = \overline{CH} - \overline{CH} = \overline{CH^2}$$

dans lequel il ne reste de valences partielles qu'au 1 et 4 et qui n'additionne qu'à ces deux atomes.

Dans le noyau benzolique il y a trois doubles liaisons conjuguées :

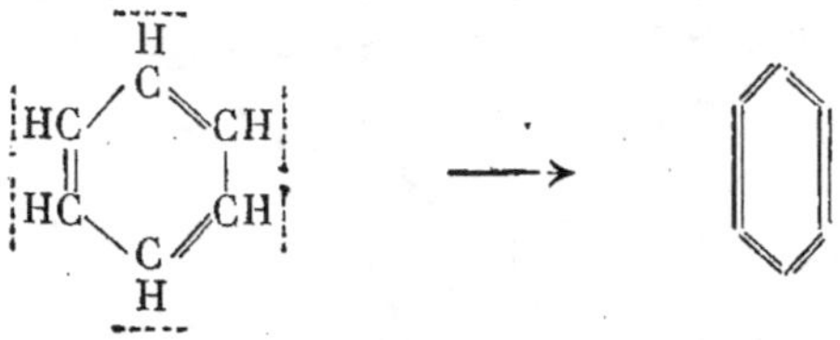

qui se saturent entre elles. Le noyau benzolique devient ainsi complètement saturé, ce qui explique sa grande stabilité et son faible pouvoir additionnel.

Considérons maintenant le noyau naphtylique. Nous y avons deux noyaux benzoliques accolés :

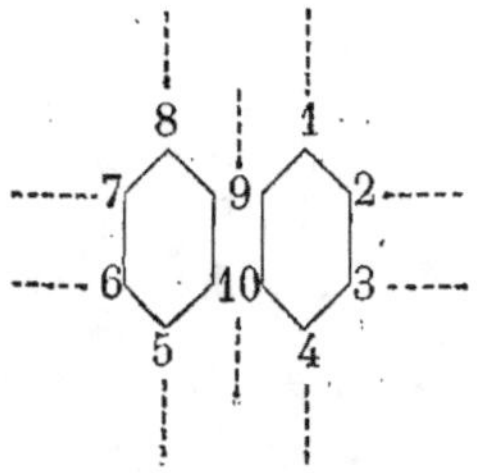

Les valences partielles de 2, 3 et de 6, 7 se neutralisent entre elles, comme dans le noyau benzolique, mais les valences partielles de 9 et 10 doivent saturer à la fois celles de 1 et 8 et de 4 et 5.

Elles ne peuvent y suffire, de sorte qu'en 1, 4, 5 et 8 il reste une fraction de valence partielle libre. Ceci explique bien que la naphtaline additionne plus facilement les atomes d'hydrogène et de chlore que le noyau benzolique et que l'addition a lieu en 1 et 4 et non en 1 et 2. Cela explique aussi pourquoi lors de l'oxydation de la naphtaline il se forme de l'α-naphtoquinone et non la β :

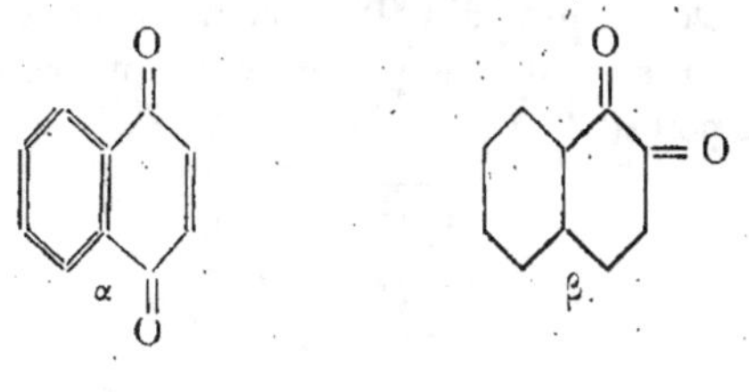

Quand l'addition a eu lieu en 1,4 et naturellement aussi quand elle a eu lieu simultanément en 2, 3, les affinités partielles de 9 et 10 n'ont plus à saturer que celles de 5 et 8, à quoi elles suffisent et le second noyau devient un vrai noyau benzolique :

Ainsi que nous l'avons vu les dérivés monosubstitués de la naphtaline existent sous deux formes isomériques. Le nombre des dérivés disubstitués est de 14 quand les deux substituants sont différents, 6 homonucléiques et 8 hétéronucléiques :

1,2	1,5
1,3	1,6
1,4	1,7
2,1	1,8
2,3	2,5
2,4	2,6
	2,7
	2,8

Quand les deux substituants sont identiques ce nombre se réduit à 10, 4 homonucléiques et 6 hétéronucléiques, car alors $1,2 = 2,1$ $1,3 = 2,4$, $2,5 = 1,6$, et $2,8 = 1,7$. Pour les dérivés trisubstitués le nombre des isomères est de 14 pour la formule $C^{10}H^5A^3$, de 42 peur $C^{10}H^5A^2B$ et de 84 pour $C^{10}H^5A.B.C.$

Dans le cas des dérivés tétrasubstitués nous avons les nombres suivants :

$C^{10}H^3A^4$	22
$C^{10}H^4A^3B$	70
$C^{10}H^4A^2B^2$	114
$C^{10}H^4A^2BC$	210
$C^{10}H^4ABCD$	420

Pour les heptasubstitués, quand tous les substituants sont différents, le nombre des dérivés possibles atteint d'après les calculs de M. Fulda le chiffre fantastique de 10.080.

L'étude des isomères dans la série naphtylique et non seulement intéressante au point de vue théorique, mais elle a, au point de vue pratique, une valeur considérable, tout particulièrement en ce qui concerne la fabrication des matières colorantes. Je reviendrai un peu plus tard en détail sur ce sujet.

Pendant de longues années après sa découverte, la naphtaline n'avait trouvé aucune application ; elle ne servait guère qu'à la préparation du noir de fumée. Quand, à partir de 1856, l'aniline, à la suite des travaux de Perkin, Verguin, Hofmann et Girard et de Laire, acquit l'importance considérable que tout le monde connaît, on s'efforça de tirer parti de la naphtaline pour la fabrication des matières colorantes.

Les premiers essais ne furent guère couronnés de succès.

L'aminoazonaphtaline de Perkin et Church ne fut jamais fabriquée.

Le dinitronaphtol ou jaune de Martius (1864) n'eut que des applications peu étendues et la naphtazarine de Roussin (1861) ne s'introduisait pas dans la pratique. Ce n'est qu'en 1867 que René Bohn, en la transformant en dérivés bisulfitiques, et en l'appliquant sur mordant de chrome, lui ouvrit de vastes débouchés, surtout pour la teinture de la laine et l'impression du coton. Les grandes applications datent de 1877, où Poirrier mit dans le commerce les Orangés et la Rocceline, dérivés des deux naphtols et de l'acide naphtionique, découverts par Roussin. Il est à remarquer toutefois qu'en 1869 Schiendl transforma l'aminoazonaphtaline en Rose de Magdala, qui eut un certain emploi dans la teinture de la soie et qu'à partir de 1874 on employait une certaine quantité de naphtaline pour la fabrication de l'acide phtalique, matière première de la fluorescéine et de ses dérivés, de la galléine et de la céruléine.

En 1877 aussi, Caro découvrit l'acide sulfonique du dinitronaphtol, qui à l'encontre du dérivé non sulfoné, a acquis une importance considérable pour la teinture de la laine et de la soie, et, vu son innocuité, aussi pour la coloration des matières alimentaires. Elle est encore aujourd'hui l'objet d'une fabrication étendue.

En 1878 vinrent les Ponceaux et les Bordeaux de Hœchst, dérivés de deux acides β-naphtolsulfoniques isomères, R et G, 2.3.6 et 2.6.8.

Déjà dans les Orangés on avait pu constater des différences caractéristiques entre l'α et le β-naphtol, mais c'est dans les ponceaux qu'on constata pour la première fois la grande influence qu'a la position du groupe sulfo dans les dérivés du β-naphtol, sur la nuance des couleurs qui en dérivent.

En 1881 les Farbenfabriken Bayer montrèrent les différences profondes qui existent entre les dérivés des deux acides β-naphtolmonosulfoniques, 2,6 et 2,8.

A partir de 1884, à la suite de la découverte du Rouge Congo, les acides naphtylaminesulfoniques isomères prirent une importance de plus en plus considérable. Enfin la préparation des acides aminonaphtolsulfoniques, $\gamma = 2.6.8$ en 1889, H $= 8.3.6$ en 1890, J $= 2.5.7$ en 1893, de l'acide 1.2.4 en 1904 et de beaucoup d'autres analogues, aiguilla l'industrie des colorants azoïques dans des voies tout à fait nouvelles.

A partir de 1879 l'étude des dérivés de la série naphtalique prit, surtout dans les laboratoires des fabriques de matières colorantes allemandes, une extension énorme, et donna lieu à des centaines de brevets. En même temps de très nombreux savants, parmi lesquels je ne citerai que le Suédois Cleve et ses élèves et les Anglais Armstrong et Wynne, publièrent des recherches de la plus haute importance sur la constitution de ces dérivés et établirent les lois qui régissent la substitution dans la série naphtalique.

Dès 1879 M. Reverdin et moi pour nous orienter dans nos recherches industrielles, nous avions établi pour notre usage personnel, des tableaux synoptiques des dérivés de la naphtaline que nous publiâmes en 1880. Notre plaquette en citait environ une centaine, en 1887, dans une seconde édition, il y en avait déjà plus de 300 et une troisième édition, publiée en 1893 par MM. Reverdin et Fulda n'en contient pas moins de 911. Rien ne montre mieux que ces simples chiffres, l'extension énorme qu'a prise l'étude de la naphtaline dans ce court laps de temps.

Jusque vers la fin du dernier siècle l'étude des dérivés naphtyliques a été poussée d'une manière très intensive, mais depuis une vingtaine d'années elle s'est considérablement ralentie, à peu près tout ce qui était industriellement accessible et promettait des applications intéressantes, ayant été réalisé. Cela n'empêche que l'avenir ne puisse encore nous réserver des surprises, soit par la découverte de nouveaux dérivés, soit par l'application de dérivés déjà connus à des usages nouveaux. Ainsi juste avant la guerre, l'anilide de l'acide β-oxynaphtoïque :

$$- OH$$
$$- CO . NH . C^6H^5$$

connue depuis longtemps, a été préconisée pour l'obtention de couleurs azoïques sur fibre et paraît devoir acquérir une importance très considérable, grâce à la beauté et à la solidité des teintes ainsi obtenues.

Pour déterminer la constitution d'un dérivé de la naphtaline, on le ramène par des réactions, dans lesquelles il n'y a pas de transpositions moléculaires, à un dérivé de constitution connue. Grâce aux travaux d'Erdmann et surtout d'Armstrong et Wynne la constitution des 10 dichloro et des 14 trichlornaphtalines a pu être démontrée avec certitude. D'autre part on a pu établir aussi la constitution des diamino et dioxynaphtalines et on a pu les transformer en dichloro.

Les déductions tirées de ces diverses réactions ont été toujours parfaitement concordantes. Des transpositions lors de la fusion alcaline, fréquentes dans la série benzolique, n'ont pas été observées dans la série naphtylique.

D'autre part des migrations de groupes sulfoniques ont été constatées bien souvent.

La détermination de la constitution d'un nouveau dérivé naphtylique, quand elle ne se déduit pas directement de sa préparation, ne présente en général pas de difficultés particulières. Le temps me manque malheureusement pour traiter plus en détail ce sujet fort intéressant au point de vue théorique et non moins important pour la pratique industrielle.

Emplois des dérivés de la naphtaline dans l'industrie des matières colorantes

Des dérivés de la naphtaline ont trouvé des emplois dans presque toutesles classes de colorants. Nous allons rapidement passer en revue les plus importants.

Dérivés nitrés. — La dinitro-α-naphtol ou Jaune de Martius n'est plus guère employé, mais son dérivé sulfonique :

$$OH$$
$$SO^3H \qquad NO^2$$
$$NO^2$$

se fabrique toujours, sous le nom de Jaune de naphtol acide, sur une échelle importante pour la teinture de la laine et de la soie et la coloration des matières alimentaires.

Dérivés nitrosés (Quinonoximes). — Le nitroso-β-naphtol, soit tel quel, soit sous forme de combinaison bisulfitique, sert en impression sur coton à l'état de laque de fer, de chrome ou de cobalt, pour des verts, des cachous et des bruns-rouges.

Le sel ferrico-sodique du dérivé sulfonique 6 de ce nitrosonaphtol qui est connu sous le nom de Vert de naphtol, est employé dans la teinture de la laine.

Par un excès de bisulfite le nitroso-β-naphtol est transformé en acide amino-naphtolsulfonique 1,2,4 qui a trouvé une application importante dans la fabrication de noirs et de rouges chromatables :

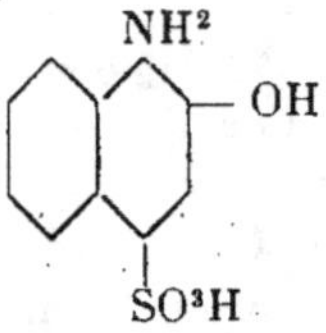

Série du Triphénylméthane. — La tri-β-naphtylrosaniline, préparée simultanément par Meldola et moi-même, en 1887, a été mise plus tard dans le commerce par Cassella sous le nom de Bleu Isamine. Son dérivé sulfoné a la propriété exceptionnelle dans cette série, de teindre le coton sans mordant.

Des dérivés du diphényle-naphtyle-méthane sont les Bleus Victoria R. et B., le Bleu de nuit et les Verts de naphtaline.

J'ai préparé aussi des dérivés du phényl-dinaphtylméthane et du trinaphtylméthane. Ce sont des bleus jusqu'ici sans applications industrielles.

Dans la série des *Xanthydrols*, des *Xanthones* et des *Flavones*, de nombreux dérivés naphtyliques ont été obtenus, mais aucun d'entre eux n'est entré dans l'industrie.

Si dans l'*Auramine* on remplace un noyau benzolique par un noyau naphtylique on passe, ainsi que je l'ai montré, du jaune à l'orangé, mais cela n'a aucun intérêt au point de vue pratique.

On connaît diverses *Naphtacridines*, mais je ne sais, si l'une ou l'autre d'entre elles fait l'objet d'une fabrication industrielle.

Dans le groupe *Thiobenzényle*, aucun colorant n'a été préparé, mais le dérivé thiazolique de l'acide J :

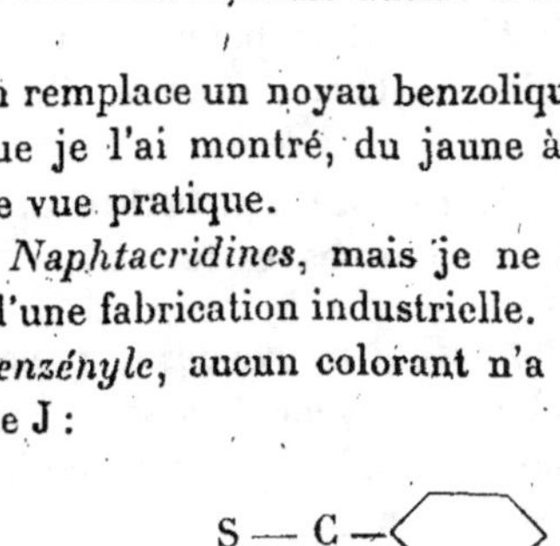

sert à la préparation de colorants azoïques très importants. Rien d'industriel à noter dans les groupes de la *Pyrazolone*, de la *Quinoléine* et des *Oxycétones*. Par contre dans le groupe des *Oxyquinones* nous avons la *Naphtazarine* et ses dérivés.

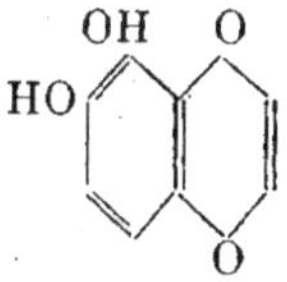

qui sont fort importants à cause de leur grande solidité. Dans la série de l'*Anthraquinone* nous n'avons jusqu'à présent qu'un seul colorant proprement dit, une acridone naphtylique :

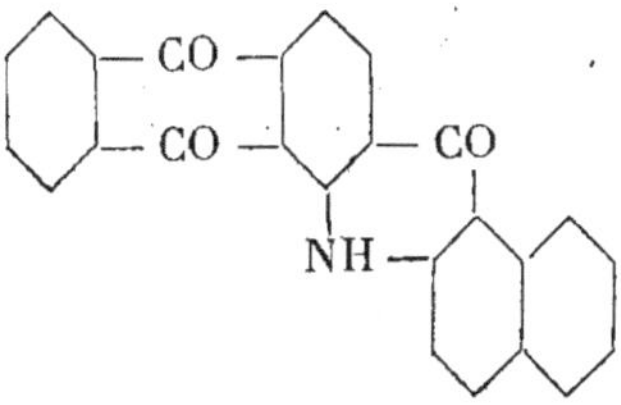

colorant à cuve, connu dans le commerce sous le nom de Rouge d'indanthrène BN.

Il n'est pourtant pas improbable, qu'en poussant les recherches on ne puisse trouver dans ce groupe l'emploi pour d'autres dérivés naphtyliques. En outre une naphtanthraquinone, obtenue par synthèse :

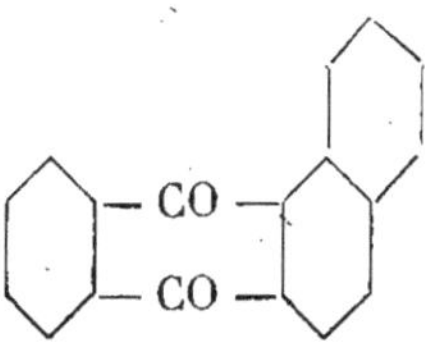

est employée comme laque, sous le nom de Jaune Sirius.

Dans la série des *Indophénols* le seul représentant qui ait eu un emploi industriel dérive de l'α-naphtol. Le groupe des *Oxazines* nous offre le Bleu de Meldola, le Bleu de Nil, la Muscarine, celui des *Thiazines* le Bleu d'Alizarine brillant et des Verts.

Dans le groupe des *Azonium* nous avons le Rose de Magdala, les Rosindulines et les Rosindones, l'Ecarlate d'induline, le Bleu solide neutre, le Bleu de Bâle et les Bleus foulon, tandis que les *Naphtazines* n'ont aucun représentant industriel.

Dans la série des *colorants au soufre* les dérivés naphtaliques sont assez largement représentés. De nombreux Indophénols et Indamines de cette série sont susceptibles de fournir par sulfuration des bleus et des verts. Les dinitronaphtalines peuvent être transformées en noirs et en bruns et des dérivés de la 1,8 Naphtylènediamine sont des matières premières pour des verts.

Dans le groupe *indigotique* la naphtaline joue aussi un certain rôle.

Les β-naphtindigo bromé est un vert. Par l'action du chlorure ou de l'α-anilide de l'isatine sur l'α-naphtol on obtient l'Alizarine-indigo. Enfin nous avons ici le premier exemple de l'emploi industriel d'un proche parent de la naphtaline, l'acènenaphtène, ou péri-éthylènenaphtaline :

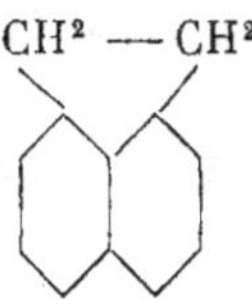

dont la quinone par action sur l'oxythionaphtène fournit l'Ecarlate Ciba G. et son dérivé bromé l'Ecarlate Ciba R.

On a préparé aussi ces derniers temps des naphtisatines isomères, mais je ne sais pas si elles ont été réellement l'objet d'une fabrication régulière industrielle.

Finalement il ne faut pas oublier que l'acide anthranilique préparé au moyen de l'acide phtalique et par conséquent au moyen de la naphtaline, est la matière première de la préparation de l'indigo, d'après le procédé de la Badische. Tous les colorants, nombreux déjà, cités dans ces diverses classes, ne sont pourtant que d'une importance relativement faible en comparaison de ceux que nous offre le *Groupe azoïque*. Ici les produits industriellement fabriqués se chiffrent par bien des centaines d'individus et par des dizaines de millions de kilogrammes. Les deux naphtylamines et les deux naphtols, quelques diaminos et dioxynaphtalines, enfin plusieurs aminonaphtols et surtout les nombreux dérivés mono et polysulfoniques de tous ces corps sont les matières premières de cet essaim de colorants, présentant toutes les teintes de l'arc-en-ciel, ainsi que les noirs de toutes nuances, les bruns et les olives.

Il me faudrait la durée d'une conférence entière pour vous en donner seulement une idée sommaire, aussi dois-je me contenter d'avoir appelé votre attention sur ce vaste domaine sans pouvoir l'approfondir davantage. J'ajouterai seulement pour terminer que dans cette série le dernier mot n'est certainement pas encore dit et que l'avenir nous y réservera encore bien des surprises.

C'est ici aussi qu'on peut se rendre compte de quelle importance primordiale est la position respective des groupes substituants et qu'on peut déduire combien les études sur les isoméries plus fines des dérivés de la naphtaline ont de l'intérêt, non seulement au point de vue de la théorie, mais aussi pour la pratique industrielle.

Fabrication industrielle des dérivés de naphtaline

Nous ne pouvons donner ici des indications détaillées sur tous ces produits. Nous choisissons seulement quelques exemples qui nous semblent caractériser les principes employés le plus souvent pour l'obtention des dérivés phénoliques et aminés, à savoir :

β-naphtol.
Monosulfonaphtols de Schaeffer et de Bayer.
Bisulfonaphtols sels R et G.
Acide naphtionique.
Acide sulfanilique,

Les produits intermédiaires sont traités d'une manière complète dans le livre de Cain qui vient de paraître chez Dunod. (Voir la bibliographie).

Fabrication du β-naphtol

Les phases de la préparation de ce produit sont :
1° Préparation de naphtaline β-sulfonée ;
2° Transformation en sel de soude ;
3° Fusion de ce sel avec de la soude caustique ;
4° Séparation du naphtol ;
5° Distillation :

Sulfonation. — Pour sulfoner la naphtaline on opère dans des marmites en fonte disposées en batteries et pouvant traiter chacune 100 kilogrammes de naphtaline et 100 kilogrammes d'acide sulfurique à 66°. On chauffe à 200° pendant 6 à 7 heures, puis on coule la masse fondue dans un bac plombé renfermant 2 500 litres d'eau. En sulfonant comme il vient d'être dit, il se forme presque exclusivement de la naphtaline β-sulfonée ; accessoirement on produit en même temps quelques $^o/_o$ de α-$C^{10}H^7$.SO^3H et une petite quantité de disulfonaphtaline ; de plus il reste un peu de naphtaline non attaquée. Pour isoler la β-sulfonaphtaline, on traite par de la chaux éteinte puis on passe au filtre-presse et on recueille dans une barque en bois le β-naphtylsulfite de chaux ; dans la presse il reste du sulfate de chaux, celui-ci est lavé et ces eaux de lavage constituent des *petites eaux* qui serviront à la dissolution de l'opération suivante.

Transformation en sel de soude. — Le naphtylsulfite de chaux est transformé au moyen de carbonate de soude en sel sodique, on évapore et l'on fait cristalliser. La modification α reste dans les eaux qui sont éliminées par essorage.

On peut aussi verser le produit sulfoné dans une solution saturée de sel ; le sel de sodium de la sulfonaphtaline se sépare et est filtré.

Fusion. — Elle a lieu dans des marmites en fonte demi-sphériques, munies d'agitateurs obliques, chauffées soit à feu nu, soit au moyen de bains d'alliage. On introduit d'abord dans la marmite 100 kilogrammes de soude caustique et 50 litres d'eau, on chauffe lentement et lorsque la fusion est bien homogène, on ajoute progressivement 100 kilogrammes de naphtylsulfite de soude. La fusion a lieu à une température de 300° et l'on s'y maintient pendant 8 à 10 heures. Un dispositif spécial permet de vider par pression d'air ; on fait couler la masse en fusion dans 2 000 litres d'eau et l'on a ainsi une solution de naphtolate de soude, de sulfite de soude et de soude caustique.

Séparation du naphtol. — On traite la solution précédente par une quantité d'acide chlorhydrique correspondant exactement au naphtolate de soude et à la soude ; dans ces conditions le naphtol se trouve entièrement mis en liberté sans que le sulfite soit décomposé. Il suffit de filtrer pour avoir d'une part du naphtol et d'autre part du sulfite de soude. Ce dernier passe dans un atelier spécial où l'on s'occupe de la préparation de l'acide sulfureux et des bisulfites alcalins. Ces produits sont donc des produits accessoires de la fabrication du naphtol. Le naphtol brut obtenu par filtration est lavé à différentes reprises avec de l'eau chaude et passe ensuite à l'atelier de distillation.

Distillation. — On opère dans des appareils en fonte et sur des unités de 500 kilogrammes. On recueille la tête et la queue de l'opération ; le cœur de la distillation qui passe à 286° est constitué par du naphtol à peu près pur ; les têtes et les queues de plusieurs opérations sont réunies et distillées en fractionnant de la même manière.

Sulfonation du β-naphtol

Lorsqu'on sulfone avec ménagement le β-naphtol on obtient d'abord un mélange des acides monosulfonés de Schaeffer et de Bayer :

Acide Schaeffer 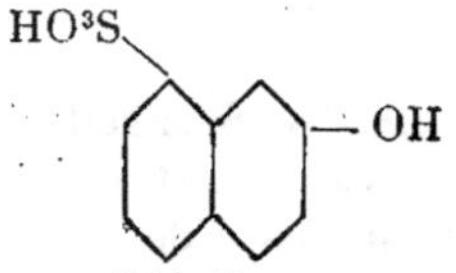   Acide Bayer

Et si la sulfonation est poussée plus loin il se forme les disulfonaphtols G et R.

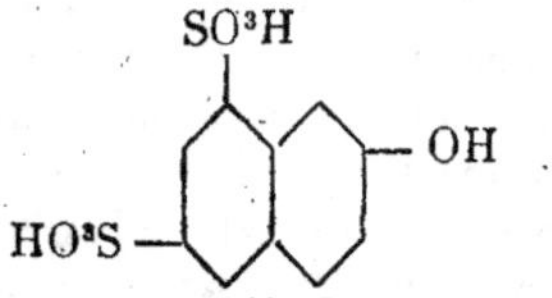

Acide G 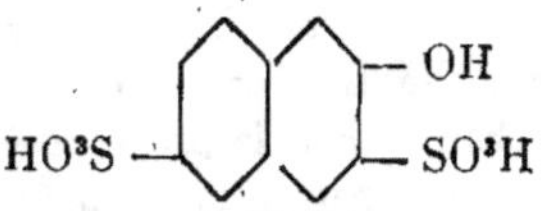   Acide R

Comme l'acide de Bayer, se transforme par sulfonation exclusivement en sel G, tandis que l'acide de Schaeffer donne un mélange de sels G et R on obtient donc toujours par sulfonation de β-naphtol un mélange de G et de R.

Fabrication des monosulfonaphtols S et B

On emploie :

Naphtol pulvérisé et séché	100
Acide sulfurique à 66°	200

Il ne faut pas dépasser la température de 65°, la sulfonation finie, on coule dans 1 000 litres d'eau froide. Il s'est formé, pendant la sulfonation un mélange de :

Sulfo Schaeffer	30 %
Sulfo de Bayer	60 %

Après dissolution dans l'eau, on ajoute 120 kilogrammes NaCl. Il se forme dans ces conditions les sels Na des sulfonaphtols. Ce procédé est employé fréquemment pour séparer des dérivés sulfonés.

Le sel de Schaeffer se sépare à l'état insoluble et dans la solution il reste en sel de Bayer souillé d'une petite quantité de sel de Schaeffer.

Sel Schaeffer.. Insoluble
Sel Bayer + un peu de sel de Schaeffer.............. Soluble

Pour purifier ce dernier produit on utilise la propriété que possède le dérivé diazoïque de la m-xylidine de virer plus vite avec le sulfonaphtol de Schaeffer qu'avec celui de Bayer. On fait donc un essai préliminaire au laboratoire pour déterminer combien la solution renferme de sulfonaphtol de Schaeffer et on y ajoute la quantité calculée de diazoxylène dans des conditions convenables ; puis on précipite la matière colorante formée, on filtre ; les eaux mères renferment le sulfonaphtol de Bayer purifié.

Lorsqu'on veut faire la séparation de ces deux isomères au laboratoire on peut traiter le mélange de leur sel de sodium (desséché au préalable) par 5 parties d'alcool à chaud ; le sel de Bayer se dissout, celui de Schaeffer reste insoluble.

Fabrication des bisulfonaphtols R et G

On emploie 100 kilogrammes de β-naphtol pulvérisé et séché, 300 kilogrammes d'acide sulfurique à 66°, on chauffe pendant 1 heure à 100°, puis on coule dans 1 200 litres d'eau, on fait le sel de calcium, puis le sel de sodium en employant le procédé décrit plus haut à propos de la préparation de l'acide naphtionique ; on filtre et la solution renfermant les deux isomères est traitée par du sel marin, le sel R est rendu insoluble, le sel G reste dans la solution :

Sel R $\longrightarrow$

SO_3Na ... OH ... SO_3Na

précipité par NaCl

Sel G $\longrightarrow$

SO_3Na ... OH ... SO_3Na

soluble.

Au laboratoire on peut les séparer par de l'alcool, le sel de soude du sel G est soluble, celui du sel R insoluble. D'autre part on peut aussi utiliser la différence de solubilité de leurs sels de potassium.

Fabrication du sulfonaphtol 1.4 de Nevile et Winther

On le prépare par trois procédés. Le premier consiste à décomposer le dérivé diazoïque de l'acide naphtionique ; par le second on traite l'acide naphtionique par de la soude caustique sous pression. En opérant avec ménagements on peut arriver ainsi à remplacer presque quantitativement le groupe AzH_2 par OH sans que le groupe SO_3H soit altéré :

NH_2 ... $N \equiv N$ ... O ... OH

SO_3H ... SO_2 ... SO_3H

Le procédé le plus récent et le meilleur, consiste à transformer l'acide naphtionique en éther sulfureux et à décomposer celui-ci par un alcali :

$$C^{10}H^6\!\!<\!\!\begin{array}{l} NH^2 \\ SO^3Na \end{array} + HSO^3Na = C^{10}H^6\!\!<\!\!\begin{array}{l} OSO^2Na \\ SO^3Na \end{array} + NH^3$$

$$C^{10}H^6\!\!<\!\!\begin{array}{l} OSO^2Na \\ SO^3Na \end{array} + 2NaOH = C^{10}H^6\!\!<\!\!\begin{array}{l} ONa \\ SO^3Na \end{array} + Na^2SO^3$$

Fabrication de l'acide naphtionique

1° Dans un vase en fonte muni d'un agitateur, on introduit 400 kilogrammes d'acide sulfurique à 66° ; puis on ajoute 100 kilogrammes d'α-naphtylamine, on chauffe progressivement jusqu'à une température de 130°. On prend une série de tâtes dans la soude caustique 1/10 et on arrête l'opération quand on n'a plus le moindre louche. Lorsque l'opération est terminée on coule la masse dans une cuve en bois renfermant 3 000 litres d'eau, puis on sature par de la chaux éteinte. L'acide sulfurique en excès se trouve transformé en sulfate de chaux, tandis que l'acide naphtionique forme du naphtionate de chaux soluble. La solution chaude est passée dans un filtre-presse, et le naphtionate traité par une quantité calculée de carbonate de soude donne par double décomposition du carbonate de chaux insoluble et du naphtionate de chaux soluble. Après filtration, ce dernier est concentré et l'on obtient finalement des cristaux de naphtionate de soude :

$$C^{10}H^6\!\!<\!\!\begin{array}{l} SO^3Na \\ NH^2 \end{array} + 4H^2O$$

Nous avons vu que le filtre-presse dans lequel on a passé le naphtionate de chaux retient le sulfate de chaux, mais celui-ci est imprégné de naphtionate, il serait irrationnel de perdre ce produit. On vide donc la presse et on lave le sulfate avec 1 000 l. d'eau on a ainsi des *petites eaux* qui serviront pour la dissolution de l'opération suivante;

2° *Procédé Nevile et Winther.* — Il consiste à chauffer à une température de 180 à 200° du sulfate acide d'α-naphtylamine, poudre fine ; l'opération a lieu dans un four rotatif analogue au four des boulangers. On y introduit une série de rouleaux renfermant la poudre de sulfate de naphtylamine sur une hauteur d'environ 5 centimètres. La réaction se passe de la manière suivante :

On obtient de bons rendements en chauffant pendant 5 à 6 heures à la température indiquée plus haut. Quand la cuite est terminée, on dissout la masse pulvérulente dans une solution de carbonate de soude, on filtre et concentre. Un peu de naphtylamine inaltérée est récupérée au moyen de solvants organiques comme par exemple le benzol.

Fabrication de l'acide sulfanilique

On peut employer également le procédé de sulfonation directe ou celui de Nevile et Winther. C'est ce dernier que l'on met généralement en pratique. Quand la réaction est terminée on dissout dans du carbonate de soude, on filtre et concentre. Le sulfanilate de soude se présente sous la forme de cristaux ayant pour formule :

$$C^6H^4 \diagup \!\!\!\!\! \begin{array}{l} NH^2 \\ SO^3Na \end{array} + 2H^2O$$

Le produit ainsi obtenu est le sel Na de l'acide p-sulfanilique. On prépare aussi l'acide m-sulfanilique, mais par un procédé différent qui consiste à sulfoner le nitrobenzène, puis à réduire le dérivé nitrosulfoné :

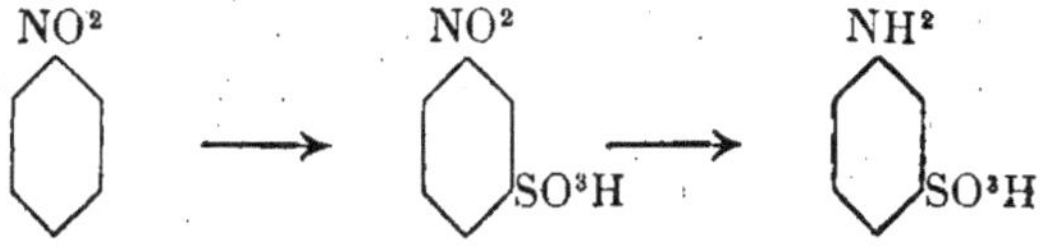

$$NO^2 \longrightarrow NO^2,\ SO^3H \longrightarrow NH^2,\ SO^3H$$

1° MONOAZOÏQUES

A. — Oxyazoïques

$$\text{Type :}\quad R - N = N - R'\,.\,OH$$

Nous rangeons les oxyazoïques en trois classes :

1° Oxyazoïques *non sulfonés* généralement insolubles dans l'eau mais solubles dans des solvants organiques : alcool, benzène, térébenthine, corps gras, etc.

On part d'un diazoïque non sulfoné et d'un phénol simple, par exemple :

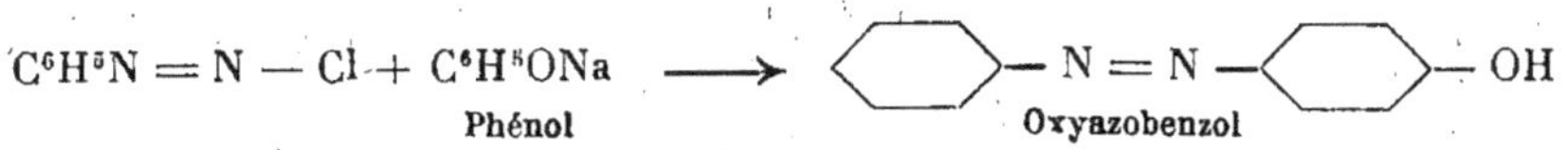

$$C^6H^5N = N - Cl + C^6H^5ONa \longrightarrow C^6H^5 - N = N - C^6H^4 - OH$$

Phénol — Oxyazobenzol

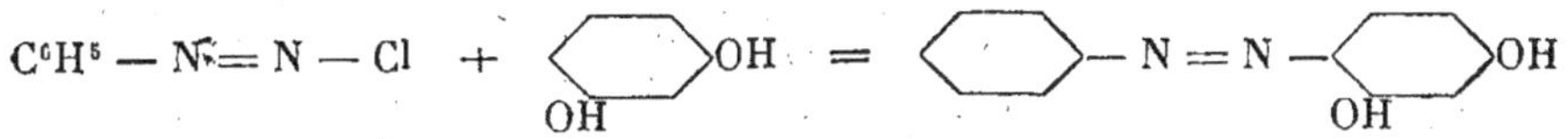

$$C^6H^5 - N = N - Cl + C^6H^4(OH) \cdot OH = C^6H^5 - N = N - C^6H^3(OH) \cdot OH$$

Résorcine — Chrysoïne insoluble

2° Oxyazoïques *sulfonés*, en partant *a*) d'une amine sulfonée ; *b*) d'un phénol sulfoné.

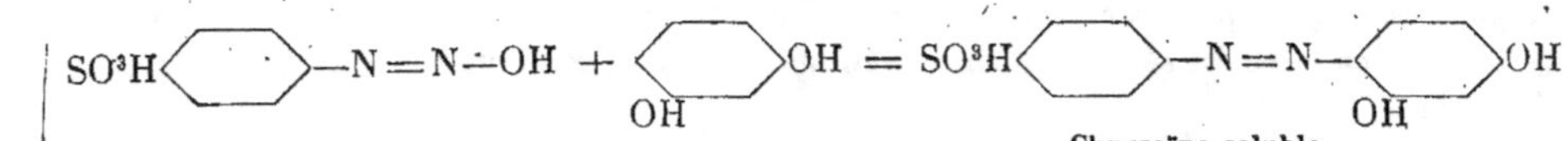

a)

Chrysoïne soluble

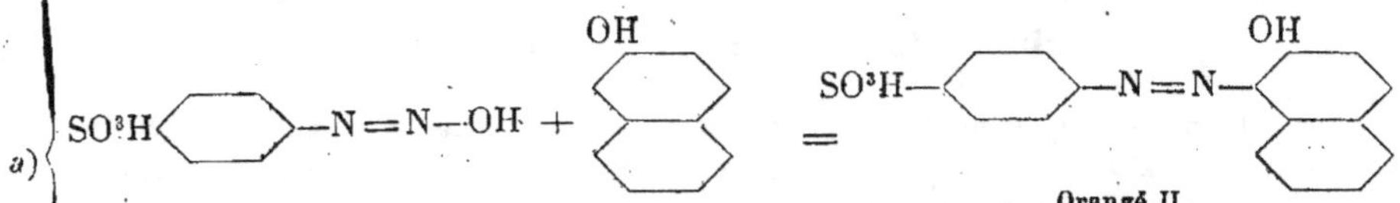

Orangé II

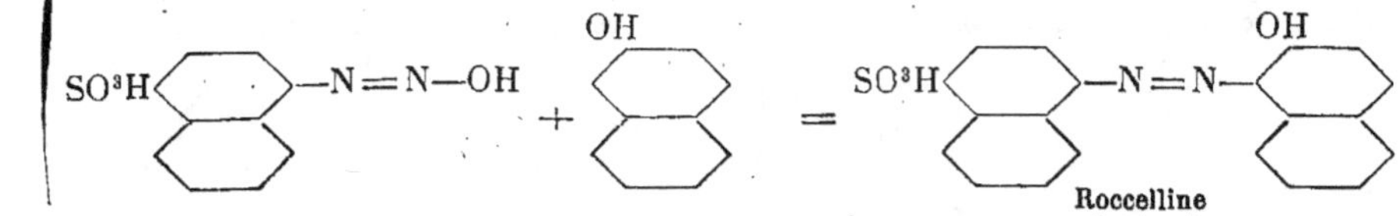

Roccelline

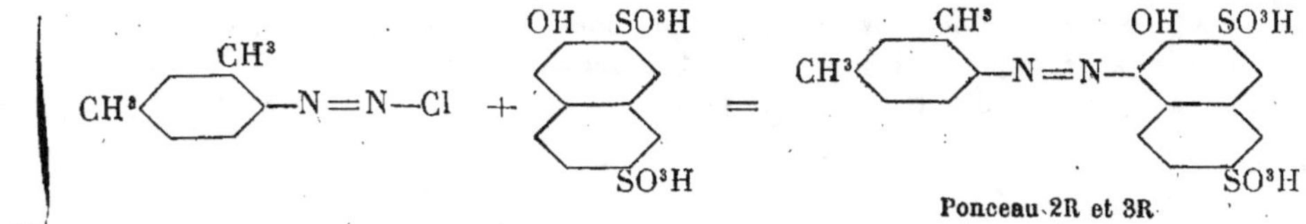

b)

Ponceau 2R et 3R

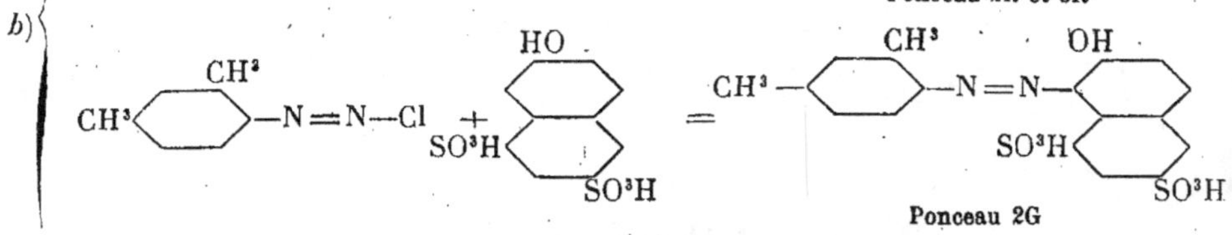

Ponceau 2G

3° Oxyazoïques sulfonés en partant d'une amine sulfonée et d'un phénol sulfoné :

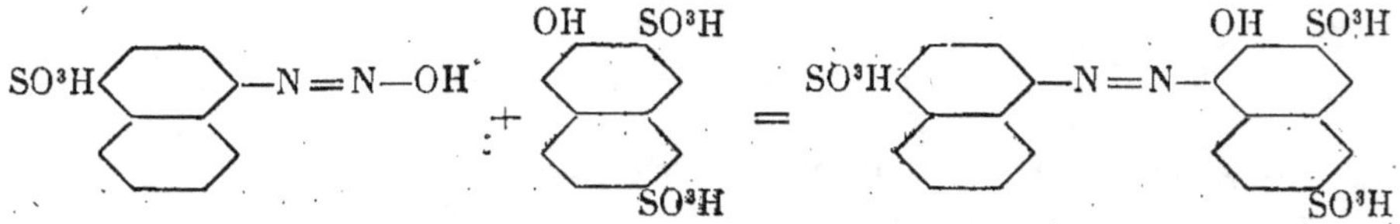

Amarante

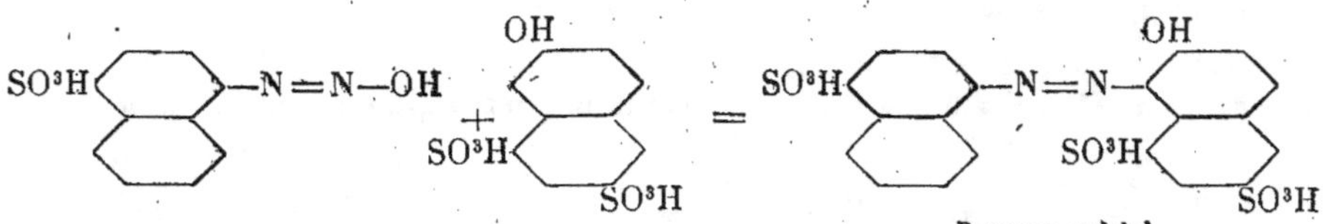

Ponceau spécial

La préparation de ces azoïques comporte deux phases principales :

1° Diazotation ;

2° Virage avec le dérivé phénolique.

1° **Diazotation**.

On fait réagir une molécule de nitrite de soude sur une molécule de chlorhydrate de l'amine en présence d'une molécule d'acide chlorhydrique. Par exemple :

$$C^6H^5 - NH^2HCl + NO^2Na + HCl = NaCl + 2H^2O + C^6H^5N = N - Cl$$

En général on est obligé de travailler avec un léger excès d'acide, afin d'éviter la formation de diazoamino.

Il est indispensable pour qu'un diazoïque puisse se former que l'amine soit primaire ; les amines secondaires donnent en effet avec l'acide nitreux des nitrosamines et les amines tertiaires des dérivés p-nitrosés. C'est ainsi que l'on obtiendrait avec la mono-et la diméthylaniline :

$$C^6H^5 - N\diagdown_{NO}^{CH^3} \qquad\qquad C^6H^4\diagdown_{NO}^{N(CH^3)^2}\quad (1)$$
$$(4)$$

Pour réussir la préparation d'un diazoïque il faut observer avec soin certaines conditions de préparation.

1° **Proportion de nitrite.** — Elle dépend de la durée de la diazotation. Si celle-ci est instantanée, on se contente d'employer un léger excès de nitrite ; si la diazotation est de longue durée, il y a perte d'une certaine quantité d'acide nitreux, il faut donc en employer un excès plus considérable qui peut varier de 5 à 20 %.

2° **Température de la diazotation et stabilité du diazoïque.** — La température de diazotation est en rapport avec la température de décomposition du diazoïque ; elle est extrêmement variable. En général les amines simples et leurs homologues tels que l'aniline, les toluidines, les xylidines, les α et β-naphtylamines donnent des diazoïques peu stables qui se décomposent au-dessus de 0°. Les produits de substitution de ces amines, par exemple leurs dérivés sulfonés sont plus stables à l'état de diazoïques ; les nitranilines diazotées le sont encore plus. Les amines ortho-nitrées sont difficilement diazotables, la difficulté de diazotation augmente avec le nombre des groupes négatifs substitués, la trinitraniline n'est plus diazotable que dans des conditions exceptionnelles (Misslin, Helv-chim. Acta, III, 626).

Certains aminoazoïques sulfonés de la naphtaline donnent des diazos qui sont stables à température moyenne ; il est même nécessaire pour produire ces diazoïques de chauffer à cette température, tandis que les p-aminoazo et o-aminoazos du benzène sont facilement diazotables et moins stables.

Certains aminonaphtols donnent des diazoïques particulièrement stables, par exemple, celui du 1-2-aminonaphtol-4-sulfo supporte une température de 100° sans se décomposer.

On voit donc qu'il est indispensable avant de diazoter une amine de bien connaître la température de formation ainsi que la température de décomposition de son diazoïque afin d'opérer à une température convenable.

3° Acidité. — Après la diazotation, la réaction doit être franchement acide au tournesol.

En résumé, après avoir mélangé le nitrite avec l'amine, il doit rester un très léger excès d'acide nitreux ; on suit la marche de la diazotation au moyen d'un papier préparé avec de l'amidon et de l'iodure de potassium ; tant que l'acide nitreux n'est pas complètement absorbé, il se produit une tache noire-bleue, prouvant l'existence d'un grand excès d'acide nitreux. Au fur et à mesure de son absorption la nuance bleue va en s'éclaircissant. L'opération doit être conduite de telle sorte qu'au moment où la diazotation est terminée on ait un très petit excès d'acide nitreux correspondant à une tache bleu clair.

On ajoutera avant d'introduire le nitrite de soude, une quantité de glace suffisante pour abaisser la température au-dessous du point de décomposition du diazoïque et après avoir ajouté le nitrite, il faudra continuer l'addition de glace afin de se maintenir à cette limite de température.

Avec les bases faibles, nitranilines, etc., on doit toujours employer un excès d'acide, autrement il se forme du dérivé diazoaminé.

2° Virage avec le phénol.

Cette opération consiste à mélanger le diazoïque avec la solution de phénol en milieu alcalin. On emploie particulièrement une molécule de phénol pour une molécule de diazoïque :

$$R . N = N - Cl \atop R' . ONa \left. \right\} \longrightarrow R . N = N - R' . OH + NaCl$$

On ajoute tout d'abord à la solution de phénol une quantité de carbonate de soude ou de soude caustique suffisante pour qu'après avoir mélangé les deux solutions, la réaction soit franchement alcaline au tournesol ; on emploie parfois de l'ammoniaque, mais le plus souvent on fait usage de carbonate de soude. La solution alcaline de phénol est d'abord refroidie avec de la glace, puis on y ajoute brusquement le diazoïque. L'addition préalable de glace a pour but d'empêcher une élévation de température qui risquerait de nuire à la stabilité du diazoïque avant que celui-ci ne soit uni au phénol. Généralement la formation des oxyazoïques est presque instantanée ; par précaution on laisse séjourner pendant quelques heures avant de précipiter la matière colorante.

Constitution des oxyazoïques

Nous avons vu dans le chapitre précédent que les diazoïques se placent de préférence en para par rapport au groupe OH. Avec le phénol et le diazobenzène on obtient le p-oxyazobenzène.

$$C^6H^5 . N = N \underset{OH}{\bigcirc}$$

Quand la position para est prise, la copulation a lieu en ortho. Ce dérivé para-azoïque peut se combiner encore avec une seconde et même une troisième molécule de diazo pour donner finalement :

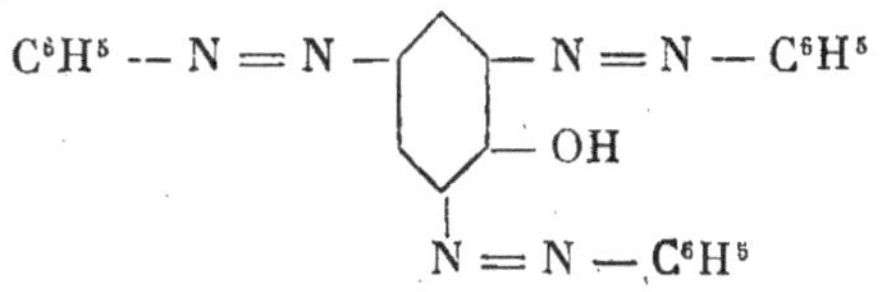

$$C^6H^5 -- N = N - \bigcirc - N = N - C^6H^5$$
$$- OH$$
$$N = N - C^6H^5$$

Dans la série de la naphtaline s'il s'agit d'α-naphtol, le diazo se place en para, si la position para est occupée l'azoïque se place en ortho, on obtient alors des couleurs plus stables. Dans certains cas, même si la position p n'est pas occupée, il se forme des ortho-azoïques.

Quand les positions 2 et 4 sont libres on peut introduire deux diazoïques et préparer ainsi des bisazoïques dont il sera question plus loin :

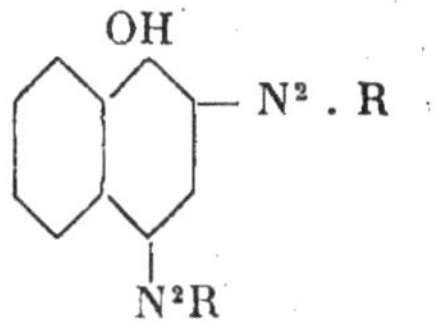

$$OH$$
$$- N^2 . R$$
$$N^2R$$

Noelting et Grandmougin (*Soc. chim.*, 1891, 5, 1863).

Le diazo peut se placer en ortho dans certains cas, même lorsque la position para est libre, c'est ce qui se produit quand la position 5 est occupée par un groupe sulfo ou un autre groupe négatif par exemple NO^2. Ainsi le naphtol-sulfo 1-5 se copule en 2. Il en est de même d'ailleurs du 1-naphtol-3,8-disulfo qui se copule en 2, quoique 4 soit libre. Le 1-naphtol-3 sulfo se comporte de même (*Ch. Z.*, 1903, 846 et *Ann.* 393, 198, 1912).

Il ne se forme pas d'azoïques avec l'α-naphtol quand les positions 2 et 4 sont prises.

Avec le β-naphtol on obtient toujours la copulation en 1, donc toujours des o-oxyazoïques. Les diazoïques ne réagissent qu'une fois tandis que nous venons de voir qu'avec l'α-naphtol on peut fixer deux azoïques :

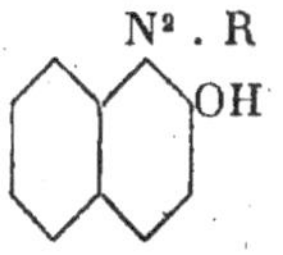

$$N^2 . R$$
$$OH$$

Quand la position 1 est occupée il n'y a pas copulation, ou bien le groupe situé en 1 est éliminé, ce qui est le cas pour l'acide oxynaphtoïque 2,1 (voir plus bas).

Dans la série des dioxynaphtalines le dérivé 1,8 se copule en 4 ; les dioxynaphtalines 2,6 et 2,7 en 1.

Parfois les groupements placés dans la position para sont chassés par le diazoïque c'est ce qui se produit par exemple avec certains dérivés carboxylés.

L'acide salicylique et l'acide m-oxybenzoïque se copulent bien, tandis qu'avec l'acide p-oxybenzoïque il y a départ de CO^2 et formation du même produit qu'avec le phénol (Kostanecki et Zibell, *B.*, 1891, 24, 1695).

Avec le β-naphtol carboxylé le CO^2H est éliminé et on retombe sur un azoïque du β-naphtol :

Dans le cas des dérivés 2,3 le diazoïque se place normalement dans la position 1.

Le naphtol carboxylé 1,2 donne aussi le dérivé normal 1,2,4. Nietzki et Guittermann (*Ber.*, 1887, 20, 1274).

Mais si l'on fait réagir une nouvelle molécule diazoïque, CO^2H est éliminé et l'on obtient le bisazoïque de l'α-naphtol (Grandmougin, *Ber.*, 39, 3609, 1906).

En général les azoïques dans lesquels les liaisons du chromophore et de l'auxochrome sont en ortho, constituent des couleurs plus intéressantes que si les liaisons avaient lieu en para. Parmi les produits de cette dernière catégorie, les nuances se modifient en milieu alcalin ce qui n'arrive pas avec les orthos. C'est la raison pour laquelle les dérivés du β-naphtol sont plus employés que ceux de l'α-naphtol.

Par exemple les sels alcalins de l'*Orangé I* sont jaunes orangés, ils se colorent en rouge par excès d'alcali tandis que ceux de l'*Orangé II* ne virent pas dans ces conditions.

Les dérivés ortho non sulfonés sont insolubles dans les alcalis tandis que les autres sont solubles.

Parmi les dérivés de l'α-naphtol, l'α-sulfo-α-naphtol a une grande importance précisément parce qu'il donne des azoïques dans lesquels OH se trouve en ortho par rapport à N^2 et c'est ce qui les rapproche de ceux du β-naphtol.

Etant donné les différences très importantes qui existent au point de vue technique entre les ortho et para-oxy et aminoazonaphtalines, il était intéressant de rechercher dans quelles conditions les dérivés de l'α-naphtol et de l'α-naphtylamine ayant des positions o et p libres se combinent avec les diazoniums dans les positions o ou p. L. Gatterman et H. Liebermann (*Ann.*, 393, 198) ont démontré que la nature des combinaisons diazoniums a une influence considérable, et spécialement que la présence de groupements substitués négatifs favorisent la soudure en para. La constitution de ces divers produits a été démontrée en réduisant ces azoïques et en identifiant les naphtylène diamines sulfonées 1,2 ou 1,4.

La position des groupes sulfos dans les sulfonaphtols joue un rôle important au point de vue de la nuance des azoïques, il en est de même de la nature du diazoïque. Des deux monosulfonaphtols de Schæffer et Bayer, par exemple, le premier donne des nuances moins intéressantes que le second. Parmi les bisulfonaphtols le sel R donne des azoïques plus rouges que le sel G. On obtient par exemple :

Rouge......................	Sel R avec diazo du benzène
Rouge écarlate (ponceaux)......	Sel R avec diazoxylène
Bordeaux.....................	Sel R avec diazonaphtalène
Jaune orange.................	Sel G avec diazo du benzène
Rouge écarlate...............	Sel G avec diazo de naphtalène

Les oxyazoïques ne se forment pas toujours d'une manière tout à fait normale. Ainsi si l'on fait réagir du diazo sulfanilique sur le benzol azo-α-naphtol on obtient au lieu du disazoïque mixte les deux disazo simples dérivés de l'acide sulfanilique et de l'aniline suivants :

$$2C^6H^4\underset{N=N \rightarrow}{\overset{SO^3}{\big\langle}} \quad + \quad 2 \underset{N=N-C^6H^5}{\overset{OH}{\bigcirc}} \quad =$$

$$\underset{N=N-C^6H^5}{\overset{OH}{\bigcirc}}-N=N-C^6H^5 \quad + \quad \underset{N=N-\bigcirc-SO^3H}{\overset{OH}{\bigcirc}}-N=N-\bigcirc-SO^3H$$

Noelting et Grandmougin (*Ber.*, 24, 1601, 1891).

Le tableau qui suit indique les formules des oxyazoïques insolubles les plus importants d'où l'on peut déduire leurs procédés de préparation. —

A côté de ces oxyazoïques, il existe un grand nombre de produits qui ont été obtenus avec les matières premières les plus diverses. Signalons particulièrement une série de *couleurs basiques* :

Avec la diéthyl p-aminobenzylamine $NH^2\bigcirc-CH^2-N(C^2H^5)^2$ obtenue par nitration et réduction de la diéthylbenzylamine on prépare avec la résorcine ou le β-naphtol la phosphine nouvelle et l'orangé au tannin.

Par combinaison des aminobenzylamines avec 1,3-dioxyquinoléïne des jaunes pour soie artificielle (Brev. all. 252917).

Couleurs Janus : ce sont des disazoïques secondaires de bases amino-ammonium par exemple le p-amino-phényltriméthylammonium-chloride.

Le rouge janus se prépare en diazotant cette base, copulant avec m-toluidine, rediazotant et copulant avec β-naphtol. —

Les oxyazoïques peuvent être solubilisés par le bisulfite de soude.

Ainsi on prépare la *narcéïne* en traitant l'orangé II par du bisulfite de soude (Prud'homme, 1879).

L'Azarine S provient de l'action du bisulfite d'ammonium sur l'Orangé II dichloré et hydroxylé, mais non sulfoné.

L'Azarine R est une combinaison bisulfitique de l'azoïque obtenu avec la diaminooxysulfobenzide diazotée et le β-naphtol.

On peut se servir de ces colorants pour l'impression car la combinaison bisulfitique est détruite au vaporisage et le colorant initial insoluble est régénéré.

Woroztsov (*M. C.*, 1912, 43) envisage les composés formés par le bisulfite avec les oxyazoïques de la série du naphtalène comme des sel d'éther sulfureux ; ceux formés par les benzèneazo-naphtols par exemple répondraient à la formule : ↑

$$C^6H^5 - N = N - C^{10}H^6 . OSO^2Na$$

Bien que les phénols de la série du naphtalène se transforment facilement en dérivés aminés correspondants lorsqu'on les chauffe avec l'ammoniaque ou le sulfite d'ammoniaque sous pression :

$$R - OH \longrightarrow RO - SO^2NH^4 \longrightarrow RNH^2$$

le benzène azo-α-naphtol ne se comporte pas de manière analogue ; il fournit sous l'influence des mêmes réactifs surtout de l'α-α-dinaphtylamine bisazobenzène :

$$C^6H^5 - N = N - C^{10}H^6NH - C^{10}H^6 - N = N - C^6H^5$$

Colorants oxyazoïques non sulfonés

Ces produits ont une certaine importance au point de vue de laques et du fait de leur solubilité dans certaines substances organiques.

Le tableau suivant indique les plus importantes d'entre elles :

$$R - N = N - \boxed{A - OH}$$

Chrysoïne insoluble

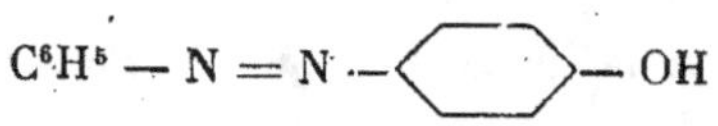

$$C^6H^5 - N = N - \langle \rangle - OH$$

Orangé II insoluble

$$C^6H^5 - N = N - \langle \rangle \quad (OH)$$

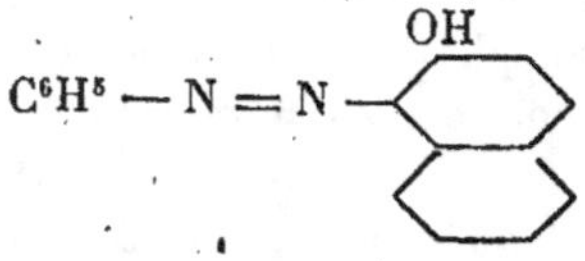

Orangé de métanitraniline

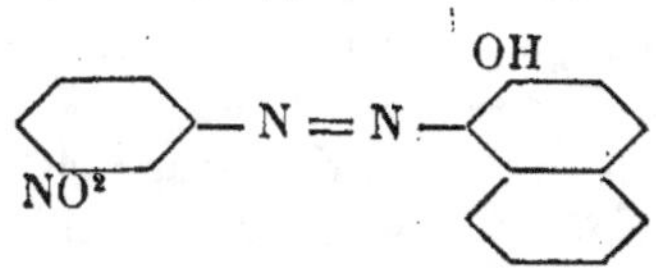

$$\langle \rangle(NO^2) - N = N - \langle \rangle \quad (OH)$$

Rouge de paranitraniline $\qquad NO_2-\bigcirc-N=N-\bigcirc\bigcirc$ (OH)

Orangé de Nitrotoluidine $\qquad NO_2-\bigcirc(CH_3)-N=N-\bigcirc\bigcirc$ (OH)

Ecarlate Lithol $\qquad CH_3-\bigcirc(NO_2)-N=N-\bigcirc\bigcirc$ (HO)

Ponceau insoluble $\qquad CH_3-\bigcirc(CH_3)-N=N-\bigcirc\bigcirc$ (OH)

Soudan R $\qquad \bigcirc(OCH_3)-N=N-\bigcirc\bigcirc$ (OH)

Ecarlate de Chloranisidine $\qquad Cl-\bigcirc(OCH_3)-N=N-\bigcirc\bigcirc$ (OH)

Rouge Tuscaline $\qquad NO_2-\bigcirc(OCH_3)-N=N-\bigcirc\bigcirc$ (OH)

Orangé Tuscaline $\qquad \bigcirc(OCH_3)-N=N-\bigcirc\bigcirc$ (OH)

Brun Soudan $\qquad \bigcirc\bigcirc-N=N-\bigcirc\bigcirc-OH$

Ponceau insoluble Naphtylamine $\qquad \bigcirc\bigcirc-N=N-\bigcirc\bigcirc$ (OH)

Rouge turc azoïque $\qquad \bigcirc\bigcirc-N=N-\bigcirc\bigcirc$ (OH)

B. — Aminoazoïques

Cette classe de colorants comprend des colorants aminés basiques et des colorants aminés acides.

1° Colorants basiques

Nous avons vu déjà que si l'on fait réagir un diazoïque sur une amine plusieurs cas peuvent se produire selon que l'amine est un dérivé du benzène ou de la naphtaline ou qu'elle est primaire, secondaire ou tertiaire.

a) *Série du benzène.* — Un diazoïque réagit sur une *amine primaire* du benzène en donnant un dérivé diazoaminé. Avec diazobenzène et aniline on obtient du diazoaminobenzène :

$$C^6H^5N^2 \cdot Cl + C^6H^5NH^2 = C^6H^5N^2 - NHC^6H^5 + HCl$$

Ce produit n'a pas d'importance tinctoriale mais il se transpose en présence de chlorhydrate d'aniline en aminoazobenzol.

On a cru longtemps que seuls les dérivés ayant la position p-libre pouvaient se transposer. Noelting et Witt (*Ber.*, 17, 77) ont montré que l'on peut obtenir des orthoaminoazoïques avec des monamines p-substituées : diazoamidotoluène transposé en amidoazotoluène.

Il est probable que la réaction a lieu par migration dans le noyau par analogie avec la transposition benzidinique. Comme l'hydrazobenzol

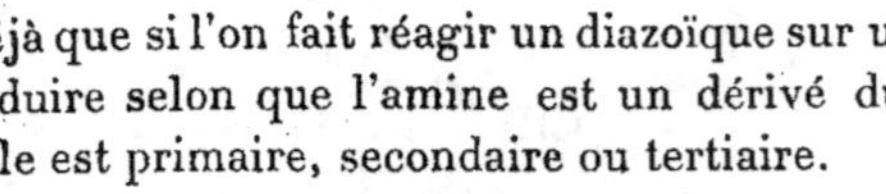

donne la benzidine

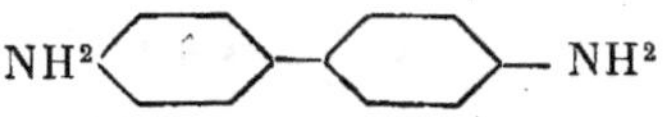

le diazoaminobenzol

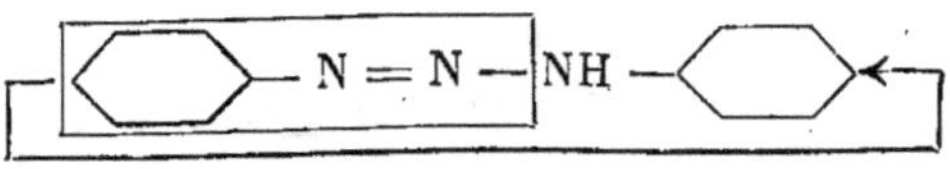

donne l'aminoazobenzol

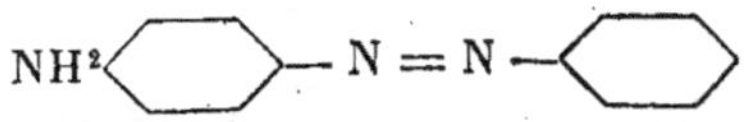

Lorsqu'on prépare le p-aminoazobenzène il se forme toujours en même temps une petite quantité du dérivé ortho, mais on n'avait pu préparer ce corps à l'état pur. F. H. Witt (*Ber.*, 45, 2380) est arrivé à préparer ce corps de la manière suivante :

La benzoyle o-nitraniline est réduite à l'état de benzoyl-o-phénylène diamine, on condense avec le nitrosobenzène. Par saponification, on obtient l'o-aminoa-

zobenzène. Les oxydants transforment facilement ce corps en phényl-azimido-
benzène.

$$\underset{\text{—NH}^2}{\overset{\text{—NH—CO—C}^6\text{H}^5}{\bigcirc}} \quad +\text{NOC}^6\text{H}^5 \longrightarrow \quad \underset{\text{NH}^2}{\overset{\text{—N=N—C}^6\text{H}^5}{\bigcirc}} \longrightarrow \quad \underset{\text{—N}}{\overset{\text{—N}}{\bigcirc}}\!\!>\!\!\text{N—C}^6\text{H}^5$$

Quand on fait passer un courant d'acide carbonique dans une solution aqueuse
de 2 molécules d'aniline et de 1 molécule de nitrite de soude, toute l'aniline est
transformée en diazo-aminobenzène. Si l'on emploie le nitrite d'argent au lieu
de nitrite de soude le diazoaminobenzène qui se forme est converti immédiatement en son sel d'argent $C^6H^5N^2$. NAg. C^6H^5. La formation de diazoaminobenzène dans les solutions aqueuses étendues d'aniline et de nitrite est due à
l'action de l'acide carbonique et n'a pas lieu si l'on emploie de l'eau bouillie
récemment (Meunier, *M. C.*, 1904, 109).

Avec les amines *secondaires* mixtes (monométhylaniline) il se forme un diazoamino, avec les amines tertiaires et les secondaires aromatiques pures des
aminoazoïques tels que :

$$C^6H^5 \, . \, N = N \, . \, C^6H^4 \, . \, NH \, . \, C^6H^5$$
$$C^6H^5 \, . \, N = N \, . \, C^6H^4 \, . \, N\,(CH^3)^2$$

Il est possible que la diphénylamine donne aussi des dérivés diazoamino qui
se transposent immédiatement en aminoazos. Avec la diméthylaniline on obtient
une copulation bien nette en para.

Ces amidoazoïques sont faiblement basiques et peu intéressants au point de
vue de leurs applications. Ils teignent la fibre en jaune, mais ne donnent
pas la couleur de leur sel qui est rouge. Leurs acides sulfoniques par contre
sont importants (voir plus loin).

Certains faits semblent mettre en doute que ce soient les groupes amidogènes
en para qui fixent le reste acide lors de la salification. Il est possible que ce
soient les azotes du groupe azoïque qui jouent ce rôle.

L'amidoazobenzol, base faible, conserve son caractère basique quand il est
acétylé et donne des sels colorés en rouge avant comme après cette acétylation.
Par contre des amines beaucoup plus basiques, par exemple, l'aniline donnent
des dérivés acétylés presque indifférents. Ces faits tendraient à démontrer qu'il
peut exister un rapport intime entre la basicité et le groupe azoïque.

Si le second terme est une m-diamine, on obtient un diaminoazoïque tel que
la *chrysoïdine*.

$$\underset{\text{NH}^2\text{—}\bigcirc\text{— NH}^2}{C^6H^5N = N\bigcirc}$$

Le second NH^2 celui qui est voisin de N^2 a la propriété de donner des sels, de
se salifier d'une manière stable. Les sels sont jaunes comme la base et se fixent
avec cette couleur sur la fibre. Les sels bi-acides sont rouges et décomposés par
l'eau (se comportent comme l'amidoazobenzol). Ici il s'agit vraisemblablement
de la salification de l'amidogène en para.

Le diamidoazobenzol symétrique (2 NH² en p-) n'est pas employable comme couleur ; il est analogue à l'amido azobenzol :

$$NH^2 - \langle \ \rangle - N = N - \langle \ \rangle - NH^2.$$

S'il faut rediazoter le groupe amino pour le recopuler, on ne peut employer que les para, car les autres en général ne donnent pas de diazos copulables. A l'état de bisazoïque ces dérivés sont symétriques et possèdent pour la plupart la propriété de teindre directement le coton.

Pour les amidoazoïques on admet deux formules tautomériques. La formule quinoïde serait celle des o-aminoazoïques. La formule benzoïde ordinaire correspondrait aux dérivés para. La première explique bien la difficulté de faire un diazoïque avec les o-aminoazos.

$$
\begin{array}{ll}
& \quad\quad\quad\quad H \\
1) & C^6H^5 - N - N = C^6H^4 = NH \\
2) & C^6H^5 - N = N - C^6H^4 - NH^2
\end{array}
$$

La formule 1) est une phénylhydrazone de la quinonimide, la formule 2) un amido-azo.

L'amidoazobenzène donnant 2 chlorhydrates, il est probable que l'un répond à une formule quinoïde et l'autre à la formule ordinaire.

$$C^6H^5 - NH - N = C^6H^4 = N \begin{cases} Cl \\ H^2 \end{cases} \quad\quad C^6H^5 - N = N - C^6H^4 NH^2 \ . \ HCl$$

Hantzsch (*Ber.*, 41, 1171) a fait des études à ce sujet et attribue aux sels jaunes la constitution azoïque et aux violets la forme quinoïdes des amidoazoïques.

Dans la série de la naphtaline, la β-naphtylamine donne des o-amidoazo : il ne peut s'en former d'autres, tandis qu'avec l'α-naphtylamine on obtient les para à côté de très peu des ortho.

2° Colorants sulfonés

Pour préparer ces dérivés, on peut opérer de plusieurs manières :

1° Sulfonation directe d'un amidoazoïque. Par exemple sulfonation d'amidoazobenzol, ce qui donne un dérivé mono ou un dérivé disulfoné *Jaune S* ou *jaune 2S*.

$$SO^3H \ . \ C^6H^4 - N = N - C^6H^4 \ . \ NH^2 \quad \text{Jaune S}$$

$$SO^3H \ . \ C^6H^4 - N = N - C^6H^2 \begin{cases} SO^3H \\ NH^2 \end{cases} \quad \text{Jaune 2S}$$

Ces matières colorantes teignent la laine en bain acide. On peut sulfoner de même les amidoazotoluènes, les amidoazonaphtalines.

Une propriété curieuse des amidoazoïques sulfonés est la suivante. Ces produits ne semblent pas exister à l'état d'acides libres, du moins leur coloration semble démontrer qu'il se produit une salification entre le groupement sulfo et le groupement basique. L'amidoazo-benzol libre est jaune ; ses sulfos ont la coloration rouge des sels d'amidoazobenzols. Si l'on sature les groupes sulfos par un alcali, on a de nouveau la coloration de l'amidoazobenzol libre. Ils donnent sur laine quoique teints comme acides la couleur jaune de leurs sels alcalins c'est-à-dire de la base de l'amidoazo libre.

Ce dernier point montre qu'ici le groupe sulfo agit pour faciliter la fixation sur la fibre et que son caractère acide est en quelque sorte saturé par celle-ci.

2° Virage d'un diazoïque sulfoné avec une amine non sulfonée. Par exemple : préparation de l'orangé III avec le diazo de l'acide sulfanilique et la diméthylaniline. Cette matière colorante est l'indicateur alcalimétrique bien connu :

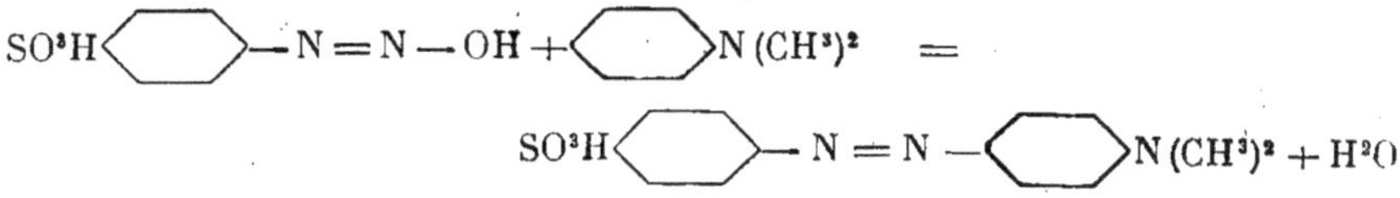

$$SO_3H\!-\!\!\bigcirc\!\!-N=N-OH + \bigcirc\!\!-N(CH_3)_2 \quad = $$

$$SO_3H\!-\!\!\bigcirc\!\!-N=N-\bigcirc\!\!-N(CH_3)_2 + H_2O$$

Les diazos des acides métanilique et sulfanilique donnent avec la diphénylamine le jaune métanile et l'orangé IV.

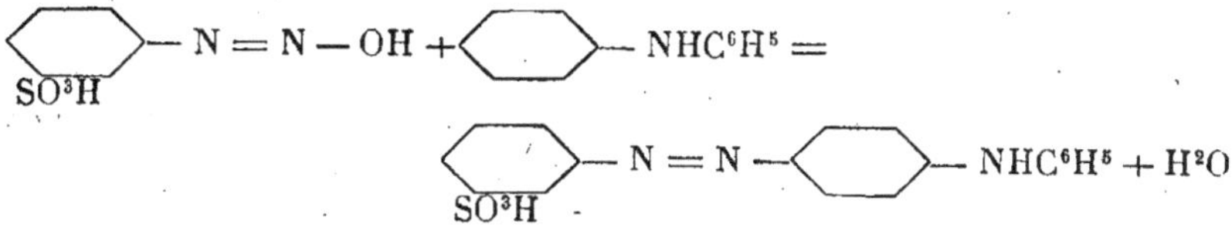

$$\underset{SO_3H}{\bigcirc}\!\!-N=N-OH + \bigcirc\!\!-NHC_6H_5 = $$

$$\underset{SO_3H}{\bigcirc}\!\!-N=N-\bigcirc\!\!-NHC_6H_5 + H_2O$$

Jaune métanile

$$SO_3H\!-\!\!\bigcirc\!\!-N=N-OH + \bigcirc\!\!-NHC_6H_5 = $$

$$SO_3H\!-\!\!\bigcirc\!\!-N=N-\bigcirc\!\!-NHC_6H_5 + H_2O$$

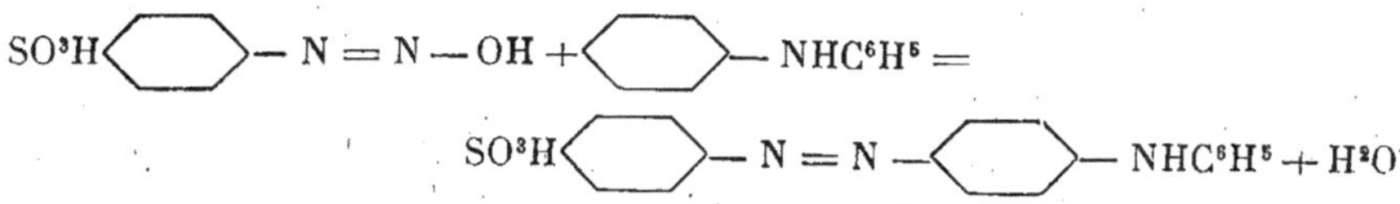

Orangé IV

3° Virage d'un diazoïque non sulfoné avec une amine sulfonée.

Exemple : le dérivé diazoïque de la p-nitraniline et l'acide naphtionique donnent le *substitut d'orseille* :

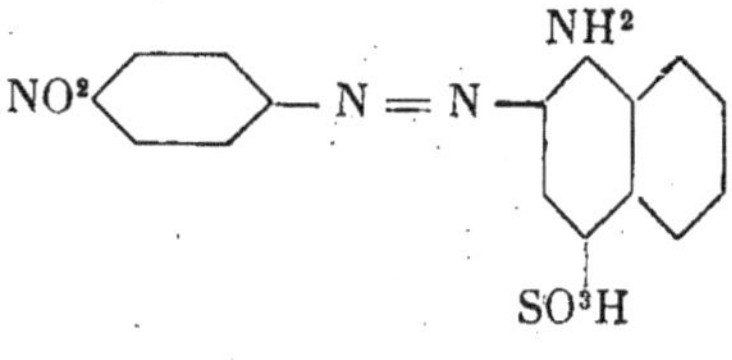

$$NO_2\!-\!\!\bigcirc\!\!-N=N-\underset{SO_3H}{\overset{NH_2}{\bigcirc\!\!\bigcirc}}$$

Les conditions de diazotation doivent être observées très strictement. Il ne doit surtout pas y avoir un trop grand excès d'acide nitreux qui risquerait de donner des réactions secondaires. Le virage a lieu en effet en milieu acide, il dure assez longtemps, de sorte qu'un excès d'acide nitreux se traduirait par une diazotation de l'amine qu'il s'agit d'unir au diazoïque. On emploie généralement un milieu sulfurique, chlorhydrique ou acétique : le diazoïque est versé dans la solution acide de l'amine et l'on maintient la température assez basse afin que le diazoïque ne risque pas de se décomposer.

En résumé on peut classer de la manière suivante les colorants aminoazoïques.

A. — Colorants basiques

1° *Deuxième terme monamines.*

a) Amines primaires $\qquad R - N = N \rightarrow \boxed{A - NH^2}$

b) Amines secondaires $\qquad R - N = N \rightarrow \boxed{A - N\genfrac{}{}{0pt}{}{H}{R'}}$

c) Amines tertiaires $\qquad R - N = N \rightarrow \boxed{A - N\genfrac{}{}{0pt}{}{R'}{R''}}$

2° *Deuxième terme diamines.*

Amines primaires $\qquad R - N = N \rightarrow \boxed{A\genfrac{}{}{0pt}{}{\nearrow NH^2}{\searrow NH^2}}$

B. — Colorants acides

a) Diazos sulfonés $\qquad SO^3H - R - N = N \rightarrow \boxed{A - HN^2}$

b) Deuxième terme sulfoné $\qquad R - N = N \rightarrow \boxed{A\genfrac{}{}{0pt}{}{\nearrow NH^2}{\searrow SO^3H}}$

c) Diazos et deuxième terme sulfonés $\qquad SO^3H - R - N = N \rightarrow \boxed{A\genfrac{}{}{0pt}{}{\nearrow NH^2}{\searrow SO^3H}}$

Solidité à la lumière. — Moindre que celle des couleurs oxyazoïques. La position des groupes substitués joue un rôle important à ce point de vue : jaune métanile plus solide qu'orangé IV.

Dérivés de α-naphtylamine plus solides que ceux de β.

C. — Aminooxyazoïques

Les azoïques en même temps aminés et hydroxylés peuvent être préparés de diverses manières :

1° Colorants non sulfonés avec un diazoïque aminé combiné à un deuxième terme hydroxylé ou aminé et hydroxylé.

2° Colorants sulfonés : avec des combinaisons diverses au point de vue des groupes OH et NH^2.

Les aminonaphtols jouent un rôle important pour la préparation de ces couleurs ; nous avons déjà mentionné les plus importants d'entre eux.

Au point de vue de la copulation ils se comportent parfois différemment, selon la position des groupements OH et NH^2 et selon le milieu dans lequel on fait le virage.

Avec l'acide amidonaphtol G, *en milieu acide*, on fixe le diazoïque en ortho par rapport à NH^2, *en milieu alcalin*, il se fixe en ortho vis-à-vis de OH. On ne peut toutefois introduire facilement qu'un seul diazo :

Copulation en milieu acide   Copulation en milieu alcalin

Avec l'acide H on peut introduire deux groupes successivement en milieu acide et alcalin et ceux-ci peuvent être différents.

Il faut commencer par le virage en milieu acide et faire suivre la copulation en milieu alcalin :

de même avec l'acide J.

L'aminonaphtol 2-8 donne en milieu alcalin un azoïque en para au OH, mais en milieu acide, la soudure a lieu en ortho, vis-à-vis du NH^2.

Milieu alcalin   Milieu acide

Avec l'aminonaphtol K 1-8-3-5 on obtient un bisazoïque en milieu acide ou alcalin.

Certains aminonaphtols ne se copulent pas ou se copulent mal. Tels sont les aminonaphtols 1-2 et 2-1.

D'autres se copulent toujours de la même manière quel que soit le milieu dans lequel on opère par exemple l'aminonaphtol disulfoné 1-8-2-4 :

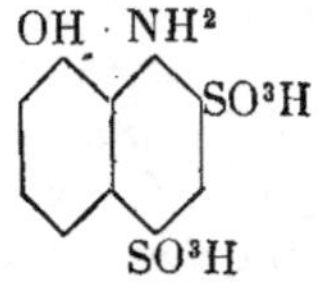
OH NH²
SO³H
SO³H

Certains diazoïques d'aminonaphtols donnent lieu à une copulation interne lorsqu'on les traite par des alcalis, on a démontré la réalité de cette réaction en réduisant l'azoïque :

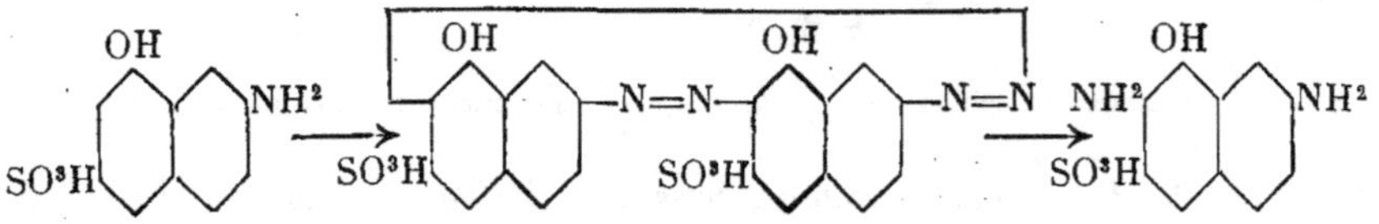
OH
NH²
SO³H
OH
N=N
SO³H
OH
N=N
SO³H
OH
NH²
NH²
SO³H

Fabrication industrielle des colorants azoïques

A. — Oxyazoïques

Elle comporte 6 phases distinctes :

1° Diazotation.

2° Virage avec phénol.

3° Précipitation de la couleur.

4° Filtration.

5° Dessiccation et pulvérisation.

6° Titrage en couleur.

Des opérations ont lieu généralement dans des ateliers disposés en cascades et comportant 3 étages; au 3e étage se trouvent des réservoirs munis de jauges, qui renferment les matières premières, solutions d'amines, nitrite, acide, carbonate de soude, phénols, etc. Ces solutions sont titrées et les jauges permettent d'en prélever des quantités bien déterminées.

Au deuxième étage se trouvent des cuves en bois dans lesquelles on fait la diazotation ; ces cuves sont munies d'agitateurs également en bois. Elles ont une capacité variant de 3 à 6000 litres.

A l'étage inférieur, se trouvent des cuves en nombre égal, mais plus grandes que les précédentes ; elles servent pour le virage. On commence par préparer dans la cuve de virage la solution alcaline de phénol, puis on fait à l'étage supérieur la solution diazoïque. Lorsque toutes deux sont suffisamment refroidies, on vide la cuve de diazoïque dans la cuve de virage en mettant l'agitateur en mouvement.

Nous avons déjà indiqué les conditions à observer pour obtenir ces matières colorantes dans de bonnes conditions. On laisse généralement reposer pendant quelques heures, puis on ajoute du sel marin pour précipiter la matière colorante. La filtration a lieu au rez-de-chaussée, soit dans des filtres-sacs d'une centaine de litres, soit au filtre-presse. Si la pression de quelques mètres est suffisante, la filtration a lieu directement en mettant le filtre-presse en communication avec la cuve de virage, sinon on se sert de pompes qui permettent de filtrer à des pressions déterminées. Généralement les matières colorantes au sortir du filtre-presse sont trop humides pour être portées directement au séchoir ; il est nécessaire alors de les presser une seconde fois au moyen de la presse hydraulique. Le séchage et la pulvérisation ont été décrits déjà à propos du jaune naphtol. La température de dessiccation varie de 30 à 50°.

Fabrication d'orangé II. — On prépare le diazoïque en employant :

Sulfanilate de soude	106,5 kil.	
Eau	3 200 »	
HCl	115 »	à 0°
Nitrite de soude	34 »	
Eau	120 »	

On coule ensuite dans une solution préparée avec :

β-naphtol	72 kil.	
Soude à 40°	57,7 »	
Eau	1 500 »	à 0°
CO^3Na^2	53 »	
Eau	400 »	

On laisse reposer pendant quelques heures et l'on précipite avec 10 °/₀ de sel marin.

B. — Amidoazoïques

Aminoazobenzène. — Le procédé consiste à transposer du diazoamidobenzol en solution dans l'aniline.

Dans une marmite émaillée on introduit :

Aniline	280 kil.
HCl	100 »

Puis on diazote avec :

Nitrite de soude	50 kil.
Eau	150 »

On a ainsi une dissolution de diazoamidobenzol dans l'aniline. L'échauffement ne doit pas dépasser 50°. On maintient à cette température pendant 2 ou 3 jours. On distille ensuite une partie de l'excès d'aniline au moyen du vide, et l'on traite le résidu par HCl. On obtient du chlorhydrate d'aniline soluble et le chlorhydrate de l'amidoazobenzol se sépare en cristaux rouge-bleuâtres.

C'est une matière première qui est très employée pour la préparation des tétrazoïques. On prépare de même l'*amidoazotoluène*.

Chrysoïdine. — On dissout :

Aniline	94 kil.
HCl	200 »
Eau	2 500 »

Le diazoïque est préparé à 0° avec :

Nitrite de soude	70 kil.
Eau	210 »

Couler dans

Glace	Q. S.
m-Phénylènediamine	108 kil.
Eau	2 080 »

On laisse réagir pendant 2 jours puis on précipite avec du sel, on redissout dans l'acide chlorhydrique très-dilué et l'on fait cristalliser le chlorhydrate.

Dérivés sulfonés de l'amidoazobenzol. — Il se forme, selon les conditions dans lesquelles on opère, un dérivé monosulfoné ou un dérivé disulfoné :

$$SO^3H \cdot C^6H^4 - N = N - C^6H^4 \cdot NH^2 \qquad SO^3H - C^6H^4N = N - C^6H^3 {<}^{SO^3H}_{NH^2}$$

Amido-azobenzol disulfoné.

Amidoazobenzol	150 kil.
Acide sulfurique à 30 % SO³	750 »

On chauffe pendant 2 à 3 heures à 90° en montant progressivement à cette température. On verse dans l'eau, traite ensuite par un lait de chaux et l'on transforme en sel de soude après filtration. Cette matière colorante n'est pas précipitable par le sel, il faut donc l'évaporer à sec.

On pulvérise puis on titre. Ces deux dérivés sulfonés sont des matières colorantes acides jaunes connues sous le nom de *Jaune S* et *Jaune 2S* mais elles servent surtout de matières premières pour la préparation des couleurs tétrazoïques.

Orangé IV.

Sulfanilate de soude	106,500
Eau	3 500
HCl à 25°	115

On diazote avec :

Nitrite de soude	34,500
Eau	120

Pour préparer la diphénylamine sous une forme suffisamment divisée on la dissout dans l'acide sulfurique et on la précipite ensuite avec de l'eau. A cet effet on dissout :

Diphénylamine	85
Acide sulfurique	260

Quand la dissolution qui se fait à la température ordinaire est terminée, on coule dans 500 litres d'eau et 300 kilogrammes de glace.

On mélange ensuite la solution refroidie du diazoïque avec cette pâte de diphénylamine. La réaction est très lente, il faut 4 jours pour quelle soit terminée. On ajoute continuellement de la glace afin d'empêcher le diazoïque de se décomposer : Quand le virage est effectué on filtre et l'on transforme en sel de soude.

Substitut d'orseille.

P-nitraniline	138	
HCl	300	diazoter avec
Nitrite de soude	72	
Eau	2 500	

Glace en quantité suffisante pour maintenir la température à 5°. Cette solution de diazoïque est versée dans une dissolution de 223 kilos naphtionate de soude, 3 500 litres d'eau.

La solution diazoïque renferme assez d'acide chlorhydrique pour mettre l'acide naphtionique en liberté. La réaction dure 48 heures, après virage, on transforme en sel de soude.

Les différentes matières colorantes oxyazoïques se préparent en employant des unités analogues ; leur préparation n'offre pas de difficulté. Nous avons vu que l'un des points importants pour réussir un diazoïque était d'employer exactement la quantité calculée de nitrite de soude. Ensuite pour préparer l'oxyazoïque, il faut employer exactement une molécule de phénol pour une molécule d'amine, l'emploi d'un excès de nitrite ne nuirait pas au rendement (dans le cas des oxyazoïques) mais ce serait une dépense faite en pure perte ; l'emploi d'une quantité insuffisante de phénol se traduirait au point de vue du rendement par une perte du diazoïque et l'emploi d'un excès de phénol par une perte de phénol. Le titrage des solutions d'amine et de phénol est donc extrêmement important ; chaque solution est envoyée au laboratoire afin d'être titrée avec le plus grand soin.

Pratiquement, dans certains cas déterminés par l'expérience, il est indiqué de prendre un léger excès de phénol.

Titrage des solutions de phénol et d'amine

Voici comment on opère pour faire ces titrations. Pour les phénols on examine d'abord approximativement et par tâtonnement combien il faut de diazoïque de l'acide sulfanilique pour faire la matière colorante correspondant à 10 centimètres cubes de la solution de phénol.

Supposons que le chiffre soit d'environ 12 centimètres cubes, on prépare une série de 6 diazoïques en employant pour chacun 12 centimètres cubes de diazoïque de l'acide sulfanilique.

D'autre part, on met dans une série de verres à pied des quantités croissantes de solutions de phénol. Par exemple 9 centimètres cubes, 10 centimètres cubes, 11 centimètres cubes, 12 centimètres cubes, 13 centimètres cubes, 14 centimètres cubes. On mélange le diazoïque et le phénol et lorsque la matière colorante est formée, on précipite chaque essai avec du sel marin et l'on filtre. On cherche dans chaque solution s'il y a excès de diazoïque ou de phénol ; il s'agit de rechercher des conditions telles que l'on n'ait ni excès de l'un, ni excès de l'autre.

Pour rechercher le diazoïque, on emploie une solution alcaline de sulfonaphtol par exemple de sel R ; on en met une goutte sur une plaque de porcelaine et l'on ajoute une goutte de la solution à essayer ; la présence du diazoïque se manifestera par une coloration rouge. Pour rechercher l'excès de phénol, on emploiera de même une solution de diazo de sulfanilique ; une goutte de la solution à essayer donnera sur une plaque de porcelaine une coloration rouge avec le diazoïque s'il y a excès de phénol.

Supposons qu'il y ait excès de diazoïque dans les numéros 1, 2, 3 et excès de phénol dans les numéros 4, 5, 6.

	1	2	3	4	5	6
Sol. diazoïque......	12	12	12	12	12	12
Sol. de phénol......	9	10	11	12	13	14

excès du diazo ———⟶   ⟵——— excès de phénol

On fera d'après ce résultat une nouvelle série d'essai s en employant des proportions de phénol comprises entre 11 et 12 centimètres.

	1	2	3	4	5	6
Sol. diazoïque......	12	12	12	12	12	12
Sol. de phénol......	11	11,2	11,4	11,6	11,8	12

On étudie ces solutions comme précédemment et on arrive ainsi à déterminer exactement le titre de la solution à essayer avec une approximation de 0,1 %.

On opèrerait d'une manière inverse s'il s'agissait de déterminer la richesse d'une amine.

Titrage des matières colorantes azoïques

Ce titrage se fait au laboratoire afin de pouvoir ramener le colorant au type commercial. Nous avons déjà vu à propos du Jaune OS comment on procède pour les couleurs acides.

a) **Matières colorantes acides.** — On teint des morceaux de laine en bain acide et l'on compare au type commercial. On ramène à ce type en ajoutant une charge qui est généralement du sulfate de soude.

b) **Matières colorantes basiques.** — On teint des échantillons de coton mordancé au tannin et l'on fait de même l'estimation en teinture. Comme charge on emploie surtout de la dextrine et parfois du sel marin.

c) **Matières colorantes teignant les mordants.** — On les titre en teignant des échantillons de laine chromée.

D'une manière générale, une matière colorante doit toujours être essayée sur la substance qu'elle est destinée à colorer. S'il s'agit de laine, de coton, de soie, on pourra doser comme il vient d'être dit. Mais parfois une même matière colorante est destinée en même temps à la teinture d'une fibre textile et d'autres emplois tels que la coloration du papier, du cuir, la fabrication des laques.

Pour chacun de ces cas particuliers, il faudra faire un titrage et autant que possible on réalisera dans cet essai les conditions de l'application industrielle.

Essais pour laques. — Supposons qu'il s'agisse de titrer de l'orangé II, destiné à la fabrication des laques. On essaiera la matière colorante par rapport à un type reconnu bon en faisant une série d'essais parallèles de la manière suivante : dissoudre 1 gramme matière colorante type dans 500 centimètres cubes d'eau et dissoudre dans les mêmes conditions 1 gramme de la couleur à essayer. Préparer dans 6 verres à pied :

```
No 1 ............  10 c. c. couleur type      + 25 c. c. eau + 2 grammes kaolin
No 2 ............   8  »      »    à essayer + 25   »    »  + 2    »        »
No 3 ............   9  »      »         »    + 25   »    »  + 2    »        »
No 4 ............  10  »      »         »    + 25   »    »  + 2    »        »
No 5 ............  11  »      »         »    + 25   »    »  + 2    »        »
No 6 ............  12  »      »         »    + 25   »    »  + 2    »        »
```

puis ajouter dans chacun 4 centimètres cubes d'une solution de chlorure de baryum ou d'une solution d'acétate de plomb à 10 $^o/_o$ en remuant énergiquement ; filtrer les laques et les examiner soit à l'état de poudres sèches, soit en les mélangeant avec des solutions de gomme et en faisant une série de touches sur du papier ou sur du verre.

L'appréciation de la matière colorante se fera en établissant une série d'essais, puis en les serrant de plus en plus de manière à avoir une approximation de 0,1 $^o/_o$.

Essais sur papier. — On emploie de la pâte à papier délayée dans de l'eau ; on prend par exemple 50 grammes par essai et l'on fait 6 essais que l'on met dans 6 verres à pied. Puis on ajoute comme précédemment 10 centimètres cubes de la couleur type, et 8-9-10-11-12 centimètres cubes de la couleur à essayer. On verse successivement chaque essai dans un entonnoir dont le fond est muni d'une toile ayant environ 5 centimètres de diamètre, puis on met l'entonnoir en communication avec le vide ; le liquide est aspiré ; il reste donc une rondelle de papier que l'on sèche et l'on détermine la richesse relative de ces différents échantillons.

On opère de même lorsqu'il s'agit d'essayer une matière colorante au point de vue d'emplois divers, tels que teinture du cuir, coloration de solutions alcooliques ou autres, etc. L'essai d'une matière colorante peut donner des résultats différents suivant qu'on l'utilise pour la coloration de telle ou telle substance. Deux échantillons d'orangé II pourront être absolument identiques au point de vue de la teinture de laine et donner par contre une différence quand on les emploie pour la préparation d'une laque, et inversement deux autres opérations pourront être jugées égales pour la fabrication d'une laque, et différentes pour la coloration des fibres textiles, ces différences porteront non seulement sur les nuances, mais aussi sur les qualités de vivacité et d'éclat.

D. — Couleurs monoazoïques à mordants

1° Produits carboxylés

Les azoïques carboxylés, particulièrement si OH et COOH sont en ortho l'un vis-à-vis de l'autre, ont de l'affinité pour les mordants métalliques surtout pour l'oxyde de chrome. On prépare ces colorants de plusieurs manières :

1° Avec une amine carboxylée diazotée ;

2° En copulant un diazoïque non carboxylé sur phénol carboxylé ;

3° En copulant un diazoïque carboxylé sur un phénol carboxylé.

La première couleur de cette série a été le jaune MG, mais comme elle ne résistait pas au savon elle n'a pas grande importance.

Les dérivés de l'acide anthranilique dans lesquels le groupe COOH se trouve en ortho par rapport à N $=$ N donnent des couleurs du même genre :

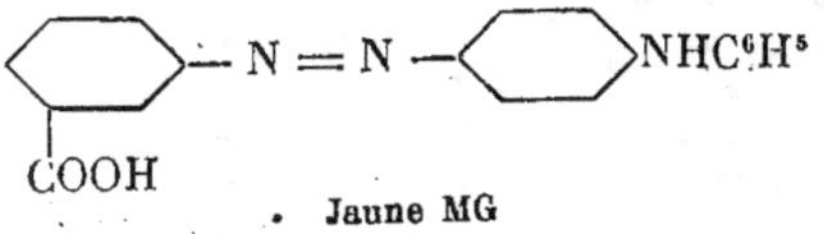

$$\text{COOH} \quad -N=N- \quad NHC^6H^5 \qquad \text{COOH} \quad -N=N\rightarrow \quad NHC^6H^5$$

Jaune MG

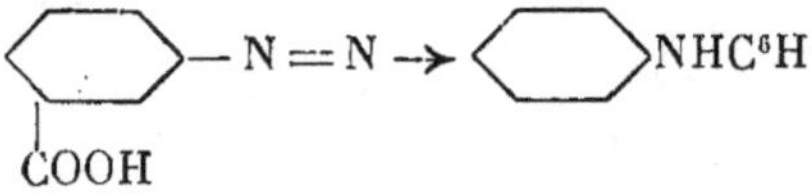

Les couleurs oxycarboxylées ont plus d'affinité pour les mordants.

L'azoïque de β-naphtol et diazobenzène carboxylé n'est pas important.

Par contre les dérivés de l'acide salicylique ont trouvé de nombreux emplois, tandis que l'acide m- et p- oxybenzoïque donnent des colorants ne se fixant pas ou très mal sur les mordants.

Les *jaunes d'alizarine* dérivent de l'aniline et des méta- et para-nitranilines diazotées et d'acide salicylique ; le jaune diamant dérive d'acide métaamino-benzoïque et d'acide salicylique :

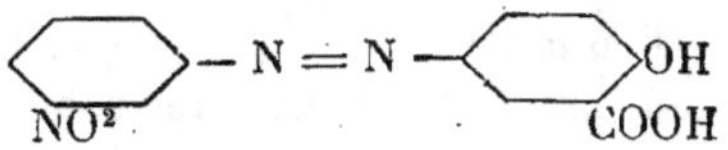

$$NO^2 \quad -N=N- \quad OH, COOH \qquad COOH \quad -N=N- \quad OH, COOH$$

Jaune d'alizarine GG 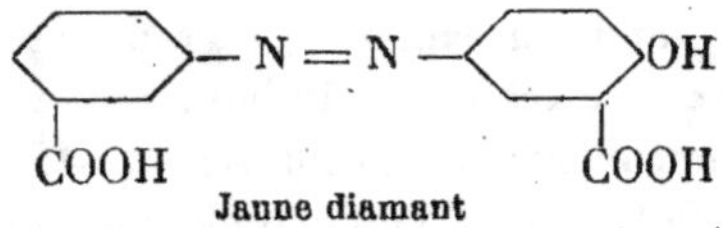 $\qquad\qquad$ Jaune diamant

On peut également préparer un *jaune d'alizarine 2G* (Geigy) en nitrant l'acide benzolazosalicylique.

Le jaune S diazoté viré avec l'acide salicylique donne l'*orangé foulon*.

Nous verrons plus loin qu'un certain nombre de bisazoïques dérivent de l'acide salicylique, tels sont la *Flavine diamant* préparée avec benzidine et acide salicylique ; le *jaune d'anthracène* avec thioaniline et acide sali-cylique.

Ces couleurs sont généralement jaunes ; on les emploie surtout comme substitut du bois jaune pour la laine ainsi que pour remplacer le quercitron et la graine de Perse en impression.

L'acide 1-2 oxynaphtoïque donne des bruns ; l'acide 2-1 oxynaphtoïque perd son groupe COOH au moment de la copulation et donne des dérivés du β-naphtol et n'a, par conséquent, pas d'intérêt.

Le 2 naphtol 3 carboxylé donne des couleurs de peu d'importance. Le dérivé anilidé est le naphtol AS

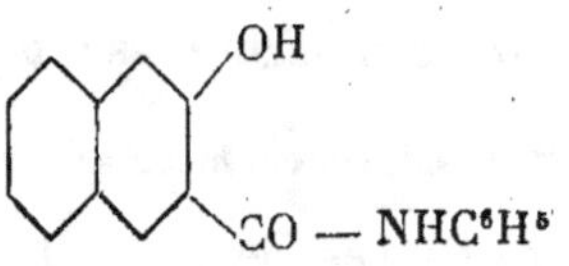

$$OH \qquad CO - NHC^6H^5$$

qui est par contre très important pour la synthèse des colorants azoïques sur fibre.

On prépare des dérivés carboxylés avec les composés diazoïques de l'acide para–aminosalicylique ou de ses homologues ou produits de substitution avec des acidylaminonaphtols ou leurs acides sulfoniques. Les produits nouveaux que l'on obtient se fixent sur coton avec de l'acétate de chrome et donnent des teintes rouge-bleuâtre à violet-bleu.

2° Produits hydroxylés

Parmi les azoïques hydroxylés, ceux qui dérivent du β-naphtol possèdent pour la plupart, la propriété de teindre jusqu'à un certain point les mordants.

Cette propriété provient de la position ortho de l'OH par rapport à N $=$ N.

Les couleurs *chromatables* dont il sera question plus loin, renferment généralement un OH dans cette position dans chacun des noyaux ; on les prépare le plus souvent avec des orthoaminophénols ou orthoaminonaphtols sulfonés tels que :

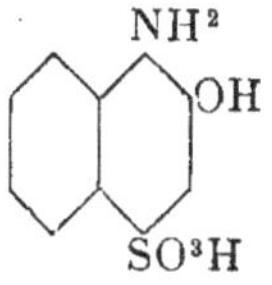

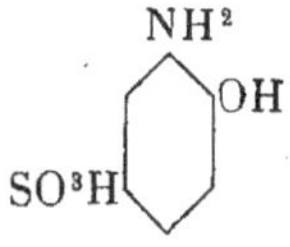

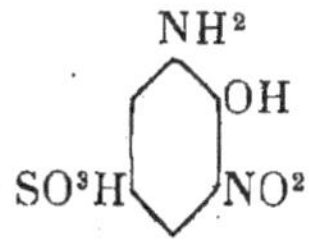

On les emploie pour les nuances solides au foulon surtout pour laine soit en mordançant la laine au préalable, soit en traitant ensuite au bichromate ou fluorure de chrome ; on les associe parfois pour les couleurs d'impression avec des couleurs d'alizarine.

Certains sulfos du naphtol copulés avec certaines naphtylamines diazotées donnent aussi des couleurs chromatables.

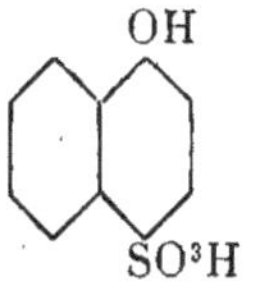

Acide Neville et Winter 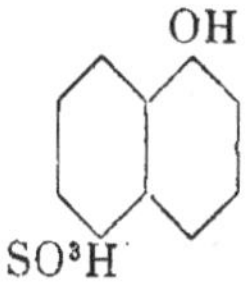   Acide Clève 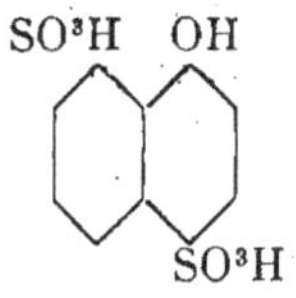   Acide Schoellkopf

La propriété de teindre les mordants se rencontre parmi les dérivés dihydroxylés de l'ortho-série ; les azoïques de la pyrocatéchine possèdent cette propriété, il en est de même des dioxynaphtalines, ortho et péri, par exemple les azoïques d'ortho-naphtohydroquinones sulfonées :

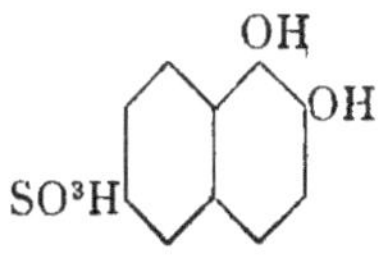

Les dérivés de la dioxynaphtaline 1-8 se comportent comme les ortho dérivés du phénol et du naphtol. Les acides sulfoniques sont particulièrement importants. Ainsi avec la dioxynaphtaline S on obtient l'azofuchsine et l'acide chromotropique donne naissance à des couleurs intéressantes au point de vue de l'application sur mordants métalliques.

2° **BISAZOÏQUES**

Toutes les matières colorantes dont il vient d'être question renferment un seul groupe $N = N$. Il existe des azoïques qui renferment plusieurs fois ce groupe chromophore ; ce sont les *polyazoïques*. Nous parlerons d'abord des *bisazoïques*.

Ils renferment 2 groupes $N = N$.

On peut les préparer de diverses manières.

1° En copulant 2 diazoïques avec un phénol ou une amine, exemples : les brun solide G, brun cuir :

$$R - N = N \rightarrow \left.\begin{array}{c}\\\\\end{array}\right\} A$$

$$R' - N = N \rightarrow$$

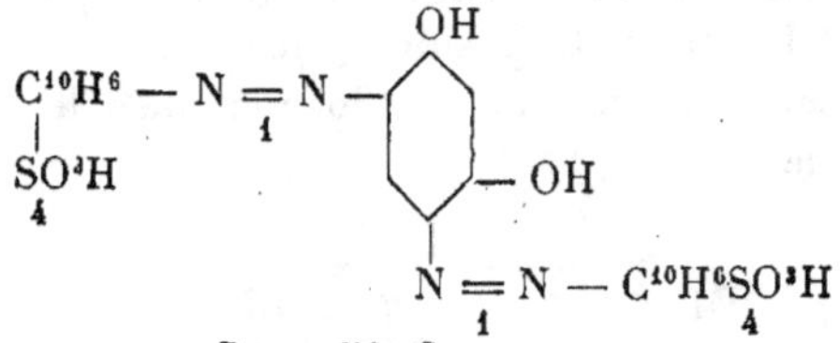

Brun solide G

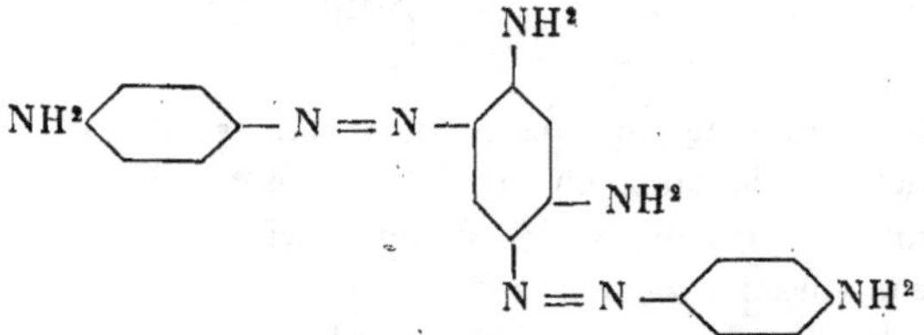

Brun cuir

2° Diazotation d'aminoazoïque ce qui conduit à la série des crocéines et des noirs naphtols ; exemple : Ecarlate pour draps, noir naphtol 6B, noir jais :

$$R - N = N - R' - N = N \rightarrow A$$

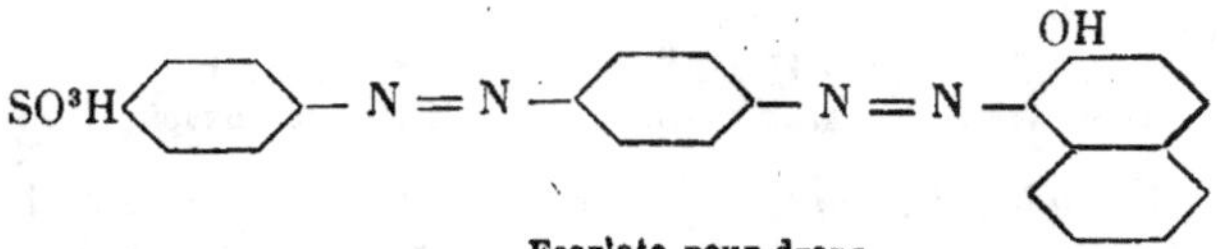

Ecarlate pour draps

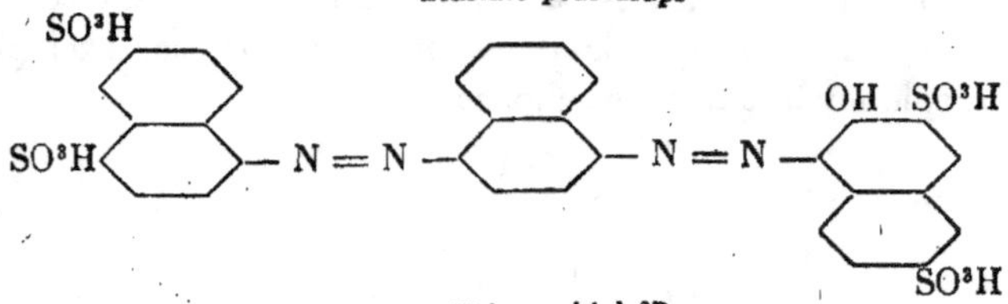

Noir naphtol 6B

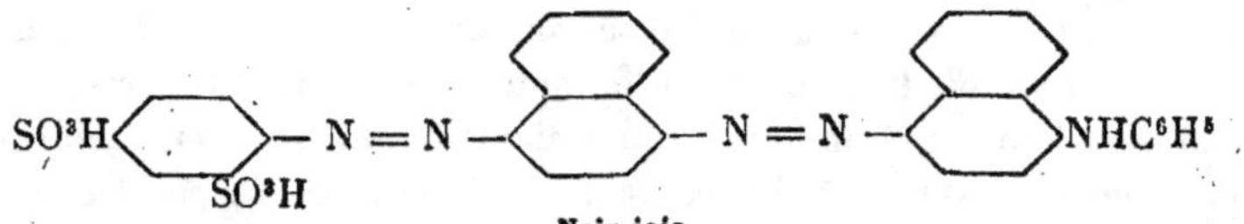

Noir jais

3° Copulation de diamine provenant d'un seul noyau de benzène ou de naphtaline avec phénols ou amines ; exemple : bordeaux d'alizarine azoïque, vésuvine :

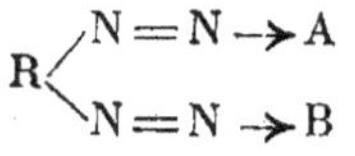

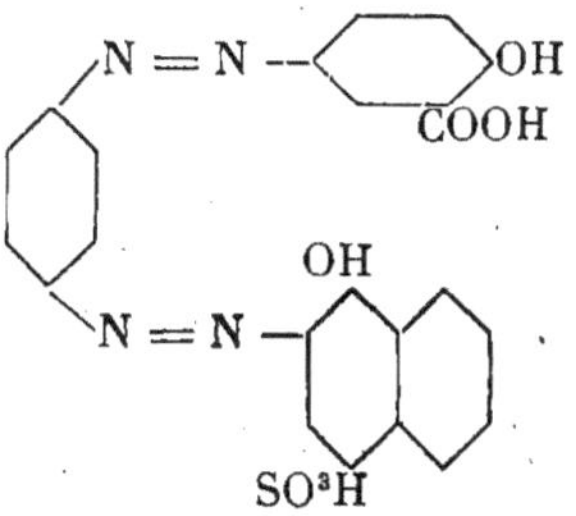

Bordeaux d'alizarine azoïque 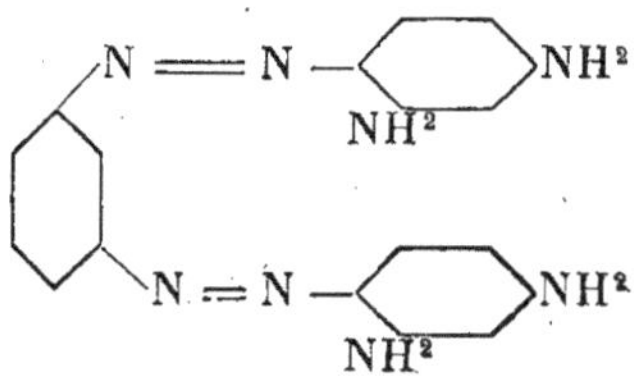   Vésuvine

4° Diamine du diphényle et diamines analogues, dans lesquelles les noyaux phényliques ne sont pas reliés directements ; exemples : congo, chrysamine, chrysophénine :

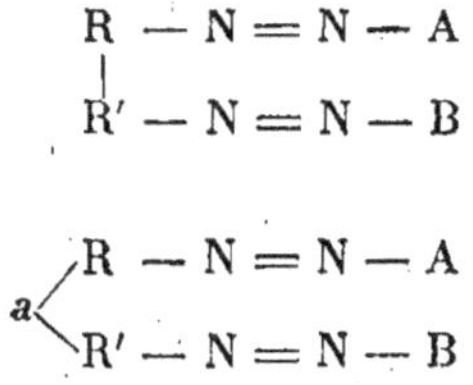

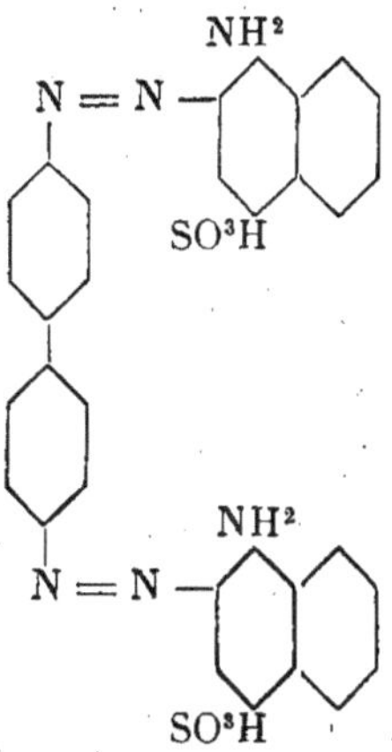

Congo 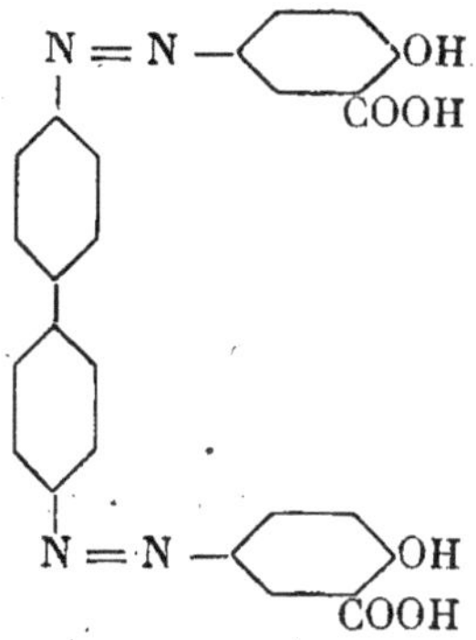   Chrysamine

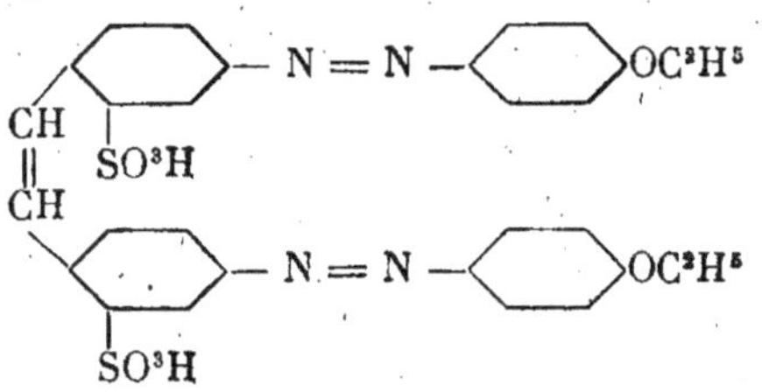

Chrysophénine

$$\mathbf{1°\ Type} \quad \left\{ \begin{array}{l} R - N = N \\ R' - N = N \end{array} \right\} \ A$$

Les deux groupes azoïques et deux groupes auxochromes sont dans un même noyau. On les nomme bisazoïques primaires. La première couleur de cette série a été découverte par Griess, en chauffant un sel de diazobenzol avec du

$BaCO_3$, c'est le phénol-bisazobenzène obtenu aussi, plus tard, en faisant
réagir la diazobenzène sur le benzène-azophénol :

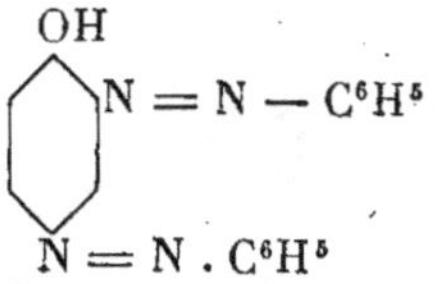

$$
\begin{array}{c}
OH \\
\bigcirc N = N - C^6H^5 \\
N = N . C^6H^5
\end{array}
$$

D'après Vignon (*M.C.*, 1904, 246) c'est pour le phénol la limite de la copulation,
on ne peut introduire trois azoïques. D'après Grandmougin on peut préparer
un ter-azophénol avec trois molécules de diazoïque.

L'α-naphtol donne également des bisazoïques :

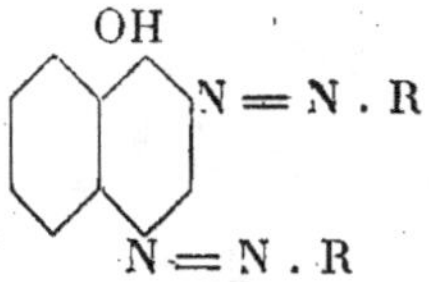

$$
\begin{array}{c}
OH \\
\bigcirc\bigcirc N = N . R \\
N = N . R
\end{array}
$$

Avec deux molécules de diazo de sulfanilique on obtient les *bruns acides*.

La résorcine fixe deux diazoïques dans la double position para ou dans les
positions ortho-para suivant qu'on copule en présence d'alcali ou d'acétate de
soude (Kostanecki) :

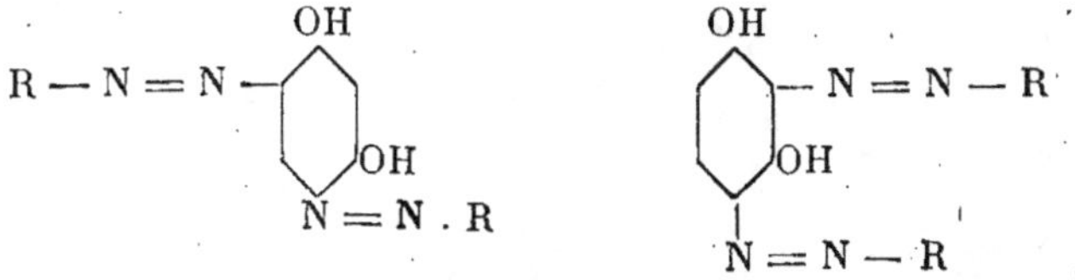

$$
R - N = N - \underset{N = N . R}{\overset{OH}{\bigcirc}} OH
\qquad\qquad
\underset{N = N - R}{\overset{OH}{\bigcirc}} - N = N - R \;\; OH
$$

Le *brun résorcine* provient d'une molécule de résorcine copulée avec une
molécule de diazoxylène et une molécule de diazo sulfanilique.

La chrysoïdine se copule aussi avec une molécule de diazoïque.

Les dioxynaphtalines se copulent en partie avec deux molécules de diazo ;
en particulier la 1,8 et ses dérivés sulfoniques, le dioxynaphtaline 2,7 par
contre ne copule qu'une fois.

Les aminonaphtols donnent aussi des bisazoïques de cette classe.

L'aminonaphtol bisulfoné H donne selon que le virage a lieu en milieu acide
ou alcalin, les produits :

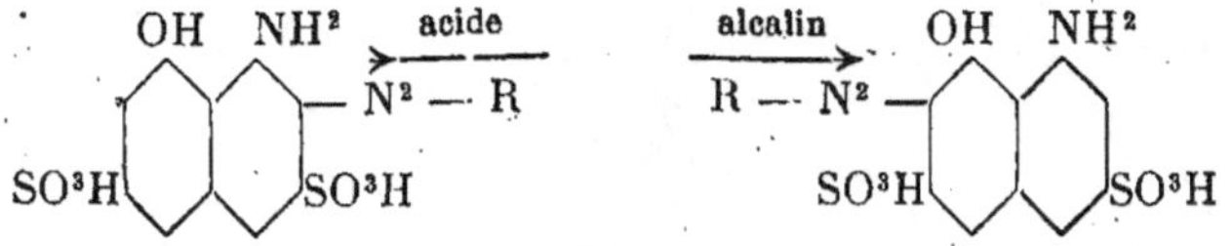

$$
\overset{OH\;\; NH^2}{\underset{SO^3H\quad SO^3H}{\bigcirc\bigcirc}} - N^2 - R
\;\xrightarrow{acide}\;
\qquad
\xleftarrow{alcalin}\;
R - N^2 - \overset{OH\;\; NH^2}{\underset{SO^3H\quad SO^3H}{\bigcirc\bigcirc}}
$$

et le disazo
$$
NO^2C^6H^4 - N = N - \overset{NH^2\;\; OH}{\underset{SO^3H - \qquad - SO^3H}{\bigcirc\bigcirc}} - N = N - C^6H^5
$$

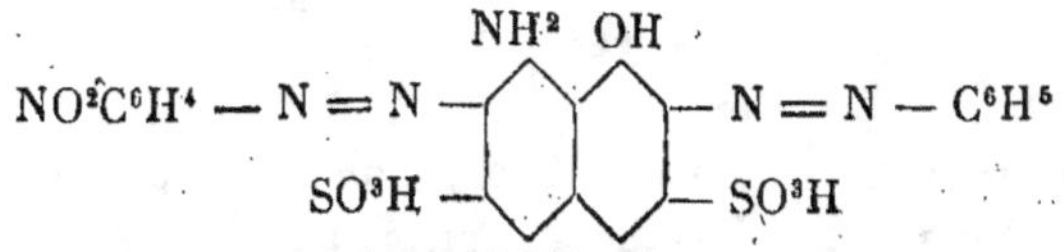

Noir naphtol bleu C

L'aminonaphtol-sulfoné γ se copule en milieu alcalin en 7 et en milieu acide en 1 :

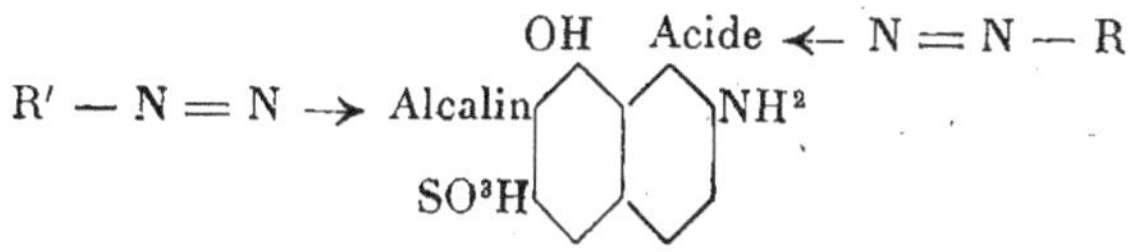

$$\text{R}' - \text{N} = \text{N} \to \text{Alcalin} \quad \overset{\text{OH}}{\underset{\text{SO}^3\text{H}}{\bigcirc\bigcirc}} \overset{\text{Acide} \leftarrow \text{N} = \text{N} - \text{R}}{\text{NH}^2}$$

La soudure a donc toujours lieu en ortho mais elle se fixe dans la position voisine de OH en milieu alcalin et de NH² en milieu acide.

En faisant les deux virages successifs on pourra donc fixer les diazos dans la position voisine de l'un et l'autre groupe.

Les noirs naphtols que l'on obtient par copulation acide des acides H et K avec diazo-sulfanilique ou autres diazos et par copulation alcaline avec amino-phényl-éther, sont solides au lavage et au foulon ainsi que les couleurs de p-nitraniline-o-sulfo avec acide H en milieu acide et aniline en milieu alcalin.

Avec deux molécules du diazo-o-nitrobenzène et acide H et K on obtient des noirs bleus.

Le noir *Palatin* et le noir *laine 6B* se préparent avec le 1,8-aminonaphtol-4-sulfo.

$$\textbf{2}^\circ \textbf{ Type :} \quad \text{R} \cdot \text{N} = \text{N} - \text{R}' - \text{N} = \text{N} - \boxed{\text{A}}$$

Ce sont des bisazoïques *secondaires* symétriques et asymétriques.

On les prépare en diazotant des aminoazoïques et en copulant ces diazos avec des phénols ou des amines. Le dérivé aminoazoïque ainsi que le deuxième terme phénol ou amine pourront être des dérivés du benzène ou de la naphtaline. On obtiendra selon la nature du carbure initial des matières colorantes rouges ou noires.

L'oxyazoïque le plus simple de cette série est :

$$\underset{\text{(A)}}{\text{C}^6\text{H}^5} - \text{N} = \text{N} - \underset{\text{(B)}}{\text{C}^6\text{H}^4} - \text{N} = \text{N} - \underset{\text{(C)}}{\text{C}^6\text{H}^4} \cdot \text{OH}$$

Qui est un isomère du phénol bisazobenzène de Griess.

Cette molécule renferme trois noyaux benzéniques A. B. C. D'une manière générale lorsque le noyau B est constitué par un dérivé du benzène, la matière colorante est rouge, au contraire lorsque ce noyau dérive de la naphtaline il est violet bleu ou noir. Dans ce dernier cas les groupements A. C. peuvent être indifféremment des dérivés de la naphtaline ou benzène. La formule générale de tous ces produits est :

$$\text{R} \cdot \text{N} = \text{N} - \text{R}' - \text{N} = \text{N} - \text{R}'' - \text{OH}$$

1° Colorants rouges. — Comme matières colorantes rouges, citons l'*écarlate de Biebrich* et la *crocéine* provenant le premier de l'aminoazobenzène disulfoné copulé avec du β-naphtol et la seconde d'aminoazobenzène monosulfoné copulé avec du sulfo-naphtol de Bayer.

$$\overset{\displaystyle SO^3H}{\underset{\displaystyle}{|}}$$
$$SO^3H - C^6H^4 - N = N - C^6H^3 - N = N - C^{10}H^6 \,.\, OH(\beta\text{-})$$

Ecarlate de Biebrich

$$SO^3H - C^6H^4 - N = N - C^6H^4 - N = N - C^{10}H^5 \begin{smallmatrix} ^{2)} \diagup OH \\ _{8)} \diagdown SO^3H \end{smallmatrix}$$

Crocéine

L'acide sulfurique donne avec ces produits des colorations caractéristiques et différentes selon que le ou les groupes SO^3H se trouvent dans un noyau benzène ou naphtaline :

Sulfo dans naphtaline	violet
Sulfo dans benzène..	vert
Sulfo dans benzène et naphtaline.......................	bleu

L'écarlate de Biebrich est particulièrement pur comme nuance, mais il est moins solide à la lumière que la crocéine.

La crocéine possède quelque affinité pour le coton non mordancé mais cette affinité n'est pas comparable à celle des couleurs substantives dérivées des para-diamines.

Avec l'ortho-aminoazotoluène sulfoné on prépare la *crocéïne 7 B*.

2° Couleurs noires. — La seconde série comprend les *noirs naphtols*. Ce sont des couleurs violettes ou bleues très foncées qui donnent sur laine avec une quantité suffisante de matière colorante, des nuances noires. Le noyau central doit être la naphtaline, ce qui les distingue des couleurs rouges de la même série. Ce groupe a donné les premières couleurs noires teignant la laine en bain acide. Quelques-unes d'entre elles sont aussi des couleurs à mordants, et d'autres des couleurs substantives pour coton.

L'une des couleurs les plus importantes est le *noir naphtol* obtenu avec l'α-naphtylamine disulfonée (acide de Dahl 3) que l'on diazote et fait réagir sur de l'α-naphtylamine. On obtient ainsi un aminoazoïque que l'on rediazote et copule avec du sel R :

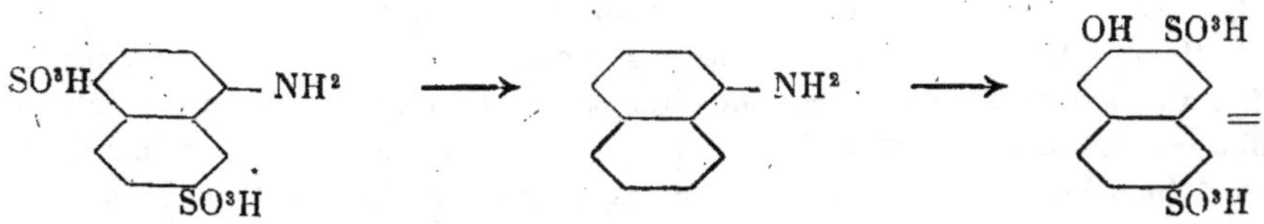

Acide Dahl 3

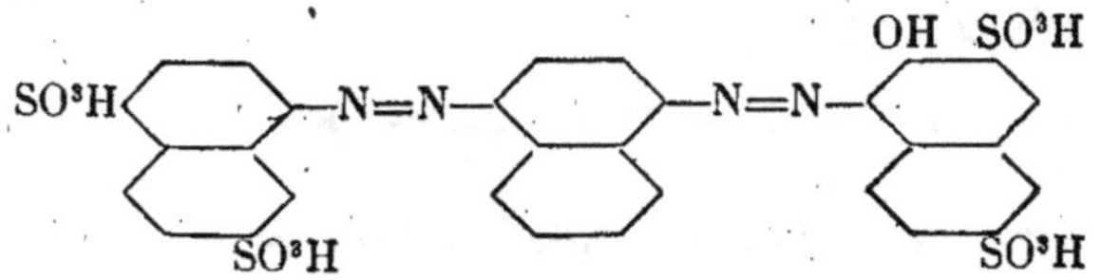

Noir Naphtol

La réaction du noir naphtol a été étendue a toute une série d'amino-azoïques et de dérivés phénoliques ou aminés.

Le *noir jais* est préparé avec de l'acide disulfanilique comme premier terme et de la phényl α-naphtylamine comme troisième terme (v. plus haut). Le *noir diamant* avec de l'acide aminosalicylique et de l'-α-sulfo-α-naphtol. Dans les deux cas, on fait un aminoazoïque intermédiaire avec de l'α-naphtylamine :

$$C^6H^3 \underset{N=N-C^{10}H^6-N=N-C^{10}H^6NHC^6H^5}{\overset{(SO^3H)^2}{<}}$$ Noir jais.

$$C^6H^3 \underset{N=N-C^{10}H^6-N=N-}{\overset{OH}{\underset{\small COOH}{<}}}$$ Noir diamant.

Le *vert diamant* dérive de la 1,8-dioxynaphtaline sulfo comme terme final ; avec la p-aminodiphénylamine-sulfo comme premier terme on a des couleurs solide au lavage : *noir nérol.*

Les couleurs de la série du noir naphtol sont employées pour la teinture de la laine et destinées à remplacer le noir au campêche.

Les couleurs de cette série sont nombreuses mais il manque un noir acide et un bleu marine qui puissent se ronger en blanc d'une manière parfaite par l'hydrosulfite.

Fabrication de la crocéïne

Aminoazobenzène monosulfoné..............	27,700 kil.
Eau....................................	500 »
HCl...................................	22 »

Diazoter avec :

Nitrite de soude.......................	7 kilogrammes
Eau...................................	25

On coule ce diazoïque dans :

β-naphtol monosulfoné de Bayer (calculé en naphtol)...............................	14,400 kil.
Eau...................................	1 000 »
Carbonate de soude	10 »
Eau...................................	200 »

Ce virage est instantané. On isole la matière colorante par les méthodes habituelles.

Fabrication du noir naphtol

1° *Préparation de l'aminoazoïque.*

Acide Dahl 3............................	34,700 kil.
Eau...................................	300 »
HCl à 21°..............................	30 »

Diazoter avec :

Nitrite................................	7 kilogrammes
Eau...................................	30 »

Couler dans :

HCl naphtylamine.................	18 kilogrammes
Eau..............................	500 »

Ce virage dure 48 heures à la température de 8-10°.
2° *Copulation avec sel R.*

HCl..............................	12 kilogrammes
Nitrite..........................	7 »
Eau..............................	30 »

La diazotation a lieu à 5° puis on vire avec :

Sel R calculé en naphtol.........	14,400 kil.
Carbonate de soude...............	10 »
Eau..............................	800 »

Laisser reposer quelques heures puis précipiter avec du sel marin.

3° Type : $R\begin{cases} N=N-\boxed{A} \\ N=N-\boxed{B} \end{cases}$

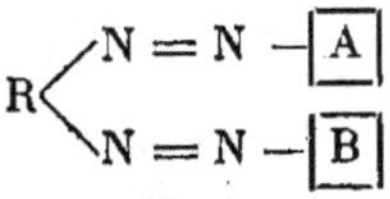

Copulation de diazoïques provenant de diamines contenant un seul noyau de benzène ou de naphtaline.

Para-diamines. — La p-phénylènediamine donne des bisazoïques mais le deuxième NH^2 est difficilement diazotable et ne peut être copulé avec des phénols en milieu alcalin.

Meldola fait réagir un p-nitrodiazoïque sur un phénol ou une amine, puis réduit et rediazote.

Un procédé plus pratique consiste à partir de l'amine monoacétylée :

$$NH^2 . C^6H^4 . NHCOCH^3.$$

On diazote, copule, désacétyle, puis diazote et copule à nouveau.

Nietzki a préparé ainsi le *bleu azoïque* pour laine avec p-phénylènediamine et sel R.

Le *noir violet* (B) provient de p-phénylènediamine et de deux molécules d'α-sulfo α-naphtol :

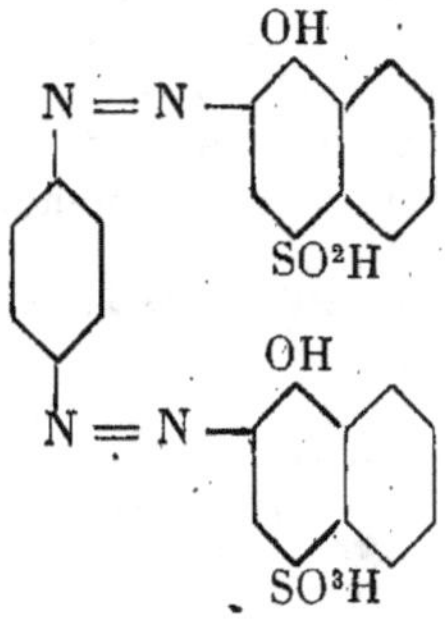

C'est un colorant substantif et de plus un des premiers que l'on ait fabriqué.

On peut aussi partir de p-phénylènediamine comme premier terme mais en n'utilisant qu'un groupe NH^2 copulant à la naphtylamine, et rediazotant et copulant à l'acide γ. On a ainsi le *noir Nyanza* qui est un dérivé de la 1,4-naphtylènediamine :

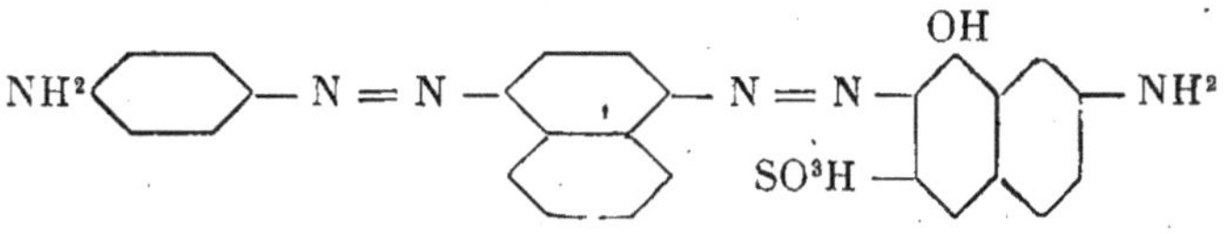

On emploie aussi la p-diaminodiphénylamine et son sulfo.

La p-phénylène-diamine ne conduit pas directement aux bisazoïques. La p-phénylène-diamine-bi-sulfonée par contre donne d'abord le monodiazoïque qu'on copule puis on rediazote l'azoïque et copule une seconde fois.

Méta-diamines benzèniques. — La m-phénylènediamine et la toluylènediamine ainsi que leurs dérivés sulfonés sont aussi employées pour la préparation des bisazoïques.

L'*orangé toluylène 2 R* par exemple et le brun toluylène qui sont des couleurs substantives :

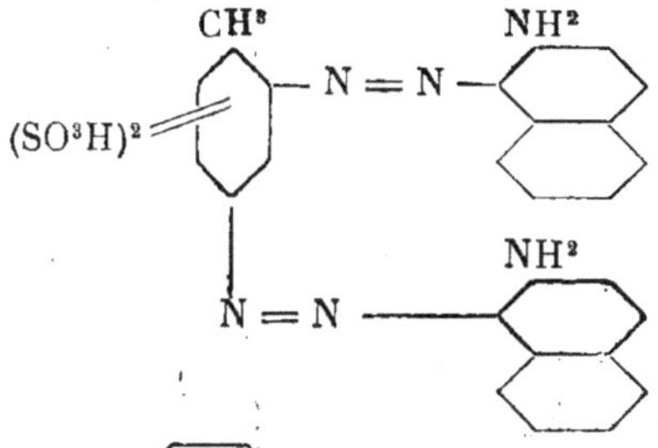

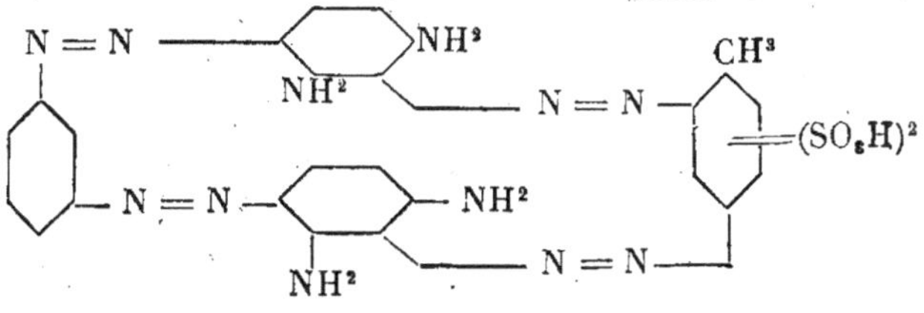

Les m-diamines conduisent aussi à des couleurs développables sur fibre par exemple le *para bronze* que l'on fixe sur fibre avec le diazo de nitraniline :

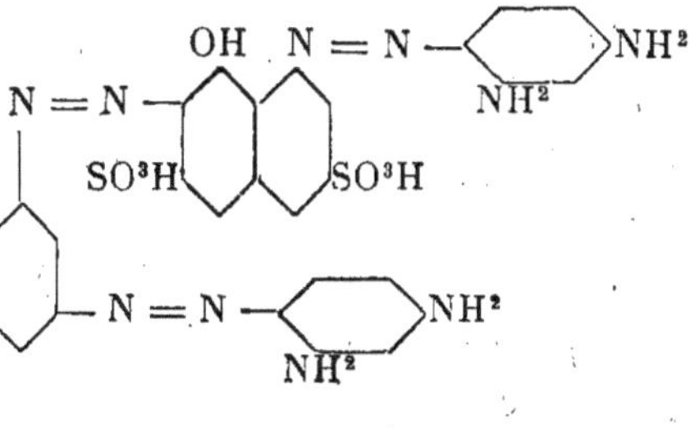

Un grand nombre de matières colorantes brunes sont aussi employées comme couleurs développées sur fibre, le plus souvent avec β-naphtol ou m-phénylène-diamine.

Ce sont des colorants provenant de m-phénylène-diamine acétylée, que l'on fait réagir sur acide G, puis on enlève le groupe acétyle, on rediazote et l'on copule avec m-phénylènediamine.

L'acide phénolparasulfoniquediamine :

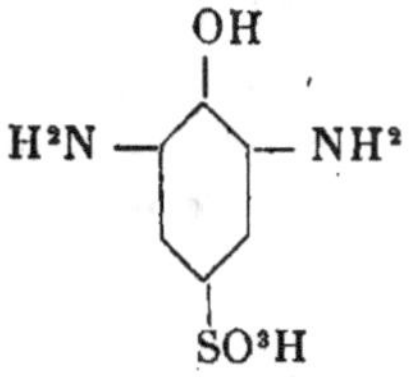

$$H^2N - \bigcirc - NH^2$$

appartient aussi à la classe des métadiamines. Il se laisse nettement bisdiazoter. En le copulant avec deux molécules de β-naphtol, on obtient ; le *noir au chrome palatin* ou *noir d'alizarine acide*.

Ces couleurs teignent la laine en bain acide en rouge brun ; en les développant au bichromate, on obtient des noirs solides au foulon.

Les *orthodiamines* ne se laissent ni diazoter, ni copuler.

Dans les deux cas elles donnent des azimido :

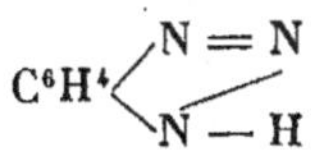

$$C^6H^4 \diagdown \begin{matrix} N = N \\ N - H \end{matrix}$$

Naphtylènediamines. — Les *couleurs diaminogènes* proviennent des dérivés acétylés de p-naphtylènediamine sulfonée et sont préparées d'après les mêmes principes que le noir naphtol. Elles teignent le coton non mordancé et sont rediazotables sur fibre. On part par exemple d'acétyle-1,4-diaminonaphtaline-7-sulfo, on fait un bis-azoïque, puis on désacétyle :

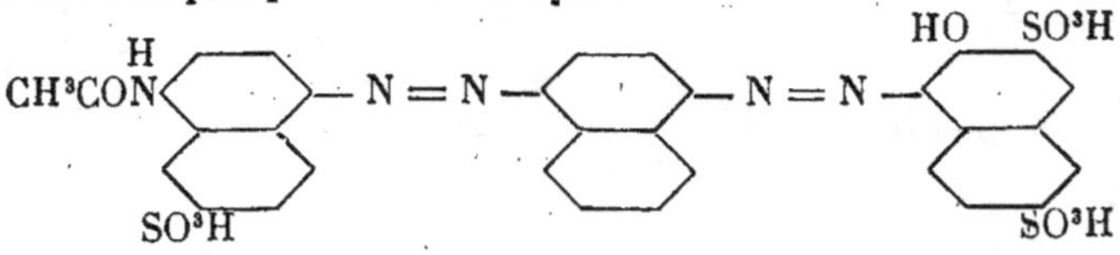

Avec le sulphonaphtol 2,6 on obtient le *bleu diaminogène 2 B*, avec le 2,8-aminonaphtol-6-sulfo, le *noir diaminogène*.

Les dérivés sulfonés de la naphtylène diamine 1,5 sont aussi employés ; ainsi le *jaune d'or diamine* est un colorant substantif, on l'obtient en tétrazotant la 1,5-naphtylènediamine-3,7-disulfo, il est employé surtout dans l'impression, car il se ronge très bien :

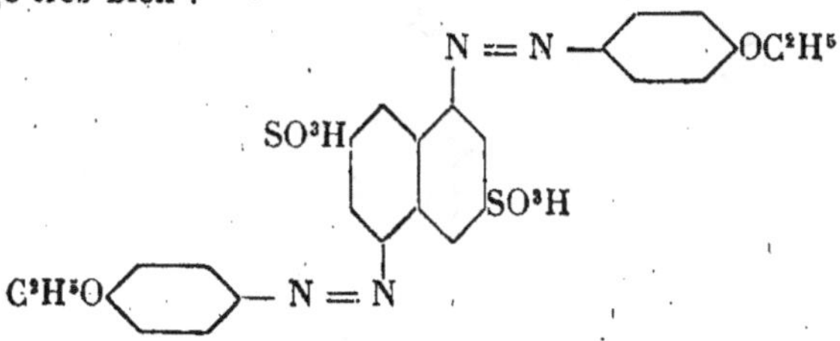

On fait des colorants dont la préparation est basée sur le même principe, mais un peu différents, en partant de 4-nitro, 1-naphtylamine, 6- ou 7-sulfos, puis on fait le bis-azoïque et l'on réduit le groupe nitro :

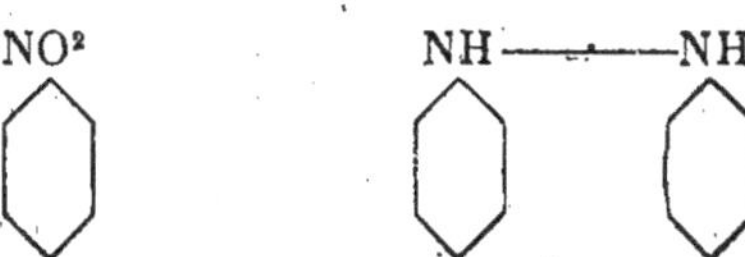

4° Type :

$$R - N = N \boxed{A}$$
$$R' - N = N \boxed{B}$$
et
$$a \left\langle \begin{array}{l} R - N = N \boxed{A} \\ R' - N = N \boxed{B} \end{array} \right.$$

Cette classe de colorants comprend les couleurs dites *substantives* renfermant un noyau diphénylique ou un groupement analogue dans lequel les deux noyaux phényliques ne sont pas reliés directement.

Ces matières colorantes ont une importance très grande, car elles ont la propriété de teindre le coton sans mordant ; c'est en 1884 que Bœttiger découvrit la première couleur substantive de la benzidine, appelée *Congo*. Antérieurement on avait déjà préparé des couleurs de la benzidine mais on n'avait pas constaté leur affinité pour le coton ; Bœttiger au contraire remarqua cette propriété et c'est un exemple frappant de l'importance de l'étude des propriétés tinctoriales des nouvelles substances.

Dérivés de la Benzidine et analogues

Ces matières colorantes ont été appelées d'abord couleurs de la *benzidine*, car les couleurs que l'on préparait à l'origine dérivaient de cette base. Depuis lors on a trouvé un grand nombre de couleurs qui n'ont aucun rapport avec la benzidine, on a remplacé ce nom par celui de *couleurs substantives* ou *couleurs directes*, elles teignent le coton directement, mais il convient de noter qu'un certain nombre d'entre elles teignent aussi bien la laine que le coton ou sont employées pour les tissus mixtes.

La benzidine qui a donné les premières couleurs azoïques directes se prépare avec de bons rendements en réduisant le nitrobenzène en hydrazobenzène avec de la poudre de zinc en milieu alcalin, puis en transposant cet hydrazoïque au moyen de l'acide chlorhydrique à chaud :

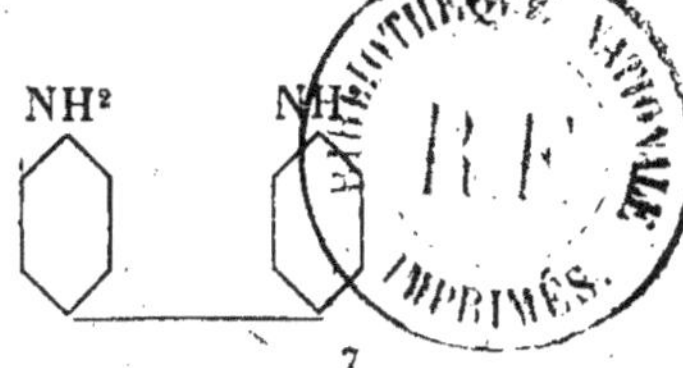

La benzidine se diazote facilement avec deux molécules d'acide nitreux. Ce dérivé tétrazoïque est assez stable de sorte qu'on peut le maintenir sans inconvénient à une température de 10°. Les virages en oxyazoïques et en aminoazoïques se font comme il a été décrit précédemment en employant deux molécules de phénol ou amine pour une molécule de tétrazoïque. La formule générale de ces couleurs est :

$$N=N-R \quad\quad N=N-R'$$

dans lesquelles R et R′ représentent un phénol ou une amine substituée ou non, par exemple un résidu sulfonaphtol, aminonaphtol, sulfonaphtylamine, etc.

A cette série se rattachent le *congo* et la *chrysamine* obtenues avec de l'acide naphtionique et de l'acide salicylique :

$$N=N-Cl \qquad + 2\ mol.\ (NH^2,\ SO^3H) = \textbf{Congo}$$

$$N=N-Cl \qquad + 2\ mol.\ (OH,\ COOH) = \textbf{Chrysamine}$$

Quand le terme à copuler est une amine, la copulation de la *première* molécule a lieu facilement mais la seconde molécule est plus longue à se fixer ; ainsi la réaction dure un à deux jours pour le congo ; si l'on prend un excès d'acide naphtionique, la réaction a lieu plus vite.

Ces couleurs sont symétriques, mais il existe une série de couleurs asymétriques ou mixtes que l'on prépare avec deux molécules différentes de phénols ou d'amines :

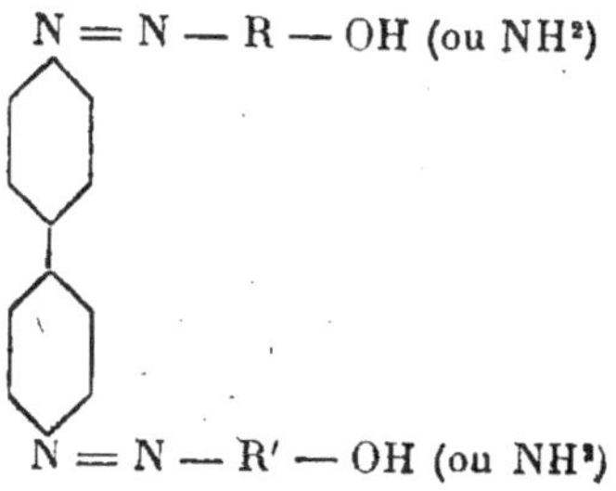

$$N = N — R — OH \text{ (ou } NH^2)$$

$$N = N — R' — OH \text{ (ou } NH^2)$$

Vu la propriété du dérivé tétrazoïque de la benzidine de virer en deux phases, il est possible de copuler ainsi avec une molécule de tétrazodiphényl, une molécule d'acide naphtionique et une molécule d'acide salicylique. On obtient un dérivé mixte. L'exemple en question est dénommé *benzoorange*. Il se préparera en faisant réagir deux molécules d'acide nitreux sur une molécule de benzidine de manière à obtenir le tétrazoïque que l'on fait réagir sur une molécule d'acide salicylique. Le virage de l'acide salicylique étant plus lent que celui de l'acide naphtionique, et la copulation du second groupe diazoïque étant moins paresseuse que celle du premier groupe, on vire d'abord avec l'acide salicylique. On obtient ainsi un composé intermédiaire :

$$N = N — \text{(cycle)} OH,\ COOH$$

composé intermédiaire qui donne avec 1 mol.

$$NH^2,\ SO^3H \rightarrow \text{Benzoorouge}$$

$$N = N — Cl$$

$$N = N — \text{(cycle)} NH^2,\ SO^3H$$

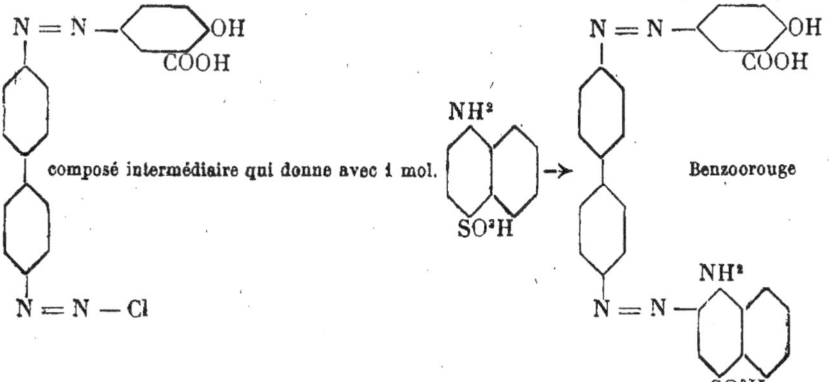

Un grand nombre de produits asymétriques ont été préparés par ce procédé par exemple :

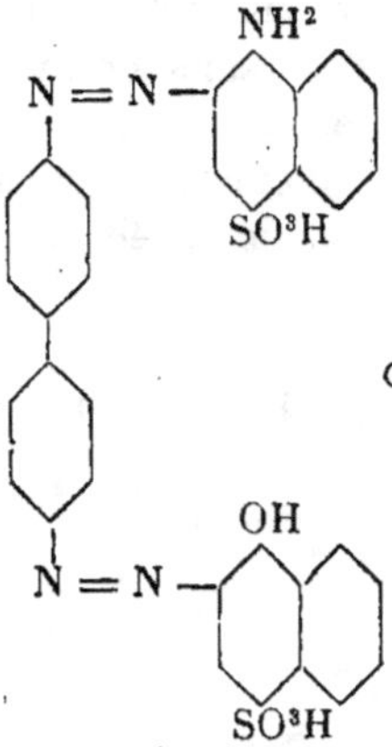

$$N = N - \text{(naphtalène)}\ NH_2,\ SO_3H$$

Congocorinthe

$$N = N - \text{(naphtalène)}\ OH,\ SO_3H$$

Le produit de la première phase, est généralement insoluble. Il peut être isolé et on le fait agir alors sur la deuxième molécule, le plus souvent à une température de 40-50°.

Enfin certains aminoazoïques sont rediazotables, par exemple ceux qui dérivent des aminonaphtols sulfonés. On pourra donc préparer des azoïques de la forme :

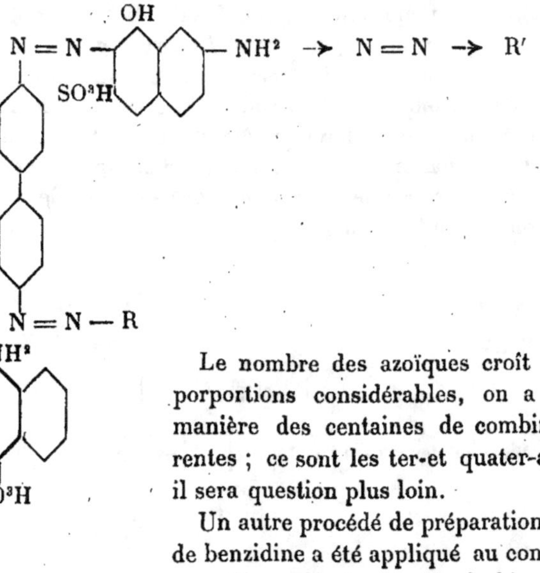

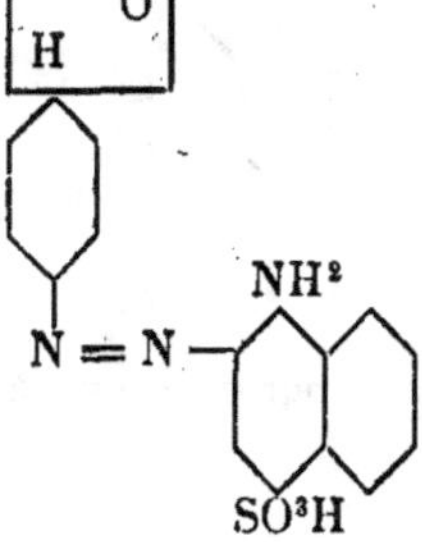

$$N = N - \text{(naphtalène)}\ OH,\ SO_3H - NH_2 \rightarrow N = N \rightarrow R'$$

$$N = N - R$$

$$N = N - \text{(naphtalène)}\ NH_2,\ SO_3H$$

$$H \quad H \quad O$$

$$N = N - \text{(naphtalène)}\ NH_2,\ SO_3H$$

Le nombre des azoïques croît ici dans des porportions considérables, on a fait de cette manière des centaines de combinaisons différentes ; ce sont les ter-et quater-azoïques dont il sera question plus loin.

Un autre procédé de préparation des colorants de benzidine a été appliqué au congo. On oxyde en milieu sulfurique avec du bioxyde de manganèse, l'azoïque simple de diazobenzène et acide naphtionique (B. A. S. F.) :

Ce procédé n'est pas économique, car il se produit des réactions secondaires donnant des produits sans intérêt ; il est donc plus avantageux de partir de la benzidine.

En général les naphtylamines sulfonées qui

se soudent en ortho donnent des rouges qui virent au bleu par les acides. La sensibilité du congo est si grande qu'il peut servir d'indicateur alcalimétrique. Pour rendre la teinture plus solide, on emploie le *solidogène* qui est un mélange de bases aminobenzylées obtenues en faisant réagir la formaldéhyde sur un mélange d'ortho et de paratoluidine, principalement :

$$C^6H^4\!<^{CH^3}_{NH}-CH^2-C^6H^3\!<^{CH^3}_{NH^2} \quad . \; HCl$$

Il est possible que dans cette réaction les groupes amino de la couleur soient benzylés et transformés en :

$$-NH-CH^2-C^6H^3\!<^{CH^2}_{NH^2}$$

Certains dérivés phénoliques sont sensibles aux alcalis et aux acides. On arrive à les rendre solides en éthérifiant le ou les groupes OH provenant de molécules phénol ou résorcine (voir plus loin la chrysophénine).

On obtient des couleurs très diverses selon la nature du deuxième terme ; le phénol, l'acide salicylique donnent des jaunes, les sulfonaphtylamines des rouges, les sulfonaphtols des violets et des bleus, les aminaphtols et dioxynaphtalines sulfonés des noirs et des bleus.

Les oxyazoïques dérivés de l'acide salicylique peuvent être employés parfois pour laine ainsi le *brun drap* (*B*) est employé comme couleur laine, il se fixe sur laine chromée :

$$benzidine\!<^{Acide\ salicylique}_{Acide\ \alpha\text{-naphtol-}\alpha\text{-sulfonique}}$$

Un autre produit employé pour laine est la *flavine diamant*. On prépare ce colorant en décomposant par l'eau bouillante le produit intermédiaire entre benzidine et une molécule d'acide salicylique.

$$benzidine\!<^{OH}_{acide\ salicylique.}$$

Nous avons vu précédemment que les aminonaphtols se copulent différemment selon qu'on opère en milieu acide ou alcalin. Cette règle est aussi applicable aux dérivés de la benzidine.

On emploie non seulement les aminonaphtols sulfonés, mais aussi quelques-uns de leurs dérivés : par exemple la 2-glycine, 8-naphtol, 6-sulfo :

$$SO^3Na \;\; \text{(naphtalène)} \;\; NH-CH^2-COOC^2H^5 \quad (OH)$$

en copulant le tétrazodiphényl avec une molécule d'acide salicylique et une molécule de ce produit, on obtient un brun (Levinstein br. amér. 1 052 865).

On emploie aussi l'aminophénylglycine :

$$NH^2 - C^6H^4 - NH - CH^2COOH$$

les acides oxaminiques, par exemple l'acide γ-amino-toluylène-oxaminique :

$$CH^3 - C^6H^3 \diagup^{NH^2}_{\diagdown NH - CO - COOH}$$

les dérivés alcoylés des aminonaphtols, des dioxynaphtalines, etc.

Le 1-phényl-5-pyrazolone donne des jaunes pour laine ainsi que l'α-méthylindol.

Isomères de la benzidine. — Etant donné l'intérêt des matières colorantes substantives de la benzidine, on a étudié les isomères, les homologues et les produits de substitution de cette amine. Les isomères ne donnent que de mauvais résultats. Le plus important d'entre eux, la diphényline ou ortho-para-aminodiphényl :

ne donne que des azoïques à peine substantifs.

Homologues de la benzidine. — Parmi les homologues de la benzidine, l'orthotolidine donne de bons résultats. On obtient cette amine par la même méthode de préparation que la benzidine, mais en partant d'orthonitrotoluène. Les couleurs qui en dérivent ont beaucoup d'analogie avec celles de la benzidine. L'acide naphtionique donne la *benzopurpurine* et l'acide salicylique la *chrysamine R* :

Benzopurpurine   Chrysamine R

La tolidine donne en général des produits plus bleus que la benzidine.

La benzopurpurine est aussi un peu moins sensible aux acides que le congo.

Les colorants dérivés de la métatolidine par contre, ne sont pas substantifs :

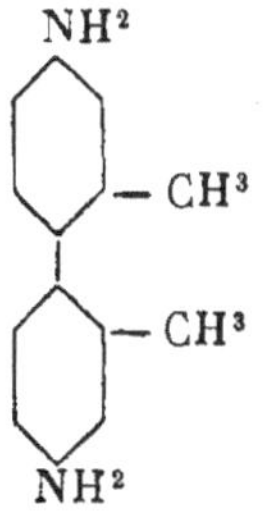

Produits de substitution de la benzidine. — On a ensuite étudié les produits de substitution de la benzidine. Il a été démontré par l'expérience que les ortho substitués par rapport à NH^2 sont seuls intéressants. Les méta substitués ne donnent pas des colorants substantifs.

Parmi les premiers citons la *dianisidine* préparée au moyen de nitranisol. Cette amine donne avec l'α-sulfo-α-naphtol une matière colorante bleue appelée *benzoazurine* :

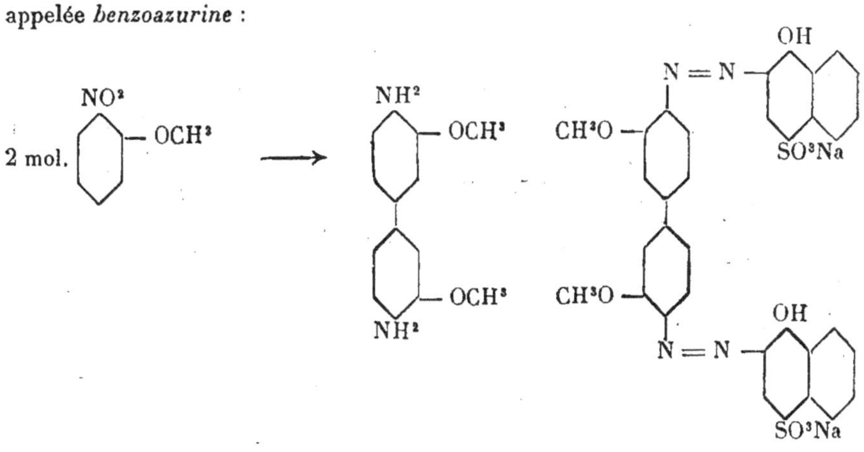

La benzoazurine a été le premier colorant bleu substantif. Il possède encore un reflet rougeâtre et sa solidité à la lumière est insuffisante. On obvie à cet inconvénient en traitant les teintures par des sels de cuivre.

Le *bleu de dianisidine* est employé comme couleur à la glace sur tissu préparé en β-naphtol, en naphtol D ou en naphtol AS (voir couleurs à la glace).

La dianisidine donne une série de bleus fort beaux avec les aminonaphtols sulfonés, par exemple avec l'aminonaphtol H on obtient le *bleu pur diamine*.

En général les 1,8-aminonaphtols et 1,8-dioxynaphtalines sulfonés donnent de beaux bleus : *bleu diamine, bleu Chicago, azurine brillante* et aussi *bleu dianile, bleu oxamine, naphtamine, azomauve*, etc., produits symétriques ou mixtes qui sont mentionnés dans les tableaux des colorants.

Les produits substitués suivants donnent aussi des couleurs substantives :

$$NH^2 — Cl \quad\quad NH^2 — OH \quad\quad NH^2 — SO^3H \quad\quad NH^2 — COOH$$
$$Cl — NH^2 \quad\quad OH — NH^2 \quad\quad SO^3H — NH^2 \quad\quad COOH — NH^2$$

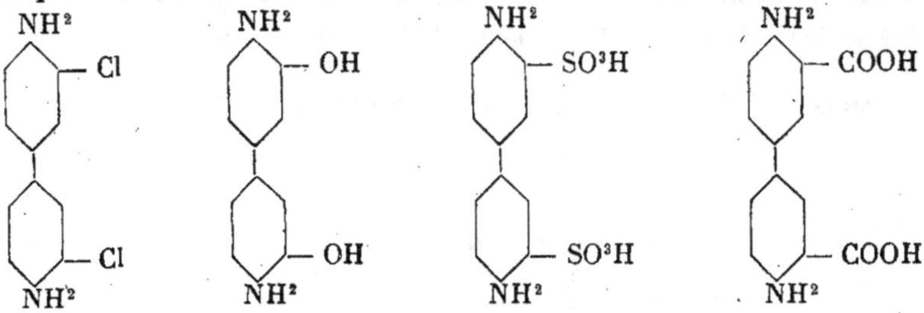

Les nitrobenzidines sont aussi employées. Ainsi le *rouge d'anthracène* (B) se prépare avec benzidine et acide salicylique puis α-sulfo-α-naphtol :

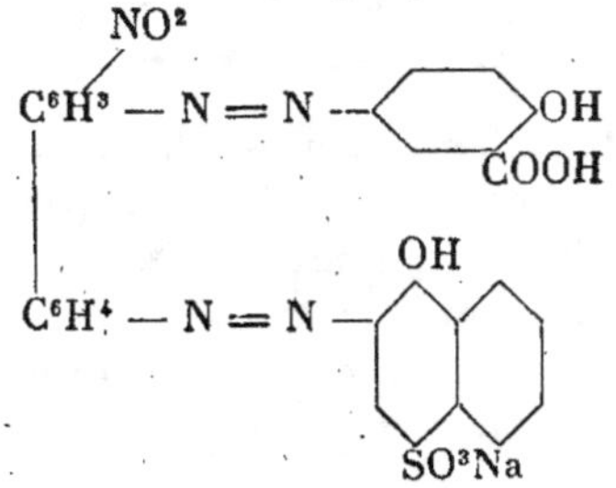

$$NO^2$$
$$C^6H^3 — N = N — \bigcirc OH \; COOH$$
$$C^6H^4 — N = N — \bigcirc OH \; SO^3Na$$

C'est un colorant employé pour laine et que l'on chrome après teinture.

Le *rouge salicine* de Kalle est préparé avec mononitrobenzidine, acide salicylique et β-naphtol.

On prépare aussi les azoïques de nitro-tolidine, spécialement le rouge d'anthracène correspondant. Ces rouges nitrés résistent mieux aux acides que les autres couleurs de benzidine.

Le *rouge toluylène* ou l'*acétopurpurine* provenant de la dichlorbenzidine serait aussi moins sensible aux acides.

Les benzidines méta substituées par rapport à NH^2 ne donnent pas de couleurs substantives, mais, fait intéressant à noter, lorsque les groupes substitués se condensent de manière à donner une chaîne fermée les amines nouvelles ainsi obtenues donnent des colorants substantifs : la m-m'-diméthylbenzidine, l'acide diaminodiphénique, la benzidine disulfonée, la benzidine dihydroxylée, etc., substitués en méta ne donnent pas de produits intéressants, tandis que leurs dérivés de condensation, la diphénylène-cétone, la diphénylène-sulfone, la thiobenzidine, le diaminofluorène, le diaminodiphénylène-oxyde, le diaminocarbazol, etc., donnent des couleurs substantives :

$$NH^2 — CH^3 \quad\quad NH^2 — COOH \quad\quad NH^2 — SO^3H \quad\quad NH^2 — OH$$
$$CH^3 — NH^2 \quad\quad COOH — NH^2 \quad\quad SO^3H — NH^2 \quad\quad OH — NH^2$$

$$\longrightarrow \text{pas de couleurs substantives}$$

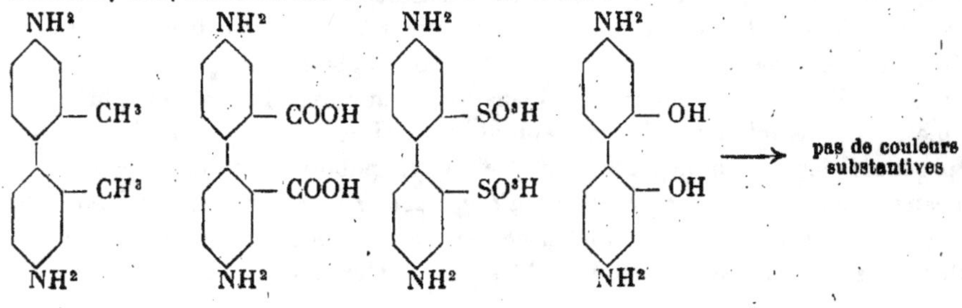

$$NH^2 \quad CH^2 \quad NH^2 \qquad NH^2 \quad CO \quad NH^2 \qquad NH^2 \quad SO^2 \quad NH^2 \qquad NH^2 \quad O \quad NH^2 \qquad NH^2 \quad NH \quad NH^2 \qquad NH^2 \quad S \quad NH^2 \longrightarrow \text{couleurs substantives}$$

La *sulfone azurine* dérive de la benzidine-sulfone sulfonée :

$$SO^2 \begin{cases} C^6H^3 - (SO^3H)NH^2 \\ \mid \\ C^6H^3 - (SO^3H)NH^2 \end{cases}$$

de même la *sulfone azurine brillante*. Ce colorant est plutôt employé pour la laine que pour le coton.

On emploie certains colorants des séries méta substituées pour la teinture de la laine.

$$NH^2 - \langle \text{phényle} \rangle - SO^3H,\ SO^3H - \langle \text{phényle} \rangle - NH^2$$

La benzidine 2-2′-disulfonique :

donne avec deux molécules d'acide salicylique ou o-crésotinique un jaune facilement soluble et très solide, c'est la *chromocitronine* R de Durand et Huguenin. Elle est également employée sur coton comme colorant au chrôme.

Griesheim prépare des jaunes solides à la lumière avec m-tolidine, m-dichlorbenzidine et deux molécules de phénylpyrazolone.

On s'est demandé d'où venait cette substantivité et l'on a étudié des bases analogues dans lesquelles les noyaux phényliques ne sont pas reliés directement mais par des groupements bivalents tels que $CH^2 - CO - NH$, c'est-à-dire les dérivés aminés du diphénylméthane, de la benzophénone, du stilbène, du tolane, de la diphénylamine, de l'azo-benzol, de l'azoxybenzol :

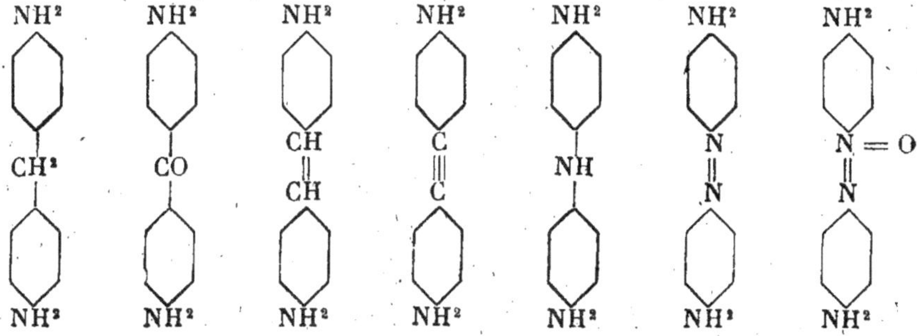

Toutes ces amines, à l'exception de la première, donnent des colorants substantifs.

Les dérivés méta de l'azoxybenzène sont pratiquement employés ; l'azoxytoluidine est obtenue par une réduction ménagée (poudre de zinc en milieu sodique) de la nitro o-toluidine ; son dérivé diazoïque donne avec deux molécules d'α-sulfo α-naphtol le *rouge Saint-Denis*. C'est une matière colorante analogue au *congo* au point de vue nuance ; elle offre l'avantage de ne pas virer aux acides, mais elle a une bien moindre affinité pour le coton :

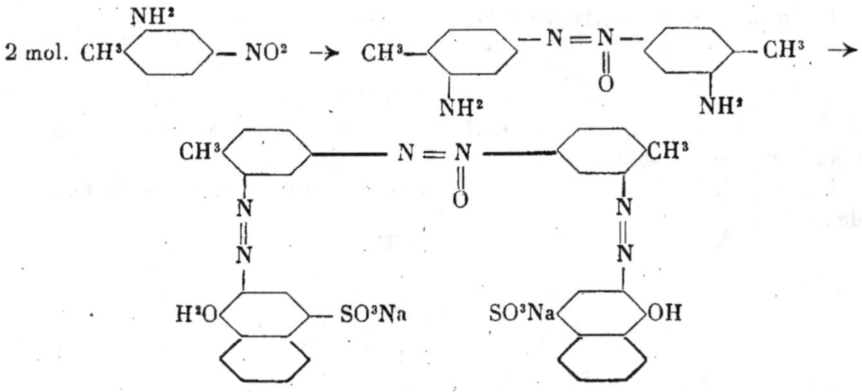

$$2 \text{ mol. } CH^3 \!-\!\langle\ \rangle\!-\! NO^2 \ \rightarrow$$

On peut aussi préparer ce colorant en réduisant en milieu alcalin le monoazoïque nitré correspondant.

On prépare industriellement sous le nom de *couleurs de Hesse* des dérivés du diaminostilbène disulfoné. Cette amine s'obtient très facilement en traitant par de la soude le paranitrotoluène sulfoné ce qui conduit à des azoxy- et dinitrosostilbène-disulfonés que l'on réduit ensuite.

Parmi ces couleurs, mentionnons la *chrysophénine* provenant de deux molécules de phénol qu'on éthérifie ultérieurement. Ce traitement est nécessaire pour donner de la solidité aux alcalis :

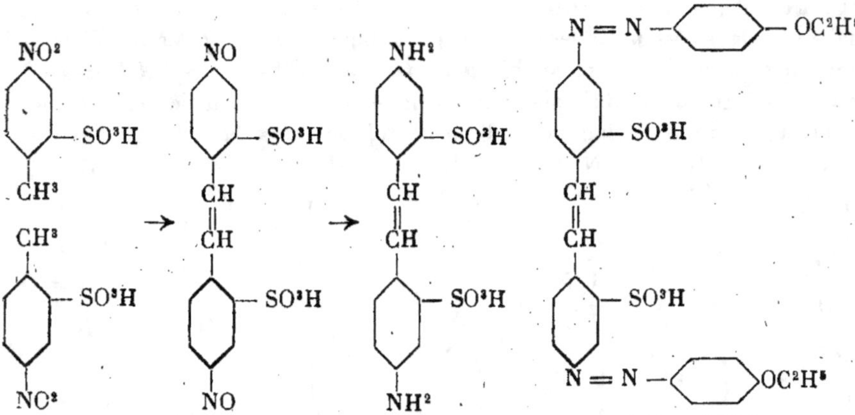

Chrysophénine

Dérivés de l'urée et de la thiourée

La diaminodiphénylurée et la thiodiaminodiphénylurée donnent des colorants substantifs par exemple le *jaune coton G* et le *jaune Héligoland* :

$$CO\left\langle\begin{array}{l} NH - C^6H^4 \,.\, N = N. \text{ acide salicylique} \\ NH - C^6H^4 \,.\, N = N. \text{ acide salicylique} \end{array}\right. \qquad CS\left\langle\begin{array}{l} NH \,.\, C^6H^4 \,.\, N = N. \text{ phénol} \\ NH \,.\, C^6H^4 \,.\, N = N. \text{ phénol} \end{array}\right.$$

On prépare ces urées en faisant réagir le phosgène ou le thiophosgène sur les azoïques simples correspondants.

On emploie aussi les urées disulfonées.

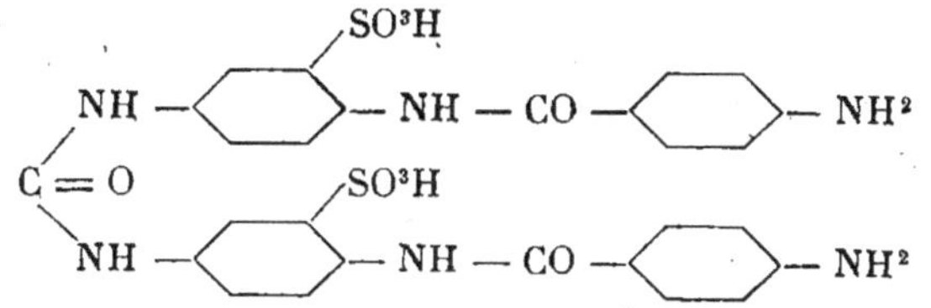

$$C = O \left\langle\begin{array}{l} NH - \langle \overset{SO^3H}{\bigcirc} \rangle - NH - CO - \langle \bigcirc \rangle - NH^2 \\ NH - \langle \overset{SO^3H}{\bigcirc} \rangle - NH - CO - \langle \bigcirc \rangle - NH^2 \end{array}\right.$$

Le *jaune diazo lumière* se prépare avec la p-diaminodiphénylurée disulfonée et deux molécules de chlorure de l'acide p-aminobenzoïque. Cette substance se fixe sur coton, incolore. Diazotée sur tissus et passée en *développateur Z* (phénylméthylpyrazolone), elle donne un beau jaune.

On prépare aussi des diphénylurées dichlorées en traitant la 2-6-dichloro p-phénylènediamine ou ses sels par du phosgène (*M.*, Br. all. 263658, *Ch. Z.*, 14, 53, r).

Dérivés de l'acide J

L'acide J donne une urée très importante pour la synthèse de colorants substantifs. Si l'on fait une teinture avec le colorant rouge suivant, provenant de la diazo-anisidine et d'une molécule de l'urée :

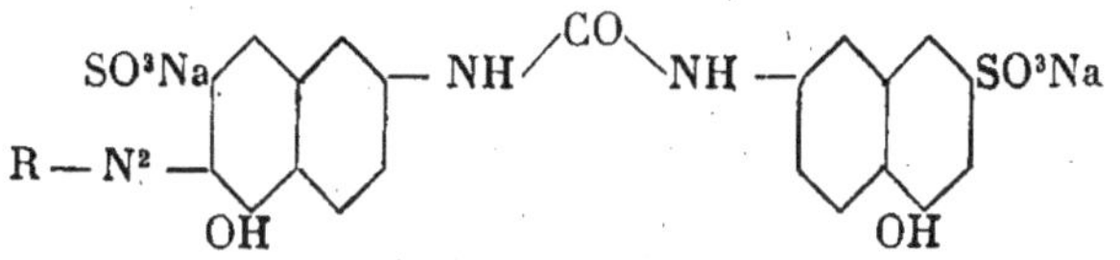

$$R - N^2 - \langle\overset{SO^3Na}{\underset{OH}{\bigcirc\bigcirc}}\rangle - NH \overset{CO}{\diagup\diagdown} NH - \langle\overset{SO^3Na}{\underset{OH}{\bigcirc\bigcirc}}\rangle$$

on peut le développer ensuite avec la diazonitraniline et obtenir un rouge particulièrement solide (*B.*, Br. fr. 452910, *Ch. Z.*, 13, 523, r). On peut également employer la thio-urée correspondante.

On peut aussi partir des monoazoïques simples de l'acide J et faire réagir du phosgène ou du thiophosgène. Les colorants de cette série sont : *benzo rouge solide, benzo rose solide, benzo écarlate solide.*

On prépare des colorants analogues comme constitution en employant au lieu de phosgène et de thiophosgène le chlorure ou le bromure d'éthylène ou le chlorure de l'acide chloracétique, on obtient donc des couleurs ayant les groupements centraux suivants :

$$- NH - CH^2 - CH^2 - NH -$$
$$- NH - CH^2 - CO - NH -$$

L'acide J confère également aux couleurs *rosanthrène* qui proviennent de la copulation de diazoïques avec des dérivés acyliques tels que :

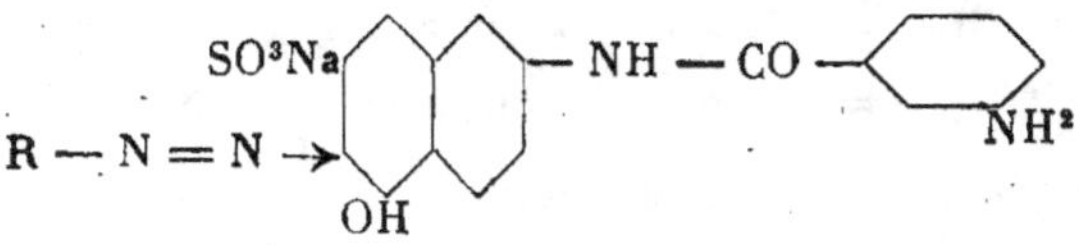

$$R - N = N \rightarrow \overset{SO^3Na}{\underset{OH}{\bigcirc\bigcirc}} - NH - CO - \overset{}{\underset{NH^2}{\bigcirc}}$$

la propriété de teindre directement le coton.

Le *Rosanthrène* donne un rouge relativement solide que l'on améliore en diazotant sur fibre et en copulant avec β-naphtol.

On emploie aussi d'autres dérivés de ce genre, tels que les suivants dépendant des brevets allemands Nᵒˢ 252.159 et 254.510 :

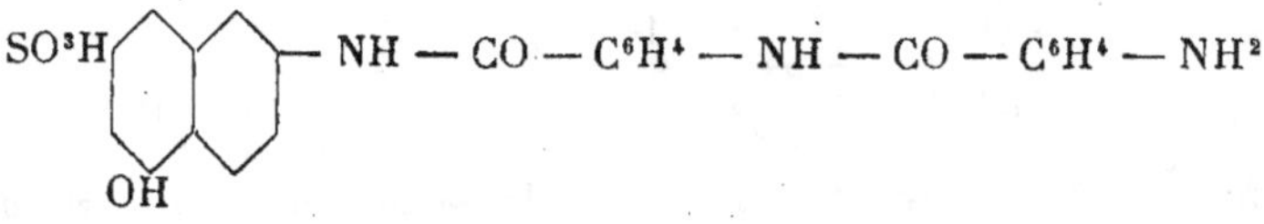

$$\underset{OH}{\overset{SO^3H}{\bigcirc\bigcirc}} - NH - CO - C^6H^4 - NH - CO - C^6H^4 - NH^2$$

Bayer emploie avec succès des dérivés encore plus complexes de l'acide ou sel J, en partant de son dérivé aminé. Pour préparer celui-ci on fait réagir un diazoïque sur le sel J et l'on réduit. Si l'on condense ce dérivé aminé avec le chlorure de benzoyle m-nitré et que l'on chauffe ensuite avec des acides, le produit benzoylé se transforme en naphtimidazol :

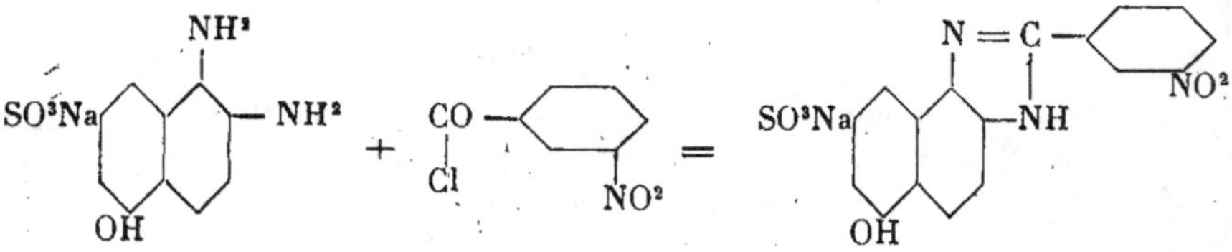

$$SO^3Na\overset{NH^2}{\underset{OH}{\bigcirc\bigcirc}} - NH^2 \quad + \quad \overset{CO}{\underset{Cl}{\Big|}} - \underset{NO^2}{\bigcirc} \quad = \quad SO^3Na\overset{N=C-}{\underset{OH}{\bigcirc\bigcirc}}\underset{-NH}{\bigcirc} - NO^2$$

On réduit le groupement NO², on copule avec un monodiazoïque et l'on obtient ainsi un produit diazotable sur fibre que l'on peut développer ultérieurement.

On synthétise ainsi *l'écarlate diamine GB* en copulant d'une part avec l'acide Schaeffer et d'autre part avec le diazobenzène :

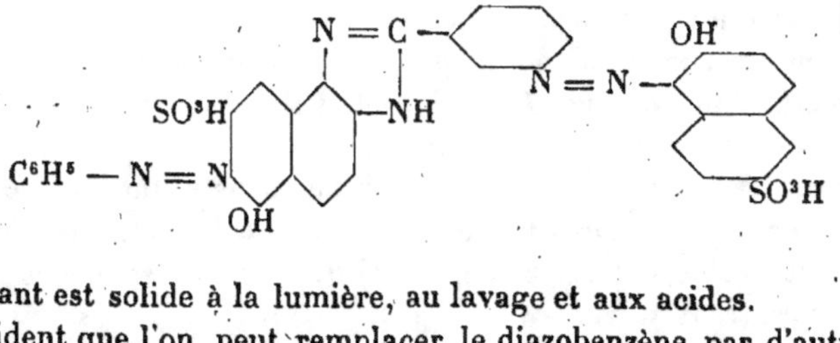

$$C^6H^5 - N = N \overset{N=C-}{\underset{OH}{\underset{SO^3H}{\bigcirc\bigcirc}}} - NH \quad - \quad N = N - \overset{OH}{\underset{SO^3H}{\bigcirc\bigcirc}}$$

Le colorant est solide à la lumière, au lavage et aux acides.

Il est évident que l'on peut remplacer le diazobenzène par d'autres diazos, par exemple par le diazoxylène qui donne des rouges très purs.

Deux molécules d'imidazol peuvent se combiner et l'on peut faire réagir en milieu alcalin un diazoïque, par exemple, le sulfanilique :

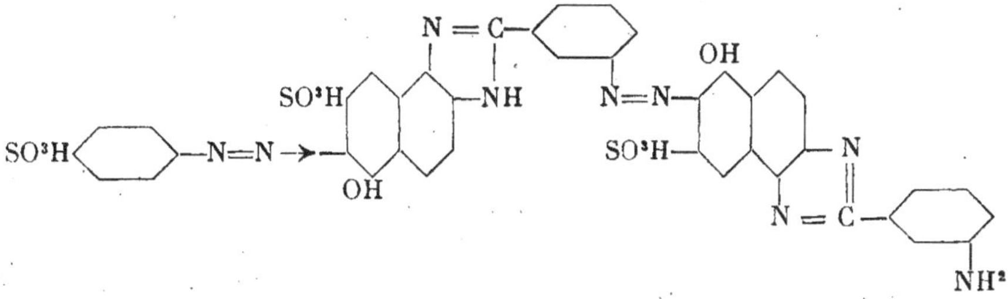

Enfin on prépare aussi des colorants avec l'aminophénylnaphthiazol-5-oxy-7-sulfo ou bien avec le naphtoxazol correspondant :

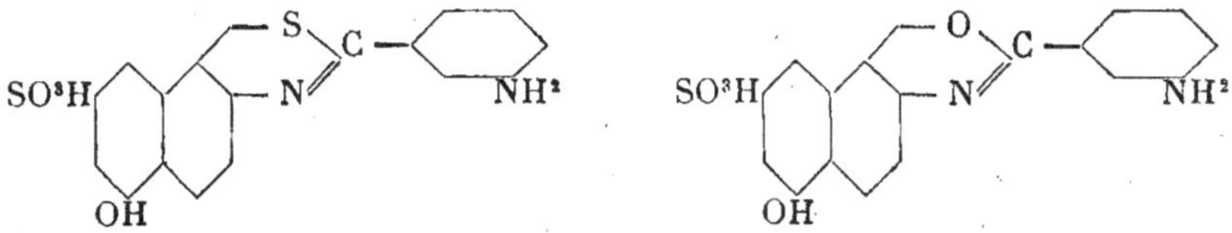

Les écarlates azidiniques (K. Jäger) sont également des dérivés de l'acide J. Ainsi la marque 2 GS est obtenue en faisant réagir le diazo d'o-toluidine sur le produit obtenu avec acide J, toluylène-diamine sulfonée et phosgène ; la couleur aurait donc la formule :

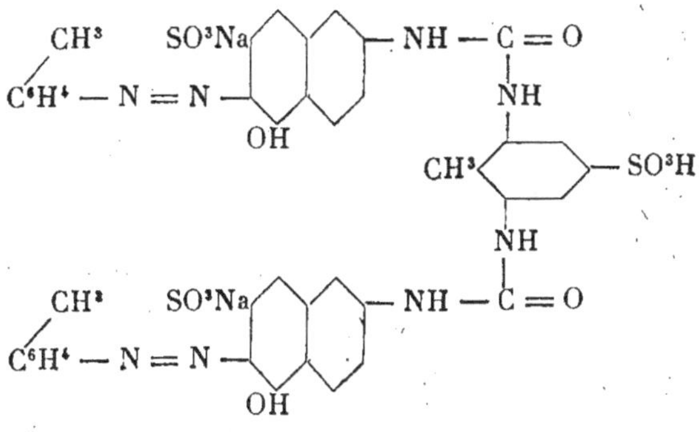

Les différentes couleurs qui dérivent des brevets qui ont pour objet de transformer l'acide J, sont désignées par les noms *écarlate brillant diazo, rouge zambèze, écarlate naphtamine*, etc.

Ces colorants beaucoup plus solides que le congo et la benzopurpurine vont probablement les remplacer peu à peu.

Les dérivés **du dinaphtyle** analogue au dérivé **du diphényle** ne donnent pas de substantifs.

Les causes de la substantivité. — La question des rapports qui existent entre la constitution des colorants substantifs et leurs propriétés tinctoriales est très intéressante. Il serait utile de savoir au juste d'où vient cette propriété. On ne peut répondre à cette question. On a seulement constaté :

La substantivité provient en partie des deux groupes azoïques en para dans les dérivés du diphényle. Elle y est considérablement atténuée par la substitution de groupes en o- par rapport à la soudure, à moins que ceux-là ne soient cyclisés :

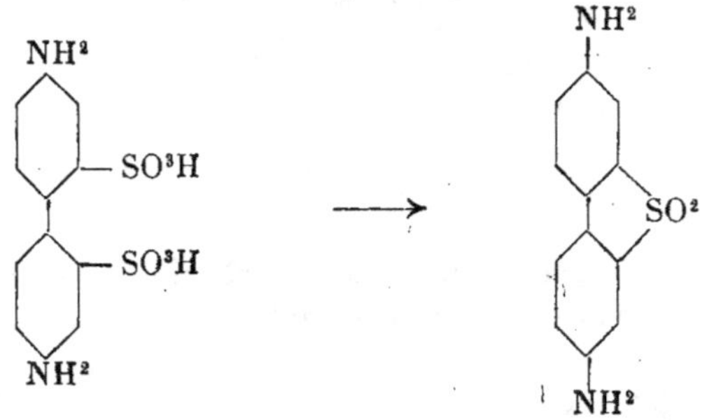

$$NH^2 \quad SO^3H \quad SO^3H \quad NH^2 \qquad \longrightarrow \qquad NH^2 \quad SO^2 \quad NH^2$$

o-substitués   Cyclisé

Ces caractères sont spéciaux aux dérivés du diphényl. Pour les dérivés de l'acide J, les causes de la substantivité sont inconnues.

On est arrivé à trouver quelques rapports entre la couleur (nuance) et la constitution dans cette série.

Les bases diphényliques qui donnent des couleurs substantives fournissent avec les naphtylamines sulfonées des rouges et avec les naphtols sulfonés des violets et des bleus.

Par contre, les bases qui ne donnent pas de substantifs mais des couleurs pour laine, fournissent avec la naphtylamine sulfonée des jaunes et des orangés et avec sulfo-naphtol des rouges.

Solidité. — Pour la solidité à la lumière il n'est pas possible actuellement de déterminer au juste dans quelles conditions elle peut être acquise. On sait toutefois que l'influence d'un groupe sulfo en o- par rapport à $N = N$ est favorable à ce point de vue.

Pour augmenter la solidité au lavage, deux procédés sont particulièrement avantageux, d'une part la diazotation sur fibre et le développement, d'autre part le traitement sur fibre par un diazoïque, surtout par le diazo de p-nitraniline.

L'emploi des sels de cuivre rend les couleurs plus solides à la lumière, mais il ne faut pas trop les laver après ce traitement. Ce cuivrage modifie la couleur, aussi l'emploie-t-on pour les nuances foncées, spécialement pour les bleus.

Fabrication du Congo

Benzidine....................................	18,400 kil.
HCl...	45 »
Eau...	500 litres

Diazoter avec :

Nitrite.....................................	15,300
Eau...	50 litres

Verser cette solution diazoïque dans :

Naphtionate de soude	49 kilogrammes
Acétate de soude	50 »
Eau	1 000 litres

Laisser réagir pendant 24 heures à 40°, puis précipiter au sel et filtrer.

Fabrication de la Chrysamine

Même diazoïque que précédemment. On verse dans :

Acide salicylique	27,600 kil.
Soude caustique à 40°	80 »
Eau	800 »

Précipiter au sel, filtrer.

Fabrication du rouge Saint-Denis

A) *Préparation de l'azoxyaniline.*

Méta-nitraniline	13,400 kil.
Eau bouillante	1 100 litres
Soude à 36	144 kilogrammes

Chauffer à l'ébullition et introduire par petites portions :

Poudre de zinc	19 kilogrammes

Le dérivé azoxy se sépare à l'état insoluble, on le fait cristalliser dans l'acide chlorhydrique.

B) *Préparation de l'azoïque.*

Azoxyaniline	10,600 kil.
Eau	600 litres
HCl	25 kilogrammes

Refroidir et diazoter avec :

Nitrite	9,600 kil.
Eau	40 »

Ce diazoïque est ajouté à la solution suivante :

α-sulfo α-naphtol	22,500 kil.
Carbonate de soude	10 »
Eau	2 000 litres

Précipiter avec du sel et filtrer.

3° TER-AZOÏQUES

On les prépare de diverses manières :

$$\mathbf{1^\circ\ Type:}\quad R\!\!\begin{cases} N=N-\boxed{A} \\ N=N-\boxed{B}-N=N\rightarrow\boxed{C} \end{cases} \qquad R\!\!\begin{cases} N=N\boxed{A} \\ N=N\boxed{B}\leftarrow N=N-R' \end{cases}$$

On part d'une p-diamine provenant d'un seul noyau phénylique ou naphtylique et l'on choisit l'un des deuxièmes termes de manière à pouvoir le copuler ultérieurement ; la formule générale de ces produits sera :

$$C^6H^4 \begin{cases} N = N \longrightarrow \text{amine ou phénol} \\ N = N \longrightarrow \text{amine} \longrightarrow N = N - R, \end{cases}$$

le noyau C^6H^4 pouvant d'ailleurs être remplacé par un noyau naphtaline. Nous pourrons citer comme exemple le *noir isodiphényl*. On part de p-phénylènediamine acétylée, on copule d'abord avec résorcine puis on désacétyle, on rediazote, copule avec aminonaphtolsulfoné-G rediazote et copule finalement avec m-phénylènediamine en milieu acide :

Voici deux autres de ces produits :

Noir Columbia H	p-phénylènediamine	α-naptylaminesulfonique Clève 1,7. acide NH^2-naphtol γ → m-phénylènediamine.
Noir carbone	p-phénylènediamine sulfonique	m-phénylènediamine. α-naphtylaminesulfonique Clève → m-diamine.

De la naphtylènediamine dérivent, comme colorant dis-azoïques le *jaune d'or diamine* que l'on obtient en partant de :

et comme ter-azoïques les colorants *diaminogène* qui sont très employés. On diazote l'acétylnaphtylène-diaminosulfonique 1.4.7 :

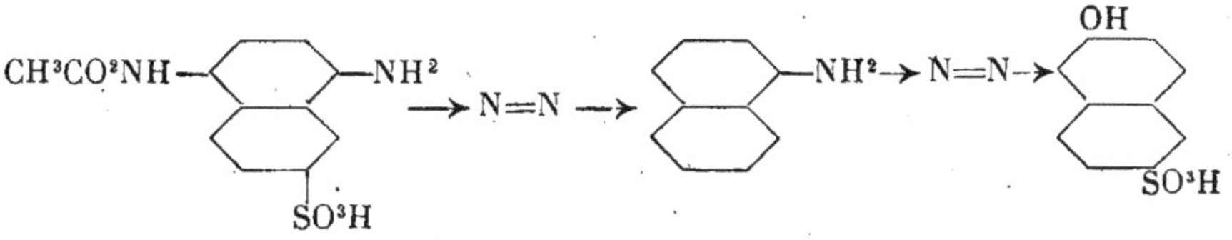

$$CH^3CO^2NH-\langle\text{naphtalène}\rangle-NH^2 \xrightarrow{} N=N \longrightarrow \langle\text{naphtalène}\rangle-NH^2 \rightarrow N=N \rightarrow \langle\text{naphtol OH, SO}^3H\rangle$$

et copule avec l'α-naphtylamine, rediazote et copule avec l'acide Schaeffer. Le produit final est désacétylé et constitue le *bleu diaminogène BB* qui est diazoté sur fibre et copulé :

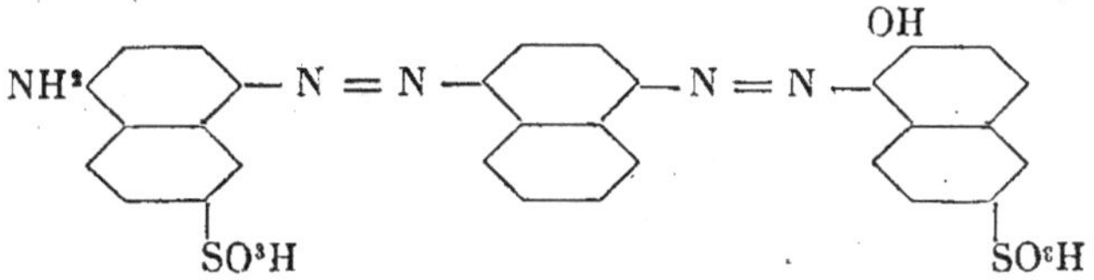

$$NH^2\langle\text{naphtalène, SO}^3H\rangle - N = N - \langle\text{benzène}\rangle - N = N - \langle\text{naphtol OH, SO}^6H\rangle$$

En utilisant comme dernier terme l'acide NH^2-naphtol γ, on obtient le *noir diaminogène*.

On voit qu'il s'agit ici uniquement de dérivés de diamines provenant d'un seul noyau.

2° Type :

$$\begin{array}{ll} R - N = N - \boxed{A} & \qquad R - N = N\,\boxed{A} \\ R - N = N - \boxed{B}\,N^2 \rightarrow \boxed{C} & \qquad R - N = N\,\boxed{B} \leftarrow N^3 - R' \end{array}$$

Ces colorants sont préparés avec des diamines provenant du diphényle. On rediazote un aminoazoïque de la benzidine ou un dérivé bis-azoïque analogue ; mais on peut aussi inversement faire réagir un diazoïque sur un bis-azoïque phénolique de même nature.

1° Citons comme exemple de la première série le *benzo gris S* provenant de la benzidine, acide salicylique, α-naphtylamine, puis on diazote et fait réagir sur α-sulfo-α-naphtol :

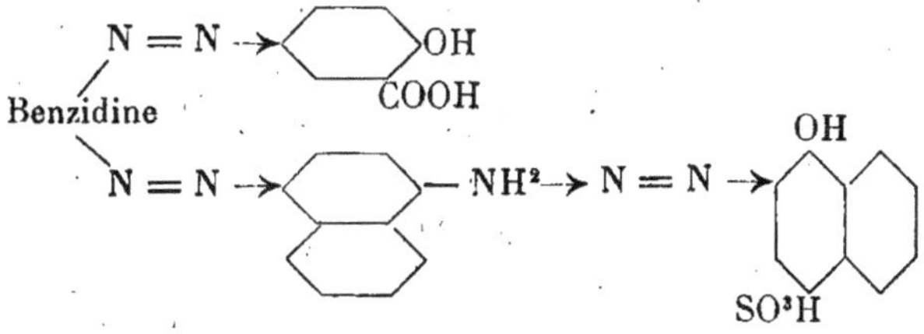

$$\text{Benzidine} \begin{cases} N = N \rightarrow \langle\text{OH, COOH}\rangle \\ N = N \rightarrow \langle\text{naphtalène}\rangle - NH^2 \rightarrow N = N \rightarrow \langle\text{naphtol OH, SO}^3H\rangle \end{cases}$$

Le groupement rediazotable peut provenir de l'α-naphtylamine ou d'autres dérivés aminés, spécialement de dérivés d'aminonaphtols.

2° On copule un bisazoïque renfermant une molécule de résorcine, d'une m-diamine ou d'un aminonaphtol avec un diazoïque. Le *brun Congo* par exemple provient du bisazoïque de benzidine, acide salicylique et résorcine ; on fait réagir sur cet oxyazoïque le diazo de l'acide sulfanilique :

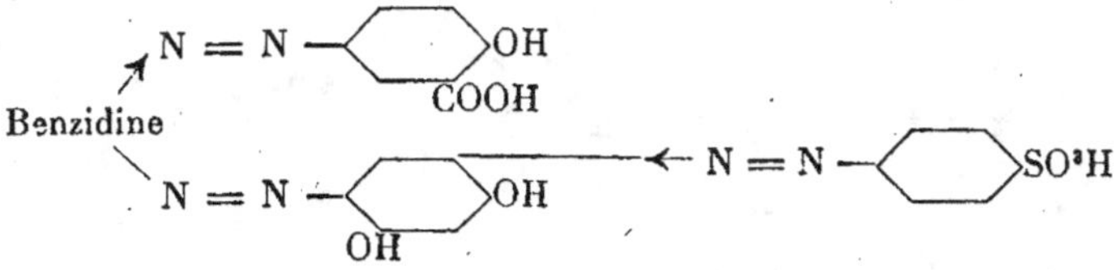

$$\text{Benzidine}\begin{cases} N=N-\bigcirc\!\!\!\!{}^{OH}_{COOH} \\ N=N-\bigcirc\!\!\!\!{}^{OH}_{OH} \leftarrow N=N-\bigcirc SO^3H \end{cases}$$

Le premier vert azoïque a été obtenu en faisant réagir le diazoïque de benzidine sur l'acide salicylique et ensuite sur l'azoïque paranitraniline + ac. H. copulé en milieu acide :

$$\text{Benzidine}\begin{cases} \text{(I)} \quad \text{Acide salicylique} \\ \text{(II)} \quad \boxed{\text{Acide H} \longleftarrow \text{paranitraniline}} \end{cases}$$

Les verts azoïques manquent de vivacité.

On peut faire réagir le produit intermédiaire de l'acide salicylique sur du dioxydiphénylméthane ; on obtient ainsi le *jaune mékong* :

$$\begin{array}{l} \text{Benzidine} \nearrow \text{Acide salicylique} \\ \qquad\qquad > \text{Dioxydiphénylméthane} \\ \text{Benzidine} \searrow \text{Acide salicylique} \end{array}$$

avec deux molécules du produit intermédiaire et une molécule de dioxydiphénylméthane.

On peut aussi préparer le ter-azoïque sur fibre en teignant simplement avec le bisazoïque, diazotant et copulant. Ce sont les *noir diamine RO, BH, diazo-olive (v. plus bas.)*

Certains noirs sont préparés en traitant après teinture du ter-azoïque par le diazo de p-nitraniline, par exemple *le noir dianile R*. Il est un ter-azoïque que l'on développe ainsi sur fibre avec le diazonitrobenzène :

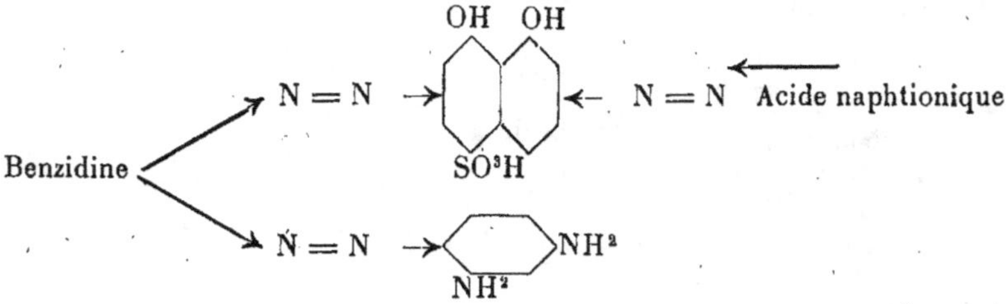

$$\text{Benzidine}\begin{cases} N=N \rightarrow \bigcirc\!\!\bigcirc\!\!{}^{OH\ OH}_{SO^3H} \leftarrow N=N \ \text{Acide naphtionique} \\ N=N \rightarrow \bigcirc\!\!\!\!{}^{NH^2}_{NH^2} \end{cases}$$

De même le *Noir foncé direct RW* :

$$\text{Benzidine}\begin{cases} \text{Acide H} \leftarrow \text{aniline} \\ \text{m-toluylènediamine} \end{cases}$$

Ces colorants ont pris une grande importance depuis quelque temps, car lorsqu'on les traite sur fibre par le diazo de nitraniline, on augmente la solidité au lavage, de plus ces nuances donnent des enlevages blancs de bonne qualité.

Certains verts azoïques peuvent être développés sur fibre, par exemple le *diazo olive*.

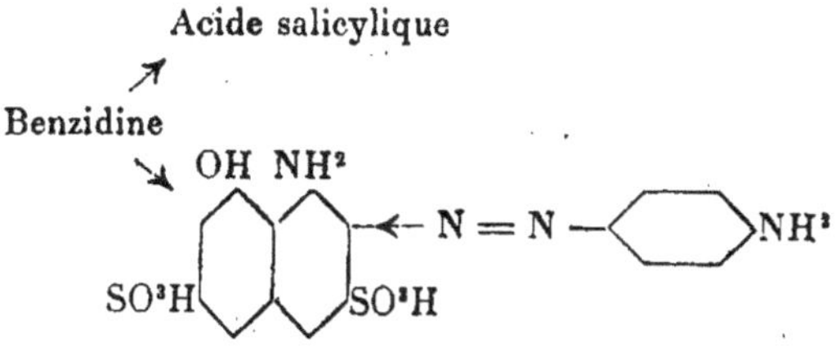

que l'on diazote et développe avec β-naphtol.

Il en est de même pour les *noir diamine RO et BH* :

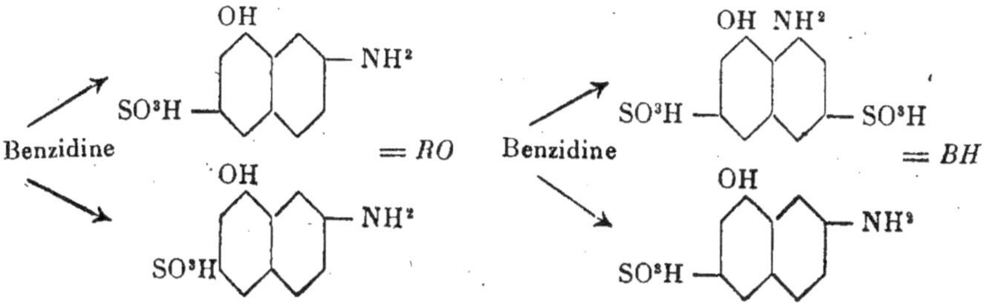

que l'on développe avec β-naphtol ou m-toluylènediamine.

3° Type :

On part d'une diamine provenant de deux noyaux phényliques reliés par un groupement bivalent, puis on opère comme précédemment. La p-diaminodiphénylamine conduit à des colorants de cette catégorie. Par exemple le *noir Pluton* :

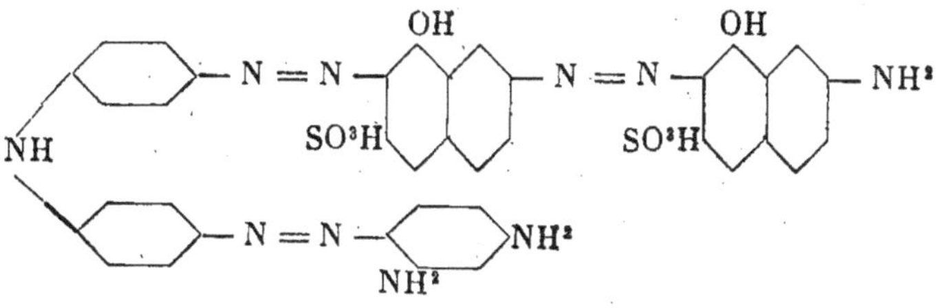

le *noir Plutoforme* :

p-Diaminodiphénylamine → Acide aminonaphtol-γ → m-aminophénylglycine
p-Diaminodiphénylamine → m-Aminophénylglycine

qui donne une nuance noire très solide lorsqu'on la traite après teinture par la
formaldéhyde.

$$\mathbf{4° \ Type :} \quad R \begin{cases} N = N - \boxed{A} \\ N = N - \boxed{B} \\ N = N - \boxed{C} \end{cases}$$

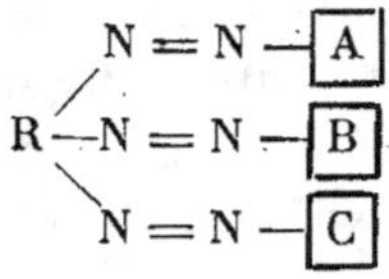

On emploie une triamine. Comme exemple de ce ter-azoïque nous citerons le
jaune d'alizarine FS que l'on obtient en partant du dérivé ter-diazoïque de la
fuchsine. On le copule avec trois molécules d'acide salicylique en milieu alcalin.

La présence de trois groupements salicyliques donne à cette molécule les
propriétés tinctoriales d'une couleur à mordants :

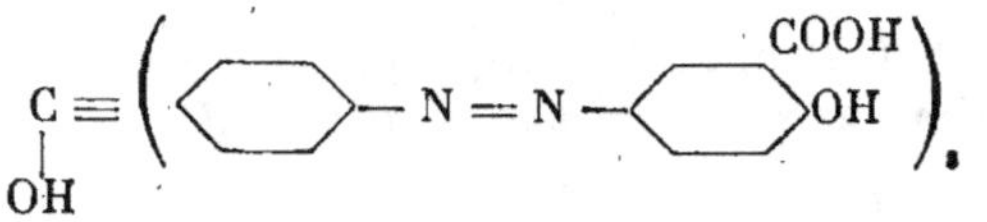

$$\underset{OH}{C} \equiv \left(\bigcirc - N = N - \bigcirc \overset{COOH}{\underset{OH}{}} \right)_3$$

4° QUATER-AZOÏQUES

On les prépare par divers procédés :

1° Avec une diamine provenant d'un seul noyau. On fait un bisazoïque puis
on fait réagir deux diazoïques sur ce produit. On prépare par cette méthode
les *benzobruns* et le *brun direct* provenant de la copulation de deux molécules
d'acide sulfanilique, d'acide naphtionique ou d'acide m-aminobenzoïque avec la
vésuvine :

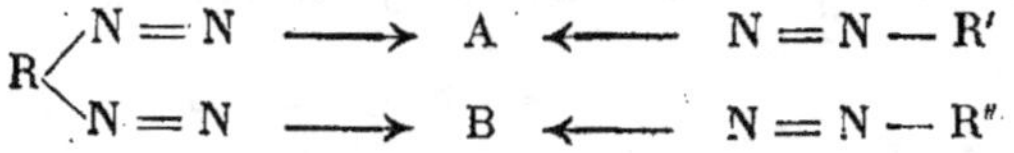

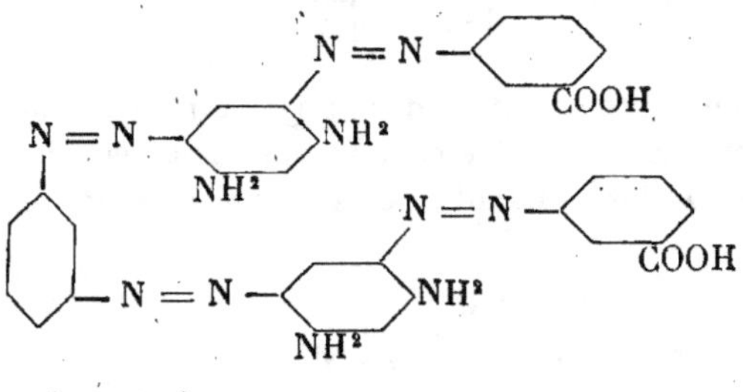

$$R \begin{cases} N = N \longrightarrow A \longleftarrow N = N - R' \\ N = N \longrightarrow B \longleftarrow N = N - R'' \end{cases}$$

Ce sont les colorants du type :

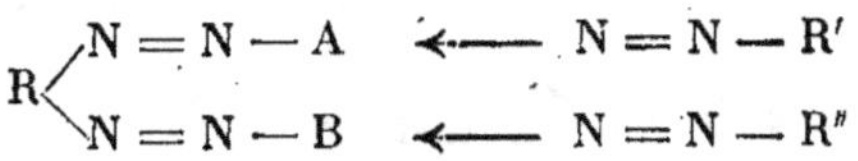

$$R \begin{cases} N = N - A \longleftarrow N = N - R' \\ N = N - B \longleftarrow N = N - R'' \end{cases}$$

dont les principaux représentants sont :

Benzo brun G.   m-Phénylènediamine $\nearrow$ m-Ph.diam.[1] $\longleftarrow$ ac. sulfanilique
$\searrow$ m-Ph. diam. $\longleftarrow$ ac. sulfanilique

---

[1] m-Ph. diam. = m-Phénylènediamine.

Brun direct J.   m-Phénylènediamine ↗ m-Ph. diam. ←— m-Aminobenzoïque
                                      ↘ m-Ph. diam. ←— m-Aminobenzoïque

Benzo brun B.   m-Phénylènediamine ↗ m-Ph. diam. ←— ac. Naphtionique
                                      ↘ m-Ph. diam. ←— ac. Naphtionique

Brun azidine T.   Toluylènediamine   ↗ m-Ph. diam. ←— ac. Naphtionique
                   sulfonique   ↘ m-Ph. diam. ←— ac. Naphtionique

Le *brun cuir* dérive de deux molécules p-phénylènediamine monoacétylées et une molécule de m-phénylènediamine.

2° On obtient aussi des quater-azoïques en faisant réagir deux molécules du diazo de p-nitraniline sur des aminonaphtols sulfonés ou les naphtylènediamines ou dioxynaphtalines correspondantes. On réduit, puis on rediazote et prépare de nouveaux azoïques ; on peut obtenir ainsi le noir *Naphtamine solide RS*.

            p. Phénylènediamine ↗ m-Phénylènediamine
                                  ⟩ ac. H
            p. Phénylènediamine ↘ m-Phénylènediamine

3° Les couleurs du type :

$$R - N = N - \boxed{A} \leftarrow N = N - R'' \qquad R - N = N - \boxed{A} - N = N \rightarrow \boxed{C}$$
$$R' - N = N - \boxed{B} \leftarrow N = N - R''' \qquad R' - N = N - \boxed{B} - N = N \rightarrow \boxed{D}$$

On fait un bis-azoïque de benzidine puis on fait réagir sur celui-ci deux molécules de diazoïque ; ou bien on fait un bis-azoïque deux fois diazotable et l'on copule avec deux phénols ou deux amines.

Comme exemples citons : le *brun direct S* et le *noir dianile*, le seul examen des formules indique la manière dont on a préparé ces produits :

Noir Dianile (v. aussi Noir Diamine RO)

Citons encore quelques exemples de quater-azoïques dérivés de l'urée.

On fait réagir le tétrazoïque de m- ou p-diaminodiphénylurée sur une molécule d'un dérivé sulfoné du benzène ou de la naphtaline susceptibles d'être rediazotés. La molécule ainsi obtenue est rediazotée puis copulée avec deux molécules de :

> m-phénylènediamine
> résorcine
> ou m-aminophénol ou leurs dérivés.

Il se forme des colorants brun rouge et brun violet qui teignent le coton ; un traitement ultérieur à la formaldéhyde les rend solides au lavage (br. fr. 458089. *Ch. Z.*, 1913, 685, r.).

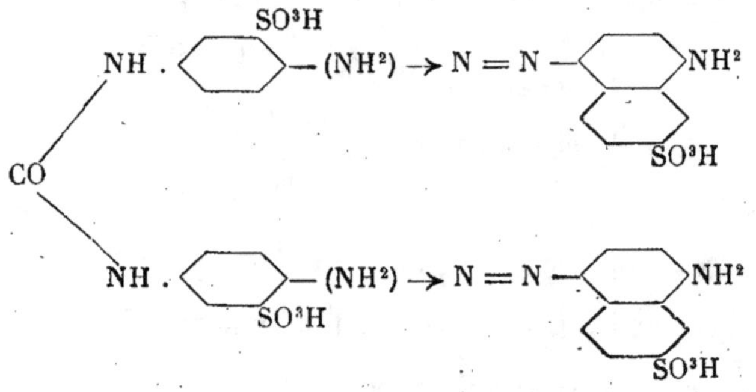

$$NH \cdot \langle\ \rangle - (NH_2) \rightarrow N = N - \langle\ \rangle NH_2$$

COULEURS DÉVELOPPÉES SUR FIBRES

La diazotation sur fibre suivie d'un développement convenable est aujourd'hui très employée dans la teinture du coton ; ce traitement augmente l'intensité de la couleur, la solidité à la lumière, aux acides, au lavage, au foulon. Le procédé de développement sur fibre a été employé pour la première fois avec la primuline, mais il a été étendu à toute une série de couleurs diazotables surtout de la série de la benzidine, de sorte que cette méthode a pris une réelle importance.

Tous les aminoazoïques diazotables ne peuvent être utilisés à ce point de vue. Il est indispensable que le dérivé diazoïque ait pour la fibre une affinité suffisante afin de ne pas être démonté lors de la diazotation.

Le tissu teint avec un colorant direct diazotable est lavé puis traité par un bain de :

Nitrite de soude	2,5 %	pour les tons foncés
HCl...........................	7,5 »	

Pour les tons clairs :

Nitrite...	1,5
HCl..	5

On ajoute d'abord le nitrite à froid puis l'acide dilué, la diazotation dure 10 à 15°, on rince et passe aussitôt en bain de développement à froid qui renferme *suivant le ton à obtenir* : 0,3 à 1 %. β-naphtol dissous dans une lessive de soude de 0,6 à 2 % de soude à 22° Bé ; 0,25 à 1 % de résorcine dissous dans la soude de 1 à 4 % ; 0,25 à 1 % de phénol ; 0,5 à 1 % de développateur bordeaux dissous dans 0,1 à 0,2 % d'acide chlorhydrique à 20° Bé ; 0,3 à 1 % de m-tolylènediamine dissous dans l'eau ; 0,3 à 1 % de naphtylamine dissous dans 1 à 3 % d'acide chlorhydrique. Les bains peuvent renfermer un excès de développateur ; puis bien laver.

La formation de ces polyazoïques a pour résultat de donner des nuances plus foncées et plus solides au lavage. Quelquefois les nuances nouvelles sont tout à fait différentes des couleurs primitives.

Les principaux développateurs employés actuellement sont :

Phénol.	Développateur jaune
β-naphtol	» rouge et développateur A
M-phénylènediamine	» C ou E
Naphtylamine éther	
Aminodiphénylamine	» A D
Amino β-naphtol sulfo G	» bleu AN
Alcoyl β-naphtylamine	» bordeaux et développateur B
Nitrobenzidine	» NB
2-3 dioxynaphtaline 6 sulfo	» ES
Phénylméthyl pyrazolon	» Z
1-3 dioxyquinoléine	

Parfois au lieu d'employer un développateur on passe simplement en solution de carbonate de soude. Il est probable que le groupe diazoïque se trouve remplacé par un OH. C'est ce qui se produit avec le *noir Colombie*.

Il existe actuellement un grand nombre de couleurs susceptibles d'être diazotées sur fibre. Couleurs *diazo*, couleurs *diazaniles*, couleurs *diaminazoïques*, couleurs *diaminogènes*, etc., etc.

On peut aussi développer la couleur sur fibre en traitant par des diazoïques ; nous avons vu déjà des applications de ce procédé. On emploie surtout le diazo de p-nitraniline, préparé de toute pièce ou bien provenant des diazoïques stables : nitrazol, rouge azophore, parazol, paranil, etc.

Le diazo de p-nitraniline réagit sur les colorants hydroxylés ou aminés, il entre dans la molécule un ou plusieurs groupes diazoïques.

COULEURS CHROMATABLES

Parmi les couleurs à mordants carboxylées et hydroxyléss dont il a déjà été question, il existe des couleurs dites *chromatables* qui ont acquis une grande importance pour la teinture de la laine ; elles teignent directement la laine en donnant des nuances d'une solidité généralement insuffisante mais lorsqu'on les traite ultérieurement avec du bichromate, elles se transforment en nuances noires, brunes, etc. très solides.

Les couleurs les plus anciennes de cette série sont les *chromotropes* dont les propriétés sont en rapport direct avec la position 1,8 des deux OH :

$$OH \quad OH$$

$$SO^3H \quad - \quad SO^3H$$

Dans la suite on a trouvé qu'un certain nombre d'azoïques simples et de disazoïques ont aussi cette propriété ; ce sont les couleurs qui renferment en ortho du groupe — $N = N$ — deux groupes OH.

On ne sait pas au juste comment ces réactions ont lieu, il est toutefois probable qu'il se produise une laque de chrome et il ne semble pas que le bichromate agisse comme oxydant. Il est plutôt réduit par la laine et avec son produit de réduction le colorant forme un complexe.

Avec les différentes marques de *chromotropes* les teintures en bain acide sont rouges ou violettes ; elles se transforment par chromatage à froid en violet foncé et par l'ébullition en bleu et en noir.

Les dérivés des o-aminophénols donnent des o-oxyazoïques qui ont la propriété plus ou moins accentuée de donner avec certains métaux surtout avec le chrome des sels différemment colorés et difficilement décomposables, des sels complexes.

On emploie pratiquement l'acide o-aminophénolsulfonique et ses dérivés chlorés, nitrés, ainsi que les o-o-diaminophénolsulfoniques.

On obtient des résultats particulièrement bons par l'emploi des dérivés nitrés de l'o-aminophénol. Le groupe nitro non seulement augmente l'intensité mais aussi favorise les diverses propriétés de la matière colorante ainsi que sa nuance.

On a proposé toute une série d'o-aminophénols mono et dinitrés et leurs dérivés sulfonés.

Le chloraminophénol peut aussi être employé, le chlore jouerait un rôle analogue à celui du groupe nitro.

Les nuances obtenues sur laine en bain acide sont des rouges et des bruns violets sans importance. Si l'on chrome on a de beaux noirs.

Il est curieux de constater la mobilité du chlore en présence du groupe diazoïque ; ainsi le diazo du o-o-diaminochlorbenzène-p-sulfo,

$$Cl$$

$$NH^2 \quad NH^2$$

$$SO^3H$$

se transforme en phénol correspondant simplement par addition d'acétate de soude dilué et le diazo de 1-chlore-2-naphtylamine-5-sulfo échange en présence de Na²CO³, son Cl contre OH :

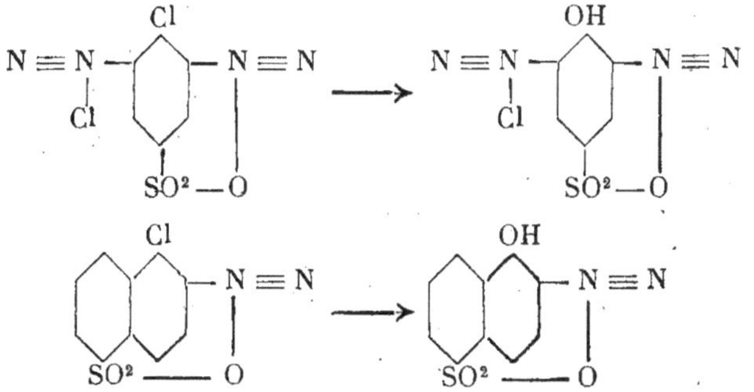

Le diazo o-hydroxylé ainsi obtenu donne avec β-naphtol un violet brun sensible aux acides ; celui-ci par chromatage donne un noir bleu très solide. On peut donc par ce procédé détourné, préparer des azoïques d'o-aminonaphtol qu'il serait difficile d'obtenir avec des aminonaphtols libres à cause de la difficulté que l'on éprouve à les diazoter.

On peut préparer dans des conditions spéciales les diazo des o-aminonaphtols sulfos que l'on considérait à tort comme non diazotables. Ces diazotations ont lieu en absence d'acides minéraux libres, mieux encore en présence de sels de cuivre, de zinc ou de fer.

Ces ortho-diazonaphtalines sont très résistants, on peut les nitrer, les sulfoner. Par contre leur copulation ne se produit pas facilement. Avec certaines substances seulement par exemple avec la résorcine, elle a lieu à température ordinaire.

Avec les autres agents de copulation par exemple avec le β-naphtol il faut opérer en milieu concentré et élever la température à 30-40°.

La copulation a lieu dans de meilleures conditions, avec la combinaison zincique du diazo. Tous ces oxys dérivés de la *naphtaline* ont les propriétés des dérivés du benzène, à savoir : l'absence de solidité aux alcalis, ils teignent en brun rouge ou violet brun, mais donnent de beaux noirs solides par chromatage.

Il existe des matières colorantes que l'on peut teindre en présence du bichromate, généralement bichromate d'ammoniaque (couleurs *chromate*, couleurs *monochromes*, couleurs *autochromes*, couleurs *métachrome*). Le bichromate d'ammoniaque servant comme mordant s'appelle mordant *métachrome.*

Les laques qui se forment lorsqu'on a teint en bain acide et que l'on traite par le bichromate s'obtiennent plus rarement par le fluorure de chrome.

Ces deux substances donnent alors à peu près les mêmes résultats, il est donc très probable qu'il ne s'agit que d'un laquage et non pas d'une oxydation de la couleur.

Les opérations du chromatage diminuent toujours dans une proportion plus ou moins grande la solidité de la fibre de la laine, ce qui est un inconvénient de cette méthode de teinture.

Les colorants chromatables les plus importants sont :

Noir Diamant

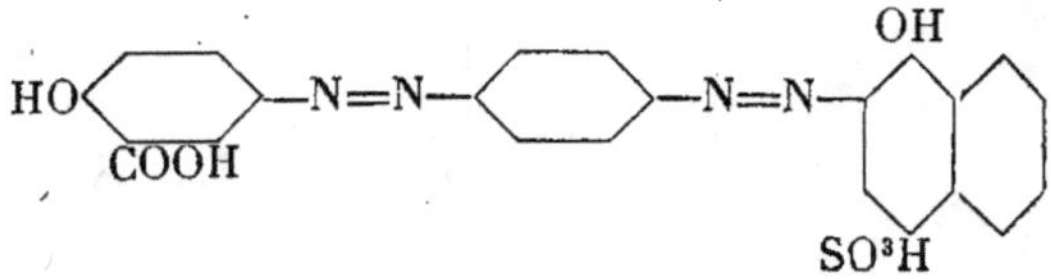

Noir Diamant PV

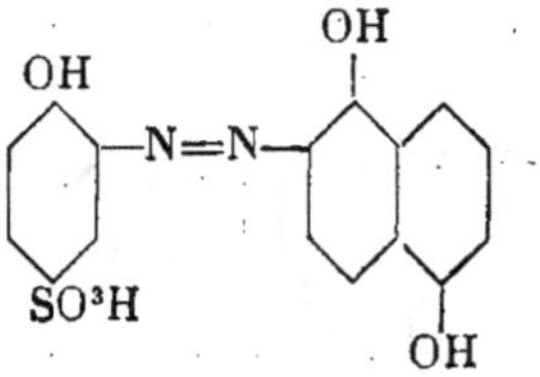

Noir Alizarine acide R

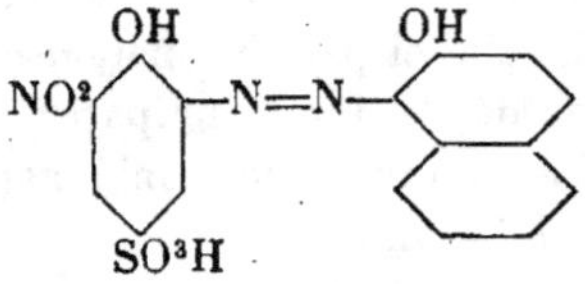

Noir Alizarine acide SE

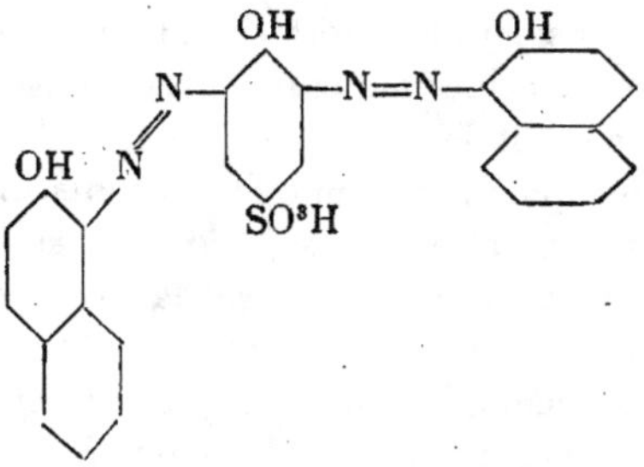

Noir Erio au chrôme

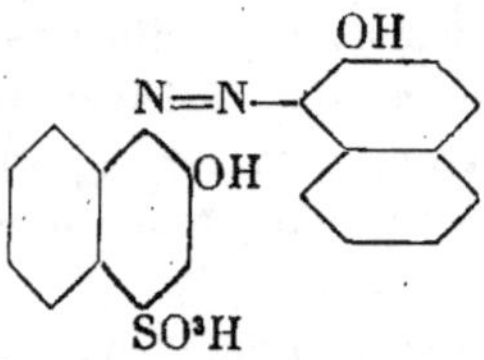

Rouge Erio au chrôme

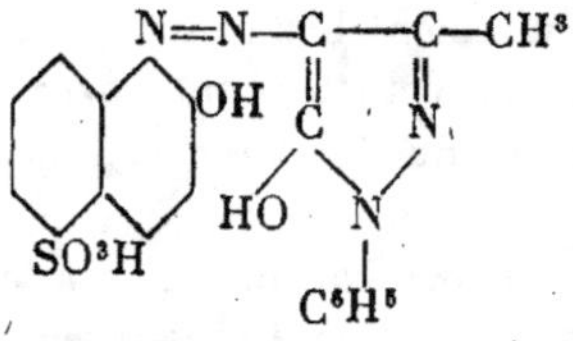

Méthylphénylpyrazolone

3° COLORANTS STILBÉNIQUES

Ces produits sont des colorants *jaunes* ou *orangés* teignant le coton sans mordants et connus sous le nom de *jaune direct* ou *orangé direct*. Ils se forment lorsqu'on fait réagir de la soude caustique en milieu aqueux sur du p-nitrotoluènesulfoné. Nous avons déjà vu dans le chapitre des azoïques qu'il se forme dans ces conditions de l'acide dinitrosostilbènedisulfoné. En modifiant les conditions de préparation on arrive à des dérivés distilbèniques renfermant des groupes nitros, des groupes azoxy ou exclusivement des groupes azoïques ; s'il subsiste des groupements nitros ou azoxy les colorants seront jaunes :

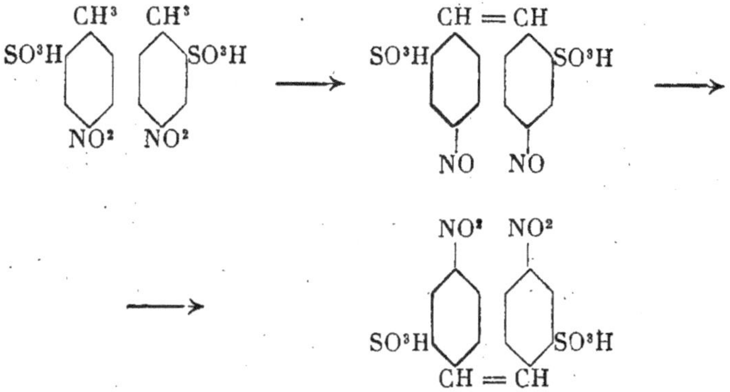

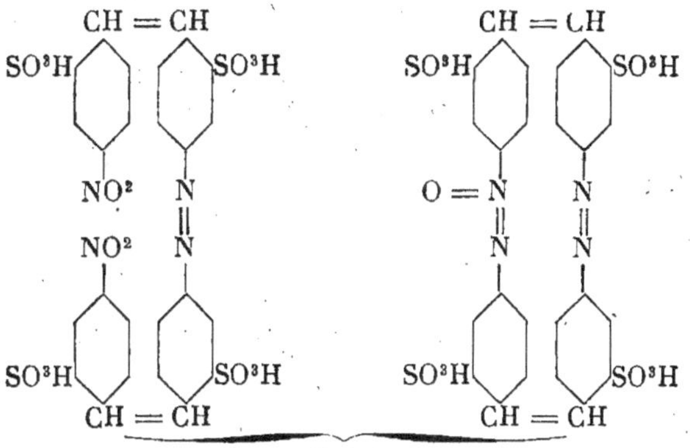

Si au contraire la réduction est poussée plus loin de manière à avoir un double groupement azoïque, on obtient des orangés :

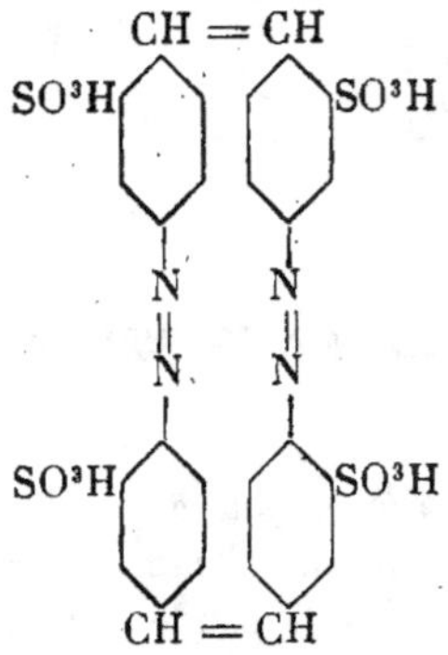

$$CH = CH$$

$$SO^3H \quad SO^3H$$

$$N \quad\quad N$$
$$\| \quad\quad \|$$
$$N \quad\quad N$$

$$SO^3H \quad SO^3H$$

$$CH = CH$$

On attribuait autrefois à ces colorants des formules plus simples, monostil-bèniques correspondant aux schémas suivants :

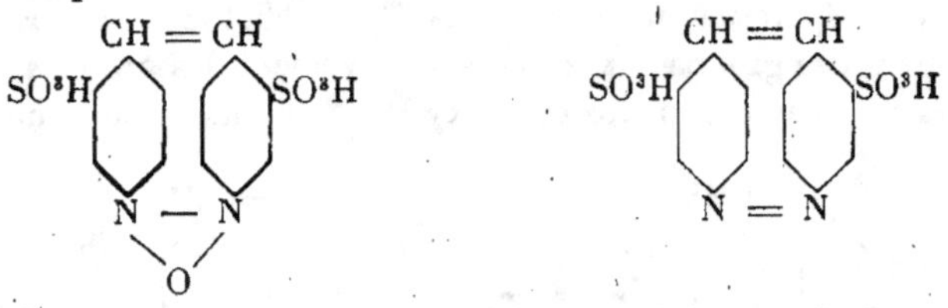

$$CH = CH \qquad\qquad CH = CH$$

$$SO^3H \quad SO^3H \qquad\qquad SO^3H \quad SO^3H$$

$$N - N \qquad\qquad N = N$$
$$\backslash \quad /$$
$$O$$

Mais il est probable que la formule distilbènique doit être admise actuellement.

Ces colorants se trouvent dans le commerce sous le nom de :

Jaune direct, jaune coton, orangé direct, orangé coton, jaune Mikado. Si l'on traite le produit direct de la réaction qui est jaune orangé par des oxydants, il devient jaune plus verdâtre, si, au contraire, on le traite par des réducteurs, il tourne plus au rouge.

Lorsque dans la condensation on ajoute des substances organiques réductrices, glucose, fécule et bien d'autres, on obtient en suivant la nature de ces substances, des orangés et des bruns appelés : *Mikado.*

En ajoutant lors de la condensation des amines il y a probablement réaction de celles-ci avec l'acide dinitrosostilbènedisulfonique qui peut ainsi se former dans la réaction et production de colorants azoïques :

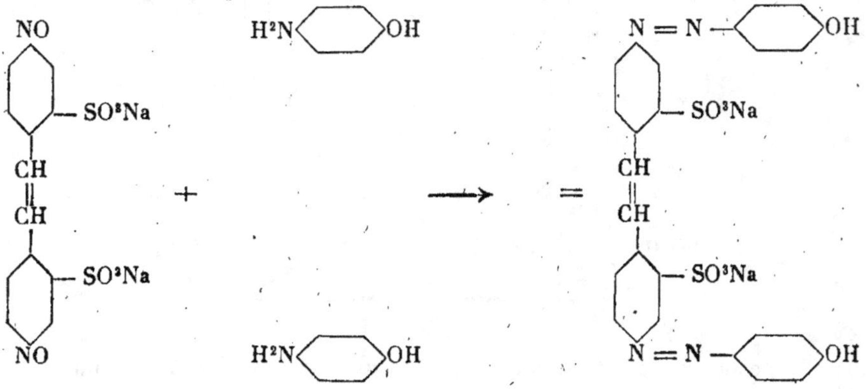

$$NO \qquad\qquad H^2N\!-\!\langle\ \rangle\!-\!OH \qquad\qquad N = N -\langle\ \rangle\!-OH$$

$$- SO^3Na \qquad\qquad\qquad\qquad - SO^3Na$$

$$CH \qquad\qquad\qquad\qquad\qquad CH$$
$$\| \qquad\qquad + \qquad\qquad \longrightarrow \quad = \qquad \|$$
$$CH \qquad\qquad\qquad\qquad\qquad CH$$

$$- SO^2Na \qquad\qquad\qquad\qquad - SO^3Na$$

$$NO \qquad\qquad H^2N\langle\ \rangle OH \qquad\qquad N = N -\langle\ \rangle OH$$

4º COLORANTS PYRAZOLONIQUES

Le colorant le plus important de cette famille est la *Tartrazine*.

C'est un colorant acide qui se forme lorsqu'on traite l'acide dioxytartrique par de la phénylhydrazinesulfonée. Pour préparer cet acide dioxytartrique on fait réagir un mélange sulfonitrique sur de l'acide tartrique et on laisse se décomposer l'acide nitrotartrique formé. Il se forme l'hydrate dioxytartrique, qu'on isole sous forme de sel de sodium. Ce corps se comporte comme un vrai dérivé cétonique formant facilement d'abord une hydrazone, puis un anhydride interne : la tartrazine, un dérivé pyrazolonique :

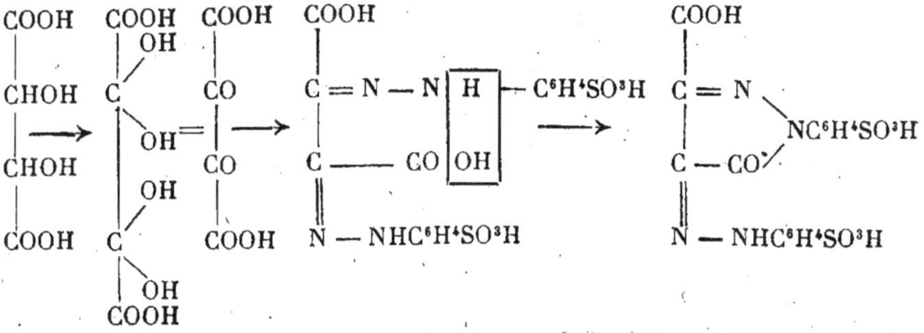

$$
\begin{array}{ccccc}
\text{COOH} & \text{COOH} & \text{COOH} & \text{COOH} & \text{COOH} \\
| & |\ \ \text{OH} & | & | & | \\
\text{CHOH} & \text{C} & \text{CO} & \text{C}=\text{N}-\text{N}\boxed{\text{H}}-\text{C}^6\text{H}^4\text{SO}^3\text{H} & \text{C}=\text{N} \\
| \rightarrow & \quad\text{OH}= & | \rightarrow & & \qquad\qquad \rightarrow \quad \text{NC}^6\text{H}^4\text{SO}^3\text{H} \\
\text{CHOH} & & \text{CO} & \text{C}\boxed{----\text{CO}\ \text{OH}} & \text{C}-\text{CO} \\
| & \text{OH} & | & || & || \\
\text{COOH} & \text{C} & \text{COOH} & \text{N}-\text{NHC}^6\text{H}^4\text{SO}^3\text{H} & \text{N}-\text{NHC}^6\text{H}^4\text{SO}^3\text{H} \\
& |\ \text{OH} & & & \\
& \text{COOH} & & & \\
\end{array}
$$

C'est un colorant jaune teignant la laine en bain acide, très solide à la lumière et au lavage.

La tartrazine a quelque tendance à teindre les mordants. Cette qualité se développe davantage si, au lieu d'employer l'hydrazine sulfonée on emploie son dérivé carboxylé.

Procédé de préparation :

Dioxytartrate de soude..	10 kil.
Eau..	30 »
HCl..	30 »

On mélange avec :

Phénylhydrazine sulfonée	20 kil.
Eau	60 »
Soude à 40º..	10 »

On chauffe à 90º, par refroidissement la couleur se sépare.

La tartrazine peut se préparer aussi si l'on fait réagir sur l'éther oxalacétique :

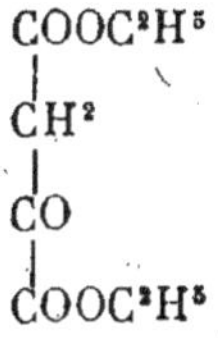

$$
\begin{array}{c}
\text{COOC}^2\text{H}^5 \\
| \\
\text{CH}^2 \\
| \\
\text{CO} \\
| \\
\text{COOC}^2\text{H}^5 \\
\end{array}
$$

d'abord la phénylhydrazine sulfonée et qu'on ferme ensuite le noyau et saponifie en chauffant avec le carbonate de soude, puis qu'on combine avec la pyrazolone carboxylique ainsi formée, le diazo de l'acide sulfanilique.

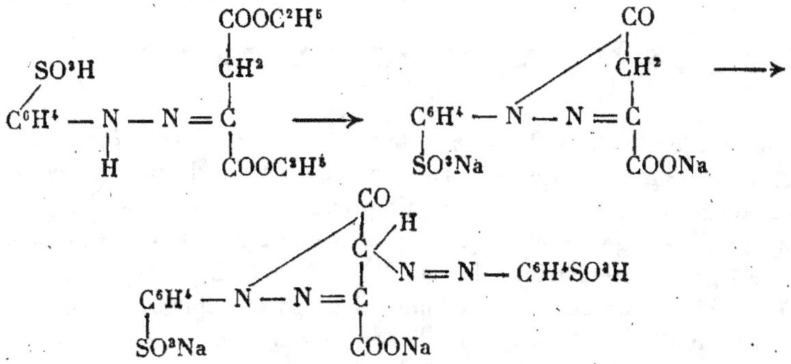

$$
\begin{array}{ccc}
& COOC^2H^5 & \\
SO^3H & | & CO \\
| & CH^2 & | \\
C^6H^4-N-N=C & \longrightarrow & CH^2 \\
| & | & \\
H & COOC^2H^5 &
\end{array}
$$

$$C^6H^4-N-N=C \quad \longrightarrow$$

$$
C^6H^4 \underset{\underset{SO^3Na}{|}}{-N-N=C} \underset{\underset{COONa}{|}}{\overset{\overset{CO}{|}}{}} \overset{H}{\underset{}{C}} \diagdown N=N-C^6H^4SO^3H
$$

Le groupement

$$
\underset{|}{\overset{\overset{|}{CO}}{C}} \overset{H}{-N=N-C^6H^4SO^3Na}
$$

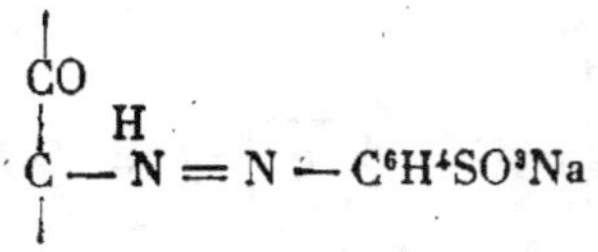

se transpose évidemment en

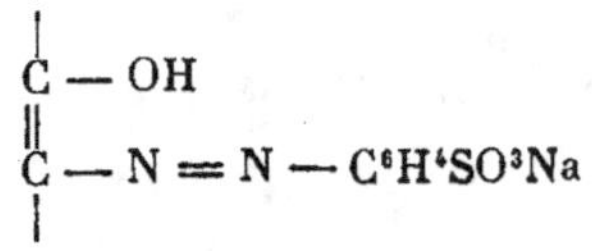

$$
\begin{array}{l}
C-OH \\
\parallel \\
C-N=N-C^6H^4SO^3Na
\end{array}
$$

de sorte qu'on peut considérer la Tartrazine comme un azoïque de la phénylsulfo-pyrazolone carboxylée. Comme nous avons vu plus haut, on prépare depuis quelques années d'assez nombreux colorants avec la méthylphénylpyrazolone, qui ont une constitution analogue.

Dans cette famille rangent le jaune Pyrazine GG, les Flavines, les Jaunes Xylènes, etc.

5° INDAMINES ET INDOPHÉNOLS

Ces deux classes de colorants sont des dérivés de la quinone diimide et de la quinone imide.

$$NH = C^6H^4 = NH \qquad\qquad O = C^6H^4 = NH$$

Ces deux produits sont les deux chromogènes des indamines et des indophénols. Le premier donnera l'indamine la plus simple, le bleu de phénylène en introduisant dans sa molécule un noyau phénylique et un groupe auxochrome NH^2. Le second conduira dans les mêmes conditions à l'indophénol au moyen d'un auxochrome OH.

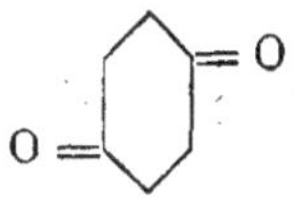

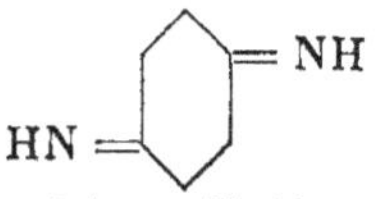

Quinone diimide

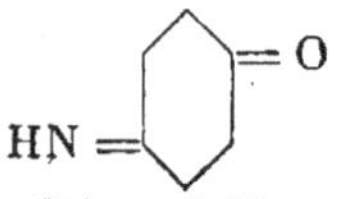

Quinone imide

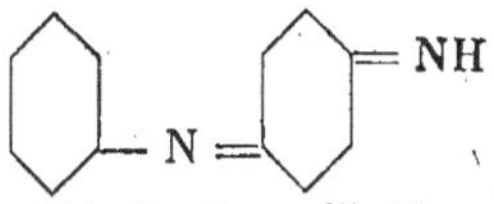

Phényl quinone diimide

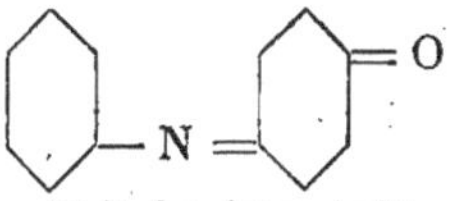

Phényl quinone imide

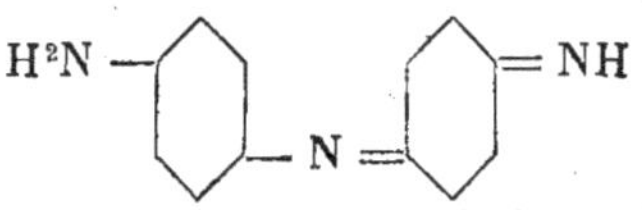

Indamine ou Bleu de phénylène

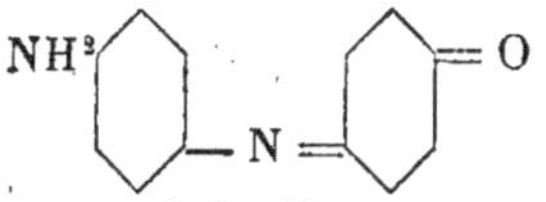

Indoaniline

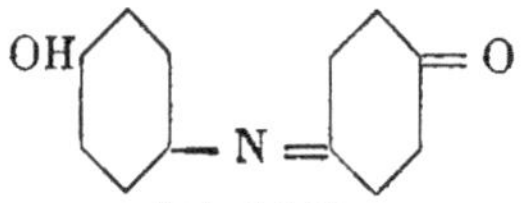

Indophénol

Les indamines et indophénols présentent certaines réactions des quinones, ainsi elles fixent facilement par addition de l'aniline, de l'hydrogène sulfurée, de l'hyposulfite et se transforment en leucodérivés substitués.

La réaction rappelle celle de la quinone et l'acide chlorhydrique qui donne de la chlorhydroquinone.

L'addition a lieu dans la position o- par rapport à l'azote quinonique.

La décomposition de l'indophénol par les acides donne de la quinone et de la p-phénylènediamine. Ici encore il existe un parallélisme avec la quinonimide qui dans les mêmes conditions fournit de la quinone et de l'ammoniaque.

Indamines

Nous avons vu que l'indamine la plus simple ou bleu de phénylène se forme lorsqu'on introduit un groupe auxochrome NH^2 dans la phénylquinone-diimide. Ce bleu de phénylène est une matière colorante instable; elle ne peut être employée en teinture, mais son importance théorique est considérable, car elle constitue le corps générateur de toute une série de matières colorantes dont il sera question plus loin. Elle se forme lorsqu'on oxyde un mélange d'une molécule de p-phénylènediamine et d'une molécule d'aniline :

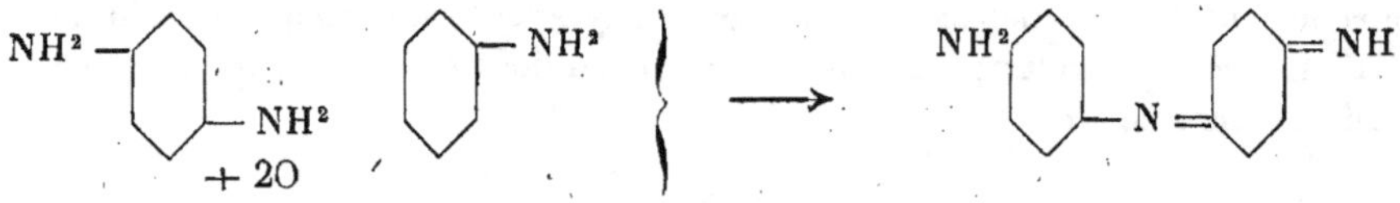

Il se produit d'abord de la quinone diimide puis de l'indamine (Nietzki, *Ber.*, 10.1157 et Nietzki, *Ber.*, 16.464).

On peut opérer aussi en oxydant de la p-aminodiphénylamine avec du bichromate :

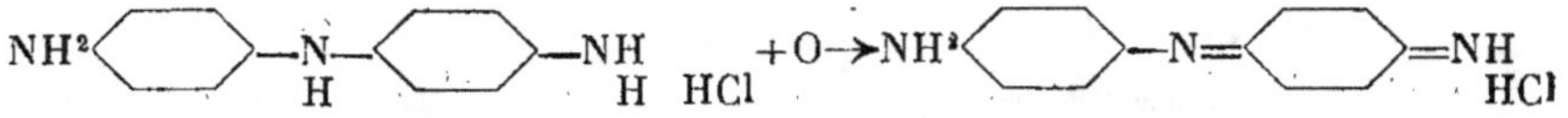

Par réduction du bleu de phénylène on obtient de la diaminodiphénylamine qui est la leucobase de l'indamine :

et celle-ci se retransforme donc par oxydation en bleu phénylène.

Le bleu d'indamine possède un azote tertiaire ce qui est mis en évidence par le fait que la p-diéthylphénylènediamine symétrique n'est pas susceptible de donner une indamine. Pour former une indamine, il faut que la position para de la seconde amine soit libre.

Si au lieu d'oxyder un mélange de p-phénylènediamine et d'aniline, on emploie une molécule de diméthyl-p-phénylènediamine et une molécule de diméthylaniline on obtiendra une indamine tétraméthylée, le *vert Bindschedler* qui est le corps générateur du bleu méthylène. Ce vert est également instable vis-à-vis de l'action des acides minéraux étendus :

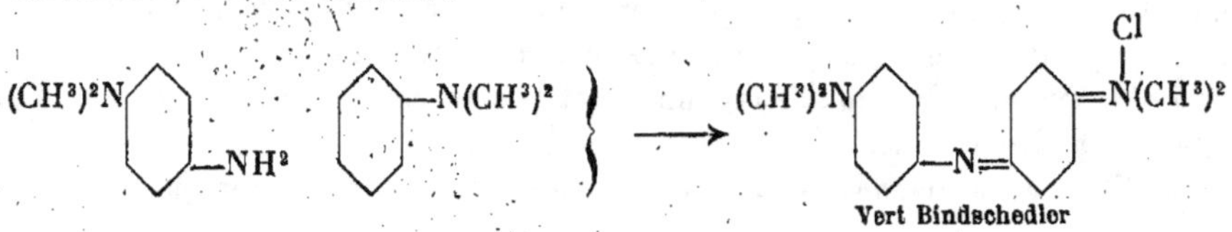

Vert Bindschedler

Lorsqu'on le chauffe avec des acides, il donne de la quinone, de la diméthylamine et de la diméthyl-para-phénylène-diamine. Par réduction il fournit le dérivé correspondant de la diphénylamine :

$$NH\Big\langle \begin{array}{l} C^6H^4 \cdot N(CH^3)^2 \\ C^6H^4 \cdot N(CH^3)^2 \end{array}$$

On peut faire réagir directement la nitrosodiméthylaniline sur la diméthylaniline ; il se produit aussi du vert Bindschedler sans oxydant. Il est probable que le chlorhydrate de nitrosodiméthylaniline se trouve sous la forme d'une imidoxime et que c'est à cet état qu'il réagit sur la diméthylaniline :

$$(CH^3)^2 = N = C^6H^4 = NOH \quad \text{soit} \quad (CH^3)^2N = \bigcirc = NOH$$

La diméthyl-p-phénylènediamine se transforme par oxydation en un dérivé imidé qui est susceptible de donner des indamines et des indophénols avec des monamines et des phénols.

Si l'on oxyde de la diméthyl-p-phénylènediamine et de la m-phénylènediamine il se forme aussi une indamine. Avec de la p-phénylènediamine et de la m-toluylènediamine, il se forme à froid l'indamine, le bleu de toluylène, qui à chaud se transforme en *rouge de toluylène*, l'azine correspondante.

Ces indamines n'ont, de même que le bleu de phénylène, aucun intérêt en teinture ; elles sont instables, ainsi les acides les décomposent en quinones et en amines, mais elles ont un réel intérêt théorique car ce sont les produits intermédiaires de la préparation des safranines, des thiazines, etc.

Il résulte de ce que nous venons de voir que pour qu'une indamine puisse se former il faut :

1° Que dans la p-diamine l'un des groupes amidogène, soit primaire, mais le second peut-être primaire, secondaire et tertiaire ;

2° La monamine peut être primaire, secondaire ou tertiaire, mais la position p- doit être libre.

Sous l'influence des réducteurs les indamines se transforment en dérivés de la diphénylamine ; ceux-ci sont généralement incolores, mais susceptibles de régénérer l'indamine par oxydation. — Ainsi, le bleu d'indamine donnera de la diaminodiphénylamine.

Il convient de noter ici quelques réactions intéressantes concernant les quinones imines.

L'eau oxygénée agit sur les solutions aqueuses étendues de p-phénylènediamine pour former un corps identique à la base de Bandrowski dont la formule probable est :

$$(NH^2)^2C^6H^3 \cdot N : C^6H^4 : N \cdot C^6H^3(NH^2)^2$$

Si l'oxydation se fait à l'ébullition il se forme de l'ammoniaque et de la quinone. Si l'on traite des solutions très étendues de p-phénylènediamine avec une molécule de bioxyde de plomb au-dessous de 12°, il se forme de la quinone diimide. La solution de quinone diimide obtenue avec PbO^2 donne de la quinone si on y verse un acide étendu et de la p-phénylènediamine sulfonée avec le bisulfite de sodium (Erdmann, *M. C.*, 1905 17).

La quinone diimide a été obtenue en traitant la quinonedichlorodiimide en solution éthérée par l'acide chlorhydrique gazeux sec :

$$NCl : C^6H^4 : NCl + 4HCl \;=\; NH : C^6H^4 : NH\,2HCl + Cl^2$$

La base est très peu stable, elle se polymérise brusquement avec violence si on la laisse à l'air quelques jours. (Willstaetter et Mayer, *M. C.*, 1905 215).

La même réaction appliquée au p-aminophénol donne la quinone monoimine qui est moins stable que la diimine.

Elles sont toutes incolores : le groupe $C = NH$ aurait un pouvoir chromophore inférieur à celui des groupes $C = O$ et $C = C$. (Willstaetter et Pfannenstiel, *M. C.*, 1905 113).

Indophénols

Formation. — Si l'on oxyde un mélange de p-phénylènediamine et de phénol, on obtient l'indophénol le plus simple :

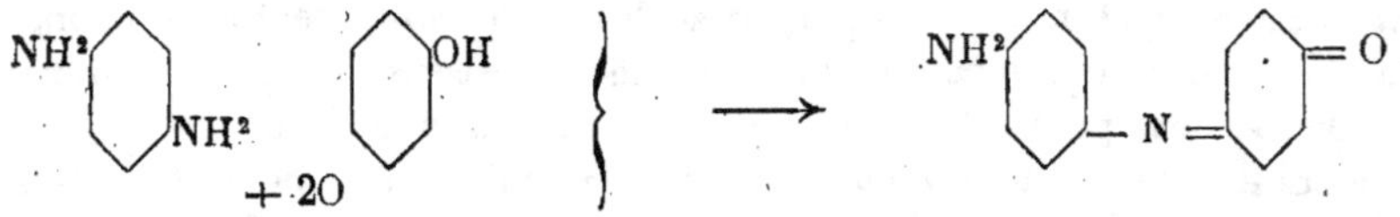

Cette classe de produits s'appelle plus justement les indoanilines pour les différencier des indophénols complètement hydroxylés de la forme :

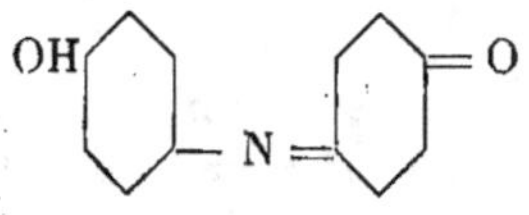

Pour réaliser cette oxydation on opère à froid, soit en milieu alcalin avec de l'hypochlorite de soude soit au moyen d'un courant d'air en présence d'oxyde de cuivre. On peut aussi les préparer avec la quinone dichlorimide ou la nitrosodiméthylaniline.

Les règles qui président à leur formation sont analogues à celles qui concernent les indamines, il faut :

1° Que dans la diamine il y ait un groupe NH^2 primaire ;

2° Le phénol doit avoir la position para libre.

Dans certaines conditions les indamines peuvent être transformées en indophénols, par exemple le vert Binchedler peut donner sous l'influence des alcalis de l'indophénol avec mise en liberté de diméthylamine :

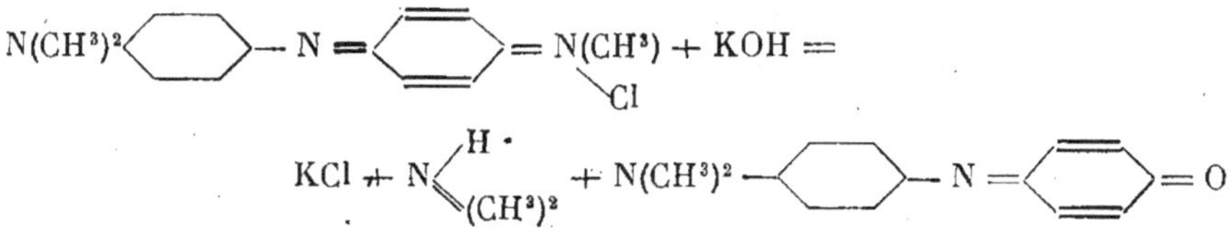

$$N(CH^3)^2\hexagon - N = \hexagon = N(CH^3)\!\!\diagdown_{Cl} + KOH =$$

$$KCl + N\diagdown^{H}_{(CH^3)^2} + N(CH^3)^2 - \hexagon - N = \hexagon = O$$

On peut aussi préparer des indophénols en oxydant un p-aminophénol et une amine.

L'indophénol complètement hydroxylé le plus simple peut se préparer en oxydant à froid un mélange de p-aminophénol et de phénol :

$$N\diagdown^{C^6H^4 - OH}_{C^6H^4 = O}$$

Réactions. — Les indophénols sont plus stables 'que les indamines. Par réduction ils se transforment comme les indamines en dérivés de la diphénylamine susceptibles de redonner par oxydation les indophénols primitifs :

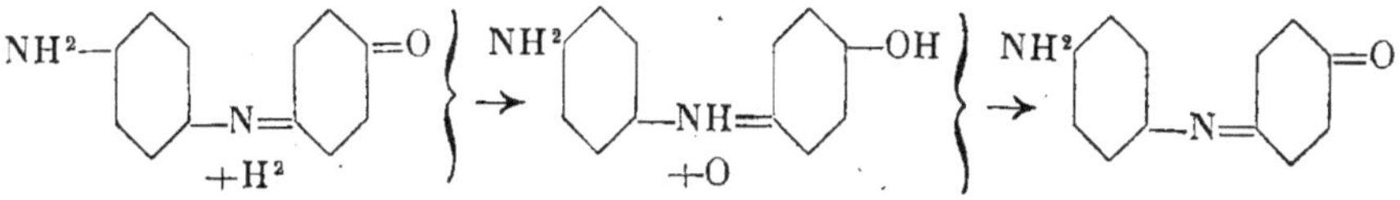

$$NH^2 - \hexagon - N = \hexagon = O \atop +H^2 \Big\} \rightarrow NH^2\hexagon - NH = \hexagon - OH \atop +O \Big\} \rightarrow NH^2\hexagon - N = \hexagon = O$$

Les leuco indophénols ont un caractère phénolique bien net : solubles dans les alcalis où ils sont oxydés facilement par l'air en indophénols insolubles dans les alcalis. Les leucodérivés sont stables en milieu acide. Cette propriété très caractéristique a été mise à profit pour la teinture de l'indophénol. La matière colorante est en effet insoluble tandis que son produit de réduction est très soluble dans les alcalis. On teint le coton avec cette solution alcaline et par une simple réoxydation au contact de l'air l'indophénol se trouve fixé sur le tissu comme s'il s'agissait d'indigo.

Sous l'influence des acides ils se décomposent aussi avec production de quinone.

Ils ont des caractères basiques faibles et donnent des sels colorés.

Constitution. — L'indophénol le plus simple pourrait avoir une des formules suivantes, mais la seconde est plus vraisemblable :

$$NH = C^6H^4 = N - C^6H^4 . OH \qquad NH^2 - C^6H^4 - N = C^6H^4 = O$$

car les indophénols n'ont pas de propriétés acides qui ressortiraient dans le cas de la présence d'un groupe OH, ce sont plutôt des bases faibles ; par contre les leucos dérivés sont légèrement acides.

La production d'α-naphtoquinone par la scission de l'indophénol commercial (voir plus bas) contribue à faire admettre la présence d'un groupe quinonique dans le reste renfermant de l'oxygène.

Enfin, d'autre part, si l'on oxyde de la p-phénylènediamine et du phénol ou du p-aminophénol et de l'aniline en solution alcaline on obtient dans les deux cas un dérivé oxygéné analogue à l'indamine :

$$N \diagup \begin{matrix} C^6H^4 - NH^2 \\ C^6H^4 = O \end{matrix} \qquad N \diagup \begin{matrix} C^6H^4 = NH \\ C^6H^4 - OH \end{matrix}$$

$$\text{I} \qquad\qquad\qquad \text{II}$$

La constitution 1 est très probable car le produit est une base faible et n'a aucun caractère phénolique, ce qui devrait être le cas avec la formule 2.

On a préparé industriellement pendant quelques années une couleur appelée *indophénol* qui a d'ailleurs donné son nom à cette classe de produits. On oxyde un mélange de diméthyl–p–phénylènediamine et d'α-naphtol :

Indophénol

Ce produit dû à H. Koechlin et à O. N. Witt (1881) est solide à la lumière et au savon, mais sa grande sensibilité aux acides a empêché la concurrence de l'indigo, même à l'état de mélange avec l'indigo naturel (cuves mixtes).

Dans ces dernières années les indophénols ont acquis une certaine importance depuis qu'on les utilise pour la préparation des couleurs sulfurées.

On peut ranger dans la série des indophénols et des indamines les *quinones anilides* dont un certain nombre constitue des colorants de cuve.

Certains de ces produits ont été brevetés par Hœchst. *D.P.*, 253091, 253761, 255 642, 257 834.

Depuis longtemps on connaît la *réaction de Liebermann* qui donne des produits colorés lorsque l'on fait réagir des nitrosophénols sur du phénol dissous dans de l'acide sulfurique concentré.

D'après Decker et Solonina, ces produits sont en grande partie des indophénols.

Son sel oxonium avec l'acide sulfurique serait vert ; versé dans l'eau on a la couleur bleue de l'indophénol qui forme avec les alcalis des sels rouges.

$$O = \langle\!=\!\rangle = NOH \quad \langle\!=\!\rangle - OH \;\rightarrow\; O = \langle\!=\!\rangle = N - \langle\!=\!\rangle - OH$$

On prépare à présent industriellement des indophénols par cette méthode et en remplaçant éventuellement aussi les phénols par des amines. Il est intéressant de noter à cette occasion que les indophénols qui sont très sensibles aux acides dilués, résistent bien par contre aux acides concentrés, par exemple à l'acide sulfurique à 70 % ; on peut préparer de cette manière les produits intermédiaires pour la préparation du bleu pur immédial, de l'indone immédial, de l'indigo catigène et pour d'autres colorants sulfurés.

6° COLORANTS OXAZINES ET OXAZONES

Lorsqu'on soude les noyaux phényliques des indamines au moyen d'un O, on obtient les oxazines et parallèlement les indophénols donneront des oxazones :

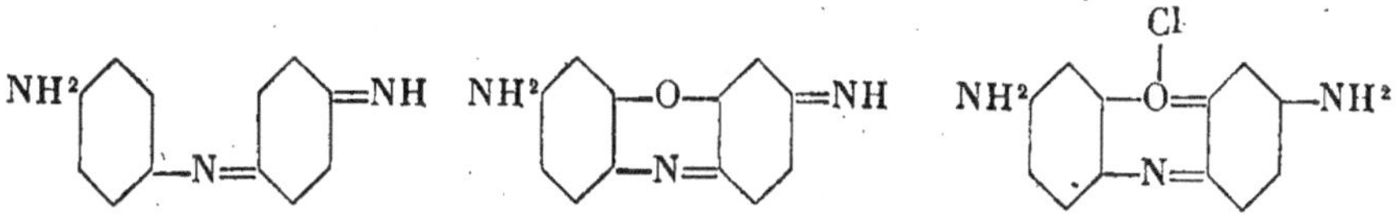

Oxazines

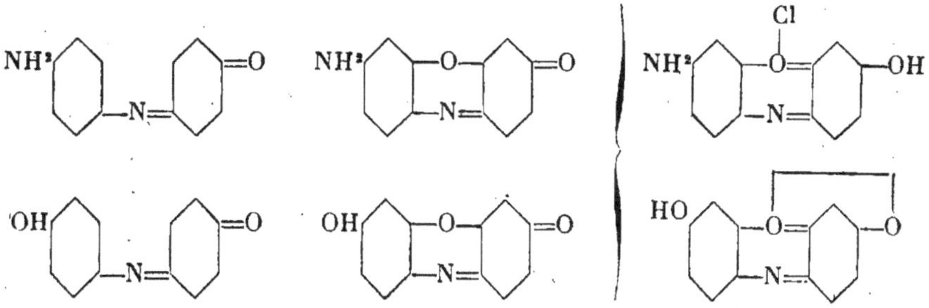

Oxazones

La formule o-quinonique a été fortement appuyée depuis que Kehrmann (*Ann.*, 322, 77), a préparé les sels du phénazoxonium :

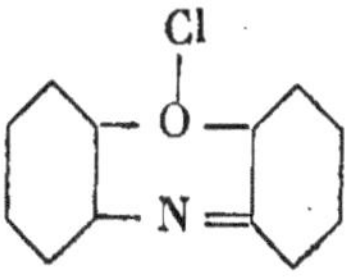

Ces colorants sont analogues aux thiazines et thiazones :

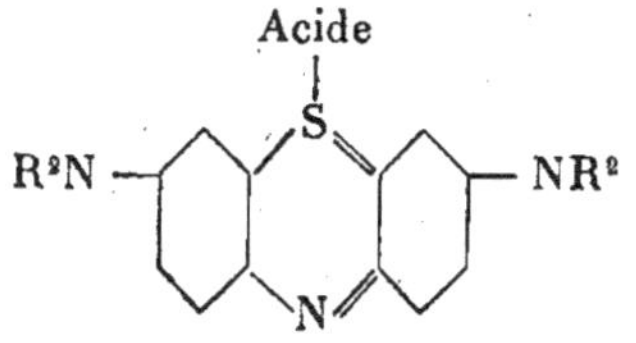

Thiazine

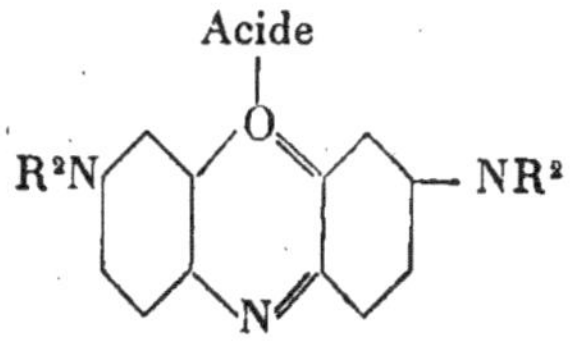

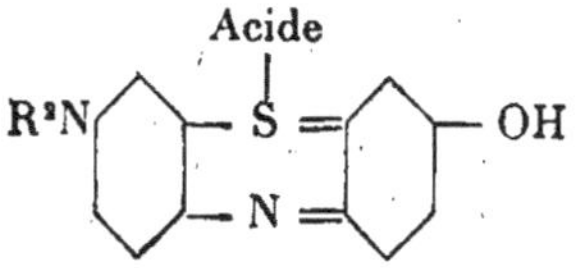

Thiazone

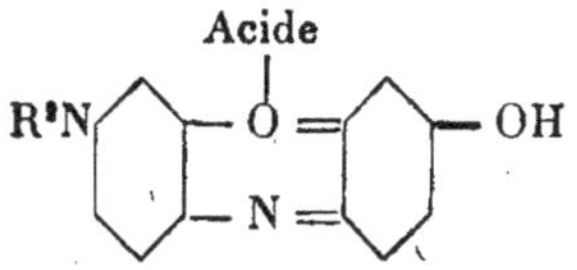

On admet donc la tétravalence et la basicité de l'oxygène comme on admet celle du soufre.

Oxazines

Les oxazines peuvent être préparées par deux méthodes principales :
1° L'O et l'N oxaziniques proviennent d'un même noyau benzénique ;
2° L'O et l'N proviennent de deux noyaux différents :

Le premier procédé consiste à partir par exemple du dérivé nitrosé des métaoxydialcoylanilines. Ces dérivés possèdent l'une des trois formules suivantes selon qu'il s'agit de la base ou du sel :

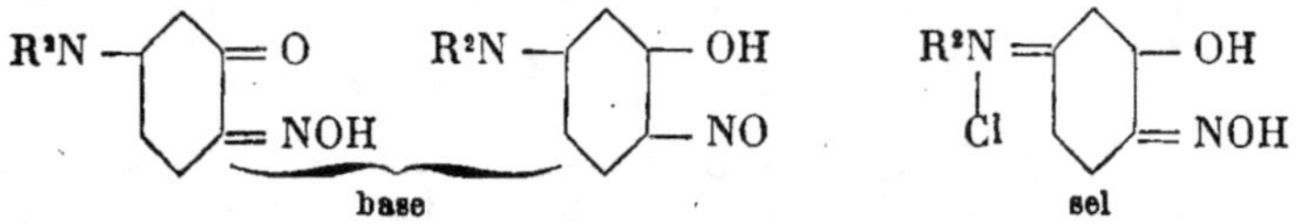

Ils réagissent très facilement avec toute une série d'amines en donnant des oxazines. On obtiendra le *bleu Nil* avec l'α-naphtylamine et la nitroso m-oxydiméthylaniline :

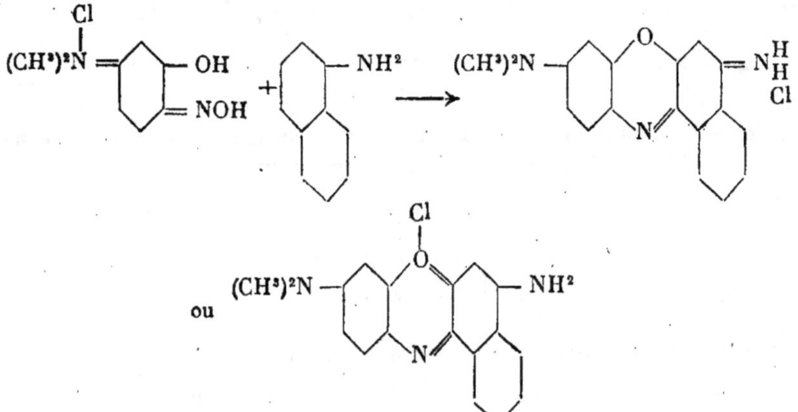

Bleu de Nil

Ce bleu possède une nuance très pure.
Le *bleu de Nil 2 B* dérive de la benzyl α-naphtylamine :

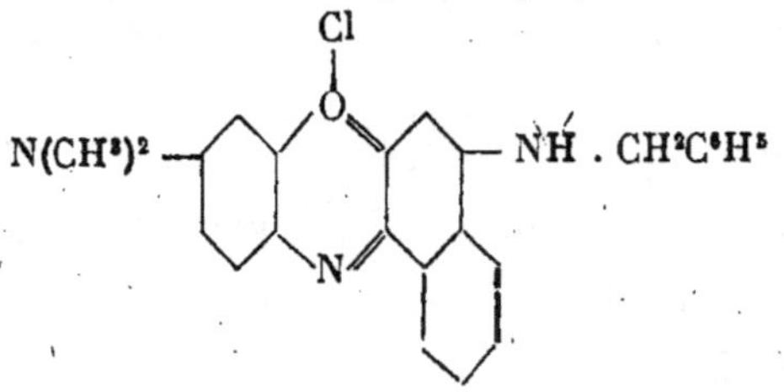

Le *bleu crésyle* est un produit analogue :

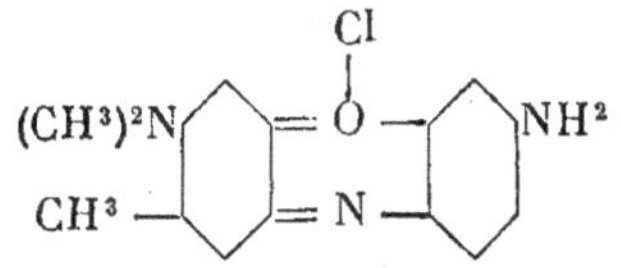

préparé avec un nitrosodialcoyl m-aminocrésol et une diamine.

Le second procédé trouve une application dans la préparation du *bleu Meldola*. L'azote et l'oxygène proviennent de deux noyaux différents. On fait réagir en milieu alcoolique ou acétique de la nitrosodiméthylaniline et du β-naphtol :

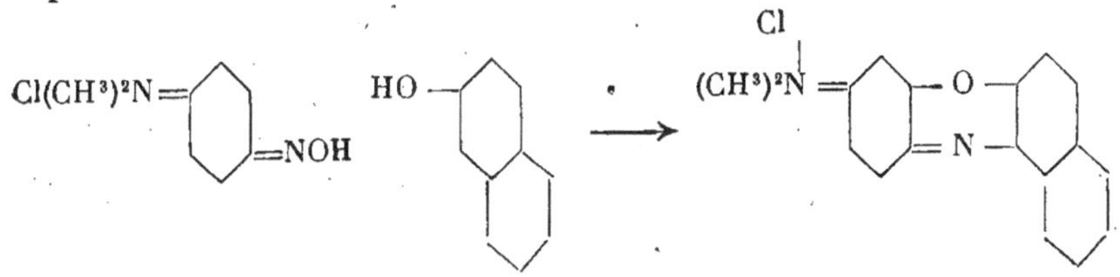

ou

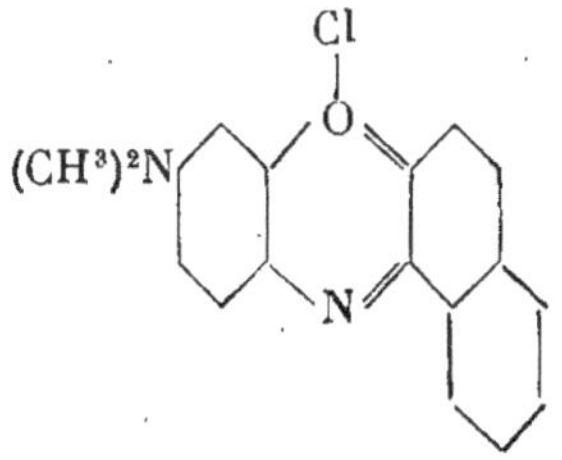

Cette réaction, comme d'ailleurs aussi la précédente, donne un excédant d'hydrogène, les deux hydrogènes libres se fixent sur la nitrosodiméthylaniline et la transforment en amino correspondant que l'on retrouve dans les eaux-mères :

$$N(CH^3)^2 - C^6H^4 - NO + C^{10}H^7OH = C^{18}H^{14}N^2O + H^2O + H^2 \rightarrow$$

Cette aminodiméthylaniline se fixe en partie sur le bleu Meldola et donne :

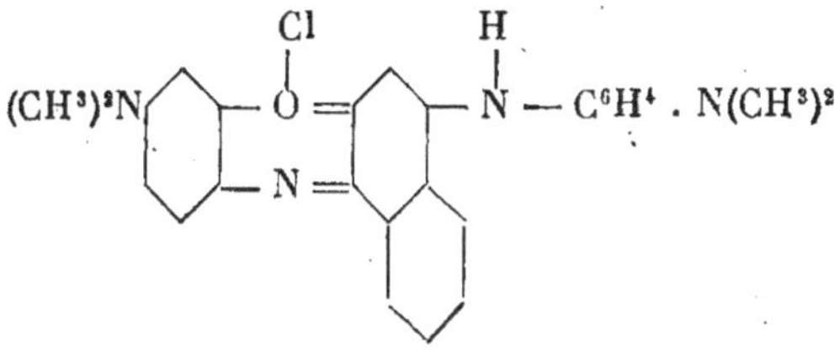

colorant de la classe des *cyanamines*. Ces couleurs se forment lorsqu'on fait réagir des amines sur des oxazines ayant une position para libre par rapport à l'azote azinique. Il existe une analogie complète entre la formation de ces produits et celle des safranines avec les aposafranines.

Le *bleu méthylène nouveau* est une cyanamine préparée avec du bleu meldola et de la diméthylamine :

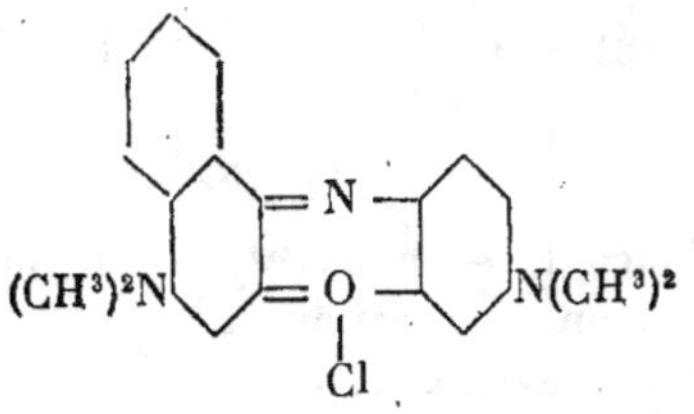

$$(CH^3)^2N \diagdown \diagup = N - \diagdown \diagup N(CH^3)^2$$
$$= O - $$
$$Cl$$

Le *bleu indigo nouveau* se forme en faisant réagir du bleu Meldola avec de l'hydrol de Michler :

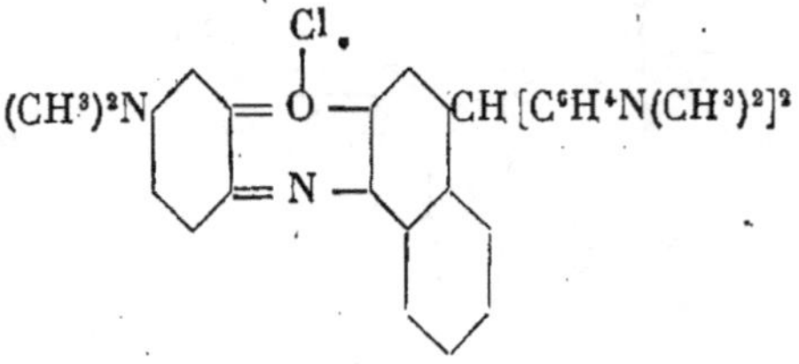

$$Cl$$
$$(CH^3)^2N \diagdown \diagup = O - \diagdown \diagup CH\,[C^6H^4N(CH^3)^2]^2$$
$$= N -$$

Le *bleu Capri* se prépare avec le chlorhydrate de la nitrosodiméthylaniline sur le diéthyl-m-aminocrésol :

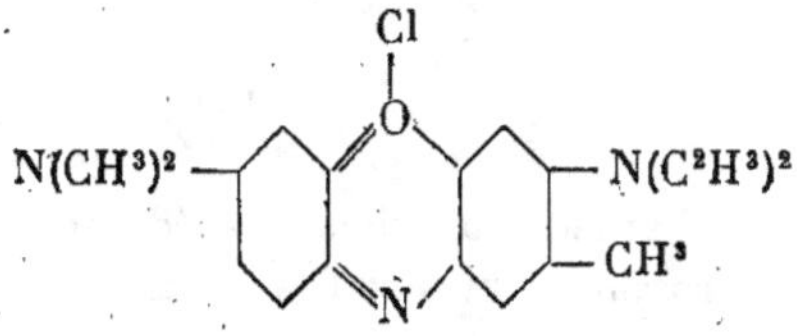

$$Cl$$
$$O$$
$$N(CH^3)^2 - \diagdown \diagup = \diagdown \diagup - N(C^2H^3)^2$$
$$- CH^3$$
$$N$$

Ce bleu a une nuance très verdâtre.

Dans cette série le produit le plus simple se prépare avec de la quinone dichlorimide et du β-naphtol :

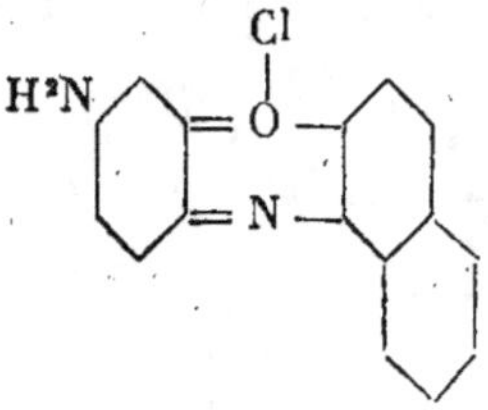

$$Cl$$
$$O$$
$$H^2N \diagdown \diagup = \diagdown \diagup$$
$$= N -$$

En comparant la formule du bleu Meldola avec la couleur décrite précédemment, on voit que le bleu de Nil est du bleu de Meldola aminé, le bleu méthylène nouveau du bleu de Nil diméthylé, la cyanamine du bleu Meldola anilidé ou du bleu de Nil phénylé.

En condensant la 2-oxy-1,4-phénylènediamine avec la phénanthrènequinone, Kehrmann a obtenu un colorant violet auquel il assigne la formule :

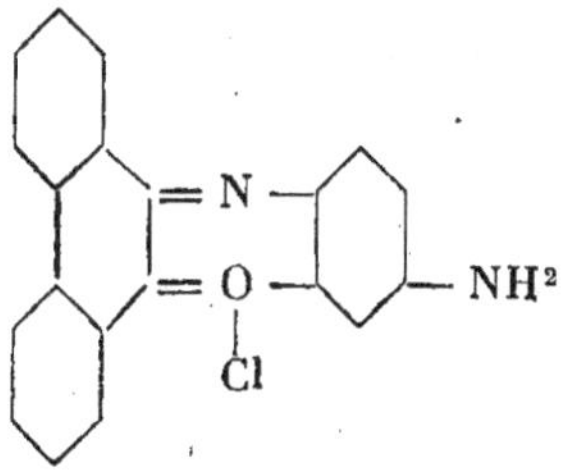

Avec la 4-amino-1,2-naphtoquinone il se forme un colorant violet-bleuâtre :

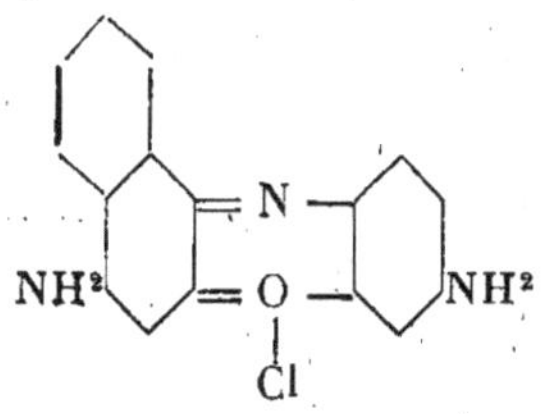

qui peut être considéré comme la substance mère d'où dérivent le bleu de Nil, le bleu méthylène nouveau, les cyanamines et d'autres colorants bleus d'oxazine. Ce corps donne des solutions fluorescentes et teint le coton mordancé au tannin en violet bleu plus rouge que le violet méthyle, solide au savon, médiocrement à la lumière.

Par l'action de la 4-aniline-β-naphtoquinone, on obtient un dérivé phénylé bleu verdâtre du colorant décrit plus haut (Kehrmann, *M. C.*, 1906, 79).

Le dichlorhydrate du 1,4-diamino-2-naphtol est obtenu en réduisant le composé azoïque provenant de l'acide diazosulfonique et le 1-amino-2-naphtol. En oxydant ce produit par un courant d'air il se sépare un colorant bleu peu soluble :

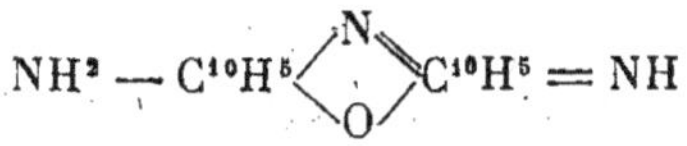

$$NH^2 - C^{10}H^5 \diagdown \overset{N}{\underset{O}{\diamond}} \diagup C^{10}H^5 = NH$$

C'est la diaminonaphtoxàzone, le plus simple des bleus de Nil de la série du naphtalène. Très peu soluble dans les dissolvants usuels, il teint le coton tanné, mais les alcalis le font virer au rouge.

On obtient l'acide disulfonique de ce colorant en chauffant l'acide 1,4-diamino-2-naphtol-6-sulfonique avec H^2O et un alcali faible, il est peu soluble et teint la laine en bleu sur bain acide (Becker et Nietzki, *M. C.*, 1908, 84).

Préparation du bleu de Nil

Dérivé nitrosé.

Diéthylméta-aminophénol	10 kil.
HCl	30 »
Eau	200 »

Glace en quantité suffisante pour refroidir à 0°. On nitrose avec :

Nitrite de soude	4,400 kil.
Eau	15 »

Le dérivé nitrosé se prépare en petits cristaux que l'on filtre et essore.

Condensation. — On fait une dissolution de :

Chlorhydrate d'α-naphtylamine...................... 10 kil.
Acide acétique .... 40 »

On chauffe à 60°, puis on ajoute par petites portions 10 kilogrammes de dérivé nitrosé. Lorsque le mélange est terminé on élève la température jusqu'à 100° pendant une heure et enfin on traite par 100 litres d'eau et on précipite la matière colorante par du sel marin. On filtre puis on purifie la couleur en la dissolvant dans l'eau et en la précipitant une seconde fois avec du sel.

Bleu Meldola

β-naphtol... 15 kil.
Acide acétique .... 50 »

Chauffer à 50° et ajouter :

Chlorhydrate de nitrosodiméthylaniline.................. 20 kil.

Monter progressivement jusqu'à 100°, rester une heure à cette température puis couler dans 500 litres d'eau, filtrer et précipiter avec NaCl et $ZnCl^2$.

Oxazones

On les prépare en faisant réagir les mêmes dérivés nitrosés sur des phénols au lieu d'amines.

Le produit le plus simple la *résorufamine* se prépare avec la quinone dichlorimide et la résorcine en solution alcoolique à chaud.

Des deux formules :

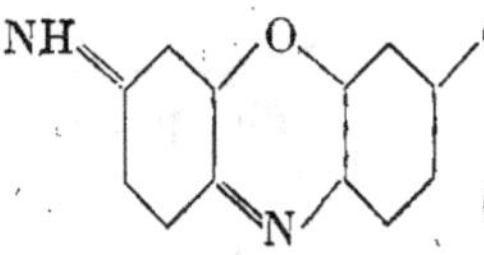

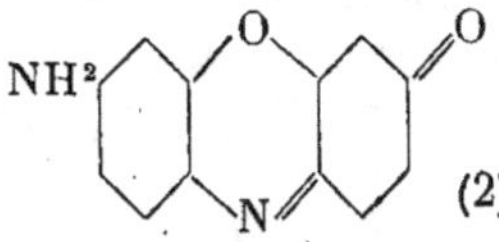

La seconde est la plus vraisemblable à cause de la diazotabilité de cette molécule.

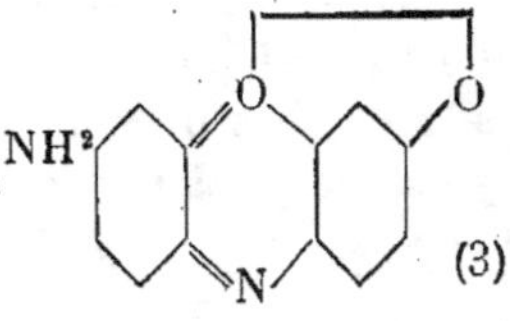

Le dérivé diméthylé se forme avec nitrosodiméthyl-aniline et résorcine ou avec nitrosodiméthyl-m-aminophénol sur résorcine. Cette diméthylrésorufamine ou *bleu résorcine* :

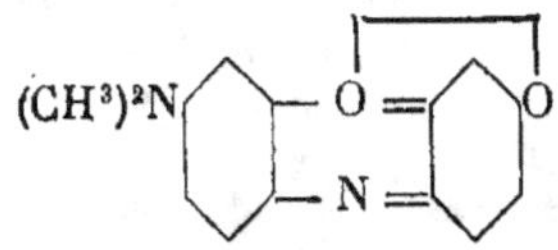

donne une laque de tannin bleu foncé. On a utilisé cette réaction en impression (Ullrich) en imprimant sur tissu préparé en tannin, un mélange des éléments de la couleur et d'acide oxalique. Le bleu se développe au vaporisage. Il est très solide à la lumière et au savon et porte dans la pratique le nom de « bleu nitroso ».

La *muscarine* se prépare avec de la nitrosodiméthylaniline et de la dioxynaphtaline 2,7, c'est un bleu Meldola hydroxylé :

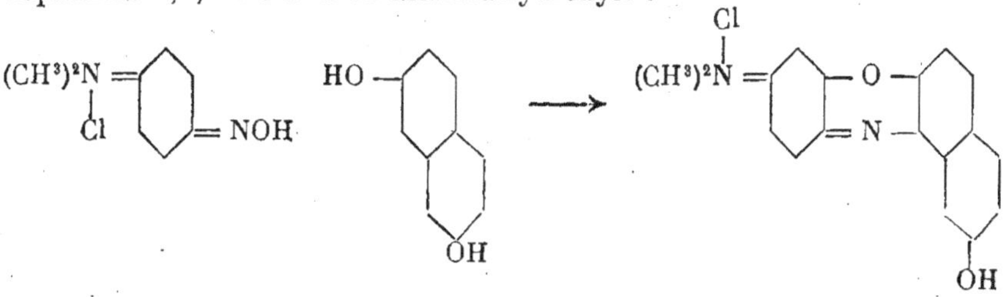

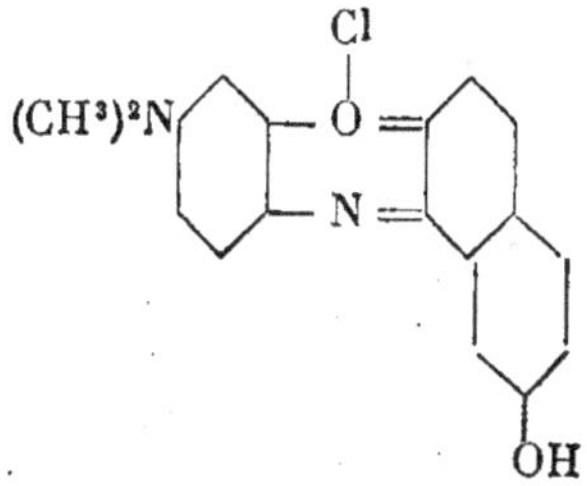

Oxazones carboxylés. — La matière colorante la plus importante de cette série est la *gallocyanine* provenant de nitrosodiméthylaniline et d'acide gallique :

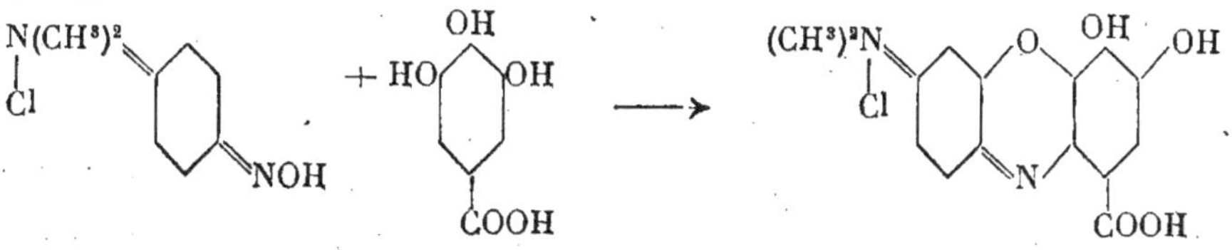

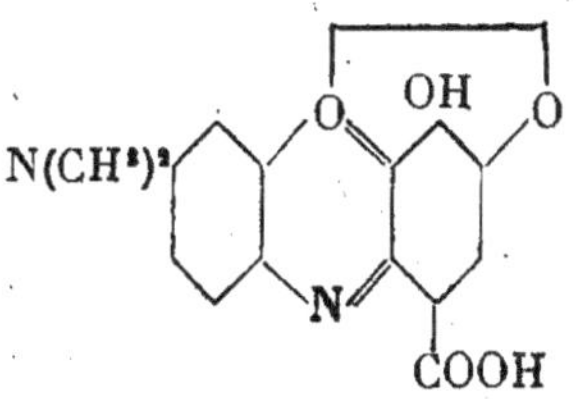

ou

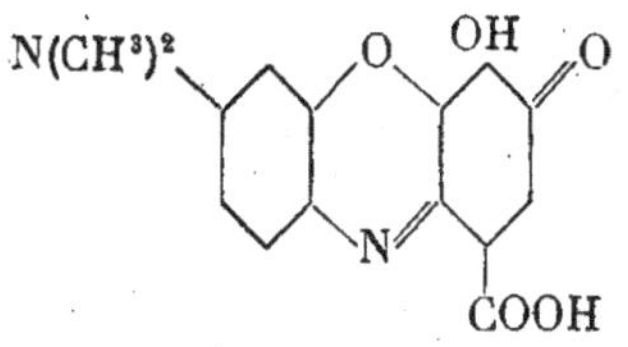

La condensation a lieu en milieu d'alcool méthylique.

La gallocyanine donne une belle laque de chrome ; elle est employée comme violet solide pour la teinture de la laine et surtout pour l'impression du coton.

Si l'on remplace l'acide gallique par son éther méthylique on obtient une ma-tière colorante appelée *prune*. La gallamide donne dans les mêmes conditions le *bleu de gallamine* :

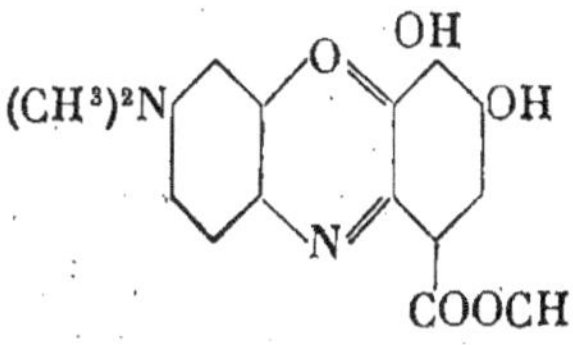

ou

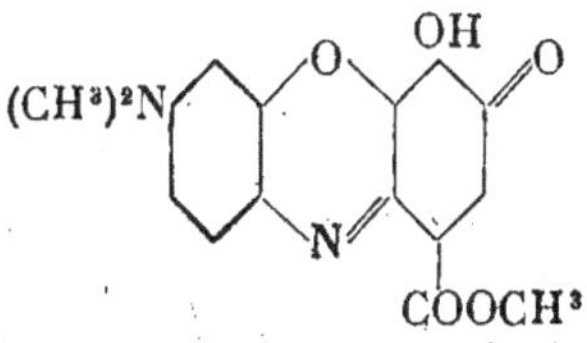

Prune

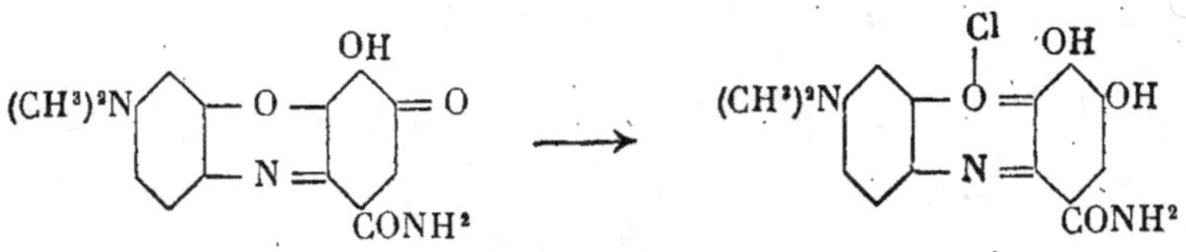

Bleu gallamine

Dans cette série le groupement $\dfrac{-\,OH}{=\,O}$ ou $(OH)^2$ communique aux matières colorantes la propriété de donner des laques métalliques colorées, ce sont donc des couleurs à mordants qui se fixent comme les couleurs d'alizarine.

Tandis que dans la gallocyanine les caractères acides prédominent, au contraire l'éther méthylique est une base bien déterminée se fixant non seulement comme une couleur à mordants mais aussi sur coton mordancé au tanin.

Considérant les sels d'oxazine comme des dérivés oxonium F. Kehrmann et A. Beyer (*Ber.*, 45, 3338), ont étudié la méthylation du Prune, ils ont obtenu un éther insoluble dans les alcalis qui plaide en faveur de la constitution o-quinonique :

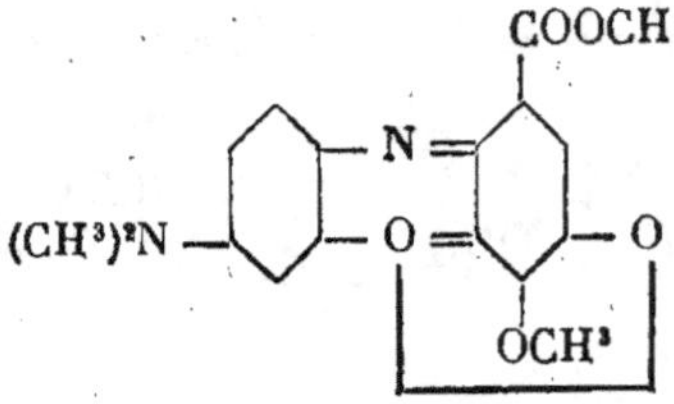

Les gallocyanines donnent naissance à une série de colorants intéressants par leur solidité et leur vivacité.

Le bleu gallamine condensé avec de l'aniline donne le *bleu de gallanile*. Celui-ci nitré se transforme en *vert gallanile*.

Le *bleu dauphin* se prépare en chauffant de la gallocyanine avec de l'aniline. CO^2H est éliminé, et un reste aniline entre dans la molécule. Puis on sulfone ; le groupe sulfo rentre dans le reste aniline, le groupe anilide se place vraisemblablement en ortho par rapport à COOH, on croyait autrefois qu'il remplaçait le COOH.

La *chromazurine* est obtenue par la même réaction mais en opérant à froid. Il y a introduction du groupe C^6H^5NH. En chauffant ensuite on supprime le groupe COOH :

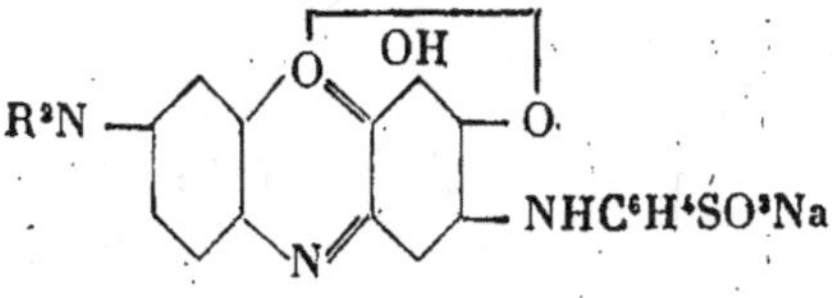

On peut faire réagir non seulement les amines primaires mais aussi les diamines, ainsi avec la gallocyanine on obtient la *cyanine moderne* en condensant avec une diamine puis en réduisant :

$$HCl \cdot NR^2 - \bigcirc\!\!\!\bigcirc\!\!\!\bigcirc - \begin{array}{l} OH \\ OH \\ NH \cdot C^6H^4 \cdot NR^2 \\ COOR' \end{array}$$

On peut aiussi faire réagir des amines grasses et même de l'ammoniaque.

Les réducteurs donnent quelques leucodérivés intéressants par exemple avec la gallocyanine le *bleu foncé extra* :

$$(CH^3)^2N - \bigcirc\!\!\!\bigcirc\!\!\!\bigcirc - \begin{array}{l} OH \\ OH \\ COOH \end{array}$$

Quand on réduit avec le bisulfite ou des hydrosulfites on obtient des leuco-dérivés sulfonés, par exemple : la *chromocyanine*, la *gallocyanine brillante*, la *chromoglaucine*. Ces produits sont particulièrement appréciés en impression.

Dans la gallocyanine ainsi que dans son leucodérivé, le groupe CO^2H est assez mobile, ainsi en traitant par les alcalis à l'ébullition on peut éliminer le groupe CO^2H de la gallocyanine réduite, on obtient le *violet moderne N*.

$$(CH^3)^2N - \bigcirc\!\!\!\bigcirc\!\!\!\bigcirc - \begin{array}{l} OH \\ OH \end{array}$$

Les groupements anilido peuvent, sous l'influence des acides être transformés en OH :

$$(CH^3)^2N - \bigcirc\!\!\!\bigcirc\!\!\!\bigcirc \longrightarrow (CH^3)^2N - \bigcirc\!\!\!\bigcirc\!\!\!\bigcirc$$

Azurine moderne

Les gallocyanines peuvent se condenser également avec des phénols, par exemple avec la résorcine. C'est ainsi que l'on prépare les *phénocyanines* :

$$R^2N - \bigcirc\!\!\!\bigcirc\!\!\!\bigcirc - \begin{array}{l} OH \\ OH \\ O \cdot C^6H^4 \cdot OH \\ COOR' \end{array}$$

qui sont employées en impression.

Les gallocyanines donnent aussi une couleur bleue par condensation avec le phénylméthylpyrazolon (*M.*, br. all. 252658), appartenant évidemment à cette famille, le pyrazolon agissant dans sa forme phénolique.

Les gallocyanines sont difficilement sulfonables, il faut opérer sur les leuco-dérivés ou sur les dérivés anilidés. Le bleu de gallanile sulfoné donne le *galla-nilindigo*.

Mais on peut aussi faire réagir la gallocyanine sur des dérivés sulfonés. En la condensant avec le sulfonaphtol de Schaeffer, on a la *gallazine*.

Fabrication de la gallocyanine

On chauffe à 60° :

Acide gallique	20 kil.
Alcool méthylique	150 »

puis on introduit dans cette solution :

Chlorhydrate de nitrosodiméthylamine	10 kil.

Chauffer environ pendant trois heures au bain-marie, puis régénérer l'alcool par distillation. Ajouter au résidu 500 litres d'eau chaude filtrer et précipiter avec NaCl.

Les oxazones complètement hydroxylées sont peu nombreuses, citons néanmoins comme représentant de cette classe, la *résorufine* qui se prépare en faisant réagir la mononitrosorésorcine sur la résorcine :

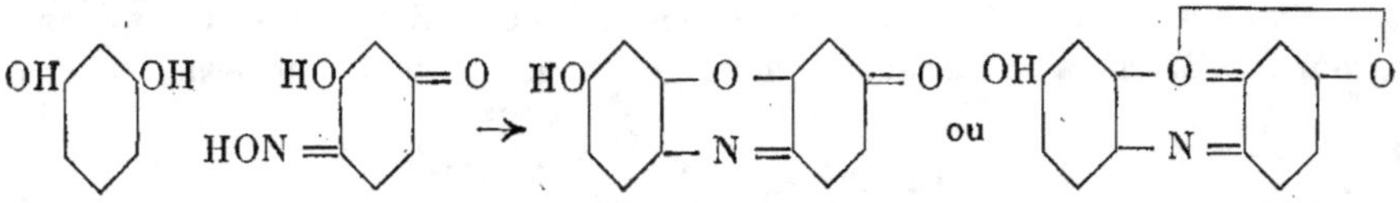

Le *bleu fluorescent* est un dérivé tétrabromé de la résorufine qui donne sur soie une belle fluorescence :

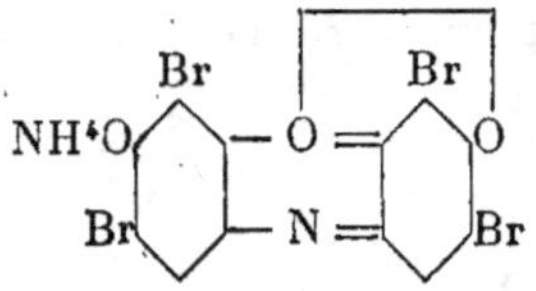

Dans la série de la naphtaline le *vert d'alizarine B* provient de la condensation de β-naphtoquinone sulfonée et de 1-amino-2-naphtol-6-sulfoné en solution alcaline :

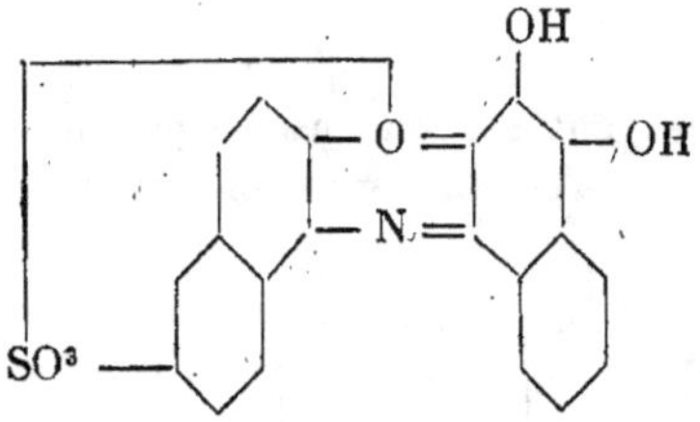

Le *vert d'alizarine B* provient de la même condensation avec 2 amino, 1-naphtol-4-sulfo (Br. all., 82097-82740).

Kehrmann et Gottram ont étudié le produit de condensation de nitrosophénol et de β-naphtol obtenu par Fischer et Hepp. La formule serait :

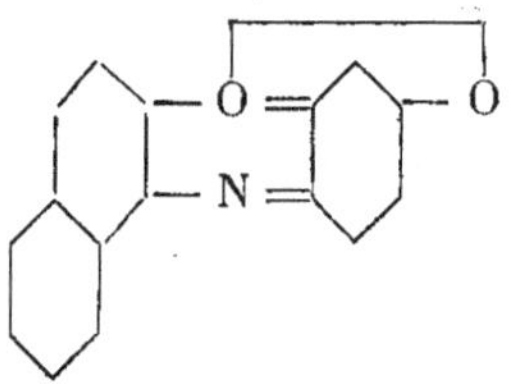

et non

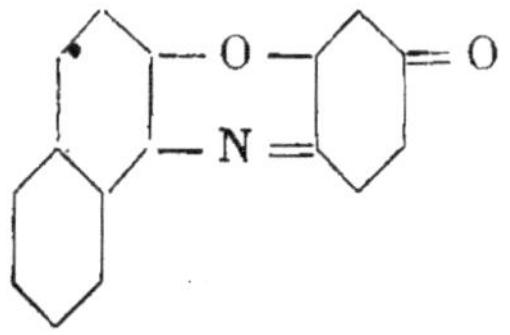

car l'hydroxylamine ne donne pas d'oxime contrairement à ce que pensaient Fischer et Hepp mais seulement une aminonaphtophénoxazone identique au produit de condensation de l'α-naphtylamine et de nitrosorésorcine. Il s'agit donc bien d'une naphtophénoxazone ; c'est un nouvel argument en faveur de la structure o-quinonique.

7° COLORANTS THIAZINES ET THIAZONES

Les *thiazines* se forment en introduisant des groupes amidos dans la thiodiphénylamine et en oxydant ce dérivé ; les *thiazones* en introduisant des groupes OH.

La base mère des thiazines et thiazones est, par conséquent, la thiodiphénylamine :

Le brome ou le perchlorure de fer l'oxydent en sels d'azthionium *orthoquinoniques* colorés où le S est tétravalent :

Ces sels azthioniums étant des dérivés orthoquinoniques se comportent vis-à-vis de l'eau et des amines de la même manière que les quinones et se laissent substituer dans ces conditions par les groupements OH, NH^2, NHR, NR^2 en position para par rapport à l'atome N :.

On peut également dériver les thiazines et les thiazones dès indamines et des indophénols, comme les oxazines et oxazones par simple soudure des noyaux au moyen d'un atome de S en ortho par rapport à la liaison quinonique. Dans ce cas nous considérons les thiazines et les thiazones comme dérivés *paraquinoniques* :

Thiazines

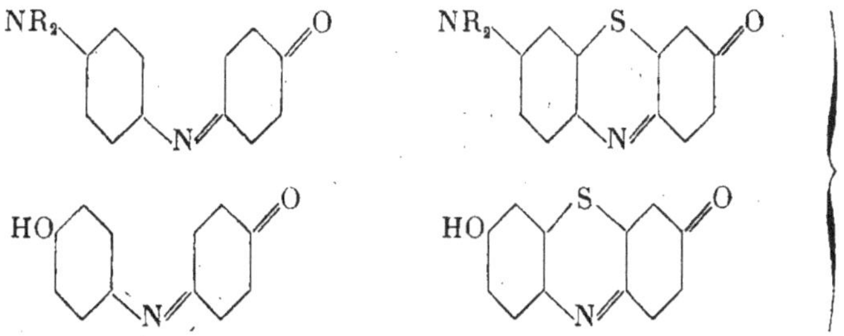

} Thiazones

Comme dérivés de sels de l'azthionium, on les considère comme des o-quinones ; d'après les travaux les plus récents de Kehrmann et autres les deux manières de voir sont à prendre en considération, ce sont donc des composés tautomères.

Les formules o-quinoniques sont :

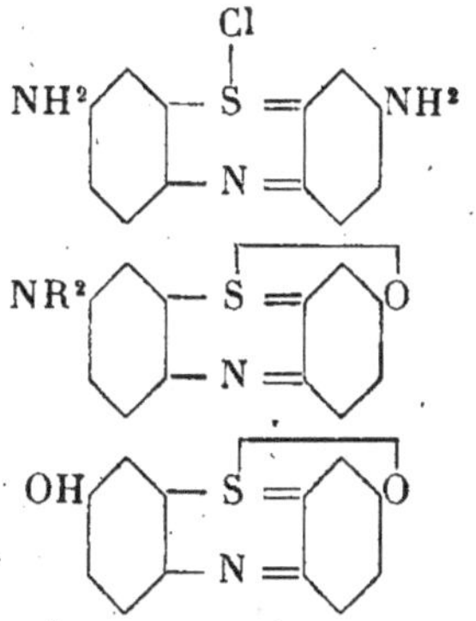

La *thionine* ou *violet de Lauth* est le représentant le plus simple de la classe des thiazines.

La *thionoline* et le *thionol* sont les représentants les plus simples des thiazones.

La première couleur sulfurée, la *thionine* ou *violet de Lauth* fut préparée par Lauth, en 1876. Elle se forme lorsqu'on oxyde par du chlorure de fer, deux molécules de p-phénylènediamine en présence d'hydrogène sulfuré.

Il se forme sans doute successivement un dérivé de la diphénylamine, puis le mercaptan d'une indamine et en dernier lieu de la thionine :

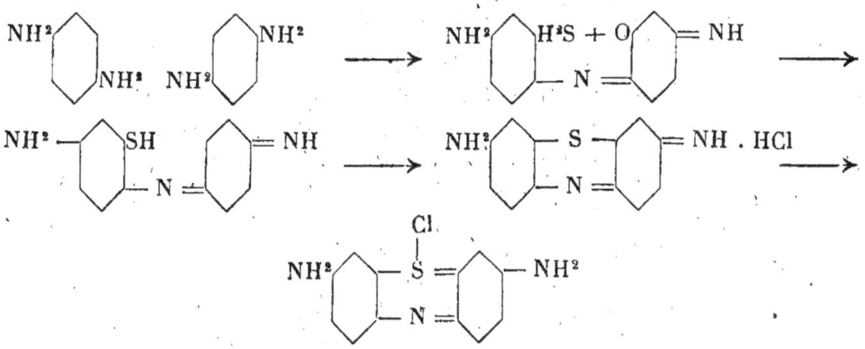

Les rendements sont très mauvais, aussi cette matière colorante n'a-t-elle pas trouvé d'emploi industriel.

On peut aussi la préparer en oxydant les dérivés aminés de la diphénylamine en présence d'hydrogène sulfuré, ou en oxydant de la p-diaminothiodiphénylamine.

Sa constitution a été déterminée par Bernthsen en partant de thiodiphénylamine que l'on nitre puis réduit ; on obtient une leucobase identique avec la leucobase du violet Lauth :

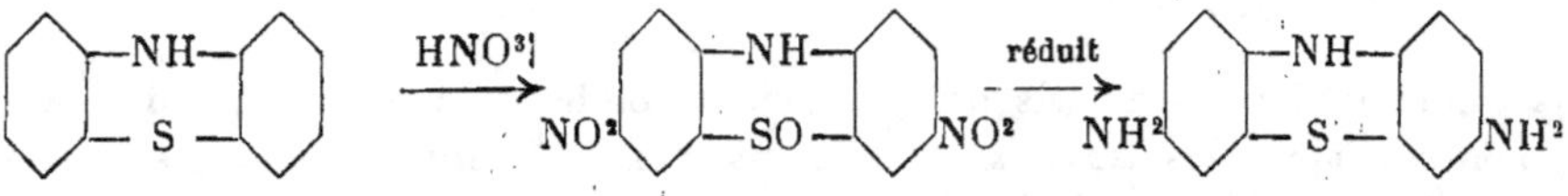

Ces matières colorantes thiaziniques sont beaucoup plus stables que les indamines et les indophénols, elles ne se décomposent pas sous l'influence des acides avec production de quinone.

Le chlorhydrate du violet Lauth possède l'une des formules :

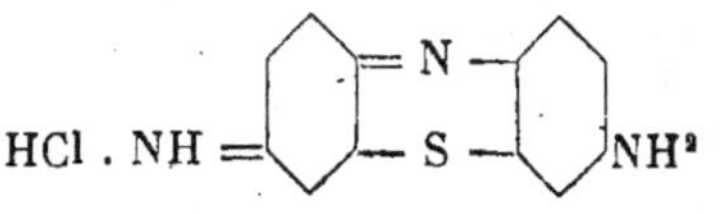

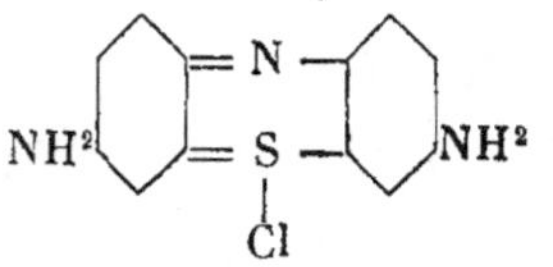

Pendant longtemps on n'a admis que la formule p-quinonique car la conception d'un soufre tétravalent n'était guère courante.

Depuis que Kehrmann a publié ses travaux sur les bases azthionium un grand nombre de chimistes admettent plutôt la forme o-quinonique ($Ann.$, 322, 1).

Si l'on traite le violet Lauth par de l'acide nitreux, on diazote un groupe NH^2 que l'on peut éliminer ; on obtient ainsi un analogue de l'aposafranine :

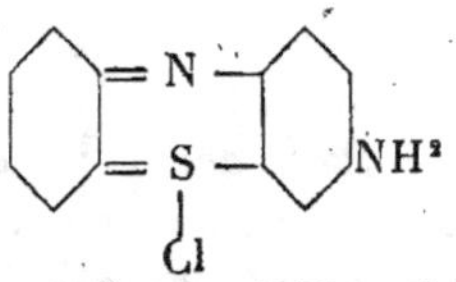

Chlorure de 3-amino-diphèneazthionium

Cette substance peut être diazotée et copulée ; or, cette réaction ne peut être admise qu'avec la formule o-quinonique.

Bleu méthylène. — Le violet de Lauth n'a pas d'importance technique, par contre son dérivé tétraméthylé ou *bleu méthylène* est une matière colorante basique très intéressante (Caro, 1877). On peut la préparer au moyen de la réaction qui vient d'être mentionnée, c'est-à-dire en oxydant de la diméthyl-p-phénylènediamine, mais comme pour la thionine, les rendements sont insuffisants. Le procédé industriel généralement employé est le suivant qui donne d'excellents résultats : on part de diméthylaniline que l'on transforme successivement en dérivé para nitrosé et para aminé. Cette diamine est ensuite oxydée en présence d'hyposulfite de soude, on obtient ainsi un acide thiosulfonique. Il se formerait d'abord une quinone imine qui additionnerait ensuite l'acide thiosulfureux |d'après la réaction typique des quinones. Ce produit est ensuite oxydé en présence d'une molécule de diméthylaniline. L'indamine obtenue se transforme enfin en bleu méthylène par ébullition de sa solution aqueuse.

Il se forme vraisemblablement avant la formation du bleu méthylène, le leucodérivé de ce produit :

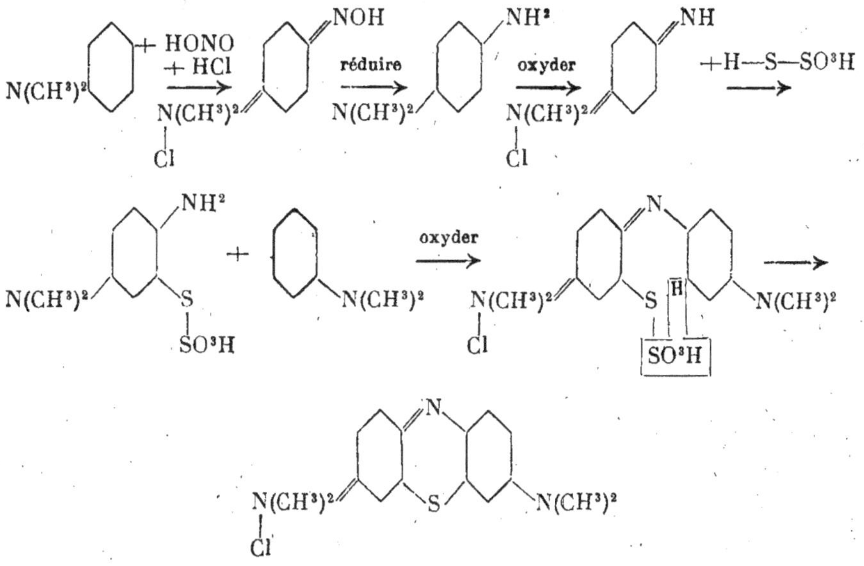

Lorsqu'on prépare le bleu en oxydant de la diméthyl p-phénylènediamine en présence d'hydrogène sulfuré, la diméthylaniline n'entre pas en réaction et le bleu méthylène se forme exclusivement aux dépens de la p-diamine.

De même l'oxydation de la tétraméthyldiaminodiphénylamine en présence d'hydrogène sulfurée ne donne que des traces de bleu méthylène il est nécessaire de faire intervenir l'hyposulfite.

Le procédé au thiosulfate présente le grand avantage de supprimer la moitié de la p-phénylènediamine et de la remplacer par une quantité équivalente de diméthylaniline, ce qui se traduit par une économie de matière première et une augmentation de rendement.

Le bleu méthylène est vraisemblablement le dérivé tétraméthylé du violet Lauth quoiqu'on ne l'ait pas encore transformé en bleu par méthylation, mais Bernthsen a montré que le leucodérivé du bleu méthylène et le leuco obtenu par méthylation complète du violet Lauth sont identiques.

Le bleu méthylène donne sur coton des nuances solides (en particulier vis-à-vis des alcalis) il a donc trouvé à ce point de vue des applications importantes, par contre il est peu solide sur la laine. Il a quelque emploi sur soie.

Si l'on nitre le bleu méthylène on obtient le *vert méthylène* :

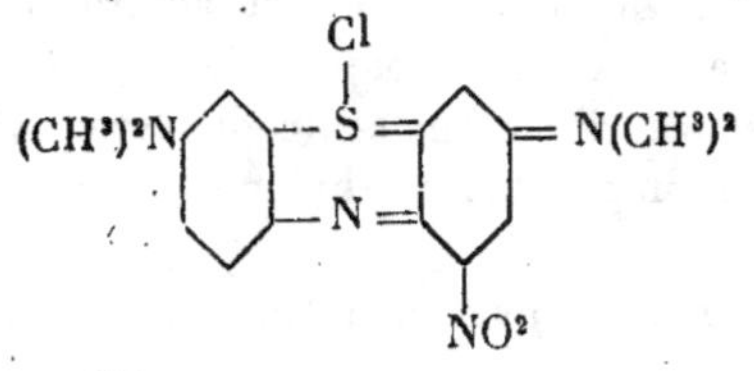

$$(CH^3)^2N\!\!<\!\!\bigcirc\!\!>\!\!-S\!\!=\!\!<\!\!\bigcirc\!\!>\!\!=N(CH^3)^2$$

C'est un colorant très solide.

La réaction du bleu méthylène peut être appliquée à d'autres amines et diamines si ces substances satisfont aux conditions suivantes, indispensables pour que l'on puisse former successivement le thiosulfonique, l'indamine et la soudure thiazinique :

1° La p-diamine doit avoir un groupe NH^2 primaire et une position ortho libre par rapport à cet NH^2, l'autre groupe amidé peut être primaire, secondaire ou tertiaire ;

2° La monamine peut être primaire, secondaire ou tertiaire, mais elle devra avoir la position para libre ainsi qu'une position méta.

En appliquant cette réaction à la monoéthylorthotoluidine et à son dérivé p-amidé on a préparé une matière colorante basique appelée bleu *méthylène nouveau N* :

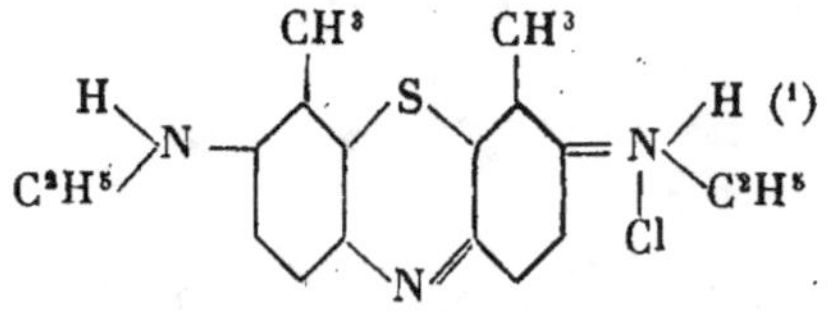

Ce colorant est plus rouge et plus solide aux acides que le bleu méthylène, mais moins solide aux alcalis.

On prépare une diaminophènthiazine isomère avec le produit de Bernthsen qui était connu jusqu'à présent. Ce produit a été préparé par Möhlau, Beyschlag et Köhres (*Ber.*, 45. 131) en condensant le benzoylaminothiophénol avec du chlorure de picryle :

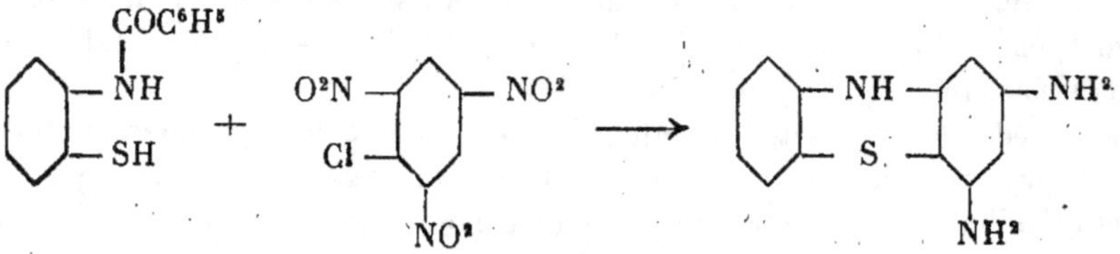

____

(1) En envisageant la constitution ortho-quinonique le bleu méthylène nouveau se formulerait de la manière suivante :

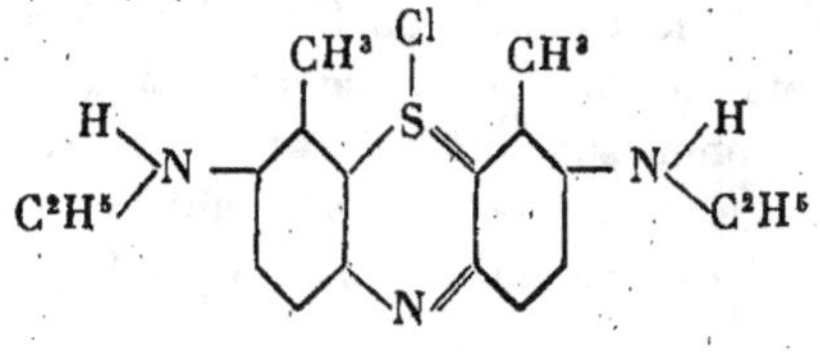

On a préparé aussi avec la réaction du thiosulfate un bleu méthylène benzylé sulfoné, le *thiocarmin* :

$$C^2H^5 \diagdown N - \langle \rangle - S = \langle \rangle - N \diagup CH^2 - C^6H^4SO^3$$
$$C^6H^4 - CH^2 \diagup \quad \quad N = \quad \quad \diagdown C^2H^5$$

On n'emploie plus cette couleur à cause de son manque de solidité à la lumière.

Si l'on fait réagir du bisulfite sur du bleu méthylène, il se forme des dérivés sulfonés du leuco bleu ; les groupes SO³H se trouvent soit dans le noyau, soit reliés à l'azote (H. Weil, K. Dürrschnabel, P. Landauer, *Ber.*, 44. 3172).

$$(CH^3)^2N - C^6H^3 \langle \overset{S}{\underset{N}{}} \rangle C^6H^3 - N(CH^3)^2$$
$$\underset{SO^3H}{|}$$

$$(CH^3)^2N - C^6H^2 \langle \overset{S}{\underset{N}{}} \rangle C^6H^3 - N(CH^2)^2$$
$$\underset{SO^3H}{|} \quad \underset{H}{|}$$

Fabrication du bleu méthylène

1° *Nitrosodiméthylaniline*. — Dans une cuve en bois munie d'un agitateur on introduit :

Diméthylaniline..	150 kil.
Acide chlorhydrique....................................	400 »

On ajoute la quantité de glace nécessaire pour avoir une température de 0° et une quantité d'eau suffisante pour que le volume total soit de 1 000 litres. D'autre part on fait une solution de :

Nitrite de soude.......................................	112 kil.
Eau...	350 »

Le nitrite est introduit lentement dans la solution de l'amine en remuant constamment. On laisse ensuite réagir quelques heures et l'on précipite le dérivé nitrosé avec 180 kilogrammes de NaCl, on filtre et on essore dans une turbine.

2° *Réduction*.

Nitroso correspondant à..........	50 kil. de diméthylaniline
Eau.............................	5 000 »
Acide chlorhydrique.............	210 »

On met l'agitateur en mouvement puis on ajoute :

Poudre de zinc	100 kil.

La solution est décolorée au bout d'une heure environ. On filtre pour enlever l'excès de zinc ; la partie soluble renferme du chlorhydrate d'aminodiméthylaniline et du chlorure de zinc.

3° *Acide thiosulfonique*. — Dans la solution précédente on ajoute :

Hyposulfite de soude	100 kil.
Eau...	300 »

L'oxydation a lieu en ajoutant :

Bichromate de soude.................................... 40 kil.
Acide chlorhydrique.................................... 75 »
Eau .... 200 »

4° *Indamines.* — On oxyde la solution de l'acide thiosulfonique obtenue précédemment en présence de diméthylaniline.

A cet effet on ajoute à la solution de l'acide thiosulfonique le mélange suivant :

Diméthylaniline .... 50 kil.
Acide chlorhydrique................................... 80 »

On oxyde avec :

Bichromate de soude .... 100 kil.
Eau .... 500 »

L'indamine se forme instantanément. Cette réaction ainsi que les précédentes ont lieu à température ordinaire.

5° *Transformation en bleu méthylène.* — Cette dernière réaction qui a pour but d'éliminer le groupe SO^3H et de provoquer la soudure thiazinique se produit très facilement en portant à l'ébullition la solution, et en se maintenant pendant quelques minutes à cette température. En dernier lieu on ajoute un peu d'acide sulfurique pour décomposer la combinaison chromique de la matière colorante et un peu de bichromate. La solution de bleu est ensuite filtrée et précipitée avec 500 kilogrammes de sel marin.

On obtient de la sorte un chlorhydrate de bleu méthylène très soluble dans l'eau, mais on prépare aussi le chlorozincate de cette matière colorante un peu moins soluble que le chlorhydrate. A cet effet on précipite la solution de bleu par un mélange de NaCl et $ZnCl^2$.

Thiazones

Ce sont les produits correspondant aux aminophénols ; les plus simples la *thionoline* et le *thionol* :

n'ont pas d'intérêt industriel. La thionoline se prépare en faisant bouillir le violet Lauth avec des alcalis caustiques. En traitant par le soufre un mélange d'hydroquinone et de paraphénylène-diamine ou de paraminophénol on a préparé les leucodérivés de ces produits (Vidal) :

Le bleu méthylène traité par les alcalis donne le *violet méthylène* ou diméthylthionoline :

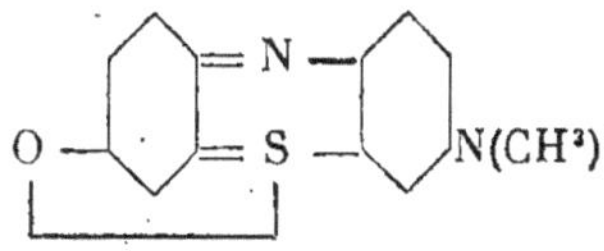

$$O = \bigcirc \overset{= N -}{\underset{= S -}{}} \bigcirc N(CH^3)^2 \qquad ou \qquad O = \bigcirc \overset{= N -}{\underset{- S -}{}} \bigcirc N(CH^3)^2$$

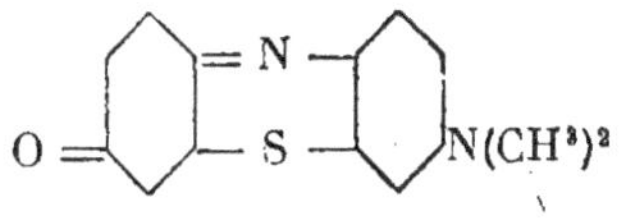

La condensation avec des éthers galliques et l'acide thiosulfonique (v. bleu méthylène) donne naissance à des leucodérivés dans lesquels la liaison quinonique a disparu ; par exemple la *leucogallothionine* :

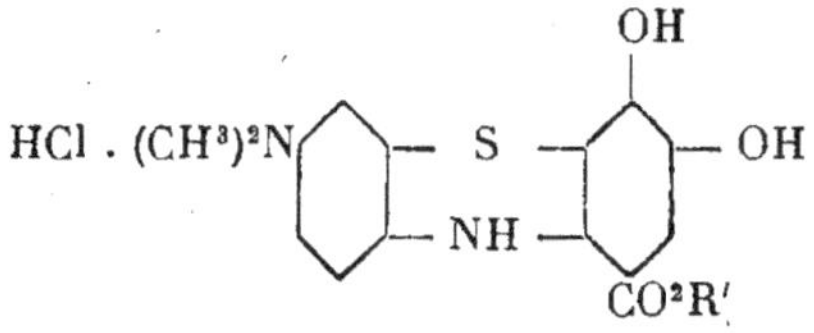

$$HCl . (CH^3)^2N \bigcirc \overset{- S -}{\underset{- NH -}{}} \bigcirc \overset{OH}{\underset{CO^2R'}{- OH}}$$

Antérieurement on avait déjà obtenu la *gallothionines* (Nietzki, Br. all. 73556) en oxydant de l'acide gallique et le mercaptan de diméthyl-p-phénylène diamine.

Dans la série des couleurs à mordants on prépare quelques produits industriels.

Les *bleus brillant d'alizarine* se préparent en faisant réagir le thiosulfonique de la diméthyl-p-phénylènediamine ou le sulfobenzyléthyl-p-phénylènediamine-thiosulfonique avec la β-naphtoquinone sulfonée.

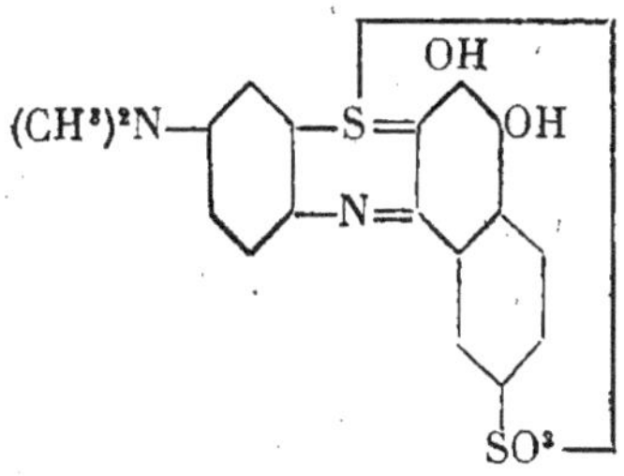

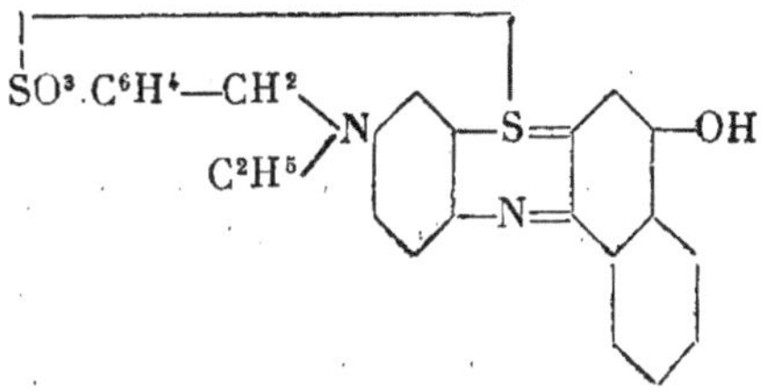

$$(CH^3)^2N \bigcirc \overset{- S =}{\underset{- N =}{}} \qquad SO^3.C^6H^4 - CH^2 \underset{C^2H^5}{\overset{}{>}} N \bigcirc \overset{- S =}{\underset{- N =}{}}$$

Pour les thiazones à caractère acide on admet la soudure directe du soufre avec des restes acides.

L'*Indochromogène S* dépend aussi de cette série.

Ces colorants sont solides, on les emploie spécialement pour la teinture de la laine sur mordant de chrome.

8° COLORANTS AZINIQUES

Azines

La phénazine est la substance-mère de ces produits.

Elle résulte de la combinaison d'une molécule d'orthoquinone avec une molécule d'ortho-diamine, avec élimination des éléments de l'eau :

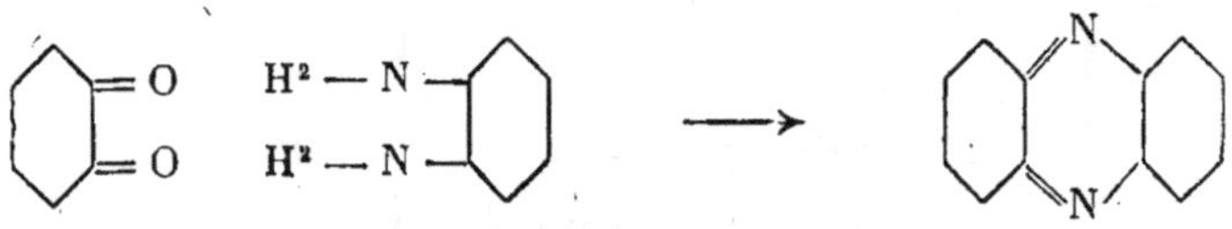

La phénazine est très peu colorée, l'introduction de groupes amino lui donne de la basicité et des caractères de colorant.

Les monoaminoazines (eurhodines) sont des colorants faibles, il faut deux ou plusieurs NH^2 pour développer suffisamment la couleur.

Les azines se rapprochent des indamines de la même manière que les oxazines et les thiazines. Dans les azines il y a soudure des noyaux benzéniques au moyen du groupement — NH — en ortho par rapport à la liaison quinonique :

et nous envisageons alors les azines comme des dérivés paraquinoniques.

En rapprochant les azines de la phénazine, elles sont des dérivés ortho-quinoniques.

Il y a des considérations qui militent en faveur des deux conceptions.

L'auxochrome OH donne des couleurs faiblement acides (eurhodols) ayant peu de pouvoir colorant.

On peut rattacher à ce groupe la série si importante des safranines dont la substance génératrice est le phénazonium :

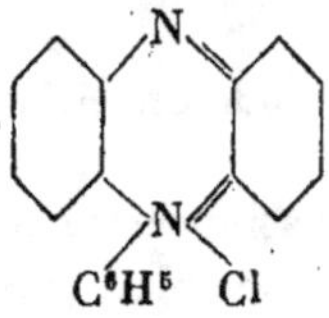

La phénazine dérive de son produit de réduction, l'hydrophénazine, comme l'indamine de la diaminodiphénylamine :

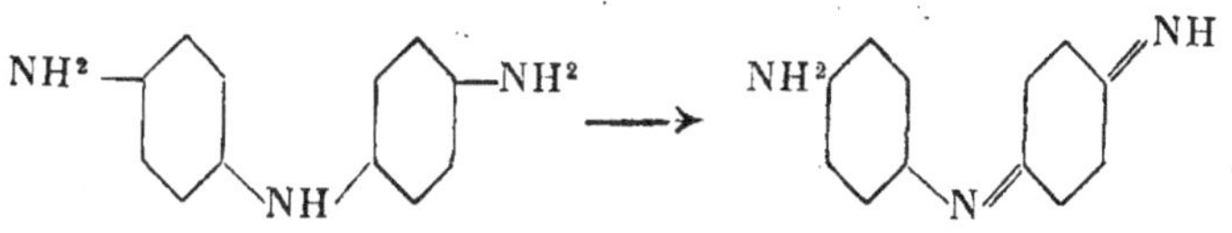

Les rapports très proches de ces deux classes de produits peuvent être mis en évidence par ce fait que les indamines se transforment facilement en azines. Ce passage des indamines en azines se produit par exemple nettement dans le cas du bleu de toluylène qui se transforme, lorsque l'on chauffe longtemps la solution aqueuse, en rouge toluylène avec perte de 2 atomes d'hydrogène qui se portent sur une quantité correspondante de bleu toluylène en le transformant en leuco :

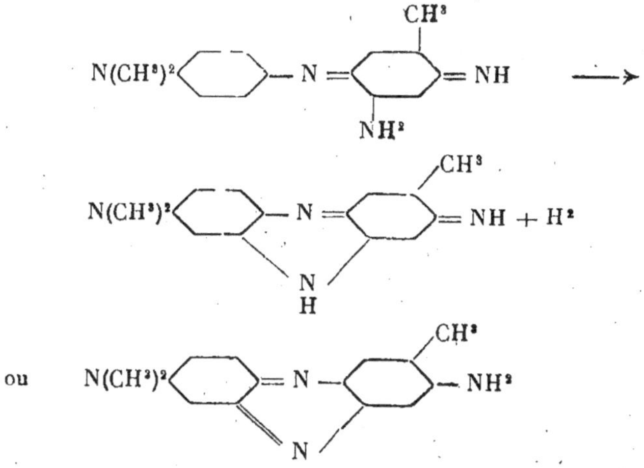

Si l'on oxyde une indamine orthoamidée il se forme une azine et il y a éventuellement transposition de la liaison quinonique de para en ortho :

o-amidoindamine

diamidophénazine

La constitution des eurhodines a été établie de la manière suivante : on sait que la pyrocatéchine et l'o-phénylènediamine donnent de la phénazine :

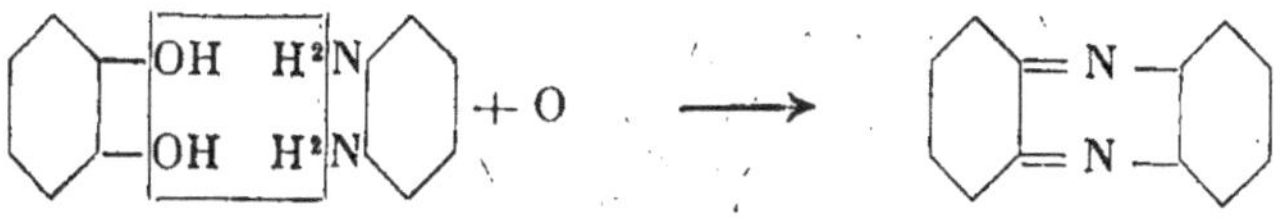

D'une manière analogue on obtient avec la o-toluylènediamine une méthylphénazine ; or, le rouge de toluylène, qui est une eurhodine a été décomposé et transformé en méthylphénazine par élimination des NH^2, c'est donc bien un dérivé de la diaminométhylphénazine, à savoir son produit diméthylé ; on pouvait dès lors comprendre facilement la transformation du bleu de toluylène de la série des indamines en rouge de toluylène :

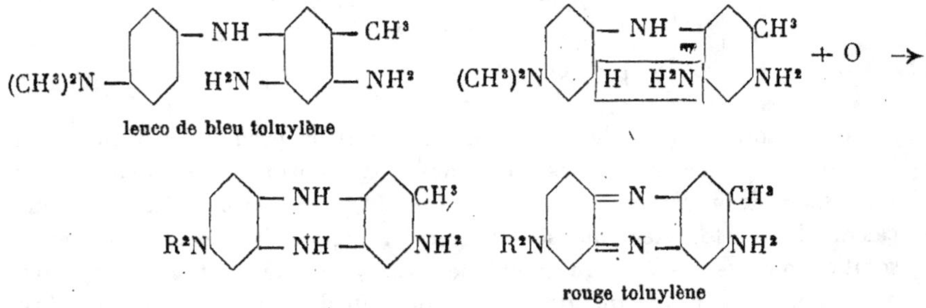

$$(CH^3)^2N - \bigcirc - NH - \bigcirc - CH^3 \qquad (CH^3)^2N - \bigcirc - NH - \bigcirc CH^3$$

leuco de bleu toluylène

rouge toluylène

Lorsqu'on traite les azines par un acide on constate que la coloration du sel peut varier avec la quantité et la concentration de l'acide ajoutée, ce qui semble indiquer que les divers groupes aminés de la molécule ne possèdent pas la même basicité. Les changements de coloration qui se produisent, correspondent au nombre de groupements aminés que renferme la molécule du colorant.

La diminution ou l'annulation du caractère auxochrome du groupe aminé peut s'expliquer par le passage de l'azote trivalent à l'état pentavalent. On trouve en général que les sels neutres des dérivés aminés ont la même couleur que les sels des dérivés monoaminés : et que pour une concentration suffisante de l'acide, toutes ces matières colorantes donnent la couleur rouge-brun du di-sel de la substance mère, la *phénazine*.

La phénazine est légèrement colorée en jaune, c'est une base faible ; par l'introduction d'un groupe NH^2 ses caractères colorés ainsi que sa basicité augmentent sensiblement. L'aminophénazine est orangé, la diamine est rouge foncé. Les sels de ce dernier produit ne sont plus hydrolysés par l'eau, l'alcali seul peut mettre la base en liberté.

Comme produit technique on n'emploie que la diméthyldiaminométhylphénazine, le rouge de toluylène.

Procédés de formation des azines et azoniums :

1° Action des o-diamines et des o-dicétones : quinoxaline : avec glyoxal et o-phénylènediamine ; phénazine : avec o-phénylènediamine et o-benzoquinone; phénonaphtazine : avec o-phénylènediamine et β-naphtoquinone ; phénanthrophénazine : avec o-phénylènediamine et phénanthrènequinone :

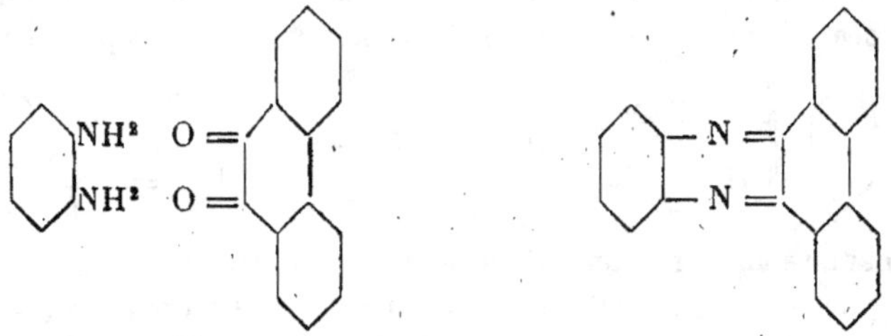

On peut aussi utiliser cette méthode avec des dérivés substitués dans l'amine ce qui donne des azoniums :

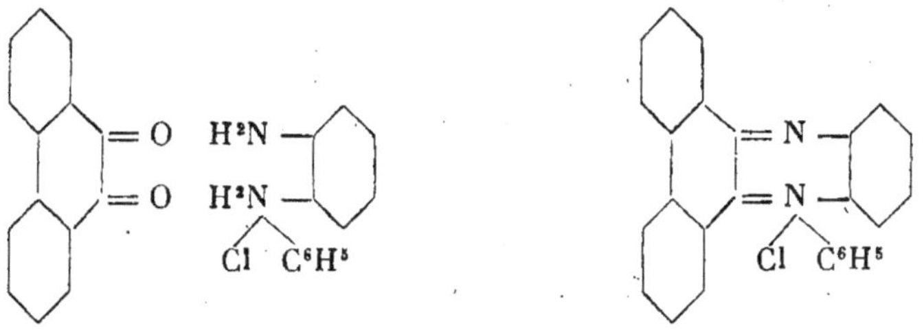

2° Oxydation d'un phénol avec une o-diamine substituée en para :

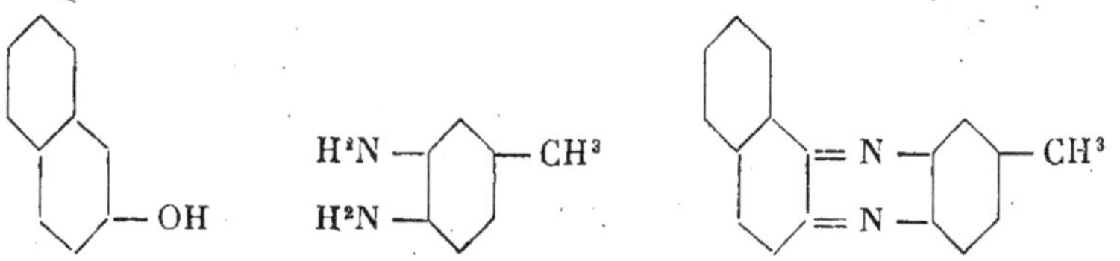

3° On peut aussi condenser un composé o-aminoazoïque avec du β-naphtol :

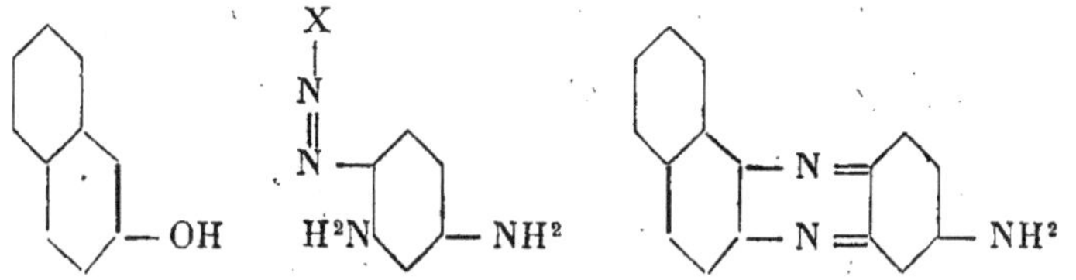

ou un o-aminoazoïque avec de l'α-naphtylamine.

4° Avec la benzolazophényl β-naphtylamine, par l'action des acides :

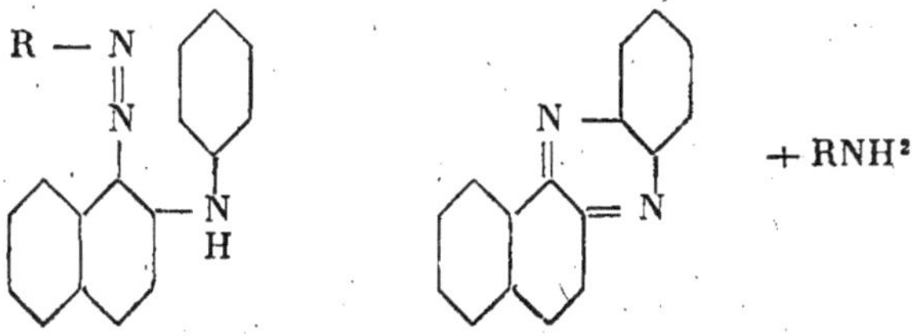

$+ RNH^2$

5° **Avec des indamines renfermant un groupe amino en o- par rapport à** l'azote fondamental ou aussi par oxydation des aminodiphénylamines correspondantes. On peut préparer par ce procédé la phénazine avec l'aminodiphénylamine :

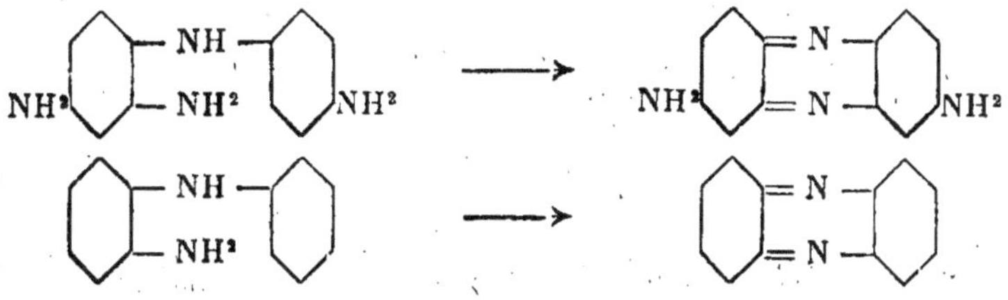

La première eurhodine a été celle de Witt obtenue avec o-aminoazobenzène et α-naphtylamine ; depuis lors on les a préparées par d'autres procédés : ébullition de solution aqueuse d'indamine renfermant un NH^2 libre, ou action de nitroso sur m-diamine ; condensation de oxy et aminoquinone et d'o-diamine. On range dans cette classe les dérivés aminés de la naphtophénazine.

Le *rouge toluylène* est une diaminoazine symétrique obtenue en chauffant le bleu de toluylène ou par oxydation de diméthyl-p-phénylènediamine et m-toluylènediamine. Ce colorant se trouve dans le commerce sous le nom de *rouge neutre*, il a des caractères basiques, mais les alcalis le font virer au jaune ce qui a empêché son emploi de se généraliser. Il est diazotable.

Le *violet neutre* est une couleur analogue que l'on obtient avec nitrosodiméthylaniline et m-phénylènediamine et aussi en oxydant diméthyl p-phénylène et m-phénylènediamine. La vraie diméthyldiaminophénazine est rouge ; le violet résulte sans doute de l'action de la diméthylparaphénylènediamine formée, comme la cyanamine dans le cas du Bleu Meldola :

$$N(CH^3)^2 \text{---} \bigcirc\!\!-\!\!\bigcirc \text{---} NH^2 HCl \quad \longrightarrow \quad N(CH^3)^2 \bigcirc\!\!-\!\!\bigcirc NH^2$$

$$NHC^6H^4N(CH^3)^2 HCl$$

Dans la série des naphtophénazines on a préparé deux diaminonaphto phénazines isomères. On part de chlorure de picryle et de α et β-naphtylamine, les autres réactions sont semblables à celles qui ont conduit dans la série benzénique à la préparation d'une nouvelle safranine et d'une nouvelle aposafranine (*Ber.*, 44.1618).

Les eurhodines qui n'ont pas d'intérêt comme colorants touchent par contre de très près aux safranines benzéniques et aux rosindulines de la série de la naphtaline.

Les *eurhodols* sont des oxy-azines. On les prépare par fusion des azines sulfonées avec de la potasse ou en traitant des eurhodines avec de l'acide chlorhydrique sous pression.

On peut aussi les préparer synthétiquement. Nietzki et Hasterlik ont obtenu une dioxyphénazine avec dioxyquinone et o-phénylènediamine :

Dioxyquinone   o-phénylènediamine   Dioxyphénazine

Kehrmann et Messinger ont préparé l'α-naphteurhodol avec l'oxynaphtoquinone et l'o-phénylènediamine :

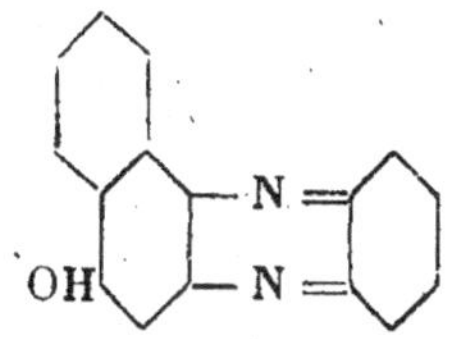

Dihydrodiazines. — Ce sont des azines doubles isomères des fluorindines. Ces dihydrodiazines sont colorées en violet et bleu mais ne possèdent pas de propriétés de couleurs. Grandmougin a préparé un tétranitro-dérivé de cette substance mais la diazine non substituée n'a pas encore été préparée.

Safranines

Si au lieu d'oxyder une o-aminoindamine on oxyde une o-phénylaminoindamine, on obtiendra une safranine. Alors que dans les azines, nous n'avions que deux noyaux phényliques, ici nous en aurons trois :

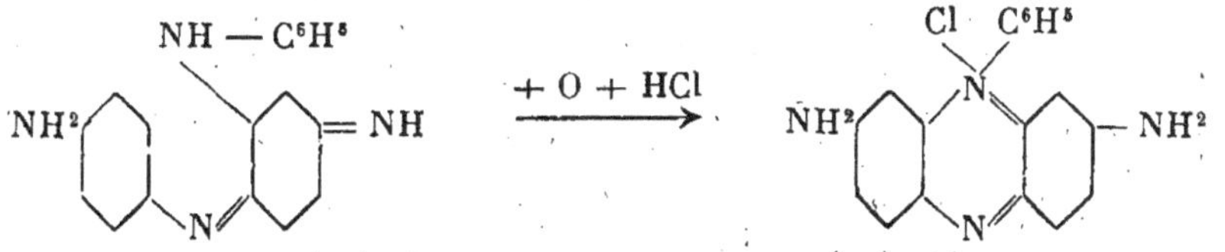

Pour préparer cette phénosafranine, on oxyde une molécule de p-phénylènediamine et deux molécules d'aniline. Il est très probable que la réaction a lieu en trois phases :

1° Formation d'indamine (oxydation de 1 molécule p-phénylène + aniline) ;

2° Phénylaminoindamine (anilidation de l'indamine précédente) ;

3° Soudure de l'azote azonium dans la position o- : formation de la safranine :

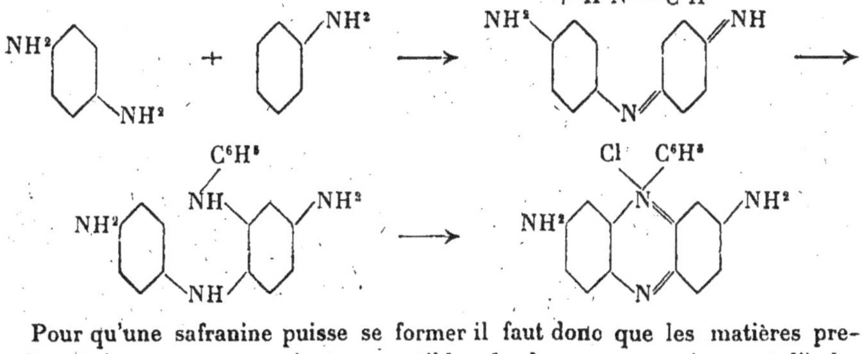

Pour qu'une safranine puisse se former il faut donc que les matières premières mises en œuvre soient susceptibles de donner successivement l'indamine, la phénylaminoindamine et la safranine. Les règles pour le choix de ces matières premières sont les suivantes :

1° La p-diamine doit avoir un NH^2 primaire et une position o- libre par rapport à cet NH^2;

2° La molécule d'amine destinée à former l'indamine pourra être primaire, secondaire ou tertiaire, mais il faudra qu'elle ait une position m-libre ainsi que la position p-;

3° La deuxième molécule de monamine qui fournira l'azote azonium pourra être substituée en p-, mais elle devra être primaire. Théoriquement cette dernière amine pourrait être substituée dans toutes les positions, mais pratiquement elle ne réagit pas ou réagit mal lorsque trop de positions sont occupées :

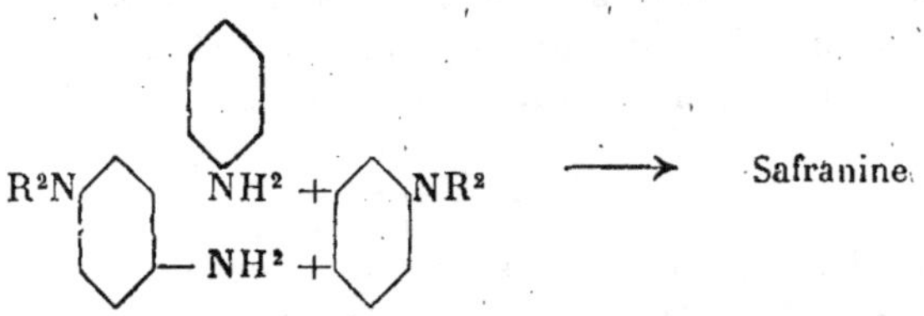

$$R^2N \diagdown NH^2 + \diagup NR^2 \longrightarrow \text{Safranine}$$
$$\diagdown NH^2 + $$

On peut aussi préparer des safranines en oxydant de la p-diaminodiphénylamine avec des amines primaires, ou en oxydant une indamine en présence d'une monamine convenablement choisie.

L'oxydation de la m-aminodiphénylamine avec une p-diamine conduit aussi à une safranine. Il se forme en premier lieu une indamine : il faut donc que cette indamine puisse se former selon les règles énoncées précédemment.

On peut aussi obtenir des safranines en faisant réagir des monamines sur des aposafranines et dans des conditions déterminées certains aminoazoïques donnent des safranines.

Nous venons de voir comment la safranine prend naissance. Au point de vue de sa constitution. Il est probable qu'il y a à un moment donné, passage de la forme p-quinonique à la forme o-quinonique :

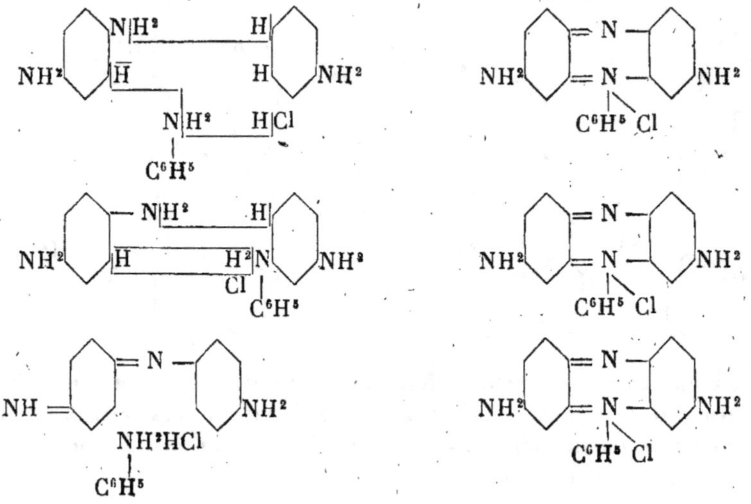

Quoique par leurs caractères ces colorants se rapprochent beaucoup des phénazines aminés, ils s'en éloignent par contre sur plusieurs points :

1° Caractère basique très accentué rappelant celui des ammonium quaternaires ;

2° Goût très amer de ces produits ;

3° Se différencient des couleurs aziniques : les bases libres ont la même couleur que les sels monoacides et sont solubles dans l'eau.

La base de la phénosafranine est une base correspondant à l'hydroxyde d'ammonium. Toutefois ces bases s'anhydrisent facilement et deviennent alors solubles dans l'éther. Dans cet état anhydrisé elles correspondent probablement à la formule paraquinonique :

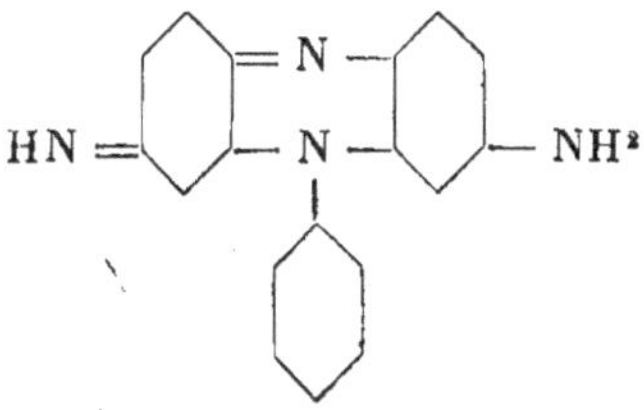

$$HN = \quad = N - \quad - NH^2$$

La safranine la plus simple, monoaminée est l'*aposafranine* obtenue par élimination d'un NH^2 de la safranine par réaction diazoïque :

$$NH^2 \qquad\qquad C^6H^5Cl \qquad\qquad ou \qquad\qquad NH = \quad HCl \qquad C^6H^5$$

Dans le cas de la tétraéthylsafranine, la potasse diluée ou l'oxyde d'argent humide ne donnent que des bases insolubles dans l'éther, mais avec des solutions plus concentrées, on obtient des bases iminées solubles dans l'éther. L'examen spectroscopique montre qu'il s'est formé de la triéthylsafranine par la séparation d'un groupe éthyle, sans doute sous la forme d'alcool éthylique (*M. C.*, 1914, 13).

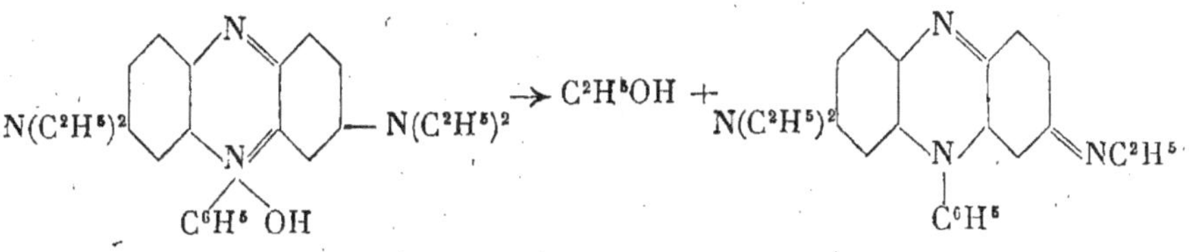

$$N(C^2H^5)^2 \quad - N(C^2H^5)^2 \quad C^6H^5OH \quad \rightarrow C^2H^5OH + \quad N(C^2H^5)^2 \quad NC^2H^5 \quad C^6H^5$$

Les safranines sont à l'état de sel monoacide colorées en rouge, les sels bi-acides sont colorés en bleu, et les sels tri-acides obtenus avec l'acide sulfurique concentré sont verts ; enfin dans l'acide sulfurique fumant elles se dissolvent en brun, sans doute par salification du second N azinique.

Les solutions des sels ne sont pas précipitées par les alcalis.

La safranine donne facilement un dérivé monodiazoïque.

En traitant celui-ci par l'alcool absolu, Nietzki obtint le dérivé monoaminé
qu'il appela aposafranine :

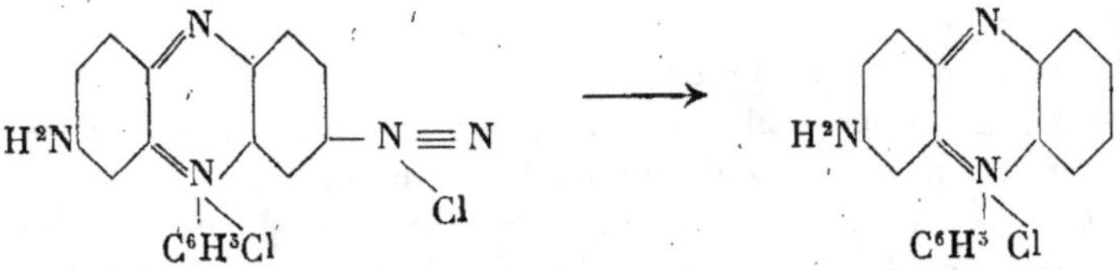

$$H^2N \quad N \equiv N \quad Cl \qquad \longrightarrow \qquad H^2N$$

$$C^6H^5Cl \qquad\qquad\qquad\qquad C^6H^5\ Cl$$

Quelques années plus tard Kehrmann réussit à diazoter l'aposafranine et à
éliminer aussi le second groupe NH^2. Il obtint ainsi le chlorure de phé-
nylphénozonium, pour lequel une formule orthoquinonique est seule admissible :

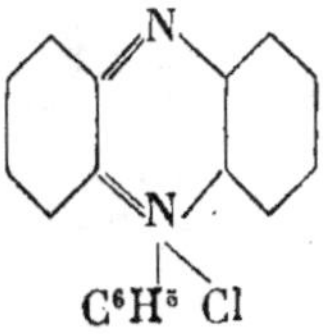

$$C^6H^5\ Cl$$

Ce dérivé est une matière colorante jaune orangée. Comme les quinones
elle réagit avec l'ammoniaque et les amines en donnant l'aposafranine ou des
aposafranines substituées :

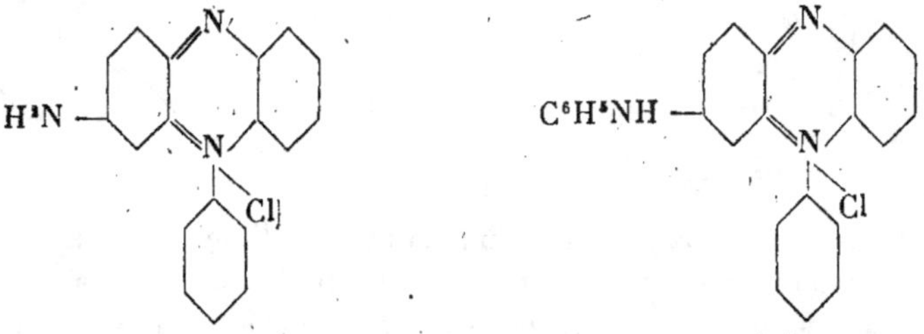

$$H^2N \qquad\qquad\qquad C^6H^4NH$$

$$Cl \qquad\qquad\qquad\qquad Cl$$

Phénosafranine. — Elle a été découverte par Witt en 1878, elle n'a qu'un
intérêt restreint.

Tolusafranine. — C'est le produit technique. On la prépare avec de la
toluylènediamine, une molécule d'o-toluidine et une molécule d'aniline. Il est
probable qu'il se forme en même temps non seulement la safranine diméthylée
mais aussi une certaine quantité de safranine triméthylée :

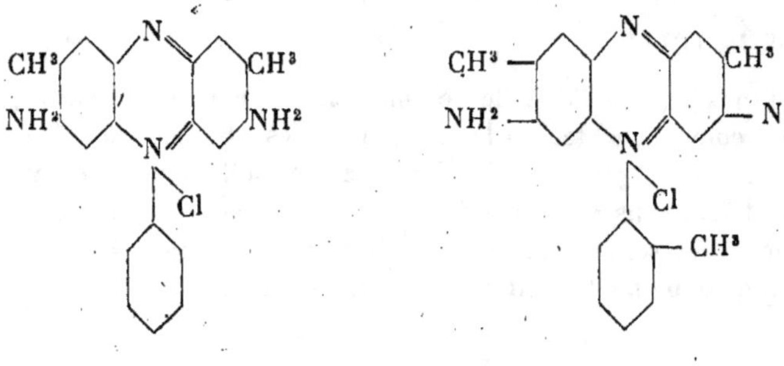

$$CH^3 \qquad N \qquad CH^3 \qquad\qquad CH^3 \qquad N \qquad CH^3$$

$$NH^2 \qquad\qquad NH^2 \qquad\qquad NH^2 \qquad\qquad NH^2$$

$$Cl \qquad\qquad\qquad\qquad Cl$$

$$\qquad\qquad\qquad\qquad\qquad\qquad CH^3$$

Fabrication de la safranine

Nous avons vu qu'il faut oxyder tout d'abord un mélange de une molécule de p-phénylènediamine et une molécule d'aniline afin de former l'indamine. Or, si l'on réduit de l'aminoazobenzol on a précisément un mélange de ces deux substances dans la proportion désirée.

$$C^6H^5N \overset{|}{\underset{H^2}{=}} \overset{|}{\underset{H^2}{N}} - C^6H^4 - NH^2 \quad \rightarrow \quad C^6H^5 - NH^2 + C^6H^4(NH^2)^2 \ 1.4$$

Le procédé consistera donc à oxyder ce mélange puis à ajouter une seconde molécule d'aniline, et par une oxydation nouvelle, on provoquera la formation de phénylaminoindamine.

La réduction du dérivé azoïque a lieu de la manière suivante :

Sulfate d'aminoazobenzène	24 kilogrammes
Eau	50 litres
Acide chlorhydrique	8 »
Limaille de fer	10 »

On chauffe entre 30 et 40° en agitant continuellement. Lorsque la solution est parfaitement décolorée on filtre et on ajoute :

Aniline	9 kilogrammes

Puis on étend avec 2000 litres d'eau et neutralise avec :

Carbonate de chaux	40 kilogrammes

Après avoir abaissé la température à 10° on fait une première oxydation avec :

Bichromate de soude	42 kilogrammes

On laisse reposer quelques heures et l'on a alors en solution l'*indamine*.

Pour former la *phénylindamine* on oxyde une deuxième fois en ajoutant :

Bichromate	21 kilogrammes

On fait bouillir, filtre et précipite au sel.

Violet méthylène. — C'est une matière colorante basique provenant de l'oxydation de diméthyl p-phénylènediamine et d'aniline :

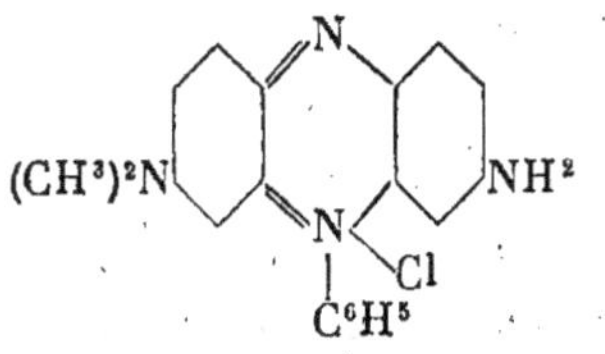

Le *violet améthyste* se prépare en oxydant un mélange de diéthyl-p-phénylènediamine, de diéthylaniline et d'aniline :

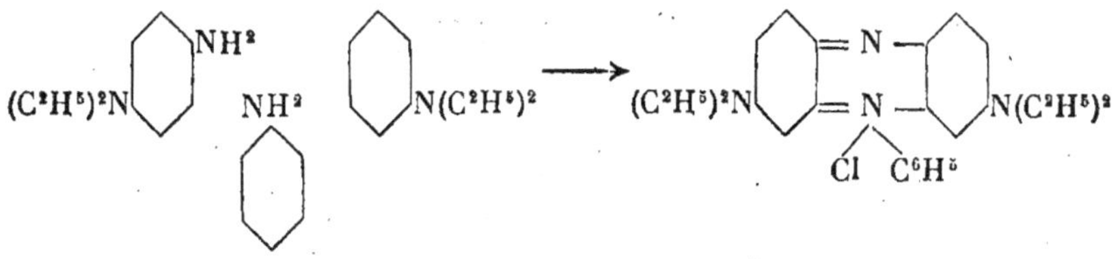

La *Rosolane* ou *Mauvéine* qui est la première matière colorante que l'on ait produit artificiellement peut être rangée dans cette série.

On l'obtient par oxydation d'une aniline contenant des toluidines, c'est certainement un mélange.

Un produit unique a été préparé synthétiquement avec la nitrosoaniline et la diphényl-m-crésylènediamine :

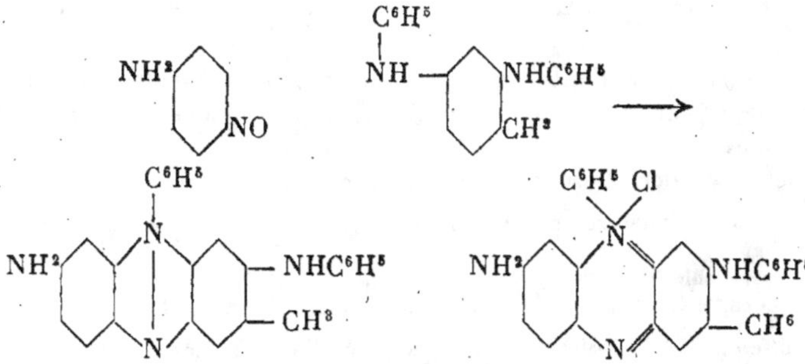

Les travaux de Perkin, Fischer et Hepp ont permis de déterminer la constitution de la mauvéine que l'on peut considérer comme la safranine phénylée. Fischer et Hepp ont préparé synthétiquement la mauvéine la plus simple la *phénomauvéine* avec la nitrosoaniline et la diphényl-méta-phénylène-diamine :

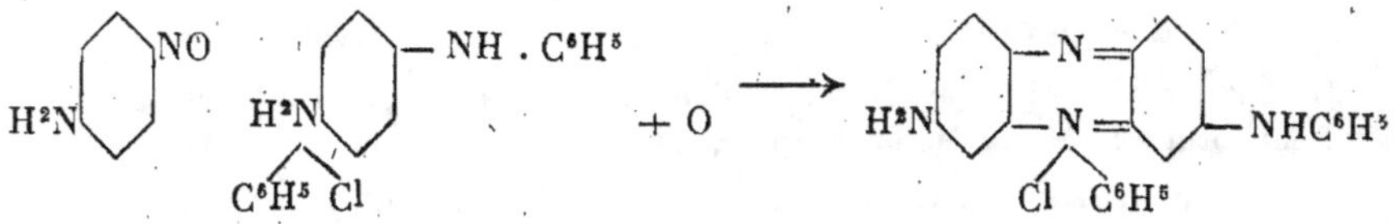

La nitrosodiméthylaniline sert à préparer toute une série de safranines.

L'*indazine* est un beau bleu solide aux alcalis que l'on prépare avec la nitrosodiméthylamiline et la diphényl-m-phénylènediamine :

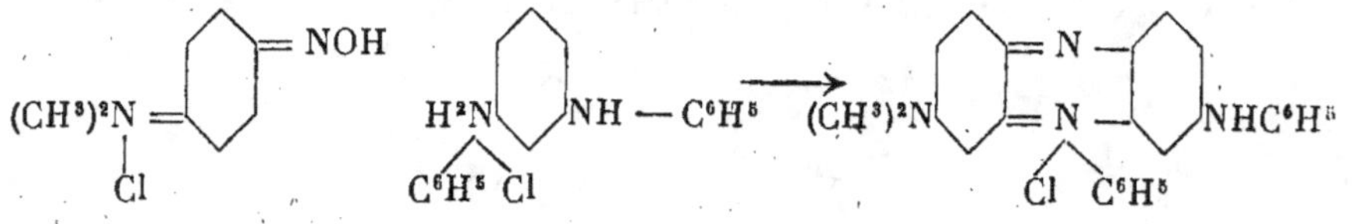

Il est probable que la diméthyl-phénylènediamine qui se forme par réduction du dérivé nitroso réagit sur le noyau quinonique en donnant par exemple :

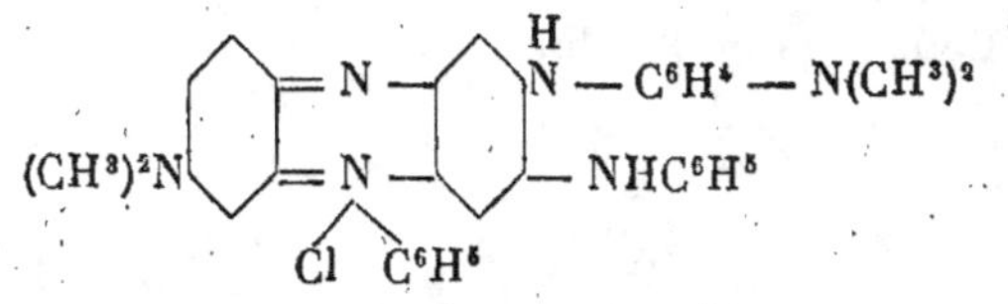

qui correspondrait aux indulines et expliquerait bien la couleur bleue.

Le *bleu de Bâle* se forme dans les mêmes conditions avec la diphénylnaphtylènediamine 2, 7, c'est une belle matière colorante basique.

Avec la diphénylnaphtylènediamine 2, 6 on obtient le *vert azinique* :

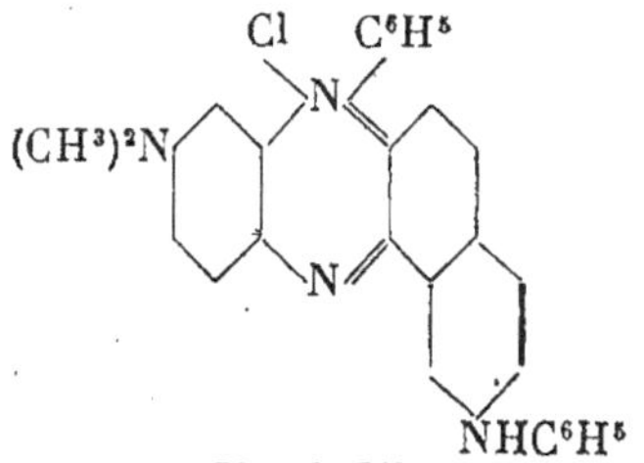

Bleu de Bâle 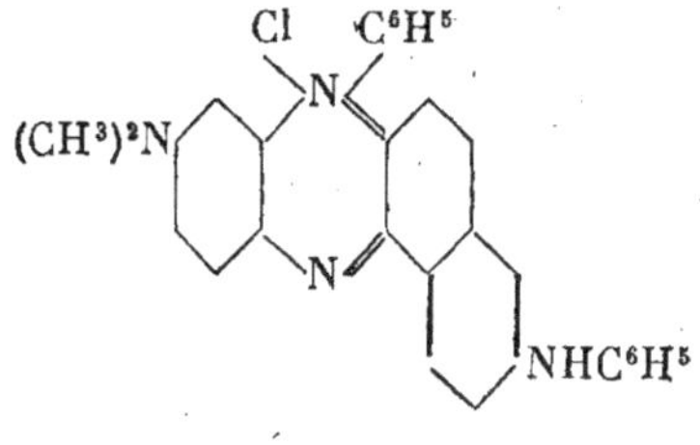   Vert azinique

L'*héliotrope au tannin* provient de la condensation de ce dérivé nitrosé avec un mélange de xylidine et de chlorhydrate de xylidine :

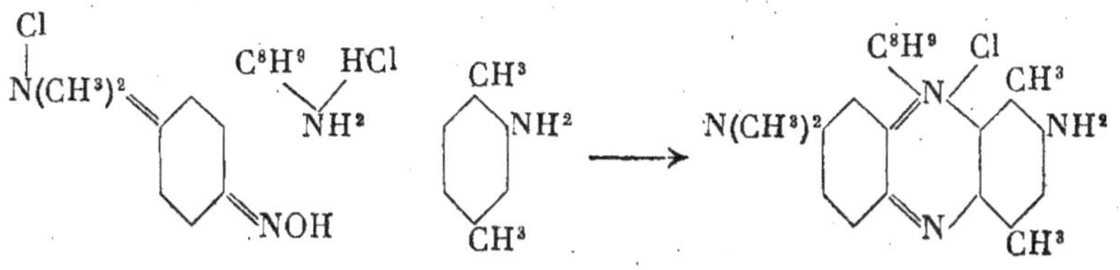

Le *violet méthylène* par oxydation de diméthyl p-phénylènediamine et d'aniline ; c'est une ¡diméthylsafranine :

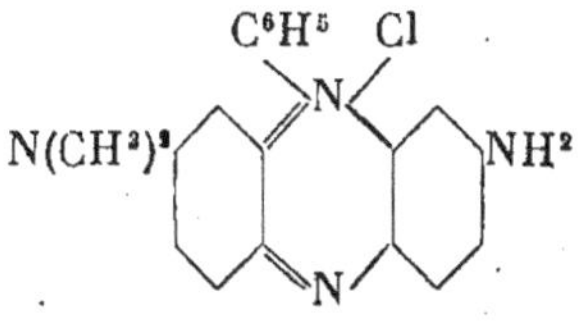

La *clématine* se prépare dans les mêmes conditions en employant l'aniline et les o- et p-toluidines :

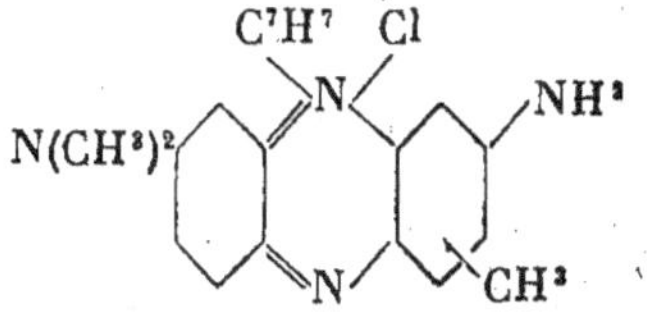

Le *violet neutre solide* dérive de la nitrosodialcoylaniline et de la éthyl m-phénylènediamine symétrique :

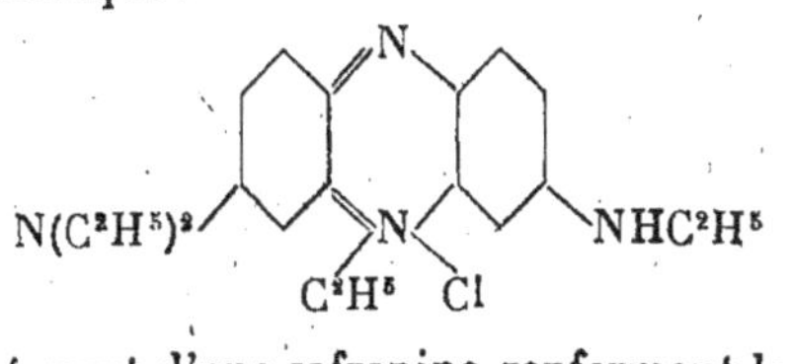

Il s'agit là par conséquent d'une safranine renfermant le groupe azonium aliphatique. Ces safranines s'appellent en général *rhodulines*. Leur substance mère est le chlorure de méthylphénazonium préparé par Kehrmann et Havas avec phénazine + sulfate de méthyle.

Cette-substance donne par addition avec NH^3 des substances analogues à l'aposafranine et à la safranine. Cette synthèse peut donc être considérée comme la suite de celle de la safranine.

En alcoylant les groupes aminés de la safranine il se forme des colorants violets ; en les phénylant, les nuances sont plus bleues. Il existe donc certaines analogies entre les safranines et les couleurs de rosaniline.

On obtient des safranines sulfonées en oxydant de l'acide sulfoné de la para-minodiphénylamine avec l'acide éthylbenzylanilinesulfonique et une amine primaire, par exemple :

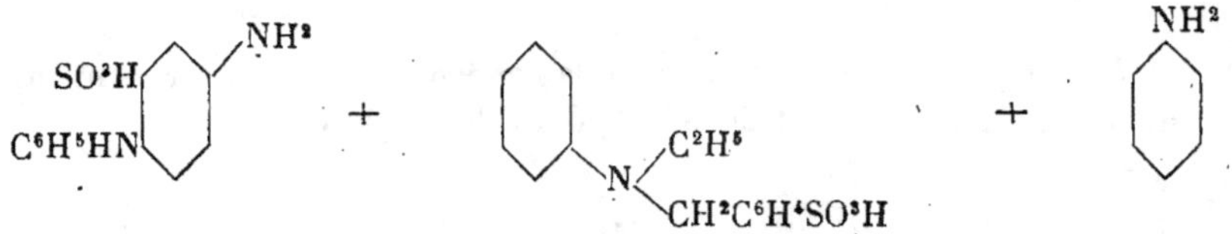

Les sels de phénylphénazonium sont faiblement colorés et pour la plupart inutilisables comme couleur, toutefois on emploie un dérivé du phénanthrène, *la flavinduline* teignant le coton en brun jaune qui a quelqu'emploi pour l'impression du coton et pour le cuir.

On l'obtient en condensant la phénanthrènequinone avec l'o-aminodiphényl-amine :

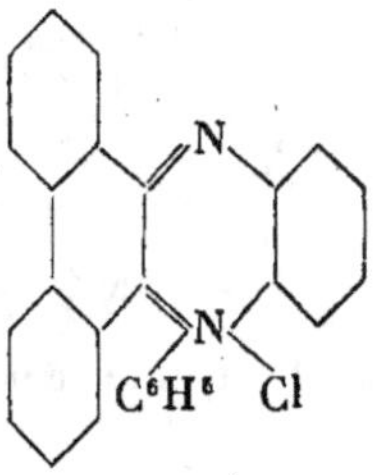

Les monoamines des azoniums de la série benzènique sont les aposafranines qui n'ont cependant pas d'emploi technique.

Les monoamines de la naphtaline, par contre que l'on appelle *rosindulines*, sont pratiquement intéressantes.

Le *rose de Magdala* obtenu en chauffant un mélange d'aminoazonaphtaline d'α-naphtylamine et de HCl α-naphtylamine est une naphtosafranine. Sa formule de constitution serait :

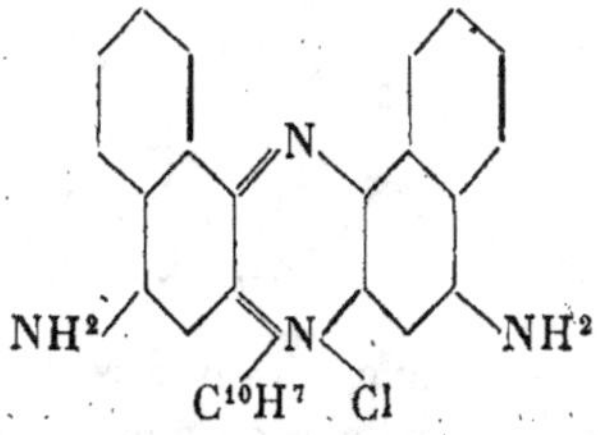

Ce produit qui avait trouvé quelqu'emploi pour la teinture de la soie n'est plus guère utilisé actuellement.

Le *bleu de naphtazine* se prépare avec la nitrosodiméthylaniline et le dérivé disulfoné de la β-dinaphtyl-m-phénylènediamine. La base de la substance mère peut être formulée comme suit :

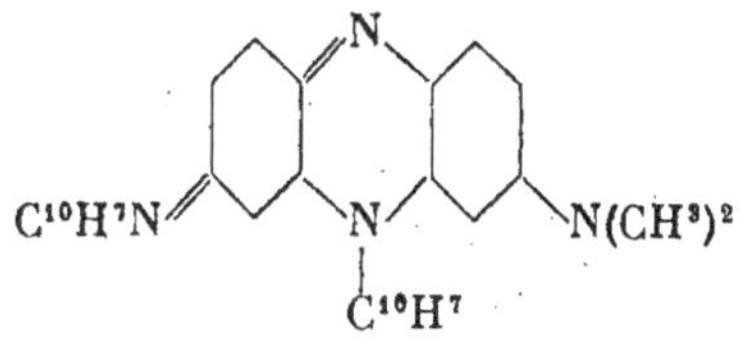

$$C^{10}H^7N \quad\quad N \quad\quad N(CH^3)^2$$
$$N$$
$$C^{10}H^7$$

Aposafranines. — Les aposafranines renfermant un NH^2 de moins que les safranines, elles sont donc moins basiques. L'aposafranine la plus simple provient de l'ébullition du monodiazoïque de la phénosafranine avec de l'alcool :

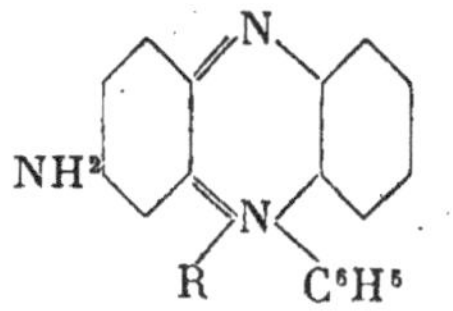

$$NH^2 \quad\quad N \quad\quad N$$
$$R \quad\quad C^6H^5$$

Ses sels sont rouges, fluorescents en solution alcoolique. L'acide sulfurique donne une coloration brun jaune, en étendant d'eau, elle devient successivement verte, puis rouge sans que le bleu apparaisse comme produit intermédiaire.

Lorsqu'on diazote la safranine on obtient par copulation avec le β-naphtol, l'*indoïne* qui se trouve aussi dans le commerce sous le nom de *naphtindone, bleu diazine, bleu bengaline, bleu janus.*

Le *méthylindone C* est obtenu en copulant la safranine avec l'aminonaptol, le *vert janus* avec la diméthylaniline, le *noir diazine,* avec le phénol.

Le *safranol* se forme en chauffant la phénosafranine avec de l'eau de baryte ou de la potasse alcoolique. Il a des propriétés en même temps acides et légèrement basiques.

L'aposafranine dont nous avons parlé ci-dessus n'est pas employée comme colorant, mais on peut la considérer comme le type d'une série de colorants appelés les *rosindulines* et les *isorosindules.* Ces produits étaient autrefois rangés dans la classe des indulines que l'on séparait complètement des safranines ; actuellement cette classification ne peut être admise et d'ailleurs les indulines elles-mêmes ainsi que nous le verrons plus loin, ne sont que les safranines anilidées.

1° Rosindulines. — Ce sont les dérivés monoaminés du phénylnaphtophénazonium ainsi que leurs dérivés de substitution. Comme le phénylnaphtophénazonium lui-même peut exister sous deux formes différentes et que d'autre part les groupes amino peuvent se trouver dans le noyau naphtaline et dans le noyau benzène, il existe un grand nombre d'isomères. Les dérivés monaminés où le groupe amino se trouve dans le noyau benzènique sont appelés : *isorosindulines*. En chauffant la benzol-azo-α-naphtylamine avec de l'aniline et de l'alcool sous pression à 170° ou par condensation de naphtoquinoneimine avec l'o-aminodiphénylamine, Kehrmann (*Ber.*, 24.584, 2167) a préparé la rosinduline :

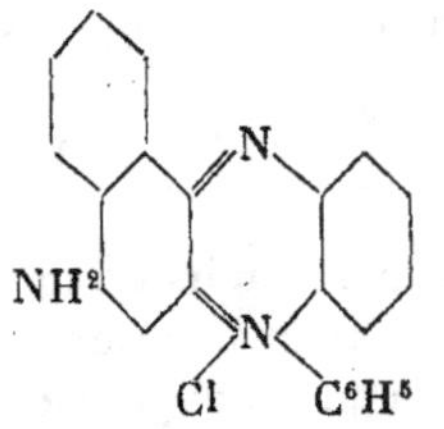

Sous le nom de *rosinduline* ou *azocarmin* on emploie son dérivé sulfoné.

Ces aposafranines se forment lorsqu'on chauffe des amidoazoïques de la naphtaline avec de l'aniline et du chlorhydrate d'aniline. Il s'agit donc de produits mixtes renfermant en même temps un noyau naphtaline et un noyau benzène. Voici comment on peut expliquer le passage des aminoazoïques aux rosindulines.

On part de *phénylazo-α-naphtylamine*. Lorsqu'on chauffe ce produit avec de l'aniline et du chlorhydrate d'aniline, on a très probablement par suite de la scission de cette molécule, d'une part de la naphtoquinonediimide et d'autre part des dérivés indéterminés provenant du groupement NC^6H^5, peut être de l'aniline, de l'hydrazobenzène ou même l'azoxybenzène. Quoi qu'il en soit le corps intéressant est la quinonèdiimine :

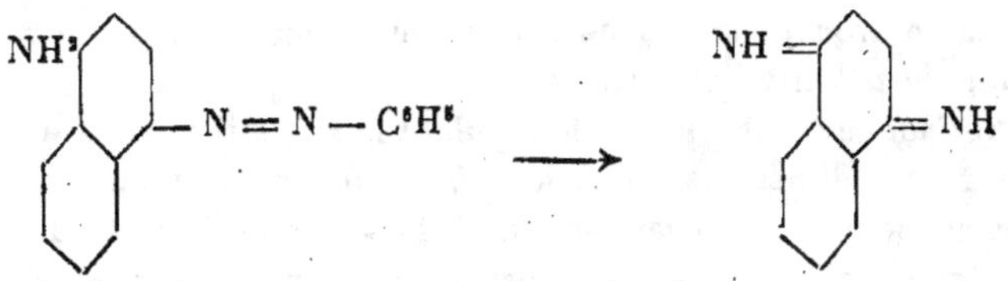

Ce serait le corps générateur de la rosinduline, il se formerait successivement de la diphénylquinonediimine, puis son dérivé anilidé qui donnerait par oxydation de la rosinduline phénylé :

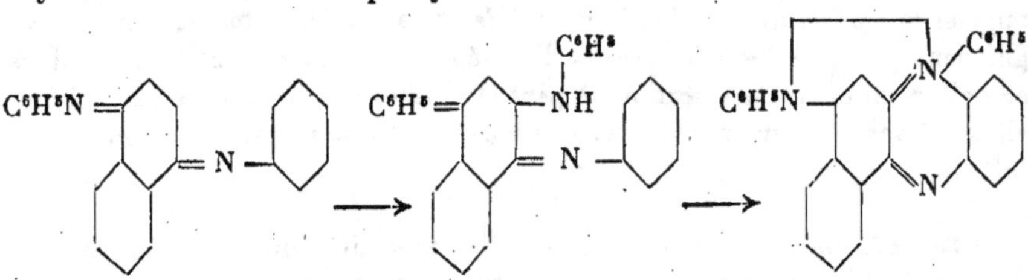

On peut remplacer dans la préparation de cette rosinduline l'aminoazoïque

par l'anilidoquinonanile, l'α-nitroso-β-naphtol, ou la nitrosophényl-α-naphtyla-
mine :

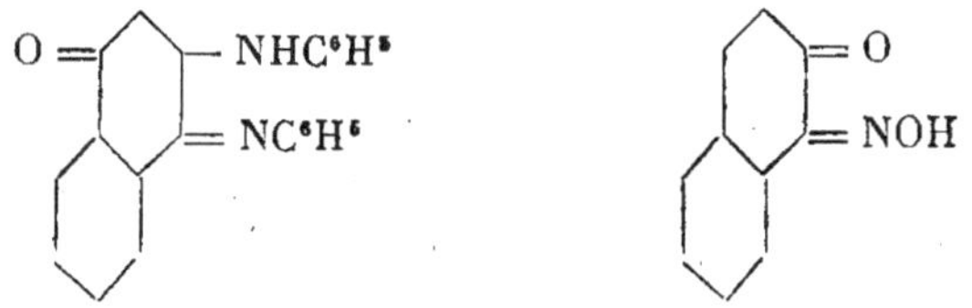

Ces rosidulines en elles-mêmes n'ont pas d'intérêt technique, par contre
leurs produits sulfonés sont des colorants qui sont solides à la lumière, résistent aux alcalis et égalisent bien ; on les emploie pour la laine et la soie.

L'*azocarmin*, le *rosazine*, sont des disulfophénylrosindulines, la *rosinduline*
2B ou *azocarmin B* le dérivé trisulfonique.

Par oxydation de p-diamines renfermant un groupe amino libre avec 1,3-
naphtylène-diamine et ses dérivés, par exemple, avec diphényl-1,3- naphty-
lènediamine-sulfonique au moyen d'un courant d'air en présence d'oxyde de
cuivre ammoniacal, on obtient des couleurs violettes et bleues. Le *violet pour
laine B* rentre dans cette classe de couleurs qui sont vraisemblablement des
dérivés sulfonés de la safranine suivante :

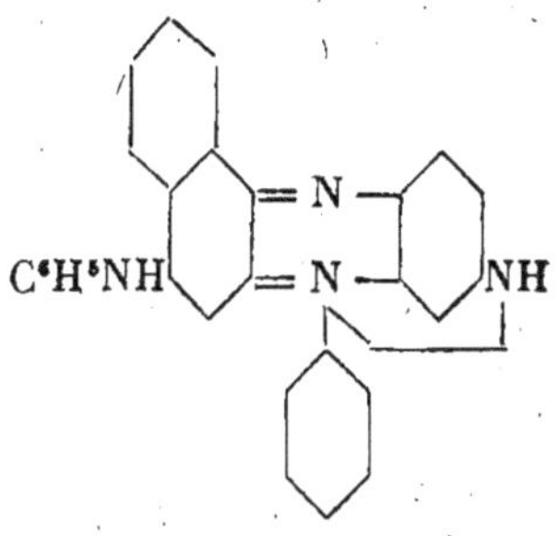

La phénylrosinduline chauffée sous pression avec HCl concentré se transforme
en *rosindone* :

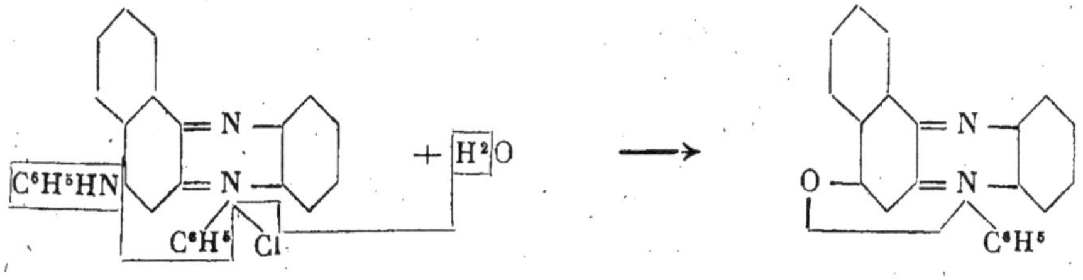

Si l'on fait cette même réaction avec la phénylrosinduline trisulfonée, on obtient le rosindon monosulfoné, la *Rosinduline 2G*.

On peut aussi obtenir le rosindone en condensant l'oxy-α-naphtoquinone avec la phényl o-phénylènediamine :

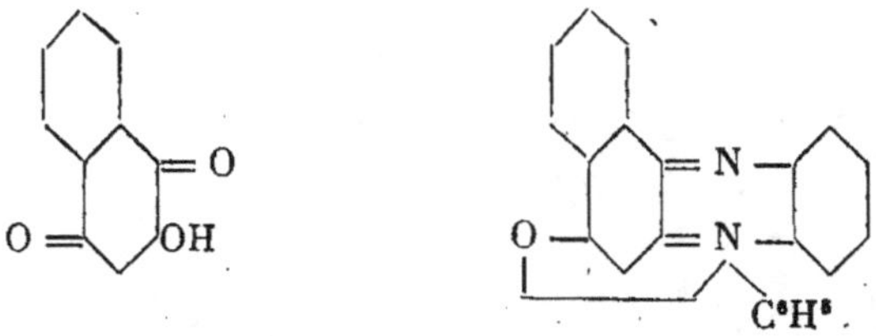

de même qu'on avait obtenu la rosinduline avec l'oxynaphtoquinone-imide et la phényl-o-phénylènediamine :

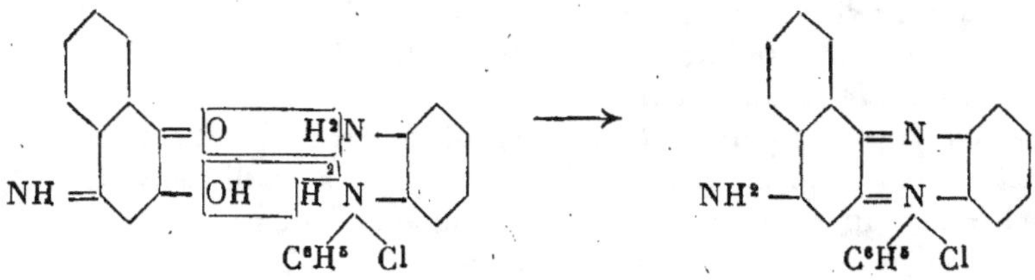

Le rosindone a pu servir à étayer la formule de structure de la rosinduline ; si on le distille avec de la poudre de zinc on obtient en effet l'α-naphtophénazine :

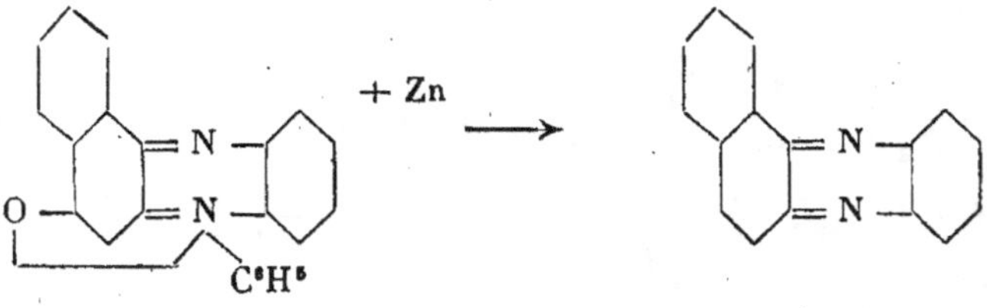

Kehrmann a publié de nombreux travaux sur ces produits.

Fabrication de la rosinduline

On condense la benzolazo-α-naphtylamine avec de l'aniline :

Benzolazo-α-naphthylamine. ....   100 kilogrammes
Chlorhydrate d'aniline   100   »
Aniline...   350   »

monter lentement à 120° s'y maintenir 2 heures, puis chauffer à 160° et prendre une série de tâtes que l'on compare à un type. Couler dans :

Eau ....   3 000 litres
Acide chlorhydrique............................   400   »

Décoctionner, filtrer, sécher.

Sulfonation. — Pour le dérivé disulfoné on emploie :

Rosinduline...................................... 100 kilogrammes
Acide sulfurique à 30 °/₀ SO³...................... 400   »

Introduire lentement la rosinduline dans l'acide en refroidissant puis élever la température jusqu'à 85°. Lorsqu'une tâte est soluble dans l'eau on coule dans :

Eau.. 1 000 litres

Précipiter avec sel marin, passer au filtre-presse pour séparer le dérivé sulfoné que l'on transforme ensuite en sel de soude ou d'ammoniaque.

Au point de vue de sa constitution et de son mode de préparation on peut rapprocher l'*écarlate d'Induline* des phénylrosindulines ; on l'obtient en chauffant les dérivés azoïques de la monoéthyl p-toluidine avec du chlorhydrate d'α-naphtylamine :

C'est un colorant basique rouge employé pour l'impression du coton. Il a trouvé un emploi curieux comme agent catalytique pour les enlevages aux sulfoxylates.

L'écarlate d'induline renferme le groupe azonium aliphatique, comme les Rhodulines.

2° Isorosindulines. — Les rosindulines dont nous venons de parler sont quinonisées dans le noyau naphtalique et substituées dans ce noyau. Il existe des produits analogues aminés dans le noyau benzènique ; ce sont les *isorosindulines*, dont les nuances sont beaucoup plus bleues.

On prépare l'isorosinduline la plus simple en faisant réagir la quinone-dichlorimide sur la phényl β-naphtylamine :

Comme produit industriel on prépare le *bleu neutre*, en faisant réagir la nitrosodiméthylaniline sur la phényl β-naphtylamine :

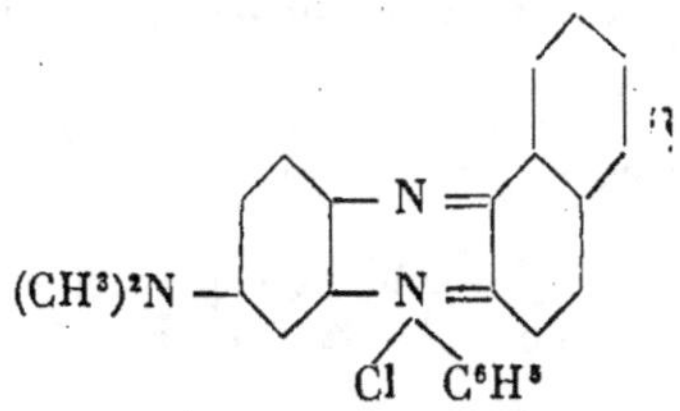

Si l'on fait réagir sur le bleu neutre une amine, on obtient un dérivé de la naphtophénosafranine :

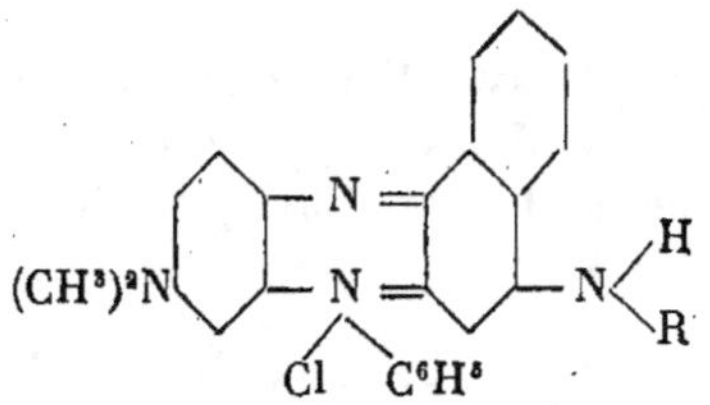

Le *bleu de Bâle* se prépare avec la nitrosodiméthylaniline et la 2,7-ditolylnaphtylènediamine. Ce produit se distingue des vraies safranines au point de vue de la position des groupes amidogènes, un seul se trouvant en para par rapport à l'azote azinique.

Le *vert azinique* est un isomère du bleu de Bâle préparé avec la 2-6 diphénylnaphtylènediamine :

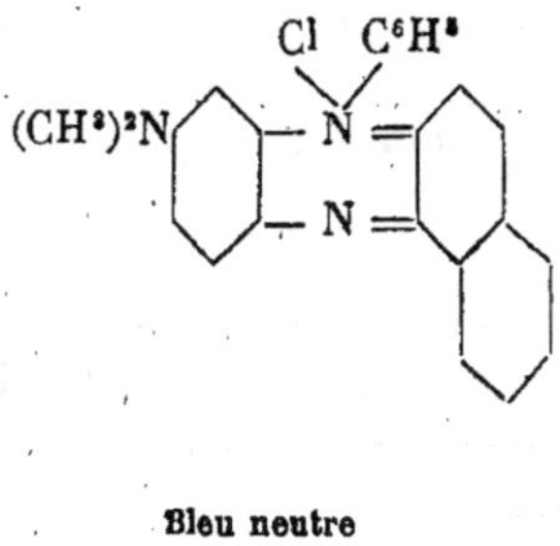

Bleu neutre

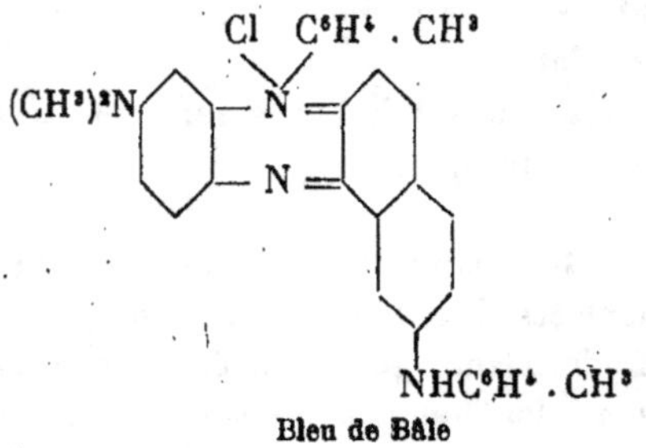

Bleu de Bâle

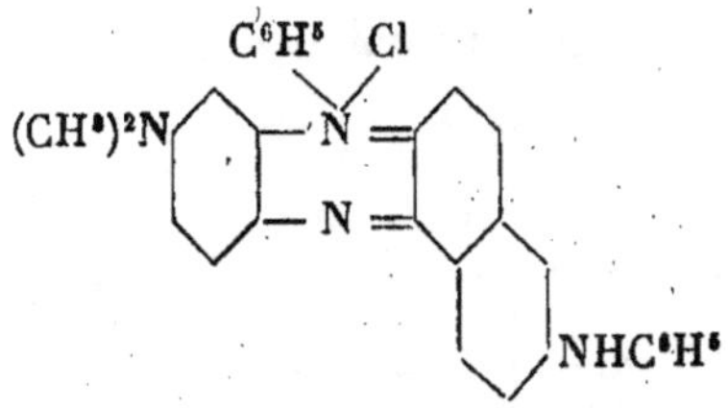

Vert azinique

Naphtosafranines

Le plus ancien produit de cette classe est le *rose de magdala* découvert par Schiendl en 1868 et mentionné déjà plus haut. Fischer et Hepp en ont étudié la constitution (*Ann.*, 286.232). Ils ont préparé aussi des produits analogues : le *rouge naphtyle*, le *bleu naphtyle*, le *violet naphtyle*.

Le rose de magdala préparé en chauffant du chlorhydrate d'aminoazonaphtaline avec de l'α-naphtylamine correspond à la formule :

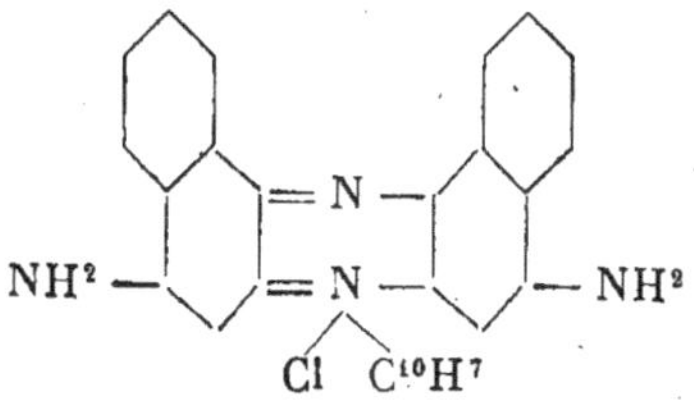

On trouve dans le commerce des naphtosafranines sulfonées. On les prépare en chauffant la phénylazo-α-naphtylamine ou les nitrosonaphtols avec α-naphtylamine et aniline et sulfonant les produits obtenus :

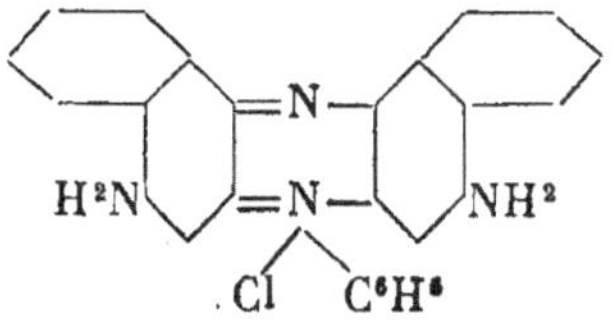

Rouge naphtyl

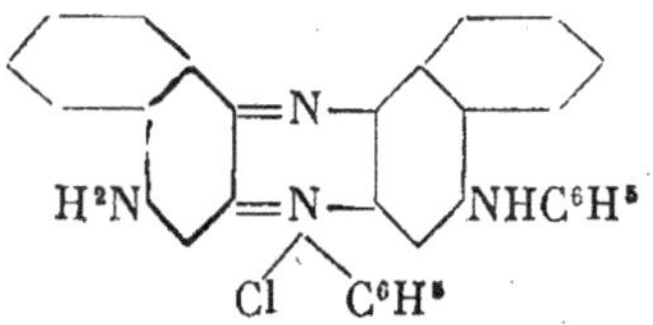

Violet naphtyl

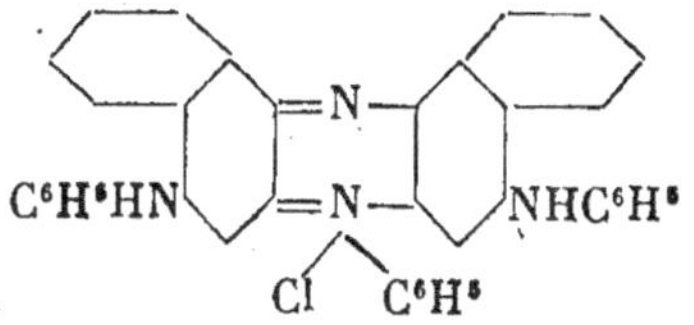

Bleu naphtyle « Azindone G et R (K) »

Le *violet de para-phénylène* se prépare en chauffant de la p-phénylènediamine avec de l'α aminoazophtaline ; c'est un colorant basique.

Indulines

Les indulines peuvent être considérées comme des anilidosafranines.

Leur préparation date de 1865 (Caro et Dale) et de 1866, (Griess et Martius). Ces colorants ont des nuances variant du bleu au gris.

Ce sont le plus souvent des couleurs sulfonées employées pour la teinture de la laine mais on prépare aussi des indulines non sulfonées solubles à l'alcool et dans les solvants organiques employées comme laques ainsi que quelques indulines basiques.

On doit à Fischer et à Hepp, une belle étude de ces colorants.

(Fischer et Hepp, *Ber.*, 17, 74 ; *Ann.*, 262-256, 266-255, 286-195 ; *Ber.*, 29, 366 ; *Ber.*, 33, 1499).

Ces matières colorantes se forment lorsqu'on chauffe des dérivés amino-azoïques avec certaines amines et des chlorhydrates de ces amines, par exemple en chauffant à 180° un mélange d'aminoazobenzène, d'aniline et de chlorhydrate d'aniline.

Il est très probable que dans cette réaction il se produit d'abord l'anilido-quinonediimide par suite d'une transposition de la molécule d'aminoazoben-zène :

$$H^2N-\!\!\!\bigcirc\!\!\!-N=N-C^6H^5 \quad\longrightarrow\quad HN=\!\!\!\bigcirc\!\!\!=N-\underset{H}{N}-C^6H^5$$

C'est ce dérivé quinonique qui devient le pivot de la réaction. Tout d'abord deux molécules d'aniline réagissent comme agent de phénylation en donnant de la diphénylquinonediimide avec élimination d'ammoniaque et d'aniline, et en même temps deux molécules d'aniline réagissent comme agents *d'anilidation* et il se produit ainsi de la dianilido-diphénylquinonediimide :

$$C^6H^5-\underset{H}{N}-\!\!\!\bigcirc\!\!\!=NC^6H^5$$
$$C^6H^5N=\!\!\!\bigcirc\!\!\!-\underset{H}{N}-C^6H^5$$

Cette substance est l'*azophénine* que l'on peut considérer comme le corps générateur des indulines. Par simple oxydation cette azophénine se transforme en induline :

Des indulines plus complexes, qui se trouvent en proportion importante dans l'induline commerciale sont le résultat d'une anilidation plus avancée :

$$\text{(C}^6\text{H}^5\text{HN)}\ldots\text{NHC}^6\text{H}^3 \quad\text{et}\quad \text{(C}^6\text{H}^5\text{HN)}\ldots\text{NHC}^6\text{H}^5$$

On prépare une induline plus simple : le *bleu indamine* en fondant avec ménagement de l'aminoabenzène avec du chlorhydrate d'aniline en excès ; c'est de *l'anilidophénylsafranine* :

$$C^6H^5HN \quad N \quad NH^2 \qquad C^6H^5N \quad N \quad C^6H^5$$

Les indulines se forment aussi en chauffant la phénosafranine avec l'aniline et le chlorhydrate d'aniline.

Les dérivés les plus simples sont des bleus rougeâtres ; on peut à volonté obtenir des indulines ayant des nuances rouges ou bleues en faisant varier la quantité d'amine mise en œuvre et en faisant l'opération à une température plus ou moins élevée.

Les indulines ainsi préparées sont insolubles dans l'eau ; un certain nombre d'entre elles sont solubles dans l'alcool ou dans divers solvants organiques, on les emploie comme laques et à l'état de dissolution dans l'alcool et surtout dans l'acétine pour l'impression du coton (*bleu d'acétine*).

Les réducteurs transforment les indulines en leucobases, qui se réoxydent à l'air.

Dans l'acide sulfurique concentré elles se dissolvent et se sulfonent si l'on chauffe.

Sauf le bleu indamine qui est employé comme colorant basique, toutes les autres indulines sont utilisées en teinture à l'état de produits sulfonés. Les acides libres sont insolubles ou peu solubles dans l'eau. Ces colorants égalisent assez mal et n'ont pas une grande importance en teinture et en impression.

Fabrication des indulines

On chauffe dans un appareil en fonte muni d'un agitateur :

Aminoazobenzène	100 kilogrammes
Chlorhydrate d'aniline	170 »
Aniline	300 à 400 »

On maintient à une température de 170-175° pendant 3 à 5 heures en suivant la marche de la réaction au moyen de tâtes dans l'alcool. Celles-ci rougeâtres au début deviennent de plus en plus bleues ; on interrompt l'opération quand on a la nuance désirée, on coule dans de l'eau acidulée avec acide chlorhydrique on porte à l'ébullition, filtre et sèche. Les eaux renfermant le chlorhydrate d'aniline sont traitées en vue de la régénération de l'amine.

La production d'induline à ton rouge ou d'induline bleue, voire même d'induline à reflets verdâtres dépend de la proportion d'amine mise en œuvre, de la température, de la réaction et de sa durée.

Pour rendre les indulines aptes à la teinture il est nécessaire de les sulfoner.

On emploie trois parties d'acide sulfurique à 100 % et l'on chauffe au bain-marie. On suit la marche de la sulfonation en prenant des tâtes dans la soude.

Lorsque la solubilisation est complète, on traite toute l'opération par de la soude, puis on évapore à sec ; les indulines sulfonées ne sont en effet pas précipitables par du sel marin.

Dans certains cas, il est utile d'employer de l'acide fumant, la température de sulfonation varie alors de 30 à 40°.

Certaines indulines donnent des dérivés sulfonés insolubles dans l'eau, on coule alors la solution sulfurique dans de l'eau, on filtre et neutralise comme il a été dit précédemment. Cette manière de faire lorsqu'elle est pratiquable, est plus avantageuse que la précédente, car on évite ainsi de neutraliser inutilement l'excès d'acide sulfurique qu'il est impossible d'éviter dans cette opération.

Il existe des indulines solubles dans l'eau à caractère basique, on les prépare en chauffant de l'aminoazobenzène avec de la p-phénylènediamine ou de la toluylènediamine. Il est probable que ces produits renferment des groupes $NHC^6H^4NH^2$ au lieu de NHC^6H^5 dans les chaînes latérales ce qui expliquerait la plus grande basicité de ces couleurs ainsi que leur solubilité :

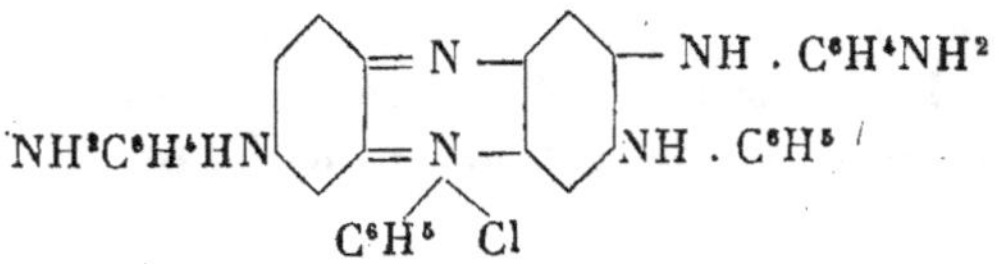

$$NH^2C^6H^4HN \diagup\diagdown \begin{array}{c} = N - \\ = N - \end{array} \diagup\diagdown \begin{array}{c} - NH . C^6H^4NH^2 \\ NH . C^6H^5 \end{array}$$
$$C^6H^5 \quad Cl$$

On prépare ainsi le *bleu de toluylène*.

Certaines indulines à l'alcool peuvent se transformer en indulines basiques analogues aux précédentes, lorsqu'on les chauffe avec de la p-phénylènediamine ; par exemple :

Induline alcool	100 kilogrammes	
p-phénylènediamine................................	150	»
Chlorhydrate de phénylènediamine.................	50	»

Chauffer à 180° pendant 3 heures, dissoudre dans de l'acide chlorhydrique, filtrer et précipiter avec du sel marin. Cette réaction n'est que partielle, aussi le résidu de la filtration est-il très abondant mais celui-ci n'est pas perdu car on le transforme ensuite en induline sulfonée. Le *bleu de p-phénylène* se prépare par ce procédé.

Il se forme aussi des indulines solubles en chauffant en milieu aqueux de l'aminoazobenzène avec de l'aniline et du chlorhydrate d'aniline.

D'autres indulines solubles prennent naissance par l'action de p-diamines sur les azoïques des 1,5 et 1,8 naphtylènediamines. La fusion d'aminoazoïques ou d'indulines avec le chlorhydrate de benzidine donne aussi des colorants solubles.

Le *bleu indamine* dont il a été question plus haut, peut rentrer dans cette catégorie de colorants basiques.

Si l'on chauffe de l'azophénine, de l'aniline et de chlorhydrate de p-phénylènediamine avec de l'alcool sous pression il se forme une induline soluble.

Nigrosines. — Ce sont des matières colorantes grises et bleu-gris qui ont les caractères des indulines ; elles se forment lorsqu'on chauffe par exemple de l'aniline, du nitrobenzène et du chlorure ferreux. La nuance varie du gris violacé au gris franc, selon les proportions de matières employées et selon la température de la réaction.

On obtient un gris bleu avec les proportions suivantes :

Aniline	150 kilogrammes	
Nitrobenzène	150	»
Chlorure ferreux	50	»

On chauffe pendant 8 heures à 180-200° en suivant la marche de la réaction au moyen de tâtes dans l'alcool ; l'opération terminé on fait passer un courant de vapeur d'eau pour éliminer l'excès d'aniline et de nitrobenzène, puis on traite par acide chlorhydrique dilué, on filtre.

Ces colorants sont insolubles dans l'eau ; on peut les employer comme laques solubles à l'alcool ou les transformer en produits sulfonés (*Bleu CBR, noir C 2 N*).

D'après la proposition de Caro on nomme indulines les colorants dérivés d'amines et d'azoïques, et nigrosines ceux qui proviennent de nitrobenzène et de nitrophénol.

Outre les divers procédés que nous venons d'indiquer les indulines se forment aussi par d'autres méthodes :

Par oxydation d'aniline, dans la préparation de la fuchsine (violaniline) ; en chauffant de l'azobenzène avec du chlorhydrate d'aniline à 200-230°, etc...

Quinoxalines

Ces colorants ne sont intéressants qu'à cause de leur analogie avec les azines.

Elles ont été découvertes par Hinsberg en condensant les o-diamines aromatiques avec des dicétones et dialdéhydes. La quinoxaline type est :

$$\text{C}_6\text{H}_4 \begin{cases} -\text{N}\,\text{H}_2\;\;\text{CH}\,\text{O} \\ -\text{N}\,\text{H}_2\;\;\text{CH}\,\text{O} \end{cases} = \text{C}_6\text{H}_4 \begin{cases} -\text{N}=\text{CH} \\ -\text{N}=\text{CH} \end{cases} + \text{H}_2\text{O}$$

Les quinoxalines sont généralement incolores mais les hydroquinoxalines sont colorées :

$$\text{C}_6\text{H}_4 \begin{cases} \text{N}\,\text{H}_2\;\;\;\text{C}\,\text{O}\,\text{C}_6\text{H}_5 \\ \text{N}\,\text{H}_2\;\;\;\text{C}\,\text{O}\,\text{C}_6\text{H}_5 \end{cases} + \qquad \text{C}_6\text{H}_4 \begin{cases} \text{N}=\text{C}-\text{C}_6\text{H}_5 \\ \text{N}=\text{C}-\text{C}_6\text{H}_5 \end{cases}$$

Benzile

$$\text{C}_6\text{H}_4 \begin{cases} \text{N}\,\text{H}\;\;\;\text{CH}\,\text{OH}\,\text{C}_6\text{H}_5 \\ \text{N}\,\text{H}_2\;\;\;\text{C}\,\text{O}\,\text{C}_6\text{H}_5 \end{cases} \qquad \text{C}_6\text{H}_4 \begin{cases} -\text{NH}-\text{CH}-\text{C}_6\text{H}_5 \\ -\text{N}=\text{C}-\text{C}_6\text{H}_5 \end{cases}$$

Benzoïne

En oxydant les hydroquinoxalines on obtient des quinoxalines non hydrogénées, et la réaction est différente lorsque l'hydrogène imidique est remplacé par un reste organique, on obtient alors des bases azonium analogues aux safranines :

$$N\overline{H^2} \quad C\overline{O}C^6H^5 \qquad N=C-C^6H^5 \qquad N=C-C^6H^5$$
$$N\overline{H} \quad CH\overline{OH}C^6H^5 \qquad N-CH-C^6H^5 \qquad N=C-C^6H^5$$
$$C^6H^5 \qquad\qquad C^6H^5 \qquad\qquad C^6H^5\ Cl$$

oxydé.

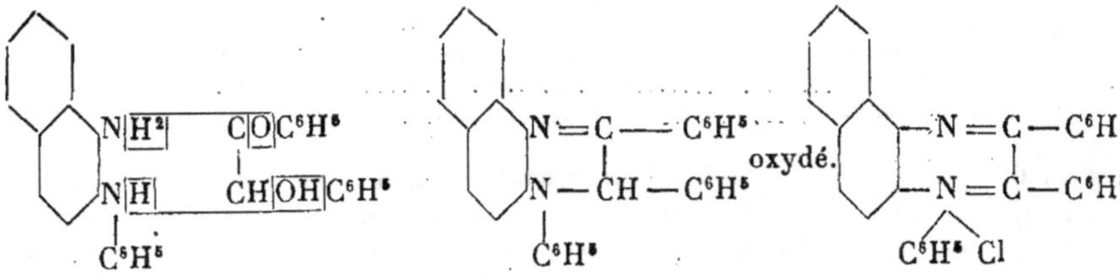

Kehrmann a préparé le corps le plus simple de cette série :

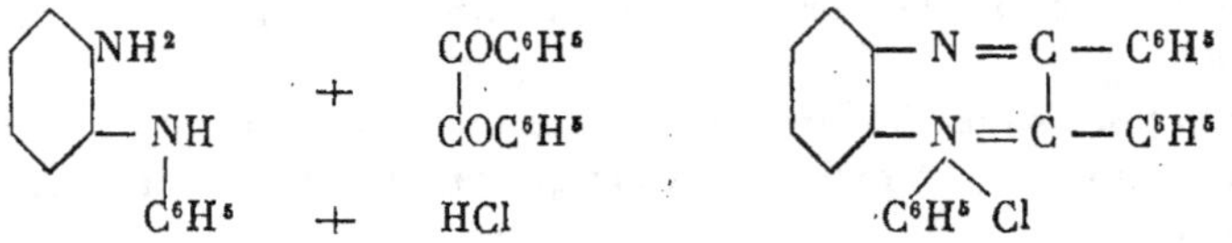

$$NH^2 \qquad COC^6H^5 \qquad\qquad N=C-C^6H^5$$
$$\qquad + \qquad\qquad +$$
$$NH \qquad COC^6H^5 \qquad\qquad N=C-C^6H^5$$
$$C^6H^5 \quad + \quad HCl \qquad\qquad C^6H^5\ Cl$$

Si au lieu d'employer la phényl-o-phénylènediamine on emploie ses dérivés aminés, on obtient des dérivés azonium analogues aux safranines.

Par exemple avec amino-phényl-o-naphtylènediamine, on a une couleur rose fort belle rappelant les rosindulines :

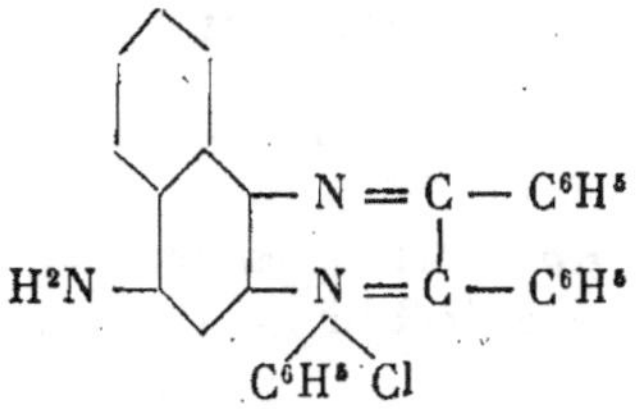

$$N=C-C^6H^5$$
$$H^2N- \qquad N=C-C^6H^5$$
$$C^6H^5\ Cl$$

Noir d'aniline

Lorsqu'on traite l'aniline par des oxydants acides, on obtient divers produits noirs, insolubles dans l'eau et insolubles ou peu solubles dans les dissolvants organiques, qu'on comprend sous le nom collectif de « noir d'aniline ».

Le noir d'aniline est produit sur une échelle très restreinte en substance, mais on le forme en quantités extrêmement importantes sur la fibre même, comme nous le verrons plus tard dans la partie « application ».

Le noir d'aniline en substance a été étudié par de nombreux chimistes, parmi lesquels il convient de citer tout particulièrement Nietzki, Willstætter et Green. Grâce à ces travaux sa constitution peut être considérée comme établie avec une assez grande probabilité.

Le premier produit d'oxydation de l'aniline est sans doute la phénylhydro-xylamine :

$$C^6H^5N\diagup^{OH}_{\diagdown H.}$$

Celle-ci peut se condenser, soit avec une autre molécule d'aniline, soit avec elle-même en donnant des produits différents suivant les circonstances et les agents d'oxydation (Nitrosobenzol, Azobenzol, Phénylquinonimide, etc.).

La phénylquinonimide :

$$= NH \; C^{12}H^{10}N^2$$

est susceptible de se polymériser en donnant :

une *imide bleue* qui par oxydation subséquente devient *l'imide rouge* :

$$= NH \; C^{24}H^{18}N^4$$

Celle-ci se polymérisant à son tour, fournit :

l'Eméraldine, qui par une oxydation ultérieure se transforme en *Nigraniline* :

$$= NH \; C^{48}H^{34}N^8$$

La Nigraniline, par hydrolyse, peut enfin échanger son NH contre un O. Traitée par des oxydants énergiques, bichromate et acide par exemple, elle fournit nettement la quinone en quantité correspondante à sept sur les huit noyaux benzoliques.

Par réduction elle donne d'abord l'Eméraldine puis la leucoéméraldine $C^{48}H^{42}N^8$.

L'Eméraldine est bleue à l'état de base et forme des sels verts ; la Nigraniline est noire à l'état de base comme à l'état de sel. Les noirs formés sur tissu sont en général des mélanges d'éméraldine et de nigraniline et verdissent en consé-quence sous l'influence des acides minéraux et plus fortement encore sous celle de l'acide sulfureux, qui les réduit à l'état d'éméraldine.

Il existe des noirs dits « inverdissables » que l'action de l'acide sulfureux ne fait pas verdir. On les obtient par oxydation des noirs verdissables, en présence d'une certaine quantité d'aniline. Les noirs ordinaires sont, comme on le voit à l'inspection de leur formule des « indamines » ; les noirs inverdissables sont probablement des azonium, dans le genre des safranines, dont la formule à l'état de base serait d'après Green :

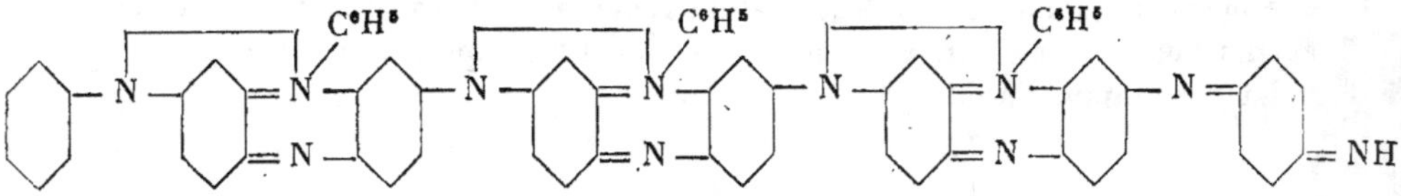

$$\text{C}^6\text{H}^5 \qquad \text{C}^6\text{H}^5 \qquad \text{C}^6\text{H}^5$$

Cette hypothèse semble très plausible ([1]).

L'ortho et le métatoluidine donnent par oxydation des produits analogues au noir d'aniline et sont transformées par oxydation énergique ou toluquinone. La paratoluidine par contre fournit un brun sur la constitution duquel on ne peut rien dire encore. Il en est de même des produits d'oxydation de la paraphénylènediamine, du métaminophénol et de la dianisidine, qu'on produit exclusivement sur tissu et jamais en substance. Nous reviendrons sur ces produits dans la partie « application ».

([1]) Green donne cette formule orthoquinonique. D'après ce que nous avons vu plus haut, à propos des safranines, une formule paraquinonique semble plus probable.

9° MATIÈRES COLORANTES
DÉRIVÉES DE L'ANTHRAQUINONE

Il n'y a pas de domaine de la chimie des couleurs qui ait été travaillé autant pendant ces dernières années, que les produits d'anthraquinone, spécialement dans le but de produire des couleurs cuve solides.

Au point de vue scientifique l'anthraquinone est aussi une matière première extrêmement intéressante, car non seulement on peut avec cette substance produire toutes les réactions de la série du benzène mais on peut aussi utiliser la grande activité chimique des groupes $C = O$ pour synthétiser des composés intéressants.

L'anthraquinone est un chromogène faiblement coloré, mais la présence de deux chromophores $C = O$ donne lieu à la formation de combinaisons fortement colorées quand on introduit les groupes auxochromes NH^2 ou OH.

Au lieu de l'uniformité que l'on rencontre dans la plupart des groupes de colorants nous avons ici une grande variété de couleurs ; couleurs à mordants, couleurs acides, couleurs à cuve.

Les couleurs d'anthraquinone sont importantes non seulement pour le coton, mais aussi pour la laine, couleurs grand teint, et ont une supériorité marquée sur les autres couleurs.

On peut les subdiviser en plusieurs classes :

1° Dérivés hydroxylés ;

2° Dérivés aminés ;

3° Dérivés renfermant un chromogène nouveau.

Les couleurs de l'anthraquinone donnent des nuances solides, qu'il s'agisse de la teinture du coton ou de la laine ; c'est la caractéristique de cette classe de couleurs.

Nous les rangeons d'après leur application en trois catégories :

1° Couleurs à mordants hydroxylées ;

2° Couleurs acides pour laine ;

3° Couleurs à cuve.

1° Colorants anthraquinoniques à mordants

L'anthraquinone est faiblement colorée en jaune, ses dérivés hydroxylés sont colorés en jaune orangé ou rouge ; les solutions de leurs sels alcalins sont orangées, rouges, bleues ou violettes.

Quelques-uns de ces dérivés, en particulier à l'état sulfoné ont de l'affinité pour les fibres animales et se fixent comme les colorants acides, mais teintes ainsi elles n'ont pas de solidité et ne l'acquièrent que par un traitement ultérieur aux sels métalliques.

L'importance des couleurs d'anthraquinone repose sur les propriétés de leurs laques métalliques, sur l'insolubilité parfaite d'un certain nombre d'entre elles et leur fixation sur la fibre en couleurs variant selon la nature du métal.

Monoxyanthraquinones

Il existe deux monoxyanthraquinones isomères l'α = 1 Oxyanthraquinone :

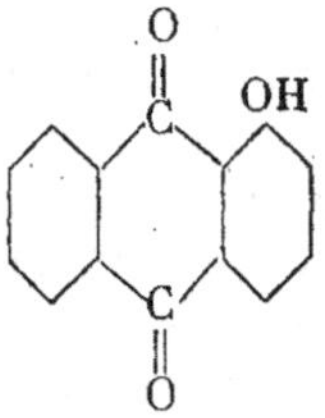

et la β = 2 Oxyanthraquinone :

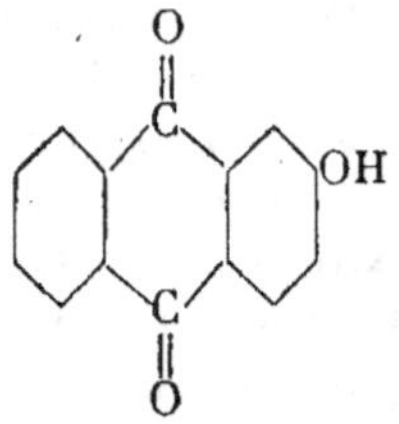

L'α-oxyanthraquinone également connue sous le nom *d'Erythro-oxyanthraquinone* forme des aiguilles orangées. Elle possède à la faveur de la position de son groupe OH au voisinage direct du groupe chromophore C = O la propriété de teindre légèrement les mordants métalliques.

Cette propriété est considérablement accentuée par la présence d'un second groupe OH en ortho par rapport au premier. Nous avons alors une dioxyanthraquinone 1,2, l'alizarine qui est un colorant à mordants par excellence :

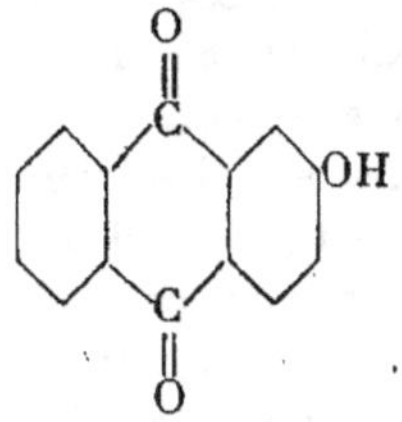

La β-oxyanthraquinone qui est jaune se forme comme son isomère en traitant les dérivés sulfonés correspondants par un lait de chaux à haute température.

Les dioxyanthraquinones

Nous y trouvons le colorant type à mordant, l'alizarine qui est la dioxyanthraquinone 1,2.

Il existe en outre 9 autres isomères, à savoir les isonucléaires :

1-3-Dioxyanthraquino................... Xanthopurpurine ou Purpuroxauthine
1-4-   »   ....,... Quinizarine
2 3-   »   .... Hystazarine

puis les hétéronucléaires

1-5-Dioxyanthraquinone .... Anthrarufine
1-6-Dioxyanthraquinone .... —
1-7-   »   .... Méta-Benzodioxythraquinone
1-8-   »   .... Chrysazine
2-6-   »   .... Acide anthraflavique
2-7-   »   .... Acide isoanthraflavique

Liebermann et de Kostanecki ont énoncé une règle d'après laquelle les dérivés de l'anthraquinone sont des couleurs à mordants quand deux OH se trouvent dans la position 1,2.

Moehlau [1] et Steimig ont observé plus tard qu'un OH voisin de l'oxygène quinonique donne déjà la propriété de tirer faiblement sur mordants. Toutes les autres oxyanthraquinones sont, il est vrai, colorées et donnent souvent des sels métalliques insolubles, mais ces laques ne peuvent être fixées solidement aux fibres.

Il y a toutefois aussi des couleurs à mordants de l'anthraquinone qui ne renferment qu'un hydroxyle, et un groupe NH^2, et qui se fixent aussi sur mordants.

Parmi les dérivés polyhydroxylés de l'anthraquinone seuls ceux renfermant au moins deux hydroxyles dans les positions 1,2 comme l'alizarine, trouvent un emploi technique.

L'examen des différents dérivés hydroxylés de l'anthraquinone nous montre que l'hydroxyle se trouvant en position α, donne les couleurs rouges et bleues, la position β, les couleurs jaunes et brunes.

L'Alizarine :

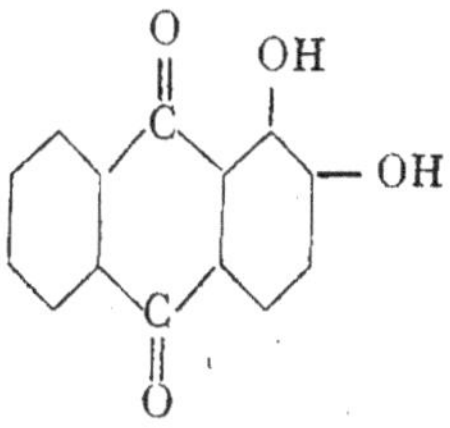

La *sulfonation de l'anthraquinone* a généralement lieu au moyen de l'acide sulfurique fumant qui mène à un mélange d'anthraquinone inaltérée, d'anthraquinone monosulfonique et d'anthraquinone disulfoniques.

L'alizarine était considérée comme un dérivé de la naphtaline ; c'est en croyant faire la synthèse de l'alizarine que Roussin prépara la naphtazarine, c'est seulement en utilisant la méthode de Baeyer à la poudre de zinc que Graebe et Liebermann arrivèrent à déterminer la nature anthracénique de l'alizarine. Le résultat de cette démonstration fut la synthèse de l'alizarine en 1868 par fusion de dibromoanthraquinone avec la potasse caustique.

Graebe et Liebermann cherchèrent à produire le dérivé sulfoné de l'anthraquinone, mais ils échouèrent dans cette préparation. C'est Caro qui prépara l'anthraquinone sulfonée en chauffant l'anthraquinone avec de l'acide sulfurique fumant à 200° et au-dessus. Par fusion avec la potasse on obtient l'alizarine.

Cette dernière méthode a été réservée par un brevet de Caro, Graebe et Liebermann. Perkin prenait le même brevet, en Angleterre, à un jour d'intervalle.

C'est en 1876 que Perkin (*Ber.*, 9, 1881), démontra définitivement que l'alizarine ne provient que du dérivé monosulfoné β, tandis que les disulfos donnent l'anthra- et la flavopurpurine.

Le principe de cette préparation consiste à sulfoner l'anthraquinone avec l'acide fumant et à des températures dépassant 100°, on obtient de la β-sulfoanthra-

---

[1] Buntrock, Zeitschrift fur Textelchemie, 1904 [3], 358.

quinone et les dérivés disulfonés 2,6 et 2,7 :

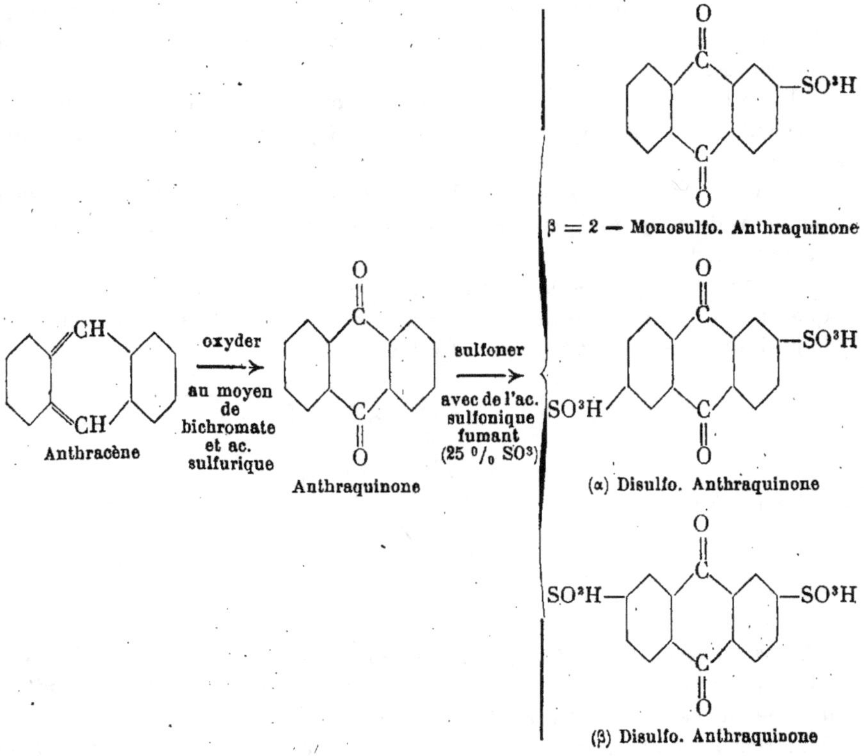

$\beta = 2$ — Monosulfo. Anthraquinone

Anthracène → oxyder au moyen de bichromate et ac. sulfurique → Anthraquinone → sulfoner avec de l'ac. sulfonique fumant (25 % SO^3) →

(α) Disulfo. Anthraquinone

(β) Disulfo. Anthraquinone

il a été impossible jusqu'à présent d'obtenir exclusivement le dérivé mono-sulfoné.

Dans ces conditions le groupe SO^3H occupe principalement la position β et quand il se forme le dérivé disulfonique, les deux groupes se répartissent sur les 2 noyaux phényliques.

La substitution se fait en *position α* quand on sulfone d'après les indications de R. E. Schmidt, d'Ilinski et Dünschmann en présence de sels de mercure.

Les groupes sulfoniques dans les positions α sont particulièrement mobiles et permettent d'obtenir les dérivés halogénés, aminés, etc. On réussit du reste ces mêmes réactions également avec les dérivés β-sulfonés, il faut alors, il est vrai, opérer à des températures plus élevées, on travaille sous pression.

Par le traitement avec un lait de chaux, on remplace simplement les groupements SO^3H par OH et réalise ainsi les α-oxyanthraquinones correspondantes.

Cette méthode très importante est appliquée à la préparation de l'érythroxy-anthraquinone, la chrysazine et de l'anthrarufine. Si l'on fond le dérivé β-sulfoné avec la soude caustique, on obtient non pas de la β-oxyanthraquinone, mais de l'alizarine :

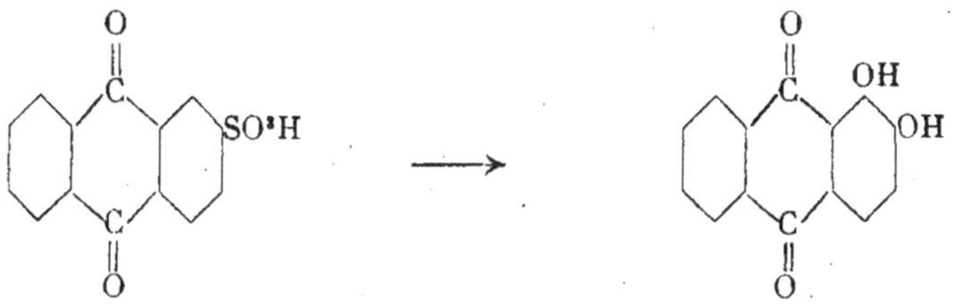

Il se produit donc une oxydation directe de la β-oxyanthraquinone.

Celle-ci a lieu aux dépens d'un groupe C = O qui est réduit. Pour empêcher cette réduction, on fait intervenir un oxydant : oxygène de l'air ou chlorate alcalin.

Les α et β-disulfoanthraquinones fondues dans les mêmes conditions donnent des trioxyanthraquinones, la flavo- et l'anthrapurpurine :

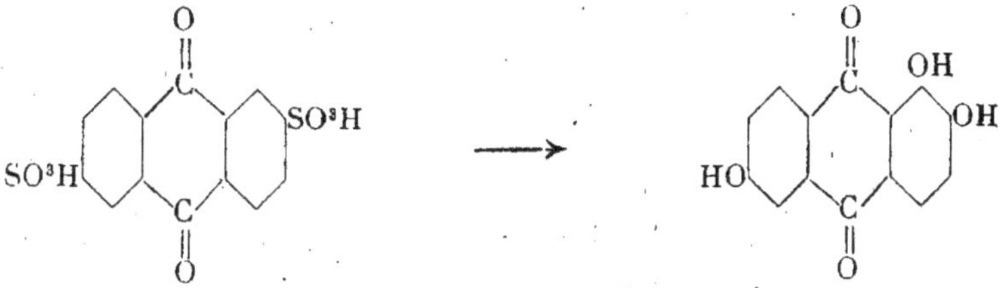

1 . 2 . 6 Trioxyanthraquinone = Flavopurpurine

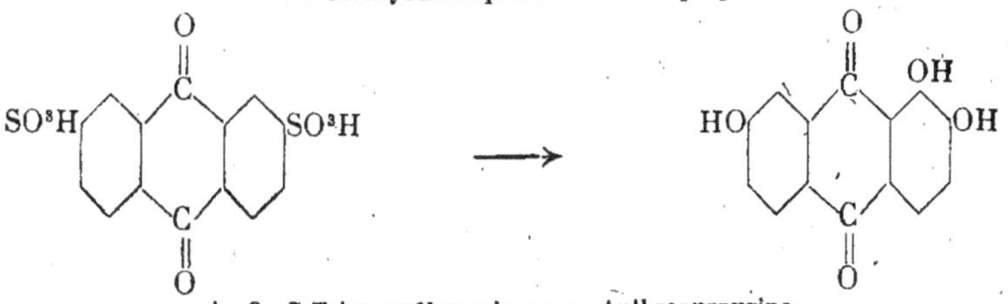

1 . 2 . 7 Trioxyanthraquinone = Anthrapurpurine

L'alizarine est la plus importante de toutes les couleurs à mordants, pour coton, tant comme couleur que comme matière première destinée à être transformée en d'autres colorants.

Au point de vue de son application l'alizarine se fixe directement sur la laine avec une nuance rouge-jaunâtre comme dans les solutions aqueuses d'alizarine, mais pour la teinture ce procédé n'a aucun intérêt, il faut la transformer en laques. Pour le coton on emploie presqu'exclusivement les laques d'alumine et de fer ; pour la laine on emploie l'alumine et le chrome.

Les alizarines bleuâtres sont constituées par l'alizarine pure et les alizarines plus jaunes renferment de l'anthrapurpurine et de la flavopurpurine.

L'*alizarine* sublime en longues aiguilles rouges solubles dans les alcalis en violet-bleu. L'acide carbonique la précipite de ses solutions alcalines.

Distillée avec de la poudre de zinc, elle donne de l'anthracène.

Oxydée avec de l'acide nitrique, elle se transforme en acide phtalique.

L'ammoniaque sous pression donne de la 2-amino-1-oxyanthraquinone de la 1,2 et de l'aminooxyanthraquinone imide (¹). L'anhydride acétique donne un dérivé acétylé.

Fabrication de l'alizarine

Elle comprend trois phases principales :

1° Oxydation de l'anthracène pour obtenir l'anthraquinone.

2° Sulfonation de l'anthraquinone ;

3° Fusion de la sulfoanthraquinone avec de la soude en présence, d'oxydants.

1° Oxydation de l'anthracène. — Il faut tout d'abord purifier l'anthracène commercial qui renferme diverses impuretés. Le procédé le plus simple consiste à sublimer l'anthracène au moyen de vapeur d'eau surchauffée. De cette manière on obtient facilement un carbure renfermant 80 °/₀ d'anthracène pur ; le reste est constitué surtout par du phénanthrène, du carbazol et de l'acridine. Mieux vaut encore le cristalliser ensuite de la pyridine.

Pour oxyder on peut employer divers procédés : bichromate et acide sulfurique bioxyde de manganèse, perchlorure de fer, etc. Nous donnerons ici un exemple du procédé au bichromate.

Dans une cuve plombée de 3000 litres on chauffe :

Eau..	1 500 litres
Anthracène	150 kilogrammes

On porte à l'ébullition et on ajoute :

Bichromate	100-150 kilogrammes

Puis au moyen d'un tuyau de plomb percé de trous et plongeant jusqu'à la partie inférieure dans le liquide, on introduit la valeur de :

Acide sulfurique..	140-210 kg (à l'état d'acide 58°)

L'introduction du liquide dure 6 heures environ et pendant tout ce temps on chauffe à l'ébullition, ensuite on filtre, on essore et on sèche. Le rendement en anthraquinone brute est de 115 kilogrammes.

Purification de la quinone. — On dissout la quinone brute dans de l'acide sulfurique de manière à ne pas altérer l'anthraquinone mais au contraire à solubiliser les produits qui l'accompagnent en les transformant en dérivés sulfonés ou en produits d'oxydation solubles, en même temps le chromate d'acridine se trouve transformé en sulfate soluble :

Anthraquinone brute.....................................	115
Acide sulfurique à 66°..................................	350

On chauffe à 110° jusqu'à ce qu'une tâte coulée dans l'eau donne une quinone presque blanche ; on dilue ensuite dans 1 500 litres d'eau et les impuretés se dissolvent, tandis que l'anthraquinone reste insoluble. Rendement 90-95 °/₀.

(¹) Toutes trois sont des couleurs à mordant bleues sur mordant du chrome.

2° Sulfonation.

Anthraquinone purifiée	1 000 kilogrammes
Acide sulfurique à 25 $^0/_0$ SO^3	1 100 litres

Chauffer pendant 3 heures à 160° puis traiter par 800 litres d'eau. Une certaine quantité de quinone non attaquée reste à l'état insoluble et peut être séparée par filtration. La partie soluble est traitée par du carbonate de soude et concentrée, les *dérivés monosulfonés* se séparent, les *dérivés disulfonés* restent en solution. Il est en effet impossible même, en se plaçant dans les meilleures conditions, d'obtenir exclusivement un produit monosulfoné, il se forme toujours à côté d'anthraquinone inaltérée une certaine quantité d'un mélange d'*α- et de β-disulfoanthraquinone.*

3° Fusion sodique. — On utilise de grands appareils à agitateurs obliques pouvant supporter une pression de 20 kilogrammes. On commence par dissoudre :

Soude caustique..	3 000 kilogrammes
Eau	500 »

Puis on chauffe progressivement jusqu'à 150°, en même temps on commence à ajouter l'anthraquinone sulfonée à l'état de sel de soude et le chlorate :

Anthraquinone sulfonate de soude.......................	1 000 kilogrammes
Chlorate de potasse ou de soude	140 »

On chauffe pendant 48 heures à 170° ; puis on vide par pression d'air au moyen d'un plongeur et on introduit le produit de la fusion dans 5 000 litres d'eau. L'alizarine est mise ultérieurement en liberté par précipitation avec de l'acide sulfurique. Elle se sépare sous la forme d'un précipité jaune que l'on passe au filtre-presse et qui, après un lavage soigné est livré sous la forme d'une pâte à 20 $^0/_0$.

Les deux dérivés disulfonés dont nous avons parlé précédemment sont traités séparément d'une manière analogue ; ils donnent de la *flavopurpurine* et de l'*anthrapurpurine* ou *isopurpurine* :

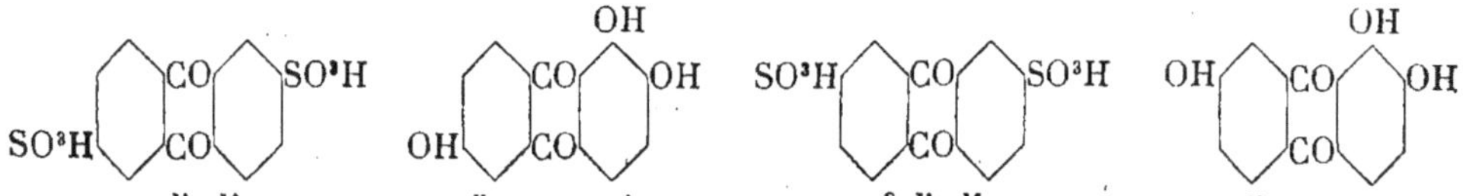

α·disulfo — flavopurpurine — β disulfo — anthrapurpurine

L'alizarine est peu soluble dans l'eau, on la met en suspension dans le bain de teinture, il faut donc qu'elle soit très finement divisée.

On la livre surtout à l'état de pâte, généralement à raison de 20 $^0/_0$ de produit sec ou parfois même à 40 $^0/_0$, mais à ce degré de concentration elle se délaie souvent moins bien.

On a cherché à remplacer l'alizarine en pâte par de l'alizarine sèche.

L'expédition de produits en pâte dans les pays lointains offre des inconvénients économiques. Aussi prépare-t-on dans ce but de l'alizarine séchée directement ou en présence de différents produits, par exemple avec de l'amidon. Pour que la couleur soit bien divisée on la dissout au moment de l'emploi, dans de la soude, puis on le précipite avec de l'acide chlorhydrique.

Colorants dérivés de l'alizarine

L'alizarine sert à préparer un grand nombre de couleurs à mordants.

Nitroalizarines

Il existe plusieurs nitroalizarines mais on ne prépare industriellement que les modifications α et β :

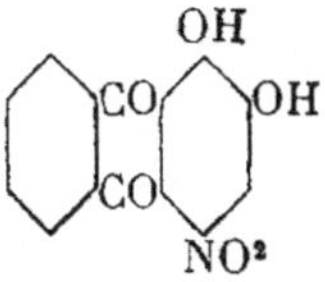

(α)   (β)

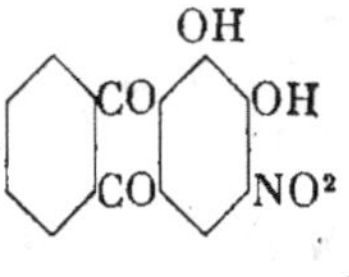

La modification β- est un colorant orangé très solide. On prépare cette *nitroalizarine* en faisant réagir de l'acide nitrique sur de l'alizarine dissoute ou en suspension dans de l'acide acétique, du nitrobenzène, ou du toluène.

Le groupe nitro se fixe facilement sur l'alizarine même si l'on fait réagir des vapeurs nitreuses sur des étoffes teintes :

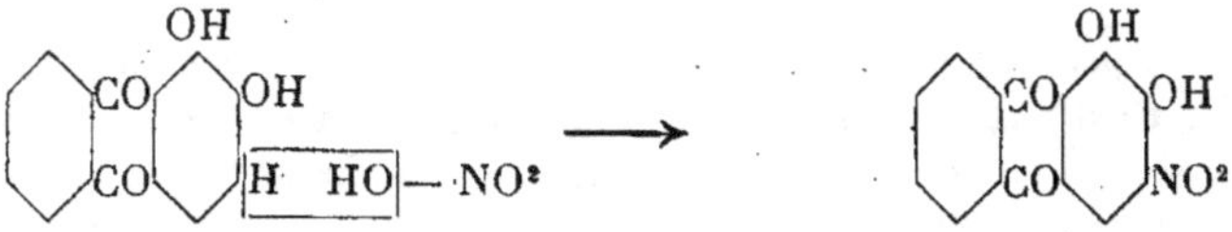

L'α-nitroalizarine se produit en forte proportion par nitration directe de l'alizarine en solution dans l'acide sulfurique fumant ou mieux en nitrant la benzoylalizarine ou son éther méthylique ; l'éther-sel borique de l'alizarine donne à la nitration la modification β-.

On livre généralement l'orangé d'alizarine sous la forme de pâte ; en poudre il est à l'état de sel de soude.

On prépare également le dérivé β-nitré de la *flavopurpurine* et du *bordeaux d'alizarine* (1, 2, 5, 8 Tetraoxyanthraquinone). Ces substances ne sont guère employées comme matières colorantes, mais elles servent à la préparation de dérivés quinoléiques comme nous le verrons plus loin.

Fabrication de la nitroalizarine-β

Alizarine sèche	100 kilogrammes
Acide acétique cristallisable	100 »

Ajouter lentement à ce mélange :

Acine nitrique à 42°	57 kilogrammes

Il se produit un léger échauffement. Par refroidissement la nitroalizarine se prend en une masse cristalline, on filtre puis on traite le produit insoluble par de la potasse ; par refroidissement le sel de potassium du dérivé nitré se sépare tandis que le sel de potassium de l'alizarine reste soluble. Après filtration, on lave le précipité et on le décompose par de l'acide chlorhydrique.

Aminoalizarines

Les nitroalizarines α- et β- peuvent donner par réduction les dérivés aminés correspondants, on emploie comme réducteur du glucose et de la soude caustique ou du sulfure de sodium. Dans ces conditions les groupes $C = O$ restent intacts.

On obtient le *marron d'alizarine* et le *grenat d'alizarine* :

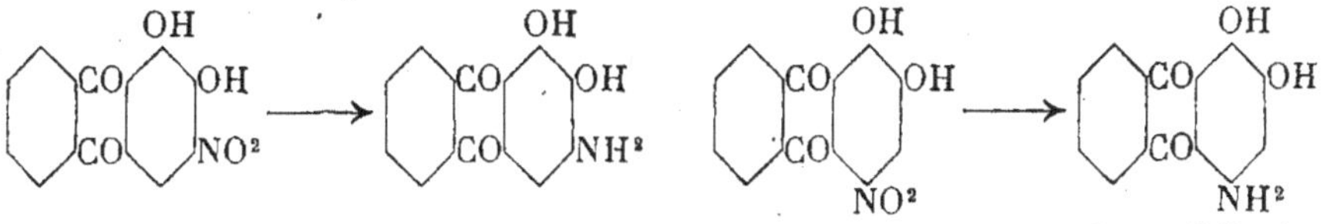

Marron d'alizarine

Grenat d'alizarine

Dérivés quinoléiques

En chauffant la β-nitroalizarine avec de la glycérine et de l'acide sulfurique, Prud'homme a obtenu le *bleu d'alizarine*.

Cette réaction curieuse a été appliquée plus tard par Skraup à la synthèse de la quinoléine et étendue ensuite à un grand nombre de réactions analogues.

On prépare le bleu d'alizarine en faisant réagir un mélange de nitro-et aminoalizarine en milieu sulfurique et en présence de glycérine. Avec la β-nitroalizarine, on obtient le bleu, avec l'α-nitroalizarine, le vert d'alizarine :

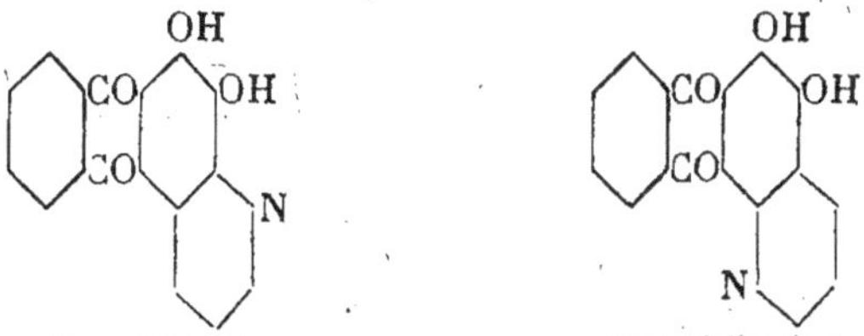

Bleu d'alizarine

Vert d'alizarine

Le bleu d'alizarine présente l'inconvénient d'être très peu soluble.

Brunck remédia à cet inconvénient et introduisit en 1878 le *bleu d'alizarine S* employé surtout en impression ; on prépare ce produit soluble en faisant réagir sur le bleu du bisulfite de soude. Au courant du vaporisage la combinaison bisulfitique se décompose avec régénération du bleu primitif.

La réaction de Prud'homme peut être étendue à d'autres produits nitrés ; ainsi le bordeaux d'alizarine β-nitré donne le *vert d'alizarine S* et la flavopurpurine β-nitrée conduit au *noir d'alizarine P* :

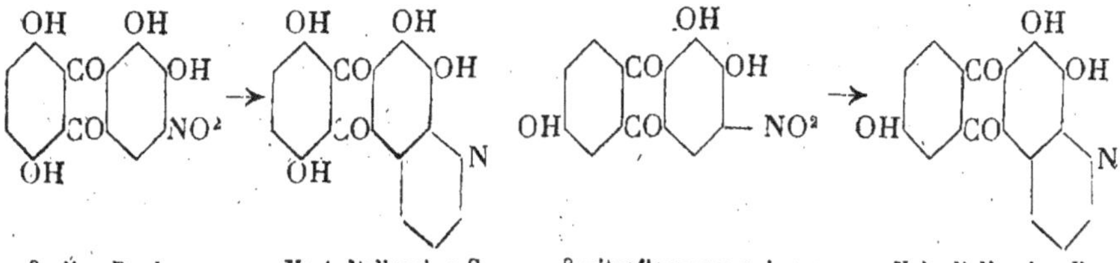

β-nitro-Bordeaux

Vert d'alizarine S

β-nitroflavopurpurine

Noir d'alizarine P

On peut oxyder ces dérivés quinoléïques au moyen de l'acide sulfurique plus ou moins fumant par le procédé de Schmidt et Bohn dont nous parlerons plus loin, et obtient ainsi des polyoxyanthraquinonequinoléïnes sulfonées respectivement non sulfonées.

Nous renvoyons à ce sujet au chapitre « sur l'état actuel de la chimie de l'anthraquinone », conférence faite par M. R. E. Schmidt (v. p.   ) à la Société industrielle de Mulhouse en 1914.

Fabrication du bleu d'alizarine

Nitroalizarine séche	200	»
Glycérine	300	»
Acide sulfurique à 66°	1000	»

On opère dans un vase émaillé muni d'un agitateur, en chauffant lentement jusqu'à 90°. A ce moment la réaction s'amorce et la température monte brusquement jusqu'à 150° sans qu'il soit possible de l'enrayer d'une manière complète ; on décoctionne avec de l'eau, puis on laisse refroidir, on filtre et lave.

Bleu d'alizarine S. — Le bleu d'alizarine est très peu soluble, aussi est-il difficile de l'employer pour la teinture à cet état ; afin d'en rendre l'application pratique on le transforme en une combinaison bisulfitique soluble qui est décomposable à 100° avec régénération du bleu primitif :

Pâte de bleu d'alizarine à 15 %	100	kilogrammes
Bisulfilte de soude 35° Bé	50	»

Laisser en contact pendant deux jours puis filtrer afin de séparer une certaine quantité de bleu non sulfité, puis précipiter avec du sel marin.

Dérivés sulfonés de l'alizarine

Pour la teinture de la laine chromée il est avantageux d'employer une alizarine à caractère acide.

Le *rouge d'alizarine S* se prépare en faisant réagir sur de l'alizarine de l'acide sulfurique fumant à 170° :

$$\text{(formule: OH, CO, OH, CO, SO}_3\text{Na)}$$

Pour le *rouge d'alizarine acide Erwéco* on sulfone en présence de mercure, il se forme ainsi un mélange d'alizarines disulfonées 3,5 et 3,8, puis on hydrolise et transforme en un mélange d'alizarines monosulfonées en 5 resp. en 8 :

$$\text{(formule: OH, CO, OH, CO, SO}_3\text{H)} \qquad \text{(formule: SO}_3\text{H, OH, CO, OH, CO)}$$

Le rouge *d'alizarine 3S* est de la flavopurpurine sulfonée :

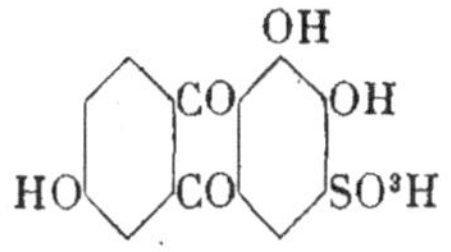

Cette réaction est due à de Lalande.

Produits de l'oxydation de l'alizarine

1° Réaction de de Lalande. — Si l'on oxyde l'alizarine à froid avec un mélange de bioxyde de manganèse et d'acide sulfurique, on obtient de la *Purpurine* :

Purpurine

Cette réaction est due à de Lalande.

La purpurine donne un rouge plus jaune que l'alizarine, mais elle a un emploi faible car son prix est plus élevé que celui de l'isopurpurine (1, 2, 7).

La purpurine est plus soluble dans l'eau que l'alizarine. On peut la séparer de l'alizarine en utilisant sa solubilité dans une solution d'alun, alors que l'alizarine n'est pas soluble dans ce sel.

Nous verrons à propos de la préparation de l'*alizarinecyanine* que la réaction de de Lalande est applicable à d'autres produits et qu'il se forme dans cette réaction de vrais dérivés quinoniques.

On a déterminé d'une manière certaine la position du troisième OH dans la purpurine et en même temps la position des OH dans l'alizarine. La pyrocatéchine se condense avec l'anhydride phtalique en milieu sulfurique en donnant un mélange d'alizarine et d'hystazarine. Si l'on chauffe plus longtemps l'hystazarine se transforme en alizarine :

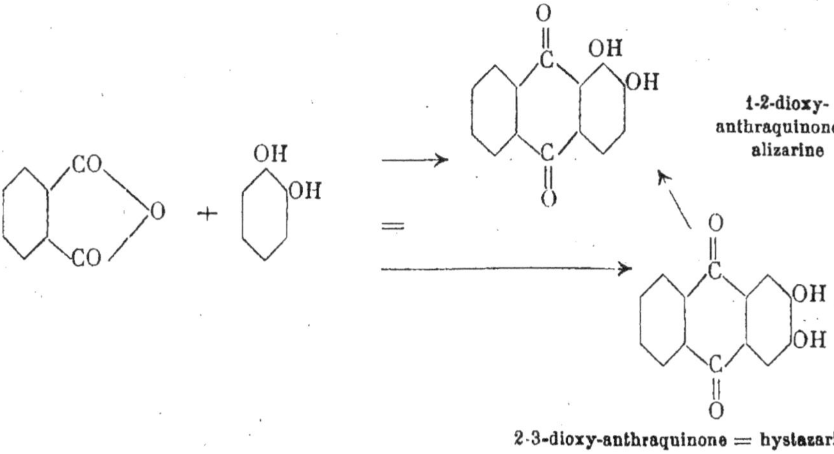

1-2-dioxy-anthraquinone = alizarine

2-3-dioxy-anthraquinone = hystazarine

Dans les deux cas les OH se trouvent en ortho. Si l'on opère avec l'hydroquinone on fait de la quinizarine, or comme la purpurine peut être préparée aussi bien avec l'alizarine qu'avec la quinizarine, elle renferme bien les OH en 1, 2, 4 et par suite dans l'alizarine les deux OH se trouvent en 1,2 et non en 2,3 :

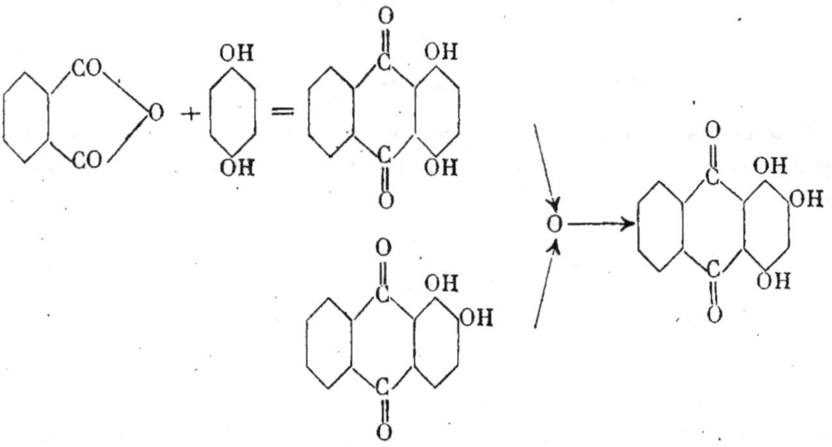

2° Oxydation par le procédé de MM. Bohn et Schmidt. — Dans la conférence de M. R. E. Schmidt (v. p. 239), ces procédés sont traités d'une manière très détaillée, correspondante à leur très grande importance.

Fabrication du bordeaux d'alizarine

Dans un vase émaillé on introduit :

Acide sulfurique à 70 % SO^3		100 kilogrammes
Alizarine broyée et séchée		10 »

On mélange ces substances en évitant toute élévation de température puis on chauffe à 35-40° jusqu'à ce qu'une tâte dans la soude se dissolve en une couleur rouge jaunâtre identique à un type que l'on étudie comparativement [1]. On ajoute à cette solution sulfurique 200 kilogrammes d'acide sulfurique à 66°, on verse le tout dans 200 litres d'eau et l'on obtient ainsi à l'état insoluble l'éther sulfurique du bordeaux.

Pour le saponifier on le redissout dans de la soude caustique, puis on précipite à chaud par un excès d'acide chlorhydrique, enfin on fait bouillir pendant une heure de manière à éliminer le groupe SO^3 :

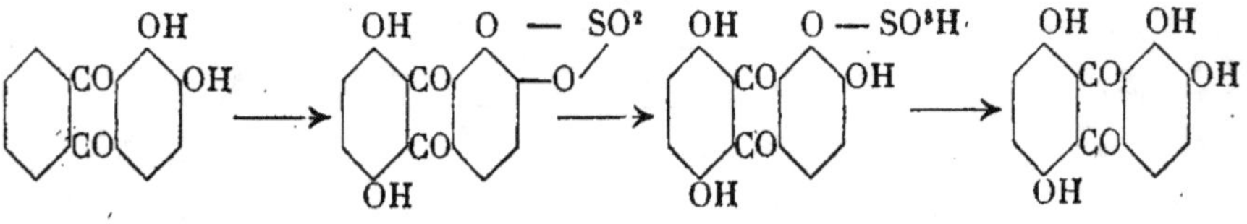

____

[1] **Les progrès de la réaction peuvent être établis avantageusement par l'observation des spectres d'absorption de la liqueur diluée.**

Fabrication de l'alizarine cyanine

Bordeaux d'alizarine sec ....   10 kilogrammes
Acide sulfurique à 66°...............................   200   »

On ajoute dans cette solution et en remuant constamment :

Bioxyde de manganèse ....   12 kilogrammes

La chaleur dégagée est suffisante pour commencer la réaction que l'on termine en chauffant à 100°. La nuance de la dissolution sulfurique passe du violet au bleu ; on arrête quand deux tâtes successives n'accusent plus de changement de nuance. On traite par 1200 litres d'eau, on filtre, on redissout dans la soude, et termine en précipitant par un acide.

Fabrication du bleu d'anthracène

Dinitroanthraquinone 1-5.............................   10 kilogrammes
Acides sulfurique à 40 °/₀ SO³......................   100   »

Chauffer pendant 5 heures à 130°, suivre la marche de la réaction au moyen de tâtes dans la soude. Lorsque la réaction est terminée on ajoute :

Acide sulfurique à 66° ....   200 kilogrammes
Eau...   1200 litres

Précipiter par du sel marin. Le produit obtenu qui est soluble dans l'eau est vraisemblablement un éther sulfurique. Pour le saponifier on le dissout dans 100 kilogrammes d'acide sulfurique à 66°, puis on chauffe pendant 5 heures à 130°, on coule dans 900 litres d'eau et on filtre. Le bleu d'anthracène est insoluble.

Synthèse avec des produits carboxylés.

Tous les produits dont il vient d'être question sont préparés en partant de l'anthracène, mais on peut obtenir synthétiquement des dérivés d'anthraquinone en partant du benzène.

Le groupement anthraquinone peut être produit de deux manières : soit en choisissant un dérivé benzènique qui renferme les groupes :

$$- CO$$
$$- CO$$

soit au moyen de deux molécules benzèniques renfermant chacune — CO :

La matière première toute désignée pour la synthèse de la série A est l'anhydride phtalique. En le condensant, par exemple, avec la pyrocatéchine on obtient un mélange d'alizarine et d'hystazarine :

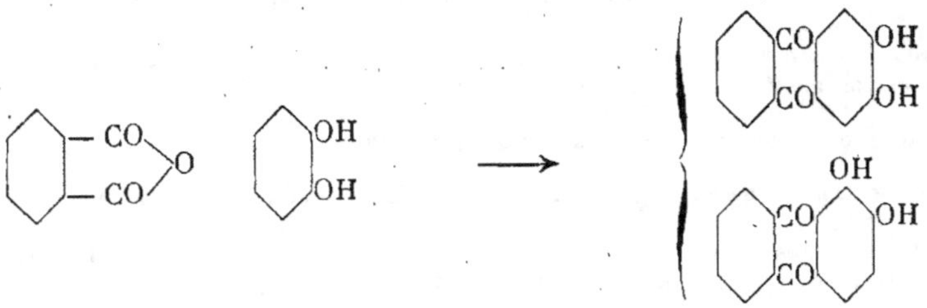

et avec l'hydroquinone on obtient la *quinizarine*.

Le produit de cette réaction est devenu intéressant depuis que l'anhydride phtalique se prépare à un prix de revient avantageux.

Pour les synthèses de la série B on emploie deux molécules d'acide.

La condensation d'acide benzoïque et d'acide gallique donne l'anthragallol ou *brun d'anthracène*; en condensant deux molécules d'acide gallique on obtient l'*acide rufigallique* :

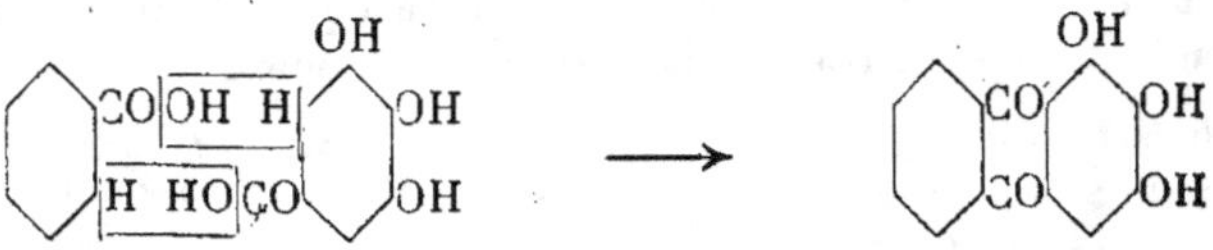

Brun d'anthracène

Acide rufigallique

Ces condensations ont lieu en milieu sulfurique.

Pour que la réaction ait lieu il est nécessaire que dans chaque molécule il y ait une position ortho libre par rapport à COOH afin de permettre la formation du groupe anthraquinonique.

L'anthragallol a trouvé un emploi technique par l'utilisation des mordants de chrome ; c'est un colorant très solide employé surtout pour la teinture de la laine, mais aussi très important pour teinture et impression du coton.

Un autre procédé consiste à partir d'acides benzoylbenzoïques substitués :

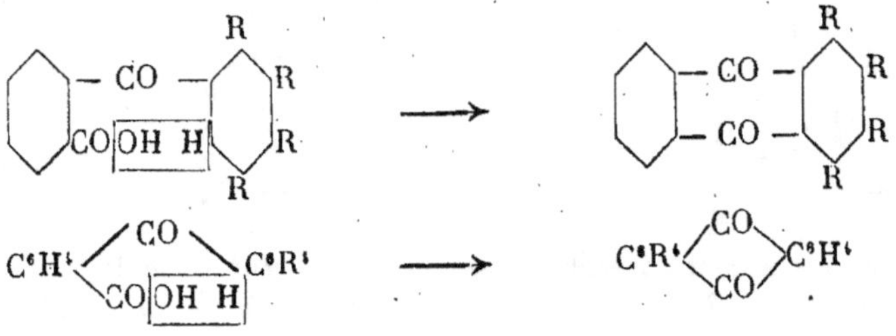

Parmi les dïoxyanthraquinones autres que l'alizarine ce sont les dérivés α-substitués qui sont les plus importants. Elles servent de matières premières pour la préparation de nombreuses matières colorantes.

La quinizarine (1,4 dioxyanthraquinone) :

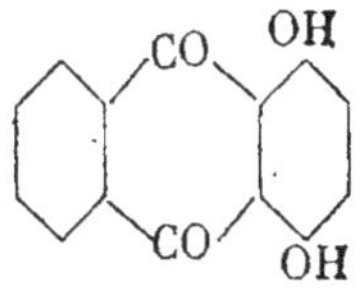

est un produit qui a pris dans ces dernières années une grande importance pour la préparation des couleurs pour laine, on la prépare en oxydant l'anthraquinone avec l'acide sulfurique fumant en présence d'acide borique et éventuellement avec du nitrite.

On peut la préparer en passant par la 1,4 dichloranthraquinones resp. 1,4 chloroxyanthraquinone en faisant réagir de l'acide sulfurique fumant faible en présence d'acide borique sur de l'anhydride de l'acide phtalique et le dichlorobenzène ou le p-chlorphénol :

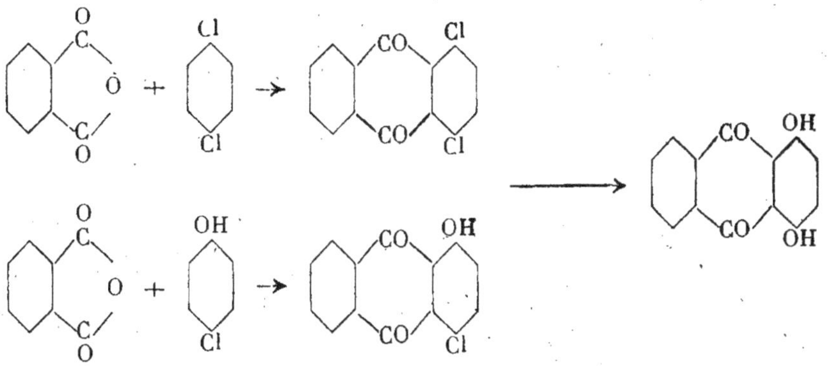

Le dichlorquinizarine, spécialement le dérivé 5,8, est intéressante parce que ses deux chlores peuvent être remplacés par des phénols et des amines, etc. On la prépare avec l'acide dichlorphtalique et l'hydroquinone (M. Frey, *Ber.*, 45,1358).

La quinizarine sert à la fabrication du *vert d'alizarine cyanine* et de l'*alizarineirisol*.

L'*anthrarufine* est la 1,5 dioxyanthraquinone. On la prépare en oxydant l'anthraquinone avec de l'acide sulfurique en présence d'acide borique ou en chauffant la 1,5 disulfoanthraquinone avec un lait de chaux. Cette réaction est très nette :

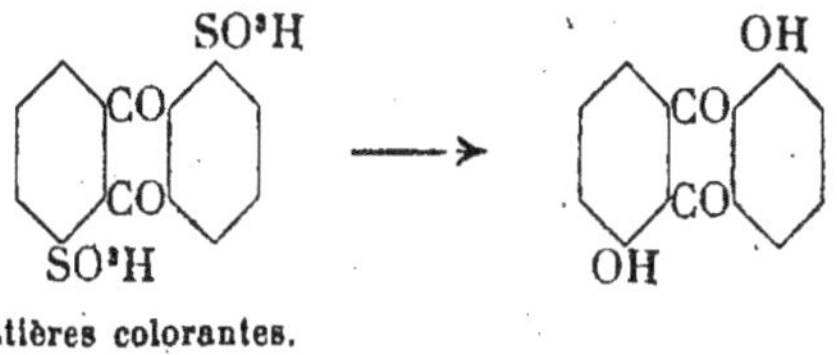

on peut aussi condenser 2 molécules d'acide métaoxybenzoïque en milieu sulfurique, mais le rendement est minime ; ce sont les dérivés 2,6 et 1,7 qui se forment en quantitité prédominante.

Pour la *chrysazine* (*1,8 dioxy*) on chauffe avec un lait de chaux le dérivé 1,8 disulfoné :

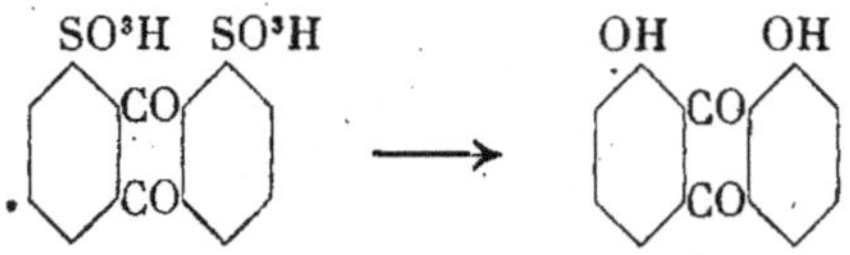

$$\text{SO}_3\text{H} \quad \text{SO}_3\text{H} \qquad\qquad \text{OH} \quad \text{OH}$$

Nous avons vu précédemment que ces deux dérivés disulfonés se préparent maintenant très facilement.

Les autres dioxyanthraquinones citées plus haut n'ont jusqu'à présent qu'un intérêt théorique.

Trioxyanthraquinones

Nous avons déjà étudié l'anthrapurpurine, la flavopurpurine, la purpurine, l'anthragallol :

Anthrapurpurine ou isopurpurine 1-2-7
Flavopurpurine... 1-2-6
Purpurine... 1-2-4
Anthragallol 1-2-3

Les autres trioxyanthraquinones dérivés de l'alizarine sont :

L'oxyanthrarufine... 1-2-5

obtenue en faisant réagir de l'acide sulfurique fumant sur de l'alizarine en présence d'acide borique (br. all. 67061). C'est le *Bordeaux d'alizarine brillant B.*

Pour les autres polyoxyanthraquinones voir la conférence de M. R.-E Schmidt. (v. p. 227).

2° Colorants anthraquinoniques acides pour laine

Cette série de couleurs est particulièrement appréciée à cause de la pureté des nuances qui sont aussi belles que celles des triphénylméthanes, et en même temps ils ont la grande solidité des anciens colorants d'alizarine. Ce sont des couleurs acides pour laine, mais quelques-unes possèdent aussi des caractères de couleurs à mordants, en ce sens que leurs teintures peuvent être développées avec du fluorure de chrome. Cette manipulation ne modifie guère la nuance, mais elle favorise souvent la solidité. Ce fait est attribuable à la formation de laques. Comme un grand nombre de ses colorants ne renferment pas de groupes hydroxyles, ce laquage se ferait au moyen des groupes sulfos ou aminoarylés en commun avec le groupe $C = O$ se trouvant en leur voisinage direct. Quoi qu'il en soit la propriété des couleurs à mordants est secondaire, car ici c'est surtout le fait de teindre la laine comme les colorants acides qui a de l'importance.

Des dioxyanthraquinones qui n'auraient aucun intérêt pour les couleurs à mordants, peuvent trouver ici comme matière intermédiaire un emploi intéressant par exemple : la quinizarine, l'anthrarufine, la chrysazine, l'anthrachrysone.

La beauté de ces couleurs provient surtout de la présence de groupes aminos simples ou substitués dont les propriétés comme auxochromes ont été longtemps méconnues dans la série de l'anthraquinone.

Si l'on examine l'influence des substitutions dans le noyau anthraquinone, non plus au point de vue de la production des laques colorées, mais au point de vue de la coloration propre des molécules, on constate que les colorations varient non seulement selon la nature mais aussi selon le nombre des radicaux et leur position. Les matières colorantes de l'anthraquinone pour laine ont été introduites en 1894 par M. R.-E. Schmidt et forment la famille des arylaminoanthraquinones.

Les Monoaminoanthraquinones

Alors que dans le cas des produits monosubstitués, les groupements halogénés, nitrés, hydroxylés, mercaptans n'ont pas d'influence très sensible, les molécules ne sont colorées qu'en un jaune plus ou moins foncé, les deux monoaminoanthraquinonés, l'α-aminoanthraquinone et la β ont une couleur rouge brique. Cette coloration est renforcée lorsqu'un hydrogène du groupe NH^2 est remplacé par un groupe alcoyl ou aryl. Par contre si cette substitution a lieu au moyen d'un radical acide, la nuance s'éclaircit et l'on obtient de nouveau du jaune :

α-méthylaminoanthraquinone	rouge bleuâtre
α-phényl »	rouge violacé
acétylaminoanthraquinone	jaune clair
benzoylaminoanthraquinone	jaune citron

On peut dire aussi que les dérivés monosubstitués α- sont plus colorés que les dérivés β-.

Ces monoaminoanthraquinones ont une importance industrielle considérable.

L'α-benzoylaminoanthraquinone est, comme nous verrons plus tard, un intéressant colorant à cuve jaune.

La β-aminoanthraquinone fondue avec la potasse caustique, fournit l'indanthrène et le flavanthrène, deux très précieux colorants pour cuve.

Les monoaminoanthraquinones prennent naissance par réduction des nitro anthraquinones. Ces mêmes dérivés nitrés ainsi que les dérivés halogénés, sulfonés et hydroxylés correspondants se transforment facilement lorsqu'on les chauffe avec de l'ammoniaque, en dérivés aminés :

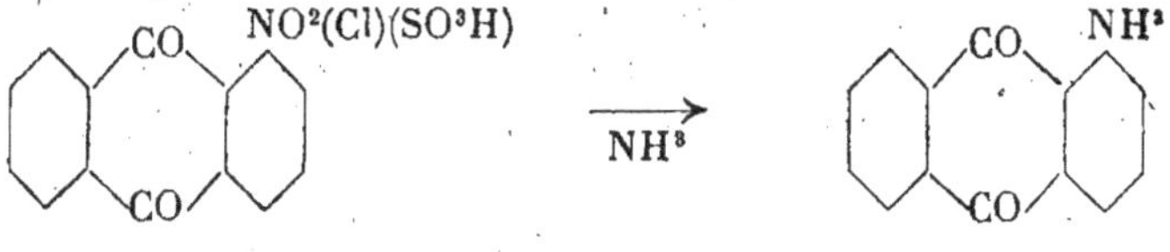

. Industriellement on part certainement des anthraquinonesulfoniques, dont l'α-ou 1-anthraquinonesulfonique se transforme très facilement en α-aminoanthraquinone. On chauffe d'après le brevet allemand 175024 avec de l'ammoniaque aqueuse 20 °/₀ à 180-190°.

La substitution en β se fait en général plus difficilement.

Les diaminoanthraquinones s'obtiennent d'après les mêmes principes.

On réalise la synthèse de la 1,5 et de la 1,8 diaminoanthraquinone en partant des disulfoniques correspondants, et selon la température et la quantité d'ammoniaque, le groupe NH^3 remplacera seulement un ou les deux groupes sulfo.

Ces deux diaminoanthraquinones, la 1,5 formant des aiguilles rouges, la 1,8 des tablettes rouges et surtout la 1,4 diaminoanthraquinone qui est violette, sont les seuls représentants diaminés industriellement importants. On les utilise comme produits intermédiaires pour la fabrication des colorants pour cuve.

La 1,4 diaminoanthraquinone s'obtient soit par réduction de la nitroaminoanthraquinone soit en partant de la 1,4 dichloroanthraquinone.

Les arylo-aminoanthraquinones se forment en traitant les nitro ou halogèneanthraquinones avec des amines aromatiques. La réaction est plus facile dans la série des dérivés α substitués. On peut en général favoriser la réaction par la présence de poudre de cuivre métallique.

On peut également préparer ces mêmes aryl-α-amino-anthraquinones au moyen des oxyanthraquinones sous forme de leurs éthers sels de l'acide borique que l'on chauffe avec les amines :

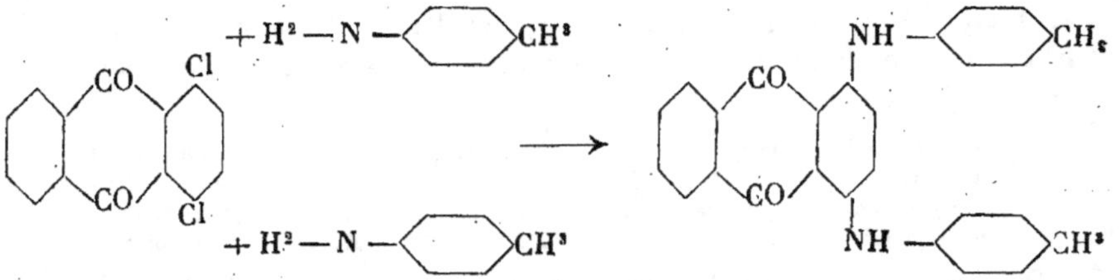

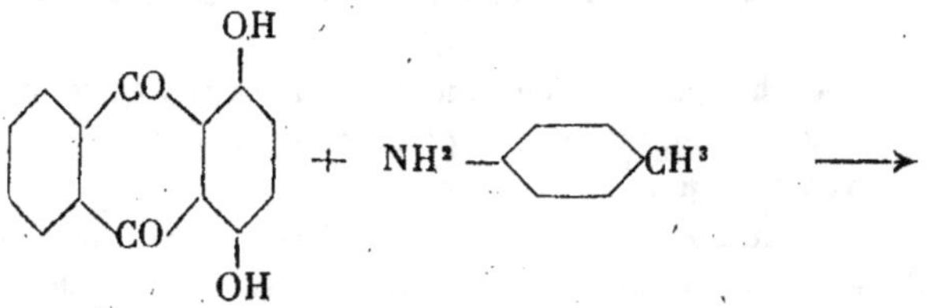

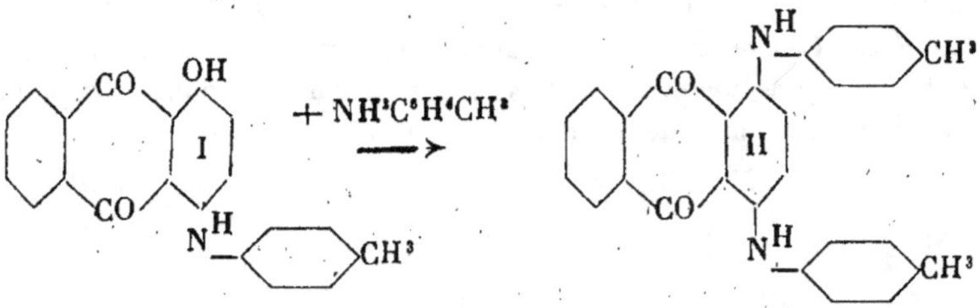

Ces composés sont naturellement insolubles. On les rend solubles par sulfonation et transforme ainsi par exemple I en alizarineirisol et II en vert d'alizarine cyanine, deux précieux colorants pour laine.

Il est important de suivre le changement de couleur que provoque la substitution des H dans les groupes amidogène, ainsi on a

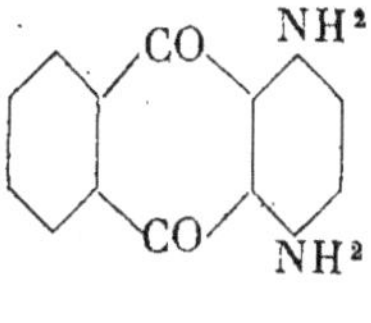

violet 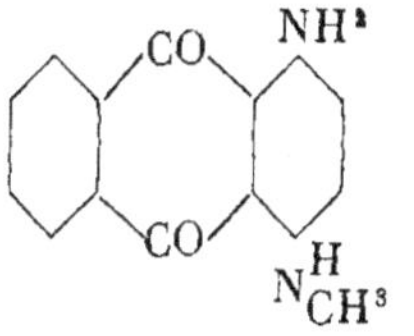   violet bleuâtre 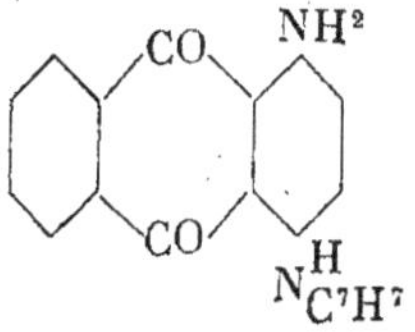   bleu

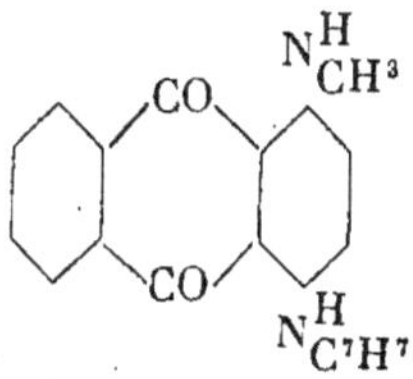

bleu verdâtre 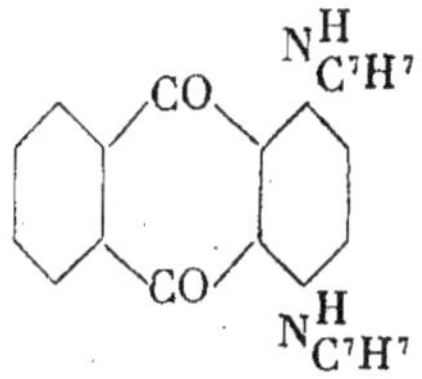   vert

tandis que l'α-aminoanthraquinone qui est rouge brique :

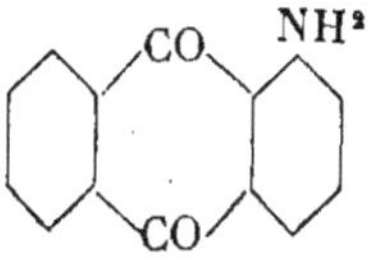

les

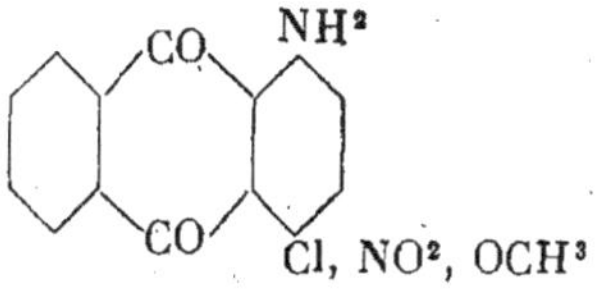

n'offrent guère de changement, alors que :

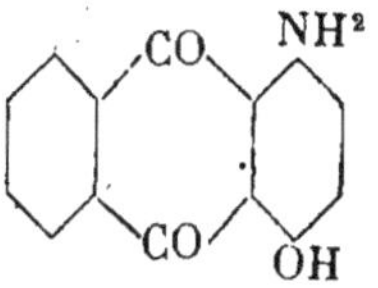

est rouge violet.

Les diamino-anthraquinones hydroxylées sont illustrées par :

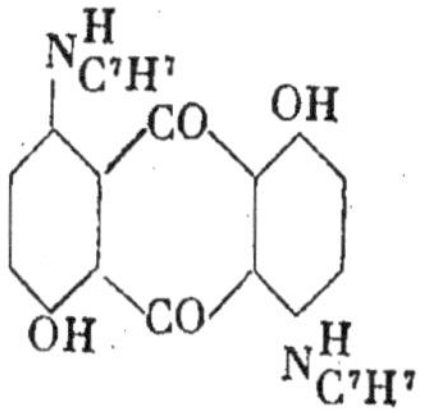

Bleu 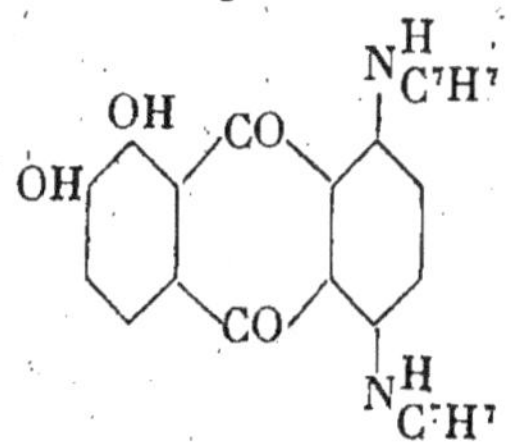   Vert
                                   (le dérivé sulfoné : Alizarine viridine)

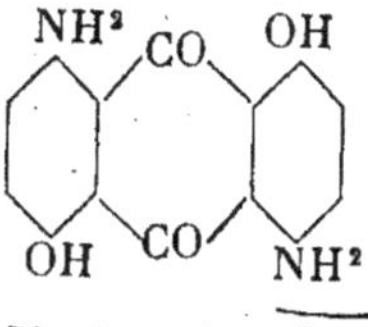

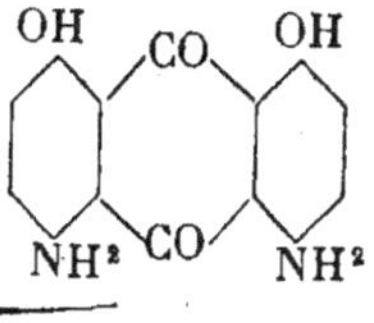

Diaminoanthrarufine   bleu   Diaminochrysazine

à l'état sulfoné ce sont des couleurs bleues solides à l'air et à la lumière (*alizarine saphriol*).

Ce sont les aminoanthraquinones et aminooxyanthraquinones qui constituent
les colorants techniques de cette série, ces produits sont employés à l'état
de dérivés sulfonés. Sauf l'alizarine viridine qui est employée pour le coton
ces diverses matières colorantes sont utilisées pour la teinture de la laine.

La série des arylaminoanthraquinones constitue l'une des séries de colorants
les plus importants.

La quinizarine et les deux molécules de toluidine donnent comme nous le
montrions plus haut :

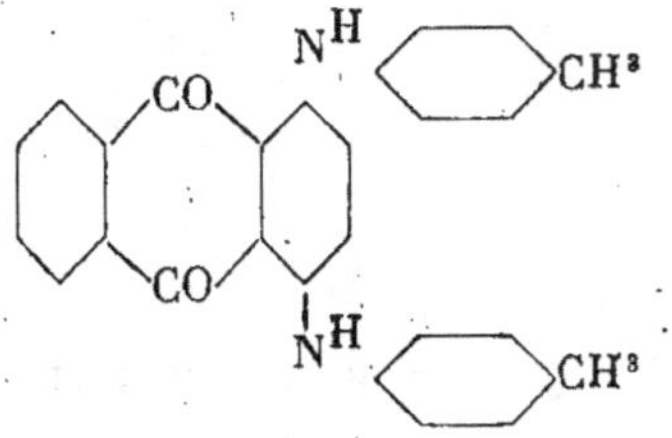

Ces réactions ont lieu en présence d'acide borique.

Dans cette réaction de la quinizarine il se forme toujours de la purpurine.
On évite cette oxydation secondaire en employant de l'hydrure de quinizarine
qui réagit plus facilement et donne de bons rendements :

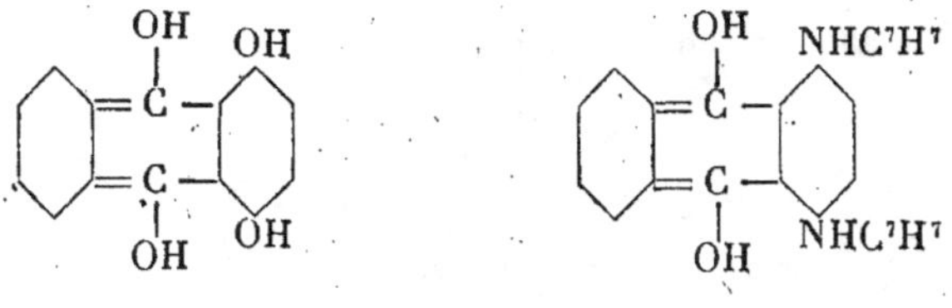

La substitution des groupes hydroxyles est aussi facilitée lorsque les hydrogènes sont remplacés par des restes aromatiques, de manière à obtenir des
produits de la forme suivante :

$$\text{anthraquinone } O - (Ar)$$

que Bayer prépare en faisant réagir par exemple le phénol sur des anthraquinones substitués négativement.

En chauffant la dibromaminoanthraquinone avec la p-toluidine on obtient un
corps dont le dérivé sulfoné est le *bleu ciel d'alizarine* :

Tous ces produits sont employés à [l'état de dérivés sulfonés (que l'on prépare en sulfonant parfois à la température ordinaire). Les sulfos entrent dans
les groupes alcoylés ce que l'on peut démontrer en hydroxylant ces composés
au moyen de l'acide sulfurique concentré ou au moyen d'acide iodhydrique. On
obtient la dioxyanthraquinone et la toluidine sulfonée.

Dérivés de l'anthrachrysone

L'anthrachrysone donne un colorant bleu acide en opérant de la manière suivante : on nitre et sulfone l'anthrachrysone, puis on réduit et l'on traite par de
la soude le dérivé diaminé, il se forme ainsi le *bleu d'alizarine acide*. Le dérivé
dinitré disulfoné donne un brun sur laine :

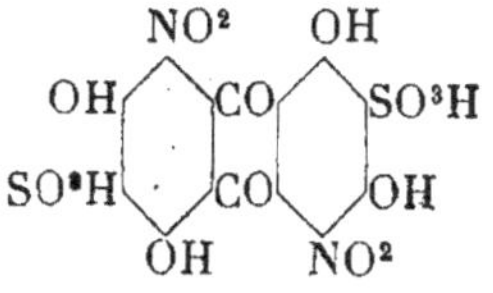

brun sur laine 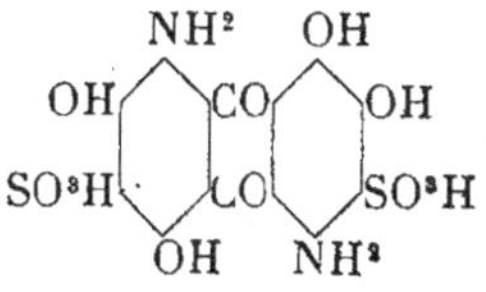 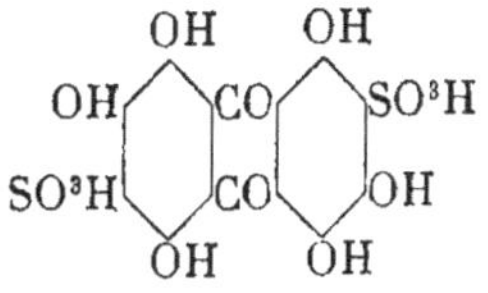   bleu d'alizarine acide

Si la dinitroanthrachrysone disulfonée est traitée en solution alcoolique avec
du sulfure de sodium on obtient le *vert d'alizarine acide* :

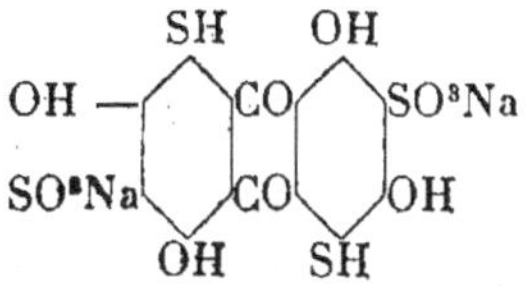

bleu vert sur laine. En chromant : vert pur

Ce colorant teint la laine en bleu-vert et si l'on chrome on obtient une
nuance verte très pure. Par hydrolyse ce vert d'alizarine perd ses groupes
sulfos et l'on obtient alors un colorant qui teint les mordants de chrome en
donnant des couleurs vertes et noires :

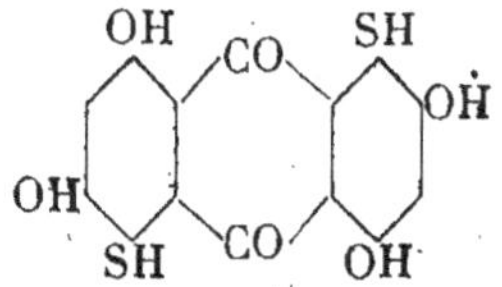

Dérivés aminés et aminohydroxylés non substitués dans les NH^2

Ces colorants peuvent être rangés en 3 catégories selont la nature des
auxochromes :

$$\text{Colorants renfermant}\begin{cases} NH^2 \\ NH^2 \end{cases}$$

$$\text{Colorants renfermant}\begin{cases} NH^2 \\ OH \end{cases}$$

$$\text{Colorants renfermant}\begin{cases} SH \\ OH \end{cases}$$

$$1° \text{ *Colorants renfermant*}\begin{cases} NH^2 \\ NH^2 \end{cases}$$

On prépare des couleurs bleues carboxylées ; ce sont des dérivés de la 1,4 diaminoanthraquinone qui correspondent à la formule :

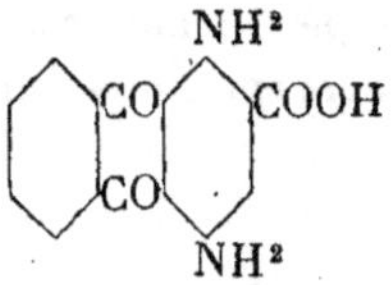

$$NH_2$$
$$CO \quad COOH$$
$$CO$$
$$NH_2$$

Elles teignent la laine en bain acide en bleu très solide (*Ch. Z.*, 1914, 671).

Si l'on traite l'épichlorhydrine par de la 5 nitro 1, 4 diaminoanthraquinone, puis sulfone, on a probablement :

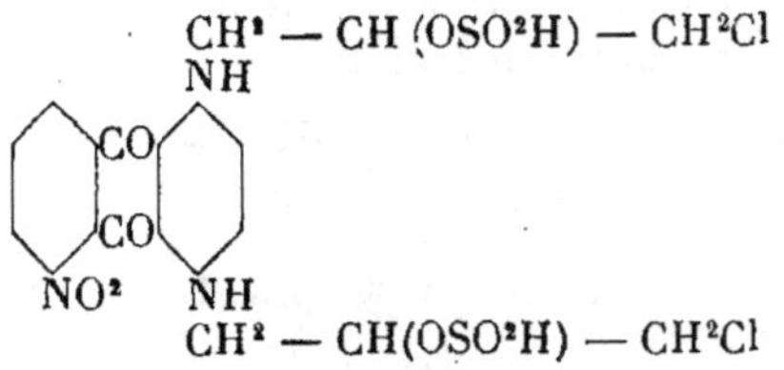

$$CH_2 - CH\,(OSO_2H) - CH_2Cl$$
$$NH$$
$$CO$$
$$CO$$
$$NO_2 \quad NH$$
$$CH_2 - CH(OSO_2H) - CH_2Cl$$

qui est l'*alizarine-uranol* qui teint la laine en bleu vert très solide à la lumière.

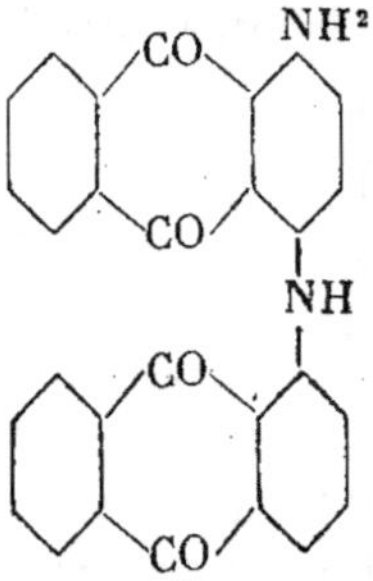

Un mélange d'anthraquinone halogénée et de diamoanthraquinone chauffée avec un sel de cuivre, en présence d'un dissolvant convenable (nitrobenzène et naphtaline) donne une dianthraquinonimide, dont le sulfo est une matière colorante bleue pour laine, solide :

$$2^{\circ}\ Colorants\ renfermant\ \begin{cases} NH_2 \\ OH \end{cases}$$

La couleur la plus intéressante de cette série est l'*alizarine-saphirol B*. On l'obtient en préparant le dérivé sulfoné de l'anthrarufine, nitrant et réduisant à l'état de diaminoanthrarufine disulfonée :

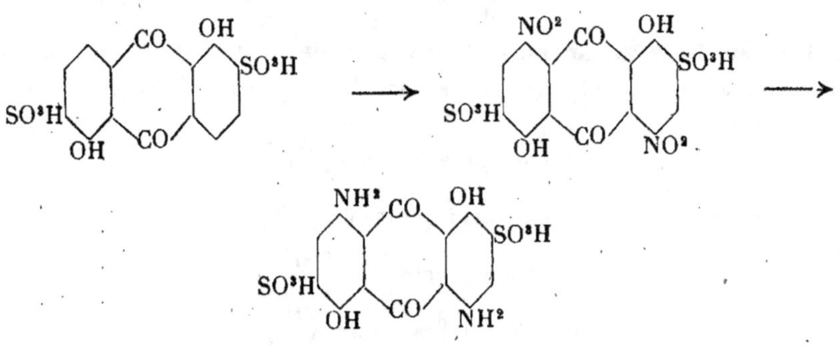

On peut préparer aussi l'alizarine-saphirol en partant de la dibromanthraru-
fine sulfonée que l'on traite par NH^3 en présence de cuivre :

$$Br \quad OH \qquad\qquad NH^2 \quad OH$$
$$\longrightarrow$$
$$OH \quad Br \qquad\qquad OH \quad NH^2$$

L'alizarine saphirol S est le dérivé monosulfoné correspondant.

L'alizarine célestol serait anologue à ces produits. On le préparerait en faisant réagir la formaldéhyde sur l'alizarine-saphirol (?)

La chrysazine donne une couleur analogue ayant la constitution suivante :

$$OH \quad CO \quad OH$$
$$SO^3H \qquad\qquad SO^3H$$
$$NH^2 \quad CO \quad NH^2$$

L'alizarine-éméraldol est une couleur vert-bleu contenue en traitant la dinitroanthrarufine disulfonée avec du sulfure de sodium.

C'est un colorant qui rappelle le produit correspondant de la dinitroanthrachrysone sulfonée :

$$SH \quad CO \quad OH$$
$$SO^3H \qquad\qquad - SO^3H$$
$$OH \quad CO \quad SH$$

Si l'on fait réagir des amines sur des dérivés nitrohydroxylés, ce sont les
groupes nitros qui réagissent d'abord ; en partant donc de dinitroanthrarufine,
on pourra obtenir, en faisant réagir de la diméthylamine, les produits suivants :

$$NO^2 \quad CO \quad OH \qquad\qquad N(CH^3)^2 \quad CO \quad OH$$
$$\longrightarrow$$
$$OH \quad CO \quad NO^2 \qquad\qquad OH \quad CO \quad N(CH^3)^2$$

Dérivés aminés hydroxylés et aminés substitués dans NH^2

Nous rangeons ces colorants de la manière suivante :

$$\text{Colorants renfermant le groupe} \begin{cases} OH \\ NH \cdot R \end{cases}$$

$$\text{Colorants renfermant le groupe} \begin{cases} NH^2 \\ NH \cdot R \end{cases}$$

$$\text{Colorants renfermant le groupe} \begin{cases} NH \cdot R \\ NH \cdot R \end{cases}$$

Nous allons passer en revue ces diverses séries.

$$1^\circ\ Groupe \begin{cases} OH \\ NH\,.\,R \end{cases}$$

Les nuances varient selon la nature du radical substitué.

L'*alizarine Irisol* (Bayer) dérive de la quinizarine et de toluidine, puis on sulfone :

$$CO - \cdots - NHC^6H^3 \diagup CH^3 \diagdown SO^3Na \qquad CO - \cdots - OH$$

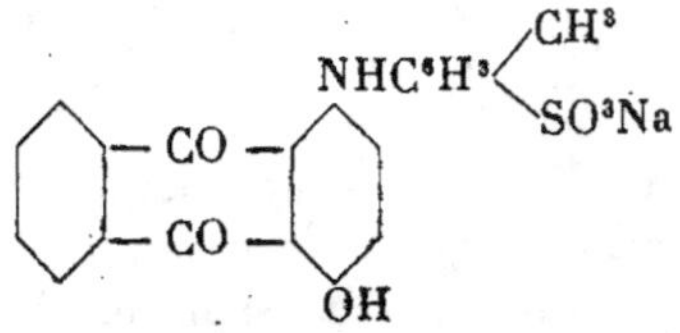

On prépare aussi avec la quinizarine et la p-toluidine-sulfo le *violet d'alizarine direct* (H) et le *violet d'alizarine cyanol R* (C.).

Il est intéressant de noter que ces colorants par le fait de la présence des groupes OH ne sont pas parfaitement solides aux alcalis, tout au moins lorsque l'on ne les emploie pas sous la forme de laque. L'alizarine-saphirol au contraire est solide aux alcalis, on pourrait attribuer cette solidité au voisinage en ortho du groupe sulfo.

Lorsque la molécule renferme des groupes hydroxyles comme dans l'alizarineirisol la nuance peut être modifiée par le chromatage. Du *bleu rouge* que l'on obtient en bain acide on passe au *bleu verdâtre* après chromatage.

La combinaison suivante teint en rouge et devient verte par chromatage :

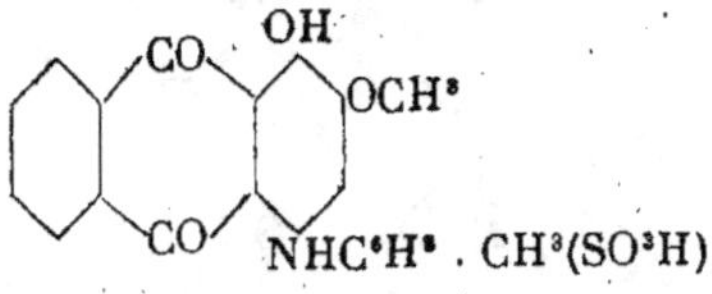

$$CO \cdots OH,\ OCH^3 \qquad CO \cdots NHC^6H^5\,.\,CH^3(SO^3H)$$

Avec l'acide disulfodinitroanthraflavique et l'aniline on obtient le *bleu d'alizarine acide R erwéco*. En bain acide on a un violet qui se transforme en bleu foncé par chromatage :

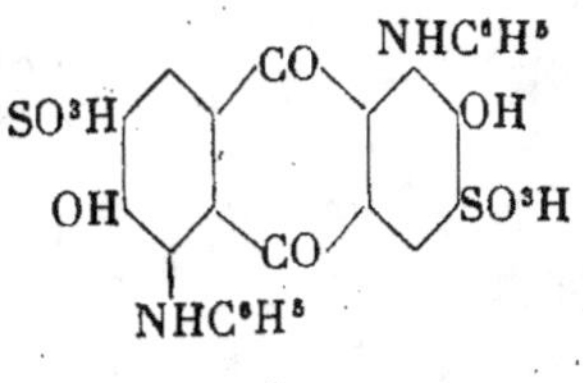

$$SO^3H,\ OH \cdots CO,\ NHC^6H^5 \cdots OH,\ SO^3H,\ CO,\ NHC^6H^5$$

L'*alizarine viridine* se prépare avec le bordeaux d'alizarine et la p-toluidine, puis on sulfone :

$$HO,\ OH \cdots CO - \cdots - NHC^6H^3 \diagup CH^3 \diagdown SO^3Na \qquad CO - \cdots - NHC^6H^4 \diagup CH^3 \diagdown SO^3Na$$

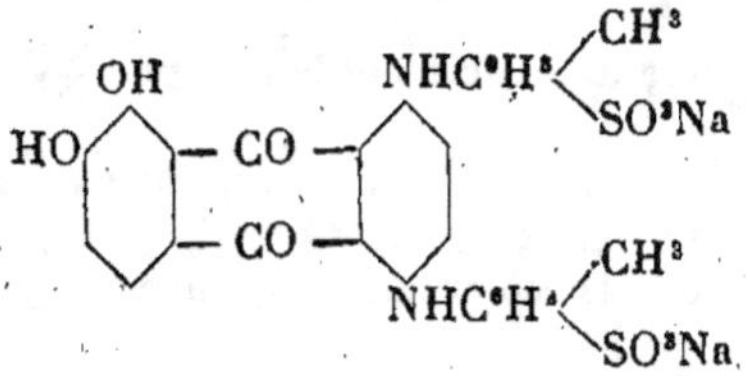

$$2° \; Type \; \begin{cases} NH_2 \\ NHR \end{cases}$$

L'alizarine irisol et les produits analogues ne sont pas très solides aux alcalis à cause de la présence de groupes OH, aussi évite-t-on cet inconvénient en préparant des produits de substitution d'anthraquinones diaminées.

Le *bleu pur d'alizarine B* est obtenu par la p-toluidine et la dibromo-α-aminoanthraquinone, puis on sulfone :

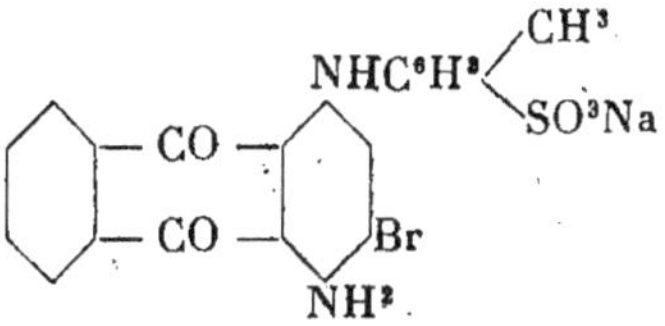

Remarquons en passant la stabilité des halogènes dans les positions β- ainsi dans l'exemple précédent le Br en β n'est pas substitué.

Le *bleu d'alizarine direct B* (H) ou *alizarine cyanol B* est un mélange du produit monosulfoné 5 :

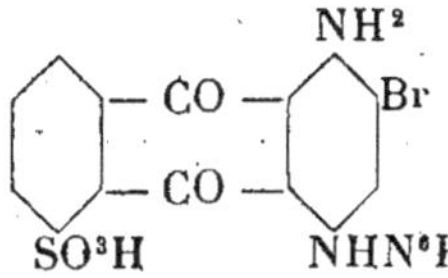

et de son isomère dans lequel SO_3H se trouve placé en 8.

$$3° \; Type \; \begin{cases} NH \; R \\ NH \; R \end{cases}$$

Les nuances varient selon la nature et le nombre des substitutions des groupes NH_2. Les colorants doublement alcoylés et alphylés sont bleus ou verts :

NH (alcoyl) } NH (alcoyl) }	bleu
NH (alcoyl) } NH (alphyl) }	bleu verdâte
NH (alphyl) } NH (alphyl) }	vert

L'*alizarine astrol* est un dérivé alcoylé et alphylé, Friedlander et Schuch ont établi sa constitution : (*Zeits. Farb. u. Text. Ch.*, 1902-03) :

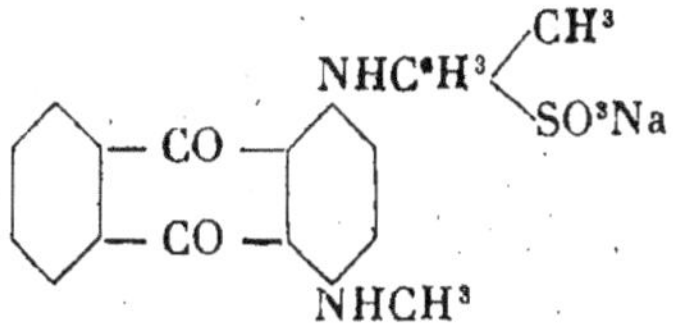

Pour préparer le *vert d'alizarine cyanine* on condense deux molécules de p-toluidine avec une molécule de leucoquinizarine, puis on oxyde et sulfone, ou bien on emploie le dérivé dihalogéné correspondant :

$$NHC^6H^3(CH^3)(SO^3H),\ NHC^6H^3(CH^3)(SO^3H)$$

On peut aussi faire réagir de la p-toluidine sulfonée sur la diaminoanthraqui-none, (*vert brillant d'alizarine*) :

$$\text{(diaminoanthraquinone, } NH^2, NH^2) + 2\ C^7H^5(CH^3)(NH^2)(SO^3H) \longrightarrow \text{(produit, } NH.C^7H^6(SO^3H),\ NH.C^7H^6(SO^3H))$$

Le *violet d'anthraquinone* est substitué dans les deux noyaux ; on le prépare en faisant réagir de la p-toluidine sur de la dinitroanthraquinone 1, 5 :

$$NH - C^6H^3(CH^3)(SO^3Na)\ ;\ CH^3, SO^3NaC^6H^4 - NH$$

L'*alizarine viridine* est un produit dihydroxylé et dialphylé, à cause de la présence du groupement alizarine, c'est en même temps une couleur à mordants, on l'emploie avec des mordant de chrome sur coton :

$$OH,\ HO,\ NH.C^7H^6.SO^3H,\ NH.C^7H^6.SO^3H$$

Nous avons vu précédemment que les groupes nitro réagissent mieux avec les amines que les groupes OH par contre les Cl sont plus mobiles que les NO^2, ainsi la diméthylamine donne avec la dinitro 1, 5 dichloro 4, 8 anthraquinone un dérivé nitré :

$$(NO^2, Cl, Cl, NO^2) + N(CH^3)^2 \dashrightarrow (NO^2, N(CH^3)^2, N(CH^3)^2, NO^2)$$

Dérivés tétraminés. — L'anthraquinone tétraminée 1, 4, 5, 8 sulfoné est un colorant vert-bleu.

Le *bleu d'anthraquinone* SR est un dérivé dialphylé de l'anthraquinone tétraminée obtenu en traitant la tétrabromo-1, 5-diaminoanthraquinone par l'aniline et en sulfonant :

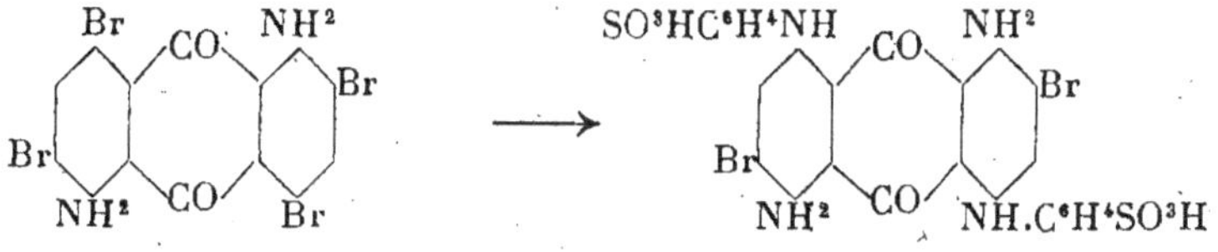

On prépare un produit plus simple avec la tétraminoanthraquinone et l'acide sulfanilique :

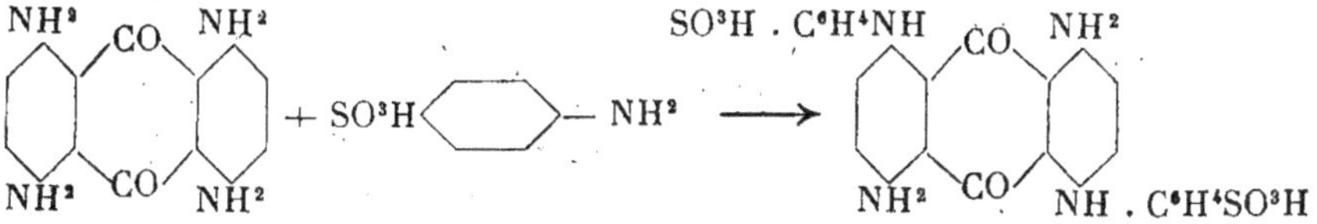

On a même obtenu en partant de dinitroanthrarufine le produit tétraalphylé :

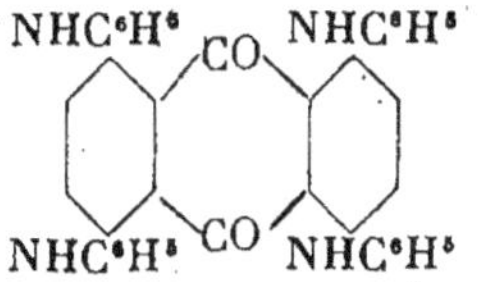

On peut ranger dans la catégorie des colorants laine les colorants aminés et aminohydroxylés suivants :

L'alizarine cyanine G (NH^3 sur éther sulfurique de l'alizarine cyanine obtenu comme produit intermédiaire dans sa fabrication) ; l'*alizarine cyanine 3G*, l'*alizarine cyanine brillante*, et le *noir d'alizarine cyanine*.

Colorants divers. — L'*alizarine rubinol* se prépare en partant de la 4-bromo-1-méthylacétylaminoanthraquinone que l'on condense avec de la p-toluidine, on obtient ainsi la 4-p-toluido 1-méthyl anthrapyridone que l'on sulfone :

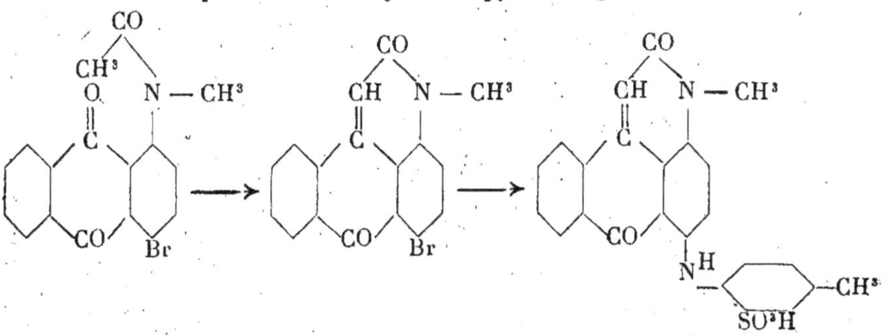

Les dérivés bromés, chlorés de l'anthrapyridone peuvent servir à la préparation de divers colorants par condensation avec des amines.

On obtient des colorants jaunes de la série de la pyridazone anthrone en fai-

sant réagir de l'hydrazine, de la phénylhydrazine, de l'anthraquinonylhydrazine
sur du chlorure d'α-anthraquinone carboxylé : (F. Ullmann, Br. all. 248998) :

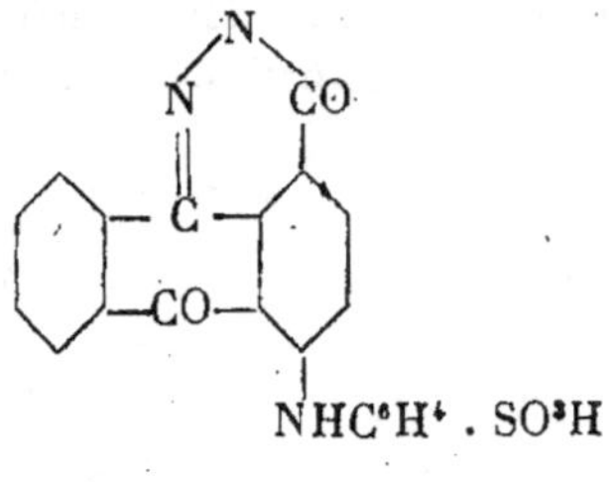

$$\text{NHC}^6\text{H}^4 \cdot \text{SO}^3\text{H}$$

Préparation de l'anthraquinone et de ses dérivés de substitution

Anthraquinone. — On peut fabriquer de l'anthraquinone non seulement
d'après le procédé au bichromate décrit plus haut mais aussi en traitant l'anthracène à 200° par NO². Cet oxyde se transforme en NO en abandonnant O
qui se fixe sur l'anthracène, on obtient ainsi de l'anthraquinone sans formation
de dérivé nitré (Grunau, br. all. 234289).

On opère dans de meilleures conditions en mélangeant à l'anthracène de
poudre de zinc et de l'oxyde de plomb. On ajoute un corps inerte comme agent de
dilution : poudre d'amiante, laine de verre, et pour régler la réaction et augmenter
le rendement, on additionne d'une petite quantité d'oxyde de *molybdène*. La température dans ces conditions n'a pas besoin de dépasser 100° (Br. all. 256623).

On ne s'expliquait pas le mécanisme de l'oxydation de l'anthracène avec
PbO² + acide acétique (K. H. Meyer, *Ann.*, **379** 37-75) a élucidé la question.

L'anthracène se transforme successivement en acétate d'anthranol en acétate
d'oxyanthranol et finalement en anthraquinone.

Si l'on fait réagir du chlore ou du brome sur de l'anthracène finement divisé,
dans l'eau il se forme des chlore ou bromanthrones, puis des chlore ou bromo-
xyanthrones, qui se transforment facilement en anthraquinone, ce qui constitue
donc un procédé technique de préparation de ces substances.

Dans le même travail on démontre (ce qui est d'un réel intérêt scientifique)
l'existence de deux formes desmotropiques, l'oxyanthrone et l'anthrahydro-
quinone :

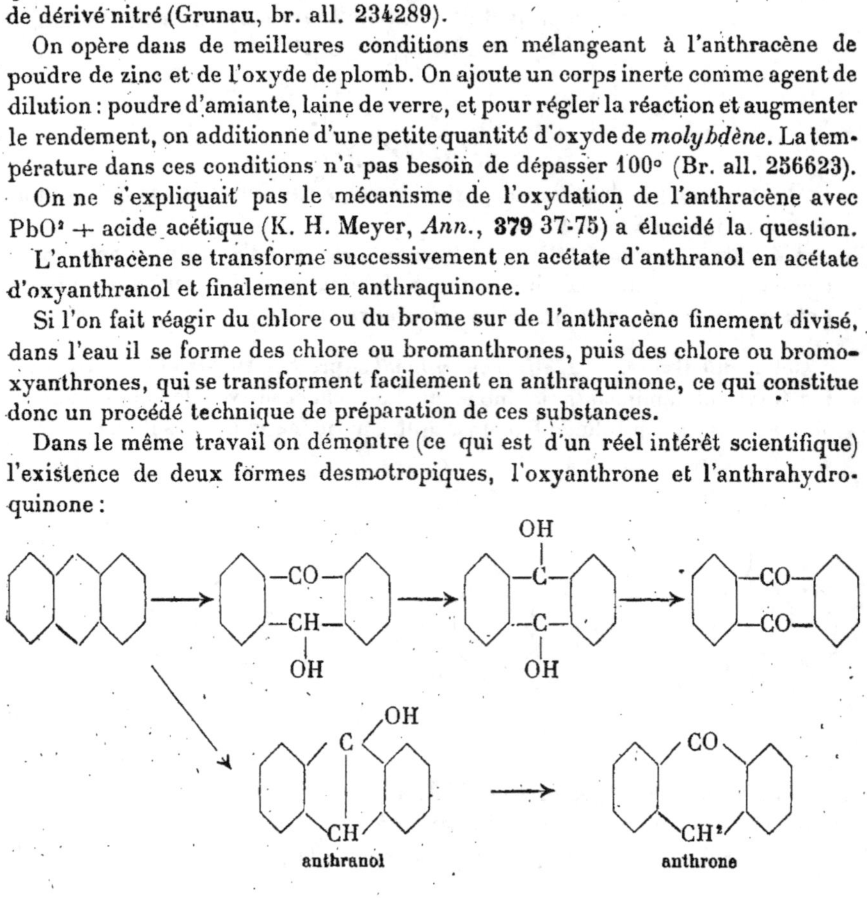

anthranol

anthrone

Dérivés halogénés de l'anthraquinone. — On peut chlorer l'anthraquinone et certains sulfos en milieu sulfurique fumant à température élevée. L'anthraquinone β-sulfonée donne le dérivé dichloré 2, 5, 8 et l'anthraquinone le produit tétrachloré :

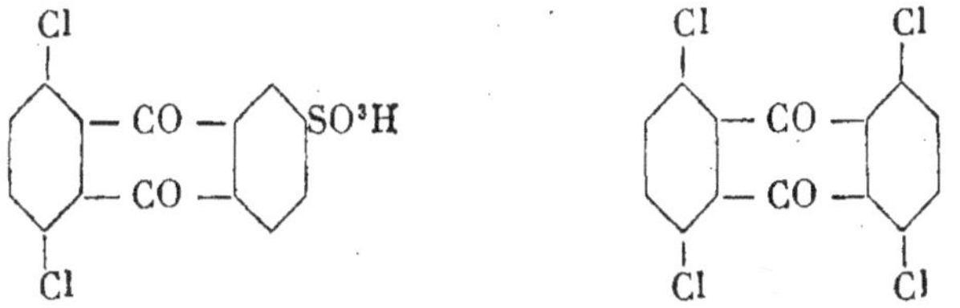

$$Cl-\!\!\bigcirc\!\!-CO-\bigcirc\!\!-SO_3H \qquad Cl-\!\!\bigcirc\!\!-CO-\!\!\bigcirc\!\!-Cl$$

Un excellent procédé consiste à chlorer avec du chlorate de potasse et de l'acide chlorhydrique, ce qui revient à faire réagir du chlore à l'état naissant. Ces produits chlorés peuvent être nitrés ou sulfonés et on peut opérer de même sur ces nouveaux dérivés afin de remplacer les SO_3H par des Cl. On peut obtenir ainsi une variété de produits différents.

B. A. S. F. (brevets allemands, 252578, 254450) prépare des chloranthraquinones non seulement en remplaçant les SO_3H par Cl, mais aussi en traitant des nitroanthraquinone par du chlore dans des solutions anhydres.

La mobilité des halogènes, des nitros, des groupes sulfo, dans la position α-a provoqué la préparation d'un grand nombre de matières premières.

B. A. S.F. (brevet allemand, 265727) prépare de la *bromanthraquinone* en bromant le dérivé sulfoné correspondant dans l'acide sulfurique concentré ou légèrement fumant en présence d'une petite quantité de sel de mercure.

Ce procédé est applicable à 1-brom-2-amino 3-sulfoanthraquinone.

Les anthraquinones dichlorées 1, 2, 2, 3, 1, 4, ont été préparées par Ullmann et Billig (*Ann.*, 381, 1) en partant d'acide dichlorphtalique.

Si la 2 méthylanthraquinone est traitée par du chlorure de sulfuryle en présence d'iode on obtient une 2-méthylanthraquinone chlorée (br. all., 269249).

Aminoanthraquinones. — On peut réduire les dérivés nitrés correspondants ; il se forme d'abord des hydroxylamines. Celles-ci se transposent en dioxydiaminoanthraquinones d'après la réaction de Gattermann sous l'influence de l'acide sulfurique :

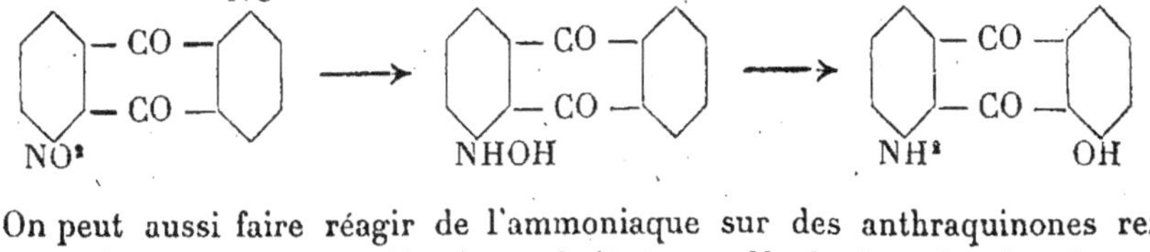

$$NO_2-\!\!\bigcirc\!\!-CO-\!\!\bigcirc\!\!-NO_2 \longrightarrow NHOH-\!\!\bigcirc\!\!-CO-\!\!\bigcirc\!\!-NHOH \longrightarrow OH,NH_2-\!\!\bigcirc\!\!-CO-\!\!\bigcirc\!\!-NH_2,OH$$

On peut aussi faire réagir de l'ammoniaque sur des anthraquinones renfermant des radicaux négatifs tels que halogène, sulfo, hydroxyle, alcoyle.

On prépare par exemple les α et les β-aminoanthraquinones en faisant réagir l'ammoniaque aqueuse sur les dérivés sulfonés à température élevée.

Les radicaux des amines primaires et secondaires de la série grasse peuvent être introduits dans l'anthraquinone par exemple par l'action de la mono- et de la diméthylamine, ou de la pipéridine sur la α-chloranthraquinone, α-nitroanthra-quinone, α-sulfoanthroquinone. Avec la 1, 8 dinitro et la méthylamine, on obtient les dérivés nitrométhylaminé ou diméthyldiaminé :

$$NO^2 \qquad NO^2 \qquad\qquad NO^2 \qquad NHCH^3 \qquad\qquad NHCH^3 \qquad NHCH^3$$

Pour introduire des radicaux d'amines aromatiques on peut faire réagir les amines sur les dérivés hydroxylés en milieu d'acide sulfurique fumant et en présence d'acide borique, mais les résultats sont meilleurs en employant les produits chlorés ou nitrés. Nous verrons plus loin qu'on prépare ainsi de nombreuses matières colorantes.

On prépare l'aminoanthraquinone-2-carboxylée et ses dérivés en en éthérifiant les anthraquinones-2-carboxylées chlorées ou nitrées en 1, et en les condensant avec NH^3 ou des amines primaires ou secondaires. B. A. S. F., brevet allemand 267211.

Pour préparer la 2-aminoanthraquinone, on traite l'anthraquinone-2-sulfonée par NH^3 et l'on fixe l'acide sulfureux produit à l'état de sulfite de baryum difficilement soluble de manière à éviter son action ultérieure sur la molécule d'anthraquinone (Hœchst. Br. all. 267212). Le br. all. 253683 (Hœchst) prépare la 1-brome-2-aminoanthraquinone en bromant la 2-aminoanthroquinone-3-sulfo, puis en hydrolysant ce dérivé bromosulfoné :

$$-CO-\ -NH^2 \qquad Br \qquad\qquad Br$$
$$-CO-\ -SO^3H \qquad -CO-\ -NH^3 \qquad -CO-\ -NH^2$$
$$\qquad -CO-\ -SO^3H \qquad -CO-$$

On obtient des bromaminoanthraquinones en traitant la 1-bromaminoanthraqui-none sulfoné renfermant dans le même noyau un brome, un amino et un sulfo (à l'exception de 1 brome, 2-amino, 3 sulfo) de manière à enlever le groupe sulfo par exemple avec SO^4H^2 à 12 % SO^3. (B. A. S. F. Br. all. 263395).

La B. A. S. F. Br. all., 256515 a amélioré le procédé de préparation des β-amino-anthraquinones préparées avec anthraquinones β-sulfo + NH^3. Pour cela on ajoute une petite quantité d'oxydant (acide arsénique) qui vraisemblablement empêche la formation d'un sulfite. Avec la 2, 7-anthraquinone-disulfoné il se forme dans ces conditions très facilement la 2, 7-diaminoanthraquinone :

$$SO^3H\ -CO-\ SO^3H \qquad\qquad NH^2\ -CO-\ NH^2$$
$$\qquad -CO- \qquad\qquad\qquad -CO-$$

Avec l'α-anthraquinone-sulfo et ses dérivés on a obtenu par cette modification et avec la plus grande facilité les α-alcoyl-et aryl-aminoanthraquinones.

Si l'on chauffe le sulfate acide de 2-aminoanthraquinone à température élevée, il se forme 2-aminoanthraquinone sulfo.

Le composé obtenu par Perger en faisant réagir l'ammoniaque sur l'alizarine est la 1,2-hydroxyaminoanthraquinonimide :

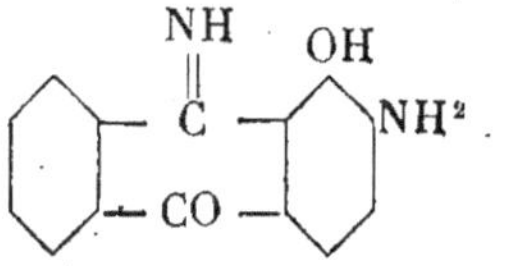

On l'obtient en chauffant à 140° pendant 5 heures. Elle est insoluble dans l'ammoniaque, soluble dans les alcalis et les acides, elle donne un dérivé acétylé qui a les propriétés d'un aminophénol.

L'alizarinimide, obtenue par Liebermann et Troschke en chauffant l'alizarine avec l'ammoniaque est identique avec le corps de Perger. (Scholl et Parthey, *M. C.*, 1907, 78).

On prépare la 1,4 diaminoanthraquinone et ses dérivés sulfonés en chauffant l'acide 2-amino 5-acidylaminobenzoyl-o-benzoïque avec des corps déshydratants, SO^4H^2 concentré ou fumant, acide chlorsulfonique avec ou sans acide borique (Br. all. Agfa 260899).

La B. A. S. F. prépare des amino-dérivés en chauffant les acides chlorbenzoylbenzoïques avec de l'ammoniaque et un peu de cuivre, ce qui conduit aux acides aminobenzoylbenzoïques. Ces derniers condensés avec acide sulfurique donnent les aminoanthraquinones (Br. all. 234917).

Les br. all. 254091, 258343 proposent la préparation du dérivé bromé de l'aminoanthraquinone (3) avec l'acide aminobenzoylbenzoïque (1) préparé par nitration d'acide benzoylbenzoïque, réduction et bromuration :

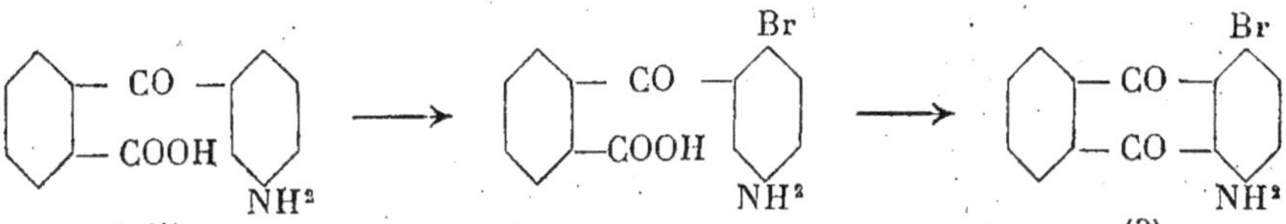

Lorsqu'on nitre et réduit il se forme en même temps le produit ortho (2) qui chauffé à haute température, forme un anhydride (4), que l'on sépare facilement du produit précédent :

D'après le brev. all. 248838 on prépare la 2,3 aminoanthraquinone carboxylée. On fait réagir l'anhydride phtalique + toluol + $AlCl^3$; l'acide p-toluyl-o-benzoïque obtenu est nitré, oxydé avec $KMnO^4$, puis réduit et condensé avec l'acide sulfurique :

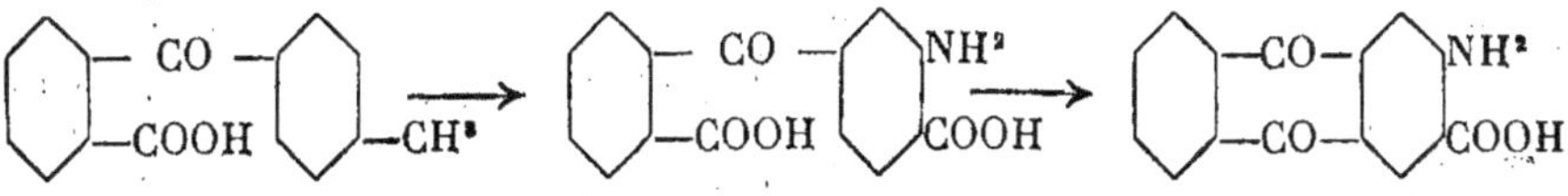

Accessoirement il se forme une petite quantité du produit 1, 2 aminocarboxylé.

D'après les brev. all. 247411, 256344, ce même produit 1,2 se prépare facilement en faisant réagir NH^3 sur le produit chlorocarboxylé :

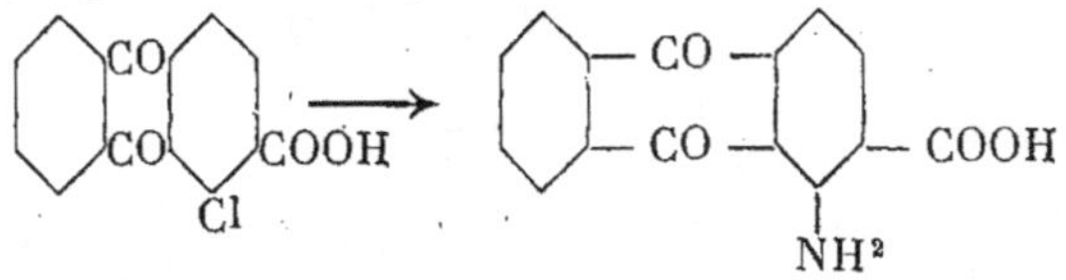

L'anthragallolamide a été préparé par Georgiévics en faisant bouillir l'anthragallol avec un excès d'ammoniaque concentré. Elle se diazote difficilement, mais en diazotant avec le nitrite d'amyle en liqueur acide, on obtient un corps répondant à la formule $C^{14}H^6O^4N^2$ qui doit être le diazoanhydride :

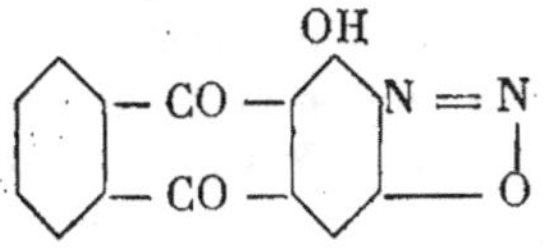

car traité par le sel d'étain et les alcalis, il perd le groupe azoïque et donne une dioxyanthraquinone, la xanthopurpurine dont les OH sont en 1 et 3. (Boeck, *MC.*, 1906, 114).

Dérivés carboxylés de l'anthraquinone. — Pour oxyder les méthylanthraquinones à l'état d'anthraquinones carboxylés la B. A. S. F. (Br. all. 250742, 259365) recommande de faire réagir du chlore dans un milieu de nitrobenzène ou NO^2 dans du trichlorbenzène à température élevée.

O. Fischer et Sapper (*I. pr. Ch.*, 83.201) préparent l'anthraquinone α-carboxylée en oxydant le méthylanthracène avec NO^3H à 160°.

On peut aussi préparer cet acide avec α-aminoanthraquinone en passant par le nitrile (Ullmann et Vanderchalk, *Ber.*, **44** 128).

Si l'on fait réagir du chlore à haute température en présence de nitrobenzène sur des dérivés de l'anthraquinone ayant un groupe CH^3 en α-, on obtient de l'α-anthraquinone carboxylée et ses dérivés (Br. F. 448512).

L'anthraquinone dicarboxylé 1, 2 est devenue un produit technique, il constitue l'acide phtalique de l'anthraquinone. Scholl et Schwinger le préparent en oxydant la naphtoanthraquinone avec MnO^4K en milieu d'acide sulfurique dilué :

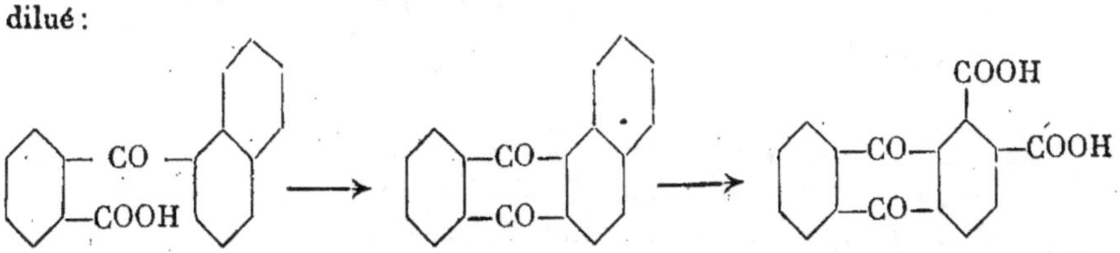

Comme il se forme aussi des naphtoanthraquinones substituées avec des acides phtaliques substitués, de la naphtaline et du chlorure d'aluminium, on peut employer la réaction pour préparer un nombre considérable d'anthraquinones dicarboxylées substituées.

L'anthraquinone dicarboxylé isomère 2, 6 a été obtenu en oxydant 2, 6-diméthylanthraquinone (Seer et Stanka, *Monats. Ch.*, 32.143).

On prépare la dianthraquinonylamine carboxylée en chauffant l'anthraquinone carboxylée et halogénée avec de l'aminoanthraquinone dans des solvants bouillant à température élevée en présence d'un catalyseur tel que du cuivre ou ses combinaisons et en employant comme agent fixateur de l'acide, des oxydes ou des sels alcalino terreux.

Suivant Elbs et Eurich, les sels des acides anthraquinone-dicarboniques 1, 3, 2, 3 et 1, 4, sont rouges et ce fait semble en contradiction avec une remarque générale de l'auteur, suivant laquelle l'affinité des dérivés de l'anthraquinone pour les mordants, varie avec l'intensité de la couleur des sels de sodium de ces acides. Heller montre que les solutions alcalines de ces acides anthraquinones-dicarboniques sont complètement incolores quand ils sont purs et qu'ils ne possèdent qu'une faible affinité pour les mordants métalliques.

On obtient des chloranthraquinones carboxylées isomères renfermant des halogènes dans le premier noyau et dans la position 1, 4 en chlorant l'anthraquinone carboxylée en milieu sulfurique avec addition d'un peu d'iode (Br. all. 255121) :

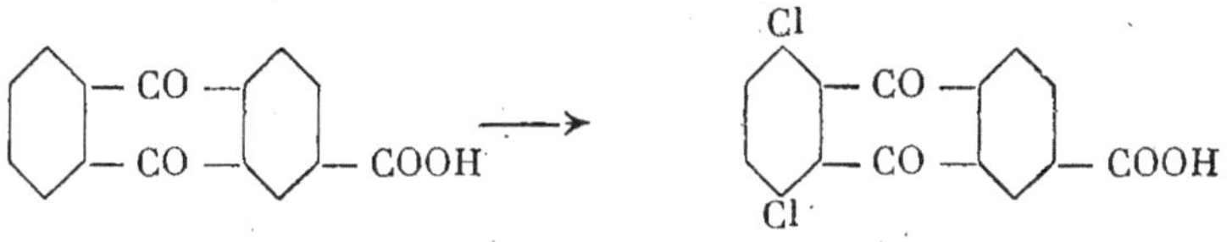

Si l'on fait réagir de l'hydroxylamine ou de l'hydrazine sur le chlorure d'anthraquinone carboxylé il se forme des complexes cycliques correspondant aux formules :

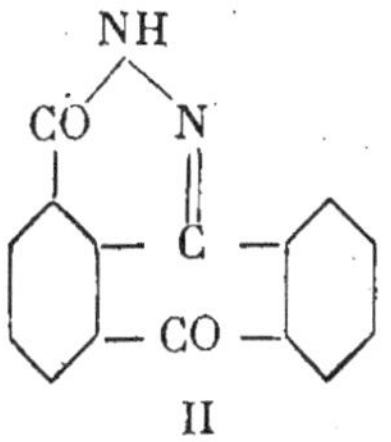

II 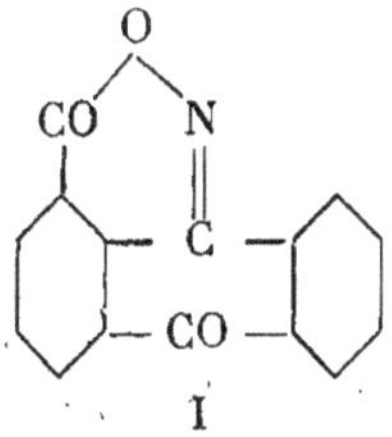   I

Mercaptans. — Les mercaptans de l'anthraquinone se préparent par exemple avec les dérivés aminés et les diazoanthraquinones (Gattermann, *Ann.*, 393.113).

Synthétiquement un certain nombre d'entre eux peuvent être préparés d'après les indications de la B. A. S. F. (Br. all. 274412). On traite l'acide p-chlorbenzoylbenzoïque par du sulfhydrate de sodium, puis ce mercaptan carboxylé est traité par SO^4H^2 à 150° :

En chauffant la β-chloranthraquinone avec du xanthogénate dans l'alcool amylique, F. Ullmann, Goldberg (Br. all. 255591) ont préparé une anthraquinone sulfide jaune orangé ; c'est un colorant à cuve :

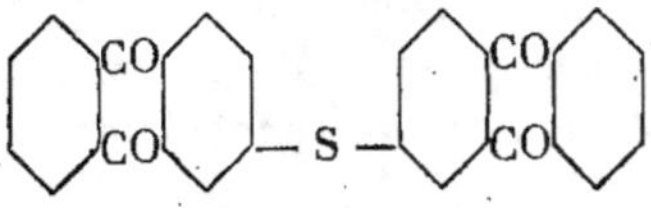

Les dérivés des mercaptans de la série de l'anthraquinone en général, sont aussi colorés, et leurs dérivés les plus simples par exemple les dérivés alcoylés ont des caractères de matières colorantes.

C'est ainsi que le produit obtenu avec 1, 4 dichloranthraquinone 6 sulfo et p-thiocrésol est un colorant laine orangé-rouge :

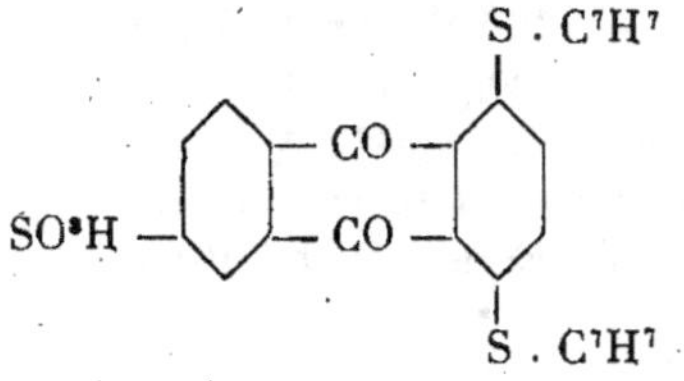

Le dérivé obtenu avec thiocrésol et 1, 5-diamino-4, 8-dibromoanthraquinone 2, 6-disulfo est un colorant bleu :

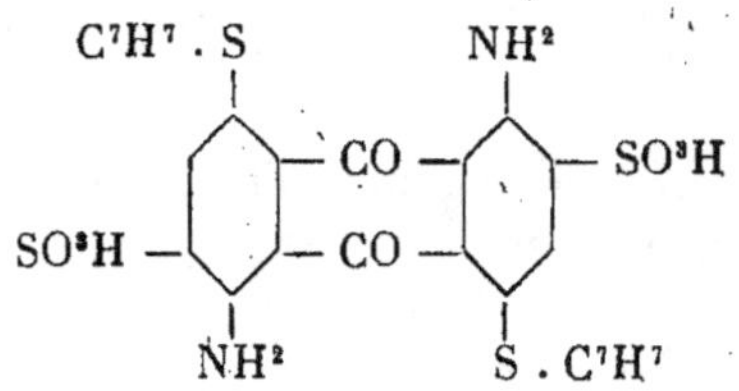

En traitant les diazoïques des aminoanthraquinones par le sulfocyanure de potassium on a obtenu des rhodanides, qui, par saponification alcaline, se transforment facilement en mercaptans correspondants. Ces corps analogues aux thiophénols se signalent par la coloration caractéristique de leurs sels alcalins. Par oxydation ils se transforment facilement en dérivés disulfides. L'amino-alizarine donne la *thiopurpurine* qui par oxydation se transforme en disulfure d'alizarine (Gattermann, *M. C.* 1909, 52) :

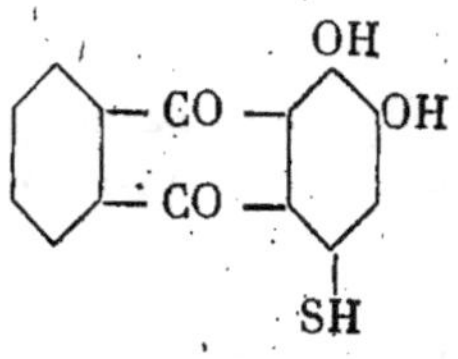

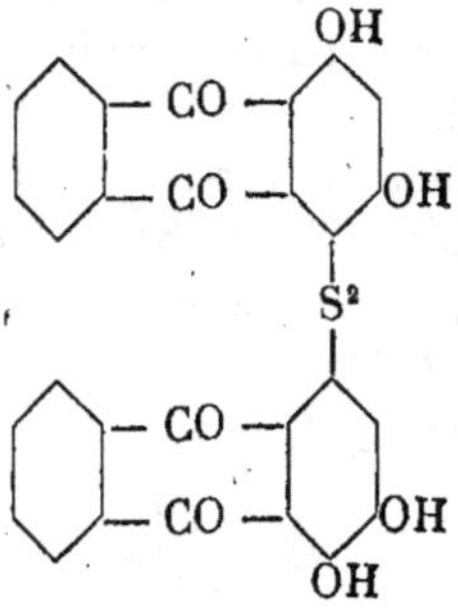

C'est un colorant pour mordant comme l'alizarine, mais les nuances sont différentes.

Avec les α-mercaptan-anthraquinones, traitées par l'acide chloracétique, on obtient des acides anthraquinonylthioglycoliques qui perdent facilement de l'eau selon l'équation :

$$CO - OH \qquad\qquad CO - OH$$
$$CH^2 - S \qquad\qquad C - S$$

Les thioanthraquinones doivent servir à préparer des colorants pour cuve.

Les mercaptans sont difficiles à isoler à l'état de pureté, mais leurs dérivés se préparent facilement avec les solutions alcalines.

Les mercaptans mis en suspension dans l'eau acidulée avec acide acétique à 40-50° sont complètement absorbés par la laine, mais les teintures ne sont pas solides au savon. Toutefois si l'on porte à l'ébullition, la teinture devient plus claire par suite de la transformation du mercaptan en disulfure correspondant et la teinture devient solide (Gattermann, *M. C.*, 1913, 50).

Lorsqu'on chauffe à 200° le disulfure de l'amino-1-anthraquinone il se transforme en monosulfure ; en même temps il se dégage de l'acide sulfureux, la réaction est donc différente de celle indiquée par Hinsberg dans les séries benzéniques et naphtaléniques et suivant laquelle les disulfures sont décomposés par la chaleur en monosulfures et trisulfures. L'étude de l'action de la chaleur sur les disulfures simples 1 et 2 de l'anthraquinone et sur les disulfures 2 et 2, 4 de l'amino 1-anthraquinone semble indiquer que la décomposition se produit plutôt dans le sens indiqué par Beilstein c'est-à-dire en monosulfure et soufre.

On prépare des mercaptans de l'anthraquinone en décomposant les sels de diazonium avec des xanthogénates ou des thiourées (Br. allemands 239762, 241985).

On prépare des anthraquinones thiazols en traitant la 2, aminoanthraquinones ou ses produits de substitution renfermant une position ortho libre par rapport à NH², par $C^6H^5CCl^3$ en présence de soufre ou d'une substance susceptible de donner du soufre (*Ch. Z.*, 1913, 426, r).

Matières premières diverses

Les anthraquinone-aldéhydes s'obtiennent avec des dérivés de l'anthraquinone renfermant des groupes CH³ par exemple :

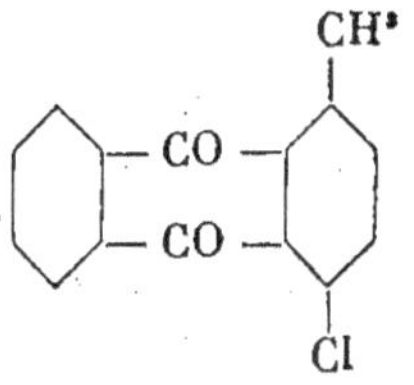

$$CH^3$$
$$CO$$
$$CO$$
$$Cl$$

au moyen du bioxyde de manganèse en solution sulfurique.

S'il y a deux groupes CH^3 on obtient d'abord une monoaldéhyde, puis une dialdéhyde. Si l'oxydation est poussée plus loin, on obtient ensuite un acide aldéhydique et finalement le produit dicarboxylé (Br. Fr. 456768, *Ch. Z.*, 1914, 40, r).

Si l'on traite une arylaminoanthraquinone carboxylée par des agents déshydratants, mais non sulfonants on obtient une anthraquinone acridine carboxylée. Avecl'acide1, arylaminoanthraquinone 2, carboxylé on obtient un acide anthraquinoneacridine carboxylé et accessoirement de l'acridone (*Ch. Z.*, 1913, 42627).

Si l'on traite l'o-diaminoanthraquinone en milieu sulfurique par du nitrite de soude on peut obtenir de l'anthraquinone azimide (*B.*, Br. fr. 453313, *Ch. Z.*, 1913, 529 r).

COLORANTS A CUVE

Depuis quelques années une nouvelle série de dérivés de l'anthracène est venue s'ajouter aux produits dont nous venons de parler, ces colorants sont absolument différents au point de vue des propriétés tinctoriales. On les fixe en teinture par un procédé qui rappelle celui de l'indigo. Ces colorants sont insolubles dans l'eau. En les transformant par réduction à l'état de soi-disant leucodérivés ils sont solubles dans les alcalis étendus. A l'état de colorants insolubles, ils ne sont plus caractérisés par la présence de groupements salifiables basiques ou acides ; la solubilité de leurs leucodérivés provient vraisemblablement de ce que ce sont des anthranols, c'est-à-dire des produits dans lesquels le groupement cétonique de l'anthraquinone est remplacé par le groupement COH salifiable :

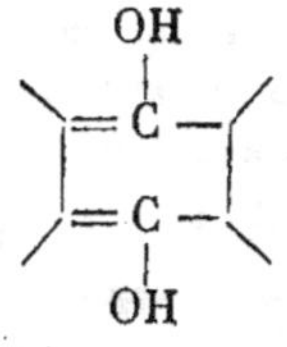

OH
|
=C—
=C—
|
OH

Dans cette série de colorants dérivés de l'anthracène nous retrouvons des colorants azotés et non azotés. Nous aurons l'occasion de signaler des dérivés relativement simples, telles que les aminoanthraquinones acidylées renfermant des chaînes latérales non condensées qui sont pourtant des colorants à cuve.

L'anthraquinone elle-même peut former une cuve en se dissolvant dans des réducteurs alcalins, l'anthrahydroquinone ainsi formée solublé en rouge sang s'oxyde au contact de l'air en régénérant l'anthraquinone. Toutefois elle ne possède pas de propriétés tinctoriales (Grandmougin, *Berl. Ber.*, 39, 3564) :

Anthraquinone   →   Anthrahydroquinone

La naphtanthraquinone dénommée *jaune sirius* est un colorant employé pour laques :

Anhydride phtalique + naphtaline   Naphtanthraquinone

condensé par SO⁴H²

Les colorants à cuve peuvent être rangés en une série de classes que nous allons étudier en détail.

1° Acidylamines

L'introduction d'un groupe acidylé dans les α-aminoanthraquinones modifie la nuance dans le sens négatif :

Diaminoanthraquinone 1-4	violet
Dibenzoyldiaminoanthraquinone (rouge algol 5G)	rouge
Diamnioanthraquinone 1-5	rouge brique
Dibenzoyldiaminoanthraquinone 1-5 (jaune algol R)	jaune

Il se trouve que ces produits acidylés sont des colorants à cuve, tandis que les aminoanthraquinones non substitués ou ces amines alcoylées ou arylées ne possèdent pas cette propriété. Les dérivés acidylés des oxydiaminoanthraqui-nones sont aussi des colorants à cuve.

C'est surtout le groupe benzoyle qui est intéressant, tandis que le groupe acétyle n'a pour ainsi dire pas d'action cuvogène (si l'on veut bien permettre ce mot barbare).

Parmi les dérivés les plus simples nous avons deux séries. Elles ont été lancées par les Farbenfabriken Bayer.

1° Colorants renfermant un groupe NH (acidyl). — Le *jaune algol WG* ou jaune leukol G est une monobenzoyl 1-aminoanthraquinone :

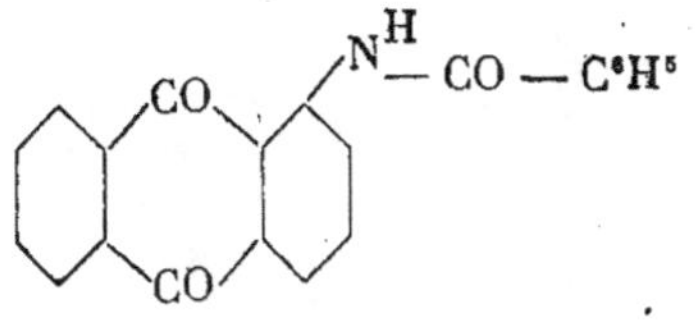

Quand le colorant renferme en outre un ou plusieurs groupes OH la nuance
est modifiée dans le sens du rouge et du bleu.

Le *rose algol R* est une benzoyl-4-amino-1-oxyanthraquinone ; l'*écarlate
algol G* une benzoyl-1-amino-4-méthoxyanthraquinone :

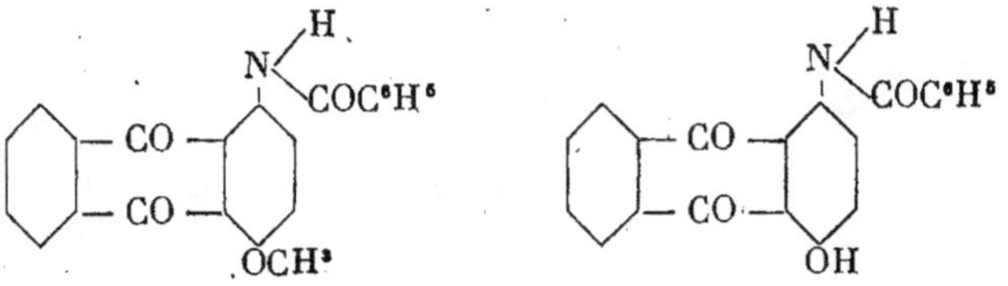

Avec 3 groupes OH on a un violet, le *violet algol R* qui est une benzoyl-1-
amino 4-5-8 trioxyanthraquinone :

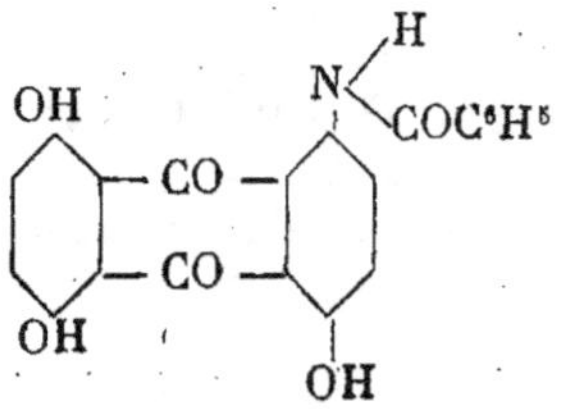

2° Colorants renfermant deux groupes [NH (acidyl)]. — On trouve aussi
dans cette catégorie de couleurs des produits non hydroxylés et les produits hydroxylés.

Le *rouge algol 5G* est une dibenzoyl 1-4-diaminoanthraquinone :

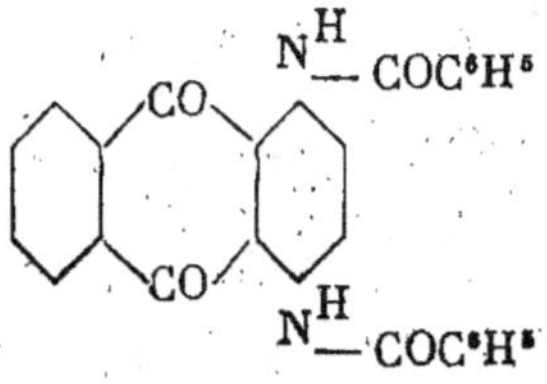

Le *jaune algol R* une dibenzoyl 1-5-diaminoanthraquinone :

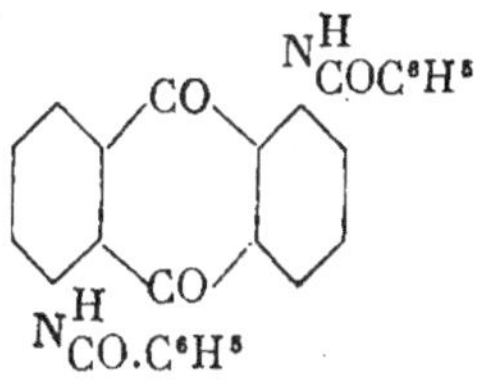

Il est intéressant de constater la différence de nuance entre le dérivé iso et hétéronucléaire.

Le *rouge algol R extra* est une dibenzoyl 1,5 diamino 8-oxyanthraquinone :

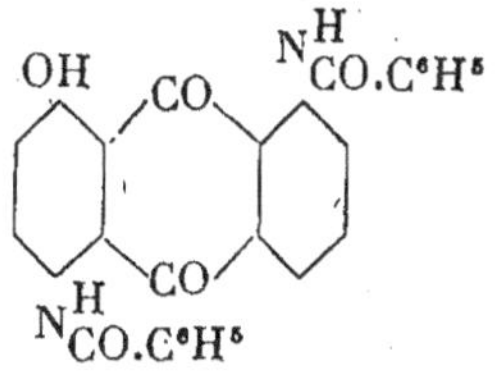

Le tableau suivant montre l'influence de la substitution sur la nuance pour quelques produits :

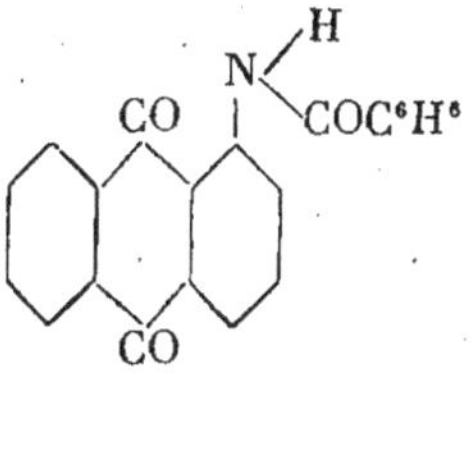

Jaune

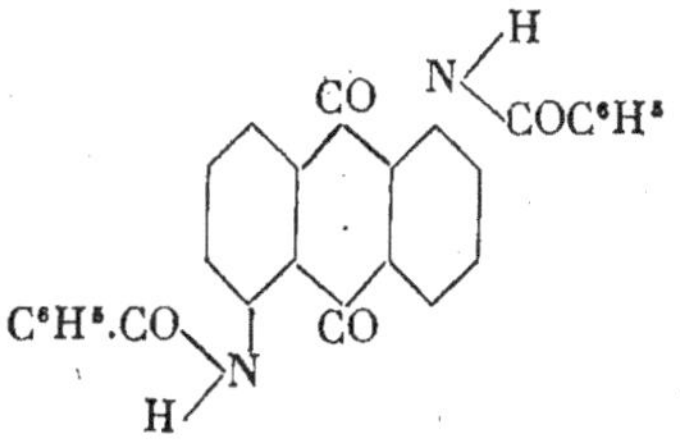

Orangé jaune

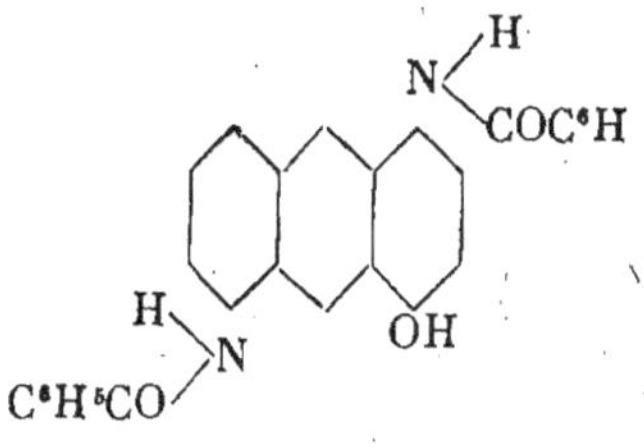

Rouge

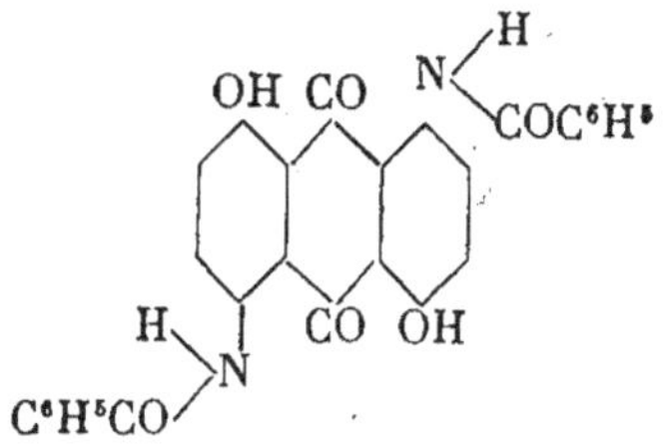

Violet bleu { Bleu Algol R ou / Violet Algol brillant 2B

En général les aminoanthraquinones se benzoylent bien, soit le plus souvent, sans agents de condensation ou en présence d'oxychlorure de phosphore.

On peut acidyler avec des acides bibasiques, il se forme d'abord le produit de réaction de 1 molécule d'acide sur une molécule d'aminoanthraquinone, sur laquelle on peut faire réagir une seconde molécule d'amine. On peut aussi condenser directement une molécule de l'acide + 2-aminos, par exemple, le *jaune algol 3G* qui est une succinyle α-aminoanthraquinone :

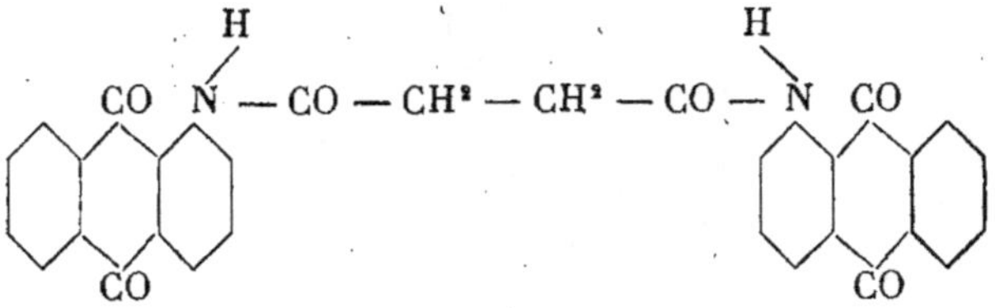

$$\text{CO} \quad \overset{H}{N} - CO - CH^2 - CH^2 - CO - \overset{H}{N} \quad CO$$

Dans les mêmes conditions l'acide succinique et la diaminoanthrarufine donnent le *violet algol brillant R*.

D'autres acides bibasiques peuvent être utilisés à cet effet : acide *adipique*, acide *malique*, acide *sébacique*, acide *diglycolique*, acide *phtalique*, etc.

On peut acidyler les dérivés aminés des anthrimides. On obtient ainsi des combinaisons *mixtes* qui sont en même temps des acylaminos et des anthraquinonimines.

On peut faire varier considérablement les conditions de formation de ces produits, ainsi on prépare des violets et orangés pour cuve avec anthraquinone halogéné + monobenzoyldiaminoanthraquinone ou avec aminoanthraquinone et benzoylaminoanthraquinone halogénée (Brev. all. 220581).

On peut aussi nitrer les dianthraquinonylamines ou les trianthrimides puis les réduire à l'état de diaminos que l'on benzoyle ensuite.

Les dérivés benzoylés de l'anthrimide peuvent être transformés ainsi avec dibenzoyl p-p' diamino α-α' dianthraquinonimide :

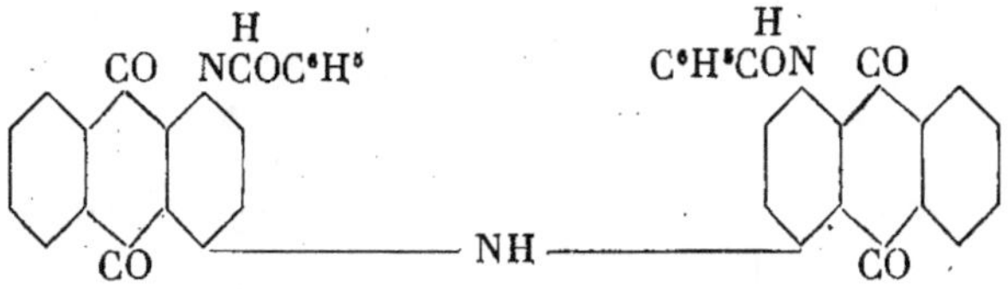

$$\text{CO} \quad \overset{H}{N}COC^6H^5 \qquad C^6H^5CO\overset{H}{N} \quad CO$$

La benzoylation des groupes aminos semble avoir une heureuse influence, aussi parmi les anthraquinones et dérivés plus complexes ; ainsi les di- et trianthraquinonylamines (di et trianthrimides) peuvent être transformés en un groupe spécial de colorants à cuve (Hœchst, Brev. all. 240080. Bayer, Brev. all. 239544, 240276).

Parmi les représentants simples de ce groupe nous avons ensuite les *urées* et *thiourées* de la β-aminoanthraquinone.

Le *jaune hélindon 3G* qui produit une cuve brun-orangé teignant en jaune vif, est une *2-2' dianthraquinonylurée* (Brevet allemand 232739) :

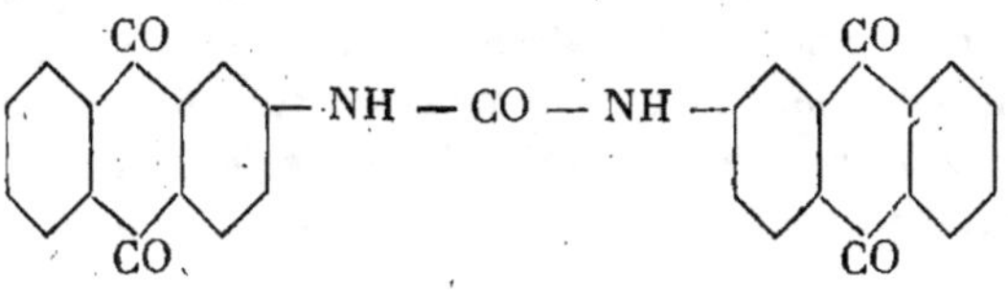

$$\text{CO} \quad - NH - CO - NH - \quad CO$$

On prépare des dérivés mixtes de l'urée, mais ils doivent renfermer au moins un reste β-anthraquinonyl, ce sont l'*orangé hélindon GRN* et le *brun hélindon 3GN*.

On prépare ces produits avec le chlorure d'anthraquinone-urée :

$$\text{—CO—}\bigcirc\text{— NH . COCl}$$

obtenu avec phosgène + β-aminoanthraquinone (Brev. all. 241822), fait ensuite réagir sur des amino ou arylamino anthraquinones (Brev. all. 236375-238550-238551-231853-236981 et 83-236878 et 80).

D'une manière générale pour préparer les colorants du type :

$$A — NH — CO — NH — R,$$

formule dans laquelle A représente un reste anthraquinone et R un reste semblable ou différent, on part de chlorure de β-anthraquinone-urée ou de β-anthraquinonyluréthane que l'on fait réagir sur des amines aromatiques de l'anthraquinone ou du benzène, ces colorants sont jaunes et bruns.

2° Dihydroazines (Série de l'Indanthrène)

L'indanthrène est une dihydroanthraquinone-azine obtenue en chauffant la β-amidoanthraquinone avec de la potasse caustique. Ce produit est contenu dans la masse de fusion sous forme d'un leucodérivé qui s'oxyde facilement au contact de l'air en donnant de l'indanthrène insoluble qui est une matière colorante bleue :

Par réduction l'indanthrène se transforme facilement en dérivé soluble dans les alcalis (emploi des hydrosulfites). Cette réaction est analogue à celle de l'indigo ; seulement au lieu d'obtenir une cuve jaune on réalise une cuve bleu-foncé. Les réductions et oxydations successives que l'on peut faire subir à l'indanthrène proviennent de la transformation du groupe anthraquinonique CO en groupement anthranol, puis oxydation de ce groupe anthranol avec régénération du CO primitif.

Pour préparer l'indanthrène on opère de la manière suivante :

β-aminoanthraquinone...	10 kilogrammes
Potasse caustique..	»

On chauffe pendant 1/2 heure entre 200-250°, puis on oxyde au moyen d'un courant d'air. Pour purifier le produit on le traite par 1000 parties d'eau à 70° et l'on ajoute :

Soude caustique.. 20 kilogrammes
Hydrosulfite de soude .... »

Le sel de soude cristallise.

L'indanthrène est peu solide vis-à-vis des oxydants. Si on introduit du chlore et du brome dans la molécule, on obtient des couleurs beaucoup plus résistantes (*bleu algol CF*). Plus simplement on peut partir de la β-amidoanthraquinone bromée qu'on condense au moyen de cuivre métallique en présence de carbonate ou d'acétate de soude :

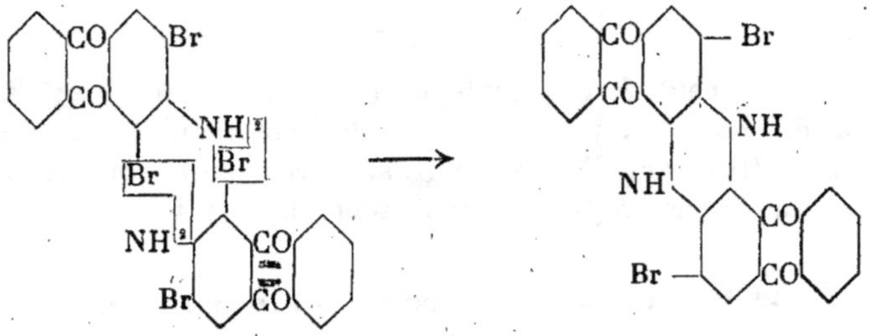

Par oxydation l'indanthrène donne l'anthraquinone-azine :

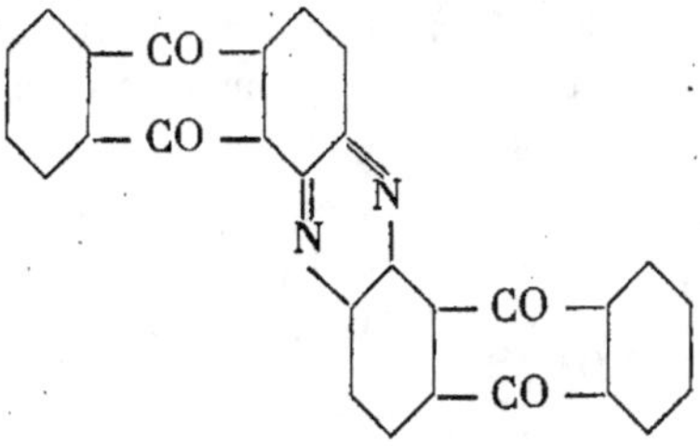

qui est jaune et qui sous l'influence des réducteurs régénère l'indanthrène. Les dérivés halogénés s'oxydent plus difficilement et sont par conséquent plus résistants au chlore, ce qui a une grande importance pratique. La produit de réduction bleu contenu dans la cuve répond à la formule :

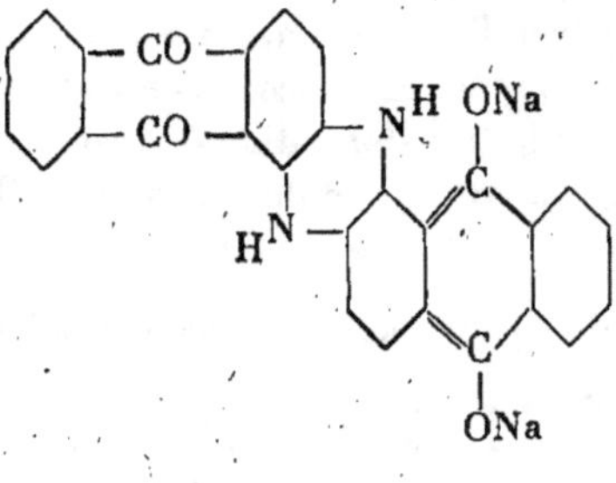

3° Série des Flavanthrènes

A côté de l'indanthrène il se forme dans la fusion alcaline, un autre colorant *le flavanthrène* qui est jaune. Pour le préparer dans de bonnes conditions on traite l'aminoanthraquinone par du pentachlorure d'antimoine en solution de nitrobenzène. Il se forme alors du diaminodianthraquinonyle, qui se condense ensuite en flavanthrène ; appelé également *Jaune d'indanthrène* R :

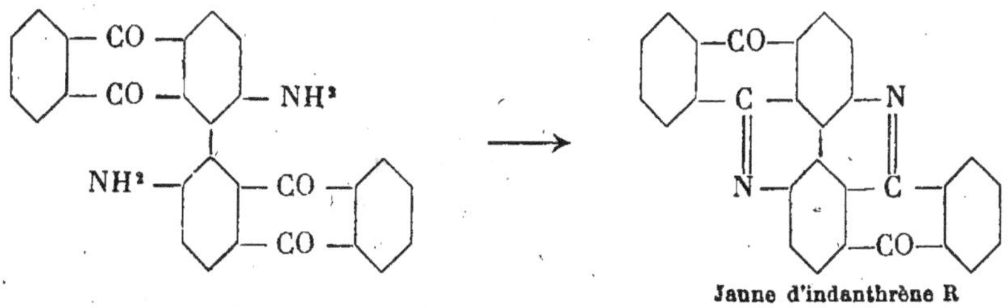

Jaune d'indanthrène R

Ce colorant se réduit bien avec l'hydrosulfite, en donnant une cuve bleue qui se réoxyde en jaune.

4° Anthraflavone et Pyranthrones

L'Anthraflavone prend naissance en chauffant la β-méthylanthraquinone avec de la soude caustique et en oxydant avec du bioxyde de plomb :

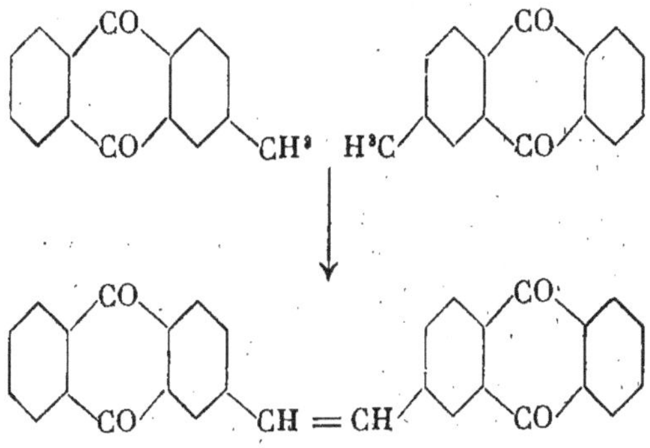

Les Pyranthrones s'obtiennent en transformant préalablement l'α-chlore β-méthylanthraquinone en diméthyldianthraquinonyle :

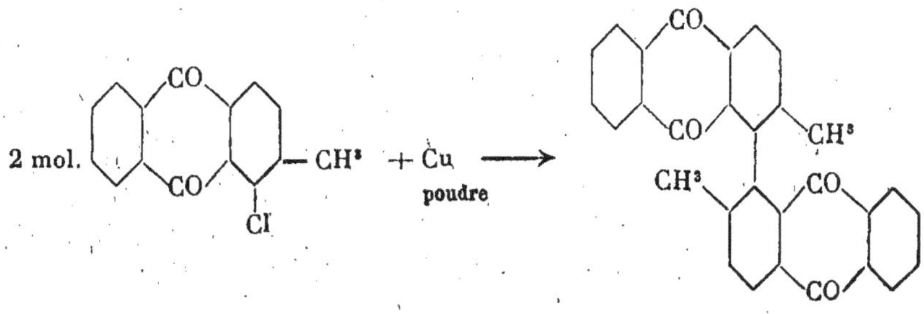

2 mol. $\cdots$ — CH³ + Cu (poudre) $\longrightarrow$

Puis en chauffant avec de l'eau sous-pression, on synthétise la pyranthrone :

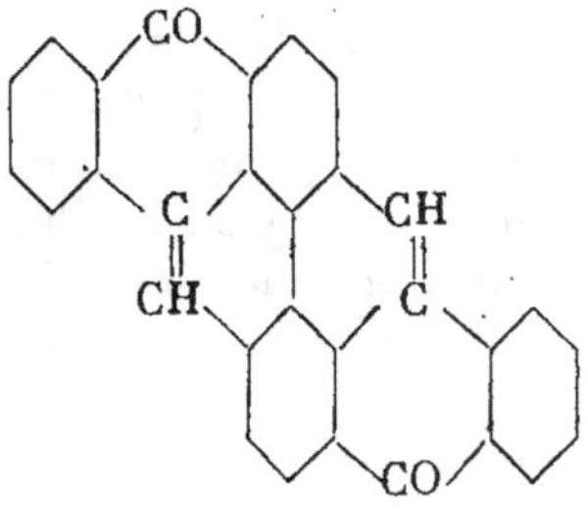

C'est une matière colorante jaune-orangé que l'on appelle *jaune d'or d'indanthrène*. Le composé dibromé est plus rougeâtre.

5° Série des di- et trianthraquinonylamines (di- et tri- anthrimides)

Ce sont des produits de condensation d'anthraquinones aminées et halogénées.

Les condensations à deux noyaux donnent des couleurs orangées, telles que *orangé algol R* :

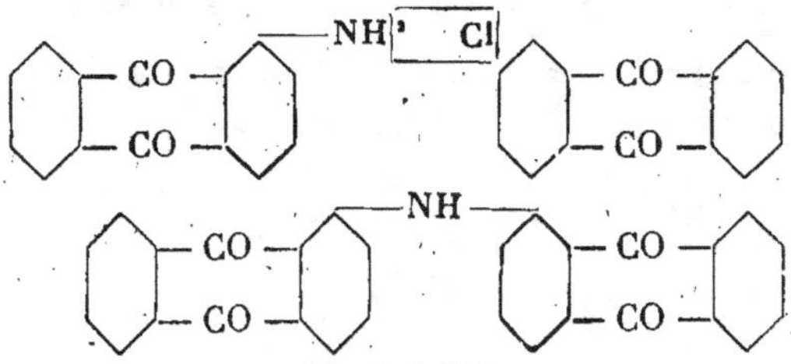

(dianthrimide)

Les condensations à 3 noyaux sont des rouges, par exemple le *rouge indanthrène GN*, provenant d'anthraquinone α-diaminée et de 2 molécules de β-chloranthraquinone :

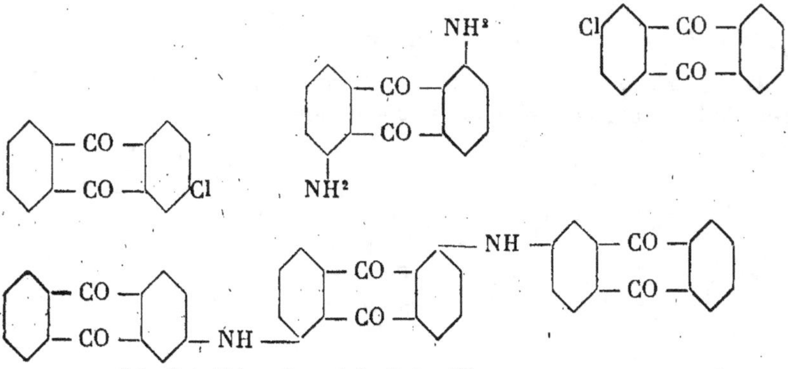

(trianthrimide) = Rouge indanthrène GN

6° Série des dérivés acridoniques

L'anthraquinone-acridone se prépare avec une molécule d'anthraquinone α-chlorée et 1 molécule d'acide anthranilique. Cette condensation a lieu en présence de sel de cuivre, il se forme ainsi comme produit intermédiaire de la phénylaminoanthraquinone carboxylée. La deuxième phase consiste à chauffer avec des corps déshydratants. Si l'on répète cette opération avec la 1,5-dichloranthraquinone et 2 molécules acide anthranilique on a le *violet d'indanthrène RN*, colorant à cuve intéressant :

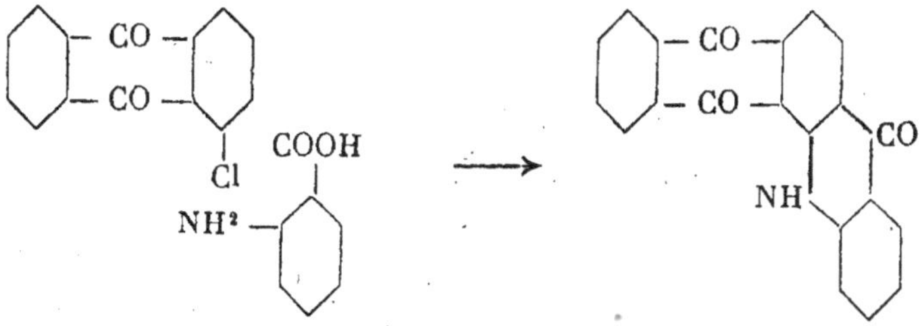

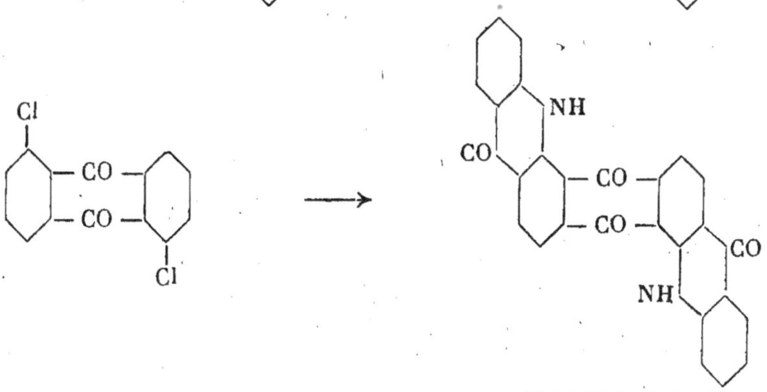

Violet d'indanthrène RN

Il existe des anthraquinones naphtacridones, par exemple le *rouge d'indanthrène BN* obtenu avec β-naphtylamine et anthraquinone α-chlorée β-carboxylée. La condensation est faite avec PCl_5 ou SO_2Cl_2 :

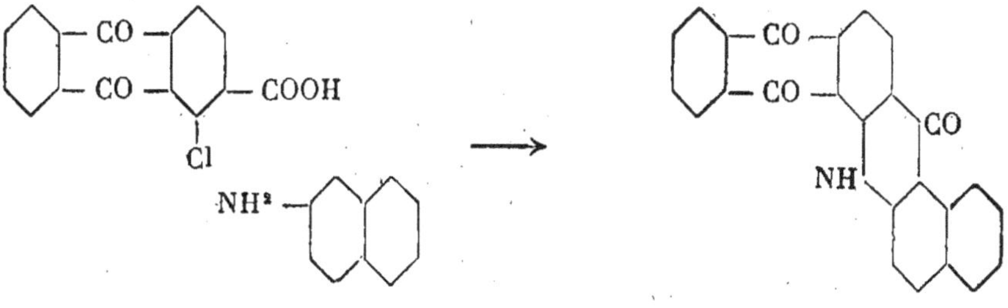

Il existe également des dérivés acridoniques renfermant 2 molécules d'anthraquinone, par exemple :

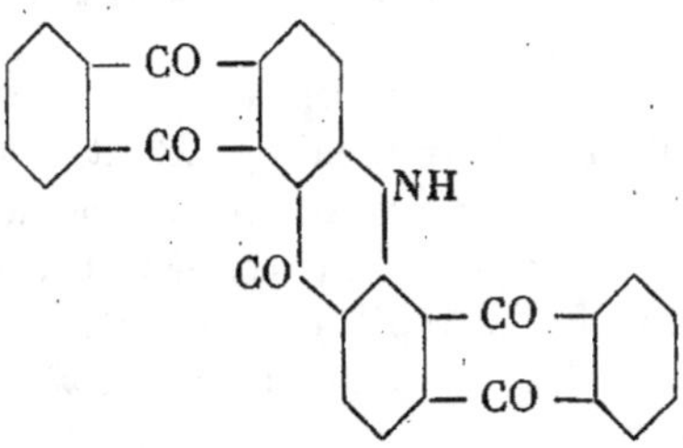

7° Série des dérivés de la benzanthrone

On applique la réaction quinoléique de Prud'homme à l'anthraquinone. Avec glycérine et acide sulfurique on obtient la *benzanthrone*. Ce produit est obtenu aussi en chauffant la phénylnaphtylcétone avec du chlorure d'aluminium :

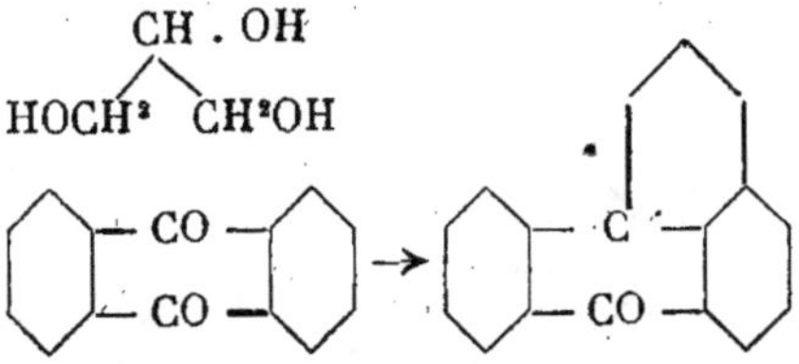

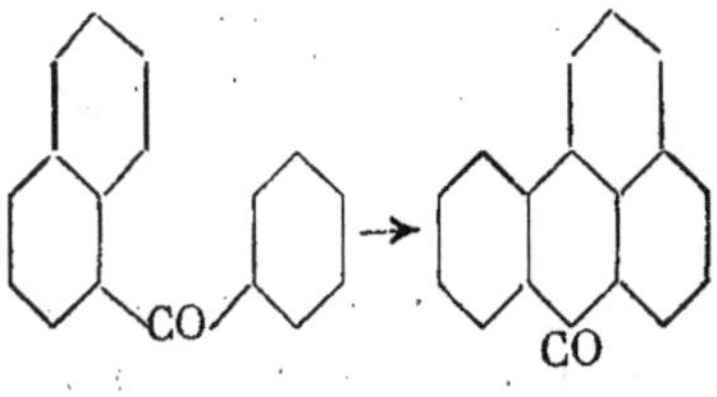

La benzanthrone et ses dérivés ne sont pas des matières colorantes, par contre, si l'on fond la benzanthrone avec la potasse on obtient des produits de condensation très intéressants et sa transformation d'une part en *bleu foncé d'indanthrène* et d'autre part en *violet d'indanthrène*. Le dérivé nitré du bleu foncé d'indanthrène est un colorant vert : le *vert d'indanthrène*.

Le *bleu foncé d'indanthrène* est obtenu par simple fusion de la benzanthrone avec la potasse. C'est une dibenzanthrone qu'on appelle aussi *violanthrone*. Si par contre on chauffe une benzanthrone chlorée avec de la potasse alcoolique, il se forme un isomère de la violanthrone, une *isoviolanthrone* produit technique dénommé *violet d'indanthrène R*. Il y a soudure de 2 molécules de benzanthrones :

(violanthrone)

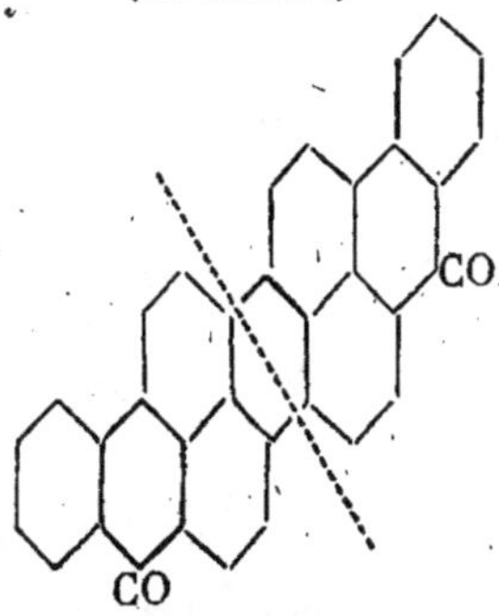

(isoviolanthrone)

Bleu foncé d'indanthrène BO
La soudure est asymétrique par rapport
aux poupes CO

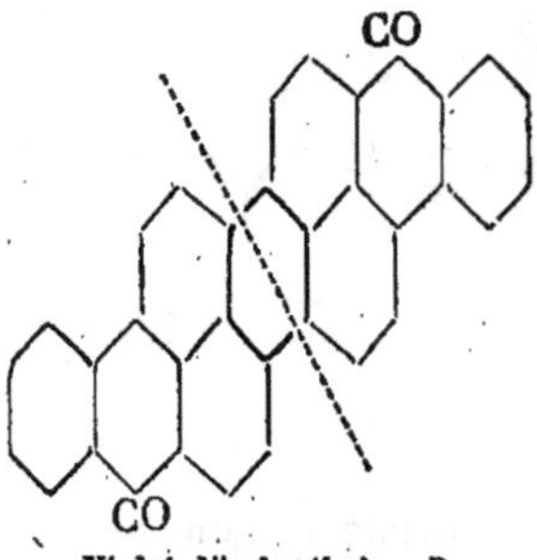

Violet d'indanthrène R
La soudure est symétrique

Un certain nombre de produits halogénés sont préparés techniquement dans cette série.

8° Série des cyananthrones

On les obtient en faisant réagir sur de la β-aminoanthraquinone de la glycérine de l'acide sulfurique et un oxydant. Il se forme en même temps une benzanthrone et un dérivé quinoléique, c'est-à-dire une *benzanthronequinoléine* :

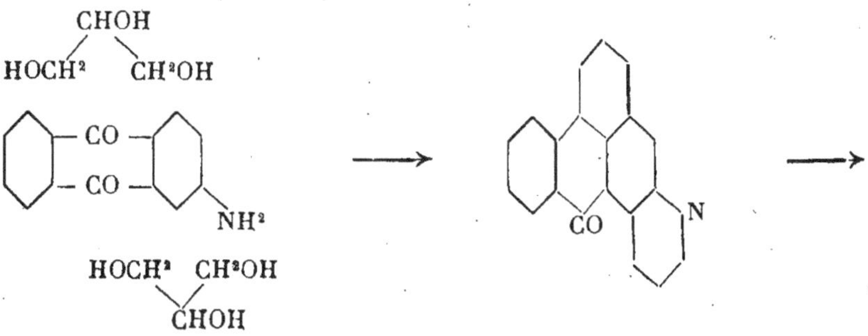

Benzanthronequinoléine

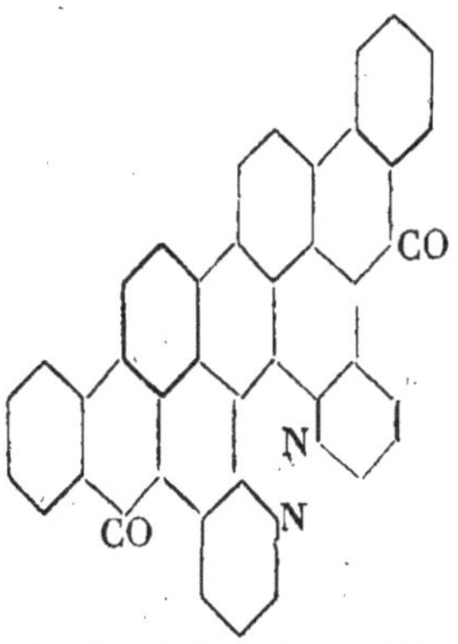

Bleu foncé d'indanthrène BT

Ce produit fondu avec de la potasse se transforme en *cyananthrone* que l'on prépare industriellement sous le nom de *bleu foncé d'indanthrène BT*.

9° Série des couleurs sulfurées

On obtient un certain nombre de ces produits lorsqu'on chauffe avec du soufre des dérivés anthracéniques simples ou substitués.

Indanthrène olive. On chauffe anthracène + soufre.

Orangé cibanone avec anthraquinone β-méthylée + soufre, puis hypochlorite.

Bleu cibanone et *noir cibanone* se préparent avec la même matière première mais en chauffant à des températures différentes.

10° Série. Dérivés divers. Anthraquinone thioxanthones

Le produit le plus simple est un colorant cuve qui teint en orangé, et qu'on prépare avec anthraquinone α-chloré et acide thiosalicylique :

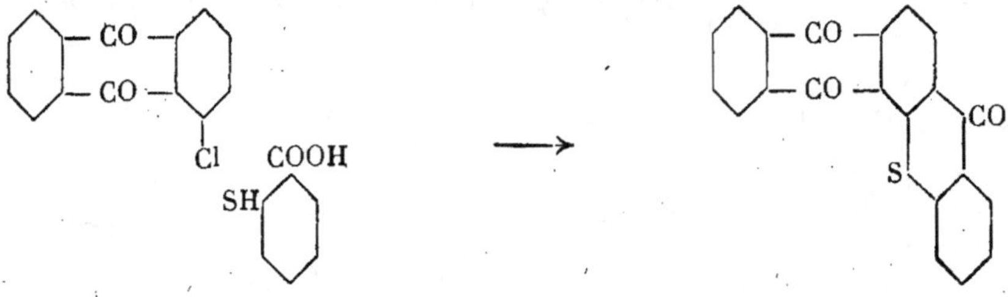

Ici rangent les *jaune d'indanthrène GN* et *jaune d'or d'indantbrène*.
Il existe aussi des représentants des classes suivantes :

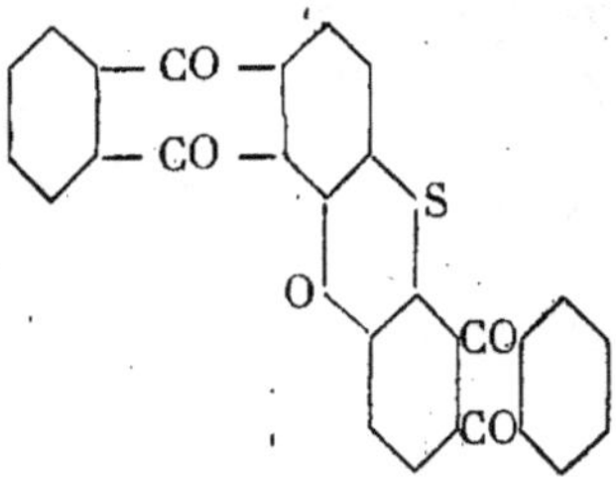

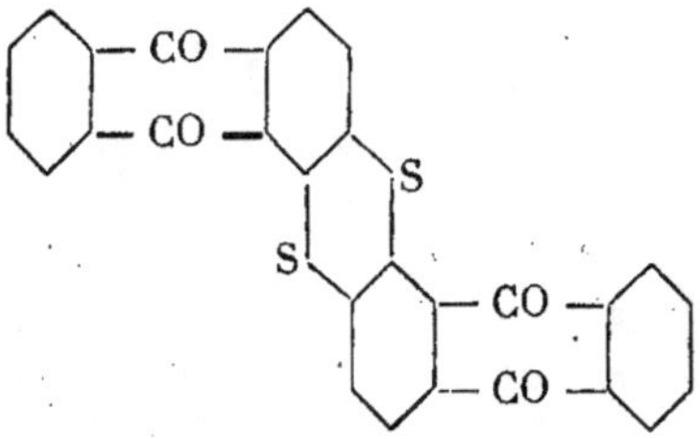

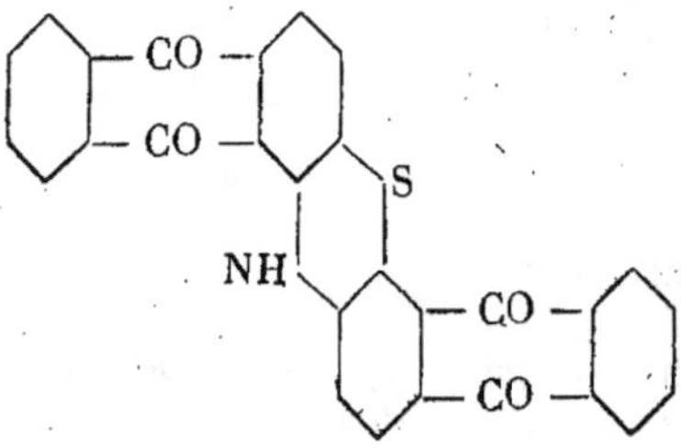

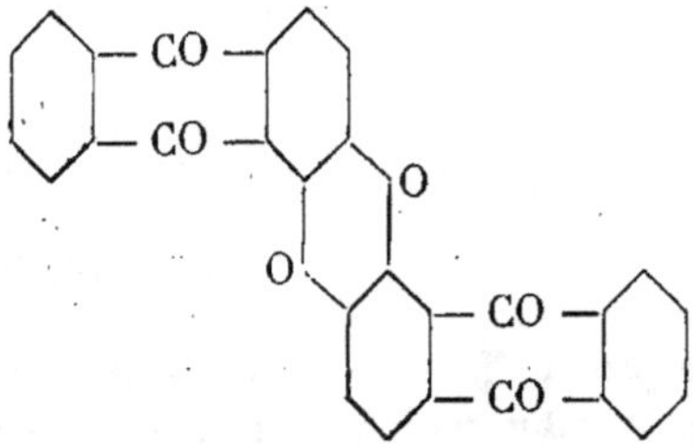

La *phénanthridone* est elle-même une couleur à cuve jaune préparée avec anthraquinone dichlorée et dibenzoylaminée :

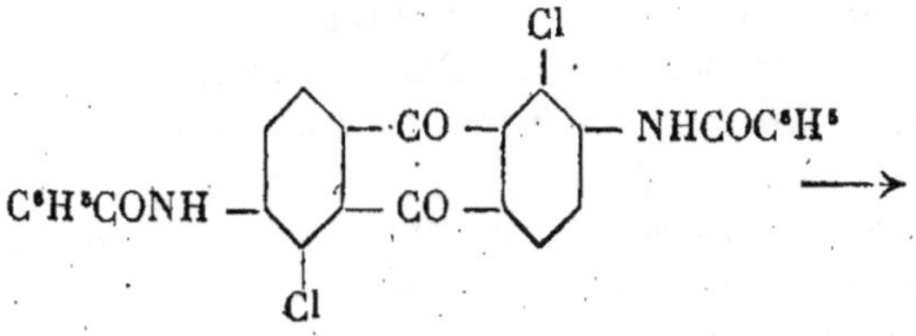

Sous le nom de *jaune hydrone G* on trouve dans le commerce un produit provenant de la condensation d'anhydride phtalique et de carbazol -N- éthylé en présence de chlorure d'aluminium :

M. Robert E. Schmidt, directeur de Farbenfabriken, autrefois Friedrich Bayer et Cie, à Elberfeld, un des chimistes auquel on doit le plus de découvertes dans la série de l'anthraquinone, a fait le 25 avril 1914 devant la Société Industrielle de Mulhouse une conférence très remarquable :

Sur l'état actuel de la chimie de l'anthraquinóne.

Malgré son étendue, il nous semble utile de la reproduire ici *in-extenso*, car elle renferme une quantité considérable de faits intéressants et elle donne une idée très exacte de la manière dont on doit travailler dans le domaine des matières colorantes, et montre l'importance primordiale qui revient à la recherche scientifique dans cette industrie encore plus peut-être que dans beaucoup d'autres.

« L'anthraquinone est un des chromogènes les plus remarquables. Parmi les matières colorantes les plus anciennes, celles de la garance et d'autres plantes sont des dérivés de l'anthraquinone, et la première synthèse d'une matière colorante naturelle a été celle du principe colorant le plus important de la garance, de l'alizarine.

Les recherches qui ont été faites dans la série de l'anthraquinone, à la suite de la synthèse mémorable de Græbe et Liebermann, n'ont produit pendant une vingtaine d'années qu'un nombre très restreint de nouvelles matières colorantes. C'étaient, outre l'alizarine : la flavopurpurine, l'anthrapurpurine. l'alizarine sulfonée, la β-nitroalizarine et le bleu d'alizarine. On peut y ajouter la purpurine synthétique, mais qui n'a jamais joué un rôle dans l'industrie tinctoriale, et l'anthragallol (brun d'anthracène), qui est un dérivé de l'anthraquinone, mais qui se prépare d'autre façon, par condensation de l'acide benzoïque avec l'acide gallique. Hors la purpurine synthétique, tous ces colorants ont une grande valeur technique pour la teinture et l'impression et ont fait naître une industrie très importante.

La récolte paraissait épuisée, lorsque, il y a vingt-cinq ans environ, la chimie des dérivés de l'anthraquinone prit subitement un essor merveilleux et inattendu. Cette période date de la découverte de nombreuses polyoxyanthraquinones, d'aminopolyoxyanthraquinones, etc., comme par exemple : l'alizarine bordeaux, les alizarines cyanines, les bleus d'anthracène, le vert d'alizarine, auxquelles vinrent s'ajouter peu à peu une longue série de nouveaux colorants qui, au point de vue tinctorial, présentent un intérêt tout particulier. Si jusque-là toutes les matières colorantes dérivées de l'anthraquinone étaient des colorants teignant sur mordants, à tel point qu'on était même arrivé à établir une règle relative à la faculté des oxyanthraquinones de teindre sur mordants, et qu'on était sur le point, par une généralisation imprudente, d'admettre que, hors des corps satisfaisant à cette règle, d'autres colorants de la série de l'anthraquinone étaient exclus, on obtint alors un grand nombre de matières colorantes qui pouvaient être appliquées sans aucun mordant. Ce sont des colorants qui teignent la laine non mordancée, simplement en bain acide, et qui en partie ont la propriété de donner des teintes tout à fait unies, même dans des conditions difficiles ; ce sont des colorants qui teignent sur cuve, à la façon de l'indigo, mais en donnant des teintes incomparablement plus solides ; ce sont enfin des colorants qui peuvent servir directement comme pigments, à la façon de l'outremer.

Ces colorants comprennent toutes les nuances du spectre solaire, jaune, orange, rouge, violet, bleu et vert. Ils se distinguent tous par une solidité hors ligne, et ce sont ces colorants qui principalement ont favorisé le mouvement qui s'est produit les dernières années en faveur des couleurs solides et grand teint, mouvement qui est déjà très accentué en Allemagne, en Angleterre, aux Etats-Unis, mais malheureusement encore bien peu en France.

Ce développement industriel eût été impossible, si en même temps ce domaine n'avait pas été étudié d'une façon très intense au point de vue scientifique dans les laboratoires des fabriques de matières colorantes artificielles, car c'est toujours le travail scientifique au laboratoire qui est l'âme de l'industrie florissante des matières colorantes. Aussi, dans le courant des vingt dernières années, on a préparé un nombre très grand — il se chiffre par milliers — de dérivés de l'anthraquinone les plus variés, en employant des méthodes qui en partie sont spéciales à cette série.

On est arrivé ainsi à pouvoir formuler certaines règles relatives à la couleur des dérivés de substitution de l'anthraquinone. Ceci sera le premier objet de ma communication, que je ferai suivre d'un aperçu des principales méthodes servant à la préparation de ces corps.

Le temps qui m'est donné étant très limité, je me bornerai aux dérivés de simple substitution. Je ne m'occuperai pas des dérivés compliqués qui contiennent deux ou plusieurs noyaux d'anthraquinone soudés ensemble d'une façon quelconque, je ne parlerai non plus des produits de condensation intermoléculaire qui se produisent aux dépens de l'oxygène des groupes cétonique de l'anthraquinone. Un exposé, même succinct, de ces dérivés compliqués, remplirait à lui seul le cadre d'une conférence.

L'anthraquinone est, comme vous le savez, une substance qui, à l'état pur, est faiblement colorée en jaune. Des cristaux d'une certaine épaisseur sont jaune soufre; mais à l'état de division très fine, comme on l'obtient, par exemple, en versant dans de l'eau une solution d'anthraquinone dans de l'acide sulfurique concentré, c'est une matière presque incolore, c'est-à-dire que, dans ce cas, comme cette expérience vous le montre, on a un précipité blanc.

En parlant de la couleur des dérivés de l'anthraquinone, j'entends par cela la couleur propre des substances, qu'on peut juger le mieux en examinant les corps à l'état de division très fine ou dans leur solution dans les dissolvants neutres. En outre, je me servirai de quelques expressions triviales, mais d'un usage courant. Si, par exemple, à la suite d'une substitution quelconque, la couleur vire de jaune à rouge ou de rouge à violet, on dit que la coloration « s'approfondit », et, dans le sens inverse, la couleur « s'éclaircit ». On peut ainsi parler d'un changement de la couleur en sens positif ou négatif, d'après le schéma suivant :

$$+ \quad \downarrow \quad \begin{matrix} \text{Jaune} \\ \text{orange} \\ \text{rouge} \\ \text{violet} \\ \text{bleu} \\ \text{vert} \end{matrix} \quad \uparrow \quad -$$

En substituant dans l'anthraquinone un ou plusieurs atomes d'hydrogène par des radicaux, on observe un changement de la couleur plus ou moins prononcé qui peut aller jusqu'au vert.

La couleur d'un dérivé de l'anthraquinone dépend :

1º De la nature du radical substituant ;

2º Du nombre et de la position de ces radicaux.

Considérons d'abord le cas le plus simple, les dérivés monosubstitués en position α du type :

Les halogènes n'ont aucune influence appréciable ; cependant le dérivé bromé est un peu plus jaunâtre que le dérivé chloré. Il en est de même pour le groupe nitro : l'α-nitro-anthraquinone finement divisée est presque blanche, comme l'anthraquinone même. Par contre, l'effet de radicaux à fonction acide ou basique, c'est-à-dire de radicaux auxochromes, est très prononcé. L'α-oxyanthraquinone, même en division très fine, est colorée en jaune intense. Mais l'effet des groupes OH est paralysé par éthérification : l'α-méthoxyanthraquinone et l'α-phénoxyanthraquinone sont des corps presque incolores ou blancs. Il en est de même pour l'acidylation, comme par exemple l'introduction des groupes acétyl, benzoyl, etc., qui influent également la couleur des oxyanthraquinones en sens négatif.

Le groupe SH a un effet analogue au groupe hydroxyl, mais un peu plus intense : l'α-mercapto-anthraquinone est d'un jaune plus foncé que l'α-oxyanthraquinone.

Le groupe amino a une action encore plus prononcée. Tandis que l'α-oxyanthraquinone est jaune, l'α-aminoanthraquinone possède une couleur rouge brique intense. Si l'hydrogène du groupe NH^2, est substitué par un radical alcoyl ou aryl, la coloration s'approfondit encore davantage.

L'α-méthyl-aminoanthraquinone :

$$\text{CO} \qquad \text{NHCH}^3$$
$$\text{CO}$$

est rouge bleuâtre, la phényl-aminoanthraquinone est rouge violacé.

En introduisant par contre dans le groupe NH^2 un radical acide, la couleur est influencée en sens négatif. L'acétyl-α-aminoanthraquinone est jaune clair, la benzoyl-aminoanthraquinone est jaune citron.

En résumé, les substituants dont nous venons de parler, se rangent d'après la série suivante :

$$NO^2, \quad Cl, \quad Br, \quad OH, \quad SH, \quad NH^2, \quad NHCH^3, \quad NHC^6H^5$$

Quant à l'influence de la position des substituants, on a, pour les dérivés monosubstitués, la règle générale que les dérivés α ont une couleur plus intense que les dérivés β. L'α-chloroanthraquinone a, par exemple, une couleur jaunâtre, tandis que la β-chloroanthraquinone est blanche. L'α-oxyanthraquinone est d'un jaune sensiblement plus rougeâtre que le dérivé β, et la différence est de même ordre pour les dérivés amino, alcoylamino et arylamino.

Les phénomènes sont sensiblement plus variés pour les dérivés disubstitués. Ici ce n'est pas seulement le nombre des substituants, mais surtout leur position relative qui joue un rôle essentiel. Parmi les dérivés substitués, nous rencontrons déjà un bon nombre de matières colorantes très importantes.

Les dérivés dihalogénés et dinitrés ne présentent aucun intérêt au point de vue de la couleur, qui est la même ou à peine plus intense que celle des dérivés mono.

Les dérivés dihydroxylés sont plus intéressants (l'alizarine est du nombre). Ils présentent surtout des différences très grandes en solution alcaline ou sous forme de leur laques avec des oxydes métalliques, comme l'alumine, les oxydes de fer et de chrome. Mais ceci est un chapitre spécial assez compliqué, que je ne veux pas toucher aujourd'hui. Néanmoins, même la couleur propre des dioxyanthraquinones présente des différences bien marquées. Ce sont les dérivés $\beta\beta$ qui sont le moins colorés — 2,3, 2,6, 2,7. — Puis viennent les dérivés 1,5 et 1,8, ensuite les dérivés 1,2, 1,3, 1,6, 1,7. Mais le dérivé à la couleur la plus foncée, c'est la quinizarine, qui a les hydroxyles en position para (1,4), dont nous verrons l'importance tout à l'heure. La quinizarine est d'une couleur rouge minium, tandis que l'hystazarine (2,3) est jaune clair.

L'influence de la position para est particulièrement accentuée chez les diaminoanthraquinones et leurs dérivés alcoylés et arylés. Les diaminoanthraquinones 1,3, 1,5, 1,8, 2,6, 2,7 ont une couleur rouge jaunâtre à rouge brique, la diaminoanthraquinone 1,2 est rouge bleuâtre, tandis que la para-diaminoanthraquinone (1,4) est colorée en violet intense. En substituant l'hydrogène du groupe amino par un radical alcoyl, la couleur vire fortement, en sens positif, vers le bleu et le vert. Les diméthyl-diaminoanthraquinones 1,5 et 1,8 sont rouge bleuâtre, la para-diméthyl-diaminoanthraquinone (1,4) est d'un bleu verdâtre très pur. L'effet est encore plus prononcé, si, au lieu d'un groupe alcoyl, on introduit un radical aryl. Les diphényl-diaminoanthraquinones 1,5 et 1,8 sont violettes, tandis que le dérivé para (1,4) est vert.

Comme nous l'avons déjà dit, l'introduction d'un groupe acidyl modifie la couleur des mono-aminoanthraquinones en sens négatif. Il en est de même pour les diaminoanthraquinones. La diaminoanthraquinone 1,5, par exemple, est rouge brique, la dibenzoyl-diaminoanthraquinone 1,5, par contre, est jaunâtre. La diaminoanthraquinone 1,4 est violette, son dérivé dibenzoylé est rouge.

Cet effet « négatif » est accompagné d'un effet très curieux et fort important au point de vue pratique. Nous avons observé, il y a quelques années, que beaucoup de ces dérivés acidylés des aminoanthraquinones sont, contrairement aux aminoanthraquinones mêmes ou aux aminoanthraquinones alcoylées et arylées, des colorants pour cuve excellents. C'est ainsi que, par exemple, la diaminoanthraquinone 1,5 dibenzoylée teint sur cuve le coton en nuances jaunes intenses très solides (jaune algol R. du commerce), tandis que la diaminoanthraquinone 1,4-dibenzoylée produit des nuances rouges pour ainsi dire indestructibles à la lumière (rouge algol 5 G). Le nombre des colorants pour cuve appartenant à la série des aminoanthraquinones acidylées, qui se trouvent dans le commerce, est déjà très respectable. On y trouve presque toutes les nuances : jaune, orange, rouge, violet, bleu, vert et noir.

Après cette parenthèse, revenons à notre thème. Si dans les anthraquinones disubstituées les substituants sont différents, on peut, d'après ce qui précède, prévoir assez exactement la nuance qu'on obtiendra. Prenons, par exemple, l'α-aminoanthraquinone et introduisons en position para un substituant quelconque. D'après ce que nous avons vu précédemment, on peut s'attendre à ce que les halogènes, les groupes nitro et méthoxyl n'exercent aucun effet sensible. En effet, les corps :

$$
\begin{array}{cccc}
O\ NH^2 & O\ NH^2 & O\ NH^2 & O\ NH^2 \\
O & O\ Cl & O\ NO^2 & O\ OCH^3
\end{array}
$$

ont à peu près la même couleur. En introduisant en position para un groupe
hydroxyl, on obtiendra un corps qui sera plus bleuâtre que l'α-aminoanthra-
quinone, mais moins bleuâtre que la diaminoanthraquinone 1,4, ce qui correspond à l'influence sur la couleur des groupes OH et NH^2 mono-substitués en
position α. Par contre, si on introduit un groupe alcoyl-amino, on aura un
corps plus verdâtre que la diaminoanthraquinone 1,4. Ce changement sera plus
accentué dans le sens positif, si, au lieu d'un groupe alcoylamino, on introduit
un groupe arylamino. Il le sera encore davantage, si dans le second groupe
amino on introduit des groupes alcoyl ou aryl. On a donc, en partant de l'α-
aminoanthraquinone, la série suivante, commençant par l'orange et se ter-
minant par le vert et comprenant toutes les nuances intermédiaires, rouge,
violet et bleu :

$$
\begin{array}{cccc}
O\ NH^2 & O\ NH^2 & O\ NH^2 & O\ NH^2 \\
O & O\ Cl & O\ OH & O\ NH^2 \\
 & (NO^2) & & \\
 & (OCH^3) & & \\
\text{rouge brique} & & \text{rouge bleuâtre} & \text{violet}
\end{array}
$$

$$
\begin{array}{cccc}
O\ NH^2 & O\ NH^2 & O\ NHCH^3 & O\ NHC^7H^7 \\
O\ NHCH^3 & O\ NHC^7H^7 & O\ NHC^7H^7 & O\ NHC^7H^7 \\
\text{violet bleuâtre} & \text{bleu} & \text{bleu verdâtre} & \text{vert}
\end{array}
$$

On peut, dans ce cas, énoncer le principe que la nuance est le résultat additif
des deux substituants. Je pourrais multiplier les exemples de ce genre, par
exemple en partant de l'α-oxyanthraquinone, mais je suppose que ce que je
vous ai expliqué, suffit à vous faire comprendre la règle et à vous démontrer
quelle grande variété de nuances on obtient déjà avec les dérivés disubstitués.
Comme je vous l'ai déjà indiqué, beaucoup de ces dérivés disubstitués sont des
colorants importants qui se trouvent dans le commerce. Comme exemples je
cite les suivants (les produits commerciaux étant des acides sulfoniques tei-

gnant la laine non mordancée) :

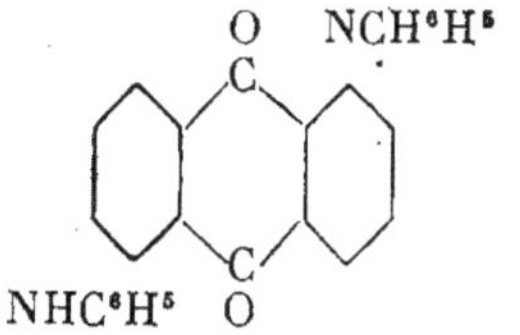

violet d'anthraquinone

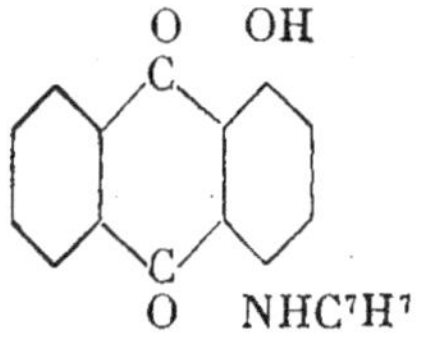

alizarine irisol R

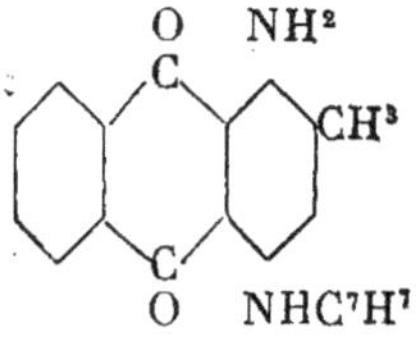

cyananthrol

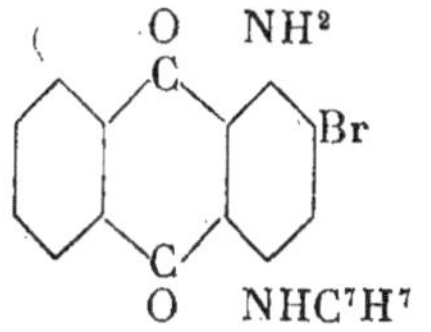

bleu ciel d'alizarine

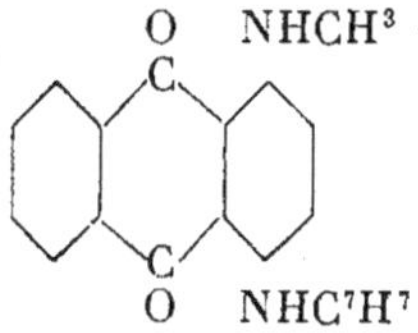

alizarine astrol

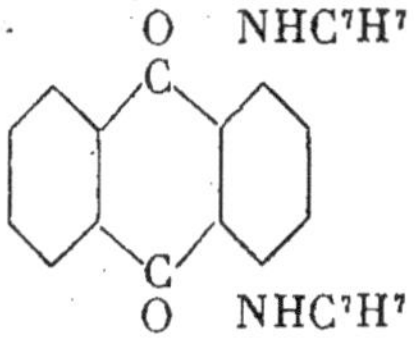

vert d'alizarine cyanine

On peut y ajouter les colorants pour cuve suivants :

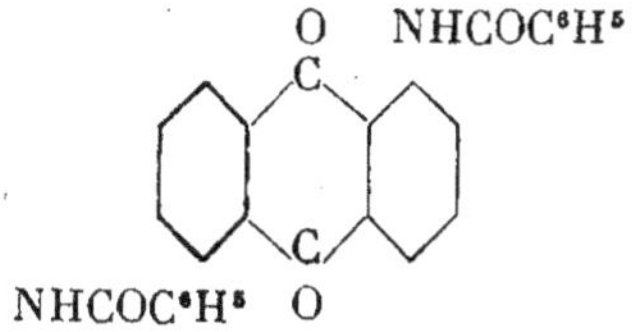

jaune algol R

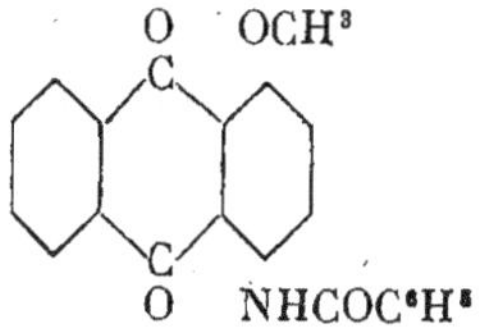

écarlate algol R

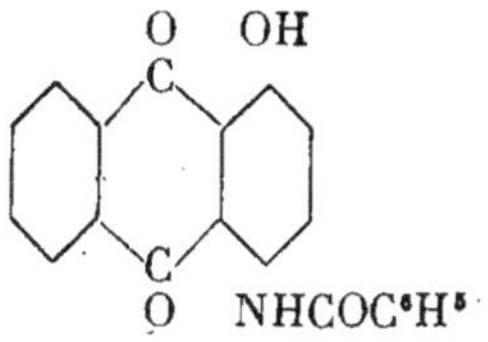

rose algol R

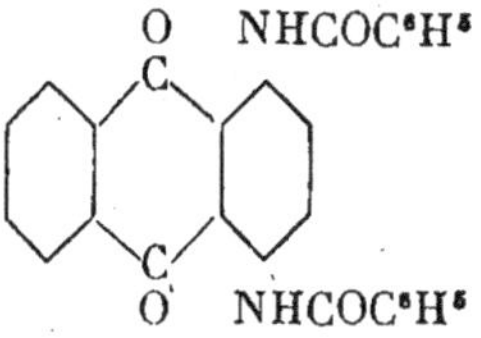

rouge algol 5G

Le temps ne nous permet pas d'entrer dans des détails sur les phénomènes qui se présentent chez les dérivés tri- et polysubstitués. Je me bornerai à quelques courtes remarques. Pour les dérivés polysubstitués, il y a les mêmes règles fondamentales que pour les dérivés mono- et disubstitués, et par l'application de ces règles, on peut, pour un corps dont la constitution est connue, fixer à l'avance sa nuance avec une probabilité très grande. La nuance change en sens positif par l'accumulation des groupes auxochromes en position α et surtout en position para. Il suffit de citer quelques exemples :

L'anthrachrysone :

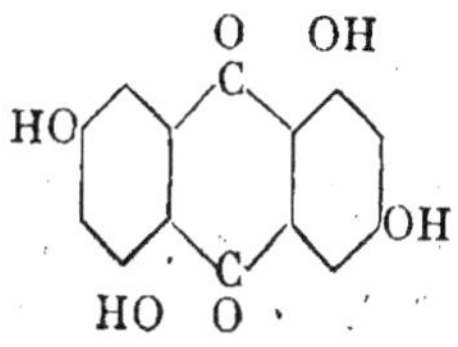

est jaune.

L'oxyflavopurpurine : 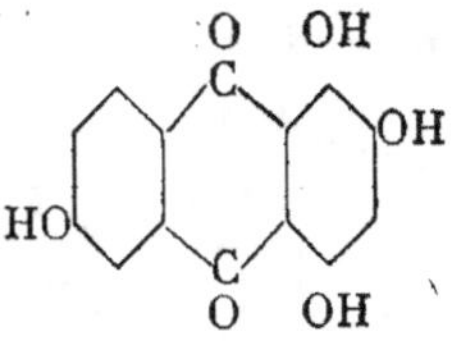   est orange.

L'alizarine bordeaux : 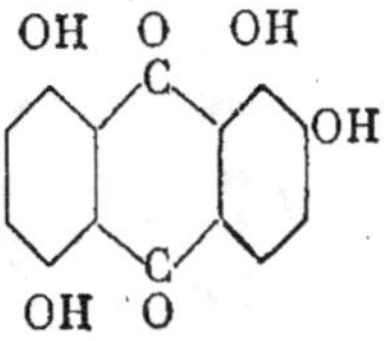   est rouge orangé.

La tétraoxyanthraquinone 1,4,5,8 : 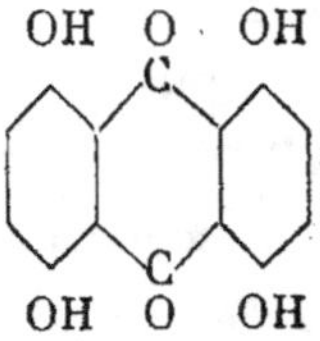   est rouge bleuâtre.

Les trois dioxy-ditoluidoanthraquinones isomères suivantes sont également
un exemple instructif au point de vue de la coloration :

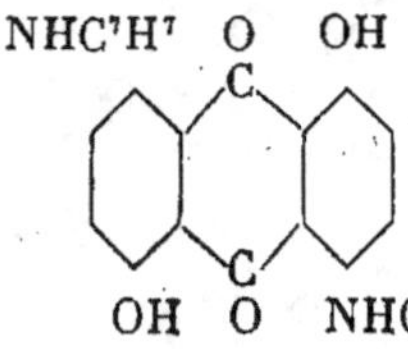

bleu 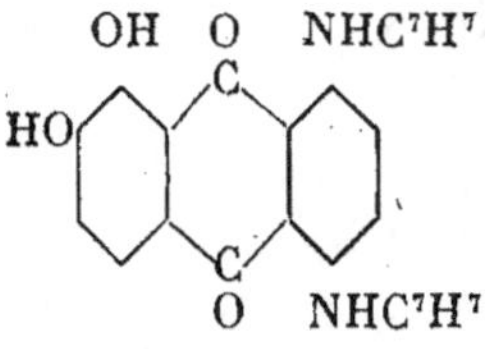   vert (alizarine viridine   vert jaunâtre
                     du commerce)

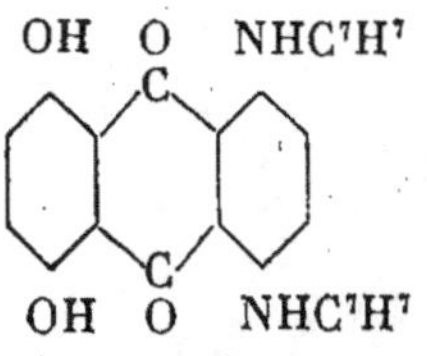

Des corps tétrasubstitués particulièrement intéressants sont :

La paradiaminoanthrarufine :

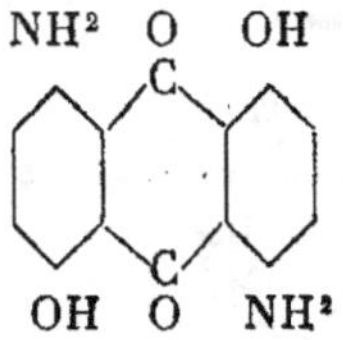

et la paradiaminochrysazine :

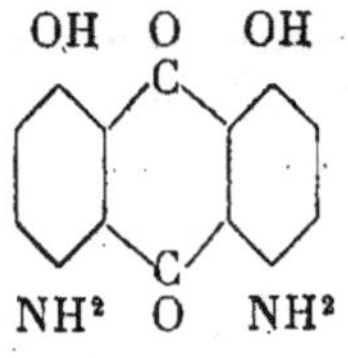

Ce sont des substances bleues, dont les acides sulfoniques teignent la laine
en nuance bleu très pur solide à l'air. Ils se trouvent dans le commerce sous le
nom d'alizarine saphirol.

J'arrive maintenant à la seconde partie de ma conférence, qui traitera des méthodes employées pour l'introduction des différents radicaux dans le noyau de l'anthraquinone. Ici également je me bornerai aux méthodes les plus importantes, en m'arrêtant particulièrement à celles qui sont spéciales à l'anthraquinone et à ses dérivés.

1. *Introduction du groupe nitro*. — Elle se fait d'après les méthodes classiques. En traitant l'anthraquinone par de l'acide nitrique très fort ou bien par un mélange d'acides sulfurique et nitrique, on obtient d'abord, sous certaines précautions, l'α-nitroanthraquinone et, par une action plus énergique, les dinitroanthraquinones 1,5 et 1,8 en proportion à peu près égale. A côté de ces dérivés α, il se forme en quantités très restreintes des dérivés β-β et α-β, par exemple les dinitroanthraquinones 1,6, 1,7, 2,6 et 2,7.

Le groupe nitro entre donc de préférence en position α. Il en est de même pour la nitration des acides anthraquinone-sulfoniques. En nitrant [l'acide anthraquinone α-sulfonique, on obtient lee deux isomères :]

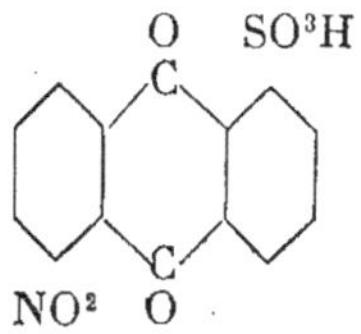

et

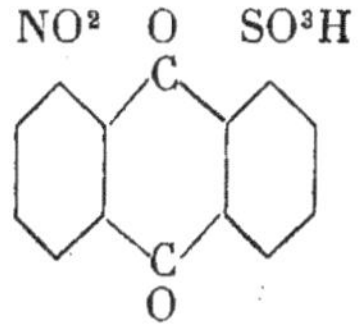

En partant de l'acide anthraquinone β-sulfonique, on obtient :

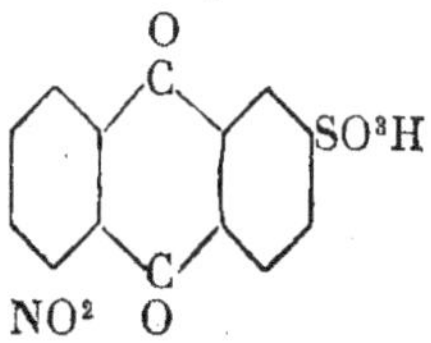

et

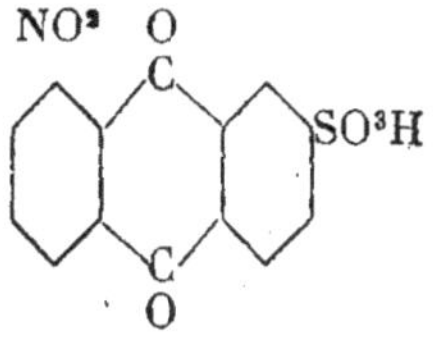

Je ne m'arrêterai pas à la nitration des oxy- et aminoanthraquinones, qui réagissent beaucoup plus facilement que l'anthraquinone même, et où l'on observe souvent des réactions secondaires comme dans la série benzénique, réactions qu'on évite également en éthérifiant le groupe OH ou en acidylant le groupe NH^2.

2. *Introduction de groupes sulfoniques*. — C'est un fait bien connu que l'anthraquinone n'est guère attaquée par l'acide sulfurique concentré (66° Bé), et qu'on emploie cette propriété pour la purification industrielle de l'anthraquinone. Pour la sulfoner convenablement, il faut employer l'acide sulfurique fumant à des températures au delà de 100°. On obtient ainsi des acides β-sulfoniques, savoir l'acide β-monosulfonique :

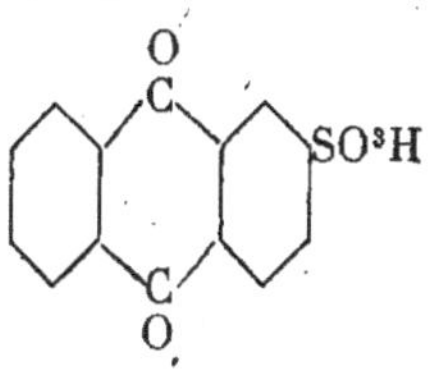

et les acides disulfoniques 2,6 et 2,7 :

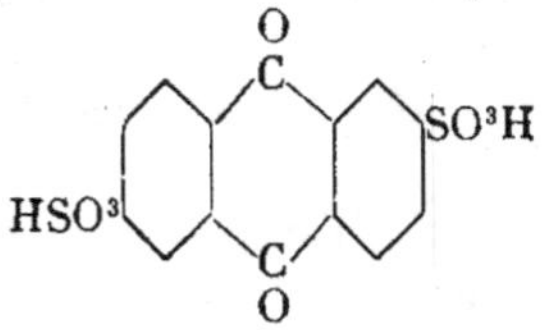

$$HSO_3 \quad \overset{O}{\underset{O}{C}} \quad SO_3H \qquad et \qquad HSO_3 \quad \overset{O}{\underset{O}{C}} \quad SO_3H$$

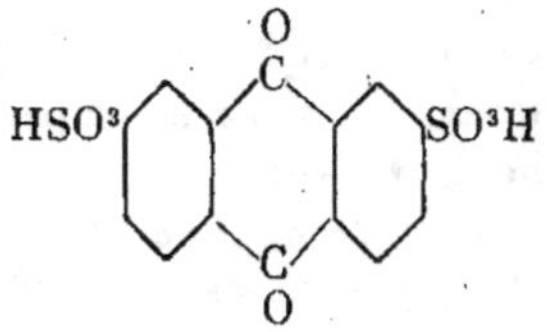

Ces acides β-sulfoniques sont, comme vous le savez, la base de la fabrication de l'alizarine artificielle (alizarine, flavopurpurine et anthrapurpurine).

Or, c'est un fait sûrement des plus intéressants de la chimie de l'anthraquinone, d'avoir découvert, après qu'on avait fabriqué pendant plus de trente ans des quantités énormes de ces acides β-sulfoniques, que, si la sulfonation était effectuée en présence de mercure, en quantités même minimes, les groupes sulfo n'entrent pas en position β, mais en position α. On obtient ainsi aisément les acides α-sulfoniques suivants :

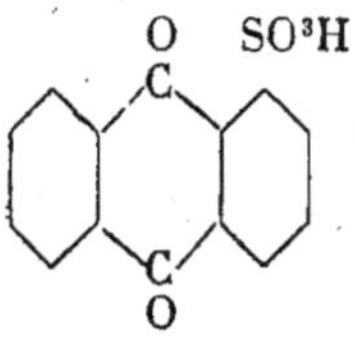

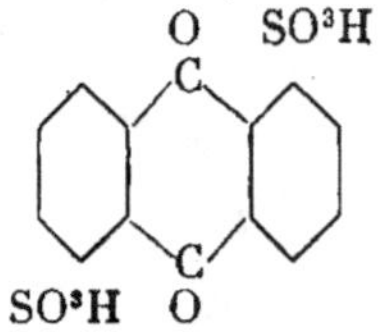

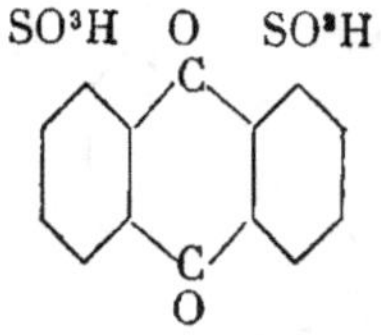

$$\overset{O \quad SO_3H}{\underset{O}{C}} \qquad \overset{O \quad SO_3H}{\underset{SO_3H \quad O}{C}} \qquad \overset{SO_3H \quad O \quad SO_3H}{\underset{O}{C}}$$

à côté de quantités tout à fait inférieures d'acides α-β-sulfoniques.

Cette découverte, due non à la casse d'un thermomètre, mais en dernier lieu à l'exploitation d'un nouveau gisement de pyrite, n'est pas seulement très intéressante au point de vue scientifique, mais elle a aussi été d'une importance capitale au point de vue industriel. Jusque-là on n'avait, pour préparer les dérivés α qui donnent naissance à tant de matières colorantes précieuses, que les α-nitroanthraquinones comme point de départ, qu'on convertissait d'après les méthodes classiques en dérivés aminés, hydroxylés et halogénés, tandis que maintenant, par des procédés que nous allons connaître tout à l'heure, on se sert des acides α-sulfoniques bien meilleur marché.

3. *Introduction des halogènes.* — L'iode ne jouant aucun rôle au point de vue technique, je ne parlerai que de l'introduction du chlore et du brome. Elle se fait facilement dans les dérivés hydroxylés et aminés de l'anthraquinone, en employant les méthodes et les précautions classiques, et aussi la substitution de groupes sulfoniques de beaucoup d'oxyanthraquinones et aminoanthraquinones sulfonées par les halogènes a ses analogues dans la série benzénique.

Mais l'anthraquinone même est beaucoup plus réfractaire. Les anciens procédés de Græbe et Liebermann, consistant à chauffer dans des tubes scellés de l'anthraquinone avec du brome à haute température, ou à oxyder des dérivés poly-halogénés de l'anthracène, n'ont aucun intérêt au point de vue industriel.

Or, par un procédé qui, peut-être à cause de sa simplicité, n'a été découvert que depuis dix ans à peine, on arrive facilement à des dérivés halogénés d'une

constitution déterminée, en traitant en solution aqueuse diluée les acides sulfoniques ou nitrosulfoniques par du chlore ou du brome à l'état naissant, par
exemple avec un mélange de chlorate de soude et d'acide chlorhydrique. En
opérant convenablement, on obtient les dérivés halogénés à l'état chimiquement
pur en quantité presque théorique. Pour les acides disulfoniques, la substitution
se fait successivement en deux phases.

En partant des acides sulfoniques et nitrosulfoniques dont nous avons donné
les formules plus haut, on arrive ainsi aux dérivés chlorés suivants :

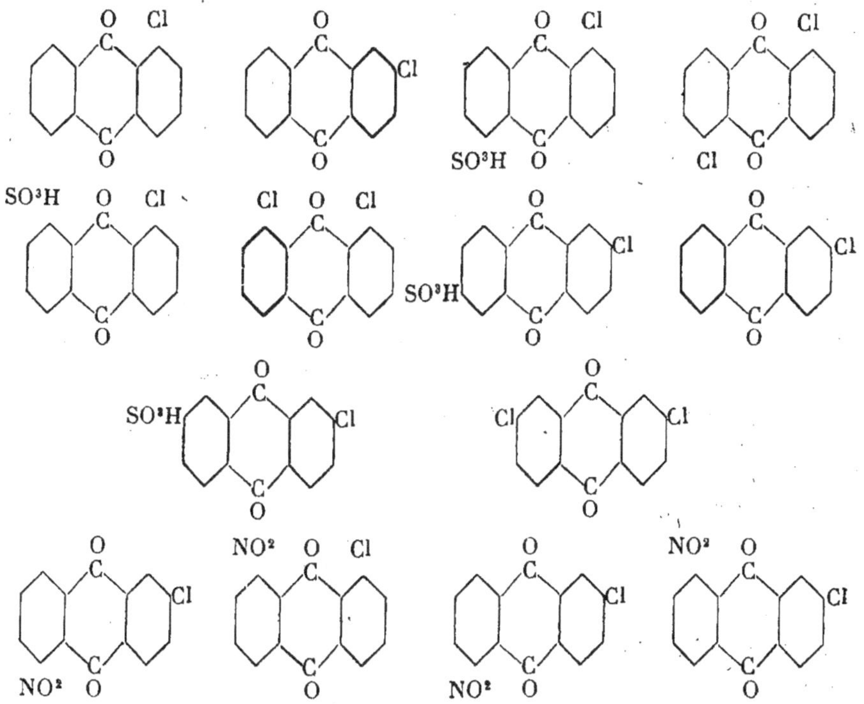

Ces dérivés chlorés peuvent être nitrés, soit sulfonés, et dans les nouveaux
acides sulfoniques le groupe sulfo peut de nouveau être remplacé par de
l'halogène. Vous voyez à quel grand nombre de dérivés on peut ainsi arriver,
sans grande difficulté.

Un fait qui mérite d'être signalé, est qu'on peut aussi introduire du chlore
dans l'anthraquinone même et dans certains de ses acides sulfoniques, en faisant
passer à une température élevée un courant de chlore dans leur solution dans
l'acide sulfurique *fumant*. Avec l'acide anthraquinone-β-monosulfonique, on
obtient ainsi le corps suivant :

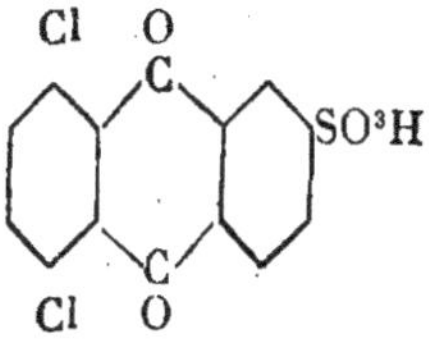

Avec l'anthraquinone même, on obtient la tétra-chloroanthraquinone 1,4,5,8.

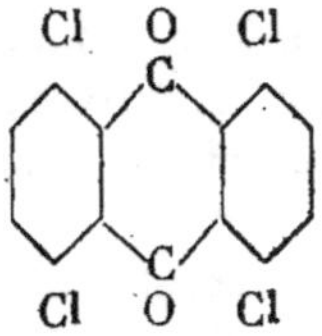

4. *Introduction du groupe hydroxyle.* — Vous connaissez la réaction classique qui consiste à chauffer les acides anthraquinones β-sulfoniques avec de la soude caustique. Vous savez également que cette réaction n'est pas nette, en ce sens que, conjointement à la substitution du groupe sulfo par de l'hydroxyle, il y a introduction directe d'un second groupe hydroxyle, aux dépens d'un groupe cétonique qui est réduit, réduction qui est paralysée par l'accès de l'oxygène de l'air ou par l'addition de chlorate de potasse.

La formation de l'alizarine artificielle se fait donc d'après le schéma :

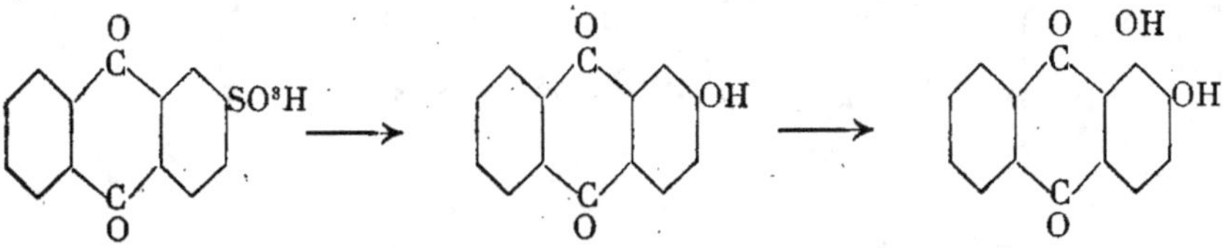

et celle de la flavopurpurine :

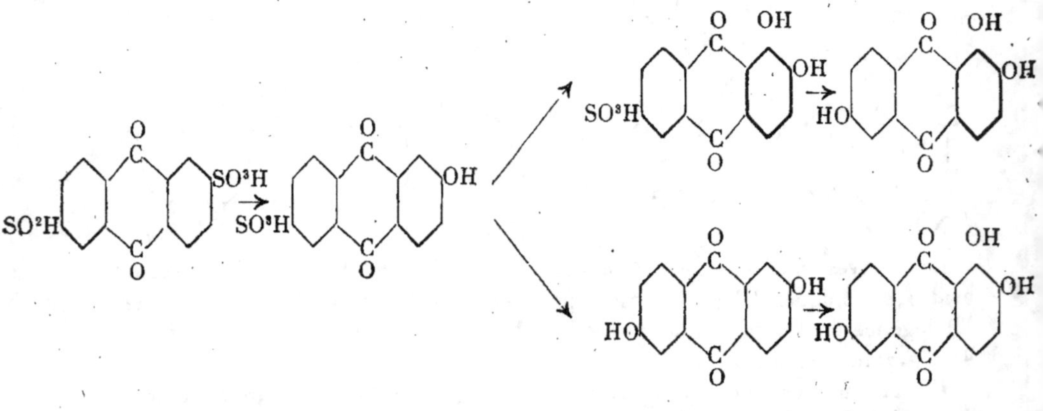

C'est le premier exemple, constaté peu de temps après la synthèse de l'alizarine artificielle, de l'introduction directe du groupe hydroxyle dans le noyau de l'anthraquinone. Depuis, commme nous le verrons tout à l'heure, on a trouvé un certain nombre d'autres méthodes, en partie très importantes au point de vue technique, pour « hydroxyler » directement l'anthraquinone et ses dérivés. On peut dire que cette « oxydation directe » est une spécialité de la chimie de l'anthraquinone.

On peut transformer les acides sulfoniques en oxyanthraquinones correspondantes, d'une façon très nette et sans oxydation aucune, si, au lieu de chauffer les acides sulfoniques avec des alcalis caustiques, on les chauffe sous pression avec des alcalis terreux, par exemple du lait de chaux. Cette méthode est très importante pour les acides anthraquinones-α-sulfoniques et permet de préparer ainsi à bon marché et en état très pur :

l'érythro-oxyanthraquinone :

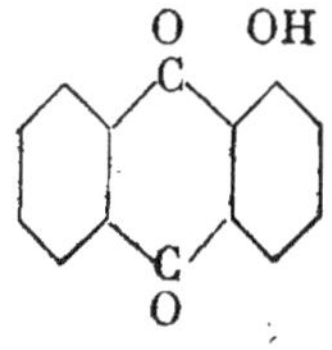

l'anthrarufine :

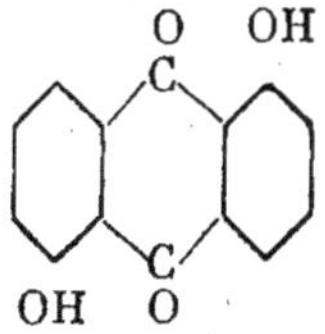

et la chrysazine :

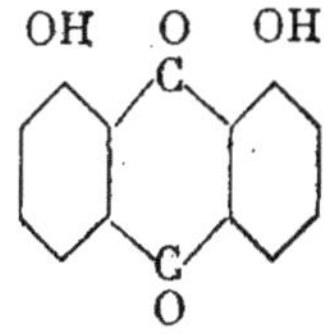

En cherchant une autre méthode pour préparer l'acide dioxyanthraquinone sulfonique :

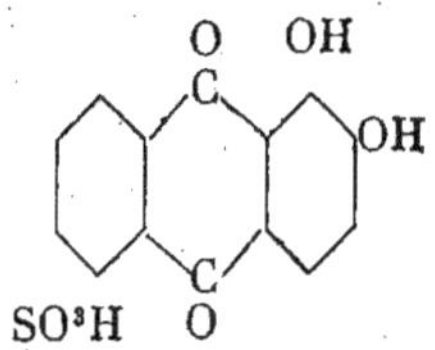

qui se forme, comme produit intermédiaire, dans la fabrication de la flavopurpurine, et qui présentait un certain intérêt, j'ai étudié la sulfonation de l'alizarine sous différentes conditions et ai obtenu entre autres par une sulfonation plus énergique, deux acides disulfoniques de l'alizarine. C'est au cours de ces recherches que j'ai observé une réaction très remarquable en traitant l'alizarine par un grand excès (10 à 20 parties) d'acide sulfurique fumant très fort (70-80 $^o/_o$ de SO^3 libre) à des températures relativement basses (20-40°). Contre toute prévision, il ne se produit dans ces conditions aucune sulfonation, mais une introduction très nette de deux groupes hydroxyles, et on obtient ainsi, avec des rendements pour ainsi dire théoriques, la tétra-oxyanthraquinone 1,2,4,8 :

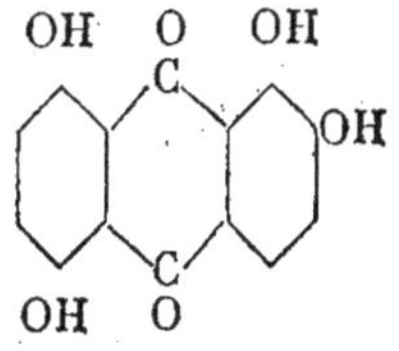

identique avec la quinalizarine que Liebermann et Wense avaient découverte quelques années auparavant par condensation de l'acide hémipinique avec l'hydroquinone. Cette tétra-oxyanthraquinone se trouve dans le commerce sous le nom « d'alizarine bordeaux » ; sur mordants d'alumine elle donne des nuances bordeaux très corsées, sur mordants de chrome des nuances bleu ardoise.

L'alizarine bordeaux ne se trouve pas comme telle dans la masse de la réaction, mais comme éther sulfurique qui doit être saponifié subséquemment.

Mais la réaction ne s'arrêta pas à la tétra-oxyanthraquinone. En laissant réagir plus longtemps, pendant des semaines, on arrive finalement à l'hexa-oxyanthraquinone 1,2,4,5,6,8 :

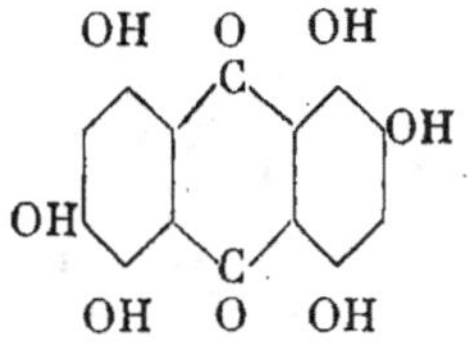

Cette réaction, introduction directe de groupes hydroxyles par l'action d'un excès d'acide sulfurique très fort à la température ordinaire, est applicable à toutes les oxyanthraquinones qui ont au moins un hydroxyl en position α, donc à tous les dérivés de l'érythro-oxyanthraquinone et à celle-ci même.

Les observations qu'on a faites, sont très intéressantes ; mais il n'a pas encore été possible d'établir une règle générale au sujet de l'ordre et de la vitesse d'après lesquels se fait l'introduction des hydroxyles, ce qui du reste n'est pas malheureux, car une fois que toute la chimie sera mise en règle, le travail au laboratoire cessera d'être intéressant.

Je cite quelques exemples.

L'alizarine donne, comme nous venons de le voir, la quinalizarine (tétra-oxyanthraquinone 1. 2. 4. 8). Or, on arrive au même résultat, et d'une façon tout aussi nette, en remplaçant l'alizarine par la quinizarine. Dans le premier cas deux hydroxyles sont introduits en position para, dans le second cas en position ortho :

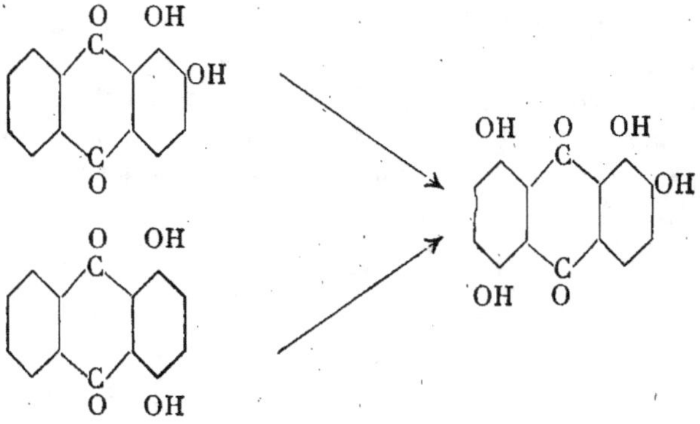

Mais il ne faut pas croire que cette tétra-oxyanthraquinone soit un terme préféré.

L'érythro-oxyanthraquinone donne assez rapidement l'anthrarufine :

$$O \quad OH \qquad\longrightarrow\qquad O \quad OH$$

qui, de son côté, est transformée, mais très lentement, en hexa-oxyanthraquinone 1,2,4,5,6,8.

Par contre, l'isomère de l'anthrarufine, la chrysazine, est transformée très rapidement, dans le courant de quelques jours, d'une façon tout à fait quantitative, en la même hexaoxyanthraquinone :

$$OH \quad O \quad OH \qquad\qquad HO \quad O \quad OH$$

Cette même hexa-oxyanthraquinone se forme *presque instantanément* si on introduit dans de l'acide sulfurique fumant très fort l'anthrachrysone :

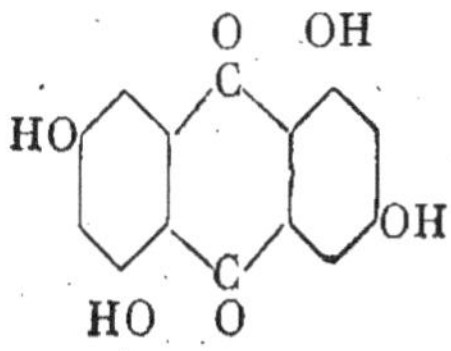

$$O \quad OH$$

tandis que, comme il a été dit précédemment, la transformation de la quinalizarine, isomère de l'anthrachrysone, en hexa-oxyanthraquinone, exige, pour être complète, des semaines et des mois.

Si, dans ces réactions, on opère en présence d'acide borique, c'est-à-dire si on emploie un acide fumant dans lequel on a dissous préalablement de l'acide borique, l'oxydation est retardée d'une façon toute singulière ; dans certains cas, avec des quantités d'acide borique suffisantes, elle est même atténuée complètement, quoique la teneur et l'excès d'anhydride sulfurique ne soient guère diminués par l'addition d'acide borique. Il faut s'expliquer ce phénomène par la formation d'éthers boriques des oxyanthraquinones, qui ne réagissent que très difficilement. Nous connaîtrons du reste encore des cas analogues.

Cette observation a conduit à des procédés très simples pour la préparation de certaines oxyanthraquinones, qui sans cela ne peuvent être obtenues que par des procédés bien plus compliqués. Dans certains cas on arrive, en choisissant la dose convenable d'acide borique, à ne pousser l'introduction de groupes hydroxyls que jusqu'à un certain degré intermédiaire et de l'y maintenir. Avec l'alizarine on peut ainsi obtenir d'une façon nette et quantitative la trioxyanthraquinone 1,2,5 :

$$\begin{array}{ccc} & O \quad OH & \\ & C & OH \\ & & \\ & C & \\ & OH \quad O & \end{array}$$

qui se trouve dans le commerce sous le nom d'« alizarine bordeaux brillante R ».

Tandis que la chrysazine est transformée par l'acide sulfurique fumant à 80 °/₀ de SO³ très rapidement en hexa-oxyanthraquinone, on arrive facilement, en opérant en présence d'une certaine quantité d'acide borique, à préparer d'une façon économique la tri-oxyanthraquinoné 1,4,8 :

$$\begin{array}{ccc} OH \quad O \quad OH \\ C \\ \\ C \\ O \quad OH \end{array}$$

Enfin, on a encore observé qu'on pouvait introduire des groupes hydroxyls dans l'anthraquinone, non seulement en partant des oxyanthraquinones, mais de l'anthraquinone même. Seulement, dans ce cas, il faut employer l'anhydride sulfurique pur, à environ 100 °/₀, ce qui, en pratique, ne présente aucune difficulté. L'anthraquinone est ainsi convertie directement en hexa-oxyanthraquinone 1,2,4,5,6,8, mais les rendements laissent à désirer.

Avant de quitter ce chapitre, je ne veux pas manquer de rappeler que, simultanément et indépendamment de mes propres recherches que je viens d'esquisser, M. René Bohn avait étudié l'action de l'acide sulfurique fumant très fort sur le bleu d'alizarine et y avait également constaté l'introduction de groupes hydroxyles.

Les oxydations, c'est-à-dire l'introduction d'hydroxyles, dont je viens de parler, s'effectuent, je le répète, à *une température relativement basse, avec un grand excès d'acide sulfurique fumant très fort*. Or, on peut aussi hydroxyler un grand nombre d'oxyanthraquinones par de l'acide sulfurique concentré ordinaire (66° B⁴), mais, dans ce cas, il faut opérer *à une température élevée*, par exemple à 160-200°. L'alizarine bordeaux (quinalizarine) est ainsi transformée en hexa-oxyanthraquinone 1,2,4,5,6,8 qui nous est déjà bien connue. A côté de celle-ci, il se forme, en petites proportions, l'hexa-oxyanthraquinone isomère 1,2,4,5,7,8.

A l'étude de cette réaction se présente une observation très intéressante. Quelquefois l'oxydation se faisait d'un façon très lente et exigeait un temps trois à quatre fois plus long qu'à l'ordinaire, d'autres fois la marche des opérations devenait de nouveau normale, ou même elle était plus rapide. On constata bientôt que ces irrégularités coïncidaient avec la provenance de l'acide sulfurique technique employé. Il n'y avait donc aucun doute que certaines impuretés de l'acide sulfurique devaient avoir une grande influence sur la marche de la réaction, soit en l'activant, soit en la retardant. J'ai constaté que c'est la première hypothèse qui était juste. En employant de l'acide sulfurique le plus pur possible, l'oxydation est, pour ainsi dire, nulle, tandis qu'en ajoutant à cet acide des traces de *sélénium* — une des impuretés qui se trouvent fréquemment dans l'acide sulfurique technique et que j'ai aussi décelée ensuite dans les acides « actifs » employés en ce temps — je dis qu'en ajoutant à l'acide sulfurique pur des traces de sélénium, l'oxydation se faisait avec une rapidité étonnante. C'est donc le sélénium qui, en réalité, provoque l'oxydation, et, comme il agit déjà en quantité tout à fait minime, c'est une action dite catalytique, qui, dans ce cas, s'explique très facilement. En effet, l'acide sélénieux est pour les oxyanthraquinones un oxydant très puissant, à la façon du bioxyde de manganèse, dont je parlerai tout à l'heure. Il cède facilement son oxygène, en étant converti en sélénium qui, de son côté, par l'acide sulfurique à température élevée, est de nouveau oxydé en acide sélénieux. On a, par suite, les réactions suivantes :

$$SeO^2 = Se + O^2$$
$$Se + 2SO^3 = SeO^2 + 2SO^2$$

C'est donc un exemple typique d'un catalyseur fonctionnant comme véhicule de l'oxygène. Plus tard, on a découvert que le mercure agissait d'une façon analogue.

Dans certains cas, l'introduction de groupes hydroxyles par l'acide sulfurique concentré n'a lieu qu'à des températures si élevées, qu'il se produit en même temps une destruction complète de la molécule de l'anthraquinone (avec formation d'acide phtalique ou oxyphtalique). On peut obvier à cet inconvénient d'une façon aussi simple qu'élégante, en ajoutant de l'acide borique qui forme, avec les oxyanthraquinones, des éthers boriques stables dans l'acide sulfurique aux températures les plus élevées. L'acide borique exerce ainsi une action protectrice très remarquable.

L'introduction de groupes hydroxyles dans l'anthraquinone par l'acide sulfurique concentré à haute température est d'une application très générale et n'est pas limitée seulement à l'emploi des oxyanthraquinones.

Souvent on obtient des résultats particulièrement intéressants, si on ajoute une substance qui n'agit pas par action catalytique, mais comme oxydant réel, c'est-à-dire qui fournit elle-même l'oxygène nécessaire. De telles substances sont l'acide arsénique et l'acide nitreux. En chauffant, par exemple, de l'anthragallol avec de l'acide sulfurique dans lequel on a dissous du nitrate de soude et de l'acide borique, on obtient très facilement avec d'excellents rendements la tétra-oxyanthraquinone 1,2,3,4 :

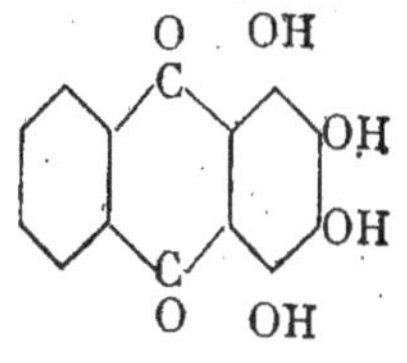

Mais la réaction la plus intéressante de ce genre, c'est celle qui se produit quand on prépare la quinizarine en chauffant l'anthraquinone dissoute dans de l'acide sulfurique concentré additionné de nitrite de soude et d'acide borique. On obtient ainsi facilement de la quinizarine relativement très pure.

L'étude de cette réaction m'a amené également à la découverte d'une action catalytique très curieuse, due aussi à des irrégularités obtenues par suite de l'emploi d'acides sulfuriques de provenance différente : l'un fabriqué avec de la galène, l'autre avec de la pyrite.

Avec l'acide pur, la réaction est nulle, tandis qu'avec certains acides techniques, elle était très énergique. Mais la substance catalytique qui ici entre en jeu, n'est pas le sélénium, c'est le mercure. Si on chauffe de l'anthraquinone avec de l'acide sulfurique pur, du nitrite de soude et de l'acide borique à 180-190°, on n'observe aucun changement ; mais quand on ajoute alors quelques milligrammes d'oxyde de mercure, il se produit instantanément une réaction très énergique, même tumultueuse, et, en peu de temps, la totalité presque de l'anthraquinone est convertie en quinizarine, comme je puis vous le démontrer par cette expérience. On ne connaît pas encore le mécanisme de cette réaction, j'ai seulement constaté qu'il se forme comme produit intermédiaire la diazo-oxyanthraquinone 1,4 :

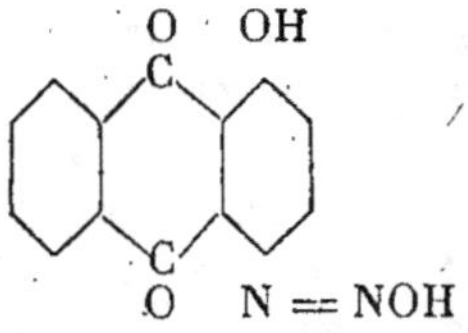

$$
\begin{array}{c}
\text{O}\quad\text{OH} \\
\text{C} \\
\\
\text{C} \\
\text{O}\quad\text{N}=\text{NOH}
\end{array}
$$

qu'on obtient également en diazotant l'amino-oxyanthraquinone 1,4, un diazo qui est si stable en présence d'acides, qu'on peut le bouillir avec de l'acide sulfurique à 60° B⁶ (75 °/₀ H^2SO^4), sans décomposition ; il faut déjà le chauffer avec de l'acide sulfurique à 66° B⁶ pour remplacer le groupe diazo par OH. Par contre, il réagit facilement avec l'alcool en donnant de l'érythro-oxyanthraquinone. C'est une méthode très expéditive pour préparer ce corps au laboratoire, en moins d'une demi-heure, en partant de l'anthraquinone.

Une autre méthode très importante pour introduire des groupes OH dans la molécule de l'anthraquinone, est celle découverte il y a longtemps par de Lalande, qui, en traitant avec du bioxyde de manganèse l'alizarine dissoute dans de l'acide sulfurique concentré, a obtenu la purpurine, la tri-oxyanthraquinone 1,2,4. En appliquant ce procédé à l'alizarine bordeaux, on obtient d'abord une penta-oxyanthraquinone :

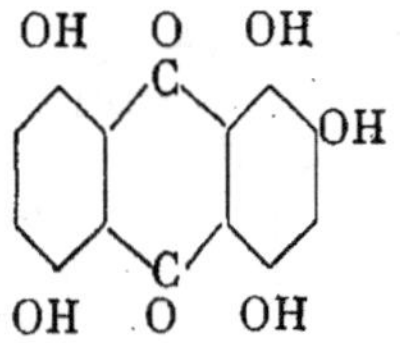

$$
\begin{array}{c}
\text{OH}\quad\text{O}\quad\text{OH} \\
\text{C} \\
\quad\quad\text{OH} \\
\text{C} \\
\text{OH}\quad\text{O}\quad\text{OH}
\end{array}
$$

qui teint la laine mordancée au chrome en nuances d'un bleu très solide. Par
une oxydation plus prolongée, on obtient un mélange de deux hexa-oxyanthra-
quinones 1,2,4,5,6,8 et 1,2,4,5,7,8, qui donnent, sur mordant, des nuances
analogues à la penta-oxyanthraquinone citée. Ces poly-oxyanthraquinones sont
les constituants des colorants du commerce alizarine cyanine R, R extra, WRR
et du bleu d'anthracène VR.

En opérant d'une façon convenable, on arrive à hydroxyler d'après cette
méthode toutes les oxyanthraquinones qui, dans chaque noyau benzénique,
contiennent au moins un groupe hydroxyl. L'acide anthraflavique (dioxy 2,6)
et la flavopurpurine (trioxy 1,2,6) donnent ainsi comme terme final l'hexa-
oxyanthraquinone 1,2,4,5,6,8 ; l'acide iso-anthraflavique (dioxy 2,7) et l'anthrapurpurine (trioxy 1,2,7) donnent l'hexa-oxyanthraquinone isomère
1,2,4,5,7,8. En oxydant la β-nitro-anthrapurpurine, on obtient une nitro-hexa-
oxyanthraquinone :

$$\begin{array}{ccc} OH & O & OH \\ & C & \\ HO\diagdown\!\!\!\diagup & & \diagdown OH \\ & & NO^2 \\ & C & \\ OH & O & OH \end{array}$$

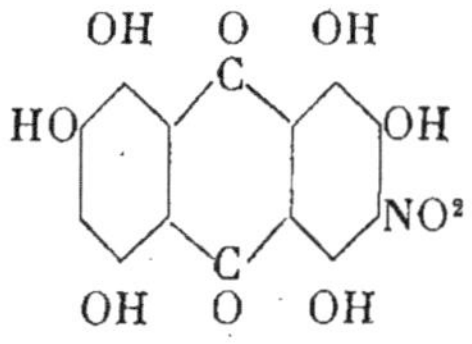

qui teint les mordants de chrome en noir bleuâtre et qui se trouve dans le commerce sous le nom de « noir alizarine cyanine G ».

Les poly-oxyanthraquinones obtenues ainsi par oxydation à froid au moyen
du bioxyde de manganèse, ne se trouvent pas comme telles dans le produit de
la réaction. Elles s'y trouvent sous la forme de produits intermédiaires que j'ai
nommés « anthradiquinones », car, d'après leurs réactions, ces corps renferment,
outre les deux groupes cétoniques de l'anthraquinone, un véritable groupe quinonique qui se comporte, par exemple, comme le groupe quinonique de la ben-
zoquinone. La quinone de la penta-oxyanthraquinone citée plus haut peut se
formuler :

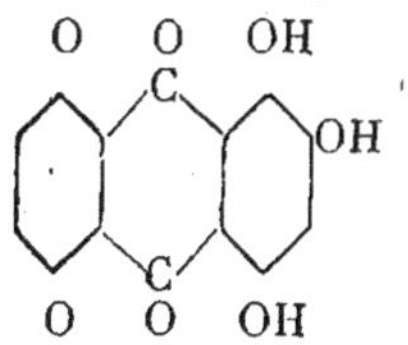

$$\begin{array}{ccc} O & O & OH \\ & C & \\ & & OH \\ & C & \\ O & O & OH \end{array}$$

Ce sont des corps assez instables. Par l'action d'agents réducteurs même
faibles, ils se convertissent en hydroquinones, c'est-à-dire les oxyanthraquinones correspondantes.

Cependant, en solution sulfurique, comme on les obtient lors de leur préparation, ces anthradiquinones se condensent avec certains acides phénolcarbo-
niques, en donnant des produits très stables qui n'ont rien de commun avec les
quinhydrones de la série benzénique. D'après l'analyse, une molécule d'anthradiquinone est soudée directement à une molécule benzénique. L'analyse du

produit de condensation de la quinone de la penta-oxyanthraquinone avec
l'acide salicylique correspond à la constitution :

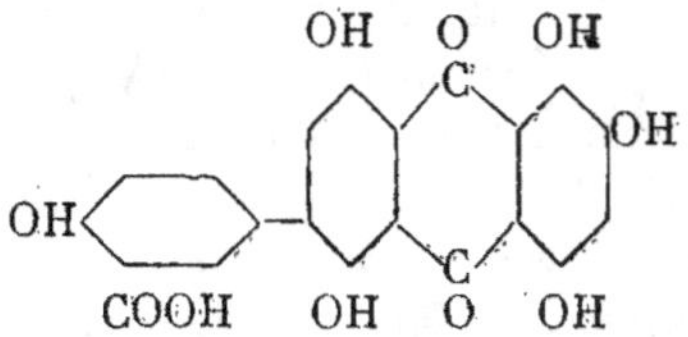

$$\text{OH} \quad \text{O} \quad \text{OH}$$

Tout récemment, on a employé cette méthode d'oxydation pour préparer la
pseudo-purpurine, c'est-à-dire l'acide purpurine-carbonique :

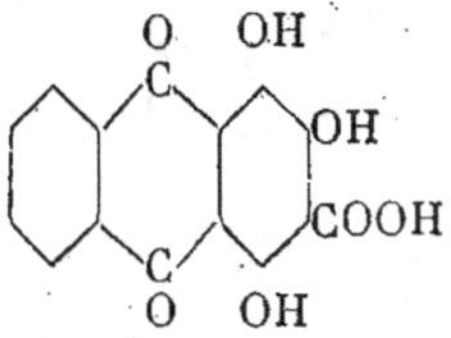

par oxydation soit de :

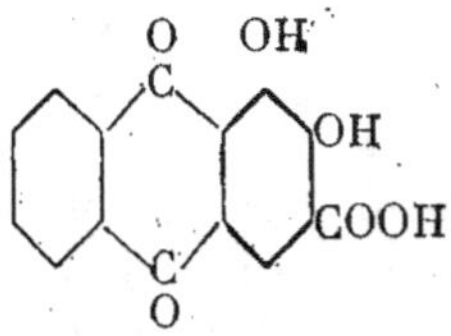

ou de :

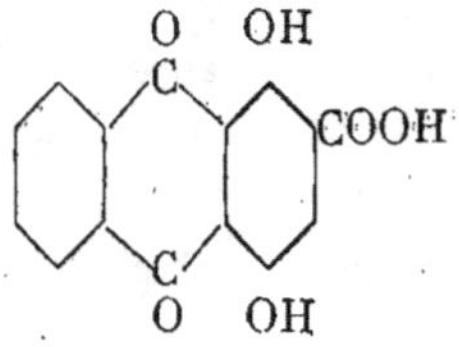

C'est là un corps qui donne une laque d'alumine, très précieuse pour la peinture artistique, et qui, jusqu'à présent, n'avait pu être obtenue que de la garance par des procédés très délicats et coûteux.

On connaît des corps analogues aux anthradiquinones, qui dérivent des
amino-oxy et diamino-anthraquinones, et qui ont le caractère de quinone-imide
et quinone-diimide. Ceci me permet de vous démontrer la formation d'un de ces
corps. En ajoutant un peu de bioxyde de manganèse à la solution jaune de la
para-diamino-dioxyanthraquinone 1,4 dans de l'acide sulfurique, la solution
devient bleu intense. C'est la quinone-imide, qui, par réduction, est de nouveau transformée en amino-oxyanthraquinone donnant une solution jaune dans
l'acide sulfurique.

Il existe encore un certain nombre d'autres méthodes pour introduire le
groupe hydroxyl dans la molécule de l'anthraquinone, mais le temps ne me
permet pas de m'y arrêter. Je me borne à signaler que, dans des cas nombreux,

on peut remplacer soit le brome, soit le groupe nitro par OH, en chauffant avec de l'acide sulfurique et de l'acide borique. Par exemple :

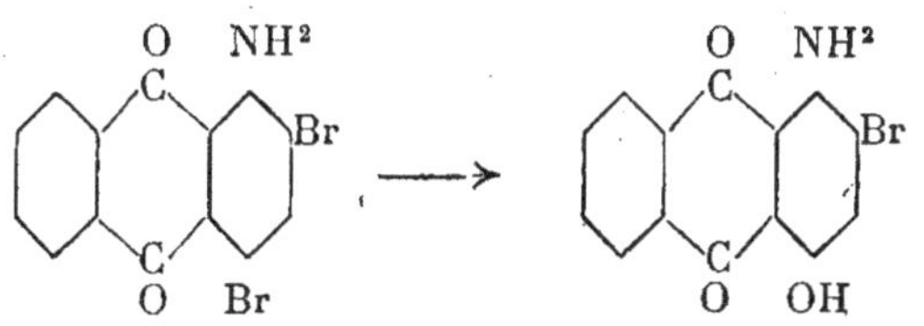

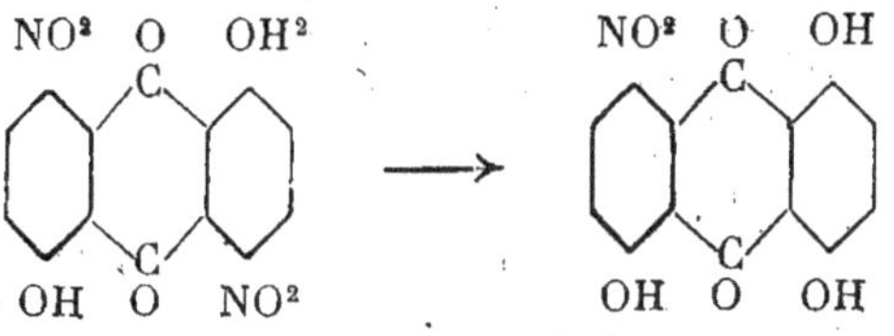

$$O \quad NH^2 \quad\quad\quad \longrightarrow \quad\quad\quad O \quad NH^2$$

$$NO^2 \quad O \quad OH^2 \quad\quad\quad \longrightarrow \quad\quad\quad NO^2 \quad O \quad OH$$

Je ne m'arrêterai pas à l'introduction du groupe SH, qui a été étudié assez minutieusement ces dernières années, le groupe SH semblant appelé à jouer un certain rôle pour la production de colorants de la série anthracénique. Je passe à un chapitre des plus importants.

Introduction du groupe amino. — Nous avons d'abord la méthode classique consistant à traiter les dérivés nitrés par des réducteurs. En réduisant les nitro-anthraquinones par des réducteurs alcalins, on obtient les amino-anthraquinones correspondantes. Les nitro-anthraquinones aussi bien que les amino-anthraquinones sont insolubles dans l'eau. Mais, en traitant les nitro-anthraquinones par des réducteurs alcalins, on observe qu'elles se dissolvent d'abord avec une couleur vert à bleu intense. C'est de cette solution que se séparent peu à peu les amino-anthraquinones sous forme de précipité cristallin rouge brique, la solution se décolorant au fur et à mesure. Je vous montre ce phénomène en réduisant ici la dinitro-anthraquinone 1,5 avec une solution de chlorure stanneux dans de la soude caustique en excès. Quelle est la nature de ces solutions, de couleur si intense? J'ai résolu la question, il y a une quinzaine d'années, en prouvant que ce sont des dérivés hydroxylamines relativement très stables. Pour les isoler, on n'a qu'à filtrer cette solution dans un acide dilué. L'hydroxylamine est précipitée, filtrée, lavée et cristallisée. Ce sont des corps bruns rougeâtres, qui se dissolvent dans les alcalis caustiques, en donnant des solutions fortement colorées. Le dérivé hydroxylamine obtenu de la dinitro-anthraquinone 1,5, par exemple, a la constitution :

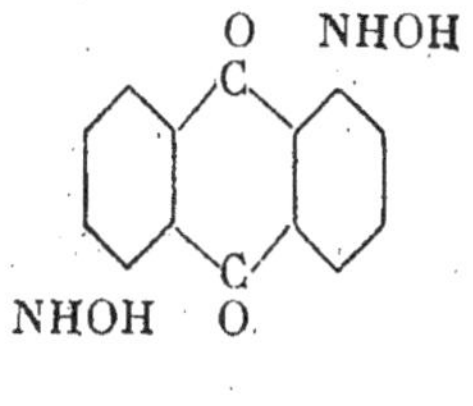

$$O \quad NHOH$$

$$NHOH \quad O$$

mais j'ai aussi réussi à isoler des produits intermédiaires comme, par exemple :

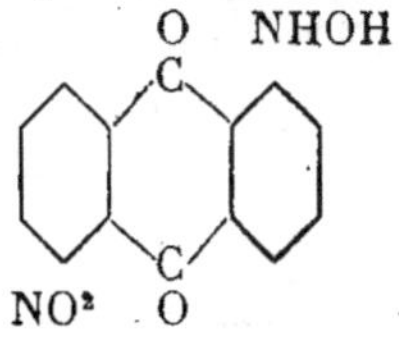

$$\text{O} \quad \text{NHOH}$$
$$\text{(structure anthraquinone)}$$
$$\text{NO}^2 \quad \text{O}$$

Si on dissout ces hydroxylamines dans de l'acide sulfurique concentré, et qu'on verse la solution dans de l'eau, on obtient un précipité foncé, de propriétés toutes différentes de celles de l'hydroxylamine employée. Comme je puis vous le montrer avec la dihydroxylamine 1,5, le précipité qu'on obtient de la solution sulfurique ne se dissout plus dans l'acide caustique en bleu verdâtre, il donne une coloration violette. En outre, ce corps ne peut plus être transformé en diamino-anthraquinone par réduction ultérieure. Il présente tous les caractères des amino-oxyanthraquinones, et, en effet, mes recherches ont démontré que, par l'action de l'acide sulfurique concentré, les hydroxylamines de l'anthraquinone subissent, presque instantanément, une transformation intramoléculaire avec formation d'amino-oxyanthraquinones, par exemple :

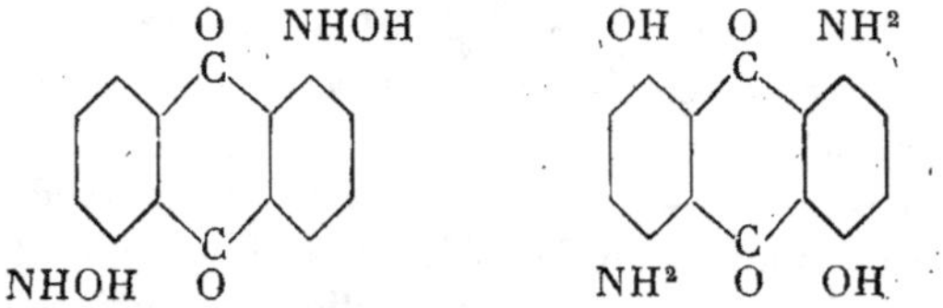

$$\text{O} \quad \text{NHOH} \qquad \qquad \text{OH} \quad \text{O} \quad \text{NH}^2$$
$$\text{(structures)} \qquad \qquad \qquad \text{, et des isomères.}$$
$$\text{NHOH} \quad \text{O} \qquad \qquad \text{NH}^2 \quad \text{O} \quad \text{OH}$$

La découverte de cette réaction a été, à l'époque, la première confirmation — dans une autre série, il est vrai — de l'hypothèse que M. Gattermann avait émise, quelques semaines auparavant, pour expliquer la formation du para-amino-phénol par l'électrolyse du nitrobenzène en solution sulfurique.

Une autre méthode très importante pour préparer les dérivés aminés de l'anthraquinone consiste à traiter par de l'ammoniaque des anthraquinones qui contiennent des radicaux négatifs. Comme radicaux négatifs pouvant servir, je cite : les halogènes, le groupe sulfo, le groupe hydroxyl, le groupe alcoxyl. C'est ainsi que le procédé le plus économique pour préparer l'α- et la β-amino-anthraquinone consiste à chauffer sous pression les acides monosulfoniques α et β avec de l'ammoniaque aqueuse, avantageusement avec addition d'un agent d'oxydation pour éviter certaines réactions secondaires.

Le remplacement du groupe OH par NH² se fait dans beaucoup de cas avec une facilité surprenante. C'est Schutzenberger qui avait déjà observé, il y a bien longtemps, qu'en évaporant la purpurine avec de l'ammoniaque aqueuse, on obtient la purpurine-amide :

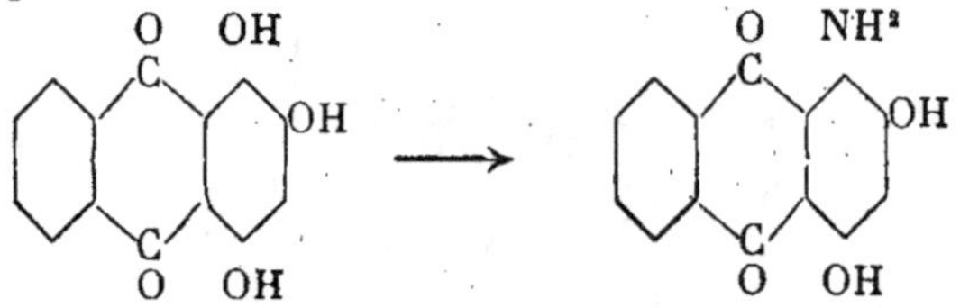

$$\text{O} \quad \text{OH} \qquad \qquad \qquad \text{O} \quad \text{NH}^2$$
$$\text{(structure)OH} \quad \longrightarrow \quad \text{(structure)OH}$$
$$\text{O} \quad \text{OH} \qquad \qquad \qquad \text{O} \quad \text{OH}$$

Il en est de même pour toutes les polyoxyanthraquinones, surtout celles qui contiennent le groupement de la purpurine. La réaction s'effectue déjà si on chauffe avec de l'ammoniaque diluée (5 % de NH^3) à 50-70°, souvent elle a déjà lieu à la température ordinaire. Parmi les poly-oxyanthraquinones amidées qui se trouvent dans le commerce, je cite les marques alizarine cyanine RR, G et GG.

C'est ici le moment de parler d'une réaction tout aussi intéressante au point de vue scientifique qu'importante sous le rapport technique.

Depuis longtemps, on savait qu'en chauffant les nitro-anthraquinones avec de l'acide sulfurique concentré, il y a une réaction très énergique avec production de matières colorantes foncées insolubles dans l'eau. On avait aussi observé qu'on obtenait des colorants analogues, mais solubles dans l'eau, en chauffant les dinitro-anthraquinones avec de l'acide sulfurique fumant. Mais ces colorants, sur la constitution desquels on n'avait aucune idée, ne possédaient pas les qualités requises pour leur emploi en teinture. C'est M. René Bohn qui, le premier, a préparé des produits utilisables, en éliminant les groupes sulfoniques des produits solubles dont je viens de parler. En partant du produit soluble obtenu au moyen de l'acide sulfurique fumant à 40 %, on arrivait ainsi à l'hexa-oxyanthraquinone. Mais la réaction n'était pas nette. En effet, en contemplant les formules suivantes, qui peuvent résumer la réaction (en laissant de côté les groupes sulfoniques) :

$$\text{(formules anthraquinoniques)} \longrightarrow \longrightarrow$$

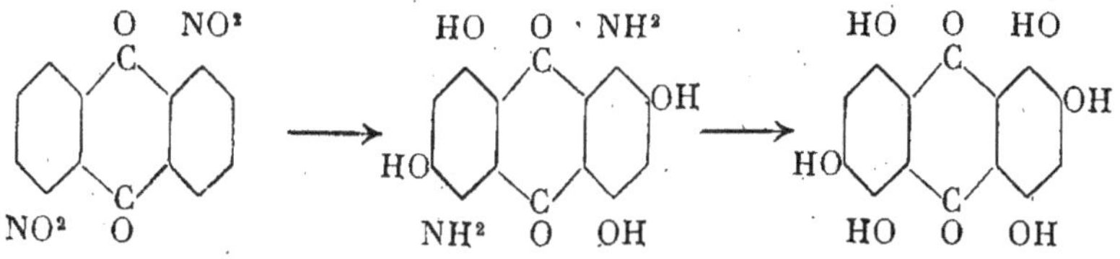

on arrive à la conclusion que, pour une réaction nette, il y a dans la dinitro-anthraquinone un excès d'oxygène. Il s'agissait d'un réducteur capable de fixer cet excès d'oxygène sans avoir d'autre action au delà.

Indépendamment l'un de l'autre, M. René Bohn et moi avons trouvé que le soufre remplit ces conditions d'une façon idéale. On sait que le soufre se dissout dans l'acide sulfurique fumant, selon sa teneur, avec une couleur brun à bleu verdâtre, et qu'on admet dans ces solutions la présence de sesquioxyde de soufre.

En chauffant à 130°, en présence de soufre la dinitro-anthraquinone 1,5 avec de l'acide sulfurique fumant à 45 % de SO^3, on obtient très nettement et en rendements excellents l'acide hexa-oxyanthraquinone-disulfonique :

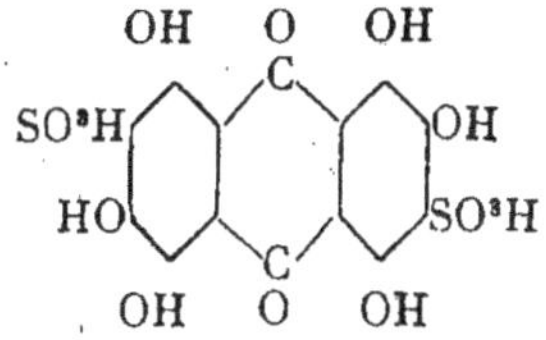

$$\text{(formule anthraquinonique)}$$

duquel on obtient par élimination des groupes sulfoniques, par exemple en chauffant avec de l'acide sulfurique concentré (66° Bé), l'hexa-oxyanthraquinone.

Quel est le mécanisme de cette réaction qui paraît si compliquée? J'ai réussi à résoudre cette question d'une façon simple et concluante. J'ai observé qu'en traitant les dinitro-anthraquinones par le sesquioxyde de soufre, il se forme, déjà à la température ordinaire, bien avant la formation des colorants solubles dont je vous ai parlé, des produits fortement colorés. La réaction est si rapide et si facile à exécuter, que je puis vous la faire ici même en quelques minutes. En examinant ces produits, je fus frappé de leur grande ressemblance avec les produits qu'on obtient par la transformation intramoléculaire des anthraquinones hydroxylamines dont j'ai parlé plus haut, et, en effet, des essais minutieux ont démontré que, par la transposition intramoléculaire de la dihydroxylamine-anthraquinone 1,5 d'une part et par un traitement très prudent de la dinitro-antraquinone 1,5 par le sesquioxyde de soufre d'autre part, on obtient absolument les mêmes diamino-dioxyanthraquinones :

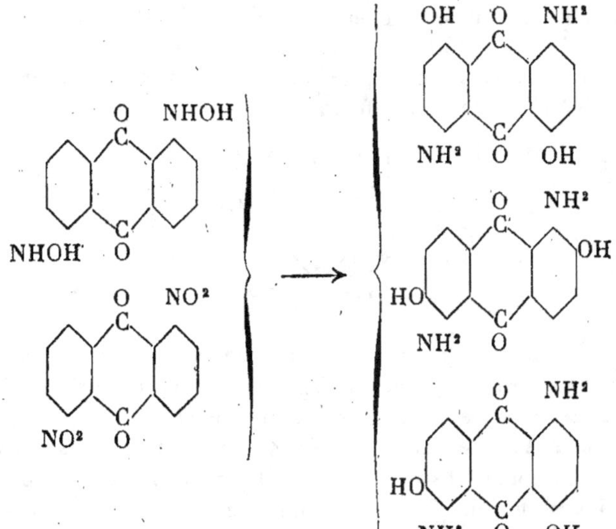

Le parallélisme est tel, qu'on ne pouvait guère douter que la transformation des dinitro-anthraquinones en diamino-dioxyanthraquinones par le sesquioxyde de soufre était due à la transformation intramoléculaire de dérivés hydroxylamines formés par réduction partielle des groupes nitro. Il est vrai que l'on n'a pas pu isoler, jusqu'à présent, les hydroxylamines dans cette réaction, parce qu'ils subissent immédiatement, à l'état naissant, la transposition intramoléculaire au fur et à mesure de leur formation, et, jusqu'à présent, on n'avait pas encore observé la formation de dérivés hydroxylamines dans ces conditions : réduction de groupe nitro en solution dans l'acide sulfurique fumant. Mais cette lacune a été comblée depuis, car j'ai réussi, en traitant l'acide dinitrochrysazine-disulfonique par du sesquioxyde de soufre, à isoler, avec d'excellents rendements, le dérivé hydroxylamine correspondant :

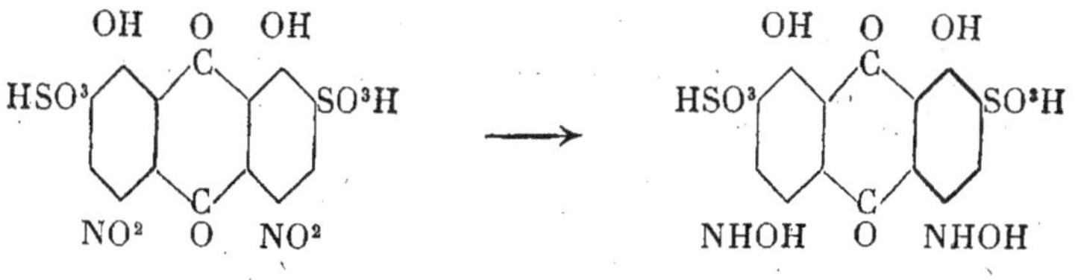

Par l'action de l'acide sulfurique fumant à 45 %, de SO^3 a des températures au delà de 100°, les diamino-dioxyanthraquinones dont nous venons de parler, sont oxydées et sulfonées ; en même temps, on obtient l'acide diamino-anthrachrysone disulfonique. Mais, d'après mes recherches, celui-ci n'est pas contenu dans la solution sulfurique finale comme tel, mais comme quinone-imide, qui, sous l'influence de l'eau, échange facilement le groupe imide par l'hydroxyl (avec formation intermédiaire d'une anthradiquinone très instable), de sorte que, si on verse la « fonte » dans de l'eau, on obtient l'acide hexaoxyanthra-quinone disulfonique. Par contre, si on traite la « fonte » par un réducteur, approprié, ou si on la verse dans de l'eau contenant un réducteur, comme par exemple l'acide sulfureux, on obtient l'acide diamino-anthrachrysone disul-fonique. Les diverses phases de la transformation de la dinitro-anthraquinone 1,5 en hexa-oxyanthraquinone sont donc les suivantes (en laissant de côté le groupe sulfonique, qui ne joue qu'un rôle accessoire) :

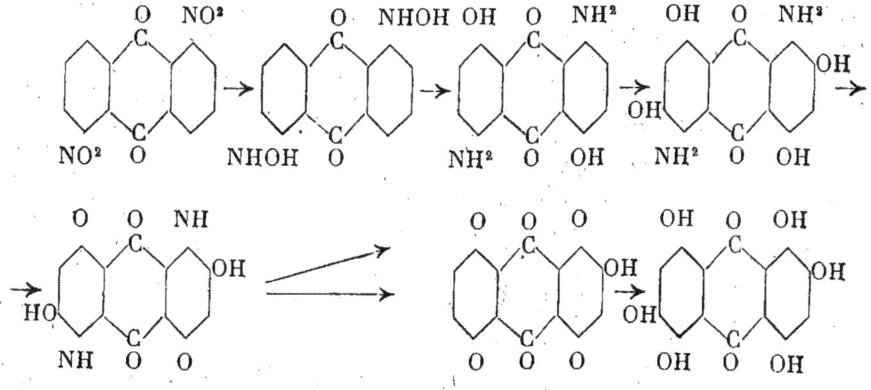

Si, au lieu de chauffer la dinitro-anthraquinone avec du soufre et de l'acide fumant à 45 %, de SO^3, on emploie un acide moins fort (10-15 %,), ou qu'on y ajoute de l'acide borique, on n'obtient pas l'acide hexa-oxyanthraquinone di-sulfonique, mais directement des colorants difficilement solubles teignant en nuances beaucoup plus verdâtres. D'après mes recherches, il s'agit d'un mé-lange assez compliqué, qui contient principalement des acides monosulfoniques de diamino-dioxy-anthraquinones. Un de ces corps, isolé à l'état pur, a été

identifié avec l'acide monosulfonique de la diamino-anthrarufine de la constitution :

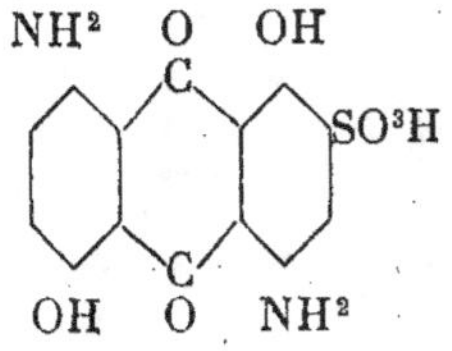

$$\text{NH}^2 \quad \text{O} \quad \text{OH}$$

Il possède la propriété de teindre la laine non mordancée en nuances bleues
très pures et très solides. Ce sont ces observations qui m'ont amené à préparer
ces corps d'une façon plus rationnelle en partant de l'anthrarufine et, ainsi, à
la découverte importante des alizarines saphirol dont j'ai parlé dans la première
partie de ma conférence. J'ai traité ce chapitre des colorants dérivés des dinitro-
anthraquinones un peu plus en détail — quoique encore bien incomplètement
— pour vous montrer que des recherches qui, d'abord, ne paraissent présenter
qu'un intérêt purement scientifique, peuvent aboutir à des résultats techniques
de la plus haute importance.

Nous arrivons maintenant à l'introduction des radicaux d'amines primaires
et secondaires de la série grasse, qui se fait d'après les mêmes méthodes, c'est-
à-dire en traitant des dérivés anthraquinoniques à substituants négatifs par des
amines comme la méthylamine, la diméthylamine, la pipéridine, etc. C'est
ainsi, qu'en faisant agir la méthylamine sur l'α-chloro-anthraquinone, l'α-nitro-
anthraquinone ou l'α-méthoxyanthraquinone ou l'acide anthraquinone-α-sulfo-
nique, on obtient l'α-méthylamino-anthraquinone. En général, la réaction se
fait très facilement, de sorte que comme exemple je puis vous montrer en
quelques minutes la formation de la méthylamino-nitro-anthraquinone :

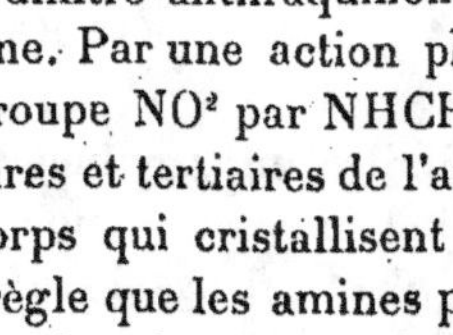

$$\text{NO}^2 \quad \text{O} \quad \text{NHCH}^3$$

en chauffant légèrement de la dinitro-anthraquinone 1,8 avec une solution de
méthylamine dans de la pyridine. Par une action plus prolongée, il y a également substitution du second groupe NO^2 par NHCH^3. On a préparé ainsi une
longue série d'amines secondaires et tertiaires de l'anthraquinone, des types les
plus variés. Ce sont tous des corps qui cristallisent magnifiquement. Au point
de vue de la basicité, on a la règle que les amines primaires sont les bases les
plus faibles, les amines tertiaires les plus fortes. Par exemple, l'α-amino-anthra-
quinone n'a qu'un caractère basique à peine prononcé. Elle ne forme de sels
qu'avec les acides minéraux tout à fait concentrés, qui se dissocient par une
très petite quantité d'eau. La méthylamino-anthraquinone est un peu plus

basique, tandis que la diméthylamino-anthraquinone donne, avec les acides minéraux forts, des sels incolores, facilement solubles dans l'eau et ne se dissociant pas.

Quant à l'introduction des groupes arylamino, quoiqu'elle se fasse, en principe, d'après les mêmes méthodes, il faut que je m'y arrête quelques instants, ce chapitre comprenant quelques particularités intéressantes.

Il va pour ainsi dire de soi, qu'après avoir constaté les effets techniques remarquables qu'on obtient en substituant, dans les poly-oxyanthraquinones, des groupes OH par NH^2, on ait conçu l'idée de substituer les hydroxyls par des groupes arylamino, comme par exemple NHC^6H^5. L'emploi des poly-oxyanthraquinones comme point de départ était donné, parce que, d'une part, ces corps réagissent très facilement avec l'ammoniaque, et que, d'autre part, à cette époque là, les dérivés halogénés de l'anthraquinone, qu'on aurait aussi pu employer, n'étaient encore que peu accessibles et peu étudiés. Mais les premiers essais qui fureut faits avec certaines poly-oxyanthraquinones réagissant particulièrement bien avec l'ammoniaque, n'aboutirent pas, même avec l'emploi, selon les procédés connus de la série benzénique, des agents de condensation puissants, comme par exemple le chlorure de zinc. Dans ce cas aussi, ce fut l'acide borique qui a amené la première solution du problème. J'avais observé qu'une solution de quinalizarine dans un dissolvant indifférent, comme par exemple le nitrobenzène, le toluène, etc., subissait, chauffée avec de l'acide borique, un certain changement de coloration, qui devait être attribué à la formation d'un éther borique. Or, comme dans la série grasse et aromatique bien souvent les éthers réagissent plus facilement avec l'ammoniaque et les amines, comme c'est par exemple le cas avec l'éther acétique qui, contrairement à l'acide acétique même, réagit déjà à froid avec l'ammoniaque en donnant l'acétamide, je chauffai simplement un mélange de quinalizarine et d'acide borique avec de l'aniline en excès. Mes prévisions se réalisèrent, car déjà à 120° il se produisit une réaction énergique ayant pour résultat un mélange de produits de condensation vert foncé. En appliquant cette méthode à d'autres oxyanthraquinones, nous avons obtenu toute une série de dérivés arylamino bien définis, cristallisant merveilleusement et qui, rendus solubles par sulfonation, représentent des matières colorantes très précieuses. Le produit de condensation de la purpurine avec l'aniline, qui est un mélange de dérivés mono- et disubstitués, se trouve dans le commerce sous le nom de « Bleu noir d'alizarine B » et est un colorant très important.

Si des recherches ultérieures ont démontré qu'on pouvait aussi employer, comme agent condensateur, d'autres substances que l'acide borique, et si, plus tard, on a préparé des arylamino-anthraquinones en prenant pour point de départ des dérivés halogénés et nitrés de l'anthraquinone, c'est, comme je viens de le développer, l'acide borique qui a mené à la première découverte de cette grande série de corps intéressants. Du reste, l'acide borique est, pour la condensation des oxyanthraquinones avec les amines, l'agent le plus énergique.

Des corps particulièrement intéressants de cette série sont les produits de condensation de la quinizarine avec deux molécules d'une amine. Le dérivé obtenu avec la paratoluidine, par exemple, a la formule :

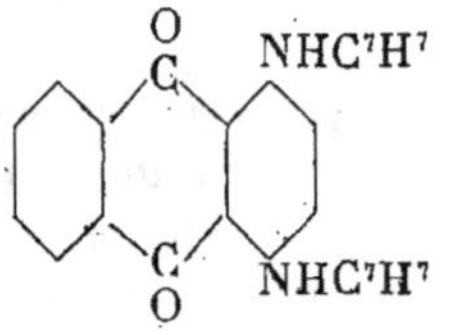

$$\begin{array}{c} \text{O} \\ \text{C} \end{array} \quad \text{NHC}^7\text{H}^7$$
$$\begin{array}{c} \text{C} \\ \text{O} \end{array} \quad \text{NHC}^7\text{H}^7$$

Son acide sulfonique teint la laine en belles nuances vertes bien solides au foulon et presque indestructibles à l'air. Malheureusement, les rendements de matière pure étaient très défectueux, 30 à 35 °/₀ de la théorie. Cela m'a conduit à examiner les produits secondaires de la réaction, parmi lesquels j'ai décelé des quantités notables d'un corps qui était identique avec le produit de condensation de deux molécules de paratoluidine avec une molécule de *purpurine*, c'est-à-dire d'une tri-oxyanthraquinone. Conjointement à la condensation, il se produisait donc, au cours de la réaction, une oxydation. Cette observation nous a conduit à employer pour la condensation, non pas la quinizarine, mais un produit de réduction de celle-ci, la quinizarinehydrure :

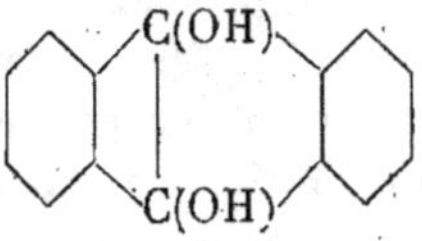

$$\text{C(OH)}$$
$$\text{C(OH)}$$

Avec ce corps, la réaction est extrêmement nette. Les rendements sont théoriques, et, chose curieuse, la réaction a lieu beaucoup plus facilement et déjà à la température du bain-marie. On obtient d'abord un leucodérivé :

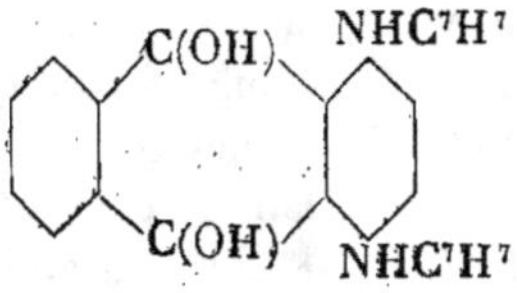

$$\text{C(OH)} \quad \text{NHC}^7\text{H}^7$$
$$\text{C(OH)} \quad \text{NHC}^7\text{H}^7$$

cristallisant très bien, et qui, par oxydation, se transforme en colorant vert.

C'est ainsi que nous sommes arrivés à la fabrication industrielle et économique de ce beau colorant.

D'autres colorants de cette série sont :
l'alizarine viridine :

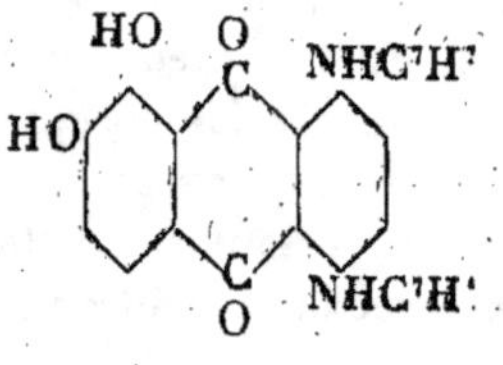

$$\begin{array}{c} \text{HO} \quad \text{O} \\ \text{HO} \quad \text{C} \quad \text{NHC}^7\text{H}^7 \end{array}$$
$$\begin{array}{c} \text{C} \quad \text{NHC}^7\text{H}^7 \\ \text{O} \end{array}$$

dérivée de l'alizarine bordeaux, et l'alizarine viridine brillante :

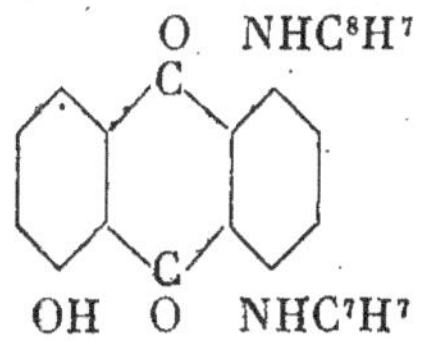

$$\text{O} \quad NHC^8H^7$$

$$OH \quad O \quad NHC^7H^7$$

dérivée de la tri-oxyanthraquinone 1, 4, 8, colorants qui (à l'état sulfoné) par suite de la présence du groupe hydroxyl, donnent des laques de chrome solides et peuvent, par suite, être appliqués à l'impression du coton, où ils sont appréciés.

Une autre méthode employée en industrie pour l'introduction des groupes arylamino, consiste à faire agir sur les nitro-anthraquinones des amines aromatiques primaires. Le groupe nitro est remplacé par le groupe arylamino, par exemple :

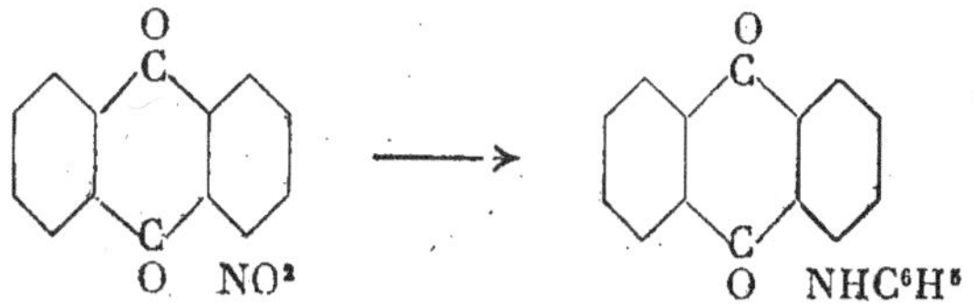

$$\text{O} \qquad \longrightarrow \qquad \text{O}$$
$$\text{O} \quad NO^2 \qquad\qquad \text{O} \quad NHC^6H^5$$

L'observation que les nitro-anthraquinones, chauffées avec de l'aniline, donnaient des produits fortement colorés, est très ancienne, mais ce n'est que beaucoup plus tard que M. Bally de la « Badische Anilin-und Sodafabrik » a reconnu le véritable mécanisme de la réaction.

Une troisième méthode importante consiste enfin à chauffer les dérivés halogénés de l'anthraquinone avec des amines aromatiques primaires, par exemple :

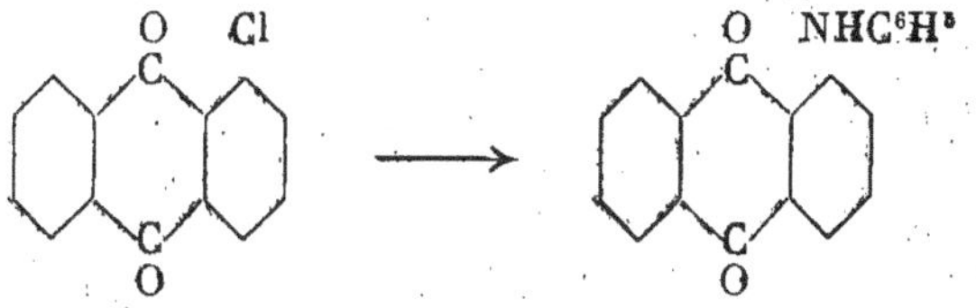

$$\text{O} \quad Cl \qquad \longrightarrow \qquad \text{O} \quad NHC^6H^5$$
$$\text{O} \qquad\qquad\qquad \text{O}$$

L'acide halogène hydrique qui se forme, donne facilement lieu à des réactions secondaires, notamment à la formation d'acridines, d'après le schéma suivant :

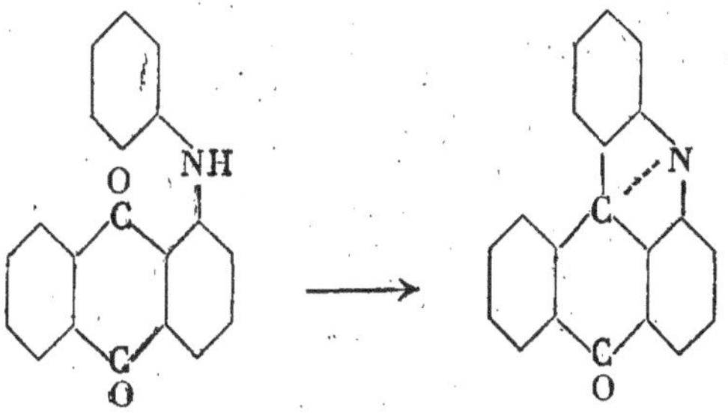

$$\longrightarrow$$

On évite ces réactions secondaires, en ajoutant à la fonte des corps faiblement alcalins liant l'acide halogène hydrique formé, comme par exemple l'acétate de sodium, le carbonate de potasse, etc.

C'est l'endroit où je puis vous citer encore une action catalytique très intéressante.

En chauffant la dibromo-amino-anthraquinone :

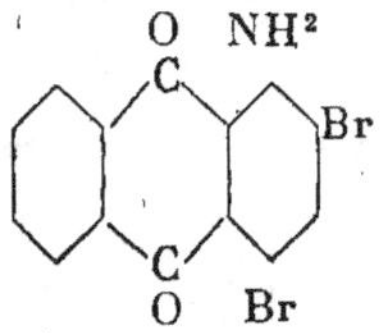

$$\text{O} \quad \text{NH}^2$$

avec de la paratoluidine, on obtient un corps de la constitution :

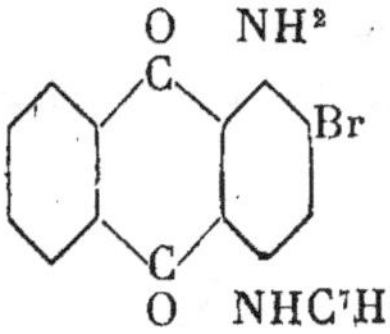

$$\text{O} \quad \text{NH}^2 \qquad \text{O} \quad \text{NHC}^7\text{H}^6$$

dont l'acide sulfonique est un excellent colorant bleu nommé « Bleu ciel d'alizarine ». Or, en faisant un jour la condensation dans un nouvel appareil, nous
avons observé que la réaction se faisait beaucoup plus rapidement, et qu'ensuite
elle ne s'arrêtait point au corps susmentionné, mais qu'il se formait peu à peu
un nouveau corps presque insoluble, dont je parlerai à l'instant. L'ancien appareil était tout en fer, tandis que le nouvel appareil avait un chapiteau en cuivre,
et, en effet, nous avons constaté que des traces de cuivre suffisaient à accélérer
d'une façon tout à fait surprenante et générale la condensation des dérivés halogénés de l'anthraquinone avec les amines aromatiques primaires, à ce point
que je puis vous le démontrer ici même par une expérience.

En outre, à la suite de l'examen et de l'analyse du corps insoluble dont je
viens de vous parler et qui s'était formé ultérieurement, mon collaborateur,
M. Kugel, était arrivé à supposer que ce pouvait être une ditolyl-diamino-in.
danthrène, qui aurait pris naissance d'après le schéma suivant :

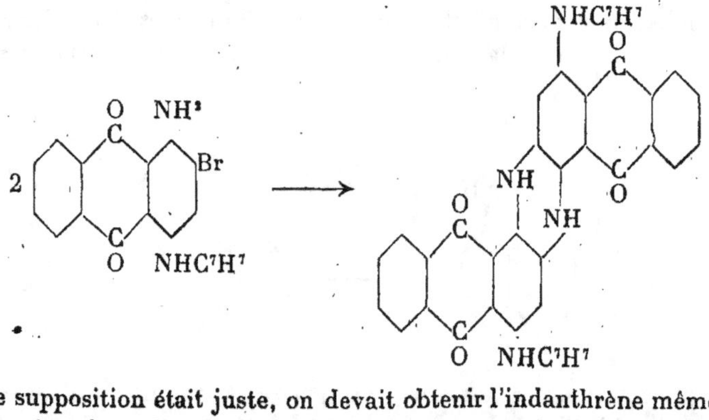

$$2 \;\; \longrightarrow$$

Si cette supposition était juste, on devait obtenir l'indanthrène même en traitant de la même façon l'amino-bromo anthraquinone 1, 2. En effet, en chauffant
ce corps dissous dans du nitrobenzène ou de la naphtaline, en présence d'acé-

tate de soude et de traces de cuivre à haute température, on obtient l'indanthrène, ce colorant sans rival découvert par M. René Bohn en fondant la β-
amino-anthraquinone avec de la potasse, à l'état très pur sous forme de beaux
petits cristaux. La réaction a lieu d'après le schéma :

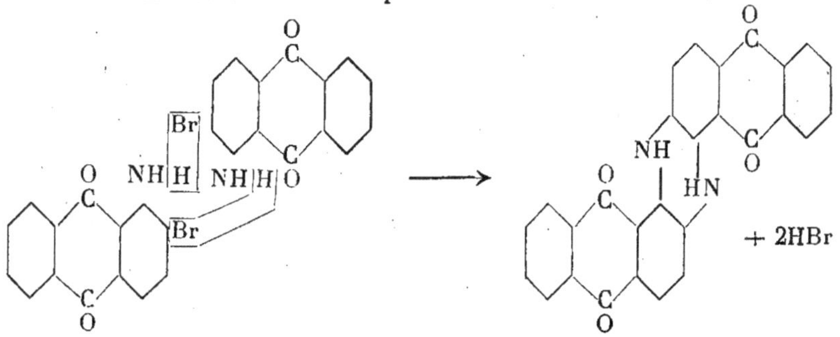

Cette réaction permet d'obtenir industriellement différents indanthrènes
substitués, par exemple le dibromo-indanthrène, le dioxyindanthrène, le di-
chlorodiamino-indanthrène, etc.

Cette réaction, la condensation d'amino-anthraquinones avec des anthraquinones halogénées, sous l'influence de petites quantités de cuivre comme catalyseur, a été généralisée. On a obtenu ainsi, en employant les mono- et diaminoanthraquinones, les dérivés mono- et dihalogénés, une longue série de nouveaux
produits, dont je ne cite que les types suivants :

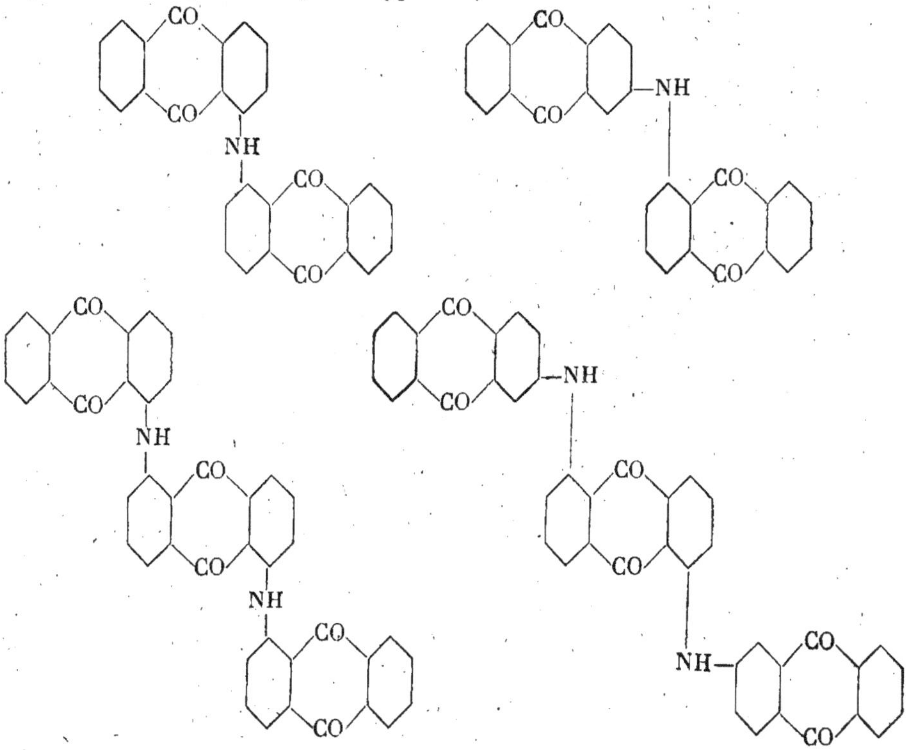

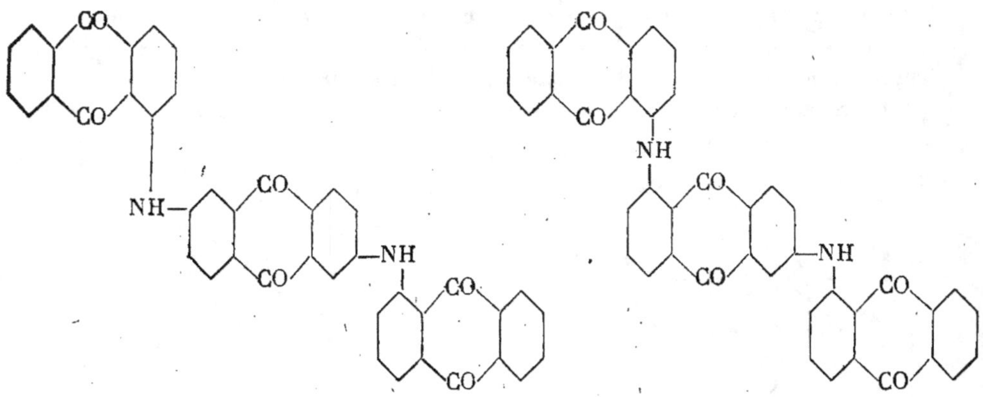

Un certain nombre de ces produits se trouvent dans le commerce comme colorants pour cuve, montrant des nuances les plus variées. Je cite l'orangé algol, le bordeaux algol, le rouge indanthrène, le bordeaux indanthrène, etc.

Cette récolte abondante, qui est loin d'être terminée, est un bon exemple des suites que peut avoir une observation fortuite, comme celle des irrégularités provoquées par le chapiteau de cuivre, si le chimiste ne passe pas outre, mais tâche de s'en rendre compte consciencieusement.

Avant de terminer, quelques mots seulement sur deux auxiliaires qui nous ont rendu les plus grands servicee dans toutes ces recherches.

L'un, c'est le spectroscope. Beaucoup de dérivés de l'anthraquinone présentent, dissous dans un solvant approprié, des spectres d'absorption si nets et caractéristiques, comme on ne les observe que rarement ailleurs. Je ne veux pas manquer d'attirer votre attention sur les beaux spectres que donnent beaucoup de dérivés contenant des hydroxyls dans leur solution dans l'acide sulfurique concentré, spectres qui souvent deviennent encore bien plus nets et intenses, si on y ajoute de l'acide borique, au point qu'on peut, dans certains cas, observer très nettement des raies d'absorption dans des solutions qui paraissent presque incolores.

Mais le spectroscope n'est pas seulement un instrument des plus utiles pour les recherches scientifiques, il a aussi été un instrument indispensable pour cer. taines fabrications, tant pour constater la pureté des produits obtenus, que pour contrôler et suivre la marche des opérations. Par exemple, l'oxydation de l'alizarine bordeaux en hexaoxyanthraquinone en passant par la penta-oxyan-thraquinone :

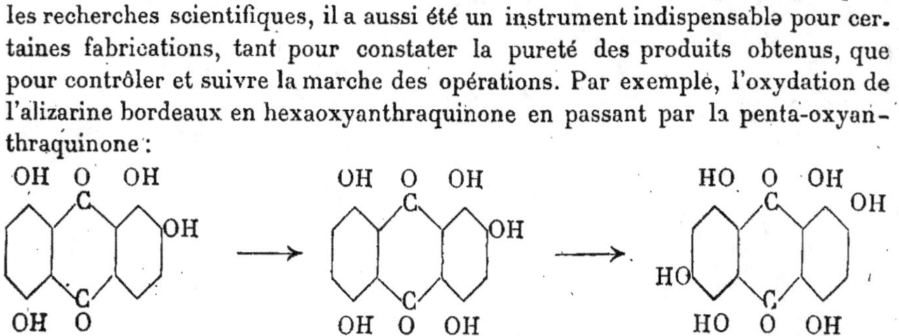

peut être contrôlée dans chaque phase par le spectroscope : le spectre du premier corps disparaît peu à peu pour faire place à celui du second, qui à son tour disparaît graduellement pour être remplacé par le troisième.

Le second allié qui nous a rendu les services les plus remarquables, c'est l'acide borique. Je vous ai fait connaître, au cours de cette conférence, quelques cas où l'acide borique joue un rôle capital. Je pourrai y ajouter encore un grand nombre d'exemples des plus intéressants, si le temps ne me manquait. Mais je veux encore vous présenter l'acide borique comme réactif diagnostique des plus précieux. Je vous ai déjà dit qu'en solution sulfurique l'acide borique donnait avec les oxyanthraquinones et leurs dérivés des éthers boriques. Leur formation se manifeste par un changement de couleur de la solution, qui est souvent très caractéristique. Je vais vous le démontrer par quelques expériences.

Par l'addition d'acide borique, la solution rouge-violacé du bleu d'alizarine passe à l'olive, la solution violette de la 1, 4-dioxy-3-anilidoanthraquinone se change en vert, la solution violette de l'alizarine bordeaux en bleu, la solution jaune de la 1,5-diamino-4-oxyanthraquinone en rouge, la solution jaune de la p-diamino-anthrarufine vire au bleu intense, la solution également jaune de l'alizarine saphirol B (disulfo-diamino-anthrarufine) passe au bleu verdâtre. Je vous ai déjà dit que souvent le spectre d'absorption de ces solutions sulfuriques était modifié avantageusement par l'acide borique. Mais bien plus encore beaucoup de substances qui, en solution sulfurique, ne donnent aucun spectre du tout, du moins aucun spectre appréciable, donnent des spectres admirables lorsqu'on y a ajouté de l'acide borique. C'est, par exemple, le cas avec les trois dernières substances que je vous ai montrées, et il y a des douzaines qui se comportent d'une façon analogue, qui se dissolvent en jaune dans l'acide sulfurique, et qui, après addition d'acide borique, présentent non seulement un changement de couleur très intéressant, mais qui alors aussi présentent des spectres d'absorption des plus nets et caractéristiques. Sans cette réaction, l'étude scientifique de toutes ces amino-oxyanthraquinones et de leurs dérivés eût été presque impossible. Il va de soi que ces réactions sont d'une utilité hors ligne pour l'analyse des colorants sur la fibre, qui, dans bien des cas, avec un brin de fibre seulement, peut s'exécuter en quelques instants avec une sûreté absolue.

10° COLORANTS QUINONEOXIMES

Il existe deux séries de quinones-oximes : les dérivés ortho et les dérivés para. Les premiers seuls donnent des laques colorées avec certains sels métalliques. Si par exemple on fait réagir de l'hydroxylamine sur de la quinone benzénique on obtient une quinone-oxime ne formant pas de laques colorées. Nous appelons laques des combinaisons métalliques où le métal a perdu ses propriétés de cation :

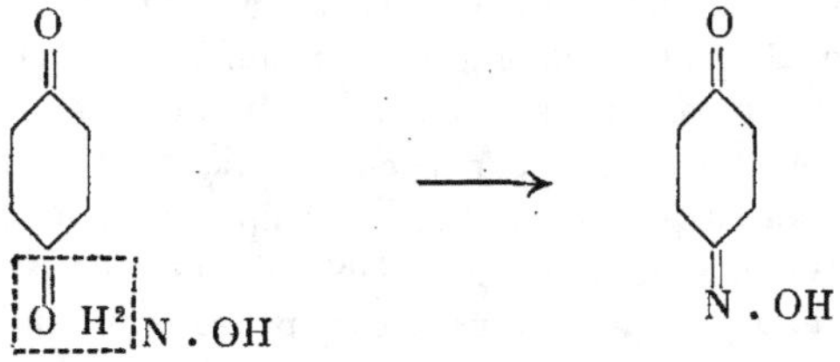

Au contraire la double quinone-oxime obtenue en faisant réagir deux molécules d'acide nitreux sur une molécule de résorcine est une couleur à mordant donnant avec l'oxyde de fer une belle laque verte :

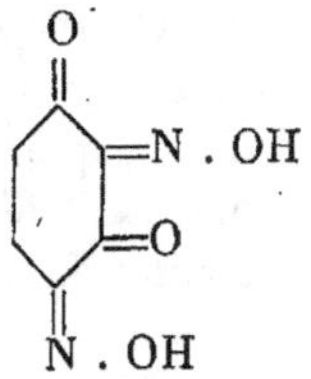

Ce colorant dénommé *vert de résorcine* se prépare très facilement avec un rendement quantitatif lorsque l'on verse une solution aqueuse du résorcine et de nitrite de soude dans une solution diluée d'acide chlorhydrique ou sulfurique.

Dans la série de la naphtaline si l'on fait réagir l'acide nitreux sur de l'α-naphtol, on obtient en même temps le dérivé o- et le dérivé p- :

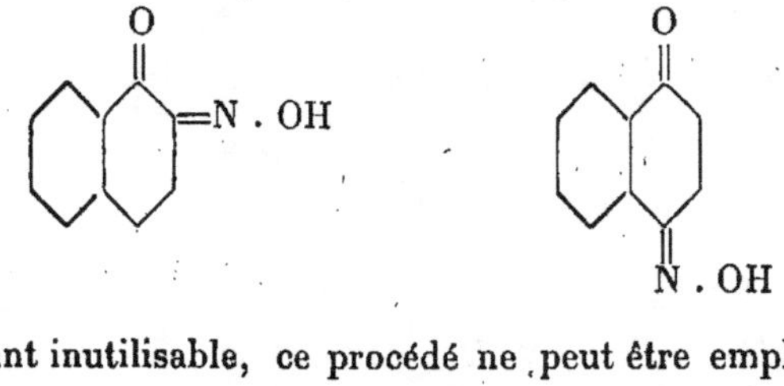

Le second étant inutilisable, ce procédé ne peut être employé industriellement, car le rendement en produit utile est insuffisant. Par contre, si l'on traite le β-naphtol par de l'acide nitreux, il se forme un seul dérivé nitrosé que l'on appelle l'α-nitroso-β-naphtol c'est une quinone-oxime dans la position o- dont les laques métalliques sont très intéressantes. La combinaison bisulfitique de ce produit est employée en impression sous le nom de *naphtine* S :

au vaporisage il y a régénération de l'oxime et formation simultanée de la laque colorée. Alors que dans le cas du vert de résorcine, l'on n'utilise qu'une seule laque intéressante, celle du fer, dans le cas de la naphtine par contre, on obtient les couleurs pratiques suivantes variant selon la nature du mordant :

Avec mordants de fer	....	Vert
»	»	de nickel	jaune
»	»	de cobalt......................................	rouge
»	»	de chrome	brun jaune

La dioxine est une quinone-oxime de la dioxynaphtaline 2-7 :

Elle donne aussi une laque verte avec les sels de fer.

On a essayé de nitroser les sulfo-naphtols, la plupart d'entre eux peuvent se transformer en quinone-oxime, mais les laques sont généralement trop solubles pour donner des nuances solides sur tissu. On prépare toutefois dans cette série la combinaison nitrosée du sulfo-naphtol de Schaeffer que l'on transforme en combinaison ferrique. Ce *vert naphtol* donne sur la laine une nuance assez solide :

11° COLORANTS OXYQUINONIQUES

Dans cette classe de colorants nous rangerons les oxynaphtoquinones c'est-a-dire la *naphtazarine* préparée en 1861 par Roussin en chauffant de l'α-dinitro-naphtaline 1, 5 avec de l'acide sulfurique concentré et des réducteurs tels que le zinc. On admet qu'il se forme, à la suite d'une migration d'un atome d'oxygène des groupes NO^2, un nitronitrosonaphtol comme produit intermédiaire passant ensuite à l'état d'aminooxynaphtoquinoimine qui se transforme enfin en dioxy-naphtoquinone ou naphtazarine :

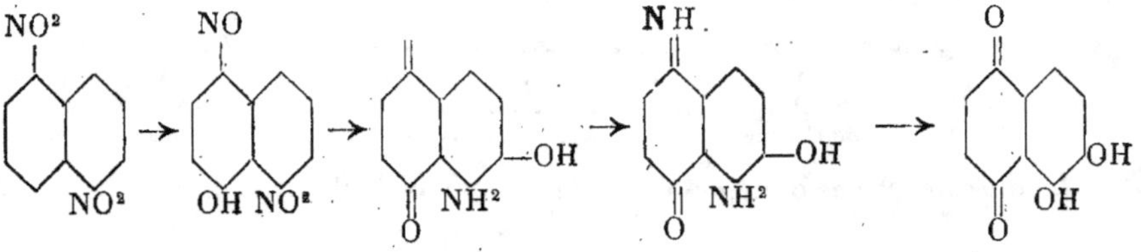

Cette matière colorante qui prend également naissance dans des conditions spéciales en partant de 1, 8-dinitronaphtaline est particulièrement intéressante au point de vue historique, car Roussin, en la préparant, croyait réaliser la synthèse de l'alizarine. On supposait à ce moment que l'alizarine était un dérivé de la naphtaline ; ce n'est que quelques années plus tard que l'on parvint à déceler l'anthracène dans la molécule alizarine par distillation avec la poudre de zinc [1]. Le *noir d'alizarine* S est de la naphtazarine bisulfitée que l'on fixe sur mordant de chrome (René Bohn, 1889). La naphtazarine peut être condensée avec des phénols ou des amines. Le *vert foncé d'alizarine* provient d'une molécule de phénol et d'une molécule de naphtazarine :

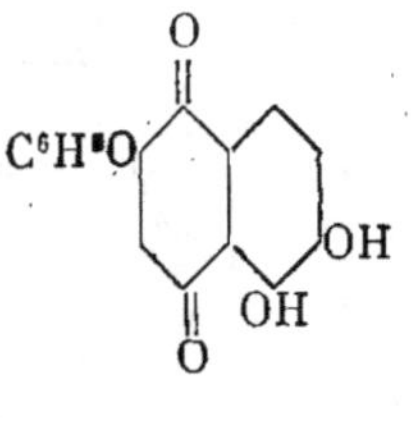

Il est très probable qu'il faut ranger dans cette catégorie de produits (oxy-quinones) le *noir impression pour laine* obtenu par réduction alcaline en présence

---

[1] Actuellement on fabrique la naphtazarine en dissolvant la dinitronaphtaline dans l'acide sulfurique fumant en ajoutant comme réducteur du soufre.

de glucose d'un mélange des dinitronaphtalines 1, 5 et 1, 8 :

Le *chromogène* 1 est une dioxynaphtaline 1, 8 disulfonée dans la position 3, 6 ;
ce produit appelé aussi *acide chromotropique* teint la laine en une nuance presqu'incolore, mais par un chromotage ultérieur, on obtient un brun très solide,
il est probable qu'il se forme une dinaphtylquinone.

Ce produit n'a guère d'emploi à l'état pur, mais il est utilisé très fréquemment
pour la préparation des azoïques ; il donne naissance, dans ce cas, à des couleurs
dites *chromatables*, c'est-à-dire, dont les nuances sont généralement modifiées
par un traitement au chromate avec une sensible amélioration au point de vue
de la solidité.

12° COLORANTS CÉTONIQUES

Ils renferment un chromophore-CO- et dérivent des chromogènes :

$$CH^3 — CO — C^6H^5 \qquad\qquad C^6H^5 — CO — C^6H^5$$

Dans cette série, les auxochromes NH^2 ne sont pas intéressants, par contre, on obtient des matières colorantes avec les auxochromes OH.

Industriellement on prépare la *gallacétophénone* et le *jaune d'alizarine A* :

Gallacétophénone
(Trioxyacétophénone)
(Jaune d'Alizarine C)

Jaune d'Alizarine A
(Trioxybenzophénone)

Ces deux matières colorantes blanches en elles-mêmes, possèdent la remarquable propriété de donner avec certains oxydes métalliques des combinaisons colorées. Nous rencontrons ici de ces produits très curieux qui ne sont pas colorés par eux-mêmes, lorsque les H des groupes phénoliques sont intacts. Les couleurs ne se développent que lorsque les hydrogènes sont remplacés par des métaux convenablement choisis. Ces couleurs sont appelées *couleurs à mordants* ; on admet généralement que deux groupes OH (¹) dans la position ortho sont suffisants pour donner à une molécule chromogène la propriété d'être une couleur à mordant, *a fortiori* lorsqu'on se trouve en présence de trois groupes OH dans la position voisine comme pour les deux matières colorantes dont nous venons de parler.

D'une manière générale, on donne assez souvent le nom de couleur d'alizarine à cette catégorie de matières colorantes, même lorsqu'elles n'ont aucun rapport de constitution avec d'alizarine, c'est une manière de rappeler leurs propriétés tinctoriales.

Préparation de la gallacétophénone

Pyrogallol	50 kilogrammes
Acide acétique cristallisable .... :	50 »

On mélange dans un vase *émaillé*, car chaque fois que l'on manipule les couleurs

---

(¹) **Voir également les colorants Quinoneoximes.**

à mordants, il faut éviter le contact des métaux. On chauffe ce mélange à 145°, on introduit en remuant avec soin :

Chlorure de zinc.. 80 kilogrammes

Au bout de trois heures, la réaction est terminée. On suit la production de la matière colorante au moyen de tâtes dans l'eau. Lorsque la réaction est terminée on coule dans 300 litres d'eau bouillante, on ajoute un peu de noir animal, on filtre et après refroidissement le dérivé cétonique cristallise en aiguilles jaune clair :

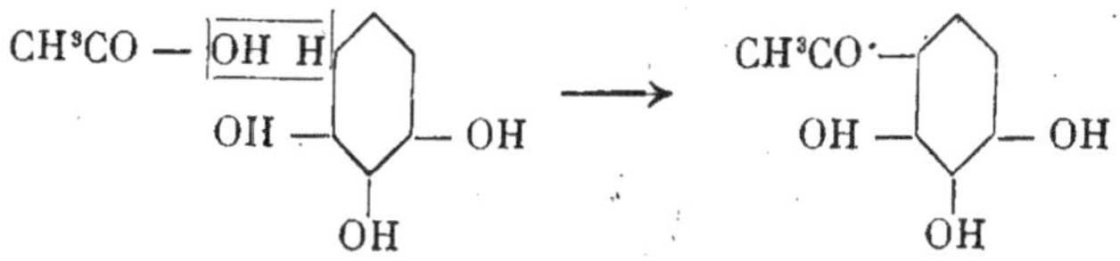

$$CH^3CO - \boxed{OH \quad H} \qquad \longrightarrow \qquad CH^3CO -$$

Le jaune d'alizarine A se prépare d'une manière analogue en condensant de l'acide benzoïque et du pyrogallol. Dans les deux cas, il y a condensation avec élimination d'eau :

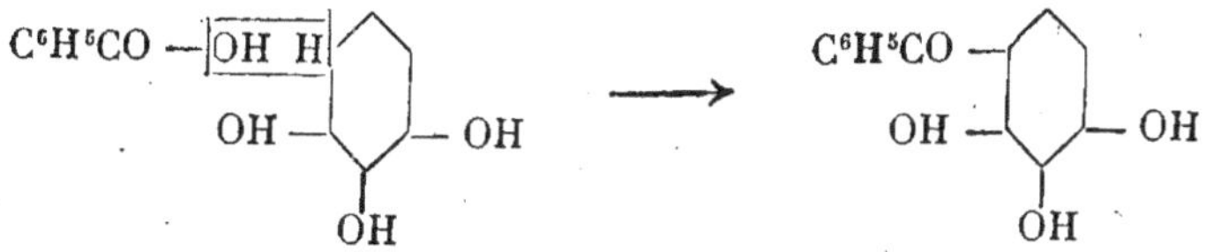

$$C^6H^5CO - \boxed{OH \quad H} \qquad \longrightarrow \qquad C^6H^5CO -$$

La *galloflavine* est également une matière colorante jaune donnant comme les deux précédentes de belles laques d'alumine. On l'obtient en oxydant l'acide gallique au moyen d'un courant d'air en milieu alcalin.

On prépare un autre colorant jaune pour mordant dénommé *jaune d'anthracène* en condensant le pyrogallol et l'éther acétoacétique. On obtient ainsi une dioxy-b-méthylcoumarine que l'on transforme en un dérivé dibromé :

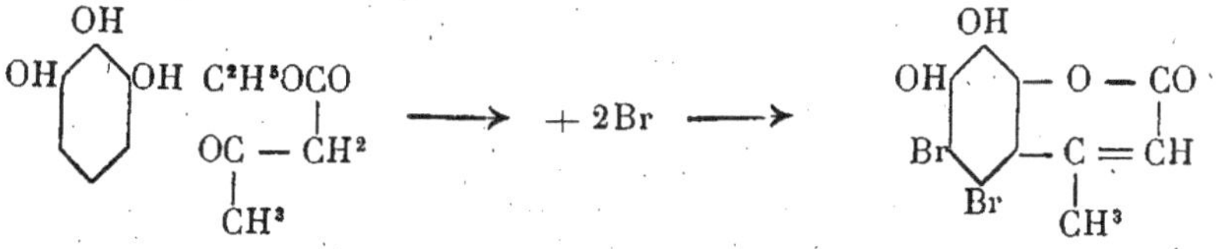

$$\longrightarrow \quad + 2Br \quad \longrightarrow$$

Pour préparer la *résoflavine* on oxyde l'acide dioxybenzoïque symétrique en milieu sulfurique avec du persulfate d'ammoniaque ou par l'électrolyse de manière à fixer un oxygène dans la position 1 :

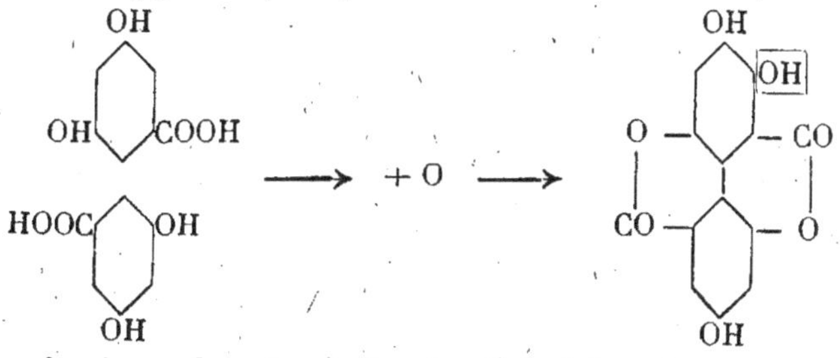

$$\longrightarrow \quad + O \quad \longrightarrow$$

Ces deux derniers colorants n'ont guère d'emploi pratique.

13° COLORANTS CÉTONEIMIDES : AURAMINES

Elles peuvent être considérées comme des dérivés cétoniques puisque le chromogène dont elles dérivent est de l'imidobenzophénone :

$$C^6H^5 - CO - C^6H^5 \longrightarrow C^6H^5 - \underset{\underset{NH}{\|}}{C} - C^6H^5$$

Les auramines sont des produits renfermant des auxochromes NH², donc des couleurs basiques. L'auramine la plus simple qui est de beaucoup la plus importante, provient entre autre, de l'action de l'ammoniaque sur la cétone de Michler, obtenue en faisant réagir une molécule d'oxychlorure de carbone sur deux molécules de diméthylaniline :

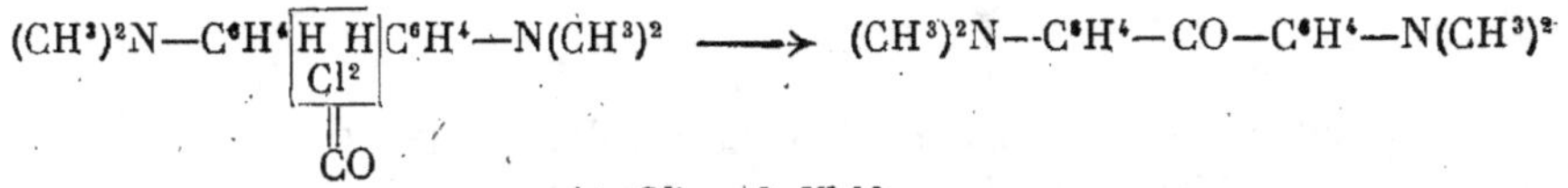

$$(CH^3)^2N - C^6H^4 \overline{H\ H} C^6H^4 - N(CH^3)^2 \longrightarrow (CH^3)^2N - C^6H^4 - CO - C^6H^4 - N(CH^3)^2$$

Cétone de Michler

$$(CH^3)^2N - C^6H^4 - C\overline{O} - C^6H^4 - N(CH^3)^2 \longrightarrow (CH^3)^2 - NC^6H^4 - C - C^6H^4 - N(CH^3)^2$$

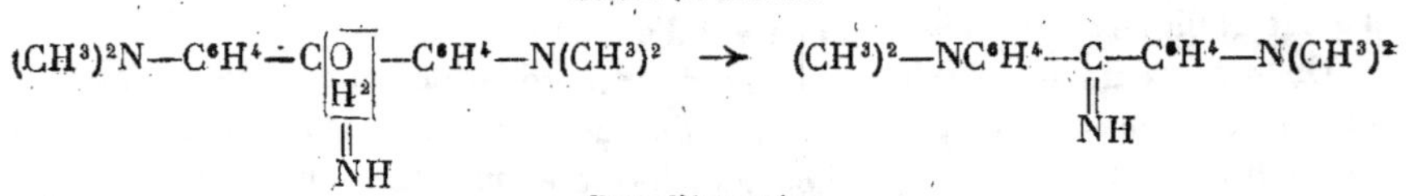

Base d'Auramine

Fabrication de l'auramine

Cétone de Michler	25 kilogrammes
Chlorhydrate d'ammoniaque	25 »
Chlorure de zinc	20 »

Chauffer à 150° pendant 5 heures.

La réaction est terminée quand la masse est soluble dans l'eau chaude. Après refroidissement on la lave à l'eau froide légèrement acidifiée avec HCl. On enlève ainsi le chlorure de zinc et le chlorhydrate d'ammoniaque qui s'y trouvent en excès ; puis on dissout dans de l'eau chaude neutre, on filtre et précipite avec du sel marin. S'il y a lieu, on purifie par un deuxième traitement à l'eau chaude. Il faut avoir soin de ne pas traiter à chaud l'auramine par une solution trop alcaline ou trop acide le groupement imidique est très instable et l'on pourrait provoquer la décomposition de l'auramine avec régénération de benzophénone par hydrolyse :

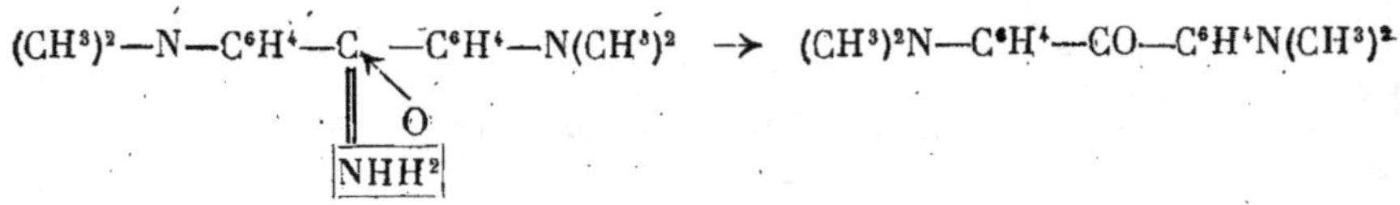

$$(CH^3)^2 - N - C^6H^4 - C - C^6H^4 - N(CH^3)^2 \longrightarrow (CH^3)^2N - C^6H^4 - CO - C^6H^4N(CH^3)^2$$

L'auramine livrée dans le commerce est l'auramine O. Les auramines 1 et 2 sont des produits chargés de dextrine dans de fortes proportions. Le produit pur est le chlorhydrate :

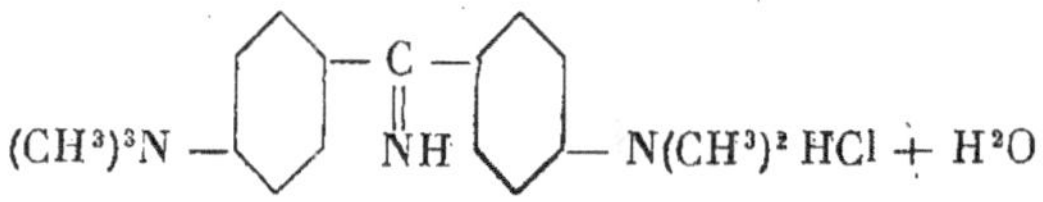

$$(CH^3)^3N - \bigcirc - \underset{NH}{\overset{C}{|}} - \bigcirc - N(CH^3)^2\ HCl + H^2O$$

Un autre procédé qui peu à peu a remplacé partout le procédé primitif, consiste à faire réagir de l'ammoniac gazeux et du soufre sur le tétraméthyldiamidodiphénylméthane. Le soufre agit comme déshydrogénant selon le schéma suivant :

$$(CH^3)^2N - C^6H^4 - C\overline{|H^2|} - C^6H^4N(CH^3)^2 \quad \rightarrow \quad (CH^3)^2NC^6H^4 - \underset{NH}{\overset{C}{|}} - C^6H^4N(CH^3)^2$$

La réaction a été étendue à d'autres dérivés méthaniques, ainsi *l'auramine G* se prépare avec une amine secondaire, le diméthyldiamidoditolylméthane et par le procédé au soufre :

$$CH^3 - \bigcirc - \underset{NH}{\overset{C}{|}} - \bigcirc - CH^3$$
$$CH^3HN \qquad \qquad NHCH^3HCl$$

les dérivés alcoylés du diamidodiphénylméthane et du diamidoditolylméthane se préparent en faisant réagir la formaldéhyde sur des amines secondaires ou tertiaires par exemple :

$$(CH^3)^2NC^6H^4 - \overline{|H\ H|} C^6H^4N(CH^3)^2 \quad \rightarrow \quad (CH^3)^2N - C^6H^4 - CH^2 - C^6H^4N(CH^3)^2$$

Constitution de l'auramine. — On peut admettre 3 formules : la première est la plus vraisemblable :

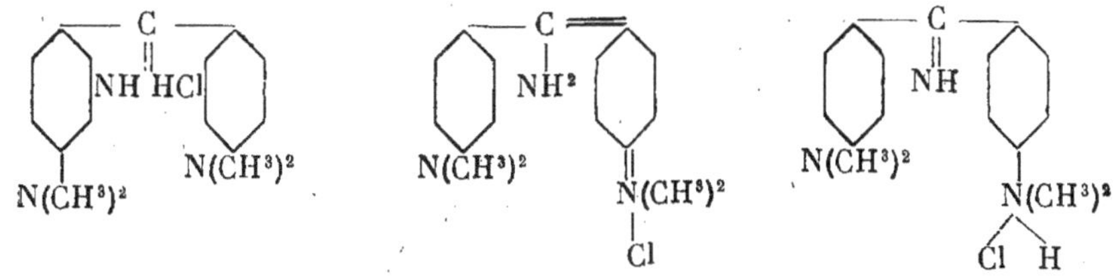

Propriétés. — L'auramine n'est colorée qu'à l'état de sel, la base est incolore. Par réduction elle se transforme en leucauramine. Celle-ci par condensation avec de la diméthylaniline donne facilement le leucobase du violet héxaméthylé.

14° COLORANTS INDIGOÏDES

Les travaux classiques de Baeyer ont permis d'établir la constitution de l'indigo et de lui assigner la formule que voici :

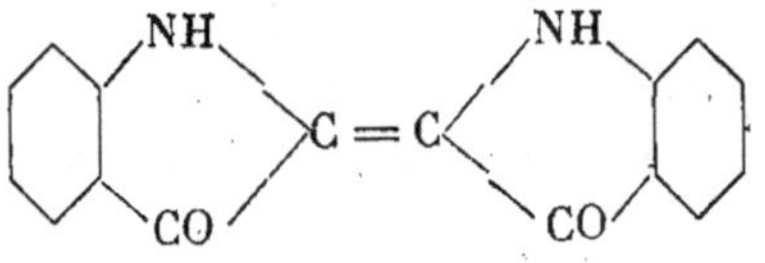

La substance mère de l'indigo aurait de la composition suivante :

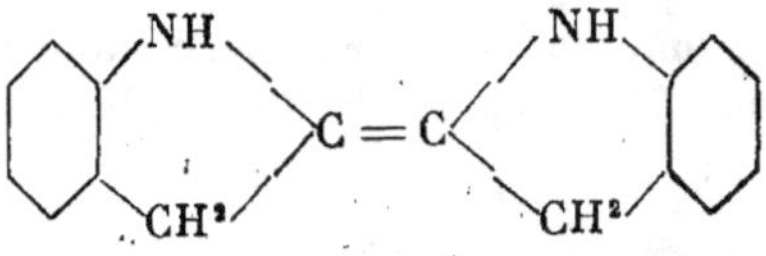

Elle est encore inconnue. On connaît par contre par les travaux de Madelung *Ber Deutsche Chem. Gesellsch.* **45, 1131** (1912) le dérivé *α,α'diindolyl*, diindyl ou *bis-indol* qui répond à la constitution :

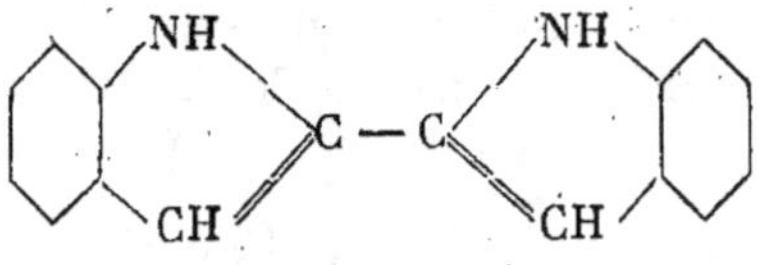

et que l'on synthétise au moyen de l'oxal-o-toluidide :

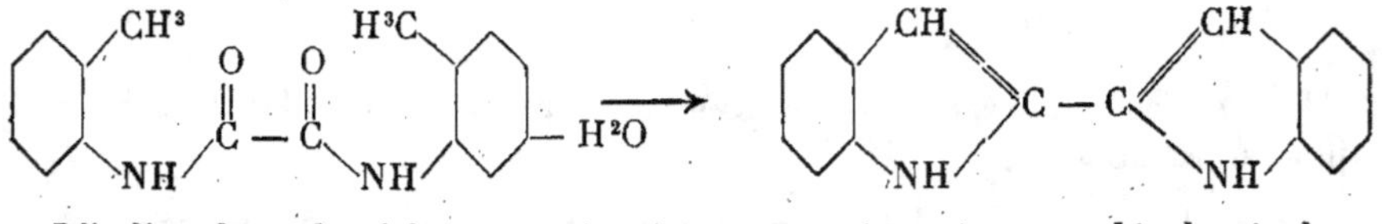

L'indigo formulé ci-haut représente par conséquent une molécule où deux radicaux bi-valents :

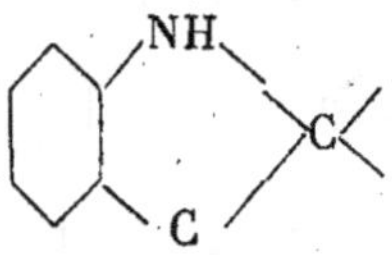

appelés, *indogène* par Bayer se trouvent accouplés. Cet accouplement donne lieu à un système de double liaisons en position conjuguée et rappelant singulièrement la p-benzoquinone :

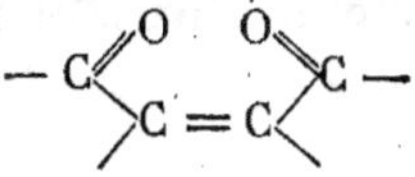

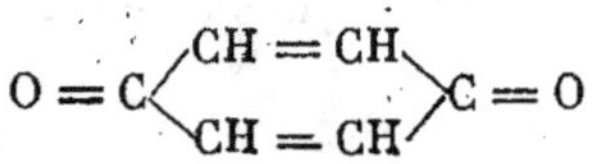

Cette localisation de groupements éthyléniques est très probablement en rapport intime avec la forte coloration de l'indigo et représente son groupement chromophore.

L'indigo n'est au fait que le représentant typique d'une grande famille de colorants que l'on a appelée les *colorants indigoïdes*. Ces colorants sont tous caractérisés par la présence constante du groupement d'atomes que voici :

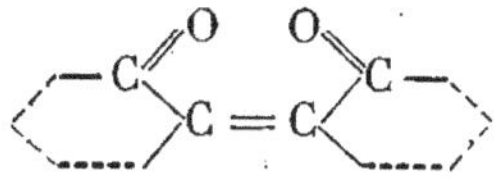

$$-C \overset{O}{\underset{C}{\diagdown}} = C \overset{O}{\diagup} C -$$

Ce groupement fait partie d'une molécule où les lignes pointillées représentent deux cycles complexes.

Vu la ressemblance qui existe entre le groupement chromophore des indigoïdes et la p-benzoquinone, l'on peut envisager les indigoïdes comme étant une espèce de « quinone binucléique », c'est-à-dire une espèce de composé quinonique où les deux groupes carbonyl-quinoniques sont répartis sur deux noyaux cycliques.

La coerulignone est un exemple bien ancien illustrant les quinones binucléiques :

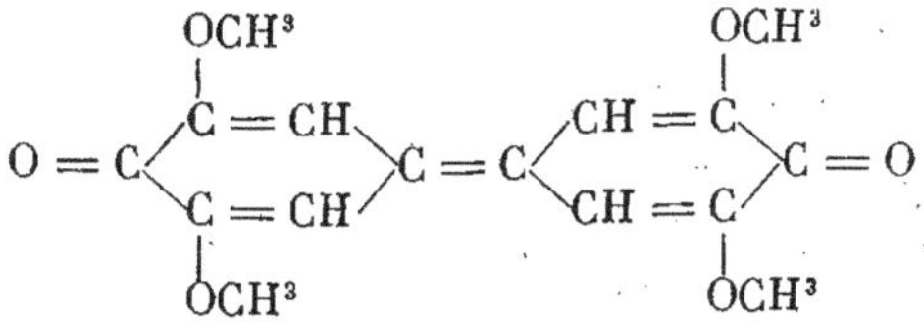

$$O = C \overset{C = CH}{\underset{C = CH}{\diagup\diagdown}} C = C \overset{CH = C}{\underset{CH = C}{\diagup\diagdown}} C = O$$

(avec les substituants OCH^3)

Elle renferme les deux groupes carbonyles en para à la soudure des deux noyaux cycliques alors que les indigoïdes les ont en ortho.

En vertu de cette conception sur la nature des colorants indigoïdes, l'on emploie une nomenclature spéciale et rationelle permettant de préciser très exactement la constitution.

On ramène le colorant indigoïde à sa substance mère le bis-indol (v. plus haut) :

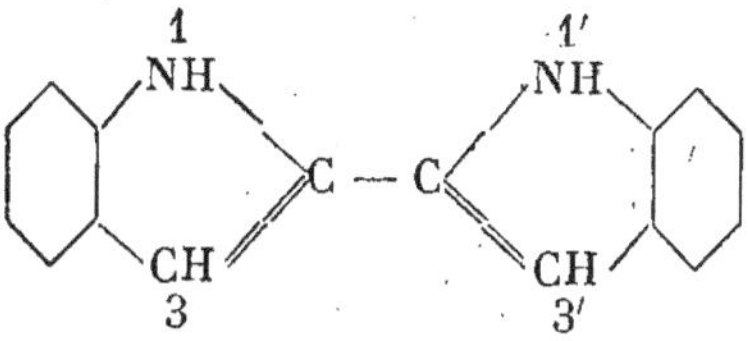

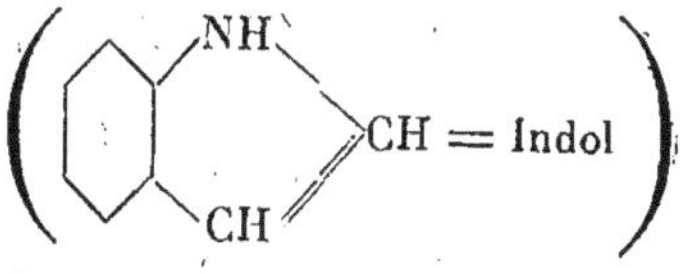

et y rapporte l'*indigo* en le désignant de :

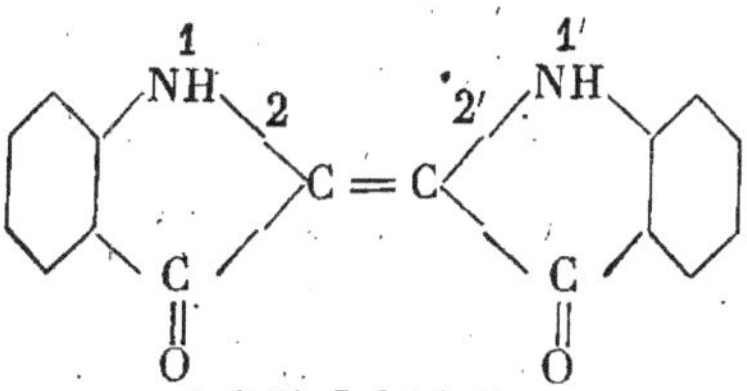

2, 2' Bis Indol indigo

L'isomère de l'indigo, l'*indirubine* serait :

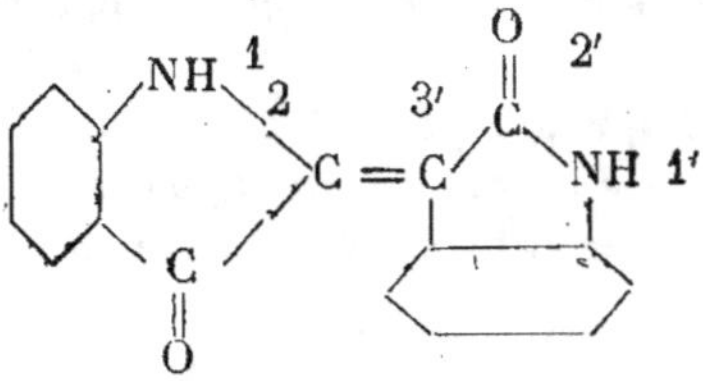

le 2 Indol 3' Indol indigo

En remplaçant dans la molécule de l'indigo, le groupe NH par l'atome de S, on obtient le *thioindigo*. La substance mère est le bis-thionaphtène :

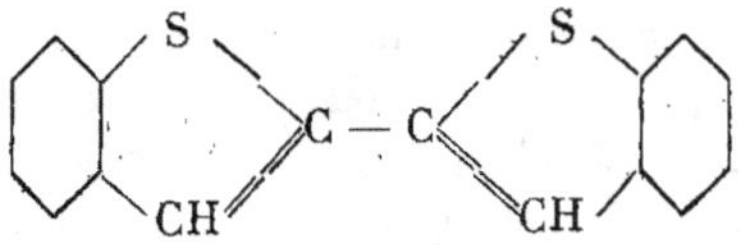

Le thioindigo symétrique serait :

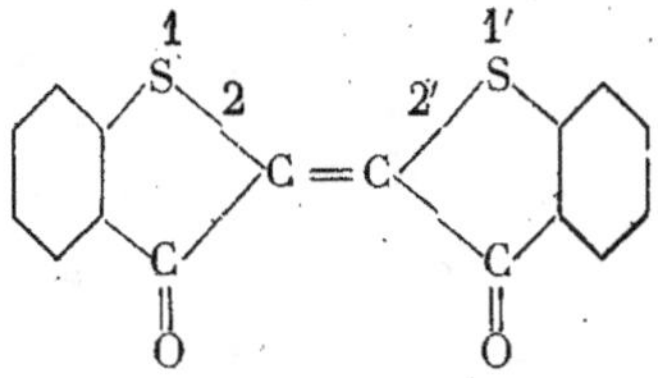

le 2, 2' Bisthionaphtène-indigo etc.

La constitution de l'indigotine, principe colorant de l'indigo naturel, a été établi, comme nous l'indiquions tout à l'heure, par les travaux de Baeyer.

L'analyse élémentaire ainsi que les déterminations du poids moléculaire lui assignent la formule globale $C^{16}H^{10}O^2N^2$.

En décomposant d'une part l'indigo, l'on donne naissance à des composés, comme :

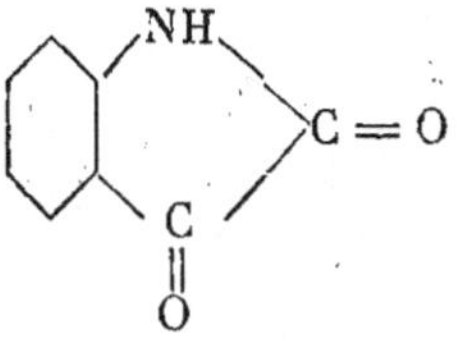

l'isatine

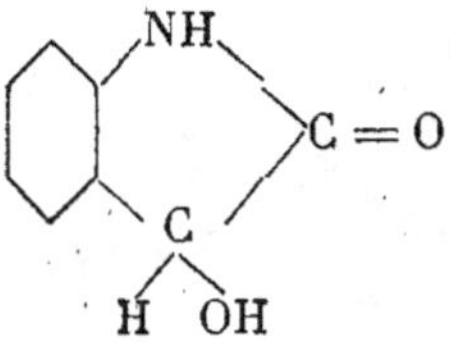

le dioxyindol

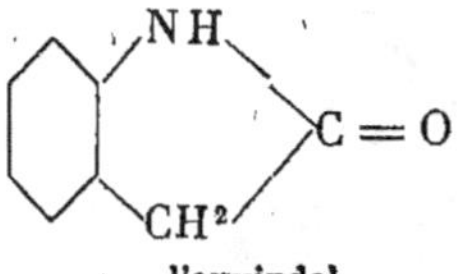

l'oxyindol   et   l'indol

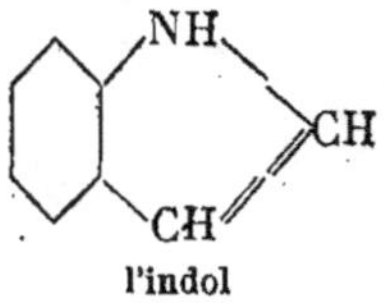

et, d'autre part, les synthèses d'indigo que nous étudierons, par la suite, nous apprennent le rapport génétique entre ce complexe d'indol et l'indigotine.

Nous signalons comme exemple la transformation quantitative de l'indoxyl en indigo :

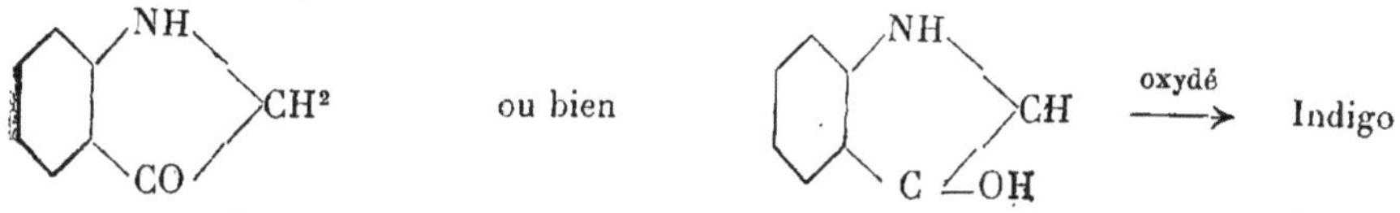

$$
\begin{array}{ccccc}
\text{NH}\diagdown & & \text{NH}\diagdown & & \\
\quad\quad\text{CH}^2 & \text{ou bien} & \quad\quad\text{CH} & \xrightarrow{\text{oxydé}} & \text{Indigo} \\
\text{CO}\diagup & & \text{C}\diagdown\text{OH} & &
\end{array}
$$

Les modes d'obtention de l'indol et de ses dérivés ne laissent pas de doute au sujet du groupement d'atomes renfermés dans leurs molécules : nous y avons 8 at. de carbone et 1 at. d'azote :

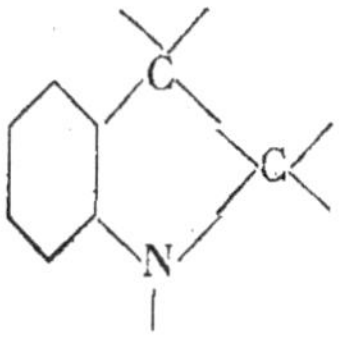

et ils forment le complexe, indolique.

La formule globale de l'indigo précise que sa molécule se compose de deux de ces complexes indoliques. La soudure de ces deux complexes ne peut avoir lieu que de la manière suivante :

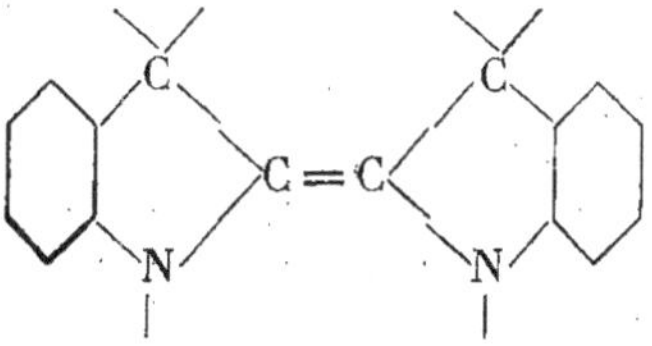

$$
\text{A}
$$

Cette assertion est indubitable depuis que Baeyer a établi la synthèse de l'indigo au moyen du dérivé o . o'-dinitro-déphénylbutadiine :

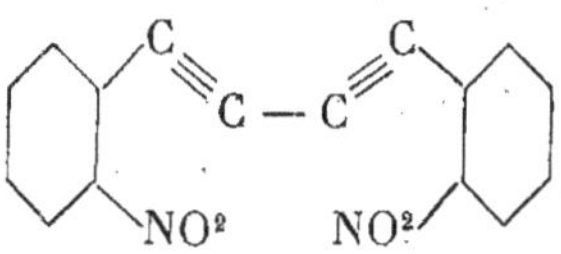

Celui-ci passe par l'action de l'acide sulfurique concentré en « diisatogène », et ce composé se transforme quantitativement en indigotine quand on le réduit au moyen de sulfure d'ammonium. Les deux noyaux benzoliques de la molécule de l'indigotine sont donc reliés par une chaîne normale de 4 atomes de carbone.

Le squelette constitutionnel de l'indigo représenté par la formule A ci-haut répond à $C^{16}H^8N^2$. Par rapport à la composition de l'indigo, il nous reste à fixer l'emplacement des atomes d'H et de deux atomes d'O.

Les atomes d'H sont fixés à l'N car on a pu synthétiser des dérivés alcoylés de l'indigo possédant au point de vue chimique et physique (couleur, spectre d'absorption, etc.) toutes les propriétés de l'indigo même, et où les alcoyls sont reliés à l'N, en vertu du mode de préparation. Les atomes d'O ne peuvent être fixés qu'aux atomes de carbone en position β par le fait que l'indoxyl :

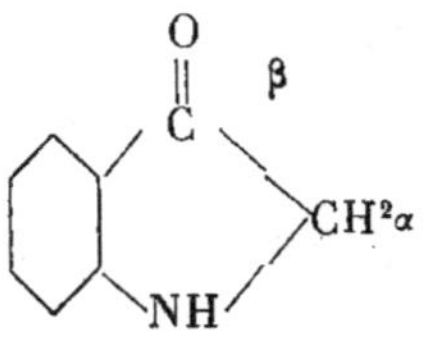

ou bien

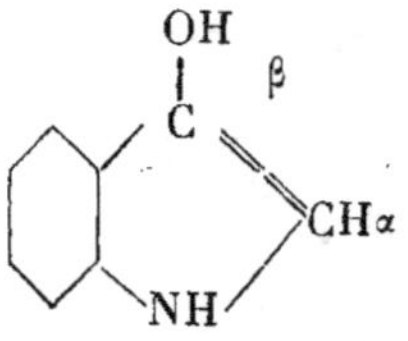

dont la constitution est bien arrêtée, s'oxyde quantitativement en indigo.

Les atomes d'O s'y trouvent sous forme de radicaux carbonyl en vertu de l'attitude de l'indigo : 1° vis-à-vis de l'hydroxylamine en donnant lieu à la formation d'une monoxime ; 2° vis-à-vis de l'ammoniaque $+ ZnCl^2$ en formant une diimide qui régénère l'indigo par l'action des acides.

Ces considérations ainsi que les synthèses suivantes militent en faveur de la constitution :

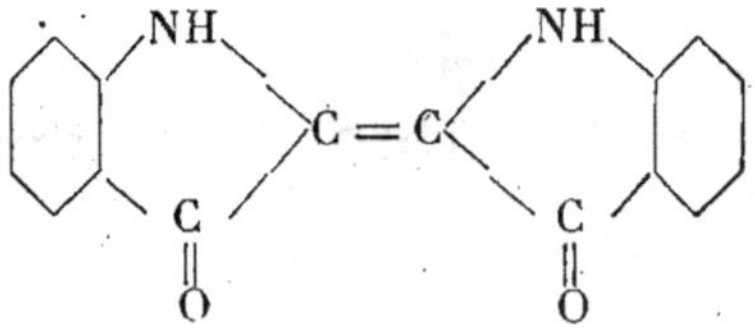

Synthèses

1° La première synthèse industrielle de l'indigo date de 1880, elle est dûe comme la majeure partie des autres à Baeyer, et elle consiste à mettre en œuvre l'acide orthonitrophénylpropiolique. Celui-ci sous l'influence du xanthate de soude $CS\!\!\begin{smallmatrix}OC^2H^5\\[2pt]SNa\end{smallmatrix}$ ou d'autres réducteurs donne de l'indigo. La réaction peut s'effectuer sur les tissus mêmes. Malheureusement le procédé est loin d'être économique, car pour préparer l'acide propiolique on fait les opérations suivantes :

$$\begin{array}{llll} CH{=}CH{-}COOH & CH{=}CH{-}COOH & C|HBr|{=}C|HBr|{-}COOH & C{\equiv}C{-}COOH \\ | & | & | & | \\ C^6H^5 & C^6H^4NO^2 & C^6H^4NO^2 & C^6H^4NO^2 \end{array}$$

et, dans la première phase, il se forme 60 % d'acide orthonitrocinnamique contre 40 % du dérivé para qui n'est pas utilisable. Ce produit n'a été employé que fort peu de temps et pour des petits dessins délicats obtenus par voie d'impression ;

2° Un autre procédé intéressant dû à Heumann et datant de 1890 consiste à partir du phénylglycocolle ou acide phényalmidoacétique, que l'on prépare en faisant réagir de l'acide monochloracétique sur de l'aniline :

$$C^6H^5 - NH\fbox{H Cl} - \fbox{CH}^2 - COOH \longrightarrow C^6H^5 - NH - CH^2 - COOH$$

Lorsqu'on chauffe ce produit avec deux parties de soude caustique à 250-300° il se forme une certaine quantité d'indoxyle :

$$C^6H^4 \underset{\fbox{H HO}CO}{\overset{NH}{\diagup \diagdown}} CH^2 \longrightarrow C^6H^4 \underset{CO}{\overset{NH}{\diagup \diagdown}} CH^2$$

qui par oxydation fournit l'indigo.

Le rendement est mauvais, environ 12 %, car en même temps, il se forme de l'aniline par suite d'une décomposition du phénylglycocolle. Le rendement est un peu meilleur avec l'orthotolylphénylglycocolle, mais il est insuffisant pour rendre le procédé industriel.

On a découvert ensuite un procédé pratique pour transformer le phénylgly-cocolle en indigo : on le chauffe à 180°-200° avec de la soude et potasse caustique et de l'amidure de sodium NH²Na. Celui-ci se prépare facilement en fai-sant réagir de l'ammoniaque sur du sodium fondu :

$$C^6H^4 \underset{\substack{H \\ NH^2 +}}{\overset{NH}{\diagdown}} \underset{\substack{NaO - \\ Na}}{} CO / CH^2 \longrightarrow C^6H^4 \underset{CO}{\overset{NH}{\diagup \diagdown}} CH^2$$

Indoxyle

L'indoxyle se transforme en indigo après oxydation à l'air :

$$C^6H^4 \underset{CO}{\overset{NH}{\diagup \diagdown}} CH \fbox{H H} CH \underset{CO}{\overset{NH}{\diagdown \diagup}} C^6H^4 \longrightarrow C^6H^4 \underset{CO}{\overset{NH}{\diagup \diagdown}} C = C \underset{CO}{\overset{NH}{\diagdown \diagup}} C^6H^4$$

Ce procédé est employé industriellement sur une vaste échelle.

3° Un procédé également simple et pratique consiste à partir non plus de phénylglycocolle mais de son dérivé orthocarboxylé ce qui conduit à l'*indoxyle carboxylé* :

$$C^6H^4 \underset{CO\fbox{OH H}}{\overset{NH}{\diagup \diagdown}} CH - COOH \longrightarrow C^6H^4 \underset{CO}{\overset{NH}{\diagup \diagdown}} CH - COOH$$

Indoxyle carboxylé

On chauffe par exemple à 200° :

Phénylglycocolle carboxylique	100 kilogrammes
Soude caustique	150 »
Potasse caustique	150 »

puis on traite par 2 000 litres d'eau et l'on fait passer un courant d'air. L'acide indoxylique peut aussi être séparé en traitant la solution par de l'acide sulfu-rique dilué ; il donne quantitativement de l'indigo. Le point délicat de ce pro-cédé est la préparation de l'acide orthoamidobenzoïque ou acide *anthranilique*. Sa préparation industrielle a été résolue en partant d'anhydride phtalique qui de son côté est obtenu par oxydation de la naphtaline au moyen d'acide sulfurique en présence d'un sel de mercure ; les diverses phases de la réaction sont :

$$C^{10}H^6 \qquad C^6H^4\diagdown\!\!\!\!\diagup\genfrac{}{}{0pt}{}{CO}{CO}\!\!\!\!\diagdown\!\!\!\!\diagup O \qquad C^6H^4\diagdown\!\!\!\!\diagup\genfrac{}{}{0pt}{}{CO}{CO}\!\!\!\!\diagdown\!\!\!\!\diagup NH \qquad C^6H^4\diagdown\!\!\!\!\diagup\genfrac{}{}{0pt}{}{COOH}{NH^2}$$

Pour la préparation du glycocolle carboxylé on fait réagir l'acide monochloracétique sur l'acide anthranilique :

$$C^6H^4\diagdown\!\!\!\!\diagup\genfrac{}{}{0pt}{}{NH - \boxed{H\ Cl -}CH^2COOH}{COOH}$$

On peut employer un autre procédé, il consiste à faire réagir sur de l'acide anthranilique de la formaldéhyde et du cyanure de sodium il se forme un nitrile qui se saponifie aisément en acide :

$$C^6H^4\diagdown\!\!\!\!\diagup\genfrac{}{}{0pt}{}{NH^2 + CH^2O + CNNa \rightarrow\ -NH - CH^2 - CN}{COOH} \quad \rightarrow \quad C^6H^4\diagdown\!\!\!\!\diagup\genfrac{}{}{0pt}{}{NH - CH^2 - COOH}{COOH}$$

4° *L'orthonitrobenzaldéhyde* se transforme facilement en indigo lorsqu'on la traite par de la soude et de l'acétone, la réaction est presque intégrale, de sorte qu'au point de vue technique elle serait très intéressante si la préparation de l'aldéhyde était résolue. Malheureusement les rendements ne sont pas satisfaisants. On a proposé plusieurs procédés, le plus pratique consiste à partir de l'orthonitrotoluène. On le transforme en aldéhyde par oxydation avec un mélange de MnO^2 et H^2SO^4 :

$$C^6H^4\diagdown\!\!\!\!\diagup\genfrac{}{}{0pt}{}{NO^2\ (1)}{CH^3\ (2)} \quad\longrightarrow\quad C^6H^4\diagdown\!\!\!\!\diagup\genfrac{}{}{0pt}{}{NO^2}{CHO}$$

Un autre procédé consiste à transformer l'orthonitrotoluène en chlorure de benzyle nitré, puis à le transformer en aldéhyde par les procédés connus :

$$C^6H^4\diagdown\!\!\!\!\diagup\genfrac{}{}{0pt}{}{NO^2}{CH^2Cl} \quad\longrightarrow\quad C^6H^4\diagdown\!\!\!\!\diagup\genfrac{}{}{0pt}{}{NO^2}{CHO}$$

L'une et l'autre méthode ne donnent pas de résultats très satisfaisants. On trouve dans le commerce un dérivé de l'orthonitrobenzaldéhyde sous le nom de *sel d'indigo*, on le prépare en faisant réagir de l'acétone sur l'orthonitrobenzaldéhyde : il se forme ainsi de l'orthonitrophényl-lactocétone :

$$C^6H^4\diagdown\!\!\!\!\diagup\genfrac{}{}{0pt}{}{CHO\ \ CH^3 - CO\,.\,CH^3}{NO^2} \quad\longrightarrow\quad C^6H^4\diagdown\!\!\!\!\diagup\genfrac{}{}{0pt}{}{CH(OH) - CH^2 - CO - CH^3}{NO^2}$$

Si l'on chauffe cette lactocétone à 50° avec du bisulfite de soude, elle donne une combinaison bisulfitique soluble. Ce sel d'indigo imprimé sur tissu et passé en soude, se transforme en indigo :

$$C^6H^4\diagdown\!\!\!\!\diagup\genfrac{}{}{0pt}{}{CH(OH) - CH^2 - CO\,.\,CH^3}{NO^2} \quad = CH^3\,.\,COOH + H^2O + C^6H^4\diagdown\!\!\!\!\diagup\genfrac{}{}{0pt}{}{CO}{NH}\!\!\!\!\diagup C =$$

La réaction que nous venons de mentionner peut être appliquée à des dérivés substitués de l'orthonitrobenzaldéhyde et par conséquent aux dérivés correspondants de l'orthonitrotoluène. On a préparé par ce procédé de l'indigo chloré avec l'orthonitrotoluène p-chloré :

$$Cl - C^6H^4{<}^{NH}_{CO}{>}C = C{<}^{NH}_{CO}{>}C^6H^3 - Cl$$

5° *Procédé Sandmeyer (Geigy)* 1889. — On fait réagir de l'aniline, du chloral et de l'hydroxylamine. Il se forme comme première phase de l'isonitroso éthénylphénylamidine :

$$H - C[O \quad H^2 =]N - OH \qquad\qquad HC = NOH$$
$$C^6H^5{<}_{NH -[H \quad Cl]}{>}C[Cl^2 \quad H^2]NC^6H^5 \longrightarrow C^6H^5{<}_{NH}{>}C = NC^6H^5$$

Celle-ci se transforme en isatine-anilide lorsqu'on la chauffe avec de l'acide sulfurique :

$$\nearrow NH^3$$
$$|\overline{H}|\underline{H}|\overline{C} = |\overline{N}|\overline{O}|H| \qquad\qquad\qquad CO$$
$$C^6H^4{<}_{NH}{>}C = NC^6H^5 \longrightarrow C^6H^4{<}^{CO}_{NH}{>}C = NC^6H^5$$

Une autre méthode due au même inventeur, plus pratique que la première, part de la sulfo-carbanilide et passe par les phases suivantes :

$$^{- NH - C^6H^5}_{CS}{}_{- NH - C^6H^5} \xrightarrow{KCN + PbCO^3} C{<}^{N - C^6H^5}_{N - C^6H^5} \longrightarrow C{<}^{N - C^6H^5}_{\substack{CN}}{<}^{H}_{C^6H^5} \xrightarrow{H^2S}$$

Diphényl thiourée — Diphényl carbodiimide

$$C{<}^{N - C^6H^5}_{\substack{N \\ C{<}^S_{NH^2}}}{<}^H_{C^6H^5} = {}^{NH^2 - CS}_{C^6H^5}{>}N{>}C = NC^6H^5 \longrightarrow C^6H^4{<}^{CO}_{N}{>}C = N - C^6H^5$$

Ce dérivé isatique donne de l'indigo sous l'influence de réducteurs tels que le sulfhydrate d'ammoniaque.

Ce procédé est trop coûteux pour obtenir l'indigo même, mais il sert pour la préparation de l'isatine-anilide et de l'isatine utilisées dans la fabrication des colorants à cuve.

Actuellement les deux procédés appliqués en grand sont ceux qui mettent en œuvre d'une part le *phénylglycocolle* (transformation au moyen de l'amidure de sodium) et le *phénylglycocolle carboxylé.*

Dérivés de l'indigo. — On prépare le *diméthylindigo* :

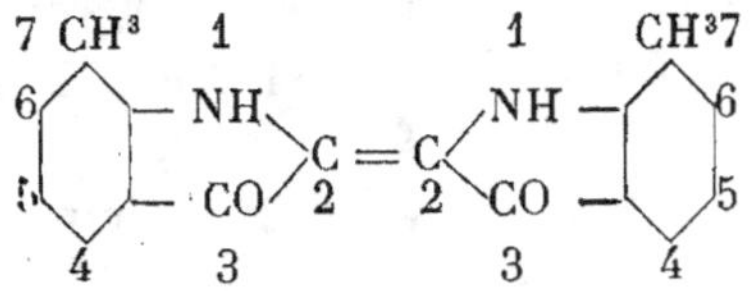

et toute une série de produits chlorés ou bromés ; ceux-ci donnent des nuances variant du violet au bleu verdâtre, ils ont un réel intérêt industriel.

D'après des travaux récents, la pourpre des Romains provenant de certains coquillages n'est autre que de l'indigo dibromé en 66' :

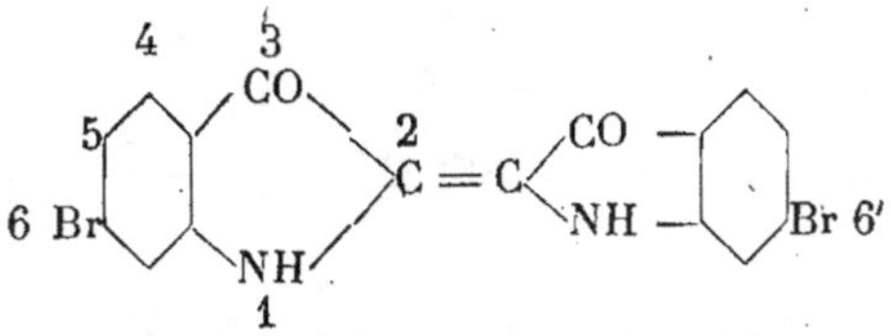

Les diverses marques d'*indigo brillant* et certaines marques d'*indigo pur* BASF et de *bleu ciba* sont des produits halogénés, par exemple :

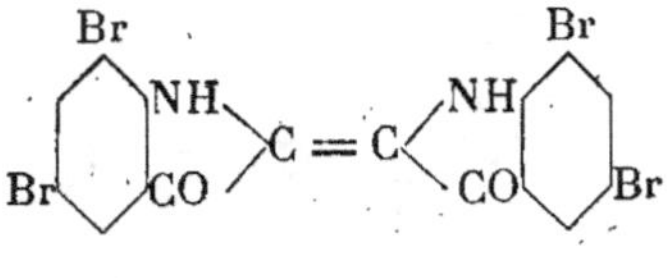

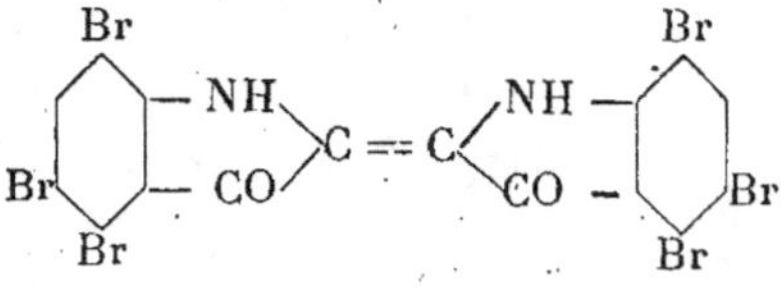

L'indigo est susceptible de se transformer en un produit de condensation très curieux lorsqu'on le chauffe dans du nitrobenzène avec du chlorure de benzoyle et de la poudre de cuivre; il donne ainsi le *jaune d'indigo 3 G* :

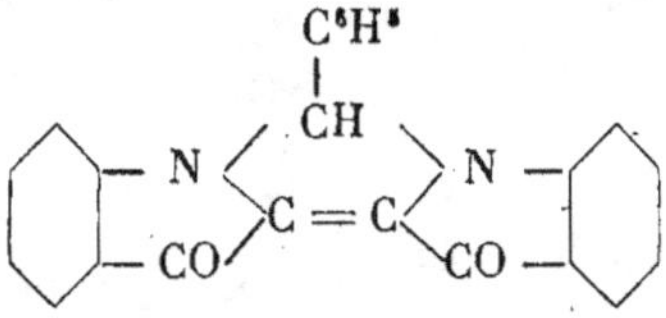

dont la formule est pourtant encore très problématique.

Thioindigo. — Cette matière colorante rouge se prépare au moyen de l'acide thiosalicylique. Si l'on fait réagir sur cette substance de l'acide monochloracétique, on obtient un thioglycocolle carboxylé, celui-ci chauffé avec de la soude se transforme en thioindoxyle qu'une simple oxydation transforme en thioindigo :

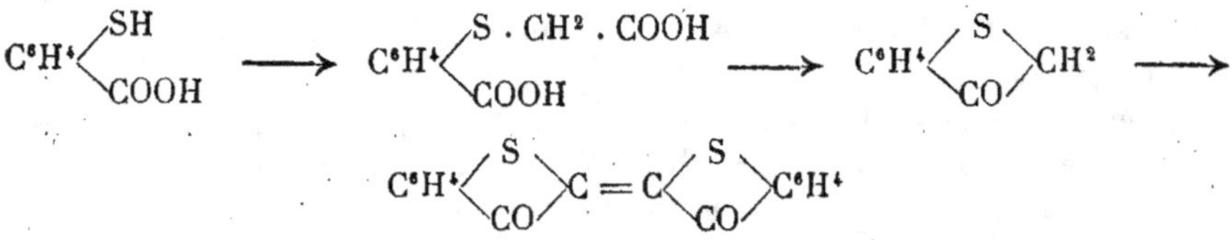

Ce colorant n'est donc autre chose que de l'indigo dans lequel les groupes NH sont remplacés par S. Les dérivés bromés et chlorés du thioindigo sont des colorants rouges. On en prépare un certain nombre industriellement, ce sont les *rouges* et *bordeaux ciba*, par exemple, le *rouge ciba B* :

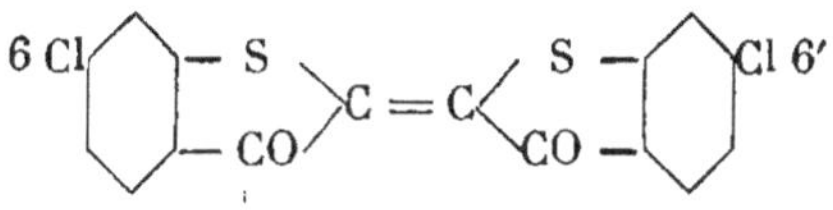

$$6\,Cl\text{—}\bigcirc \begin{array}{c} \text{— S} \\ \text{— CO} \end{array} \!\!\!>\!C = C\!\!<\!\! \begin{array}{c} \text{S —} \\ \text{CO —} \end{array}\!\bigcirc Cl\,6'$$

Comme autres dérivés du thioindigo, on peut citer l'*orangé hélindon R* et le *violet hélindon 2 B* qui sont : le premier un dérivé éthoxylé et le second un produit chloré méthylé et méthoxylé :

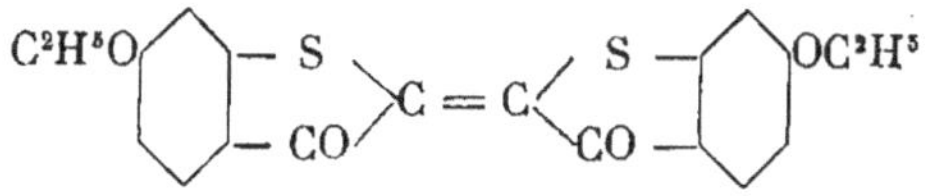

$$C^2H^5O\text{—}\bigcirc \begin{array}{c} \text{— S} \\ \text{— CO} \end{array} \!\!\!>\!C = C\!\!<\!\! \begin{array}{c} \text{S —} \\ \text{CO —} \end{array}\!\bigcirc OC^2H^5 \qquad \text{orangé hélindon R}$$

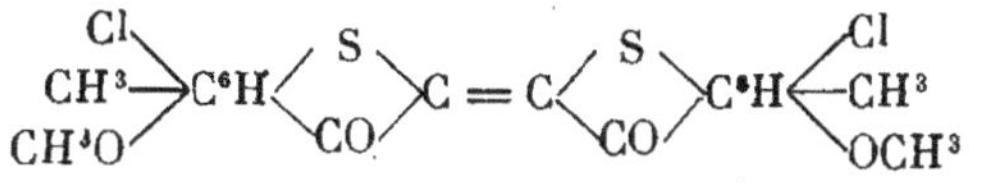

$$\begin{array}{c} Cl \\ CH^3\text{—} \\ CH^3O \end{array}\!\!>\!C^6H\!\!<\!\! \begin{array}{c} S \\ CO \end{array}\!\!\!>\!C = C\!\!<\!\! \begin{array}{c} S \\ CO \end{array}\!\!\!>\!C^6H\!\!<\!\! \begin{array}{c} Cl \\ \text{—}CH^3 \\ OCH^3 \end{array} \qquad \text{violet hélindon 2B}$$

Une substitution en 6 fait virer la nuance du rouge bleuâtre à l'orange.

Naphtylindigo. — On le prépare par le même principe que l'indigo en faisant réagir d'abord l'acide monochloracétique sur la β-naphtylamine et en fondant ensuite avec de la soude en présence d'amidure. Son dérivé dibromé est le *vert ciba G* :

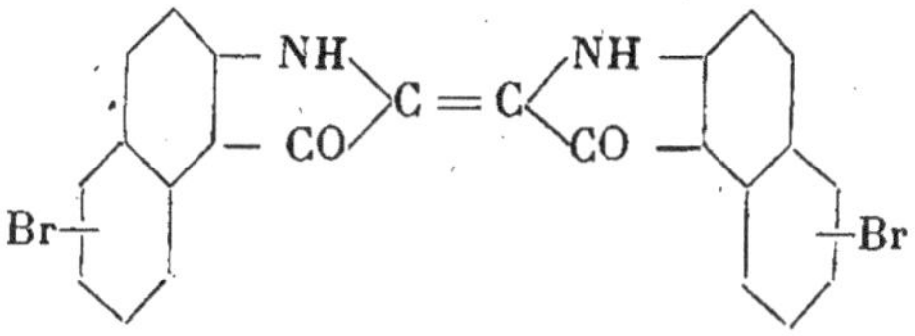

$$Br\text{—}\bigcirc\!\!\bigcirc \begin{array}{c} \text{— NH} \\ \text{— CO} \end{array} \!\!\!>\!C = C\!\!<\!\! \begin{array}{c} \text{NH —} \\ \text{CO —} \end{array}\!\bigcirc\!\!\bigcirc\text{—}Br$$

Indogénides ou *Indigoïdes*. — Ce sont des dérivés asymétriques dont les chromophores rappellent ceux de l'indigo et du thioindigo. La préparation de ces produits a complété heureusement la série des produits que nous venons de mentionner :

1° Le *gris ciba* est le dérivé monobromé d'un indigoïde mixte dérivé en même temps de l'indigo et du thioindigo :

$$C^6H^4\!\!<\!\! \begin{array}{c} S \\ CO \end{array}\!\!\!>\!C = C\!\!<\!\! \begin{array}{c} NH \\ CO \end{array}\!\!\!>\!C^6H^3Br$$

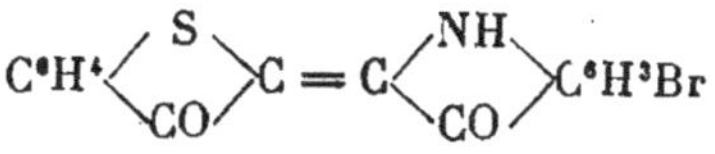

Une autre marque est le dérivé dibromé.

2° *L'indirubine* que l'on trouve dans l'indigo naturel et que l'on a appelé aussi rouge d'indigo se prépare en condensant une molécule d'indoxyle et une molécule d'isatine :

Elle n'a pas d'emploi en elle-même, mais ses dérivés bromés sont utilisés sous les noms de *violet hélindon D* (I) et *héliotrope ciba B* (II). Mentionnons aussi *l'écarlate de thioindigo R* (III) dérivé de thioindoxyle :

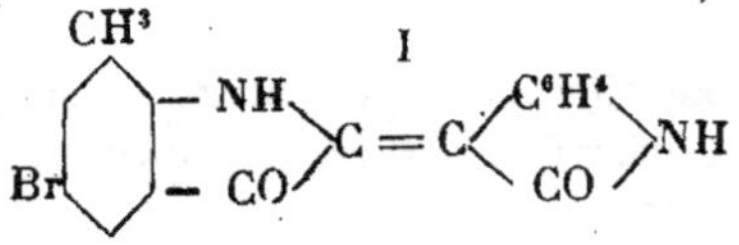

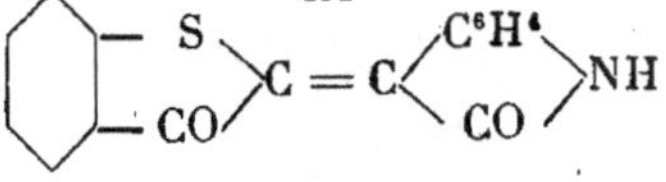

3° *Condensation de thioindoxyle et d'acénaphtène quinone.* — Nous pouvons citer dans cette série : *l'écarlate ciba G* dont on prépare aussi les produits dibromés et dichlorés :

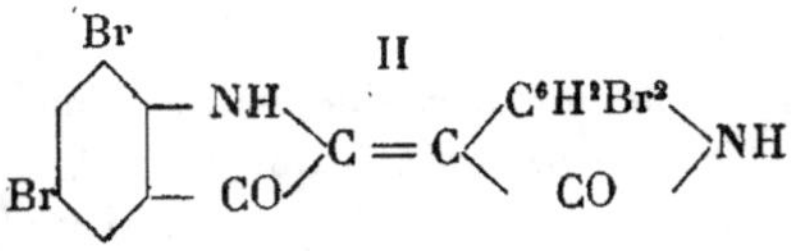

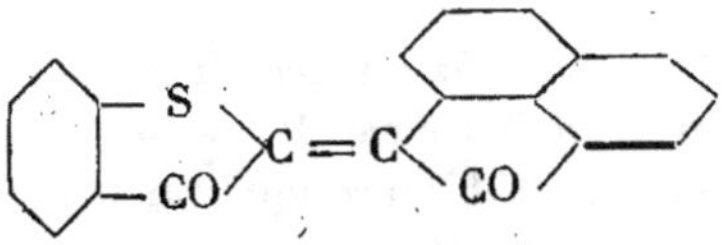

4° *Dérivés de la naphtaline et de l'anthracène* par condensation d'isatine-anilide ou du chlorure d'isatine avec l'α-naphtol ou l'α-anthrol. L'*indigo d'alizarine* est un dérivé dibromé du naphtaline–2-indol-indigo :

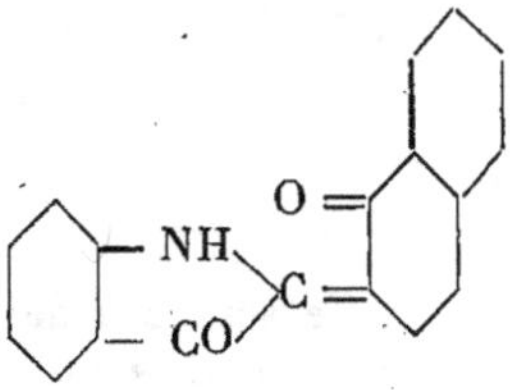

L'*indigo d'alizarine G* est un anthrancène-2-indoldibromeindigo. Le *bleu hélindon 3GN* est aussi un dérivé anthracénique provenant de la condensation d'oxyanthraquinone réduite et d'isatine anilide :

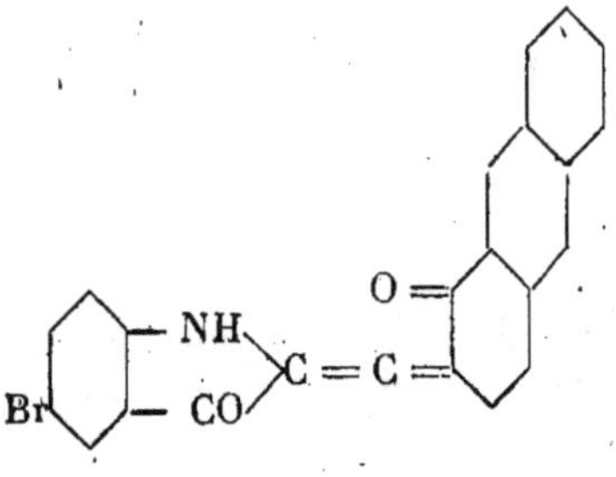

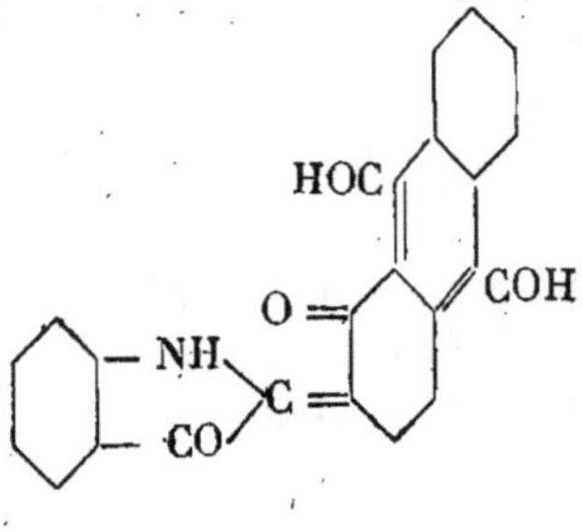

Indigo sulfoné. — On peut préparer plusieurs dérivés sulfonés :

Le monosulfo a été appelé acide *indigopurpurique* et ne se fabrique pas.

Le disulfo appelé *indigotine poudre* ou *carmin d'indigo pâte* obtenu en traitant de l'indigo par de l'acide sulfurique monohydraté ou en chauffant le phénylglycolle avec de l'acide sulfurique fumant :

$$SO^3Na \cdot C^6H^3 \underset{CO}{\overset{NH}{\diagup\diagdown}} C = C \underset{CO}{\overset{NH}{\diagdown\diagup}} C^6H^3SO^3Na$$

Ce colorant avait autrefois un emploi très considérable dans la teinture de la laine et de la soie.

Si l'on sulfone avec de l'acide 50 % SO³, on obtient un dérivé tétrasulfoné :

$$(SO^3Na)^2C^6H^2 \underset{CO}{\overset{NH}{\diagup\diagdown}} C = C \underset{CO}{\overset{NH}{\diagdown\diagup}} C^6H^2(SO^3Na)^2$$

qui n'a pas d'application pratique.

Indigo naturel

Malgré l'importance de l'indigo artificiel, on produisait encore une certaine quantité d'indigo naturel en 1914, et pendant la guerre cette production a considérablement augmenté. Il provient du traitement de plantes du genre *indigofera* (indigofera tinctoria, polygonum tinctorium, isatis tinctoria). L'indigo est renfermé dans ces végétaux sous la forme d'un glucoside, *l'indican* ; sous l'influence d'une fermentation spéciale, ce produit se dédouble en indoxyle et sucré ; une oxydation à l'air provoque le dépôt de l'indigo à l'état insoluble. Cet indigo naturel a une teneur en indigotine extrêmement variable (20 à 90 %). Il renferme aussi d'autres substances : rouge d'indigo (indirubine) brun d'indigo, petites quantités de jaune d'indigo, etc.

Commercialement on le livre dans des caisses de 10 à 20 kilogrammes, mais, comme la teneur en indigotine est très variable il faut doser cette substance dans chaque lot. On peut opérer de plusieurs manières : en faisant une petite cuve au laboratoire ou en le transformant en carmin d'indigo que l'on examine ensuite sur laine comparativement à un type. Cette analyse nécessaire pour chacun des lots constitue un des gros ennuis de l'indigo naturel. La présence de substances étrangères à l'indigo nous démontre pourquoi l'indigo naturel a une nuance moins vive et moins franche que le produit préparé artificiellement ; nous reparlerons en détail de cette question à propos de son application en teinture.

INDIGO

(*Résumé*)

A. — Dérivés symétriques

1° *Type de l'indigo*, méthylindigo, indigos halogénés, produits de condensation de l'indigo, naphtylindigo :

Chromophores

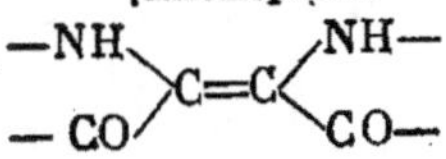

Indigo . . . .

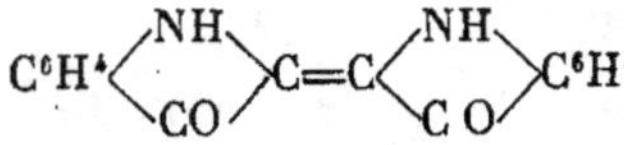

Diméthylindigo . . . . .

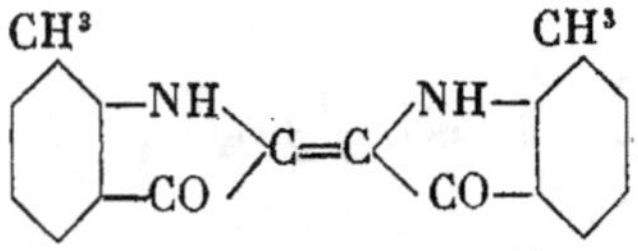

Bleu ciba . . . .

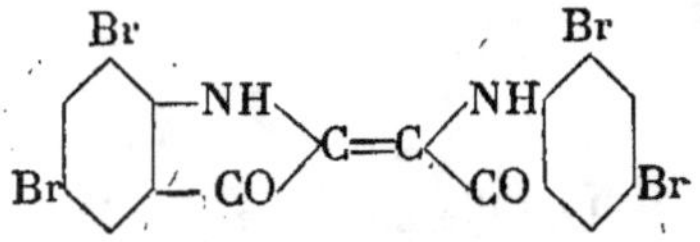

Jaune d'indigo 3G. . .

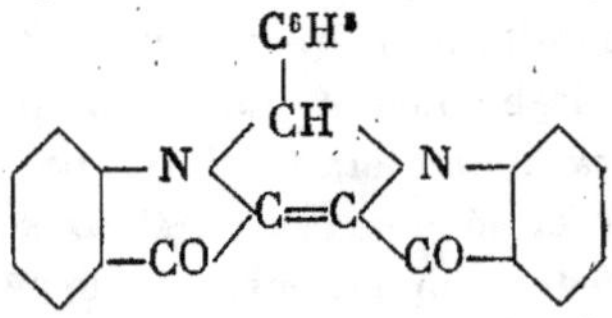

Naphtylindigo . . . .

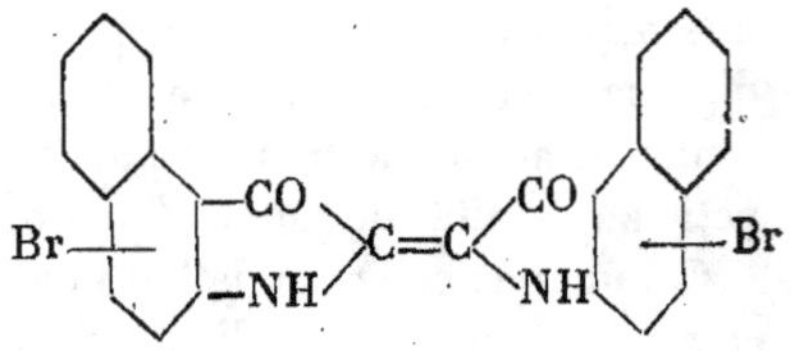

2° *Thioindigo*, produits méthylés, halogénés, amidés, éthoxylés :

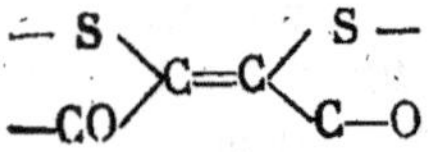

Rouge de thioindigo. .

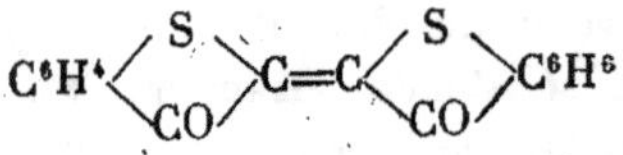

Bordeaux ciba. . . . .

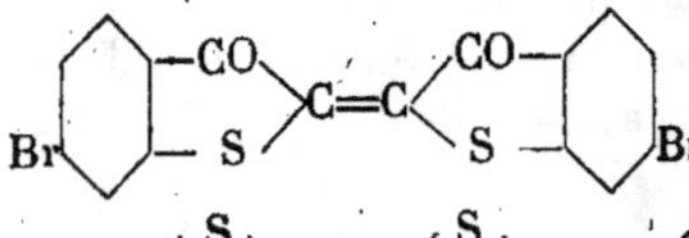

Ecarlate hélindon . . .

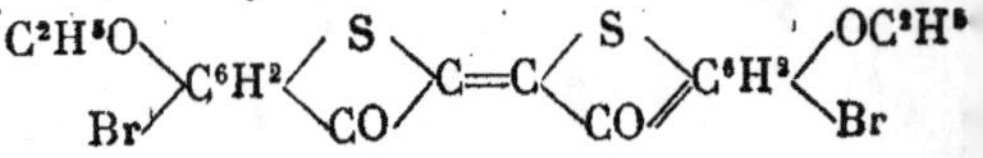

B. — Dérivés asymétriques

3° Indoxyle et thioindoxyle, dérivés halogénés :

Chromphores

Gris ciba . . . .

Violet ciba. . . . . . .

tribrome-2-thionaphtène-2-indigo

4° Série de l'indirubine. — Condensation d'indoxyle et d'isatine, homologues et dérivés bromés :

Violet hélindon D. . .

et

Héliotrope ciba . . . .

Ecarlate thioindigo G .

5° Condensation de thioindoxyle et acénaphtène :

Ecarlate ciba . . . . .

6° Condensation avec des dérivés de la naphtaline :

Alizarine indigo. . . .

7° Condensation avec des dérivés de l'anthracène :

Alizarine indigo G. . .

Chromophores

Bleu hélindon 3GN

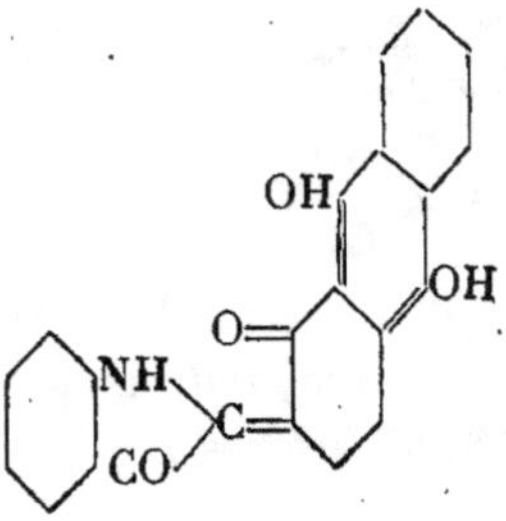
OH
OH
O
NH
C
CO

C. — Dérivés sulfonés

Carmin d'indigo. . .

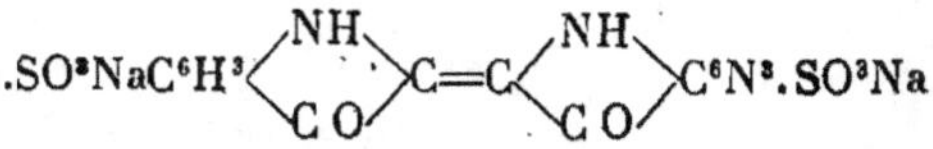
.SO³NaC⁶H³
NH
CO
C=C
NH
CO
C⁶N³.SO³Na

15° COLORANTS TRIPHÉNYLMÉTHANE ET DIPHÉNYLNAPHTYLMÉTHANE

Nous n'insisterons pas longuement sur la théorie de ces colorants qui est exposée en détail dans tous les cours de chimie organique. Rappelons que l'on peut attribuer à la fuchsine diverses formules :

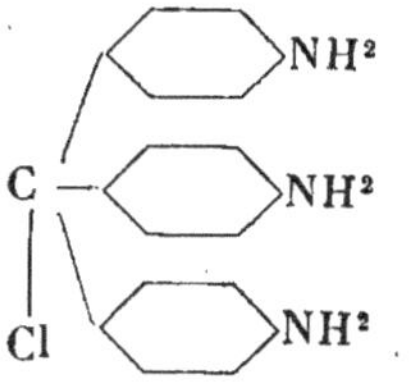

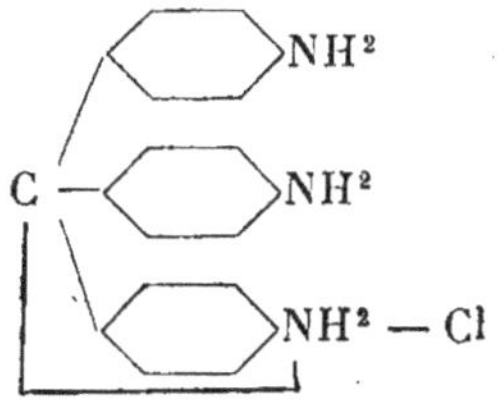

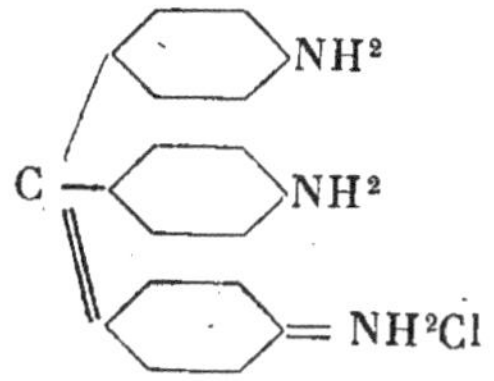

Nous admettrons la formule quinonique qui nous permettra de rapprocher ces colorants de diverses autres classes de produits.

Le dérivé monoamidé du triphénylcarbinol devient, lorsque l'on admet la formule quinonique, de la *fuchsone-imine*, et la fuchsine ou plutôt sa base, la rosaniline, serait de la *diaminofuchsoneimine* :

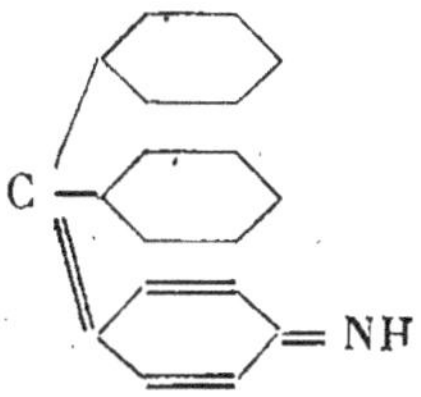

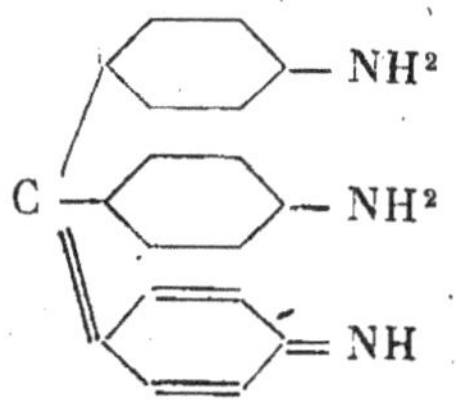

La fuchsoneimine est à l'état de sel un colorant faible rouge-orangé et n'a trouvé aucun emploi. Le sel du dérivé aminéimidé (aminofuchsoneimine) est le *violet de Doebner* ; qui n'a pas d'emploi non plus :

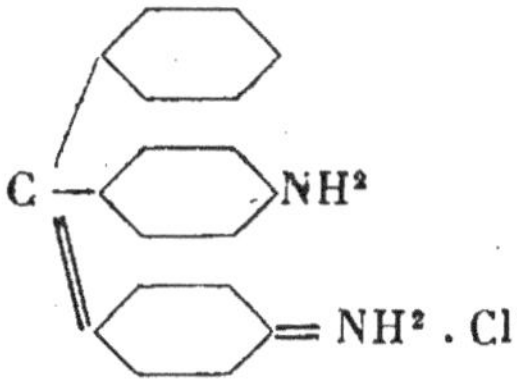

Les dérivés tétralcoyliques sont par contre des colorants verts très importants.

Dans cette série de produits de substitution ceux contenant des groupements en p- sont seuls intéressants ; nous verrons dans la suite que les substitutions en m- et en o- n'influent pas sensiblement sur la coloration de la molécule.

On partage les colorants du triphénylméthane en deux grandes séries :

    1° Dérivés aminés . . . . Type : Fuchsine
    2° Dérivés hydroxylés. . . . . Type : Aurine

Parallèlement à la fuchsone imine et à la rosaniline nous aurons dans la série des produits renfermant des auxochromes OH : la *fuchsone* et la *dioxyfuchsone* ou *aurine* :

Au point de vue technique les dérivés aminés ont seuls de l'intérêt.

1° Triphénylméthane (dérivés aminés)

On peut grouper de la manière suivante les procédés industriels qui donnent naissance à ces produits :

A) Oxydation directe des amines (fuchsine, violet de Paris) ;

B) Phénylation de la rosaniline (bleus d'aniline) ;

C) Condensation d'aldéhydes aromatiques avec des amines (vert malachite, etc.).

D) Synthèses au moyen de la cétone de Michler et de l'hydrol correspondant, et au moyen du tétraméthyldiamidotriphénylméthane (violet cristallisé, bleu victoria, etc.).

E) Condensation d'anhydride phtalique avec certains méta dérivés (phtaléïnes).

A) Oxydation directe des amines

C'est par ce procédé que l'on prépare la fuchsine et le violet de Paris.

Fuchsine. — En oxydant un mélange de 2 molécules d'aniline et d'une molécule de p-toluidine, on obtient la fuchsine en C^{19}. Le carbone méthanique est fourni par le groupe CH^3 de la p-toluidine ; il s'oxyde vraisemblablement de manière à se transformer en un groupement aldéhydique :

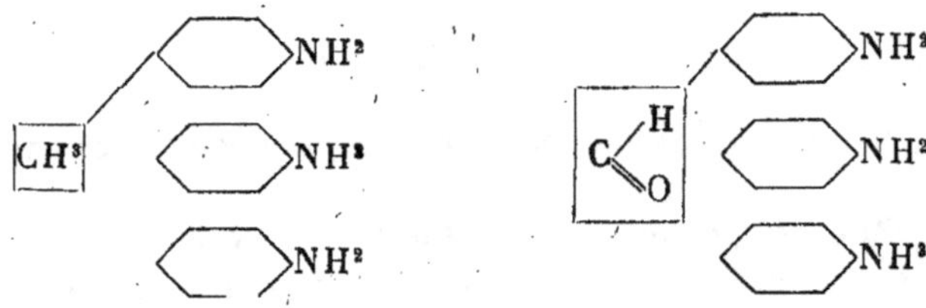

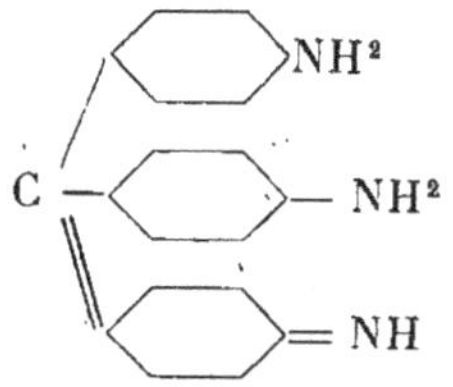

$$\text{Rosaniline en } C^{19} \qquad \text{Fuchsine en } C^{19}$$

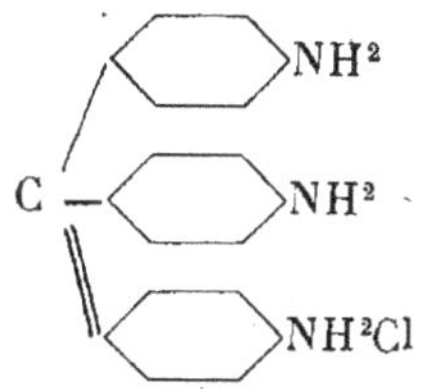

Si on fait intervenir des molécules égales d'aniline, de p-toluidine et d'o-toluidine, on forme la rosaniline en C^{20}, enfin une molécule de p-toluidine et 2 molécules d'o-toluidine donneront la rosaniline en C^{21} :

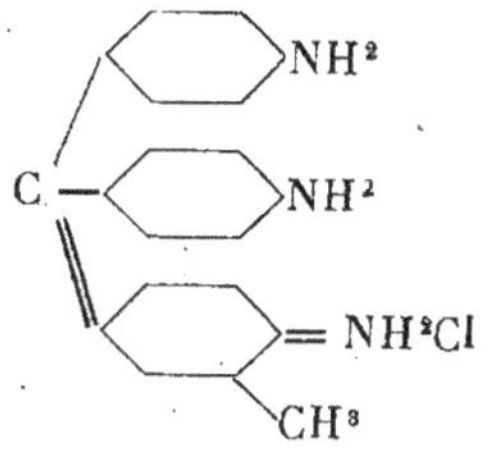

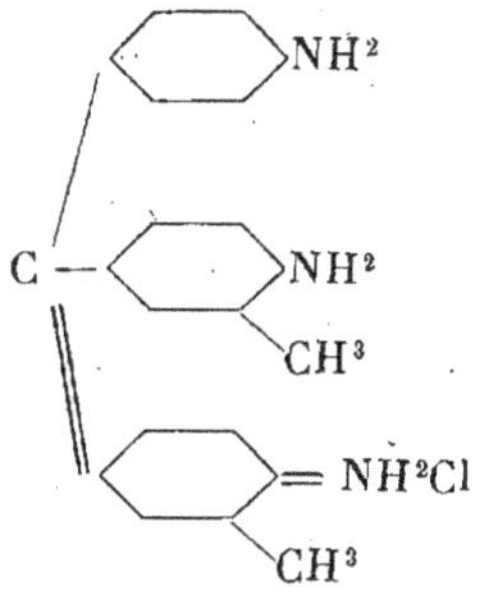

La fuchsine commerciale est surtout constituée par le chlorhydrate de la rosaniline en C^{20}.

Fabrication de la fuchsine. — On oxyde un mélange d'aniline et de toluidine soit avec un oxydant organique, soit avec un oxydant minéral ; dans le premier cas on emploie des nitrocarbures : nitrobenzène et nitrotoluènes : c'est le procédé Coupier le plus généralement employé. Dans le second cas on fait usage d'acide arsénique. Nous prendrons comme exemple le procédé à l'acide arsénique, actuellement abandonné mais historiquement intéressant, parce que c'est le premier d'après lequel on a fabriqué en quantités réellement importantes un colorant artificiel.

Le mélange d'amines, appelé *huile pour rouge* est constitué par :

Aniline .... 55 %
o toluidine .... 25 »
p-toluidine .... 25 »

On fait l'opération dans une grande marmite en fonte de 3 500 litres, munie d'un agitateur, fixée dans un massif en maçonnerie et chauffée soit à feu nu, soit au moyen d'un bain d'alliage. La chaudière est munie :

1° D'un tube destiné à renfermer un thermomètre ;

2° D'un serpentin pour recueillir les échappées ;

3° D'une conduite destinée à amener de la vapeur d'eau surchauffée ;

4° D'une conduite d'eau chaude ;

5° D'un tube plongeur pour la vidange de l'appareil ;

6° D'une canalisation d'air comprimé pour effectuer cette vidange.

On charge dans la marmite :

Huile pour rouge .... 1 000 kilogrammes
Acide arsénique à 75 % .... 1 500   »

On monte lentement, en 3 heures environ à 130°, puis en 3 heures, à 185-190°, on continue à chauffer à cette température, en prenant une série de têtes qu'on examine au point de vue de leur consistance et de leur couleur. En général l'opération est terminée, lorsque la masse devient cassante par refroidissement, et qu'elle possède un brillant caractéristique connu des praticiens. Dès le début de l'opération, on recueille à l'extrémité du serpentin un mélange d'eau et d'amines qui constituent les *échappées*. On les réunit avec soin, et elles sont utilisées dans les opérations suivantes. Il faut noter que ces échappées n'offrent pas la composition de l'huile pour rouge primitive ; elles sont surtout moins riches en p-toluidine ; il est donc nécessaire d'en doser les éléments afin de pouvoir reproduire le mélange normal par une addition convenable des éléments manquants. Lorsque l'opération est terminée, on abat le feu, et on introduit un jet de vapeur surchauffée ; on entraîne ainsi l'alcaloïde qui n'a pas réagi et on le mélange avec les échappées. On ferme ensuite la marmite, après l'avoir munie d'un plongeur, qui pénètre jusqu'au fond de l'appareil, et l'on met en communication avec l'air comprimé.

La masse fluide est recueillie dans une chaudière à extraction, munie d'un agitateur horizontal. On chauffe avec de la vapeur à 2 kilos, et cette décoction se poursuit pendant 2-3 heures. (Dans le procédé Coupier, on ajoute de l'acide chlorhydrique.) Le liquide encore chaud est décanté et passé dans un filtre presse, de là on le recueille dans un cristallisoir. Le résidu de la chaudière est décoctionné une seconde fois, cette deuxième solution sert de premier bain pour l'opération suivante. La solution d'arsénite et d'arséniate de rosaniline est traitée par HCl, puis on ajoute du sel marin. Le traitement de ces solutions de fuchsine varie beaucoup selon les usines. On fait généralement une série de fractionnements assez compliqués. Nous donnons comme exemple une méthode relativement simple qui peut être appliquée aussi bien au procédé Coupier qu'à celui que nous venons de décrire :

1° La solution de fuchsine dont il vient d'être question, abandonne, au bout de quelques jours, des cristaux de *fuchsine brute*. On la sépare par décantation et les eaux-mères sont traitées par de la soude. On obtient un précipité qu'on dissout dans HCl et que l'on précipite avec NaCl. La couleur ainsi obtenue constitue un sous-produit nommé *cerise* ;

2° La fuchsine brute renferme, outre la fuchsine, des couleurs violacées et de la phosphine ; il est indispensable de la purifier. On dissout donc dans l'eau et on précipite environ 1/100 de la couleur dissoute. La phosphine et la fuchsine restent en dissolution, tandis que les sous-produits bleuâtres et ternes nommés *grenadine* ou *marron* se séparent. Après avoir clarifié on coule dans des grands cristallisoirs et l'on concentre. Au bout d'une semaine, on décante les eaux et l'on recueille les cristaux qui sont propres à la vente ou à la préparation de la rosaniline pour bleu ;

3° Quant aux eaux qui renferment la *phosphine* on les traite par de la soude : la phosphine s'insolubilise dans ces conditions et l'on obtient de la phosphine brute ou *xanthine* et lorsqu'on en a une quantité suffisante, on la purifie en la dissolvant dans de l'acide nitrique et on la précipite au moyen de nitrate de soude ; on a ainsi la Phosphine pure.

Par le *procédé Coupier*, on obtient des produits semblables. On effectue l'opération en employant comme matières premières :

Huile pour rouge	1 000 kilogrammes
Nitrobenzène	400 »
Chlorure ferreux	50 »

On obtient par l'un et l'autre procédé 30-40 °/₀ de rendement en couleurs utilisables ; le reste se retrouve dans les échappées et dans les résidus insolubles. Voici un schéma représentant le traitement qui vient d'être décrit :

Traiter par HCl et NaCl
filtrer

Insoluble : fuchsine brute   Soluble : précipiter par NaOH
dissoudre eau   dissoudre dans HCl
précipiter 1/100 par NaCl   précipiter par NaCl

Insoluble : *Grenadine*   Soluble : fuchsine   *Cerise*
+ phosphine
Concentrer

Cristaux : *fuchsine*   Soluble : Phosphine brute
Traiter par HNO³, précipiter
par NO³Na

Phosphine

La fuchsine est une matière colorante basique qui est utilisée pour la teinture du coton mordancé au tannin. Elle ne teint la laine qu'en bain neutre. Pour l'employer sur laine en bain acide, il est nécessaire de la sulfoner ; on obtient ainsi la *fuchsine acide*.

Fabrication de la fuchsine acide. — Dans une marmite en fonte, munie d'un agitateur, on introduit :

Acide sulfurique 35 °/₀ SO³....................................	250 kilogrammes

puis par petites portions :

Fuchsine	50 kilogrammes

On refroidit pendant l'introduction de la matière colorante, et, lorsque le mélange est terminé, on élève peu à peu la température ; on chauffe finalement à 100° jusqu'à ce qu'une tâte soit soluble dans la soude caustique. On fait le sel de chaux, puis le sel de soude. La matière colorante n'étant pas précipitable par le sel marin, on évapore à sec. Le produit industriel possède probablement la formule suivante :

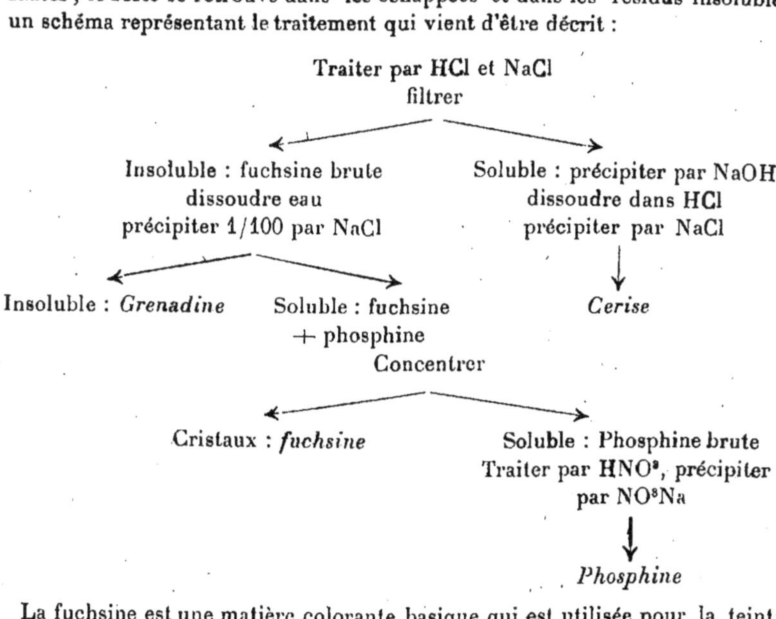

Les rendements en fuchsine étant loin d'être satisfaisants, on a proposé d'autres oxydants, tels que l'acide nitrique, $Hg(NO^3)^2$, $HgSO^4$, $SnCl^4$, etc. Les résultats sont encore moins bons par ces divers procédés.

On a cherché à préparer la fuchsine par des moyens synthétiques plus rationnels. Jusqu'à présent il semble que seul le procédé à la formaldéhyde ait eu un succès industriel persistant, mais il est intéressant de citer aussi les autres.

a) Condensation des p-nitrobenzaldéhydes avec deux molécules d'aniline.

Le dérivé nitré ainsi obtenu, est réduit et transformé en triamidotriphénylméthane. La difficulté consiste à oxyder ce produit méthanique pour obtenir le carbinol ou fuchsonimine :

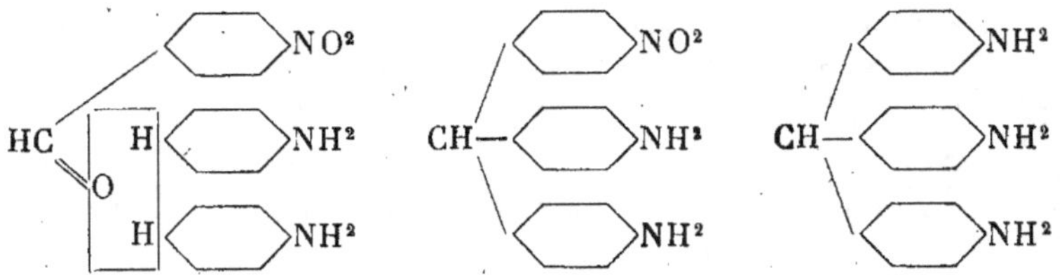

On a proposé d'insolubiliser la fuchsine au fur et à mesure de sa formation, de manière à mettre ainsi le groupement NH^2 à l'abri d'une oxydation destructive. En général, il s'agit de bloquer les groupes NH^2 ; dans le procédé industriel à l'acide arsénique, il est très probable que cet acide agit en éthérifiant ces groupes amidogènes de manière à les rendre moins oxydables.

Un procédé de réduction très intéressant est celui de M. Prud'homme.

On réduit partiellement le groupe nitro de manière à obtenir un groupement hydroxylamine et, par le procédé classique de transposition des hydroxylamines, on obtient de la fuchsine :

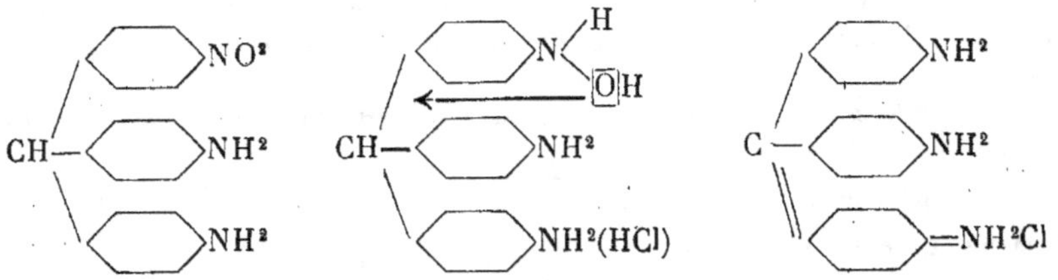

Malheureusement les rendements ne sont pas satisfaisants.

b) Procédé à l'anhydroformaldéhydeaniline. On fait réagir de la formaldéhyde sur de l'aniline : on obtient ainsi :

$$C^6H^5 . NH^2 \qquad \qquad \longrightarrow \qquad C^6H^5 . N = CH^2$$
$$CH^2O$$

Si l'on chauffe ce produit avec de l'aniline, du nitrobenzène, du chlorure de fer à 150-180°, il se produit de la fuchsine ; on admet qu'il se forme intermédiairement du diamidodiphénylméthane :

$$C^6H^5 . N = CH^2$$
$$C^6H^5NH^2 \longrightarrow CH^2 \left\langle \begin{array}{l} C^6H^4 . NH^2 \\ C^6H^5 . NH^2 . HCl + O \\ C^6H^4 . NH^2 \end{array} \right. \longrightarrow \left\langle \begin{array}{l} C^6H^4 . NH^2 \\ C^6H^4 = NH^2Cl \\ C^6H^4 - NH^2 \end{array} \right.$$

On emploie par exemple :

Anhydroformaldéhydeaniline	20 kilogrammes
HCl aniline	25 »
Aniline	17 »
Nitrobenzène	13 »
$FeCl^2$	1 »

On chauffe pendant 2 heures à 180°.

La *fuchsine nouvelle* est préparée par ce procédé en partant d'anhydroformaldéhyde o-toluidine ou de diamido-o-ditolylméthane.

c) Condensation de chlorure de benzyle p-nitré avec de l'aniline. Puis on chauffe avec de l'aniline et du nitrobenzène et du chlorure ferreux.

La fuchsine C^{19} particulièrement intéressante pour la fabrication des bleus a été préparée au moyen de la nitrobenzaldéhyde.

Les procédés synthétiques n'ont pu jusqu'ici remplacer la méthode ancienne et empirique qui a été décrite précédemment. Quoique la consommation de la fuchsine comme matière colorante ait sensiblement diminué, cette couleur n'en reste pas moins importante comme matière première destinée à la fabrication des bleus.

Violets

La rosaniline, base de la fuchsine donne une série de réactions très intéressantes lorsqu'on la traite par des chlorures alcooliques. Il se produit ainsi une série de substitutions dans les groupes NH^2, et si l'on fait intervenir par exemple des groupes CH^3 ou C^2H^5, on obtiendra des matières colorantes violettes d'autant plus bleues que le nombre des groupes alcoyles substitués sera plus considérable. En substituant des groupes CH^3, on a d'abord les *violets Hofmann* qui sont des rosanilines tri et tétraméthylées, puis toute la série des dérivés méthylés jusqu'à la rosaniline hexaméthylée que l'on appelle *violet hexaméthylé*. On peut même en méthylant davantage faire un dérivé ammonium spécial qui renferme 7 groupes CH^3. Ce dernier produit est, fait très curieux à noter, une matière colorante verte, le *vert méthyle*. Elle n'a toutefois plus aucun emploi technique, étant remplacée par le vert malachite. Elle est éminemment instable, et se décompose déjà à 100° en violet hexaméthylé et CH^3Cl.

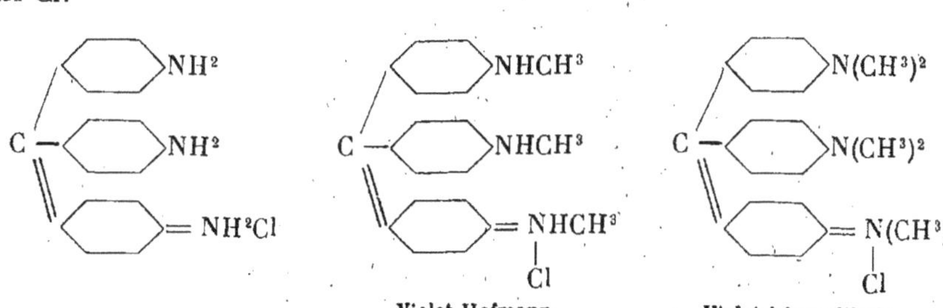

Violet Hofmann

Violet héxaméthylé

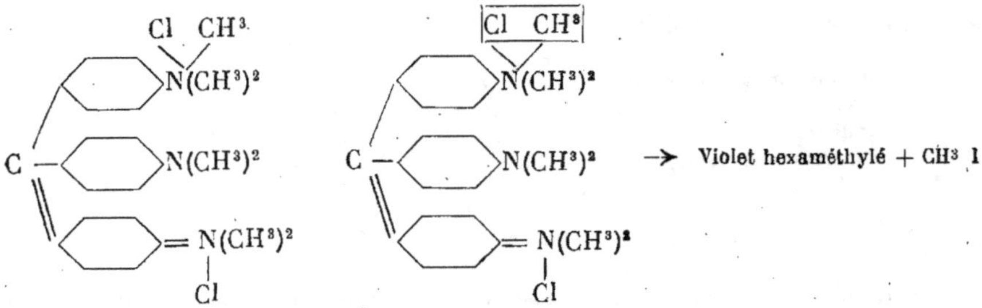

Vert méthyle

On ne prépare que le violet Hofmann par le procédé direct de méthylation de la fuchsine. Le violet le plus important dénommé *violet de Paris* se fabrique par oxydation directe de la diméthylaniline.

Il est très intéressant au point de vue théorique de signaler la transformation du violet hexa-méthylé en vert méthyl. En effet la transformation d'un azote trivalent en azote pentavalent par l'addition du groupe CH^3Cl enlève à cet azote ses propriétés basiques ; dès lors l'influence de ce groupe ne se fait plus sentir au point de vue de la coloration et on se trouve ramené à un vert renfermant un groupement azoté *neutralisé* et qui n'a dès lors aucune influence au point de vue de la nuance. On retombe également dans la série des verts lorsque dans le violet tétraméthylé symétrique on neutralise le 3e groupe NH^2 en l'acétylant ou en le benzoylant :

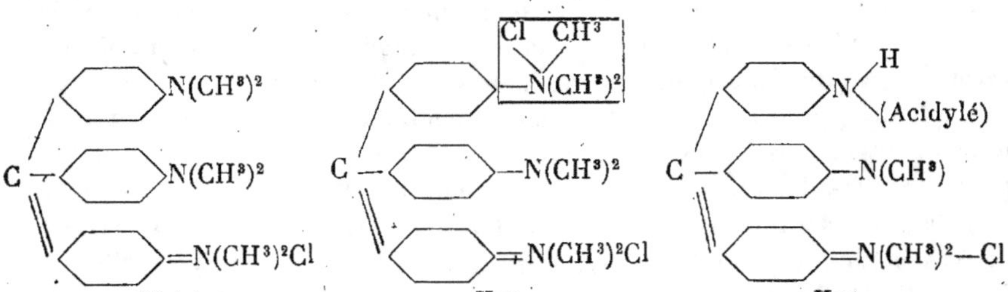

Violet *Vert* *Vert*

Enfin on sait aussi que pour avoir des groupements utiles au point de vue de la coloration il est nécessaire que les substitutions aient lieu en p- ; une substitution en m- n'aura aucun intérêt à ce point de vue. Si dans le violet tétraméthylé symétrique on modifie la position de l'NH^2 en le plaçant en m-, par exemple, on retombe dans la série des verts :

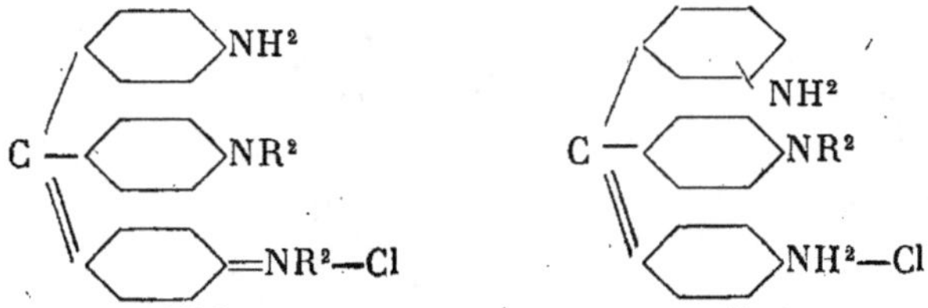

Violet *Vert*

Fabrication du violet de Paris. — Lorsqu'on oxyde la diméthylaniline dans des conditions convenables, il se produit un violet constitué par un mélange de dérivés tétra, penta et hexa substitués, mais c'est le dérivé pentaméthylé qui prédomine. La formation des violets tétra et pentaméthylés trouve son explication rationnelle dans le fait que dans cette réaction il se produit de la monométhylaniline aux dépens de la diméthylaniline. Il faut admettre, en effet, que le carbone central se forme au détriment d'un certain nombre de groupes CH^3, qui seraient oxydés à l'état de formaldéhyde, il s'en suit qu'il existe à un moment donné un certain nombre de molécules de monométhylaniline. La formation de violets tétra et pentaméthylés se trouve ainsi expliquée, car il est évident que si la diméthylaniline seule entrait en jeu, on obtiendrait du violet hexaméthylé :

$$\langle\rangle N \Big\langle{H[CH^3 + O] \atop CH^3} \longrightarrow CH^3O + \langle\rangle N \Big\langle{H \atop CH^3}$$

Le premier procédé de fabrication du violet est celui qu'avait indiqué Ch. Lauth, l'inventeur de cette matière colorante. Il consistait à faire un mélange de diméthylaniline, de sulfate de cuivre et de sel marin, auquel on ajoutait du sable pour en faire des briquettes. Celles-ci étaient mises à l'étuve pendant plusieurs jours, et le violet se formait progressivement avec un rendement assez satisfaisant. Ce procédé a été utilisé pendant de nombreuses années : Mais il a été remplacé ensuite par le procédé suivant qui donne de meilleurs résultats. On opère dans un grand appareil cylindrique à agitateur horizontal, muni de dents très résistantes, susceptibles de broyer la masse solide qui se forme à la fin de l'opération. A la partie supérieure se trouve un trou d'homme qui servira à charger l'appareil et à le vider, pour cela on lui fera faire un demi tour de telle sorte que le trou d'homme se trouve à la partie inférieure. Le tout est placé dans un bac en tôle qui peut servir alternativement de bain-marie et de réfrigérant, on introduit dans l'appareil :

Sel marin	530 kilogrammes
Sulfate de cuivre...	20 »

On met l'agitateur en mouvement, puis on ajoute :

Phénol ou crésol...	16 kilogrammes
Eau	10 kilogrammes

quand le tout est bien mélangé, on ajoute :

Diméthylaniline..	40 kilogrammes

On chauffe avec précaution à 35°, température intérieure, puis on monte progressivement à 60° qu'il ne faut pas dépasser. Aù bout de 8 heures environ, et lorsque l'aspect de la masse ainsi que sa consistance indiquent la fin de l'opération, on refroidit afin que la masse durcisse et que l'agitateur puisse la concasser ; on renverse l'appareil pour le vider. Le violet brut est ensuite pulvérisé et passe à l'atelier de *purification* :

On se sert d'une grande cuve en tôle de 8 000 litres munie d'un agitateur, et l'on traite une quantité de violet brut provenant de 200 kilos de diméthylaniline. On ajoute :

Eau..		4 000 litres
Lait de chaux { chaux		90 kilogrammes
{ Eau		800 litres

La combinaison cuprique de violet se décompose avec mise en liberté de CuO et de violet à l'état de base. On a donc deux portions bien distinctes :

$$
\text{1° Partie soluble} \begin{cases} \text{phénol} \\ \text{sel} \\ \text{chaux} \end{cases}
$$

$$
\text{2° Partie insoluble} \begin{cases} \text{violet} \\ \text{CuO} \\ \text{sulfate de chaux.} \end{cases}
$$

On laisse décanter, puis on passe au filtre presse ; la partie soluble est traitée d'une manière spéciale pour régénérer le phénol, quant à la partie insoluble, on y ajoute :

    Eau .... 5000 litres
    HCl .... 80 kilogrammes

et l'on fait passer un courant d'hydrogène sulfuré à chaud. Tout le cuivre est précipité à l'état de sulfure insoluble. Par une simple filtration on sépare d'un côté ce sulfure et le sulfate de chaux, et de l'autre la solution de chlorydrate du violet. Ce dernier est très facilement précipitable par le sel marin ; il se présente alors sous la forme d'une masse pâteuse mordorée, que l'on purifie en la redissolvant dans l'eau. Au moyen d'une série de précipitations fractionnées, on peut isoler des violets plus ou moins méthylés, c'est-à-dire plus ou moins bleus.

Violet benzylé. — Si l'on fait réagir du chlorure de benzyle sur le violet de Paris qui est constitué surtout par des violets pentaméthylés, il se forme une combinaison benzylée beaucoup plus bleue et tout à fait analogue comme nuance au violet hexaméthylé :

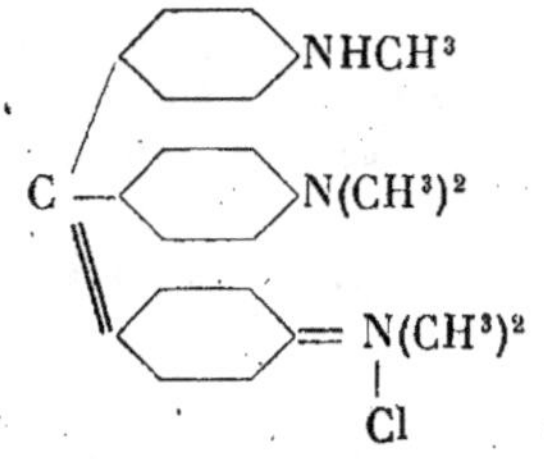

Violet pentaméthylé

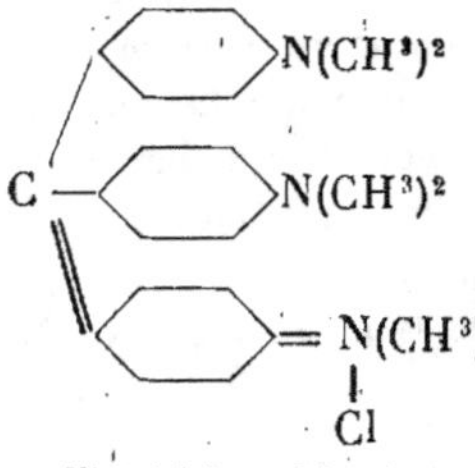

Violet hexaméthylé

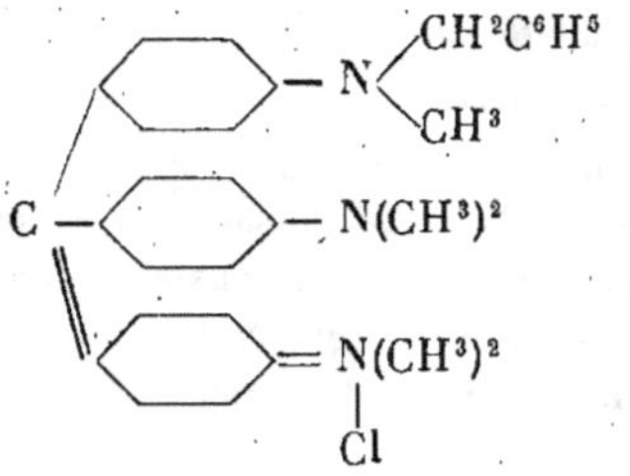

Violet benzylé

Depuis que l'on est arrivé à préparer le violet hexaméthylé dans des conditions satisfaisantes, le violet benzylé a perdu de son importance, mais autrefois il avait quelque emploi, non seulement à cause de sa nuance, mais aussi parce qu'on peut le transformer en dérivé sulfoné et préparer ainsi un violet acide. Le groupement benzylé est très facilement sulfonable et nous aurons l'occasion de citer de nombreux exemples de matières colorantes dans lesquelles on introduit spécialement des groupements benzyliques afin de les rendre sulfonables.

B) Phénylation de la rosaniline

Quand on fait réagir de la rosaniline sur de l'aniline en présence d'acide benzoïque à une température voisine de 180°, il peut se former trois dérivés phénylés différents, que l'on appelle les *bleus d'aniline* :

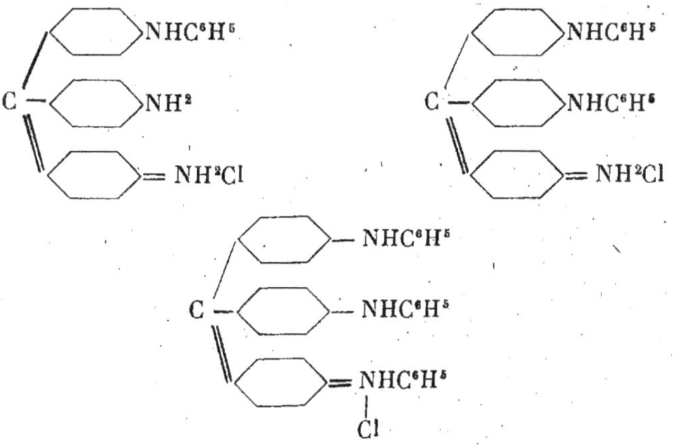

$$C - \begin{cases} NHC^6H^5 \\ NH^2 \\ = NH^2Cl \end{cases} \qquad C - \begin{cases} NHC^6H^5 \\ NHC^6H^5 \\ = NH^2Cl \end{cases}$$

$$C - \begin{cases} NHC^6H^5 \\ NHC^6H^5 \\ = NHC^6H^5 \\ \quad | \\ \quad Cl \end{cases}$$

On produit à volonté les dérivés mono, di ou triphénylés selon la proportion d'aniline mise en œuvre, et en faisant varier la température ainsi que la durée de la réaction. Dans la pratique, on ne peut arriver à faire exclusivement l'un de ces produits, mais on obtient des mélanges dans lesquels on peut faire prédominer l'une ou l'autre de ces substances.

Le dérivé monophénylé est un violet rougeâtre, le dérivé diphénylé est sensiblement plus bleu, et la triphénylrosaniline est la couleur la plus bleue de cette série. Ces matières colorantes sont solubles dans l'alcool, mais insolubles dans l'eau. Leurs sels sont également trop peu solubles pour être utilisés en teinture. On a donc été amené à les sulfoner et à les transformer en matières colorantes acides. Selon la quantité d'acide sulfurique mise en œuvre et selon le degré de concentration de cet acide, on obtient des dérivés mono, di ou trisulfonés :

Les bleus monosulfonés sont les .... bleus Nicholson
Les disulfonés.. bleus solubles
Les trisulfonés .... bleus coton

Il existe donc dans chacune de ces catégories des marques bleues et des marques rouges selon que l'on sulfone des rosanilines plus ou moins phénylées. Les schémas suivants indiquent les formules des trois dérivés sulfonés de

la triphénylrosaniline. Les produits commerciaux sont constitués par des sels
de soude :

$$C \begin{cases} -\langle\rangle NHC^6H^5 \\ -\langle\rangle NHC^6H^5 \\ OH -\langle\rangle NHC^6H^4 . SO^3Na \end{cases} \qquad C \begin{cases} -\langle\rangle NHC^6H^5 \\ -\langle\rangle NHC^6H^4 . SO^3Na \\ OH -\langle\rangle NHC^6H^4 . SO^3Na \end{cases}$$

$$C \begin{cases} -\langle\rangle NHC^6H^4 . SO^3Na \\ -\langle\rangle NHC^6H^4 . SO^3Na \\ OH -\langle\rangle NHC^6H^4 . SO^3Na \end{cases}$$

Fabrication des bleus. — On commence par préparer la rosaniline en précipitant
à chaud une solution de fuchsine par de la soude caustique, puis on filtre et sèche.
Dans un appareil en fonte chauffé par un bain d'alliage, muni d'un agitateur et d'un
tuyau de vidange pour vider l'appareil par pression d'air, on introduit :

    Rosaniline .... 200 kilogrammes
    Aniline... 1 000   »
    Acide benzoïque 40   »

On chauffe 6-8 heures à 180-185°. La proportion des matières premières mises en
œuvre ainsi que la température et la durée de l'opération varient naturellement selon
le bleu qu'il s'agit d'obtenir.

Pendant toute la durée de l'opération on recueille des échappées qui seront utilisées
ultérieurement et il se dégage NH³ provenant de la phénylation de la rosaniline :

$$-\langle\rangle - NH\overline{|H \quad H^2N|}C^6H^5 \longrightarrow -\langle\rangle NHC^6H^5$$

On suit la marche de la réaction au moyen de tâtes dans l'alcool comparées à un
type, et lorsque la nuance est satisfaisante, on vide dans une cuve en bois renfermant :

    Eau .... 1 000 litres
    HCl .... 400 kilogrammes

On porte à l'ébullition, puis on filtre à froid, et le bleu est séché, puis sulfoné.

Sulfonation. — Pour 100 kilogrammes de bleu on emploie des quantités variables
d'acide sulfurique selon le degré de sulfonation que l'on désire obtenir. Pour le bleu
Nicholson, on chauffe à 40° et l'on emploie 5 parties d'acide à 66°, on chauffe progressivement, et l'on se maintient à cette température de 40°, jusqu'à ce qu'une tâte
dans l'eau donne un résultat convenable. On traite ensuite le tout par 10 parties
d'eau, et les dérivés sulfoniques se séparent à l'état insoluble. On filtre, et après lavage à l'eau, on redissout dans une quantité suffisante de carbonate de soude. Ce bleu
n'est pas précipitable au sel.

Pour les dérivés disulfonés ou bleus solubles, on chauffe à 70° et l'on traite par un
procédé analogue à celui que nous venons de mentionner.

Pour le bleu coton, on chauffe à 90° et l'on emploie 8 à 10 parties d'acide sulfurique à 66° ; le dérivé sulfonique est soluble à l'eau, il est donc nécessaire de le transformer au préalable en sel de chaux ; puis on filtre pour éliminer le sulfate de chaux, on traite par du sel de soude et la solution est évaporée à sec. Au point de vue de leurs propriétés tinctoriales ces trois séries de matières colorantes diffèrent entre elles ainsi que nous le verrons plus loin. Les formules de constitution ont été données plus haut.

C) Condensation d'aldéhydes aromatiques avec des amines secondaires et tertiaires

C'est par ce procédé que l'on prépare le vert malachite et ses analogues, ains que toute une série de verts sulfonés.

La formule générale qui donne naissance à ces produits peut s'exprimer de la manière suivante :

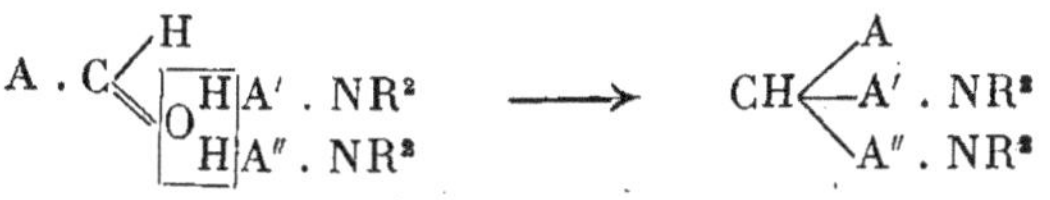

$$A . C \left\langle \begin{matrix} H \\ H|A' . NR^2 \\ H|A'' . NR^2 \end{matrix} \right. \longrightarrow CH \left\langle \begin{matrix} A \\ A' . NR^2 \\ A'' . NR^2 \end{matrix} \right.$$

Vert malachite. — Il se forme lorsqu'on condense une molécule de benzaldéhyde et deux molécules de diméthylaniline. La réaction a lieu en trois phases : 1° Condensation ; 2° Oxydation de la leucobase ; 3° Cristallisation du vert :

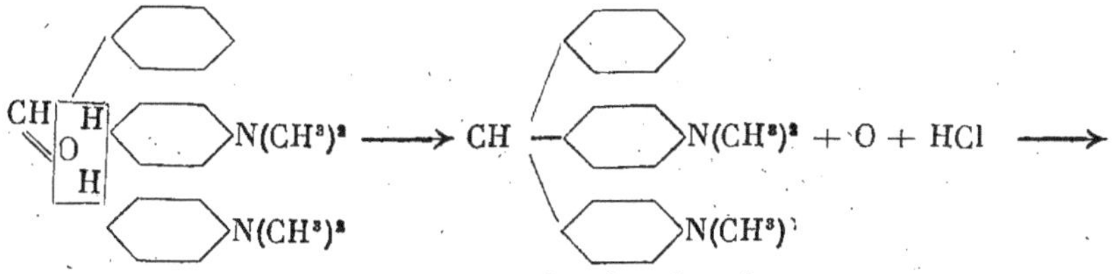

Leucobase de vert

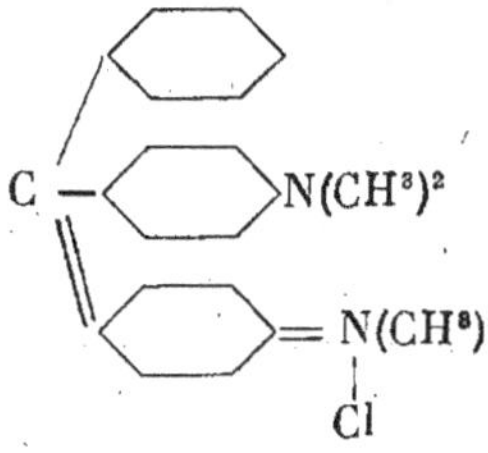

Vert malachite

1° Condensation. — Dans une marmite émaillée à agitateur munie d'un bain-marie, on introduit :

Diméthylaniline .... 200 kilogrammes
Benzaldéhyde.. 70   »

On ajoute à ce mélange un agent de condensation qui peut être : soit du chlorure de zinc soit de l'acide chlorhydrique. Généralement on emploie 60 kilogrammes d'acide chlorhydrique. On chauffe à 50° pendant 8 heures, puis à 80° pendant 6 heures et enfin à 100° pendant 5 heures. A ce moment la condensation est terminée. La benzaldéhyde et deux molécules de diméthylaniline sont transformés en méthane, mais il reste un excès de diméthylaniline que l'on enlève au moyen d'un courant de vapeur d'eau après avoir basifié avec du carbonate de soude. On recueille ainsi 20 kilogrammes de diméthylaniline régénérée. Le résidu constitué par un produit pâteux, représente la leucobase du vert. Il est lavé à plusieurs reprises avec de l'eau chaude, puis séché et pulvérisé; on obtient environ 205 kilogrammes de leucobase sèche.

2° Oxydation. — Dans une cuve munie d'un agitateur très puissant on introduit :

Leucobase	50 kilogrammes
Acide chlorhydrique	38 »
Eau	1 500 litres
Acide acétique à 40 %	45 kilogrammes

D'autre part, on délaie :

Bioxyde de plomb	37 kilogrammes [1]
Eau	100 litres

Après avoir mis l'agitateur en mouvement on ajoute brusquement cette pâte de bioxyde dans la solution de leucobase. L'opération est terminée en quelques minutes. Comme il se forme dans la réaction de l'acétate de plomb, on l'élimine en ajoutant à la solution précédente :

Sulfate de soude	50 kilogrammes
Eau	200 litres

On laisse déposer quelques heures, puis on filtre et l'on précipite la matière colorante avec 45 kilogrammes de chlorure de zinc et 250 kilogrammes de sel marin.

Ce vert brut est purifié en le redissolvant dans de l'eau et en précipitant la base au moyen de soude caustique.

Cristallisation. — Le produit commercial est constitué par l'oxalate du vert que l'on prépare de la manière suivante :

Base de vert	100 kilogrammes
Acide oxalique	120 »
Eau	2 000 litres

On fait bouillir et l'on abandonne à la cristallisation.

La formule de ce vert est représentée par le schéma suivant :

$$C - \left\langle \bigcirc \right\rangle N(CH^3)^2 , \quad = N(CH^3)^2 \frac{C^2O^4H^2}{2}$$

Vert brillant. — C'est une matière colorante analogue à la précédente. On

---

[1] Il est très important de doser préalablement sa valeur oxydante.

la prépare en employant de la diéthylaniline au lieu du dérivé diméthylé, Cette couleur est un peu moins bleuâtre que le vert malachite. Sa formule est la suivante :

$$C \!\!<\!\! \begin{array}{l} N(C^2H^5)^2 \\ = N(C^2H^5)^2 \,.\, SO^4H \end{array}$$

La réaction qui donne naissance à ces deux produits s'applique à d'autres aldéhydes et à d'autres amines. Ainsi en partant des benzaldéhydes mono- et bichlorés et de diméthylaniline on obtient la *sétoglaucine* et le *vert solide 2B* :

$$C \!\!<\!\! \begin{array}{l} N(CH^3)^2 \\ = N(CH^3)^2 \,.\, Cl \end{array} \qquad\qquad C \!\!<\!\! \begin{array}{l} N(CH^3)^2 \\ = N(CH^3)^2 \,.\, Cl \end{array}$$

Comme amines, on peut employer également des amines secondaires ; en condensant une molécule de benzaldéhyde bichlorée et deux molécules de monométhyl-orthotoluidine, on prépare ainsi le *Bleu glacier* :

$$C \!\!<\!\! \begin{array}{l} NHCH^3 \\ CH^3 \\ = NHCH^3 Cl \\ CH^3 \end{array}$$

Matières colorantes vertes sulfonées. — Lorsque l'on cherche à sulfoner la matière colorante dont nous venons de parler, on obtient des résultats très défectueux. Pour préparer des couleurs vertes sulfonées on a recours à un artifice qui consiste à préparer les matières colorantes vertes des amines benzylées. Nous avons vu précédemment que celles-ci sont particulièrement aptes à être sulfonées. Dans cette série les couleurs les plus anciennes sont les *verts sulfos*, obtenus en condensant de la benzaldéhyde avec de l'éthyl- ou de la méthylbenzylaniline.

On obtient ainsi des leucobases susceptibles de se transformer en dérivés
sulfonés qui sont oxydables par le procédé classiqee au bioxyde de plomb :

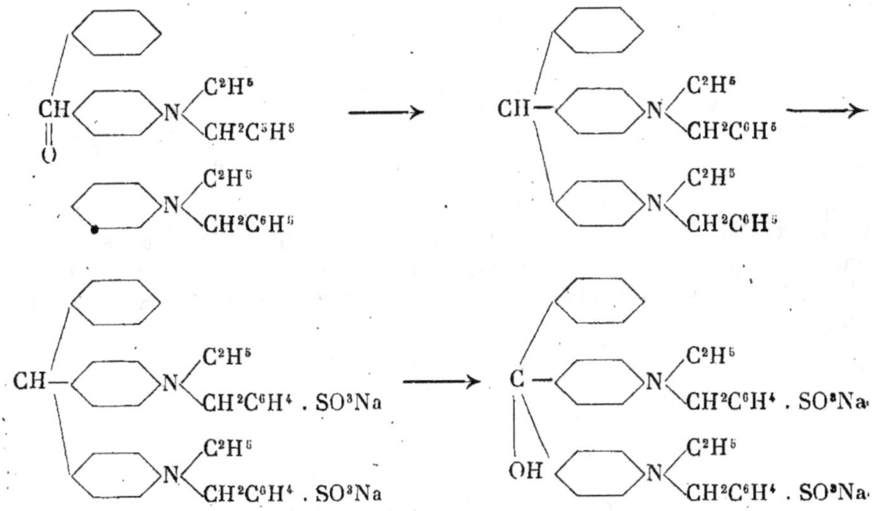

Ces matières colorantes offrent l'inconvénient de virer aux alcalis. Cette
propriété est très gênante lorsque l'on emploie des tissus teints au moyen de
mélanges de matières colorantes, par exemple, des nuances grises, préparées
par mélange de rouges acides et de verts sulfonés. En effet s'il s'agit, par
exemple, de vêtements qui sont susceptibles de subir l'action de la boue, comme
celle-ci est toujours alcaline, les gris changeront de nuance et deviendront
rouges par le fait de la destruction ou plutôt de la décoloration du vert. On a
préparé, depuis 1888, une série de matières colorantes vertes dites : *verts résistant aux alcalis*, et ces produits offrent dans ce cas particulier un très grand
intérêt.

Le bleu patenté première couleur de cette série se prépare en condensant la
métanitrobenzaldéhyde avec deux molécules de diméthylaniline : le leuco vert
nitré est ensuite réduit, transformé en diazoïque et décomposé de manière à
obtenir le phénol correspondant. Si l'on sulfone ce produit on obtient une leucobase qui donne par oxydation le bleu patenté :

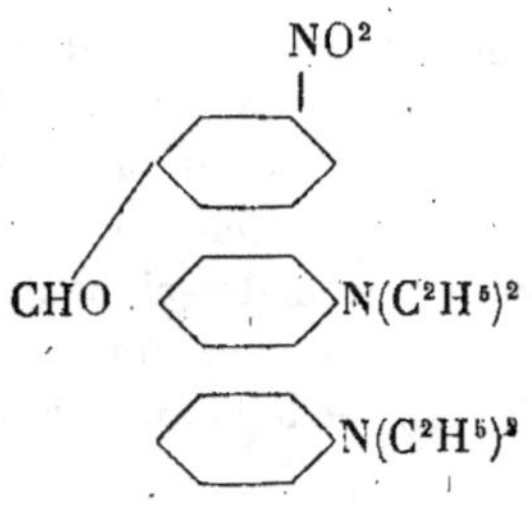

$$NO_2 \longrightarrow NH_2 \longrightarrow OH \longrightarrow OH,\ SO_3H,\ SO_3H \longrightarrow$$

$$CH\text{--}\langle\rangle N(C_2H_5)_2,\quad \langle\rangle N(C_2H_5)_2$$

$$OH,\ SO_3\tfrac{Ca}{2},\ SO_3\text{---},\ C=\langle\rangle=N(C_2H_5)_2,\ \langle\rangle N(C_2H_5)_2$$

On peut aussi partir de la métaoxybenzaldéhyde. C'est avec cette matière première et la monométhylorthotoluidine que l'on a préparé le *cyanol* :

$$OH,\ SO_3Na,\ SO_3\text{---},\ C\text{---}\langle\rangle = NH\,.\,CH_3,\ CH_3,\ \langle\rangle NH\,.\,CH_3,\ CH_3$$

Il est possible que dans ces matières colorantes, l'un des groupes sulfos se trouve en liaison directe avec un azote du noyau voisin et que ce groupe donne précisément à ces matières colorantes la propriété de résister aux alcalis, il serait dans la position ortho par rapport au carbone central. Cette hypothèse est appuyée par la synthèse où l'on emploie de l'aldéhyde o-sulfonée. Ainsi l'*érioglaucine* se prépare avec cette aldéhyde et l'éthylbenzyl-aniline puis on sulfone et oxyde :

$$SO_3\text{---},\quad C=\langle\rangle=N\!\begin{cases}C_2H_5\\CH_2.C_6H_4.SO_3Na\end{cases},\quad \langle\rangle N\!\begin{cases}C_2H_5\\CH_2.C_6H_4.SO_3Na\end{cases}$$

Le *bleu xylène* VS provient de benzaldéhyde disulfonée et de diéthylaniline.
Le *bleu xylène* AS est un dérivé analogue provenant d'éthybenzylaniline :

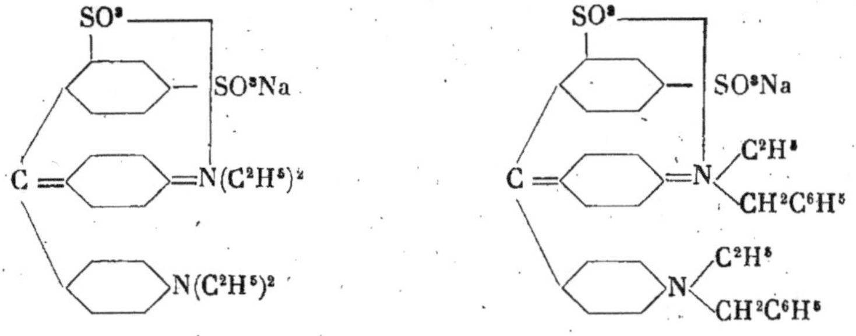

D) Synthèse avec l'hydrol de Michler et avec la cétone et le méthane correspondants

La cétone de Michler s'obtient en condensant l'oxychlorure de carbone avec
de la diméthylaniline :

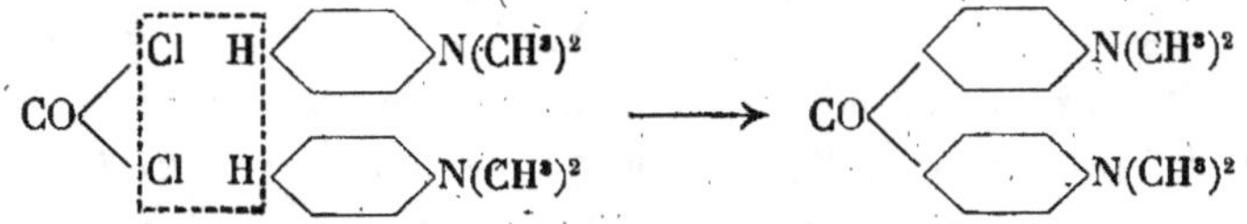

Cette substance, en se condensant avec des amines donne des dérivés de
triphénylméthane, on obtient directement les matières colorantes sans passer
par les leucobases ce qui est très important au point de vue économique. En
condensant la cétone avec de la diméthylaniline, il se forme du *violet cristallisé*.
Cette réaction a lieu facilement en présence d'oxychlorure de phosphore :

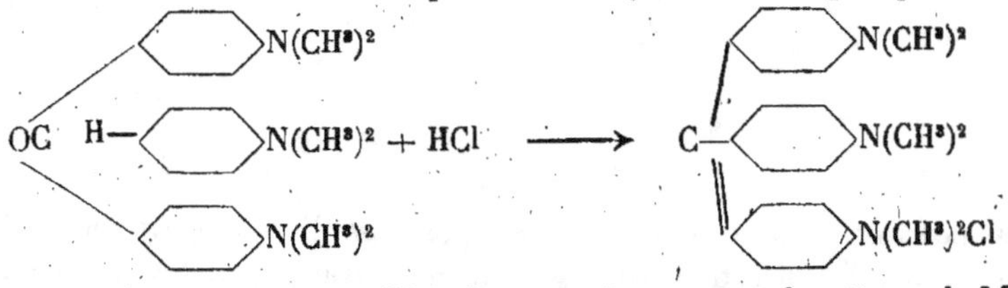

D'autres amines sont susceptibles de se condenser avec la cétone de Michler
et donnent des dérivés du diphénylnaphtylméthane : avec la phényl-α-naphtylamine on a le *bleu Victoria* ; avec l'éthyl-α-naphtylamine le *bleu Victoria* R et
avec la méthylphényl-α-naphtylamine le *bleu Victoria* 4R [1] :

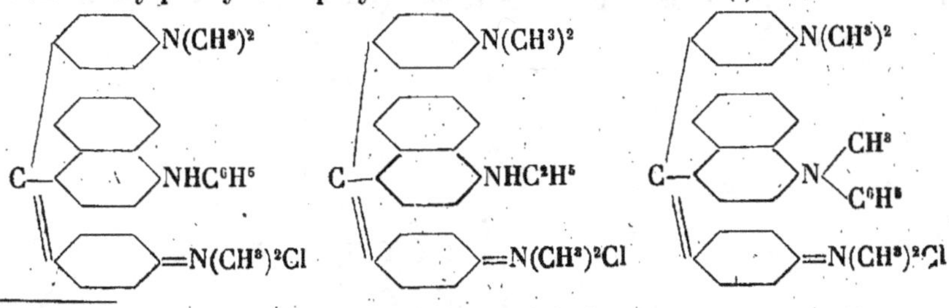

____

[1] Il se pourrait que pour le 4 R, la condensation eût lieu dans le noyau benzolique.

Les matières colorantes obtenues avec des dérivés benzylés tels que la méthylbenzylaniline ou avec la méthyldiphénylamine sont sulfonables et donnent des violets acides ; ainsi pour le *violet alcalin* 6B on fait réagir la cétone tétraéthylée et la méthyldiphénylamine, puis on sulfone :

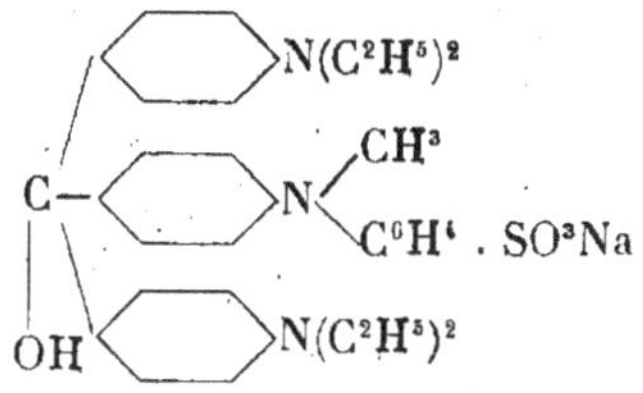

$$C \begin{cases} \quad \diagup\!\!\!\diagdown N(C^2H^5)^2 \\ \quad \diagup\!\!\!\diagdown N \diagup^{CH^3}_{\diagdown C^6H^4 \,.\, SO^3Na} \\ OH \diagup\!\!\!\diagdown N(C^2H^5)^2 \end{cases}$$

Si l'on condense la cétone avec de la méthylbenzylaniline et que l'on sulfone le dérivé ainsi obtenu on obtient le *violet acide* 4BN qui renferme très probablement outre le groupement sulfo du noyau benzylique 2 groupes sulfos ré partis dans les autres noyaux :

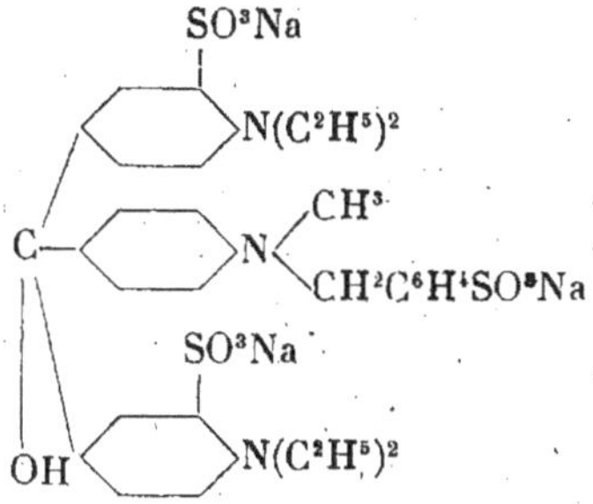

$$C \begin{cases} \qquad SO^3Na \\ \quad \diagup\!\!\!\diagdown N(C^2H^5)^2 \\ \quad \diagup\!\!\!\diagdown N \diagup^{CH^3}_{\diagdown CH^2C^6H^4SO^3Na} \\ \qquad SO^3Na \\ OH \diagup\!\!\!\diagdown N(C^2H^5)^2 \end{cases}$$

Le *tétraméthyldiamidobenzhydrol* correspondant à la cétone de Michler se condense très facilement avec un grand nombre d'amines et même avec des amines sulfonées, ce qui est très intéressant ; mais on n'obtient pas directement les matières colorantes comme avec la cétone ; il se forme des leucobases qu'il est nécessaire d'oxyder ultérieurement ce qui est un désavantage au point de vue économique.

Pour préparer l'hydrol, on oxyde le tétraméthyldiamidodiphénylméthane avec du bioxyde de blomb. Le méthane lui-même se forme quantitativement lorsqu'on fait réagir la formaldéhyde et de la diméthylaniline :

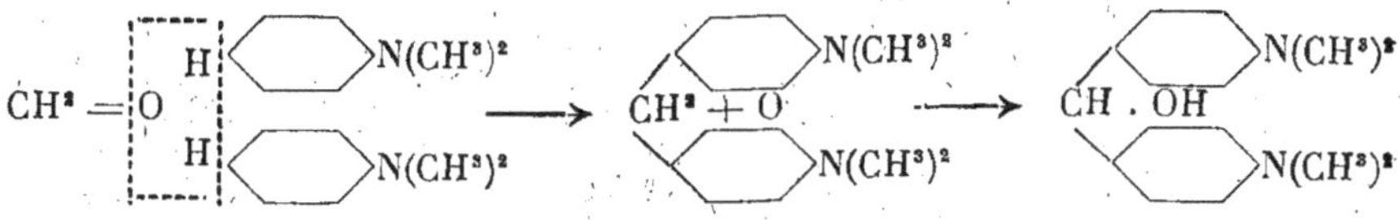

$$CH^2 = O \begin{cases} H \diagup\!\!\!\diagdown N(CH^3)^2 \\ H \diagup\!\!\!\diagdown N(CH^3)^2 \end{cases} \longrightarrow CH^2 + O \begin{cases} \diagup\!\!\!\diagdown N(CH^3)^2 \\ \diagup\!\!\!\diagdown N(CH^3)^2 \end{cases} \dashrightarrow CH \,.\, OH \begin{cases} \diagup\!\!\!\diagdown N(CH^3)^2 \\ \diagup\!\!\!\diagdown N(CH^3)^2 \end{cases}$$

On pourrait obtenir par ce procédé le violet cristallisé en préparant successivement la leucobase puis la matière colorante par oxydation de cette leucobase mais le procédé à la cétone est plus avantageux. Par contre, c'est avec l'hydrol

que l'on prépare certains violets sulfonés, par exemple le *violet acide* 6B avec
de l'éthylbenzylaniline sulfonée :

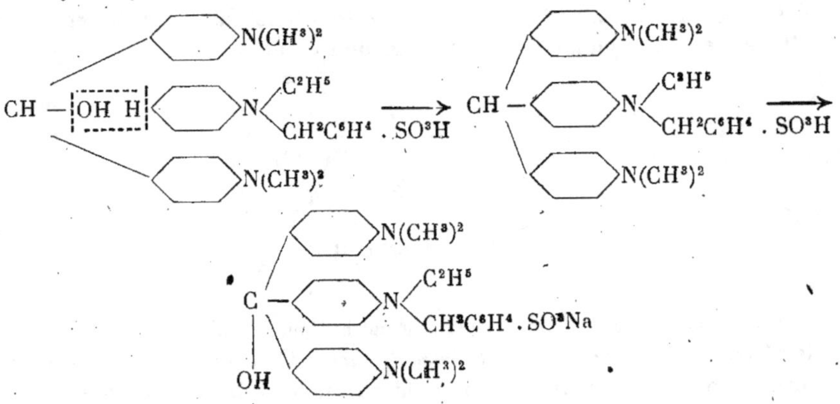

$$CH - [OH \; H] \left\langle \begin{array}{l} N(CH^3)^2 \\ N\!\!<\!\!\begin{array}{l} C^2H^5 \\ CH^2C^6H^4 . SO^3H \end{array} \\ N(CH^3)^2 \end{array} \right. \longrightarrow \quad CH - \left\langle \begin{array}{l} N(CH^3)^2 \\ N\!\!<\!\!\begin{array}{l} C^2H^5 \\ CH^2C^6H^4 . SO^3H \end{array} \\ N(CH^3)^2 \end{array} \right. \longrightarrow$$

$$C - \left\langle \begin{array}{l} N(CH^3)^2 \\ N\!\!<\!\!\begin{array}{l} C^2H^5 \\ CH^2C^6H^4 . SO^3Na \end{array} \\ N(CH^3)^2 \end{array} \right. \quad OH$$

L'hydrol se condense non seulement avec des amines mais aussi avec
d'autres substances : par exemple avec des dérivés carboxylés. On prépare
ainsi le *vert au chrome* en condensant l'hydrol avec de l'acide benzoïque et le
violet au chrome en le condensant avec de l'acide salicylique :

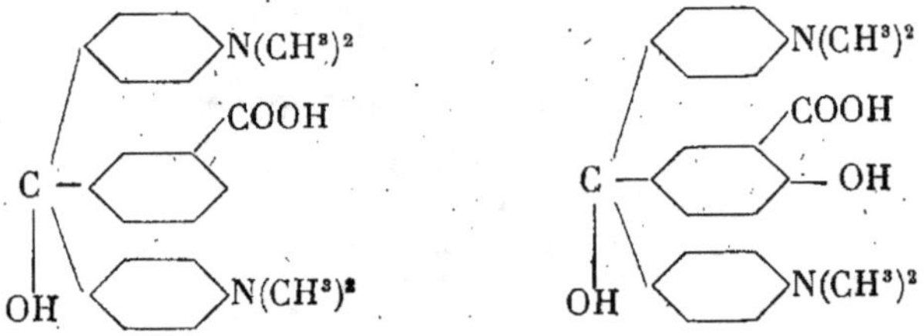

$$C - \left\langle \begin{array}{l} N(CH^3)^2 \\ COOH \\ N(CH^3)^2 \end{array} \right. \qquad C - \left\langle \begin{array}{l} N(CH^3)^2 \\ COOH \\ OH \\ N(CH^3)^2 \end{array} \right.$$

L'hydrol peut servir à préparer des couleurs résistant aux alcalis, par exemple
le *vert agalma* B provient de l'hydrol et d'une dinitrodiphénylamine sulfonée
obtenue en condensant l'acide m-sulfanilique et le chlorodinitrobenzène sulfoné 1,2,4,6 :

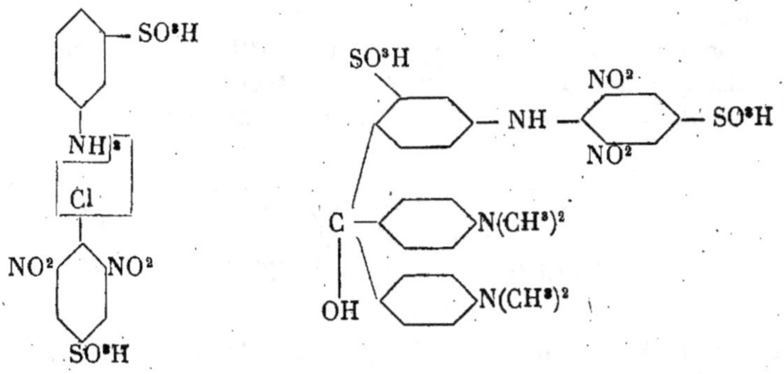

$$\left\langle \begin{array}{l} SO^3H \\ NH^2 \\ [Cl] \\ NO^2 \quad NO^2 \\ SO^3H \end{array} \right. \qquad \left\langle \begin{array}{l} SO^3H \\ - NH - \langle \begin{array}{l} NO^2 \\ NO^2 \end{array} - SO^3H \\ C - \langle \begin{array}{l} N(CH^3)^2 \\ N(CH^3)^2 \end{array} \\ OH \end{array} \right.$$

L'hydrol peut être condensé avec des dérivés de la naphtaline et conduire aussi à des produits résistant aux alcalis : le *bleu patenté nouveau* B provient de l'hydrol et de la naphtylamine sulfonée 1,5. On transforme le groupe NH^2 en SO^2H par l'action de SO^3 + Cu sur le diazoïque, puis on l'oxyde en SO^3H :

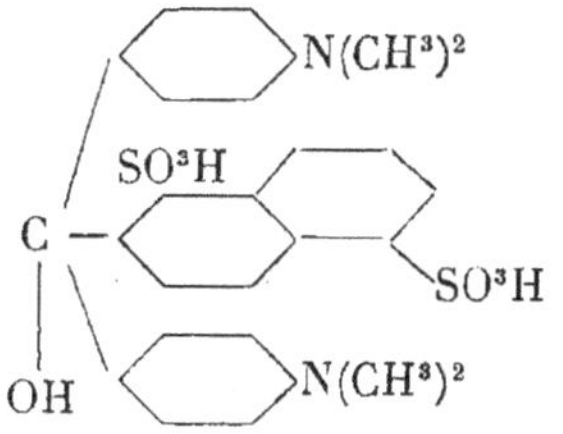

On condense aussi l'acide naphtaline-disulfonique 2,7 avec l'hydrol.

Le *tétraméthyldiamidodiphénylméthane* qui est le dérivé méthanique correspondant à l'hydrol, donne également une certaine quantité de violet lorsqu'on le fait réagir avec de la diméthylaniline, en présence d'un oxydant :

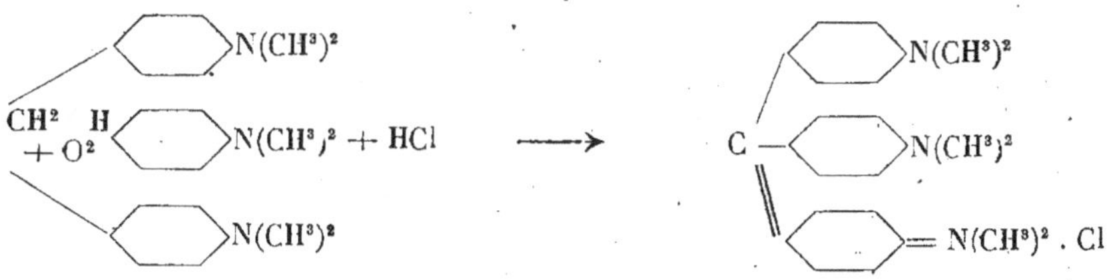

Ce procédé est très intéressant car le méthane est, des trois matières premières que nous venons de citer, celle que l'on obtient dans les conditions les plus avantageuses. Malheureusement les rendements sont très défectueux de sorte que, jusqu'à présent, il a été impossible d'utiliser pratiquement ce procédé.

Il a toutefois pu être appliqué à des méthanes sulfonés (violet formyle) obtenu par oxydation simultanée de :

et de diméthylaniline.

En résumé : lorsque l'on condense de la diméthylaniline avec la cétone on obtient du violet cristallisé ; avec de l'hydrol, il se forme la leucobase du violet. Par conséquent, pour la préparation de ce produit, le procédé à la cétone est préférable ; mais dans le cas des matières colorantes acides l'hydrol offre l'avantage de se condenser directement avec les amines sulfonées.

La troisième matière première qui est le tétraméthyldiamidotriphénylméthane serait très intéressante mais jusqu'à présent on n'est pas arrivé à l'employer pratiquement.

La formule suivante montre les différences caractéristiques de ces trois méthodes :

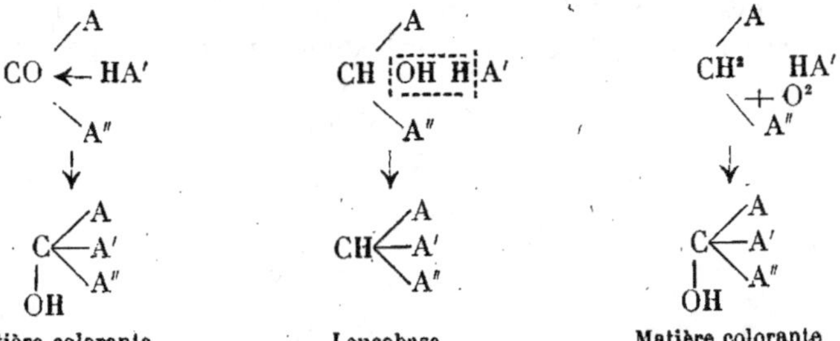

Matière colorante　　　　　　Leucobase　　　　　　Matière colorante

Fabrication du violet cristallisé. — Dans un vase émaillé on mélange :

Cétone	10 kilogrammes
Diméthylaniline	25　　»

et l'on ajoute une dissolution d'oxychlorure de carbone dans du toluène :

Oxychlorure de carbone	4 kilogrammes
Toluène	15　　»

La réaction s'amorce d'elle-même ; il se produit une sensible élévation de température, la masse devient bleue, se liquéfie, et lorsque la réaction se calme, on chauffe pendant une demi-heure au bain-marie, on rend ensuite alcalin, et l'on distille avec de la vapeur d'eau l'excès de diméthylaniline et de toluène.

Le violet est transformé en chlorhydrate et précipité au moyen de sel marin.

Pratiquement on peut éviter de préparer la cétone : on condense directement l'oxychlorure de carbone sur la diméthylaniline en présence de chlorure de zinc ou de chlorure d'aluminium.

Bleu Victoria. — On mélange :

Cétone	10 kilogrammes
Phényl α naphtylamine	9　　»
Oxychlorure de phosphore	7　　»

Il se produit une violente réaction qu'il est nécessaire d'enrayer par refroidissement. On chauffe ensuite au bain-marie pendant une demi-heure, après refroidissement le produit brut de la réaction est décoctionné avec 1 000 litres d'eau bouillante, et la solution filtrée est précipitée au moyen de sel marin.

Préparation de tétraméthyldiamidodiphénylméthane. — On chauffe à 70-80° un mélange de :

Diméthylaniline	50 kilogrammes
Acide sulfurique	50　　»
Eau	50 litres
Formaldéhyde à 40°/₀	15 kilogrammes

Le dérivé méthanique est obtenu en alcalinisant cette solution. Il se sépare à l'état insoluble.

Préparation du tétraméthyldiamidobenzhydrol :

Méthane	40 kilogrammes
Acide chlorhydrique	47　　»
Acide acétique	40　　»

On oxyde avec du bioxyde de plomb à très basse température :

Bioxyde de plomb .... 42 kilogrammes
Eau.. 100 litres

E) Condensation d'anhydride phtalique avec des dérivés méta-dioxy ou aminoxy

C'est par ce procédé que l'on prépare les *phtaléines* ou *phénylpyronines*.

Fluorescéine. — On fait réagir 1 molécule d'anhydride phtalique sur 2 molécules de résorcine à 180-190°. Il est très probable que la constitution de la fluorescéine à l'état de sel comme à l'état libre est de nature quinonique tandis que le chlorure de fluorescéine blanc, aurait la structure lactonique :

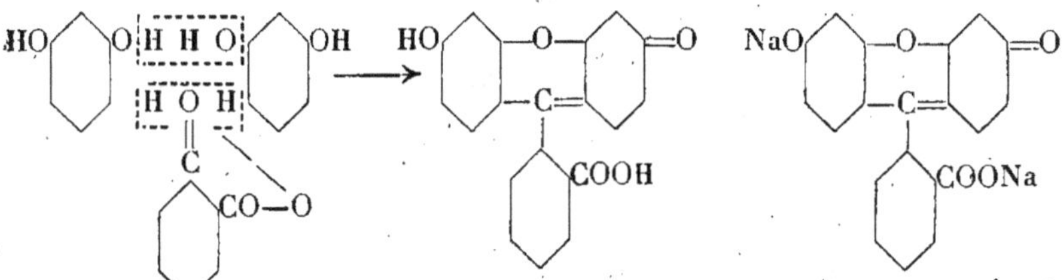

p quinone

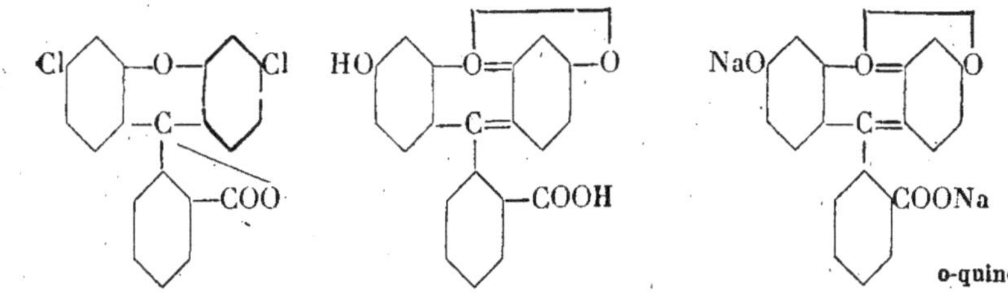

o-quinone

L'éosine est un dérivé tétrabromé de la fluorescéine, obtenu en faisant réagir sur ce produit du brome en milieu acétique. La fluorescéine donne un grand nombre de dérivés halogénés ; les principaux sont la *Primerose* qui est une méthyléosine, l'*érythrosine* qui est une tétraiodofluorescéine :

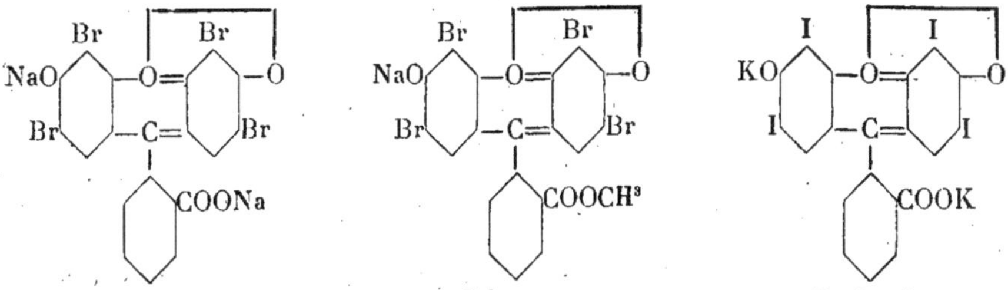

Eosine

Primerose

Erythrosine

Au lieu d'employer l'anhydride phtalique on peut utiliser ses dérivés di- ou tétrachlorés. Dans cette série mentionnons la *phloxine*, on condense de l'acide dichlorophtalique avec de la résorcine et l'on fait le dérivé tétrabromé. La phloxine est donc une éosine dichlorée.

La *cyanosine* est une méthylphloxine ; le *rose bengale* un produit di ou tétrachloré et tétraiodé :

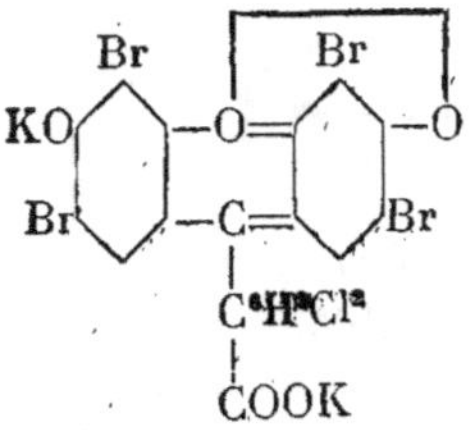

$$
\begin{array}{ccc}
\text{Phloxine} & \text{Cyanosine} & \text{Rose Bengale}
\end{array}
$$

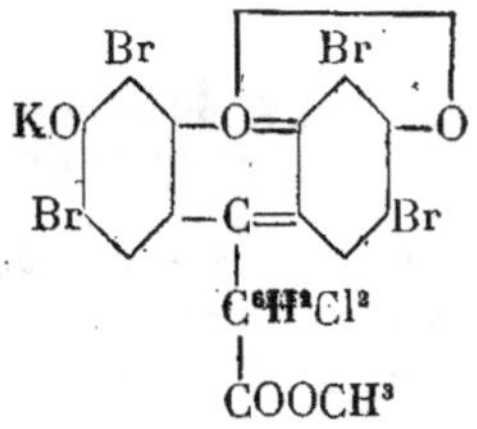

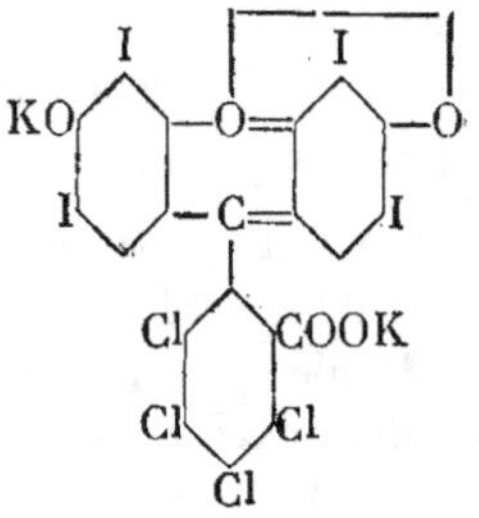

Si l'on condense l'anhydride phtalique avec du pyrogallol à 200° on obtient
de la *galléine*, celle-ci chauffée avec de l'acide sulfurique à 200° se transforme
en *céruléine* qui est en même temps une phtaléine et un dérivé du phénylan-
thracène :

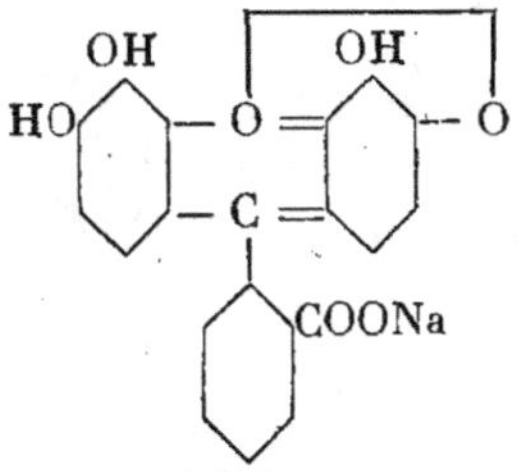

$$
\begin{array}{cc}
\text{Galléine} & \text{Céruléine}
\end{array}
$$

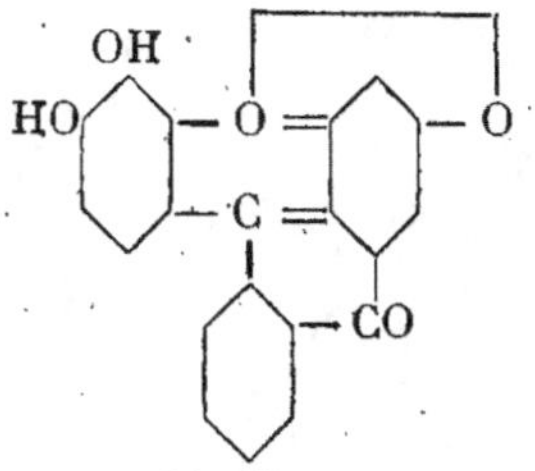

La céruléine est une matière colorante à mordants (combinaison bisulfitique).

Parallèllement à cette série de phtaléines provenant de m-dioxybenzène on
prépare une autre série de produits dénommés *rhodamines* en condensant
l'anhydryde phtalique avec des m-aminophénols, par exemple la *rhodamine B*
avec 2 molécules de diéthyl-m-aminophénol et 1 molécule d'anhydryde phtalique :

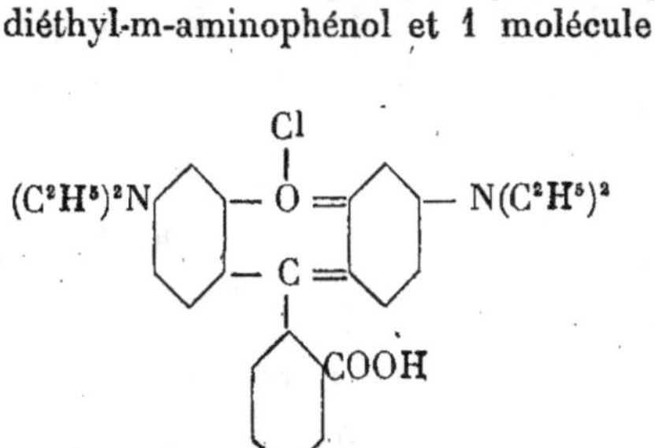

Ces phtaléines sont basiques et douées d'une remarquable vivacité de nuance.
Un autre procédé de préparation des rhodamines consiste à faire réagir des

amines grasses sur du chlorure de fluorescéine. Pour la *rhodamine B* on emploiera la diéthylamine :

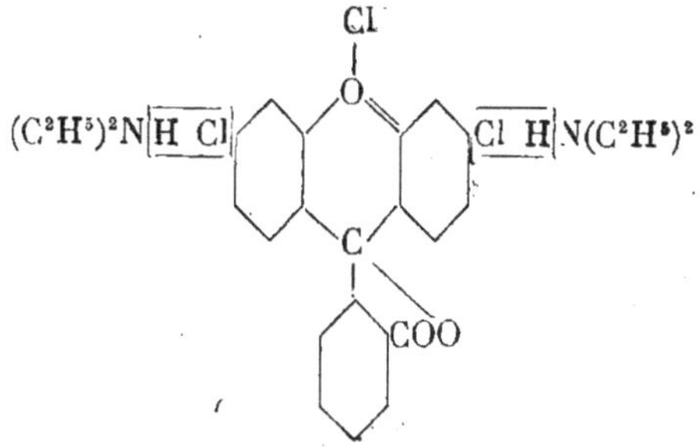

La *rhodamine 3B* ou *anisoline* provient de l'éthénification de la rhodamine B :

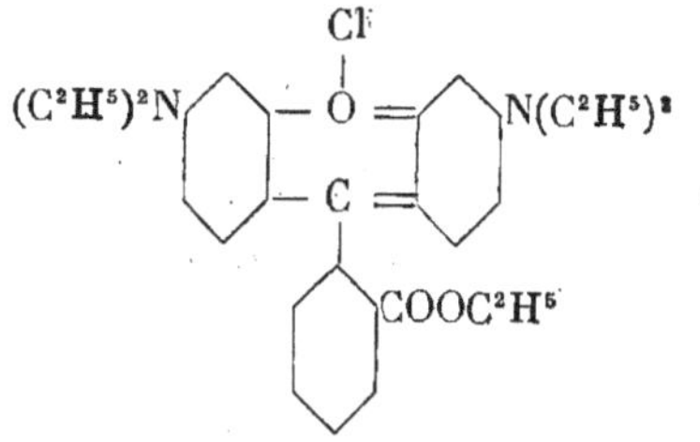

La rhodamine 6G est l'éther de la diéthylrhodamine symétrique.]

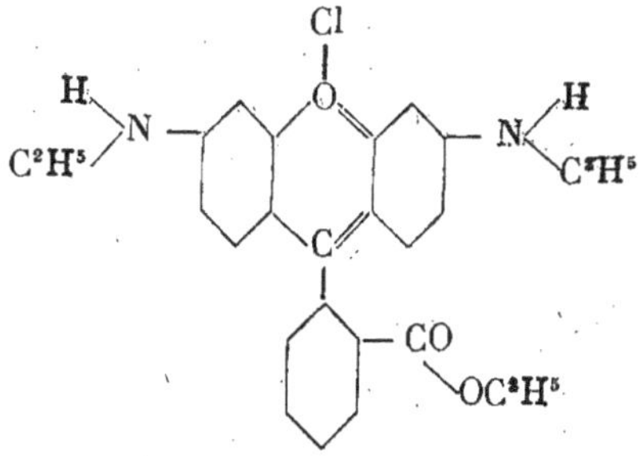

Les *violamines* sont des rhodamines provenant de l'action d'amines aromatiques sur le chlorure de fluorescéine. Les produits phénylés ainsi obtenus sont ensuite sulfonés de sorte que cette méthode permet de fabriquer des rhodamines acides. La *violamine B* par exemple provient de la condensation de 2 molécules d'aniline et d'une molécule de chlorure de fluorescéine. puis on sulfone ce dérivé diphénylé :

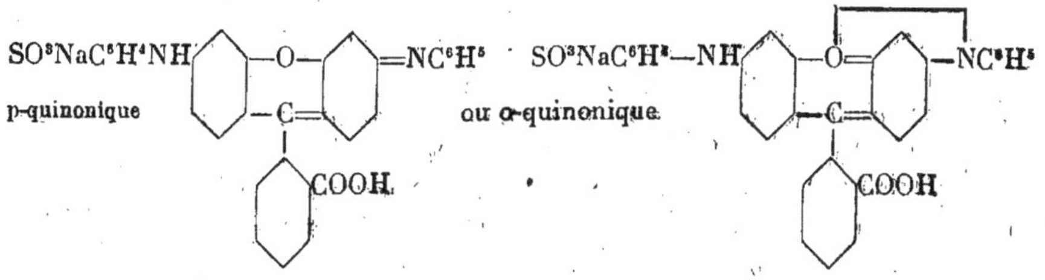

Les *succinéines* sont des rhodamines préparées avec l'anhydryde succinique.

La *rhodamine S* provient de 2 molécules de diméthyl-m-aminophénol + 1 molécule d'anhydride succinique. On peut aussi chauffer la succinéine de la résorcine avec de la diméthylamine :

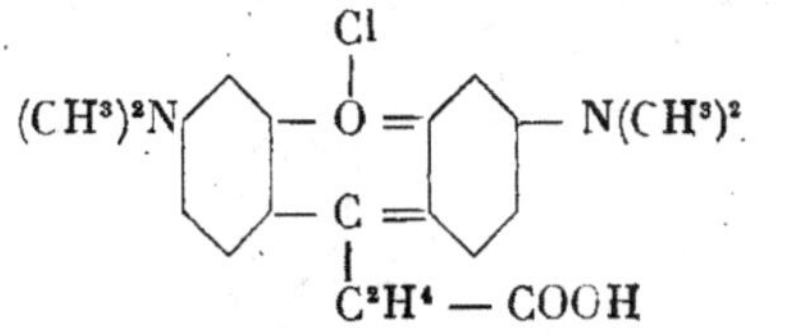

$$(CH^3)^2N\bigcirc - \overset{\overset{Cl}{|}}{O} = \bigcirc - N(CH^3)^2$$
$$\overset{|}{C} =$$
$$\overset{|}{C^2H^4} - COOH$$

Les rosamines n'ont que peu d'intérêt technique, elles proviennent de la condensation de benzaldéhyde et de diméthyl-m aminophénol. Ces produits n'ont plus de groupe COOH dans le troisième noyau. Leur formule générale est :

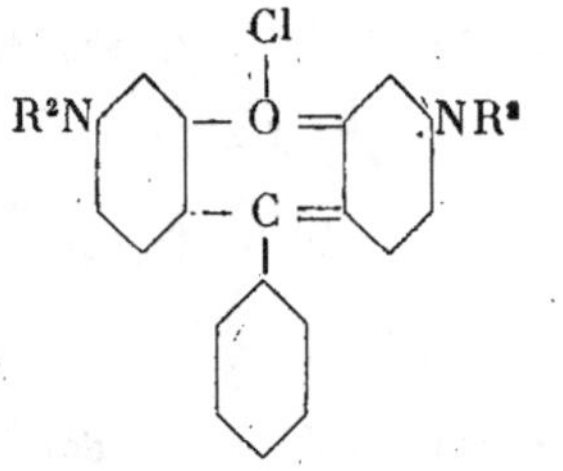

$$R^2N\bigcirc - \overset{\overset{Cl}{|}}{O} = \bigcirc NR^2$$
$$- C =$$

Enfin il existe des phtaléines mixtes intermédiaires entre les fluorescéines et les rhodamines. Par exemple la *rhodine* qui provient de la condensation de méthylrésorcine et d'acide diméthylaminooxybenzoylbenzoïque suivie d'une éthérification :

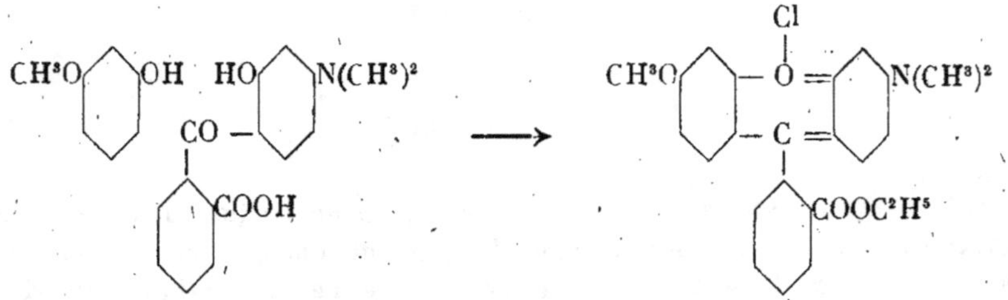

$$CH^3O\bigcirc OH \quad HO\bigcirc N(CH^3)^2$$
$$CO - \bigcirc$$
$$\bigcirc COOH$$

$$\longrightarrow$$

$$CH^3O\bigcirc - \overset{\overset{Cl}{|}}{O} = \bigcirc N(CH^3)^2$$
$$- C =$$
$$\bigcirc COOC^2H^5$$

2° Dérivés hydroxylés du triphénylméthane

Les produits hydroxylés et non carboxylés n'ont plus aucun intérêt technique. Nous ne les mentionnons donc que pour mémoire.

L'acide rosolique ou *aurine* est une matière colorante orangée que l'on prépare en chauffant du phénol et de l'acide oxalique avec de l'acide sulfurique à 110°, L'acide sulfurique n'agit que comme déshydratant. Prudhomme à préparé en effet de l'aurine en chauffant du phénol et de l'acide oxalique sans acide sulfurique.

On a préparé également de l'aurine avec de l'acide formique au lieu d'acide oxalique, la réaction avec l'acide oxalique peut être représentée par l'équation suivante :

$$\begin{matrix} CO\,OH \\ | \\ CO\,OH \end{matrix} + 3\,C^6H^5 \cdot OH = C - \left[\text{(noyaux benzéniques)} \right] + H^2O + CO$$

En chauffant l'aurine avec l'ammoniaque on obtient la rosaniline.

On a préparé un dérivé de l'aurine de cette manière, la *coralline* ou *péonine* qui est ou bien un dérivé contenant à la fois OH et NH^2 ou plus probablement une combinaison d'aurine et de rosaniline.

Le violet au chrome de Geigy est une aurine tricarboxylée que l'on prépare en condensant de l'aldéhyde formique avec de l'acide salicylique en milieu sulfurique et oxydant par le nitrite :

Le pittacale ou *acide eupittonique* est une couleur qui a été obtenue par oxydation d'huiles bouillant à température élevée du goudron de bois et contenant des éthers diméthyliques du pyrogallol et du méthyl pyrogallol :

$$OH - C \equiv \left[C^6H^2 \begin{matrix} (OCH^3)^2 \\ OH \end{matrix} \right]^3$$

C'est donc un dérivé méthoxylé de l'aurine. Il est orangé comme l'aurine, mais ses sels sont bleus tandis que ceux de l'aurine sont rouges. *Sans emploi.*

Les dérivés hydroxylés et carboxylés, par contre, ont un certain intérêt ;

nous avons déjà parlé du *vert au chrome* et du *violet au chrome* obtenus avec
l'hydrol et l'acide benzoïque ou l'acide salicylique :

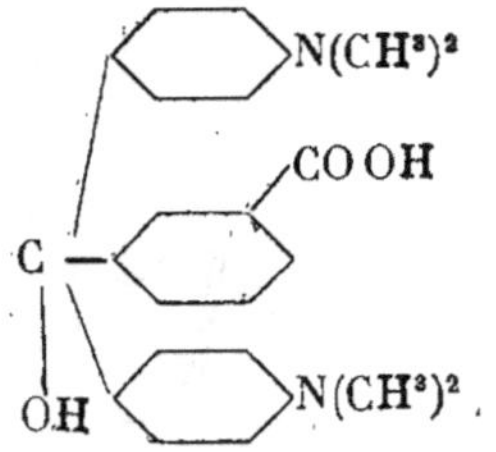

$$C \begin{cases} \bigcirc N(CH^3)^2 \\ \bigcirc COOH \\ \bigcirc N(CH^3)^2 \\ OH \end{cases}$$

On prépare aussi un *bleu au chrome* avec l'hydrol et l'acide α-oxynaphtoïque.

L'acide crésotinique donne naissance à quelques matières colorantes intéressantes. Pour obtenir *l'ériochromazurol* on condense la benzaldéhyde-o-
chlorée avec l'acide o-crésotinique et oxyde :

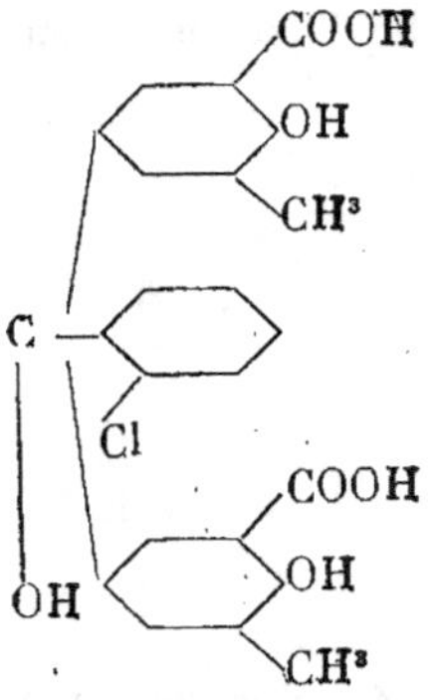

$$C \begin{cases} \bigcirc \,\substack{COOH\\OH\\CH^3} \\ \bigcirc Cl \\ \bigcirc \,\substack{COOH\\OH\\CH^3} \\ OH \end{cases}$$

L'ériochromocyanine
se prépare en conden-
sant la benzaldéhyde-
o-sulfonée et l'acide crésotinique, et oxydant
le leucodérivé :

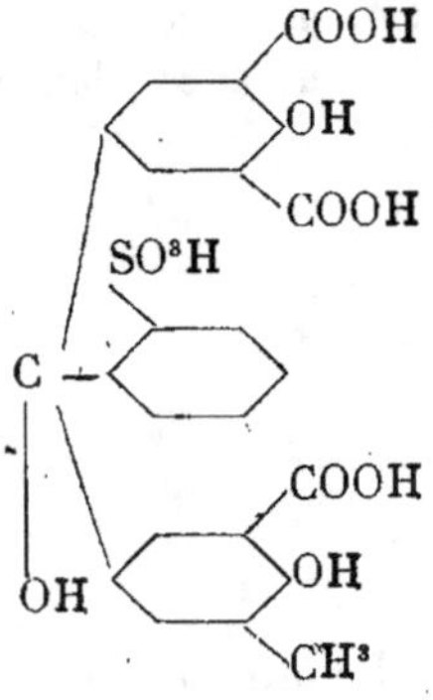

$$C \begin{cases} \bigcirc \,\substack{COOH\\OH\\COOH} \\ \bigcirc SO^3H \\ \bigcirc \,\substack{COOH\\OH\\CH^3} \\ OH \end{cases}$$

Elle teint la laine en rouge devenant bleu par chromatage.

Comme dérivé azoïque du triphénylméthane renfermant le groupement salicylique, nous avons déjà parlé de la matière colorante que l'on obtient avec
le ter-diazoïque de la fuchsine et 3 molécules d'acide salicylique. On prépare
un azoïque plus simple le *vert azoïque* en diazotant le leucodérivé du vert
m-aminé et en le copulant avec l'acide salicylique. Ce colorant peut être imprimé
avec des mordants de chrome, mais il résiste mal au savon et à la lumière :

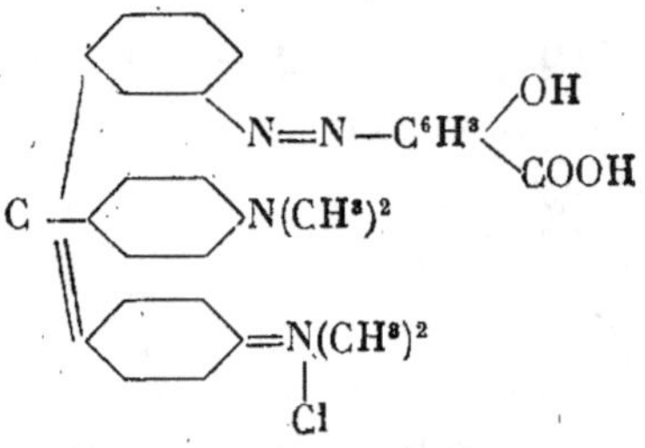

$$C \begin{cases} \bigcirc N=N-C^6H^3\,\substack{OH\\COOH} \\ \bigcirc N(CH^3)^2 \\ \bigcirc =N(CH^3)^2 \\ \quad\; Cl \end{cases}$$

———————

16° PYRONINES

Nous avons vu que les phtaléines renferment le groupement pyronique caractéristique. Ces colorants sont des phénylpyronines carboxylées. Il existe des pyronines simples non phénylées renfermant le groupement :

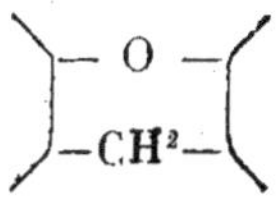

$$\rangle - O - \langle$$
$$\rangle - CH^2 - \langle$$

Pour les préparer on condense de la formaldéhyde avec des m-aminophénols, on obtient d'abord des hydropyronines que l'on oxyde ensuite à l'état de pyronines. Nous ne citerons que le colorant appelé *pyronine B*. On condense le formol avec le diéthyl-m-aminophénol ce qui conduit tout d'abord à un dérivé du diphénylméthane :

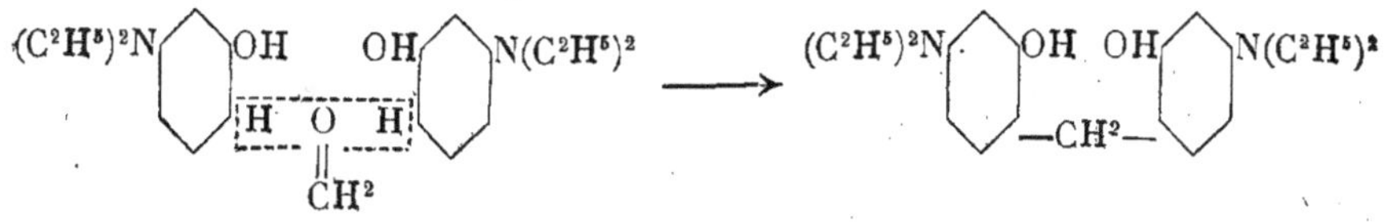

$$(C^2H^5)^2N \langle OH \quad OH \rangle N(C^2H^5)^2 \longrightarrow (C^2H^5)^2N \langle OH \quad OH \rangle N(C^2H^5)^2$$

Une anhydrisation interne transforme ce produit en une hydropyronine ; finalement on l'oxyde pour la transformer en colorant :

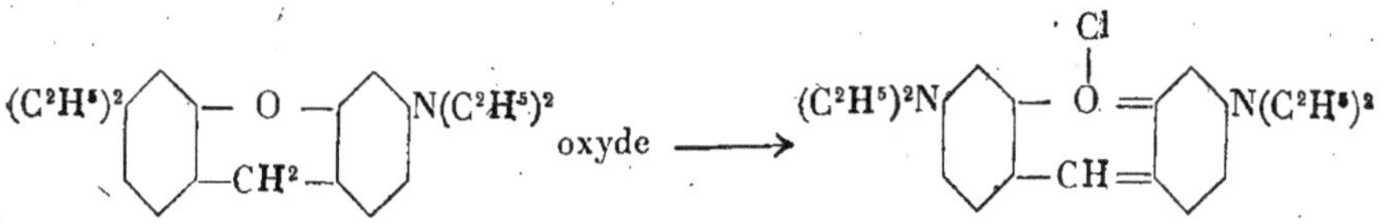

$$(C^2H^5)^2 \langle - O - \rangle N(C^2H^5)^2 \quad oxyde \longrightarrow (C^2H^5)^2N \langle - O = \rangle N(C^2H^5)^2$$

Cette couleur est basique, elle donne de belles nuances sur soie et coton mordancés au tannin.

17° ACRIDINES

Si dans la réaction qui donne naissance aux pyronines, on emploie à la place
d'amido-phénol une métadiamine ou une métadiamine substituée on obtiendra
une hydroacridine et par oxydation de celle-ci une acridine. C'est par ce procédé que l'on prépare le *jaune et l'orangé d'acridine.*

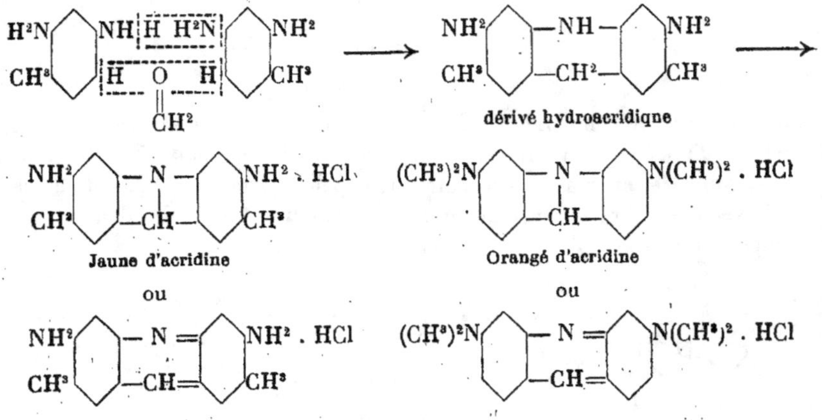

dérivé hydroacridique

Jaune d'acridine

ou

Orangé d'acridine

ou

La *benzoflavine* est également un dérivé acridique, mais on l'obtient en employant la benzaldéhyde au lieu de la formaldéhyde. Elle existe également sous
la forme réduite et oxydée :

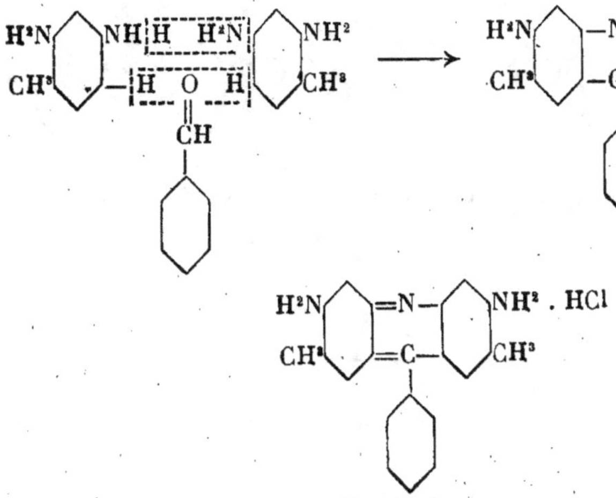

Benzoflavine

Rappelons à cette occasion la *phosphine*, sous-produit de la fuchsine dont nous avons parlé à propos des dérivés du triphénylméthane ; c'est une phényl-lacridine, qui est de même que la benzoflavine, en même temps un dérivé de l'acridine et du triphénylméthane. L'oxydation a lieu un peu différemment :

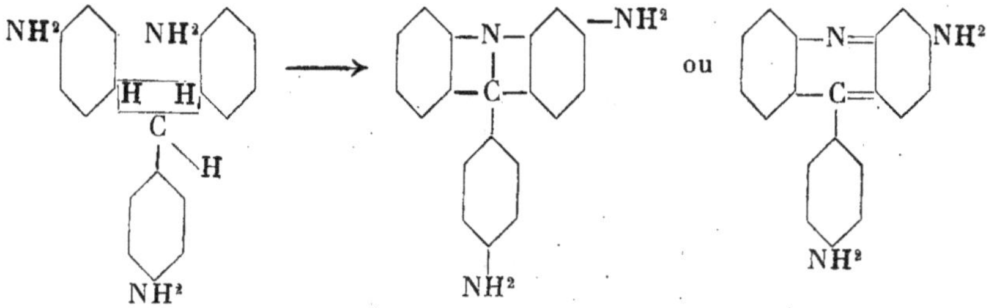

$$NH^2 \quad NH^2 \quad \overset{H\ H}{\underset{C}{|}} \quad H \longrightarrow -N- \underset{C}{|} \quad -NH^2 \quad NH^2 \qquad ou \qquad -N= \underset{C=}{|} \quad NH^2 \quad NH^2$$

Flavéosine : On l'obtient par fusion de l'acétyldiéthyl-m-phénylènediamine avec de l'anhydride phtalique, nous avons ici un produit qui est en même temps un dérivé acridique, un produit du triphénylméthane et une rhodamine dans laquelle O- est remplacé par NH dans le groupement pyronique. Ce produit est un colorant jaune ayant une belle fluorescence, mais il n'a pas d'intérêt technique :

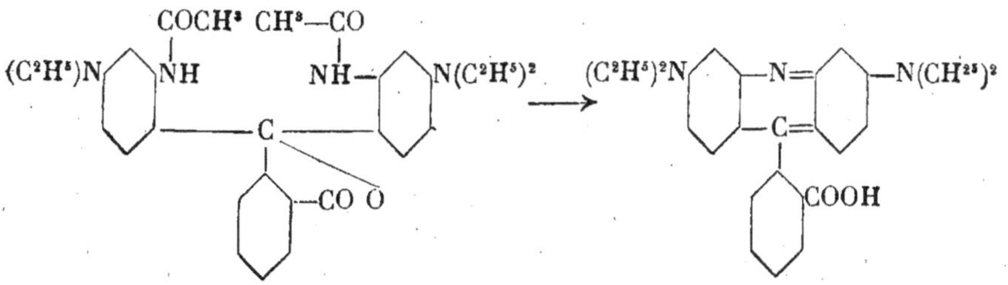

$$COCH^3 \quad CH^3-CO$$
$$(C^2H^5)N \quad NH \qquad NH- \quad N(C^2H^5)^2 \qquad (C^2H^5)^2N \quad -N= \quad -N(CH^{25})^2$$
$$C \qquad CO\ O \longrightarrow \quad C \quad COOH$$

18° DÉRIVÉS THIAZOLIQUES (THIOBENZÉNYLIQUES)

Si l'on chauffe à 180° la paratoluidine avec du soufre, il se forme la *déhydro-thiotoluidine* qui est un aminophényl-toluthiazol de la formule :

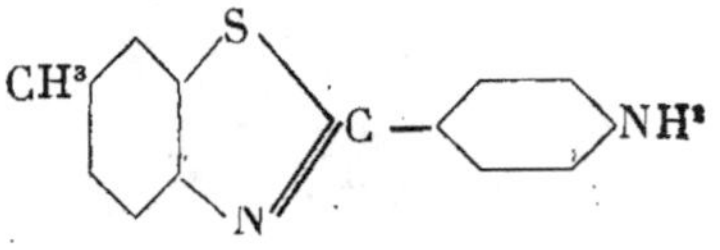

$$CH_3 \text{—} \underset{N}{\overset{S}{\diamond}} \text{C} \text{—} \bigcirc \text{—} NH_2$$

Ce corps est blanc en lui, jaune à l'état de sel. Il ne possède que des propriétés tinctoriales très peu prononcées. Par méthylation il donne un dérivé diméthylique qui est un jaune basique faible, sans emploi, mais qui par sulfonation donne un jaune teignant le coton directement et désigné dans le commerce sous le nom de *Thioflavine S*.

En traitant le dérivé diméthylé par le chlorure de méthyle en excès, il en additionne une molécule en donnant un nouveau colorant basique beaucoup plus intense et qui est connu dans le commerce sous le nom de *Thioflavine T*. On a d'abord considéré ce corps comme un ammonium (formule I), mais cette manière de voir n'est pas soutenable, car nous avons vu plus haut, que la transformation du $N(CH_3)_2$ en $N(CH_3)_3$ Cl diminue ses propriétés auxochromiques. Il faut donc que le CH_3Cl s'additionne soit au S soit à l'N du noyau thiazolique, ainsi que le représentent les formules II et III :

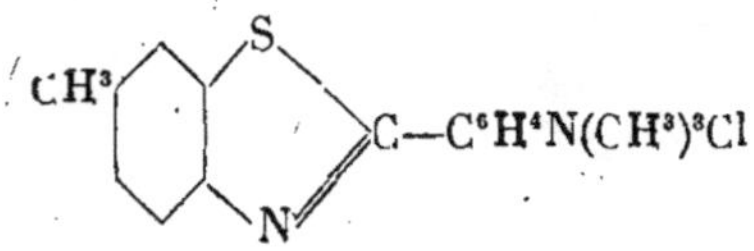

$$CH_3 \text{—} \underset{N}{\overset{S}{\diamond}} \text{C} \text{—} C_6H_4N(CH_3)_3Cl$$

I

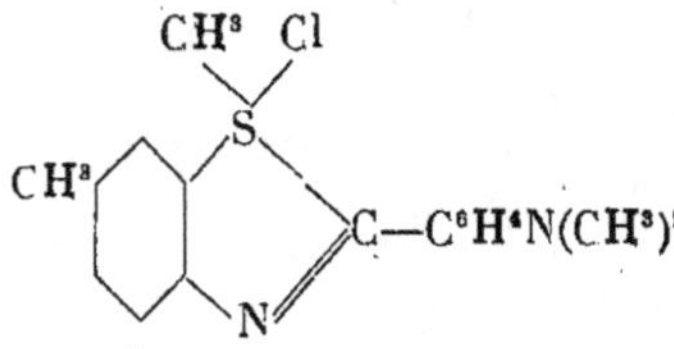

$$CH_3 \text{—} \underset{N}{\overset{\overset{CH_3 \; Cl}{S}}{\diamond}} \text{C} \text{—} C_6H_4N(CH_3)_2$$

II

$$CH_3 \text{—} \underset{\underset{CH_3 \; Cl}{N}}{\overset{S}{\diamond}} \text{C} \text{—} C_6H_4N(CH_3)_2$$

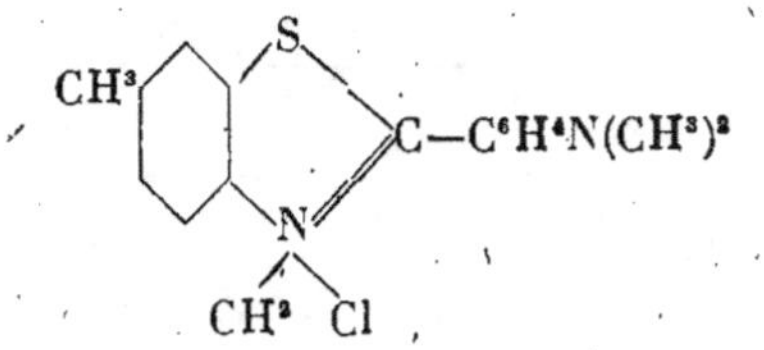

III

Si dans la réaction du soufre sur la paratoluidine on augmente la proportion de celui-ci et qu'on pousse la température au dessus de 200°, on obtient une substance jaune, insoluble dans l'eau à l'état libre aussi bien qu'à l'état de sel, mais susceptible de donner un acide sulfonique dont les sels alcalins sont solubles dans l'eau en jaune et teignent le coton non mordancé en jaune également. Ce corps découvert par Green en 1887 a été appelé *primuline*. Il se forme aussi par l'action du soufre sur deux molécules de déhydrothiotoluidine et répond à la formule :

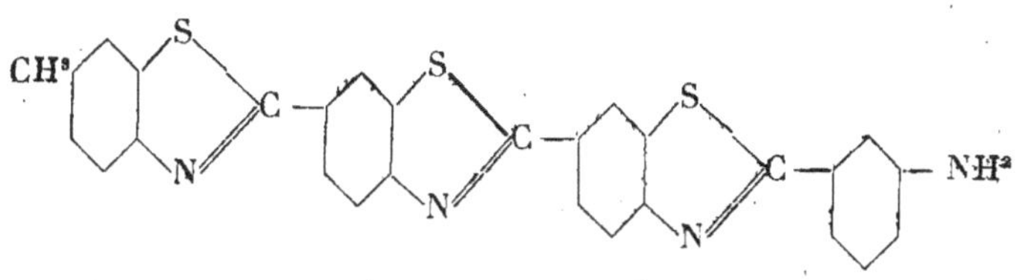

$$CH_3 \diagup\!\!\!\diagup S \diagdown C - \diagup\!\!\!\diagup S \diagdown C - \diagup\!\!\!\diagup S \diagdown C - \diagup\!\!\!\diagup NH_2$$

L'acide sulfonique de la primuline se laisse diazoter, aussi bien en substance que sur tissu. Cela a été le premier exemple d'une matière colorante diazotable sur la fibre. La diazo-primuline est insoluble dans l'eau et n'est par conséquent pas enlevée de la fibre par lavage

Elle se laisse copuler aussi bien en substance que sur la fibre et donne des nuances variant du jaune au violet et au bordeaux en passant par l'orange et le rouge, ainsi que des bruns.

La déhydrothiotoluidine et son acide sulfonique sont également diazotables et copulables et donnent des matières colorantes dont les nuances sont analogues à celles obtenues au moyen de la primuline.

Parmi les nombreux azoïques, ainsi préparés nous citerons particulièrement : les *Erica* et les *Geranines* formés par l'action de la déhydrothiotoluidine et de son homologue supérieur dérivé de la métaxylidine sur l'acide ε-α-naphtoldisulfonique :

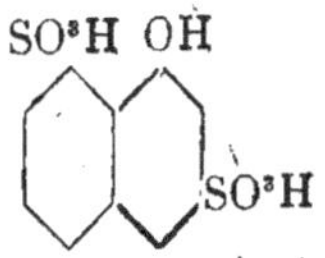

$$SO_3H \quad OH$$
$$\diagup\!\!\!\diagup\diagdown\!\!\!\diagdown SO_3H$$

et sur l'acide dioxynaphtalinesulfonique S :

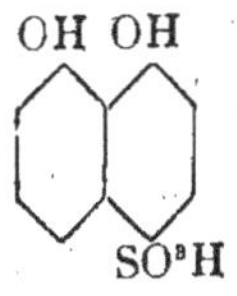

$$OH \quad OH$$
$$\diagup\!\!\!\diagup\diagdown\!\!\!\diagdown SO_3H$$

qui donnent de très beaux roses et rouges sur coton ; les *jaunes dianiles* obtenus avec l'éther acétylacétique et son anilide, le *jaune de thiazol*, composé diazoaminé formé par l'action d'une molécule de l'acide sulfonique de la déhydrothiotoluidine diazoté sur une seconde molécule de ce même acide.

Le *jaune de chloramine*, obtenu par oxydation de cet acide au moyen du chlorure de chaux, et qui répond évidemment à la formule :

est un colorant de valeur. Au point de vue théorique il est intéressant en ce sens qu'il ne contient pas d'auxochrome.

En traitant le dérivé diazoïque de la primuline par l'ammoniaque on obtient un colorant jaune le *mimosa*, c'est peut-être un bisdiazo aminodérivé :

$$HN \begin{cases} - N = N - P \\ - N = N - P \end{cases}$$

Le diazo de la primuline est très sensible à la lumière qui le décompose en donnant un jaune qui n'est plus copulable. On peut se servir de cette réaction pour obtenir des effets photographiques. Si l'on diazote un tissu teint en primuline, qu'on le place sous un négatif et qu'on développe ensuite en β-naphtol, les parties exposées à la lumière paraitront en jaune, tandis que les parties couvertes se copulent et donnent un dessin rouge.

19° DÉRIVÉS QUINOLIQUES

Le nombre des matières colorantes contenant le groupe quinolique est assez important, mais peu d'entre elles ont trouvé des applications sérieuses dans les industries.

Le *Bleu de quinoline* ou *cyanine* a été découvert en 1859 par Greville Williams en traitant par la potasse, l'iodamylate de la « quinoline » obtenu au moyen de la cinchonine, qui est un mélange de quinoline et lépidine (γ-méthyle-quinoline). C'est un colorant trop fugace pour être employé en teinture, mais qui a trouvé un emploi intéressant dans la préparation des plaques photographiques orthochromatiques.

En traitant de la même manière les iodoalcoylates d'autres bases quinoliques, soit seules, soit en mélange deux à deux, on a obtenu toute une série de couleurs, en général rouges, de propriétés et de constitution analogues qui servent aux mêmes usages.

La formule de constitution de la *cyanine* est :

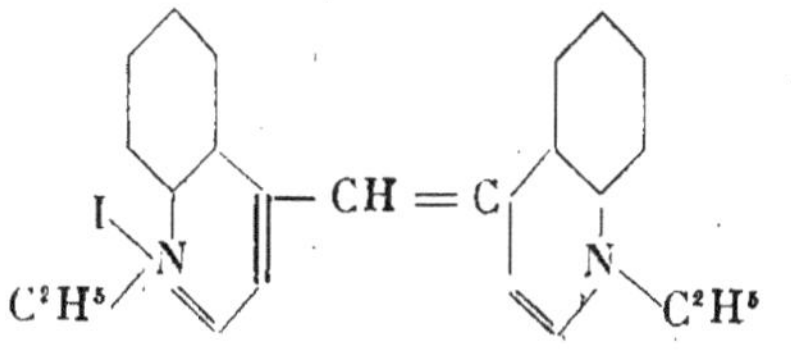

$$= C^{25}H^{35}N^2I$$

Un *Rouge de quinoline* $C^{26}H^{19}N^2Cl$, employé également comme sensibilisateur se prépare par l'action du trichlorure de benzyle en un mélange de quinaldine et d'isoquinoline.

La *Flavaniline*, colorant jaune basique, s'obtient par l'action du chlorure de zinc sur l'acétanilide, qui à la haute température à laquelle a lieu la réaction se transforme en un mélange de p- et d'o-aminoacetophénone qui se condensent avec élimination d'eau. Elle n'a pas d'emploi pratique :

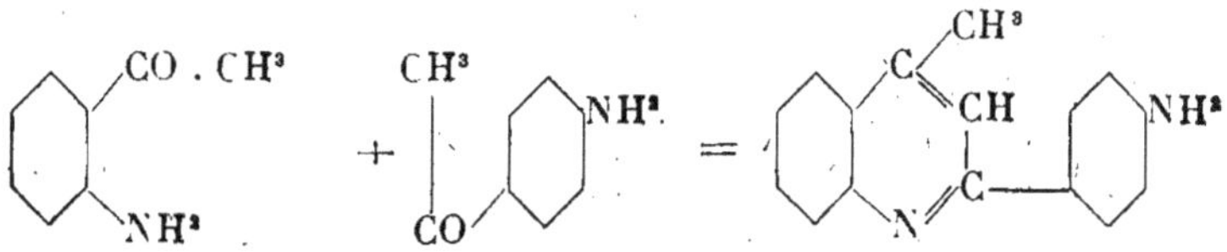

La *Quinophtalone* ou *Jaune de Quinoline* est préparée par l'action de l'anhydride phtalique sur la quinaldine. C'est un beau corps jaune insoluble dans l'eau, soluble dans l'alcool, employé dans la fabrication des laques :

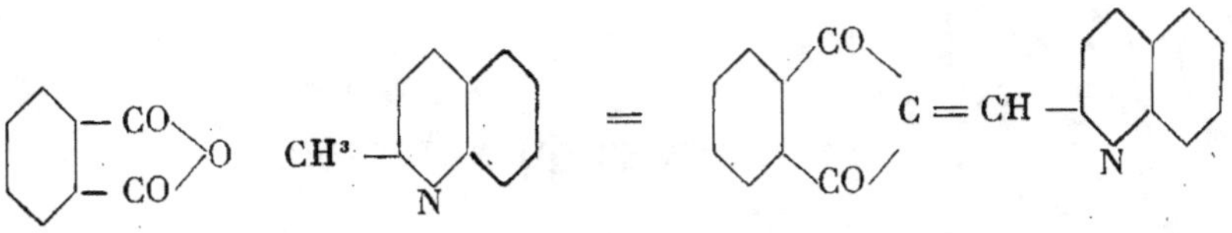

Sous l'influence de l'acide sulfurique fumant la quinophtalone donne un acide bisulfonique dont le sel de sodium constitue le *jaune de quinoline soluble à l'eau*, qui, malgré son prix assez élevé est employé dans la teinture de la soie et de la laine.

Enfin, il est à mentionner que la transformation du groupe NH^2 en groupe quinolique dans les aminoalizarines 3 et 4 fait passer la nuance sur mordants de chrome, aluminium et fer du marron, respectivement grenat au bleu et au vert bleuâtre.

20° COULEURS SULFURÉES

Le produit le plus ancien de cette série est le *Cachou de Laval* de Croissant et Bretonnière. On le prépare en chauffant des polysulfures alcalins, avec des dérivés cellulosiques. (On le nomme aussi *brun Catigène*).

Industriellement on emploie du son et de la sciure de bois ; on fait une pâte épaisse avec le sulfure et on l'introduit dans des moules en tôle de 8 à 10 centimètres de hauteur et d'une surface d'environ un mètre carré ; ceux-ci sont chauffés dans un four analogue aux fours de boulangers, et portés pendant quelques heures à une température élevée, par exemple 300° ; on obtient une masse poreuse parfaitement soluble dans l'eau en vert bouteille ; cette substance teint le coton non mordancé en nuance cachou.

Pendant longtemps cette substance a été la seule que l'on ait préparée dans cette série, mais vers 1893 on est arrivé à produire des couleurs sulfurées extrêmement intéressantes. La première de la série est le *noir Vidal*. Le brevet d'origine indique la réaction de l'hyposulfite d'ammoniaque et de l'hydroquinone en présence du soufre et sous pression.

L'étude de ce produit conduisit à l'élaboration d'un procédé plus pratique car le prix de l'hydroquinone était trop élevé. On fait réagir des polysulfures alcalins d'une part sur du paramidophénol et d'autre part sur de la paraphénylènediamine. Au lieu d'employer ces deux substances on peut mettre en œuvre des matières premières susceptibles de donner ces mêmes produits, par exemple : le p-nitrophénol,l a p-nitraniline qui, par réduction avec du sulfure de sodium, c'est-à-dire dans la première phase de la réaction, se transformeront en produits amidés ; ou bien de l'amidoazobenzol et l'oxyazobenzol qui par réduction donneront les mêmes produits que précédemment à côté d'aniline qui s'échappe :

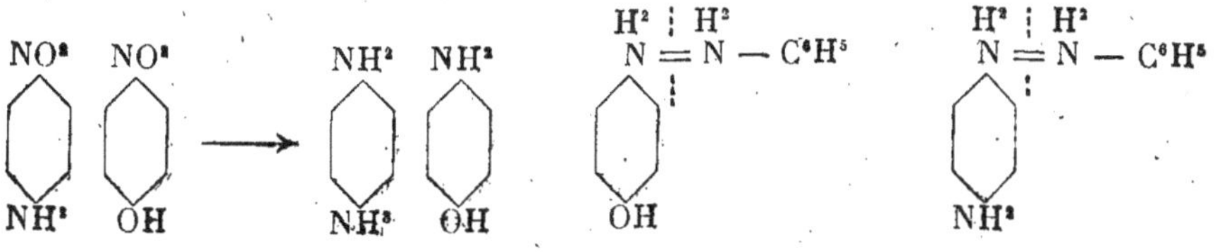

$$
\begin{array}{cccc}
\underset{NH^2}{\overset{NO^3}{C_6H_4}} \quad \underset{OH}{\overset{NO^3}{C_6H_4}}
& \longrightarrow &
\underset{NH^3}{\overset{NH^2}{C_6H_4}} \quad \underset{OH}{\overset{NH^2}{C_6H_4}}
& \underset{OH}{\overset{\overset{H^2 \;\vdots\; H^2}{N = N - C^6H^5}}{C_6H_4}}
\qquad \underset{NH^2}{\overset{\overset{H^2 \;\vdots\; H^2}{N = N - C^6H^5}}{C_6H_4}}
\end{array}
$$

La question de la constitution des couleurs sulfurées demande à être étudiée plus qu'elle ne l'a été jusqu'à présent. On ne saurait dire au juste quelle est la structure de ces produits, mais il semble que lors de la formation du noir il se se produit des dérivés de la diphénylamine, ces substances serviraient de pivot à la réaction en donnant des produits sulfurés complexes, par exemple :

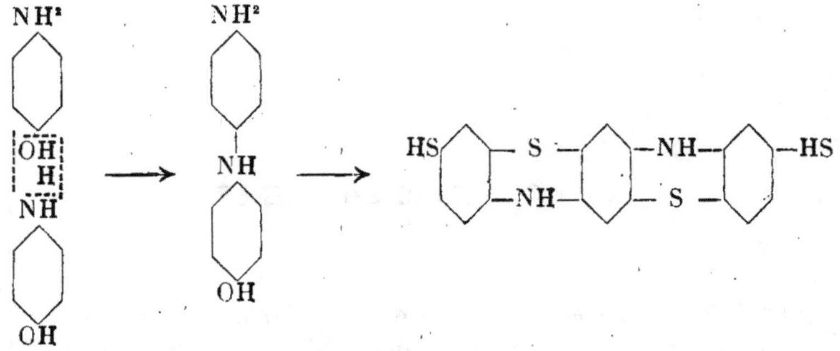

$$NH_2 \quad NH_2$$
$$OH\;H / NH \longrightarrow NH / OH \longrightarrow HS{-}S{-}NH{-}HS / {-}NH{-}S{-}$$

ou

$$OH{-}S{-}SH{-}S{-}OH / {-}NH{-}S{-}NH{-}$$

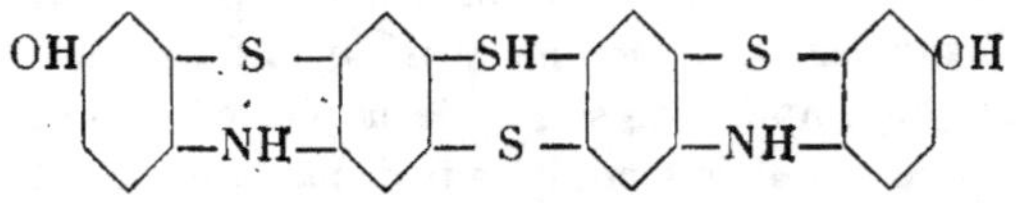

Ce qui justifie cette manière de voir, c'est l'importance de *l'oxydinitrodi-phénylamine* qui donne un très beau noir, *le noir immédiat*, ainsi que d'autres dérivés de la diphénylamine, par exemple :

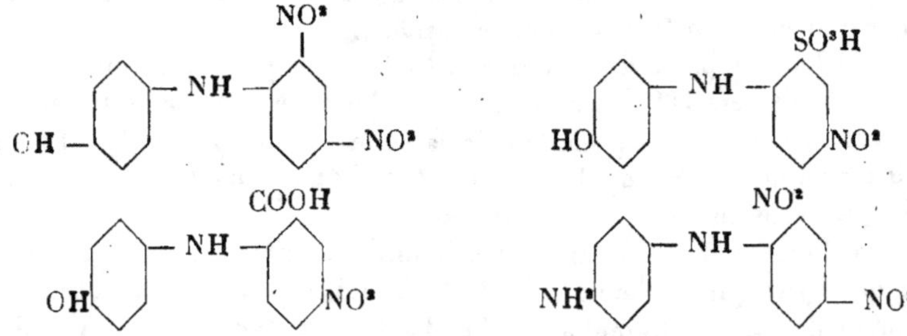

$$OH{-}NH{-}NO_2,\;NO_2 \qquad HO{-}NH{-}SO_3H,\;NO_2$$
$$OH{-}NH{-}COOH,\;NO_2 \qquad NH_2{-}NH{-}NO_2,\;NO_2$$

On les prépare facilement en faisant réagir du p-amidophénol ou d'autres amines substituées sur du dinitrochlorobenzène. Dans cette molécule le chlore est extrêmement mobile par le fait de la présence des groupements nitro ; la réaction a lieu même en milieu alcalin faible :

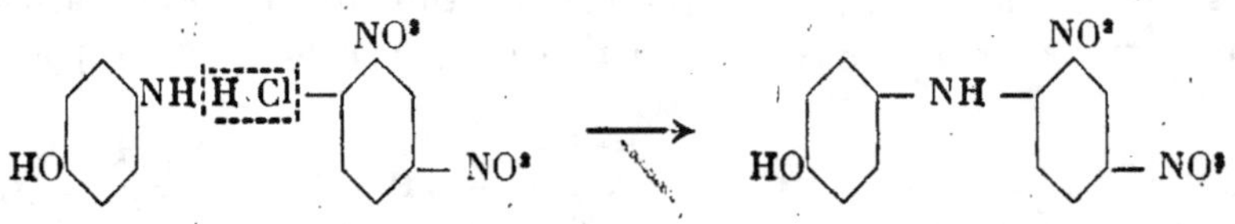

$$HO{-}NH\;H\,Cl{-}NO_2,\;NO_2 \longrightarrow HO{-}NH{-}NO_2,\;NO_2$$

Il se produit des couleurs sulfurées avec d'autres matières premières. Par exemple en employant les acides amino-salicyliques, le dinitrophénol 1, 2, 4 les amidonaphtols sulfonés ou non, et enfin la dinitronaphtaline 1, 8 :

$$NO_2\;NO_2$$

Le noir dérivé de dinitrophénol est la couleur sulfurée la plus importante de toutes, à cause de son bas prix et de ses bonnes qualités de solidité.

Préparation du noir Vidal. — Dans une marmite en fonte munie d'un agitateur on introduit 400 kilogrammes de sulfure de sodium cristallisé, on y ajoute 150 kilogrammes de p-amidophénol et l'on chauffe jusqu'à élimination complète de l'eau de cristallisation, puis on élève la température jusqu'à 190° et à ce moment on introduit 100 kilogrammes de soufre ; on continue à chauffer pendant deux ou trois heures. Après refroidissement on retire un produit poreux qui est livré à cet état dans le commerce.

La température de la réaction joue un rôle important dans la préparation des couleurs sulfurées. Si, par exemple, on chauffe à une température inférieure à 140-150°, il se produit non plus du noir, mais du bleu ; par contre si l'on chauffe à une température très élevée le noir devient verdâtre et perd de son intensité. Un brevet intéressant se rapporte au *bleu pur immédiat*. On l'obtient en partant de p-phénylènediamine diméthylée. Il est probable que ce produit se rapproche de la série du bleu méthylène. On s'est demandé si les couleurs ne proviendraient pas de la soudure par le soufre, de deux molécules de mercaptan. Le sulfure de sodium aurait pour but de réduire la matière colorante en la transformant précisément en mercaptan, et par oxydation de cette solution alcaline le thio dérivé serait mis en liberté à l'état insoluble : Dans le cas présent on aurait les réactions :

$$(CH^3)^2N \underset{-\ S\ .\ SO^3H}{\overset{-\ NH^2}{\bigcirc}} + \underset{-\ OH}{\overset{-\ SH}{\bigcirc}} \longrightarrow$$

$$(CH^3)^2N \underset{-\ S\ -}{\overset{-\ N\ =}{\bigcirc}} \underset{=\ O}{\overset{SH}{\bigcirc}} \quad HS \underset{O\ =}{\overset{-\ N\ -}{\bigcirc}} \underset{-\ S\ -}{\bigcirc} - N(CH^3)^2$$

$$\downarrow$$

$$(CH^3)^2N - \underset{-\ S\ -}{\overset{-\ N\ =}{\bigcirc}} \underset{=\ O}{\overset{-\ S\ -\ S\ -}{\bigcirc}} \underset{O\ =}{\overset{-\ N\ -}{\bigcirc}} \underset{-\ S\ -}{\bigcirc} - N(CH^3)^2$$

Quoiqu'il en soit, la théorie de la constitution de ce bleu est encore assez vague.

Citons encore :

Vert immédiat. — Action du sulfure + S sur:

$$OH \underset{-\ NH\ -}{\overset{}{\bigcirc}} \underset{-\ SO^3H}{\overset{-\ NHC^6H^5}{\bigcirc}}$$

Bleu hydrone. — Colorant très intéressant, remarquable résistance à la lumière obtenu par l'action de $Na^2S + S$ sur :

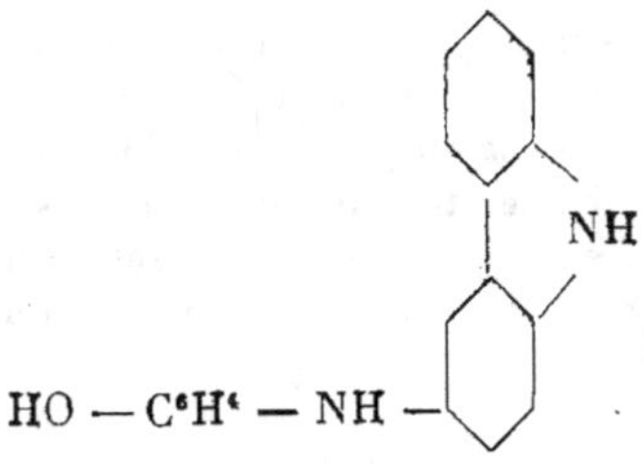

$$HO - C^6H^4 - NH - \bigcirc\text{—}\bigcirc\ NH$$

Cette couleur sulfurée présente l'avantage de pouvoir être également teinte en cuve à l'hydrosulfite.

Tous les produits dont nous venons de parler sont des matières colorantes noires, bleues ou vertes, mais on connaît aussi des couleurs sulfurées brunes et jaunes, les *thiocatéchines* et *jaune immédiat*. Elles sont préparées par exemple, avec l'acétyl-p-phénylènediamine et la m-toluylènediamine :

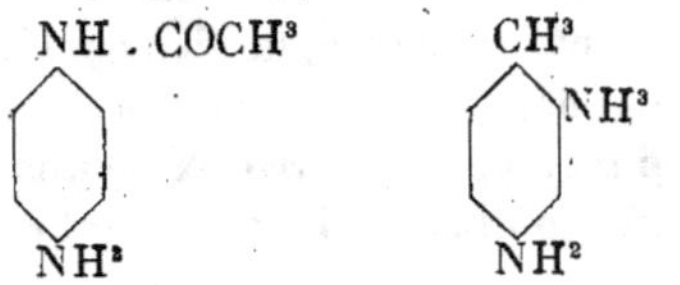

$$NH.COCH^3 \qquad\qquad CH^3$$
$$\bigcirc \qquad\qquad\qquad \bigcirc NH^3$$
$$NH^2 \qquad\qquad\qquad NH^2$$

qu'on chauffe d'abord avec du soufre, puis avec un sulfure alcalin ([1]).

Agents de sulfuration. — On peut employer également du chlorure de soufre et même dans certains cas de l'hyposulfite de soude. On chauffe parfois aussi le dérivé aromatique d'abord avec le soufre et traite le produit de réaction ensuite par le sulfure de sodium.

Combinaisons bisulfitiques. — Les produits dont il vient d'être question renferment tous des sulfures alcalins de sorte que leur emploi n'a pu s'étendre à l'impression des tissus par suite de l'altération des râcles et des rouleaux de cuivre ; pour remédier à cet inconvénient on peut quelquefois les solubiliser en les transformant en combinaisons bisulfitiques ; celles-ci se décomposent au vaporisage et peuvent être employées sans craindre d'abimer les machines à imprimer.

Les matières colorantes sulfurées portent des noms très divers.

Citons les couleurs : *chryogène, immédiates, pyrogène, thional, éclipse, mélanogène, catigène*, etc.

En résumé nous avons plusieurs séries de produits sulfurés.

([1]) Ces produits contiennent très probablement des noyaux thiazoliques :

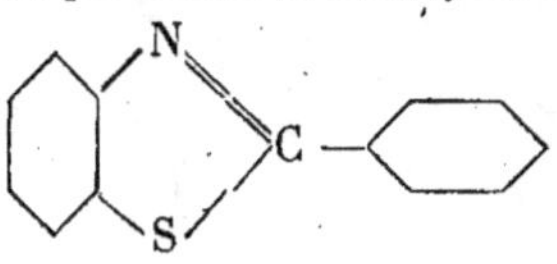

$$\bigcirc\begin{matrix} N \\ S \end{matrix} C - \bigcirc$$

1° *Bruns* : série du cachou de Laval obtenu avec des dérivés cellulosiques ;

2° *Noirs* : provenant de phénols et d'amines p-substitués, de dinitrophénol, des dérivés de la p-oxydiphénylamine. On obtient également des noirs en partant de 1,8-dinitronaphtaline et de la dinitroanthraquinone, mais la série des p-oxy et p-amino dérivés du benzène est de beaucoup la plus importante.

La réaction du soufre sur ces différentes matières premières peut avoir lieu à température relativement élevée (100-200°) quelquefois en milieu aqueux sous pression mais aussi en chauffant simplément au réfrigérant à reflux.

Dans certains cas on peut remplacer le soufre par le chlorure de soufre. De tous les noirs, celui obtenu au moyen du dinitrophénol est le plus important ;

3° *Bleus* : les réactions qui donnent naissance aux noirs sulfurés, donnent presque toujours comme produits intermédiaires des colorants bleus ; ceux-ci se forment à plus basse température.

Pour préparer les bleus on peut opérer en milieu alcoolique ou bien par fusion ménagée. On utilise également des dérivés de la diphénylamine c'est-à-dire des leuco-indophénols. Le bleu hydrone provient d'une base qui est en même temps un dérivé p-oxyamidé du benzène et un dérivé du carbazol ;

4° *Bruns* : on emploie des dinitrocrésols et des dinitrooxydiphénylamines (ces derniers en milieu aqueux) ;

5° *Jaunes* : 2 séries de matières premières : 1° l'acétyl p-phénylènediamine ou acétylp-nitramine ; 2° la m-toluylènediamine et quelques-uns de ses dérivés ;

6° *Verts* : comme colorants verts nous n'avons à mentionner que le vert immédiat. Sous le nom de *vert Italien*, on trouve dans le commerce un produit qui se prépare en ajoutant des sels de cuivre dans la préparation du noir Vidal ; ce n'est pas un vert à proprement parler, mais plutôt un vert olive très gris. L'influence de sel de cuivre est d'ailleurs très intéressante dans la fabrication des couleurs sulfurées, on y fait fréquemment intervenir ce métal. Tous les verts le contiennent ;

7° *Violets* : nous n'avons ici, que deux couleurs, le bordeaux immédiat et le pourpre thiogène, dérivées de :

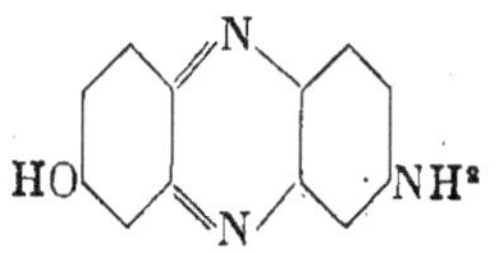

respectivement de

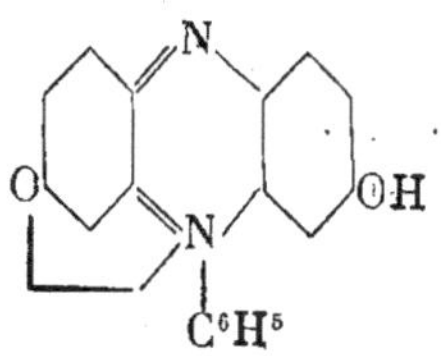

On voit que la série des noirs, des bleus, des bruns et des jaunes est très complète, mais il manque encore dans cette série des rouges francs ce qui est une lacune puisqu'il s'agit d'une des couleurs fondamentales.

Le tableau suivant donne un résumé des principaux produits industriels avec les matières premières qui sont utilisés pour la préparation :

Résumé des produits industriels

Bruns : Cachou de Laval.   celluloses.
        brun Catigène.

Noirs : noir Vidal.   aminophénol.
       noir thional.   azo de nitraniline + o-nitrophénol.
       noir au soufre.   dinitrophénol.
       noir auronal.
       noir autogène.
       noir immédiat.   dinitrooxydiphénylamine.
       noir auronal   dinitro-p-aminodiph. [1] + glycérine.
       noir pyrogène.   nitroaminooxydiphénylamine.
       noir autogène.   amino et diaminooxydiph. [1] + crésol et chlorure
                 de soufre.
       noir St-Denis.   p-phénylènediamine + nitrobenzène + créso,
                 et chlorure de soufre.
       noir solide B.   1 8-dinitronaphtaline.

Bleus : bleu direct pyrogène.   dinitrooxydiph. [1] sol. alcoolique.
       bleu pur immédiat.   diméthyl-p-amino-p-oxydiphénylamine.
       thiophorindigo.   indophénol. de x-naphtol.

       immédiat indon.

indophénol de OH $\langle$ $\rangle$ —NH— $\langle$ $\rangle$ —NH²   CH³

       indigo pyrogène.   p-phénylamino-p-oxydiphénylamine.
       bleu thione   p nitro-o-amino-p-oxydiphénylamine.
       bleu d'impression.   1-8-dinitronaphtaline.
       bleu hydrone.   oxyphénylaminocarbazol.

Bruns : bronze immédiat.   dinitrooxydiph. [1] sol. aqueuse.
       brun immédiat.   dinitro-p-crésol.
       brun au coton.   nitrodiph. [1] sulfo.
       brun cryogène.   1-8-dinitronaphtaline.

Jaunes : jaune immédiat.   m-toluylènediamine.
       thiocatéchine.   p-acét. nitraniline.
       jaune cryogène.   m-toluylène thiourée

Verts : vert immédiat.

$\langle$ $\rangle$ — NH — $\langle$ $\rangle$ NHC⁶H⁵ — SO³H

Rouges : bordeaux immédiat.   aminooxyphénazine et safranol.
       Pourpre thiogène.

----

[1] Diph = diphénylamine.

21° MATIÈRES COLORANTES NATURELLES

Les matières colorantes naturelles, à l'exception du campêche avaient été remplacées presque complètement par les colorants artificiels, en général meilleur marché et plus solides.

Depuis que, par suite de la guerre, les colorants artificiels étaient devenus rares dans presque tous les pays, les teinturiers et les imprimeurs sont revenus largement à l'emploi des colorants naturels, pendant les années 1915 à 1919.

La plupart des colorants naturels appartiennent à la famille des colorants à mordants (*Campêche, Bois rouges, Bois jaunes, Gaude, Graine de Perse, Cachou, Tannnin, Garance, Cochenille*), un seul est substantif pour soie et laine et ne se fixe pas sur coton, c'est *l'Orseille*; un seul *la Berbérine* est basique ; trois enfin appartiennent à la série de colorants substantifs pour les fibres végétales aussi bien que pour les fibres animales : le *Rocou* ou *Orléans*, le *Carthame ou Saflor et le Curcuma*. En outre il y a un colorant à cuve, le prototype de cette famille devenue, grâce à la synthèse, si nombreuse depuis quelques années, *l'Indigo*.

La constitution des colorants naturels a été l'objet d'un nombre de travaux très considérable, datant en partie d'une époque où les matières colorantes artificielles n'étaient pas encore connues. Pour la plupart de ces colorants on est arrivé à établir les formules de constitution avec une certitude absolue. La constitution de quelques-uns (Carthame, Orléans, Santal) est par contre encore absolument mystérieuse.

Pour un certain nombre de ces colorants on a réussi à réaliser la synthèse, mais dans deux cas seulement, Garance et Indigo, la reproduction artificielle a conduit à un résultat industriel et à la substitution du produit artificiel au produit naturel. Dans ces deux cas la synthèse a réussi non seulement à obtenir tous les colorants contenus dans les produits naturels, mais elle a permis d'en obtenir un très grand nombre de constitution analogue ou même extrêmement différente, mais dérivant de la même substance mère. Il ne sera peut-être pas sans intérêt de passer en revue tous ces divers travaux et de donner ainsi un aperçu de ce qui a été fait dans ce domaine et de ce qui y reste encore à faire. Il ne faut en effet pas se dissimuler qu'il y a encore de grandes et importantes lacunes à remplir et qu'une étude plus approfondie de certains colorants naturels apportera, non seulement des résultats fort intéressants au point de vue théorique, en particulier en ce qui concerne les relations entre la constitution et le pouvoir tinctorial, mais ouvrira certainement aussi la voie à des synthèses nouvelles.

Garance

De tous les colorants naturels, en dehors de l'Indigo, la *Garance* était autrefois le plus important, mais depuis les synthèses de Graebe et Liebermann, elle
a été entièrement supplantée par les colorants anthracéniques artificiels, du
moins en Europe et en Amérique.

La garance contient les principes colorants sous forme de glucosides, qui,
lors de l'extraction ou de la teinture, sont dédoublés. A côté de l'alizarine et de
la purpurine, elle renferme en quantité notable la *pseudo-purpurine*,

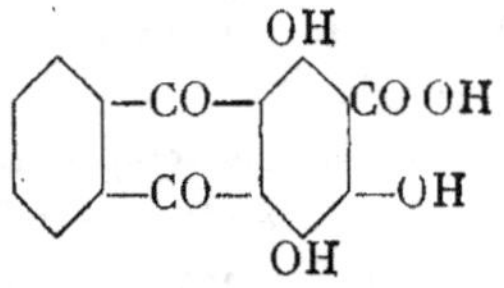

et en quantité faible la *purpuroxanthine* :

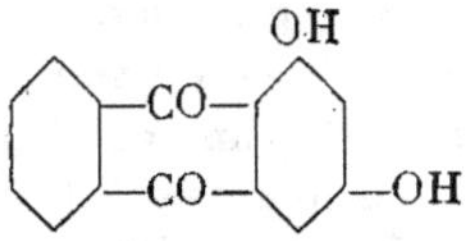

et une matière orangée signalée par Schuetzenberger et Schiffert, identique avec
la *munjistine*, contenue en quantité plus abondante dans la garance des
Indes :

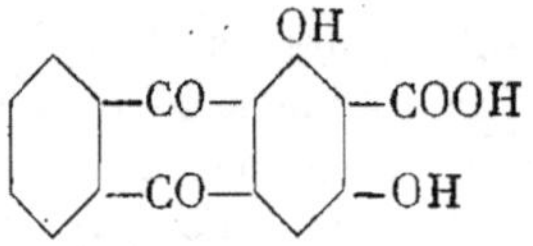

La synthèse de *la pseudopurpurine* a été effectuée seulement en 1911 par
oxydation de l'acide alizarine-carbonique :

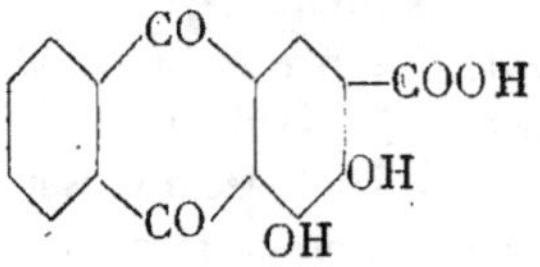

et en 1913 au moyen de l'acide *quinizarine-carbonique* :

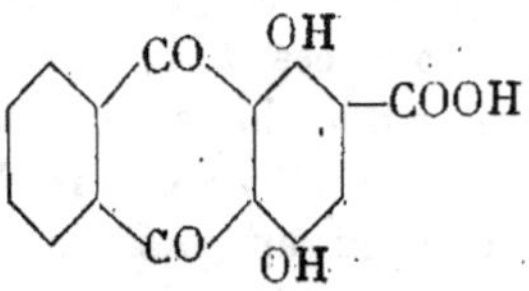

La munjistine n'a pas encore été obtenue artificiellement. On pourrait probablement la produire au moyen de la pseudo-purpurine en la réduisant dans les
conditions dans lesquelles la purpurine donne la purpuroxanthine.

Bois rouge et Campêche

Dans le bois rouge et le bois de Campêche les matières colorantes ne sont pas contenues à l'état achevé ; mais sous forme de leucodérivés blancs, se transformant très facilement en colorants sous l'influence des oxydants. Les leucodérivés sont la brésiline $C^{16}H^{14}O^5$ et l'hématoxyline $C^{16}H^{14}O^6$. On admet généralement que ces deux principes colorables sont renfermés dans les bois sous forme de glucosides en combinaison avec des sucres. Cependant des travaux de M. Zubelen, Directeur de la fabrique d'extraits Geigy à Bâle semblent infirmer cette hypothèse du moins pour l'hématoxyline, qui se trouverait dans le bois à l'état de liberté.

La brésiline contient quatre hydroxyles, l'hématoxyline en contient cinq ; elle se distingue donc de la première par un hydroxyle en plus et est dans les mêmes relations avec elle que la purpurine avec l'alizarine, une étude comparative approfondie de ces deux corps ayant montré qu'ils ont une constitution tout à fait analogue.

Ces deux substances ont donné lieu à un très grand nombre de travaux scientifiques parmi lesquels il convient de citer en particulier ceux de Herzig, Schall, Kostanecki, Perkin jr. et de leur nombreux collaborateurs. L'étude d'un produit d'oxydation de la brésiline, $C^9H^6O^4$ a montré qu'il avait la constitution d'un oxychromonol :

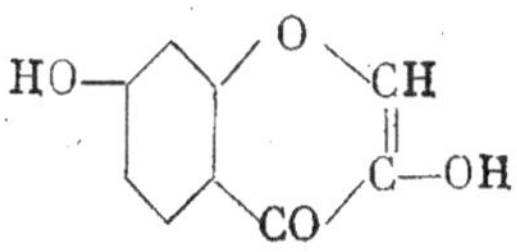

et que par conséquent, le même groupement pyronique étaient contenu dans la brésiline et les flavonols (Kostanecki et Feuerstein).

La fusion potassique fournit avec la brésiline, la résorcine, avec l'hématoxyline, le pyrogallol et avec tous les deux l'acide protocatéchique. L'oxydation de l'éther triméthylique de la brésiline et de l'éther tétraméthylique, de l'hématoxyline donne les acides :

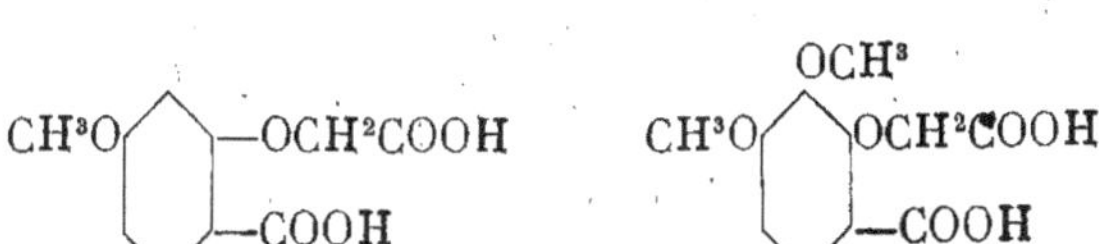

dans les deux cas à côté d'acides méta-hémipinique :

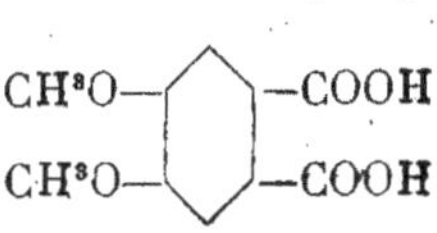

Dans d'autres conditions on obtient les acides brésiliniques et brésiliques ainsi que l'anhydride brésilique, dont la constitution fut éclaircie par l'étude analytique ainsi que par la synthèse (Perkin et collaborateurs) :

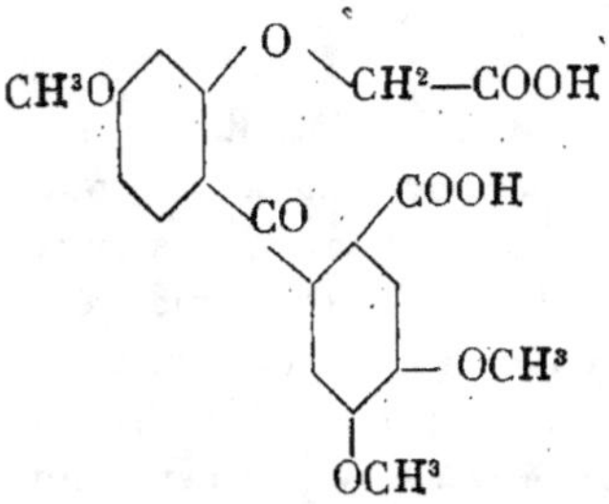

Acide brésilinique

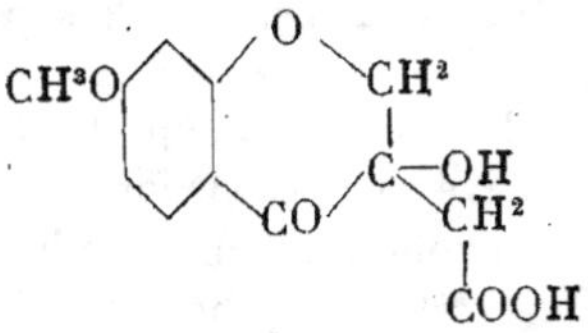

Acide brésilique

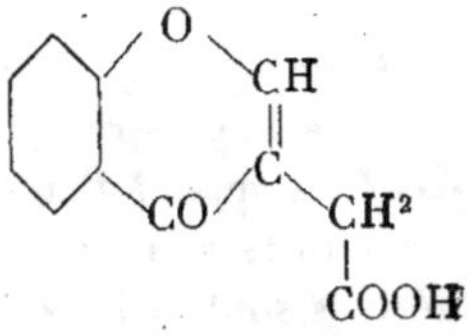

Anhydride brésilique

Ces diverses réactions conduisirent Perkin à la formule :

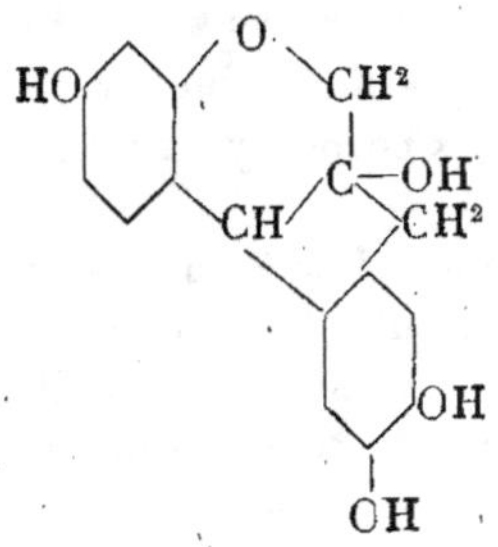

qui rend compte d'une manière satisfaisante de toutes les réactions et de toutes les propriétés de la *brésiline*.

Kostanecki d'autre part avait déjà proposé longtemps avant la formule :

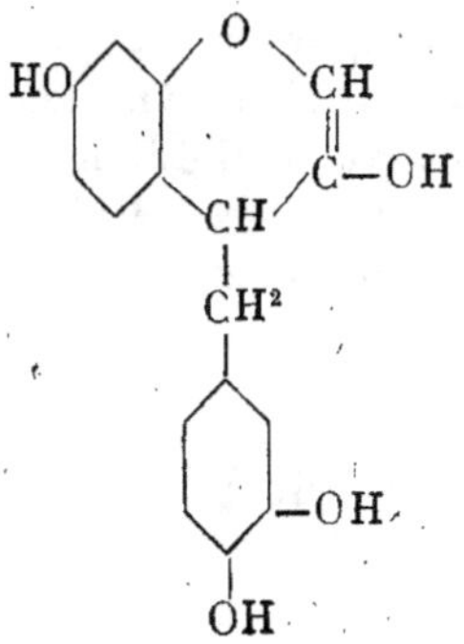

qui ne s'en distingue que par la place d'un groupe CH^2 et par le fait qu'elle ne contient pas encore le groupement indénique, qui, d'après l'avis de ce savant, ne se formerait que lors de l'oxydation.

L'hématoxyline se distingue de la brésiline en ce que l'hydrogène qui se trouve entre l'hydroxyle et l'oxygène pyronique est remplacé par un second hydroxyle.

Les colorants obtenus par l'oxydation de ces leuco-dérivés seraient les quinones correspondantes, la brésiléine par conséquent

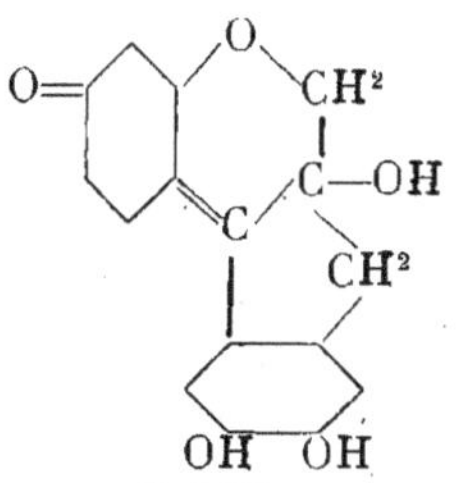

Brésiléine 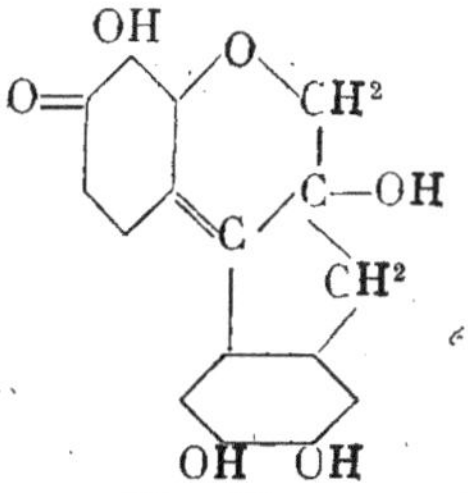   Hématéine

et l'hémateine le dérivé correspondant plus riche d'un atome d'oxygène.

En traitant la brésiléine et l'hématéine par l'acide sulfurique concentré, on obtient des isomères doués de propriétés différentes, l'isobrésiléine et l'isohématéine, dont la constitution est encore tout à fait obscure.

Groupe de la Flavone. Colorants jaunes

Les matières colorantes diverses contenues dans la Garance dérivent par introduction d'hydroxyles (et dans certains cas en même temps de carboxyle) toutes d'une seule substance-mère, l'anthraquinone :

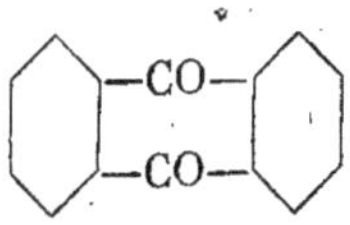

D'une manière analogue les matières colorantes jaunes naturelles (Lutéoline, Fisétine, Quercétine, Rhamnétine, Morine), sont des dérivés hydroxylés d'un unique chromogène, la *Flavone* :

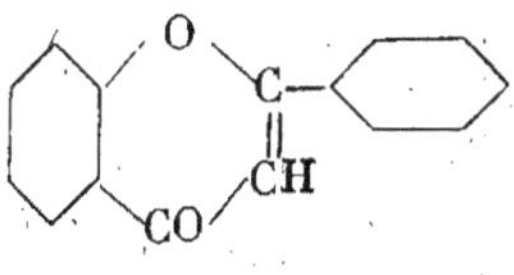

c'est-à-dire une phényl-phène-pyrone.

Les hydroxyles se trouvent dans les deux noyaux et le plus souvent l'hydrogène uni au carbone pyronique est également substitué par un hydroxyle. Il résulte ainsi une substance de la formule :

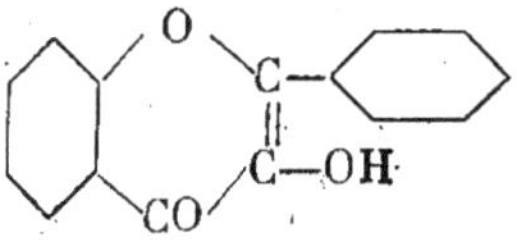

le *Flavonol*.

Tandis que l'anthraquinine est facilement accessible, le carbure anthracène :

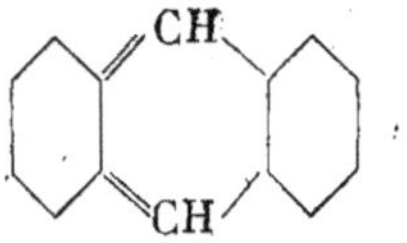

$$\text{CH}$$

$$\text{CH}$$

qui la fournit par simple oxydation, se trouvant en quantités considérables dans le goudron de houille, la Flavone et le Flavonol sont des produits résultant de procédés synthétiques très compliqués et sont par conséquent difficiles à obtenir et extrêmement coûteux. Leur préparation ne présente d'ailleurs aucun intérêt pratique, car il n'est pas possible de les hydroxyler directement et de les transformer ainsi en colorants, tandis que les dérivés hydroxylés naturels de l'anthraquinone et un grand nombre d'autres, ne se trouvant pas dans la nature, ont été obtenues au moyen de l'anthraquinone par des réactions relativement simples et faciles à réaliser industriellement. Les colorants jaunes naturels ont été synthétisés directement par les mêmes méthodes qui ont conduit à la Flavone et au Flavonol en choisissant d'une manière appropriée les substances prises comme point de départ.

Par addition de deux hydrogènes à la Flavone on obtient un dérivé hydré appelé *Flavanone* :

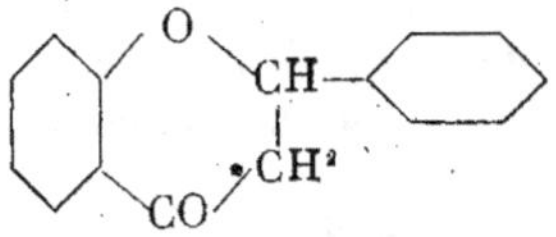

$$\text{O} \quad \text{CH} \quad \text{CH}^2 \quad \text{CO}$$

dont la synthèse a été également effectuée et qu'on peut transformer aisément aussi bien en Flavone qu'en Flavonol. Enfin la substance primitive dont dérivent tous ces corps, comme les deux colorants anthraquinoniques dérivent du dihydroanthracène :

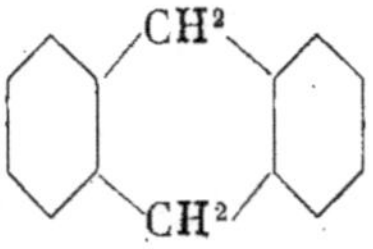

$$\text{CH}^2$$

$$\text{CH}^2$$

est le α-phényl-dihydro γ-pyrane :

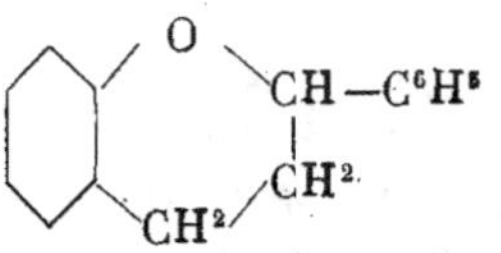

$$\text{O} \quad \text{CH} - \text{C}^6\text{H}^5 \quad \text{CH}^2 \quad \text{CH}^2$$

ou phényl-chromane, si on donne le nom de chromane au dérivé :

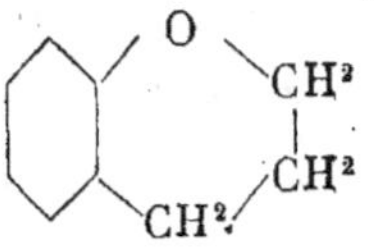

$$\text{O} \quad \text{CH}^2 \quad \text{CH}^2 \quad \text{CH}^2$$

substance-mère de la chromone :

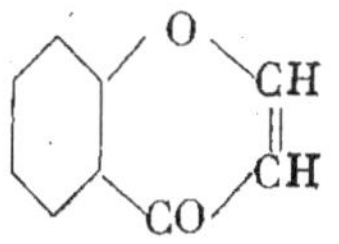

Si le groupe cétonique de la Flavone est réduit, il se forme l'alcool secondaire correspondant, le Flavhydrol qui n'a pas encore été préparé jusqu'à présent ;

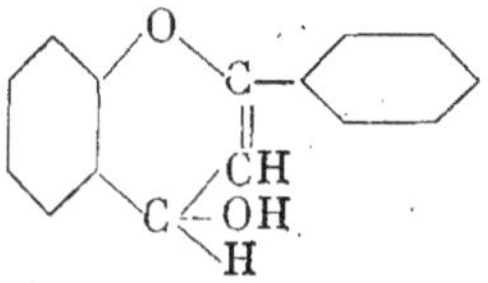

et d'une manière tout à fait analogue il correspond au Flavonol, un alcool secondaire qu'on est autorisé à appeler Flavonolhydrol et qui n'est pas encore connu non plus :

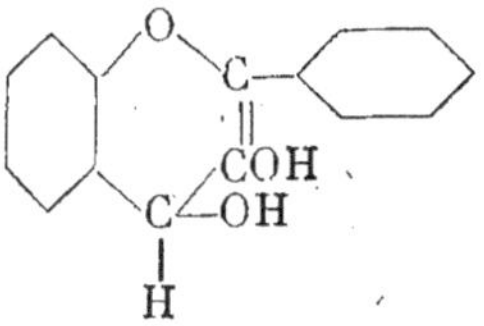

Ces deux chromogènes présentent un intérêt tout particulier, car dans une série de travaux extrêmement remarquables sur les pigments des fleurs et des fruits, Willstaetter a montré que tous ces corps en sont des dérivés hydroxylés.

Au Flavhydrol et au Flavonolhydrol correspondent des dérivés phényliques où l'hydrogène du groupe alcool secondaire est substitué par un phényle. Des dérivés hydroxyliques de ce dernier corps ont été préparés en soumettant les éthers méthyliques des oxyflavonols à l'action du bromure de phényl-magnésium, d'après la méthode générale de Grignard.

Les matières colorantes naturelles jaunes sont toutes contenues dans les plantes sous forme de glucosides doués également de propriétés tinctoriales, mais généralement plus faibles que leurs produits de scission. Dans la pratique ces derniers trouvent par conséquent plutôt un emploi.

Les formules de constitution des colorants jaunes naturels sont les suivantes :

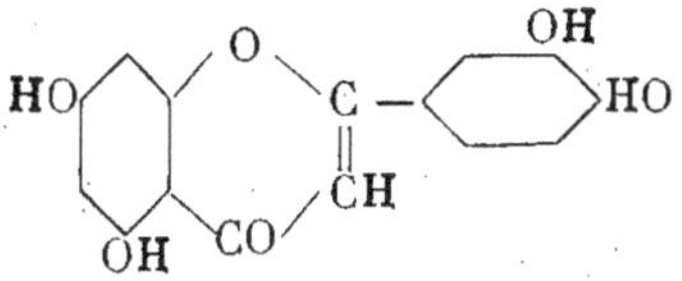

Lutéoline (Gaude) 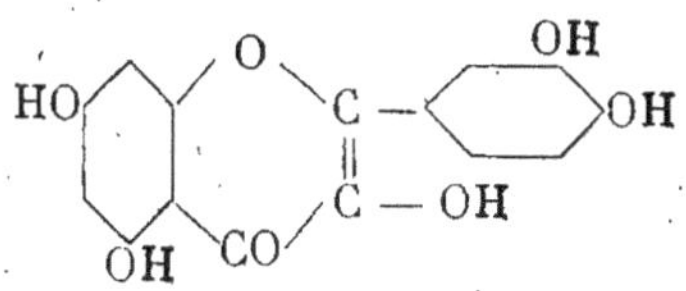 · Fisétine (Fustet)

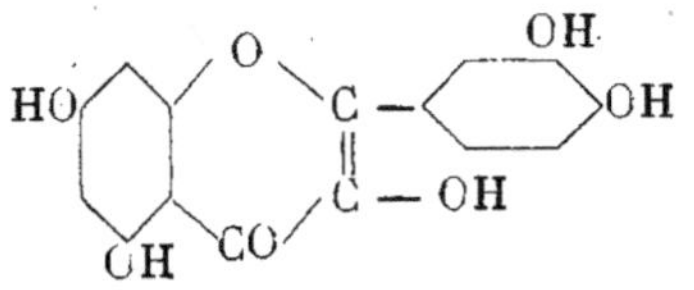

Quercétine (Quercitron)

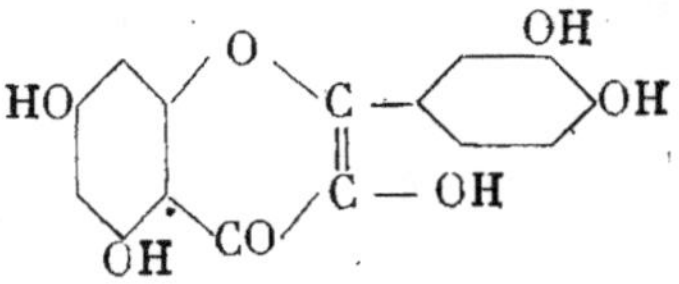

Rhamnétine (Graine de Perse)

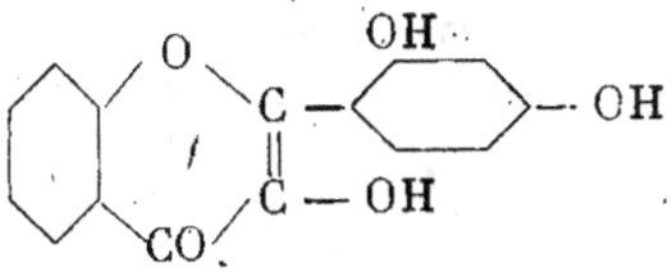

Morine (Bois jaune)

Le bois jaune contient à côté de la Morine encore une autre matière colorante, d'un pouvoir tinctorial plus faible ; la Maclurine qui est une oxycétone de la formule :

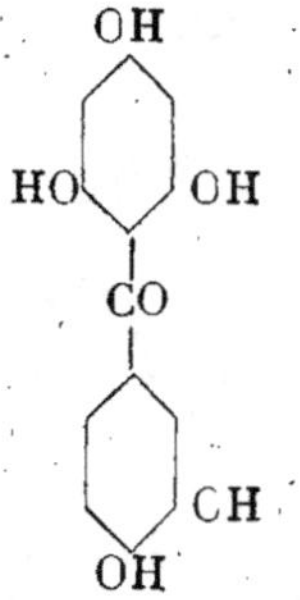

qui a été obtenue aussi par voie synthétique, mais qui ne présente qu'un intérêt secondaire. Lors de la préparation de la « Fustine brevetée », action du diazobenzol sur l'extrait de bois jaune, elle joue cependant aussi son rôle, car elle se combine avec une ou deux molécules de diazobenzol, en donnant des colorants beaucoup plus forts qu'elle ne l'était elle-même.

Les synthèses de la Flavone et des colorants jaunes qui en dérivent sont toutes dues à de Kostanecki et à ses collaborateurs.

En voici les principales :

1° On condense l'o-Oxyacétophénone avec la benzaldéhyde et on obtient une Chalkone :

$$\text{o-}C^6H^4{-OH \atop -COCH^3} + C^6H^5COH = \text{o-}C^6H^4{-OH \atop -COCH = CH}.C^6H^5$$

Celle-ci est bromée et le produit d'addition formé, traité par la potasse alcoolique :

$$C^6H^4{-OH \atop -CO.CH = CH}.C^6H^5 + Br^2 = C^6H^4{-OH \atop -COCHBr.CHBr}.C^6H^5$$

$$C^6H^4{-OH \atop -COCHBr.CHBr}.C^6H^6 + 2KOH = C^6H^4{-O\diagdown \atop -CO.CH=C}-C^6H^5 + 2KBr + 2H^2O$$

En employant des cétones et des aldéhydes polyhydroxylées, après avoir éthérifié les hydroxyles, on obtient des Flavones éthérifiés qu'on saponifie au moyen de l'acide iodhydrique.

La réaction ne s'effectue cependant pas toujours dans le sens désiré : dans certains cas il y a élimination d'HBr entre le brome attaché au carbone α et l'hydroxyle et formation d'aldéhydène-coumaranone :

$$C^6H^4{<}^{-OH}_{-CO.CHBr.CHBr.C^6H^5} + 2KOH = C^6H^4{<}^{-O-}_{-CO.C=CH.C^6H^5} + 2KBr + 2H^2O$$

2° On condense les o-alcoyl oxyacétophénones avec des éthers d'acides aromatiques en présence de sodium et chauffe les dicétones ainsi obtenues avec l'acide iodhydrique :

$$C^6H^4{<}^{-OCH^3}_{-COCH^3} + C^6H^5CO.OC^2H^5 = C^6H^4{<}^{-OCH^3}_{-COCH^2CO.C^6H^5} + C^2H^5OH$$

$$C^6H^4{<}^{-OCH^3}_{-COCH^2CO.C^6H^5} + HI = C^6H^4{<}^{-O-}_{-COCH=C.C^6H^5} + CH^3I + H^2O$$

La même dicétone peut être obtenue en condensant l'éther méthoxysalicylique avec l'acétophénone :

$$C^6H^4{<}^{-OCH^3}_{-CO.OC^2H^5} + CH^3CO.C^6H^5 = C^6H^4{<}^{-OCH^3}_{-COCH^2CO.C^6H^5} + C^2H^5OH$$

En employant la phloracétophénone triméthylique et l'éther de l'aldéhyde vératrique, on arrive à réaliser la synthèse de la lutéoline :

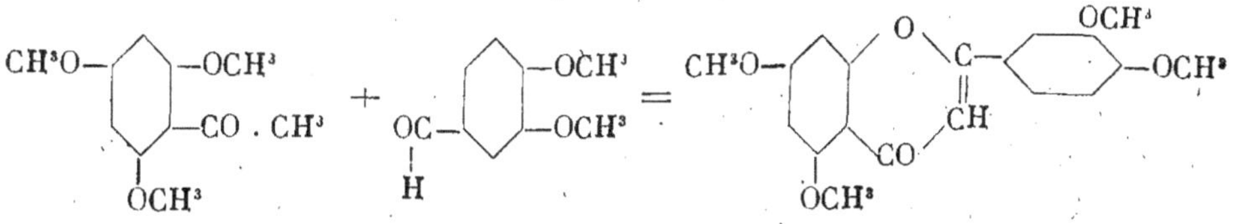

3° La Flavone peut s'obtenir encore en traitant le dérivé dihydré la Flavonone successivement par le brome et l'alcali caustique :

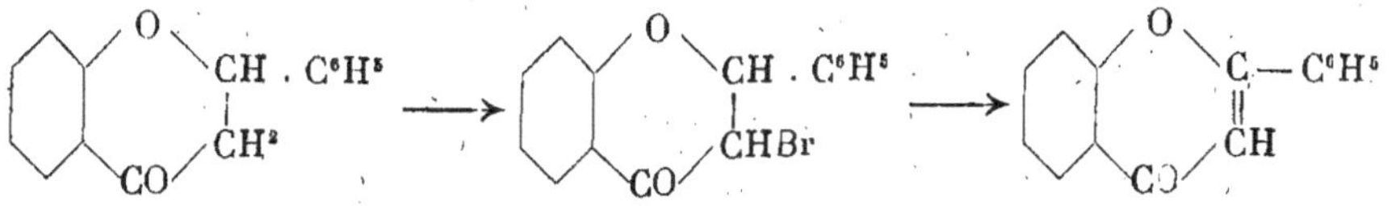

Cette même Flavanone traitée par le nitrite d'amyle fournit une oxime, qui sous l'influence des acides se transforme en Flavonol :

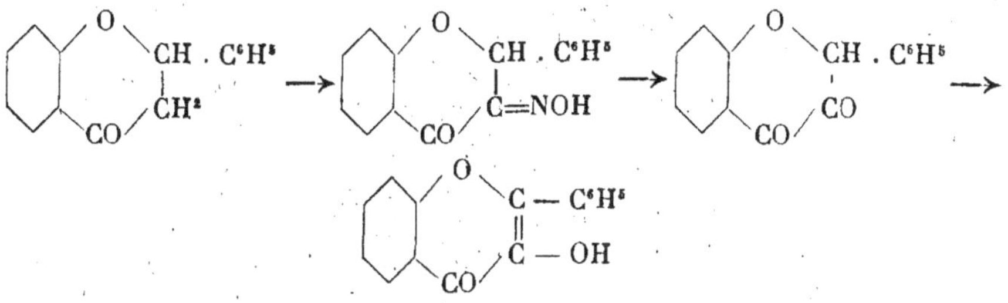

Quant à la Flavanone, elle se prépare en chauffant la chalkone correspondante avec l'acide chlorhydrique :

$$\text{(schéma chimique)}$$

Par l'action de la phloracetophénone sur l'éther de l'acide vératrique on obtient d'une manière analogue la Lutéoline.

En préparant la chalkone avec la résacétophénone monéthylique et l'aldéhyde vératrique, et travaillant ensuite comme il a été indiqué pour la Flavonol on obtient la Fisétine.

En employant la phloracétophènone triméthylique

$$\text{(schéma chimique)}$$

et les aldéhydes vératrique : $\quad$ ou diméthylrésorcylique :

$$\text{(schémas chimiques)}$$

on arrive à la synthèse de la Quercétine et de la Morine.

Toutes ces synthèses sont fort intéressantes, mais on voit immédiatement qu'elles n'ont aucune chance de pouvoir jamais devenir industrielles.

4° Un autre mode de préparation des Flavonols enfin est dû à Auwers, consistant à traiter les coumaronones par des aldéhydes, à bromer les aldéhydène-coumaronones ainsi obtenues, et à les traiter enfin par la potasse alcoolique :

$$\text{(schémas chimiques)}$$

Par introduction de groupes basiques, NH^2, $N(CH^3)^2$ dans la Flavone et ses dérivés, on devrait évidemment obtenir des colorants basiques, teignant la soie, la laine et le coton mordancé au tannin. Les méthodes générales de synthèse nous permettraient de réaliser la préparation de corps de ce genre, mais aucun essai n'a encore été fait dans cette direction qui ouvre la perspective d'un vaste champ d'études.

Oxycétones

Nous avons vu plus haut qu'une pentaoxybenzophénone, la *Maclurine*, est contenue dans le bois jaune ; la Curcumine est une dicétone et la Santaline semble aussi contenir un groupe cétonique, puisqu'elle donne une oxime. Il est fort possible que d'autres oxycétones se trouvent encore dans la nature, mais dans les matériaux employés en teinture on n'en rencontre pas. Synthétiquement on a préparé un assez grand nombre d'oxycétones, dont deux la gallacétophone et la trioxybenzophénone :

$$
\begin{array}{ccc}
OH & \qquad & OH \\
OH & & OH \\
OH & & OH \\
CO & & CO \\
CH^3 & & C^6H^5
\end{array}
$$

sont fabriquées sous les noms *de jaune alizarine C et A* (Bohn, Badische).

On a fait aussi par synthèse des dicétones telles que :

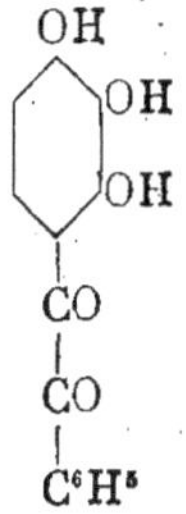

$$
\begin{array}{c}
OH \\
OH \\
OH \\
CO \\
CO \\
C^6H^5
\end{array}
$$

mais elles n'ont pas d'emploi industriel (Noelting). Certaines dicétones obtenues par Kostanecki montrent une réaction très curieuse quand on les chauffe avec l'acide chlorhydrique agissant comme déshydratant, elles se transforment en dérivés du flavène. Ainsi la dicétone obtenue par l'action de l'aldéhyde salicylique sur l'acétophénone :

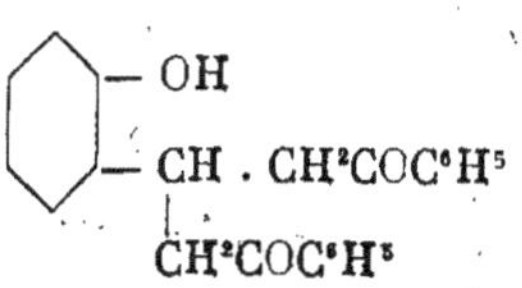

$$
\begin{array}{l}
- OH \\
- CH . CH^2COC^6H^5 \\
\quad CH^2COC^6H^5
\end{array}
$$

donne le phénacylidène-flavène :

$$\text{(structure chimique : benzopyrane avec } C-C^6H^5, \; CH, \; C, \; CH \cdot COC^6H^5)$$

nouveau chromogène, dont les dérivés n'ont pas encore été étudiés.

C'est, comme on voit, un dérivé de la méthylène-pyrénane :

$$\text{(structure chimique : benzopyrane avec } CH, \; CH, \; C, \; CH^2)$$

dont dérivent les *Benzopyranols* de Bulow, obtenus par l'action des dicétones sur les phénols. Le dérivé :

$$\text{(structure chimique : } HO,\; OH,\; O,\; C,\; CH,\; C,\; CH^2,\; OH\;OH,\; OH)$$

par exemple s'obtient au moyen de la trioxybenzoylacétone :

$$\text{(structure chimique : } OH,\; OH,\; OH,\; CO,\; CH^2,\; CO,\; CH^3)$$

et du pyrogallol et est identique avec la *gallacétéine* de Nencki.

Par l'action des aldéhydes sur les cétones, on obtient suivant les conditions, ou bien des dicétones, comme celle mentionnée tout à l'heure, ou bien des cétones non saturées telles que :

$$\text{(structure chimique : } - CO - CH = CH \cdot C^4H^5)$$

Les dérivés hydroxylés de ces cétones non saturées ont été appelés par Kostanecki, *Chalkones*. Quand elles ont des hydroxyles voisins elles teignent les mordants en orange foncé, tandis que les oxycétones et même les oxydicétones ne teignent qu'en jaune.

Les Chalkones sont, ainsi qu'il a été mentionné précédemment, des produits intermédiaires de la synthèse des flavones. Dans d'autres cas les chalkones sont transformées en aldéhydène-coumaranones sans qu'il ait été possible jusqu'à présent de prévoir dans quel cas il se produit la première ou la seconde réaction. Ainsi :

$$\text{— OH}$$
$$\text{— CO . CH} = \text{CH . C}^6\text{H}^5$$

bromée et traitée par KOH alcoolique donne la flavone :

$$\text{O} \quad \text{C} - \text{C}^6\text{H}^5$$
$$\text{CO} \quad \text{CH}$$

tandis que :

$$\text{— OH}$$
$$\text{— CO . CH} = \text{CH . C}^6\text{H}^3 \quad \overset{\text{— O}}{\underset{\text{— O}}{}} \text{CH}^2$$

dans les mêmes conditions se transforme en pipéronylidène-coumaronone :

$$\text{O} \quad \text{C} = \text{CH . C}^6\text{H}^3 \quad \overset{\text{— O}}{\underset{\text{— O}}{}} \text{CH}^2$$
$$\text{CO}$$

Cachou

Le *cachou* contient deux substances, l'une et l'autre sans couleur, mais transformables par oxydation en des colorants bruns se fixant sur les mordants métalliques ; ce sont la *catéchine* et *l'acide cachoutannique*. La constitution de ce dernier dérivé est encore absolument inconnue, quant à la catéchine, sa formule est $C^{15}H^4O^6$ + $4H^2O$. Sa constitution a été reconnue par Kostanecki comme étant celle d'un hydrol correspondant à une oxycétone. D'après cet auteur elle répond au symbole :

$$\begin{array}{c} \text{O} - \text{CH}^2 \\ | \\ \text{— CH}^2 \\ \text{HO} \quad \text{— OH} \\ \text{C} \overset{\text{— H}}{\underset{\text{— OH}}{}} \\ \text{— OH} \\ \text{OH} \end{array}$$

L'existence d'un dérivé pentacétylique, d'un éther tétraméthylique et d'un éther pentaméthylique vient à l'appui de cette formule.

Elle n'a pas encore été obtenue par synthèse mais sa substance-mère hypo-téthique la « depsanone » a été préparée par l'action du chlorure de benzoyle sur la coumarane en présence de chlorure d'aluminium (de Kostanecki).

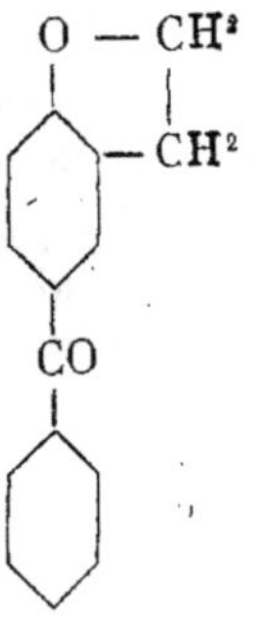

Par oxydation, l'éther tétra-méthylique de la catéchine donne un produit à caractère quinonique de la formule :

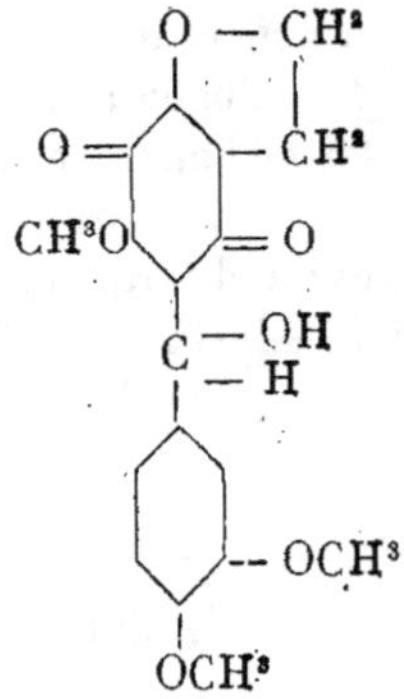

Les produits d'oxydation formés sur la fibre par l'action du bichromate sont certainement d'une constitution beaucoup plus compliquée.

Récemment Freudenberg a repris l'étude de la catéchine (*Ber.* 53, 1416-27). Il donne la préférence à la formule :

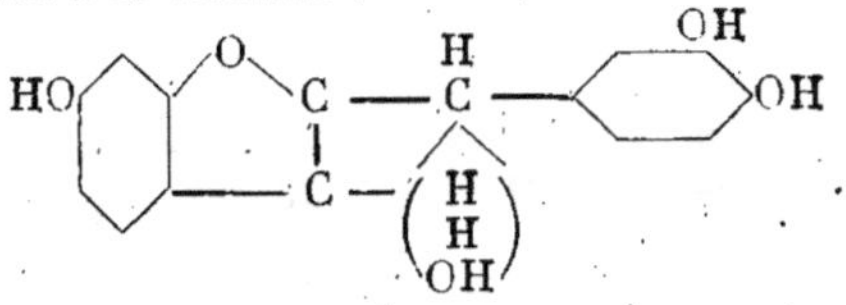

qui en fait un dérivé du diphénylpropène. La position respective de deux H et du OH est incertaine. La formule de Freudenberg nous paraît démontrée. Toutes les données expérimentales de Kostanecki s'accordent parfaitement avec elle.

Dérivés de la Xanthone et du Xanthydrol

La Chromone est un chromogène faible dont on n'a jusqu'à présent pas trouvé de dérivés dans la nature. Si dans la chromone :

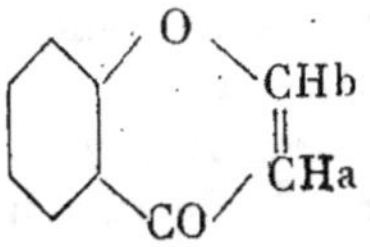

nous remplaçons les deux hydrogènes unis au carbone a et b par le groupe C^4H^4 de façon à former un second noyau benzolique, nous obtenons la *Xanthone* :

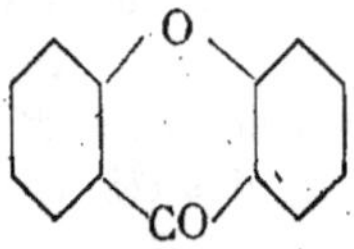

chromogène sensiblement plus fort. La Xanthone elle-même, comme la Flavone est blanche, mais ses dérivés hydroxylés donnent des sels jaunes et ceux qui contiennent deux hydroxyles voisins se fixent sur les mordants métalliques. Quelques corps jaunes, mais qui ne sont pas à proprement parler des colorants, tels que la *Gentisine* et la *Gentiséïne* et l'*Euxanthone* dérivent de la Xanthone. L'*Euxanthone* :

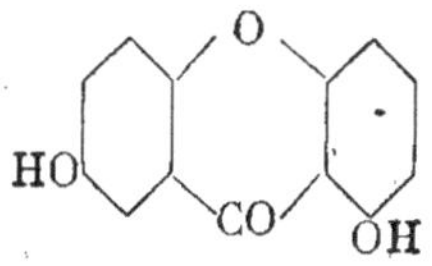

donne des sels alcalins jaunes, mais ne teint pas les mordants. Dans la *Purrée* ou *Jaune indien* elle est contenue sous forme d'acide euxanthique, en combinaison avec l'acide glucuronique :

$$(CHOH)^{4}-COOH$$
$$\phantom{(CHOH)^{4}}-COH$$

et dans ce cas elle se fixe sur les mordants. En teinture l'acide euxanthique n'a pas d'emploi, mais la laque magnésienne qui constitue le Jaune indien est employée dans la peinture artistique. L'Euxanthone a été obtenue artificiellement par Graebe en distillant avec l'anhydride acétique, servant de déshydratant, un mélange d'acide résorcylique et d'acide hydroquinone-carboxylique :

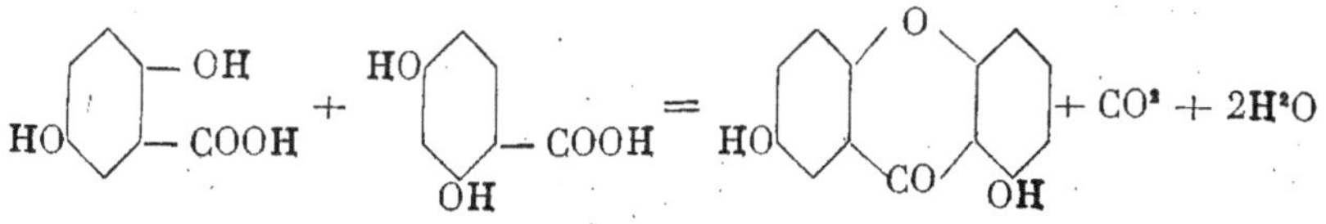

Les Xanthones aminées, dont quelques-unes ont été préparées, sont des colorants jaunes plutôt faibles. Par réduction de la Xanthone on obtient le Xanthydrol, blanc comme la Xanthone, mais formant avec les acides des sels oxoniums, fortement colorés en orange :

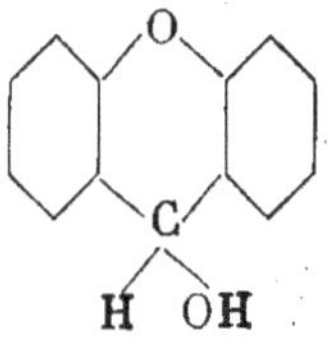

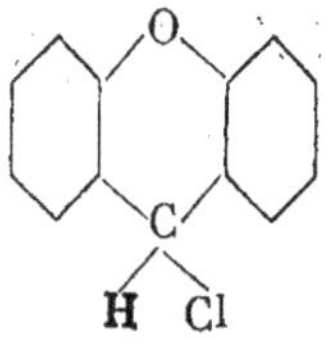

Le Phényl-Xanthydrol est tout à fait analogue au Xanthydrol lui-même :

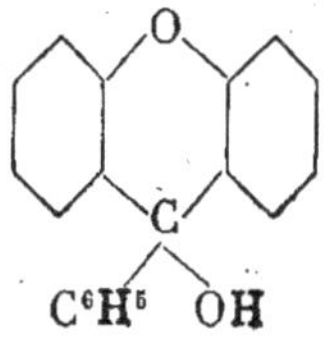

Ces deux dérivés sont extrêmement intéressants, car ils sont les substances-mères de classes de colorants artificiels très importants, les Pyronines, les Rosanines, les Rhodamines, les Fluorescéines et les Galléines, qui sont traitées en détail au chapitre des dérivés du Triphénylméthane.

Des dérivés du Xanthydrol se trouvent-ils dans la nature par exemple parmi les colorants des fleurs ou des fruits ? On l'ignore jusqu'à présent, mais ce n'est nullement improbable, depuis que Willstaetter a démontré que les dérivés du Flavonolhydrol sont si généralement répandus dans le monde végétal.

La *Coumarine* :

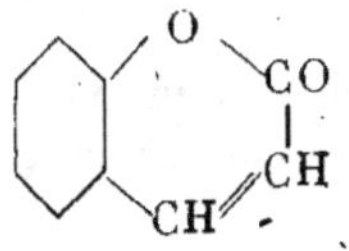

α-pyrone, isomère de la chromone, qui se trouve dans le mélilot, les fèves de Tonka, etc, est comme la chromone un chromogène faible. Son dérivé hydroxylé, la *daphnétine*, provenant de l'écorce de la daphné alpina, est un faible colorant jaune à mordant sans emploi.

La méthyldaphnétine :

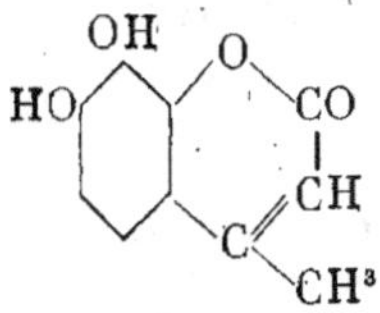

obtenue par synthèse au moyen de l'éther acétyloacétique et du pyrogallol est un jaune, faible également, mais son dérivé dibromé a déjà un pouvoir tinctorial suffisamment puissant pour avoir été employé industriellement. Il portait le nom de *Jaune d'anthracène* (Rob. E. Schmidt).

La phénylcoumarine, isomère de la flavone est un chromogène plus fort que la coumarine et la phényldaphnétine obtenue par Kostanecki :

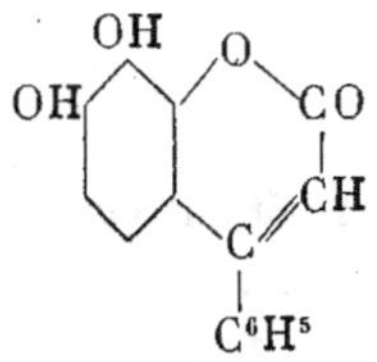

ainsi que son dérivé bromé ont des propriétés tinctoriales bien plus prononcées que les dérivés méthylés mentionnés ci-dessus. Par la complication de la molécule le pouvoir tinctorial augmente : ainsi le *styrogallol*, qui se distingue de la phényldaphnétine par un groupe chromophore CO en plus :

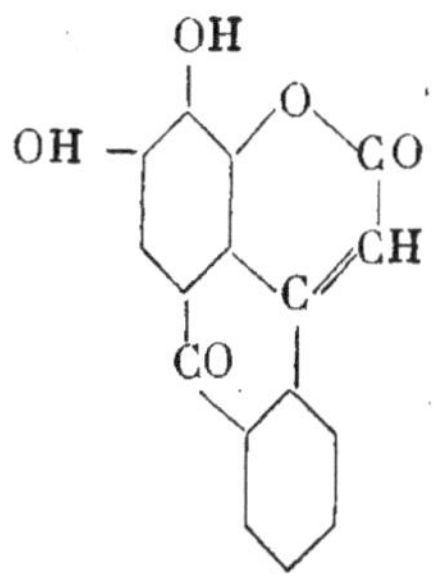

formant avec les deux noyaux phényliques un groupement anthracénique, est un colorant orangé d'une grande intensité.

A la famille des coumarines appartient aussi *l'acide ellagique*, qui se trouve dans les galles et le sumach à côté du tannin, et qui peut être obtenu artificiellement par l'action du persulfate sur l'acide gallique. Il contient, comme on le voit à l'inspection de sa formule de constitution, deux fois le groupement α-pyronique. L'acide ellagique a été employé pendant un certain temps sous le nom de *jaune d'alizarine en pâte* (Hœchst) :

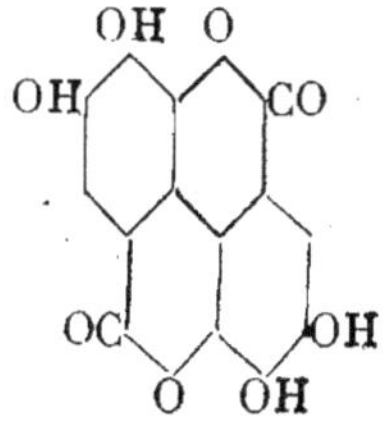

Par oxydation ultérieure on obtient *l'acide flavellagique* contenant un hydroxyle en plus.

Par contre la *résoflavine* :

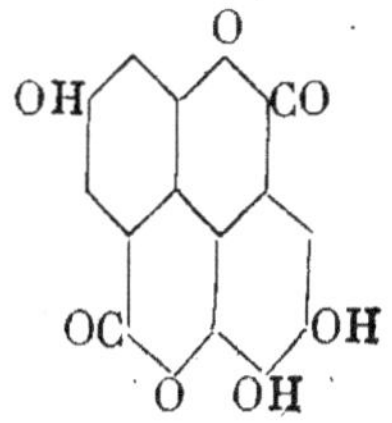

obtenue par oxydation de l'acide 1,3 dioxybenzoïque symétrique contient un hydroxyle de moins que l'acide ellagique.

La *galloflavine* $C^{13}H^6O^9$ qui se forme par oxydation de l'acide gallique en solution alcaline, appartient peut-être aussi à cette famille, mais sa constitution n'est pas encore éclaircie.

Le *jaune de benzoïne* enfin formé par l'action de l'acide sulfurique sur un mélange de benzoïne et d'acide gallique contient au lieu du groupement pyronique un groupe furanique :

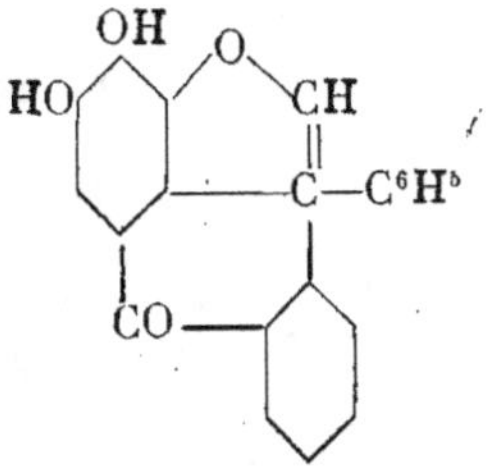

La Coumarone est un chromogène très faible, plus faible même que la chromone et son dérivé dihydroxylé :

ne teint que très faiblement les mordants en jaune. Mais si l'on fait réagir des aldéhydes aromatiques sur ce corps, il se forme des aldéhydènecoumarones, par exemple :

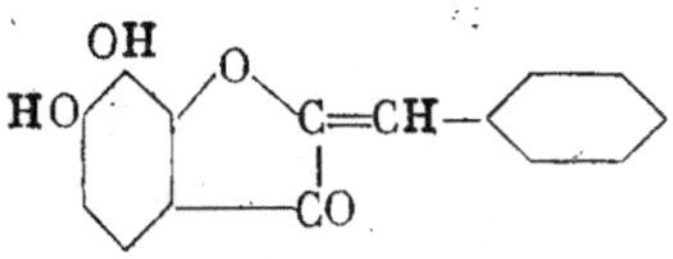

qui ont déjà un pouvoir tinctorial beaucoup plus fort grâce à la présence du nouveau groupe chomophorique $C = C$.

Si enfin dans le noyau aldéhydique on a encore des groupes auxochromes, le pouvoir tinctorial subit une nouvelle augmentation. En employant des aldéhydes aminées :

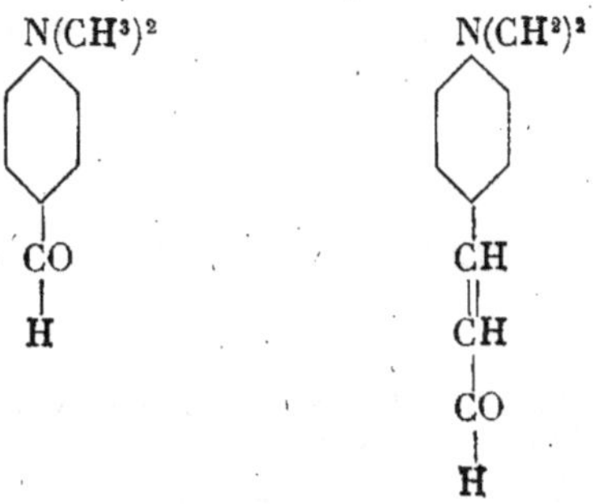

on a obtenu des colorants se fixant à la fois sur le coton mordancé aux oxydes métalliques et sur le coton tanné.

Bien que les colorants de ce groupe n'aient pas encore été trouvés dans les produits naturels, il semble utile de les mentionner, car ils sont, comme on le voit, des isomères des flavones, et on les a même pris pour des flavones avant que Kostanecki n'eût tiré au clair leur vraie nature.

Cureuma

La formule correcte de la *curcumine* $C^{21}H^{20}O^6$ a été établie par Ciamician et Silber, qui y démontrèrent en outre la présence de deux hydroxyles et de deux méthoxyles. Kostanecki, Milobedzka et Lampe ayant montré que par décomposition avec l'alcali la curcumine fournit de l'acide férulique :

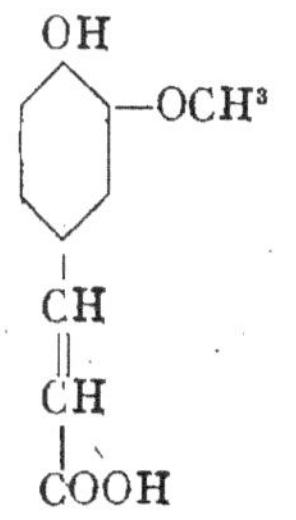

$$
\begin{array}{c}
\text{OH} \\
\langle\ \rangle\text{—OCH}^3 \\
| \\
\text{CH} \\
\| \\
\text{CH} \\
| \\
\text{COOH}
\end{array}
$$

et que sous l'influence de l'hydroxylamine elle se transforme en une isoxalone, propriété caractéristique des β-dicétones, lui donnèrent la formule de constitution :

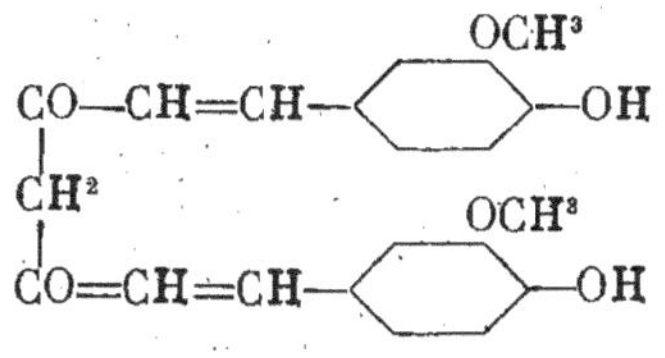

$$
\begin{array}{l}
\text{CO—CH=CH—} \langle\ \rangle \overset{\text{OCH}^3}{\text{—OH}} \\
| \\
\text{CH}^2 \\
| \\
\text{CO=CH=CH—} \langle\ \rangle \overset{\text{OCH}^3}{\text{—OH}}
\end{array}
$$

qui rend parfaitement compte de toutes ses réactions et propriétés.

Cette structure symétrique explique bien l'affinité de ce colorant pour le coton non mordancé, que possèdent par exemple les dérivés azoïques des diamines.

La formule de la curcumine est, ainsi que le fait remarquer Kostanecki, un cas particulier du schéma général :

$$
\text{R}
\begin{array}{l}
\text{— Chromophore — R}' \\
\text{— Chromophore — R}''
\end{array}
$$

Suivant que les groupements CO ; $C = C$; $CO - C = C$; $C = N$; $N = N$ y figurent il résulte de nombreuses classes de colorants dont quelques-unes seulement sont connues jusqu'à présent, par exemple les dérivés disazoïques :

$$
\text{R}
\begin{array}{l}
\text{— N = N — R}' \\
\text{— N = N — R}''
\end{array}
$$

(colorants de la benzidine, de la phénylène-diamine, de la naphtylène-diamine, du diamidostilbène-disulfonique et autres).

Malheureusement une mort prématurée a empêché Kostanecki de terminer ses études dans ce sens.

Le fait que la curcumine teint les mordants métalliques concorde avec l'observation de Werner que les β-dicétones jouissent de cette propriété. Les chalkones telles que :

$$CH_3O{-}\langle\rangle{-}OH ,\ {-}CO{-}CH{=}CH{-}\langle\rangle{-}OH$$

teignent aussi certains mordants, mais n'ont aucune affinité directe pour le coton.

La synthèse de la Curcumine confirmant la formule ci-dessus vient d'être réalisée par M. Lampe (*Ber 51*, 1347 (1918).

Santal

La matière colorante du *bois de Santal*, la *santaline* est une poudre micro-cristalline rouge, très peu soluble dans l'eau, plus facilement dans l'alcool et les autres dissolvants organiques, soluble dans les alcalis avec une coloration violette. On lui donnait autrefois la formule $C^{17}H^{16}O^{6}$, mais la formule $C^{15}H^{14}O^{5}$ paraît être plus correcte. La santaline contient deux hydroxyles et un méthoxyle. Elle donne une oxime, ce qui ferait supposer l'existence d'un groupe CO dans la molécule, un nitrodérivé et une combinaison avec le diazo-benzol. Par oxydation l'éther de la santaline fournit de l'acide anisique 1,4 :

$$C^{6}H^{4}(COOH)(OCH^{3}$$

et de l'acide vératrique 1,3,4 :

$$C^{6}H^{3}(COOH)OCH^{3})^{2}$$

La santaline est un colorant à mordant donnant avec alumine, chrome et fer des rouges-bruns plus ou moins rabattus, d'une solidité passable. Elle peut aussi être teinte directement sur laine et fixée ensuite au bichromate.

Safflor

Le *safflor* ou *carthame* contient deux colorants, l'un jaune soluble dans l'eau qui n'a aucun emploi et qui n'a été ni isolé, ni analysé, l'autre rouge, très peu soluble dans l'eau, soluble dans l'alcali et teignant directement la soie, la laine et aussi le coton. *L'acide carthamique* aurait la formule $C^{21}H^{24}O^{11}$; par fusion alcaline il donne de l'acide oxalique et de l'acide paroxybenzoïque, si on le fait bouillir avec une solution concentrée de soude on obtient de l'aldéhyde paroxybenzoïque et de l'acide para-coumarique. L'étude de ce colorant mériterait bien d'être reprise, car il serait intéressant de savoir à quel groupement il doit la propriété d'être attiré directement par le coton d'un bain faiblement acide. Les teintures à l'acide carthamique sont d'un beau rouge, mais peu solides à la lumière, de sorte que ce colorant, très cher d'ailleurs, est depuis longtemps complètement abandonné.

Alkanna

La racine d'*Alkanna* (Anchusa tinctoria, Lawsonia alba) n'est plus employée en teinture depuis déjà de longues années. Elle contient un colorant à mordant, teignant surtout en violet, l'Alkannine, à laquelle on a attribué la formule $C^{14}H^{14}O^4$, soluble dans les alcalis avec une coloration bleue. Par distillation avec la poudre de zinc elle donnerait de l'anthracène et du méthyl-anthracène.

Orléans ou Rocou

La *Bixine*, le colorant contenu dans cette drogue, a provoqué un certain nombre de travaux scientifiques qui ont donné des résultats intéressants, sans qu'il soit pourtant possible, jusqu'à présent, de se former aucune idée un peu précise sur sa constitution.

La bixine forme des cristaux rouge foncé à reflet violet, fusibles à 187°, de la composition $C^{29}H^{34}O^5$. Les agents réducteurs, amalgame de sodium, zinc et acide acétique, décolorent la solution rouge en jaune, en forment une dihydrobixine $C^{22}H^{36}O^5$.

La bixine forme des sels avec un atome de sodium ou de potassium ; elle contient donc un hydroxyle. Elle ne se laisse ni acétyler, ni benzoyler, ce groupe hydroxyle ne semble donc pas être phénolique, mais par l'action des iodures alcooliques sur le sel mono-potassique on obtient une méthyle- et une éthylbixine. La première qui fond à 156°, donne par réduction un dihydro-dérivé jaune fusible à 179°.

Exposé à l'air, ce dérivé absorbe jusqu'à 30 % de son poids d'oxygène en deveannt blanc. La bixine se combine avec 10 atomes de brome en donnant également un corps blanc ; elle absorbe aussi 10 atomes d'iode, les deux derniers cependant assez difficilement. La dihydrométhylbixine se combine facilement avec 10 atomes d'iode. La dihydrobixine absorbe 10 atomes de brome, comme la bixine.

Par un excès de potasse la bixine fournit en perdant un groupe méthyle, le sel dipotassique de la norbixine $C^{26}H^{30}K^2O^5$ dont les acides mettent la norbixine en liberté. Celle-ci traitée par une molécule de potasse donne un sel monopotassique, qui, avec l'iodure d'éthyle, fournit une éthyl-norbixine fusible à 176° et ressemblant à la bixine au point de vue de ses propriétés. En la traitant par la potasse et l'iodure de méthyle, on obtient une éthyl-méthyl-norbixine, qui n'est pas identique avec l'éthylbixine. Ce fait montre que les deux groupes OH ne sont pas identiques entre eux comme, par exemple, ceux de la quinizarine, mais différents comme ceux de l'alizarine.

La norbixine fournit aussi un dérivé dihydré, dont le sel de potassium est de couleur jaune citron. En déméthylant partiellement la méthylnorbixine on obtient un isomère de la bixine, l'isobixine fusible à 178°.

Si l'on chauffe la bixine à 190°, elle abandonne du métaxylène ; le résidu est une masse résineuse. Par distillation avec la poudre de zinc elle donne également du métaxylène, à côté de m-éthyl-méthyl benzine et d'un carbure $C^{14}H^{14}$, fusible entre 270-280°. L'acide sulfurique concentré dissout la bixine avec coloration bleue, il en est de même de la méthyl-bixine. Les oxydants n'ont donné que de l'acide carbonique et de l'acide acétique. Avec la phénylhydrazine l'hydroxylamine et la sémicarbazide on n'obtient pas de combinaisons ; la bixine ne contient donc pas de groupe CO.

Dans ses caractères généraux la bixine montre une certaine ressemblance avec la carotine, dont la constitution est également encore absolument obscure. Notons enfin que Herzig et Faltis attribuent à la bixine la formule $C^{26}H^{30}O^4$.

La bixine dissoute dans le carbonate de soude teint le coton non mordancé en orange. A l'état libre elle teint les mordants fixés sur coton. L'alumine donne un orangé vif ; le fer et le chrome des nuances plus rabattues.

Cochenille

La matière colorante contenue dans la cochenille, *l'acide carminique* a été l'objet d'un nombre considérable de travaux scientifiques, qui ont donné des résultats très intéressants sans avoir toutefois encore élucidé complètement sa constitution.

L'acide nitrique transforme l'acide carminique en acide nitrococossique ; le persulfate donne trois acides ; l'acide cochenillique, l'acide α-coccinique et l'acide β-coccinique :

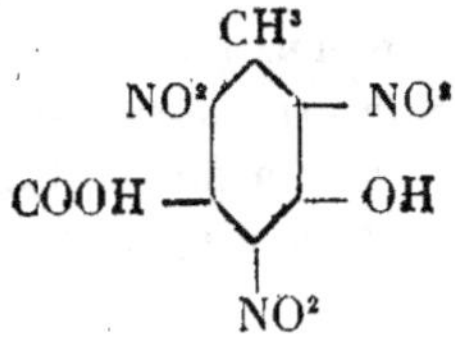

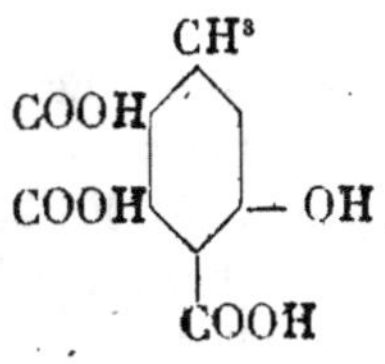

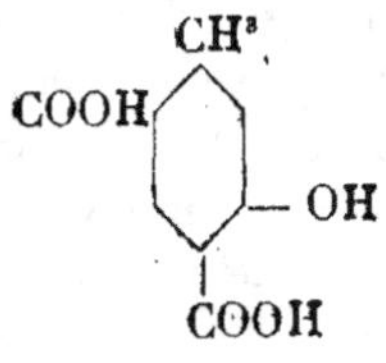

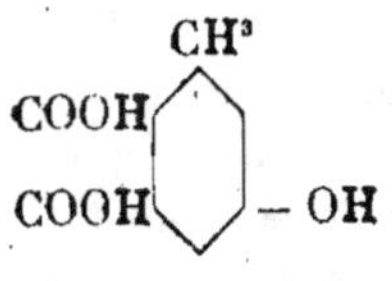

$$
\begin{array}{c}
CH_3 \\
NO_2 \diagup\bigcirc\diagdown NO_2 \\
COOH - \bigcirc - OH \\
NO_2
\end{array}
$$

$$
\begin{array}{ccc}
CH_3 & CH_3 & CH_3 \\
COOH\diagup\bigcirc & COOH\diagup\bigcirc & COOH\diagup\bigcirc \\
COOH\diagdown\bigcirc - OH & \bigcirc - OH & COOH\diagdown\bigcirc - OH \\
COOH & COOH & \\
 & \alpha & \beta
\end{array}
$$

Avec le brome en solution d'acide acétique, on obtient deux produits, l'α et

β bromocarmin qui sont des dérivés de l'indone et de l'α-naphtoquinone (I) et (II) :

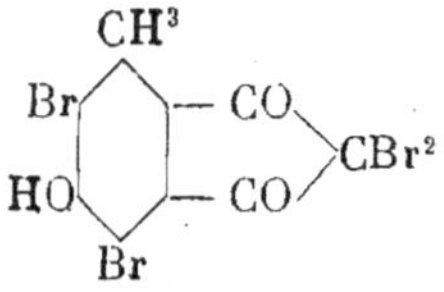

$$\text{I} \qquad \text{II} \qquad \text{III}$$

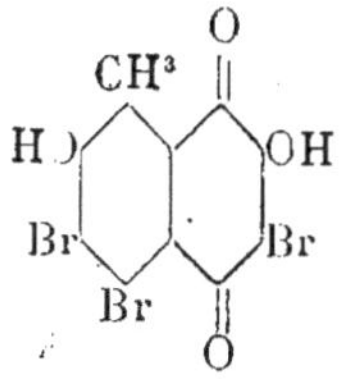

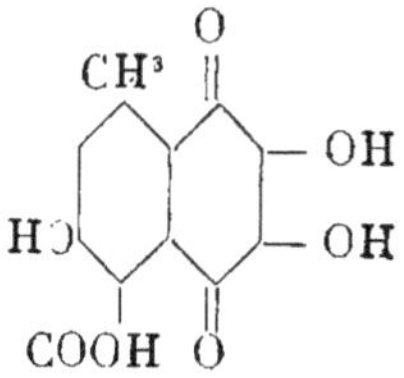

Enfin en oxydant l'acide carminique, on obtient d'abord une carminoquinone peu stable, puis la carminazarine Ill. En se basant sur tous ces faits Dimroth a proposé en 1910 la formule de constitution :

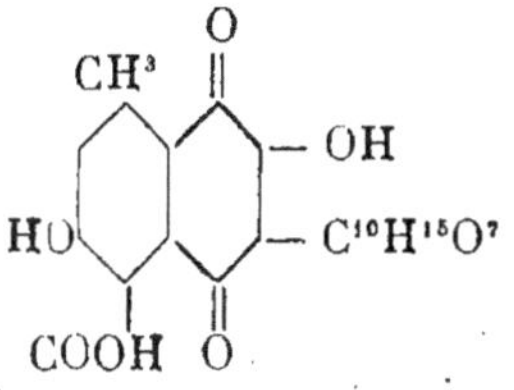

dans laquelle la structure du résidu $C^{10}H^{45}O^7$ reste encore à déterminer. L'étude de la matière colorante du kermès, l'acide kermésique a conduit le même savant à lui attribuer la formule :

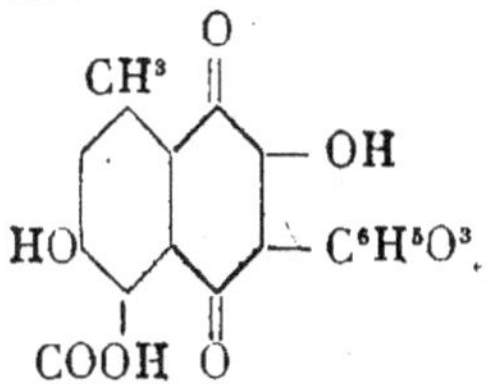

avec le résidu plus simple $C^6H^5O^3$.

Comme par distillation avec la poudre de zinc l'acide kermésique donne de l'α-méthylanthracène, il doit être considéré comme un dérivé de l'anthraquinone. Par l'action de brome en solution d'acide acétique à 50 °/₀ il donne la bromococcine :

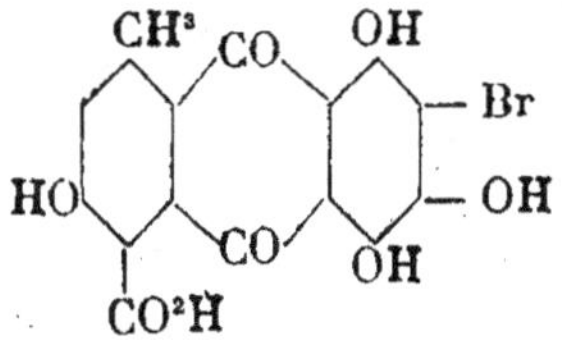

formée par remplacement d'un groupe C^2H^3O par Br.

Comme, d'autre part l'acide kermésique contient quatre OH et un COOH, sa formule peut être développée en :

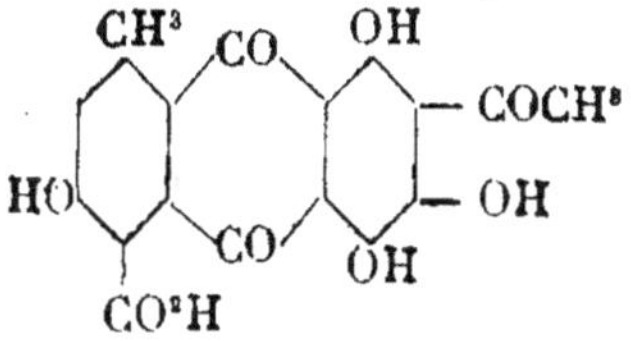

Le groupe C^2H^3O est $COCH^3$ et non

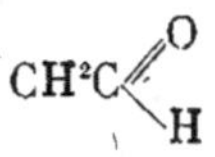

$$CH^2C{<}^O_H$$

car l'acide kermésique ne montre aucun caractère aldéhydrique.

La constitution de l'acide kermésique se trouve donc complètement éclaircie (Dimroth 1913-1916).

Quant à l'acide carminique, qui donne également avec la poudre de zinc du méthylanthracène et dont la constitution doit montrer une très grande analogie avec celle de l'acide kermésique, Dimroth lui attribue la formule :

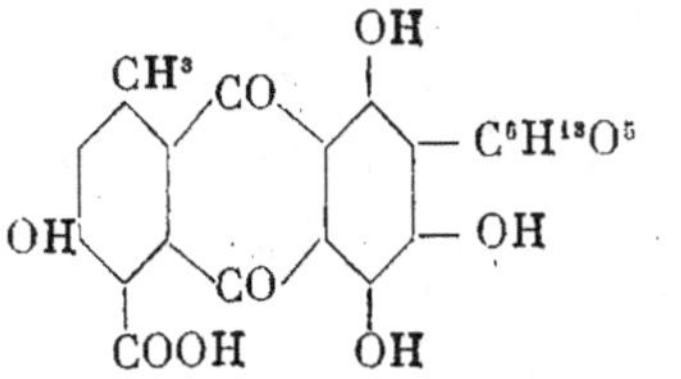

$$\text{(formule développée)}$$

dans laquelle la nature du groupe $C^6H^{13}O^5$ est encore à déterminer. Il est toutefois acquis d'ores et déjà que l'acide carminique et l'acide kermésique appartiennent au groupe anthraquinonique (*Annales de Liebig*, 399, 1-90, 411, 315-338).

La solubilité dans l'eau de l'acide carminique et évidemment due à la présence du groupe $C^6H^{13}O^5$, car les oxyanthraquinones sont très peu solubles dans l'eau et l'acide kermésique partage aussi cette propriété.

Orseille

La matière colorante de l'orseille, l'orcéine, a été étudiée à diverses reprises. On lui a donné d'abord la formule $C^7H^2NO^3 = C^7H^8O^2 + NH^3 + 3O - 4H$, qui esi certainement incorrecte et beaucoup trop simple. Liebermann a démontré que l'orcéine, obtenue par l'action de l'air et du gaz ammoniac humide sur l'orcine cristallisée, n'est pas un corps unique, mais un mélange d'au moins deux substances, se distinguant par leur solubilité dans l'ammoniaque aqueuse et répondant aux formules $C^{14}H^{13}NO^4$ et $C^{14}H^{12}N^2O^3$. L'une et l'autre étaient amorphes et n'offrirent donc aucune garantie de pureté. Zulkowski et Peters ont réussi à obtenir un colorant cristallisé, qu'ils nomment aussi orcéine, en traitant l'orcine en solution ammoniacale par le peroxyde d'hydrogène. Ils déduisent de leurs analyses la formule $C^{20}H^{24}N^2O^7$ et donnent l'équation de formation $4C^6H^8O^2 + 2NH^3 + 6O^2 = C^{28}H^{24}N^2O^7 + 13H^2O$. Comme produit secondaire il se forme un colorant jaune de la formule $C^{21}H^{19}NO^6$ et un corps amorphe insoluble dans l'alcool et rappelant par ses réactions le tournesol. Le rendement en produit cristallisé est de 50 %.

L'orcéine de Zulkowski est insoluble dans l'eau, l'éther, la benzine, le chloro forme, le sulfure de carbone, soluble dans l'alcool, l'acétone et l'acide acétique avec une coloration carmin que les alcalis font virer ou violet bleu. L'acide sulfurique concentré la dissout en bleu violet, l'eau ne donne pas de précipité, mais une solution rouge carmin contenant évidemment un sulfacide. Les réducteurs décolorent la solution alcaline en donnant une cuve qui s'oxyde facilement à l'air·

L'orcéine Zulkowski teint la soie, la laine et le coton mordancé au tannin en grenat ; elle ne se fixe pas sur le coton non mordancé ; elle teint les fibres animales aussi en cuve. Pour les mordants métalliques elle ne montre pas d'affinité, excepté pour le thorium, le zirconium et le bismuth. D'après son mode de formation elle est probablement une oxazine, mais elle n'est pas l'oxazine simple :

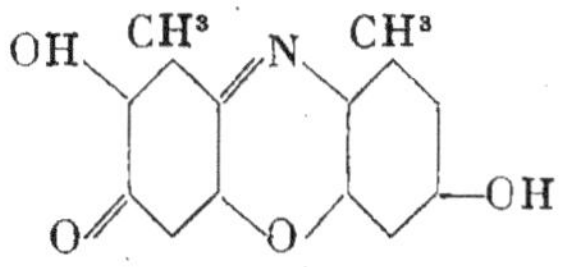

$$OH \quad CH_3 \quad N \quad CH_3 \quad\quad O \quad O \quad OH$$

dont elle se rapproche au point de vue de la composition (elle est en effet $C_{14}H_{11}NO_3 + 1/2H_2O$ si on dédouble sa formule), car celle-ci n'a pas d'affinité pour les fibres textiles. L'orcéine Zulkowski est-elle contenue dans les extraits commerciaux formés par l'action de l'air sur la solution ammoniacale de l'orcéine ? C'est probable, mais pas démontré cependant. Il est d'ailleurs très admissible que suivant les modes opératoires il se forme des colorants différents et que l'orseille commerciale par conséquent est constituée par un mélange. Quoiqu'il en soit l'étude de l'orcéine Zulkowski mériterait bien d'être reprise.

Epine-vinette

La *berbérine*, le principe colorant de l'épine vinette, l'unique matière colorante naturelle basique a la formule $C_{20}H_{19}NO_5$. Sa constitution a été établie par H.-W. Perkin jr. et par Gadamer et Faltis. Elle est :

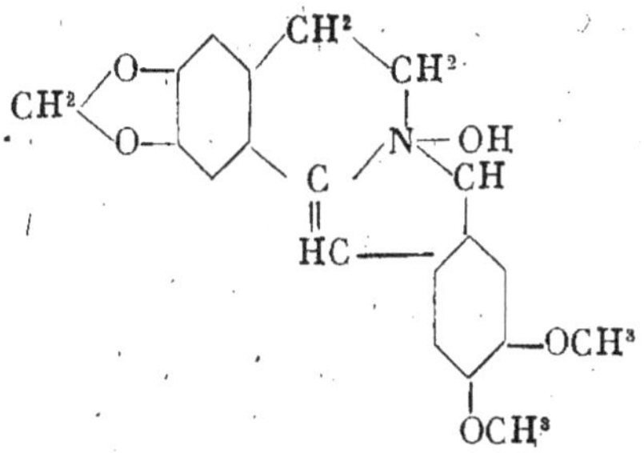

$$CH_2 \quad O \quad CH_2 \quad CH_2 \quad N-OH \quad CH \quad C \quad HC \quad OCH_3 \quad OCH_3$$

Cette formule a été confirmée [par une élégante synthèse due à A. Pictet et Gams.

Par réduction la berbérine donne la tétrahydroberbérine $C_{20}H_{21}NO_4$ (qu'on devrait nommer plus correctement anhydrodihydroberbérine), blanche, que les oxydants retransforment aisément en berbérine.

La berbérine, comme les couleurs artificielles basiques, teint la soie, la laine et le coton tanné, mais elle n'a pas d'affinité pour le coton lui-même. Elle ne teint pas les mordants. Si on pouvait la déméthyler ou lui enlever le groupe méthylène CH^2, on la transformerait sans doute en une couleur à mordant.

La synthèse a été effectuée en traitant l'homopipéronylamine par le chlorure de l'acide homovératrique, déshydratant le produit de condensation, pour former la vératryle-norhydrohydrastinine, réduisant celle-ci et traitant ensuite par le méthylal ce qui produit la tétrahydroberbérine. Les formules ci-dessous montrent le mécanisme de ces réactions :

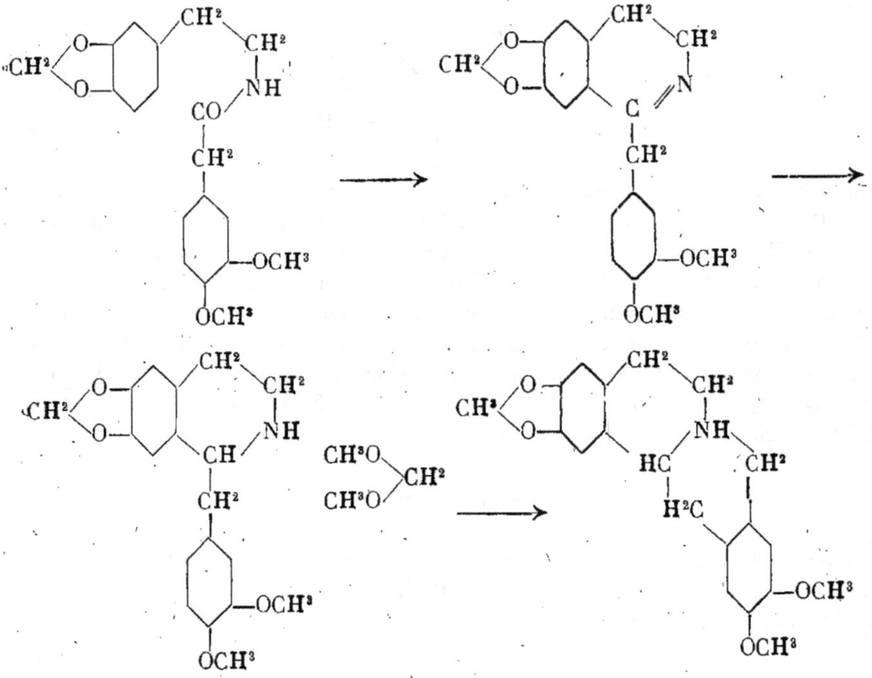

APPLICATION DES MATIÈRES COLORANTES

Les applications des matières colorantes sont très variées, car on les emploie pour colorer non seulement les différents textiles, mais aussi un grand nombre de substances d'origine végétale et animale, le papier, les cuirs, les peaux, les fourrures, la corne, l'ivoire, etc.

Nous allons passer rapidement en revue ces diverses applications qui seron étudiées en détail dans la suite.

A) FIBRES TEXTILES

La *teinture* et *l'impression* des fibres textiles consistent à colorer celles-ci de manière à obtenir certains caractères de solidité, résistance au savon, au frottement, à l'air, à la lumière, etc. La solidité dépend essentiellement de l'emploi auquel est destiné chaque fibre.

Si le tissu est imprégné d'une seule couleur il est dit *uni*. On peut l'obtenir de deux manières :

1° En plongeant le tissu dans une solution de colorant ; on fixe alors la couleur soit par attraction mécanique, soit par affinité chimique ou simultanément par les deux phénomènes en faisant une opération de *teinture* ;

2° En appliquant la solution du colorant d'un seul côté du tissu on aura de l'uni obtenu généralement par voie *d'impression*.

S'il s'agit dans ce cas d'une couleur unique émaillée de dessins blancs, le tissu est dit à *une couleur*, mais il y a des tissus à une ou *plusieurs couleurs*. La production de ces articles à dessins à une ou plusieurs couleurs constitue l'industrie de l'impression des tissus ou des *toiles peintes*.

La teinture et l'impression n'ont pas seulement pour but de colorer les fibres, mais aussi de donner des nuances solides, c'est-à-dire résistant à différentes épreuves ; il faut donc les fixer le mieux possible en choisissant des méthodes appropriées et basées sur les propriétés des couleurs et sur celles des fibres.

Au point de vue de leurs applications, on peut grouper les matières colorantes en 8 catégories :

1° Les matières colorantes *basiques* qui teignent la laine et la soie sans mordant, mais nécessitent dans le cas du coton l'emploi d'un mordant de tannin ;

2° Les couleurs *acides* qui teignent directement la laine et la soie mais pas le coton, sauf les couleurs azoïques dites *directes substantives* ou *immédiates* ;

3° Les couleurs dites à *mordants* que l'on fixe au moyen de mordants métalliques sur coton, laine et soie ;

4° Les couleurs *directes ou substantives* teignant le coton sans mordant et employées aussi pour la laine et les tissus mixtes ;

5° Les *couleurs sulfurées* qui, dissoutes au moyen de sulfures alcalins se fixent sur coton sans mordant et qui ne sont employées qu'exceptionnellement sur les fibres animales ;

6° *L'indigo* et les *colorants à cuve* qui se fixent sur coton à l'état réduit et de la même manière sur la laine et la soie ;

7° Les couleurs insolubles que l'on *forme en présence de la fibre* au moment même de la teinture : le *noir d'aniline* et les couleurs dites à la *glace* (rouge de p-nitraniline, etc.). Ces dernières ne sont employées que pour la coloration du coton, quant au noir d'aniline, son emploi principal consiste à colorer le coton mais il a trouvé aussi quelqu'emploi pour la laine et la soie et les tissus mixtes ;

8° Les couleurs développées sur fibre par *rediazotation* et virage ou par traitement avec des *diazoïques*.

En se plaçant au point de vue de l'application sur les fibres textiles, on constate que la laine et la soie ont une grande affinité pour les matières colorantes, tant basiques qu'acides, affinité qui a vraisemblablement pour cause les fonctions chimiques, basiques ou acides des fibres animales. Elles ont été mesurées par le procédé de la thermochimie au moyen d'acides et d'alcalis, par L. Vignon.

Leur constitution peut être assimilée à celle d'amidoacides analogues au glycocolle :

$$R\!\!<\!\!\begin{array}{l} NH^2 \\ CO^2H \end{array} \qquad CH^2\!\!<\!\!\begin{array}{l} NH^2 \\ CO^2H \end{array}$$

Généralement on teint ces fibres sans mordants, à l'exception de certaines couleurs pour lesquelles on emploie des mordants métalliques.

Le coton par contre n'est caractérisé que par des fonctions alcooliques. Il est donc nécessaire de lui donner artificiellement de l'affinité pour la majeure partie des colorants par les opérations du mordançage ; on mordance avec du tannin pour les couleurs basiques et avec des oxydes métalliques dans le cas des couleurs hydroxylées. Les couleurs acides ne teignent pas directement le coton sauf les azoïques substantifs. L'indigo, les indigoïdes, les indanthrènes, les couleurs sulfurées se fixent directement à l'état de leucodérivés. Le noir d'aniline, le rouge de nitraniline se produisent sur la fibre.

Pour teindre les textiles on peut procéder de différentes manières :

1° *Teinture par attraction mécanique.* — Le type de cette teinture est l'azurage du linge au moyen d'outremer. C'est une simple addition mécanique ;

2° Généralement le colorant est d'abord amené à *l'état de solution* et ensuite *déplacé* en présence de la fibre.

Les colorants se comportent différemment selon la nature de la fibre, de même que la fibre se comporte différemment selon la nature du colorant.

L'indigo par exemple existe sous deux formes solubles : *indigo blanc* et *indigo sulfoné*. En réduisant l'indigo, on peut le fixer sur le coton, la laine et la soie. Il pénètre par porosité et se réoxyde sur la fibre elle-même. Avec le dérivé sulfoné de l'indigo, la laine et la soie se teignent facilement, mais le coton ne se teint pas.

Le *sulfate de fer basique* se fixe différemment selon la nature de la fibre. Sur la laine, l'oxyde de fer sous forme de sel très basique se précipite par une simple immersion dans le bain, pour la soie, il est nécessaire de faire un lavage subséquent ; sur coton l'oxyde de fer ne se précipite en quantités pratiquement appréciables que par un traitement alcalin.

La fuchsine acide ainsi que les autres colorants sulfonés teignent la laine et la soie, mais pas le coton. Nous pourrions multiplier ces exemples.

Un grand nombre de couleurs donnent une seule nuance sur chaque fibre : ce sont les couleurs *monogénétiques*, comme la fuchsine, le violet de Paris, les orangés, les ponceaux. On peut, par des traitements convenables comme le chlorage de la laine augmenter l'affinité de la fibre pour la couleur, mais on obtient toujours une couleur unique. Une autre série de couleurs donne des nuances différentes selon le mode de fixation employé, par exemple l'alizarine et un grand nombre de couleurs à mordants. Ce sont des couleurs *polygénétiques*.

1° TEXTILES D'ORIGINE VÉGÉTALE

Les principaux textiles végétaux sont le *coton*, le *jute*, le *lin*, le *chanvre*, la *ramie*, l'*alpha*, la *soie artificielle*. Nous étudierons spécialement le coton qui dans cette classe est le textile le plus important.

Coton

Il provient d'une plante dicotylédone appelée cotonnier ou gossypium. C'est le duvet ou enveloppe floconneuse de la graine renfermée dans la coque ou gousse. On peut ranger le coton en deux catégories, le coton *longue soie* dont les fibres ont une longueur de 2 à 4 centimètres et le coton *courte soie* d'une longueur de 1 1/2 à 2 centimètres. Les principaux centres de production sont les Indes, la Louisiane, en général le sud des Etats-Unis et l'Egypte.

Lorsqu'on examine au microscope une fibre de coton, on constate qu'elle affecte la forme d'une lanière renflée sur les bords et repliée sur elle-même à certains endroits ; son diamètre est d'environ 1/40 de millimètre. La fibre de coton renferme un canal central caractéristique ; parfois cette cavité centrale n'existe pas : ce sont des fibres de *coton mort* qui ne se teignent pas.

Les opérations de teinture et de blanchiment nécessitent l'intervention de toute une série de réactifs, aussi est-il nécessaire de connaître l'action de ces produits, sur le coton afin de savoir dans quelles conditions il est susceptible de s'altérer.

Nous dirons aussi quelques mots de la cellulose qui constitue la presque totalité de cette fibre.

La composition empirique de la cellulose pure, privée de cendres, peut être représentée par la formule $(C^6H^{10}O^5)n$. Toutes les celluloses que l'on trouve dans la nature renferment une quantité plus ou moins grande de produits *non cellulosiques* se composant dans le cas de coton entre autre de substance minérale variant de 0,1 à 0,4 °/₀. Nous y trouvons alors en fait :

de susbtance pectique .... 5-6°/₀
de matières grasses.. 0,35-0,61 °/₀
de matiéres azolés... } 0,5 °/₀
de matières colorantes... }
d'humidité hydroscopique... 6 à 7 °/₀

Nous allons étudier rapidement l'action des divers réactifs sur le coton.

Acides organiques. — Certains d'entre eux modifient le coton ; l'altération de la fibre est fonction de la concentration de l'acide et de la température à laquelle on opère. L'acide tartrique, l'acide oxalique, l'acide citrique altèrent sensiblement la cellulose aux températures de 80-100-125°, par contre l'acide acétique et l'acide formique sont presque sans action. On a mis à profit cette propriété dans l'impression des tissus.

Acides minéraux. — a) *Acide sulfurique.* — Quand on traite de la cellulose, par exemple du papier non collé, par de l'acide sulfurique à 66° Bé à froid, il devient transparent par suite d'un gonflement et d'une gélatinisation partiels. Il commence à se dissoudre et, si avant ce moment, on plonge le papier dans de l'eau, l'on obtient du papier *parcheminé* (parchemin végétal), c'est-à-dire une feuille translucide et résistante, beaucoup moins absorbante que le papier primitif ([1]).

Si l'on fait réagir sur la cellulose de l'acide sulfurique à 45° Bé pendant 12 heures, celle-ci se désagrège et donne de *l'hydrocellulose* décrite en premier lieu par Girard. On arrive au même résultat avec de l'acide chlorhydrique.

L'hydrocellulose présente la même structure que la cellulose, mais elle est très friable.

Cette réaction a été utilisée pour le traitement des déchets des tissus mixtes laine et coton. On régénère ainsi la laine, et le coton est détruit. L'opération du *carbonisage* de la laine appelé également l'*épaillage chimique* est basée sur cette propriété. L'épaillage consiste à traiter la laine souillée de produits végétaux par de l'acide sulfurique à 5° Bé sur des tambours ou dans des chambres chauffées à une température de 80 à 100°.

Cette opération est suivie d'un battage et lavage.

b) *Acide nitrique.* — Il agit sur la cellulose de diverses manières selon le degré de concentration et la durée de l'immersion. Pour préparer l'hexanitrocellulose, en prenant pour la cellulose la formule $C^{12}H^{20}O^{10}$, ou le *coton poudre*, on fait usage d'un mélange anhydre d'acide nitrique et d'acide sulfurique dans la proportion de 1 partie d'acide nitrique et de 3 parties d'acide sulfurique ; on laisse en contact pendant 24 heures à 10° ; 100 parties de cellulose donnent environ 175 parties de nitrocellulose. Ce dérivé hexanitré est un éther nitrique et insoluble dans l'alcool-éther, dans l'acide acétique glacial et dans l'alcool méthylique ; il s'enflamme à 160-170°.

Les nitrates inférieurs se préparent d'après le même principe avec des mélanges nitrants appropriés. Les tétra- et trinitrate prennent naissance simultanément quand on traite la cellulose par un mélange sulfurico-nitrique relativement étendu et pendant une durée moindre. Ils sont tous deux solubles dans l'alcool-éther, l'éther acétique : c'est le mélange que l'on emploie pour le collodion et le celluloïd et pour une des applications les plus intéressantes, la fabrication de la lustrocellulose ou soie artificielle. Nous en dirons quelques mots plus loin.

([1]) L'action prolongée de l'acide sulfurique concentré finit par dissoudre la cellulose, il y a formation des acides végéto-sulfuriques de Braconnot et finalement désagrégation complète et formation de glucose.

Action des oxydants. — Les oxydants faibles n'ont pas d'action sur la cellulose. Le chlorure de chaux lui-même peut-être utilisé sans inconvénient, il sert au blanchiment du coton, car on peut l'employer sans crainte en dissolution aqueuse à 0,2-0,3 Bé.

Parfois il se produit des oxydations accidentelles ayant des effets désastreux dans l'opération du blanchiment. Il y a près de quarante ans Witz observa des taches qui se produisaient au moment du vaporisage avec un affaiblissement simultané du tissu. Sans aller aussi loin, on constatait dans la teinture en uni la production de taches plus ou moins foncées. En recherchant l'origine de ces anomalies on constata qu'elles provenaient d'une oxydation due au chlorure de chaux qui se trouvait en particules non dissoutes en contact avec le coton. La formation d'oxycellulose se traduisait dans le cas d'une action très énergique par une destruction complète de la fibre et dans le cas d'une oxydation moins avancée par des taches au moment de la teinture.

Des expériences très simples permettent de mettre en évidence cette formation d'oxycellulose. Il suffit de faire réagir à chaud sur un tissu de coton une solution alcaline de permanganate de potasse préparée avec :

Permanganate de potasse............................ 0,5 gr.
Eau .... 250 centimètres cubes
Soude .... 5 grammes

On fait en sorte qu'une partie de coton se trouve immergée verticalement dans la solution, on laisse quelques instants en contact à 80°, puis on lave et traite par une solution de bisulfite de soude à froid. Le tissu reste parfaitement blanc, rien ne peut faire soupçonner la formation d'oxycellulose. Si l'on plonge ce tissu dans une solution de bleu méthylène, l'oxycellulose donne une nuance infiniment plus foncée que les parties non oxydées. On s'explique ainsi les accidents de teinture provenant d'une action irrégulière du chlorure de chaux sur le coton. Il faut donc dans l'opération du blanchiment éviter des solutions trop concentrées de chlorure, des dissolutions incomplètes de ce produit, puis empêcher la production de courants d'air et l'action d'une lumière trop vive : toutes causes qui conduiraient à la formation d'oxycellulose.

Action des alcalis. — a) *Soude caustique.* — La soude caustique à 1 ou 2 % n'a, en l'absence de l'air, pas d'action même au-dessus de 100°, aussi l'utilise-t-on dans le blanchiment des écheveaux et des tissus, pour les débarrasser des substances pectiques et des corps gras en les saponifiant; nous verrons que la soude est un agent important du blanchiment.

La *soude concentrée* a une action tout à fait différente ; à froid, elle contracte le coton dans une proportion considérable variant de 20 à 25 % en dimension linéaire, en même temps sa résistance à la rupture augmente de 45 à 68 % (45 pour les fils et 68 pour les tissus). On obtient ce résultat avec une solution de soude à 15 %. L'aspect de la fibre change complètement, le ruban aplati avec un large canal central se transforme en un cylindre épaissi n'ayant plus qu'un canal d'une très faible dimension. Ces effets sont accompagnés non seulement de la diminution en longueur dont il vient d'être question, mais aussi d'une diminution de largeur. Il se produit vraisemblablement une alcali-cellulose avec fixation de soude et l'on obtient $C^{12}H^{20}O^{10}, 2NaOH$. Un simple lavage décompose cette alcalicellulose avec régénération de soude et de cellulose témoignant d'une humidité hygroscopique plus grande. Un lavage à l'alcool ne déplace que la moitié de la soude en donnant $C^{12}H^{20}O^{10}.NaOH$. Cette réaction a été réalisée par Mercer ; elle porte le nom de *mercerisage*. Découverte il y a soixante-dix ans (1850) elle est restée longtemps dans l'oubli, mais elle a donné depuis vingt ans une série d'applications intéressantes.

Si, par exemple, sur un échantillon de coton uni on imprime une série de bandes parallèles avec de la soude caustique, il se produit un phénomène de *crépage* très curieux : dans chaque bande la chaîne et la trame s'étant contractées, les fils de la bande voisine sont devenus trop longs pour rester dans le plan primitif ; en se soulevant ils donnent lieu par leurs saillies à un effet de crépage.

Ce résultat peut être obtenu non seulement avec des tissus blanchis, mais aussi avec des tissus teints.

On fait également des effets de crépage appelés *bosselés* sur des tissus mixtes laine et coton ou coton et soie, le principe de cette fabrication est basé sur l'action rapide et à basse température de lessives de soude caustique concentrée sur le coton. Celui-ci se contracte tandis que les fibres animales conservent leurs dimensions primitives. On opère avec une lessive de soude marquant 25 à 30° Bé, puis on refroidit le bain de manière à avoir une température variant de 0 à 5°. Les pièces séjournent pendant 1 à 2 minutes dans un premier bain de soude refroidie, à la sortie de cet appareil elles sont exprimées, puis passent dans un second bain où elles sont lavées avec de l'eau ; enfin elles subissent un traitement à l'acide sulfurique et en dernier lieu un lavage à l'eau courante.

L'application la plus importante du mercerisage que Lowe avait déjà entrevue en 1889 a été découverte par Thomas et Prévost en 1895. Si dans l'opération du mercerisage, le coton est tendu sur un cadre ou par un artifice quelconque de manière à empêcher sa contraction, il acquiert un brillant remarquable ; on obtient ainsi le coton appelé *coton mercerisé* ou *similisé*. Celui-ci est caractérisé par son aspect qui rappelle la soie. Le mercerisage par tension s'applique aux écheveaux et aux tissus. On emploie des solutions froides de soude caustique variant de 15 à 32° Bé ; des appareils spéciaux maintiennent la tension pendant le mercerisage et pendant les opérations qui suivent : passage à l'acide, lavage, etc.

On obtient de curieux effets de damassés sur tissu en imprimant des réserves capables de neutraliser l'action de la soude, par exemple de l'albumine ou de la caséine puis on passe dans de la soude caustique sous tension. Le dessin imprimé reste mat, tandis que le reste devient brillant. Le coton mercerisé porte, comme il est dit plus haut, aussi le nom de *coton similisé ou simili-soie*.

b) *Soude caustique et sulfure de carbone.* — Quand on expose l'alcali-cellulose à l'action du sulfure de carbone à la température ordinaire, il se produit une réaction que l'on peut formuler de la manière suivante :

$$X.ONa + CS^2 = CS\diagup_{\diagdown SNa}^{OX}$$

C'est un xanthate alcalin de cellulose. Il se dissout dans l'eau en donnant une solution d'une viscosité remarquable. Pendant la réaction on constate d'abord un gonflement de la fibre qui se convertit ensuite graduellement en une masse gélatinisée, transparente, soluble dans l'eau, appelée *viscose*. Par décomposition avec les acides la viscose régénère la cellulose. Voici un procédé pratique pour préparer une solution de ce thiocarbonate : on prend du coton blanchi et on le traite par un excès de soude à 15 % jusqu'à ce qu'il ne retienne plus que 3 à 5 fois son poids de solution puis on le met dans un flacon avec 50 % de son poids de CS_2. Après un repos de 3 heures à la température ordinaire on ajoute une quantité d'eau suffisante pour recouvrir le tout, on abandonne encore pendant quelques heures et, par agitation on obtient un liquide homogène. Cette solution est employée spécialement pour la fabrication de la soie artificielle dont il sera question plus loin. On peut appliquer la viscose pour produire des effets damassés par la voie d'impression.

La viscose peut donner lieu à d'autres applications : par exemple à la fabrication de *viscoïde*, masse plastique analogue au celluloïd que l'on travaille comme de la corne ou de l'ébonite, ou à la préparation de films. Additionnée au papier dans la proportion de 1 à 2 %, la viscose augmente sa résistance de 30 %.

Soies artificielles. — On peut classer les soies artificielles en 4 catégories :
1º Soie de Chardonnet à base de nitrocellulose ;
2º Soie Glanzstoff ou soie au cuivre à base de cellulose cuproammoniaque ;
3º Soie viscose ;
4º Soie à l'acétate de cellulose.

1º Soie de Chardonnet. — On nitre la cellulose avec :

Acide sulfurique 66°..	5 parties
Acide nitrique à 41°..	2 parties

Laisser en contact 20 minutes à 25° et suivre la marche de la réaction au moyen de tâtes dont on étudie la dissolution dans le mélange alcool-éther, on lave, essore, blanchit à l'hypochlorite de soude. La dissolution convenablement clarifiée est soumise à l'opération du filage au moyen d'un appareil muni d'une série de tubes de verre ; ceux-ci ont des orifices très étroits formant filière et ne dépassant pas 0,1-0,2 millimètres. Les extrémités de ces orifices plongent dans un vase rempli d'eau. A sa sortie la dissolution se trouve aussitôt coagulée en une gelée très souple. Par une légère traction sur cette substance maintenue avec les doigts ou au moyen d'une pince, on produit un fil, on fixe l'extrémité de ce fil à une roue qui tourne avec une vitesse constante, de sorte que le fil étiré possède un diamètre uniforme. En tordant ensemble plusieurs fils selon le procédé du moulinage, on obtient un textile artificiel. Après avoir chassé l'eau d'hydratation, les fils prennent l'éclat de la soie, mais ceux-ci sont durs et inflammables, il est indispensable de les dénitrer ; on arrive à ce résultat en traitant les fils encore humides et immédiatement après leur coagulation par une solution froide de $(NH^4)^2S$ ou de $NaSH$.

Lorsque cette fibre est mouillée, elle perd une grande partie de sa résistance, c'est un des inconvénients graves non seulement de la soie à la nitrocellulose, mais aussi des soies préparées par d'autres méthodes.

On a cherché à remédier à cet inconvénient au moyen du *sthénosage* qui consiste à traiter la fibre par une solution aqueuse de formaldéhyde. On arrive à améliorer quelque peu la résistance à l'eau, mais la question est loin d'être résolue par la voie chimique.

2° Soie Glanzstoff, fil brillant ou soie au cuivre. — On utilise la propriété que possède l'oxyde de cuivre ammoniacal de dissoudre la cellulose. Elle est attaquée avec rapidité par ce réactif en présence d'un excès d'ammoniaque : il se forme un composé gélatineux soluble dans l'eau. Notons que l'hydrate ou carbonate de cuivre dissout dans l'ammoniaque, agit mieux que la dissolution provenant de la décomposition d'un sel de cuivre par l'ammoniaque. On obtient aussi une dissolution cupro-ammoniaque en dissolvant $Cu + NH^3$ en présence d'oxygène. Comme cellulose il est préférable d'employer la cellulose mercerisée, qui se dissout d'une manière plus parfaite.

Pour la coagulation on opère avec des appareils analogues à ceux qui viennent d'être décrits. Les fils sont recueillis dans de l'acide sulfurique ou dans de la soude et dans ce dernier cas encore passés en acide pour enlever le cuivre.

3° Soie viscose. — On coagule la viscose avec du chlorhydrate d'ammoniaque ou de bisulfate de soude, puis on traite par du carbonate de soude, de l'hypochlorite et de l'acide chlorhydrique.

4° Soie à l'acétate de cellulose. — Nous ne sommes pas renseignés exactement sur la production effective des soies par ce procédé.

Cette matière est surtout employée pour les films cinématographiques et pour la fabrication d'enduits et de vernis.

De ces divers procédés celui de la viscose se présente actuellement oomme celui de l'avenir. Un consortium des usines de soies artificielles a été constitué en 1912 et étendu les années suivantes ; la soie viscose se généraliserait au point de remplacer totalement les fabrications de Chardonnet et de la soie au cuivre.

Nous avons dit précédemment que les soies artificielles perdent à l'état humide, une partie de leur ténacité et de leur élasticité ; c'est la raison pour laquelle leur emploi semble être limité à la fabrication des rubans, galons, passementerie, c'est-à-dire, à la préparation des articles qui ne sont pas soumis à un travail mécanique. On ne peut les utiliser seuls pour la fabrication des tissus de bonne qualité car leur résistance serait insuffisante, mais on les emploie souvent en mélanges.

Blanchiment du coton

Si l'on s'en tenait à l'étymologie, le blanchiment consisterait à enlever aux fibres la matière colorante qui les souille de manière à les rapprocher le plus possible de l'état de blanc ; mais ce n'est là qu'un côté de la question, car ce ne sont pas les pièces destinées à rester blanches qui ont besoin d'être blanchies le plus à fond.

Le blanchiment consiste à dépouiller les fibres non seulement des matières colorantes qui les souillent, mais aussi des substances étrangères qui s'opposeraient à de bons résultats en teinture et en impression, car des taches invisibles sur le blanc se remarquent souvent lorsque le tissu est coloré.

Le blanchiment poussé le plus loin est celui destiné à fournir des filés et des tissus pour les teintures en nuances claires. Vient ensuite, le blanchiment des tissus qui resteront blancs. En dernier lieu, celui des tissus pour nuances foncées.

1° Blanchiment en pièces

Les tissus renferment outre les impuretés naturelles, celles que lui ajoutent les opérations du tissage, certaines intentionnellement, comme le parement de la chaine (matières amylacées, sels de cuivre, de zinc, de magnésie) d'autres accidentellement comme les huiles des machines, les graisses, les savons métalliques provenant du frottement des étoffes sur les métaux.

Autrefois on employait des méthodes qui duraient parfois plusieurs semaines et leurs principes essentiels consistaient à traiter les tissus successivement par des alcalis, de l'acide sulfureux puis, à les étendre sur prés, en répétant ces opérations plusieurs fois.

La découverte du chlorure de chaux par Berthollet, facilita considérablement le blanchiment, et le lessivage en chaux caustique et en soude permit de mettre au point le procédé rationnel dont il va être question qui repose sur une série d'opérations chimiques raisonnées, ayant chacune un but bien déterminé.

Les substances étrangères qu'il faut faire disparaître du tissu sont les suivantes :

1° *Matières colorantes* insolubles dans les alcalis : celles-ci s'y dissolvent après avoir été oxydées ;

2° *Résines solubles* ou *non* qui, selon leur nature, *réservent* ou *attirent* les couleurs au moment de la teinture ;

3° *Matières grasses* qui ont les mêmes inconvénients que les produits sous 2° ;

4° *Apprêt* de la chaine, amidon, fécule, sel, etc. ;

5° *Savons* de cuivre et de fer provenant du contact de fibres avec les métaux des machines à filer ou à tisser.

Marche des opérations : a) Marquage des pièces ;
        b) Flambage ;
        c) Lessivage en chaux ;
        d) Passage en acide ;
        e) Lessivage en CO_3Na_2 avec ou sans résine.
        f) Chlorage ;
        g) Acidage.

a) *Marquage.* — A son arrivée à l'atelier chaque pièce est marquée afin que l'on puisse reconnaître son origine. Le marquage se fait avec une encre spéciale analogue à l'encre typographique, ou avec une dissolution de goudron ; ce sont des couleurs à base de noir de fumée et de plombagine qui doivent résister aux opérations du blanchiment.

Les pièces sont ensuite cousues ensemble bout à bout, et, à partir de ce moment elles sont entraînées mécaniquement dans les différentes opérations qu'elles ont à à subir, généralement en boyau continu. Les pièces ne seront décousues que lorsque le blanchiment sera tout à fait terminé.

b) *Flambage.* — Cette opération est destinée à rendre la surface unie et à brûler toutes les fibres de coton qui sortiraient des tissus sous la forme de duvet.

On réalise le flambage au moyen d'une rampe à gaz munie de becs Bunsen. Le tissu passe lentement et d'une manière continue devant cette rampe, il est plongé immédiatement dans de l'eau afin d'éviter la combustion de la fibre ; on peut aussi faire usage de tambours chauffés au rouge Les becs Bunsen sont parfois munis d'aspirateurs afin que la flamme traverse le tissu. Ce procédé à l'avantage de détruire non seulement les duvets qui recouvrent la surface, mais aussi ceux qui entourent les fibres.

c) *Lessivage en chaux.* — Après avoir été mouillées au clapot, les pièces passent dans un lait de chaux à 50 grammes par litre, elles sont ensuite empilées dans des cuves en tôle doublées de bois blanc, en les serrant suffisamment pour éviter l'écoulemeut de la lessive. On recouvre avec une toile et comprime au moyen de madriers en bois. Pendant quelques heures, ces pièces imbibées de chaux sont soumises à l'ébullition. On se sert à cet effet de deux appareils différents : appareils à basse pression et à haute pression.

Les premiers sont des appareils analogues aux lessiveuses dans lesquelles la pression ne dépasse guère une demie atmosphère ; ce sont des récipients à simples double fonds. La vapeur élève la lessive par un tube à pomme d'arrosoir ; ou bien on se sert d'une pompe aspirante et refoulante pour faire un arrosage méthodique du tissu. La cuisson dure environ 18 heures.

Les appareils à haute pression sont des autoclaves dans lesquels on introduit de la vapeur à 120°. (Cuisson de 8 à 12 heures).

L'action de la chaux se traduit par une *saponification des corps gras* avec formation de savons calcaires adhérents aux tissus. Il se produit également une altération de la matière colorante.

Il est indispensable que les pièces soient toujours baignées dans le liquide, car il se formerait au contact de l'air, de l'oxycellulose, accident grave.

d) *Passage en acide.* — On emploie de l'acide chlorhydrique à 2° Bé, il décompose le savon de chaux en chlorure de calcium et en acides gras qui restent sur le tissu. Cette opération est suivie d'un lavage.

e) *Lessivage en carbonate de soude.* — Le but de ce traitement est de dissoudre les acides gras sous la forme de savons solubles. Depuis 1840, on ajoute au carbonate de soude de la colophane, qui favorise la dissolution des acides gras. L'addition de colophane constitue un perfectionnement très intéressant.

Pour 1000 kilogrammes de tissu on emploie :

Carbonate de soude	75 kilogrammes
Colophane...	25 »

On chauffe 8 à 12 heures à l'ébullition dans des cuves ; après cette opération, on donne une deuxième et courte lessive alcaline appelée *rafleurage*. On fait bouillir 3 heures et lave.

f) *Décoloration ou chlorage.* — On emploie de l'hypochlorite de chaux à 0,3-0,5B ; avec une solution trop concentrée il pourrait se former de l'oxycellulose. Il faut éviter la lumière ainsi que le séchage par courant d'air. Certaines usines emploient des cuves décolorantes introduites dans l'industrie par Lhermite. Ces cuves traitent par l'électrolyse des solutions de sel marin de manière à avoir environ 0,5 de chlore actif par litre.

g) *Acidage.* — On emploie de l'acide chlorhydrique à 1° B, puis on lave.

Nouveau procédé Mather et Platt (1886). — Ce traitement consiste à faire réagir sous pression de la soude avec ou sans carbonate. On se sert d'une cuve horizontale cylindrique fermant hermétiquement, dans laquelle on introduit 2 ou 3 wagonnets à claire-voie pouvant renfermer 1 000 kilogrammes de tissu imbibé de soude ; on vaporise à 2/3 atmosphère pendant qu'une pompe puise dans le fond une lessive de soude et de savon de colophane avec laquelle on arrose les pièces. Voici quelle est la suite des opérations :

1° Acidage en acide sulfurique à 8 grammes par litre, à une température de 50°. Ce traitement ramollit le parement lui fait subir un commencement de dissolution et, enlève les oxydes métalliques. Lavage.

2° Au moyen d'un clapot on traite à 60° avec une solution de :

Soude à 72 °/₀ (c'est-à-dire contenant 72°/₀ de Na²O	25 kilogrammes
Eau..	1 800 litres

puis on charge les wagonnets. Le liquide écoulé est remis dans les cuves et on y ajoute :

Eau..	2 000 litres
Colophane	20 kilogrammes
Soude à 72°	30 »
Carbonate de soude	40 »

On vaporise à 115° pendant 6 à 9 heures.

La pompe arrose les pièces au moyen du liquide écoulé, de manière que celles-ci soient imprégnées méthodiquement du liquide alcalin (certaines usines emploient exclusivement de la soude caustique à 2°B sans colophane). Après quelques heures on ferme la vapeur, on vide, puis on traite par de l'eau froide, on lave de nouveau puis on traite pendant 1 heure avec de l'eau chaude à 40°.

2° Blanchiment en écheveaux

C'est une opération moins importante, car de légers défauts qui se verraient en teinture sur pièce passent inaperçus sur des fils destinés à être tissés ultérieurement.

Pour les fils destinés aux nuances foncées, on fait débouillir en les traitant simplement à l'eau bouillante. Pour les nuances claires on fait une ou deux lessives de 5 à 8 heures dans des cuves renfermant 1500 kilogrammes d'écheveaux. On emploie 3 à 4 kilogrammes de carbonate de soude pour 100 kilogrammes de filés. On fait ensuite un chlorage avec du chlorure de chaux à 0,2 ou 0,3° Bé. On termine par un acidage.

Blanchiment en canettes. — Ce procédé est employé assez fréquemment, il permet de blanchir sans dévider et renvider le fil, il constitue une réelle économie. Le principe du blanchiment reste le même.

Teinture du coton

Nous allons passer en revue les applications des divers colorants.

1° Couleurs basiques. — On mordance avec du tannin fixé à l'émétique de manière à former des tannates d'antimoine insolubles.

2° Couleurs acides. — Ce sont les colorants sulfonés autres que les colorants substantifs, ils ne donnent que des nuances très claires, car, ils ont peu d'affinité pour le coton et on ne peut pas beaucoup l'augmenter artificiellement.

3° Couleurs à mordants. — Ces matières colorantes ne se développent qu'en présence d'oxydes métalliques ; on forme ce laquage en imprégnant le tissu avec un oxyde convenable, fer, chrome, alumine, etc., puis on teint la fibre ainsi préparée.

4° Colorants cuve. — On les réduit en présence d'alcali de manière à les transformer en combinaisons solubles, puis on imprègne le coton avec ces substances et on les réoxyde au contact de l'air.

5° Colorants substantifs. — Ce sont des azoïques sulfonés qui ont la propriété de teindre le coton sans mordants ; on les fixe le plus souvent en bains alcalins et en présence de substances salines telles que du sel marin et du sulfate de soude.

6° Couleurs sulfurées. — Ces produits sont mis sur le marché le plus souvent sous une forme soluble dans l'eau. Sinon on les dissout dans du sulfure de sodium. Les couleurs sulfurées teignent le coton sans mordants. Elles se trouvent sous une forme réduite ; il s'agit donc de teinture ayant une grande analogie avec les colorants à cuve.

Certains couleurs hydrones par exemple qui sont des colorants sulfurés peuvent être considérées comme des colorants à cuve puisqu'elles teignent à froid à l'état réduit sur bain d'hydrosulfite.

Les colorants sulfurés se fixent sur le coton en ajoutant au bain de teinture des alcalis, carbonates de soude ou soude caustique et parfois des substances salines : sel marin, sulfate de soude.

7° Couleurs à la glace. — Ces colorants sont produits directement sur la fibre en imprégnant celles-ci avec des solutions de phénol puis passant dans un bain de diazoïque. L'application la plus importante est la production du rouge de p-nitraniline, mais on prépare d'autres couleurs d'après les mêmes principes. Le nom provient du fait que les solutions diazoïques sont maintenues froides par addition de glace.

8° Noir d'aniline. — Cette matière colorante a une importance de premier ordre. Pour la produire sur coton, on imprègne la fibre avec une solution d'un sel d'aniline et d'un oxydant, puis on vaporise ou bien on développe la couleur à une température moyenne par une exposition prolongée dans une atmosphère humide (étendage). On peut aussi produire le noir d'aniline par voie de teinture en plongeant le coton dans un bain renfermant un sel d'aniline et du bichromate ou en traitant la fibre successivement par deux bains, l'un renfermant le sel d'aniline et l'autre l'oxydant.

9° Couleurs développées sur fibre. — Il s'agit de colorants substantifs que l'on peut diazoter après teinture, puis on les copule avec un phénol ou une amine de manière à produire un colorant nouveau d'une nuance plus ou moins différente et surtout alors plus solide. On peut encore faire réagir sur certaines teintures des diazoïques par exemple la p-nitraniline diazotée.

Teinture de tissus mercerisés. — Souvent on teint des tissus mercerisés ou bien on les mercerise après teinture. On mercerise dans de bonnes conditions en opérant à basse température avec une soude concentrée.

Le coton mercerisé se teint mieux que le coton non mercerisé.

L'opération de la teinture peut être réalisée de diverses manières, le plus souvent dans des barques, et pour les tissus sur des appareils appelés jigger. Le coton en bourre et filés (échevettes) est teint généralement dans des appareils à circulation. Dans ces derniers c'est le bain qui circule alors que dans les barques et les jiggers c'est le tissu qui est manœuvré. Depuis quelque temps on préconise la teinture dans la mousse de savon.

On teint donc le coton sous diverses formes : en bourre, en fils ou en écheveaux, en pièces ou encore au moyen d'appareils spéciaux, sous forme de rubans de carde, en mèches, en bobines croisées, canettes, etc.

Impression du coton

L'industrie de *l'impression* ou des *toiles peintes* a pour objet de reproduire, le plus généralement sur un tissu, des dessins déterminés à une ou plusieurs couleurs.

Ce mode de coloration des fibres textiles était pratiqué depuis les temps les plus reculés. Aux Indes et en Chine, on connaissait non seulement les méthodes d'impression directe, mais aussi les procédés plus délicats de réserves et d'enlevages, ainsi le procédé Bandhana qui est très ancien consistait à ficeler l'étoffe à certains endroits de manière à former des nœuds et l'on teignait ensuite le tissu ainsi préparé.

Une autre méthode, celle de Gosgas consistait à presser le tissu entre des plateaux métalliques sur lesquels le dessin était gravé et l'on traitait par le bain de teinture.

Les procédés bâtics de réserves à la cire pratiqués à Java, sont aussi très anciens.

La première usine d'impression semble avoir été fondée par un Français à Richemont en 1676, plus tard des fabriques analogues prirent naissance à Neufchâtel en 1689, puis en France, en Allemagne et en Autriche.

On peut réaliser une impression de diverses manières :

1° Impression d'un mordant puis teinture de ce mordant ;

2° Impression directe de la couleur sans mordant ;

3° Impression de la couleur avec son mordant. Dans les cas 2 et 3 le développement se fait dans un bain de vapeur : opération que l'on appelle *vaporisage*.

Dans le premier cas, on combine l'impression et la teinture, dans les deux autres cas, on opère par voie d'impression seulement et il s'agit alors de provoquer par un bain de vapeur la teinture localisée. On nomme ce genre de couleurs, des *couleurs vapeur*.

L'impression d'un mordant ou d'une couleur ne saurait s'effectuer avec une préparation liquide, il est nécessaire d'incorporer ces substances dans une pâte semi fluide qui permet de donner au dessin des contours bien déterminés et d'empêcher les liquides de pénétrer dans les fibres par capillarité. On emploie à cet effet des *épaississants*,

L'impression peut être réalisée par *impression à la planche* ou par *impression au rouleau*.

L'impression à la planche consiste à déposer la couleur sur le tissu en appliquant à la main des planches en bois sur lesquelles les dessins sont gravés en *relief*, par évidement du bois, ou au moyen de pièces métalliques ; on employait exclusivement ce procédé avant la découverte des machines à imprimer. On l'utilise encore pour certains dessins compliqués tels que la reproduction de tapisseries anciennes ou lorsqu'on recherche soit une très grande vivacité de nuances soit une certaine irrégularité voulue dans le dessin.

La fabrication moderne consiste à imprimer au *rouleau* au moyen des *machines à imprimer*. Celles-ci renferment une série de rouleaux en cuivre en nombre égal à celui des couleurs. Les rouleaux gravés en creux plongent dans le bain de couleur et une *râcle* en acier enlève avant qu'il y ait contact avec le tissu, toute la couleur qui se trouve sur les parties lisses. Un dispositif approprié permet d'imprimer simultanément toutes les couleurs du dessin.

Les tissus de coton destinés à l'impression sont blanchis avec soin et selon la nature des couleurs appliquées on leur fait subir un traitement préalable que l'on appelle *préparation*. On prépare par exemple en foulardant au sulforicinate, pour imprimer après séchage du rouge d'alizarine ou l'on prépare le tissu en β-naphtolate de soude pour y produire du rouge de para-nitraniline.

On imprime généralement seulement d'un seul côté mais on peut aussi imprimer les deux faces successivement ou simultanément, pour fabriquer les tissus dits *double face* ou *réversibles*.

Le plus souvent on imprime sur tissus blancs mais on peut aussi faire une impression sur tissu coloré. Dans ce cas, si la couleur du fond est claire, la nuance imprimée ne sera pas sensiblement modifiée, si elle est foncée, il y aura une *superposition* de couleur ([1]).

Quelquefois après une première impression on fait une *surimpression* surtout avec des petits dessins.

On peut réunir la synthèse d'une couleur et son fixage en une seule opération ; *le rouge de p-nitraniline* par exemple est un colorant azoïque qui se forme au moment même de l'impression en se précipitant dans les pores du tissu sous forme insoluble. Il en est de même du noir d'aniline produit sur la fibre même par oxydation, ainsi que du bleu nitroso et des bruns de paramine et de nitrosorésorcine.

On imprime quelquefois sur *écheveaux*, cette fabrication a pour but l'obtention ultérieure d'effets chinés. Pour cette impression on se sert de canelures en relief sur les rouleaux. L'impression sur *chaîne* permet d'obtenir ensuite par tissage des dessins à contours indéterminés qui sont parfois d'un heureux effet.

Epaississants. — On ne pourrait employer les solutions de couleur directement, il est nécessaire de les épaissir afin que la couleur ne coule pas et que les contours conservent leur netteté ; il faut d'autre part que la solution de couleur

---

([1]) En incorporant dans la couleur d'impression des agents qui retirent ou détruisent le colorant du fond, on crée des effets dégradés blancs ou colorés qu'on désigne du nom d'*enlevage* ou *rongeage*.

soit suffisamment fluide pour pouvoir indiquer le dessin dans ses moindres détails.

Les épaississants employés le plus souvent sont :

1° L'amidon et ses diverses modifications. — *L'amidon grillé* qui se présente sous la forme d'une poudre brune, la *dextrine* qui est une modification de l'amidon obtenue par un traitement acide, la *léïogomme* qui est de l'amidon de pomme de terre, de la fécule grillé, la *britishgum* qui est une dextrine provenant de l'amidon de riz et de maïs. L'amidon de blé, de maïs, de riz, la fécule, la farine, ont une utilisation courante. L'amidon est employé à l'état de liquide visqueux préparé à raison de 100-200 grammes par litre.

Ces diverses variétés d'épaississants ne peuvent être employées indifféremment dans tous les cas. L'amidon, par exemple, sous l'influence des acides forts et des sels acides donne des produits d'hydrolyse, ce qui se traduit par une diminution de la viscosité.

L'acide acétique à chaud favorise la préparation d'un empois stable. Il retarde la rétrogradation du liquide visqueux qui prend alors trop de consistance.

2° Gommes. — La *gomme arabique* est indiquée lorsqu'il s'agit de nuances claires. L'application de la gomme arabique provoque parfois un léger rétrécissement de la fibre qui peut modifier le contour des dessins, il faut donc éviter une dessication trop rapide.

La gomme Sénégal est employée concurremment avec la gomme arabique.

Gomme-adragante. — Ce produit donne un mucilage très employé comme épaississant, parfois on utilise *l'eau d'adragante* très fluide, pour les foulardages et plaquages de couleurs.

3° Epaississants mixtes. — On emploie surtout le mélange *amidon et adragante*, spécialement pour les couleurs basiques.

Dans certains cas, on ajoute aux épaississants des produits hygroscopiques tels que la glycérine pour empêcher une dessication trop complète et faciliter la teinture localisée pendant le vaporisage.

4° Epaississants divers. — La *viscose* mélangée avec de la soude caustique et des matières minérales tel que le kaolin peut servir à reproduire sur les fibres des effets de damassés et de gaufrage. La viscose mélangée à des solutions d'aluminate et de silicate de soude donne par vaporisage une précipitation de cellulose et de silicate d'alumine et l'on obtient ainsi des imitations de brochés, résistant particulièrement au lavage. Sous le nom d'impression à la *gouache* on préparait autrefois des imitations d'articles brochés pour doublures en imprimant un mélange de kaolin, de blanc de zinc et d'eau de caséine colorée d'une manière convenable, de façon à donner un ton opposé à la teinte de fond.

L'albumine agit non seulement comme épaississant quand on l'emploie telle quelle ou mélangée à d'autres substances. En vertu de ses propriétés coagulantes elle fixe mécaniquement diverses variétés de couleurs y compris celles qui sont insolubles dans l'eau (laques et pigments).

Si l'on condense la *formaldéhyde* avec certains *phénols* en présence d'agents légèrement alcalins ou basiques, il se forme des solutions jaunes visqueuses que l'on peut utiliser comme agents de fixation mécanique des pigments colorés. De plus grâce à la présence de radicaux acides, ce produit joue un rôle analogue à celui du tannin, de sorte qu'on peut l'employer pour la fixation de colorants basiques et même de colorants acides. Par suite de l'insolubilité de ces produits on imprime la formaldéhyde et de la résorcine par exemple avec le colorant et la modification nouvelle se formant à la température du vaporisage, la matière colorante se trouve enrobée et fixée sur le tissu, on peut également fixer des poudres métalliques par ce procédé. (E. Zundel, Baumann et Thesmar, Jones, *Chem. Ztg.*, 1913 p. 453 R). On a aussi proposé d'employer un mélange de *séricose* (acétyl-cellulose) de phénol et d'aldéhyde formique ; on peut par ce procédé fixer également des poudres métalliques et des pigments colorés (Stéphan, Battegay et H. Wagner).

La gélatine a été préconisée pour le même emploi dans le cas de réserve sous noir d'aniline (Dosne).

Fixage de la couleur. — Un certain nombre de couleurs se trouvent fixées immédiatement après l'impression et sans autre intervention ; telles sont les couleurs azoïques dites couleurs à la glace et les couleurs de condensation. Pour les autres classes de colorants il est nécessaire de leur faire subir les opérations du *vaporisage* ou de l'*étendage*, sans quoi un simple lavage suffirait pour en éliminer une forte proportion.

Vaporisage. — Les matières colorantes imprimées seules ou avec un mordant, sont soumises à un bain de vapeur que l'on appelle *vaporisage*. Cette opération, dans le cas des couleurs directes fait pénétrer la dissolution de la couleur à l'intérieur de la fibre et, s'il s'agit d'une couleur à mordants, la combinaison insoluble prend naissance avec fixation de la laque. On obtient ainsi une *couleur vapeur*.

On vaporise de plusieurs manières : sans pression à une température de 100°, ou avec pression au moyen d'appareils appropriés.

Dans les appareils à vaporiser sous pression il y a généralement une pression d'environ une atmosphère. Certains appareils spéciaux et exceptionnels sont à haute pression (1 à 3 atmosphères) dans ce cas, la fixation des couleurs est très rapide, mais toutes ne supportent pas une température aussi élevée. Pour le vaporisage les pièces sont enroulées, ou bien elles passent dans des appareils à vaporiser dits appareils continus ; elles circulent au moyen d'un dispositif spécial consistant en deux chaînes sans fin dont les maillons portent des tubes creux chargés de recevoir les pièces. Actuellement on utilise le plus souvent le vaporisage sans pression. Ce sont les couleurs à mordants qui nécessitent le vaporisage le plus long ; les couleurs au tannin se fixent plus rapidement ; celles à l'albumine ne nécessitent pas de vaporisage prolongé.

Dans les appareils à vaporiser appelés Mather et Platt on passe les pièces de manière à les exposer 1 à 3 minutes à l'action de la vapeur.

Etendage. — Cette opération consiste à suspendre les pièces dans une atmosphère humide portée à une température de 35 à 40°, elles y séjournent 2 à 3 jours, dans ces conditions certaines couleurs, par exemple les noirs d'aniline se développent dans de bonnes conditions. Toutefois, on emploie aussi ce procédé pour décomposer les mordants appliqués à l'état d'acétates pour enlever l'excès d'acide volatil. On enlève ainsi en général spécialement l'acide acétique en excès qui se trouve dans certaines couleur d'impression. Actuellement l'étendage joue un rôle de moins en moins important.

Dans certains cas, on soumet les tissus à un passage dans une enceinte saturée de gaz ammoniacal avant de les vaporiser, lorsque par exemple les pâtes d'impression sont très acides et qu'elles pourraient de ce fait abîmer le tissu, si on vaporisait de suite.

Enfin pour fixer certains colorants, on passe dans un bain développateur ou fixateur. Il s'agit alors de *couleurs dites d'application*. La formation de chromate de plomb en est un exemple.

Traitement après impression. — Après le vaporisage, il est nécessaire d'éliminer l'excès de couleur ou de mordant ainsi que l'épaississant qui imprègne la fibre, sauf dans le cas où cet épaississant doit rester adhérant au tissu parce qu'il sert de fixateur au colorant, par exemple, lorsqu'il s'agit des laques ou pigments insolubles qui n'ont pas d'affinité pour les fibres et que l'on fixe avec albumine, caséine, colle, vernis, etc.

Un simple lavage à l'eau serait insuffisant dans la plupart des cas. On fait donc une série d'opérations ayant pour but de nettoyer la fibre le plus parfaitement possible. On soumet alors le tissu à l'opération du *dégommage*. Autrefois ce traitement dénommé *bousage* consistait à traiter la marchandise par de la bouse de vache laquelle agissait surtout par les phosphates et les matières albuminoïdes (ferments) qu'elle contient. Actuellement ce procédé est abandonné et l'on traite par des bains de craie tièdes, puis par des bains de savon.

Depuis quelques années on utilise pour enlever les matières amylacées des tissus, un produit intéressant provenant de l'orge fermé. Après maltage, le malt est épuisé par l'eau puis on concentre dans le vide et l'on obtient un extrait très riche en enzymes, substances qui solubilisent les matières amylacées dans des conditions particulièrement favorables, en transformant et solubilisant l'amidon sous forme de dextrine et de maltose. Ce produit se trouve dans le commerce sous des désignations différentes, par exemple, *diastafor*. Si l'on traite les tissus à dégommer par une solution de diastafor, on solubilise les épaississants à base d'amidon de sorte que le dégommage se trouve de ce fait singulièrement facilité.

Le diastafor est employé aussi pour préparer des amidons solubles destinés à l'encollage des chaînes et à l'apprêt du coton.

Comme traitement après impression nous avons à mentionner aussi ceux qui agissent au point de vue chimique sur la couleur. Tels sont les traitements au tannin, les passages subséquents en sels métalliques, pour achever les laquages, pour oxyder les colorants réduits ou pour donner plus de solidité à la lumière, etc.

On *avive* aussi fréquemment les nuances par un traitement au savon, aux carbonates alcalins, aux corps gras, etc.

Emploi des couleurs. Couleurs basiques. — On imprime en principe avec un excès de tannin et un acide organique volatil, puis on vaporise.

Couleurs à mordants. — 1° On imprime le mordant sous la forme d'un sel métallique qui se décompose au vaporisage, puis on teint après dégommage. 2° On peut aussi, et c'est le procédé employé le plus souvent, imprimer une *couleur vapeur*, mélange du colorant et du mordant métallique de manière à ne développer la laque qu'au moment du vaporisage.

Indigo et colorants cuve. — On peut opérer de plusieurs manières : Impression d'indigo réduit qui pénètre dans la fibre et se réoxyde ensuite au contact de l'air, ou impression d'une solution alcaline d'indigo sur un tissu préparé en glucosé, de telle sorte qu'au moment du vaporisage, l'indigo se trouve réduit localement et se fixe, enfin on peut imprimer l'indigo avec du sulfoxylate formaldéhyde. On imprime les autres colorants à cuve d'après les mêmes principes.

Colorants substantifs. — Impression en présence d'alcalis puis vaporisage.

Couleurs sulfurées. — On les imprime sans aucun mordant, mais avec du sulfure ou du sulfoxylate et on les fixe au vaporisage.

Couleurs à la glace. — On prépare le tissu en naphtol, puis on imprime une solution de diazoïque, la couleur se développe immédiatement, sans qu'il soit nécessaire de vaporiser.

Noir d'aniline. — Le noir d'oxydation s'obtient en imprimant un mélange de sel d'aniline, de chlorate alcalin et de sulfure de cuivre, que l'on développe dans des chambres d'oxydation. Le *noir vapeur* se prépare en imprimant un sel d'aniline, un chlorate et du ferrocyanure de potassium.

Réserves. — Les réserves consistent à imprimer sur le tissu des substances qui empêchent la fixation sur la fibre des mordants ou des matières colorantes, que l'on opère par voie de teinture ou par voie d'impression.

Les réserves sont *mécaniques* ou *chimiques* ou les deux à la fois, c'est-à-dire *mixtes.*

Les réserves *mécaniques* sont des substances qui adhèrent au tissu et qui s'opposent à ce que la solution colorée agisse sur les emplacements ainsi protégés. Ce sont le plus souvent des réserves sous *teinture* ou sous *couleurs pla-*

quées et imprimées. Les résines, les corps gras, (bâtics), un grand nombre de sels insolubles rentrent dans cette catégorie de réserves. Elles présentent l'inconvénient d'être essentiellement fragiles et de se séparer partiellement du tissu ce qui peut nuire à la netteté des dessins.

Les *réserves chimiques* sont par exemple : l'émétique sous couleur vapeur au tannin, les alcalis, acétates ou les réducteurs imprimés sous noir d'aniline pour empêcher l'oxydation de l'aniline, les réserves sous indigo à base de sel de cuivre et de mercure, les réserves rouges à teindre, obtenues en imprimant un mordant d'alumine avec un sel de cuivre, les sels stanneux et les sulfites alcalins que l'on imprime sous le diazo de nitraniline.

On peut considérer comme *réserves mixtes* celles que l'on emploie sous indigo cuvé ; elles sont constituées par de la terre de pipe, du kaolin, du sulfate de plomb et un oxydant, sel de cuivre ou de mercure. Les premières substances agissent mécaniquement en empêchant l'indigo blanc de pénétrer dans la fibre ; les sels oxydants ont pour but d'oxyder à la surface du tissu l'indigo blanc en indigo bleu insoluble.

Rongeants-réserves. — Ce sont les préparations qui produisent sur une étoffe teinte des enlevages blancs ou colorés et qui, d'autre part, forment réserves sous une surimpression ultérieure. Par exemple on imprime de la rongalite ou du rédol (sulfoxylate-formaldéhyde) sur une couleur azoïque unie. En vaporisant on ronge ainsi l'azoïque et on forme réserve sous noir d'aniline. Le noir d'aniline peut être réservé aussi par la rongalite sur indigo et par des rongeants alcalins sur rouge turc.

Supposons un tissu teint en rouge de nitraniline ; on imprime de l'acide citrique puis on surimprime de la rongalite. Cette dernière substance sera décomposée aux endroits où elle sera en contact avec l'acide citrique, ces parties ne seront donc pas rongées et resteront colorées. Ces divers exemples nous montrent des réserves sous couleurs enlevages.

Un alcali caustique imprimé sur tannin ronge le mordant. Il sert éventuellement de réserve sous noir d'aniline.

On peut encore imprimer des sels ammoniacaux sur tannin-émétique, et surimprimer un rongeant alcalin. Aux endroits où le rongeant couvre le sel ammoniacal, l'alcali est neutralisé et le mordant au tannin reste indemne.

Enlevages ou rongeages. — On imprime sur des tissus teints ou mordancés des substances qui solubilisent le mordant ou la couleur, ou qui détruisent la couleur.

Dans le cas d'un tissu teint, on réalise ainsi un enlevage blanc, mais on peut aussi ajouter au rongeant une couleur qui se substituera à la couleur primitive, on aura alors un *enlevage coloré.* On peut aussi ronger une couleur non développée, par exemple le noir d'aniline.

Les divers modes d'enlevages peuvent se résumer de la manière suivante :

1° Enlevage des mordants. — S'il s'agit d'un tissu mordancé uniformément avec un sel métallique, l'alumine par exemple, on réalisera l'enlevage en imprimant la soude, ou bien des citrates acides, de manière à former de l'aluminate de soude soluble ou des sels complexés de l'aluminium avec l'acide citrique. Dans le cas d'un tissu mordancé au tannin-émétique, on imprime de la soude caustique, puis on vaporise (Binder).

Dans les deux cas, on aura préparé le tissu de manière à obtenir ultérieurement par voie de teinture des dessins blancs sur fonds colorés.

2° Enlevage sur tissu teint en uni. — On imprime le rongeant de manière à produire des dessins blancs par destruction locale de la matière colorante. En ajoutant aux rongeants certaines couleurs, on fait des enlevages colorés. Si le fond est formé d'un mélange d'une couleur solide à l'égard de l'enlevage et d'une couleur susceptible d'être rongée, on pourra au moyen d'un simple enlevage produire des effets à deux couleurs.

D'une manière générale on emploie pour ces enlevages soit des substances solubilisatrices soit des matières réductrices ou oxydantes.

Dans le premier cas on enlève le colorant par l'emploi de solvants chimiques, généralement des alcalis.

La deuxième méthode consiste à imprimer un réducteur puis à vaporiser pour déterminer la destruction de la couleur. Comme réducteurs on emploie le bisulfite, le zinc et surtout des dérivés de l'acide hydrosulfureux, spécialement ceux que l'on obtient en faisant réagir les hydrosulfites sur la formaldéhyde. Il se forme dans ces conditions des sels de l'acide *sulfoxylique* de sorte que l'hydrosulfite formaldéhyde serait un mélange de sulfoxylate de soude formaldéhyde et de bisulfite formaldéhyde. On trouve dans le commerce un grand nombre de dérivés de l'acide sulfoxylique sous le nom de *rongalite, hyraldite, rédol, décroline* (sel de zinc) etc.

C'est à P. Schuetzenberger que l'on doit la découverte de l'acide hydrosulfureux, mais on peut considérer que ce sont surtout les travaux des chimistes alsaciens Baumann, Thesmar et Frossard qui ont mis en évidence l'importance de ses combinaisons avec la formaldéhyde. Les enlevages sur les couleurs à cuve et sur les azoïques donnent des résultats remarquables.

La troisième méthode met en œuvre des oxydants qui agissent en détruisant la couleur; on utilise les chromates, chlorates, nitrates, les ferricyanures, etc. Cette méthode offre l'inconvénient d'affaiblir parfois la fibre.

Impressions spéciales. — On a souvent l'occasion de réaliser des impressions spéciales par exemple l'impression sur *filés, velours, peluches*, l'impression sur *deux faces* ou double face, les impressions dites *traînées* et *frôlées*. Ces dernières ont pour but d'opérer sur des tissus laineux et de déposer sur les extrémités du poil, une couche de couleur contrastant par sa nuance avec la nuance unie du fond. On arrive à ce résultat en se servant d'un dispositif spécial de rouleaux dont les uns font avancer le tissu, tandis que les autres déposent la couleur sur les poils coupés courts et relevés (Zundel, br. fr. 375072 ; Thesmar, Baumann).

Il existe enfin l'*impression légère* (imaginée par Ed. Siefert, chimiste alsacien) qui consiste à n'appliquer de la couleur que sur les aspérités de la surface des tissus.

Impression à l'aérographe. — Depuis quelques années on emploie un appareil appelé *aérographe* qui a pour but de projeter le colorant sur le tissu ; on obtient ainsi des tons ombrés intéressants. La matière colorante en pluie fine est fixée sur le tissu qui se déplace devant une série d'orifices dans lesquels passe la solution projetée au moyen d'air comprimé ou de vapeur ; on emploie des solutions aqueuses ou alcooliques. Cet appareil peut servir pour le coton, mais il est employé surtout pour la soie et les tissus mi-soie.

Jute

Pour les nuances claires, on teint avec des colorants basiques sans mordants.

Les colorants acides se teignent en présence d'alun ou parfois de sel marin.

On imprime le jute sous la forme de filés, de nattes ou de tissus ; on fait bouillir au préalable avec du carbonate de soude ou avec de l'eau et on blanchit si cela est nécessaire. Pour les basiques on imprime avec ou sans tannin. Dans le cas de la rhodamine, on ajoute un peu de sel d'alumine. Dans le cas des colorants acides, on imprime avec de l'alun ou du sulfate d'alumine. Les éosines donnent des roses très vifs avec des mordants de chrome.

Lin, chanvre, ramie

Ces fibres offrent une grande analogie avec le coton. Le principe de leur coloration est donc analogue. Le lin se teint plus mal que le coton, la couleur pénètre difficilement à l'intérieur de la fibre. Les teintures durent donc plus longtemps. Les basiques se fixent bien au moyen d'un tannage préalable mais la teinture est plus lente que dans le cas du coton.

Le chanvre se comporte comme le lin. Pour les colorants acides il est aussi nécessaire d'insister sur la durée de la teinture.

Soies artificielles

Les soies artificielles ont une certaine affinité pour les matières colorantes par le fait de la modification de la cellulose.

La soie de Chardonnet présente les propriétés d'une oxycellulose, par exemple.

En général pour les soies artificielles il n'est pas nécessaire de blanchir avant teinture sauf pour les nuances particulièrement tendres et vives. S'il faut blanchir on emploie l'eau oxygénée sous forme de bioxyde de sodium,

Pour les colorants basiques qui sont utilisés le plus souvent, on peut teindre en nuances claires sans mordants. Pour les nuances foncées, on mordance au préalable en tannin. Il faut avoir soin pour ces fibres de teindre à basse température, aussi les couleurs à mordants métalliques n'ont-elles pas trouvé un débouché important.

Parfois on emploie des colorants acides pour les nuances très claires et lorsqu'on recherche plutôt la solidité à la lumière.

Le noir d'aniline peut se fixer sur la soie artificielle en le développant à l'étendage.

Dans ces dernières années on a utilisé les colorants à cuve pour la coloration de la soie artificielle.

2° TEXTILES D'ORIGINE ANIMALE

Laine

C'est la substance filamenteuse secrétée par la peau des moutons et de quelques chèvres (mohair, alpaga, vigogne, etc.). La qualité et la quantité de laine varie avec la race, le climat, l'âge de l'animal. Une toison pèse de 1 kg. 500 à 6 kilogrammes. Ainsi récoltée la laine est souillée naturellement de suint et accidentellement d'impuretés les plus variées. Le suint peut être estimé de 25 à 75 % du poids de la laine ; il est constitué surtout par des sels de potasse, des acides gras, de la cholestérine et d'éthers de celle-ci, et doit être complètement éliminé avant la teinture.

Les filaments de laine ont un diamètre de 1/25 à 1/65 de millimètre et une longueur de 40 à 108 millimètres. Ils sont constitués par des cylindres recouverts d'écailles. Sous l'influence des acides, ces écailles se séparent les unes des autres ce qui permet au liquide coloré de pénétrer à l'intérieur de la fibre au moment de la teinture.

Si l'action des acides est accompagné d'un pétrissage mécanique de la laine, il se produit un *feutrage* ayant pour effet d'enchevêtrer des écailles les unes avec les autres.

Le feutrage une fois obtenu, il est impossible, quelque traitement mécanique qu'on lui fasse subir, de régénérer la fibre de laine primitive. Ce feutrage ou foulonnage peut être également produit en milieu de dissolution de savon neutre.

La laine renferme 16 % d'azote, elle brûle avec une odeur de corne brûlée ce qui permet de la différencier du coton. Elle renferme 2-3 % de soufre qu'on peut mettre en évidence avec du plombite de potasse ; la laine noircit lorsqu'on la chauffe avec ce sel par suite de la formation de sulfure de plomb.

Lorsqu'on fait subir à la laine un traitement prudent à la chaux, procédé employé à la manufacture des Gobelins, il ne semble pas que le soufre de constitution soit éliminé. Ce traitement favorise la fixation des matières colorantes en transformant les propriétés chimiques de la fibre.

Nous allons passer en revue l'action des principaux réactifs sur cette fibre.

L'acide nitrique colore la laine en jaune. Ce traitement a trouvé autrefois un emploi technique, il porte le nom de *mandarinage*.

La laine résiste généralement *aux acides* étendus à l'inverse de ce que nous avons constaté pour le coton. Cette propriété permet d'employer des tissus de laine pour la filtration des solutions acides.

La *lessive caustique* désagrège et dissout la laine.

Les *carbonates alcalins* et le *savon* agissent moins énergiquement et n'altèrent pas la fibre à une température inférieure à 45°, mais ils provoquent un feutrage à l'ébullition.

Un grand nombre de sels en solution concentrée agissent sur la laine, ainsi le chlorure de zinc la contracte, de sorte que par voie d'impression on peut obtenir un crépage analogue à celui que l'on obtient avec les tissus de coton par impression à la soude caustique. Les crépons de laine peuvent être préparés avantageusement avec des *sulfocyanates d'ammoniaque*. On imprime après avoir épaissi à l'adragante, puis on vaporise en évitant toute traction pendant 5 minutes avec de la vapeur bien sèche. Les pièces sont transportées, dans cette intention, horizontalement au moyen d'un treillis de ficelle. On ne pourrait les suspendre verticalement car le poids de la pièce empêcherait le rétrécissement de la fibre.

En traitant la laine par des solutions d'*hypochlorites* très étendues et de l'acide sulfurique on produit un chlorage qui augmente l'affinité de cette fibre pour les colorants. Le *chromatage* au moyen de bichromate conduit à un résultat analogue quoique plus atténué et à un mordançage en sesquioxyde et oxyde de chrome, Le *soufrage* agit aussi en facilitant la teinture de certains colorants.

La laine a une constitution rappelant celle des albuminoïdes. Elle renferme les mêmes parties constituantes c'est-à-dire des acides de la forme α-amino-carboxylé :

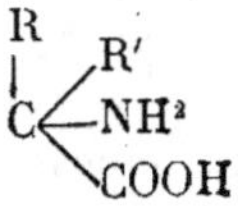

$$C \underset{\diagdown COOH}{\overset{\displaystyle R}{\underset{\diagup}{\longleftarrow}} NH^2 }$$

comme l'acide aminoacétique ou glycocolle ou plutôt leurs anhydrides peptidiques et intérieurs. Le groupement basique explique l'affinité chimique de la laine pour les colorants acides. La laine a en même temps un caractère acide qui explique son affinité parallèle pour les colorants basiques.

La laine a une action chimique sur certains sels : elle dissocie par exemple les sels d'alumine, de fer et de chrome surtout lorsqu'ils sont à l'état basique et fixe les mordants métalliques correspondants.

Blanchiment de la laine

A l'état brut la laine renferme le suint et d'autres impuretés plus ou moins colorées qui la rendent impropre à la teinture. Le blanchiment de la laine consiste à la dégraisser et à la décolorer. Comme cette fibre est sensible aux alcalis et aux alcalis terreux, on ne peut utiliser ces produits comme dans le cas du coton. On emploie surtout des bains de savon neutre additionnés éventuellement de faibles quantités de carbonate de soude.

a) *Blanchiment en toison.* — La laine prise sur le dos du mouton est dite *en suint*; elle contient des matières étrangères : argile, sable, débris végétaux, une matière colorante caractéristique fauve et le suint.

La succession des opérations du blanchiment peut se résumer de la manière suivante :

1° Lavage à l'eau qui donne 20-30 $^0/_0$ de perte ;

2° Bain de savon de potasse tiède pendant une heure ;

3° Lavage à froid ;

4° Décoloration par soufrage : on se sert de soufroirs qui sont des chambres munies de cheminées d'appel ; dans un fourneau on brûle du soufre puis on supprime le tirage et laisse la laine en contact avec l'acide sulfureux pendant 12 heures. Pour 100 kilogrammes de laine on emploie 6 à 8 kilogrammes de soufre, on termine par un léger savonnage. Actuellement on emploie souvent du bisulfite.

b) *Blanchiment en filés ou en pièces.* — On opère dans des barques en bois, il faut éviter le cuivre, car il se formerait du sulfure qui tacherait la laine. Les tissus sont flambés ou tondus, puis on effectue la série des opérations suivantes :

1° Lavage à l'eau tiède à 30° ;

2° Traitement pendant 1 heure à 30° par un mélange de savon et carbonate de soude (5 $^0/_0$ du poids de laine) ;

3° Après ce premier dégraissage, deuxième bain tiède de savon à 3 $^0/_0$ ou de carbonate de soude et rinçage ;

4° Décoloration au soufroir suivie de rinçage ;

5° Savon faible et rinçage.

On peut aussi soufrer avec des solutions de bisulfite de soude et d'acide chlorhydrique en faisant quelques passages alternatifs dans ces deux solutions. Parfois on utilise comme décolorant, de l'eau oxygénée à laquelle on ajoute un alcalin faible, par exemple du silicate ou du phosphate de soude.

Lorsque la laine a été chlorée au préalable, elle possède une affinité particulière pour certaines matières colorantes. Ce traitement est employé surtout pour les tissus destinés à l'*impression*.

Un traitement préalable à la chaux favorise aussi la fixation de certains colorants et leur solidité.

Teinture de la laine

La laine par ses propriétés basiques et acides a de l'affinité, tant pour les matières colorantes acides que pour les matières colorantes basiques. La teinture et l'impression de ces deux classes de produits est donc très simple.

1° Couleurs basiques. — On teint en bain neutre, pour certains colorants en bain légèrement acide (acide acétique) ou avec addition de crème de tartre.

2° Couleurs acides. — Ce sont les couleurs employées le plus souvent pour la teinture de la laine, car elles teignent facilement, en donnant, lorsque les colorants sont bien choisis, des nuances très solides. L'acide sulfurique favorise la fixation des colorants et pour favoriser l'unisson des teintures on fait une addition de sulfate de soude. Lorsque le colorant possède une grande affinité pour la fibre, on diminue la proportion d'acide afin que la teinture ne soit pas trop rapide. Dans certains cas, on remplace une partie de l'acide sulfurique par des acides organiques, acétique ou formique.

Dans le cas du bleu alcalin, on teint dans un bain de borax et de carbonate de soude, puis on développe la couleur dans un second bain acide.

On modifie avantageusement au point de vue solidité certaines nuances lorsqu'on traite après teinture par du bichromate.

Dans ces dernières années, les couleurs dites *chromatables* ont pris une grande importance. Ce sont au fait des colorants à mordants.

D'autres nuances sont sensiblement améliorées au point de vue de leur solidité par des traitements au sulfate de cuivre.

3° Couleurs à mordants. — On les emploie pour les nuances grand teint, on mordance au préalable, puis on teint dans un deuxième bain. On peut aussi teindre dans un premier bain, puis dans un deuxième pour former la combinaison métallique. Enfin on peut réunir ces deux opérations en un seul bain. C'est le mordant de chrome que l'on emploie le plus souvent pour la laine [1]. On emploie aussi les mordants d'alumine pour l'alizarine et dans certains cas, les mordants de fer et de zinc.

4° Colorants à cuve. — On teint l'indigo au moyen de cuves à fermentation ou à l'hydrosulfite. Les cuves avec bisulfite et poudre de zinc sont employées

---

[1] Son application est basée sur le mordançage au moyen de bichromate de soude ou de potasse avec addition d'acide formique (Autrefois on employait à la place d'acide formique du bitartrate de potassium et de l'acide sulfurique).

très rarement, il en est de même des cuves à fermentation chaudes ou froides. D'autres colorants à cuve sont employés pour la coloration de la laine, mais leurs applications sont moins importantes que pour le coton.

5° Noir d'aniline. — On le développe d'après les mêmes principes que le noir sur coton, mais son emploi est beaucoup moins important, car tout d'abord, les propriétés réductrices de la fibre, même après un traitement convenable, nuisent dans une certaine mesure à la formation du noir et ensuite ce colorant ne saurait avoir la même importance que pour le coton car le campêche et les couleurs azoïques donnent des résultats très satisfaisants, tandis que le noir d'aniline sur laine n'est pas solide au frottement.

Impression de la laine

L'impression de la laine est infiniment plus simple que celle du coton à cause de l'affinité de la laine pour les couleurs. Elle est réfractaire à l'imbibition immédiate.

Nous avons déjà parlé des propriétés réductrices de la laine, elles se révèlent particulièrement pendant le vaporisage en détruisant partiellement les colorants. On peut obvier dans une certaine mesure à ces deux inconvénients en faisant subir à la laine un chlorage préalable. En ajoutant à la couleur un peu de chlorate surtout lorsqu'il s'agit de colorants azoïques, on entrave la réduction.

Dans certains cas, on traite la laine par du stannate de soude, puis par un bain d'acide sulfurique, ce traitement est indiqué pour les éosines.

On imprime le plus souvent avec addition d'acide tartrique, acétique plus rarement avec de l'acide oxalique.

Le choix de *l'épaississant* est important. Il doit pouvoir s'éliminer facilement après vaporisage par un simple lavage à l'eau. On utilise des gommes, de la gomme adragante, de la britishgum, de l'amidon grillé et des mélanges appropriés d'amidon, d'amidon grillé et de kaolin.

Pour le *vaporisage* l'état d'humidité du tissu joue un rôle très important, il ne doit être ni trop sec, ni trop humide. A cet effet, après l'impression on l'enveloppe dans des doubliers humides puis on l'abandonne ainsi pendant quelque temps au repos avant le vaporisage. De plus on ajoute souvent à l'épaississant de la glycérine destinée à créer des circonstances hygroscopiques favorables à la fixation pendant le vaporisage.

1° Colorants basiques. — Impression sur laine chlorée avec ou sans acide tartrique et parfois aussi acide acétique.

2° Colorants acides. — On ajoute à la pâte d'impression un acide organique :

oxalique, tartrique, acétique. Pour les ponceaux, on ajoute souvent du sel d'alumine et pour les éosines du chlorure d'étain.

3° Couleurs à mordants. — L'emploi de ces colorants est peu répandu pour l'impression de la laine, sauf pour le genre Vigoureux.

4° Colorants à cuve. — Ils sont employés rarement.

Enlevages. — Un grand nombre de colorants peuvent être rongés avec de l'hydrosulfite formaldéhyde, mais on emploie aussi les enlevages à l'étain. La poudre de zinc peut être employée comme réserve et comme rongeant, mais son utilisation est assez limitée. Ces divers procédés permettent de faire des enlevages blancs et colorés.

On obtient de bons enlevages en choisissant judicieusement des colorants azoïques. Pour les enlevages colorés on utilise encore beaucoup le sel d'étain avec certains basiques et certaines couleurs acides du triphénylméthane. Il en est de même de certaines azines, thiazines et du jaune de quinoléine.

Soie

La soie est formée de deux parties bien distinctes : la *fibroïne* et le *grès*. La fibroïne est la soie proprement dite, le grès est une substance qui l'entoure comme d'une gaine et qui est éliminée au moyen du dégommage appelé également dégraissage, c'est-à-dire au blanchiment ; fibroine et grès sont constitués essentiellement par des matières albuminoïdes. La soie renferme de 20 à 35 %/ de grès. Contrairement à la laine elle est exempte de soufre. Il existe aussi une soie sauvage dite *tussah* qui provient des Indes, de la Chine et de la Corée. Elle est infiniment plus difficile à blanchir que la précédente, mais elle n'en a pas moins une réelle valeur technique.

Action des réactifs. — La soie est sensible vis-à-vis des alcalis. Cette sensibilité est moins grande que dans le cas de la laine. Les carbonates alcalins peuvent être employés presqu'impunément pour dégommer la soie. Les soies sauvages comme par exemple la tussah sont particulièrement résistantes. Vis-à-vis des acides étendus la soie se comporte comme la laine. Les acides minéraux concentrés dissolvent la soie.

L'acide nitrique concentrée dissout la soie presque instantanément. L'acide plus dilué la teint en jaune.

Les solutions *ammoniacales d'oxyde de cuivre* et *d'oxyde de nickel* dissolvent la soie.

Le *sulfocyanate* d'ammoniaque, le *chlorure de zinc* contractent la soie, et permettent la fabrication de tissus de soie ondulés.

Blanchiment de la soie

Chaque brin de soie est formé de deux parties qui se distinguent par leur aspect, leur composition et leurs propriétés.

La couche externe appelée *grès* renferme une substance abuminoïde et fréquemment un colorant jaune. La partie centrale constitue la fibre textile proprement dite ou fibroïne. Les brins de soie forment la soie grège qui est transformée avant la teinture en « organsin » ou bien en « trame », selon l'application. Lorsqu'il s'agit de soie de première qualité, pour les blancs et pour les teintures en nuances claires, par exemple, on donne un dégommage et un blanchiment à fond c'est-à-dire on prépare la *soie cuite*. Si le dégommage, c'est-à-dire l'élimination du grès est moins complète, on fait un traitement qui donne la *soie souple*. Dans le premier cas, la perte en poids est de 25-30 %, dans le second cas elle varie entre 6 à 12 %.

a) Soies cuites. — Pour la préparation de la soie cuite on soumet à deux opérations qui précèdent éventuellement la décoloration.

1° Dégommage ou décreusage. — On emploie une chaudière en cuivre et au moyen de bâtons en bois et de baguettes de verre on manœuvre les mateaux de soie, dont une partie plonge dans le bain. Pour 100 parties de soie on emploie 30 kilogs de savon, on chauffe à 90-95°.

Il est très important de ne pas faire bouillir ce premier bain, car on risquerait un enchevêtrement inextriquable des écheveaux de soie et on altèrerait son éclat. Les bains ainsi obtenus dits *bain de décreusage*, sont utilisés en teinture et sont désignés du nom : « savon de grès ».

2° Cuisson. — On met la soie dans des sacs en toile à voile, puis on porte au bouillon (¹) pendant 1 à 2 heures dans une solution de savon, on lave, et passe en acide sulfurique faible. Ces deux opérations donnent une perte de 25 à 35 %. Ce second traitement en savon est généralement supprimé maintenant.

On dégomme maintenant souvent au moyen de la mousse de savon.

(¹) Dans la 2ᵉ phase la température du bouillon ne donne pas lieu aux inconvénients qu'elle présenterait dans la 1ʳᵉ opération. Immobilisée dans des sacs, la soie ne peut s'enchevêtrer.

L'éclat de la soie n'est plus en danger à la suite de l'évacuation des impuretés réalisée dans la première phase.

3° Décoloration. — La décoloration se fait au soufroir comme pour la laine. Un lavage final termine le blanchiment.

b) Soie souple. — On donne ce traitement aux soies de deuxième qualité (perte 6-12 %). Bain de savon tiède pendant 10', puis passage en eau régale. Celle-ci est obtenue de la manière suivante : on mélange 5 parties d'acide chlorhydrique et une partie d'acide nitrique, on laisse reposer 24 heures ou davantage à 25°, puis on fait une dissolution de :

Eau régale	20 litres
Eau	300 »

On passe rapidement la soie dans cette solution, il se produit une décoloration partielle et la soie devient grise. Il ne faut pas laisser longtemps dans le bain, car la soie se colorerait en un jaune indélibile. L'action de l'eau régale réside probablement dans l'effet produit par le chlorure de nitrosyle.

Assouplissage. — Cette opération a pour but de gonfler la soie et de lui donner une souplesse et un craquant caractéristiques. On traite la soie sortant du soufroir par un bain composé de :

Tartrate acide de potasse (crème de tartre)	3 kilogrames
Eau	800 litres

Laisser pendant 1/2 h. dans le bain à 90°, et laver ensuite avec de l'eau tiède.

On peut aussi décolorer avec du bioxyde de sodium ou de l'eau oxygénée qu'on alcalinise parfois avec du silicate de soude (3 à 4 l. d'eau oxygénée pour 1 kilog de soie). Dans le cas du bioxyde de sodium il se produit de la soude caustique, il est avantageux d'ajouter du sulfate de magnésie. On a ainsi de l'eau oxygénée, de la magnésie et du péroxyde de magnésium. La présence de la magnésie retarde la décomposition de l'eau oxygénée et régularise son action.

Teinture de la soie

La teinture de la soie est généralement précédée d'une opération qui a pour but de faire absorber par la fibre diverses substances minérales et organiques appelées *charges*. Dans le cas de la teinture en noir, cette charge fait du reste partie intégrante du procédé de teinture.

a) *On distingue des charges métalliques*, à base de chlorures stannique, quelquefois avec alumine, fixés au moyen de phosphate de soude, de silicate, etc., ou à base de aux sels ferriques.

b) *Des charges aux tannins* : l'opération est appelée aussi engallage ; on fixe sur la soie diverses variétés de tannins surtout du cachou. La charge à l'héma-toxiline appartient aussi à cette catégorie.

c) *Des charges organiques neutres* : glucose, sucre, elles ne se donnent qu'après la teinture.

On emploie aussi des charges de nature très diverses, telles que caséine, gélatine, colle, etc.

La charge poursuit avant tout le but de faire gonfler la soie. Elle remplace aussi la perte en poids par le dégommage et augmente finalement ce poids.

Colorants basiques. — La teinture se fait en bain de savon de grès ou avec ou sans addition de savon de Marseille coupé avec de l'acide acétique. Certains colorants supportent l'acide sulfurique. Il faut choisir convenablement la couleur lorsque la soie est chargée à l'étain, car cette charge agit sur certains colorants.

Pour donner plus de solidité aux teintures on peut traiter par du tannin après teinture. On *avive* dans des bains acides.

Colorants acides. — La plupart de ces colorants se fixent dans un bain de savon de grès coupé avec de l'acide sulfurique. On élève la température d'une manière progressive afin d'avoir des teintures unies.

Pour les éosines on teint en bain acétique. Pour les bleus alcalins on teint en bain de savon, puis on développe dans un deuxième bain sulfurique.

Après teinture on fait un avivage en bain sulfurique et pour les éosines en bain acétique.

La soie tussah se teint avec plus de difficulté, il faut chauffer plus longtemps et employer une plus grande proportion d'acide.

Couleurs à mordants. — On peut teindre en un bain ou en deux bains. Pour la teinture en deux bains, on commence par mordancer la fibre en chrome, en alumine ou en fer, puis on teint dans un bain de savon coupé avec de l'acide acétique, le plus souvent au bouillon pendant 1 heure. Pour le rouge d'alizarine, on teint sur mordant d'alumine et on ajoute au bain de l'acétate de chaux. Pour la teinture en un bain, on mordance la soie, puis on ajoute le colorant dans le même bain, ou bien on opère inversement en teignant d'abord et en ajoutant ensuite le mordant, généralement un sel de chrome, dans le bain de teinture épuisé.

Colorants à cuve. — On les emploie assez rarement. On teint l'indigo après réduction dans la cuve à l'hydrosulfite ou avec zinc et chaux. Les autres colorants à cuve se fixent d'après les mêmes principes.

Noir au campêche. — La teinture au campêche continue à avoir une importance considérable, d'abord à cause de sa nuance qui est très belle et ensuite parce qu'on peut arriver à charger la soie, dans des proportions considérables, tout en conservant à cette fibre ses propriétés caractéristiques de brillant et de craquant. On mordance avec du sulfate ferrique, puis en ferrocyanure pour avoir du bleu de Prusse, puis on forme un tannate métallique au moyen du cachou et finalement on teint au campêche. Le poids des *noirs légers* augmente de 5 à 10 %, mais on peut aller jusqu'à 100 %, les *noirs lourds* peuvent atteindre jusqu'à 5 fois le poids de la fibre primitive. Pour ces noirs très chargés on emploie comme charge de l'extrait de chataignier. On obtient maintenant aussi des noirs en chargeant au chlorure stannique, teignant en campêche et nuançant avec du bleu ou vert de méthylène.

Le savonnage des soies teintes peut être fait par la méthode habituelle. On a proposé d'employer pour cet usage et aussi pour le dégommage la mousse de savon qui constituerait un avantage sur les bains de savon ordinaires, tant pour la régularité du travail que pour la réalisation d'une économie de temps qui pourrait atteindre jusqu'à 50-60 % du temps employé normalement. Le toucher de la soie et son unisson seraient aussi meilleurs (Schmid, brevets Français 434450 et 445372).

Impression de la soie

Colorants basiques. — On imprime en présence d'acides tartrique et acétique. Comme épaississant on emploie surtout la gomme, la britishgum, ou l'adragante. On vaporise sans pression pendant 1 heure.

Colorants acides. — On imprime avec acide tartrique, acide acétique et généralement un peu de glycérine. Pour les ponceaux, on ajoute un sel d'alumine.

Lorsqu'il s'agit d'imprimer des tissus terminés qui ne doivent plus subir de vaporisage, on emploie quelquefois des solutions alcooliques de colorants en choisissant des couleurs tout à fait insolubles dans l'eau. On a des nuances qui résistent au lavage en employant des couleurs à mordants, ou des couleurs à cuve.

L'aérographe est employé parfois pour l'impression de la soie.

Réserves. — On emploie souvent comme *réserves mécaniques* des corps gras à base de résine, stéarine et de cire additionnée de térébenthine ; on teint ensuite à basse température avec des colorants basiques en présence d'acide acétique, puis on enlève les réserves avec un solvant organique (benzine, tétrachlorure de carbone).

Réserves chimiques. — On imprime des substances qui détruiront la couleur au moment de l'impression du foulardage ou du vaporisage (sel d'étain, poudre de zinc). On peut ranger parmi les réserves chimiques ou mécaniques, le tannate d'antimoine. Il forme réserve à l'égard des colorants acides et comme il sert d'autre part de mordant aux couleurs basiques, il permet de faire des effets intéressants : rubans de soie *double teinte*, rubans *double face*.

Enlevages. — On emploie l'hydrosulfite, la poudre de zinc, le sel d'étain en faisant un choix de colorants appropriés pour la teinture de fond.

Ces différents procédés permettent d'obtenir des enlevages blancs et des enlevages colorés.

TISSUS MIXTES

Teinture des tissus mixtes

1° Tissus laine et coton. — *Teinture en uni*. — Les colorants substantifs rendent des services pour ce genre de teinture. Un grand nombre d'entre eux se fixent mieux sur le coton que sur la laine lorsqu'on opère à basse température ; par contre à température élevée, c'est la laine qui se teint le mieux ; on peut donc en faisant varier la température du bain favoriser à volonté la coloration de l'une ou de l'autre fibre.

On peut aussi employer d'autres colorants et teindre par exemple d'abord la laine avec un colorant acide non substantif, puis mordancer le coton en tannin et teindre en basique à froid. On opère parfois inversement en teignant le coton en basique, puis la laine avec un colorant acide.

Teinture en deux couleurs. — Si le coton doit rester blanc on choisira certaines couleurs acides qui ont la propriété de laisser le coton tout à fait intact. Pour les effets double teinte, on teint la laine d'abord en bain acide, puis on mordance le coton en tannin et on teint avec un basique à froid.

2° Tissus soie et coton. — Il existe des colorants substantifs qui teignent en même temps le coton et la soie. Quand il est nécessaire de teindre en deux bains, on teint d'abord le coton avec un colorant substantif, puis la soie dans un deuxième bain avec un colorant basique ou acide, on peut aussi teindre la soie d'abord avec un colorant acide, puis le coton avec un colorant substantif en bain alcalin.

Enfin on peut teindre la soie en bain acide avec un colorant acide, puis mordancer le coton avec tannin émétique et teindre le coton avec basique à froid.

Ces procédés permettent de teindre en uni ou de faire des effets double teinte. Il existe aussi certains colorants substantifs qui ont la propriété de teindre exclusivement le coton en donnant des effets de soie blanche.

3° Laine et soie. — On teint avec des colorants basiques ou acides en présence de sulfate de soude ou d'acide sulfurique. Pour les effets double teinte, on teint d'abord la laine avec une couleur acide qui réserve autant que possible la soie, puis dans un deuxième bain on colore celle-ci avec un produit qui ne teint pas ou qui teint mal la laine.

Impression des tissus mixtes

Dans le cas d'un tissu mixte où le coton domine dans de fortes proportions, on a avantage à employer des colorants basiques plus tannin ou des colorants substantifs. On choisit le colorant selon la proportion relative des diverses fibres.

APPRÊTS

Les filés et les tissus ne peuvent être utilisés tels qu'ils sortent, après séchage, des opérations de la teinture et du blanchiment. Il faut leur faire subir divers traitements dits de *finissage*, afin de mettre en relief de la manière la plus avantageuse le caractère du tissu et de donner aussi à la couleur le maximum d'éclat et d'intensité.

Les apprêts sont d'ordre mécanique ou d'ordre chimique.

Apprêts mécaniques. — Les principales opérations de cette nature sont :

1° Le tondage pour rendre le tissu uni ;

2° Les opérations ayant pour but d'élargir et d'allonger le tissu (rames fixes, rames mobiles, métiers de Saint-Quentin ;

3° Les opérations faisant usage d'appareils destinés à appliquer des dessins en relief pour le gaufrage et le moirage ;

4° Opérations qui rendent le tissu laineux avec des machines appelées gratteuses, perceuses, etc. ;

5° Le feutrage destiné à enchevêtrer les écailles de la laine au moyen de machines à foulonner.

Apprêts mixtes. — Ils sont en même temps mécaniques et chimiques ce sont :

1° Le mercerisage sous tension ;

2° La préparation de tissus lustrés, glacés, satinés au moyen de cylindrage et du calandrage des tissus préparés avec des féculents ou autres matières.

Apprêts chimiques. — 1° Ils sont destinés a assouplir et à gonfler les tissus avec des substances hygroscopiques, telles que la glycérine, le glucose, le chlorure de calcium ou des corps gras ;

2° Les apprêts qui ont pour but d'affermir les tissus, de les épaissir en leur donnant du corps par le gommage, l'encollage, l'empesage ;

3° Les apprêts qui donnent aux titres l'imperméabilité, l'incombustibilité, certains effets métalliques, ou certaines qualités antiseptiques.

Apprêt du coton

L'apprêt du coton est de beaucoup le plus important, voici les produits qui sont employés le plus généralement :

1° Substances *épaississantes* qui rendent le tissu plus ou moins rigide : amidon, fécule, dextrine, albumine, gomme, caséine, gélatine, graine de lin, lichens, viscose. L'amidon et la fécule sont les épaississants les plus importants de cette série ; l'albumine est parfois mélangée à l'amidon, mais ce mélange revient cher. La gélatine donne de bons résultats, mais son odeur désagréable limite quelque peu son emploi. Les gommes sont très employées ;

2° Substances *émollientes* et *hygroscopiques* donnant de la souplesse et de la douceur au toucher : glucose, glycérine, huiles, sulfoléates, graisses, stéarines, cires, vaselines, chlorure de calcium, sulfate de zinc et de magnésium. Dans cette série la glycérine est employée fréquemment, elle donne un toucher particulièrement onctueux ; le suif, la stéarine et le savon rendent les tissus souples et permettent d'augmenter la dose d'amidon tout en évitant la raideur ;

3° *Charges* destinées à donner exclusivement du poids : $BaCO^3$, $CaCO^3$, SO^4Ca, SO^4Ba, SO^4Mg, SO^4Na^2, $BaCl^2$, kaolin, talc ;

4° *Incombustibilité du tissu* : acide borique, borax, phosphate, d'ammoniaque, de soude et de chaux, silicates, sels de magnésie, d'étain et de zinc ;

5° *Imperméabilisation des tissus* : alun et savon, carbonate de magnésie, cire, huiles siccatives, paraffine, résine, stéarine, caoutchouc ;

6° *Eclat métallique* : mica, sulfures métalliques, poudres métalliques ;

7° *Antiseptiques* : acide borique, phénol, acide salycilique, sublimé, salol, etc.

Les apprêts pour blancs sont très nombreux car les tissus de coton se trouvent dans le commerce sous divers aspects, depuis le blanc le plus souple jusqu'au blanc le plus rigide.

Pour l'azurage on se sert d'outremer ou de matières colorantes bleues que l'on ajoute à l'apprêt.

Pour les apprêts colorés on emploie des couleurs appropriées.

Pour les toiles à calquer on prend de l'amidon mélangé à des matières grasses et l'on sèche sur des tambours. On répète cette opération plusieurs fois jusqu'à ce que le tissu soit parfaitement clos et qu'il ait un aspect luisant et transparent.

Pour les tissus colorés on emploie des apprêts analogues.

.Les *apprêts gaufrés* pour reliures sont obtenus en imprimant des dessins en relief sur un tissu préparé avec :

Eau	300 litres
Amidon	35 kilogrammes
Colle	4 »
Fécule	10 »
Cire	2 »

Apprêt de la laine et de la soie

Les *tissus de laine* sont rarement apprêtés. On emploie parfois des apprêts à base de dextrine dans la proportion de 20 à 50 grammes par litre avec un peu d'huile pour rouge ou de glycérine.

La soie peut être considérée comme ayant été apprêtée lorsqu'elle est chargée avant teinture ; mais quelquefois on l'apprête après teinture au moyen d'un mélange constitué par de la gomme, du sucre, de la gélatine, de la colophane, etc. Quelquefois on emploie des sels d'étain, d'alumine, de plomb.

MATIÈRES D'ORIGINE VÉGÉTALE

Papier

Le papier peut avoir pour origine des chiffons, du bois, de la paille. Le papier de chiffons est une matière de première qualité que l'on obtient en quantité relativement faible ; la paille et le bois servent actuellement à préparer la plus grande partie des papiers de consommation courante.

Les papiers de bois et de paille peuvent être obtenus lorsque le bois ou la paille sont traités mécaniquement ou chimiquement. Dans le premier cas, on se contente de passer le bois dans des appareils très puissants qui ont pour but de diviser le produit cellulosique et de le déchiqueter en fibrilles extrêmement divisées. Cette opération mécanique est précédée parfois d'un traitement à la chaux.

Dans le second cas, on traite le produit cellulosique, soit par du bisulfite de chaux, soit par des bains alcalins à base de carbonate de soude et de soude caustique, de sulfate de soude, de sulfure de sodium. Les papiers sont le plus souvent préparés par un mélange convenable de pâtes ayant ces diverses origines.

Teinture du papier. — La coloration de la pâte à papier peut être réalisée de diverses manières. Le plus généralement on ajoute le colorant dans la pile, au moment du collage du papier, de manière à faire coïncider cette opération avec la teinture elle-même.

On peut employer des colorants basiques et acides. Pour les colorants basiques, il n'est pas nécessaire de mordancer lorsqu'il s'agit de nuances claires, par exemple avec une quantité de couleur inférieure à 1 %/$_0$ du poids du papier. Lorsqu'on emploie une proportion plus forte de colorant, on ajoute un peu de tannin de manière à obtenir une insolubilité complète.

Pour les colorants acides, il est généralement inutile d'employer un mordant. Pour certains colorants tels que les ponceaux, les crocéines, on ajoute de la caséine. D'autres colorants acides sont précipités d'une manière complète au moyen du chlorure de baryum.

Parfois enfin on fait réagir en même temps un colorant basique et un colorant acide, de manière à obtenir une insolubilisation réciproque.

Pour les papiers non collés destinés au papier buvard, il ne faut pas que le colorant nuise à la porosité de la masse, on évite toute addition de tannin.

Dans certains cas, on teint le papier terminé, par exemple pour les papiers de soie, des papiers crêpe, etc.

Impression du papier. — Elle n'offre pas de difficultés spéciales, on se sert d'appareils analogues à ceux que l'on utilise pour l'impression des tissus, on emploie comme colorants, le plus souvent des laques insolubles.

Paille, bois

La paille est traitée d'abord par une solution bouillante alcaline, puis on la blanchit si cela est nécessaire avec de la chaux chlorée. On teint surtout avec des colorants basiques, généralement en présence d'acide acétique et un peu d'acide tartrique. Pour les colorants acides qui se fixent moins bien, on les emploie en bain légèrement acide, pour les nuances claires et lorsqu'on recherche la solidité à la lumière.

Pour le bois on utilise aussi principalement les colorants basiques en opérant à la brosse, ou au pinceau avec des solutions de couleur que l'on applique à la surface du bois. Dans la teinture par immersion on traite le bois par des solutions chaudes de colorant et par voie de teinture au plonger. Parfois on teint en autoclave, principalement pour les bois de grandes dimensions et lorsque la couleur doit pénétrer à l'intérieur de la masse.

Certains colorants acides sont utilisés pour des nuances claires.

Produits végétaux divers

On a parfois l'occasion de teindre des *herbes*, *feuilles*, *fleurs naturelles*, ici encore on emploie des colorants basiques en opérant à tiède en bain acétique. On fait subir quelquefois à ces plantes un traitement à la glycérine qui se trouve être un agent de conservation et empêche les végétaux de sécher et de devenir friables. On emploie aussi d'autres substances hygroscopiques telles que le chlorure de magnésium et le chlorure de calcium.

Pour le *crin végétal*, le *sisal*, le *piassava*, le *corozo*, on teint le plus souvent avec des basiques.

Le *celluloïd* est une masse plastique constituée par un mélange de nitrocel-

lulose et de camphre. Pour le colorer on incorpore dans la masse une solution
de couleur au moment de sa dissolution. Il faut avoir soin de choisir des colorants qui ne virent pas aux acides, car le celluloïd peut se décomposer à la
longue avec production d'une petite quantité de vapeurs nitreuses qui feraient
virer la couleur.

MATIÈRES D'ORIGINE ANIMALE

Cuirs, peaux

Les cuirs sont obtenus par divers procédés de tannage :

1° Traitement avec des tannins, ce qui donne les *cuirs tannés* ;

2° Traitement avec des combinaisons chromiques : *cuirs chromés* ;

3° Traitement par divers sels métalliques entre autre l'alun : *cuirs alunés ou
mégis* ;

4° Traitement par des corps gras : *cuirs chamoisés* ;

5° Traitement mixte réunissant les procédés qui donnent naissance aux cuirs
tannés proprement dits et aux cuirs chromés ou mégis.

La fixation des couleurs dépend évidemment du procédé qui a été employé
pour tanner la peau.

Pour les *cuirs tannés* on emploie surtout les basiques qui trouvent dans le
tannin fixé sur la peau, un mordant approprié, mais on peut aussi fixer des
couleurs acides surtout lorsqu'il s'agit de nuances claires qui doivent être solides à la lumière.

Pour les *cuirs chromés* il est nécessaire, si l'on veut teindre en basiques, de
les mordancer au préalable avec du sumac ou toute autre substance renfermant du tannin. Les couleurs acides se fixent bien, mais on n'arrive jamais à
des couleurs aussi foncées qu'avec les colorants basiques. Les couleurs à mordants sont employées fréquemment à cause de leur grande solidité. D'une manière générale pour le cuir chromé on emploie les colorants acides lorsqu'il
s'agit de nuances claires qui doivent être solides à la lumière, les couleurs à
mordants lorsqu'on recherche la solidité jointe à une certaine intensité et enfin
les colorants basiques lorsqu'on désire certaines nuances vives ou foncées sans
qu'il soit nécessaire d'avoir une grande résistance à la lumière.

Les *cuirs alunés* sont teints souvent avec des couleurs à mordants. La substance métallique fixée sur le cuir a par elle-même une certaine affinité pour ces colorants, mais on emploie aussi des colorants basiques et acides.

Pour les *cuirs chamoisés* on 'utilise rarement les couleurs à mordants, mais surtout les couleurs basiques et acides.

Les teintures mixtes ont pour but de réunir sur la peau des couleurs artificielles et des couleurs naturelles, telles que le campêché ou des couleurs minérales, telles que les dérivés du titane, des oxydes de fer, de manganèse, etc· Avant de teindre les cuirs on donne souvent un fond avec ces couleurs végétales et minérales.

Les procédés de teinture sont les suivantes :

1° **Teinture à la brosse.** — On étend sur le côté grain de la peau des couches successives du colorant avec une brosse. On sèche la peau, puis on répète cette opération un certain nombre de fois jusqu'à ce que l'on obtienne la nuance désirée.

2° **Teinture par immersion.** — Les peaux sont réunies deux à deux le côté chair en dedans, le côté grain apparent. On ne teint donc que le côté grain.

3° **Teinture au tourniquet.** — Elle consiste à teindre les peaux dans un appareil muni d'un agitateur. ¦Dans ces conditions la peau entière se trouve teinte.

4° **Teinture au foulon et au turbulent.** — Les peaux sont introduites dans un appareil rotatif dans lequel se trouve la solution de colorant et l'on fait tourner ce turbulent jusqu'à ce que l'on obtienne la fixation complète de la couleur. Cette méthode est employée surtout pour les cuirs chromés.

Une opération très importante est la *nourriture* du cuir ainsi que son *apprêt*. Ces opérations consistent à traiter les cuirs par des émulsions de corps gras dans de l'eau de savon. Avant ou après teinture on traite aussi les cuirs par l'huile de lin, le lait, l'albumine, le jaune d'œuf, la glycérine, les sulforicinates. Ces traitements ont pour but de donner aux cuirs une certaine souplesse et d'empêcher leur durcissement ainsi que leur altération. On les protège aussi du frottement et de l'humidité par l'application de certains vernis à base de résine, gomme laque, etc.

FOURRURES

On les teint surtout en nuances foncées. Les applications les plus importantes sont : le noir d'aniline et les couleurs obtenues par l'oxydation de diverses diamines et aminophénols.

La p-phénylènediamine fournit de beaux noirs, les aminophénols des nuances brun clair ou brun foncé. Pour les teintes diverses on utilise les colorants basiques ou acides, ou même les couleurs à mordants. Toutefois leur emploi est assez restreint par rapport aux noirs et aux bruns dont il vient d'être question.

D'autres substances diverses sont fréquemment colorées avec des couleurs artificielles, il sera question plus loin de leurs applications, ce sont : les plumes, la corne, l'ivoire, la nacre, la colle forte, la gélatine, les graisses, les huiles, les cires, la paraffine, la cérésine, la bougie, le savon.

LAQUES

Dans certains cas on a besoin de couleurs insolubles dans l'eau ou solubles dans certains véhicules organiques.

L'industrie des papiers peints, la lithographie, la peinture à l'huile et à l'eau consomment ainsi une quantité assez considérable de ces couleurs, que l'on obtient, soit en insolubilisant les couleurs solubles dans l'eau, soit en fabriquant des couleurs insolubles par elles-mêmes que l'on appelle des *pigments colorés*.

Un certain nombre de couleurs minérales sont aussi utilisées comme pigments, citons *le bleu de Prusse*, *le jaune de chrome*, *l'outremer*, *le vermillon*, etc.

Le laquage d'une matière colorante soluble, c'est-à-dire sa précipitation sous une forme insoluble, se fait dans des conditions différentes, selon qu'il s'agit de colorants basiques ou acides.

Dans le premier cas, on transforme le colorant par exemple en *tannate insoluble*, en le traitant par une solution de tannin et ensuite par de l'émétique, dans le second cas, on provoque la formation de *sels insolubles* de baryte, de plomb, d'alumine. Pour les couleurs à mordants, on peut laquer avec de l'alumine, du chrome, du fer, de l'étain, du zinc.

Ces précipitations se font en présence d'un *substratum* destiné à donner à la laque toute une série d'avantages, de l'opacité ainsi que la possibilité de pulvériser la couleur dans de bonnes conditions. Dans certains cas, le substratum agit en modifiant ou en augmentant l'intensité et la solidité de la laque aux différentes épreuves (lumière par exemple).

L'industrie des papiers peints, la lithographie, les encres d'imprimerie consomment de fortes quantités d'un certain nombre de laques et de pigments insolubles dans l'eau, mais pour d'autres industries il faut des colorants solubles dans l'alcool, la térébentine, les huiles, les graisses, paraffine, stéarine, etc.

Pour ces diverses applications on fabrique des résinates, des oléates, des stéarates colorés et un certain nombre de couleurs obtenues simplement en en précipitant à l'état de base des matières colorantes basiques solubles à l'eau.

ENCRES

Pour les encres à écrire, on emploie surtout les colorants solubles dans l'eau et qui ne risquent pas de déposer à la longue.

Pour les encres à copier, les encres hectographiques, encres à tampon, on ajoute dans ces solutions colorées de la glycérine qui empêche une dessication trop complète.

Pour les machines à écrire, les encres d'imprimerie on emploie des couleurs grasses préparées d'avance; (oléates, résinates) ou des colorants solubles dans les corps gras.

CHOIX DES COULEURS

Lorsqu'il s'agit d'obtenir des nuances déterminées, on emploie rarement une couleur unique, mais le plus souvent un mélange de plusieurs couleurs. Par exemple pour le coton, la même nuance peut être généralement obtenue soit avec des couleurs basiques soit avec colorants à mordants, ou encore avec des couleurs substantives des couleurs sulfurées, ou des colorants à cuve.

Le choix des couleurs à employer dépend surtout de l'usage auquel est destiné le tissu. La question de résistance à la lumière, à l'air, au savon, ainsi que le prix de la matière colorante et les conditions économiques de sa fixation joueront un rôle important. Il est donc indispensable que le teinturier connaisse à fond les qualités et les défauts de chacune des matières colorantes qu'il est susceptible d'employer.

D'une manière générale voici comment on utilise les couleurs au point de vue de leur application sur coton. Il faut tout d'abord ne pas mélanger des matières colorantes de nature différente, puis choisir dans chaque série des couleurs qui auront autant que possible des caractères identiques.

1° *Couleurs à mordants.* — Très solides à la lumière, au foulon, au savon, sauf certains jaunes d'alizarine ;

2° *Basiques.* — Solides au savon, très peu à la lumière, sont employés spécialement à cause de leur vivacité et de leur richesse :

3° *Indigo, colorants à cuve, indanthrène.* — L'indigo est très solide, certains colorants à cuve le sont encore davantage. D'autres par contre le sont moins ;

4° *Couleurs substantives.* — Très faciles à appliquer, moyennement solides au savon, très peu à la lumière et au foulon :

5° *Couleurs sulfurées.* — Très solides à la lumière, solides au savon, et au foulon ; très peu solides au chlore ;

6° *Noir d'aniline.* — Très solide lorsqu'il est rendu inverdissable ;

7° *Rouge de nitraniline. Couleurs à la glace.* — Solides, très intéressants à cause de leur prix.

Les couleurs obtenues ces derniers temps avec le naphtol AS, (anilide de l'acide β-oxynaphtoique 2,3) sont d'une solidité très grande, égalant l'alizarine pour les rouges, l'indigo pour les bleus.

Au point de vue du prix de revient d'une teinture, il faut tenir compte non seulement de l'achat de la couleur, mais aussi de son procédé de fixation.

Pour la *laine* et la *soie*, on recherche aussi parmi les colorants ceux qui répondent aux besoins exigés de la teinture. On prendra des colorants différents, selon qu'il s'agit d'obtenir des couleurs solides à la lumière, au lavage, au foulon, etc. Le principe du choix des couleurs reste donc le même que dans le cas du coton.

Analyse des matières colorantes

Tout d'abord il faut rechercher s'il s'agit d'une matière colorante unique ou d'un mélange. Pour examiner la couleur à ce point de vue, on la projette par insufflation sur une feuille de papier à filtrer mouillée et maintenue verticalement ; on examine les traînées colorées qui se forment par dissolution de la matière colorante.

On peut aussi projeter à la surface d'un bocal rempli d'eau une petite quantité du produit parfaitement pulvérisé. En dernier lieu on fait la même opération dans une soucoupe renfermant de l'acide sulfurique concentré. Ces essais préliminaires permettent non seulement de voir si la matière colorante est un produit unique, mais ils donnent déjà une indication sur la nature du mélange que l'on a entre les mains, surtout la réaction sulfurique.

S'il s'agit d'un mélange, on pourra faire des réactions colorées sur le papier à filtrer, on tâchera si possible de faire la séparation de la couleur par voie de précipitation fractionnée, puis on déterminera la nature de chaque couleur au moyen de réactions appropriées.

La solution aqueuse pourra être traitée d'abord par une solution de tannin, puis par du sulfate d'alumine, ce qui permettra de distinguer les couleurs basiques des couleurs acides, puis on fera réagir sur la solution aqueuse divers réactifs, HCl, Na^2CO^3, NaOH, NH^3, des réducteurs, chlorure stanneux, ou poudre de zinc, etc.

Pour des recherches approfondies on utilisera les méthodes de Rota, Weingärtner, Grandmougin et Formaek et Green.

Dosages des matières colorantes

La méthode employée le plus souvent consiste à comparer l'échantillon à analyser avec le produit type en faisant dans des conditions identiques des teintures avec des quantités variables de solution jusqu'à ce que deux échantillons aient exactement la même nuance.

Il importe de faire ces essais avec la matière même pour laquelle le colorant est destiné : fibres textiles, cuirs, peaux, papier, corps gras, etc. Pour les laques, il est indispensable de faire un petit laquage dans des conditions aussi voisines que possible de la fabrication, car autrement on pourrait être amené à faire de grossières erreurs d'application.

En se plaçant au point de vue d'un dosage chimique des matières colorantes, dosage destiné à déterminer, non plus des écarts de nuances très faibles, mais la *quantité* de couleur existant dans une solution, ou dans une poudre, on a proposé diverses méthodes.

Citons celle de Knecht basée sur l'emploi du chlorure de titane (MC. 1913, 140) Salvaterra, et celle de Grandmougin et Havas (MC. 1913, 25).

Cette dernière est basée sur la réduction des couleurs azoïques par l'acide hydrosulfureux en vertu de la réaction suivante :

La solution d'hydrosulfite employée doit être alcalinisée car en liqueur neutre elle s'oxyde très rapidement ; mais la liqueur ne peut servir que 4 ou 5 heures.

La solution du colorant à doser est additionnée d'HCl, portée à l'ébullition, refroidie rapidement avec de la glace, puis additionnée d'hydrosulfite jusqu'à décoloration. L'opération se fait à l'abri de l'air dans un courant de gaz d'éclairage.

La méthode a été appliquée au dosage de l'orangé 2, de la chrysoïdine du rouge solide.

Emplois en biologie

On considérait autrefois toutes les matières colorantes comme toxiques, cela provenait surtout de la présence de l'arsenic, car, ces couleurs étaient généralement des dérivés de la fuchsine. Mais depuis lors on a étudié la question et un certain nombre de matières colorantes sont inoffensives, d'autres même sont employées au point de vue médical. Le violet méthyl et l'auramine servant sous le nom de *pyoktanin* bleu et jaune ; comme antiseptiques des yeux et pour la chirurgie générale.

Le *bleu méthylène* à l'état de base est utilisé comme analgésique à l'état de médicament interne, mais on peut l'employer aussi à l'état d'injections sous-cutanées.

Comme remède et comme antiseptique on a essayé aussi : la safranine, la mauvéine, la vésuvine, le bleu d'aniline, le jaune d'alizarine C (gallacétophénone). Le sel de potasse du dinitro-o-crésol est vendu par Bayer sous le nom d'antinonnine et est particulièrement employé contre les moisissures.

D'après Icard la *fluorescéine* est un indicateur très sûr de l'arrêt de la circulation du sang, on peut ainsi affirmer la mort d'une manière certaine. Si l'on injecte dans un corps vivant une solution alcaline du fluorescéine, il prend au bout de quelques minutes, une coloration vert-jaune, mais si la circulation est interrompue, ce phénomène ne se produit pas.

Enfin un grand nombre de colorants sont employés en histologie pour teindre les cellules et tissus et en bactériologie pour teindre les microbes.

CLASSIFICATION DES MATIÈRES COLORANTES D'APRÈS LEUR APPLICATION

Après ces considérations générales nous allons maintenant passer en revue en détail les diverses classes de matières colorantes, ainsi que leurs applications sur les substrata.

Les couleurs sont divisées dans les classes suivantes :

       Couleurs basiques et acides ;
       Couleurs à mordants ;
       Couleurs substantives azoïques ;
       Couleurs à la glace ;
       Couleurs au soufre ;
       Indigo et colorants à cuve ;
       Noirs d'aniline et analogues.

CLASSIFICATION

POUR L'APPLICATION DES COULEURS BASIQUES ET ACIDES

Textiles d'origine végétale

COTON ...

Teinture

1° *Colorants basiques :*

Mordançage.
Teinture en bourre.
      »   » pièce.
      »   » écheveaux.
      »   » appareils.
Teinture sans mordançage.
Mordançage en sulforicinate et sels d'alumine.
      »   » sulforicinate.
      »   avec savon et bichlorure d'étain.
Teinture du coton mercerisé.
Retannage.
Remontage de teintures diverses avec des basiques.

2° *Colorants acides :*

Teinture avec alun.
      »   » sels d'étain et alumine.
      »   » stannate de soude.
      »   » sel marin.

Impression

1° *Colorants basiques :*

Couleurs vapeur.
Impression directe.
Vaporisage.
Fixage en émétique.
Dégommage.
Formule spéciale pour rhodamine, bleu indoine, bleu victoria.
Impression à l'aérographe.
Couleurs basiques les plus importantes pour l'impression.

2° *Colorants acides :*

Impression avec mordants d'alumine, de chrome.
      »   » tannin.
      »   sur chaine et sur fils.

Réserves :
Réserves à l'antimoine, au zinc.

Enlevages :
Enlevage du tannin avant teinture.
Procédé à la soude caustique : enlevages blancs.
      »   »   »   » colorés.
Enlevages après teinture.
Sulfoxylate.
Poudre de zinc.
Sulfite de potasse.
Chlorate.
Enlevages alcalins (soude et glucose).

JUTE............................... Teinture et impression.

LIN, CHANVRE, RAMIE......... Teinture.

SOIE ARTIFICIELLE .... Teinture et impression.

Textiles d'origine animale

LAINE............................ Carbonisage et épaillage chimique.
Désuintage et dégraissage.
Blanchiment : acide sulfureux.
   »   bisulfite.
   »   eau oxygénée.
   »   peroxyde de sodium.
   »   permanganate et SO^2.
Chlorage de la laine.
Soufrage.

Teinture

1º *Colorants basiques :* Emploi de bains neutres et légèrement acides.
Conditions de teinture.

2º *Colorants acides :* Bain acide.
Bain alcalin.
Traitement après teinture.
Teinture manquée.

Impression

Préparation de la fibre.
Chlorage : stannate de soude.
Épaississant.

1º *Colorants basiques :* Nature de la couleur d'impression.
Vaporisage.

2º *Colorants acides :* Nature de la couleur d'impression.
Vaporisage.
Crépage.

   Enlevages :
Pour les basiques : sulfoxylate.
Colorants acides : sulfoxylate.
   »   »   sel d'étain.
   »   »   poudre de zinc.

SOIE............................. Décreusage. Soie cuite.
   »   » souple.
Blanchiment.
Charges : minérales.
   » organiques ou neutres.
   » acides.
   » diverses.

Teinture

1º *Colorants basiques :* Conditions de teinture.
Tannage après teinture.
Soie Tussah.
Avivage.

2º *Colorants acides :* Bain sulfurique.
 » acétique.
 » neutre ou faiblement alcalin.
Importance du noir au campêche.
Traitement après teinture.

Impression

1º *Colorants basiques :* Composition de la couleur d'impression.
Epaississants.

2º *Colorants acides :* Composition de la couleur d'impression.
Impression avec des solutions alcooliques.

Textiles d'origine animale (suite)

SOIE (suite) — 2° *Colorants acides :* (suite)

Impression (suite)

Réserves :
Réserves mécaniques avec substances grasses.
» chimiques avec sels d'étain.
» » » poudre de zinc.
» » » tannate d'antimoine.
Rubans double teintes et doubles faces.

Enlevages :
Sulfoxylate.
Poudre de zinc.
Sel d'étain.

TISSUS MIXTES..................:..... — Teinture
Laine et coton : uni.
» » deux nuances.
Laine et soie.
Soie et coton.

PAPIER.......................... Diverses variétés de pâtes à papiers.

Teinture

Emploi de pigments insolubles minéraux ou organiques.
Principe de la teinture en même temps que le collage.

1° *Colorants basiques :*
Avec ou sans tannin.
Papier non collé.
Papiers chinés.
Papiers d'affiches et d'emballage.
Teinture du papier terminé.

2° *Colorants acides :*
Influence favorable du sulfate d'alumine et de la résine, pour fixer la couleur.
Emploi de caséine.
» chlorure de baryum.
» acétate de plomb.

Impression
Impression directe.
Enlevages sur papiers.
Apprêts des papiers.

PAILLE ....
Traitement préalable.
Blanchiment.
Teinture.

BOIS............................
Teinture à la brosse ou au pinceau.
» par immersion.
» en autoclave.

HERBES, FEUILLES, FLEURS NATURELLES................... Teinture avec basiques.

CRIN VÉGÉTAL, SISAL, PIASSAVA........................... Teinture.

COROZO........................... Teinture.

CELLULOID........................ Choix des couleurs à employer.

Textiles d'origine animale (*suite*)

TEXTILES D'ORIGINE VÉGÉTALE

Coton

A. — TEINTURE

1° Colorants basiques

Le coton n'ayant pas d'affinité pour les couleurs basiques, il est nécessaire de mordancer la fibre au préalable afin de lui donner cette affinité d'une manière artificielle. On utilise à cet effet, d'une part la propriété que possède le tannin de pouvoir être fixé sur le coton, et d'autre part la propriété que possèdent les colorants basiques de se transformer dans certaines conditions en tannates insolubles. Lorsqu'on plonge dans une solution de couleur du coton mordancé au tannin, il se forme dans la fibre un tannate insoluble. Toutefois en opérant ainsi, une partie du tannin se dissout pendant la teinture avant d'avoir été transformé en laque, ce qui conduit à une perte de tannin et à une perte du colorant qui se trouve précipité dans le bain. Pour remédier à cet inconvénient on transforme le tannin en une combinaison insoluble et cela avant l'opération de teinture. On arrive aisément à ce résultat en fixant le tannin au moyen de sel d'antimoine, par exemple avec de l'émétique ou du fluorure d'antimoine. Après ce traitement le tannin conserve la propriété de fixer les couleurs basiques. Le tannate sera donc constitué par une laque triple à base d'antimoine, de tannin et de colorant.

Le coton peut être teint en basiques sous différentes formes : en bourre, en rubans de carde, en mèche, en bobines croisées et canettes, en flotte, en chaîne et enfin en pièce. Le principe de la fixation ne varie pas selon la nature du coton ; il s'agit surtout d'appareils dans le détail desquels nous n'entrerons pas, nous parlerons spécialement du coton en flotte et en pièce.

Mordançage. — Le coton fraîchement débouilli est soumis pendant 1 à 2 heures à un tannage dans un bain renfermant 20 à 30 grammes de tannin par litre :

Pour nuance claire....................................	1 à 2 % de tannin
Pour nuance foncée...................................	4 à 6 % »

On chauffe à 60-70° pendant 2 à 3 heures et on laisse refroidir dans le bain. Le tannin peut être remplacé par d'autres substances tannantes telles que le sumac, l'extrait de chatáignier, etc. Le bain de mordançage peut servir plusieurs fois en le rénforçant méthodiquement avec du tannin.

Pendant le mordançage il faut éviter la présence de fer et se servir de barques, de foulards et de giggers en bois. On passe ensuite dans un deuxième bain renfermant l'antimoine. Pour 100 parties de tannin on emploie 50 parties de tartre émétique, on opère à froid pendant 1/2 heure. Comme composés d'antimoine on peut employer divers produits, outre l'émétique, par exemple le *sel d'antimoine* qui est constitué par un sel double de fluorure d'antimoine et de sulfate d'ammoniaque : $SbF^3(NH^4)^2SO^4$; le *fluorure double d'antimoine et de sodium* : $SbFl^3NaFl$; *l'oxalate d'antimoine* $K^3Sb(C^2O^4)^3 + 4H^2O$, *le lactate d'antimoine* qui se trouve généralemeut à l'état de sel double de soude ou de chaux.

Pour certaines nuances ternes ou foncées, on peut remplacer l'émétique par des sels de fer, par exemple 5 % de sulfate ferreux ou d'acétate de fer ; on laisse 1/2 heure dans le bain, à froid, puis on lave et s'il y a lieu on passe dans un bain de craie.

D'une manière générale, il est bon avant de mordancer le coton de le passer dans un bain acide renfermant 1 %₀₀ HCl, de cette manière on est certain d'enlever les traces d'alcali qui pourraient provenir du débouillissage. La proportion de tannin absorbé varie selon les conditions du mordançage. Srivastova signale que la plus forte quantité de tannin (50 %/₀ de la proportion employée) a été absorbée en entrant le coton dans le bain bouillant et en le laissant passer la nuit dans le bain refroidi.

L'addition de divers produits tels qu'acide acétique (5 grammes par litre) l'emploi d'une haute concentration, la durée du mordançage ainsi qu'une température pas trop élevée, favorisent l'absorption du tannin.

Teinture. — On teint généralement avec 1 à 3 %/₀ d'acide acétique ou d'alun. Par suite de la grande affinité des colorants basiques pour le tannin, il est indispensable, pour avoir une nuance unie, de teindre en ajoutant la couleur peu à peu au fur et à mesure qu'elle se trouve fixée sur le coton. Il faut chauffer lentement, on commence à froid, puis lorsque le colorant est déjà fixé en grande partie sur le tissu, on élève la température jusqu'à 60-70°. Parfois il suffit de chauffer à 50° : On peut aussi teindre à froid, les nuances sont alors plus vives mais elles sont moins solides qu'à chaud, on n'opère ainsi que pour les nuances claires ou moyennes.

Pour l'auramine, essentiellement hydrolysable à haute température, il ne faut pas dépasser 70°. Par contre, pour certains bleus, il faut chauffer jusqu'à l'ébullition.

Coton en bourre. — On teint avec de l'acide acétique à une température très basse.

Teinture en pièce. — On mordance en passant au foulard et au large dans des solutions de tannin dont les concentrations varient de 5 à 40 grammes par litre, on sèche à la hot-flue, puis on fixe en tartre émétique ou avec des sels de fer. La teinture a lieu au gigger, au foulard ou en barque en employant 2 à

5 °/₀ acide acétique ou 4 à 5 °/₀ d'alun. On opère d'abord à froid, puis on chauffe à 70°. Pour certaines nuances claires, on peut employer un bain garni en même temps avec la matière colorante et le tannin ; on fixe avec un sel d'antimoine après la teinture. Ce procédé peut être employé pour le bleu méthylène.

Teinture dans des appareils. — C'est le procédé que l'on emploie pour la teinture en canettes. en bobines croisées, en rubans de cardé.

Ce procédé est caractérisé par l'immobilité de la matière à teindre et par la circulation du bain de teinture.

Pour le mordançage on emploie 2 à 5 °/₀ de tannin en faisant passer le liquide d'abord à chaud, puis jusqu'à ce qu'il soit refroidi à 40°, on passe ensuite en sel d'antimoine et l'on teint en faisant circuler le liquide très vite ; on ajoute au bain de l'alun et de l'acide acétique.

La méthode la plus rationnelle consiste à mordancer avec tannin, mais un certain nombre de matières colorantes peuvent être fixées plus avantageusen.ent par des procédés qui s'écartent de la méthode qui vient d'être indiquée.

a) *Teinture sans mordançage.* — Les *rhodamines* peuvent dans certains cas spéciaux être fixées sans mordants en opérant simplement en bain acétique à une température de 40-50° ; après la teinture on sèche sans laver. *Le bleu méthylène* peut aussi se fixer de cette manière pour les bleus très clairs, lorsque l'on n'exige pas de solidité au lavage.

Certains colorants se fixent sur tissus non mordancés, si l'on teint en présence de sels d'alumine ; on fixe ainsi *le bleu victoria* en ajoutant au bain de teinture 1 à 2 °/₀ de sulfate d'alumine. On teint à tiède, en bain court et l'on monte successivement au bouillon, puis on laisse refroidir dans le bain. *Le bleu indoine* se teint de la même manière, on fait bouillir pendant 3/4 d'heure.

b) *Mordançage au sulforicinate et sel d'alumine.* — Les *rhodamines* donnent de beaux roses lorsque l'on traite le coton d'abord par une solution de sulforicinate à 10 °/₀, puis après séchage par un bain d'acétate d'alumine. ; si cela est nécessaire on répète plusieurs fois ces opérations.

c) *Mordançage au sulforicinate.* — On peut même, pour la rhodamine, mordancer exclusivement à l'huile, on traite le coton en écheveaux par un bain d'huile concentrée, puis on sèche et l'on renouvelle plusieurs fois cette opération. La teinture a lieu à froid.

Les teintures sont beaucoup plus belles que celles obtenues avec le tannin, mais elles sont moins solides.

d) *Mordants de savon et de bichlorure d'étain : le bleu méthylène* peut être fixé par ce procédé, on traite le coton par une solution de savon à 10 grammes par litre, puis on essore, sèche et on passe dans un deuxième bain renfermant 2 à 4 grammes de bichlorure d'étain par litre.

On teint en présence d'alun. Dans ces conditions le bleu méthylène donne de très belles nuances, mais naturellement moins solides que celles obtenues au moyen d'un fixage au tannin.

e) *Teinture du coton mercerisé.* — Le coton mercerisé, c'est-à-dire traité à la soude caustique de 30 à 40° Bé à une température ne dépassant pas le 18-20°, peut être teint comme le coton ordinaire. Il a cependant plus d'affinité pour les colorants que le coton original. Pour les nuances claires, on peut même teindre sans mordant ; pour les nuances moyennes et foncées, la teinture a lieu comme pour le coton ordinaire, peut-être en général en présence d'une quantité assez forte d'acide acétique et en employant pour la même intensité de nuance, moins de tannin, moins d'émétique et moins de colorant.

Lorsque la teinture est terminée, un nouveau passage dans un bain de tannin peut être avantageux au point de vue de la solidité de la nuance, on garnit ce bain de *retannage* avec une quantité de tannin correspondant à la moitié environ de celle qui avait été utilisée pour le tannage ; on laisse le tissu pendant 1 heure dans ce bain puis on le passe dans un deuxième bain d'émétique.

Pour certains colorants on traite après teinture par des bains de bichromate ou d'alun (bleus et fuchsine). Un passage en sel de cuivre améliore quelquefois la solidité à la lumière.

Remontage avec colorants basiques. — Les colorants basiques sont employés souvent pour remonter les colorants substantifs et les colorants sulfurés. On traite par un bain froid ou à tiède en présence d'un peu d'acide acétique ; le colorant est ajouté en plusieurs fois.

Ce remontage peut avoir lieu aussi en ajoutant des colorants basiques au moment de l'apprêt du tissu.

2° Colorants acides

Les matières colorantes acides, sauf les substantifs et certains colorants dont nous parlerons ultérieurement n'ont que peu d'affinité pour le coton. Quelques-unes d'entre elles sont employées pour des teintures spéciales destinées aux articles reliure ou doublure, d'une manière générale ces teintures n'ont aucune solidité au lavage.

Teinture avec alun. — On fixe par ce procédé des crocéines et certains ponceaux en employant des bains courts avec addition de sulfate de soude et d'alun, par exemple pour 100 litres de bain :

Alun..	250 grammes
Sulfate de soude.......................................	1,500 kil.
Colorant...	400 à 800 grammes

On teint à 50-70°, puis on laisse refroidir le bain en présence du coton.

Comme le bain ne s'épuise pas, il est nécessaire de le conserver et de le garnir après chaque teinture. Aucune solidité au lavage.

On obtient de bons résultats en remplaçant le sulfate de soude par 2 à 2 kg. 500 de sel marin.

Mordants d'étain et d'alumine. — Ces mêmes matières colorantes se fixent aussi sur du coton mordancé avec stannate de soude et alun.

On traite d'abord par une solution de stannate de soude à 20 grammes par litre puis on fixe dans un bain d'alun à 25 grammes par litre dans lequel on a ajouté 2 gr. de carbonate de soude ; on laisse le coton en contact pendant quelques heures dans la solution de stannate et pendant 1 à 2 heures dans la solution d'alun. La teinture a lieu à 60°, on teint en bain très court pendant 1 heure, tord sans laver, puis sèche. On fixe aussi de cette manière l'orangé 2 et le jaune de quinoléine.

Teinture en bain de stannate de soude. — On utilise ce procédé pour les bleus solubles et l'on obtient ainsi de très belles nuances.

On emploie parties égales de colorant et de stannate de soude en ajoutant moitié d'acide sulfurique ; on teint à température moyenne puis on tord sans laver.

Teinture en présence de sel marin. — Des phtaléines telles que : éosine, érythrosine, rose bengale, phloxine, se fixent de cette manière ; on opère en bain très court :

```
Bain.................................................... 100 litres
Sel..................................................... 2 à 5 kilogrammes
Colorant................................................ 500 à 600 grammes
```

Certains jaunes : le jaune de quinoléine, le jaune OS, le jaune métanil peuvent aussi se fixer sur coton au moyen de sel marin, mais il s'agit bien entendu de nuances dépourvues de toute solidité au lavage.

B. — IMPRESSION

1° Colorants basiques

Couleurs vapeur. — Pour imprimer les matières colorantes basiques, on utilise la propriété que possèdent les tannates de ces colorants d'être solubles dans un excès de tannin et d'acide organique volatil ; on imprime donc un mélange de colorant, de tannin en excès et d'acide acétique additionné éventuellement, d'acétine, d'alcool, etc. Au moment du vaporisage, le tannin et l'acide organique en excès dissolvent la combinaison tannique. Cette dissolution pénètre donc dans la fibre en même temps que le solvant volatil. Pendant le vaporisage ce dernier est éliminé, il suffira donc d'enlever l'excès de tannin pour avoir une laque fixée d'une manière parfaite. On fait donc un traitement final à l'émétique, l'antimoine insolubilise le tannin, il se forme en même temps la laque triple insoluble de couleur, tannin et antimoine.

Pratiquement on emploie pour une partie de couleur 2 à 3 parties de tannin.

Le coton ne subit généralement pas de traitement spécial.

On prépare la pâte d'impression avec les proportions de tannin indiquées plus haut ; pour les nuances claires on en prend proportionnellement plus que pour les nuances foncées. Comme épaississant on se sert d'amidon acide ou d'amidon adragante acide qui donnent de bons résultats pour les nuances foncées, mais pour les tons clairs et pour les dessins à grande surface, on utilise la gomme.

Formule générale d'impression :

Colorant	15 grammes
Acide acétique	80 »
Acétine	30 »
Eau	150 »
Amidon adragante	650 »
À froid on ajoute là dissolution de tannin 40 % acétique 1/1	75 » (1)

Il est souvent avantageux d'ajouter à la couleur un peu d'acide tartrique. *L'acétine* est indiquée pour un grand nombre de matières colorantes basiques, elle donne de bons résultats. Pour les nuances claires et vives, surtout pour le bleu clair, il faut mettre en œuvre un tannin aussi incolore que possible (extrait de noix de galles ou sumac bien décoloré).

Pour le *bleu d'indoine* on ajoute du chlorate de soude pour éviter la réduction en safranine. Lorsqu'il s'agit de nuances d'une certaine intensité obtenues avec *le bleu de nil*, la *phosphine* et certains *verts* qui constituent des sels d'acides non volatils on imprime avec de l'acétate de soude pour éviter l'altération de la fibre (hydrocellulose).

La fixation des colorants basiques par le tannin et l'émétique se fait donc ordinairement en milieu acétique. Lorsqu'on fait intervenir dans les couleurs d'impression le sulfoxylate-formaldéhyde dans le but de produire un rongeant coloré sur fonds azoïques par exemple, on est obligé d'opérer en milieu neutre, car le sulfoxylate-formaldéhyde est décomposé par les acides les plus faibles. Dans ce cas l'impression se fait en présence de phénol, d'aniline, de xylidine ou corps semblables.

Une autre méthode consiste à se servir des sels neutres formés par le tannin avec les bases alcalines terreuses, *car ces sels fixent les colorants basiques comme le tannin libre.* Ils sont insolubles dans l'eau, mais solubles dans l'eau chargée de glycérine.

Pour faire un enlevage coloré sur le rouge para on prendra (Pomeranz) :

Gomme arabique 1/1	10 000
Eau	4 000
Glycérine	2 500

On chauffe et dissout dans ce mélange :

Colorant basique	1 000
Rongalite C	2 500
Solution de tannate de baryte	5 000

préparés comme suit :

Tannin	6 000
Eau	3 000
Hydrate de Ba	2 000
H_2O	2 000

laisse refroidir à 40°.

---

(1) 1 partie de tannin dissout dans 1 partie d'acide acétique 40 %.

Vaporisage. — La durée du vaporisage est assez variable, elle dure d'une demi-heure à une heure sans pression rarement avec un 1/5 à 1/4 de pression.

Fixage en émétique. — On passe pendant une demi-minute dans un bain d'émétique à 5 ou 10 grammes par litre et à une température de 50°, on remplace souvent l'émétique par d'autres sels d'antimoine qne nous avons mentionnés en parlant de la teinture. Le bain d'antimoine peut servir plusieurs fois. Il peut être avantageux de neutraliser son acidité.

Dégommage. — On lave, puis on élimine le parement et l'épaississant au moyen de savonnages convenables. Dans ces dernières années on a trouvé des substances qui dissolvent dans d'excellentes conditions les épaississants à base d'amidon : le *diamalt* ou le *diastafor* solubilise en quelques instants les féculents et un savonnage final donne aux parties non imprimées la blancheur désirable.

Certains colorants, par exemple, le bleu méthylène en tons foncés, dégorgent très légèrement de telle sorte que si l'on fixe en même temps d'autres couleurs tel que le rouge d'alizarine, on risque de ternir cette nuance ou que les parties non imprimées sont souillées. On remédie à cet inconvénient en savonnant en présence de tannate d'antimoine, de manière à absorber complètement la couleur qui se trouve enlevée à la fibre ou en soumettant le tissu à un léger chlorage « en vapeur » respectivement sur « tambour ».

La formule que nous avons indiquée plus haut peut être appliquée aux matières colorantes basiques en général, mais on a avantage parfois à fixer certaines d'entre elles par des procédés spéciaux.

Les *rhodamines* donnent de belles nuances avec les mordants de chrome et les mordants d'alumine.

Le *bleu indoine*, le *bleu victoria*, peuvent être fixés au moyen de mordants de chrome, ils donnent des nuances assez solides. Ces mêmes matières colorantes peuvent être imprimées sans tannin, si l'on ne recherche pas de nuances solides au lavage et s'il s'agit de nuances claires.

Dans certains cas, on imprime les colorants basiques sans mordants avec de l'albumine ; on peut employer la formule :

Colorant..	10 grammes
Eau...	200 »
Sol. albumine à 50 %	250 »
Epaississant amidon adragante	559 »

Vaporiser une demi-heure sans pression, éviter de laver. Ce procédé est employé surtout pour des dessins à petits effets. On remplace parfois l'albumine par de la caséine.

Impression à l'aérographe. — On emploie généralement des colorants solubles dans l'alcool, après fixation sur le tissu, ceux-ci ne doivent subir aucun traitement. Si l'on veut employer une solution aqueuse, on mélange le colorant avec du tannin et l'on ajoute une substance susceptible de dissoudre le tannate, par exemple de la glycérine, de l'acide acétique, etc.

Les solutions renferment de 5 à 30 grammes par litre de colorant et un excès de tannin ; on passe ensuite dans un bain de tartre émétique.

Matières colorantes basiques les plus importantes employées en impression. — Auramine, phosphine, jaune d'acridine, orangé d'acridine, rhéonine, flavinduline, thioflavine T.

Chrysoïdine, vésuvine.

Fuchsine, rouge russe, safranine, rhodamine.

Violets d'aniline.

Bleu méthylène, bleu méthylène nouveau, bleu victoria, bleu de nil, bleu indoïne, indazine, bleu d'acétine (induline).

Vert diamant, vert brillant, vert malachite, vert victoria.

Nigrosine.

2° Colorants acides

On ne peut employer ces couleurs que dans certaines conditions déterminées car les nuances n'ont aucune solidité au lavage, on les utilise dans des cas spéciaux lorsqu'on veut obtenir une nuance particulièrement vive.

Impression avec mordants d'alumine. — On fixe ainsi les ponceaux, certaines crocéines, l'orangé II, le jaune de quinoléine, la tartrazine. On imprime sur tissu huilé :

Colorant	20 à 30 grammes	
Eau	200	»
Acétate d'alumine à 12°	150	»
Epaississant amidon adragante	650	»

On peut ajouter avantageusement un peu d'acide acétique. Vaporiser puis sécher sans laver.

Les *éosines, érythrosines, phloxine, rose bengale*, sont imprimées également avec de l'acétate d'alumine, mais on ajoute de l'acétate de magnésie de manière à former une laque avec deux mordants.

Impression avec mordants de chrome. — Les éosines imprimées avec de l'acétate de chrome donnent des nuances roses très vives, mais peu solides au lavage et à la lumière. On peut employer la couleur suivante :

Couleur	10 à 20 grammes	
Eau	200	»
Amidon adragante	650	»
Acide acétique	50	»
Acétate de chrome à 150 gr. par litre	100	»

Vaporiser 3/4 d'heure sans pression, sécher, apprêter. Certains bleus d'aniline peuvent aussi être imprimés par ce procédé.

Impression avec tannin. — On imprime par ce procédé les bleus coton :

Bleu	20
Eau	175
Amidon adragante	650
Acide tartrique	15
Acide acétique	100
Tannin	50

Impression sur filés de coton et sur chaîne. — Les couleurs d'impression sont analogues à celles que l'on emploie pour le coton en pièce : on vaporise 1/2 heure à 3/4 d'heure sans pression, puis on traite pendant 1/4 d'heure dans un bain de tartre émétique à 40-45° et savonne.

Réserves et enlevages

Réserves

Pour former une réserve sous couleur basique en impression, on sature l'excès de tannin qui est destiné à dissoudre la laque colorée. Cette opération doit avoir lieu avant que le liquide n'ait eu le temps de pénétrer dans la fibre ; on commence donc par imprimer la réserve puis on plaque en couleur vapeur. Ces réserves sont à base d'antimoine ou de zinc. L'émétique donne de bons résultats. Comme l'émétique est peu soluble dans l'eau et qu'il est nécessaire d'avoir une réserve aussi concentrée que possible, on ajoute du chlorhydrate d'ammoniaque ou du sel marin qui augmentent la solubilité de cette substance. (J. Kœchlin).

Un mélange d'oxalate basique d'antimoine et d'oxalate d'ammoniaque ou d'oxalate double d'antimonyle et de potasse qui sont plus solubles, peuvent aussi être utilisés comme réserve.

L'oxyde d'antimoine hydraté agit sur le tannin comme l'émétique, il peut donc être employé comme réserve ; on ajoute à l'épaississant parties égales d'émétique et d'une solution d'ammoniaque. Il en est de même du blanc de zinc, il forme une bonne réserve, mais le nettoyage de l'étoffe est difficile.

Enlevages

1° Enlevage du coton mordancé au tannin

a) *Enlevage blanc*. — Cet enlevage avant teinture se fait par le procédé Binder (1887). On imprime de la soude caustique sur le tissu, préparé en tannin ; puis on vaporise pendant deux minutes. La soude détruit le tannin d'une manière parfaite ; on peut faire des mi-rongeants avec bisulfite de soude et carbonates alcalins. Le rongeant à la soude peut être constitué de la manière suivante :

Soude caustique à 40° Bé	360	empâter lentement,
Britishgum...................................	300	chauffer à 50° et ajouter
Sol. de sulfite de soude à 20°...................	100 gr.	
	1000	

Après impression et après avoir séché le tissu, on vaporise 1 à 2 minutes au Mather-Platt avec de la vapeur sèche, puis on passe dans un bain d'émétique 10 grammes par litre renfermant 5 à 10 grammes par litre d'acide acétique. Le tissu ainsi rongé est susceptible d'être teint dans de bonnes conditions avec des colorants basiques. Si, après teinture les blancs ne sont pas assez parfaits, on fait un léger chlorage. Citons parmi les couleurs basiques qui se prêtent le mieux à ce genre d'application :

Thioflavine, phosphine, safranine, fuchsine pure, violet d'aniline, bleu méthylène, bleu Meldola, vert brillant, vert malachite.

La fuchsine impure et ses sous-produits donnent des résultats un peu moins favorables.

Pour bien réussir ces teintures, il ne faut pas teindre à température trop élevée : 70-80° suffisent.

b) *Enlevages colorés.* — On peut ronger le mordant en fixant en même temps une couleur, par exemple de l'indigo. On foularde d'abord au glucose, le tissu préparé en tannin et en antimoine, puis on sèche et on imprime un rongeant à la soude caustique qui renferme en même temps de l'indigo, on vaporise puis on lave. Les parties rongées se trouvent colorées en bleu ; il suffit de teindre ensuite en basiques comme il a été dit plus haut. L'indigo peut être remplacé par d'autres colorants à cuve. On peut également se passer du foulardage en glucose, si l'on ajoute le réducteur (Rongalite C) à la couleur d'impression.

2° Enlevages après teinture

On peut employer divers procédés :

a) *Hydrosulfite formaldéhyde.* — Ce rongeant donne de bons résultats avec les basiques azoïques, la chrysoïdine et la vésuvine. On emploie :

Hydrosulfite formaldéhyde	250
Solution de gommes 1/1	750

Comme épaississant on peut employer aussi l'amidon adragante, la britishgum, la dextrine. D'autres couleurs basiques peuvent être rongées par ce procédé, mais les blancs sont loin d'être parfaits. Par contre pour les enlevages colorés cet inconvénient est moins grave de sorte que l'on peut faire des enlevages colorés à l'hydrosulfite, non seulement sur les azoïques mais aussi sur d'autres colorants.

Comme rongeants colorés on peut employer : auramine, phosphine, rhodamine, safranine, bleu méthylène, bleu nil, bleu coton, nigrosine, indulines, etc.

b) Rongeants à la poudre de zinc. — Ce procédé n'est employé pour ainsi dire que pour l'impression à la main, car il a l'inconvénient d'encrasser la gravure des rouleaux. Le principe de cet enlevage est basé sur la formation d'hydrosulfite, lorsqu'on met en contact de la poudre de zinc et du bisulfite.

Exemple d'un enlevage blanc avec poudre de zinc et bisulfite.

Poudre de zinc	350
Glycérine	50
Gomme à 1/1	250
Carbonate de soude	20

On peut comme précédemment faire des rongés blancs et colorés.

c) Enlevages au sulfite de potasse. — On peut faire par ce procédé soit des enlevages blancs, soit des enlevages colorés ; le sulfite ayant la propriété de détruire un grand nombre de colorants basiques. On imprime par exemple :

Sulfite de potasse	200 gr.	imprimer, vaporiser quel-
Eau	300	ques minutes au Mather-
Acétate de soude	100	Platt puis acider, laver,
Epaississant	400	sécher.

Les verts basiques, les violets d'aniline, le bleu méthylène, la fuchsine, la rhodamine, l'auramine, peuvent être rongés par ce procédé. Avec certains colorants on peut faire des demi-rongés en employant moins de sulfite. Pour les rongés colorés, on emploie des matières colorantes qui résistent au sulfite, par exemple : la phosphine, le bleu victoria, la safranine, etc.

d) Enlevages au chlorate. — Le principe de l'application de ces enlevages consiste à faire réagir un mélange de chlorate de soude, de ferro- ou ferricyanure de potassium et d'acide tartrique ou de citrates.

e) Enlevages blancs. — On imprime un mélange suivant :

Clorate de soude	120	
Britsishgum	450	imprimer, passer au Mather,
Ferricynure de potassium	30	sécher
Citrate d'amoniaque à 25°	100	
Eau	300	

Ce procépé d'enlevage offre un certain danger au point de vue de la corrosion du coton à cause de la présence du chlorate, il faut donc le faire agir avec ménagement lorsqu'il s'agit de tissus légers.

On obtient d'après ce procédé des enlevages colorés, en imprimant à l'albumine des colorants insolubles (pigments ou laques résistant à l'action des rongeants.

f) Enlevage alcalin. — On imprime de la soude caustique et du glucose avec addition de silicate de soude. Les résultats sont meilleurs dans certains cas lorsqu'on prépare le tissu en glucose. Les enlevages colorés se font avec de l'indigo, de l'indanthrène, certains colorants sulfurés ou des couleurs basiques résistant à ce mélange très alcalin.

Une application curieuse des enlevages de colorants basiques est la réduction partielle de l'indoïne qui est à la fois safranine et azoïque, par exemple, avec la rongalite. On obtient ainsi par réduction la régénération de la safranine, il se forme donc des dessins rouges sur fond bleu. En employant une grande quantité d'alcali et de rongalite, on peut même décolorer complètement l'indoïne ; la destruction de la safranine provient peut-être de la transformation de cette substance en safranol soluble dans les alcalis.

Production de colorants oxaziniques sur fibre

Bleu nitroso

On peut appliquer sur coton par voie d'impression un bleu oxazinique préparé directement sur la fibre, en imprimant un mélange épaissi de chlorhydrate de nitroso-diméthylaniline et de résorcine, de tannin et d'acide oxalique. Il est bon d'ajouter du phosphate de soude afin d'éviter l'action corrosive de l'acide chlorhydrique. Après vaporisage au Mather-Platt on fixe en émétique et savonne.

On peut aussi foularder avec un mélange de chlorhydrate de nitroso-diméthylaniline, de résorcine et de tannin, sécher et vaporiser. Sur ce bleu on peut faire des enlevages en imprimant avant le vaporisage de la rongalite ou du sulfite de potasse.

Si l'on ajoute à cet enlevage des couleurs d'aniline et de l'émétique on peut faire des rongeants colorés. (M)

Bleu Meldola

On avait proposé il y a quelques années de produire du bleu Meldola sur la fibre en imprimant du chlorhydrate de nitroso-diméthylaniline, du β-naphtol, du tannin et de l'acide acétique sur un tissu préparé en carbonate de soude ou bien en préparant le tissu en naphtol et en imprimanten suite le dérivé nitrosé et le tannin. On vaporise 2 minutes, puis on passe en émétique et savonne.

Pour faire des enlevages, on imprime un réducteur avant vaporisage, le dérivé nitrosé se trouve ainsi détruit.

Ce procédé ne semble pas avoir trouvé d'emploi technique.

COTON

Résumé des applications les plus importantes

1° Teinture

1° **Couleurs basiques**
- Mordant tannin-émétique.
- Teinture avec addition de........
  - Sel d'alumine. — Rhodamine, bleu Victoria. — indoïne.
  - Sel d'étain. — Bleu méthylène.
  - Sulforicinate. — Rhodamine.

2° **Couleurs acides**
- Teinture avec addition de........
  - Sels d'alumine. — Crocéine, ponceaux.
  - Sels d'étain +. —   »
  - Sel d'alumine. —   »
  - Stannate de soude. — Bleu soluble.
  - Sel marin. — Eosine, jaune OS.
  -         »   — Jaune M.

2° Impression

a) Impression directe

1° **Couleurs basiques**
- Couleurs vapeur avec tannin en excès, solvants volatils et passage en émétique après vaporisage.
- Parfois addition de..............
  - Sels d'alumine. — Rhodamine.
  - Chlorate de soude. — Indoïne.
  - Acétate de soude. — Phosphine, vert.
  - Albumine. — Divers.

2° **Couleurs acides**
- Couleurs vapeur.
- Parfois addition de..............
  - Sels d'alumine. — Eosine, crocéine.
  -         »   — Ponceaux, orangés.
  - Sels de chrome. — Eosines.
  - Tannins. — Bleus coton.

b) Réserves et enlevages

1° **Couleurs basiques**
- Réserve sous couleur vapeur......
  - Sels d'antimoine.
  - Sels de zinc.
- Enlevages blancs et colorés sur mordants de tannin à teindre...
  - Soude caustique.

2° **Couleurs basiques et acides**
- Enlevages blancs et colorés sur tissus teints...................
  - Hydrosulfite-Formaldéhyde.
  - Poudre de zinc et sulfite.
  - Sulfite de soude.
  - Chlorate.
  - Soude et glucose.

JUTE

A) Teinture

Cette fibre a une certaine affinité pour les matières colorantes, spécialement pour les basiques. S'il s'agit de teindre en nuances claires, on blanchit au préalable le jute avec de l'acide sulfureux, du permanganate ou du chlorure de chaux.

a) *Colorants basiques*. — Ils se fixent sans mordants, la valeur du bain représente environ 15 fois le poids de la fibre. On commence la teinture à froid, on monte progressivement jusqu'à 70° et on s'y maintient une heure. On peut augmenter la solidité de la teinture au lavage et au frottement en traitant le jute par 1 ou 2 % de tannin. Les teintures obtenues avec les basiques sont peu solides à la lumière et le colorant pénètre mal dans la fibre.

b) *Colorants acides*. — On teint à l'ébullition en présence d'alun (1 à 2 %) pendant 3/4 d'heure, puis on laisse séjourner la fibre dans le bain pendant le refroidissement. La valeur du bain est d'environ 15 fois le poids de la fibre.

Les bains peuvent être employés plusieurs fois à condition de les garnir en colorant et en alun.

Les *éosines* donnent de beaux roses lorsqu'on teint en présence de sel marin, de même avec les *érythrosines,* *phloxine, rose bengale.* Si l'on se sert de matériel en cuivre, on peut éviter qu'il ne ternisse par le contact avec ce métal en ajoutant un peu de sulfocyanure d'ammoniaque dans le bain.

B) Impression

On imprime le jute en filés ou en tissus, ceux-ci sont généralement sous la forme de nattes ; avant d'imprimer on se contente souvent de faire bouillir avec du carbonate de soude, ou même simplement avec de l'eau. Pour les nuances claires, il est préférable de blanchir avec de l'hypochlorite à 1° ou 2° B°, puis on lave et passe dans un bain de bisulfite de soude.

a) *Couleurs basiques*. — On imprime avec ou sans tannin ; dans le premier cas, on obtient des nuances plus solides. La plupart des colorants basiques peuvent s'imprimer avec la formule suivante :

Couleur	15	grammes
Eau	275	»
Acide acétique	70	»
Amidon adragante	680	»
Tannin	45	»
Glycérine	30	»

Le *bleu victoria* peut être fixé avec un mordant de chrome qui donne des nuances très solides à l'eau.

La *rhodamine* s'imprime avec un mordant à base d'alumine.

b) *Couleurs acides* — On les imprime avec de l'alun ou avec du sulfate d'alumine ; on peut employer la formule suivante :

Couleur	30
Eau	250
Amidon adragante	600
Acide acétique	100
Sulfate d'alumine	20
Glycérine	30

Les *éosines* donnent des rosès très vifs lorsqu'on les imprime avec un mordant de chrome.

Lin, chanvre, ramie

Au point de vue de leur application en teinture, ces fibres rappellent le coton. On fait débouillir au préalable avec une solution de carbonate de soude à 5 ou 10 %. Cette opération est particulièrement nécessaire pour le lin et le chanvre qui renferment une quantité importante de produits non cellulosiques, en particulier, des substances pectiques. Dans le cas d'un blanchiment préalable on emploie outre le débouillissage alcalin des solutions étendues de chlorure de chaux, mais il est nécessaire d'opérer avec précaution pour ne pas affaiblir la fibre.

Généralement on répète plusieurs fois les différentes opérations du blanchiment et que l'on exécute pour cette raison avec beaucoup de ménagements.

1° Colorants basiques

La solution de matière colorante pénètre plus difficilement dans le lin et dans le chanvre que dans le coton. Pour les colorants basiques on mordance au tannin. La teinture a lieu en chauffant longtemps à l'ébullition.

Comme colorants basiques, on peut employer : fuchsine, safranine, rhodamine, bleu méthylène, bleu victoria, violets d'aniline, vert brillant, auramine, etc.

2° Colorants acides

On teint comme pour les couleurs basiques en faisant durer la teinture plus longtemps que dans le cas du coton.

On emploie : les éosines, bleus d'aniline, etc.

Soie artificielle

Les soies artificielles ont des propriétés tinctoriales différentes selon leur origine. On distingue actuellement trois espèces de soies artificielles industrielles :

1° La soie de Chardonnet préparée en filant des solutions de nitrocellulose que l'on dénitre après filature ;

2° La soie au cuivre ou Glanzstoff que l'on prépare en traitant des solutions cuproammoniacales de cellulose ;

3° La viscose qui provient de la décomposition du xanthate cellulosique.

Quel que soit le procédé employé, ces soies sont formées de cellulose hydratée et celle de Chardonnet renferme aussi une certaine quantité d'oxycellulose.

Nous pouvons donc au point de vue de leurs applications tinctoriales considérer les soies artificielles comme des fibres végétales ayant un certain rapport avec le coton.

Pour avoir une soie très blanche, on la traite par de l'hypochlorite de soude renfermant 1/2 gramme ou 1 gramme de chlore par litre ; on laisse la soie dans ce bain pendant 1/4 d'heure à 1/2 heure puis on lave avec de l'eau sulfurique. En général ce blanchiment doit être mené assez rapidement et en évitant l'emploi de solutions trop concentrées afin de ne pas former d'oxycellulose.

A. — TEINTURE

On emploie des couleurs qui se fixent à basse température ; en choisissant de préférence celles qui sont solides à l'air et à la lumière.

La solidité au savonnage et au lessivage n'a guère de l'importance puisque la soie artificielle n'y est pour ainsi dire pas exposée.

1° Colorants basiques

Certains basiques montent sur les soies artificielles sans mordants ; cette propriété est conférée à ces textiles par suite de la présence d'une certaine quantité d'oxycellulose.

Celle-ci prédomine dans la soie de Chardonnet, car lors de la nitration de la cellulose, l'acide nitrique agit toujours en partie comme oxydant.

Au point de vue de l'application des basiques, nous pouvons donc dire que la soie de Chardonnet est celle qui a le plus d'affinité, pour ces colorants. Pour les nuances moyennes, on peut teindre sans mordant avec la plupart d'entre elles. Mais lorsqu'il s'agit de nuances solides et foncées, il est préférable de faire un mordançage au tannin.

Pour les soies viscose et Glanzstoff, il est nécessaire de mordancer au préalable.

Un des grands inconvénients des soies artificielles est leur extrême fragilité lorsqu'elles sont mouillées. Les opérations de la teinture sont donc particulièrement délicates et il est indispensable d'opérer à des températures aussi basses que possible (entre 50 et 70°). Il convient aussi de manœuvrer ces fibres avec de grandes précautions.

Soie de Chardonnet. — Lorsqu'on teint sans mordant, le bain doit être légèrement acétique. Le volume du bain varie de 25 à 40 fois le poids du textile on ajoute le colorant en plusieurs fois pour favoriser l'unisson. On commence à froid, puis on monte progressivement à 50° ; on évite autant que possible de dépasser cette température. En tout état de cause 60° doit être un maximum. Lorsqu'on exige une solidité spéciale, on mordance au tannin.

Soie Glanztoff. — Ce textile a une certaine affinité pour les matières colorantes basiques, mais on ne peut teindre sans mordant qu'en nuances claires ; en général on mordance avec 2 à 3 $^o/_o$ de tannin, puis on passe en sel d'antimoine ; on lave et teint en bain légèrement acétique. On peut élever la température jusqu'à 65-70°, mais ici encore, il est indispensable de veiller à ce que l'opération dure le moins de temps possible. Le volume de bain est de 30 à 40 fois le poids du textile. Parfois on traite après teinture par un deuxième bain de mordançage qui donne une plus grande solidité.

Soie viscose. — Pour les nuances claires on peut teindre sans mordant en prenant les précautions nécessaires au point de vue de la température du bain.

Pour les nuances foncées on mordance comme précédemment. La viscose a peu d'affinité pour les colorants acides. La plupart des basiques donnent de bons résultats. Lorsqu'on traite avant la teinture par un bain d'hypochlorite à 0,1 $^o/_o$ la fibre acquiert une affinité plus considérable pour ces colorants. Cette réaction s'explique aisément par la formation d'un peu d'oxycellulose.

En filant la dissolution de la cellulose acétylée on obtient la :

Soie à l'acétate de cellulose. — Cette fibre n'est pas perméable comme les précédentes. Les solutions colorées pénètrent mal, il faut utiliser des solutions alcooliques de couleurs en opérant à froid.

2° Colorants acides

Ces couleurs sont employées pour les nuances claires. On teint en bain acétique, à une température de 50° avec du sulfate de soude. Les bains s'épuisent mal, mais ils peuvent servir plusieurs fois. Les colorants acides sont moins indiqués pour cet emploi que les couleurs basiques.

Les *éosines* teignent en présence de sel marin (2 à 3 %). Pour les *bleus d'aniline*, on teint avec 5 à 10 % d'alun.

B. — IMPRESSION

L'impression de la soie artificielle est une opération extrêmement délicate, à cause de la sensibilité de la fibre. On emploie les colorants basiques avec du tannin et un épaississant à base de gomme ou de britishgum.

Couleur	10	grammes
Acide acétique	120	»
Eau	540	»
Britishgum	250	»
Tannin acétique	80	»

Vaporiser 1/2 heure sans pression, puis fixer au moyen d'un bain d'émétique à 10 grammes par litre, à une température de 40-50°.

LAINE

Avant de teindre ou d'imprimer la laine, on lui fait subir des traitements qui ont pour but de la rendre apte à la teinture et à l'impression.

Carbonisage ou épaillage chimique. — Cette opération a pour but d'enlever à la laine les parcelles de substances végétales qui s'y trouvent mélangées accidentellement. Le carbonisage peut se faire aussi bien avec la laine en bourre qu'avec la laine en pièce.

On traite d'abord la laine avec de l'acide sulfurique à 4 ou 5° B⁴, puis on essore et carbonise en portant la marchandise dans des appareils où la fibre subit une température de 80 à 100°. L'acide sulfurique a pour effet de transformer toutes les matières cellulosiques en hydrocellulose, substance éminemment friable que l'on élimine aisément dans les opérations ultérieures du lavage. On passe ensuite dans un bain de carbonate de soude.

On peut également carboniser la laine en se servant d'une solution de chlorure d'aluminium à 5-8° B⁴. On chauffe à une température plus élevée, entre 100-110°. Ce procédé peut être utilisé pour l'épaillage de certaines pièces teintes.

On carbonise parfois avec de l'acide chlorhydrique.

Désuintage et dégraissage. — La laine brute ne peut être filée, tissée, teinte ou imprimée sans avoir subi les opérations du désuintage et dégraissage.

Pour la désuinter, on la traite par l'eau tiède qui dissout toutes les matières solubles du suint. Un passage par une solution de savon de potasse additionnée d'une légère quantité de carbonate de potasse enlève, en opérant une 1/2 heure à tiède, le reste des impuretés qui adhèrent à la laine. La laine ainsi dégraissée demande pour la filature l'opération de l'« ensimage » qui consiste à l'imprégner d'une dissolution étendue de savon gras.

Pour pouvoir teindre la laine en fils, on la dégraisse à nouveau au carbonate de soude avec 2 à 3 °/₀ ; de même pour la laine en pièce. On ajoute souvent du savon et de l'ammoniaque, car il faut arriver à enlever en même temps les impuretés de nature grasse qui proviennent accidentellement de la filature.

Pour les rubans de laine peignée, il n'y a que l'ensimage à éliminer. Il est peu considérable, aussi se contente-t-on de faire un traitement ammoniacal ou même un simple passage dans de l'eau chaude.

Blanchiment. — Il peut se faire avec de l'acide sulfureux, du bisulfite, de l'eau oxygénée, que l'on peut préparer avec du peroxyde de sodium. On peut également avoir recours au permanganate et à l'acide sulfureux, mais cela se pratique rarement.

a) *Acide sulfureux.* — C'est le procédé le plus ancien qui consiste à exposer la laine dans des chambres appelées *soufroirs.*

Un dispositif permet d'y faire brûler du soufre et de mettre ainsi en contact la laine pendant le temps voulu avec de l'acide sulfureux.

Les flottes et les pièces sont suspendues humide dans le soufroir et après cette opération on les lave avec soin.

b) *Bisulfite.* — Le principe de ce traitement est le même que précédemment, mais on fait réagir l'acide sulfureux sous la forme d'un mélange de bisulfite et d'acide. On emploie une solution aqueuse de bisulfite de soude renfermant 10 °/₀ de bisulfite commercial et l'on ajoute 1 °/₀ d'acide sulfurique. Après avoir laissé réagir pendant quelques heures, la laine est acidée puis lavée.

c) *Eau oxygénée.* — On traite la laine par un bain renfermant 5 à 10 litres d'eau oxygénée pour 100 litres d'eau ; on favorise la décomposition de l'eau oxygénée en ajoutant un alcalin faible tel que du silicate de soude ou un peu d'ammoniaque. On laisse la laine en contact avec cette solution pendant quelques heures à une température de 40°, puis on acide et on lave.

d) *Peroxyde de sodium.* — On emploie le bain suivant :

Eau	1 000 litres
Acide sulfurique 66° Bé..	14 kilogrammes
Bioxyde de sodium...	10 »

On ajoute de l'ammoniaque jusqu'à légère alcalinité. La laine reste en contact pendant quelques heures à 40°, puis on lave et passe en bain sulfurique.

e) *Permanganate et acide sulfureux.* — On traite par un premier bain de permanganate 1 °/₀ puis on lave et passe dans un bain de bisulfite à 5 °/₀ qui agit d'une part en dissolvant le bioxyde de manganèse déposé sur la fibre et d'autre part comme décolorant.

Chlorage de la laine. — La laine chlorée possède une affinité spéciale pour les matières colorantes. La nature de la modification de la laine chlorée par rapport à la laine initiale n'est pas nettement établie. Elle subit certainement une altération physique qui permet une imbibition plus facile (les écailles de la couche tégumentaire sont partiellement supprimées). En outre, il y a incontestablement une action chimique qui augmente la fonction tinctoriale de cette fibre. Enfin très probablement le chlorage atténue dans une certaine mesure les propriétés réductrices de la laine.

On fait surtout subir un traitement aux tissus destinés à l'impression.

Lors du vaporisage, certaines couleurs qui seraient altérées au contact de la laine ordinaire, se trouvent par contre protégées des actions réductrices de la laine lorsque celle-ci est chlorée.

On se sert d'une solution d'acide chlorhydrique à 1 °/₀ et d'un bain de chlorure de chaux à 1/2° Bé. Après avoir passé dans ces deux bains, la laine est traitée une deuxième fois dans un bain acide et en dernier lieu, elle subit un traitement bisulfitique. S'il s'agit d'un tissu destiné à l'impression, il vaut mieux traiter en une fois par un seul bain de chlorure de chaux acidifié avec l'acide chlorhydrique.

Si l'on traite la laine chlorée par un bain de savon à 4 ou 6 grammes par litre, puis par un bain acide, elle prend un craquant spécial qui rappelle celui de la soie.

Pour que la laine soit douce au toucher, on peut la passer dans un bain de savon renfermant un peu d'huile et légèrement ammoniacal.

Soufrage. — Certains colorants ont plus d'affinité pour la laine lorsqu'elle a subi un traitement dit de *soufrage*. On manœuvre la laine à 50-60° dans un bain renfermant :

Hyposulfite	10
Alun	3
SO^4H^2	3

Mordançage à l'étain. — Ce mordançage est très favorable à la fixation des éosines. On traite la laine par un bain de stannate de soude, puis par un deuxième bain d'acide sulfurique étendue.

A. — TEINTURE

La laine possède des propriétés acides et alcalines ; elle a donc en même temps de l'affinité pour les colorants basiques et pour les colorants acides.

1° Colorants basiques

On teint généralement en bain neutre ; en bain même légèrement acide les couleurs tirent plus lentement et un excès d'acide peut éventuellement empêcher la teinture. L'eau doit être corrigée avec de l'acide acétique, sinon une partie de la couleur serait précipitée à l'état de base et donnerait des taches. On commence à tiède, puis monte progressivement jusqu'à 80°. A l'ébullition certaines nuances sont moins vives. Pour les nuances *foncées* on chauffe au bouillon 1/2 heure à 3/4 d'heure. Dans ces conditions la fixation de la couleur a lieu très rapidement. Pour éviter les irrégularités dans la teinture on ajoute 1 à 2 % d'acide acétique et un peu d'alun ; l'addition d'acide ralentit en effet la fixation de la couleur.

Pour l'auramine il ne faut pas dépasser 70°.

Dans certains cas, on teint en milieu acide et avec du sulfate de soude ; on peut employer par exemple 10 % de sulfate de soude et 4 % d'acide acétique ou encore 2 % d'acide sulfurique.

La *fuchsine* les *violets d'aniline*, l'*auramine*, teignent en bain neutre, la plupart des autres colorants basiques en bain faiblement acides.

Pour la *rhodamine*, on ajoute un peu de crème de tartre.

En général les basiques sur laine sont vifs, ils égalisent bien et sont quelquefois solides au foulon, mais ils sont peu solides à la lumière.

2° Colorants acides

Ces matières colorantes ont une grande importance pour la teinture de la laine car elles offrent des facilités d'application et une solidité souvent très remarquables.

Teinture en bain acide. — C'est le procédé employé le plus souvent, il peut s'appliquer à un grand nombre de couleurs sulfonées.

Les acides ont pour résultat de neutraliser les bicarbonates de l'eau, de mettre les couleurs acides en liberté et de leur donner aussi une grande affinité pour la fibre.

En n'employant dans la teinture que de l'acide sulfurique, le colorant monterait trop vite, c'est la raison pour laquelle on ralentit la teinture par l'addition de sulfate de soude ; on favorise ainsi l'unisson. Au lieu d'employer un mélange d'acide sulfurique et de sulfate neutre de soude on peut aussi garnir le bain avec du bisulfate de soude. Par exemple pour 100 kilogrammes de laine :

> Bisulfate de soude.................................... 10 à 15 kilogrammes

ou

> Sulfate de soude neutre............................... 10   »
> Acide sulfurique...................................... 2 à 5   »

Ces proportions sont d'ailleurs très variables, dépendent de la matière colorante employée. Parfois on remplace tout ou partie de l'acide sulfurique par de l'acide acétique.

Comme volume du bain on emploie 20 à 50 fois le poids de la fibre.

La durée de la teinture est de 1/2 h. à 2 heures ; pour les tissus légers et la laine en flotte on teint plus vite que pour les tissus serrés.

On chauffe progressivement en commençant à 30-40°, puis on monte lentement au bouillon. Si une couleur égalise bien, on peut commencer à chaud, même au bouillon et en bain fortement acide. Pour celles qui égalisent moins bien on entre à une température moyenne et on emploie du sulfate de soude parfois jusqu'à 20 % et plus, s'il est nécessaire. Lorsqu'il s'agit de nuances claires, il faut choisir des couleurs qui unissent particulièrement bien, par exemple : le jaune OS, l'orangé 2, etc.

Dans certains cas on n'acidifie le bain que peu à peu pendant la teinture en y ajoutant de l'acétate d'ammoniaque qui se décompose sous l'influence de la chaleur avec mise en liberté d'ammoniaque.

Pour les *éosines*, on teint avec 10 % d'acide acétique et 10 % d'acétate de soude par rapport au poids de la laine.

Si l'on opère dans des vases en cuivre, on ajoute 2 °/₀ de sulfocyanure d'ammonium.

La pratique a démontré que les vieux bains donnent des teintures plus unies. Ce résultat aurait pour cause l'accumulation de sulfate de soude dans le bain et aussi le fait qu'il se dissout dans l'eau certains produits provenant de l'hydrolyse de la laine qui agissent comme les bains de grès dans la teinture de la soie.

Teinture en bain alcalin. — On fixe ainsi les bleus alcalins qui sont incolores à l'état de sel de soude et dont la nuance bleue se développe à l'état acide. On teint dans un premier bain alcalin renfermant :

Borax	3 °/₀
Carbonate de soude...	1 °/₀

On chauffe 1/2 heure au bouillon. Au sortir de ce bain, la laine n'est pas colorée ; pour développer le bleu, on passe dans un bain renfermant 30 grammes d'acide sulfurique par litre. Le bleu alcalin n'est solide ni aux alcalis, ni à la lumière, mais il résiste au lavage et sa nuance est particulièrement vive et pure. La reproduction d'une nuance déterminée est très difficile puisque la nuance finale ne se développe qu'après le deuxième bain.

Traitement après tcinture. — Un certain nombre de couleurs sont susceptibles d'être modifiées quand on les traite par du *bichromate*, par exemple les dérivés azoïques de l'acide chromotropique, les colorants *ério au chrome* etc. Un traitement au *sulfate de cuivre* est favorable à quelques marques de noir naphtol ; d'autres colorants sont modifiés par un traitement à *l'alun*, par exemple, le rouge d'alizarine qui ne donnerait sans ce traitement qu'un jaune, à moins d'être teint sur laine préalablement mordancée.

Au point de vue de la solidité à l'eau et au savon, un traitement au *tannin* après teinture est favorable dans bien des cas quoiqu'il s'agisse ici de colorants acides.

Teintures manquées. — Si l'unisson est insuffisant il suffit généralement de chauffer dans un bain de sulfate de soude. Si la nuance est trop foncée, on la démonte en chauffant avec du sulfate de soude et de l'ammoniaque ou de l'acétate de soude et l'on procède à une nouvelle teinture.

B. — IMPRESSION

On emploie les colorants basiques et acides, mais surtout les colorants acides.

Préparation de la fibre. — Généralement on emploie la laine chlorée qui a une plus grande affinité pour les couleurs et donne des nuances très vives. Pour les éosines on prépare le tissu avec du stannate de soude.

Epaississant. — Il est important de bien le choisir : la gomme arabique la gomme adragante, la britishgum, l'amidon grillé, donnent de bons résultats.

1° Couleurs basiques

On n'imprime ces colorants sur laine chlorée et non chlorée qu'en tons clairs et alors avec de l'acide tartrique, souvent on ajoute de l'acide acétique pour la dissolution du colorant. On fixe avec ou sans tannin ; lorsque la laine n'est pas chlorée, on emploie généralement du tannin.

Vaporisage. — Le degré d'humidité du tissu a une grande importance ; s'il est trop humide, le dessin ne ressort pas nettement et s'il est trop sec, la couleur ne se fixe pas. On vaporise 1 à 2 heures sans pression en humectant préalablement d'une façon appropriée le tissu.

Après le vaporisage, on fait un lavage énergique avec de l'eau froide pas trop dure.

Si l'on employait de l'eau chaude, les blancs seraient ternis.

Exemple d'une couleur d'impression pour basiques :

Couleur	20	grammes
Eau	300	»
Epaississant	650	»
Acide tartrique	10	»
Glycérine	20	»

Pour avoir une nuance plus solide, on y ajoute 1 partie de tannin pour 1 partie de colorant. Les colorants basiques ne donnent pas des nuances très solides à la lumière, mais elles ont une assez grande résistance au lavage et au savonnage surtout lorsqu'elles sont fixées au tannin.

2° Couleurs acides

On imprime ces couleurs en présence d'acides organiques. L'acide sulfurique pourrait donner de bons résultats, mais il a l'inconvénient d'attaquer la râcle et les doubliers en coton. Comme acides organiques, on emploie les acides oxalique, tartrique, acétique, formique. L'acide acétique est employé pour les éosines.

Certains colorants, par exemple les *ponceaux*, sont avivés par l'addition de sels d'alumine.

Le chlorure stannique est particulièrement favorable à la fixation des éosines.

Le vaporisage avec de la vapeur très humide provoque éventuellement une action réductrice de la laine. On évite cet inconvénient en ajoutant à la pâte d'impression du chlorate de soude. En ce qui concerne le vaporisage, il faut, comme nous l'avons indiqué pour les basiques, que le tissu soit convenablement humidifié afin que la couleur pénètre bien à l'intérieur de la fibre au vaporisage qui dure une heure sans pression.

Comme épaississants on emploie entre autres de l'adragante, de la gomme, de la britishgum, de l'amidon.

Formule pour la fixation des couleurs acides :

Couleur	25	grammes
Eau	350	»
Britishgum épaissie	600	»
Glycérine	40	»
Acide oxalique	15	»

Quand on ajoute du chlorate, on l'emploie dans la proportion de 5 grammes par litre de couleur.

Formule pour les éosines :

Colorant	25	grammes
Eau	350	»
Epaississant	600	»
Acide acétique	30	»

L'addition d'une petite quantité de sel d'étain avive la nuance.

Pour l'impression sur laine peignée (Vigoureux) on emploie des couleurs assez liquides. L'impression se fait à la machine Vigoureux et Gilbox.

Pour la laine en écheveaux, on opère comme pour la laine en pièce et généralement sur laine soufrée.

Effets de crépons sur laine. — On emploie divers procédés, l'un des plus intéressants est celui de Ed. Siéfert (*Bull. Mulhouse*, 1889, p. 86).

On imprime :

Adragante	1 litre
Sulfocyanure de calcium	1,500 kil.

Vaporiser sans tension, laver, sécher; on peut teindre avant ou après cette opération ou encore ajouter la couleur à la pâte d'impression.

Enlevages

1° Colorants basiques

Sur les teintures faites avec certains colorants, surtout avec les azoïques on a de bons résultats en employant les hydrosulfites-formaldéhyde :

Hydrosulfite formaldéhyde	300
Epaississant	700

On peut ajouter à cet épaississant un corps inerte tel que le blanc de zinc.

Pour ces enlevages on emploie de préférence la laine chlorée. Après l'impression on sèche, vaporise au Mather-Platt et lave.

Comme épaississant on emploie l'amidon adragante ou la gomme.

On peut ronger dans de bonnes conditions les couleurs suivantes : chrysoïdine, vésuvine. Les colorants comme la fuchsine, bleu victoria, vert diamant, violets d'aniline, etc., ne donnent des bons blancs qu'en tons très clairs.

Pour les enlevages colorés on peut employer des couleurs basiques ou acides résistant à l'action réductrice des hydrosulfites ; mentionnons entre autres : la phosphine, le bleu méthylène, l'éosine et certaines indulines.

Formule pour enlevage coloré .

Colorant	20	grammes
Eau	150	»
Epaississant	650	»
Hydrosulfite formaldéhyde	200	»

2° Colorants acides

a) *Enlevages à la rongalite.* — On opère comme précédemment, qu'il s'agisse d'enlevages blancs ou d'enlevages colorés.

On ronge par ce procédé les couleurs suivantes : jaune métanile, tartrazine, orangés, fuchsine S, ponceaux, violets d'aniline, certains bleus et verts sulfonés, quelques marques de noirs naphtols, etc.

b) *Enlevages à l'étain.* — On imprime :

Sel d'étain	200	grammes
Acétate de soude	80	»
Glycérine	20	»
Epaississant	700	»

vaporise sans pression ; le sel d'étain peut être remplacé par de l'acétate d'étain. Par ce procédé les blancs sont en général insuffisants, aussi n'emploie-t-on guère ce procédé que pour les enlevages colorés car le fond qui subsiste dans ce cas, a peu d'importance étant donné qu'il est recouvert par un autre colorant.

On peut utiliser les couleurs suivantes pour l'enlevage coloré :

Comme colorants basiques : auramine, phosphine, bleu méthylène, bleu victoria, vert brillant, safranine, rhodamine, fuchsine, violets d'aniline.

Comme colorants acides : primuline, jaune de quinoléine, fuchsine acide, éosine, bleu d'aniline, induline, violets acides, verts sulfonés, etc.

Pour faire l'imitation de l'article Schlieper et Baum, rouge et bleu, on peut teindre en ponceau, puis imprimer un rongeant coloré à base de bleu.

Un effet analogue peut être obtenu si l'on teint un tissu avec un mélange de bleu et de ponceau. On imprime le rongeant, dans ces conditions le rouge est détruit de sorte que l'on obtient un dessin bleu sur rouge.

c) *Enlevage à la poudre de zinc.* — La poudre de zinc peut être employée comme réserve ou comme rongeant. Le jaune OS et l'auramine donnent des blancs suffisants, mais les autres couleurs ne peuvent servir qu'à faire des enlevages colorés. Le grand inconvénient de la poudre de zinc est d'encrasser les rouleaux, elle est employée plutôt pour l'impression à la main.

LAINE

Résumé des applications les plus importantes

1° Teinture

a) **Couleurs basiques**
- Bain neutre ou addition d'acides organiques.
- Parfois addition de..............
  - Alun.............. }
  - Sulfate de soude... } Colorants divers.
  - Crème de tartre. — Rhodamine.

b) **Couleurs acides**
- Bain acide.....................
  - Bisulfate.
  - Sulfate + acide sulfurique.
  - Parfois crème de tartre (phtaléines).
  - Pour les couleurs chromatables on traite par bichromate après teinture.
- Bain alcalin....................
  - Pour bleus alcalins.
  - Premier bain alcalin.
  - Deuxième bain acide.

2° Impressions

a) **Couleurs basiques**
- Couleur vapeur avec ou sans tannin avec addition de...........
  - Acides organiques.
  - Acide tartrique.
  - Acide acétique.
- Parfois on ajoute................
  - Acétate de soude.
  - Phosphate de soude.

b) **Couleurs acides**
- Couleurs vapeur avec addition de.
  - Acide oxalique.
  - »   tartrique.
  - »   acétique.
- Parfois on ajoute...............
  - Acétate de soude.
  - Phosphate de soude.
  - Sels d'alumine (ponceaux).
  - Chlorure d'étain (éosines).
  - Chlorate de soude.

Enlevages

a) **Couleurs basiques** | Enlevages blancs et colorés....... | Hydrosulfites.

b) **Couleurs acides**
- Enlevages blancs et colorés.......
  - Hydrosulfites.
  - Sel d'étain.
  - Poudre de zinc.

SOIE

La soie a des propriétés tinctoriales qui rappellent celles de la laine, elle possède de l'affinité pour les matières colorantes acides et basiques. Leur application serait donc très simple si elle n'était compliquée du fait que les soies subissent généralement des opérations que l'on appelle charges, consistant à les imprégner avec des substances diverses, minérales ou organiques ; nous dirons quelques mots de ces opérations et de celles qui ont pour but de transformer auparavant la soie brute en soie susceptible d'être teinte dans de bonnes conditions.

Traitements préalables

1° Décreusage

La soie brute est constituée par la *fibroine* qui est la soie proprement dite et le *grès*. Ces deux composants de la soie sont des albuminoïdes ; le grès est très facilement soluble dans des solutions légèrement alcalines comme par exemple le savon à chaud, alors que la fibroïne reste inaltérée. Le grès qui renferme généralement une couleur jaune est éliminée dans l'opération du blanchiment. Les proportions de grès sont très variables (20 à 35 %). Pour décreuser la soie, c'est-à-dire éliminer le grès, on peut opérer plus ou moins radicalement. On prépare la *soie cuite* quand elle est complètement décreusée. Elle présente alors une perte de 25 à 30 %. On prépare la *soie souple* quand la perte n'est que de 6 à 12 %.

Soie cuite. — On fait d'abord un dégommage en chauffant la soie pendant 1/2 heure à 3/4 d'heure à 90-95° dans un bain renfermant 30 à 40 kilogrammes de savon pour 100 parties de soie. On obtient ainsi un *bain de décreusage* qui est utilisé ultérieurement en teinture sous le nom de *savon de grès* Après cette première opération, on fait bouillir une seconde fois avec une solution de savon pendant 1 à 2 heures, puis on lave et passe en acide sulfurique faible.

Soie souple. — Ce traitement donne moins de perte que le précédent, on opère donc avec plus de ménagements avec une solution tiède, à raison de 20 kilogrammes de savon pour 100 kilogrammes de soie et à une température de 50-60° pendant 1/2 heure.

2° Blanchiment

On opère comme pour la laine avec de l'acide sulfureux ou de l'eau oxygénée dans le cas de *l'acide sulfureux* on blanchit au soufroir en employant 10 kilogrammes de soufre pour 100 kilogrammes de soie.

L'eau oxygénée ou le *peroxyde de sodium* donnent aussi de bons résultats. Lorsqu'on blanchit avec de l'eau oxygénée, on laisse en contact pendant quelques heures dans un bain alcalinisé avec du silicate de soude.

Eau	100 litres
Eau oxygénée	20 »
Silicate	1 »

Le bain est amené à 45-50°. Après décoloration, on fait un traitement acide.

Avec le peroxyde de sodium, on emploie :

Eau	1 litre
Péroxyde de sodium	1 kilogramme
Acide sulfurique 66° Bé	1,405 »
Silicate (jusqu'à réaction légèrement alcaline).	

Après ce traitement on passe en acide sulfurique.

L'eau régale est employée surtout pour le blanchiment des soies souples ; on fait un mélange de 5 parties d'acide chlorhydrique et 1 partie d'acide nitrique, on laisse reposer une journée, puis on fait une dissolution de cette eau régale dans l'eau de manière à avoir une solution à 8 %. Pour avoir un bon résultat il faut que ce traitement soit assez rapide. Lorsque la soie devient grise, on s'arrête à cette phase de l'opération afin d'éviter que la soie ne se colore en nuance jaune qu'il serait impossible d'éliminer ultérieurement. Après ce traitement on savonne à tiède.

3° Charges de la soie

La charge de la soie a pour but de la *gonfler*, d'augmenter son poids et de lui donner en même temps des qualités spéciales en provoquant dans la fibre, le dépôt de diverses substances d'origine minérale ou organique.

La soie est susceptible d'augmenter de poids dans des proportions considérables. Pour les noirs lourds cette opération peut représenter 6 à 7 fois le poids de la fibre. Malgré ces traitements, il est remarquable que la soie conserve et augmente même ses propriétés caractéristiques de brillant, de craquant et de souplesse, etc. Les charges sont de trois sortes :

Charges minérales.

Charges organiques ou végétales.

Charges diverses.

a) *Charges minérales.* — Ce sont les charges employées le plus souvent ;

l'étain, le fer et l'alumine en forment les éléments principaux. La méthode de travail est extrêmement variable, et nous ne pouvons entrer dans le détail des opérations. Mentionnons toutefois un exemple de charge métallique :

1° Manœuvrer la soie dans un bain de chlorure stannique à 25°B⁴.

2° Passer dans du phosphate de soude à 3°B⁴ à chaud, laisser en contact 1/2 heure.

3° Traiter par un bain de sulfate d'alumine à 4° B⁴ pendant 1/4 d'heure à 50°.

4° Bain de silicate de soude à 4° B⁴, 1/4 d'heure à froid.

On obtient ainsi une charge représentant une augmentation importante de poids. Si l'on répète plusieurs fois le cycle de ces opérations on pourra obtenir des charges beaucoup plus considérables. Un traitement final dans un bain de savon chaud contribue à donner du brillant et du craquant à la soie.

b) *Charges végétales.* — Elles sont constituées par des astringents : tannins et autres. L'opération que l'on appelle engallage a pour but de traiter la soie par des solutions tannantes dont la nature varie selon que la soie est destinée à être teinte en nuances plus ou moins foncées. Pour les nuances claires, on emploie les tannins les plus purs : tannin purifié, sumac décoloré. Pour les nuances foncées : l'extrait de chêne et de châtaignier. La charge au tannin est combinée au fer que l'on emploie sous forme de sulfate ferrique basique appelé rouil ou rouille. Il se produit sur la soie un tannate de fer qui sert de base pour la teinture en campêche.

c) *Charges diverses.* — Elles sont à base de caséine, gélatine, colle, glucose, sucre etc., et on peut considérer ces charges plutôt comme un apprêt lorsqu'elles sont faites après teinture.

A. — TEINTURE

1° Couleurs basiques

On teint dans un bain de savon de grès ou avec un mélange de savon de grès et de savon de Marseille, coupé avec de l'acide acétique. On commence à tiède ou à 40°, puis on monte progressivement à 70-80° et enfin à l'ébullition, un petit excès d'acide acétique favorise l'unisson.

Pour les nuances claires, on teint avec du savon de Marseille à 50-60°. Dans tous les cas, on a soin d'introduire la couleur par petites portions. Le savon de grès a la propriété de conserver à la soie son craquant et d'empêcher la couleur de monter trop vite.

L'acide acétique peut être remplacé par de l'acide formique et quelquefois on peut teindre avec de l'acide acétique seul, sans savon.

Certains colorants peuvent être fixés en présence d'acide sulfurique, par exemple le bleu victoria et certains verts basiques.

Sont susceptibles de teindre la soie chargée à l'étain, les colorants basiques suivants : auramine, fuchsine, violets, bleu méthylène, bleu victoria, vert malachite, vert brillant.

Tannage après teinture. — Cette opération a pour but de donner plus de solidité aux teintures au point de vue du lavage et du frottement. La soie teinte est passée dans un bain de tannin à 5 grammes par litre pendant 1 heure, puis on fixe dans un bain d'émétique à 1 ou 2 grammes par litre pendant 1/2 heure à froid.

Les basiques peuvent être employés pour nuancer les noirs au campêche, par exemple les bleus d'aniline et les violets.

Soie tussah. — Elle se teint plus difficilement que la soie ordinaire. On chauffe plus longtemps avec des solutions plus concentrées ; il est aussi préférable d'augmenter la quantité d'acide.

Avivage. — Après teinture on avive dans un bain d'acide sulfurique, d'acide acétique ou d'acide tartrique afin de donner à la soie son craquant caractéristique.

2° Couleurs acides

Ces colorants teignent surtout en bain de savon de grès coupé avec de l'acide sulfurique, mais dans certains cas, on emploie des acides organiques, acides acétique ou formique.

Teinture en bain sulfurique. — Pour 100 litres de bain, on emploie 30 kilogrammes de savon de grès et une petite quantité d'acide sulfurique suffisante pour avoir une réaction acide. Chauffer à 50°, introduire la soie, puis la couleur par petites portions et monter progressivement jusqu'à l'ébullition. Si le colorant peut se fixer à une température inférieure, il est préférable de ne pas pousser jusqu'à 100°. Pour avoir des nuances unies, il faut lisser avec soin et éviter de prendre un grand excès d'acide sulfurique. Un assez grand nombre de colorants acides peuvent teindre les soies chargées à l'étain.

Teinture en bain acétique. — Cette méthode de teinture avec acide faible est employée pour les éosines.

Teinture en bain neutre ou faiblement alcalin. — On opère ainsi pour les *bleus solubles* (bain de savon sans acide).

Pour les *bleus alcalins* on opère au bouillon en bain de savon, puis on développe le bleu en passant dans un deuxième bain sulfurique à 70° et à raison de 1 gramme par litre.

Soie tussah. — On chauffe plus longtemps et l'on emploie plus d'acide.

Avivage. — Après avoir teint on fait un avivage généralement avec de l'acide sulfurique. Pour les éosines, il est préférable d'employer de l'acide acétique,

Noir au campêche. — Ce noir a une importance considérable surtout pour les rubans, les velours, les satins, etc. Qu'il s'agisse de soie souple ou de soie cuite, on mordance avec du fer, ou avec un mélange de fer et de chlorure d'étain, puis on provoque sur le tissu la formation de tannates métalliques et finalement on teint au campêche.

Les noirs légers obtenus de cette manière présentent des augmentations de poids variant de 5 à 10 % de la soie primitive. Si l'on répète plusieurs fois ces opérations successives, on peut obtenir facilement une augmentation de poids représentant 100 % du poids primitif.

Pour les noirs lourds on emploie exclusivement la soie souple, et l'on arrive alors à des charges considérables pouvant atteindre jusqu'à 5 fois le poids de la soie ou même plus, si l'on fait 10 à 15 traitements successifs ; on utilise alors l'extrait de chataignier et le pyrolignite de fer.

Pour donner aux noirs au campêche un reflet bleu, on peut les passer après le mordançage au fer dans un bain de ferrocyanure de potassium.

Traitement après teinture avec colorants acides. — Après teinture la soie est exprimée puis traitée par des bains acides et des bains de savon, on obtient ainsi des nuances plus vives et la soie prend son craquant caractéristique.

Pour augmenter la solidité à l'eau et au frottement, on peut traiter la soie teinte, par des solutions de tannin à 5 grammes par litre, comme dans le cas des colorants basiques. On laisse en contact quelques heures, puis on passe en bain d'émétique. Certaines teintures sont rendues plus solides lorsqu'on les traite par des bains de cuivre ou de bichromate.

Les soies trop foncées ou ayant des taches sont traitées dans un bain de savon gras qui enlève une partie de la couleur.

2° Impression

1° Couleurs basiques

Après un décreusage convenable, la soie est traitée par une solution de carbonate de soude, puis lavée et blanchie. Pour les nuances claires, on imprime sans tannin, sèche puis vaporise sans pression pendant 1 heure.

La stabilité des colorants basiques est augmentée par l'addition de tannin si l'on fait suivre le vaporisage d'un traitement à l'émétique.

S'il s'agit de nuances foncées, il est préférable d'ajouter du tannin à la couleur d'impression ; après vaporisage on passe dans un bain de tartre émétique à raison de 5 grammes par litre.

Les nuances sont rendues plus vives par l'acide acétique ou l'acide tartrique.

Comme épaississants on emploie : la gomme, la britishgum, l'adragante.

Formule sans tannin :

Colorant	10
Eau	400
Acide tartrique	20
Acide acétique	50
Epaississant	520

Formule avec tannin :

Couleur	20
Eau	630
Acide acétique	150
Tannin acétique $^1/_1$	100
Epaississant	400

Pour l'impression de la soie en filés et en chaînes, on emploie des machines spéciales, mais le principe de la fixation des couleurs est toujours le même.

Les nuances obtenues avec les basiques résistent peu à la lumière, mais elles sont solides au lavage et au savonnage.

2° Couleurs acides

On imprime en ajoutant un acide organique : acides tartrique, acétique, citrique, formique, etc. Il est avantageux d'employer un peu de glycérine afin que la pénétration se fasse dans de meilleures conditions pendant le vaporisage. Celui-ci dure 1/2 heure à 1 heure sans pression ou à une pression faible :

Colorant	20	grammes
Eau	400	»
Acide tartrique	40	»
Acide acétique	30	»
Glycérine	10	»
Epaississant	500	»

Pour aviver la nuance des ponceaux, on peut ajouter une petite quantité de sel d'alumine.

Impression avec les colorants solubles à l'alcool. — On utilise quelquefois des solutions alcooliques lorsqu'il s'agit de tissus terminés qui n'auront donc plus à subir de vaporisage. Si le colorant est soluble dans l'alcool et insoluble dans l'eau, on aura ainsi une grande solidité au lavage. On se sert de matières colorantes basiques à l'état de bases ou d'indulines non sulfonées, de résinates, stéarates, etc.

On emploie aussi des solutions alcooliques pour fixer les matières colorantes avec l'*aérographe*, appareil qui consiste à projeter la solution de matière colorante au moyen d'un dispositif spécial qui permet d'obtenir de très beaux effets. On emploie également l'aérographe pour l'application des autres matières colorantes solubles à l'eau que l'on fixe ensuite comme d'habitude au moyen du vaporisage.

L'industrie de l'impression de la soie offre des applications spéciales fort intéressantes telles que l'impression à la gouache, les ombrés, etc.

Réserves

a) *Réserves mécaniques.* — On peut faire usage des réserves grasses à base de résines, de stéarine, de cire additionnée de térébentine etc. Ces réserves agissent mécaniquement comme dans les articles batics. Leur composition est extrêmement variable, on peut employer par exemple :

Résine	500
Cire	50
Stéarine	50
Suif	100
Térébentine	300

On fait sécher la réserve, puis on teint à basse température avec des basiques en présence d'acide acétique. Un traitement ultérieur avec de la benzine, du tétrachlorure de carbone ou tout autre dissolvant dissout la réserve. J. Depierre (*Bull. ind.*, Mulh. 1911-205).

Il est important de bien choisir la matière colorante afin que son insolubilité dans le solvant organique soit complète. On peut employer les colorants suivants :

Phosphine, fuchsine, safranine, rhodamine, bleu méthylène, violet d'aniline, vert malachite, etc.

b) *Réserves chimiques.* — On imprime du sel d'étain ou de la poudre de zinc de manière à détruire la couleur qui se trouvera en contact avec des substances.

On peut ranger parmi les réserves chimiques et mécaniques, le *tannate d'antimoine* qui possède la propriété très curieuse de réserver la soie à l'égard des colorants acides. Si on imprime des dessins avec du tannate d'antimoine auquel on a ajouté une couleur basique, par exemple du bleu méthylène et que l'on teigne ensuite en ponceau, on aura des effets rouges et bleus.

Les rubans de soie *double teinte* peuvent être préparés par ce procédé : on traite la chaîne par du tannate d'antimoine, la trame ne subit aucune préparation, puis on teint d'abord avec du bleu méthylène à froid, ce qui donne une chaîne colorée en bleu, puis dans un deuxième bain avec un colorant acide, par exemple : du ponceau qui teindra la trame.

Les rubans *double face* se colorent en imprimant d'un côté du tannate d'antimoine ; on teint alors successivement le côté mordancé avec une couleur basique et l'autre côté avec une couleur acide.

Enlevages

1° Couleurs basiques

a) *Hydrosulfite formaldéhyde.* — On obtient de bons résultats avec un certain nombre de colorants en employant la formule :

Hydrosulfite-formaldéhyde	300
Epaississant	700

Vaporiser quelques minutes, puis passer dans un bain acide.

Pour les enlevages colorés, on emploie les colorants suivants :

Phosphine, bleu méthylène, rhodamine, éosine, indulines, etc. On vaporise et passe en acide comme pour les enlevages blancs.

On peut ronger par ce procédé : chrysoïdine, vésuvine, fuchsine, bleu victoria, violets d'aniline, vert diamant.

b) *Poudre de zinc*. — On imprime de la poudre de zinc avec ou sans bisulfite puis on vaporise 1/2 heure, sans pression, lave et acidule. Ce procédé permet aussi d'obtenir des rongés colorés en employant par exemple : phosphine, bleu méthylène, safranine, vert acide, induline.

c) *Sel d'étain*. — Les blancs sont moins beaux qu'avec l'hydrosulfite, cet enlevage est employé surtout pour les rongés colorés.

2° Colorants acides

Un certain nombre d'entre eux se prêtent à des enlevages ; on peut ronger par exemple à la rongalite les couleurs suivantes : jaune OS, jaune métanile, orangés, ponceaux, fuchsine S, etc., qui donnent des blancs suffisants.

Certaines couleurs dont la destruction est insuffisante pour l'article enlevage blanc, peuvent par contre être employées pour enlevages colorés par exemple : bleus d'aniline, violets acides, certains verts acides.

Peuvent être rongés au sel d'étain : jaune métanile, orangés, ponceaux, certains verts acides, etc.

SOIE

Résumé des applications les plus importantes

1° Teinture

a) **Couleurs basiques**	Savon coupé avec......................	Acide acétique, rarement avec acide sulfurique.
	Parfois on fixe avec tannin.	
b) **Couleurs acides**	Savon coupé avec......................	Acides organiques. Acide sulfurique.
	Bain neutre ou alcalin pour bleus alcalins..	Premier bain alcalin. Deuxième bain acide.

2° Impression

a) **Couleurs basiques**	Couleurs vapeur avec ou sans tannin et addition de............................	Acide tartrique. Acide acétique.
b) **Couleurs acides**	Couleurs vapeur avec addition de.........	Acides organiques.
	Parfois on ajoute......................	Sels d'alumine (ponceaux).

Réserves et enlevages

Réserves	Réserves mécaniques.....................	Cire. Résines. Stéarine, etc.
	Tannate d'antimoine qui réserve les.......	Couleurs acides.
	Réserves chimiques.....................	Sel d'étain. Poudre de zinc. Tannate d'antimoine.
Enlevages	Enlevages blancs et colorés..............	Hydrosulfite-formaldéhyde. Sel d'étain. Poudre de zinc.

TISSUS MIXTES

A. — Teinture

Nous ne parlerons ici que de l'application spéciale des colorants acides et basiques.

1° Tissus laine et coton

Dans cette catégorie de tissus nous pouvons ranger toute une série d'étoffes mi-laine : doublures, cachemires, étoffes pour habillement, molletons, alpagas, etc. Deux cas peuvent se présenter selon qu'il s'agit de teindre le coton et la laine en uni ou en deux nuances.

Teinture en uni. — On trouve parmi les colorants acides quelques produits qui teignent de la même manière les deux fibres, mais généralement ce sont les substantifs qui possèdent à un haut degré cette propriété.

Dans le cas qui nous occupe, on est obligé à quelques exceptions près de teindre d'abord la laine en bain acide, puis on mordance le coton dans un bain avec du tannin que l'on fixe à l'émétique. Finalement on teint en basique, en présence d'acide acétique jusqu'à ce que le coton ait la même nuance que la laine.

On peut aussi opérer d'une manière inverse, mordancer le coton au tannin, teindre en basique, puis teindre la laine avec un colorant acide.

Teinture en deux nuances. — Si les deux fibres doivent avoir une coloration différente, il peut se présenter deux cas :

a) La laine seule doit être teinte et le coton reste blanc. On choisit parmi les matières colorantes acides celles qui ont la propriété de ne teindre que la laine en laissant le coton parfaitement blanc : jaune OS, orangé 2, fuchsine acide, etc. On teint en bain acide, puis on lave et savonne.

b) Effets de double teinte : on teint comme nous l'avons dit plus haut avec un colorant acide qui teint la laine, puis on mordance le coton en tannin et l'on teint en basique à froid afin que le colorant monte le moins possible sur la laine. Il est impossible d'éviter dans cette deuxième phase une coloration additionnelle de la laine ; il faut en tenir compte au moment de l'échantillonnage préalable.

Quand on a teint en bain acide il est prudent de traiter ensuite le tissu par de l'acétate de soude afin d'être sûr que tout l'acide minéral a été éliminé ; un simple lavage à l'eau risquerait d'être insuffisant. Ce traitement est utile car le coton peut s'altérer à la longue en présence d'une petite quantité d'acide.

2° Tissus laine et soie

On teint avec des colorants basiques et acides en présence de sulfate de soude ou d'acide sulfurique. L'acidité et la température du bain ont une grande importance, car, en général, les colorants ont pour ces fibres des affinités différentes selon les conditions opératoires.

On peut teindre, par exemple, à l'ébullition avec certains colorants acides qui donnent sur la laine des nuances plus foncées que sur la soie, puis on remonte la soie avec des colorants basiques à basse température.

Certains colorants acides teignent les deux fibres de la même manière en bain acétique ou neutre, si l'on opère à une température convenable ; par exemple : la fuchsine, le bleu victoria, le violet d'aniline.

Pour les colorants acides, on teint en présence d'acide sulfurique ou de sulfate de soude et d'acide sulfurique en maintenant 1/4 d'heure à 1/2 heure à l'ébullition. Si la soie n'atteint pas la hauteur de ton de la laine, on laisse refroidir le bain et on ajoute une certaine quantité de couleur ; les conditions nouvelles du bain favorisent la teinture de la soie, car en général celle-ci fixe la couleur à une température plus basse que la laine et c'est cette propriété qui permet des nuançages convenables.

Si la soie est trop foncée, on peut la démonter par un bain d'oxalate d'ammoniaque.

Au contraire, s'il faut remonter la soie, on ajoute un colorant teignant le moins possible la laine.

Effets de double-teinte. — On teint la laine dans un premier bain avec une couleur acide qui laisse autant que possible la soie blanche puis la soie dans un deuxième bain avec un colorant qui ne teint pas ou qui teint moins bien la laine.

3° Soie et coton

On teint d'abord la soie en bain acide avec un colorant acide, puis on lave et mordance le coton avec du tannin et de l'émétique. On teint ensuite avec un colorant basique en présence d'acide acétique et autant que possible à froid pour que la soie ne se colore pas. Ce procédé permet d'obtenir soit des nuances unies, soit des doubles teintes et des effets blancs ou de couleur.

B. — Impression

Qu'il s'agisse de tissus mi-laine ou de tissus laine et soie, coton et soie, le choix de la couleur dépendra de la proportion relative de ces fibres. On emploiera selon les circonstances des couleurs acides ou basiques d'après les principes qui ont été décrits précédemment.

MATIÈRES D'ORIGINE VÉGÉTALE

Papier

Le papier provient de celluloses ayant pour origine le bois, la paille ou les chiffons.

Les pâtes à papier préparées avec du bois et de la paille, sont obtenues soit par un simple broyage mécanique de ces matières après un traitement préalable et éventuel à la chaux (pâte mécanique) ou bien ils proviennent d'un traitement chimique. Dans ce dernier cas, on emploie deux procédés : 1° le procédé au bisulfite de chaux, qui consiste à traiter le bois par des solutions de ce sel sous pression ; 2° le procédé à la soude caustique ; on chauffe ces mêmes matières, bois ou paille, avec des mélanges de soude caustique, de carbonate de soude, de sulfate de soude et de sulfure de sodium. on dissout ainsi les substances qui accompagnent les celluloses et qui enlèveraient à celles-ci sa finesse et sa souplesse.

Les celluloses ainsi obtenues sont utilisées directement ou après avoir été blanchies avec du chlorure de chaux, ou des solutions de chlore.

On peut colorer le papier de deux manières : par voie de teinture et par voie d'impression. Le papier étant constitué par des celluloses plus ou moins pures, se comporte à certains points de vue, comme le coton. La fixation des matières colorantes est donc analogue, mais la teinture de la pâte à papier est beaucoup plus simple par le fait de la grande surface de contact que présente la cellulose si finement divisée.

A. — TEINTURE

Les couleurs employées pour la teinture du papier sont de natures très diverses. On utilise certains *pigments insolubles*, d'origine minérale ou organique, par exemple l'ocre, le bleu de prusse, le jaune de chrome, qui sont produits par double décomposition dans la pile en présence de la cellulose, ou que l'on y introduit de toute pièce ; on emploie aussi des pigments organiques par exemple : des matières colorantes insolubilisées à l'état de laques. Le plus souvent on teint le papier avec des matières colorantes solubles dont on forme la laque dans la pile au moment de l'opération du collage.

Les papiers ordinaires sont collés avec de l'alun ou du sulfate d'alumine que l'on introduit dans la pile en même temps qu'une certaine proportion de résinate de soude. Il se produit par double décomposition d'abord du résinate d'alumine, puis vraisemblablement un mélange de sulfate basique d'alumine et de résine libre ; c'est ce mélange qui réalise le collage du papier. Cette opération favorise considérablement l'application des matières colorantes lorsqu'on fait agir celles-ci sur la pâte de cellulose au moment du collage.

Il existe une autre méthode qui consiste à teindre le papier terminé par voie d'immersion dans le bain de teinture ou avec une machine à foularder. Ces procédés sont employés dans des cas exceptionnels, car le plus généralement on teint la pâte à papier comme il vient d'être dit.

1° Couleurs basiques

Pour les nuances claires, il n'est pas nécessaire de mordancer, on ajoute la solution de couleur dans la pile avant le collage et plus rarement après cette opération. On réalise ainsi l'insolubilisation de la couleur de sorte que simultanément on a collé et teint la pâte cellulosique. Il est très important d'employer une pâte de cellulose absolument exempte de toute trace de chlore, provenant du blanchiment. Il importe de s'en assurer, et le cas échéant, on ajouterait un peu d'antichlore (hyposulfite).

Pour les nuances foncées, la fixation du colorant ne se fait d'une manière parfaite que si l'on ajoute un peu de tannin, par exemple une quantité correspondant au poids du colorant. On opère comme il a été dit précédemment en ajoutant le tannin à la fin de l'opération.

Pour 100 kilogrammes de pâte à papier on emploie, par exemple :

Sulfate d'alumine	4 kilogrammes
Couleur	2 »
Savon de résine	4 »
Tannin	Q. S.

On introduit d'abord le sulfate d'alumine, puis la couleur et seulement au bout d'un certain temps le savon de résine, on finit par le tannin. Les méthodes de collage du papier sont d'ailleurs extrêmement variables de sorte qu'il est impossible d'indiquer une formule tout à fait générale de cette opération.

Les colorants basiques donnent des colorations assez vives sur la cellulose, mais la résistance à la lumière est inférieure, en général, à celle des colorants acides.

Les celluloses selon leur origine ont une affinité différente pour les divers colorants. Les papiers supérieurs sont fabriqués avec des chiffons, c'est-à-dire avec de la cellulose pure ; les papiers inférieurs avec des bois mécaniques, et la qualité moyenne provient du traitement du bois et de la paille par le bisulfite ou la soude. On comprend que des matières ayant des origines différentes ne se teignent pas d'une manière identique, il faut donc, selon les circonstances, opérer en présence de collages différents et en choisissant aussi des couleurs différentes. Quoiqu'il en soit, la teinture du papier est une opération simple, puisque les matières qui la composent ont une affinité bien nette pour les colorants basiques, surtout les pâtes de bois.

Cette affinité provient d'une part du grand degré de division de la cellulose, elle est donc d'ordre mécanique, et d'autre part, elle peut avoir son origine dans une certaine quantité d'oxycellulose qui se forme lors du traitement du bois.

La pâte de chiffons a sensiblement plus d'affinité pour les basiques que le coton lui-même ; on peut émettre à ce sujet les mêmes suppositions que pour la cellulose du bois.

Papiers non collés. — Ce sont les papiers buvard, que l'on prépare sans l'intervention de la résine. Leur coloration doit se faire autant que possible sans nuire à la porosité de la masse ; on emploie assez rarement les basiques ; mais lorsqu'on les utilise c'est exclusivement pour les nuances claires, car l'addition de tannin nuirait à la qualité absorbante de ce papier.

Papiers chinés. — Cette fabrication consiste à mélanger des fibres teintes avec des fibres blanches. Il faut donc que les fibres colorées ne risquent pas de déteindre en présence des parties non colorées. Dans le cas des couleurs basiques, elles sont fixées au moyen du tannin.

Papiers d'affiches et d'emballage. — On recherche surtout les colorants bon marché et ceux qui ont une grande puissance colorante ; on fixe les basiques avec du tannin lorsqu'il s'agit de nuances foncées.

Teinture du papier terminé. — Ce procédé est employé pour des papiers très minces, par exemple des papiers de soie, papiers crèpe, etc. On teint avec des appareils spéciaux à foularder. On peut employer des solutions aqueuses de colorants ou des solutions alcooliques auxquelles on ajoute un peu de dextrine.

2° Couleurs acides

On opère comme pour les basiques en ajoutant la couleur au moment du collage. La présence du sulfate d'alumine et la formation du résinate sont particulièrement favorables à la fixation de ces colorants, car un certain nombre d'entre eux forment des laques d'alumine peu solubles. Il est indiqué d'employer une quantité assez forte de résine et de sel d'alumine surtout lorsqu'il s'agit de nuances foncées. Pour les orangés, ponceaux, il est préférable d'ajouter un peu de caséine, dans la proportion d'environ 2 %.

Parfois les colorants acides lorsqu'ils sont employés en quantité un peu considérable ne sont pas complètement insolubilisés. Pour provoquer leur précipitation complète, on ajoute une certaine quantité d'un colorant basique. On sait en effet que la plupart des couleurs basiques et acides donnent des combinaisons colorées insolubles, de plus on obtient de cette manière des nuances particulièrement unies.

Certains colorants acides peuvent être précipités d'une manière plus complète avec du chlorure de baryum, ou d'autres sels métalliques donnant des laques insolubles. C'est en se basant sur ce principe que l'on teint avec des éosines, en présence d'acétate de plomb qui donne des laques d'une très grande beauté. On teint donc dans la pile avec les éosines en ajoutant, après le collage, une quantité d'acétate de plomb variant de 3 à 5 % du poids de la cellulose et de 1 à 2 % du poids du colorant.

Dans le cas des éosines il faut noter que l'acétate d'alumine peut remplacer avantageusement le sulfate.

Les bleus d'aniline sont employés pour l'azurage du papier blanc en traitant le papier après collage.

Les colorants acides sont employés de même que les basiques pour des papiers d'affiches, papiers d'emballage, papiers chinés et parfois aussi pour la coloration du papier fini par voie de foulardage.

B. — IMPRESSION

L'impression du papier s'applique à l'industrie des papiers peints et aussi à certaines fabrications spéciales : cartes à jouer, papiers pour reliure, etc.

L'industrie des papiers peints utilise spécialement les laques et pigments colorés. Il est en effet indispensable pour ce genre d'emploi que la couleur soit tout à fait insoluble dans l'eau afin que l'humidité des murs ne risque pas de dissoudre partiellement les couleurs que l'on y a fixées. On recherche de plus de la résistance à l'air et à la lumière.

L'impression proprement dite rappelle beaucoup celle des toiles peintes. On imprime des pâtes de couleurs épaissies avec de l'amidon, de la dextrine, de la gomme, colle, etc. Pour certains colorants on emploie des épaississants d'origine animale : gélatine, colle forte, etc.

Certains dessins imprimés destinés à la fabrication des cartes à jouer ou d'articles pour la reliure, sont recouverts de vernis à base d'alcool ou d'autres solvants organiques. Il faut donc dans ce cas que les laques employées soient absolument insolubles dans le vernis afin que les dessins ne risquent pas d'être détruits ou brouillés.

Enlevages sur papier. — On peut faire ces opérations en imprimant un rongeant sur le papier encore humide ou dans le cas de papiers de soie très légers en pulvérisant un rongeant sur ce papier, on emploie souvent les hydrosulfites.

Apprêts du papier. — Il existe un grand nombre de procédés destinés à donner un brillant spécial au papier teint ou imprimé. Nous venons de parler de vernis à propos des cartes à jouer. D'autres substances peuvent être utilisées; par exemple pour certains papiers glacés la surface est imprégnée de cire, puis on passe sur des cylindres chauds qui produisent un brillant tout à fait particulier. On emploie pour cet usage, la gélatine, les colles, les cires, etc,

Paille

Traitement préalable. — On prépare la paille destinée à la teinture en la faisant bouillir pendant quelques heures avec de l'eau légèrement alcalinisée. On peut employer 1/2 à 1 °/₀ de borax ou de carbonate de soude, puis on passe dans un bain acide.

Pour les nuances foncées, ce traitement est suffisant, mais pour les nuances claires, il est nécessaire de blanchir la paille à fond afin d'enlever toutes les impuretés. On emploie de l'eau oxygénée ou du bioxyde de sodium : parfois un blanchiment à l'acide sulfureux est suffisant.

Dans le cas de l'eau oxygénée on mélange :

Eau	100 litres
Eau oxygénée..	30 »

Il faut alcaliniser pour être rigoureusement bleu au tournesol.

La paille séjourne pendant quelques heures dans ce bain, puis on lave. On fait souvent un traitement subséquent à l'acide sulfureux pour enlever la coloration jaune qui se produit sous l'influence de l'eau oxygénée.

Si l'on emploie le bioxyde de sodium, on neutralise avec de l'acide oxalique ou sulfurique, puis on ajoute une petite quantité de silicate de soude de manière à être légèrement alcalin.

Ces opérations préliminaires doivent être menées avec soin afin que la paille conserve son brillant et sa souplesse.

D'une manière générale, lorsqu'on chauffe la paille avec des corps alcalins, celle-ci a des tendances à se colorer par suite de l'altération des tannins qu'elle renferme, mais un blanchiment ultérieur fait disparaître ces colorations.

On blanchit d'une manière analogue les tresses de bois.

A. — TEINTURE

1° Colorants basiques. — Ce sont les couleurs que l'on emploie le plus souvent. On teint en présence d'environ 2 °/₀ d'acide acétique en maintenant au bouillon pendant deux à trois heures. La couleur se fixe lentement dans la fibre ; pour faciliter sa pénétration on augmente la quantité d'acide et on laisse séjourner la paille dans le bain pendant qu'il refroidit.

L'addition d'une certaine quantité d'acide tartrique favorise la teinture, et pour obtenir un meilleur unisson, on peut aussi ajouter de l'alun.

Les colorants basiques donnent des nuances vives d'une solidité moyenne à la lumière.

Les principales matières colorantes basiques employées pour la teinture de

la paille sont : auramine, phosphine, chrysoïdine, vésuvine, fuchsine, rhodamine, safranine, violets, bleu méthylène, bleu victoria, vert brillant, vert malachite, noirs par mélange de couleurs basiques.

2° Colorants acides. — Ces colorants se fixent moins bien que les basiques ;
on les emploie surtout pour certaines nuances claires et lorsqu'on cherche la
solidité à la lumière. On chauffe plusieurs heures au bouillon puis on laisse
refroidir dans le bain.

On peut teindre ainsi avec les orangés, certaines indulines, des violets, des
verts et des bleus sulfonés.

On peut teindre de la même manière les tresses de bois qu'on emploie au lieu
de la paille.

Bois

On teint le bois de trois manières :
a) A la brosse ou au pinceau.
b) Par immersion dans le bain.
c) En autoclave.

1° Couleurs basiques

Pour la teinture à la *brosse* ou au *pinceau*, on fait une dissolution de
matière colorante renfermant 10 à 30 grammes par litre avec addition
d'une peu d'acide acétique. On applique cette solution colorée à la surface
du bois.

Au lieu d'employer des solutions aqueuses de colorant, on peut utiliser des
solutions alcooliques de colorants basiques à l'état de sels ou à l'état de bases.
Ces solutions peuvent renfermer des substances susceptibles de donner au bois
un brillant caractéristique et de faire ressortir en même temps la vivacité de la
couleur.

On peut employer d'ailleurs les vernis colorés de toute nature.

Si on opère par *immersion* du bois dans le bain de teinture, on fait usage de
solutions de matières colorantes plus faibles, à raison de 2 à 10 grammes par
litre et l'on ajoute un peu d'acide acétique.

Selon la nature du bois, on chauffe à des température variables et la durée de
la teinture est plus ou moins prolongée. C'est par ce procédé que l'on teint les
objets de petites dimension, les allumettes par exemple.

La teinture sous pression dans des *autoclaves* a lieu surtout pour des bois de
grande dimension et lorsque la couleur doit pénétrer dans l'intérieur de la
masse. On introduit le bois dans l'autoclave, on fait le vide, puis on ajoute
le bain coloré ; de cette manière on force le colorant à pénétrer à l'intérieur
du bois.

Pour la teinture du bois on peut employer les colorants suivants : chrysoïdine, brun Bismark, fuchsine, rhodamine, violets, bleu méthylène, bleu victoria, vert brillant.

2° Couleurs acides

Ils ont beaucoup moins d'affinité pour le bois, on les emploie pour les nuances claires lorsqu'elles doivent avoir une certaine solidité à la lumière. On teint par immersion en présence d'acide acétique avec ou sans sulfate de soude.

Herbes, feuilles, fleurs naturelles

Ces végétaux se teignent avec des colorants basiques. On opère à tiède en bain acétique, puis on fait subir aux plantes après un lavage convenable un traitement avec une solution de glycérine qui a pour but d'empêcher le végétal de sécher à fond et de devenir friable. Toute substance hygroscopique : chlorure de calcium, chlorure de magnésium, peut être utilisée à cet effet. Pour des nuances corsées on mordance quelquefois au tannin avant de teindre.

On emploie souvent des solutions alcooliques glycérinées ou des vernis colorés ; on y plonge la matière à teindre, puis on sèche à température ordinaire.

On peut employer pour colorer les végétaux : phosphine, auramine, chrysoïdine, safranine, fuchsine, violets d'aniline, bleu méthylène, bleu victoria, vert brillant et les autres couleurs qui sont employées pour la coloration des vernis.

Crin végétal, sisal, piassava

On teint ces matières avec des basiques en chauffant pendant quelques heures au bouillon.

Le crin végétal est généralement coloré en noir ; on emploie un mélange de basiques en combinant cette teinture avec un fond de campêche.

Le sisal est coloré d'une manière analogue.

Il en est de même du piassava qu'on emploie souvent pour les balais et les brosses.

On fait rarement usage de colorants acides, car ils montent mal et leur solidité est insuffisante.

Corozo

Le corozo ou ivoire végétal provient des *fruits* de divers palmiers. Avant de teindre cette matière on la dégraisse avec une solution de carbonate de soude. Ce traitement provoque souvent la formation d'une coloration jaune, mais celle-ci disparaît avec un traitement à l'acide oxalique.

1° Colorants basiques. — On chauffe au bouillon avec un peu d'acide acétique. Un certain nombre de colorants teignent même sans acide ; s'il s'agit de nuances très foncées, on mordance avec du tannin.

On peut employer : phosphine, thioflavine, chrysoïdine, safranine, violets d'aniline, bleu méthylène, bleu indoïne, vert malachite, noirs provenant de mélanges de basiques.

2° Colorants acides. — On teint en bain acétique, oxalique et parfois en présence d'alun ; ces colorants teignent moins bien que les basiques.

Les ponceaux, orangés, indulines, bleus, éosines, donnent des nuances intéressantes.

Dans certains cas après avoir teint en colorants acides, on remonte avec des basiques.

Le corozo renferme une certaine quantité de tannins que l'on peut utiliser pour produire des nuances très curieuses en traitant le corozo par certains sels métalliques. On provoque ainsi la formation de tannates colorés du plus heureux effet. Avec le fer, le cuivre et les autres sels métalliques, on a des nuances roses, gris bleu, etc.

Cette propriété peut du reste aussi être utilisée dans la coloration des bois riches en tannin, comme le chêne.

Celluloïd

On prépare le celluloïd avec de la nitrocellulose et du camphre.

On le produit en mélangeant le camphre avec de la nitrocellulose en présence de l'alcool, de l'éther ou d'autres dissolvants.

Pour colorer le celluloïd on introduit la couleur dans la solution de nitrocellulose, il faut donc employer des couleurs solubles à l'alcool.

Celles-ci doivent avoir la propriété d'être neutres de ne pas virer aux acides. En effet, la nitrocellulose n'est pas absolument stable ; il peut arriver qu'à la longue ce produit se décompose légèrement avec production d'une certaine quantité de dérivés oxygénés de l'azote ; ceux-ci se trouvent répartis d'une manière irrégulière dans la masse, de sorte que si les couleurs employées ne résistaient pas à l'acide, il pourrait se produire des taches qui seraient d'un effet fâcheux.

MATIÈRES D'ORIGINE ANIMALE

Cuirs, peaux

La coloration des cuirs et des peaux s'applique à un certain nombre d'industries comprenant la maroquinerie, les cuirs pour chaussures, les cuirs et peaux pour reliure, etc.

Les procédés de teinture et le choix des couleurs dépendent non seulement de la nature du cuir et de la peau, mais aussi et surtout des procédés de tannages qui ont été mis en œuvre. Il importe donc de passer brièvement en revue les principaux procédés de tannage employés de nos jours.

Tannage

Cette opération a pour but de rendre les peaux imputrescibles et dans une certaine mesure, imperméables à l'eau.

On emploie plusieurs procédés de tannage, ceux-ci varient selon la nature de la peau et l'emploi auquel on la destine.

Le tannage végétal, consiste à imprégner les peaux de substances renfermant des tannins : tan, tannins divers, sumac, extraits de châtaignier, de chêne, de québracho, de mimosa, de myrobolan, etc.

Le tannage au moyen des extraits tannants a remplacé en grande partie le tannage au tan qui nécessitait des traitements très prolongés. Ce procédé moderne de tannage permet de fabriquer en quelques jours un cuir parfaitement tanné, surtout en faisant des coupages convenables de différents extraits. La nuance des cuirs ainsi tannés varie avec la nature du tannin et cette nuance de fond a une certaine importance au point de vue de la teinture, surtout lorsqu'il s'agit de nuances claires. Le sumac donne au cuir une nuance blanc-jaunâtre, l'extrait de châtaignier, de chêne, donnent des nuances plus foncées, mais ces produits sont d'un prix moins élevé et fournissent des cuirs de qualité aussi parfaite ; on emploie aussi fréquemment le québracho, le mimosa, le myrobolan.

Les cuirs ainsi obtenus sont, du fait de la présence de tannin, très sensibles aux alcalis et relativement peu aux acides. Il faut en outre dans les traitements ultérieurs éviter tout contact avec des sels de fer qui donneraient des taches noires de tannate de fer.

Quelle que soit la nature de l'extrait ou du tannin mis en œuvre on obtient ainsi des cuirs dénommés *cuirs tannés*.

Le tannage avec des matières minérales, peut être réalisé, soit avec des sels de chrome, qui donnent le *cuir chromé* ; soit avec des sels d'alumine qui donnent des *cuirs et peaux alunés* ou *mégis*.

Par le tannage au chrome, on fixe dans la peau une certaine quantité d'oxyde de chrome qui colore le cuir en un vert caractéristique. On opère de deux manières : soit en un bain, en foulonnant les peaux avec des sels de chrome traités par du carbonate de soude, soit en deux bains en traitant ces peaux d'abord par du bichromate puis par un bain réducteur à base de sulfite ou d'hyposulfite de soude. Pour les peaux destinées à être teintes, le premier procédé est préférable, car dans le second l'oxyde de chrome est réparti d'une manière plus inégale et de plus il se précipite toujours sur la fleur une certaine quantité de soufre qu'on ne peut éliminer complètement et qui nuit à la teinture en formant réserve.

A l'inverse du cuir tanné, le cuir chromé résiste aux alcalis faibles, mais il est très sensible aux acides minéraux à cause de la présence des oxydes de chrome.

Ce procédé de tannage est surtout employé pour les grosses peaux, bœuf, cheval, etc.

On prépare le cuir *aluné* ou *mégis* en traitant les peaux par des sels d'alumine et du sel marin. On obtient de cette manière un cuir blanc, mais ce tannage ne résiste pas à l'eau et il est très sensible aux alcalis. On mélange souvent à l'alumine des substances organiques telles que farine, jaunes d'œufs, etc., qui nourrissent la peau et donnent un cuir de meilleur qualité, ce procédé est employé surtout pour les petites peaux : chèvres, chevreaux, etc., destinées à la ganterie et aux chaussures fines.

Enfin on peut tanner avec des corps gras et l'on a ainsi les *peaux chamoisées* On foulonne les peaux avec des corps gras, puis on provoque leur oxydation en même temps que leur combinaison avec la peau en exposant celle-ci au contact de l'air ou dans des chambres chaudes. On répète ces opérations un certain nombre de fois. Les peaux chamoisées ont une odeur caractéristique, elles sont molles et sensibles aux acides. On les emploie surtout pour la ganterie, la maroquinerie, etc.

Cette classification n'est pas absolue, car souvent on combine les divers tannages que nous venons de décrire, de manière à avoir par un traitement mixte, des cuirs tannés par l'un ou l'autre de ces procédés. On produit alors des cuirs qui sont en même temps chromés et tannés, ou chromés et alunés. Nous avons donc finalement cinq méthodes de tannage correspondant aux cuirs suivants :

1° Cuirs tannés ;

2° Cuirs chromés ;

3° Cuirs alunés ou mégis ;

4° Cuirs chamoisés ;

5° Cuirs tannés par des procédés mixtes

Teinture

D'une manière générale on teint les cuirs et peaux en employant les procédés suivants :

1° Teinture à la brosse. — Elle consiste à étendre sur le côté grain de la peau des couches successives de colorant au moyen d'une brosse.

La peau bien séchée est étendue sur une table, le côté grain apparent, puis on étend la couche de couleur, en répétant ces opérations jusqu'à ce que le côté chair commence à être humecté et que l'on se rende compte que la couleur n'est plus absorbée. Il est quelquefois indiqué d'employer une peau humide en mouillant celle-ci avec de l'eau avant la première couche. Généralement on opère au moyen de 3 à 6 couches successives ; le nombre de celles-ci dépend naturellement de l'intensité de la nuance que l'on désire obtenir. Parfois on sèche les peaux après chaque couche.

La teinture à la brosse est employée surtout pour les grosses peaux : vache, bœuf, buffle, cheval. etc., qu'il serait difficile dè teindre autrement. Pour avoir des nuances unies, il vaut mieux répéter plusieurs fois ces opérations avec des solutions de concentration moyenne plutôt que d'employer dès le début des solutions plus concentrées. Le procédé à la brosse est employé lorsqu'il ne faut teindre que le côté grain. L'application de la couleur se fait généralement à une température moyenne de 30 à 40°.

2° Teinture par immersion. — Par ce procédé on ne teint également que le côté grain ; on se sert de cuves en bois qui ne doivent avoir, dans le cas de cuirs tannés, aucune garniture métallique, qui pourrait donner des tannates colorés. Les peaux sont assemblées deux à deux, le côté chair en dedans et le côté grain apparent. Pour une paire de peaux on emploie 5 à 8 litres d'eau et l'on fait des passes successives en chargeant progressivement le bain avec la matière colorante. Ce procédé est employé pour les petites peaux et pour les peaux moyennes : veau, mouton, chèvre, etc.

On opère à une température voisine de 40° ; la durée d'immersion pour chaque passe est d'environ 5 minutes. Une fois teintes, les peaux sont lavées, puis étirées au chevalet, opération qui a pour but d'extraire les impuretés de la peau et de favoriser la répartition et la pénétration de la couleur.

3° Teinture au tourniquet. — Par ce procédé les peaux sont remuées mécaniquement ; on emploie proportionnellement plus d'eau que dans la teinture au baquet. On traite plusieurs douzaines de peaux à la fois, mais le côté chair n'étant pas réservé la peau entière est teinte. On opère avec des bains tièdes ; les résultats sont moins bons que lorsque l'on teint en baquet.

4° Teinture au foulon. — Les peaux sont introduites avec la solution de colorant dans un turbulent et l'on foulonne jusqu'à complète fixation du colorant : cette méthode est surtout employée pour les cuirs chromés.

1° Cuirs tannés

Avant de procéder à la teinture, il est nécessaire d'éliminer les matières étrangères que renferme la peau tannée. On fait donc subir à la peau une opération qui porte le nom de *foulonnage* ou *assouplissage* opération qui élimine l'excès de tannin et toutes les substances qui nuiraient à la teinture. Les peaux sont trempées dans de l'eau tiède, puis on les foulonne au turbulent pendant quelques heures en répétant plusieurs fois cette opération si cela est nécessaire. Dans le cas de peaux très grasses, on ajoute un alcalin faible, par exemple du borax qui en même temps éclaircit la nuance de la peau. Si l'on veut avoir un bon résultat en teinture il est nécessaire qu'une peau soit bien foulonnée, car cette opération favorise la pénétration de la couleur et sa répartition uniforme dans la peau.

Teinture à la brosse. a) *Couleurs basiques.* — Les colorants basiques se fixent particulièrement bien sur les cuirs tannés avec des matières végétales. On emploie des dissolutions de matières colorantes correspondant à 5 grammes par litre, et l'on ajoute 2 grammes d'acide acétique ou formique.

On porte la solution à une température d'environ 40° et on l'étale en couches successives. L'addition de l'acide est nécessaire car ce produit diminue l'affinité de la couleur, qui par suite d'un grand excès de tannin aurait des tendances à se précipiter brutalement sur le cuir.

Les colorants basiques ont souvent l'inconvénient de donner des marbrures et des teintes bronzées, la présence d'acide atténue jusqu'à un certain point ces inconvénients. Dans le cas de nuances trop mordorées, on emploie des solutions de couleur moins concentrées. Certains mordorages ceux qui proviennent du violet, par exemple, peuvent être améliorés en traitant les peaux immédiatement après teinture par de l'acide acétique, de l'acide formique, de l'acide lactique, ou encore en traitant la peau après un séchage convenable par un mélange de lait et d'eau.

Il est essentiel d'employer des eaux pures, si celles-ci sont trop dures, on les corrige avec un peu d'acide acétique.

Le procédé de teinture à la brosse est employé pour les cuirs de grandes dimensions, qu'il serait difficile de teindre au plongé et aussi lorsqu'on ne doit teindre que le grain.

Il importe de ne pas se servir d'acide sulfurique, car celui-ci ne peut être éliminé complètement par rinçage.

Souvent pour ce genre de teinture on fait un traitement avec des sels de fer, de cuivre ou de chrome, on obtient ainsi un fond coloré qui peut avoir son utilité. Le bichromate a toutefois l'inconvénient d'enlever au cuir une partie de sa souplesse.

b) *Couleurs acides*. — Lorsqu'on applique ces colorants à la brosse on emploie 10 à 15 grammes de couleur et 15 à 20 grammes d'acide acétique par litre, ou 5 grammes d'acide formique. Ces couleurs n'ont pas pour le tannin la même affinité que les basiques, mais elles sont plus unies et moins marbrées.

Quelquefois on donne un fond avec un sel métallique. On peut aussi remonter les nuances avec des colorants basiques qui se combinent au tannin et donnent des composés insolubles avec un grand nombre de matières colorantes acides ; les teintures obtenues de cette manière sont particulièrement solides.

Teinture par immersion. — Les peaux sont accolées deux à deux de manière à réserver le côté chair et l'on teint soit en un bain avec des charges progressives, soit en plusieurs bains successifs.

On emploie en moyenne pour une paire de peaux :

Bain	6 litres
Colorant	5 à 20 grammes
Acide acétique	10 à 15 »

Si l'on charge le bain progressivement avec la solution de couleur la teinture dure de 10 à 15 minutes en opérant à 45-50°.

On peut employer pour ce procédé les couleurs basiques et les couleurs acides. Dans le cas des basiques, l'unisson ne peut être obtenu qu'en fixant le colorant en plusieurs fois et si cela est nécessaire en forçant la quantité d'acide. Les couleurs acides donnent des nuances plus unies et plus solides à la lumière que la plupart des basiques, on les emploie spécialement pour les nuances claires et dans ce cas on teint parfois sans acide en présence d'une petite quantité de savon.

Teinture au tourniquet et au foulon. — Ces procédés permettent de teindre en une seule fois un grand nombre de peaux, mais dans le cas des cuirs tannés les résultats sont, en général, moins favorables que par les procédés à la brosse et au baquet. De plus, comme on teint les peaux entières, la consommation de la couleur se trouve considérablement augmentée, surtout avec les colorants basiques.

Pour la teinture au *tourniquet*, on emploie 50 à 60 litres d'eau pour une douzaine de peaux. On opère généralement à 50° ; on tourne pendant 1/4 d'heure en ajoutant peu à peu le colorant, puis on introduit 50 à 60 grammes d'acide acétique ou formique et termine la teinture en continuant à tourner pendant 1/4 d'heure à 1/2 heure. La quantité de couleur employée varie de 100 à 250 grammes.

On emploie surtout les colorants acides, mais on peut, après teinture, remonter ceux-ci avec des basiques.

La teinture au *turbulent* permet de teindre une quantité de peaux encore plus grande ; elle a l'avantage d'épuiser les bains d'une manière plus complète. On foulonne les peaux avec la solution de matière colorante à tiède, puis on ajoute l'acide et termine la teinture, ce procédé est employé surtout ainsi que nous le verrons plus loin, pour les cuirs chromés.

Dans l'un et l'autre cas, s'il s'agit de nuances foncées, on peut en outre traiter la peau par des sels de fer, de chrome, de titane.

Après la teinture on procède à divers traitements dits de *finissage* qui consistent à imprégner le côté grain avec des corps gras : huile de lin, suif, dégras, etc. On les nourrit dans certains cas avec des blancs d'œuf, du lait, de la gélatine, etc.

2° Cuirs chromés

Préparation du cuir. — Cette opération préliminaire a pour but d'éliminer du cuir les substances salines et les acides qu'il renferme.

On opère au turbulent avec de l'eau et dans certains cas on ajoute une petite quantité d'un alcalin faible, par exemple du borax. Le cuir est ensuite lavé à fond ; on lui donne quelquefois avant teinture une nourriture avec des corps gras, émulsionnés au moyen d'une petite quantité d'alcali ou de savon.

Souvent cette nourriture n'est donnée qu'après teinture.

a) *Couleurs basiques.* — Les colorants basiques ont peu d'affinité pour les cuirs chromés, il est donc nécessaire de les mordancer avec du tannin. Cette opération a lieu en traitant les cuirs au turbulent avec des matières tannantes spéciales ; pour les nuances claires on emploie surtout le sumac, le gambier ; pour les nuances foncées, des extraits de chataignier, québracho, etc.

Formule pour 100 kilogrammes de peaux :

Cuir...	100 kilogrammes
Eau..	200 »
Extrait de sumac à 25°..	2 à 4 »

On foule 1/4 d'heure à 40-50°, puis on lave et teint avec une solution neutre de matière colorante à une température de 50-60°.

On a parfois à teindre des peaux tannées avec des substances végétales et retannées au chrome, c'est-à-dire provenant d'un tannage mixte. La teinture se fait selon les mêmes principes. Pour les noirs on peut combiner le noir au campêche avec des colorants artificiels.

b) *Couleurs acides.* — Le cuir convenablement désacidé par un foulonnage énergique est teint au turbulent. Les colorants acides se fixent sur les cuirs chromés, mais les nuances sont loin d'être aussi corsées qu'avec les basiques.

On nourrit les peaux soit avant, soit après teinture. Dans le premier cas, il ne faut employer pour la teinture que des acides organiques car l'acide sulfurique pourrait éliminer une partie des corps gras et provoquer des taches. Dans le deuxième cas, les nuances sont plus unies, mais il faut tenir compte de l'alcalinité de la nourriture qui peut affecter la couleur en la dissolvant en partie. Que l'on opère avant ou après teinture, il faut donc agir avec beaucoup de ménagements en choisissant d'une manière judicieuse la nature des colorants et celle des corps gras.

On teint en foulonnant les peaux à 50-60° au turbulent avec la solution de matière colorante, puis on ajoute l'acide et l'on continue à tourner pendant 1/4 d'heure à 1/2 heure.

On remonte souvent les colorants acides avec des basiques et pour les nuances foncées, sutout pour les noirs, on combine les colorants acides avec l'extrait de campêche.

Il est très important de noter que le cuir chromé ne doit jamais être séché avant d'être complètement terminé.

3° Cuirs alunés

Les cuirs alunés ou mégis sont généralement nourris avant la teinture. On teint avec des couleurs à mordants, des couleurs basiques ou acides.

On lave d'abord la peau pour enlever l'excès d'alun, puis on teint à basse température afin de démonter le moins possible le tannage. Les basiques servent surtout à remonter les nuances.

4° Cuirs chamoisés

Avant de teindre, les peaux sont lavées avec une solution de savon puis on teint au foulon. Dans le cas des basiques, on chauffe à 40-50° avec 5 % d'acide acétique ; pour les colorants acides on opère avec 5 % de bisulfite de soude. La teinture terminée, on nourrit la peau avec des jaunes d'œufs et des corps gras.

Dans certains cas, on teint les cuirs chamoisés à la brosse.

Nourriture et apprêts des cuirs. — Lorsque les cuirs ont été teints puis lavés et étirés, on les nourrit. Nous avons dit déjà quelques mots de ce traitement qui a pour but de donner à la peau du brillant, de la souplesse, un toucher agréable et parfois une certaine résistance au frottement et à l'humidité.

Le dégras, l'émulsion d'huile de pied de bœuf dans l'eau de savon, sont employés fréquemment ainsi que d'autres corps gras et les produits suivants : huile de lin, lait, albumine, jaune d'œuf, glycérine, sulforicinate, etc. Certains cuirs sont traités par du formol et des dérivés phénoliques qui favorisent leur conservation.

On peut appliquer sur les cuirs certains apprêts qui les protègent contre le frottement et l'humidité. Ce sont des vernis à base de résine, de gomme laque, etc., que l'on colore avec des produits solubles dans ces vernis, de manière à rappeler la nuance du cuir. On emploie aussi des émulsions alcalines colorées ou non à base de résines.

Principaux colorants employés pour la teinture des cuirs. — On emploie un grand nombre de colorants basiques et acides dont nous ne pouvons donner la nomenclature complète, citons les plus importants.

Colorants basiques : auramine, phosphine, vésuvine, chrysoïdine, fuchsine et sous-produits, safranine, rouge d'acridine, rhodamine, orangé d'acridine, bleu méthylène, bleu capri, violets d'aniline, vert brillant, vert malachite, noirs pour cuirs formés par mélange de basiques.

Colorants acides : jaune OS, jaune 2S, jaune métanile, jaune quinoléine, chrysoïne, roccelline, ponceaux, bordeaux, orangé 2, orangé 4, orangé L, éosines, violets sulfonés, bleus d'aniline, cyanol, indulines, verts sulfonés divers.

Crêmes pour chaussures. — Ces préparations sont obtenues de deux manières :

1º Elles peuvent être constituées par des cires émulsionnées dans des solutions aqueuses de savon et de carbonate de soude ; on ajoute parfois à la cire, de la paraffine et de l'acide stéarique.

Pour la coloration de ces crêmes, on emploie des couleurs solides aux alcalis. On fond d'abord la cire et les autres substances organiques, puis on y ajoute la solution alcaline chaude en agitant énergiquement pour provoquer une émulsion parfaite. On laisse ensuite refroidir en continuant d'agiter ;

2º Crêmes à base de térébentine : Ce sont des solutions plus ou moins complètes de cire et de térébentine. On prépare ces mélanges par voie de dissolution à chaud, puis on ajoute la matière colorante généralement des stéarates ou des résinates colorés ou des couleurs solubles dans la térébentine. On continue l'agitation jusqu'à refroidissement complet.

Les cuirs imprégnés de ces divers mélanges donnent après un frottement convenable, un brillant caractéristique.

Préparations pour teindre en noir les chaussures de couleurs. — On emploie des dissolutions d'induline non sulfonées dans la térébentine. Parfois on utilise la dissolution de ces couleurs dans l'aniline ; le résultat est très satisfaisant, mais cette application exige beaucoup de soins, car s'il subsiste de l'aniline dans le cuir, il peut se produire des cas d'empoisonnement graves.

Il nous reste à parler de quelques substances d'origine animale et des corps gras qui peuvent être aussi colorés avec des couleurs basiques et acides.

Plumes

On emploie surtout les colorants acides. Les plumes sont dégraissées dans un bain de savon, puis on les teint en présence de 2 à 4 % d'acide sulfurique en chauffant au bouillon pendant 1/2 heure à 1 heure.

Pour les colorants basiques, on teint avec 5 % d'acide acétique mais on ne les emploie qu'exceptionnellement, car ils se fixent mal sur les plumes. On peut teindre néanmoins avec :

Fuchsine, rhodamine, vésuvine, violets, vert brillant.

Comme colorants acides on utilise surtout : Tartrazine, jaune de quinoléine, crocéine, éosine, violets sulfonés, cyanol, verts sulfonés.

Corne

La corne est composée surtout de kératine, substance organique azotée.
Après l'avoir dégraissée avec du carbonate de soude, on teint avec des solutions aqueuses ou alcooliques de matières colorantes par exemple :

Phosphine, chrysoïdine, fuchsine, rhodamine, violets d'aniline, bleu victoria, indulines bleues, nigrosines.

Les effets d'irisation sont obtenus en ajoutant à la solution alcoolique de la gomme ou divers corps résineux.

Une application très curieuse pour obtenir des nuances grises et noires consiste à utiliser le soufre de constitution de la corne.

On traite par un sel de plomb et de la chaux, il se forme dans ces conditions du sulfure de plomb.

On emploie aussi la p-phénylènediamine et des substances analogues.

Fourrures

L'industrie de la pelleterie consomme une quantité assez importante de matières colorantes. Les fourrures sont généralement tannées à l'alun ou au chrome. Parfois on les blanchit à l'eau oxygénée ou au chlorure de chaux.

On emploie des couleurs minérales, végétales ou artificielles. Comme produits d'origine minérale nous pouvons citer les bruns au permanganate et au nitrate d'argent ; le gris au sulfure de plomb, le rouille à l'oxyde de fer. Les couleurs végétales, surtout le campêche, jouent un rôle important. Comme couleurs artificielles d'origine organique, les plus importantes sont : le noir d'aniline ainsi que les nuances obtenues avec la p-phénylènediamine et ses analogues.

Nous en parlerons en détail dans le chapitre du noir d'aniline et ne mentionnerons ici que les colorants basiques et acides.

Ces derniers surtout peuvent être employés pour la coloration des fourrures soit à la brosse, soit au plonger après un dégraissage convenable. On peut employer sur les cuirs mégis certains basiques en présence d'acide acétique ; on peut les fixer sans tannin ou avec du tannin si l'on veut avoir des nuances plus solides.

Les colorants acides sont plutôt employés pour les cuirs chromés.

Après la teinture on sèche, puis on enlève l'excès de colorant en faisant subir aux peaux un foulonnage dans des cylindres rotatifs avec du plâtre, du sable, de la sciure de bois. Cette opération finale est importante car les fourrures doivent avoir une nuance très solide et ne pas décharger au frottement.

Les poils coupés, cheveux, crins, sont colorés d'après les mêmes principes.

Ivoire

L'ivoire est constitué par des carbonates de chaux et de magnésie et diverses substances azotées. Pour teindre ce produit on le traite par une solution d'acide faible, puis on teint avec des couleurs basiques ou acides en présence d'acide acétique, ou avec des solutions alcooliques. On emploie souvent les couleurs végétales, surtout le campêche, ainsi que le tannin et l'acide pyrogallique combiné avec des sels métalliques.

Nacre

Cette substance est formée surtout de matières minérales; elle renferme du carbonate de chaux, un peu de phosphate de chaux et de magnésie ainsi qu'une substance azotée : la *conchioline*.

On commence par dégraisser convenablement la nacre, puis on teint entre 40-50°. Cette teinture est très délicate à cause des reflets particuliers de la matière. La couleur doit pénétrer d'une manière convenable à l'intérieur, et cette pénétration dépend de la structure de la nacre qui est très variable.

On emploie surtout les colorants basiques, car ils teignent à peu près uniformément les matières minérales et organiques, tandis que les colorants acides se fixent de préférence sur la substance organique.

Pour les basiques on emploie 2 à 5 °/₀ de colorant et on opère en bain neutre ou dans certains cas avec un peu d'alun. On peut employer : Auramine, phosphine, vésuvine, fuchsine, rhodamine, safranine, bleu victoria, bleu méthylène, violets, vert brillant, vert malachite.

Pour les colorants acides on teint en présence d'acide acétique ou oxalique, les résultats sont assez satisfaisants avec les ponceaux, les éosines, certains orangés et bleus, etc.

Dans certains cas, on emploie des solutions alcooliques de matières colorantes.

On obtient des résultats très intéressants tant au point de vue de la nuance que de la solidité en employant des matières colorantes basiques et acides par teintures successives.

Colle forte, gélatine

Pour la colle on emploie parmi les couleurs acides celles qui ne virent pas aux alcalis. On utilise rarement les basiques.

Pour la gélatine, on teint avec des colorants basiques et acides.

Savons

Pour colorer les savons, on peut opérer de deux manières :

1° On teint à chaud, en ajoutant la solution de couleur dans le savon fondu ;

2° On transforme le savon en rognures et en copeaux que l'on malaxe avec la couleur jusqu'à ce que la coloration soit bien uniforme.

La couleur employée ne doit pas virer aux alcalis.

Parmi les couleurs qui peuvent être employées pour cet usage, citons : Rhodamine, safranine, bleu méthylène, jaune métanile, crocéine, éosine, orangés, verts résistant aux alcalis.

Graisses, huiles végétales, suifs, cires, huiles minérales, paraffine, cérésines, bougies

On emploie des colorants basiques à l'état de bases ou des oléates stéarates, résinates colorés, ainsi que quelques indulines non sulfonées.

Laques

Un certain nombre d'industries, telles que la fabrication des papiers peints, la lithographie, la fabrication des encres d'imprimerie et de couleurs pour la peinture à l'huile et à l'eau utilisent des couleurs spéciales insolubles dans l'eau, ou possédant des caractères de solubilité particuliers.

Ces couleurs sont appelées *pigments colorés* et *laques*.

Les *pigments colorés* sont des couleurs qui sont insolubles par elles-mêmes, elles peuvent donc être employées sans qu'il soit utile de leur faire subir un traitement d'insolubilisation. Les pigments sont d'origine minérale ou organique. Nous pouvons ranger parmi les premiers, le bleu de Prusse, le jaune de chrome, le cinabre, le minium, l'outremer, etc. Parmi les seconds citons : le rouge de nitraniline et les divers colorants azoïques insolubles, le noir d'aniline, etc., qui sont étudiés dans des chapitres spéciaux.

Les laques sont des couleurs rendues insolubles par des traitements spéciaux au moyen de tannin ou de sels métalliques.

Nous ne parlerons ici que des laques, ou plus justement des couleurs laquées provenant de l'insolubilisation des couleurs basiques et acides.

Les caractères de solubilité ou d'insolubilité des laques dépendent naturellement de l'emploi auquel on les destine. Pour la coloration des papiers peints, l'insolubilité dans l'eau doit être complète ; pour les couleurs grasses, on cherchera éventuellement l'insolubilité dans les huiles, les corps gras, ainsi que la solidité à l'oxydation et à la lumière. Pour la peinture à la chaux on recherchera non seulement l'insolubilité dans l'eau, mais la résistance aux alcalis.

Les pigments d'origine minérale ont une grande importance, mais les colorants artificiels ont trouvé à côté de ceux-ci de nombreux emplois.

D'une manière générale pour transformer les colorants basiques en laques, on les insolubilise avec du tannin, avec des tungstates ou avec des acides organiques tels que l'acide stéarique, l'acide oléique, la colophane, etc. On peut aussi insolubiliser un certain nombre d'entre eux en les précipitant simplement à l'état de bases avec les alcalis.

Les colorants acides sont laqués en les transformant en sels insolubles de baryum, de plomb, d'alumine, etc.

Sous-sols. — On précipite le plus souvent les laques en présence de soussols ou substratum, qui peuvent avoir des effets multiples.

Dans certains cas, ils servent surtout à communiquer à la couleur de l'opacité afin qu'elle couvre bien, dans d'autres cas, ils ont pour but de diluer la laque par l'addition d'une certaine quantité de blanc ; ils servent aussi à favoriser l'insolubilité et la pulvérisation de la couleur, à augmenter sa densité et concourent souvent au moyen de leurs nuances propres à augmenter l'intensité de la laque.

Une autre catégorie de produits agit nettement chimiquement sur les couleurs et concourt à leur laquage.

Les principaux sous-sols neutres sont : sulfate de baryte, sulfate de chaux, sulfate de plomb, carbonate de chaux et de plomb, kaolin, terre d'infusoires, talc, terre de pipe, china-clay, phosphate de chaux, phosphate de baryte.

Comme sous-sols ayant une action chimique sur un certain nombre de couleurs, mentionnons : l'alumine et l'oxyde de zinc.

L'alumine a une grande importance au point de vue de la fabrication des laques, car elle leur donne de l'éclat et de la vivacité.

On utilise aussi comme sous-sols des matières qui sont colorées par ellesmêmes et dont on remonte la nuance au moyen de matières colorantes, par exemple certaines argiles telles que la terre verte, la serpentine, la terre de Sienne, ainsi que des oxydes métalliques tels que le minium, l'ocre rouge, l'oxyde de chrome.

1° Couleurs basiques

Les procédés de laquage de colorants basiques peuvent se ranger en quatre catégories :

1° Laquage par simple contact de la solution colorée avec certaines substances minérales ;

2° Précipitation de la matière colorante à l'état de base par traitement avec des alcalis et des carbonates alcalins ;

3° Précipitation à l'état de tannates insolubles ;
4° Précipitation à l'état de résinates, d'oléates, de stéarates insolubles.

1° Laquage direct du sous-sol. — Un certain nombre de matières colorantes basiques sont absorbées par des matières minérales telles que la terre verte, la serpentine, le kaolin et diverses autres variétés de silicates. Il suffit de mettre la solution de matière colorante en contact avec ces substances pour que le colorant soit fixé. Il s'agit donc ici d'une vraie teinture de sous-sols. Dans le cas de la terre verte, on profite de sa coloration propre et l'on prépare des laques vertes solides à la chaux en délayant cette substance avec une solution aqueuse de vert brillant :

Terre verte	10 kilogrammes
Eau	15 litres
Vert brillant	0,100 à 0,200 kg.
Eau	15 litres

La terre verte est malaxée d'abord avec de l'eau, puis on ajoute la solution de matière colorante à froid en agitant mécaniquement.

On obtient des résultats analogues avec le kaolin, mais il faut tenir compte de ce que ce produit n'est pas coloré lui-même.

La proportion de couleur absorbée par les argiles dépend de la nature du colorant.

L'absorption totale de 0 gr. 003 de matière colorante exige 5 grammes d'argile dans le cas du bleu d'aniline, du bleu victoria, du vert diamant ; 10 grammes dans le cas de l'orangé et de la vésuvine, et 30 grammes dans le cas du jaune métanile. Les colorants azoïques ne sont que très faiblement absorbés (Rohland MC. 1914, 12).

Les laques ainsi obtenues sont suffisantes pour certains emplois, mais elles ne sont pas aussi belles que lorsqu'elles proviennent d'un laquage au tannin. Le bleu méthylène et le bleu victoria peuvent être laqués sur la terre verte ou sur du kaolin. Comme autres colorants on peut employer : fuchsine, rhodamine, safranine, auramine, violet de Paris. Ces couleurs insolubles dans l'eau sont suffisamment résistantes aux alcalis pour être employées comme couleurs à la chaux.

2° Précipitation des couleurs à l'état de bases. — On traite les solutions aqueuses des colorants par une solution de carbonate de soude ou d'un alcali caustique, puis on filtre et lave. Ces matières colorantes sont employées pour la préparation des stéarates, des oléates, dont nous parlerons plus loin et comme application directe pour la coloration des vernis, des corps gras, des huiles, des cires, bougies, cérésines, etc.

On prépare surtout les bases des couleurs suivantes :

Auramine, safranine, rhodamine, bleu victoria, vert malachite, vert brillant.

3° Précipitation à l'état de tannates. — C'est le procédé employé le plus souvent ; il consiste à précipiter la solution de couleur par une solution de tannin. Afin d'avoir une insolubilité plus complète on peut ajouter une petite quantité d'émétique. Les tannates étant solubles dans le tannin, il faut éviter d'employer un excès de cette substance.

L'addition de phosphate, d'arséniate de soude est souvent favorable au laquage des colorants basiques.

Certaines couleurs sont précipitées par le chlorure stanneux et l'acide métastannique combinée à l'action du tannin.

Comme sous-sols on emploie surtout le sulfate de baryte auquel on ajoute avantageusement du kaolin, car ce dernier a une affinité bien nette pour les matières colorantes basiques. Les colorants basiques se trouvent le plus souvent à l'état de chlorhydrates ou de sulfates, parfois à l'état de nitrates, or ces acides minéraux sont défavorables à l'insolubilisation de la laque, il est donc utile de les éliminer en ajoutant à la solution de l'acétate de soude.

Formule générale pour la précipitation au tannin :

Sulfate de baryte	100 kilogrammes
Kaolin	40 »

Ajouter la solution du colorant à raison de :

Colorant	3 à 5 kilogrammes
Eau	4000 litres

Chauffer à 50-60°, puis ajouter :

Tannin	5 à 8 kilogrammes
Acétate de soude	5 à 8 »
Eau	2 à 300 litres

Pour laquer d'une manière plus parfaite on ajoute :

Emétique	12 à 14 kilogrammes

Parfois on remplace l'acétate de soude par une petite quantité de carbonate pour neutraliser l'acide, mais il faut dans ce cas opérer avec beaucoup de ménagements.

Les laquages avec alumine comme sous-sols se font surtout, comme nous le verrons plus loin, pour les colorants acides, mais la nuance de certains colorants basiques est rendue plus vive par l'adjonction de ce produit ; on l'utilise donc quelquefois pour cette classe de couleurs. L'alumine est employée à l'état d'hydrate ; pour la préparer on traite une solution de sulfate d'alumine par du carbonate de soude :

Sulfate d'alumine	50 kilogrammes
Eau	500 litres

Chauffer la solution à 60° puis ajouter :

Carbonate de soude	22,500
Eau	200

Après avoir précipité l'alumine, on la laisse déposer, puis on décante, on ajoute de l'eau et répète cette opération un certain nombre de fois ; il est extrêmement important de ne pas laisser de carbonate libre dans la solution, car en présence de chlorure de baryum et de sel de plomb, il se produirait des carbonates au détriment de l'agent de précipitation de la laque. La température des solutions, la manière dont elles sont agitées et la vitesse avec laquelle on les mélange ont une importance considérable pour la préparation de cette substance.

On prépare un assez grand nombre de laques avec des colorants basiques, les plus importantes sont :

Laques rouges. — La fuchsine donne une laque terne ; la safranine est un peu plus vive ; la rhodamine est douée d'un très vif éclat. On laque ces trois produits avec du tannin.

Laques jaunes. — Le jaune de chrome qui est très bon marché est un concurrent sérieux des laques organiques ; on prépare néanmoins des laques d'auramine, de thioflavine, d'orangé tannin.

Laques brunes. — Des laques sont employées surtout pour les papiers peints. On les prépare avec la chrysoïdine pour les jaunes bruns et avec la vésuvine pour les bruns-francs. On emploie :

Sulfate de baryte	100 kilogrammes
Kaolin	40 »

Ajouter la solution de colorant préparée avec :

Couleur	4 kilogrammes
Eau	500 litres

Chauffer à 50°, puis laquer avec :

Tannin	6 kilogrammes
Acétate de soude	6 »
Eau	200 litres

Laques violettes. — Le violet de Paris, le violet cristallisé, sont précipités avec du tannin et un peu de phosphate de soude. On prépare par exemple un violet de nuance moyenne en employant :

Sulfate de baryte	80 kilogrammes
Kaolin	50 »

Ajouter la solution de matière colorante préparée avec :

Colorant	4 kilogrammes
Eau	400 litres

Puis précipiter avec une solution de tannin, après avoir chauffé à 50°.

Tannin	6 kilogrammes
Phosphate de soude	3 »
Eau	300 litres

Laques bleues. — Le bleu d'outremer est encore employé dans une proportion considérable. Il en est de même pour les bleus de Prusse. Les laques à base de colorants organiques ne peuvent les remplacer dans bien des cas. Le bleu méthylène fournit cependant une belle laque avec tannin et émétique, le bleu victoria et le bleu de Nil donnent aussi des produits intéressants. Pour le bleu méthylène on emploie :

Sulfate de baryte	50 kilogrammes
Kaolin	30 »
Alumine en gelée 1/10	Proportions variables

Ajouter la solution de colorant préparée avec :

Bleu méthylène	4 kilogrammes
Eau	350 litres

Précipiter avec :

Tannin	6 kilogrammes
Acétate de soude	6 kilogrammes

Terminer la précipitation en ajoutant :

Emétique	2 kilogrammes
Eau	Q S

Laques vertes. — Le vert malachite et le vert brillant peuvent être laqués avec le tannin et l'acide arsénieux, mais ils donnent des laques assez ternes et l'on préfère préparer cette couleur par des mélanges de laques jaunes et bleues; il existe d'ailleurs dans cette série des verts minéraux (le vert Guignet) qui ont toujours encore une certaine importance.

Par contre le vert malachite et le vert brillant parachloré donnent des laques intéressantes, ainsi que certains dérivés nitrés de ces verts.

Nous avons vu plus haut que pour les laques de qualité ordinaire on peut colorer directement certains silicates naturels avec des solutions de vert malachite et vert brillant, ce qui donne des verts à la chaux. Dans certains cas, on peut précipiter avantageusement une matière colorante verte sur un sous-sol constitué par une laque jaune, puis obtenir ainsi par superposition des verts possédant les nuances les plus variées.

Laques noires. — On ne les prépare pas avec des basiques, il est plus économique d'employer des laques au campêche, au noir de fumée, au noir animal.

Lavage, filtration et finissage. — Lorsque la laque a été précipitée à l'état insoluble il faut la laver d'une manière parfaite afin d'obtenir le maximum de pureté et de vivacité.

Lorsque cela est possible on passe au filtre-presse, par exemple avec les produits pulvérulents, mais pour les produits gélatineux on fait des lavages par décantation ; c'est un des meilleurs procédés et il est employé pour les laques de belle qualité. Au bout de quelques heures lorsque le produit est parfaitement déposé, on décante les eaux de lavage et l'on ajoute une nouvelle quantité d'eau on décante comme précédemment et on répète ces opérations plusieurs fois jusqu'à ce que le produit soit parfaitement pur.

Ces opérations de lavage ont une très grande importance car les impuretés pourraient nuire non seulement à la nuance, mais aussi à l'application de la couleur ; un lavage fait dans de bonnes conditions permet aussi de les broyer et de les délayer plus facilement.

Les laques sont vendues en poudre, en morceaux moulés, ou encore à l'état de pâtes à 30-40-50 %.

On remonte souvent les colorants basiques avec des couleurs acides ou inversement ; on peut même précipiter certains basiques par les couleurs acides sans intervention de tannin, mais, en général, cette insolubilisation n'est pas parfaite.

4° Précipitation à l'état de résinates, oléates, stéarates. — Pour préparer les *résinates* colorés on fait réagir par voie de double décomposition du résinate de soude avec des sels de matières colorantes basiques. On obtient le résinate de soude en dissolvant de la colophane ou d'autres résines acides dans du carbonate de soude, puis on ajoute cette dissolution tiède à une solution aqueuse de la matière colorante. La filtration et le lavage de ces produits n'offrent aucune difficulté.

Les *stéarates* se préparent en chauffant l'acide stéarique avec des colorants solubles dans ce produit ; on emploie les colorants basiques à l'état de bases, dont il a été question plus haut ainsi que certaines indulines non sulfonées.

Pour les *oléates* on chauffe l'acide oléique avec ces mêmes produits, mais en général comme ces oléates colorés sont utilisés surtout pour la fabrication des encres d'imprimerie, les nuances foncées provenant des indulines sont les plus employées.

Les principaux résinates et stéarates obtenus par ce procédé sont ceux qui proviennent des couleurs suivantes : auramine, safranine, rhodamine, bleu victoria, vert malachite, vert brillant.

2° Couleurs acides.

Ces colorants sont laqués le plus souvent à l'état de sel de baryte et parfois avec des sels de plomb et de chaux. Comme sous-sols, on emploie surtout le sulfate de baryte que l'on introduit dans l'opération tout préparé, ou bien on le prépare pendant le laquage en employant un excès de sel de baryum dont une partie sert à insolubiliser la couleur et l'autre à former du sulfate de baryte en présence d'un sulfate soluble.

On laque souvent les couleurs en présence d'alumine combinée ou non avec du sulfate de baryte. L'alumine est nécessaire pour certains colorants qui agissent chimiquement sur ce produit. Pour la même raison on incorpore parfois de l'oxyde de zinc.

Il n'y a qu'un petit nombre de matières colorantes acides qui se transforment en un sel de baryte absolument insoluble dans l'eau et donnant par conséquent une laque parfaite. D'autres couleurs sont, à l'état de sel de baryum trop solubles pour être employées industriellement, mais il existe des laques dont l'insolubilité sans être parfaite est néanmoins suffisante pour certains emplois.

Pour précipiter les couleurs acides à l'état de sel de baryte, on les traite en présence d'un sous-sol convenable, par du chlorure de baryum à chaud, à tiède, soit dans certains cas à froid. La quantité de chlorure de baryum employée correspond en moyenne au poids de la matière colorante, mais dans certains cas, il faut augmenter cette proportion qui peut aller jusqu'à 1 fois 1/2 et même 2 fois le poids de la couleur.

Les différentes méthodes de précipitation peuvent se résumer de la manière suivante :

1° Précipitation par du chlorure de baryum sur un sous-sol neutre, tel que du sulfate de baryte ;

2° Précipitation sur un sous-sol qui agit chimiquement sur la matière colorante, par exemple de l'alumine ou de l'oxyde de zinc. Ces produits peuvent être préparés d'avance ou au moment de l'insolubilisation de la couleur dans le bain même de laquage ;

3° Précipitation en présence d'un sous-sol neutre, tel que du sulfate de baryte mélangé à l'alumine et à de l'oxyde de zinc ;

4° Précipitation avec des sels de plomb ou autres sels métalliques.

A) Laquage avec des sels de baryum.

Le mode de précipitation lui-même, c'est-à-dire la température à laquelle on opère et la dilution des diverses solutions mises en œuvre jouent un rôle important.

Nous avons vu que le laquage a lieu sur du sulfate de baryte ou de l'alumine ou par un mélange de ces deux substances.

L'hydrate d'alumine est un produit très intéressant, car non seulement il s'unit dans une certaine mesure chimiquement avec certains colorants acides, mais il donne aussi par lui-même des laques particulièrement vives.

Les dérivés des acides orthoaminobenzoïques et orthooxynaphtoïques sont intéressants parce qu'ils ont en même temps les propriétés des couleurs à mordants et donnent des laques colorées. Nous en parlerons dans le chapitre qui traite de ces couleurs.

L'orangé II peut être laqué soit sur du sulfate de baryte seul, soit sur du sulfate de baryte et de l'alumine.

Indiquons ici une formule générale de laquage qui permet de préparer l'alumine dans la solution même où l'on produit la laque colorée.

Sulfate de baryte..	100 kilogrammes
Carbonate de soude..	15 »
Eau...	500 litres

On ajoute la solution d'alumine à tiède :

Sulfate d'alumine	60 kilogrammes
Eau	1 000 litres
Colorant	10 kilogrammes
Eau	1000 litres

On laque avec la solution suivante :

Chlorure de baryum	60 kilogrammes
Eau	1 280 litres

Laver par décantation à plusieurs reprises avec de l'eau froide.

Un grand nombre de laques rouges sont constituées par des azoïques insolubles ; rouge de p-nitraniline et analogues. Il y en a d'autres qui dérivent des acides aminobenzoïques et oxynaphtoïques. Le rouge azoïque provenant du diazo de naphtylamine sulfonée 2,1 avec β-naphtol est aussi employé pour les laques.

Parfois on remonte la nuance des couleurs minérales telle que l'ocre, le brun Van Dyck etc. avec des laques ponceaux.

Minium artificiel. — Dans le but de remonter la couleur du minium on peut laquer sur cette substance prise comme substratum divers orangés et ponceaux, mais on peut aussi reproduire la nuance du minium en laquant simplement des ponceaux et des orangés sur un sous-sol à base de sulfate de baryte ou de sulfate de baryte mélangé à l'alumine ; on emploie les orangés II, IV et des ponceaux pour laques.

Laques jaunes. — On emploie le jaune de quinoléine, le jaune métanile, la citronine, le jaune OS. Le jaune de chrome est un concurrent très sérieux à ces laques. On obtient un jaune extrêmement vif avec le jaune de quinoléine en le précipitant sur du sulfate de baryte en présence de gelée d'alumine :

Sulfate de baryte	50 kilogrammes
Sulfate d'alumine	10 »
Eau	400 litres
Matière colorante	4 »
Eau	500 »

On ajoute d'abord la solution de carbonate alcalin :

Carbonate de soude	3 kilogrammes
Eau	50 litres

Puis on laque avec la solution de :

Chlorure de baryum	13 kilogrammes
Eau	250 litres

Après décantation on ajoute 400 litres d'eau, on laisse déposer, puis on répète cette opération un certain nombre de fois jusqu'à ce que le lavage soit convenable.

Laques rouges. — Ces laques sont très importantes, on les obtient avec les orangés, les ponceaux, les crocéines etc.

EHRMANN. — Matières colorantes.

La position des groupements SO^3H et OH dans les colorants azoïques semble influer sur la qualité des laques ([1]) et sur la facilité de leur formation. L'expérience a démontré que les dérivés de l'acide naphtylamine sulfonique 2,1 sont particulièrement intéressants.

Laques bleues. — Leur emploi pour la peinture à l'huile est assez limité car les couleurs minérales qui leur font concurrence telles que l'outremer sont en général plus économiques, de plus elles résistent mieux à la lumière et à l'action oxydante de l'huile.

Pour les couleurs à la chaux et pour les papiers peints, on emploie des laques bleues, par exemple celles qui proviennent des bleus d'aniline sulfonés.

Les bleus résistants aux alcalis donnent des couleurs solides à la chaux. On laque des colorants avec du chlorure de baryum sur un fond du sulfate de baryte ou d'alumine :

```
Hydrate d'alumine.............................................  100 kilogrammes
Sulfate de baryte.............................................   50      »
Colorant .....................................................   12      »
Eau...........................................................  1 200 litres
Chlorure de baryum............................................   12      »
Eau ..........................................................  1 200    »
```

Le laquage est souvent favorisé lorsqu'au lieu d'ajouter comme sous-sol du sulfate de baryte obtenu d'avance on le produit par double décomposition au moment même de la formation de la laque :

```
Par exemple : Sulfate de soude ..............................   25 kilogrammes
Eau..........................................................  300      »
Colorant ....................................................   12      »
Eau .........................................................  1 000    »
```

Puis on précipite avec :

```
Clorure d baryum ............................................   3 4 kilogrammes
Eau .........................................................  1 000 litres
```

On peut aussi employer une certaine quantité de sulfate de baryte et précipiter au moment du laquage une autre portion de ce produit par double décomposition.

On imite le *bleu d'outremer* avec le bleu d'aniline en employant :

```
Sulfate de baryte ...........................................  150 kilogrammes
Bleu d'aniline ..............................................    8      »
Eau .........................................................  1 000    »
Carbonate de soude...........................................   10      »
Chlorure de baryum...........................................   30      »
Sulfate d'alumine ...........................................   28      »
Eau .........................................................  1 000    »
```

Laques vertes. — On laque les verts sulfonés et les verts résistants aux

____

([1]) Leur solidité à la lumière.

alcalis au moyen de chlorure de baryum. Dans le second cas, les laques obtenues peuvent être employées comme couleurs à la chaux.

Nous avons vu a propos des colorants basiques, que la terre verte pouvait être colorée très facilement par simple contact avec les solutions de ces couleurs. On peut aussi laquer les colorants acides sur cette terre verte, mais la réaction est moins intéressante que dans le cas de basiques.

B) Laquage avec des sels de plomb.

Ce procédé est employé surtout pour les éosines :]

Sulfate de baryte	50 kilogrammes
Alumine	100 »
L'osine	10 »
Eau	1000 litres

Laquer par addition de :

Acétate de plomb	15 kilogrammes
Eau	800 »

Cette formule peut s'appliquer à la plupart des phtaléines, érythrosines, phloxines, roses bengale, etc. Au lieu d'acétate de plomb on peut employer le nitrate. Certaines phtaléines se laquent au moyen de sulfate de zinc. Les éosines sont employées souvent pour imiter le *cinabre* par un laquage sur du minium ou sur un mélange de minium et de sulfate de baryte.

Sulfate de baryte	25 kilogrammes
Minium	50 »
Eau	1000 »
Eosine	12 »
Acétate du plomb	17 »
Eau	1000 »

Les *rouges vermillonnés* sont préparés avec des laques plombiques d'éosine sur fond de sulfate de baryte ou des mélanges de ces laques avec des laques à base de ponceaux.

Laquages successifs avec colorants basiques et acides. — Il est souvent intéressant de précipiter sur des laques acides certains colorants basiques. On emploie du tannin et de l'acétate de soude comme s'il s'agissait d'une simple précipitation de colorant basique.

On peut comme nous l'avons vu précédemment opérer d'une manière inverse ou enfin dans certains cas faire réagir d'abord l'un sur l'autre les colorants à fonctions différentes, ce qui conduit le plus souvent à la production de combinaisons insolubles, dont on achève le laquage par addition de chlorure de baryum ou de tannin.

Les laques acides ont sur les laques basiques l'avantage d'être solides à la lumière. Leur insolubilité complète dans presque toutes les substances organiques, spécialement dans les huiles, est très intéressante à noter ; cette propriété doit

être attribuée à la présence des groupes sulfos. Les sulfonates métalliques sont
en effet rarement solubles dans les corps organiques.

Utilisation des laques

Les laques trouvent de nombreux emplois pour la coloration des papiers,
papiers peints, l'impression lithographique, les couleurs à l'huile, les couleurs à
la chaux, l'imprimerie, la lithographie.

Un grand nombre de couleurs insolubles dans l'eau, sont solubles dans des
corps organiques et de ce fait ont trouvé des emplois spéciaux pour la coloration
des corps gras, des graisses, des huiles végétales, des suifs, des cires, des
huiles minérales, de la paraffine, de la cérésine, des bougies, des vernis.

Les pigments colorés tels que les oxyazoïques insolubles donnent des résultats particulièrement intéressants à ce point de vue ; il en est de même des
matières colorantes basiques précipitées à l'état de bases et des oléates, stéarates, résinates qui en dérivent. Les laques basiques sont en général assez
vives, mais à part quelques exceptions elles sont peu solides à la lumière.

Les laques des colorants acides sulfonés résistent généralement bien à l'air
et à la lumière.

Les couleurs dérivées des éosines ont une résistance moindre à ce point de
vue.

Nous aurons l'occasion de parler au chapitre de l'alizarine des laques dérivées
des couleurs à mordants, elles sont particulièrement solides et offrent donc un
grand intérêt.

Les différents procédés dont nous avons parlé à propos de la fabrication
des laques sont des indications d'ordre général. Chaque fabricant a ses tours
de main et l'on ajoute souvent des substances destinées à favoriser le laquage
ou à donner de la vivacité aux produits par exemple : des huiles, des sulforicinates, de l'acide arsénieux, des sels d'étain.

La solubilité des laques doit être étudiée avec soin au moment de leur emploi ; nous avons vu que leurs solutions dans les huiles, les corps gras, jouent
un rôle important.

L'insolubilité dans l'eau est indispensable le plus souvent ; lorsqu'on essaye
une laque à ce point de vue elle doit pouvoir résister à de l'eau à 50° pendant
plusieurs heures.

Par contre lorsque les couleurs sont destinées à être recouvertes de vernis,
il est de toute nécessité qu'elles ne s'y dissolvent pas (cartes à jouer).

Les caractères de solidité des laques sont très variables, nous avons eu l'occasion d'en citer un certain nombre : dans le cas de l'emploi pour papier, il
faut que la couleur résiste à la colle ; pour les couleurs à la chaux on exigera la
résistance aux alcalis.

Une qualité importante de certaines laques est la facilité avec laquelle elles
couvrent. On sait que les propriétés *couvrantes* des couleurs ont une grande
importance, car le plus souvent on ne doit pas voir par transparence la surface

sur laquelle on a appliqué la couleur. Pour la peinture ces qualités sont très appréciées et nous pouvons rappeler à ce propos les difficultés que l'on a rencontrées lors de la campagne pour la suppression de la céruse, précisément à cause des qualités couvrantes remarquables de ce produit. En général les laques basiques couvrent mieux que les laques des couleurs acides.

La finesse d'une laque influe sur sa nuance et son éclat, le broyage des couleurs a donc aussi son importance. Il dépend en grande partie de la nature du sous-sol et de la manière dont la couleur a été préparée et séchée.

On met généralement les laques sur le marché à l'état de poudre, soit à l'état d'agglomérés qui ont des formes diverses, soit enfin à l'état de pâtes dont la richesse varie de 30 à 50 %.

ENCRES

On prépare diverses variétés d'encres avec les colorants basiques et acides : encres à écrire, encres à copier, encres hectographiques, encres à tampon, encres pour machines à écrire. De plus certains colorants acides sont employés pour remonter des encres préparées à base de tannin.

1° Couleurs basiques

a) *Encres à écrire*

Les matières colorantes doivent être suffisamment solubles dans l'eau et ne pas déposer même après un repos prolongé. Il importe que ces colorants ne soient sensibles ni aux sels métalliques ni aux acides.

La couleur est dissoute dans l'eau chaude et on lui ajoute un liant afin que la solution adhère dans une certaine mesure aux plumes métalliques ; on emploie pour cela de la gomme arabique et du sucre.

Pour favoriser la conservation des encres, il est bon d'ajouter un peu d'acide phénique et salicylique.

Si l'eau est calcaire on la corrige avec de l'acide acétique ou de l'oxalate d'ammoniaque qui précipite la chaux.

La quantité de matière colorante employée varie de 1 à 3 % selon la nature du colorant, soit 10 à 30 grammes par litre. Il faut éviter un excès de matière colorante qui pourrait donner un dépôt à la longue, car la principale qualité des encres doit être une limpidité absolue et celle-ci ne peut être réalisée qu'au moyen d'une solubilité permanente. Dans certains cas la solubilité peut être favorisée par une petite quantité d'alcool.

Encres rouges. — Comme colorants basiques on emploie la fuchsine, la rhodamine. Pour la fuchsine, il est bon d'ajouter un peu d'alcool :

Eau	1 litres
Alcool	50 centimètres cubes
Gomme à 50 %	50 »
Fuchsine	15 grammes
Acide phénique 1 %	10 centimètres cubes

On fait la dissolution à chaud, puis on laisse refroidir et déposer avant filtration.

Encres violettes. — On emploie les différentes marques de violets d'aniline : violet de Paris, violet cristallisé :

Eau	1 litre
Gomme à 50 %	50 centimètres cubes
Violet	15 à 20 grammes
Acide salicylique 1/10	5 centimètres cubes

Encres vertes. — On peut employer le vert malachite et le vert brillant.

Eau	1 litre
Gomme à 50 %	50 centimètres cubes
Sucre	10 grammes
Acide tartrique	2 »
Vert malachite	10 à 20 grammes
Acide salicylique 1/10	5 centimètres cubes

On laisse reposer ces solutions quelques jours avant de les filtrer.

Encres bleues. — On emploie le bleu méthylène et le bleu victoria, mais on fait usage le plus souvent des bleus acides dont il sera question plus loin.

Encres en poudre. — On fait souvent des mélanges destinés à être transformés en encre par une simple dissolution dans l'eau. Ces mélanges sont livrés à l'état de poudres ou de produits agglomérés ; ils sont constitués par des matières colorantes auxquelles on mélange une petite quantité d'alun et d'acide tartrique destinés à favoriser la dissolution dans le cas où les eaux seraient calcaires. On mélange à ces produits un peu de dextrine, de sucre, etc., de manière à reconstituer autant que possible les encres liquides.

b) *Encres à copier*

Ces encres une fois sèches doivent pouvoir se décalquer en appliquant sur l'écriture une feuille de papier humide. On arrive à ce résultat en employant des solutions plus riches en couleur et en y ajoutant de la glycérine :

Encres violettes	Eau	1 litre
	Gomme à 50 %	80 centimètres cubes
	Glycérine	25 à 30 »
	Violet	20 à 25 grammes
	Acide oxalique 1/10	15 centimètres cubes
Encres rouges	Eau	1 litre
	Gomme à 50 %	70 centimètres cubes
	Glycérine	26 »
	Fuchsine	20 grammes

On prépare suivant les mêmes principes des encres colorées diversement.

c) *Encres hectographiques*

Ces encres permettent de reproduire plusieurs copies en appliquant d'abord l'original sur une surface plane préparée au moyen d'un mélange à base de gélatine, puis on comprime successivement les feuilles de papier sur cette composition de manière à obtenir un certain nombre de copies. Les encres à polycopies doivent donc être très riches en matières colorantes.

```
Eau....................................................  1,200 l.
Alcool.................................................  1     »
Glycérine..............................................  0,250 à 0,500 l.
Acide acétique.........................................  30 centimètres cubes
Couleur................................................  50 à 100 grammes
```

Pour certains colorants on emploie moins de glycérine et l'on supprime l'acide acétique, par exemple :

```
Eau....................................................  800
Alcool.................................................  200
Glycérine..............................................   40
Violet.................................................  100 à 150
```

Pour l'encre rouge on peut employer la fuchsine, la rhodamine, pour l'encre verte, le vert brillant.

d) *Encres à tampon*

On emploie des solutions de couleurs concentrées. Pour les tampons métalliques, on utilise des encres grasses à base d'huile de lin. Pour les timbres en caoutchouc on se sert de matières colorantes dissoutes dans l'eau et la glycérine.

```
Eau ...................................................  400
Glycérine..............................................  900
Couleur................................................  75 a 100
```

On ajoute parfois un peu d'acide oxalique.

e) *Encres pour machines à écrire*

Les rubans des machines à écrire doivent être imprégnés d'une encre qui permette de décalquer sur le papier les caractère de la machine.

Pour que cette encre puisse se conserver à l'air elle ne doit être ni oxydable, ni hygroscopique et elle ne doit pas dessécher à la longue.

On emploie des solutions de couleur dans de l'huile de ricin mélangé à de l'acide oléique. Les oléates des matières colorantes basiques sont donc indiquées pour ce produit, par exemple :

```
Huile de ricin.........................................  1 litre
Oléate de matière colorante............................  80 à 100 grammes
```

On peut ajouter un antiseptique par exemple l'acide phénique.

f) *Encres d'imprimerie*

Elles sont constituées par des oléates et des corps gras colorés.

On emploie des couleurs spéciales, dont nous avons déjà parlé, telles que les bases de colorants basiques, les oléates, résinates de ces colorants, des indulines non sulfonées mélangées le plus souvent à des pigments d'origine minérale ou organique.

2° Couleurs acides

La préparation de ces encres est analogue à celle des colorants basiques.

Encres rouges. — On obtient de belles nuances avec les éosines :

Eau	1 litre
Gomme à 50 °/₀	50 »
Eosine	25 »
Acide salicylique 1/10	10 »

On peut aussi ajouter :

Sucre	30

Encres bleues. — Elles sont préparées le plus souvent avec les bleus d'aniline bi-sulfonés ou bleus solubles :

Eau	1 litre
Gomme à 50 °/₀	40 centimètres cubes
Bleu soluble	20 grammes

On ajoute parfois les bleus d'aniline aux encres à base d'acide gallique.

Encres noires. — Les indulines grises de la classe des nigrosines donnent des encres noires très intéressantes que l'on peut employer comme substitut des encres de Chine. On opère par exemple avec :

Eau	1 litre
Gomme à 50 °/₀	60 centimètres cubes
Nigrosine	50 grammes

On peut aussi faire des encres avec des noirs naphtol ou employer ces couleurs pour remonter les encres noires à base d'acide gallique.

Mentionnons encore comme matières colorantes acides pour encres : les crocéines, certains orangés et verts sulfonés,

Classification

COULEURS A MORDANTS

COTON...

Nuances unies
Impression des mordants } Teinture.
Couleurs vapeur.

Teinture

1° *Mardançage* :

Mordants d'alumine.
» de chrome.
» de fer.
» d'étain.
» de chaux, magnésie, nickel.
» divers.
» doubles.
Fixation du mordant avec sels basiques.
» » par décomposition (Etendage.
des acétates.. (Vaporisage.

2° *Teinture* :

Dégommage.

Conditions de température et de durée.
Vaporisage, finissage.
Rouge turc : ancien procédé.
» » nouveau procédé.
Comparaison des deux méthodes.
Composition de la garance.
Description des procédés anciens.
Formation des laques doubles.
Procédé nouveau basé sur alizarine artificielle, sulfori-
cinate, mordants doubles, vaporisage.
Description du procédé.
Teinture en bourre, en filés.
» avec mordants de chrome.
» avec mordants de fer.

Impression

1° Impression du mordant, puis teinture.
2° Couleurs vapeur.
3° Enlevages et réserves.
a) Enlevages mordants.
» colorés sur mordants.
b) Enlevages sur teinture, cuve décolorante, soude caustique, hydrosulfite, chlorate, sels d'étain.

LAINE.....................................

Teinture

a) Teinture avec mordançage préalable.
Mordants de chrome.
» d'alumine.
» de fer.
b) Teinture puis fixage en sels métalliques.
Couleurs chromatables.
c) Teinture en un bain.

Impression

Impression directe.
Emploi de chrome, d'alumine.

SOIE ....

Teinture

a) Teinture en deux bains.
Mordants de chrome.
» d'alumine.
» de fer.
b) Teinture en un bain.

Impression

Impression directe.
Mordants doubles.

CUIRS.....................................

Emploi pour cuirs chamoisés et chromés.
Conditions de teinture.

LAQUES.....................................

Laques d'alizarine avec alumine.
Laques de garance.

COULEURS A MORDANTS

Pour fixer les couleurs à mordants, on les combine à la fibre à l'état de laques métalliques colorées. On arrive à ce résultat de différentes manières :

1º Pour obtenir une nuance unie on imprègne généralement la fibre uniformément avec le sel, dont l'oxyde est capable de s'unir à la matière colorante, puis on fixe par un alcali pour mettre la base en liberté, ou bien on décompose le mordant par la chaleur en ayant soin d'employer un sel décomposable comme l'acétate. On obtient par ces deux procédés un mordançage uniforme, de sorte que lorsqu'on plonge le tissu dans le bain de matière colorante, il se produit une combinaison colorée donnant une nuance unie, c'est ce qui se produit par exemple avec l'alumine et l'alizarine ;

2º On peut aussi imprimer les mordants à certaines places : dans ce cas, au moment de la teinture, les parties mordancées seules attireront la matière colorante et les autres resteront blanches ; c'est ce qui produit avec les bandes dites de Mulhouse que l'on emploie dans les laboratoires. Dans le premier cas, on a opéré exclusivement par teinture ; dans le second cas on a teint du tissu préparé par voie d'impression ;

3º On peut réunir les deux opérations en imprimant un mélange épaissi de couleur et de mordant uniformément ou par place avec addition d'un acide volatil (acétique) susceptible d'empêcher la formation prématurée de la laque puis sécher et soumettre à l'action de la vapeur à 100° ; les parties constituantes de la laque pénétrent dans la fibre et la laque s'y précipite à la suite de l'évaporation de l'acide acétique. Le mordançage et la teinture s'effectuent simultanément et l'on obtient une teinture locale dans un bain de vapeur au lieu du bain d'eau employé dans l'opération de la teinture. On a préparé ainsi une *couleur vapeur*.

COTON

A. — Teinture

1º Mordançage

Tous les sels qui donnent des précipités avec les matières colorantes phénoliques ne peuvent servir de mordants. Il faut que ceux-ci soient fixés solidement sur les tissus afin d'éviter que les couleurs ne soient démontées ultérieurement ; il faut aussi que le sel formé avec la matière colorante soit une *laque colorée*. Nous avons déjà donné la définition chimique d'une laque colorée à l'occasion de l'étude des colorants à mordants. Ces laques constituent des sels complexes insolubles, c'est-à-dire des sels ou le métal a perdu ses propriétés de cation. Le choix du mordant a donc une grande importance. Ceux que l'on emploie le plus souvent sont les mordants *d'alumine*, de *chrome* et de *fer*; l'*étain*, le *nickel*, le *cobalt*, ne sont utilisés que rarement. Concurremment avec ces divers mordants, on emploie parfois la *chaux*, plus rarement, la *magnésie*, de manière à former des mordants doubles qui possèdent de précieuses qualités.

Nous allons passer brièvement en revue les mordants métalliques les plus importants que l'on utilise pour la fixation de ces colorants par voie de teinture et par voie d'impression.

Mordants

1° Mordants d'alumine. — On emploie surtout les *sels basiques* obtenus en traitant le sulfate d'alumine par un alcali ce qui donne successivement les deux sulfates basiques :

$$Al^2(SO^4)^2(OH)^2 \mid Al^2(SO^4)(OH)^4$$

Si l'on plonge du coton dans du sulfate neutre il n'y a qu'une fixation très imparfaite d'alumine, mais si l'on emploie un sulfate basique, il s'en fixe une quantité notable dans la fibre. Ce mordançage est favorisé par le traitement antérieur ou ultérieur de la fibre par certaines substances, telles que l'huile pour rouge, le savon, les carbonates, phosphates ou silicates alcalins.

Les sulfates basiques sont particulièrement aptes à mordancer le coton car ils se dissocient par la chaleur ou la dilution et cela d'autant mieux que le caractère basique est plus prononcé. Liechti et Suida ont étudié la faculté qu'ont ces sels de se dissocier lorsqu'on les chauffe ou qu'on étend leur solution avec une grande quantité d'eau. Dans le cas du sulfate neutre, il faut l'intervention d'une base.

En poursuivant l'action des alcalis sur le sulfate d'alumine basique, on devrait obtenir finalement l'hydrate d'alumine $Al^2(OH)^6$ mais il se forme en réalité un sulfate dialuminique :

$$\begin{array}{c} Al^2{\diagdown}(OH)^5 \\ {}{>}SO^4 \\ Al^2{\diagup}(OH)^5 \end{array}$$

C'est ce même corps qui se forme lorsque l'on chauffe à l'ébullition une solution de sulfate d'alumine basique. Sa solution dans l'acide acétique qui constitue, ce qu'on appelle dans l'industrie « l'acétate d'alumine » peut se préparer aussi par double décomposition d'alun et d'acétate de plomb. Ce dernier procédé n'est plus guère employé aujourd'hui.

Ces sulfo-acétates basiques cèdent toute leur alumine à la fibre, dans des conditions appropriées.

Dans les exemples que nous avons donnés, on peut remplacer le sulfate d'alumine par l'alun, et traiter de l'alun par de la soude puis redissoudre le précipité dans de l'acide acétique.

L'acétate d'alumine ou plus exactement le sulfacétate trouve de nombreux emplois pour les couleurs vapeur.

Le bisulfite d'alumine est employé pour mordançage en uni. Ce produit se décompose par un faible vaporisage après séchage à la hot-fluè en fixant de l'alumine ou plus probablement un sulfate très basique.

L'aluminate de soude se prépare en dissolvant de la gelée d'alumine dans de la soude caustique.

Ce mordant est intéressant lorsqu'on opère en milieu alcalin, par exemple dans le cas des réserves sous noir d'aniline.

L'acide carbonique de l'air décompose l'aluminate de soude ; l'alumine se fixe donc sur la fibre par une simple exposition des pièces au contact de l'air. On achève la décomposition de l'aluminate par un passage en chlorhydrate d'ammoniaque ou acétate de zinc.

Autres sels d'alumine. — On utilise quelquefois le formiate, le nitrate, le chlorure et le sulfocyanate d'alumine. Ce dernier se dissocie au vaporisage et l'on prétend qu'il ne réagit pas sur le fer des râcles, son emploi est indiqué dans certaines applications en impression. La formiate d'alumine offre de sérieux avantages vis-à-vis du sulfacétate d'alumine au point de vue de la stabilité de la couleur d'impression.

2° Mordants de chrome. — Ce sont, sans aucun doute, actuellement, et en tous les cas, en impression, les mordants métalliques les plus importants.

Le premier emploi des mordants de chrome est dû à C. Kœchlin, mais ce produit ne fut guère apprécié au début.

On l'employait à l'état d'acétate, de sulfoacétate et de nitro-acétate, qui dans l'application pour la teinture présentent quelques difficultés par le fait que ces sels de chrome neutres se dissocient moins facilement que, par exemple, les composés d'alumine correspondants.

Pour fixer les mordants de chrome en teinture, on emploie généralement des mordants basiques et applique alors les mêmes principes que ceux qui ont été établis pour l'alumine.

On imprègne le tissu de chlorure ou de sulfate basique et passe ensuite en craie ou carbonate de soude. Le *sulfate basique de chrome* constitue par exemple un très bon mordant.

Il en est de même quand on se sert du *bisulfite de chrome*, obtenu soit par dédoublement du sulfate de chrome avec du bisulfite de chaux ou au moyen d'une solution concentrée de bisulfite alcalin ajoutée à une solution saturée de sulfate de chrome. Le coton, généralement sous forme de tissu, imprégné de cette dissolution, abandonné à lui-même ou vaporisé au Mather-Platt, fixe un sel de chrome fortement basique.

Les Farbwerke Hœchst mettent dans le commerce un mordant qu'ils appellent *Mordant de Chrome GAI* 12° B⁶ qui est un chromate de chrome en dissolution. On y immerge les filés de coton décreusés pendant quelques heures, essore et fixe par un passage en eau calcaire ou en traitant avec une solution de carbonate de soude. On peut aussi faire coaguler sur tissu des solutions alcalines de chrome et cette précipitation est favorisée par le vaporisage (*Mordant de chrome alcalin* d'Horace Kœchlin).

On a encore imprégné le tissu avec du *bichromate, de l'hyposulfite et de l'acétate de magnésie ;* au vaporisage le bichromate est réduit. Enfin on peut employer une solution de chromate neutre à laquelle on ajoute du sulfite d'ammoniaque et de l'ammoniaque en léger excès ou du bisulfite formaldéhydé ; quelques minutes de vaporisage suffisent pour le décomposer.

L'acétate de chrome s'obtient par double décomposition ou par dissolution de l'oxyde de chrome précipité dans de l'acide acétique. L'acétate de chrome est employé en très grandes quantités en impression.

On a proposé pour le même l'emploi des nitrates et nitroacétates de chrome obtenus en réduisant le bichromate avec de la glycérine en présence d'acide acétique et nitrique.

L'oxyde de chrome est employé tel quel comme matière colorante verte pour sa nuance propre. On utilise aussi certains dérivés du chrome tels que le vert Guignet, et le chromate de plomb. Pour le produire sur le tissu, on imprègne celui-ci avec de l'acétate ou du nitrate de plomb, puis on passe dans une solution de chromate de soude et d'ammoniaque à chaud. On fixe ainsi $PbCrO^4$. Le jaune de chrome en nature est employé souvent pour l'article impression albumine dans le cas des enlevages d'alizarine, d'indigo et des réserves sous noir d'aniline. Le chromate de plomb jaune peut être transformé en orangé si on le traite par un lait de chaux, $PbCrO^4$ donne $PbCrO^4PbO$.

3° Mordants de fer. — L'oxyde de fer est par lui-même une matière colorante. L'ocre ou *rouille* trouve un certain emploi dans la coloration du coton.

Pour mordancer le coton en oxyde de fer, on se sert de l'*acétate* sous forme de *pyrolignite* ferreux. Si l'on imprime du coton avec ce sel, il s'oxyde à l'air avec formation d'acétate ferroso-ferrique basique, dont on achève la décomposition en passant dans un bain alcalin. Le pyrolignite est intéressant en ce sens que les matières goudronneuses renfermées dans cet acide retardent l'oxydation du sel ferreux et favorisent par conséquent la fixation de l'oxyde métallique, on l'emploie surtout pour les couleurs vapeur. L'acétate ferrique ne peut être utilisé car l'oxyde ferrique se fixe mal.

On ajoute souvent au mordant de fer de l'acide arsénieux, de l'acide phosphoreux qui ralentissent l'oxydation de l'oxyde ferreux. On peut ajouter aussi des sels de cuivre et du chlorure de zinc.

D'après Persoz ces produits empêchent l'oxyde ferrique d'être déshydraté ou polymérisé, ce qui est un point important, car sous ces deux formes, l'oxyde de fer a beaucoup moins d'affinité pour les couleurs à mordants. La B.A.S.F. préconise comme mordant de fer une dissolution qui renferme sur 1 mol de $Fe(OH)^2$, 1 mol de $FeCl^2$. On y immerge le coton, essore et fixe par un bain de craie.

On peut mordancer en foulardant successivement en tannin, en permanganate, puis en sulfate ferreux (Saget). Pour préparer les *mordants de fer alcalins* on utilise la propriété des sels de fer de ne pas précipiter par les alcalis en présence de certains corps organiques, tels que l'acide tartrique, la glycérine, le glucose. On emploie par exemple un mélange de nitrate ferrique, de glycérine et d'ammoniaque.

Le sulfate basique ferrique, la rouille, est très employé pour le mordançage de la soie qui doit être teinte en noir au campêche.

4° Mordants d'étain. — On les emploie à l'état d'acétates mélangés surtout avec de l'alumine et du chrome.

Le bichlorure d'étain traité par un excès d'eau, cède une partie de son étain au coton. Il en est de même du tétrachlorure.

On peut aussi mordancer avec l'oxyde d'étain en imprégnant la fibre avec une solution de stannate de soude, puis passant en acide sulfurique.

Le tétrachlorure d'étain a une très grande importance pour la charge de la soie.

5° Mordants de chaux, de magnésie, de nickel. — On les emploie surtout à l'état de mordants doubles avec l'alumine, le chrome, le fer.

6° Mordants divers, de cobalt, d'urane, de thorium, de zirconium — Ne sont employés qu'exceptionnellement.

Mordants doubles

L'emploi des mordants doubles, c'est-à-dire des mordants métalliques décrits plus haut combinés deux à deux, a été préconisé par Prud'homme et H. Kœchlin. Haussmann en 1791 signalait déjà la nécessité d'employer de l'eau calcaire pour obtenir de bons résultats en teinture de garance. Plus tard Persoz, Schlum-berger et Kœchlin firent ressortir l'importance de la chaux ; H. Kœchlin si-gnala ensuite la magnésie.

On savait que si dans l'opération du dégommage qui a pour but d'enlever l'ex-cès de mordant non fixé à l'étendage, on emploie de l'eau pure, les nuances de garance sont beaucoup moins belles qu'avec des eaux calcaires. C'est pour cette raison que le dégommage a lieu avec des bains de craie et de sels de alcalins ou alcalinoterreux.

L'opération de dégommage fixe donc une certaine quantité de chaux. Dans le cas de l'alumine il se forme ainsi un mordançage combiné d'alumine et de chaux qui favorise la fixation de la couleur.

On peut aussi faire des mordants doubles avec la magnésie.

Pour former un mordant double, l'un des mordants doit dériver d'un métal trivalent et l'autre d'un métal bivalent. Dans la première catégorie, nous rangerons l'alumine, le fer, le chrome ; dans la seconde catégorie, la chaux, la magnésie etc.

Fixation du mordant

1° Avec les sels basiques. — S'il s'agit d'alumine par exemple, on prend du sulfate basique, on en imprègne la fibre, puis on met l'alumine en liberté en passant dans un bain de phosphate ou d'arséniate de soude, ou même d'ammoniaque. On peut aussi opérer par double décomposition en employant des sulfates basiques, des carbonates ou des sulfoléates alcalins, voire même des solutions de savon. On emploie par exemple pour un essai pratique au laboratoire :

```
Eau ............................................................  1 litre
Sulfate d'alumine...............................................  200 grammes
```

Puis on ajoute une solution de carbonate de soude préparée avec :

```
Eau ...........................................................  300 centimètres cubes
Carbonate de soude.............................................  32 grammes
```

On ramène à 7° Bé, puis on imprègne le coton, exprime, sèche et passe en ammoniaque à 50 grammes par litre, enfin on lave. Au lieu de NH^3 on peut employer une solution de savon à 10 grammes par litre ou des phosphates ou arséniates alcalins.

Dans le cas de l'aluminate de soude on décompose ce sel avec du chlorhydrate d'ammoniaque.

2° Par décomposition des acétates. — On peut opérer de deux manières :

a) *A l'étendage.* — Les pièces imprégnées de mordant d'une manière uniforme sont suspendues en plis dans de grandes pièces maintenues à une température de 30-35° et dans une atmosphère humide. Cette humidité est évaluée par un psychromètre appelé hygromètre d'Auguste. Cet appareil renferme 2 thermomètres, l'un normal et l'autre à boules mouillées, ce dernier marque par rapport au 1er 3 à 4° en moins, l'écart de température permet de déterminer l'état hygrométrique de l'air. On laisse les pièces pendant 1 à 2 jours afin d'obtenir une décomposition complète de l'acétate. L'atmosphère humide est nécessaire pour cette opération.

Walter Crum a imaginé la fixation continue, c'est-à-dire des chambres munies de roulettes horizontales sur lesquelles passent les pièces, maintenues à une température constante de 40 à 60° et à un degré d'humidité régulier.

b) *Par vaporisage.* — Plus récemment on a employé des appareils à marche rapide (petit Mather-Platt) et à vapeur directe qui permettent de fixer le mordant à une température plus élevée par un simple passage de quelques minutes.

Les exemples que nous venons d'indiquer se rapportent aussi bien aux tissus mordancés d'une manière uniforme qu'aux tissus mordancés par voie d'impression. Le principe de la fixation des mordants est le même dans les deux cas, car il s'agit de tissus qui sont destinés à être teints. La teinture est toujours précédée du *dégommage.*

Dégommage. — Cette opération a pour but :

1° D'obtenir une complète fixation du mordant métallique et d'éliminer complètement l'acide acétique dans le cas des acétates ;

2° De dissoudre l'épaississant ;

3° D'enlever l'excès de mordant non combiné.

Nous verrons plus loin à propos des couleurs vapeur comment on réalise cette opération.

2° Teinture

Quand le tissu a été mordancé uniformément comme il vient d'être dit, ou localement, soit par voie d'impression, soit par enlevage comme nous le verrons plus loin, on procède à l'opération de la teinture.

On utilise à cet effet des *clapots* ou des cuves munies de *tourniquets* à section quadrangulaire.

Pour la teinture au large, on emploie des *giggers* appareils dans lesquels les pièces s'enroulent à l'une des extrémités, puis on débraie pour renverser le mouvement et les pièces s'enroulent en sens inverse en restant toujours immergées dans le bain. On élève graduellement la température jusqu'au bouillon et on s'y maintient 1/2 heure, à 1 heure, parfois même 2 heures. C'est ainsi que d'une manière générale on fixe les couleurs à mordants, mais il y a naturellement pour chacune d'elles des règles spéciales à observer.

Au laboratoire pour une bande imprimée de 20 centimètres de long et de 80 centimètres de large, on emploie 2 litres d'eau et la quantité de couleur nécessaire, par exemple, dans le cas de l'alizarine, on emploiera 4 grammes de pâte à 10 $^0/_0$.

Vaporisage. — Souvent on achève la fixation des couleurs à mordants réalisée par voie de teinture en les vaporisant pour achever le laquage du colorant. Actuellement on se sert surtout d'appareils travaillant à la continue. On règle la durée du trajet au moyen d'une série de roulettes dont on augmente ou diminue le nombre, de telle sorte que, à vitesse égale, le séjour du tissu dans l'appareil à vaporiser soit plus ou moins prolongé, l'appareil classique est celui de Mather et Platt. Cet appareil est de grande dimension 8 à 10 mètres de haut, 40 à 50 mètres de long et la largeur correspond aux pièces d'étoffe.

Finissage. — Après teinture on passe le coton dans un bain de son à 50 grammes par litre, et quelquefois on savonne d'abord avec une solution de savon à 5 grammes par litre. Il existe pour réaliser ces opérations des machines spéciales pour le finissage au large et pour le battage des pièces, etc.

Rouge turc ou rouge d'Andrinople

Cette fabrication remonte à la plus haute antiquité ; on l'introduisit en Europe en 1747. Le rouge turc a une vivacité de ton remarquable et une solidité toute particulière ; il constitue l'application la plus complète de l'alizarine.

On teignait autrefois avec des dérivés de la garance, produit que l'on cultivait surtout dans le midi de la France. Le colorant extrait de la racine de cette plante était constitué par différents produits qui ont été étudiés par Schützenberger et Rosenstiehl. Ces savants démontrèrent que la garance renferme plusieurs produits qui sont les uns des colorants et les autres des substances qui ne teignent pas. *L'alizarine*, la *purpurine*, la *purpurine hydratée*, la *purpurine carboxylée*, ou *pseudo-purpurine* et *l'acide purpuroxanthocarbonique* sont des corps colorants ; la *purpuroxanthine* ne teint pas.

Le rouge turc correspond donc à une nuance représentant l'ensemble des colorations données par ces différents produits. Pendant plusieurs siècles on a préparé le rouge turc avec ce mélange qui a été remplacé définitivement lors de la découverte de l'alizarine artificielle par des produits d'une constitution déterminée c'est-à-dire par l'alizarine elle-même, et l'anthrapurpurine.

Ancien procédé avec la garance

Le procédé de teinture du rouge turc au moyen de la garance a été fréquemment modifié, mais le principe consiste toujours à mordancer le tissu avec de l'alumine après l'avoir traité 1° par une émulsion d'huile. On fixe ainsi dans la fibre des corps gras qui donnent avec l'alizarine et l'alumine une laque particulièrement vive, surtout en présence de sels de chaux. La grande difficulté de cette opération consistait à fixer sur le tissu une quantité suffisante de corps gras ; il fallait donc faire une série de traitements successifs avec des émulsions d'huile, opération particulièrement lente.

Voici à titre d'exemple la succession des opérations qui étaient nécessaires pour arriver à un bon résultat (Prud'homme).

Chauffer la pièce ainsi préparée de manière à provoquer l'oxydation de l'huile, opération qui a lieu à l'étendage à 70°. Répéter jusqu'à 8 fois cette opération de manière à déposer dans la fibre une quantité d'huile suffisante.

2° Dégraisser avec carbonate de soude ou carbonate de potasse, laver, sécher à 40°.

3° Passer dans une solution de tannin, noix de galle ou sumac, puis sécher ; cette opération porte le nom d'engallage.

4° Alunage : par ce traitement le tannin précipite l'alumine.

5° Dégommage en craie.

6° Teinture avec garance.

7° Avivage avec carbonate de potasse et savon.

8° Avivage avec savon et $SnCl^4$ sous pression. On répète plusieurs fois cet avivage, puis on expose sur pré.

Par le procédé *Steiner* on huilait le tissu en le passant dans de l'huile à 110°, puis les tisssus étaient portés à l'étendage de manière à oxyder l'huile (70° environ) on passait dans un bain de carbonate de soude, on mettait de nouveau à l'étendange et répétait ces opérations un certain nombre de fois.

Comme colorants on employait la garance et ses dérivés : *garanceux, garancine* et *la fleur de garance*.

Nous avons déjà vu que la chaux joue un rôle important dans la fixation des colorants de la série de l'alizarine. Il se forme un mordant double avec l'alumine et celui-ci contribue à donner au rouge turc la vivacité qui en fait le prix.

On avait depuis longtemps signalé l'importance de la chaux dans la teinture de l'alizarine. Sans avoir précisé d'une manière bien nette la formation du mordant double, on avait néanmoins entrevu cette importante réaction. Haussmann la signalait déjà en 1791.

L'alizarine ne peut saturer complètement l'alumine et le fer, il est nécessaire de mettre en présence du carbonate de chaux pour former une laque double. Les divers constituants de la garance avaient d'ailleurs à l'égard de la chaux des réactions différentes. Il est curieux de noter que les garances d'Avignon qui, cultivées en terrain calcaire renfermaient déjà par elles-mêmes une certaine quantité de chaux, favorisent le laquage de l'alizarine avec de l'alumine.

Dans le cas de la purpurine, les résultats sont les mêmes avec ou sans chaux, les laques d'alumine sont violacées, elles se transforment en laque rouge au moment de l'avivage par le fait de la transformation de la purpurine en purpurine hydratée.

La pseudopurpurine ne teint qu'avec de l'eau pure, le carbonate de chaux précipite la couleur. Le savon affaiblit la nuance. Avec la garance d'Avignon qui est calcaire, la pseudopurpurine est précipitée et ne peut donc se fixer sur le tissu. Avec la garance d'Alsace par contre, on fixe un peu de pseudopurpurine, mais celle-ci ne résiste pas au savon.

Procédé moderne de fabrication du rouge turc

Il est basé sur :

1° L'emploi de l'alizarine artificielle et de ses dérivés : anthrapurpurine, flavopurpurine et autres ;

2° Emploi de sulforicinate ;

3° Production raisonnée des mordants doubles.

4° Fixation de la laque par vaporisage.

L'alizarine unie aux diverses trioxyanthraquinones donne des nuances plus vives que la garance, ce dernier produit a été complètement éliminé à cause de l'avantage inappréciable qu'offrent les colorants artificiels d'employer des produits purs et par conséquent de qualité très régulière.

Le remplacement des émulsions d'huile ou huiles tournantes par des huiles sulfonées est une découverte extrêmement importante. Ces *huiles pour rouge* dites aussi *huiles solubles* sont préparées en traitant de l'huile de ricin par de l'acide sulfurique. Déjà en 1834 Runge avait obtenu d'intéressants résultats pour la teinture du rouge turc en employant de l'huile d'olive traitée préalablement par de l'acide sulfurique, puis dissoute dans un alcali. Wuth et Storck en remplaçant l'huile d'olive par de l'huile de ricin préparèrent une huile particulièrement apte à être utilisée pour la teinture du rouge turc. En 1885 Fischli employa le ricinate de soude.

Pour obtenir ces sulfoléates on emploie par exemple :

Huile de ricin .... 100 parties } à froid
Acide sulfurique à 66°..................................... 25 »

Laisser en contact pendant 24 heures et examiner la marche de la sulfonation au moyen de tâtes dans la soude. Lorsque la sulfonation est terminée il ne doit se produire aucun louche. L'huile sulfonée est traitée par une solution de sel marin, puis on décante l'acide sulforicinique et on neutralise avec de l'ammoniaque et de la soude. On peut obtenir des sulforicinates qui donnent des solutions parfaitement limpides, mais on prépare aussi des huiles incomplètement sulfonées, soit incomplètement salifiées qui donnent ce qu'on appelle des *bains blancs* dont le louche provient d'acide sulforicinique libre, ou d'une petite quantité d'huile non sulfonée. Les sulforicinates donnent avec les sels d'alumine une combinaison insoluble ; cette propriété est utilisée pour la fixation des mordants.

L'huile de ricin est un éther glycérique, il est donc probable que l'acide sulfurique saponifie d'abord une partie de cette huile en mettant de l'acide gras en liberté ; on aurait ensuite une condensation de ces acides gras qui se transformeraient en acides polyriciniques. Finalement l'acide sulfurique donnerait deux séries de produits sulfonés : acides sulforiciniques et acides polysulforiciniques (Juillard et Scheurer-Kestner).

En 1867 Braun et Cordier employaient déjà un mélange d'huile et d'acide nitrique, Weiss Friess en 1868 et Gros Roman en 1869 le sulfoléate.

C'est en 1874 que H. Kœchlin institua la fabrication rapide du rouge turc avec l'alizarine et l'acide sulfoléique combiné au vaporisage. L'huile d'olive n'est plus employée d'abord à cause de son prix élevé et ensuite parce qu'elle renferme des graisses solides, margarine, stéarine et palmitine qui nuisent plutôt à l'opération.

Le nouveau procédé de préparation du rouge turc comporte les opérations suivantes :

1° Traitement par du sulforicinate ; on foularde avec des solutions renfermant 40 à 80 grammes de sulforicinate par litre, puis on sèche ;

2° On passe en sel d'alumine ; il se produit un sulforicinate d'alumine insoluble, sécher ;

3° On dégomme avec de la craie. Dans cette opération on fixe de la chaux et la fixation de l'alumine est complétée ;

4° On teint en alizarine en présence de carbonate ou d'acétate de chaux. Monter en 1/2 heure à 70°, maintenir 1 heure au bouillon, laver, sécher ;

5° Foularder en sulforicinate, sécher ;

6° Vaporiser pendant 1 heure. On obtient ainsi un laquage parfait, car cette opération achève la combinaison de la couleur avec l'alumine, la chaux et les acides gras ;

7° Savonner d'abord à 60° puis au bouillon.

Le vaporisage est une opération très importante, une ébullition prolongée avec de l'eau ne suffirait pas pour donner cet avivage.

D'après Scheurer il se produirait une déshydratation et une polymérisation de l'alumine unie à l'alizarine et aux corps gras. Lorsque les mordants sont déshydratés ils n'attirent plus les matières colorantes. La laque de rouge turc après vaporisage serait une laque saturée ne pouvant plus se transformer et c'est ce qui expliquerait sa grande solidité.

On peut aviver à 120° en autoclave avec de l'eau en chauffant pendant 2 heures ou opérer sans pression avec de l'hydrate d'étain.

H. Kœchlin ajoute de l'hydrate d'étain dans le bain même de teinture et peut éviter ainsi un avivage ultérieur.

Le rôle de la chaux comme mordant double est indispensable pour obtenir de belles nuances.

Autrefois la fabrication du rouge turc durait 10 à 12 jours et même davantage ; actuellement les nouveaux procédés permettent de teindre en 1 ou 2 jours. Ce rouge nouveau est moins violet que l'ancien rouge d'Andrinople, mais la solidité est suffisante. D'autre part l'alizarine est assez pure pour qu'on puisse supprimer l'avivage dans la plupart des cas.

On peut employer de nombreuses formules pour teindre en rouge turc.

Citons entre autres le procédé R. Ott et F. Bayer qui est basé sur l'addition de sel marin au bain de teinture.

Le tissu est huilé puis traité à 30° par l'eau ou une solution de CO^3K^2 pendant 2 heures au plus, puis plongé dans un bain renfermant :

Eau	5 litres pour 4 kilogrammes de tissu
Sel marin	Q. S pour faire une solution à 3 %
Alizarine	10 % du poids du tissu
Sulfate d'alumine	4 à 6 % du poids du tissu
Chaux	0,6 à 0,8 % du poids du tissu

On laisse en contact 1/2 heure à froid, puis porte lentement à l'ébullition en 1 heure ; puis maintient l'ébullition 3/4 d'heure.

En sortant du bain, le tissu est lavé à l'eau froide. Il n'est pas indispensable de vaporiser pour développer la teinte ; le mordançage, le fixage, la teinture et le développement se font en une seule opération. Les teintures obtenues sont très résistantes à la lumière, au blanchiment, au savon, aux alcalis, au frottement, mais il faudra surveiller que les produits employés soient exempts de fer (Carruthers. *Journ. soc. col.*, 1910, 123).

Pour le *coton en bourre* on opère de la manière suivante :

1° Débouillir avec du carbonate de soude ou de la soude caustique, puis passer en sulforicinate :

Eau	100
Sulforicinate à 50 %	50

En ajoutant un peu de stannate de soude on a de plus belles nuances :

2° Passer en sulfate d'alumine alcalinisé avec du carbonate de soude ;

3° Traiter par de la craie pendant 1/2 heure à 45° :

Eau	1 litre
Craie	1 gramme

4° Teindre avec de l'eau calcaire, sinon avec de l'acétate de chaux. On peut ajouter de l'huile pour rouge, des tannins et de la craie ;

5° Traiter par une solution d'huile pour rouge à 5 % ;

6° Vaporiser 1 h. 1/2 à 1 kg. 1/2 ;

7° Aviver avec savon, carbonate de soude et étain.

Pour le *coton en filés* :

Débouillir avec carbonate ou silicate, passer en huile ; on opère comme pour le coton en bourre ou en pièce pour le reste des opérations.

Landshoff et Meyer (B. all. 226941 et 219757) teignent avec un sel monoso-dique de l'alizarine qui se trouve dans le bain sous une forme colloïdale.

Quand on emploie des matières colorantes qui teignent sur mordants de chrome ou de fer, on opère d'une manière analogue.

Teinture sur mordants de chrome

1° On traite par du chlorure ou sulfate de chrome en laissant séjourner pendant environ 10 heures, puis on huile et sèche.

On peut aussi traiter par du bisulfite de chrome à 10° Bé dans lequel le coton séjourne pendant environ 10 heures, puis on passe dans un bain de carbonate de soude.

2° On passe en sulforicinate ;

3° Teindre avec de l'eau calcaire, sinon avec de l'acétate de chaux, monter en 3/4 d'heure à l'ébullition, s'y maintenir une heure.

Dans le cas de certaines nuances foncées, on peut employer une petite quantité de tannin.

Teinture sur mordants de fer

1° Débouillir avec du carbonate de soude, foularder avec du sulforicinate :

Eau	100
Sulforinate	10 à 20

2° Mordancer avec du pyrolignite à 2° Bé, fixer à l'étendage ;

3° Traiter par un bain de craie pendant 1/2 heure à 50° à 5 grammes de craie par litre ;

4° Teindre 1 h. 1/2 au bouillon, en présence d'un peu de sulforicinate ;

5° Savonner à 70° avec du savon à 5 grammes par litre.

B. — Impression du coton

Pour obtenir des dessins blancs ou colorés avec des couleurs à mordants, on peut opérer de trois manières :

1° Imprimer le mordant puis teindre ;

2° Imprimer un mélange de couleur et de mordant, puis vaporiser (couleur-vapeur).

3° Enlevages et réserves. On peut ronger le mordant avant teinture ou la couleur après avoir teint en uni.

1° Impression du mordant

On emploie les mordants d'alumine, de fer, de chrome. Ces derniers surtout ont pris une grande importance. Les mordants de nickel, cobalt, étain, cuivre, zinc, plomb, ne s'emploient que rarement, de même ceux des autres métaux .

On imprime les mordants sous forme d'acétates métalliques et on fixe le métal à l'étendage ou plus généralement par vaporisage au Mather Platt.

On imprime l'alumine par exemple en employant :

Eau	200
Amidon blanc	120
Amidon grillé	30
Acétate d'alumine 11° Bé	630
Sulforicinate	10

On délaie l'amidon avec l'acétate puis on ajoute l'amidon grillé et l'huile. On cuit jusqu'à épaississement de la masse et on laisse refroidir en remuant.

Pour le rouge on emploie aussi l'acétate d'alumine en ajoutant un peu de sel d'étain.

On imprime le mordant du fer pour le violet d'alizarine, par exemple pour le foncé :

Pyrolignite de fer à 10°	850
Amidon blanc	90
» grillé	30
Huile soluble	10

Si l'on veut avoir un mordançage plus faible on étend avec de l'eau de gomme ou des épaississants à base d'amidon.

Dégommage. — Lorsque le mordant a été fixé à la vapeur, il est nécessaire de le dégommer afin de débarrasser le tissu des substances autres que le mordant, sinon il se produirait des inégalités de nuance en teinture et les blancs seraient sales.

Cette opération portait autrefois le nom de « bousage » car on employait des bains composés de bouse de vache et de chaux, ou de carbonate de chaux auxquels on ajoutait des phosphates, arséniates ou silicates. La bouse de vache agissait sans doute par ses matières albuminoïdes, ses ferments, ses phosphates et acides gras.

Le dégommage conduit aux résultats suivants :

1° On obtient la fixation complète des mordants d'alumine et de fer, par suite de l'élimination totale de l'acide acétique ;

2° On dissout les substances qui formaient l'épaississant ;

3° On enlève les mordants non combinés au tissu ;

4° On empêche les mordants non combinés et les sels métalliques dissous de tacher les blancs. Actuellement la bouse de vache n'est plus employée ; on utilise des alcalins faibles.

Depuis quelques années on préconise l'emploi de substances provenant de la germination du malt produits dénommés *diamalt, diastafor*.

Le diamalt a la propriété très curieuse de dissoudre avec une extrême facilité les féculents. Les amidons provenant de l'épaississant peuvent donc être éliminés à la température ordinaire, par le simple traitement avec une solution aqueuse de diamalt. Les résultats sont plus favorables que par les traitements à chaud employés précédemment.

Lorsque le tissu a été préparé ainsi après l'impression du mordant, on teint puis on lave et souvent on procède à un vaporisage pour compléter le laquage du colorant. Dans certains cas on huile le tissu après la teinture.

2° Couleurs vapeur

Le principe de cette fabrication consiste à mélanger la matière colorante avec des sels métalliques décomposables à 100° et à fixer le colorant par voie de vaporisage.

Les couleurs vapeur ont dans cette série une grande importance par suite de leur solidité et de la facilité de leur préparation. On peut employer l'alizarine et toute la série des couleurs à mordants.

Avec l'alizarine par exemple on obtient de beaux rouges et roses en laquant avec de l'alumine, de la chaux et de l'étain ; ce même colorant donne des violets avec les mordants de fer, des bruns et des bordeaux avec le chrome.

Les tissus sont huilés au préalable : on les foularde en sulforicinate à raison de 20 à 80 grammes par litre, puis on sèche. Ce traitement favorise surtout la formation des roses et des rouges vapeur.

On pourrait ajouter l'huile sulfonée à la couleur d'impression, mais cette opération offre de sérieuses difficultés. Sous le nom de *lizarol*, on a préparé une huile pour rouge, produit de condensation entre l'huile de ricin et la formaldéhyde qui peut être ajoutée directement dans la couleur vapeur et qui donne de bons résultats.

On emploie généralement comme épaississant un mélange d'amidon et d'adragante.

Comme agent de fixation on emploie les acétates, les lactates, les formiates, les bisulfites et les nitroacétates, les sulfocyanures. Le sulfocyanure d'aluminium, par exemple, est beaucoup employé. On lui attribue l'avantage de ne pas attaquer les râcles et de s'opposer à la fixation du fer.

Voici quelques exemples de couleurs vapeur :

Rouge d'alizarine	Epaissant	10 litres
	Nitrate d'alumine à 15° Bé	40 grammes
	Acétate d'alumine à 10°	600 »
	Acétate de chaux à 16°	500 »
	Alizarine à 20 °/₀	3,300 kil.

On mélange la couleur à froid avec les mordants et les épaississants.

Après vaporisage, on obtient ainsi un rouge foncé. Pour avoir des nuances plus claires on fait des coupages avec 2, 3, 4 parties d'épaississant, de manière à diminuer la proportion de colorant.

Autre formule :

Alizarine à 20 %	120	centimètres cubes
Sulfocyanate d'alumine à 20° Bé	85	»
Acétate de chaux à 15° Bé	80	»
Epaississant	550	»
Purpurine à 20 %	120	centimètres cubes
Sulfocyanate d'alumine 20°	70	»
Acétate de chaux 15° Bé	75	»
Epaississant	800	»

Lorsqu'on emploie des tissus non huilés, on ajoute de l'huile dans la couleur ou des combinaisons d'huile (M. Br. fr. 413836).

La grande affinité des alizarines nitrées pour les mordants ne permet pas d'employer l'acétate d'alumine, car en moins de 24 heures la laque d'alumine se forme, la couleur ne peut donc se conserver.

Par contre on obtient des résultats favorables avec l'acide formique et le formiate d'alumine. L'addition de formiate de chaux est nécessaire pour obtenir le meilleur rendement en couleur :

Alizarine nitré β-ou α-	250
Formiate d'alumine 18° Bé	65
Formiate de chaux 14° Bé	65
Acide formique	100
Eau de gomme (Inde)	520
	1000

On obtient plus foncé avec un mélange d'amidon et de gomme.

Les alizarines ordinaires s'appliquent de même (A. Scheurer).

Pour les mordants de chrome, on emploie l'acétate de chrome en milieu acétique, l'acétate neutre, le formiate et parfois le sulfocyanate. Pour le bleu d'alizarine, on emploiera :

Bleu d'alizarine S	180
Acétate de chrome	40
Epaississant	780

Pour les bordeaux d'alizarine :

Bordeaux à 20 %	30
Acétate de chrome	40
Acide acétique	40
Acétate de chaux	40
Epaississant	800

Les mordants de chrome neutres sont des mordants faiblement basiques préparés en ajoutant une petite quantité de carbonate de soude à de l'acétate de chrome.

Un procédé intéressant consiste à produire le mordant pendant le vaporisage dans la couleur d'impression. On imprime un mélange d'un chromate double de K ou Na et d'ammoniaque, de glucose et d'un épaississant renfermant de la matière colorante. Le vaporisage produit la réduction du chromate et la fixation de la matière colorante sur l'oxyde de chrome mis en liberté. Ce procédé s'applique avantageusement à certaines matières colorantes, par exemple au jaune d'alizarine R. de Hœchst et à l'alizarine bordeaux de Bayer (A. Scheurer).

Pour les mordants de fer, on imprime, dans le cas du violet d'alizarine un mélange de pyrolignite de fer, d'acétate de chaux et d'alizarine en pâte :

Epaississant	1 litre
Alizarine à 15 $^0/_0$	50 »
Pyrolignite de fer à 15°	25 »
Acétate de chaux à 10°	150 »
Acide acétique	400 »

Autre formule :

Epaississant	1 litre
Alizarine à 15 $^0/_0$	90 »
Pyrolignite de fer à 15°	25 »
Acétate de chaux à 16°	40 »

Les mordants de fer sont employés non seulement pour l'alizarine, mais aussi pour le vert de résorcine et les nitrosonaphtols ; pour ces couleurs nitrosées, le sulfocyanure ferreux donne de bons résultats.

Les mordants de zinc et de nickel sont employés parfois pour le bleu d'alizarine S, on emploie dans le premier cas du bisulfite de zinc.

Bleu d'alizarine S	180
Bisulfite de zinc à 15°	60
Epaississant	760

Dans le second cas on prend de l'acétate de nickel, par exemple :

Bleu d'alizarine	180
Acétate de nickel à 15°	60
Epaississant	780

8° Enlevages et réserves

a) *Mordant rongé avant teinture.* — L'enlevage des mordants fut réalisé la première fois par Haussmann. On foularde avec une solution de mordant d'alumine et de fer, puis on sèche à basse température.

Pour faire l'enlevage on imprime un des acides organiques suivants : acide oxalique, acide tartrique, l'acide citrique ou les sels de ces acides (citrate d'ammoniaque) en ajoutant éventuellement du bisulfite de potasse.

Pour les mordants de fer, on ronge par exemple avec de l'acide citrique et du sel d'étain.

Après avoir imprimé le rongeant on passe au Mather-Platt dégommé, lave et teint.

Un autre procédé spécial pour le chrome consiste à foularder avec du bisulfite de chrome, puis on imprime un rongeant à base de chlorate de soude.

Le rongeage des mordants peut être effectué également au moyen de soude caustique lorsqu'il s'agit d'alumine, les parties imprimées formeront de l'aluminate de soude soluble.

A. Scheurer fait l'enlevage de mordant de chrome avec du lactate stannique.

Enlevages colorés sur mordants. — On peut réaliser ces enlevages de plusieurs manières :

Si l'on ajoute au rongeant à base de soude caustique une couleur telle que l'indigo réduit qui résiste aux alcalis, on obtiendra un dessin bleu sur fond mordancé. Si l'on teint ensuite en alizarine, on aura un dessin bleu sur fond rouge.

On peut aussi réaliser un enlevage avec des couleurs basiques, par exemple on ajoute au rongeant à base d'acide citrique, une couleur basique et du tannin, on vaporise, passe en émétique et arséniate de soude, puis on teint.

G. Donald opère de la manière suivante :

1° Foularder en tannin à 15 grammes par litre, sécher ;

2° Passer en émétique, laver, sécher ;

3° Mordancer en alumine, fer ou chrome ;

4° Imprimer la couleur basique, acide citrique, vaporiser ;

5° Teindre avec couleurs à mordants.

Le *citrate de soude* et le *citrate d'ammoniaque* sont de bons rongeants pour alumine et fer :

```
Citrate Na à 25°...................................................  500
Britishgum  .......................................................  600
```

On foularde en alumine et fer, puis on imprime le citrate. Vaporiser 1 heure, passer en craie, laver et teindre.

On peut se servir de ce citrate de Na comme réserve d'alumine et de fer et aussi comme réserve de noir d'aniline, par exemple, on peut opérer de la manière suivante :

1° Imprimer la réserve ;

2° Soubasser en noir d'aniline que l'on oxyde ;

3° Plaquer le mordant au rouleau.

On peut ronger le mordant de bisulfite de chrome avec du citrate, mais en général, les mordants de chrome sont mieux rongés avec de *l'acide citrique mélangé de bisulfate de soude.*

Le rongeant à base d'acide citrique ou de chlorate peut servir à ronger le mordant en formant réserve sous couleur vapeur, on plaque en mordant, puis en couleur et on imprime le rongeant. Au moment du vaporisage l'acide citrique formera réserve. On peut ajouter aux rongeants des couleurs directes à l'albumine pour avoir des fonds colorés par voie de teinture.

b) *Couleur rongée après teinture en uni.* — Pour ronger le rouge turc on peut opérer de plusieurs manières :

Cuve décolorante. — Ce procédé très ancien est dû à D. Koechlin. Il consiste à imprimer de l'acide tartrique ou un mélange d'acide tartrique et d'acide citrique, par exemple :

Acide tartrique	120
Acide critique	80
Epaississant	800
	1 000

On sèche, puis on passe dans un bain de chlorure de chaux à 3° Bé et de chaux caustique. Partout où l'acide a été imprimé il décompose l'hypochlorite en mettant en liberté les composés oxygénés du chlore et l'alizarine est détruite.

Si l'on mélange à l'acide organique une couleur à l'albumine qui résiste aux produits de décomposition des chlorures, on aura aux endroits imprimés une destruction du rouge avec fixation de la couleur.

Pour faire un enlevage bleu, on emploie du bleu de Prusse, on vaporise puis décolore. Pour un enlevage jaune, on ajoute au rongeant du nitrate de plomb, on passe dans la cuve décolorante, puis on traite par du chromate de soude.

Enlevage à la soude caustique. — Cette méthode a beaucoup remplacé le procédé de la cuve décolorante, car elle donne d'excellents résultats.

En imprimant de la soude on provoque la dissolution de la laque colorée au moment du vaporisage.

Pour faire des enluminages on peut opérer de plusieurs manières, mais le principe consiste toujours à ajouter au rongeant une couleur résistant à la soude caustique.

L'article Schlieper et Baum est spécialement intéressant ; il consiste à imprimer de l'indigo sur un fond de rouge turc, foulardé en glucose, à 8° Bé.

Epaississant	180
Eau	180
Soude caustique à 45° Bé	480
Indigo à 20 %	140

On vaporise, lavé, oxyde quelques minutes à l'air, puis on passe dans un bain sulfurique et finalement après un nouveau lavage, on passe dans un bain de carbonate de soude faible, puis on finit par un léger savonnage.

Le procédé Schlieper et Baum permet de faire d'autres enluminages sur fond rouge avec des couleurs à cuve et des couleurs sulfurées.

On peut opérer inversement c'est-à-dire mordancer le tissu en alumine, le plaquer en glucose, imprimer l'indigo, vaporiser, puis teindre en alizarine.

Une application curieuse de ce procédé à la soude caustique est l'utilisation des couleurs diazotables. L'enlevage est constitué par de la soude caustique mélangée à des colorants diazotables. On imprime par exemple un mélange de bleu azodiamine R, de soude caustique et de silicate Na épaissi à l'amidon de maïs et à la britishgum.

On vaporise 5 minutes et passe à la continue en nitrite acidifié puis en eau légèrement acidulée, puis en β-naphtol.

On obtient d'une façon analogue suivant le choix des matières colorantes, un noir, un jaune et un vert enlevage sur rouge turc (Freiberger),

Enlevage à l'hydrosulfite. — On imprime un mélange de soude, d'hydrosulfite-formaldéhyde et d'un colorant à cuve, indanthrène ou autre, puis on vaporise. Ce procédé permet de faire l'article Schlieper et Baum sans être obligé de préparer le tissu en glucose.

Enlevage au chlorate. — Ce procédé imaginé par Jeanmaire en 1889 est basé sur l'action d'un mélange de prussiate rouge ou jaune, de chlorate et d'un acide organique, soit à l'état libre, soit à l'état de sel d'ammoniaque ou de sel de soude. Il est employé surtout comme enlevage sur couleur vapeur. On foularde le tissu avec le colorant plus mordant, puis on imprime l'enlevage de sorte que le rongeage se fait au moment du vaporisage. Ce procédé n'est donc pas employé pour le rouge turc, mais il donne de bons résultats avec d'autres colorants tels que les colorants de la famille de la gallocyanine, les bleus d'alizarine, etc.

Chlorate de soude	140
Epaississant	400
Acide tartrique et citrique	200
Eau	150
Ferricyanure de K	40

Certaines couleurs résistent bien à ce rongeant par exemple la chrysophénine, le jaune chloramine, on peut donc faire des rongeants colorés avec ces produits.

En résumé ce procédé est surtout intéressant pour l'enlevage de couleurs foulardées et non développées, par exemple on foularde en bleu d'alizarine et mordant de chrome puis sèche et imprime le rongeant avant de vaporiser.

Enlevage au sel d'étain. — Il est appliqué en imprimant le tissu teint avec un mélange épaissi de sel d'étain, soude caustique, silicate, on vaporise 2 minutes au Mather-Platt.

ALIZARINE ET COULEURS A MORDANTS

Principales applications sur coton

1° Teinture

A) Tissu mordancé en uni	Emploi d'alumine, fer, etc. surtout à l'état de mordant double avec chaux, magnésie, puis teinture .... uni
B) Mordançage obtenu en imprimant le mordant	Impression d'acétates décomposés à l'étendage ou au vaporisage, puis teinture .... 1 ou plusieurs couleurs

2° Impression

A) Impression directe

Couleurs vapeur :
Impression de la couleur et du mordant simul-
  tanément, puis vaporisage.................... 1 ou plusieurs couleurs

B) Enlevages

1° *Du mordant avant teinture par impression*
  de NaOH : le tissu ainsi préparé est teint.... 1 coulear
Si l'on ajoute à la soude des couleurs qui ré-
  sistent à cet alcali : enlevages colorés........ 2 ou plusieurs couleurs

2° *Sur rouge d'alizarine teint :*
a) Cuve décolorante : acide tartrique imprimé
  puis passage en chlorure de chaux. Addition
  éventuelle de colorant pour enluminer........ 1 ou plusieurs couleurs
b) Impression de soude caustique et vaporisage. 1 couleur
Impression à la soude caustique de couleurs à
  l'albumine, minérales ou organiques .... 1 ou plusieurs couleurs
c) Hydrosulfite-formaldéhyde.
d) Sur couleur vapeur non développée avec
  chlorate et prussiate.

Laine

A. — Teinture

Les couleurs à mordants sont employées souvent pour la teinture de la laine,
lorsqu'on désire avoir des nuances grand teint.

On peut opérer de trois manières :

a) Mordancer avec un oxyde métallique, puis teindre : cette opération a lieu
en deux bains ;

b) Teindre d'abord dans un premier bain, puis former la combinaison métallique dans un deuxième bain ;

c) Réunir les deux opérations précédentes en teignant d'abord, puis en ajoutant le sel métallique dans le même bain, ou même en y mettant le colorant et
le sel métallique simultanément.

a) *Teinture avec mordançage préalable.* — Nous parlerons avec quelques détails des *mordants de chrome* qui sont de beaucoup les plus importants pour la
teinture de la laine. On peut mordancer en chrome avec du bichromate ou avec
des sels de chrome. Le procédé le plus ancien consistait à traiter la laine par
du bichromate ; le mordant fixé ainsi est en partie de l'acide chromique qui a
en même temps un caractère oxydant et transforme lors de la teinture par
exemple en campêche l'hématoxyline en hématéine en se réduisant à l'état
d'oxyde. On peut aussi traiter la laine à chaud par du bichromate acidulé avec

de l'acide sulfurique, mais ce procédé a également l'inconvénient de réduire le bichromate au dépens de la laine. L'addition de crème de tartre empêche cet effet, l'acide chromique est réduit sur la fibre et l'on évite en même temps l'affaiblissement qui peut se produire par suite de l'influence oxydante de l'acide chromique.

On emploie par exemple :

Bichromate	3 %
Crème de tartre	2,5 %

et l'on chauffe à l'ébullition pendant 1 ou 2 heures.

On a essayé de remplacer la crème de tartre en raison de son prix, par d'autres réducteurs et mordance parfois avec un mélange de bichromate, d'acide lactique et d'acide sulfurique, par exemple :

Bihcromate	2 %
Acide lactique	3 %
Acide sulfurique	1,5 %

On monte en 1/2 heure, à l'ébullition et on s'y maintient 1 heure.

Le procédé le plus avantageux consiste à mordancer avec du *bichromate* et de *l'acide formique*, par exemple :

Bichromate	1,5 %
Acide formique 80 %	2

L'emploi de l'acide formique permet d'épuiser complètement le bichromate et est par conséquent très économique.

Chauffer pendant 1 h. 1/2 à l'ébullition. Les proportions de chrome que nous indiquons, sont essentiellement variables, elles dépendent de la quantité de mordant que l'on désire fixer sur la laine, qui est plus ou moins grande suivant qu'on veut obtenir par teinture ultérieure des nuances claires, moyennes ou foncées.

Pour les *mordants d'alumine* on traite pendant 1 heure à l'ébullition avec :

Sulfate d'alumine	3 kilogrammes
Crème de tartre	2,500 »
Acide oxalique	1,500 »

On peut aussi employer un sel d'alumine et de l'émétique, par exemple :

Sulfate d'alumine	8 %
Emétique	4 %

Chauffer à 90-95° pendant 1 h. 1/2.

La laine mordancée à l'alumine se teint généralement en alizarine en ajoutant dans le bain de teinture de l'acétate de chaux, du tannin et du savon, pour 100 de couleur, on emploiera :

Acétate de chaux	40
Savon	12
Tannin	25

Le volume du bain est de 30 à 40 fois le poids de la laine.

Pour les *mordants de fer*, on traite par :

Sulfate de fer	7 %
Crème de tartre	4 %

Les *mordants de zinc* sont employés dans certains cas pour augmenter la solidité du rouge d'alizarine ; on ajoute au bain de teinture par exemple :

Sulfate de zinc.. 2 à 3 %

On peut ajouter de l'acétate de chaux dans le bain de teinture, lorsqu'il s'agit d'un mordant de fer.

Quand la laine est mordancée on teint dans un deuxième bain en manœuvrant pendant 1/4 heure environ à froid, puis on monte en 1 heure à 100°, et l'on s'y maintient 1 à 2 heures. La réaction du bain est variable : pour certains colorants on opère en bain neutre, pour d'autres on ajoute des acides organiques. Pour les tissus épais on remplace parfois l'acide par de l'acétate d'ammoniaque.

La solidité des colorants est souvent améliorée lorsqu'à la fin de la teinture on ajoute dans le bain une petite quantité de bichromate.

b) On teint d'abord puis on fixe en sel métallique dans un deuxième bain. — On ajoute la matière colorante dans le bain de teinture puis de l'acide acétique et du sulfate de soude. On introduit la laine à 50°, on monte à l'ébullition et chauffe jusqu'à épuisement. Au lieu d'acide acétique, on peut employer de l'acide sulfurique ou de l'acide formique : après teinture on lave, puis on traite dans un deuxième bain de chromate ou de fluorure de chrome, pendant 1 heure à l'ébullition.

Ce procédé de teinture a pris une grande importance du fait des applications nombreuses des couleurs dites *chromatables*. Dans cette série, il convient de noter surtout les couleurs d'alizarine sulfonées et les dérivés azoïques des o-aminophénols. Il se produit vraisemblablement lors de l'emploi de chromate dans certains cas non seulement une laque colorée, mais aussi une *oxydation* de la matière colorante.

Nous avons déjà parlé dans le chapitre des couleurs acides, des chromotropes et de leurs analogues qui rentrent dans cette catégorie de colorants.

Ce procédé de teinture donne en général des nuances plus unies que par un mordançage préalable, car la couleur pénètre mieux dans la fibre.

c) Teinture en un bain. — On opère comme précédemment mais immédiatement après avoir teint, on laisse refroidir à 70° environ, puis on ajoute le mordant dans le bain et on fait bouillir à nouveau pendant 1/2 heure à 1 heure. Ce procédé est employé surtout pour les mordants de chrome mais on l'emploie aussi dans d'autres cas, par exemple pour fixer l'orangé d'alizarine ; on teint d'abord en bain acétique, puis on fixe le colorant au moyen de sulfate de zinc en opérant comme il vient d'être dit.

Ce procédé est plus simple et plus rapide, mais il offre l'inconvénient de provoquer quelquefois un laquage partiel dans le bain, d'où une perte sensible de couleur.

B. — Impression

L'emploi de ces couleurs n'est pas très répandu, car la laine durcit sous l'influence du chrome. Pour les mousselines, les flanelles, on opère sur laine chlorée, on vaporise sans pression en employant comme épaississant de la britishgum et de l'amidon, par exemple :

Bleu d'alizarine pâte	180
Acétate de chrome à 15°	50
Epaississant	770
Noir d'alizarine pâte	200
Acétate de chrome à 15°	100
Acide acétique 7° Bé	60
Epaississant	640

On peut ajouter aussi de l'acide oxalique. Pour rouge d'alizarine :

Alizarine pâte	80
Sulfate d'alumine	30
Acide oxalique	15
Eau	100
Glycérine	40
Huile soluble	45
Epaississant	690

On emploie aussi les couleurs à mordants pour l'impression des articles Vigoureux. Les sulfocyanures d'aluminium donnent avec l'alizarine des nuances vives et solides pour ce genre d'impression (J. Gaudit MC, 1912, 64).

Soie

Les couleurs à mordants sont employées sur soie lorsqu'on recherche une solidité particulière au savon. On les fixe surtout avec les mordants de chrome ; pour les rouges avec mordants d'alumine, pour les noirs avec mordants de fer (campêche).

A. — Teinture

On peut opérer en un ou deux bains.

a) *Teinture en deux bains.* — *Mordants de chrome* : après décreusage on mordance pendant quelques heures avec du chlorure de chrome à 20° Bé. Le mordançage a lieu à froid ou à tiède. On traite ensuite par un bain légèrement alcalin, par exemple du silicate de soude, puis on lave et teint.

Mordants d'alumine : on traite à froid ou à tiède dans un bain de mordant basique préparé avec :

Carbonate de soude	200 à 360 grammes
Sulfate d'alumine	1 kilogrammes
Eau	5 litres

On laisse en contact pendant 5 à 10 heures, puis on passe en silicate à 1/2° Bé, ou dans un bain de savon chaud à raison de 8 à 10 de savon pour 100 de soie.

Mordants de fer : on traite pendant 2 à 3 heures par du soi-disant nitrate de fer qui est en réalité du sulfate basique de fer, parfois on donne un fond de prussiate jaune, sur la soie ainsi préparée.

On passe ensuite au cachou, avec ou sans addition de chlorure stanneux et on teint en campêche en présence de savon pour obtenir un noir.

La soie mordancée en chrome ou en alumine est teinte généralement en bain de savon de grès coupé avec de l'acide acétique. Pour le rouge d'alizarine avec mordant d'alumine, on teint en présence d'acétate de chaux.

On introduit à froid la soie mordancée, puis on monte en 1/2 heure, au bouillon et on s'y maintient 1 heure. Après teinture on savonne au bouillon, on exprime et avive avec acide acétique ou acide tartrique.

b) *Teinture en un bain.* — On teint généralement la soie en bain acétique ou formique puis lorsque le bain est épuisé on laisse refroidir à 60°, on ajoute le sel chromique et chauffe à nouveau.

On peut aussi mordancer la soie au chrome, puis ajouter le colorant dans le même bain en chauffant à l'ébullition. Dans les deux cas, on savonne, lave et avive avec de l'acide acétique.

B. — Impression

Les couleurs au chrome se fixent avec l'acétate ou le fluorure de chrome, par exemple :

Bleu d'anthracène pâte	180
Acétate de chrôme à 15°	80
Acide acétique	50
Acide tartrique	25
Eau	65
Epaississant	600

On imprime, sèche et vaporise pendant une heure, puis on lave et savonne.

L'alizarine se fixe bien avec du sulfocyanate d'alumine en ajoutant de l'acétate de chaux, par exemple :

Alizarine pâte	180
Sulfocyanate d'alumine à 15°	150
Acétate d'alumine à 15°	150
Sulforicinate	40
Epaississant	600

Cuir

Les couleurs à mordants sont employées surtout pour les cuirs chamoisés et un peu pour les cuirs chromés. Les nuances obtenues ont une très grande solidité à la lumière, au frottement et au lavage.

EHRMANN. — Matières colorantes.   **32**

Pour le cuir chromé on teint au turbulent à 60° en présence d'un peu d'acide acétique. Lorsqu'on veut avoir des nuances foncées, il est indiqué de faire un remontage avec des colorants basiques. Les peaux doivent être désacidées avec soin.

La B. A. S. F. recommande l'emploi simultané du gambier ou d'un autre tannin végétal.

Pour 100 kilogrammes de cuir, après dérayage, on emploie 100 litres d'eau, puis on verse dans le tonneau une solution chaude du colorant :

        Colorant.. 2 à 3 kilogrammes
        H²O.. 50 litres

On fait tourner 1 heure puis on ajoute 2 kilogrammes de gambier ou d'un autre tannin, on foule 15 à 20 minutes puis on rince et nourrit au tonneau. On aura un brun moyen sur box-calf avec :

        Jaune mordant 3 R..................................... 2 kilogrammes
        Brun d'anthracène SV 2G............................. 100 grammes
        Rouge d'alizarine S................................... 2   *

puis on ajoute :

        Gambier .... 2 kilogrammes

Les couleurs de bois ont été remplacées en grande partie par des colorants artificiels, mais on utilise encore un certain nombre d'entre elles surtout le campêche.

Les extraits de bois employés pour le tannage des peaux : chataignier, chêne, québracho, myrobolan, etc., doivent être considérés non seulement comme des matières tannantes, mais aussi comme des matières colorantes, puisqu'elles ont une couleur propre qui donne au cuir des nuances caractéristiques, d'autre part, elles fonctionnent comme produits hydroxylés. Les diverses variétés de tannin renfermées dans ces produits donnent par un traitement ultérieur avec des sels métalliques, fer, chrome, cuivre, etc., de vraies teintures.

Les *nitrosonaphtols* donnent également sur poils mordancés au chrome ou avec d'autres sels métalliques des nuances rouges, rouges brun, jaunes brun, etc.

Ces colorants s'emploient surtout au plonger.

Laques

Les couleurs à mordants sont indiquées pour la préparation des laques car un certain nombre d'entre elles forment des combinaisons métalliques colorées insolubles et solides à la lumière.

Celles qui proviennent de l'alizarine sont particulièrement intéressantes.

Laques d'alizarine. — La préparation de l'hydrate d'alumine doit être faite avec beaucoup de soin. On emploie :

Sulfate d'alumine	1 kliogrammes
Eau	10 litres

On fait bouillir, puis on ajoute lentement une solution de carbonate de soude préparée avec :

Carbonate de soude	0,500 kil.
Eau	10 litres

On maintient quelque temps à l'ébullition, puis on décante et on lave à plusieurs reprises. L'alumine sert en même temps de sous-sol et d'élément de laquage. On ajoute parfois du chlorure de calcium ou du phosphate de chaux dans la gelée d'alumine afin de former un mordant double. Les laques d'alizarine sont différentes selon la durée d'ébullition avec l'hydrate d'alumine.

Généralement on laque en présence d'alcalins faibles, phosphate de soude, phosphate d'ammoniaque ou en présence d'un peu de carbonate de soude. L'addition d'huile pour rouge favorise la vivacité du colorant.

Ces couleurs dénommées *laques de garance* sont employées surtout pour les couleurs destinées à l'impression des livres et à l'impression lithographique. On les utilise aussi pour les couleurs à l'aquarelle. Elles sont très solides à la lumière mais ne sont pas tout à fait insensibles à l'alcali et aux acides.

___

COULEURS SUBSTANTIVES AZOÏQUES

COTON............ **A) Teinture**

a) Nature du bain. Température, durée, etc.
Coton mercerisé.
Teinture mécanique, dans la mousse.
b) Traitement après teinture :
1º Sels minéraux : chrome, alumine, hyposulfite de soude, cuivre.
2º Substances organiques : formol, sulforicinates, solidogène,
3º Diazoïques.
4º Remontage avec des basiques

5º *Teintures copulées*. Diazotation sur fibre, puis virage avec des phénols et des amines.
Traitement des diazos sur fibre par carbonate de soude chaud.

B) Impression

Impression directe, sur tissus et filés.
Crêpage avec soude caustique.

Enlevages :
1º Hydrosulfite formaldéhyde. Enlevages blancs et colorés.
2º Poudre de zinc et bisulfite.
3º Sel d'étain, surtout pour enlevages colorés,
4º Enlevage au chlorate.

LAINE............ **A) Teinture**

Emploi très avantageux de certains substantifs.

B) Impression

Conditions à observer et nature du mélange imprimé.

Enlevages :
Hydrosulfite-formaldéhyde pour enlevages blancs et colorés.
Sel d'étain.

SOIE............ **A) Teinture**

Nature du bain. Conditions de teinture.

B) Impression

Impression directe.
Réserves.
Enlevages.

TISSUS MIXTES. A) Teinture

1º Laine et coton :
   a) Couleurs teignant les deux fibres.
   b) Colorants teignant mieux le coton ; remontage de la laine avec colorants acides.
   c) Colorants ne teignant pas la laine ; teinture de la laine dans un deuxième bain.
   d) Teintures successives.
   e) Effets double-teintes.
   f) Démontage de la couleur.
   g) Bosselés sur laine.

2º Laine et soie : uni et doubles teintes.

3º Soie et coton : uni et doubles teintes.

B) Impression

Sur tissus mélangés divers.

Applications diverses

1° SOIE ARTIFICIELLE...................................... Conditions de teinture.

2° LIN, CHANVRE, RAMIE................................   id.

3° JUTE... { 1° Teinture.
                                                            { 2° Impression.

4° PAPIER... Conditions de teinture.

5° PAILLE..   id.

6° BOIS..   id.

7° COROZO...   id.

8° CRIN VÉGÉTAL, SISAL ....   id.

9° PIASSAVA ....   id.

10° FLEURS, FEUILLES ....   id.

11° CUIRS.. { 1° Cuirs tannés.
                                                           { 2° Cuirs chromés.
                                                           { 3° Cuirs alunés.

12° LAQUES .... Leur préparation.

COULEURS SUBSTANTIVES AZOIQUES

Ce sont les colorants de la série de la benzidine et analogues et de l'acide J. etc. : ils teignent le coton directement sans mordants. La facilité de leur application les désigne spécialement pour cette fibre, mais on en utilise un certain nombre pour d'autres matières végétales et dans une faible mesure pour la teinture de la laine et de la soie.

Certaines d'entre elles sont même plus indiquées pour la laine que pour le coton, par exemple, le brun drap, le rouge anthracène, le jaune de carbazol, etc. L'emploi des couleurs substantives est très intéressant dans le cas des tissus mixtes.

Souvent on fait un traitement après teinture par des sels métalliques ou des produits organiques, tels que le formol, le solidogène, les sulforicinates, par les diazoïques, et par la diazotation sur fibre suivie d'un virage subséquent avec des phénols ou des amines.

Ces traitements subséquents sont tous faits dans le but d'améliorer ou de modifier les nuances et de les rendre plus solides.

Coton

A. — TEINTURE

On teint en présence de carbonate de soude, de sulfate de soude, de sel marin, ou d'un mélange de ces sels ; exceptionnellement on ajoute de la soude caustique. La proportion de ces divers produits est très variable. Elle dépend de la quantité de colorant mise en œuvre et de la nature de ce colorant. La quantité de carbonate de soude peut varier de 1 à 5 %, le sulfate de soude et le sel marin de 5 à 30 %. Le sel diminue la solubilité de la matière colorante dans le bain et favorise, par conséquent, probablement sa fixation sur la fibre ; le sulfate de soude agit dans le même sens, le carbonate de soude augmente la solubilité de la couleur dans l'eau et ralentit le plus souvent la teinture. Il est utile parfois de teindre en présence de phosphate de soude (5 à 10 %) ; on utilise aussi le mélange phosphate et carbonate.

Pour faciliter la teinture on peut ajouter dans certains cas, une solution de savon (1 à 5 %) ou du sulforicinate.

Il est parfois nécessaire d'avoir des bains très alcalins et pour certains colorants, par exemple, le rouge Saint-Denis, on teint même avec de la soude caustique. La teinture par ce procédé est employée aussi pour certains colorants lorsqu'on teint à froid.

Pour les nuances claires, on commence à 40°, on monte progressivement jusqu'à 70-80° et on s'y maintient 1/2 heure, parfois on teint à une température plus basse 40-60° et même au-dessous. Le bain s'épuise souvent d'une manière complète. Pour nuances moyennes ou foncées, on chauffe à l'ébullition pendant 3/4 d'heure à 1 heure, dans ce cas le bain ne s'épuise pas toujours et afin de pouvoir s'en servir à nouveau on le garnit en ajoutant aux vieux bain une quantité de couleur correspondant à celle qui a été absorbée ainsi que du carbonate, du sulfate de soude et du sel marin dans la proportion de 1/3 à 1/5 des poids primitifs.

On emploie des bains courts représentant en moyenne 20 fois le poids du coton ; pour la teinture au gigger, ils correspondent à 5 ou 6 fois le poids du coton.

Le coton mercerisé a une affinité très prononcée pour ces colorants, il est donc indiqué de diminuer la proportion des substances salines afin d'éviter les inégalités en teinture.

Teinture mécanique. — Les teintures en canettes et en bobines donnent de bons résultats avec les colorants directs. On chauffe à 100° pendant 1/2 heure à 3/4 d'heure avec les proportions de carbonate, de sulfate et de sel marin que nous avons indiquées plus haut.

Teinture dans la mousse. — Les colorants substantifs donnent aussi de bons résultats pour la teinture dans la mousse ; les bobines sont couchées dans des paniers à claire-voies et ceux-ci sont placés dans l'appareil de manière que le liquide n'atteigne pas les bobines, mais qu'elles soient en contact avec la mousse.

Le *lavage* après teinture est important surtout lorsqu'on teint en milieu très alcalin.

Traitements après teinture

Ces opérations ont pour but d'améliorer la solidité, la vivacité des teintures ou même de modifier les nuances. Ces traitements pour être efficaces dépendent essentiellement de la constitution chimique des colorants.

Les modes d'applications sont les suivantes.

1. Traitement par des sels minéraux. — Les *sels de chrome* augmentent en principe la solidité au lavage, les sels de cuivre rendent les teintures plus solides à la lumière. On se sert de bain renfermant :

> 1,5 à 3 % chlorure ou fluorure de chrome ou de bichromate
> 1,5 à 5 % acide acétique

On laisse dans le bain 20 à 30 minutes à une température de 80-90°.

Pour les bains de *cuivre* on prend :

> 1 à 3 % sulfate de cuivre
> 2 à 5 % acide acétique

pendant 1/2 heure à 70-80°.

On obtient de bons résultats en employant des bains préparés avec un mélange de sulfate cuivre et de bichromate.

Bichromate...	2 %
Sulfate de cuivre	2 %
Acide acétique...	4 %

On manœuvre pendant 1/2 heure à 60-70°.

Les *sels d'alumine* favorisent la solidité de certains colorants substantifs, surtout en ce qui concerne le lavage.

On traite à tiède par un bain renfermant par litre 5 gr. de sulfate d'alumine ou un mélange d'alun et d'acétate de soude ; un bain *d'hyposulfite de soude* à raison de 5 gr. par litre augmente la solidité à la lumière (Holliday, B. F. 455804).

2° Traitement par des substances organiques. — Le *formol* augmente également en principe la solidité au lavage et au foulon. On traite à tiède pendant 1/2 heure par :

Formaldéhyde à 40 %	3 %
Acide acétique...	3 à 4 %

On peut ajouter aussi au formol une petite quantité de bichromate.

Les *sulforicinates* rendent les nuances plus vives, surtout certains rouges.

Le *solidogène* (M) est le chlorhydrate d'une base que l'on prépare en faisant réagir la formaldéhyde sur un mélange d'ortho- et de p-toluidine. Il correspond à la formule :

$$C^6H^4 \Big\langle {}^{CH^3}_{NH} \cdot CH^2 - C^6H^3 \Big\langle {}^{CH^3}_{NH^2}$$

et améliore, par exemple la solidité du congo vis-à-vis des acides.

3° Traitement par des diazoïques. — Un certain nombre de colorants sont modifiés et rendus plus solides au lavage lorsqu'on traite leurs teintures par des *diazoiques*, surtout par le diazoïque de la p-nitraniline.

La diazotation a lieu dans les conditions habituelles et on neutralise ensuite à l'acétate de soude. On emploie une solution de diazo qui renferme 250 grammes de p-nitraniline sur 1000 litres. On laisse la fibre en contact avec le diazoïque pendant 1/2 heure.

On a parfois avantage à ajouter un peu de carbonate de soude dans le bain de virage. Au lieu de diazoter la nitraniline on peut partir de nitrosamine en pâte que l'on traite par de l'acide chlorhydrique ; le principe du virage reste toujours le même. La B.A.S.F. indique le procédé suivant :

Nitrosamine pâte	8,200 kil.	+ 50 eau froide
HCL	1,020 »	

Laisser 1/2 heure, puis verser dans le bain de virage et ajouter :

Acetate de soude..................	1,320 + eau	....	Q S

On laisse séjourner le coton pendant 1/2 heure dans ce bain. On peut utiliser d'autres diazoïques stables : rouge azophore, nitrazol.

4° Remontage avec des colorants basiques. — Un certain nombre de colorants substantifs donnent des laques insolubles avec des basiques, on peut donc les remonter en passant après teinture dans un bain de colorant basique.

5° Traitement par diazotation et copulation. — On diazote les couleurs sur la fibre après teinture, puis on passe dans un bain développateur à base de phénol ou d'amine ; les opérations poursuivent toujours le but de donner de la solidité au lavage ainsi que des nuances plus foncées et parfois différentes de la teinture première.

Pour diazoter après teinture on plonge le coton dans une solution d'acide nitreux à froid. Les proportions d'acide nitreux correspondant à :

Nitrite de soude	1,5 à 2 %
Acide chlorhydrique conc. ou	5 à 7 %
Acide sulfurique conc...............................	3 à 5 %

Proportions variables selon l'intensité de la couleur.

On ajoute d'abord le nitrite dans le bain refroidi, puis l'acide et on manœuvre le tissu pendant environ 1/4 d'heure. Après diazotation on lave dans l'eau froide acidulée avec de l'acide chlorhydrique, puis on passe dans un deuxième bain renfermant le développateur ; celui-ci peut être un phénol ou une amine.

Les phénols les plus importants sont : le β-naphtol et la résorcine ; mais on emploie aussi le phénol, certains sulfonaphtols et aminonaphtols, par exemple le γ-aminonaphtol sulfoné, l'aminonaphtol-éther, le phényl-méthylpyrazolone.

Comme amine on utilise la m-toluylènediamine, l'α-naphylamine, l'aminodiphénylamine, l'éthyl-β-naphtylamine. Pour produire le virage on laisse séjourner le coton pendant 1/4 d'heure dans le développateur ; on emploie pour 100 litres de bain ?

β-naphtol...	1 kilogrammes
Soude à 40°...	0,300 »
Résorcine	800 grammes
Soude à 40°...	600 »

Pour les développateurs aminés, par exemple la m-phénylènediamine, on vire en présence de la quantité d'acide nécessaire pour maintenir l'amine en dissolution.

Après le virage il faut laver avec soin le coton afin d'éliminer les colorants insolubles qui pourraient y adhérer. Généralement, on termine par un savonnage ; si l'on veut augmenter la résistance à la lumière on finit éventuellement par un passage en sulfate de cuivre, et l'on peut comme dans le cas précédent remonter avec des basiques.

Les nuances après virage diffèrent le plus souvent de la couleur primitive et l'on constate aussi des améliorations de solidité.

Enfin on peut aussi traiter simplement la couleur diazotée avec une solution chaude de carbonate de soude ; il est probable que dans ces conditions il y a transformation des groupes NH en OH.

B. — IMPRESSION

Les couleurs substantives ont peu d'emplois en impression à cause de leur faible solidité au lavage.

On emploie pour le coton l'impression directe en ajoutant des alcalins faibles tel que du phosphate de soude. On ajoute souvent un peu de glycérine qui favorise la régularisation d'humidité.

Comme épaississants, on utilise ceux qu'il est facile d'éliminer par lavage, la gomme et la gomme adragante. Pour les nuances corsées on augmente la solidité au lavage en ajoutant un peu d'albumine à la couleur d'impression ; au lieu d'albumine on peut employer de la caséine.

Le vaporisage, qui doit être très humide, dure de 3/4 à 1 heure. Comme formule simple, nous pouvons indiquer la suivante :

Colorant..	10 à 20 grammes
Eau	200 »
Phosphate de soude...	10 à 20 »
Glycérine..	100 »
Epaississant adragante $^{60}/_{1000}$................................	600 »

Après vaporisage, on lave avec de l'eau froide à laquelle on ajoute dans certains cas un peu de sel marin pour éviter toute dissolution du colorant.

Quand on ajoute de l'albumine à la couleur d'impression. On emploie une solution à 50 % dans l'eau froide et les proportions suivantes :

Conleur...	10 à 20 grammes
Eau	300 »
Phosphate de soude...	10 à 20 »
Glycériue	50 »
Adragante $^{60}/_{1000}$...	400 »
Solution d'albumine..	200 »

Pour certains articles doublure à rayures fines, on imprime des laques de couleurs substantives que l'on fixe à l'albumine :

Laque	250
Solution d'albumine...	200
Epaississant (amidon adragante)...............................	550

Vaporiser 1/4 d'heure, laver, savonner. Le plus souvent on ajoute simplement la couleur dans l'opprêt.

Crépage. — Si l'on imprime de la soude caustique sur un tissu teint, on produit des effets de crépage dus au phénomène de mercerisage par exemple avec :

Soude caustique..	655
Epaississant (britishgum)	355

Après impression on lave sans séchage intermédiaire à l'eau légèrement acide en ayant soin de n'effectuer aucune tension. Si l'on a imprimé des bandes parallèles, dans chaque bande la chaine et la trame s'étant contractées, les fils de la bande voisine sont devenus trop longs pour rester dans le plan primitif et en se soulevant, ils donnent lieu, par leurs saillies, à un effet de crépage.

L'article crépon sur uni avec des colorants directs donne une nuance plus intense sur les parties imprimées. Pour éviter cet inconvénient on remonte la la couleur avec un colorant basique avant impression. Si l'on a soin de choisir une couleur basique qui est décolorée par la soude, on obtient de cette façon une nuance égale sur les parties crépées et non crépées.

On fait aussi des crépages par impression de couleurs substantives très alcalines sur fond blanc ou coloré.

Un autre procédé de fabrication de crépons consiste à imprimer sur tissu blanc une réserve à base de gomme et d'albumine, ou de gomme seule. Cette réserve peut être blanche ou colorée. Dans le cas d'une réserve blanche, on passe dans un bain de soude caustique à 35°, coloré avec une couleur substantive. Les portions du tissus qui ont été imprimées ne subissent pas l'action de la soude, de sorte qu'il se produit un crépage par suite du rétrécissement des surfaces non imprimées. Si l'on imprime une réserve colorée, on passe également à froid dans une solution de soude concentrée.

On imprime par exemple :

Couleur..	10 à 20 grammes
Eau..	00 »
Glycérine..	100 »
Epaississant (amidon adragante)..........................	600 »

On vaporise 20 à 30 minutes puis on mercerise. Comme réserve blanche, on peut employer :

Epaississant gomme	650
Eau	350

Impression des filés. — Procédé analogue à celui qui vient d'être décrit pour les tissus avec addition d'un alcalin faible et de glycérine.

Enlevages

Les couleurs substantives peuvent être rongées avec des réducteurs : sulfoxylate formaldéhyde (Rongalite C) poudre de zinc, sel d'étain. Les oxydants ne sont guère employés. Ce sont les hydrosulfites (sulfoxylates) qui donnent les résultats les plus satisfaisants.

1° Sulfoxylate-formaldéhyde. — (Rongalite C ou Hyraldite C). On imprime sur tissu teint :

Rongalite C...	100 à 250
Epaississant	900 à 750

On sèche, vaporise 2 à 3′ au Mather-Platt à 100-102°, puis on lave et savonne.

Pour les enlevages colorés, on ajoute des couleurs résistant à l'hydrosulfite surtout des basiques ; bleu méthylène, rhodamine, phosphine, nigrosine, etc.

Pour favoriser la dissolution de la matière colorante basique on ajoute diverses substances telles que l'aniline, le phénol. Nous donnons ici une formule d'enlevage coloré à base d'aniline :

Couleur..	40 grammes
Acide acétique	50 »
Eau chaude	110 »
Gomme à 1/1...	220-370 gr.
Rongalite C...	100-250 »
Aniline...	90 grammes
Tannin..	240 »

On peut aussi réaliser des enlevages colorés au moyen de couleurs à l'albumine, colorants basiques ou pigments colorés (Cassella).

Outremer	150 grammes
Eau	150 »
Glycérine	50 »
Hyraldite C	150 »
Eau	200 »
Adragante	200 »
Solution d'albumine	120 »

Les colorants à cuve se prêtent particulièrement aux enlevages avec l'hydrosulfite. La couleur d'impression est alors franchement alcaline.

Indigo brômé pâte 20 o/o	100 grammes
Eau	100 »
Rongalite C	100 »
Carbonate de potasse	200 »
Gomme	450 »

2° Enlevages à la poudre de zinc. — On imprime un mélange de poudre de zinc et de bisulfite :

Poudre de zinc	300 grammes
Epaississant	530 »
Ammoniaque	50 »
Bisulfite	120 »

On vaporise et lave avec de l'eau acide. Ce procédé qui a l'inconvénient d'encrasser les rouleaux, n'est plus guère employé depuis que l'on prépare des hydrosulfites stables.

3° Rongeants au sel d'étain. — Par ce procédé les blancs sont moins beaux qu'avec l'hydrosulfite, mais ils sont suffisants pour certains enlevages colorés. Pour le blanc on imprime :

Sel d'étain	200
Acide tartrique	29
Acétate de soude	80
Britishgum	800

Pour les rongés colorés on imprime :

Couleur	30 à 50 grammes
Acide acétique	100 »
Sel d'étain	100 »
Epaississant gomme	520 »
Acétate de soude	50 »
Tannin	100 »
Acide acétique	100 »

On emploie surtout des basiques : phosphine, auramine, rhodamine, fuchsine, safranine, violet d'aniline, bleu méthylène, bleu victoria, vert brillant, indulines nigrosines.

4° Enlevages au chlorate. — Ce procédé n'est utilisé que rarement, par exemple pour ronger des nuances claires.

Laine

A. — Teinture

Les colorants substantifs sont particulièrement indiquées pour le coton, mais quelques uns d'entre eux teignent aussi la laine. Il y en a même qui sont plus avantageux pour la laine à cause de leur solidité par exemple les *couleurs sulfonés acides* et le *rouge diamine solide*, etc... On teint généralement en bain acétique avec 10 à 20 % de sulfate de soude auquel on peut ajouter de l'acétate d'ammoniaque ; on commence à tiède, puis on porte à l'ébullition jusqu'à ce que le bain soit épuisé.

B. — Impression

On imprime les tissus de laine avec une couleur additionnée de phosphate de soude dans la proportion d'environ 20 grammes par kilogramme de couleur, par exemple :

Couleur	15 à 25 grammes
Eau	280 »
Glycérine	30 »
Phosphate de soude	20 »
Epaississant (gomme-adragante)	645 »

On emploie quelquefois l'oxalate ou l'acétate d'ammoniaque.

Le vaporisage doit avoir lieu avec de la vapeur très humide ; on a soin pour cette raison d'enrouler les tissus pendant le vaporisage dans des étoffes fortement mouillées, on obtient alors avec les mousselines et flanelles de très bons résultats. Comme épaississants on emploie l'adragante et la britishgum.

Enlevages. — Pour les rongés blancs le sulfoxylate-formaldéhyde plus oxyde de zinc donne de bons résultats. On imprime le tissu teint avec :

Rongalite CW ou hyraldite CW [1]	250
Epaississant gomme	700
Glycérine	50

On vaporise au Mather-Platt sans pression avec de la vapeur humide. Pour les enlevages colorés, on prend des couleurs qui résistent à l'hydrosulfite, par exemple : phosphine, auramine, érythrosine, bleu méthylène, bleu Nil.

Les enlevages colorés au sel d'étain donnent également des résultats satisfaisants. Le rongeant blanc, par contre, et pour lequel on emploiera :

Sel d'étain	180 grammes
Eau	50 »
Glycérine	25 »
Acétate de soude	75 »
Epaississant	670 »

______

(1) (Sulfoxylate formaldéhyde + oxyde de zinc).

donne des blancs jaunâtres, aussi fait-on par ce procédé surtout des enlevages colorés au moyen de : phosphine, auramine, rhodamine, safranine, fuchsine, rosinduline, éosine, violets, bleu méthylène, bleu d'aniline, indulines, verts acides, etc.

Soie

A. — Teinture

Quelques couleurs sont employées pour la soie. On teint en bain de savon coupé avec de l'acide sulfurique ou de l'acide acétique, quelquefois en bain neutre ; le plus généralement on ajoute 10 à 20 % de sulfate de soude. Les procédés varient naturellement avec la nature du colorant ; on commence à tiède, puis on porte au bouillon et on s'y maintient 1 heure. Après teinture on avive en traitant avec 1 à 2 % d'acide acétique et si l'on veut augmenter la résistance à la lumière, on traite par des sels métalliques, spécialement par des sels de cuivre.

B. — Impression

On ajoute à la couleur un peu de phosphate de soude et de glycérine par exemple :

Colorant..	15 à 25 grammes
Glycérine...	20 »
Eau	300 »
Phosphate de soude...	25 »
Epaississant gomme	630 »

vaporiser 1/2 h. à 1 heure sans pression.

Enlevages. — La Rongalite C donne de bons résultats :

Rongalite C (Sulfoxylate formaldéhyde).............................	250 grammes
Eau et épaississant de gomme......................................	750 »

Comme épaississant on prend la britishgum ou l'adragante. Pour les enlevages colorés on se sert des colorants basiques que l'on fixe avec du tannin, par exemple : phosphine, auramine, rhodamine, safranine, éosine, induline, rosinduline, etc.

Les enlevages à la poudre du zinc et bisulfite ne sont employés que dans l'impression à la planche, car le zinc encrasse la gravure des rouleaux.

Dans certains cas, on peut employer le rongeant d'étain, mais les blancs sont moins réussis qu'avec les procédés cités plus haut. Pour les enlevages colorés cet inconvénient n'existe plus, de sorte que l'on obtient des résultats satisfaisants avec toute une série de colorants qui ne sont pas altérés par le sel d'étain, tels que : phosphine, auramine, jaune de quinoléine ; éosine, rhodamine, safranine, fuchsine acide ; violets acides, violets basiques ; bleu méthylène, bleu d'aniline, bleu victoria, indulines ; verts basiques et acides.

Avec les colorants basiques, il est bon d'ajouter un peu de tannin. Formule pour enlevages blancs :

Sel d'étain	120 grammes
Eau	120 »
Glycérine	25 »
Acide citrique	25 »
Sulfocyanate d'ammoniaque	40 »
Epaississant gomme	670 »

Vaporiser 5′ au mather et 1/2 heure, sans pression. Pour enlevages colorés avec colorants basiques :

Couleur	20 grammes
Tannin	35 »
Acide acétique	100 »
Epaississant acide	700 »
Sulfocyanate d'ammoniaque	25 »
Sel d'étain	120 »

Réserves. — On emploie des réserves mécaniques avec des corps gras de la cire, des résines, ou une réserve à base de poudre de zinc sur laquelle on surimprime une couleur épaissie en ayant soin de choisir un colorant qui se décolore en présence de la poudre de zinc.

Tissus mixtes

A. — TEINTURE

Les colorants substantifs ont trouvé des applications très nombreuses pour la teinture des tissus mixtes.

1° Laine et coton

a) Un certain nombre de colorants substantifs teignent en même temps les deux fibres, de sorte qu'il est possible d'obtenir de cette manière des nuances uniformes et à la même hauteur de ton. La température du bain joue un rôle prépondérant. D'une manière générale à basse température le coton se teint mieux que la laine, tandis qu'à température élevée, c'est la laine qui absorbe le plus facilement la matière colorante. La réaction du bain joue aussi un rôle important : en bain neutre c'est la laine qui fixe proportionnellement le plus de couleur. Par une connaissance approfondie des propriétés tinctoriales des colorants substantifs, le teinturier peut arriver à produire des nuances identiques sur les deux fibres. On opère généralement en présence de sulfate de soude. Si la nuance de la laine est insuffisante, on élève la température du bain, si au contraire c'est le coton qu'il faut remonter, on laisse tirer le colorant à froid ou à tiède en ajoutant un peu de carbonate de soude si cela est nécessaire.

b) D'autres colorants substantifs teignent le coton avec une nuance plus foncée que la laine, il est alors nécessaire de remonter la laine au moyen d'un colorant acide.

c) Une autre classe de colorants substantifs teint bien le coton, mais presque pas la laine, il est alors nécessaire de passer dans un deuxième bain, en teignant la laine avec un colorant acide. On peut aussi teindre le coton avec une couleur diazotable, puis la faire virer après diazotation et teindre ensuite en bain acide.

d) On peut teindre d'abord la laine en bain acide, puis le coton dans un deuxième bain à basse température avec un colorant de benzidine, en ajoutant au bain de teinture du sulfate de soude, du sel marin, ou un peu de carbonate qui empêchent la laine de se colorer.

e) Pour les effets *double teintes* on emploie surtout le procédé précédent, mais on peut utiliser aussi les diverses méthodes qui viennent d'être décrites pour l'uni. Il est intéressant de noter que certains colorants substantifs donnent des nuances différentes sur les deux fibres. Quand il s'agit d'obtenir de la laine colorée avec effets blancs de coton, on emploie les colorants acides, mentionnés dans le chapitre qui traite de l'application de ces couleurs.

Démontage de la couleur. — Quand on a des teintes manquées et qu'il est nécessaire de démonter en partie la couleur fixée sur l'une ou l'autre fibre, on traite le tissu par de l'acide sulfureux, soit dans le bain même, soit dans un bain neuf. Dans certains cas, on peut utiliser les hydrosulfites (hydrosulfite de zinc et acide formique).

Bosselés sur laine. — C'est une forme de crépon obtenu en traitant le tissu mi-laine par de la soude caustique à 20-25° Bé ; il se produit un raccourcissement de la fibre de coton, qui se traduit par un crépage de tissu. Ce traitement peut se faire avec une solution alcaline colorée au moyen des couleurs substantives. On peut réaliser ces bosselés avant ou après teinture.

2° Laine et soie

On peut obtenir des tons unis ou des tons différents en teignant à l'ébullition en présence de sulfate de soude avec ou sans acide acétique. Pour ce genre de tissu on emploie surtout les colorants acides dont il a été question d'autre part.

3° Soie et coton

On teint d'abord avec un colorant de benzidine, puis la soie à froid dans un deuxième bain avec un colorant basique ou acide. On peut aussi teindre d'abord la soie avec un colorant acide, puis le coton avec une couleur substantive en bain alcalin.

Pour les effets *double teintes* certains substantifs teignent seulement le coton et permettent d'obtenir des effets de soie blanche. Lorsqu'on veut avoir deux nuances différentes, on opère comme il a été dit plus haut avec un colorant substantif et acide ou inversement. Ces résultats peuvent être obtenus en un ou en deux bains.

B. — IMPRESSION

On peut imprimer les tissus mixtes avec des colorants substantifs, surtout lorsque le coton domine. On emploie des formules analogues à celles qui ont été indiquées pour l'impression du coton et de la laine, en ajoutant à la couleur d'impression une certaine quantité de phosphate de soude ou d'oxalate d'ammoniaque et de glycérine.

Les couleurs substantives peuvent être employées pour les tissus laine et coton, soie et coton, soie et laine.

APPLICATIONS DIVERSES

1° Soie artificielle

Les colorants directs sont employés pour la teinture de la soie artificielle. Leur utilisation est indiquée pour cette fibre, car par suite de sa fragilité à l'état humide, elle doit être teinte à une température relativement basse. On opère en présence du sulfate de soude dans la proportion de 5 à 15 $^0/_0$ pour les tons clairs, 20 à 30 $^0/_0$ pour les nuances foncées et en bains courts. On commence généralement à chauffer à 40°, puis on s'élève progressivement à 50-60 et même 70° si cela est nécessaire. On obtient généralement des nuances solides et assez unies : on favorise l'unisson en ajoutant un peu d'huile pour rouge, du savon et du carbonate de soude.

Pour aviver la soie artificielle et lui donner de la souplesse, on traite par un bain d'acide acétique tenant en émulsion de l'huile d'olive.

2° Lin, chanvre, ramie.

Ces fibres sont constituées comme le coton par des produits cellulosiques, elles ont des propriétés tinctoriales analogues. Il faut les débouillir avant teinture. Le lin est traité à l'ébullition par 5 à 10 $^0/_0$ de carbonate de soude car il renferme des matières pectiques brunes qu'il faut éliminer. Le lin est difficile à pénétrer. Les fibres sont très dures, la teinture doit être prolongée assez longtemps, il faut éviter un excès d'alcali, car cette fibre est beaucoup plus sensible que le coton.

3° Jute

Teinture

On teint au bouillon dans des bains courts renfermant par exemple 15 parties d'eau. Pour favoriser la fixation de la couleur, on ajoute 10 à 20 $\%$ de sulfate de soude ou de sel marin. On peut obtenir une bonne fixation du colorant en laissant refroidir le bain après teinture.

Impression

On ajoute à la couleur du phosphate de soude et un peu de glycérine en employant une formule analogue à celle qui a été indiquée pour le coton.

4° Papier

On teint par la méthode habituelle, par le même procédé que celui utilisé pour les colorants acides, en ajoutant la couleur avant le collage. On ajoute aussi du sel dans la proportion de 5 à 10 $\%$ et parfois un peu de carbonate de soude, puis on fait le collage. Il est parfois nécessaire d'élever la température jusqu'à 60-70° pour favoriser la fixation du colorant.

Si l'on mélange dans la pile des colorants substantifs avec certains basiques on peut obtenir une précipitation complète des colorants, par le fait de leur combinaison réciproque.

La solidité à la lumière de certains substantifs peut être améliorée par l'addition de sulfate de cuivre d'après les mêmes principes que pour la teinture des fibres textiles. Lorsqu'on teint le papier terminé, on opère par immersion au moyen d'une machine spéciale à foularder. Ce mode de coloration est d'ailleurs très limité.

5° Paille

On commence par faire débouillir la paille, avec de l'eau chaude. On teint ensuite pendant quelques heures avec 1 à 2 $\%$ de borax et du sulfate de soude.

Pour les nuances claires, il est avantageux de blanchir au préalable avec du bioxyde de sodium ou de l'acide sulfureux :

Acide oxalique	2 à 3 kilogrammes
Eau tiède	100 litres
Bioxyde de sodium	2 à 3 kilogrammes

On ajoute du silicate de soude jusqu'à ce que le tournesol soit bleu s'il ne l'est déjà. On introduit la paille, puis on lave et passe dans un bain d'acide oxalique à 1 gramme par litre.

6° Bois

On chauffe au bouillon pendant 1 à 2 heures en ajoutant dans le bain de teinture 5 à 10 grammes de sulfate de soude par litre, et généralement du carbonate de soude. On peut obtenir ainsi des nuances assez corsées.

7° Corozo

On teint au bouillon pendant 1 heure avec:

Carbonate de soude..	0,5 à 1 gramme par litre
Sulfate de soude	10 à 15 » »

On obtient de bons résultats pour certains colorants en ajoutant un peu de savon.

8° Crin végétal, sisal

Pour ces fibres c'est la teinture en noir que l'on utilise le plus souvent. Les noirs substantifs donnent pour la plupart de bons résultats. On teint dans un bain de carbonate de soude et de sulfate et souvent en ajoutant de l'ammoniaque ; on teint au bouillon dans des bains courts pendant 1 heure.

9° Piassava

Cette fibre est employée pour la fabrication des brosses et des balais, elle provient de diverses variétés de palmiers que l'on trouve en Egypte, dans les Indes, au Brésil, à Ceylan, etc. On teint pendant 1 heure au bouillon avec 10 à 20 °/₀ de sulfate de soude et du carbonate de soude si cela est nécessaire.

10° Fleurs, feuilles

On teint à une température moyenne : de 70 à 80°, en ajoutant du sulfate de soude ou du sel marin. Après la teinture on traite par un corps hygroscopique pour empêcher les feuillages de se dessécher et de devenir friables ; on emploie à cet effet de la glycérine et du chlorure de calcium.

11° Cuirs

Cuirs tannés. — Les colorants directs se fixent directement sur ces cuirs après un foulonnage convenable et sans aucune addition, en bain neutre en chauffant pendant 1/2 heure à 1 heure à 50-60°. Les teintures sur cuirs tannés ont lieu presque toujours au foulon de manière à bien traverser le cuir. La résistance à la lumière et au frottement est satisfaisante dans un grand nombre de cas. On remonte parfois avec des colorants basiques, opération qui a pour but d'augmenter sensiblement la résistance au frottement.

Cuirs chromés. — On teint ces cuirs après un foulonnage convenable avec de l'eau tiède, puis on désacide. Les colorants substantifs sont indiqués pour les cuirs chromés. On produit surtout des nuances noires avec certaines marques qui donnent des nuances belles et solides. Le désacidage de la peau dont il a été question plus haut est une opération importante.

Généralement la teinture a lieu au foulon. Pour les cuirs noirs si le côté chair doit avoir une couleur bleue, violette ou grise, on commence par teindre la peau au tonneau, puis on colore la fleur en noir en opérant à la brosse ou au baquet. En ajoutant du campêche on favorise la pénétration.

Avant la teinture il est indispensable de préparer le cuir afin d'enlever les sels solubles et les acides qui l'imprègnent ; on commence donc par foulonner avec de l'eau tiède, puis on désacide en traitant au foulon avec de l'eau acaline, tenant en suspension de la craie.

Comme alcalin on peut employer du carbonate de soude ou du borax.

Pour certains colorants, il est avantageux d'ajouter un peu de tannin au bain de teinture, par exemple, sous la forme d'extrait de sumac. Dans le cas du cuir chromé, on remonte parfois la nuance avec des basiques.

Le cuir chromé peut être graissé avant ou après teinture ; il est indispensable de choisir convenablement les matières grasses afin qu'elles soient parfaitement neutres et qu'elles ne risquent pas de démonter la couleur.

Cuirs alunés. — Après avoir enlevé l'excès d'alun, on donne au cuir une nourriture généralement à base de jaune d'œufs et l'on teint en substantifs comme pour les cuirs chromés. D'une manière générale les colorants substantifs, sont employés pour les cuirs, soit comme colorants directs, soit comme remontage, surtout pour les couleurs à mordants.

12° Laques

La plupart des colorants substantifs peuvent être laqués avec du chlorure de baryum. La précipitation a lieu à la température de 25 à 35° ; comme sous-sols on emploie du sulfate de baryte ou bien un mélange de sulfate de baryte et d'alumine. L'alumine peut être précipitée au moment même de son emploi en présence de sulfate de baryte, comme il est indiqué dans le chapitre traitant des colorants acides. Pour préparer l'hydrate d'alumine on dissout :

Sulfate d'alumine	50 kilogrammes			
Eau	1000	»		
Carbonate de soude	20	»	+ eau..	300 litres

Après précipitation, on lave à 3 reprises par décantation. Si l'on veut opérer en laquant le colorant sur du sulfate de baryte et de l'alumine préparé en présence de ce sulfate, on peut opérer de la manière suivante :

Sulfate de baryte	250 kilogrammes			
Sulfate d'alumine	10	»		
Eau	150	»		
Carbonate de soude	5	»	+ eau..	100 litres

On mélange cette solution, puis on ajoute le colorant et l'on précipite avec :

Chlorure de baryum	10 à 15 kilogrammes
Eau	50 à 80 litres

La température de précipitation joue un certain rôle au point de vue de la vivacité de laque ; on ne peut établir de règle à ce point de vue, car la température dépend du colorant mis en œuvre.

Pour certains substantifs on obtient de bons résultats en employant comme sous-sol exclusivement de l'alumine.

COULEURS SUBSTANTIVES

Résumé des applications les plus importantes sur fibres textiles

1° Teinture

1° COTON .... *a)* Teinture avec addition de CO^3Na^2, SO^4Na^2 ou $NaCl$, phosphate de soude, parfois $NaOH$.

b) Après teinture : traitement par sels métalliques, formol, solidogène, diazo de nitraniline.

c) Teinture copulée : diazotation sur fibre et développement avec phénols et amines.

2° LAINE .... Avec addition d'acide acétique, sulfate de soude, acétate d'ammoniaque.

3° SOIE .... Savon coupé avec acide sulfurique ou acétique, parfois bain neutre.

4° TISSUS MIXTES. *En un bain* : utilisation des propriétés que possèdent certains substantifs de teindre les diverses fibres, soit de la même manière, soit différemment, selon la température du bain.

En deux bains : coton dans le premier bain, laine dans le deuxième et inversement. Utilisation successive de couleurs substantives et acides.

2° Impression

1° COTON .... A) *Impression directe* : avec alcalins faibles, surtout phosphate de Na.
Crêpage : par impression de soude caustique sur tissu teint.

B) *Enlevages blancs ou colorés* : poudre de zinc, sel d'étain, chlorate, hydrosulfite, surtout ce dernier. Enluminures avec sel d'étain, hydrosulfite et colorants résistants à ces réducteurs.

2° LAINE .... A) *Impression directe* : avec phosphate de Na, sels ammoniacaux, acétate, oxalate.

B) *Enlevages blancs et colorés* : réducteurs surtout hydrosulfite.

3° SOIE .... A) *Impression directe* : avec phosphate de soude.

B) *Enlevages blancs et colorés* : avec poudre de zinc, sel d'étain, hydrosulfite.

C) *Réserves* : réserves mécaniques avec corps gras, cires, résines ou poudre de zinc, surimpression, teinture sur réserve.

4° TISSUS MIXTES. Mêmes principes.

Classification

___

COULEURS A LA GLACE

Application sur coton

A) Teinture............ Préparation du coton en naphtol.
Préparation du diazoïque (diazoïque stable).
Développement du rouge.
Teinture en écheveaux, en appareils.

Emploi de divers diazoïques avec β-naphtol.
Bordeaux de naphtylamine, brun de benzidine, etc.

Emploi de dérivés phénoliques autres que le β-naphtol.
Naphtol R.
    »   AS.
    »   B, etc.

B) Impression......... Impression de diazo de p-nitraniline sur tissus naphtolés.
Diazoïques stables.
Brun de nitraniline.
Nuances diverses avec des amines variables.

Emploi des acides oxynaphtoïques.

Réserves : Substance qui détruit le naphtol ou qui empêche la copulation du
      diazoïque.
Sels d'étain.
Sulfite de potasse.
Chlorhydrate d'ammoniaque.
Tannin.
Phénylhydrazine sulfonée.

Enlevages : Sels d'étain et citrate d'ammoniaque.
Oxyde stanneux et soude.
Poudre d'aluminium et sulfite.
Hydrosulfites et sulfoxylates.
Applications pour rouge para. Enlevages blancs.
    »   »   »   » Enlevages colorés.
    »   »   »   » Addition de phénol et tannin.
    »   »   »   » Addition d'aniline et alcool.
Grenat de naphtylamine.
Addition au sulfoxylate de nitrite et sel de fer (enlevage en milieu neutre).
Enlevage par addition d'un sel de fer (en milieu alcalin).
Emploi du naphtol sulfoné 2-7.
Addition d'anthraquinone.
    » d'écarlate d'induline.
    » de bleu patenté.

Applications diverses :

Sur laine en opérant d'une manière inverse.
Laques. Pigments colorés.
Fourrures.
Coloration des bois.

COULEURS A LA GLACE

On appelle couleurs à la glace des colorants azoïques que l'on forme directement sur la fibre, en traitant le coton préparé au moyen d'un dérivé phénolique par une solution de diazoïque.

Il semble qu'Horace Kœchlin d'une part et Ullrich chimiste aux Farbwerke Höchst d'autre part aient été les inaugurateurs de cette manière de teindre (1889). A la même époque il y eut encore d'autres coloristes, entre autres, Fehr qui realisèrent l'exécution pratique des couleurs à la glace. Le brevet de Read Holliday et Graessler prévoyant la préparation de la fibre en diazo et le passage en naphtol n'est pas pratique.

Le phénol employé le plus souvent est le β-naphtol ; comme amine on utilise la p-nitraniline, l'α-naphtylamine, la benzidine, la dianisidine, la chloranisidine, la p-nitro-o-anisidine, la m-nitraniline, etc.

Par ce procédé on fixe des couleurs insolubles, les diazoïques sulfonés ne peuvent donc être utilisés.

La couleur la plus importante est le rouge de p-nitraniline et plus récemment les rouges obtenus sur naphtol AS.

A. — TEINTURE

Rouge de p-nitraniline (rouge para)

Ce produit extrêmement intéressant donne sur coton une nuance qui rappelle celle du rouge d'Andrinople, elle est moins solide, mais son prix peu élevé et la facilité de sa préparation permettent de concurrencer les rouges d'alizarine lorsqu'on ne recherche pas une nuance grand teint. La préparation du rouge de nitraniline comporte 3 phases :

1° Préparation du coton en β-naphtol.
2° Préparation du diazoïque.
3° Développement du rouge.

1° Préparation du coton en β-naphtol

Pour le coton en pièce on fait débouillir d'abord le tissu avec du carbonate de soude, puis on le foularde dans une solution de β-naphtol renfermant :

β-naphtol..	0,5 kil.
Soude à 40°...	0,5 »
Eau chaude..	20 litres

La solution chaude de soude est versée sur le naphtol pulvérisé ou bien on fait une pâte de β-naphtol et de soude à laquelle on ajoute de l'eau chaude. On ajoute ensuite :

Sulforicinate .... 3 kilogrammes
Eau.. pour faire 70 litres

L'huile pour rouge a non seulement pour but de faciliter la pénétration de la solution mais aussi et de contribuer à la vivacité de la couleur.

Il faut éviter d'employer un trop grand excès de soude qui favoriserait l'oxydation du naphtol. Après le foulardage le tissu est séché à la hot-flue à une température de 50 à 60°. Il est important que ce séchage soit fait dans de bonnes conditions en vue de la solidité du rouge.

Il faut ne préparer les tissus qu'au fur et à mesure de leur emploi, car le naphtol s'altère assez rapidement au contact de l'air. Pour pouvoir conserver les pièces, l'addition de sulfite de soude ou d'une solution alcaline d'émétique au bain de naphtol est avantageuse (v. l'impression), les pièces se conserveront ainsi plusieurs jours en les tenant à l'abri de l'air et de la lumière.

2° Préparation du diazoïque

Pour diazoter la p-nitraniline on emploie :

P-nitraniline .... 1,380 kil.
Acide chlorhydrique .... 3,500 »

On mélange les deux produits pour former le chlorhydrate puis on ajoute :

Eau chaude.. 4 litres

Le chlorhydrate est refroidi avec de la glace à 8-10°, puis diazoté avec :

Nitrite de soude.. 0,740 kil.
Eau... 4 litres

Si l'on introduisait le tissu naphtolé dans cette solution, le résultat ne serait pas favorable, il faut opérer en milieu légèrement acétique et non pas avec un excès d'acide chlorhydrique. On ajoute donc dans le bain de diazoïque immédiatement avant de s'en servir :

Carbonate de soude.. 0'250
Acétate de soude 1,650
Eau... 20 litres

puis une quantité d'eau suffisante pour faire 100 litres. En aucun cas la solution ne doit être alcaline.

La température du diazoïque doit autant que possible ne pas dépasser 10°, sinon il faudrait ajouter un excès d'acide chlorhydrique.

Les solutions diazoïques sont d'autant moins stables qu'elles sont plus concentrées, il faut donc employer beaucoup de glace pour les solutions fortes, alors que pour les solutions très diluées on en prend beaucoup moins.

La solution diazoïque est stable tant qu'elle renferme un excès d'acide minéral, mais elle ne l'est plus à partir du moment où on a ajouté l'acétate de soude.

La préparation du dérivé diazoïque de la p-nitraniline présente l'inconvénient d'exiger des quantités assez considérables de glace et de ne pouvoir se conserver. Pour remédier à cet inconvénient on a préparé des combinaisons stables susceptibles de se transformer dans certaines conditions en diazoïque normal.

Le *rouge de nitrosamine* est une combinaison isodiazoïque qui se transpose en diazo de p-nitraniline sous l'influence des acides, on l'obtient en faisant réagir de la soude caustique sur du diazo de p-nitraniline. L'emploi de ce produit offre l'avantage de pouvoir opérer à une température de 20°, on peut donc éviter la glace qui est toujours nécessaire lorsqu'il s'agit de nitraniline.

Le *rouge azophore* est du diazo de p-nitraniline à l'état solide provenant d'une évaporation dans le vide en milieu très acide, et en présence de sulfate d'alumine. On prépare des diazoïques stables par combinaison de diazoïque de nitraniline avec des naphtalines sulfonées et diverses substances salines. Le *nitrazol*, le *rouge azogène*, *le parazol*, le *benzonitrol*, le *paranile* rentrent dans cette catégorie de produits.

3° Développement du rouge

Après avoir ajouté dans le diazoïque la solution alcaline, on y fait passer immédiatement, le tissu naphtolé. Le virage est instantané, on laisse séjourner quelques instants dans le diazo, puis on lave et savonne. Le savonnage est important car il favorise la formation du reflet bleu du rouge, mais il ne faut pas l'exagérer car la couleur perdrait de sa vivacité. Un passage en acide oxalique à 20 grammes par litre rend le rouge plus bleu.

Un rouge préparé dans de bonnes conditions doit avoir une résistance au frottement satisfaisante.

Coton en écheveaux (B.A.S.F.). — Après avoir débouilli avec du carbonate de soude ou de la soude, on foularde en naphtol, pour 100 kilogrammes de coton :

β naphtol	2 kilogrammes
Soude à 40°	2 »

On ajoute :

Eau chaude..	25 litres
Sulforicinate à 50 %..	4 kilogrammes
Eau..	15 litres

On laisse refroidir puis on ajoute encore de l'eau pour faire 125 litres.

Les écheveaux après avoir été séchés avec soin à 50° sont virés avec une solution de p-nitraniline diazotée ou de nitrosamine. Les préparations du bain de virage et le virage lui-même ont lieu d'une manière analogue à celle qui a été décrite pour le coton en pièce. On lave ensuite, on savonne à 50-60° avec une solution de savon à 5 grammes par litre, opération qui a pour but de bleuter le rouge.

Teinture en appareils. — Le rouge para peut se faire en teinture mécanique, par exemple pour la teinture des canettes. Le naphtolage des fils a lieu en passant pendant 1/2 heure à 3/4 d'heure dans un bain tiède de naphtolate de soude, puis les canettes une fois séchées, on développe le rouge en faisant circuler le bain diazoïque pendant 1/4 d'heure dans les canettes.

Le diazo de nitraniline a trouvé un emploi considérable pour la fabrication du rouge para, mais on utilise aussi d'autres amines qui donnent sur tissus préparés en β-naphtol les nuances suivantes :

Bordeaux de naphtylamine avec le diazoïque de α-naphtylamine
Bruns de benzidine et de tolidine avec le tétrazo de benzidine et de tolidine
Bleus de dianisidine diazoïque de dianisidine
Orangé de chloranisidine diazoïque de chloranisidine
Orangé de m-nitraniline diazoïque de m-nitraniline
Orangé de nitrotoluidine diazoïque de p-nitro-o-toluidine
Orangé de tuscaline diazoïque de m nitro-o-anisidine
Rouge tuscaline diazoïque de p-nitro o-anisidine
Grenat azoïque diazoïque de o-aminoazotoluène.

On obtient des noirs en virant le tissu naphtolé avec un mélange de diazo de benzidine et de dianisidine (*base azo noir*). On emploie aussi le diazoïque de p-diamino diméthylcarbazol (*noir azophore*).

Toutes les nuances dont il vient d'être question sont développées sur tissu préparé en β-naphtol. On a cherché à les améliorer en remplaçant le β-naphtol par d'autres dérivés phénoliques :

Naphtol R............ β-naphtol renfermant une petite quantité de naphtol sulfoné 2-7. Il donne un rouge se rapprochant comme nuance du rouge turc.
Naphtol AS(Gr).......⎰anilide de l'acide β-oxynaphtoïque 2-3.. Il donne des bleus intéressants avec
　　　　　　　　　　⎱le diazo de dianisidine, car les nuances sont solides aux acides, et des
Naphtol BS..........⎰rouges splendides avec les nitrotoluidines.
Naphtol D(M)........ mélange de β naphtol, d'acide β-oxynaphtoïque 23 et de naphtol sulfoné, employé aussi pour les bleus de dianisidine que l'on traite de plus par des sels de cuivre pour améliorer la solidité.
Naphtol BD............ aminonaphtol 1-6 et 1-7 donne un noir avec diazo de nitraniline.
Développateur ES..... 2-3 dioxynaphtaline 6 sulfo, noir avec tétrazoïque. Les deux derniers sont surtout intéressants en impression.

Bistre de Chrysoïdine. — On obtient des bruns très solides en copulant avec diazo de p-nitraniline, des tissus teints en chrysoïdine (également avec brun Bismarck).

Les couleurs à la glace sont souvent peu solides au frottement, elles sont le plus souvent sublimables, donc sensibles à la chaleur. Un passage en sels de cuivre peut améliorer la solidité de certaines d'entre elles, mais souvent la nuance est alors changée. Le rouge para cuivré devient brun.

B. — IMPRESSION

Rouge de p-nitraniline

On plaque le tissu en naphtol en préparant la solution de la manière suivante :

β-naphtol... 2,500 kil.
Soude à 30°... 2,500 »

Bien mélanger et ajouter à ce naphtolate de soude :

Eau chaude	15 litres
Sulforicinate	4 kilogrammes

Compléter avec de l'eau pour faire 100 litres, foularder avec la solution tiède, puis sécher dans la hot flue ; les tissus ainsi préparés doivent être mis immédiatement en fabrication. Si l'on désire conserver ces tissus et les employer au fur et à mesure des besoins, on ajoute à la préparation qui vient d'être indiquée 15 à 20 grammes d'émétique par litre ou du sulfite de soude. Le glucose à raison de 20 grammes par litre peut favoriser aussi la conservation. Si l'on emploie l'émétique, le rouge a un reflet un peu plus jaune.

Le tissu préparé par l'un ou l'autre de ces procédés est ensuite imprimé avec une solution épaissie de diazo de nitraniline. On prépare cette pâte avec :

P-nitraniline	14	grammes
HCL	35	»
Eau et glace	160	»
Nitrite de soude	7,5	»

Après quelques minutes de contact, on filtre puis on ajoute :

Epaississant	770,0	»
Acétate de soude	20,5	»

Le diazoïque est ainsi prêt à être imprimé. Il est toutefois indispensable d'ajouter une quantité d'acétate de soude suffisante jusqu'à ce que le papier de méthyl orange ne rougisse plus.

Au lieu d'ajouter l'acétate de soude dans la pâte diazoïque, on peut l'additionner à la solution de naphtol de manière à en imprégner le tissu, mais dans ce cas le rouge est un peu plus jaune. Après l'impression du diazoïque, on lave avec de l'eau froide puis on savonne.

Les diazoïques stables jouent aussi un rôle important en impression.

Le rouge de nitrosamine est employé avantageusement lorsqu'on n'a pas de glace à sa disposition, on prépare la pâte suivante qu'on imprime sur tissu naphtolé (B.A.S.F.).

Rouge	80	grammes
Eau	583	»
HCL 19 Bé	37	»
Epaissant d'adragante	460	»
Acétate de soude	40	»

Le *nitrazol C* est employé de la manière suivante :

Nitrazol	90	grammes
Eau froide	295	»

puis filtrer et ajouter un mélange de :

Epaississant d'adragante	500
Acétate de soude	30
Soude caustique à 20°	30
Eau	50

Cette pâte ne doit pas rougir le méthyl-orange, sinon il faut ajouter un peu de soude. Après l'impression on lave dans un bain légèrement acidulé, car les blancs pourraient être salis.

Le diazo stable mis en vente sous le nom de Paranile est préparé d'après O. N. Witt en ajoutant au diazoïque à l'état de chlorure ou de sulfate deux molécules de β-naphtaline sulfonate de soude. Il se forme un sel double qui a pour formule :

$$C^6H^4(NO^2)N^2SO^3C^{10}H^7 + C^{10}H^7NaSO^3 + H^2O$$

qui est différent des produits analogues qui ont été préparés antérieurement. D'après les brevets allemands 81039, 83367, 39998, ceux-ci étaient des sels normaux de diazonium précipitables par le sel marin, tandis que le produit dont il est question, ne l'est pas. Ce sel double supporte à l'état de dissolution une température de 60 et même de 80° pendant quelques instants sans qu'il se produise la moindre décomposition. Ce sel de diazo stable paraît être particulièrement indiqué pour l'impression.

Il semble surtout être utilisé comme développateur pour les *couleurs paraniles*. On le trouve dans le commerce sous le nom de *Paranile A*.

Le rouge de nitraniline traité par une solution de sulfate de cuivre se transforme comme nous le disions plus haut en *brun* ; cette nuance peut être obtenue soit en traitant le rouge terminé par une solution de sulfate de cuivre à 5 grammes par litre à une température de 65° à 75°, soit en ajoutant un sel de cuivre à la solution de naphtol qui sert au plaquage du tissu. On pourrait aussi ajouter le sel de cuivre à la solution de diazoïque, mais la stabilité du diazoïque se trouve affectée par la présence de ce sel.

On produit aussi, en impression, sur tissu naphtolé d'autres nuances en faisant varier la nature des diazoïques : elles sont analogues pour la plupart à celles dont nous avons parlé à propos de la teinture : *Bordeaux de naphtylamine, orangé de m-nitro-ortho-anisidine, rouge de p-nitro-ortho-anisidine, orangé de m-nitraniline, écarlate de chloranisidine, noir azophore*, etc. Le *grenat azoïque* s'obtient en imprimant sur tissu naphtolé de l'o-aminoazotoluène diazoté.

On a étudié un certain nombre de dérivés phénoliques destinés à remplacer le β-naphtol. Dans cet ordre d'idées les acides oxynaphtoïques sont intéressants.

Sous le nom de *bleu à la glace* Pokorny (MC. 1912, 271) a introduit dans la pratique le colorant obtenu au moyen de la dianisidine et de l'acide *β-oxynaphtoïque* fusible à 216°.

J. Heilmann et C° et Battegay (br. all. 238841) utilisent l'acide 2-1-*oxynaphtoïque*. Cet acide donne des colorants identiques à ceux du β-naphtol mais il offre certains avantages : les sels alcalins sont stables, il forme des sels acides ainsi que des sels avec les carbonates alcalins, il est soluble dans l'ammoniaque, précipitable par les sels métalliques de zinc, plomb, baryum. La copulation avec les diazos a lieu sous diverses formes sans aucune difficulté.

Le *naphtol AS* (anilide de l'acide β-oxynaphtoïque) très important en teinture présente également un certain intérêt en impression. Ce naphtol donne des nuances qui remplacent bien le β-naphtol dans ses applications. Le rouge obtenu avec la chloranisidine rappelle complètement le rouge d'alizarine ; il est aussi solide à la lumière et au chlore et plus résistant aux acides. D'une manière générale les colorants au naphtol AS présentent même sur les colorants au β-naphtol, certains avantages : ils donnent des nuances plus vives et plus intenses, leur solidité est meilleure, surtout au savonnage et à la lumière. Le naphtol AS étant moins volatil que le β-naphtol on peut sans inconvénient prolonger le vaporisage, les colorants sont mieux fixés. Enfin la résistance à l'oxydation des préparations au naphtol AS est plus grande que celle des colorants au β-naphtol ; cette propriété permet de conserver plus longtemps les bains que ceux du β-naphtol qui s'altèrent au bout de 3 ou 4 jours.

Le naphtol AS présente cependant un inconvénient assez grave, il colore sous forme de sel sodique le coton en une teinte *jaune* qui résiste aux opérations de finissage habituelles. Il est jusqu'à présent difficile d'avoir, en impression directe de beaux blancs. Sur le naphtol BS l'on n'a pas encore suffisamment d'expérience en impression.

Réserves

Pour faire un enlevage sur naphtol avant virage, on imprime sur le tissu naphtolé une substance qui détruit le naphtol, par exemple un persulfate ou du nitrite et un sel acide qui donneront du nitrosonaphtol. Toutefois il est plutôt indiqué de faire une réserve sous diazoïque en imprimant des substances qui empêchent la copulation du diazoïque, par exemple du sel d'étain, des sulfites qui donneront, avec le diazoïque, de la phénylhydrazine respectivement un diazo sulfonate, qui ne sont plus susceptibles de se copuler avec le naphtol. Le chlorhydrate d'ammoniaque, le tannin, la phénylhydrazine sulfonée (réserve Kallab) donnent aussi de bons résultats.

Sel d'étain. — On obtient sous rouge de beaux blancs en imprimant une réserve à base de sel d'étain à laquelle on ajoute un peu d'acide tartrique ou citrique. Souvent on fait agir en même temps une réserve mécanique par exemple du kaolin. Il faut éviter, après avoir imprimé la réserve, de sécher à trop haute température afin de ne pas affaiblir le tissu. Les réserves colorées peuvent être réalisées en employant divers colorants qui ne sont pas altérés par les sels d'étain par exemple : la thioflavine, la safranine, le bleu méthylène, les verts basiques, etc. L'important dans la réserve blanche au sel d'étain est l'opération de finissage. Des lavages suivis d'un bain alcalin sont particulièrement favorables.

Sulfite de potasse. — Ce produit donne de beaux blancs et on évite tout affaiblissement de la fibre. On emploie par exemple :

Sulfite de potasse à 45°..	700
Britishgum..	300

Il peut être avantageux d'ajouter un peu d'huile. Pour les réserves colorées, on emploie des colorants fixés à l'albumine.

Chlorhydrate d'ammoniaque. — Ce produit peut servir à faire des demi réserves, si on a soin de l'imprimer immédiatement avant la production du rouge :

On imprime :

Chlorhydrate d'ammoniaque	100
Eau d'adragante	900

Alors que les réserves au sel d'étain, au sulfite de potasse et au sel d'ammoniaque sont abandonnées, la réserve au tannin offre toujours encore un grand intérêt.

Tannin. — On l'emploie lorsqu'il s'agit de faire des réserves colorées avec des couleurs basiques. Sur un tissu naphtolé on imprime un colorant basique avec un excès de tannin, puis on développe la couleur basique au vaporisage et finalement on passe dans la solution de diazoïque (article Rolffs).

Romann (1898) a proposé aussi d'imprimer le colorant au tannin avant de naphtoler, puis de le fixer au vaporisage.

On commence par plaquer en naphtol puis on imprime la réserve colorée par exemple :

Couleur	25	grammes
Acide acétique	200	»
Acide tartique	40	»
Tannin acétique	200	»
Adragante	535	»

Il est bon d'ajouter dans la solution de naphtol un peu d'émétique. Après impression de la réserve et séchage, on vaporise 1/2 minute au Mather-Platt, puis on passe en diazoïque, acidifie et l'on termine par un traitement en émétique et un savonnage. Un certain nombre de colorants basiques peuvent être utilisés pour ce genre d'article, par exemple : l'auramine, la rhodamine, le bleu méthylène, le vert diamant, etc.

Pour faire l'article bleu et rouge, on peut encore employer les deux procédés suivants.

1° Le tissu est préparé en naphtol, on imprime de la dianisidine diazotée et du persulfate d'ammoniaque, sèche, puis passe en p-nitraniline diazotée à laquelle on a ajouté un peu d'oxalate d'ammoniaque, laver, savonner.

La p-nitraniline se combine avec le β-naphtol en donnant du rouge sauf aux endroits qui ont été imprimés avec la dianisidine, parce que l'excès de β-naphtol a été détruit par le persulfate d'ammoniaque. L'addition d'oxalate d'ammoniaque à la nitraniline diazotée a pour but d'empêcher le rouge de nitraniline de brunir sous l'influence du cuivre renfermé dans la couleur de dianisidine.

2° On opère d'une manière inverse (brevet Tschudi). Imprimer sur tissu un mélange de p-nitraniline diazotée et sulfate d'alumine, sécher et passer ensuite en dianisidine diazotée, celle-ci est réservée par le sulfate d'alumine, le bleu ne se développe donc que sur les parties non imprimées.

La Fabrique de produits chimiques de Thann et Mulhouse (RM. 1912, 595) prépare le coton en naphtol et ferrocyanure puis imprime un colorant basique avec addition de sulfite double de zinc et de potasse. Le ferrocyanure de zinc agit comme mordant à l'égard des colorants basiques et le sulfite de potasse forme réserve à l'égard du rouge.

En 1907 Dziewonski a produit du rouge de p-nitro-o-anisidine en partant d'un mélange de nitrosamine, d'acétate de soude et de sulforicinate et d'aluminate de soude. Brandt afin de réaliser le même article sous noir d'aniline uni plaqué est parti de la formule de Dziewonski, mais comme l'acétate de soude est très soluble, il le remplaça par la craie.

La Fabrique de Thann et Mulhouse réalise avec du carbonate de chaux très divisé, d'intéressantes réserves sous noir d'aniline. On incorpore le carbonate de chaux à une couleur composée de la nitrosamihe de p-nitro-o-anisidine, de β-naphtolate Na, d'aluminate Na et de sulforicinate Na. Outre son pouvoir réservant tant chimique que mécanique le carbonate de chaux a le grand avantage d'empêcher la couleur de couler dans le noir pendant le foulardage en noir et le vaporisage (MC 1912, 134).

Les réserves sous couleurs à la glace sont employées moins souvent depuis que l'on a réussi à ronger les tissus teints avec les sulfoxylates.

Enlevages

On éprouvait autrefois de sérieuses difficultés à ronger les couleurs à la glace. Pour le rouge para on employait successivement *l'azo rongeant* (mélange de sel d'étain et de citrate d'ammoniaque ; H. Schmid), des rongeants alcalins avec oxyde stanneux ou glucose et soude, un rongeant formé d'un mélange de poudre d'aluminium et de sulfite de potasse (Kalle) enfin le rongeant classique de poudre de zinc et bisulfite. Ces diverses méthodes ne donnent pas des résultats vraiment satisfaisants. La question a été résolue par l'emploi des combinaisons formaldéhydiques des hydrosulfites et surtout des sulfoxylates seuls ou mélangés à diverses substances qui favorisent leur action réductrice.

Rouge para. — Sur le rouge para le sulfoxylate-formaldéhyde donne des résultats parfaits tant comme enlevages blancs que colorés. On imprime par exemple :

Sulfoxylate formaldéhyde	250
Epaississant	750
(Rongalite C, Hydrosulfite NF, Hyraldite C etc)	

puis on vaporise quelques minutes au Mather-Platt, en employant de la vapeur privée d'air ; il se produit dans ces conditions des blancs irréprochables.

Pour les enlevages colorés on peut employer des couleurs à cuve, par exemple :

Sulfoxylate formaldéhyde	200
Indigo	150
Epaississant alcalin	650

quelques colorants sulfurés peuvent aussi être utilisés dans ces conditions.

Il faut, pour obtenir un enlevage coloré que la couleur soit bien dissoute, or comme les acides minéraux et organiques (sauf les acides gras) décomposent partiellement ces rongeants, on ne pourrait employer les colorants basiques. On a résolu la question en ajoutant à la couleur d'enlevage une certaine quantité de phénol qui constitue un bon dissolvant pour les matières colorantes, il ne décompose pas l'hydrosulfite formaldéhyde et empêche la formation de la laque tannique dans la couleur. On dissout la matière colorante à une chaleur modérée soit dans le phénol seul, soit dans un mélange de phénol et de rongeant blanc à l'hydrosulfite-formaldéhyde ; on ajoute le rongeant blanc nécessaire puis le tannin en solution. Les dérivés du triphénylméthane ne sont pas applicables dans ces conditions, par contre les colorants des groupes des auramines, thioflavines, acridines, oxamines et thiazines donnent de bons résultats. Un passage de 4 minutes au Mather comme pour le blanc suffit pour provoquer la fixation de la couleur, on laisse reposer quelques heures pour que l'oxydation des leucobases se produise, puis on finit en savon émétique. Parmi les colorants à mordants le groupe des gallocyanines, violet moderne est intéressant pour les enlevages bleus. Ces matières colorantes s'emploient sans addition de phénol, la fixation se fait tout aussi rapidement qu'avec les colorants basiques.

Ces rongeants, quels qu'ils soient, peuvent s'employer également sur rouge para et sur bistre chrysoïdine, vésuvine, brun Bismarck ou autre (Zundel MC, 1905, 241).

P. Jeanmaire ajoute au rongeant, du tannin, de l'aniline et de l'alcool.

La quantité d'aniline peut aller jusqu'à la moitié du tannin employé.

Les couleurs restent bien dissoutes, transparentes et se conservent bien sans mousser. Ce procédé donne de bons résultats (MC, 1905, 244).

On peut obtenir avec le rouge para des couleurs conversion intéressantes, par exemple un effet blanc et rouge sur fond brun. On teint en rouge nitraniline des tissus qui ont été colorés au préalable avec une couleur substantive. On obtient ainsi une nuance brune qui donne avec les sulfoxylates des enlevages blancs et colorés. On peut de plus produire des effets rouges avec un rongeant au chlorate qui détruit le colorant diamine sans attaquer le colorant rouge. Le tissu est teint d'abord en couleur diamine, puis on foularde en naphtol avec :

β-naphtol..	15 grammes
Soude à 40°.......................................	15 »
Huile pour rouge..................................	30 »
Eau..	pour faire un litre

On développe ensuite le rouge, on lave, imprime le rongeant, vaporise dans le petit Mather, puis lave et savonne (Cassella).

Bayer teint le coton avec un azoïque susceptible de se copuler ultérieurement avec un diazo. On imprime une couleur à base de β-naphtol et hydrosulfite-formaldéhyde et vaporise 2 à 3 minutes, ensuite on passe en diazo de nitraniline, on aère et passe en acide sulfurique dilué.

Les parties rongées sont devenues rouges et le fond par suite du passage en diazo de nitraniline est devenu solide au lavage.

Grenat de naphtylamine. — Cette couleur se ronge mal dans les conditions que nous venons d'indiquer pour le rouge para. Les sulfoxylates qui rongent parfaitement le rouge para donnent des enlevages qui sont loin d'être parfaits.

Il a fallu longtemps pour arriver à définir la raison pour laquelle le grenat de naphtylamine offre une si grande résistance à l'action séductrice des sulfoxylates. On est arrivé d'abord à le ronger en milieu alcalin avec et sans addition de sel de fer ; puis par l'action curieuse du nitrite qui, en présence d'un sel de fer, permet de ronger en milieu neutre. Un plaquage du tissu en chlorhydrate de certaines bases aromatiques favorise également l'enlevage au grenat.

Mais ce n'est qu'avec l'anthraquinone additionnée à la couleur d'enlevage que les résultats deviennent tout à fait parfaits (Sunder, MC, 1907, 84).

Il est probable qu'il s'agit ici d'une action catalytique et que cette substance se transforme en un produit de réduction, l'anthrahydro-quinone, qui serait un réducteur encore plus puissant que l'hydrosulfite lui-même.

D'autres substances, renfermant des groupés ammoniums, par exemple *l'écarlate d'induline*, le *bleu patenté* conduisent également à des résultats satisfaisants. On est donc arrivé actuellement grâce à ces additions, à faire avec toutes les couleurs à la glace des enlevages blancs et colorés absolument parfaits.

COULEURS A LA GLACE

Résumé des applications les plus importantes sur coton

1° Teinture

1° *Rouge de p nitraniline* :

    a) Foularder en β-naphtol puis sécher.

    b) Passer en diazo de p-nitraniline. Emploi de nitrosamine, rouge azophore, nitrazol, etc.

2° *Nuances diverses* :

    Le coton préparé en β-naphtol est traité par les diazoïques de :

a-naphtylamine	bordeaux
benzidine et tolidine	brun
m nitraniline, nitrotoluidine	orangé
chloranisidine	écarlate
nitroanisidine	orangé
dianisidine	bleu
o aminoazotoluène	grenat

    Emploi de dérivés du β-naphtol :

sulfo naphtol 2-7	naphtol R
Acide β oxynaphtoïque + sulfo naphtols	naphtol D
anilides de l'acide β oxynaphtoïque	naphtol AS et BS
aminonaphtol 1-6, 1-7	naphtol BD

2° Impression

A) Impression directe .. Pour rouge para le tissu naphtolé est imprimé avec diazo de p-nitraniline. Emploi de diazoïques stables.

Pour les autres couleurs emploi des diazoïques mentionnés plus haut.

EHRMANN. — Matières colorantes.   34

B) Réserves .... Imprimer sur tissu naphtolé des substances qui détruisent le naphtol : persulfates, nitrite + acides, (formation de nitrosonaphtol).

Pour les réserves *sous-diazoïques* on imprime des substances qui détruisent le diazo ou le modifient de manière à empêcher la copulation : sels d'étain, sulfite, chlorhydrate d'ammoniaque, phénylhydrazine sulfonée. Réserves colorées avec colorants basiques.

C) Enlevages .... Actuellement on emploie surtout les sulfoxylates. Réduction particulièrement active par addition d'amine, bases ammonium, écarlate d'induline, anthraquinone.

Pour les enlevages colorés on peut employer les basiques avec addition de solvants tels que le phénol, aniline ; les couleurs sulfurées, colorant cuve.

Applications diverses

Laques

Les couleurs à la glace peuvent être utilisées comme laques ; ce sont des pigments colorés. On les prépare soit à l'état pur, c'est-à-dire sans charges, soit en présence de sous-sols inertes destinés à éclaircir la nuance et à permettre de travailler la couleur au point de vue du broyage.

D'une manière générale nous pouvons ranger dans cette classe de produits les azoïques qui constituent par eux-mêmes des produits insolubles sans qu'il soit nécessaire de les laquer au moyen de traitements spéciaux.

Rouge de p-nitraniline. — Il est insoluble dans l'eau et solide à la chaux. Comme couleur à l'huile, il fournit des nuances pleines et il peut être utilisé pour la préparation des minium factices.

Pour les couleurs grasses, on le prépare généralement en présence de sulfate de baryte ; pour les couleurs lithographiques et pour l'imprimerie on emploie comme sous-sol de l'hydrate d'alumine. Dans tous les cas, il est avantageux d'ajouter à la solution de naphtol du sulforicinate afin de donner de l'éclat à la couleur.

La laque de nitraniline est soluble dans l'huile et dans l'alcool, il est des cas, où l'on ne peut l'employer comme couleur grasse et comme couleur d'imprimerie, par exemple lorsque la surface colorée doit être vernie à l'alcool, comme c'est le cas pour les cartes à jouer et d'autres papiers colorés ou imprimés à surface brillante.

La préparation du rouge de p-nitraniline est donc des plus simples, elle consiste à préparer d'abord le diazo de nitraniline, puis à virer ce diazoïque en présence de naphtolate de soude de telle sorte que la réaction finale soit alcaline. Les proportions des diverses substances à employer correspondent à peu de chose près à celles qui sont indiquées pour les applications en teinture.

L'*orangé de nitrotoluidine* se prépare d'après les mêmes principes, il possède des caractères de solidité analogues au rouge de p-nitraniline comme couleur à la chaux, comme couleur à l'huile et comme substitut de minium. Dans ce dernier cas, qu'il s'agisse de rouge p- ou d'orangé de nitrotoluidine, on peut employer comme sous-sol un fond coloré, par exemple du minium nature dont la nuance se trouve ainsi remontée ou toute autre substance ayant une coloration propre de cette nature.

Colorants oxyazoïques insolubles. — Outre les couleurs à la glace dont nous venons de parler, on emploie comme pigments colorés pour la fabrication des laques, des encres grasses et d'imprimerie, un certain nombre d'oxyazoïques insolubles dont il a été question dans le chapitres des azoïques. Les plus importants d'entre eux sont :

> Orangé 2 insoluble.
> Chrysoïne insoluble.
> Orangé de m-nitraniline.
> Ecarlate lithol.
> Ponceaux insoluble xylidine.
> Sudan R.
> Ecarlate de chloranisidine.
> Rouge tuscaline.
> Orangé tuscaline.
> Brun Soudan.
> Ponceaux insolubtes naphtylamine.
> Rouge turc azoïque.

Ces différents produits insolubles ont trouvé d'autres emplois tels que la coloration des vernis et d'une manière générale la coloration de substances à base d'alcool, de térébenthine, de benzine, etc., solvants dans lesquels la plupart de ces colorants se dissolvent à froid.

Quelques-uns d'entre eux sont solubles dans le pétrole, les huiles minérales et les vernis gras à base d'huile de lin, ainsi que dans certaines huiles végétales et animales.

Fourrures. — Les couleurs à la glace peuvent servir à la teinture des fourrures.

On brosse d'abord avec la dissolution phénolique, puis on fait sécher et lorsque les poils sont bien secs on applique à la brosse la solution de diazoïque. Pour des nuances foncées, on fixe alternativement le développateur et le diazo, dans certains cas, on obtient des résultats intéressants et des couleurs suffisamment solides.

Coloration du bois. — Schneider (Ch. Z. 1913, 1832) teint le bois en rouge para et avec diverses couleurs à la glace en appliquant le principe de la coloration des fibres.

COULEURS AU SOUFRE OU SULFURÉES

1° COTON....... **A) Teinture :** 1° Condition à observer. Procédés de teinture.

2° Traitement après teinture :
Bichromate, sels de cuivre, acides, sels d'alumine.
Avivage.
Remontage avec des basiques.

B) Impression : *Impression directe* :
1° Oxyde stanneux).
2° Hydrosulfite.
3° Glucose et soude.
4° Glucose et formaldéhyde.

Réserves :
Mécaniques, genre batics.
Chimiques avec chlorure de zinc.

Enlevages :
Chlorate et prussiate.

2° Textiles végétaux et matières végétales .... Lin, chanvre, ramie.
Soie artificielle.
Papier.

3° Textiles d'origine animale et tissus mixtes............ Laine, soie, tissus mixtes.

4° Applications diverses...... Cuirs, laques.

COULEURS SULFURÉES

Ces couleurs ont trouvé un emploi considérable pour la teinture du coton, car elles ont la propriété très intéressante de teindre cette fibre sans mordant, et un grand nombre des nuances obtenues sont solides au lavage et à la lumière. Par contre la solidité au chlore est le plus souvent assez médiocre.

Les couleurs sulfurées se trouvent souvent dans le commerce sous la forme de produits solubles dans l'eau, elles sont alors mélangées avec le sulfure de sodium qui a servi à leur préparation.

Actuellement ces colorants sont livrés en général à l'état de produits insolubles, il faut alors les dissoudre dans du sulfure de sodium au moment de leur emploi.

1° Coton

La teinture a lieu en bain court et comme les solutions sont loin d'être épuisées on se sert plusieurs fois du même bain en le remontant avec une certaine proportion de couleur au fur et à mesure de la fixation de celle-ci de manière à maintenir le bain dans un état de concentration constant.

Dans la teinture avec les colorants sulfurés en bain court, c'est-à-dire au moyen d'une solution concentrée, il existe en général un état d'équilibre entre la solubilité de la matière colorante dans le bain de teinture et son affinité pour la fibre. Dans le but de modifier cet état d'équilibre en faveur de la fixation de la couleur sur la fibre on change la nature du bain par des additions convenables de sulfate de soude et de sel de manière à diminuer la solubilité du colorant dans le bain. On teint donc non seulement en bain court mais aussi en présence de sels minéraux neutres.

Les couleurs sulfurées en solution se trouvent à l'état de leuco-dérivés, aussi est-il nécessaire, une fois la teinture terminée, de réoxyder ces colorants et de détruire les dernières traces du solvant qui se trouve être dans l'espèce du sulfure de sodium. On arrive à ce résultat en passant les tissus teints dans des solutions de bichromate, de sulfate de cuivre, ou encore dans un bain suivi d'une exposition à l'air. Les colorants sulfurés sont solubles non seulement dans le sulfure de sodium, mais aussi dans d'autres réducteurs alcalins tels que l'hydrosulfite, le glucose et un alcali.

A. — TEINTURE

Certaines marques de couleurs sulfurées, par exemple : le cachou de Laval, le noir Vidal, sont employées sans addition de sulfure car elles en contiennent qui provient de leur préparation. On teint en présence de sel marin auquel on ajoute du CO_3Na_2, pour le noir Vidal par exemple :

Eau	1500 litres
Noir	52 kilgrammes
CO_3Na_2	10 »
Sel marin	200 »

On introduit le coton, à tiède, après l'avoir bien débouilli, et en le maintenant immergé dans le bain, puis on chauffe 1/2 heure au bouillon. Il faut avoir soin de ne jamais utiliser de récipient en cuivre, ceci est une règle à observer pour tous les colorants renfermant des sulfures. Ce métal est fortement attaqué et les sels qui en résultent influencent défavorablement la teinture.

Nous avons vu plus haut qu'un certain nombre de couleurs sulfurées avaient besoin d'être traitées au préalable par du sulfure de sodium afin de les solubiliser d'une manière complète. Pour certains colorants *catigènes* on emploie une à deux parties de sulfure de sodium anhydre, puis on dissout dans de l'eau chaude, la couleur ainsi préparée est introduite dans le bain de teinture renfermant 2 à 3 °/₀ de carbonate de soude. On chauffe et ajoute : 10 à 60 °/₀ de sulfate de soude. Dans certains cas, il est avantageux d'employer un peu de glucose.

Pour les couleurs *immédiates*, Cassella propose comme premier bain pour nuances claires :

Couleur	2 à 8 $^0/_0$
Sulfure de sodium anhydre...................................	1-4 $^0/_0$

et pour nuances foncées :

Couleur	8 à 20 $^0/_0$
Sulfure de sodium anhydre...................................	3-8 $^0/_0$

De plus, pour un litre de bain, on emploie :

Carbonate	3 à 5 grammes
Sel ou sulfate Na..	5 à 10 »

Une addition de sulforicinate au bain de teinture est particulièrement favorable. Le volume du bain et le remontage de celui-ci pour les passes successives varient selon la nature du colorant mis en œuvre.

On peut considérer comme un maximum un bain qui représente 20 fois le poids du tissu, proportion à employer pour la teinture au large et comme un minimum un bain n'ayant que 3 fois le poids de celui-ci proportion à employer pour la teinture au gigger.

Pour teindre on introduit la marchandise, soit à tiède comme il vient d'être dit, soit dans le bain bouillant. Après avoir teint, on laisse souvent refroidir le coton dans le bain. Un certain nombre de couleurs se fixent à tiède ou même à froid (colorants *kryogène*).

Pour la teinture au *gigger* et au *foulard* le volume du bain est de 3 à 4 fois le poids du tissu; et l'on garnit le deuxième bain et les suivants en ajoutant environ 30 $^0/_0$ du poids primitif de la couleur et du sulfure et 15 à 20 $^0/_0$ du carbonate, sel ou sulfate ; 5 ou 6 passages au bouillon sont généralement suffisants.

Pour la teinture en cuve à la continue, le tissu passe dans le bain au bouillon quelques minutes, on ne fait qu'un seul passage.

Pour la teinture en *bourre* et en flotte on chauffe 1/4 d'heure au bouillon, soit directement dans la cuve, soit dans des paniers appropriés. Pour le coton en *filés* on chauffe 1 heure au bouillon.

On emploie fréquemment les procédés de teinture au moyen d'appareils mécaniques avec des volumes de bain variant de 3 à 5 fois le poids du tissu, spécialement pour le coton en mèche, le ruban de carde et la teinture en canette. Dans tous les cas les appareils ne doivent pas renfermer de cuivre, ni d'alliage à base de cuivre, et il faut avoir soin de veiller à ce que le coton, sous quelque forme qu'il se trouve, soit complètement immergé.

La solubilité des colorants au soufre dans une dissolution de sulfure permet de teindre le coton en bobine dans la mousse. Ce procédé, qui est utilisé aussi pour un certain nombre de colorants directs, consiste à employer des caisses à claires-voies dans lesquelles sont rangées les bobines ; les caisses ne sont pas plongées dans les bains, mais se trouvent à quelques centimètres au-dessus de celui-ci de telle sorte que si l'on porte ce bain en pleine ébullition, la mousse qui se produit alors teint les bobines d'une manière toute spéciale.

Il existe une grande analogie entre les couleurs sulfurées et les colorants à cuve. Un certain nombre de couleurs sulfurées sont même de vraies couleurs à cuve.

Tel est le *bleu hydrone* qui se fixe à froid comme l'indigo et le bleu d'indanthrène. Certaines couleurs sulfurées forment aussi des cuves avec l'hydrosulfite, ainsi qu'avec la chaux et le zinc. Inversement certains colorants à cuve, le rouge de thioindigo par exemple, peuvent se fixer au moyen de sulfure de sodium. On ne saurait donc établir de démarcation bien nette entre ces deux grandes classes de colorants.

Traitement après teinture. — Le coton après teinture est lavé à fond afin d'éliminer toute trace de soufre qui pourrait s'y être fixée mécaniquement. Comme celui-ci se trouve sous une forme très divisée, il risquerait de s'oxyder à la longue avec production d'acide sulfurique et il en résulterait un affaiblissement de la fibre.

Un certain nombre de colorants sulfurés sont fixés après teinture par une simple exposition à l'air, ou par un passage en bain sulfurique à froid ou à tiède, mais le plus souvent les teintures après lavage sont traitées par des solutions de bichromate ou de sulfate de Cu, ou encore par des mélanges de ces deux substances ou par l'eau oxygénée, par exemple sous forme de perborate. Dans ces conditions les dernières traces de sulfure sont détruites et en même temps il se produit une oxydation de la matière colorante. Les traitements métalliques après teinture modifient souvent les nuances en les rendant plus intenses ou plus vives. Dans le cas du sel de cuivre la solidité à la lumière se trouve même sensiblement améliorée. Les proportions de bichromate et de sel de cuivre pour l'établissement des bains fixateurs sont les suivantes :

Bichromate	2 à 3 %
Acide acétique	4 à 5 %

ou

Bichromate	4 %
SO_4H_2	3 %
Eau	1 200 litres

La formule au sulfate de Cu peut s'établir de la façon suivante :

Sulfate de Cu	4 %
Sel marin	5 %
Eau	1 200 litres

Ou en formule mixte :

Bichromate	1 à 2 %
Sulfate Cu	1 à 2 %
Acide acétique	2 à 5 %

Le traitement à lieu à tiède ou au bouillon, la température de ces bains ainsi que la durée du traitement varient dans de grandes proportions selon la nature des couleurs à traiter.

On peut aussi employer du peroxyde de sodium et de l'eau oxygénée.

Le peroxyde de sodium donne des résultats intéressants avec les *bleus immédiats*.

Lorsque les teintures sont trop foncées ou si elles sont irrégulières on peut éclaircir et régulariser la teinte en traitant par un bain tiède de sulfure de sodium. Lorsqu'il se produit des tons bronzés avec certains noirs on passe les pièces en acétate d'alumine, puis en huile pour rouge (Saget).

On peut *aviver* les nuances et donner au coton plus de souplesse par un traitement final avec du sulforicinate ou des émulsions d'huiles ou encore avec des bains de savon coupé. On obtient un coton craquant sans affaiblir la fibre avec l'acide lactique et tartrique neutralisés par un alcali. Pour le coton mercerisé on peut aussi obtenir ce craquant en traitant par de l'acétate de soude (Griesheim MC. 1910, 269)

Remontage des couleurs sulfurées. — Le coton teint avec des couleurs sulfurées a une certaine affinité pour les colorants basiques. Aussi les couleurs obtenues avec le cachou Laval, le brun catigène, peuvent elles être nuancées avec un grand nombre de colorants basiques, tels que la fuchsine, l'auramine, le violet de Paris, etc. On teint en bain acétique avec un peu d'alun ou en bain de savon. Il faut opérer lentement pour éviter les taches.

Les couleurs sulfurées sont employées dans certains cas comme piétage de bleus cuvés ou pour remonter ces bleus.

B. — IMPRESSION

Les couleurs au soufre ont trouvé moins d'emplois en impression qu'en teinture. Le sulfure de sodium doit être évité, car il provoque le noircissement des rouleaux en cuivre, sinon il faut employer des rouleaux en nickel, en bois ou en caoutchouc.

Toutefois on prépare des colorants spéciaux pour l'impression, en précipitant les couleurs sulfurées par un acide de manière à décomposer complètement le sulfure, puis on les transforme en combinaisons bisulfitiques solubles. Sous le nom de cachou S, noir Vidal S, thiocatéchine S, on trouve dans le commerce des couleurs solubles exemptes de sulfure.

On peut aussi employer les couleurs sulfurées ordinaires en les imprimant avec diverses substances réductrices.

1º Oxyde stanneux. — Comme procédés d'impression avec l'oxyde stanneux nous pouvons citer celui de B. A. S. F. qui se rapporte au noir kryogène.

Noir kryogène	80 grammes.
Glycériné	80 »
Soude à 45°	125 centimètres cubes
Épaississant alcalin à l'amidon	150 »
Eau	90 »

Chauffer 1/4 d'heure à 65° puis ajouter :

    Oxyde stanneux.. 50 à 75 %

après refroidissement :

    β-naphtol solution alcoolique 30 %.............................. 100

2° Hydrosulfite. — On prépare un certain nombre de couleurs sulfurées qui, imprimées avec de l'hydrosulfite formaldéhyde donnent de bons résultats, par exemple en employant la formule suivante :

    Couleur... 100
    Glycérine 80
    Soude à 45° 125
    Epaississant... 450

On chauffe à 65° puis on ajoute la dissolution suivante :

    Rongalite C.. 100
    Eau 145

3° Glucose et soude. — Pour les colorants immédiats, Cassella indique la formule suivante :

    Colorant immédiat .... 10 à 60
    Soude à 40°.............................. 20 à 60
    CO^3Na^2............................... 20 à 40   proportions pour 1 litre
    Glucose................................. 20 à 100

Le *bleu hydrone* est, parmi les colorants au soufre, celui qui semble donner les nuances les plus solides,

4° Glucose et formaldéhyde. Le sulfure de sodium donne une combinaison stable avec la formaldéhyde (Brev. all. 164506-25/3 1904 Cassella) et cette réaction peut être appliquée à l'impression des colorants au soufre. J. Brandt (Soc. ind. M. 1911, 183) a aussi constaté que la formaldéhyde protégeait les rouleaux de cuivre contre l'action du sulfure de sodium. Si l'on ajoute à la formaldéhyde du glucose, les résultats sont plus favorables (C. Favre *Bull. Mulh*. 1911, 207).

Le sulfure de sodium donne en effet avec l'aldéhyde formique en solution dans l'eau un précipité blanc, mais ce précipité ne se forme pas si l'on ajoute du glucose à la solution. On dissout très facilement les colorants sulfurés dans un mélange de glucose, de sulfure de sodium, d'eau et de gomme en ajoutant du carbonate de soude ou de potasse et à froid de l'aldéhyde formique ; on obtient après un repos de 10 heures une couleur d'impression n'attaquant pas les rouleaux et donnant après un vaporisage de 2 minutes au Mather, des nuances aussi intenses que le procédé à la soude caustique. Une addition d'hydrosulfite formaldéhyde fonce la nuance, mais n'est pas indispensable.

    Colorant.. 120 grammes
    Sulfure de sodium 250   »
    Glucose .... 1/4 de litre
    Eau .... »
    Gomme .... »
    Potasse... 400 grammes

Cuire pour dissoudre et ajouter à 50° C. :

    Rongalite simple ....   50 grammes

puis à froid :

    Formaldéhyde à 40 % ....   1/4 de litre

Les colorants de Cassella dits « solubles » sont très probablement des colorants qui après purification sont mélangés à une solution concentrée de glucose puis desséchés dans le vide (C. Brev. franç. 373033).

On obtient des gris vapeur intéressants par l'action du bisulfite de soude sur les bleus hydrones G et R (J. Mueller).

Comme *épaississants* on emploie la gomme Sénégal, la britishgum ou un mélange de britishgum et d'amidon ; pour les tissus épais, on a avantage à les préparer avant l'impression avec du glucose.

Vaporisage. — Après avoir séché le tissu imprimé, on vaporise au Mather-Platt pendant 4-5 minutes ou 1/2 heure sans pression. On lave ensuite et savonne. Dans le cas des tissus imprimés on passe souvent dans des bains métalliques comme pour les tissus teints, ces bains sont à base de bichromate ou de sulfate de cuivre.

Réserves

On peut faire des réserves à la cire genre bâtic, mais on emploie le plus souvent des réserves chimiques à base de chlorure de zinc.

Pour la réserve blanche, on imprime d'après Cassella :

    Gomme 1/1   500
    Chlorure de zinc   250
    Eau   250
    Kaolin   150

Ce procédé permet de fabriquer des articles couleurs sulfurées et rouge nitraniline. A cet effet, on prépare le tissu, en naphtol, et l'on ajoute à la réserve de zinc le diazo de nitraniline. Ce dernier peut être remplacé par d'autres diazoïques et l'on obtiendra ainsi la série des couleurs à la glace.

On peut fixer également sous couleur au soufre les couleurs basiques. On ajoute à la réserve blanche le colorant basique et du prussiate jaune de soude et, avant de teindre avec la couleur sulfurée, on fixe la matière colorante basique par vaporisage.

On obtient aussi des réserves par impression de sulfate d'alumine et sel ammoniac (Ed. Bourcart).

Enlevages

L'article réserve est celui dont on a fait grand usage en Russie. On peut aussi ronger les couleurs sulfurées avec chlorate et prussiate, mais seulement pour les nuances claires.

Pour les enlevages colorés on emploie des laques qui ne sont pas attaquées par le rongeant. L'enlevage au chlorate se fait plutôt sur des tissus épais et la réserve sur des tissus légers.

Les formules d'enlevages au chlorate-prussiate sont analogues à celles qui sont utilisées pour les colorants basiques.

On obtient une conversion par enlevage donnant des effets intéressants en imprimant d'abord des couleurs sulfurées, on teint ensuite avec des couleurs substantives. Si l'on ronge la couleur substantive on peut faire apparaître soit le blanc, soit la couleur sulfurée.

On combine parfois les couleurs sulfurées et certaines couleurs à cuve.

Les couleurs sulfurées qui sont imprimées avec des solutions très alcalines peuvent servir de couleurs enlevage sur rouge turc.

2° Textiles végétaux divers et matières végétales

Les couleurs sulfurées sont employées surtout pour le coton, mais elles ont trouvé aussi des applications pour d'autres fibres végétales.

Le *lin*, le *chanvre*, la *ramie*, se teignent comme le coton ; dans le cas du lin, on emploie un peu plus de sulfure et l'on chauffe plus longtemps. La fibre de lin est assez fragile et sensible aux alcalis, il faut donc opérer avec ménagements, de même pour le chanvre.

Pour le jute on teint aux environs de 50° et on obtient des nuances très solides.

Soie artificielle. — Il faut éviter d'employer un excès de sulfure. Les proportions de carbonate de soude et de sulfate sont aussi plus faibles que pour le coton. On emploie un bain représentant 25 à 30 fois le poids du textile. Après teinture on savonne puis on passe dans un bain d'acide acétique. Les bains de teinture peuvent servir plusieurs fois en les regarnissant comme nous l'avons dit pour la teinture du coton.

Papier. — On les emploie rarement pour la teinture du papier à cause de la présence du sulfure de sodium qui est très nuisible et qu'il est de toute nécessité de détruire au préalable. C'est seulement lorsque tout le sulfure a été détruit que le collage peut avoir lieu, car le sulfure nuirait à cette opération.

3° Textiles d'origine animale et tissus mixtes

Les colorants sulfurés ne sont pas employés pour laine. Dans certains cas spéciaux on peut les utiliser pour la teinture de la soie, par exemple pour les soies à coudre et à broder. On teint comme d'habitude avec du sulfate de soude et du sel marin. On recommande d'ajouter de l'huile pour rouge et du lactate de soude (Bayer) qui protègeraient la soie contre l'action du sulfure tout en augmentant l'affinité de la couleur.

Tissus mixtes. — Pour les tissus laine et coton, on peut teindre d'abord la laine avec un colorant acide, puis le coton à froid avec des couleurs sulfurées. On peut opérer aussi inversement en teignant d'abord le coton avec des couleurs sulfurées, puis la laine avec des colorants acides.

Dans la teinture du coton avec effets de laine, on se sert de colorants sulfurés mais l'alcalinité du sulfure de sodium employé pour dissoudre le colorant sulfuré, peut nuire à la solidité du tissu.

Pour éviter cet inconvénient on ajoute au bain diverses substances : les Farbwerke Hochste se servent de bisulfite ; Cassella de glucose.

Procédé Cassella : 100 kilogrammes de tissu mi-laine sont soumis pendant 1/2 heure au bouillon dans un bain de :

Tannin...	5 kilogrammes
Sulfate de zinc...	2,5 »

ou :

Tannin...	5 kilogrammes
Tungstate de soude	2,5 «

On essore et passe à 25-30° dans une cuve renfermant :

Vert thiogène G K	5 kilogrammes
Sulfate de soude cristallisé	7,5 »
Bisulfite de soude..	7,5 »
Eau	1050 »

Ensuite on essore, lave et teint la laine à la manière ordinaire.

Pour les tissus coton et soie, on teint le coton avec des couleurs sulfurées, puis la soie à basse température avec des colorants acides ou basiques, de préférence on emploie des couleurs acides.

4° Applications diverses

Cuirs. — Les colorants sulfurés ne sont guère indiqués pour les cuirs à cause de l'alcalinité du sulfure. Toutefois, pour les cuirs chamoisés, la Manufacture Lyonnaise a proposé un procédé en teignant en présence de formol et de savon. La couleur est dissoute dans le sulfure commé d'habitude en employant par exemple une partie de sulfure pour une partie de colorant :

Colorant immédiat......	1 partie
Sulfure..	1 »

puis on ajoute :

Formol..	0,1 »
Savon	0,2 »

étendre d'eau de manière à avoir une solution renfermant 5 à 10 grammes par litre de couleur, puis teindre pendant 1/2 heure. Après teinture on lave puis traite par une solution de savon et sèche. On peut aussi appliquer à la brosse en employant :

Noir immédiat..	50 grammes
Sulfure	50 »
Eau	1 litre
Formol	10 centimètres cubes
Savon	10 grammes

Dans les deux cas, on passe ensuite en bichromate ou en sel de cuivre.

Laques. — Les colorants sulfurés insolubilisés au moyen de l'acide, c'est-à-dire, par décomposition du sulfure, peuvent être employés comme laques, lorsqu'ils sont complètement insolubles dans l'eau. On peut aussi préparer des laques insolubles en traitant les colorants par du chlorure de baryum. Ce laquage est fait de préférence en présence de soude caustique et avec du sulfate de baryte comme sous-sol ; le bleu pur immédiat, par exemple, donne une belle laque insoluble dans l'eau, solide à la lumière et à la chaux.

COULEURS SULFURÉES

Résumé des applications les plus importantes sur coton

1° Teinture

A) Teinture............... Emploi de bains courts, additionnés de carbonate de soude, sel marin ou sulfate de soude. Eventuellement on emploie du sulfure comme solvant de la couleur. Emploi des vieux bains qui sont garnis méthodiquement.

B) Traitement après teinture La plupart des colorants sulfurés subissent un traitement après teinture : passage en acide sulfurique ou dans des solutions à base de bichromate, sulfate de cuivre ou mélange de bichromate et sulfate de cuivre.

2° Impression

A) Impression directe .... Mélange épaissi de colorants sulfurés avec soude caustique réducteurs, tels que : oxyde stanneux, hydrosulfite, glucose et soude, formaldéhyde et glucose.
Imprimer avec combinaisons bisulfitiques de couleurs sulfurées.

B) Réserves .... On peut employer réserves mécaniques, mais le plus souvent réserves chimiques à base de chlorure de zinc.
Réserves colorées : ajouter à la réserve des colorants basiques et prussiates, puis fixer les basiques par vaporisage et teinture avec colorants sulfurés. Couleurs sulfurées et rouge para : opérer sur tissu préparé en naphtol, ajouter diazo de nitraniline à la réserve de zinc.

C) Enlevages .... Employés moins souvent que la réserve. On peut ronger certaines couleurs sulfurées avec chlorate et prussiate.
Quelqu'emploi pour les enlevages colorés.

Classification

INDIGO

COTON..... **A) Teinture :**
1º Cuves au sulfate de fer.
2º Cuves au zinc.
3º Cuves à l'hydrosulfite.
4º Cuves à fermentation.

B) Impression :
1º Indigo produit sur fibre (impr. sel d'indigo).
2º Imprimer indigo réduit.
3º Imprimer indigo avec glucose et soude caustique.

Réserves :
Réserve sous teinture :
a) Réserves mécaniques : batics.
b) Réserves chimiques : blanches.
»   »   jaunes.
»   »   réserves rouges à teindre.
»   »   réserves et rouge p-.

Réserve sous bleu impression :
Soufre pour réserve blanche sous bleu.
Soufre + sel Cd. pour jaune.
Soufre + sel Fe pour nankin.

Enlevages :
1º *Rongeants oxydants :*
a) Bichromate + acide oxalique. Chromate neutre.
b) Ferricyanure et soude caustique.
c) Chlorate-prussiate.
d) Hypobromites.
e) Acide nitrique.
2º *Rongeants réducteurs :*
Hydrosulfite-formaldéhyde additionné de bases aryl-ammonium
et d'anthraquinone.

AINE..... **A) Teinture :**
1º Hydrosulfite et ammoniaque.
2º Hydrosulfite et soude caustique.
3º Hydrosulfite et poudre de zinc.
4º Cuve à fermentation à froid.
»   »   à chaud.

B) Impression :
1º Hydrosulfite et soude.
2º Hydrosulfite ammoniaque et sulfite.

SOIE. **Teinture et Impression.**

COLORANTS A CUVE

COTON..... **A) Teinture :**
Couleurs indanthrène et algol.
1º Coton en fil   }
2º Coton en pièce } Teinture avec hydrosulfite.

B) Impression :
Indanthrène :
1º Sans vaporisage, sel ferreux + sel d'étain et soude caustique
après impression.
2º Avec vaporisage, oxyde stanneux et soude caustique, ou hydrosulfite et soude.
Thioindigo : hydrosulfite alcalin.

Réserves :
1º Sous teinture (sel cuivre ou plomb).
2º Sous couleur d'impression (chlorate)

Enlevages :
Hydrosulfite + anthraquinone et arylammonium.
Hydrosulfite + oxyde zinc + sulfite.

INDIGO

L'indigo était connu dans l'antiquité ; il a été importé en Europe au xvi° siècle et employé en France depuis 1737, il est donc à peu près contemporain du rouge turc (1747). Le principe de sa fixation est basé sur la transformation au moyen de réducteurs de l'indigo bleu insoluble dans l'eau en indigo blanc, soluble dans les bases alcalines et alcalino-terreuses. Ce leucodérivé est fixé sur la fibre, puis on oxyde afin de régénérer l'indigo bleu primitif,

COTON

A. — TEINTURE

Les dissolutions d'indigo réduit utilisées pour la teinture portent le nom de *cuves*. On peut les ranger en quatre catégories :

1° Cuve au sulfate de fer. — Cette cuve est appelée aussi cuve à la *couperose* ; le procédé basé sur son emploi, est l'un des plus anciens.

On charge la cuve avec de l'indigo, du sulfate ferreux et de la chaux.

Dans ces conditions il se produit de l'hydrate ferreux qui réagit sur l'indigo bleu en le transformant en indigo blanc qui se dissout dans la chaux, et passant lui-même à l'hydrate ferrique.

On emploie les proportions suivantes :

Indigo	1 kilogramme
Sulfate ferreux	3 à 5 kilogrammes
Chaux..	3 à 4 »
Eau...	100 litres

L'indigo est délayé à chaud dans la solution de sulfate de fer, puis on verse le lait de chaux en remuant ; la solution prend une couleur jaune-olive ; si elle est verdâtre on ajoute un peu plus de sulfate de fer.

La chaux et le sulfate de fer sont employés en excès afin de réparer les pertes provenant de l'oxydation par le contact de l'air. On *pallie* régulièrement pendant 1 ou 2 heures jusqu'à ce que la réduction soit terminée, la solution est alors jaune-olive. Il faut éviter que le sulfate de fer ne renferme du cuivre, par son action oxydante, il nuirait à la teinture.

La cuve à la couperose sert pour la teinture en pièces unies et réservées et parfois pour la teinture en écheveaux ; pour les pièces on opère à la continue. Les pièces circulent dans une cuve au large, y séjournent quelques minutes, puis elles passent entre deux rouleaux exprimeurs qui enlèvent l'excès de liquide ; enfin on termine par le *déverdissage* qui consiste à réoxyder l'indigo au contact de l'air. Cette opération a lieu au moyen d'un châssis en bois muni de roulettes dont le dispositif est variable ; immédiatement après la teinture, la pièce est vert-clair, mais elle bleuit peu à peu au fur et à mesure que le déverdissage est plus complet ; un passage final en acide sulfurique enlève la chaux et améliore la nuance.

Pour obtenir des intensités différentes, on se sert de cuves plus ou moins riches en indigo mais il n'est pas indiqué de dépasser un certain degré de concentration. Si l'on teint dans une cuve trop concentrée, l'indigo adhère mal à la fibre ; il est donc préférable de faire plusieurs trempes dans un bain moins concentré.

Par ce procédé on a une perte assez considérable en indigo qui s'accumule dans le fond de la cuve à l'état insoluble ; il est donc nécessaire de récupérer cet indigo. Les eaux de lavage du tissu renferment aussi une quantité d'indigo très appréciable. Ces eaux sont réunies dans des réservoirs, puis acidifiées et récupérées après décantation.

La cuve à la couperose est une cuve continue qui peut fonctionner plusieurs semaines, on l'alimente en indigo, sulfate de fer et chaux, de manière à maintenir ses divers éléments dans une proportion convenable. Elle doit renfermer une quantité de réducteurs telle que la coloration jaune subsiste ou que la coloration bleue produite dans la cuve pendant la teinture devienne jaune après un repos convenable.

La cuve à la couperose n'est presque plus employée, elle est remplacée par les procédés au zinc et à l'hydrosulfite qui donnent moins de pertes.

2° Cuve au zinc. — On la prépare en traitant de la poudre de zinc par de la chaux, il se produit de l'oxyde de zinc et du leucoindigo qui se dissout à l'état de sel de chaux. On emploie d'après B. A. S. F. :

Indigo pâte............................	10 kilogrammes	
Poudre de zinc........................	200 grammes + 20 litres eau 60°	} cuve-mère
Lait de chaux préparé avec CaO :......	5 kilogrammes + 80 litres eau	

Au bout de 5 heures, la solution est jaune et peut servir pour la teinture.

Cuve de teinture :

Cuve de teinture :

Poudre de zinc...........................	250 grammes	(pour débarrasser de
Bain.....................................	1.000 litres	{ l'oxygène dissous
Lait de chaux préparé avec CaO :.........	1 kilogramme	(dans l'eau.

Laisser reposer et verser tout ou partie de la cuve-mère précédente.

La cuve doit avoir une nuance jaune caractéristique. Dans le cas où la couleur de la cuve deviendrait verdâtre, il faudrait pallier pour faire revenir la nuance primitive ; si ce résultat n'est pas obtenu, on ajoute du zinc et de la chaux. La perte en indigo est environ 3 fois moins élevée qu'avec la cuve au fer. Le dépôt est moins abondant, la cuve peut donc servir plus longtemps, mais elle est souvent trouble et le dégagement d'hydrogène produit une mousse abondante : il faut donc pallier fréquemment.

Cette cuve peut servir pour la teinture en écheveaux et en pièces.

3° Cuve à l'hydrosulfite. — C'est en 1869 que Schützenberger découvrit l'acide hydrosulfureux et les hydrosulfites en faisant réagir des bisulfites sur de la poudre de zinc. La cuve à l'hydrosulfite date de 1871 (Schützenberger et de Lalande). Elle était alors employée dans une certaine mesure pour s'introduire finalement d'une manière générale à partir de 1897. Elle a pris une importance encore plus considérable à partir du moment où on a préparé de l'hydrosulfite de soude anhydre et solide. Pour préparer une cuve à l'hydrosulfite, on peut opérer de la manière suivante (B. A. S. F.).

On mélange :

Indigo pâte	10 kilogrammes	
Eau chaude	20 litres	cuve-mère
Soude caustique à 40°	6 »	

et ajoute finalement :

    Hydrosulfite poudre .... 1,800 kil.

Le tout est chauffé à 60°. La cuve de teinture est préparée en ajoutant à l'eau une certaine quantité d'hydrosulfite, puis une quantité de solution-mère correspondant à la nuance que l'on désire obtenir. Cuve de teinture :

Bain	1000 litres	
Hydrosulfite	60 grammes	pour éliminer l'oxygène
Solution-mère	Q. S.	

Ce procédé offre l'avantage de donner très peu de dépôt.

La cuve à l'hydrosulfite est utilisée pour la teinture mécanique en appareils : ceux-ci sont construits de telle sorte que la solution d'indigo se trouve le moins possible au contact de l'air et au moyen d'un système d'aspiration spéciale, on débarrasse le coton le mieux possible de la solution d'indigo réduit.

On trouve dans le commerce sous le nom de *solution d'indigo à 20 0/0* une dissolution d'indigo dans de l'hydrosulfite. Il suffit d'ajouter ce produit au bain de teinture chargé avec une petite quantité d'hydrosulfite pour avoir une cuve d'indigo.

Au lieu d'employer l'hydrosulfite on peut le faire de toute pièce dans la cuve, au moyen d'un mélange convenable de bisulfite et de poudre de zinc.

L'absorption de l'indigo blanc par le coton diminue quand l'alcalinité du bain augmente. Cette absorption est maximum quand le bain renferme la quantité de soude caustique juste nécessaire à la dissolution de l'indigo blanc. De plus, cette absorption diminue quand la température du bain s'élève (Knecht et V. G. Nair, M. C. 1912. 97).

La teinture à chaud est utilisée surtout pour la laine, mais dans certains cas on peut l'employer aussi pour le coton, par exemple pour des nuances claires, on a des nuances plus unies et bien pénétrées.

Dans ce cas l'addition de sel marin donne des résultats favorables (J. Mueller M. C., 1911. 212).

Les cuves à l'hydrosulfite ont l'avantage de donner peu de dépôt, mais l'alcalinité excessive des bains offre certains inconvénients au point de vue de la manipulation. Quoi qu'il en soit ces cuves ont pris une grande importance surtout pour les colorants à cuve dont il sera question plus loin.

4° Cuves à fermentation. — Ces cuves autrefois universellement employées ont été supplantées pour le coton par les cuves chimiques, mais elles ont pourtant encore une certaine importance pour la teinture de la laine.

Leur mode de préparation consiste à produire des fermentations réductrices en milieu alcalin et à chaud, en présence de substances azotées et d'hydrates de carbone. Ces cuves sont difficiles à conduire et il se produit fréquemment des irrégularités et des maladies qui peuvent affecter leur composition et les résultats de la teinture. Les maladies proviennent souvent d'un excès ou d'un manque de chaux. Ces cuves peuvent fonctionner très longtemps ; certaines d'entre elles peuvent marcher pendant deux ans.

La matière azotée, nécessaire à la fermentation est fournie par du son, du pastel, de la garance, de l'urine. Voici à titre documentaire quelques exemples de ces cuves (Prud'homme).

Cuve de l'Inde :

Son	3,500 kil.
Garance	3,500 »
Carbonate de potasse	12 »
Eau	1 000 litres

Chauffer à 90°, puis :

Indigo	8 kilogrammes

On laisse refroidir jusqu'à 40° ; la fermentation se produit à cette température, on pallie énergiquement, en 48 heures, l'indigo devient soluble, la cuve est remontée tous les 30 jours.

Cuve au pastel : la cuve est remplie d'eau bouillante, puis on ajoute :

Son	3 à 5 kilogrammes
Pastel	100 kilogrammes
Garance	10 »
Lait de chaux avec CaO :	7 kilogrammes

On pallie toutes les 3 heures. Il se développe une odeur ammoniacale et la cuve se recouvre d'une fleurée bleue. On ajoute :

Indigo	10 kilogrammes

La cuve est entretenue avec de la chaux et de l'indigo et peut être employée plusieurs mois.

Cuve allemande. — La cuve remplie d'eau chaude est chargée avec du son, du carbonate de soude, de l'indigo, de la chaux ; on laisse refroidir à 40°, la fermentation se produit et l'indigo se dissout dans l'alcali.

On fait quelquefois des *piétages* sous indigo cuvé (des teinturés) au moyen de campèche et fer ou alun, ou encore avec des couleurs substantives.

D'autre part on remonte parfois l'indigo cuvé avec des colorants basiques bleus et violets pour rendre plus vif.

On fait des imitations d'indigo avec des colorants basiques, indoïne, bleu Meldola, etc., ainsi qu'avec des couleurs sulfurées et des bleus substantifs diazotés sur fibre. Mais ces nuances ne possèdent pas généralement cette qualité importante de l'indigo, qui consiste à *se dégrader dans le même ton* sous l'influence de la lumière, du lavage et de divers agents chimiques.

B. — IMPRESSION

On peut opérer de trois manières :

1° Imprimer une matière susceptible de donner de l'indigo sur la fibre. — L'*acide o-nitrophénylpropiolique* est la première substance qui ait servi à produire de l'indigo artificiel (1880). Il n'a plus maintenant qu'un intérêt historique. On l'a employé pendant quelques années pour l'impression de petits dessins, mais en faible quantité à cause de son prix élevé. On l'imprimait en mélange avec du xanthate de soude et de l'alcali faible (borax), puis on suspendait à l'air pour développer l'indigo.

Par contre le *sel d'indigo*, combinaison bisulfitique de l'o-nitrophényllactocétone trouve peut-être encore quelqu'emploi pour des petits dessins.

Cette combinaison bisulfitique est assez instable de sorte qu'on prend généralement de la cétone et on la solubilise avant son emploi avec du bisulfite ; on imprime, sèche et passe ensuite en soude caustique.

2° On imprime de l'indigo réduit. — C'est par ce procédé que l'on préparait le *bleu faïencé* en imprimant de l'indigo en poudre sur le tissu et en le faisant pénétrer dans la fibre au moyen d'une série de passages dans des cuves renfermant de la chaux, du sulfate de fer et de la soude, puis de l'acide sulfurique étendu qui enlevait l'oxyde de fer et précipitait l'indigo. Il s'agissait en quelque sorte d'une cuve locale très difficile à réaliser.

Le *bleu solide* consistait à imprimer de l'indigo réduit à l'état de sel stanneux, puis on passait en chaux et enfin en acide.

La principale difficulté dans l'impression de l'indigo provient de ce qu'il faut éviter une réoxydation accidentelle de l'indigo blanc, c'est-à-dire empêcher la couleur de se réoxyder à l'air pendant le travail du rouleau. L'*hydrosulfite formaldéhyde* a solutionné le problème et donne de bons résultats.

On imprime l'indigo avec ce réducteur et de l'alcali, puis on vaporise. Le sulfoxylate réduit l'indigo et, après vaporisage, l'indigo bleu est précipité dans la fibre par exposition à l'air. On imprime par exemple :

Rongalite C ([1])	100 grammes
Indigo à 20 %	150 »
Épaississant alcalin	650 »

On vaporise 4 à 5 minutes avec de la vapeur pas trop sèche sans air. On verdit en lavant et on termine comme pour le procédé au glucose.

P. Jeanmaire imprime un mélange d'indigo blanc, de tartrate de fer et d'étain et de soude caustique. Les oxydes ferreux et stanneux agissent comme réducteurs.

3° Réduction de l'indigo avec glucose et soude caustique (procédé Schlieper et Baum). — Le tissu est foulardé avec une solution tiède de glucose à raison

---

([1]) Sulfoxylate-formaldéhyde.

de 100 grammes par litre ; on sèche à la hot-flue puis on imprime un mélange d'indigo et de soude caustique, par exemple :

Indigo pâte à 20 %	50 à 100 grammes	
Epaississant alcalin	900 à 850 »	B. A. S. F.
Soude à 40°	50 »	

On vaporise péndant 1/2 minute dans le Mather et l'on obtient ainsi un développement parfait de l'indigo. Il faut avoir soin de ne pas vaporiser trop longtemps, car l'indigo blanc serait altéré.

Comme épaississant on emploie de la britishgum ou un mélange d'amidon et d'amidon grillé. Le procédé que nous venons d'indiquer peut être réalisé en remplaçant le glucose par du maltose, que l'on prépare en faisant un empois d'amidon, que l'on saccharifie au moyen de diastafor à 60-70° ; on obtient ainsi un mélange de dextrine et de maltose : on peut aussi utiliser la dextrine, mais on obtient de moins bons résultats qu'avec le glucose.

L'article bleu sur fond rouge d'alizarine, appelé article *Schlieper et Baum*, se prépare en partant de rouge d'Andrinople uni ; on plaque en glucose puis on imprime de l'indigo et de la soude caustique. Au moment du vaporisage, l'alizarine est rongée et l'indigo se trouve fixé sur les parties rongées.

Le procédé au glucose et soude caustique permet d'employer non seulement l'indigo mais de l'indigo nuancé avec d'autres couleurs à cuve.

Gris d'indigo d'Elbers. — On imprime un mélange d'indigo, d'huile d'olives et d'épaississant à base d'amidon. On vaporise pendant 3/4 d'heure à 1 kilogramme, on lave et savonne. Ce gris peut être rongé comme l'indigo et enluminé par les procédés classiques (B. A. S. F.).

Réserves

On peut réaliser des réserves sous teinture ou sous bleu d'impression.

Réserves sous teinture. — Elles sont soit mécaniques, soit chimiques.

a) *Réserves mécaniques.* — La plus simple consiste à déposer sur le tissu selon les contours du dessin, une réserve de cire, puis on teint à la température ordinaire ; ces réserves portent le nom de *batics*, elles sont pratiquées par les indigènes de Java, mais on en produit aussi en Europe. On opère à la main au moyen d'une burette en cuivre munie d'un orifice très étroit, par lequel on fait écouler la cire, mais dans certains cas, on peut employer aussi des petites planches en cuivre que l'on plonge dans de la cire fondue et que l'on applique sur le tissu. On emploie également le crayon à batics ; les cires utilisées sont la cérésine ou l'ozokérite.

Avec ces réserves à la cire, il est naturellement indiqué de teindre à froid. La teinture terminée on enlève la cire au moyen d'eau chaude ou de benzine.

Le procédé que nous venons de décrire est employé pour des articles spéciaux présentant des irrégularités voulues de dessins.

b) *Reserves chimiques.* — Le plus souvent pour faire des réserves sous bleu cuvé, on emploie des corps qui ont des caractères acides et qui décomposent par conséquent la combinaison alcaline de l'indigo blanc en rendant l'indigo insoluble au moment même, où il se trouve en contact avec l'étoffe. Comme substance acide on emploie, l'acide arsénique, le bisulfate de soude, l'alun et le sulfate de zinc ; ces corps agissent par leurs propriétés acides, mais on peut employer des substances qui possèdent en outre des propriétés oxydantes et qui par conséquent favorisent l'oxydation de l'indigo blanc ; les sels cuivriques sont particulièrement indiqués pour cet emploi. A ces réserves chimiques on ajoute souvent des réserves mécaniques, telles que de la terre de pipe, du sulfate de plomb.

Terre de pipe	300	grammes
Sulfate de cuivre	50	»
Nitrate de cuivre	50	»
Eau	200	»
Epaississant	400	»

Pour faire une *réserve jaune* on imprime une réserve à base de plomb.

Le passage en cuve alcaline produit une précipitation d'oxyde de plomb ; après teinture en indigo on passe en bichromate et en acide.

Une petite quantité d'acide chromique est mise en liberté, et ce produit est en quantité suffisante pour détruire les traces de bleu qui auraient pu se former dans les parties réservées. Si l'on veut obtenir une nuance orangée, on passe ensuite dans un bain chaux, le chromate de plomb jaune CrO^4Pb se transforme en un chromate orangé $CrO^4Pb.PbO$.

Les *réserves rouges à teindre* s'obtiennent en imprimant une réserve à base de sel de cuivre à laquelle on ajoute un sel d'alumine et de chaux, de cette manière, on aura après teinture une partie blanche mordancée à l'alumine ; si l'on teint donc en alizarine, on aura des dessins rouges sur fond bleu, cette réserve est appelée *réserve rouge sous bleu cuvé.*

Les réserves peuvent servir à la production d'articles spéciaux tels que la production de *couleurs à la glace.* On part d'un tissu blanc, foularde en naphtol, sèche, puis on imprime une réserve dans laquelle on a ajouté le diazoïque, on teint ensuite en indigo et passe en acide.

Si l'on imprime une réserve blanche à base de plomb, on peut *surimprimer en noir d'aniline*, le plomb réservant le noir d'aniline.

La teinture des tissus réservés peut offrir certaines difficultés, car il faut éviter que le frottement des tissus contre les machines n'altère la netteté du dessin imprimé avec la réserve. On teint alors au moyen des *cuves champagne* ou d'appareils analogues qui ménagent la réserve.

Depuis la découverte de l'hydrosulfite-formaldéhyde et surtout des procédés de rongeage par addition des dérivés arylphénylammonium, les méthodes de réserves ont perdu beaucoup de leur importance.

c) *Réserves sous bleu d'impression.* — On utilise dans le cas du procédé Schlieper et Baum la réserve blanche, faite avec du soufre précipité épaissi avec de l'eau de gomme.

Le tissu est préparé d'abord en glucose, puis séché et imprimé avec cette réserve, par exemple :

Pâte de soufre précipité..	400 grammes
Epaississant à la gomme	600 »

On sèche, plaque en indigo et développe au vaporisage. On peut former des reserves colorées en provoquant dans cette réserve la formation d'un sulfure métallique coloré. Pour avoir une réserve jaune, on emploiera du chlorure de cadmium et du soufre, il se formera dans ces conditions du sulfure de cadmium jaune ; on produira une réserve nankin avec un sel de fer et du soufre.

Enlevages

.Les enlevages sur indigo sont intéressants, car on arrive à produire des dessins d'une grande finesse. On peut ronger soit avec des substances oxydantes, soit avec des réducteurs.

1° Rongeants oxydants

a) *Foularder en bichromate*, puis sécher et *imprimer de l'acide oxalique.*

Ce procédé fut appliqué en 1826 par Thompson. L'acide chromique produit dans la réaction, oxyde l'indigo à l'état d'isatine.

Si dans le procédé précédent on ajoute à l'acide oxalique de l'acétate d'alumine et un peu d'acide nitrique on fait un *enlevage pour rouge* qui permet de teindre ensuite en alizarine. Les nuances rouges ainsi obtenues sont ternes car il est impossible d'éviter la fixation d'une petite quantité de chrome.

En 1869 C. Kœchlin modifia et remplaça complètement le procédé Thompson en imprimant du bichromate, puis en passant dans un bain sulfurique oxalique. Ce procédé permet de faire des enlevages blancs aussi bien que colorés.

Rongés blancs : imprimer le tissu teint avec :

Bichromate	180
Eau	230
Ammoniaque	40
Epaississant	600

Sécher et passer 1 à 2' dans un bain à 50°, renfermant :

Eau	1 litres
Acide oxalique..	50 grammes
Acide sulfurique 66° Bé	50 »

Enlevages colorés : on ajoute au rongeant des couleurs se fixant à l'albumine, laques, couleurs minérales, etc.

Albumine 1/1	50 à 100 grammes
Epaississant	600 grammes
Bichromate	100 »
Eau	150 »
Ammoniaque	40 »
Couleur	30 »

Enlevages blancs et réserves simultanées sous noir d'aniline : on obtient ainsi des blancs et noirs sur fond d'indigo. On imprime le rongeant et la réserve, sèche, puis on surimprime avec le noir, vaporise au Mather et passe en bain sulfurique oxalique.

On peut faire du rouge para et de nitroanisidine sur indigo ; on foularde le tissu teint en indigo avec naphtolate de soude, puis on imprime le rongeant en y ajoutant le diazo, finalement on passe en acide. On peut aussi ajouter au rongeant à la fois du naphtolate de soude et de la nitrosamine, puis passer en acide après le développement du rouge.

b) Procédé au ferricyanure de potassium et soude caustique : on imprime du prussiate rouge et passe en soude. Ce procédé ne s'applique que sur l'indigo clair.

Pour obtenir un rouge sur bleu, le tissu est foulardé en β-naphtol, puis on imprime le mordant auquel on ajoute le diazo de nitraniline ; un passage ultérieur en alcali provoque la destruction du bleu et le développement du rouge.

c) Un procédé très intéressant est celui qui consiste à ronger l'indigo avec un mélange de *chlorate* et de *prussiate* ; on le doit à Jeanmaire (1889). La pâte d'impression est constituée par un mélange de chlorate, de ferro ou de ferricyanure de potassium et d'acide tartrique ou citrique. Après vaporisage de 5' au Mather à 100° dans une atmosphère de vapeur sèche, on passe dans un bain alcalin, par exemple du silicate à 1° Bé à 90° ; il se produit ainsi un blanc parfaitement pur.

Ce procédé permet de mordancer en même temps en alumine et de pouvoir par conséquent teindre ultérieurement en rouge. Si l'on remplace les acides organiques mentionnés plus haut par leurs sels ammoniacaux, on peut ajouter en même temps des couleurs à l'albumine et obtenir ainsi des enlevages colorés.

d) Emploi des hypobromites. — En 1884 Scheurer démontra qu'un tissu teint en bleu cuvé imprégné de soude est décoloré en quelques secondes par du chlore gazeux, et même par du brome. Brandt a proposé un procédé basé sur l'action des hypobromites sur l'indigo. Il a été cependant complètement abandonné.

e) Enlevages à l'acide nitrique. — Récemment Freiberger a introduit un rongeant au nitrate auquel on ajoute un peu de nitrite. On fait passer le tissu dans un bain d'acide sulfurique chaud et dans ces conditions l'acide azotique et l'acide azoteux détruisent l'indigo (B. F. 391829 du 8, 9, 1908).

Ce procédé est basé sur l'action des acides nitriques et nitreux à l'état naissant et qui sont sous cette forme des oxydants aussi énergiques que rapides.

L'exécution consiste à imprimer sur bleu cuvé des nitrates et des nitrites et à passer le tissu dans un acide fort, susceptible de décomposer ces sels.

Les résultats ne laissent rien à désirer, ni comme aspect, ni comme qualité ; la nuance des fonds d'indigo est irréprochable, les blancs sont purs, même sur les teintures les plus foncées et ils possèdent toute la solidité désirable, ne présentant aucune formation d'oxycellulose. Les couleurs aux nitrate et nitrite sont complètement neutres, donc application plus facile.

La méthode Freiberger se prête à tous les enluminages, même sur des colorants autres que l'indigo. L'opération est analogue à celle du chromate. La fixation des laques s'obtient par addition d'albumine.

Dans la fabrication des articles rongés sur fond cuvé au moyen d'agents oxydants, il peut se produire une altération sensible du tissu ; pour diminuer cet inconvénient, Tagliani prépare le tissu avec une solution de colle mélangée avec de la glycérine ; on assure ainsi au coton une plus grande résistance.

2° Rongeants réducteurs

L'hydrosulfite-formaldéhyde décolore à température élevée l'indigo, mais on éprouve certaines difficultés à éliminer l'indigo réduit par voie de lavage avant qu'il n'ait eu le temps de se réoxyder. On a essayé d'arriver à de bons résultats en ajoutant aux combinaisons d'hydrosulfites, diverses substances qui ont pour but de faciliter l'élimination de l'indigo réduit.

Mais ce n'est que par l'emploi des dérivés arylphénylammonium que les résultats sont devenus parfaits. Par exemple la *rongalite CL* qui renferme outre la rongalite proprement dite, une petite quantité du sel sodique de l'acide diméthyl-phénylbenzylammonium disulfonique (Leukotrope W) donne avec l'indigo blanc un composé jaune soluble dans l'alcali ; composé qui ne donne pas d'indigo par oxydation, on peut donc l'éliminer facilement par lavage et l'on évite de cette manière, la réoxydation partielle de l'indigo au moment du lavage du tissu.

Une petite quantité *d'anthraquinone*, qui agit comme catalyseur permet de préparer des rongeants très économiques.

On produit des effets jaunes par enlevages sur fond d'indigo en employant une couleur formée d'oxyde zincique, de chlorure de diméthylphénylbenzylammonium *non* sulfoné (Leukotrope O), rongalite, et anthraquinone ; après l'impression on vaporise, lave et savonne.

Les couleurs d'enlevages peuvent être additionnées de colorants qui se prêtent à l'impression directe, comme ceux au soufre :

Depuis l'introduction des dérivés arylphénylammonium le procédé à l'hydrosulfite se généralise toujours plus, de sorte que les rongeants au chlorate sont limités à quelques articles spéciaux.

Comme rongeants divers, signalons l'emploi des *persulfates*, qui a toutefois l'inconvénient d'altérer la fibre. Le procédé de E. Knecht et P. Spence et Sons utilise une solution épaissie de *sulfocyanure titaneux* ; on sèche, puis passe en soude diluée ; on obtient ainsi des enlevages blancs. Les parties blanches sont en même temps mordancées avec de l'hydroxyde de titane, de sorte qu'on peut teindre ensuite au moyen d'une couleur à mordant. Par exemple avec la nitroalizarine, on obtient un orangé sur fond bleu.

Si à côté du sulfocyanure *titaneux* on imprime de l'hydrosulfite-formaldéhyde, on obtiendra par une teinture ultérieure, en même temps des effets blancs et des effets colorés sur fond bleu.

Une application assez curieuse de réserve sous bleu cuvé et d'enlevage, est la production de l'article bleu-clair et blanc sur bleu foncé. On part d'un tissu teint en indigo clair et l'on imprime d'une part une réserve. D'autre part l'impression d'un rongeant, après teinture parfait l'effet en question.

On peut aussi produire l'article bleu clair, blanc et jaune sur fond bleu. On part d'un tissu bleu clair, on imprime une réserve sans plomb, puis deux enlevages au chromate, l'un à base de plomb et l'autre sans plomb, on sèche, teint en bleu foncé, puis on passe dans le bain acide et développe le jaune dans un bain de chromate.

LAINE

A. — TEINTURE

a) La teinture de la laine en indigo est particulièrement intéressante par le procédé de réduction à *l'hydrosulfite*. C'est aux travaux de Schuetzenberger et de De Lalande que l'on doit la réalisation de cette méthode.

On emploie la cuve à l'hydrosulfite avec de l'ammoniaque ou de la soude caustique.

1° Cuve hydrosulfite et ammoniaque avec solution indigo 20 % (Procédé de B.A.S.F.). — La solution d'indigo à 20 % étant une dissolution d'indigo réduit, le procédé est très simple. Voici comment on opère pour une cuve de 3000 litres, chauffer l'eau à 50° et ajouter :

Ammoniaque à 20° Bé...	1 litre 1/2
Hydrosulfite poudre..	750 grammes
Solution de colle 1/10...	7 litres
Solution d'indigo 20 %..	7 kilogrammes

laisser reposer 1/4 d'heure. Le bain doit être limpide et d'une couleur jaune-verdâtre. Pour une mise de 25 kilogrammes, donner une première passe de 20 à 30', puis faire passer entre des rouleaux exprimeurs et déverdir. Entre temps on met une deuxième mise en route et on teint alternativement avec la première. Si la cuve prend une couleur verte, bleu-verdâtre, ou qu'elle se trouble, on ajoute de l'hydrosulfite. On ajoute la solution d'indigo suivant les besoins. La concentration du bain en couleur ne doit pas dépasser 5 kilogrammes de solution d'indigo pour 1000 litres.

2° Cuve hydrosulfite + soude caustique.

Indigo pur 20 %.. 19 kilog. + 20 litres d'eau
Hydrosulfite... 2 kilogrammes
Soude à 40°.. 2 litres 1/2

Bain de teinture. — Chauffer l'eau à 50° et ajouter pour 1000 litres :

Hydrosulfite .... 60 grammes
Ammoniaque... 1/2 litre
Colle 1/10 .... 8 litres 1/2

Le bain doit être limpide et jaune verdâtre, pendant la teinture on nourrit la cuve avec la solution-mère en ajoutant si nécessaire de l'hydrosulfite. La teinture se fait par mise de 15 kilogrammes de laine et en passes de 20'.

Les cuves à hydrosulfite fonctionnent d'une manière très régulière, elles donnent peu de dépôt et permettent d'obtenir même des nuances claires intéressantes à cause de leur solidité.

3° On peut aussi employer des *cuves préparées avec du bisulfite et de la poudre de zinc*, ce qui revient à faire de l'hydrosulfite de toute pièce.

Comme indigo on emploie généralement l'indigo pâte à 20 % avec soude caustique, mais on peut aussi faire usage de solution d'indigo qu'on emploie alors en présence d'ammoniaque. On trouve aussi dans le commerce un produit que l'on appelle *cuve d'indigo 60 %* (*B. A. S. F.*) c'est de l'indigo réduit à l'hydrosulfite ; on l'emploie en l'additionnant à un bain renfermant de l'ammoniaque et une petite quantité d'hydrosulfite.

On peut remonter l'indigo sur laine avec divers colorants. Geigy (brev. angl. 21802) propose de remonter avec des couleurs o-oxyazoïques que l'on traite ensuite avec du sulfate de cuivre.

4° Cuves à fermentation (B.A.S.F.). — a) *Cuves chaudes* : cuve à la soude avec du son, de la mélasse, de la garance.

Cuve au pastel, procédé très ancien qu'on ne rencontre plus guère qu'en Angleterre. Le ferment est entretenu au moyen de pastel, d'un peu de son et de garance ; se nourrit avec son et chaux.

Dans la *cuve au suint*, le suint sert de ferment, l'alcali est représenté par de la lessive de cendre ou par l'ammoniaque qui se dégage de la laine en suint lorsqu'on la met dans la cuve. Est usitée en Orient.

c) *Cuves froides* à fermentation. Elles se rencontrent en Orient et en Extrême-Orient. Comme matière fermentescible, on emploie des fruits saccharifères ou bien du son, du pain, etc., comme alcali, du carbonate de soude, de la chaux, des cendres ou de la potasse.

Dans les cuves à fermentation on a au sein d'une liqueur alcaline une décomposition d'hydrates de carbone accompagnée de formation d'hydrogène qui réduit l'indigo. Celui-ci réduit se cuve dans le milieu alcalin.

B. — IMPRESSION

L'indigo est rarement employé pour l'impression de la laine. On imprime :

1° Avec de la soude et de l'hydrosulfite formaldéhyde. Le vaporisage doit être de courte durée. On emploie de la vapeur privée d'air.

2° Grosheintz et A. Scheurer (M.C. 1913, 267) obtiennent de bons résultats en imprimant l'indigo avec du sulfite de potasse et de l'hydrosulfite formaldéhyde :

Colorant en pâte	300 grammes
Ammoniaque 15 °/0	100 »
Sulfite de potasse 45° Bé	100 »
Hydrosulfite NF concentré	200 »
Eau de britishgum très épaisse	300 »

Il est bon de provoquer la réduction de la couleur avant l'impression en la chauffant à 60°.

La fixation est obtenue par un vaporisage de 4 minutes à 100° au Mather-Platt. On réoxyde par un simple passage en eau à 65° pendant 10 minutes.

L'introduction du gaz ammoniaque dans la cuve de vaporisage améliore sensiblement le rendement.

La solidité à la lumière et au savon de la laine imprimée constitue un progrès très appréciable ainsi que la rapidité d'exécution.

INDIGO

Résumé des applications les plus importantes sur coton

A) Teinture

1° Cuves au sulfate de fer.
2° Cuves au zinc.
3° Cuves à l'hydrosulfite.
4° Cuves à fermentation.

B) Impression

A) Impression directe . . . . 1° Impression de substances susceptibles d'engendrer l'indigo (sel d'indigo).

2° Impression d'indigo réduit avec hydrosulfite ou autres réducteurs et réoxydation sur fibre.

3° Impression d'indigo et soude caustique sur tissu préparé au glucose, puis vaporisage (Schlieper et Baum). Applications sur rouge turc qui est rongé par la soude.

B) Réserves .... 1º *Réserves sous teinture* :

    a) Réserves mécaniques. Batics à base de cire ; sulfate de plomb, de baryte, terre de pipe.

    b) Réserves chimiques. Emploi de sels acides : bisulfate, arséniate, alun ou de substances qui sont en même temps acides et oxydantes : sels de cuivre et de mercure.

    Réserve rouge à teindre : Impression de mordants d'alumine et de magnésie avec sel de cuivre ; après teinture en bleu, on teint en alizarine.

    Réserve jaune et orangée : Impression de sel de plomb et de cuivre ; teinture en indigo, puis passage en chromate.

    2º *Réserves sous bleu d'impression.*

    Employées par exemple sous bleu Schlieper et Baum :

    a) Réserve blanche avec soufre.

    b) Réserve rouille avec soufre et sulfate de fer.

    c) Réserve jaune avec soufre et chlorure de Cd.

C) Enlevages .... 1º *Enlevages par oxydation* :

    a) Bichromate et acide oxalique. Enlevage pour rouge à teindre avec acide oxalique et acétate d'alumine.

    b) Chromate alcalin et couleur à l'albumine pour enlevages colorés.

    c) Ferricyanure et soude caustique.

    d) Chlorate-prussiate.

    e) Hypobromites.

    f) Acide nitrique.

    2º *Enlevages par réduction* :

    Emploi d'hydrosulfite formaldéhyde avec ou sans addition de bases ammonium et d'anthraquinone.

COLORANTS A CUVE

Indépendamment de l'indigo, le colorant à cuve le plus ancien est l'indo phénol (1882), mais ce produit n'a eu qu'un succès éphémère. Mélangé à l'indigo, on l'a employé pendant quelque temps pour des *cuves mixtes*. Sa solidité insuffisante n'a pas permis d'en continuer l'emploi, d'autant plus que depuis 1897 jusqu'en 1914 le prix de l'indigo a continuellement baissé.

Par contre les matières colorantes à cuve préparées depuis lors, appartenant les unes à la série de l'anthracène, les autres à celle des indogénides ont trouvé d'intéressantes applications pratiques. Il existe actuellement dans le commerce au moins cent cinquante de ces couleurs ayant un réel intérêt et douées d'une solidité particulièrement avantageuse. On les fixe au moyen de cuves à froid ou à chaud, le plus souvent avec de l'hydrosulfite. Ces colorants sont assez coûteux, toutefois leur prix élevé est justifié par la solidité des nuances obtenues.

Couleurs indanthrène et couleurs algol. — Le principe de la réduction de ces colorants à cuve consiste à transformer, entre autre un ou plusieurs groupes cétoniques CO des noyaux anthraquinones en groupes C(OH). Selon la complication de la molécule, il se formerait par exemple un ou plusieurs groupements CONa donnant aux colorants leurs caractères de solubilité. Une simple oxydation au contact de l'air facilitée au moyen d'un passage dans un bain acide, régénère ensuite le ou les groupes CO de la couleur primitive.

$$-CO- \longrightarrow -\overset{\overset{\textstyle OH}{|}}{C}- \longrightarrow -\overset{\overset{\textstyle ONa}{|}}{C}- \longrightarrow -CO-$$

La différence dans la constitution de ces colorants ne permet pas de donner des formules tout à fait générales concernant leur emploi. Il semble cependant que contrairement à l'indigo, ces colorants sont dissous directement dans la barque à teindre, donc sans passer par une cuve-mère, et cela parce que la teinture est généralement dirigée de manière à épuiser le bain. L'on n'emploie guère, par conséquent, de bains permanents. L'alcali à ajouter au bain dépend essentiellement de la nature chimique du colorant à cuve. Les colorants jaune, orangé, rouge, par exemple de la série algol ne supportent que peu d'alcali (1 à 5 cm² NaOH 30 %/₀ p. litre de bain) alors que les bleus, les violets et les noirs se teignent avec 10 à 20 cm³ par litre.

Il est en tous les cas essentiel que le colorant soit complètement dissous. La température du bain de teinture varie et dépend également de la composition chimique du colorant à cuve. Elle se meut entre 20 et 60°. Ces différents facteurs, quantité d'alcali et température jouent un grand rôle dans le choix des mélanges à employer dans une et même teinture. L'on ne peut mélanger que les colorants de propriétés tinctoriales approximatives.

COTON

A. — TEINTURE

Couleurs indanthrènes B. A. S. F. **1°** **Coton en fil**. — Pour 25 kilogrammes : débouillir avec ou sans huile pour rouge

Eau............................	500 litres (20 à 75 fois le poids du coton)
Soude caustique à 30°	10 litres
Colorant	selon intensité de nuance

On ajoute au bain de teinture d'abord la solution de soude caustique, puis l'hydrosulfite préparé de la manière suivante :

Hydrosulfite........................	1 kilogramme
Eau froide.........................	7 litres
Soude à 30°........................	350 centimètres cubes

On chauffe à 50 ou 60°, puis on introduit le colorant délayé dans 10 fois son poids d'eau chaude.

Pour les nuances claires on teint à basse température, 1/2 heure environ à 50-60° ; pour les nuances foncées, 3/4 d'heure à 1 heure, à 60°.

Après teinture on laisse égoutter, on lave dans un bain d'hydrosulfite à 10 grammes par litre, puis dans un bain sulfurique renfermant 100 centimètres cubes d'acide pour 100 litres d'eau.

Pour nuances claires il est inutile de conserver les bains, ils s'épuisent bien. Pour les nuances foncées, les vieux bains peuvent resservir éventuellement.

La température du bain doit être tenue assez basse, généralement 55° pour les *bleus indanthrène* et 60-65° pour les autres colorants. Le *marron indanthrène R*, peut être fixé à 90°.

Le *violet indanthrène R extra*, le *bleu foncé indanthrène* peuvent être fixés à 90°, les nuances sont plus corsées mais plus ternes qu'à une température inférieure. Pour dissoudre les produits en poudre, on les traite par de la soude caustique à 30° et de l'hydrosulfite, puis on étend de 20 fois son poids d'eau à 50°.

Par vaporisage, par exemple 2 heures à 1 kilogramme, les teintures deviennent plus solides au chlore.

Les *jaunes indanthrène*, pour acquérir toute la solidité à la lumière, doivent être savonnés bouillants ou être vaporisés sous pression.

2° Coton en pièce. — Se fait sur cuve à roulettes ou sur gigger pour les nuances foncées ou moyennes. Pour nuances claires, on peut opérer par foulardage ou par mattage. Cuve à roulettes et gigger doivent être munis de rouleaux exprimeurs afin de pouvoir bien exprimer après chaque passe.

Sur gigger l'on opère comme suit : Pour 30 kilogrammes de coton, le tissu débouilli est enroulé sur l'un des rouleaux, on ajoute la quantité d'eau nécessaire et la soude caustique, puis on chauffe à 50-60° en déroulant le tissu. A ce moment on introduit l'hydrosulfite, puis le colorant, on fait circuler le tissu 1 heure à 1 h. 1/2 à 50°, en exprimant minutieusement après chaque passe et avant le revidage, puis rincer dans un bain renfermant 20 grammes d'hydrosulfite pour 20 litres d'eau, ensuite dans un bain d'acide sulfurique à 200 centimètres cubes pour 100 litres. Rincer, savonner bouillant.

Pour le jaune indanthrène, il faut savonner 1/2 heure ou vaporiser. Il est aussi avantageux de finir par un passage dans un bain monté avec 50 grammes de bichromate pour 100 litres de bain acide.

D'une manière générale, les bains se préparent avec :

Solution de soude caustique à 30°... 20 à 25 centimètres cubes par litre de bain
Hydrosulfite concentré............. Le 1/4 du poids du colorant

La teneur du bain en hydrosulfite ne doit pas être inférieure à 1 gr. 25 par litre, ni supérieur à 4 grammes.

Pour 30 kilogrammes de coton en pièce :

Eau.............................. 400 litres (10 à 15 fois le poids du tissu)
Soude caustique à 30°............. 8 à 10 litres
Colorant en pâte................. 6 kilogrammes
Hydrosulfite..................... 1,500 kil. (quantité variable)

Pour foularder on empâte le colorant avec de l'eau de gomme.

Le tissu ainsi foulardé passe sans avoir été séché préalablement dans un bain développateur garni d'hydrosulfite et d'alcali.

Exceptionnellement on applique la *Teinture sur champagne* : préparation de la cuve-mère :

Bleu indanthrène pâte RS....................	4 kilogrammes	
Soude à 30°................................	8 litres	
Sulfate de fer	2.250 kil. + eau ...	6 litres
Sel d'étain	500 grammes + eau..	1 litre

Bain de teinture. — On chauffe l'eau à 70-80° puis l'on ajoute la solution de soude et la solution mère. Il faut avoir 6 litres de soude pour 100 litres de liquide. On emploie par exemple pour un bain de teinture qui doit renfermer 10 grammes de bleu par litre :

Eau..	91 litres
Solution de soude à 30°....................	4 »
Solution mère.............................	5 »

Le tissu débouilli et séché est fixé sur le champagne et entré dans le bain de teinture à 70-80°.

Durée : pour nuances unies... 10 à 20 minutes. Pour les tissus imprimés en réserves : 5 minutes.

Rincer, acider pour enlever le dépôt ferreux, rincer, savonner. Il ne faut pas teindre au-dessous de 70°. Si le tissu n'est pas parfaitement uni, on peut l'améliorer en passant dans un bain d'hydrosulfite.

Au lieu de teindre en une seule passe, on peut, comme pour l'indigo opérer par plusieurs passes successives Les bains anciens peuvent toujours servir.

Anthraflavone G pâte. — Jaune pur très solide au lavage et au chlore.

Bain......................................	500 litres chauffer à 40-50°
Soude à 30°...............................	2 litres 1/2
Sulfate de soude anhydre..................	2,5 à 12,5
Hydrosulfite poudre.......................	0,5 à 1,700 kil.
Colorant	délayer dans 10 parties d'eau

Teindre 1 heure à 1 h. 1/2 à 40-50°, passer ensuite dans un bain d'hydrosulfite et dans un bain acide.

Teinture mécanique. — Pour les couleurs d'indanthrène, on débouillit d'abord avec une solution de carbonate de soude et de sulforicinate.

Carbonate de soude.......................	3 grammes
Huile pour rouge.........................	3 »
Eau	1 litre

Pour monter le bain, on met dans l'appareil de l'eau à 60°, puis la soude à 30° et l'hydrosulfite, enfin la matière colorante dissoute dans 10 fois son poids d'eau, mélanger en évitant l'accès de l'air. Ajouter de l'eau pour remplir complètement l'appareil, puis chauffer à 60° ou à 50 selon les marques d'indanthrène et teindre 1/2 heure à 3/4 d'heure, à cette température. Evacuer le bain, puis laver avec de l'eau renfermant un peu d'hydrosulfite, puis acider avec acide sulfurique et rincer. Savonner ou débouillir avec une solution de carbonate. Pour le jaune indanthrène il faut toujours savonner. Il est bon aussi pour ce produit de traiter après teinture par une solution de bichromate pendant 10 minutes à raison de 1/2 gramme de bichromate par litre. On peut d'ailleurs ajouter le bichromate dans le bain d'acidage.

La quantité de soude à introduire dans le bain doit toujours être de 20 centimètres cubes de solution de soude caustique à 30° Bé pour 1 litre de bain.

La quantité d'hydrosulfite doit être au minimum de 1 gramme par litre pour nuances claires et de 4 grammes pour nuances foncées.

Couleurs algol (Bayer). Bleu algol et vert algol. Jaune et orangé algol. — Bain de teinture à 50° ajouter pour 1 litre 15 à 20 centimètres cubes soude à 30°. Selon l'intensité de la teinture on ajoute de plus :

Hydrosulfite poudre 1 à 4 grammes par litre.

La couleur est délayée avec 5 à 10 parties d'eau, puis on l'ajoute au bain de teinture. On laisse 10 minutes, on monte en 1/4 d'heure à 60° et teint pendant 3/4 d'heure.

Certaines marques ne supportent pas une température supérieure à 50°. Immédiatement après la teinture, essorer sans laisser au contact de l'air et laver. On ajoute avantageusement à cette eau de lavage 0,1 gramme d'hydrosulfite poudre par litre. On finit en passant dans un bain acide renfermant par litre de 1 à 10 centimètres cubes acide sulfurique selon la marque de la couleur, puis on rince, savonne, rince et sèche.

Bleu algol CF. — On teint avec 30 centimètres cubes de soude et ajoute pour des nuances plus corsées du sulfate de soude.

Jaune et orangé algol. — Cette addition de sulfate de soude ou de sel marin est généralement favorable pour des nuances foncées la quantité varie entre 5 et 15 grammes par litre et est toujours indiquée quand on teint les colorants algol qui ne supportent qu'1 à 2 centimètres cubes de soude caustique par litre de bain.

Les colorants de cuve dérivant du *thioindigo* peuvent se teindre non seulement avec l'hydrosulfite mais aussi avec du sulfure de sodium tandis que les autres dérivés de l'indigo ne peuvent être fixés qu'avec l'hydrosulfite ou les agents réducteurs employés pour l'indigo.

Les *indigos halogénés* tels que les indigos ditri, ou tétrabromés, l'indigo tétrachloré ou même les colorants indigoïdes contenant un reste d'indigo halogéné, teignent parfaitement le coton, le lin, etc., dans les mêmes conditions, c'est-à-dire en bain de sulfure de sodium. La teinture se fait comme dans le cas des colorants sulfurés, sauf qu'il faut en même temps ajouter de la soude caustique (Cassella B. F. 447629).

Ce procédé a l'avantage d'être beaucoup moins coûteux que celui de l'hydrosulfite ; il permet de teindre à une température élevée. On emploie par exemple :

Indigo MLB 4B (indigo tétrabromé)	20 %
Sulfure de sodium	12 %
Soude caustique à 40	10 %
Sulfate de sodium	20 %

Le *jaune d'indanthrène* peut aussi se teindre dans ces conditions (Cassella B. Fr. 444846).

On sait que lorsque le coton est préparé en *bistre de manganèse* il se teint infiniment mieux dans la cuve d'indigo. La nuance est plus foncée qu'avec le coton non préparé. Après teinture on traite par du bisulfite pour enlever le manganèse. D'après Knecht d'autres indigoïdes se comportent de même, par exemple le rouge thioindigo et l'écarlate thioindigo.

Par contre, d'autres colorants tels que le bleu Ciba agissent différemment, car dans ce cas, le bistre de manganèse forme réserve.

Avec les couleurs algol et indanthrène, le bistre agit le plus souvent comme réserve, mais dans aucun cas, on n'obtient une coloration renforcée. On n'a pas encore trouvé d'explication plausible à ce phénomène fort intéressant.

L'addition d'*anthraquinone* dans les cuves est souvent très favorable ; ce produit ne doit pas être seulement considéré comme un agent transporteur d'hydrogène favorisant la réduction des couleurs indigoïdes, mais aussi comme un agent destiné à ralentir l'oxydation de la cuve.

B. — IMPRESSION

Indanthrène. **1° Sans vaporisage.** — (Traitement à la soude caustique). On imprime le tissu avec :

Couleur en pâte	200 grammes	50
Sulfate ferreux	120	30
Sel d'étain	20	5
Acide tartrique	100	50
Epaississant gomme (ou britisghum)	560	865
	1 000	1 000

sécher, passer au large pendant 20 à 30° dans un bain chauffé à 70-80°, constitué par de la soude à 20° B⁶, renfermant pour 100 litres 1 à 10 litres de pâte MnO^2 à 15 %.

On fait un deuxième passage dans une solution de soude aussi concentrée, mais froide, sans bioxyde. Exprimer, laver et passer dans un bain d'acide sulfurique à 3° B⁶, laver, savonner à chaud, sécher.

Pour préparer la couleur, dissoudre successivement dans l'épaississant l'acide tartrique en poudre, le sel d'étain et le sulfate de fer puis ajouter ce mélange à la couleur. Pour nuances claires, on emploie l'épaississant de gomme ; pour nuances foncées, un mélange de 3 parties britisghum et une partie gomme. L'acide tartrique est recommandable pour les nuances foncées, le bleu est plus pur.

Pour le jaune d'*indanthrène* il n'est pas nécessaire d'employer ce produit.

2° Avec vaporisage. — C'est le procédé employé généralement.

On imprime la couleur suivante :

EHRMANN. — Matières colorantes.   36

a) Epaississant à la soude caustique :

Couleur en pâte	200	50
Pâte d'oxyde stanneux à 50 %	80	25
Glycérine	50	30
Epaississant alcalin	670	700
Epaississant gomme dextrine 1/1	»	195
	1 000	1 000

Sécher, aérer, vaporiser 5 à 7 minutes, laver au large, acider 1/4 d'heure dans un bain renfermant 0,5 à 1 centimètre cube d'acide sulfurique. Pour les nuances unies, on recommande de vaporiser le plus vite possible après l'impression. L'épaississant alcalin est préparé de la manière suivante :

Epaississant de dextrine 1/1	320 grammes
Epaississant gomme 1/1	340
Soude à 45° Bé	1 litre

Au lieu d'oxyde stanneux on peut employer de la rongalite C (30 grammes de rongalite pour 100 grammes de couleur) c'est le procédé gènéralement employé. On obtient des nuances plus pleines si l'on ajoute pour 1 litre de la couleur d'impression, 50 à 100 grammes de solution alcoolique de β-naphtol à 30 %, ou si l'on imprime sur tissu préparé en β-naphtol.

Il est important que l'appareil à vaporiser ne renferme pas d'air (vapeur sans air).

b) Epaississant au carbonate de soude. Employé pour les nuances claires unies, spécialement pour les fonds.

Carbonate de soude	100 grammes + 285 eau
Epaississant BG	365
Glycérine	100
Oxyde stanneux pâte 50 %	50
β-naphtol alcoolique à 30 %	100
	1 000

On peut employer aussi la formule suivante :

Carbonate de soude	100 + 230 eau
Epaississant BG	475
Glycérine	100
Rongalite	45 + eau 50
	1 000

On ajoute à ces préparations 10 à 100 grammes de couleur en pâte : Epaississant BG :

Britishgum 1/1	750
Gomme Sénégal 1/1	250
	1 000

Si l'on imprime en même temps des couleurs d'alizarine ou d'aniline, on vaporise d'abord 5 à 7° dans la vapeur sans air pour fixer l'indanthrène, puis on vaporise 1 heure sans pression pour fixer les autres couleurs.

S'il se produit des inégalités, on peut les corriger dans une certaine mesure en traitant par un bain renfermant 30 grammes d'hydrosulfite pour 100 litres d'eau.

L'impression de la plupart des autres colorants à cuve se fait avec vaporisage et avec l'épaississant au carbonate de soude ou ce dernier peut être remplacé avantageusement par du carbonate de potasse.

Seul le rouge thioindigo (Rouge cuve) substance mère des thioindigoïdes se comporte différemment et demande le procédé d'application de l'indigo.

Quelques colorants à cuve donnent de meilleurs rendements en intensité, si l'on prend la précaution de préparer la couleur d'impression en dissolvant préalablement le colorant avec soude ou potasse caustique et hydrosulfite et en neutralisant, après dissolution, la soude ou potasse caustique avec du bicarbonate de soude. Cette précaution dans la préparation des couleurs d'impression est particulièrement avantageuse dans le cas des colorants algol.

Thioindigo rouge cuve. — On peut l'imprimer comme l'indigo par le procédé au glucose ou à la rongalite. Le plus simple consiste à opérer comme il suit, imprimer :

Rouge cuve (Thioindigo)	100 grammes
Rongalite	40
Epaississant alcalin	860

sécher, vaporiser, 3 à 4 minutes dans l'appareil Mather-Platt débarrassé d'air et avec vapeur sèche, oxyder dans un courant d'eau, savonner. Au sortir du vaporisage, l'impression est jaunâtre. On peut aussi employer le procédé qui consiste à utiliser un épaississant à base de carbonate de soude. On peut alors le mélanger avec d'autres couleurs cuve telles que l'indigo, le jaune d'indanthrène, etc.

A. Brylinski rend le bleu d'indanthrène plus solide au chlore en le traitant en sulforicinate et en le vaporisant sous pression (MC. 1911, 206). Jeanmaire (1902) avait déjà trouvé qu'on augmente la solidité au chlore en vaporisant le tissu légèrement alcalin.

Réserves

1° Réserves sous teinture

Réserve blanche (B. A. S. F.). — Imprimer la réserve, sécher, étendre quelques jours, teindre, laver au large, acider avec acide sulfurique à 5 centimètres cubes par litre, laver, savonner :

Terre de pipe	280
Eau	280
Gomme à 1/1	315
Sulfate de cuivre	50
Nitrate de cuivre	25
Acétate de cuivre	50
	1 000

Réserves colorées. — Réserve jaune au plomb.

Imprimer la réserve suivante :

Terre de pipe	200
Eau	200
Sulfate de cuivre	100
Nitrate de plomb	100
Sulfate de plomb pâte, 60 %	200
Gomme 1/1	200

puis on teint et l'on passe en chromate à 70° :

Eau	1 litre
Bichromate de potasse	5 grammes
Acide acétique	10 grammes

Réserves avec production de couleurs à la glace. — Foularder en naphtol, sécher, imprimer le diazoïque mélangé à la même réserve que précédemment. Par ce procédé on peut obtenir toutes les colorations avec les couleurs à la glace,

Réserves au manganèse. — Cette réserve est particulièrement avantageuse pour teindre l'indanthrène R S à la continue. On imprime la réserve suivante :

Chlorure manganeux	500
Gomme 1/1	350
Kaolin	75
Bichromate de soude	25
Eau	50

Teindre en indanthrène et passer en acide.

Les réserves à base de sel de zinc n'ont pas donné jusqu'à présent de bons résultats, toutefois la B. A. S. F. Brev. all. 237018 réussirait en employant du chlorure de zinc, à condition d'ajouter dans la cuve outre de l'hydrosulfite, du sulfure de sodium. Ce procédé serait entre autres favorable pour l'indanthrène.

2° Réserves sous couleurs d'impression

On imprime d'abord sur le tissu la réserve suivante : (procédé sans vaporisage à la soude) :

Acide tartrique	50 grammes
Chlorate de soude	50 »
Britishgum	900 »

Sécher et surimprimer avec de l'indanthrène (voir couleur sans vaporisage), on passe dans un bain de soude, puis dans un bain de bioxyde de manganèse (v. plus haut l'impression de l'indanthrène).

Pour couleurs vapeur : imprimer la réserve suivante :

Soufre précipité 50 %	200 grammes
Glycérine	50 »
Gomme à 1/1	300 »
Nitrate d'ammoniaque	450 »

Enlevages

Les sulfoxylates additionnés d'anthraquinone et d'arylammoniums donnent d'excellents résultats sur certains colorants à cuve par exemple les thioindigo.

R. Brede range les colorants à cuve en quatre catégories suivant la manière dont ils sont rongés par les sulfoxylates.

1° Facilement réductibles : indigo et produit de substitution :

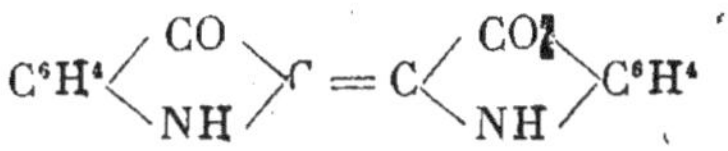

$$C^6H^4 \begin{array}{c} CO \\ NH \end{array} C = C \begin{array}{c} CO \\ NH \end{array} C^6H^4$$

2° Difficilement réductibles : thioindigo symétriques :

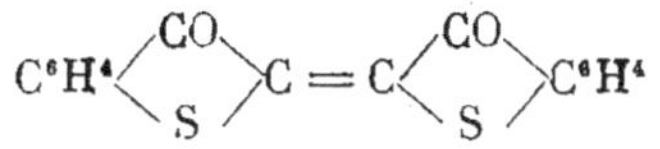

$$C^6H^4 \begin{array}{c} CO \\ S \end{array} C = C \begin{array}{c} CO \\ S \end{array} C^6H^4$$

3° Très difficilement réductibles : Ecarlates Ceba :

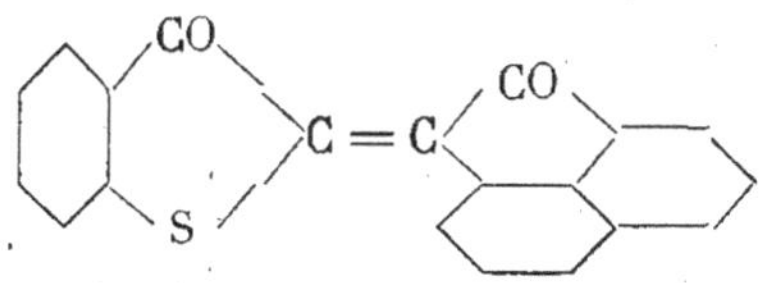

$$\begin{array}{c} CO \\ S \end{array} C = C \begin{array}{c} CO \end{array}$$

4° Non réductibles : Indanthrènes :

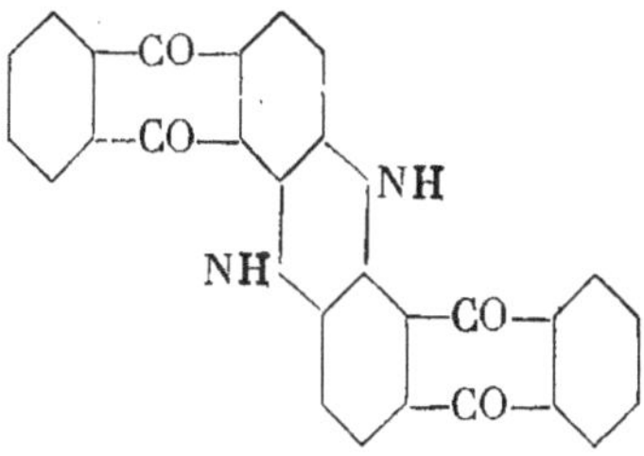

D'une manière générale on peut imprimer les colcrants à cuve avec de la rongalite et un alcali sur des fonds azoïques tels que les fonds de rouges para, de bordeaux de naphtylamine, d'azoïques substantifs, qui sont détruits par réduction.

Applications diverses

Coloration du caoutchouc. — Les couleurs organiques ne pouvaient être employées jusqu'à présent à quelques rares exceptions près, qu'après la vulcanisation.

Il ne s'agissait donc que d'une coloration superficielle et toute de surface. Les colorants à cuve par contre, lorsqu'ils sont convenablement choisis peuvent être introduits dans la masse avant la vulcanisation, ce qui permet d'obtenir des colorations très satisfaisantes du caoutchouc et de l'ébonite (Rudolf Ditmar *Chem. Ztg.* 1913, 1162). Un certain nombre de dérivés de l'indanthrène, de thioindigo, l'écarlate R, le pyranthrène, peuvent être utilisés de cette manière (B. fr. 450568).

Couleurs pigments. — Les colorants cuve de la série de l'anthracène peuvent être transformées en couleurs pigments lorsque leurs produits de réduction sont oxydés progressivement par un courant d'air en présence d'eau (B. A. S. F. Brev. angl. 17271, *Chem. Ztg.* 1913, 557 R.)

LAINE

A. — Teinture

Les couleurs qui conviennent le mieux pour la laine sont celles qui appartiennent au groupe de l'indigo ou du thioindigo telles que le bleu hélindone 2B (dibromo 5-5 indigo) et le rouge hélindone B, 3B, l'hélindone orangé R, l'écarlate solide R et le gris hélindone 2B. etc., etc.

Les *couleurs du groupe de l'anthraquinone, sauf le bleu hélindone 3G sont impropres à la teinture de la laine* par suite de la température élevée et de l'excès d'alcali qu'exige la teinture. La cuve doit être nettement alcaline et préparée à l'hydrosulfite en présence de soude caustique avec addition si c'est nécessaire d'huile pour rouge turc, de colle et parfois d'ammoniaque.

Après teinture il est nécessaire d'aciduler. Les teintures sont solides à la carbonisation, au bouillon et aux acides ; la solidité à la lumière laisse à désirer.

Il n'existe aucune analogie entre la solidité à la lumière sur laine et sur coton.

Teinture de la laine au moyen des couleurs indigoïdes. — La fixation des colorants pour cuve sur laine se fait à 70° en bain alcalin, mais la fibre est souvent altérée par l'alcali libre, surtout en bain concentré ; souvent cette altération peut être évitée par l'addition de substances comme l'huile pour rouge turc ; l'huile et le savon monopole. Les couleurs hélindones par exemple sont celles qui conviennent le mieux.

Les dérivés de l'anthraquinone sauf quelques exceptions sont impropres à la teinture de la laine. Les couleurs hélindones sont solubilisées par l'hydrosulfite, le seul agent réducteur qui donne ici des résultats satisfaisants. On laisse le tissu 1/2 heure dans le bain, essore et abandonne à l'oxydation.

B. — Impression

Les colorants à cuve ne sont guère employés sur laine en impression.

Par contre leur emploi sur soie a quelque succès surtout aux Etats-Unis de l'Amérique du Nord.

Impression soie. Couleurs d'indanthrène (B. A. S. F.). — Elles donnent des nuances extrêmement solides, aussi peut-on les employer lorsqu'on recherche des nuances grand teint ; imprimer, sécher, vaporiser 3 à 5 minutes dans vapeur privée d'air, puis laver, savonner légèrement. On prépare le mélange suivant :

Carbonate de soude..	75
Eau	225
Epaississant britishgum et gomme	480
Glycérine	100
Rongalite	40
Eau chaude	80
	1 000

On ajoute à 1 kilogramme de ce mélange la couleur nécessaire variant de 10 à 100 grammes ; on peut employer spécialement pour cet usage le jaune, le brun, le bleu, le violet, le gris d'indanthrène, ainsi que les colorants indigoïdes.

Classification

NOIR D'ANILINE

COTON .... 3 classes :
        1° Noir d'oxydation ;
        2° Noir vapeur ;
        3° Noir par teinture.

1° Noir d'oxydation :
Historique.
Noir Crace Calvert, Clift et Lowe.
Noir Lightfoot.
Noir au sulfure de cuivre : son importance ;
    »   »   » développement à l'étendage.
Noir au vanadium : son importance.
Emploi des noirs d'oxydation pour uni.
    »   »   »   » impression.
Vaporisage des noirs d'oxydation.

2° Noir vapeur :
Noir au ferrocyanure.
Noir au chromate de plomb.

3° Teinture :
Historique.
Emploi du bichromate.
Teinture en un bain.
    »   deux bains.
Théorie de la formation du noir.
Verdissage du noir.

Enlevages-réserves :
Réserves blanches.
Réserves colorées avec :
    1° Couleurs à l'albumine ;
    2°   »   basiques ;
    3°   »   diverses ;
    4° Rouge para.

Emploi d'amines diverses :
Toluidine, xylidine.
P-phénylènediamine (procédé Green).
Noir de diphényl.
Brun de paramine pour impression.
Brun de fuscamine   »
Brun d'ortamine   »
Enlevage comme pour le noir.
Nitro p-phénylènediamine (bruns).
P-aminobenzène azo-m-phénylènediamine.

SOIES ARTIFICIELLES. (Teinture et impression).

LAINE, SOIE .... Difficultés de l'application du noir.
Traitement préalable de la fibre avec : ferrocyanure.
    »   »   » chlorure de chaux.
    »   »   » acide chromique + oxalique.
Addition de p-phénylènediamine.
Enlevages blancs et colorés.

FOURRURES............ Teinture par immersion.
            »   à la brosse puis par immersion.
            »   par immersion puis à la brosse.
            »   à la brosse.
        Noir d'aniline.
        Noir à la p-phénylènediamine.
        Emploi des aminophénols.
        Produits aromatiques analogues.

CHEVEUX.............. Teinture des cheveux :
            Sels d'argent ;
            Henné ;
            P-phénylènediamine ;
            Produits aromatiques divers.
        Décoloration des cheveux.
            »   des crins et poils

NOIR D'ANILINE

Applications

Lorsqu'on oxyde les sels d'aniline dans certaines conditions, on obtient des produits dont la couleur varie du vert foncé au bleu et au noir et les termes les plus avancés de cette oxydation constituent le noir d'aniline.

Les produits noirs obtenus par oxydation directe de l'aniline se présentent à l'état sec sous la forme de substances pulvérulentes insolubles dans l'eau que l'on peut utiliser comme couleurs à l'albumine, mais leur emploi sous cette forme est très limité. Pratiquement on développe la couleur directement sur la fibre en imprégnant celle-ci d'un mélange de sels d'aniline et d'oxydants susceptibles de transformer cette amine en noir.

La formation du noir d'aniline sur coton constitue l'une des applications les plus importantes de la teinture, par contre, nous verrons qu'en ce qui concerne la laine et la soie, l'emploi de cette couleur est très restreint.

COTON

Les procédés qui permettent de préparer le noir d'aniline peuvent être rangés en trois catégories donnant des noirs analogues comme couleur, mais qui selon toute probabilité diffèrent quelque peu au point de vue de leur constitution. Ces trois classes de noirs sont :

1° **Les noirs d'oxydation.** — Après foulardage ou impression des tissus on développe la couleur soit à *l'étendage* par une oxydation lente à basse température, soit par un léger vaporisage.

2° Les noirs vapeur. — Les tissus sont imprimés ou foulardés comme précédemment ; mais ces noirs ne peuvent se développer à basse température, il est nécessaire d'opérer par vaporisage.

3° Les noirs obtenus par voie de teinture en un seul bain. — Cette classification n'est pas absolument exacte, car certains noirs d'oxydation se forment par vaporisage et c'est même la méthode employée le plus souvent dans les procédés modernes, on pourrait donc les considérer aussi jusqu'à un certain point comme des couleurs vapeur.

Toutefois cette manière d'envisager les noirs permet de séparer ceux qui sont susceptibles de se développer à l'étendage de ceux qui exigent la température plus élevée du vaporisage.

On peut dire que d'une manière générale, les noirs d'oxydation se forment en oxydant les sels d'aniline avec des chlorates et des sels de cuivre, ou de vanadium ; pour les noirs vapeur, on oxyde au moyen de chlorate et de ferrocyanure de potassium ou du chromate de plomb ; enfin le noir développé en teinture se forme sous l'influence oxydante des bichromates.

Ces indications d'un ordre tout à fait général ne doivent servir pour le moment qu'à fixer les idées.

1° Noirs d'oxydation

Ces noirs sont les plus anciens, ils remontent aux travaux de Runge, Fritzsche et Hofmann.

En 1834, Runge constata que du nitrate d'aniline traité par du chlorure de cuivre puis chauffé à 100° donnait un vert foncé puis un noir. Le bichromate et le chlorhydrate d'aniline donnent également une coloration noir foncé. Enfin du coton préparé en chromate de plomb donne une coloration verte si on le passe en chlorhydrate d'aniline.

En 1840 Fritzsche en traitant le chlorhydrate d'aniline par de l'acide chromique ou une solution alcoolique de chlorhydrate d'aniline par du chlorate de potasse et de l'acide chlorhydrique, obtint des précipités variant du vert au noir bleuâtre, Hofmann prépara à cette époque des produits analogues en faisant réagir de l'acide chloreux sur le chlorhydrate d'aniline.

En 1860 Willm parvint à colorer les fibres en se servant de la réaction de Fritzsche ; le tissu était traité par un mélange de chlorate de potasse et de chlorhydrate d'aniline, il obtenait ainsi un vert foncé (MS. 1861, 75).

A la même époque Crace Calvert et Clift brevetèrent un procédé d'impression qui consistait à imprégner le tissu avec le mélange suivant :

Empoi d'amidon	60 kilogrammes
Chlorhydrate d'aniline	3 »
Chlorate de potasse	1 »

Le tissu est aéré pendant deux jours, opération qui donne naissance à une nuance verte ; un passage ultérieur en bichromate le transforme en bleu foncé. A la fin de 1860 Wood et Wright fabriquèrent même du noir d'après ce procédé.

On avait constaté que cette couleur, à cause de la présence du chlorhydrate d'aniline très acide, attaquait les rouleaux de cuivre et que lorsqu'on imprimait avec des planches en bois pour éviter cet inconvénient, le noir se développait moins bien. Le cuivre semblait donc avoir une influence sur la formation du noir. C'est en se basant sans doute sur ces observations que Lightfoot en 1863 ajouta du chlorure de cuivre à la formule précédente. Cette modification importante rendit le procédé industriel. La découverte de Lightfoot fait époque dans l'histoire du noir d'aniline.

Cette nouvelle formule présentait encore un inconvénient grave, celui d'attaquer les râcles en acier. On chercha donc soit à remplacer le chlorure de cuivre, soit à modifier son action nuisible.

Kopp (MS. 1863, 531) proposa de foularder avec du chlorate et de l'arsénite de soude, puis d'imprimer un mélange de chlorhydrate d'aniline et de chlorure ferreux ; on supprimait complètement le cuivre.

C. Kœchlin préparait le tissu en sel de cuivre, puis imprimait un mélange de chlorate et de chlorhydrate d'aniline ; mais cette modification de même que la précédente était encore insuffisante.

En 1863 Cordillot (B. F. 60896, 1863) remplaça le sel de cuivre par du ferricyanure d'ammonium, il imprimait un mélange de ce sel, de chlorate, d'acide tartrique et de chlorhydrate d'aniline. Cette méthode était fort intéressante mais la couleur était instable. Par contre avec quelques modifications elle trouva son application plus tard pour la production du noir vapeur.

La question était donc loin d'être au point, lorsqu'en 1864 C. Lauth résolut le problème en remplaçant le chlorure de cuivre par du *sulfure de cuivre*.

Noir au sulfure de cuivre

Ce procédé consiste à imprimer un mélange de chlorate de potasse, de chlorhydrate d'ammoniaque, de chlorhydrate d'aniline et de sulfure de cuivre. Lauth indiquait la formule suivante :

Empois d'amidon	10 litres
Chlorate de potasse	650 »
Sulfure de Cu en pâte	300 »
Chlorhydrate d'ammoniaque	300 »
Chlorhydrate d'aniline	800 »

Il est probable que lors de la formation du noir, le sulfure se transforme en partie en sulfate et c'est à cet état qu'il réagirait sur le chlorate. Le sulfure de cuivre, par le fait de son insolubilité, permet de conserver les pâtes d'impression préparées d'avance.

La formule de Lauth fut modifiée de diverses manières. Tout d'abord, C. Kœchlin en 1865 propose de remplacer le chlorhydrate par du *tartrate d'aniline* ; l'emploi de ce sel permet d'imprimer des tissus même les plus légers et il n'abîme pas les mordants que l'on peut être amené à imprimer en même temps. Ce procédé a toutefois l'inconvénient d'exiger une proportion plus forte de chlorate et de plus l'acide tartrique est un produit coûteux.

C. Kœchlin recommande le *sel d'aniline basique* par addition d'aniline au chlorhydrate d'aniline. La couleur ainsi préparée se conserve parfaitement car le noir ne peut se former que lorsque la pâte est complètement desséchée. sur la fibre. Nous verrons plus loin que lorsqu'on opère en solution, c'est-à-dire par voie de teinture, il est indispensable par contre d'avoir une réaction acide.

Si l'on fait réagir de l'acide chlorique sur l'aniline, il ne se forme pas de noir, le chlorate d'aniline est relativement stable dans ces conditions, mais à l'état sec il donne du noir. Le chlorate d'aniline peut donc rendre des services dans certains cas pour l'impression de dessins fins. Schlumberger fils, emploie des couleurs à base de chlorate d'aniline et de chlorate de fer.

On a aussi proposé de remplacer le chlorhydrate d'aniline par du *lactate* ou du *formiate*. Dans le but de saturer l'excès d'acide minéral, on ajoute parfois dans la couleur pour impression un peu d'acétate d'alumine.

A. Paraf imprime du chlorhydrate d'aniline, du chlorate de chrome et du chlorate de potasse.

On voit que l'on cherche toujours à préparer des couleurs dans lesquelles le noir ne risque pas de se développer avant l'impression sur le tissu ; il est donc impossible d'employer pour cet usage des oxydants qui réagiraient directement sur l'aniline, tels que l'acide chromique, les bichromates, les permanganates le bioxyde de manganèse.

Le noir au sulfure de cuivre est le type des *noirs d'oxydation*. On l'emploie pour l'impression du coton surtout ou pour l'uni en imprégnant uniformément la fibre par foulardage. On développe la couleur à l'étendage dans des chambres d'oxydation à une température moyenne d'environ 36° au thermomètre sec de de 33° au thermomètre humide. Il faut opérer avec beaucoup de ménagements, le coton ne doit être ni trop sec, ni trop humide ; s'il est trop sec le noir se développe mal et manque d'éclat ; avec un coton trop humide la couleur se développe trop vite.

En sortant de la chambre d'oxydation le coton a une teinte verte, un passage à 70° dans un bain renfermant 2 à 3 grammes par litre de bichromate développe le noir.

Dans le noir au sulfure, le chlorate de potasse constitue l'oxydant proprement dit ; il est très probable que le sulfate de cuivre provenant du sulfure agit comme transporteur d'oxygène et qu'en même temps il décompose le chlorate en produits oxygénés du chlore qui agissent comme oxydants.

On peut aussi développer ce noir dans des appareils tels que ceux de Preibisch en opérant à 45-50° avec une circulation régulière du tissu et une ventilation qui favorisent et activent l'oxydation. Un court vaporisage au Mather-Platt à 65-70° permet de développer le noir beaucoup plus vite, mais, dans ce cas, la fibre risque d'être affaiblie.

Dans ces dernières années le développement à l'étendage a perdu beaucoup de son importrnce, les vaporisages à température moyenne ayant pris une grande extension.

On augmente la stabilité de la couleur par une addition d'un peu de sulfocyanure de potasssium (3 grammes par litre de couleur). Il est vraisemblable qu'il se produit dans ces conditions du sulfocyanure de cuivre insoluble.

Noir au vanadium

Le cuivre agent transporteur d'oxygène, peut être remplacé par d'autres métaux. On a étudié l'emploi de divers sels dont le métal peut exister sous deux formes d'oxydation entre autres ceux de fer, de manganèse, d'urane, de cérium et surtout de vanadium. L'emploi de ce dernier a été préconisé par Witz en 1875 mais déjà en 1871 Lighfoot avait observé cette intéressante réaction. On peut mettre en œuvre diverses combinaisons de vanadium, mais pratiquement on utilise surtout le chlorure. Une très faible quantité de cette substance permet d'obtenir du noir, par exemple, $\frac{1}{270.000}$ du poids du sel d'aniline.

Dans la pratique on emploie $\frac{1}{62.000}$ c'est-à-dire 0 gr. 0012 par litre de couleur renfermant 80 grammes de chlorhydrate d'aniline et souvent même beaucoup plus.

La couleur se conserve moins bien que les autres noirs, mais elle a l'avantage de ne pas renfermer de dérivés métalliques puisqu'elle ne contient que des traces de vanadium, on peut donc l'employer en même temps que les couleurs qui craignent les sels métalliques par exemple avec les roses et rouges d'alizarine :

Emploi d'amidon de blé	6 700 grammes
Epaississant amidon	1 000 »
Eau	1 000 »
Acide chlorhydrique	800 »
Aniline	750 »
Chlorate de soude	400 »

Ajouter au moment de l'emploi :

Solution de vanadium	500 grammes

Cette solution de vanadium est préparée avec 3 grammes de vanadate d'ammoniaque + 40 grammes HCl + 10 grammes de glycérine et 10 litres d'eau.

On développe à l'étendage en 24 heures ou au Mather-Platt, on passe ensuite en craie et savonne.

Les noirs d'oxydation peuvent servir soit pour nuances unies, soit pour la production de dessins par voie d'impression. On imprime la pâte convenablement épaissie de préférence avec de la dextrine, puis on développe comme l'uni.

L'emploi du noir Lauth a permis de produire une série d'articles combinés que l'on préparait autrefois avec les noirs au campèche ou autres.

2° Noir vapeur

Noir au prussiate

En 1863 Cordillot proposa de remplacer le chlorure de cuivre par le ferri-cyanure d'ammonium. En partant de cette formule on fut amené à employer du ferrocyanure de potassium et ensuite un mélange de ferrocyanure et de chlorate de potasse. Les cyanures de fer agissent d'une manière analogue aux sels de cuivre et de vanadium, le ferricyanure oxyde l'aniline, puis le ferro-cyanure formé est réoxydé à l'état de ferricyanure. Ces noirs ont pour carac-téristique de ne pouvoir être développés à l'étendage, il faut avoir recours au vaporisage. Ce sont donc exclusivement des couleurs vapeur.

La couleur pour impression est préparée en se servant soit de ferrocyanani-line préparée d'avance, soit en ajoutant à la couleur les éléments susceptibles de former cette combinaison. On emploie par exemple :

Empoi d'amidon à 200 grammes par litre	13 litres
Adragante à 60 grammes par litre	1 »
Sel d'aniline	1 000 »
Aniline	50 »
Ferrocyananiline	2 000 »
Acide acétique	150 »
Chlorate de soude	900 »

On développe au Mather-Platt pendant 2 à 3 minutes à une température d'environ 95°, puis on peut vaporiser éventuellement sans pression pendant 20 minutes. C'est le ferrocyanure qui permet un vaporisage à température aussi élevée ; il forme en effet du chlorure de potassium avec l'acide chlorhydrique du chlorhydrate d'aniline de sorte que l'on évite quelque peu de cette manière l'affaiblissement de la fibre.

Après le développement du noir, on le rend inverdissable par un passage en chromate. On emploie des bains renfermant par litre 20 à 25 grammes de bichromate avec addition d'un peu de craie pour neutraliser l'acide chromique libre ; on opère à froid ou à chaud.

Ce noir est celui que l'on emploie le plus souvent pour l'impression des pièces puis pour la teinture, soit pour uni, soit pour l'article Prud'homme, dont nous parlerons plus loin. La couleur a l'avantage de pouvoir se conserver sans altération, qu'il s'agisse d'applications par impression directe ou par foulardage et plaquage.

Lorsqu'on opère par voie de foulardage on imprègne le tissu avec la solution de couleur, puis on sèche avec ménagement à des températures entre 45 et 60° et on obtient un tissu imprégné de noir non développé dont la nuance est jaune. Pour le noir uni, on vaporise le tissu ainsi séché, c'est aussi sur le tissu préparé de cette manière que l'on applique les enlevages et réserves.

Il est probable que le noir vapeur possède une constitution différente du noir d'oxydation. Leurs couleurs sont sensiblement différentes. Peut-être ces diffé-rences proviennent-elles de la présence d'un peu de bleu de Prusse.

On a proposé d'employer pour ce noir le sulfate d'aniline au lieu du chlorhydrate et du chlorate d'aniline au lieu du chlorate de soude, mais ce n'est pas pratique.

Noir au chromate de plomb

Ce noir pourrait être également classé parmi les noirs d'oxydation parce qu'il est possible de le développer à l'étendage surtout à des températures de 40-50°, mais pratiquement on le développe toujours au Mather-Platt. On peut le considérer comme intermédiaire entre les noirs d'oxydation et les noirs vapeur.

A. Paraf mentionnait déjà le principe de sa formation en 1866 (B. F. 71692) Schmidlin (brev. ang. 3101, 1879), donne une formule pratique de sa préparation.

Ce noir est indiqué pour les dessins fins. Sa préparation est basée sur l'addition de chromate de plomb à une pâte d'impression à base de sulfure de cuivre :

Amidon de blé	1 750 grammes
» grillé	750 »
Eau	12 litres
Chlorate de soude	500 »
Chromate de plomb en pâte	1 »
Sel d'aniline	1 500 »

Ajouter après refroidissement :

Sulfure de cuivre en pâte	10 à 30 grammes

3° Noir par voie de teinture

Les procédés de teinture du noir d'aniline ont été plus longs à étudier et à rendre industriels que ceux destinés à l'impression.

C'est en 1874 seulement que l'on parvint à obtenir des résultats pratiques.

En 1863 Lightfoot indiquait déjà que son procédé pouvait être applicable aussi bien à la teinture en uni qu'à l'impression.

Le procédé Bobœuf (1865) consiste à passer le tissu, en bichromate puis en chlorhydrate ou inversement, ou bien en faisant la teinture en un seul bain par mélange des sels neutres et ensuite addition de l'acide.

Bobœuf emploie deux solutions :

Aniline	6 kilogrammes		
Acide chlorhydrique	9 »		solution 1
Acide sulfurique	12 »		
Eau	200 »		
Bichromate	12 kilogrammes		solution 2
Eau	900 »		

On opère par petites quantités de 1 kilogramme de coton que l'on passe dans le mélange des deux solutions 1 et 2. En quelques minutes, il se produit un noir bronzé. Par un vaporisage de 15 minutes à 1/4 d'atmosphère il se transforme en noir inverdissable. Il est intéressant de noter que c'est précisément ce vaporisage à température élevée qui rend le noir inverdissable ce qui avait déjà été observé par Witz.

Le brevet Allànd (1865) consiste à passer successivement le coton en bichromate, puis dans un bain de chlorhydrate d'aniline additionné de sel marin.

La même année, Paraf Javal étudiant le brevet Bobœuf insiste sur l'état de dilution des bains et recommande la teinture en un seul bain.

Successivement Higgin (1866) prépare le tissu en chromate insoluble, Reimann (1867) en chromate de chrome, Persoz (1867) en chromate de plomb.

En 1869 Lauth (Br. fr. 85554) forme des noirs sur tissus préparés en bioxyde de manganèse en les développant dans un bain de chlorhydrate d'aniline.

Pinckney en 1874 (Br. fr. 102050) teint avec des sels de vanadium en un bain.

Grawitz en 1874 et 1876 prend une série de brevets concernant le noir en un et deux bains.

Coquillon (br. fr. 106031), Guyard (Bull. soc. chim. 1876, 58), Theilig et Klaus (br. all. 9804) publient une série de procédés de formation du noir.

Thies et Cleff (br. all. 57467) emploient du fluorhydrate d'aniline.

Ch. Steiner (br. all. 73667) mordance le coton en ferro ou ferricyanure de cuivre en passant d'abord en sulfate de cuivre, puis en ferrocyanure de potassium. On traite ensuite par un bain renfermant du sel d'aniline du chlorate et du ferrocyanure ; on essore, sèche, développe à 40° et vaporise.

Bœringer fils (br. all. 96600) remplace le chlorhydrate d'aniline par le lactate pour éviter l'affaiblissement de la fibre.

Actuellement on teint en noir d'aniline en passant la fibre dans une solution acide de sel d'aniline additionnée de bichromate. Contrairement à ce que l'on recherche pour l'impression on oxyde l'aniline le plus vite possible. Les procédés de teinture sont de deux sortes :

1° Teinture en un bain à froid ou à chaud ;

2° Teinture en deux bains. Le premier est le bain de noir proprement dit et le second un bain oxydant de bichromate. On intercalle entre ces deux opérations le développement du noir par oxydation : étendage dans une chambre d'oxydation ou passage dans des appareils où l'on vaporise à température relativement basse. Le procédé en deux bains rappelle donc les noirs d'oxydation au vanadium et au sulfure de cuivre.

Voici d'après Beltzer (*Rev. M. C.*, 1912) quelques indications sur la manière d'opérer industriellement.

Teinture en un bain

Procédé en un bain à chaud pour noir riche. On emploie pour 100 kilogrammes de coton :

Aniline	8 kilogrammes	⎫
Acide chlorhydrique	32 »	⎬ 1
Acide sulfurique	2 »	
Eau	50 »	⎭
Bichromate	12,500 kil.	⎬ 2
Eau	50 kilogrammes	

On fait un bain de 1.400 litres et l'on introduit les solutions en deux fois, en ajoutant d'abord la moitié de la solution de bichromate, puis la moitié de la solution d'aniline ; on manœuvre 1/2 heure à froid, puis on ajoute le reste des solutions. Au bout d'une demi-heure, on commence à chauffer et lorsque la couleur est vert foncé on monte à 70° en s'y maintenant 1/4 d'heure.

Pour la teinture à froid en un bain. Pour 100 kilogrammes de coton on emploie :

Aniline	9,500 kil.	⎫
Acide sulfurique	24,800	⎬ 1
Eau	50 litres	⎭
Bichromate de soude	21,600 kil.	⎫ 2
Eau	50 litres	⎭

Le bain est formé avec 1.200 litres et on ajoute d'abord le bichromate puis le sel d'aniline et on manœuvre pendant 1 h. 1/2. Après développement du noir, on savonne afin d'éviter qu'il ne décharge au frottement, le savonnage a aussi pour but d'enlever l'aspect bronzé de ce noir.

Le noir préparé par la méthode en un bain est peu solide au frottement mais il permet de remonter des teintures faites avec des couleurs sulfurées ou des couleurs substantives. Il offre l'avantage d'être plus solide aux acides que le noir d'oxydation et la fibre n'est pas altérée.

Teinture en deux bains

Le principe du noir d'oxydation en deux bains consiste à traiter le tissu par un premier bain qui renferme les éléments susceptibles de donner du noir. Après ce premier bain on développe l'éméraldine dans les appareils d'oxydation et dans un deuxième bain de bichromate, on transforme ce noir incomplètement oxydé en noir inverdissable.

a) Pour 100 kilogrammes de coton on compose le *premier bain* de la manière suivante :

Aniline	6 litres	⎫
Acide chlorhydrique	6 »	⎬ 1
Acide tartrique	1 »	
Eau	47 »	⎭
Chlorate de potasse	2 litres	⎫
Sulfate de cuivre	1,350 l.	⎬ 2
Sel ammoniaque	1,350 l.	
Eau	55 litres	⎭

Les deux solutions sont mélangées, on en imprègne le coton, puis on développe l'éméraldine dans la chambre d'oxydation à une température de 50-60° et en ayant soin d'établir une ventilation convenable pour éliminer l'acide chlorhydrique et les composés oxygénés du chlore qui se forment pendant cette première phase. La température de la chambre d'oxydation varie d'ailleurs avec la nature des mélanges qui imprègnent le coton et la manière dont on pratique la ventilation.

b) Le *deuxième bain* a pour but de suroxyder ce noir avec une solution de bichromate à 50 grammes par litre.

Certains procédés de teinture utilisent le vanadium.

Mentionnons aussi l'addition d'alcool au bain de teinture (B. F. 271703, 275169 Marot et Bonnet). La pénétration du liquide est favorisée par l'alcool, de plus il semble que ses propriétés réductrices préservent dans une certaine mesure le coton d'un affaiblissement dû à l'oxydation. On ajoute jusqu'à 20 °/₀ d'alcool au bain.

La quantité de sel d'aniline nécessaire pour produire du noir est variable et dépend du prix de revient que l'on s'est imposé. On peut obtenir par voie de teinture un beau noir avec 8 à 10 °/₀ de sel d'aniline. Pour une solution à 5 °/₀ d'aniline, la liqueur oxydante doit renfermer au moins 2,5 °/₀ de chlorate et 1,5 °/₀ de sulfate de Cu (Evans, MC. 1910, 241).

Les couleurs directes et les couleurs sulfurées concurrencent le noir d'aniline, surtout le noir d'oxydation.

La teinture en noir d'aniline est appliquée pour le coton en fil et en flotte ; pour la pièce on emploie généralement le noir d'oxydation ou le noir vapeur.

Verdissage du noir. — Nous avons vu que le noir préparé de toute pièce se transforme en un sel vert foncé sous l'influence des acides.

Le noir préparé sur la fibre a aussi l'inconvénient de verdir par les vapeurs acides, spécialement par l'acide sulfureux. Le verdissage n'est pas absolument général car il y a toute une série de noirs provenant d'un état d'oxydation plus ou moins avancé, et l'on peut parfaitement transformer les noirs verdissables en noirs inverdissables, les premiers étant des noirs peu oxydés et les derniers des noirs suroxydés. Le premier terme de l'oxydation de l'aniline en noir est l'éméraldine essentiellement verdissable, puis la nigraniline moins verdissable, et enfin le noir proprement dit inverdissable. Les travaux de Lauth en 1869 et 1873 avaient déjà signalé la possibilité de transformer le noir d'aniline en un noir différent, par une oxydation nouvelle qui augmentait son intensité. On obtient ainsi un noir suroxydé infiniment plus solide.

En 1876 Jeanmaire suroxyde les noirs par un passage en bichromate et avec des sels ferriques.

A. Scheurer (Bull. soc. Mulh., 1902, 132) ajoute de l'aniline à ce bain de suroxydation. Cette suroxydation avec de l'aniline peut être obtenue par voie de vaporisage ou par voie de teinture, dans les deux cas le noir est inverdissable.

On peut opérer en traitant par exemple le noir verdissable par :

Bichromate .... 7 °/₀
Acide sulfurique.. 2 °/₀
Aniline.. 0,5 °/₀ du coton

On manœuvre 1/2 heure à 40-50°, puis on lave. Le noir est rendu inverdissable (Voir à ce sujet les travaux de Green dans la partie théorique).

Prud'homme (Bull. soc. Mulh., 1890, 320) obtient des noirs inverdissables en ajoutant à l'aniline un peu de toluidine ou de xylidine.

F. Weber et Grossheintz, opèrent avec du chlorhydrate d'aniline et du chlorate.

Dans le même ordre d'idées Scheurer (*Bull. soc. Mulh.*, 1890, 129) ajoute de la benzidine et de la dianisidine. Comme ces amines oxydées isolément donnent des bruns, on forme ici des colorants bruns qui, mélangés avec le noir, masquent la nuance verte lorsqu'elle vient à se produire.

D'ailleurs les anilines impures donnent comme on l'a souvent constaté un noir moins verdissable, ce qui provient de ce que la p-toluidine et la m-xylidine donnent aussi par oxydation des bruns. Par contre les noirs sont moins beaux qu'avec de l'aniline pure.

Dreher (brev. all. 127361) par addition de m-nitraniline, Grandmougin (*Z. F., Textilindustrie* 1906, 141) par addition de p-aminophénol obtiennent des résultats analogues.

Enfin P. Monnet (br. all, 37661 ajoute de la p-phénylènediamine à l'aniline dans le même but.

Le noir obtenu avec la paraminodiphénylamine ou avec un mélange d'aniline et de cette base est aussi inverdissable.

Pour essayer un noir au point de vue du verdissage on suspend un échantillon dans un récipient contenant du bisulfite additionné d'acide sulfurique.

S'il ne se modifie pas au bout de 10', on peut le considérer comme inverdissable.

Enlevages-Réserves

Il est impossible de ronger le noir d'aniline terminé, mais on peut faire des réserves et enlevages sur tissu préparé en noir avant que la couleur ne soit développée. On part de ce principe que le noir se forme par suite d'une oxydation de l'amine et que la présence d'un acide minéral est indispensable. On s'opposera donc à son développement en faisant réagir au moment voulu des alcalins, des réducteurs ou des substances qui élimineraient l'acide minéral.

Les tentatives faites pour produire une réserve sous noir ont conduit tout d'abord à une méthode ayant pour principe la destruction de l'oxydant au moyen du sulfocyanure, puis on a employé d'autres réducteurs tels que le tannin. On a employé des substances alcalines pour neutraliser l'acide minéral, par exemple le carbonate de soude.

Enfin Prud'homme en 1884 résolut le problème d'une manière à la fois simple et élégante.

Procédé Prud'homme

Ce procédé classique dit *réserve* ou *enlevage sous noir d'aniline* consiste à imprimer de l'acétate de soude sur noir au ferrocyanure *non développé*. Dans ces conditions l'acétate neutralise l'acide minéral du mélange, de sorte que la couleur ne peut se former. Il s'agit comme on le voit d'un enlevage du noir non développé, mais on peut encore considérer cette opération comme une réserve, aussi l'appelle-t-on souvent enlevage-réserve.

Enlevage blanc

Voici la succession des opérations :

1° Plaquer en mélange pour noir et sécher à la hot-flue. Le tissu à ce moment a une couleur jaune clair légèrement verdâtre.

2° Imprimer avec acétate de soude ;

3° Vaporiser en passant une ou deux fois pendant 2' au Mather-Platt à 95°. Le tissu devient vert foncé. Si la vapeur est trop humide les blancs sont jaunis, il faut donc avoir soin d'employer de la vapeur à l'état convenable ;

4° Passer dans un bain de carbonate de soude additionné éventuellement de bichromate, puis laver et sécher.

Il est indispensable qu'il ne se produise aucune oxydation avant l'impression du rongeant. Il faut donc employer des bains frais, sécher à une température convenable et imprimer la réserve le plus vite possible.

O. Krafft et Buhring (*Bull.*, Rouen, 1886, 226) donnent les proportions suivantes :

Chlorate de potasse	1,500 kil.
Eau	40 litres
Prussiate à 29 %	4 kilogrammes
Sel d'aniline	2,600 kil.

On ajoute un peu d'aniline libre. L'enlevage blanc est préparé avec :

Amidon grillé	10 kilogrammes
Eau	6 »
Acétate de chaux à 16°	16 litres

Cuire puis ajouter à froid :

Acétate de soude	5
Soude caustique à 20°	5 litres

B. A. S. F. indique les solutions suivantes pour un foulardage en noir :

Sel d'aniline	85	
Eau	400	
Huile d'aniline	5	1
Adragante à 50 grammes par litre	40	
Chlorate de soude	42	
Ferrocyanure	48	
Eau	380	2
	1 000	

Mélanger ces solutions immédiatement avant leur emploi.

Pour les enlevages blancs, le sulfite de potassium semble donner de bons résultats meilleurs que la soude caustique fréquemment préconisée, parce que ces couleurs alcalines coulent facilement. On peut donc employer un mélange d'acétate de soude et de sulfite de potassium :

Sulfite de potassium	300
Acétate de soude	150
Epaississant amidon	550

L'aluminate de soude donne aussi des résultats intéressants car il permet de faire des enlevages avec fixage simultané de mordant d'alumine à teindre.

On ajoute souvent des produits minéraux blancs, sulfate de baryte, lithopone, etc.

On peut aussi employer des réserves à base d'acétate de soude et d'oxyde de zinc, par exemple :

Epaississant à la gomme	720
Acétate de soude	140
Oxyde de zinc	150

Celles-ci offrent l'avantage de pouvoir être également imprimées sur tissu avant de foularder en noir et par conséquent de pouvoir se conserver jusqu'au moment de l'emploi. On pourrait plutôt considérer ce procédé comme une réserve sous noir quoique dans les deux cas la réaction soit la même.

La formule à l'oxyde de zinc est surtout intéressante pour les réserves colorées.

Comme avec toutes les couleurs réserves les dessins manquent parfois de netteté, la réserve paraissant râclée ou foulée, on préfère le procédé d'impression sur noir non développé. Les noirs à base de o-toluidine, xylidine, etc., se réservent par le même procédé.

Puaux imprime sous noir d'aniline une réserve à base de viscose (MC., 1911, p. 87).

Binder et Frossard (Bull. soc. ind. Mul., 7 juin 1902) font des demi-réserves avec du citrate stanno-sodique. Par addition de sulfate de fer, il se forme un peu de bleu de prusse qui améliore la nuance du gris.

Enlevages colorés

Le procédé Prud'homme permet de faire des enluminures très intéressantes, belles et variées.

1° Couleurs à l'albumine. — On produit toutes les nuances sur noir en ajoutant au rongeant qui vient d'être indiqué des couleurs à l'albumine, par exemple des pigments tels que : outremer, vert Guignet, jaune de chrome, vermillon et en général les laques et couleurs insolubles qui résistent aux traitements alcalins. L'albumine coagulée avec la vapeur d'eau forme une membrane très souple qui se fixe parfaitement sur la fibre en y maintenant la matière colorante.

La réserve colorée sera donc obtenue en foulardant le coton dans un bain noir comme s'il s'agissait d'un enlevage blanc, puis on sèche et on imprime le rongeant le plus vite possible, on vaporise 2' au Mather-Platt, passe en bichromate, lave et savonne. On peut employer par exemple :

Couleur	30
Britishgum	570
Acétate de soude	150
Epaississant d'albumine	250
	1 000

Binder et Sunder (Bull. soc. Mulh., 1904, 330) remplacent l'albumine par la gélatine, qui est coagulée au vaporisage par un grand nombre de subtances minérales entre autres par l'acétate de zinc.

2° Couleurs basiques. — Les réserves colorées les plus belles sont obtenues avec les colorants basiques. On peut opérer de diverses manières.

Le procédé Grafton et Browning (Br. Fr. 225349, 2 août 1892) consiste à préparer le tissu en tannin, puis à fixer successivement la réserve colorée et le noir. Voici la suite des opérations :

1° Préparer le tissu en tannate d'antimoine ;

2° Imprimer la réserve avec la couleur basique, par exemple :

Couleur	25
Britishgum	500
Acétate de soude	150
Acide acétique	60
Sel d'antimoine	40

3° Foularder en bain de noir ;

4° Vaporiser 2', puis passer si nécessaire dans un bain tiède de bichromate.

Les réserves colorées peuvent être également réalisées sur tissu non préparé en tannate d'antimoine. On ajoute alors du tannin au bain de noir, puis on imprime la réserve avec le colorant basique et un sel d'antimoine (Donald, br. am. 491951, 14 févr. 1893).

Ce procédé donne d'excellents résultats sur la veloutine pour laquelle on recherche une bonne pénétration, le tissu n'ayant pas d'envers. R. Weiss (MC., 1899, 243) a publié d'intéressants renseignements à ce sujet.

Il indique comme bain de foulardage et comme rongeant avec enluminure au bleu de méthylène :

Chlorate de soude	6	kilogrammes
Prussiate jaune	10	»
Sel d'aniline	16	»
Tannin liquide	4	»
Eau d'adragante	8	»
Faire 200 litres.		

On imprime :

Bleu méthylène	0,500	kil.
Britishgum	5	kilogrammes
Eau	3	»
Acide acétique	3	»
Sulfite de potasse	7	»

Ajouter 100 centimètres cubes par litre de couleur d'une solution saturée d'émétique et de sel marin.

A. Scheurer fixe les couleurs basiques pour l'article Prud'homme au moyen de l'acide tungstique. On foularde en tungstate de soude, puis passe en acide sulfurique. Laver, sécher, foularder en noir, et imprimer le rongeant à base d'acétate de soude additionné de colorant basique. Vaporiser 2', laver, chromer. A l'égard des colorants basiques, l'acide tungstique agit comme mordant. On vaporise 2', pour fixer les laques (Bull. soc. Mulh., 1900, 138).

Les réserves au zinc dont il a été question à propos des enlevages blancs ont trouvé des applications importantes pour la fixation des couleurs basiques. Il se forme du ferrocyanure de zinc avec le bain de noir et de ferrocyanure en même temps qu'il réserve le noir, fixe le colorant basique. Cette méthode a l'avantage de pouvoir imprimer la réserve avant de foularder en bain de noir ; par contre elle offre l'inconvénient, comme tous les genres « réserves » de ne pouvoir être employée pour les dessins fins et de plus les couleurs sont peu solides au lavage.

Un certain nombre de colorants basiques peuvent être utilisés pour faire ces articles : auramine, phosphine, safranine, fuchsine, violet d'aniline, bleu méthylène, vert brillant, etc.

3° **Couleurs diverses.** — On peut faire des enlevages colorés sous noir d'aniline avec d'autres couleurs :

Couleurs à cuve. — On les imprime à l'état de solution alcaline, avec de la rongalite et un épaississant alcalin.

On imprime les *couleurs sulfurées* en combinant avec une réserve à base d'oxyde de zinc, ou bien de rongalite et de soude ; les colorants subs tantifs avec de l'acétate et du phosphate de soude. Certains *colorants substantifs* permettent de faire des effets de conversion intéressants : on teint avec une couleur substantive, puis on imprime un rongeant réducteur et ensuite du noir d'aniline renfermant une couleur basique qui résiste aux rongeants. Dans les parties rongées le noir d'aniline se trouve réservé et l'on voit apparaître le colorant basique.

Schoen et les Fabr. Thann et Mulhouse (*Bull. soc. Mulh.*, 1912, 593) font des réserves colorées avec des *couleurs à mordants*, ils se servent de couleurs d'impression à base d'alizarine, de jaune d'alizarine N, de brun d'anthracène, etc., et de mordants de chrome mélangés avec de l'acétate de soude.

On peut réaliser des réserves brunes en imprimant sur les tissus préparés comme à l'ordinaire avec du noir d'aniline, des couleurs à base d'*amines aromatiques* très oxydables, d'aminophénols, etc., que l'on développe par vaporisage (Pilz, B. F. 436504).

Application des procédés de formation du noir d'aniline à d'autres amines

a) *Monamines.* — Les homologues de l'aniline donnent des noirs moins beaux : l'o-toluidine donne un noir, la p-toluidine ne donne pas de noir, mais un brun. Les méta et ortho-xylidine des nuances variant du brun au brun rouge, la méta-xylidine 1, 3, 4, un olive (Prud. Bull. soc. Mulh., 1890, 320). La p-xylidine 1, 4, 2 fournit par contre un beau noir très bleu qui peut être rongé par le procédé Prud'homme. On foularde avec :

P-xylidine..	28 à 30 grammes
HCL à 19° Bé...	40 grammes
Prussiate jaune..	40 »
Chlorate Na...	6 »
Eau...	1 litre

et on imprime des couleurs enlevages (Schmid., 1912, Br. all. 244470).

Toutes ces monamines n'ont que des emplois extrêmement restreints.

b) *Diamines*. — Dans la série des diamines par contre, on a trouvé des applications nouvelles et intéressantes.

Tout d'abord la p-phénylènediamine mélangée avec de l'aniline donne dans certains cas des résultats supérieurs à l'aniline seule et permet l'oxydation par l'air sans chlorate (procédé Green).

La p-phénylènediamine aurait une action catalytique car il suffit d'en employer une quantité très faible pour obtenir un résultat tout à fait appréciable. (Green, Br. all, 204514, 208518).

Monnet avait antérieurement signalé l'addition de p-phénylènediamine aux bains de noir (Br. all. 37661).

Zeidler et Wengraf préparent avec un mélange d'aniline et de p-phénylènediamine une pâte pour impression qui donne même sur β-naphtolate de soude par un vaporisage de 1 à 2 minutes un bon noir d'aniline. Cette pâte est formée de :

P-phénylènediamine	5	grammes
Huile d'aniline	120	»
Acide nitrique	130	»
Amidon d'adragante	545	»
Chlorate de soude	40	»
Ferrocyanure de potassium	80	»
Acide acétique	80	»

On imprime les tissus préparés en β-naphtol à la manière habituelle (MC., 1911, 184).

Dans toutes ces applications les diamines sont oxydées en présence d'acide minéral.

Lorsqu'on oxyde la p-phénylènediamine seule sans acide minéral on obtient le *brun paramine* dont il est question plus loin. L'oxydation de diverses diamines a donné les résultats suivants :

La dianisidine se transforme en un brun (Scheurer) ; la benzidine sur bistre de manganèse en brun (Binder, *Bull. soc. Mulh.*, 1895, 29).

La p-aminodiphénylamine donne un beau noir inverdissable le *noir diphényle*. Il existe toute une série de dérivés de la diphénylamine qui peuvent se transformer en noir (Ullrich et Fussgänger *Bull. soc. Mulh.*, 1902, 264).

Noir diphényle

On produit sur coton un noir analogue au noir d'aniline solide et inverdissable que l'on appelle le *noir diphényle*, on l'obtient en imprimant la p-aminodiphénylamine avec un oxydant auquel on peut éventuellement ajouter une certaine quantité d'aniline (Ullrich. M. br. all. 134559).

Le noir diphényle est intéressant parce qu'il n'est pas verdissable et que, lors du vaporisage le coton n'est pas attaqué, car on peut le produire à peu près sans acide minéral.

On ne peut réaliser l'enlevage Prud'homme sur noir diphényle car le ferrocyanure de la p-aminodiphénylamine est insoluble. On réserve ce noir diphényle avec du sulfite de potasse.

Cet article a trouvé un emploi dans l'impression directe du coton.

Brun de paramine

Pour l'impression du coton la p-phénylènediamine a trouvé grâce à Henri Schmid sous le nom de *brun de paramine* un emploi assez important (B. A. S. F. Br. fr. 359460).

La B. A. S. F., propose la recette suivante pour l'impression directe du brun de paramine :

Paramine	25	grammes
Eau chaude	137	»
Epaississant amidon adragante	634	»
Rongalite	2	»
Chlorate de soude	25	»
Eau	50	»
Chlorhydrate d'ammoniaque	25	»
Eau	50	»

Mélanger le tout puis ajouter :

Vanadate à 1 gramme par litre	20	grammes

On imprime, vaporise 5′ au Mather, lave et savonne. On peut vaporiser dans un autoclave ou dans un appareil continu.

Ce brun a une nuance analogue au bistre de manganèse, il est surtout destiné à l'impression. On peut imprimer en même temps des couleurs basiques, des couleurs d'alizarine et des couleurs à la glace sur tissus préparé en naphtol.

On peut réserver le brun de paramine en foulardant le tissu avec la couleur à base de chlorate et de vanadate, puis on sèche et on imprime une réserve à base de Rongalite et de gomme, on vaporise 3 à 5′.

1° Rongalite C	250 à 300	grammes

dissout dans :

Epaississant à la gomme 1/1	750 à 700	grammes
	1 000	grammes

2° (a) Gomme 1/1	200	grammes
Acétate de soude cristallisé	100	»
Sulfite de potasse à 45° Bé	200	»
	500	grammes

(b) Gomme 1/1	375 à 350	grammes
Rongalite C	125 à 150	»
	500	grammes

Mélanger *a* et *b*.

Pour les réserves colorées on emploie soit des colorants basiques que l'on fixe ensuite en émétique, soit des couleurs d'indanthrène et sulfurées ou encore des laques fixées à l'albumine.

Le brun paramine peut être nuancé de diverses manières. On a constaté par exemple qu'il peut se développer si l'on ajoute à la couleur d'impression du chlorate et un sel de chrome, d'alumine, de manganèse, etc. On ajoute donc à la couleur d'impression à base de brun paramine le mordant nécessaire ainsi que des couleurs à mordants, par exemple du jaune d'alizarine R. de l'orangé d'alizarine, de la graine de Perse. En employant une quinonoxime telle que l'α- nitroso β-naphtol et en variant la nature des mordants on arrive aussi à nuancer ce brun d'une manière intéressante, le cobalt donnant une laque rouge, le nickel une laque jaune-olive, le fer une laque verte, etc. Le développement de ces couleurs se fait par un simple passage au Mather (Battegay, Lipp et Heilmann).

Schmid (*Bull, soc. ind. Mulh.*, 1911, 181) obtient des effets rouges et jaunes sur fond puce en partant d'un tissu en rouge p- ou en bordeaux de naphtylamine. Le tissu est foulardé avec une couleur faible de paramine, puis on sèche et avant de développer le brun on imprime une réserve d'acétate de soude et de sulfite de potasse, pour les parties destinées à rester rouges, et un mélange de rongalite et de sulfite de potasse pour celles qui devront devenir blanches.

Le nitroso β-naphtol fondu avec de la p- phénylènediamine donne une matière colorante noir violacé. Si l'on remplace la p-phénylènediamine par de l'aminodiphénylamine on a un colorant noir bleuâtre peu soluble. Ces réactions peuvent être réalisées sur le tissu en imprimant un mélange de nitrosonaphtol et de p-diamine (Thann et Mulh, et Schoen, MC., 1913, p. 296).

Dans la série des aminophénols on a trouvé aussi quelques produits intéressants (brun de fuscamine).

Brun de fuscamine

On produit ce colorant sur fibre en employant du m-aminophénol C^6H^4 HO NH^2 (1, 3). La nuance obtenue est un peu plus jaune qu'avec la paramine.

Le m-aminophénol est livré à l'état de pureté par B. A. S. F. sous le nom de fuscamine G (BF. 392891),

D'autres composés comme les m-aminocrésols (CH³ OH NH² = 1, 2, 4, ou 1, 4, 2) peuvent remplacer le m-aminophénol.

Le m-aminocrésol 1, 4, 2, produit même des nuances plus jaunes que le 1, 3 aminophénol.

La dose de ferrocyanure dans la composition de la couleur vapeur de brun fuscamine, peut être réduite de 3 à 5 grammes par litre sans entraver la réaction. (Schmid, MC., 1910, 155).

On imprime par exemple :

Fuscamine G	20 grammes
Eau	130 »
Acide chlorhydrique	20 »
Epaississant amidon adragante	650 »
Ferrocyanure	26 »
Eau	70 »
Chlorate de soude	24 »
Eau	60 »

On sèche, vaporise 5' au Mather, puis on passe dans un bain de bichromate à 5 grammes par litre et ensuite dans un bain bouillant de savon.

On obtient sur satin mercerisé des effets dorés remarquables avec des nuances claires en renforçant le prussiate. Exemple :

Fuscamine G...................... 10 grammes
Acide chlorhydrique............... 10 »
Chlorate Na....................... 20 »
Prussiate jaune .... 20 »

} dissoudre dans 1 litre H^2O

La résistance à la lumière et au savon du brun fuscamine est très bonne.

On se sert des mêmes réserves que pour le brun paramine. Pour enluminages colorés, on utilise des laques à l'albumine additionnées de sulfite ou d'acétate alcalin, de colorants basiques, de couleurs au soufre ou de colorants d'indanthrène, etc.

Le brun fuscamine donne des teintes franchement jaunâtres et le brun paramine une nuance puce. Pour avoir des couleurs intermédiaires on oxyde sur la fibre un mélange de paramine et de fuscamine. La teinture obtenue ne doit pas être considérée comme un mélange de deux couleurs superposées, mais donne un composé nouveau. Selon la quantité de fuscamine ajoutée on enlève au brun paramine plus ou moins de son reflet rouge. On peut réserver et enluminer ces bruns comme le brun fuscamine (Schmid, MC., 1910, 256).

La m-phénylènediamine et la m-toluylènediamine donnent des bruns analogues.

Bistre d'ortamine

L'ortamine D est l'orthodianisidine. On développe la couleur au vaporisage en employant une formule analogue à celle du noir vapeur. Elle convient à l'impression et au foulardage en vrai pendant de l'article Prud'homme. Le prussiate jaune joue un rôle particulièrement curieux en ce sens qu'en dose très faible il donne lieu à la formation du bistre et en plus forte proportion il conduit à des teintes brun orangé très vives. Tous les tons de rouge brun, marron, chocolat, havane, vieil or, rouille etc., sont ainsi réalisables, selon la quantité de la base aromatique et de l'oxydant, mis en œuvre.

On peut opérer par voie d'impression ou par foulardage.

Préparation du bain du foulardage : Faire dissoudre 10 grammes d'o-dianisidine (base libre) en chauffant 7 grammes HCl à 19° Bé, 18 à 20 acide formique à 90 %, et de l'eau.

Après refroidissement ajouter 25 grammes de chlorate de soude préalablement dissous dans un peu d'eau, puis porter à 1 litre.

On peut encore ajouter comme catalyseur 0,5 à 0,75 sulfate ferreux ou du ferrocyanure de potassium.

Après foulardage, sécher, vaporiser au Mather.

On obtient ainsi un brun semblable au bistre de manganèse.

En ajoutant au bain de foulardage 10 à 30 grammes ferrocyanure de potassium par litre on obtient des tons plus vifs, brun-orange.

Pour préparer les couleurs d'impression on ajoute les épaississants et autres ingrédients usuels. La rongalite convertit les bruns ortamine par vaporisage en olive vert.

La soie teinte avec l'ortamine fournit de beaux bistrés que l'on peut réserver en blanc et en couleurs; avec mi-soie l'endroit se teint en bistre, l'envers en brun orangé (Schmid, M. C. 1914, 46).

On a proposé récemment d'autres substances pour produire d'après les mêmes principes des nuances diverses sur coton :

La nitro p-phénylènediamine. — On obtient des bruns jaunes en oxydant sur fibre de la nitro p-phénylènediamine avec du chlorate en présence d'un sel de vanadium. Nuance analogue au bistre de manganèse

Le procédé suivant (B. A. S. F.) donnent de bons résultats :

Passer le tissu blanc au foulard à trois rouleaux dans un bain de foulardage qui peut être composé comme suit ;

		Tons moyens	Tons foncés
1	Nitro p phénylènediamine	0,250 kil.	0,450 kil.
	Acide formique	0,300 »	0,600 »
	Eau chaude	6,000 »	6,270 »
2	Chlorate de soude	0,200 »	0,340 »
	Sel ammoniaque	0,200 »	0,480 »
3	Eau	2,600 »	1,260 »
	Sol de vanadate d'ammoniaque à 1 °/₀	0,250 »	0,450 »
	porter à	10,000 kil.	10,000 kil.

On mélange d'abord les solutions 1 et 2 à froid, puis on ajoute la solution 3.

Pour obtenir des effets blancs on imprime avant vaporisage avec :

Rongalite C	2,500 kil.
Eau	1,000 »
Solution de gomme 1/1	5,000 »
Sulfite de potasse 45° Bé	0,500 »
Acétate de sodium	0,500 »
	10,000 kil.

Vaporiser au Mather 5' à 105°, savonner à chaud, rincer, sécher.

Pour obtenir à côté du blanc, des effets colorés, on peut ajouter à la couleur rongeante des couleurs résistant à l'action des réducteurs tels que des colorants sulfurés, des colorants cuve ou basiques (B. A. S. F., MC. 1911, 326).

P-aminobenzène azo-m-phénylènediamine. — On oxyde cette base sur fibre avec chlorate et chlorhydrate d'ammoniaque. La couleur se développe au vaporisage ; on opère par voie d'impression ou par foulardage pour faire l'article uni (Bayer, B. fr. 424431, F. Binder, B. A. 996396).

Soie artificielle. — Le noir d'aniline peut être appliqué sur les soies artificielles.

Le *noir au bichromate* se développe d'après Beltzer en employant :

Aniline	5 litres	
Acide sulfurique à 66°	7 »	solution 1
Eau	50 »	
Bichromate	12 kilogrammes	solution 2
Eau	50 litres	

Faire un bain total de 1 200 litres et employer cette quantité pour 100 kilogrammes de soie.

On obtient ainsi un noir bronzé qui vire au noir par savonnage.

Noir d'oxydation. — Ce noir donne des résultats intéressants car il se développe beaucoup plus vite que sur le coton. On imprime la soie végétale avec la couleur pour noir, puis on développe dans la chambre d'oxydation à 35° et on finit par un passage en bain de bichromate.

Les noirs obtenus par ce procédé sont remarquables au point de vue de leur éclat et de leur solidité.

NOIR D'ANILINE

Applications sur coton

1° Noir uni

A) Teinture...............
1° Teinture en *un bain* avec sel d'aniline et bichromate. A chaud ou à froid.
2° Teinture en *deux bains*.

B) Noir d'oxydation.........
On foularde avec un mélange de sel d'aniline, chlorate et :
  a) sulfure de cuivre ;
  b) sel de vanadium.
Développer à l'étendage dans une chambre d'oxydation puis passer en bichromate.
On peut aussi développer par vaporisage ménagé.

C) Noir vapeur.............
Foularder avec une couleur renfermant :
  1° Sel d'aniline + chlorate + ferrocyanure. Ce noir ne se développe qu'au vaporisage ;
  2° Sel d'aniline + chlorate + chromate de plomb.
Se développe principalement au vaporisage mais aussi comme noir d'oxydation.
Peu d'emploi pour l'uni.

2° Impression (une ou plusieurs couleurs)

A) Impression directe........
1° On imprime un noir d'oxydation, développe à l'étendage ou par un léger vaporisage.
2° Imprimer un noir vapeur au ferrocyanure ou au chromate. (Surtout le noir au ferrocyanure).

B Enlevages. Réserves......   Enlevage *sous noir d'aniline* (procédé Prud'homme).

1° *Réserves blanches* : Impression d'acétate de soude sur noir non développé au ferrocyanure.

On peut opérer inversement en imprimant d'abord la réserve, puis on foularde en bain de noir. Employer dans ce cas un mélange d'acétate et d'oxyde de zinc.

2° *Réserves colorées* :

     a) Avec couleurs à l'albumine : On ajoute à la réserve à base d'acétate des couleurs à l'albumine.

     b) Avec couleurs basiques : Addition de colorants basiques à la réserve acétate + oxyde de zinc : le ferrocyanure de zinc fixe le colorant.

Autre procédé :

     Préparer le tissu en tannin émétique ;
     Imprimer réserve et colorant basique,
     Foularder en noir ;
     Vaporiser.

On peut aussi fixer des basiques avec des tungstates.

c) Couleurs diverses : Colorants d'indanthrène, sulfurés, substantifs.

Article noir d'aniline et rouge para.

LAINE ET SOIE

Le noir d'aniline peut être appliqué sur laine mais cette teinture offre de sérieuses difficultés par suite des propriétés réductrices de cette fibre.

En 1865, Lightfoot signalait déjà ce grave inconvénient. La même année Allard proposait de modifier les propriétés de la laine en la traitant au préalable par un bain de chlorure de chaux (br. 63230, 5 août 1865).

Persoz emploie le bichromate et le sulfate de cuivre ; Reimann prépare la laine en sulfate de cuivre, chlorate, bichromate, puis teint ; Hommey (Bull. soc. Rouen, 1876, 263) emploie les sels de vanadium.

Kayser et Schulz (br. all. 61087), teignent la laine et la soie en mordançant à chaud avec tannin ; la soie est ainsi réservée à l'égard du noir d'aniline.

Kallab et Oehler (Br. all. 68887 et 71729), chlorent la laine au préalable puis ils foulardent avec :

Sel d'aniline	405
Chlorate de soude	150
Prussiate jaune	260

Pour noir d'impression on emploie :

Eau de leiogomme	800
Sel d'aniline	200
Chlorate de soude	75
Prussiate jaune	130
Eau	250
Acide tartrique	40

Bethmann (Br. all. 130309) considère que le noir se forme mal sur la laine à cause de ses propriétés alcalines. Il traite donc la laine au préalable pendant 1/2 heure, dans un bain acide renfermant 5 °/₀ d'acide sulfurique par rapport au poids de la laine. On imprègne alors le tissu avec le bain pour noir et développe à l'étendage ; finalement on chromate, rince et savonne. Comme bain de foulardage le brevet mentionne :

Aniline	85 grammes
Chlorure de cuivre	25 »
Sel ammoniac	95 »
Chlorate de soude	75 »
Acide acétique	45 »
Acide chlorhydrique	166 »

Prud'homme obtient de bons résultats en oxydant la laine avec un mélange d'acide oxalique et d'acide chromique.

Eau	1 litre
Acide chromique	20 grammes
Acide oxalique	25 »

Le tissu est plongé dans ce bain à froid pendant quelques minutes puis on rince et exprime. Pour développer le noir on imprègne le tissu avec :

Aniline	93 grammes
Acide chlorhydrique	80 »
Eau	1 litre
Perchlorure de fer à 50° Bé	10 grammes

La teinture se fait progressivement à froid. Si l'on foularde en ferrocyanure, sel d'aniline et chlorate de soude, on obtient après séchage et vaporisage, un noir aussi beau que sur laine chlorée (Prud. br. fr. 333486, 25 juin 1903).

Green br. fr. 386361 prétend oxyder l'aniline en l'absence d'oxydant, seulement par l'oxygène de l'air au moyen d'une petite quantité d'une p-diamine ou d'un p-aminophénol comme catalyseur.

Ekstein prépare un bon noir sur laine en appliquant le procédé Kœnitzer, (v. plus bas)à la p-phénylène diamine seule en passant d'abord la laine dans une solution de prussiate jaune ou rouge, puis dans un bain d'un sel de fer, ensuite on lave, exprime et foularde dans le bain suivant :

Paramine extra	8 grammes
Chlorate de soude	15 »
Chlorhydrate d'ammoniaque	15 »
Vanadate d'ammoniaque	0,015 gr.
Eau	1 litre

On sèche, vaporise 8 minutes, chrome avec 10 grammes de bichromate de soude au litre, lave et sèche.

Dans ce procédé le brun paramine donne par superposition avec le bleu de Prusse, du noir.

Heilmann et Battegay préparent un noir inverdissable en un bain, en ajoutant aussi de la p-phénylènediamine au noir au prussiate ou au noir, au vanadium (br. fr. 439339, M. C. 1912, 214). Noir uni sur laine dégraissée.

Sel d'aniline	120
Eau chaude	150
Mucilage d'adragante 1/10	180
P-phénylènediamine	8
Eau	100
Chlorate de soude	65
Eau	150
Acide acétique à 7° Bé	100
Vanadate d'ammoniaque 1 $^0/_{00}$	20

faire un litre

La laine est imprégnée, exprimée, séchée, puis vaporisée 1 ou 2 minutes on lave, savonne et sèche.

2° Noir uni sur laine ou mi-laine faiblement chlorée.

Sel d'aniline	85
Eau	180
Acide acétique à 7° Bé	70
Huile d'aniline	35
P-phénylènediamine	4
Eau	100
Chlorate de soude	65
Eau	150
Vanadate d'ammoniaque 1 $^0/_{00}$	20
Nitrate de plomb	40

faire un litre

On foularde puis sèche, vaporise 1-2 minutes, lave, savonne et sèche.

Kœnitzer traite la laine par un bain d'acide sulfurique additionné de ferrocyanure de potassium, il diminue ainsi le pouvoir réducteur de la laine et précipite du prussiate dans la fibre ; la laine est ensuite traitée par un bain d'ammoniaque et le noir développé dans la chambre d'oxydation. Pour finir on passe en bichromate. Le même auteur teint aussi les tissus mi-laine en développant du bleu de Prusse sur les fibres.

On peut aussi traiter le tissu par du sulfate de cuivre et du ferrocyanure de potassium, c'est alors du ferrocyanure de cuivre qui intervient lors de l'oxydation de l'aniline (F. Kœnitzer, Br. fr. 347067, 8, 10, 1905).

Tous ces noirs d'aniline ont l'inconvénient de ne pas être solides au frottement.

Enlevages

Les enlevages se font sur noir non développé. Jaquet (Bull. soc. Mulh., 1902, 416) a le premier appliqué l'article Prud'homme à la laine. Au lieu de ferrocyanure il emploie le ferricyanure additionné de vanadate d'ammoniaque. Le tissu chloré est foulardé, séché, puis imprimé avec le rongeant suivant :

Eau d'albumine	10 litres
Hydrosulfite de soude	3,2 l.
Acétate de soude	2,2 l.
Blanc de zinc	10 kilogrammes

Vaporiser 5 à 10 minutes à 100° au Mather, laver à l'eau chaude, sécher.

Pour les réserves colorées on ajoute du sulfure de cadmium, du vert Guignet, des laques rouges.

Pour les enlevages blancs sur soie, Kallab donne le procédé suivant :

Foularder avec :

Sel d'aniline	4 kilogrammes
Eau	6 »
Prussiate jaune	2,600 kil.
Eau	15 litres
Chlorate de soude	1,500 l.
Eau	3 litres

Sécher avec soin, puis imprimer :

Eau de leiogomme 1/1	500
Acétate de soude	400
Hyposulfite de soude	100
Amidon de blé	500

Passer deux fois au Mather, puis laver.

H. Kœchlin réserve le noir d'aniline sur laine de la manière suivante : foularder le tissu avec une solution chaude de sulfate d'aniline à 100 grammes par litre, puis imprimer du sel d'étain épaissi à 800 grammes par litre et plaquer enfin sur le tout une solution de bichromate à 100 grammes par litre. Dans ces conditions le noir se forme à froid.

TEINTURE DES FOURRURES

Pour colorer les fourrures ont peut employer divers procédés :

1° Teinture par immersion : on colore en même temps la peau et le poil ;

2° Teinture à la brosse pour colorer le poil, puis si cela est nécessaire teinture par immersion pour colorer la peau et donner une deuxième teinture au poil ;

3° Teinture par immersion puis application nouvelle à la brosse sur les poils ; ce procédé est utilisé lorsque la peau et les poils doivent avoir une nuance différente.

On teint le plus souvent en nuances foncées avec du noir d'aniline seul ou associé au campèche et avec des diamines, des aminophénols et quelques autres produits analogues.

Noir d'aniline

On l'applique de préférence à la brosse et le plus souvent on teint ensuite en campèche ; ce procédé mixte donne de bons résultats surtout pour les nuances loutre. On peut opérer avec ou sans bichromate.

Pour le procédé au bichromate on prépare des solutions de la manière suivante :

Solution 1. — Chlorhydrate d'aniline.......................... 10 kilogrammes
Chlorate de soude .... 1,600 kil.
Chlorhydrate d'ammoniaque.................... 1,600 »
Sulfate de cuivre............................ 0,700 »
Vanadate d'ammoniaque...................... 0,001 »
Eau.. 75 litres

Solution 2. — Bichromate.................................... 1,500 kil.
Eau.. 75 litres

Au moment de s'en servir on mélange parties égales de ces deux solutions, puis on applique à la brosse. Il faut que les poils seuls soient imprégnés de couleur ; sinon on risquerait d'altérer la peau.

Lorsqu'on a passé une première couche, on développe le noir à l'étendage aux environs de 30 à 35° dans une atmosphère humide. Cette opération est répétée 5 à 6 fois jusqu'à ce que la nuance soit suffisamment foncée. Ensuite on donne à la peau une coloration convenable en teignant par immersion avec du campêche ; la nature du mordant dépend de la nuance et du reflet que l'on désire obtenir. Il est évident que la concentration des bains d'aniline et leur acidité peuvent varier dans d'assez fortes proportions selon la nature des peaux.

On peut aussi produire le noir en deux phases ; on prépare les solutions suivantes (Beltzer) :

Aniline... 5 litres
Acide chlorhydrique 21° .... 10 »   1
Eau... 35 »
Chlorate de soude.. 2 litres
Sulfate de cuivre .... 1 »
Vanadate d'ammoniaque .... 0,005 l.   2
Acide arsénique.. 0,500 l.
Eau... 45 litres

Parties égales de ces solutions sont mélangées, puis on fait deux teintures à la brosse ce qui donne une nuance vert foncé. Ensuite on développe le noir en passant à la brosse une solution concentrée de bichromate. On termine généralement par une teinture en campêche.

Le procédé Green dont il a été question à propos de la teinture des textiles peut être utilisé pour la teinture des fourrures. On ajoute à l'aniline une petite quantité de p-phénylènediamine et remplace les acides minéraux par des acides organiques. Le rendement en noir semble meilleur et cette méthode permet d'employer des bains neutres qui n'altèrent pas les peaux. Le procédé Green peut être combiné avec des aminophénols.

Le noir d'aniline est susceptible d'être employé avec des couleurs à base de permanganate, de fer, de chrome, de cuivre, etc. On peut aussi l'appliquer avec des colorants végétaux et même avec divers colorants artificiels. La fixation du noir d'aniline n'est pas incompatible avec un traitement préalable au moyen de sels métalliques susceptibles de servir ultérieurement de mordants pour la teinture au campêche ou avec des couleurs à mordants.

EHRMANN. — Matières colorantes.   38

P-phénylènediamine

Cette diamine a la propriété curieuse de donner par oxydation une nuance noire très nourrie. Le développement de la couleur se pratique le plus souvent au moyen d'eau oxygénée en opérant au plonger, ou à la brosse.

Pour teindre au plonger, on opère sur les peaux mordancées ou non.

Si elles ne sont pas mordancées, on emploie des bains renfermant 15 à 20 grammes de p-phénylènediamine par litre. On dissout la diamine dans de l'eau tiède, puis on complète avec de l'eau froide. La fourrure bien dégraissée est introduite dans ce bain qui doit être neutre et au bout d'une heure on ajoute de l'eau oxygénée à 12 volumes dans la proportion de 20 centimètres cubes pour 1 gramme de couleur, on laisse reposer pendant 5 à 8 heures en remuant fréquemment. La durée de la teinture et la concentration des bains dépendent naturellement de la nuance que l'on veut obtenir.

Si les fourrures ont été mordancées au préalable, on n'emploie que 1 à 4 grammes par litre de p-diamine ; on varie les nuances en changeant la nature des mordants, on emploie généralement du bichromate, du sulfate de cuivre et du sulfate de fer ou des mélanges de ces différents produits. On mordance par exemple avec une solution de bichromate à 15 ou 20 grammes par litre à laquelle on ajoute 10 grammes de crème de tartre, puis on laisse séjourner quelques heures dans ces solutions. Pour la teinture des peaux ainsi mordancées il est indispensable que les bains soient toujours neutres ou même légèrement alcalinisés avec de l'ammoniaque.

La teinture à la brosse est employée lorsqu'on désire réserver complètement la peau, on emploie des solutions concentrées de p-phénylènediamine et l'on fait successivement des passages en couleur et en eau oxygénée, en répétant ces opérations plusieurs fois.

On peut oxyder aussi la p-phénylènediamine avec des persulfates, spécialement avec du persulfate d'ammoniaque, pour les nuances claires.

Lorsque la teinture est terminée, on lave, sèche, puis on introduit les fourrures dans de grands cylindres rotatifs avec du sable, du plâtre ou de la sciure de bois. Ce traitement a pour but, non seulement de nettoyer complètement les poils, mais aussi de les foulonner de manière à éviter qu'ils ne dégorgent ensuite par le frottement.

On a constaté des cas d'intoxication parmi les ouvriers travaillant cette substance ; on attribue ces accidents à la formation d'un produit intermédiaire très toxique : la quinone diimine. Toutefois la matière colorante qui est un produit de polymérisation de cette diimine serait inoffensive (Erdmann Z. F. ang. Chem. 1905, p. 1377).

Aminophénols

L'o- et le p-aminophénol peuvent être employés dans les mêmes conditions que la p-phénylènediamine ; ils donnent des nuances variant du brun clair au brun foncé. On les emploie non seulement à l'état pur, mais aussi à l'état de mélange avec la p-phénylènediamine. On développe la couleur par un procédé qui rappelle en tous points celui de la diamine en opérant soit à la brosse, soit au plonger sur des fourrures mordancées ou non. Pour les nuances claires, on emploie 1 à 2 grammes de ces produits ; pour les nuances foncées 3 à 4 grammes.

On trouve dans le commerce ces divers produits, soit purs, soit à l'état de mélanges, sous le nom d'*ursols, couleurs nako, furrols, furréines, vulpins*, etc.

Amines et phénols divers

Les nuances si intéressantes qui se forment avec la p-phénylènediamine et les aminophénols ont encouragé les industriels à faire des recherches dans cette voie. On y a réalisé quelques réactions nouvelles ; mentionnons les plus importantes :

Il se forme un beau noir bleu en oxydant un mélange de p-phénylènediamine et de m-diaminoanisol 1, 2, 4 ou de m-diaminophénétol 1, 2, 4 :

$$\underset{NH^2}{\overset{OCH^3}{\bigcirc}}NH^2 \qquad \underset{NH^2}{\overset{OC^2H^5}{\bigcirc}}NH^2$$

ces noirs sont très solides à l'air et à la lumière (MC., 1900, 326).

On obtient un résultat semblable, si l'on se sert de la p-toluylènediamine, de la chloro-p-phénylènediamine ou de la méthoxy p-phénylènediamine en mélange avec le m-diaminoanisol ou le diaminophénétol en présence d'un agent oxydant. On mordance avec une solution contenant 26 grammes d'acétate de fer par litre, pendant quelques heures, puis on lave et teint dans un bain contenant par litre : 2 à 4 parties de p-phénylènediamine, 2 à 8 parties m-diaminoanisol et 140 parties eau oxygénée, la peau est agitée dans ce bain pendant 12 heures, on lave et on sèche.

On peut employer aussi une p-diamine aromatique mono ou dialcoylée dont le ou les radicaux alcoyles se trouvent dans un seul des deux groupes aminogènes, par exemple la monométhyl p-phénylènediamine, la monoéthyl p-phénylènediamine, la p-aminodiméthylaniline, la p-aminodiéthylaniline ou un de leurs dérivés, soit seuls, soit mélangés avec du m-diaminoanisol ou du m-diaminophénétol, les nuances sont plus bleues que lorsqu'on emploie une p-diamine non substituée.

Un autre procédé consiste à se servir d'un mélange d'une p-diamine aromatique et d'une m-diamine.

On peut utiliser d'autres diamines ou aminophénols par exemple : la p-toluylènediamine, la p-aminodiphénylamine, les 1,2 et la 1,5 naphtylènediamine, le triaminophénol 1,3,5, la p-amino-, p-dioxydiphénylamine, le méthyl p-aminophénol, la 1,5 dioxynaphtaline.

Au lieu de p-diamines on peut employer les dérivés de la 2,4 phénylènediamine, qui possède dans la position 1 un groupe alcoyle ou un atome halogène et, en outre un groupe nitro. Ces composés peuvent être employés pour la teinture des fourrures mordancées et spécialement pour celles que l'on traite par des mordants de cuivre, fer ou de chrome. On opère de même avec le 2,5 diaminophénol dans lequel un groupe amino est mono on dialcoylé. La peau se trouve teinte dans ce cas en nuance bleue.

Dans le cas du 2,6 diaminophénol et de ses dérivés substitués on mordance au préalable avec Fe, Cu ou Cr (M. DP, 256794 add. à 250462). Il en est de même de la diaminooxydiphénylamine éthérifiée (M. DP. 254753).

Le 2,5 diamino p-crésol :

$$CH_3$$
$$NH_2$$
$$NH_2$$
$$OH$$

provenant de la réduction des azoïques de l'o- ou du m-amino p-crésol donne par oxydation une nuance gris-bleu et bleu en mordançant les peaux avec du sel métallique.

Tous les produits dont il vient d'être question peuvent être fixés sur des peaux et poils mordancés et c'est le procédé que l'on emploie le plus généralement, parce que l'on obtient ainsi des nuances beaucoup plus nourries. C'est l'eau oxygénée qui est employée comme oxydant, mais dans certains cas, on peut faire usage de sels peroxydés par exemple de persulfates ainsi que de permanganates, du perchlorure de fer et d'autres oxydants.

Il est quelquefois nécessaire pour la teinture des fourrures de ne colorer que la pointe des poils, on applique alors les colorants à la brosse.

Il est évident qu'on peut remonter ces différentes couleurs avec du campêche ou autres colorants végétaux ou artificiels et que l'on peut aussi donner avant teinture des fonds soit avec des couleurs minérales, soit avec des couleurs organiques.

Teinture des cheveux

La coloration des cheveux provient d'après Metchnikof, de l'occlusion d'air infiniment divisé. D'autres auteurs admettent la présence de pigments colorés. Quoiqu'il en soit, on constate que dans certaines conditions, et particulièrement dans les périodes de la vieillesse, la couleur du cheveu s'altère et qu'elle peut même disparaître complètement.

On se propose parfois de reproduire la nuance primitive du cheveu.

Cette teinture est infiniment délicate car il faut conserver au cheveu son reflet, sa souplesse et même une certaine solidité à l'égard des agents atmosphériques de la lumière, du fer chaud, etc.

Autrefois on teignait surtout avec des substances métalliques. Le principe de cette méthode consistait à fixer sur le cheveu du sulfure d'argent ; on déposait d'abord une couche de nitrate d'argent, puis une deuxième couche de sulfure de sodium ; on obtenait ainsi un cheveu entouré d'une gaine de sulfure d'argent noir. En mélangeant au sel d'argent divers sels métallique on pouvait jusqu'à un certain point varier la nuance, par exemple avec des sels de cuivre et de plomb. Ce procédé offrait divers inconvénients surtout celui de rendre le cheveu cassant à la longue par le fait de la superposition des différentes couches qu'il est nécessaire d'appliquer sur les cheveux afin de les colorer à la base au fur et à mesure de leur croissance. Le nombre des couleurs à appliquer sur les cheveux était assez limité parce que l'on exigeait naturellement que les produits employés ne soient pas toxiques.

Les colorants végétaux, à l'exception du Henné, plante qui provient de l'Egypte et de l'Arabie, ne donnent que de médiocres résultats.

L'inconvénient du Henné est de ne fournir qu'une seule nuance à reflets rouges et il est d'une application difficile, puisqu'il faut le mettre en contact avec le cheveu sous la forme d'une pâte et cela pendant un temps relativement long : par contre il a le grand avantage de n'être nullement toxique et d'avoir plutôt une action tonique sur le cheveu.

La p-phénylènediamine appliquée avec une solution d'eau oxygénée donne de très belles nuances noires, mais elle est franchement toxique.

Au cours de son oxydation il se produit des dérivés de la quinonimide qui occasionne chez certains sujets des éruptions graves ; il faut donc se servir de ce produit avec la plus grande précaution et ne l'employer si possible que pour les cheveux coupés. On a proposé de remplacer la p-phénylènediamine par son dérivé sulfoné qui serait inoffensif.

Les ursols seuls ou mélangés entre eux donnent une série de nuances variant du blond au brun.

Enfin on préconise l'application d'un certain nombre de substances aminées et phénoliques dont nous avons mentionné l'emploi pour la teinture des fourrures. Comme produit organique on emploie l'acide pyrogallique qui donne par oxydation des nuances intéressantes et des laques métalliques colorées. L'acide pyrogallique a l'inconvénient d'altérer le cheveu à la longue ; on le rendrait inoffensif en le transformant en dérivé mono sulfoné $C^6H^2(OH)^3(SO^3H)$.

En résumé il faut opérer avec une très grande circonspection et s'entourer de toutes les garanties de non toxicité lorsqu'il s'agit de cheveux vivants. Pour les cheveux coupés cet inconvénient n'existe pas, mais il faut noter que dans les deux cas les résultats sont différents et que par conséquent des essais préalables s'imposent.

Décoloration des cheveux

L'opération qui consiste à préparer des cheveux blancs est intéresssante au point de vue technique, à cause de la différence de cours qui existe avec les cheveux colorés, On emploie le plus souvent l'eau oxygénée. Il faut que les cheveux soient dégraissés au préalable avec le plus grand soin au moyen d'une solution légèrement ammoniacale ou avec du bioxyde de sodium dilué, dans la proportion d'environ 5 grammes par litre ; ce dégraissage a lieu à une température moyenne de 30 à 40°, il dure 3 à 4 heures puis on lave avec soin et décolore.

Quand on décolore avec de l'eau oxygénée on rend la solution ammoniacale et l'on donne un, deux et même trois bains à une température maxima de 30°. L'addition de sulforicinate favorise l'action décolorante.

Pour les cheveux coupés on peut aussi faire réagir l'eau oxygénée sous pression. Après le traitement à l'eau oxygénée avec ou sans pression on fait un lavage à l'acide chlorhydrique puis un traitement avec de l'eau de chlore.

Un autre procédé consiste à traiter par du permanganate et de l'acide sulfureux.

Parfois on réunit ces diverses méthodes en un procédé mixte qui consiste à décolorer d'abord à l'eau oxygénée, puis on passe dans un bain de permanganate à environ 5 grammes par litre ; le cheveu se colore par suite du dépôt d'oxyde de manganèse. On lave ensuite et passe dans un bain d'acide sulfureux ou de bisulfite acidifié ; le peroxyde de manganèse se dissout et le cheveu redevient parfaitement blanc. Toutefois par ce procédé le cheveu s'altère plus qu'avec l'eau oxygénée seule.

On a proposé l'emploi des persulfates, percarbonates, hypochlorites, hypobromites, de l'eau de brome, des sulfoxylates, de l'hydrosulfite de soude et des diverses combinaisons stables de l'acide hydrosulfureux. En général toutes ces opérations ont lieu à une température variant de 30-35°.

Il est difficile de décolorer un cheveu de manière à avoir exactement la reproduction du cheveu naturel. Les cheveux décolorés sont généralement ternes tandis que le cheveu naturel a un brillant caractéristique qu'on ne peut reproduire d'une manière parfaite. Il est aussi difficile de conserver au cheveu primitif toute sa souplesse.

Décoloration des crins et poils

Les traitements sont analogues à ceux qui viennent d'être décrits pour les cheveux.

On dégraisse avec des solutions de peroxyde de sodium additionnées de sulforicinate puis on décolore à une température de 40-50°.

BIBLIOGRAPHIE

Nous n'avons pas l'intention de donner ici une bibliographie complète des Matières Colorantes et de leurs applications, ce qui nous mènerait trop loin et serait d'ailleurs d'une utilité contestable. Nous voulons signaler seulement les ouvrages que nous considérons comme les plus importants et les plus utiles pour les chimistes qui veulent se spécialiser dans l'étude des matières colorantes, ceux que nous avons eu nous-même l'occasion de consulter le plus fréquemment. Comme l'Allemagne avait pour ainsi dire monopolisé l'industrie des colorants jusqu'en 1914, il va de soi qu'un grand nombre de ces ouvrages ou périodiques a été publié en langue allemande. Pour tout chimiste qui veut s'occuper à fond des colorants, il est donc indispensable de savoir assez d'allemand pour pouvoir lire sans difficulté les ouvrages techniques. La connaissance de l'anglais est également d'une utilité incontestable, car en Angleterre et en Amérique il existe des publications de grande valeur. Les ouvrages français sont moins nombreux que les allemands, mais il en existe qui ont une importance primordiale et qui sont hautement appréciés, non seulement en France, mais aussi à l'étranger.

Publications françaises

Léon Lefèvre. — Traité des matières colorantes organiques artificielles, de leur préparation industrielle et de leurs applications. Paris, G. Masson, éditeur, 1896.

Dans deux gros volumes d'ensemble 1 648 pages, l'auteur donne un tableau *complet* de l'état des matières colorantes au point de vue scientifique et industriel jusqu'à la fin de 1893 (colorants azoïques) et même pour certaines classes (alizarine) jusqu'en octobre 1895.

C'est un ouvrage de grande valeur qui sera consulté avec profit pour toute la partie ancienne du domaine des colorants, 261 échantillons teints ou imprimés sur soie, laine, coton, papier et cuir servent à illustrer les modes d'emploi.

Revue générale des matières colorantes et des industries qui s'y rattachent. — Directeur technique Horace Koechlin, puis Maurice Prud'homme. Directeur scientifique Léon Lefèvre. — Depuis la mort de Léon Lefèvre, M. A. Wahl, professeur au Conservatoire national des Arts et Métiers, en est devenu directeur scientifique et technique, Paris, 123, rue de Rennes.

Cette Revue, qui paraît depuis le 1ᵉʳ avril 1897, contient en dehors de travaux originaux de haute valeur des extraits des principaux travaux publiés en France et à l'étranger et des brevets touchant à l'industrie des colorants et de leurs applications. Elle forme un excellent complément au Traité de Lefèvre et sera d'une grande utilité pour les chimistes qui font des recherches dans ce domaine. Malheureusement des collections complètes de cette Revue sont maintenant difficiles à trouver.

Paul Schuetzenberger. — Traité des matières colorantes comprenant leurs applications à la Teinture et l'Impression, 2 volumes, Paris, Masson, 1867.

Quoique déjà très ancien cet ouvrage est toujours encore intéressant, non seulement au point de vue historique, mais aussi pour ce qui concerne la chimie et l'application des colorants naturels, dans lesquelles il y a eu beaucoup moins de changements que dans celles colorants artificiels.

Charles Girard et G. de Laire. — Traité des dérivés de la houille applicables à la production des matières colorantes. Paris, Masson, 1873.

Cet ouvrage présente un grand intérêt rétrospectif pour l'histoire des colorants, car il donne un aperçu complet de leur développement depuis les origines jusqu'à 1873.

Dictionnaire de Chimie de Wurtz. — Paris, Hachette.

Contient un grand nombre d'articles touchant aux matières premières et produits intermédiaires de l'industrie des colorants, aux colorants mêmes et à leurs applications. Deux suppléments complètent l'ouvrage original.

Th. Chateau. — Couleurs d'aniline, d'acide phénique, de naphtaline et des homologues de ces substances, 2 volumes faisant partie des Manuels Roret. Librairie Roret, Paris, 1868.

Présente encore de l'intérêt au point de vue historique.

Bulletin de la Société industrielle de Mulhouse.

Paraît depuis 1829 à raison d'un volume par an et contient de nombreux mémoires concernant surtout l'application des colorants naturels et artificiels dans les diverses industries et plus particulièrement dans l'impression.

Bulletin de la Société industrielle de Rouen.

S'occupe surtout des applications.

Bulletin de la Société chimique de Paris.

Renferme en dehors des travaux de chimie pure aussi bon nombre de mémoires touchant les matières colorantes et leurs matières premières et intermédiaires.

Le Moniteur scientifique du Dʳ Quesneville.

Paraît depuis 1857 et contient de nombreux articles concernant les colorants depuis les débuts jusqu'à nos jours.

C.-E. Guignet, F. Dommer et E. Grandmougin. — Industries textiles, blanchiment et apprêts, teintures et impressions. Paris, 1895.

Seyewitz et Sisley. — La chimie des matières colorantes. Paris, Masson.

Prud'homme. — Teinture et Impression. Paris, 1894.

Dépierre. — Traité de la Teinture et de l'Impression des matières colorantes artificielles. 5 volumes. Paris, 1891-1903.

Albin Haller. — *Arts chimiques et Pharmacie*. Rapport du Jury international de l'Exposition Universelle de 1900. Paris. Imprimerie Nationale, 1901. Deux forts volumes de 406 et 445 pages.

Contient beaucoup de données du plus haut intérêt. Il est recommandable de ne pas lire seulement ce qui concerne les colorants, mais aussi l'introduction très suggestive et les chapitres sur les industries chimiques diverses, minérales et organiques. Bien que spécialisé dans un domaine particulier, le chimiste de matières colorantes doit se tenir au niveau dans beaucoup d'autres parties de l'industrie chimique, qui de près ou de loin s'y rapportent.

André Wahl. — L'industrie des matières colorantes organiques. O. Doin et fils. Paris, 1912.

Une nouvelle édition considérablement augmentée est en préparation. Le premier volume contenant les matières premières et les produits intermédiaires vient de paraître et est très-utile à consulter vu qu'il rend compte des derniers progrès réalisés.

E. Noelting, A. Lehne et O. Picquet. — *Le Noir d'aniline*. Paris. Aux bureaux de la Revue générale des matières colorantes 1908.

Monographie très complète de cette importante couleur. 264 pages, 28 échantillons, 17 figures dans le texte et 2 planches hors texte.

John Cannel Cain. — La fabrication des matières intermédiaires pour les colorants. Traduction par Pierre SALLES. Dunod, Paris, 1921.

Cain et Thorpe. — Les Matières colorantes de synthèse. Traduction par G. DELMARCEL et M. DRAPIER. Dunod, éditeur, Paris 1922.

Ce traité est excellent et est à recommander aussi bien aux étudiants qui désirent s'initier théoriquement et pratiquement au laboratoire à la chimie des matières colorantes et à leur application, qu'aux chercheurs qui s'intéressent aux problèmes de la synthèse des colorants,

Fierz (**Hans-Edouard**). — Opérations fondamentales de la chimie des colorants. Traduction française, par Camille G. Vernet. Attinger frères. Paris et Neufchâtel 1921.

Cet ouvrage est tout particulièrement recommandable aux chimistes qui désirent s'initier pratiquement au laboratoire à la connaissance des matières colorantes et de leurs produits intermédiaires.

Sisley. — Unification des noms des colorants les plus usuels, 1920.

Publications allemandes

P. Friedlaender. — *Fortschritte der Teerfarbenfabrikation*. 12 gros volumes. Berlin, Julius Springer, 1888-1917.

Cet important ouvrage contient tous les brevets allemands concernant les matières colorantes et leurs produits intermédiaires, depuis la promulgation de la loi allemande sur les brevets en 1877 jusqu'à 1916. En outre il renferme encore les produits pharmaceutiques, les parfums et produits analogues. Chaque catégorie des brevets dans chacun des douze volumes est précédée d'une introduction raisonnée qui en donne le résumé et le sens et montre les progrès réalisés depuis l'apparition du volume précédent. Rien ne saurait être plus utile pour le chimiste de matières colorantes que l'étude de ces introductions qui le font assister à tout le développement de l'industrie depuis 1877, c'est-à-dire depuis l'époque où les colorants azoïques ont pris leur essor.

K. Heumann. — *Die Anilinfarben und ihre Fabrikation*. Brunswig, Vieweg, vol. I, 1888 ; vol. II, 1898 ; vol. III, 1900, par P. Friedlaender ; vol. IV, 1903-1906, par G. Schultz.

Cet ouvrage qui n'a pu être achevé qu'au bout de dix-huit ans et qui a trois auteurs différents, se ressent naturellement de cette discontinuité. Il n'en est pas moins intéressant et peut souvent être consulté avec profit.

A. Winther. — Patente der organischen Chemie, 1877-1905. Alfred Töpelman. Giessen, 1908. 3 volumes.

Contient sur environ 4000 pages in-folio un résumé de tous les brevets allemands, concernant les substances organiques, classés par catégories. Les matières colorantes et leurs produits intermédiaires y occupent naturellement une grande place.

Gustav Schultz. — Farbetofftabellen, 5° édition. Weidmann'sche Buchhandlung, Berlin, 1914.

La première édition avait paru en 1888 et contenait 278 numéros, la cinquième en comprend 923 pour les colorants artificiels seulement et en tout, avec les colorants végétaux et minéraux, pas moins de 1001. Ouvrage indispensable à tous ceux qui veulent s'occuper sérieusement des colorants.

Berichte der Deutschen Chemischen Gesellschaft zu Berlin.

Paraissent depuis 1867. Contiennent beaucoup de travaux scientifiques sur les colorants et les produits intermédiaires.

Liebig's Annalen der Chemie. Heidelberg.

Depuis 1832. Même observation.

Chemiker Zeitung de Coethen. — Id.

Zeitschrift für angewandte Chemie de Leipzig. — Id.

Zeitschrift fur Farben und Textilchemie du Dr Buntrock. — Vieweg Brunswick.

Paraît à partir de 1902. Id.

Fritz-Ullmann. — Encyclopädie der technischen Chemie. Urban et Schwarzenberg, Berlin et Vienne.

A commencé à paraître en 1914. 10 volumes étaient achevés en 1921.

Contient beaucoup d'articles concernant les matières colorantes et leurs applications, rédigés par des spécialistes et extrêmement intéressants.

Gustav Schultz. — Die Chemie des Steinhohlenteers. Vol. I. Matières premières. Vol. II. Colorants. 3e édition. Vieweg, Brunswick, 1900.

Les deux premières éditions, surtout la seconde, sont encore intéressantes au point de vue historique.

Rudolf Nietzki. — Chemie des organische Farbetoffe. Julius Springer. Berlin, 1906. 5e édition. La 1re édition est de 1888.

Un peu ancien mais toujours encore intéressant.

Georg. v. Georgievies. — Lehrbuch der Farbenchemie. Franz Deutieke. Leipzig et Vienne. 4° édition remaniée par E. GRANDMOUGIN, 1913.

Au point de vue bibliographique les anciennes éditions sont toujours encore intéressantes, car les nouvelles éditions ne contiennent la bibliographie qu'à partir de la date de publication de la précédente. Les bibliographies sont très complètes et par conséquent très utiles. C'est l'ouvrage le plus recommandable parmi ceux de volume moyen.

Hans Th. Bucherer. — Lehrbuch der Farbenchemie. Otto Spamer, Leipzig. 2e édition 1921.

Fritz Meyer. — Chemie der organischen Farbetoffe. Julius Springer, Berlin, 1921.

R. Möhlau et H. Bucherer. — Farbenchemisches Praktikum. Leipzig, Veit et Cⁱᵉ, 2ᵉ édition 1921.

Hans Edouard Fierz. — Grundlegende Operationen der Farbenchemie. Schulthess, Zurich, 1920.

A été traduit en français. Voir ci-dessus.

Mühlhauser. — Die Tecknik der Rosanilinfarbetoffe. Stuttgart, 1889.

J. Walter. — Aus der Praxis der Anilinfabrikation Jaeneke. Hanovre, 1903.

H. Truttwin. — Encyclopädie der Küpenfarbstoffe. Julius Springer, Berlin, 1920.

Heinrich Caro. — Uber die Entwickelung der Teerfarbenindustrie. Friedlaender, Berlin, 1893.

Très intéressant au point de vue historiq̃e. A paru en traduction française dans le *Moniteur Scientifique*.

J. Formanek et E. Grandmougin. — Untersuchung und Nachweis organischer Farbstoffe auf spektroscopischem Wege. Julius Springer, Berlin 1908-1913, 3 volumes.

Georg. v. Georgievies. — Die Beziebungen zwischen Farbe und Konstitution bei Farbstoffen. Schulthess et Cᵒ, Zurich, 1921.

Taeuber et Normann. — Die Derivate der Naphtalins. Gaertner, Berlin, 1896.

F. Reverdin et Fulda. — Tabellarische Uebersicht der Naphtalinderivate. Georg, Bâle, Genève, Lyon, 1894.

Hans Rupe. — Die Chemie der natürlichen Farbstoffe. Vieweg, Brunswick. 1ᵉʳ vol. 1900, 2ᵉ vol. 1909.

Otto N. Witt et Lehmann. — Chemische Technologie der Gespinstfaren. 2 volumes. Vieweg, Brunswick, 1888-1917.

Excellent ouvrage bien que les différents fascicules aient paru à de longs intervalles. Les premières parties ont naturellement vieilli, mais elles ont été mises à jour par des suppléments. Contient une bibliographie très complète des matières colorantes et de leurs applications.

Publications anglaises

Thorpe. — Dictionary of applied Chemistry.

Contient de nombreux articles intéressants.

E. de Bary Bernett. — Anthracene and Anthraquinone. Baillière, Tindall et C°, Londres, 1921.

W. Crookes. — A practical handbook of dyeing and calico-printing. London 1874.

E. Knecht, Ch. Rawson et R. Loewenthal. — Manual of Dyeing.

G. A. Perkin et Everest. — The natural organic colouring matters. London, 1918.

J. Merritt Matthews. — Textile fibres.

Le même. — Laboratory Manual of dyeing and textile chemistry.

Publications italiennes

R. Lepetit et R. Lepetit. — Manuale del Tintore et **Pellizza** *Chimica* delle sostanze coloranti — **Malatesta**, *Cotrame*.

Ces trois ouvrages ont paru dans la collection des « Manuale Hoepli » à Milan, et cette collection, dont nous n'avons pas le relevé complet sous la main, en contient certainement encore d'autres se rattachant de près ou de loin aux industries tinctoriales.

G. Pannizzon. — Trattato di chimica delle sostanze colorante artificiali e naturali compilato solle opere di G. von Georgievies, E. Grandmougin, Schultz e altri. Milano, Ulrico Hoepli, I vol., xxxiii, 563 pages ; II vol., 899 pages, 1918-1920.

Ouvrage très-complet et très bien fait, recommandable à tous ceux qui possèdent les éléments de la langue italienne.

Il n'est évidemment en général pas possible à un chimiste, qui veut se vouer à l'industrie des colorants ou qui s'y trouve déjà engagé, de posséder dans sa bibliothèque personnelle tous les ouvrages que nous venons de citer et qui ne comprennent de loin pas encore tout ce dont il pourra avoir besoin, mais il doit avoir les moyens de consulter tous ces livres et périodiques et bien d'autres encore, s'il veut, être à la hauteur de sa tâche. Une fabrique de matières colorantes doit donc avoir une bibliothèque très complète et il doit en être de même des Ecoles qui enseignent la chimie des colorants. Aussi l'Ecole de Chimie de Mulhouse qui s'est fait une spécialité de l'enseignement des colorants et de leurs applications, possède et met à la disposition de ses élèves pendant toute la journée, non seulement tous les ouvrages que nous venons d'énumérer et d'autres encore, mais en outre les principaux traités de chimie générale et organique et tous les périodiques importants.

INDEX ALPHABÉTIQUE

Saint-Amand (Cher). — Imprimerie BUSSIÈRE.

DUNOD, ÉDITEUR, 47 et 49, Quai des Grands-Augustins, **PARIS** (VIᵉ)

Les matières colorantes de synthèse et les produits intermédiaires servant à leur fabrication, par J. CANNEL CAÏN, chimiste en chef des Usines Dalton Works, et J. F. THORPE, professeur de chimie organique au Royal Collège, traduit de l'anglais par G. DELMARCEL, ingénieur-chimiste et M. DRAPIER, docteur ès-sciences. Volume 16 × 25 de XXIV-640 pages avec 11 figures. 1922 . . . . **58** fr.

La fabrication des matières intermédiaires pour les colorants, par John CANNEL CAÏN, docteur ès sciences de l'Université de Manchester, traduit de l'anglais par Pierre SALLES, licencié ès-sciences, ingénieur-chimiste. Volume 16 × 25 de XX-294 pages, avec 25 figures. 1920 . . . . **24** fr.

Couleurs et colorants dans l'industrie textile, par l'abbé VASSART. Volume 14 × 23 de 168 pages, avec figures. 1912 . . . . **12** fr.

Traité de la teinture moderne, par H. SPÉTEBROOT, licencié ès sciences, professeur à l'École d'industrie drapière et directeur du laboratoire municipal d'Elbeuf. Volume 16 × 25 de X-631 pages, avec 119 figures. 1917 . . . . **50** fr.

La teinture du coton, par E. SERRE, ingénieur-chimiste, professeur à l'École pratique de commerce et d'industrie de Roanne. Préface de H. LAGACHE. Volume 13 × 21 de X-292 pages, avec 62 figures et 9 planches d'échantillons coloriés. 1912 . . . . **5** fr. **25**

Traité de la couleur au point de vue physique, physiologique et esthétique, *comprenant l'exposé de l'état actuel de la question de l'harmonie des couleurs,* par A. ROSENSTIEHL, docteur ès sciences, professeur au Conservatoire national des Arts et Métiers. Volume 16 × 25 de XVI-278 pages, avec 56 figures et 14 planches coloriées. 1913. . . . . **32** fr.

Unification des noms des colorants les plus usuels. Répertoire avec indication des noms officiels et commerciaux et des applications pratiques des colorants usuels, par P. SISLEY. Volume 20 × 12, de 190 pages avec feuilles blanches intercalaires. . . . . **15** fr.

Chimie générale et industrielle. Chimie inorganique, par le Dʳ Ettore MOLINARI, professeur de chimie technologique au Royal polytechnico de Milan, traduit de l'italien par J.-A. MONTPELLIER, ingénieur-chimiste, 4ᵉ édition revue et augmentée.

    TOMES I et II. — *Introduction (Historique, Lois chimiques, Nomenclature). Métalloïdes.* 2 vol. 16 × 25 de XII-486 pages et 272 pages, avec 202 figures. 1920 . . . . **64** fr.

    TOME III. — *Métaux.* Volume 16 × 25 de 560 pages, avec 328 figures. 1921 . . . **48** fr.

La chimie à la portée de tous. Notions de chimie générale et de chimie pure. — Les applications de la chimie, par L. HICKISCH, chimiste industriel. Volume 14 × 22 de 447 pages, avec 43 figures. 1920 . . . . **24** fr.

Les colloïdes. *Leurs gelées et leurs solutions,* par Paul BARY, ingénieur-conseil, ancien chef de travaux à l'École de physique et de chimie et au laboratoire d'électricité. Volume 16 × 25 de XII-508 pages, avec 85 figures. 1921 . . . . **50** fr.

Dictionnaire anglais-français-allemand de mots et locutions intéressant la physique et la chimie, par R. CORNUBERT, ingénieur-chimiste, docteur ès sciences physiques. Volume 16 × 25 de XXXII-300 pages. Relié 47 francs. Broché . . . . **42** fr.

Memento du chimiste (*Ancien agenda du chimiste*). 1ʳᵉ partie : Recueil de tables et de documents mathématiques, physiques et de chimie pure et appliquée, à l'usage des laboratoires, publié par MM. CHARON, DUGOUJON, GÉNIN, A. de GRAMMONT, GRINIER, LOMBARD et MATIGNON. Volume 13 × 21 de 386 pages, 4ᵉ tirage, revu et mis à jour. 1921 . . . . **23** fr.

Agenda Dunod : chimie, par E. JAVET, ingénieur-chimiste. Volume 10 × 15 de XXXV-425 pages. 41ᵉ édition. 1922. Relié toile souple . . . . **9** fr.

Les prix ci-dessus ne sont pas susceptibles de majoration.

Imprimerie BUSSIÈRE. — Saint-Amand (Cher).